AF565127

DEUTSCHE CABRIOLETS

1945–2022

E. Kittler / J. Kuch

Motor
buch
Verlag

Einbandgestaltung: Luis Dos Santos unter Verwendung von Motiven aus den Archiven der Hersteller.

Die zur Illustration dieses Buches verwendeten Aufnahmen stammen – wenn nicht anderes vermerkt ist – aus den Archiven der Hersteller, darunter: ALPINA Burkard Bovensiepen GmbH + Co. KG; Audi AG, BITTER Automotive GmbH; BMW AG, Daimler AG, Ford AG, Isdera GmbH; Adam Opel AG, Dr.-Ing. h.c. F. Porsche AG; Volkswagen AG; Wiesmann GmbH. Fotos der Borgward-Gruppe: Peter Kurze, Bremen.

ISBN: 978-3-613-04441-8

1. Auflage 2024

Sie finden uns im Internet unter www.motorbuch-verlag.de

Der Verlag dankt Halwart Schrader und Alexander F. Storz für deren Unterstützung bei Lektorat und Bildrecherche.

Lektorat: Redaktion Motorbuch, Halwart Schrader
Innengestaltung: Sven Rauert
Druck und Bindung: Conzella, 85609 Aschheim-Dornach
Printed in Germany

Inhalt

Lieber Leser,

Irgendwann im Leben steigt fast jeder einmal in ein Cabriolet ein. Spätestens nach einer halben Stunde steht er am Scheideweg: Entweder er kauft künftig nur noch offene Autos und fährt auch an trockenen Novembertagen mit zurückgeklapptem Dach oder er betritt nie mehr ein solches Oben-Ohne-Mobil.

Cabriolets, Roadster, Spider – sie sind das Salz in der Suppe automobilen Einerleis. Autos für Individualisten. Die Masse der Limousinen-Fahrer konnte diese Frischluft-Begeisterung nicht so recht nachvollziehen, zumal Ende der 1960er in den USA eine Sicherheitsdebatte aufflammte, welche in den 1970er Jahren zum unmittelbar bevorstehenden Exitus der offenen Wagen (die Targas klammern wir hier einmal aus) zu führen schien.

Aber wie es mitunter so geht: Der schon totgesagte Patient genas wider Erwarten und kam plötzlich zu neuen Kräften. Ausgelöst hatten diese Trendumkehr kleine amerikanische Spezialfirmen, vor allem in Kalifornien, die Limousinen und Coupés in Cabriolets verwandelten. Und zwar in Cabriolets pur. Die Modewelle schwappte bald nach Europa über. Sie löste schließlich bei den Herstellern die Erkenntnis aus, dass mit offenen Autos Geld zu verdienen war. Man trug wieder Cabriolet.

Vergessen waren über Nacht die Sicherheitsvorschriften (die in Wahrheit niemals so existierten, auch in den USA nicht), die den Bau von Cabriolets angeblich zu einem aussichtlosen Unterfangen machten. Selbst in Zuffenhausen, wo man die Targa-Mode kreiert hatte, nahmen die Marketingexperten plötzlich Witterung auf. Zusätzlichen Rückwind gab es 1989 von der japanischen Marke Mazda: Der Mazda MX-5 läutete eine Renaissance des kleinen, zweisitzigen Spiders ein und machte den Traum vom Offenfahren für kleines Geld erschwinglich. Bis in die 2010er Jahre hinein hatte dann so ziemlich jeder große Automobilhersteller etwas Offenes im Programm – mal mit, mal ohne Bügel, mit Stoffkapuze oder Stahlhelm: Es waren herrliche Zeiten für Cabriofreunde.

Doch das Pendel schwang zurück: Das Auto und das Versprechen der individuellen Mobilität verloren an Strahlkraft und damit ging auch – und die zunehmend überfüllten Straßen waren da auch keine Hilfe – der Spaß am Fahren verloren: Autofahren hat heute viel mit Vernunft zu tun. Und ein offenes Automobil ist vieles, aber nicht das.

Die Entscheidung für ein offenes Auto setzte immer Freude am Fahren voraus. Vielen heutigen Autofahrern scheint diese abhanden gekommen zu sein: Dass Volkswagen im Jahre 2025 den Bau des letzten verbliebenen Cabriolets im Programm einstellen möchte, ist ebenso eine Folge der gesunkenen Akzeptanz wie auch der sich verändernden Rahmenbedingungen: In der globalen Welt sind offene Autos nicht mehr gefragt und taugen höchstens noch als Statussymbole – was erklären mag, warum Mitte der 2020er Jahre nur noch Premium-Hersteller Cabriolets anbieten.

Zur Sache: Wir haben uns nach bestem Wissen bemüht, alle offenen Wagen in Wort und Bild zusammenzutragen, die nach dem Krieg von deutschen Automobilherstellern und Karosseriefirmen gebaut wurden, Einzelstücke und mancherlei Prototypen eingeschlossen. Da niemand perfekt ist, mag es sein, dass sich trotz allem redlichen Bemühen in die Fülle der Daten auch mal ein Fehler eingeschlichen hat. Für entsprechende Hinweise sind wir dankbar. In diesem Zusammenhang noch ein Wort zu den technischen Angaben. Die Fahrleistungen Verbrauchswerte sind Durchschnittswerte, ermittelt nach den damals geltenden gesetzlichen Normen. In der Regel basieren sie auf den notorisch optimistischen Werksangaben. Die Preise beziehen sich auf den Produktionsbeginn des Modells.

Offene Autos und ihre Bezeichnungen

Im Volksmund dient die Bezeichnung Cabriolet – oder eingedeutscht: Kabriolett – schlechthin für alles, was da mit mehr oder weniger offenem Dach daherkommt.

Cabriolet: Cabriolets sind zwei- oder viertürige Autos mit dicht schließendem gepolsterten Stoffverdeck, das in geöffnetem Zustand hinter den Rücksitzen auf der Karosserie aufliegt.

Cabrio-Limousine: Heute ausgestorben, sind sie ein Mittelding zwischen Limousine und Cabriolet. Türen und Seitenfenster mit Rahmen entsprechen dem Limousinen-Pendant, das Stoffverdeck kann nach Konservendosenart zusammengerollt werden und liegt hinten auf der Karosserie auf. Bis in die 1950er Jahre hinein waren solche Fahrzeuge etwa im Opel-Programm weit verbreitet

Roadster: Der Roadster verfügt nur über ein ungefüttertes Verdeck, das in geöffnetem Zustand vollkommen hinter den Sitzen verschwindet. Die Türen sind tief ausgeschnitten, die Seitenfenster werden im Bedarfsfall aufgesteckt. Klassische Roadster wie die von MG oder Triumph baute hier ab Werk streng genommen keiner, obwohl der Mercedes-Benz 300S oder der Auto Union 1000 Sp werksseitig so hießen.

Spider: Ein Spider ist ein etwas kultivierterer Roadster, denn er verfügt über voll versenkbare Seitenscheiben.

Speedster: Die Speedster ist das offenste aller offenen Autos. Sein Notverdeck besitzt eigentlich nur eine Alibifunktion, denn es vermag in geschlossenem Zustand die sich tief zusammenkauernden Insassen nur sehr unzulänglich vor Regen und Wind zu schützen. Typisches Speedster-Kennzeichen ist die abgeflachte Windschutzscheibe. Im größeren Umfang hat nur Porsche Speedster gebaut.

Targa: Ein Targa ist ein Kompromiss. Sein Dach ist eine abnehmbare Plastikplatte, die sich im Kofferraum verstauen läßt. Hinter dem in die Karosserie integrierten breiten Überrollbügel befindet sich entweder ein Faltverdeck oder eine fest installierte Heckscheibe. Typische deutsche Vertreter sind Porsche 911 und die BMW-Baur-Modelle.

Im Kraftfahrzeugbrief gibt es unter der Rubrik »Aufbauart« nur zwei Sorten von Automobilen: geschlossene und offene.

Serien-Hersteller

Große und kleine Marken

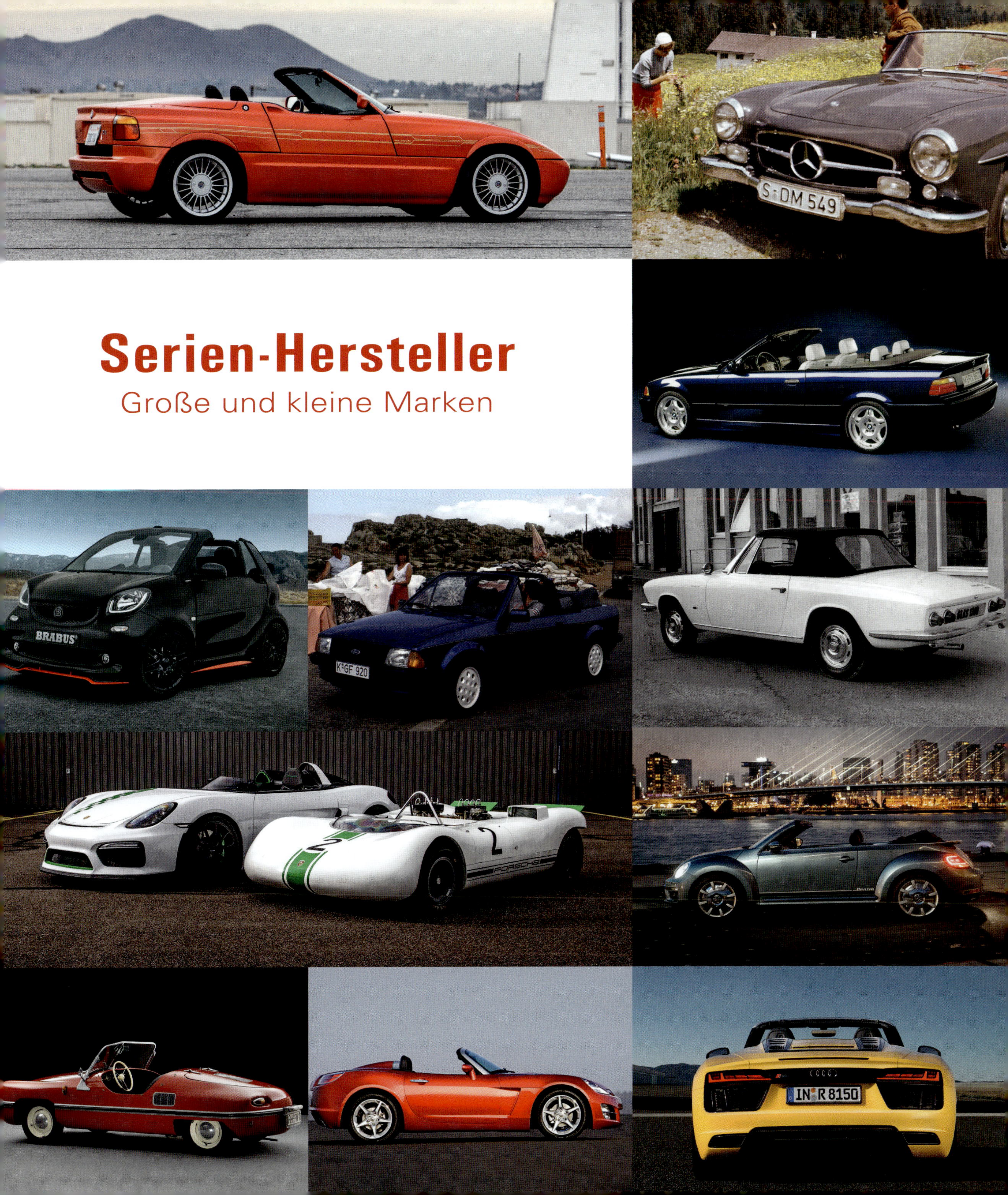

Alpina

Zu Beginn der 1960er Jahre begann Burkard Bovensiepen (1936–2023) damit, im Betrieb seines Vaters für Büromaschinen in Buchloe einen Motoraufrüstsatz mit Weber-Doppelvergaser für den BMW 1500 zu entwickeln. Aufgrund der Qualität seiner Verbesserungsmaßnahmen dehnte BMW ab 1964 seine Fahrzeuggarantie auf die von Bovensiepen getunten BMW-Modelle aus.

Derartig geadelt, gründete der junge Autotuner Mitte der 1960er Jahre seine eigene Firma, die Burkard von Bovensiepen KG mit anfangs nicht viel mehr als einem halben Dutzend Mitarbeitern. Berührten die Tuning-Aktivitäten des Teams um Bovensiepen anfangs nur Doppelvergaser und Nockenwelle, so wurden später sogar komplett veredelte Motoren, Fahrwerke und Bremsanlagen zum Einbau angeboten. Selbst vor der Innenausstattung machten die Buchloer nicht Halt.

Ende der 1960er Jahre begann Alpina, sich im Motorsport zu engagieren und die aufgerüsteten BMW-Sportwagen erstmalig mit dem neu entworfenen Alpina-Logo zu schmücken. Schließlich stellte Alpina selbst ein Rennteam zusammen und gewann 1970 mit den Fahrern Derek Bell, Harald Ertl, Niki Lauda, Jacky Ickx, James Hunt, Brian Muir und Hans Stuck die europäische Tourenwagenmeisterschaft sowie das 24-Stunden-Rennen von Spa-Francorchamps.

Die Erfahrungen aus diesen Rennen bewogen BMW, unter Alpinas Projektleitung eine Leichtgewichtsversion des BMW 3.0 CS für den Tourenwagensport zu entwickeln. Mit diesem Leichtgewichts-Coupé, wegen des großen Heckflügels auch scherzhaft »Batmobil« genannt, beteiligte sich Alpina ab 1973

Ende der 1960er Jahre begann Alpinas Engagement im Rennsport. Mit dem Leichtbau-Coupé BMW 3.0 CSL erzielten Buchloer große Erfolge.

Der Roadster Limited Edition auf Z1-Basis war mit 66 produzierten Autos einer der exklusivsten Alpinas überhaupt.

Alpina Z4 Roadster im Zweifarb-Look

Die Alpina-Kraftkur bescherte dem BMW Z4 (Baureihe E85) eine Leistung von 221 kW (300 PS) und eine Höchstgeschwindigkeit von 265 km/h.

erfolgreich an vielen Langstreckenrennen und gewann Mannschafts- und Herstellertitel. Im Jahr 1975 holten auf eben diesem Batmobil Alain Peltier und Siegfried Müller am Ende der Europäischen Tourenmeisterschaft den Fahrer-Titel. Diese Version des 3.0 CSL leistete 430 PS, wog dabei aber lediglich 1090 kg. Nach dem Gewinn der Europäischen Tourenmeisterschaft von 1977 durch Dieter Quester am Steuer eines 335 PS starken BMW Alpina 3.5 CSL ruhten dann zehn Jahre lang die Rennsportaktivitäten von Alpina. Die Buchloer Firma konzentrierte sich nun auf die Entwicklung kompletter Fahrzeuge. Ende der 70er Jahre entstanden die ersten drei Straßenwagen in eigener Regie als Hersteller: der B6 2.8, abgeleitet vom BMW E21 der 3er-Reihe, die B7-Turbo-Limousine auf Grundlage des BMW E12 der 5er-Reihe, damals als 3-Liter-Viertürer mit 300 PS die schnellste Limousine weltweit, sowie das B7-Turbo-Coupé auf Basis des BMW E24 der 6er-Reihe: 1983 wurde Alpina offiziell als Autohersteller registriert. 1989 erneuerte Alpina mit dem B10 Bi-Turbo seinen Geschwindigkeitsrekord. Die viertürige Dreiliter-Limousine schaffte aufgrund ihrer beiden Turbolader 360 PS / 265 kW und wurde so die schnellste Straßenlimousine der Welt. Weitere Highlights betrafen zu Beginn der 1990er Jahre die Steuerung von Getriebe und Kupplung: 1992 brachte Alpina die weltweit erste elektrisch gesteuerte Kupplung (Shifttronic) auf den Markt, ein Jahr später ermöglichte das Switchtronic-Getriebe ein manuelles Eingreifen in die Automatikschaltung mittels Tastern, die sich auf der Rückseite des Lenkrades befanden.

Mittlerweile stellte Alpina nicht nur Fahrzeuge auf Basis der BMW 3er-, 5er- und 6er-Reihe her, auch die 7er- und 8er-Reihen sowie die Roadster mit dem Z im Namen wurden nun miteinbezogen. Mit dem ersten Diesel in dieser Hochleistungs-Sportwagenklasse und stolzen 238 PS / 175 kW Leistung überraschte der Hersteller aus Buchloe im Jahr 1999 die Öffentlichkeit. Der D10 Bi-Turbo war eine gemeinsame Entwicklung von Alpina und BMW.

Alpina zählte zwischen 1983 und dem Frühjahr 2022 zu den vom Kraftfahrt-Bundesamt akkreditierten Automobilherstellern, dann erwarb die BMW AG die Markenrechte. Der Standort Buchloe sollte zum Alpina-Servicezentrum umgewandelt werden.

Alpina Roadster V8 mit seinen Vätern – Burkhard (stehend) und Andreas Bovensiepen. Bei dem nur 555 mal gebauten Automatik-Roadster (den es ab Werk nie gegeben hatte) handelte es sich um die auch international gefragteste Z8-Version.

B3 Biturbo Cabrio auf 3er-Basis von 2008: Die Motorleistung lag bei 265 kW (360 PS) und das maximlae Drehmoment bei 500 Nm.

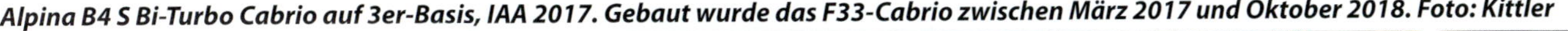

Alpina B4 S Bi-Turbo Cabrio auf 3er-Basis, IAA 2017. Gebaut wurde das F33-Cabrio zwischen März 2017 und Oktober 2018. Foto: Kittler

AMG

Die Firma AMG wurde 1967 in Burgstall bei Stuttgart von Hans-Werner Aufrecht und Erhard Melcher als Tuningbetrieb für Mercedes-Benz-Fahrzeuge gegründet. Der Unternehmensname ergab sich aus den Anfangsbuchstaben der Nachnamen der Firmengründer und des Heimatorts Aufrechts (Großaspach). Melcher schied bei der Verlegung des Ingenieurbüros zur Entwicklung von Rennmotoren nach Affalterbach aus, blieb aber weiterhin am damaligen zweiten AMG-Standort, einer ehemaligen Mühle in Burgstall, und lieferte Motorenteile zu.

1999 wurde aus der AMG Motorenbau und Entwicklungsgesellschaft mbH die Mercedes-AMG GmbH, wobei die Mehrheitsanteile (51 %) bei der damaligen DaimlerChrysler AG lagen. Seit dem 1. Januar 2005 ist die Firma Mercedes-AMG ein hundertprozentiges Tochterunternehmen des Konzerns aus Stuttgart. AMG-Modelle bildeten in den Modellreihen ab der C-Klasse (W/C/S203) das jeweilige Topmodell im Mercedes-Benz-Pkw-Programm und konnten direkt bei Mercedes-Benz-Händlern geordert werden.

Während mit dem CLK-AMG-Coupé im Rennsport neue Siege eingefahren wurden, kümmerte sich die Company bei den Straßenwagen immer mehr um spezielle, auch abgehobene Privatkundenwünsche. Mit dem AMG-Performance-Studio werden seit 2006 drei limitierte Editionen angeboten (Signature Series, Black Series, Editions), in deren Rahmen sogar Einzelanfertigungen erhältlich sind. Anfang der 2000er gab es auch einen 631 PS / 464 kW starken CLK GTR Roadster. Von den insgesamt 25 produzierten CLK-GTR waren 20 Coupés und nur fünf Roadster.

Das AMG-Konzept beruht inzwischen nicht mehr nur auf stärkeren Motorisierungen und Veränderungen der Karosserie, sondern umfasst Modifikationen des gesamten Fahrzeugs. 2009 erfolgte der letzte noch ausstehende Schritt: AMG stellte sein erstes vollständig selbst entwickeltes Fahrzeug vor, den SLS AMG mit Flügeltüren und 571 PS / 380 kW starkem V8-Motor, der dem Zweisitzer eine Höchstgeschwindigkeit von 317 km/h bescherte. Der SLS AMG kam kurz darauf auch als Roadster auf den Markt.

2011 erschien dann eine GT3-Rennsportversion; 2012 folgten weitere Modelle, darunter der 422-PS-(311 kW)-Roadster SLK 55 AMG (311 kW) sowie der mit einem 5,5-Liter-V8-Biturbo-Motor ausgestattete Sportwagen SL 63 AMG mit einer Leistung von 537 PS / 395 kW). Anfang 2013 schob dann AMG mit der »Black Series« ein 70 kg leichteres, aber mit 631 PS / 464 kW um 60 PS / 44 kW stärkeres Spitzenmodell nach. Zu

AMG verwandelte ein normales W 124 Cabriolet in einen E 36, mit 272 PS, 17-Zoll-Rädern und 235er-Reifen. Ein Spoilersatz mit Frontschürze, Schwellerverkleidungen und Heckspoiler komplettierte die offene Mittelklasse.

Der CLK GTR Roadster von 2002 beim Tracktest 2010. Am Steuer saß Renn-Legende Dieter Glemser.

	AMG SLS Roadster 2011–2014	AMG SLS Roadster GT 2013–2014
Motor	Otto (M 159)	
Zylinderzahl / Bauart	8 (V-Form 90°), Motorblock und Zylinderköpfe aus Aluminium, Motor längs vor, Getriebe hinter der Vorderachse	
Bohrung x Hub	102,2 × 94,6 mm	102,2 × 94,6 mm
Hubraum	6208 cm^3	6208 cm^3
Leistung	571 PS (420 kW) bei 6800 U /min	591 PS (435 kW) bei 6800 U/min
Drehmoment	650 Nm bei 4750 U/min	
Verdichtung	1:11,3	
Gemischbildung	elektronische Einspritzung, Motorsteuerung Bosch	
Ventile / Steuerung	4 / Tassenstößel, 2 x DOHC, elektrohydraulische Nockenwellenverstellung, Kette	
Kühlung	Pumpe, 14 Liter Wasser	
Schmierung	Trockensumpfschmierung, 9,5 Liter Öl	
Batterie	12 V 95 Ah	
Lichtmaschine	180 A / 2520 W	
Kraftübertragung	Hinterrad, Sperrdifferential, Transaxle	
Schaltung	Schalthebel Wagenmitte, Schaltwippen am Lenkrad	
Kupplung	Doppelkupplung	
Getriebe	AMG-Speedshift-DCT-Sportautomatik 7-Gang-	
Übersetzungen	I. 3.40 II. 2.19 III. 1.63 IV. 1.29 V. 1.03 VI. 0.84 VII 0,72 R 2.79	
Antriebs-Übersetzung	3.67	
Karosserie/Fahrwerk	Alu-Spaceframe	
Vorderradaufhängung	Aluminium-Doppelquerlenker, einstellbare, horizontal Schraubenfeder-Gasdruckdämpfer, Stabilisator	
Hinterradaufhängung	Aluminium-Doppelquerlenker, Schraubenfeder-Gasdruckdämpfer, Stabilisator	
Lenkung	Zahnstange (13,6:1) mit Parameter-Funktion, Lenkungsdämpfer	
Fußbremse / Regelsysteme	Scheiben, belüftet, gelocht, v. 390 mm Ø, h. 360 mm Ø, Roadster GT: Karbon-Keramik, v. lüftet, gelocht 402 mm Ø, hinten belüftet 360 mm Ø; ABS, ESP, BA / 4 Fahrmodi, Launch Control	
Allgemeine Daten		
Radstand	2680 mm	
Spur vorn/hinten	1682 / 1651 mm	
Gesamtmaße	4638 x 1939 x 1261 mm	
Räder	v. 9,5J x 19, h. 11J x 20	
Räder	vorn 265/35 ZR 19, hinten 295/30 ZR 20	
Wendekreis	11,9 m	
Leermasse	1660 kg	1735 kg
Zuläss. Gesamtgewicht	1960 kg	1960 kg
Höchstgeschwindigkeit	317 km/h	320 km/h
Beschleunigung 0-100 km/h	3,8 sec	3,7 sec
Verbrauch/100 km	13,2 Liter	13,2 Liter
Kraftstofftank	85 Liter	

Das Verdeck aus dreilagigem Stoff öffnet bis 50 km/h binnen elf Sekunden.

Der Gepäckraum fasst nur 173 Liter. Ab 120 km/h fährt der Heckspoiler aus.

Der AMG SLS war das erste Fahrzeug, das AMG selbst entwickelt hatte – wenn auch mit erheblicher Unterstützung durch die Entwicklungsabteilung des Werks.

Der SLS 63 AMG Roadster (Baureihe R 197) wurde zwischen 2011 und 2013 verkauft und verabschiedete sich mit der »Final Edition« in den Ruhestand.

Mercedes AMG und die italienischen Motorradbauer von Ducati waren zwischen 2010 und 2012 miteinander verbunden. Diese Zusammengehörigkeit beschränkte sich aber vor allem auf Marketing-Aktivitäten, wie etwa dem im Dezember 2011 präsentierten Duo in »Streetfighter Yellow«, einer Ducati 848 und dem ebenso lackierten SLK 55 AMG.

dem Zeitpunkt war die Produktionseinstellung bereits in Sicht, der SLS verabschiedete sich Ende 2013 mit der auf 350 Stück limitierten »Final Edition«. Hier entwickelte der 6,3-Liter-V8 dann 591 PS / 435 kW.

Daneben kamen natürlich weiterhin stärkere und optisch differenzierte Mercedes-Modelle – darunter auch offene Fahrzeuge aus nahezu allen Pkw-Baureihen.

Bei seiner Vorstellung Mitte 2005 war das CLK DTM AMG Cabriolet der schnellste offene Viersitzer der Welt.

Der 5,5-Liter-V8 leistete 582 PS, die Spitzengeschwindigkeit, elektronisch begrenzt, betrug 300 km/h.

Amphicar

Zwei berühmte Namen – Harald Quandt und Hanns Trippel – standen Pate bei der Geburt des einzigen in Serie gebauten deutschen Nachkriegs-Schwimmwagens. Quandt schloss 1960 als Vorstandsvorsitzender der Industriewerke Karlsruhe mit der Amphicar Corporation in New York einen Vertrag, der den Export deutscher Schwimmwagen in die USA vorsah. Konstrukteur war besagter Ingenieur Hanns Trippel, der bereits 1934 Versuche mit schwimmfähigen Geländewagen unternommen hatte. Ab 1941 wurde unter seiner Regie im ehemaligen Bugatti-Werk in Molsheim/Elsass der Schwimmgeländewagen SG6 mit Opel-Motor für die deutsche Wehrmacht produziert. Für die Franzosen Grund genug, Trippel im Frühjahr 1946 zu fünf Jahren Haft zu verurteilen.

Die Produktion des Amphicar begann im Juni 1961. Etwa ein Drittel der Fahrzeuge wurde im Werk Lübeck-Schlutup gebaut, zwei Drittel entstanden bei der Deutschen Waggon- und Maschinenfabriken GmbH (DWM) in Berlin. Im Oktober 1961 lief der Export in die USA an. 1962 demonstrierte ein Amphicar seine Seetauglichkeit mit der Überquerung des Ärmelkanals. Ab September des gleichen Jahres erfolgte die Montage ausschließlich in Berlin; aus Lübeck kamen nur noch die Karosserien. Zum Jahresende wurde in Wuppertal die Amphicar-Vertriebs GmbH gegründet mit dem Ziel, das Fahrzeug auch in andere Länder zu exportieren. 1965 lief die Produktion aus. Rund die Hälfte war in die USA abgesetzt worden.

Von Anfang an hatte Trippel bei seiner Neukonstruktion den Export im Blick. Auf dem US-Prospekt von 1960 war der Prototyp zu sehen.

Amphicar Typ 770 (1961-1965)

Das 2+2-sitzige Cabriolet mit schwimmfähiger Ganzstahl-Karosseriewanne (Wasserantrieb durch zwei Heckschrauben) wurde von einem 38 PS starken Vierzylindermotor (1147 cm³) aus dem englischen Triumph Herald 1200 angetrieben. Gebaut wurde dieser Exote zwischen ab 1961, die Produktion lief 1965 aus. Es entstanden über 3.000 Exemplare, die meisten dürften in den Export gegangen sein. Die Polizei Hamburg verfügte zwischen 1964 und 1971 über zwei dieser Schwimmwagen, war aber damit nicht sehr zufrieden. Der Preis in Deutschland betrug zunächst 10.500 Mark, ab April 1963 nur mehr 8.385 Mark.

Unten: Der Schwimmwagen besaß einen 38-PS-Heckmotor und schaffte im Wasser rund 12 km/h. Der Vierzylinder galt aber als sehr anfällig.

	Amphicar Modell 770, 1961–1965 Betriebszustand Straßenfahrt	Amphicar Modell 770, 1961–1965 Betriebszustand Wasserfahrt
Motor	Otto (Vergaser), aus dem Triumph Herald 1200	
Zylinderzahl / Bauart	4 (Reihe), Motor hinter, Getriebe vor Hinterachse	
Bohrung x Hub	69,3 x 76 mm	
Hubraum	1147 cm^3	
Leistung	38,3 PS bei 4750 U/min	
Drehmoment	7,8 mkg bei 2500 U/min	
Verdichtung	1:8	
Gemischbildung	1 Fallstromvergaser Solex B 30 PSEI	
Ventile	2 / hängend, Stoßstangen und Kipphebel, seitliche Nockenwelle, Antrieb durch Kette	
Kurbelwellenlager	3-fach gelagert	
Kühlung	Pumpe, 7 Liter Wasser	
Schmierung	Druckumlauf, 4,5 Liter Öl	
Batterie	12 V 32 Ah	
Lichtmaschine	160 W	
Kraftübertragung	Heckantrieb	
Kupplung	Einscheibentrocken	
Antriebsart	Antrieb auf Hinterräder	Antrieb auf 2 dreiflügelige Kunststoff-Schrauben (290 mm) in je einem Schraubentunnel links und rechts vom Motor
Schaltung	Schalthebel Wagenmitte	Schalthebel rechts
Getriebe	4-Gang vollsynchronisiert	Umkehrgetriebe
Übersetzungen	I. 4,50 – II. 2,91 – III. 1,75 – IV. 1,04	
Antriebs-Übersetzung	4,72, rückwärts 4,14	Vorwärts 3,0, rückwärts 3,0
Karosserie / Fahrwerk	Selbsttragende Ganzstahlkarosserie, Verstärkung durch Doppelrohr-Rahmen, als Schwimmkörper wasserdicht verschließbar	
Vorderradaufhängung	Gezogene Kurbellenker, Federbeine mit Schraubenfedern	
Hinterradaufhängung	Gezogene Kurbellenker, Federbeine mit Schraubenfedern	
Lenkung	Schnecke, 2,9 Lenkraddrehungen	
Fußbremse	Hydraulisch, Trommel 230 mm Ø, Bremsfläche 788 cm^2	
Handbremse	Mechanisch (Seilzug)/Hinterräder	
Allgemeine Daten		
Radstand	2100 mm	
Spur vorn / hinten	1212/1260 mm	
Gesamtmaße	4330 x 1565 x 1520 mm	
Räder	4,5 K x 13	
Reifen	6,40-13	
Wendekreis	13 Meter	
Leermasse	1050 kg	
Zuläss. Gesamtgewicht	1350 kg	
Bodenfreiheit/Freibord	235 mm	550 mm
Höchstgeschwindigkeit	115 km/h	12 km/h
Verbrauch/100 km	10 Liter	12 Liter / Stunde
Kraftstofftank	47 Liter (vorn)	

Audi

Der Markenname Audi war in den 30er-Jahren ein Synonym für technisch hochwertige und exklusive Autos, die von Individualisten bevorzugt wurden. 1909 von August Horch (1868-1951) gegründet – nachdem er unter unschönen Begleitumständen aus seiner gleichnamigen Firma ausgeschieden war –, ging Audi 1932 in der Auto Union auf, baute aber weiter eigenständige Wagen, vor allem auch große, luxuriöse Cabriolets, bis ins Kriegsjahr 1940.

Erst ein Vierteljahrhundert später, im September 1965, holte der VW-Konzern die renommierte Marke wieder aus der Versenkung und präsentierte den ersten Nachkriegs-Audi, dessen Karosserie noch aus der DKW-Zweitakt-Ära stammte (DKW F 102) und dessen so genannter Mitteldruckmotor bei Daimler-Benz entwickelt worden war (das Ingolstädter Auto Union-Werk war im Herbst 1964 von Daimler-Benz an VW verkauft worden). Der Aufschwung der neuen alten Marke setzte erst 1968 mit dem von Ludwig Kraus entwickelten Audi 100 ein. 1969 wurde die Auto Union in Ingolstadt mit den NSU-Motorenwerken Neckarsulm zur Audi NSU Auto Union GmbH verschmolzen. Seit 1976 erfolgte der Vertrieb sämtlicher Modelle ausschließlich über die Muttergesellschaft VW (VAG).

Nach der Wiederbelebung des Namens Audi gewann die traditionsreiche Marke durch progressive Technik, z. B. den ersten serienmäßigen Reihenfünfzylinder-Benzinmotor (1977) oder den allradgetriebenen Audi quattro (1980), zwar den alten Glanz zurück, auf exklusive Cabriolets oder Roadster dagegen warten die Freunde des Hauses vergeblich. Lediglich Karosseriefirmen wie Karmann, Deutsch und Welsch – zeigten in den 1960er- und 1970er-Jahren offene Einzelstücke auf Audi-Basis, die jedoch nie in Serie gingen. Auch die Audi-Coupé-Umbauten von ASB/ Gelsenkirchen von 1986 blieben eine Randerscheinung. Am bekanntesten wurde der Audi-Roadster von 1983: Dieser Quattro-Umbau der Firma Treser entstand in einer Auflage von 50 Einheiten, die in Deutschland nur über eine Handvoll VAG-Händler angeboten wurden. Nahezu alle Roadster gingen in den Export.

Audi 100 LS (Baureihe C1) Cabrio-Einzelstück von Karmann aus dem Jahr 1969 bei einer Gleichmäßigkeitsrallye. Foto: Volkswagen Classic

Cabrio-Einzelstück von Karmann auf Basis des Audi 100 LS, gezeigt auf der IAA 1969.

Oben rechts: Auf der IAA 1967 stellte Karmann ein Cabriolet auf Basis des Audi Super 90 vor. Zu einer Serienfertigung kam es jedoch nicht.

Rechts: Deutsch verwandelte 1969 einen Audi 90 Super LS in ein Cabriolet. Das Fahrzeug befindet sich seit Jahrzehnten in einer Hand. Foto: Kuch

Die britische Firma Crayford, normalerweise auf Ford abonniert, verkaufte auch einige Audi-Aufschnitte, die mit Deutsch entwickelt worden waren. Prospektabbildung von 1974. Foto: Archiv Alden Jewell / cc-by-sa 2.0

Audi Cabriolet / Baureihe B3 (1991–2000)

In den 1980er-Jahren versuchte Audi zunehmend, in die Oberklasse vorzustoßen. Insbesondere sollte der Anschluss an BMW geschafft werden. Die Renaissance des Cabriolets, gerade auch der Erfolg des offenen 3er BMW, brachte die Ingolstädter in Zugzwang. Darum präsentierte Audi 1989 auf der Frankfurter eine viersitzige Cabrio-Studie auf Basis der erfolgreichen Audi 80/90-Reihe (Reihe B3). Auffälligstes Merkmal des sportiven Zweitürers war der Verzicht auf einen Überrollbügel und ein voll versenkbares Verdeck, das ihn deutlich vom offenen Golf der VW-Verwandtschaft abhob. Technisch hielt sich das in Frankfurt gezeigte Audi-Cabrio alle Optionen offen.

Besondere Aufmerksamkeit galt der Karosseriesteifigkeit. In den bügellosen Viersitzer wurden rund 180 kg an Verstärkungen eingebaut: hauptsächlich im Türbereich, in Form von Querträgern in Front-, Mittel- und Heckteil. Zusätzliche Längsholme im Kardantunnel und eine massive Rückwand zum Kofferraum sicherten Stabilität und Steife nahezu auf Limousinen-Niveau. Dezente Chromleisten rundum und ein hochglanzpolierter Alu-Scheibenrahmen setzten optische Akzente. Die solide Verdeckkonstruktion, dem BMW-Mechanismus mit Übertotpunkt-Kinematik nachempfunden, war einfach zu bedienen und verschwand vollständig im Heckkasten. Das Kofferraumvolumen lag mit rund 250 Litern um rund 60 Liter unter dem des BMW-Cabrios. Die Serienausstattung ließ indes kaum Wünsche offen: Neben dem Sicherheits-System procon-ten, das im Falle eines Frontalaufpralls das Lenkrad nach vorne zieht und die Sicherheitsgurte strafft, gehörten elektrische Fensterheber, Servolenkung, Zentralverriegelung und elektrisch einstell- und beheizbare Außenspiegel zum Lieferumfang.

Presse und Publikum bejubelten das erste Werkscabriolet der Audi-Nachkriegsgeschichte, dessen Serienführung damit positiv entschieden war. Danach allerdings wurde es still um den offenen Audi, der IAA-Prototyp musste erst noch zur Serienreife gebracht werden. Überdies stand für 1991 eine umfassende Modellpflege der Audi 80/90-Familie an, die das 51.950 D-Mark teure Cabrio vorwegnahm. Der endgültige Serienstart erfolgte nach dem Genfer Salon, zunächst nur mit dem schon bekannten 2,3-Liter-Fünfzylinder mit 133 PS / 98 kW und Fünfganggetriebe. Ein Automatikgetriebe war gegen Aufpreis lieferbar, ebenso eine Lederausstattung mit Holzlenkrad sowie ABS.

Im Dezember 1992 kam die Version 2,8 E (174 PS / 128 kW) hinzu. Im Frühjahr 1993 wurde das Angebot um die Einstiegsversion mit 2,0 Liter (bis 1997) und den 2,6-Liter (150 PS / 110 kW) ergänzt. Ab September 1995 war das Audi Cabrio mit 90-PS-TDI-Motor (66 kW) erhältlich – genau wie der offene VW Golf TDI. Im November 1997 verlagerte Audi dann die Herstellung des Cabrios aus Neckarsulm zu Karmann in Rheine, um zusätzliche Produktionskapazitäten für den A6 und den A8 zu schaffen. Die Fertigung lief dort bis Mitte 2000 weiter.

Der Prototyp – mutmaßlich von Peter Lorenz (Lorenz & Rankl) gebaut – stand auf der IAA 1989, die Serienfertigung lief 1991 an. Basisfahrzeug war das Audi Coupé. Die Leichtmetallräder gab es als Sonderausstattung, serienmäßig waren Stahlfelgen der Dimension 5,5 J x 15 aufgezogen.

Audi A4 Cabriolet B3 *Audi A4 Cabriolet B6*	Audi Cabrio 2.0 E, 1993–1997 Audi Cabrio 2.3 E, 1991–1993 Audi Cabrio 2.6 E, 1993–2000	Audi A4 (B6) 2.4 / 3.0 (quattro) 2002–2006	Audi S4 (B6) 2004–2006	Audi A4 2.5 TDI (B6) 2003–2006
Motor	Otto			Diesel
Zylinderzahl / Bauart	4 / 5 (Reihe), längs vor Vorderachse 6 (V-Form, 90°), längs vor Vorderachse	6 (V-Form, 90°), längs vor Vorderachse	8 (V-Form, 90°), längs vor Vorderachse	6 (V-Form, 60°), längs vor Vorderachse
Bohrung x Hub	82,5 x 92,8 mm 82,5 x 86,4 mm 82,5 x 81,0 mm	81,0 x 77,4 / 82,5 x 92,8 mm	84,5 x 92,8 mm	78,3 x 86,4 mm
Hubraum	1984 / 2309 / 2598 cm^3	2393 / 2976 cm^3	4163 cm^3	2496 cm^3
Leistung	115 PS (85 kW) bei 5400 U/min 133 PS (98 kW) bei 5500 U/min 150 PS (110 kW) bei 5500 U/min	170 PS (125 kW) bei 6000 U/min	344 PS (253 kW) bei 7000 U/min	180 PS (132 kW) bei 4000 U/min
Drehmoment	165 / 186 / 225 Nm bei 3200/4000/3500 U/min	230 Nm bei 3200 U/min	410 Nm bei 3500 U/min	310 Nm bei 1400-3600 U/min
Verdichtung	1:10,4 /10,0	1:10,5	1:11	1:18,5
Gemischbildung	Mech.-elektr. Einspritzung Bosch KE / elektron. Multipoint	vollelektronisches Motormanagement mit E-Gas, sequenzielle Einspritzung	Motronic, vollelektronisches Motormanagement mit E-Gas, seq. Einspritzung	Direkteinspritzung Common Rail, VTG-Turbolader, Ladeluftkühler
Ventile / Steuerung	2, V-förmig hängend, OHC / 2 x OHC, Zahnriemen	5 / DOHC (2 x DOHC) / Einlassnockenwellenverstellung; hydraulische Tassenstößel	5 / DOHC / Einlassnockenwellenverstellung; hydraulische Tassenstößel	4 / DOHC, Gleitschlepphebel mit hydraulischem Ventilspielausgleich
Kühlung	Pumpe, 6,5 / 8,0 / 11,0 Liter Wasser	Pumpe, 8,5 / 9,0 Liter Wasser	Pumpe, 12,2 Liter Wasser	Pumpe, 9,0 Liter Wasser
Schmierung	Druckumlauf, 3,0 / 4,0 / 5,0 Liter Öl	Druckumlauf, 6,0 Liter Öl	Druckumlauf, 10,7 Liter Öl	Druckumlauf, 6,0 Liter Öl
Batterie	12 V 50 / 63 Ah	12 V 70 Ah	12 V 95 Ah	12 V 80 Ah
Lichtmaschine	70 / 90 A	120 A	190 A	140 A
Kraftübertragung	Frontantrieb	Frontantrieb / quattro: Permanenter Allradantrieb mit Torsen-Mittendifferenzial		Frontantrieb
Schaltung	Schaltstock Wagenmitte			
Kupplung	Einscheibentrocken, quattro: Hydr. Drehmomentwandler mit Überbrückungskupplung			
Getriebe	5-Gang / 4-Gang Automatik (nur 2.3 / 2.8 E)	6-Gang / 5-Gang Tiptronic	6-Gang	6-Gang
Übersetzungen	I. 3,55 – II. 2,11 (1,88) – III. 1,43 (1,30) – IV. 1.03 – V. 0,84 – R 3.50 Autom.: I. 2,71 – II. 1.55 (1.44) – III. 1,0 – IV 0,68 (0,74) – R 2,11 (2,88)	I. 3.667 – II. 2.053 – III. 1.423 – IV. 1.065 – V. 0.853 – VI. 0.730 – R.: 3.400 quattro: I. 3.665 – II. 1.999 – III. 1.407 – IV. 1.000 – V. 0.742 – R.: 4.096	I. 3.667 – II. 2.050 – III. 1.462 – IV. 1.133 – V. 0.919 – VI. 0.778 – R.: 3.333	I. 3.500 – II. 1.889 – III. 1.231 – IV. 0.871 – V. 0.667 – VI. 0.561 – R.: 3.455
Antriebs-Übersetzung	4.11 / 3.89, Autom.: 4.93 / 4.53 / 4.29	3.875 / 3.75 / 3.091	3.889	3.875
Karosserie / Fahrwerk	selbsttragende Ganzstahlkarosserie verzinkt			
Vorderradaufhängung	Dreieck-Querlenker, McPherson-Federbeine, Stabilisator	Vierlenkerachse, Querlenker oben/unten, Rohr-Stabilisator		
Hinterradaufhängung	Torsionskurbelachse (Längslenker, Achsrohr), Panhardstab, Schraubenfedern, Drehstab-Stabilisator	Trapezlenkerachse mit elastisch gelagertem Achsträger, Stabilisator		
Lenkung	Zahnstange, Servo			
Fußbremse / Regelsysteme	Scheiben v. / h. 256 mm Ø, ABS	Scheiben vorne / hinten 280 mm Ø, ABS/EBV, ASR, ESP		
Allgemeine Daten				
Radstand	2556 mm	2654 mm		
Spur	1453/1447 mm	1523 / 1523 mm		
Gesamtmaße	4366 x 1716 x 1378 mm	4573 x 1777 x 1391 mm		
Gepäckraum	230 Liter	315 Liter		
Räder	6,0 J x 15	7,0 J x 16	8 J x 18	7 J x 16
Reifen	195/65 VR 15	205/55 R 16 / 215/55 R 16	235/40 R 18	215/55 R 16
Wendekreis	11,0 Meter	11,1 Meter	11,5 Meter	11,5 Meter
Leermasse	1350-1455 kg	1610-1720 kg	1930 kg	1685 kg
Zuläss. Gesamtgewicht	1750-1855 kg	2090-2020 kg	2315 kg	2165 kg
Höchstgeschwindigkeit	187-209 km/h	224-243 km/h	250 km/h	226 km/h
Beschleunigung 0–100 km/h	12,9-10,2 sec	9,7-7,8 sec	5,9 sec	9,9 sec
Verbrauch/100 km	9,0-10,8 Liter	9,9-11,3 Liter	13,8 Liter	7,2 Liter
Kraftstofftank	70 Liter (über der Hinterachse)	70, quattro: 66 Liter	63 Liter	70 Liter
Anmerkung	ab 1995 auch mit 1.9 TDI mit 90 PS / 66 kW	auch mit Lamellenkupplung, elektr. geregelt, ölgekühlt, Multitronic. Quattro: auch 6-Gang HS	auch mit 6-Gang tiptronic	auch mit Lamellenkupplung, elektr. geregelt, ölgekühlt, Multitronic

Audi A4 Cabriolet II / Baureihe B6 (2002–2006) Audi A4 Cabriolet IIa / Baureihe B7 (2006–2009)

Die zweite Cabrio-Generation (Typ 8H) von Audi kam im Frühjahr 2002 auf den Markt, fast zwei Jahre lang war kein offener Audi angeboten worden. Das Fahrzeug basierte auf der nunmehr A4 genannten, nur vier Jahre lang verwendeten Plattform (B6). Gegenüber dem Vorgänger war das Cabrio deutlich größer geworden. Das A4 Cabriolet besaß als erstes Cabriolet den optionalen Allrad-Antrieb quattro und die als Sonderausstattung erhältliche stufenlose Automatik Multitronic. Im Gegensatz zur Limousine und dem Avant waren im »zivilen« Cabriolet die Ottomotoren 1.8 T, 2.0, 2.4 und 3.0 als auch S4 erhältlich. Als Dieselmotor war im A4 lediglich der 2.5 TDI erhältlich.

2006 erschien eine überarbeitete Ausführung des A4 Cabriolets, das nun äußerlich den Limousinen der B7-Modellreihe entsprach. Das Cabrio erhielt daher das neue Audi-Markengesicht mit Singleframe-Kühlergrill. Erkennbar war der neue Jahrgang zudem an den neuen Scheinwerfern mit weißem Blinkerglas, die Mitte 2007 im Cabrio serienmäßig zu haben waren. Von 2006 bis 2009 gab es ferner den Audi S4/RS4 als Cabriolet, ebenfalls auf der Plattform B7. Der S4 leistete 344 PS / 253 kW, der RS4 420 PS / 309 kW, beide aus einem 4,2-Liter-V8-Motor.

Auch das zweite Audi-Cabrio wurde bei Karmann gebaut, wie bisher mit traditionellem, elektrisch zu betätigendem Stoffverdeck.

Unter der Ägide von Ferdinand Piëch reifte Audi zum Premiumhersteller. Die exzellente Verarbeitung sorgte für gute Gebrauchtpreise, auch und gerade beim Audi-Cabrio.

Audi A4 Cabrio (Baureihe B6) von 2002. Foto: mot/Tschovikow

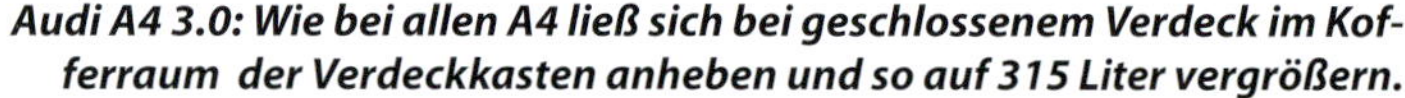

Audi A4 3.0: Wie bei allen A4 ließ sich bei geschlossenem Verdeck im Kofferraum der Verdeckkasten anheben und so auf 315 Liter vergrößern.

Audi A4 Cabriolet, B6: Für ein Cabriolet bot der Viersitzer viel Platz, und auch die Serienausstattung konnte sich sehen lassen. Das gut gefütterte Stoffverdeck gehörte ebenfalls zu den Pluspunkten. Es öffnete vollautomatisch, innerhalb von 24 Sekunden war die Stoffmütze verschwunden.

Nach dem Facelift im September 2005 lief das A4-Cabriolet unter der internen Baureihenbezeichnung B7 weiter. Im Bild ein 2.0 TFSI von 2006.

Der finnische Automobilzulieferer Valmet entwickelte eine Klappdach-Alternative, Audi hielt aber auch beim Nachfolger A5 am Karmann-Stoffverdeck fest.

Audi bot sein Cabriolet mit vier, sechs oder acht Zylindern an, als Benziner und Diesel, mit und ohne Allrad – die Vielfalt ließ keine Wünsche offen. Topmodell war der S4 (rechts) mit 344 PS / 253 kW.

Das traditionell ganzjahrestaugliche Stoffdach-Cabrio entstand auf den Karmann-Bändern.

Audi A4 Cabriolet (B7)	**Audi A 4 2.0 V6 TDI Audi A 4 3.0 V6 TDI 2006–2009**	**Audi A4 2.0 TFSI 2006–2009**	**Audi A 4 3.2 FSI quattro 2006–2009**	**Audi A4 S4 / RS4 2004–2008**
Motor	Diesel	Otto		
Zylinderzahl / Bauart	6 (V-Form, 60°), vorne längs	4 (Reihe), vorne längs	6 (V-Form, 90°), vorne längs	8 (V-Form, 90°), vorne längs
Bohrung x Hub	83 x 83,1 / 83 x 91,4 mm	82,5 x 92,8mm	84,5 x 92,8 mm	84,5 x 92,8 mm
Hubraum	2698 / 2967 cm^3	1984 cm^3	3123 cm^3	4163 cm^3
Leistung	180 PS (132 kW) bei 3300 U/min 233 PS (171 kW) bei 3500 U/min	200 PS (147 kW) bei 5100 U/min	255 PS (188 kW) bei 6500 U/min	344 PS (253 kW) bei 7000 U/min; 420 PS (309 kW) bei 7800 U/min
Drehmoment	380 / 450 Nm bei 1400 U/min	280 Nm bei 1800 U/min	330 Nm bei 3250 U/min	410 Nm bei 3500 U/min 430 Nm bei 5500 U/min
Verdichtung	1:17,0	1:10,5	1:12,5	1:11,0 (12,5)
Gemischbildung	Direkteinspritzung, Common Rail, VTG-Turbolader, Ladeluftkühler	Direkteinspritzung, Turbolader, Ladeluftkühler	Direkteinspritzung sequenziell, vollelektronisch E-Gas	
Ventile / Steuerung	4 / Rollenschlepphebel, hydraulischer Ventilspielausgleich, 2 x DOHC (Zahnräder/Zahnriemen)	4 / Kontinuierliche Einlassnockenwellenverstellung, DOHC (Zahnriemen / Kette)	4 / in V hängend / Kontinuierliche Nockenwellenverstellung, DOHC (Zahnriemen / Kette)	5 / in V hängend, Einlassnockenwellenverstellung, Rollenschwinghebel mit hydr. Ausgleich / 2 x DOHC (Kette/Zahnräder)
Kühlung	Pumpe, 9,0 Liter Wasser			Pumpe, 12,5 Liter Wasser
Schmierung	Druckumlauf, 6,0 Liter Öl			Druckumlauf ,10,7 Liter Öl
Batterie	12 V 95 Ah	12 V 60 Ah	12 V 80 Ah	12 V 95 Ah
Lichtmaschine	140 A	140 A	150 A	190 A
Kraftübertragung	Frontantrieb		Allradantrieb mit Torsen-Mittendifferenzial	
Schaltung	Schaltstock Wagenmitte			
Kupplung	Einscheibentrocken / Lamellen, elektr. geregelt, ölgekühlt		Einscheibentrocken / Hydraulischer Drehmomentwandler mit Überbrückungskupplung	
Getriebe	6-Gang / Multitronic stufenlos		6-Gang / 6-Gang Tiptronic mit DSG	
Übersetzungen	I. 3.667 – II. 2.053 – III. 1.370 – IV. 1.032 – V. 0.800 – VI. 0.658 – R.: 3.400 Multitronic: 2.8 – 0.381, R. 2.38		I. 3.30 – II. 1.85 – III. 1.286 – IV. 0.939 – V. 0.75 – VI. 0.641 – R.: 3.400 Tiptr.: I. 4.171 – II. 2.340 – III. 1.521 – IV. 1.143 – V. 0.867 – VI. 0.691 – R. 4.303	I. 3.67 – II. 2.053 – III. 1.46 – IV. 1.13 – V. 0.92 – VI. 0.78 – R. 3.33
Antriebs-Übersetzung	6.0	3.750 / 5.297	4.375 / 3.539	3.89 / 4.11
Karosserie / Fahrwerk	selbsttragende Ganzstahlkarosserie, verzinkt			
Vorderradaufhängung	Vierlenkerachse, Querlenker oben und unten, Rohr-Stabilisator			
Hinterradaufhängung	Trapezlenkerachse mit elastisch gelagertem Achsträger, Stabilisator			
Lenkung	Zahnstange, Servo			
Fußbremse / Regelsysteme	Scheibenbremse vorne belüftet / hinten Ø 280 mm, ABS/EBV, ESP, BA			
Allgemeine Daten				
Radstand	2650 mm			
Spur	1522/1518 mm			1515/1510 (1520/1520) mm
Gesamtmaße	4573 x 1777 x 1391 mm			4585 x 1780 x 1390 (1415) mm
Gepäckraum	245–315 Liter (offen /geschlossen)			
Räder	7 J x 16 Alu			8 J (8,5) x 18 Alu
Reifen	215/55 R 16			235/40 (255/40) R 18
Wendekreis	11,1 Meter			11,5 (11,1) Meter
Leermasse	1745–1790 kg	1600 kg	1695–1740 kg	1845–1895 kg
Zuläss. Gesamtgewicht	2170–2270 kg	2080 kg	2175–2220 kg	2355 kg
Höchstgeschwindigkeit	225–240 km/h	238–233 km/h	250 km/h	250 km/h
Beschleunigung 0–100 km/h	9,7–7,3 sec	7,9–8,1 sec	6,8–7,4 sec	5,9 (4,9) sec
Verbrauch/100 km	5,7–8,1 Liter	8,3–8,4 Liter	11,1 Liter	13,8 Liter
Kraftstofftank	63 Liter	70 Liter	63 Liter	

Audi A5 Cabriolet I / Baureihe B8 (2009-2016) Audi A5 Cabriolet II / Baureihe B9 F5 (ab 2016)

Der neuen Baureihe A5 zugeordnet waren Versionen, die bisher zur A4-Reihe gezählt hatten – zunächst Coupés und Cabrios, ab 2009 auch viertürige Schräghecklimousinen (»Sportback«). Auf das Coupé folgte im März 2009 das neue A5 Cabriolet (Typ 8F), welches das bisherige Audi A4 Cabriolet ersetzte. Optional wurde der Allradantrieb angeboten.

Es lief nicht mehr beim mittlerweile insolventen Karossier Karmann vom Band, sondern wurde bis November 2016 in Neckarsulm gebaut. 2011 erfuhren Coupé und Cabrio eine Modellpflege, die auch neue Motoren mit sich brachte. Dem zivilen Cabrio zur Seite gestanden hatte bereits das S5 Cabrio. Im November 2012 kam das RS5 Cabriolet hinzu.

Die zweite Generation des offenen A5 (interne Typbezeichnung F5) auf der MLBevo-Plattform, welche in der Coupéversion im Juni 2016 und in der Schräghecklimousinen-Variante Sportback im Oktober 2016 vorgestellt wurde, entstand in Ingolstadt, während das Cabriolet im November 2016 vorgestellt wurde und weiterhin in Neckarsulm vom Band lief. Das Cabrio erschien gleichzeitig mit dem S-Modell; ein RS5-Cabrio gab es allerdings nicht mehr.

Zu haben waren mehrere TFSI- und TDI-Motorisierungen von 150 bis 265 PS (110 bis 195 kW) – alle mit 2,0 Liter Hubraum und als Vierzylinder. Sie liefen nach neuer Nomenklatur unter Bezeichnungen wie A5 35 TDI (163 PS / 120 kW) für 51.700 Euro, A5 40 TDI (204 PS / 150 kW) für 54.250 Euro, A5 40 TDI quattro (204 PS / 150 kW) für 56.600 Euro oder A5 35 TFSI (150 PS / 110 kW) für 48.400 Euro, A5 40 TFSI (204 PS / 150 kW), A5 45 TFSI quattro (265 PS / 195 kW) für 58.800 Euro. (Stand: 2023)

Seit März 2017 bei den Händlern, wurde das Audi A5 Cabrio im Januar 2020 einem Facelift unterzogen. Im Bild ein 2.0 TDI von 2021.

Audi S5 Cabrio (Baureihe B8), in dieser Form gebaut von 2009 bis 2011. Die Facelift-Version lief dann bis 2017.

In den USA lief das B8-Cabriolet (hier der 2.0T von 2009) zunächst als »A4« und nur das Coupé als »A5«. Letzteres war mit $ 41.575 um 50 Dollar günstiger.

MODELLÜBERSICHT AUDI A5 – BAUREIHE B8

Typ	Zylinder	Hubraum	Leistung	Beschleunigung 0-100 km/h	Höchstgeschwin-digkeit	Durchschnittsver-brauch	Listenpreis	Baujahr
Audi A5 Cabriolet 1.8 TFSI	4 Zylinder	1.798 cm^3	118 kW/160 PS	9,9 s	218 km/h		37.800 €	08/2009-07/2011
Audi A5 Cabriolet 1.8 TFSI	4 Zylinder	1.798 cm^3	125 kW/170 PS	8,7 s	222 km/h		k.A.	08/2009-04/2015
Audi A5 Cabriolet 1.8 TFSI	4 Zylinder	1.798 cm^3	130 kW/177 PS	8,7 s	223 km/h		40.750 €	04/2015-11/2016
Audi A5 Cabriolet 2.0 TFSI	4 Zylinder	1.984 cm^3	132 kW/180 PS	8,9 s	219 km/h		41.650 €	03/2009-04/2013
Audi A5 Cabriolet 2.0 TFSI	4 Zylinder	1.984 cm^3	155 kW/211 PS	7,5 s	241 km/h		43.600 €	03/2009-04/2013
Audi A5 Cabriolet 2.0 TFSI	4 Zylinder	1.984 cm^3	165 kW/225 PS	7,4 s	245 km/h		45.500 €	04/2013-08/2015
Audi A5 Cabriolet 2.0 TFSI	4 Zylinder	1.984 cm^3	169 kW/230 PS	7,4 s	245 km/h		45.900 €	08/2015-11/2016
Audi A5 Cabriolet 2.0 TFSI Quattro	4 Zylinder	1.984 cm^3	155 kW/211 PS	7,3 s	238 km/h		48.800 €	03/2009-04/2013
Audi A5 Cabriolet 2.0 TFSI Quattro	4 Zylinder	1.984 cm^3	165 kW/225 PS	6,5 s	245 km/h		50.050 €	04/2013-08/2015
Audi A5 Cabriolet 2.0 TFSI Quattro	4 Zylinder	1.984 cm^3	169 kW/230 PS	7,2 s	240 km/h		50.450 €	08/2015-11/2016
Audi A5 Cabriolet 3.0 TFSI Quattro	6 Zylinder	2.995 cm^3	200 kW/272 PS	6,3 s	250 km/h		53.600 €	11/2011-11/2016
Audi A5 Cabriolet 3.2 FSI	6 Zylinder	3.197 cm^3	195 kW/265 PS	6,9 s	246 km/h		50.700 €	03/2009-07/2011
Audi A5 Cabriolet 3.2 FSI Quattro	6 Zylinder	3.197 cm^3	195 kW/265 PS	6,9 s	250 km/h		53.050 €	03/2009-07/2011
Audi RS5 Cabrio	8 Zylinder	4.163 cm^3	331 kW/450 PS	4,9 s	250 km/h		89.900 €	08/2013-09/2015
Audi S5 Cabrio 3.0 TFSI Quattro	6 Zylinder	2.995 cm^3	245 kW/333 PS	5,6 s	250 km/h		62.500 €	03/2009-11/2016
Modelle mit Diesel-Motoren								
Audi A5 Cabriolet 2.0 TDI	4 Zylinder	1.968 cm^3	105 kW/143 PS	10,2 s	210 km/h	4,7 L/100 km	41.050 €	12/2011-04/2013
Audi A5 Cabriolet 2.0 TDI	4 Zylinder	1.968 cm^3	110 kW/150 PS	10,2 s	210 km/	4,7 L/100 km	42.050 €	04/2013-11/2016
Audi A5 Cabriolet 2.0 TDI	4 Zylinder	1.968 cm^3	125 kW/170 PS	9,3 s	222 km/h	5,7 L/100 km	41.900 €	03/2009-07/2011
Audi A5 Cabriolet 2.0 TDI	4 Zylinder	1.968 cm^3	130 kW/177 PS	8,8 s	222 km/h	4,8 L/100 km	43.750 €	11/2011-04/2015
Audi A5 Cabriolet 2.0 TDI	4 Zylinder	1.968 cm^3	140 kW/190 PS	8,2 s	234 km/h	4,8 L/100 km	44.750 €	03/2014-11/2016
Audi A5 Cabriolet 2.0 TDI Quattro	4 Zylinder	1.968 cm^3	130 kW/177 PS	9,3 s	221 km/h	5,4 L/100 km	46.100 €	11/2011-04/2015
Audi A5 Cabriolet 2.0 TDI Quattro	4 Zylinder	1.968 cm^3	140 kW/190 PS	7,9 s	231 km/h	5,1 L/100 km	47.100 €	03/2014-11/2016
Audi A5 Cabriolet 2.7 TDI	6 Zylinder	2.698 cm^3	140 kW/190 PS	8,6 s	230 km/h	6,3 L/100 km	45.250 €	04/2009-07/2011
Audi A5 Cabriolet 3.0 TDI	6 Zylinder	2.967 cm^3	150 kW/204 PS	7,6 s	230 km/h	5,2 L/100 km	49.550 €	10/2011-04/2015
Audi A5 Cabriolet 3.0 TDI Quattro	6 Zylinder	2.967 cm^3	160 kW/218 PS	6,3 s	236 km/h	6,2 L/100 km	52.300 €	05/2015-11/2016
Audi A5 Cabriolet 3.0 TDI Quattro	6 Zylinder	2.967 cm^3	176 kW/240 PS	6,7 s	247 km/h	6,8 L/100 km	53.950 €	03/2009-07/2011
Audi A5 Cabriolet 3.0 TDI Quattro	6 Zylinder	2.967 cm^3	180 kW/245 PS	6,3 s	250 km/h	5,9 L/100 km	55.950 €	10/2011-11/2016

Audi RS5 Cabriolet.

Audi A5 2.0 TFSI, Frontgestaltung nach Facelift 2011.

MODELLÜBERSICHT AUDI A5 – BAUREIHE B9 / F5

Typ	Zylinder	Hubraum	Leistung	Beschleunigung 0-100 km/h	Höchstgeschwindigkeit	Durchschnittsverbrauch	Listenpreis	Baujahr
Audi A5 Cabriolet 2.0 TFSI	4 Zylinder	1.984 cm^3	140 kW/190 PS	7,9 s	239 km/h	5,9 L/100 km	44.800 €	03/2017-08/2018
Audi A5 Cabriolet 2.0 TFSI	4 Zylinder	1.984 cm^3	185 kW/252 PS	6,7 s	250 km/h	6,1 L/100 km	52.750 €	08/2017-06/2018
Audi A5 Cabriolet 2.0 TFSI Quattro	4 Zylinder	1.984 cm^3	185 kW/252 PS	6,3 s	250 km/h	6,6 L/100 km	55.100 €	08/2017-06/2018
Audi A5 Cabriolet 35 TFSI	4 Zylinder Hybrid	1.984 cm^3	110 kW/150 PS	9,8 s	219 km/h	5,9 L/100 km	50.500 €	ab 11/2023
Audi A5 Cabriolet 40 TFSI	4 Zylinder	1.984 cm^3	140 kW/190 PS	7,9 s	239 km/h	6,0 L/100 km	44.800 €	10/2018-05/2019
Audi A5 Cabriolet 40 TFSI	4 Zylinder Hybrid	1.984 cm^3	150 kW/204 PS	7,5 s	237 km/h	6,5 L/100 km	53.400 €	ab 11/2023
Audi A5 Cabriolet 40 TFSI Quattro	4 Zylinder Hybrid	1.984 cm^3	150 kW/204 PS	7,1 s	234 km/h	5,8 L/100 km	55.750 €	ab 11/2023
Audi A5 Cabriolet 45 TFSI	4 Zylinder	1.984 cm^3	180 kW/245 PS	6,8 s	250 km/h	6,7 L/100 km	52.750 €	01/2019-08/2019
Audi A5 Cabriolet 45 TFSI Quattro	4 Zylinder	1.984 cm^3	180 kW/245 PS	6,5 s	250 km/h	6,6 L/100 km	56.950 €	01/2019-00/2019
Audi A5 Cabriolet 45 TFSI Quattro	4 Zylinder Hybrid	1.984 cm^3	195 kW/265 PS	6,0 s	250 km/h	7,8 L/100 km	61.000 €	ab 11/2023
Audi S5 Cabriolet TFSI	6 Zylinder	2.995 cm^3	260 kW/354 PS	5,1 s	250 km/h	8,8 L/100 km	68.527 €	ab 01/2020
Modelle mit Diesel-Motoren								
Audi A5 Cabriolet 2.0 TDI	4 Zylinder	1.968 cm^3	110 kW/150 PS	9,7 s	215 km/h	4,5 L/100 km	45.300 €	08/2017-05/2019
Audi A5 Cabriolet 2.0 TDI	4 Zylinder	1.968 cm^3	140 kW/190 PS	8,3 s	232 km/h	4,5 L/100 km	50.150 €	03/2017-08/2018
Audi A5 Cabriolet 2.0 TDI Quattro	4 Zylinder	1.968 cm^3	140 kW/190 PS	7,8 s	233 km/h	4,7 L/100 km	52.500 €	03/2017-08/2018
Audi A5 Cabriolet 3.0 TDI	6 Zylinder	2.967 cm^3	160 kW/218 PS	7,0 s	246 km/h	4,6 L/100 km	53.750 €	03/2017-06/2018
Audi A5 Cabriolet 3.0 TDI Quattro	6 Zylinder	2.967 cm^3	160 kW/218 PS	6,8 s	241 km/h	4,9 L/100 km	56.100 €	03/2017-06/2018
Audi A5 Cabriolet 3.0 TDI Quattro	6 Zylinder	2.967 cm^3	210 kW/286 PS	5,7 s	250 km/h	5,7 L/100 km	60.750 €	11/2017-08/2018
Audi A5 Cabriolet 35 TDI	4 Zylinder	1.968 cm^3	110 kW/150 PS	9,6 s	213 km/h	4,6 L/100 km	47.600 €	ab 01/2020
Audi A5 Cabriolet 35 TDI	4 Zylinder	1.968 cm^3	120 kW/163 PS	9,0 s	222 km/h	4,2 L/100 km	48.836 €	ab 01/2020
Audi A5 Cabriolet 40 TDI	4 Zylinder	1.968 cm^3	140 kW/190 PS	8,4 s	241 km/h	4,6 L/100 km	52.650 €	01/2020-09/2020
Audi A5 Cabriolet 40 TDI	4 Zylinder Hybrid	1.968 cm^3	150 kW/204 PS	7,9 s	243 km/h	6,6 L/100 km	56.450 €	09/2020-11/2023
Audi A5 Cabriolet 40 TDI Quattro	4 Zylinder	1.968 cm^3	140 kW/190 PS	8,0 s	233 km/h	5,1 L/100 km	54.500 €	01/2020-06/2020
Audi A5 Cabriolet 40 TDI Quattro	4 Zylinder Hybrid	1.968 cm^3	150 kW/204 PS	7,6 s	237 km/h	6,9 L/100 km	58.800 €	08/2020-11/2023
Audi A5 Cabriolet 50 TDI Quattro	6 Zylinder	2.967 cm^3	210 kW/286 PS	5,7 s	250 km/h	6,0 L/100 km	61.150 €	02/2019-06/2020

Rechte Seite: Audi S5 3.0 TFSI Cabriolet nach dem Facelift 2020. Der V6-Turbo-Benzinmotor leistet 260 kW (354 PS) und hat ein Drehmoment von 500 Nm. Eine Achtstufen-Tiptronic übernimmt die Kraftübertragung, der Allradantrieb ist serienmäßig.

Audi A5 Cabriolet B8	Audi A5 2.0 TDI (quattro) 2009–2015	Audi A5 2.7 TDI 2009–2011 Audi A 5 3.0 TDI 2011–2015	Audi A5 3.0 TDI quattro 2009–2016	Audi A5 1.8 TSFI 2011–2015	Audi A5 RS5 2013–2016
Motor	Diesel			Otto	
Zylinderzahl / Bauart	4 (Reihe) vorne	6 (V, 90° Zylinderbankwinkel) vorne längs		4 (Reihe) vorne	8 (V, 90° Zylinderbankwinkel) vorne längs
Bohrung x Hub	81 x 95,5 mm	83 x 83,1 (91,4) mm	83 x 91,4 mm	82,5 x 84,1 mm	84,5 x 92,8 mm
Hubraum	1968 cm^3	2698 (2967) cm^3	2967 cm^3	1798 cm^3	4163 cm^3
Leistung	170 PS (125 kW) bei 4200 U/min	190 PS (140 kW) b. 3500 U/min; 204 PS (150 kW) bei 3750 U/min	240 PS (176 kW) bei 4000 U/min	170 PS (125 kW) bei 3800 U/min	450 PS (331 kW) bei 8250 U/min
Drehmoment	350 Nm bei 1750 U/min	400 Nm bei 1400 (1250) U/min	500 Nm bei 1500 U/min	320 Nm bei 1400 U/min	430 Nm bei 4000 U/min
Verdichtung	1: 16,5	1:16,8	1:16,8	1:9,6	1:11,0
Gemischbildung	Direkteinspritzung, Common Rail, Turbolader mit verstellbarer Geometrie (VTG), Ladeluftkühlung			Direkteinspritzung, Turbolader, Ladeluftkühlung	Direkteinspritzung
Ventile / Steuerung	4 / DOHC, Schlepphebel mit hydraulischem Ventil(spiel)ausgleich			4 / DOHC, Rollenschlepphebel mit hydraulischem Ventilspielausgleich, Nockenwellenverstellung	4 / Einlassnockenwellenverstellung, Rollenschwinghebel mit hydraul. Ausgleich / 2 x DOHC, Kette
Kühlung	Pumpe, 13,2 Liter Wasser	Pumpe, 12,2 Liter Wasser		k.A.	Pumpe, 9,7 Liter Wasser
Schmierung	Druckumlauf, 5,0 Liter Öl	Druckumlauf, 10,7 Liter Öl		Druckumlauf, 4,7 Liter Öl	Druckumlauf, 10,7 Liter Öl
Batterie	12 V 70 Ah	12V 120 (92) Ah	12 V 110 Ah	12 V 68 Ah	12 V 80 Ah
Lichtmaschine	120-180 A	140 (150) A	140 A	150 A	140 A
Kraftübertragung	Frontantrieb, quattro: Allrad permanent selbstsperrend, Mittendifferenzial				
Schaltung	Schaltstock Wagenmitte				
Kupplung	Einscheibentrockenupplung, quattro: Lamellenkupplung, elektronisch geregelt, ölgekühlt				
Getriebe	6-Gang / Multitronic stufenlos	Multitronic stufenlos	7-Gang DSG	6-Gang / Multitronic stufenlos	7-Gang DSG
Übersetzungen	I. 3.78 – II. 2.05 – III. 1.32 – IV. 0.97 – V. 0.76 – VI. 0.63 – R. 3.33. Multitr.: 2.41 – 0.38, R. 2.92	2.48 – 0.37, R. 3,0 2.41– 0.38, R.: 2.92	I. 3.69 – II. 2.24 – III. 1.56 – IV. 1.18 – V. 0.92 – VI. 0.75 – VII. 0.62 – R. 2.94	I. 3.78 – II. 2.05 – III. 1.32 – IV. 0.97 – V. 0.76 – VI. 0.63 – R. 3.33. Multitr.: 2.41 – 0.38, R. 2.92	I. 3.188 – II. 2.19 – III. 1.517 – IV. 1.057 – V. 0.738 – VI. 0.508 – VII. 0.386 – R. 2.75
Antriebs-Übersetzung	3.69 / 5.18	5.63	3,889	3.30 / 4.61	4.234
Karosserie / Fahrwerk	selbsttragende Ganzstahlkarosserie (2+2)				
Vorderradaufhängung	Vierlenkerachse, Querlenker oben und unten, Rohr-Stabilisator				
Hinterradaufhängung	Trapezlenkerachse, Stabilisator				
Lenkung	Zahnstange, elektromechanisch, geschwindigkeitsabhängige Servounterstützung				
Fußbremse / Regelsysteme	Scheiben innenbelüftet v./h. Ø (314/300 mm), RS 5: 330/345 mm; ABS/EBV , ESP, BA				
Allgemeine Daten					
Radstand	2751 mm				
Spur	1590/1575 mm				1585/1580 mm
Gesamtmaße	4625 x 1854 x 1383 mm				4640 x 1860 x 1365 mm
Gepäckraum	320-380 Liter (offen/geschlossen)				320-380 Liter
Räder	7.5 J x 17				9 J x 19
Reifen	225/50 R 17				265/35 R 19
Wendekreis	11,4 Meter			11,5 Meter	11,6 Meter
Leermasse	1610-1720 kg	1785–1760 kg	1860 kg	1620–1655 kg	1920 kg
Zuläss. Gesamtgewicht	2090-2020 kg	2285–2260 kg	2360 kg	2120–2155 kg	2420 kg
Höchstgeschwindigkeit	224-243 km/h	222–230 km/h	247 km/h	222–213 km/h	250 km/h
Beschleunigung 0–100 km/h	9,7-7,8 sec	9,4 sec	6,4 sec	8,7–8,9 sec	4,9 sec
Verbrauch/100 km	9,9-11,3 Liter	8,5 Liter	6,8 Liter	6,2 Liter	10,7 Liter
Kraftstofftank	70, quattro: 66 Liter	70 Liter	65 Liter	63 Liter	61 Liter
Anmerkungen				Leistungsvarianten: 160 PS (2009-2011), 177 PS (2015-2016)	

Audi A5 Cabriolet B9 F5	Audi A5 2.0 / 40 / 45 TFSI 2017–2019	Audi A5 35 / 40 / 45 TFSI MHEV ab 2019	Audi A5 35 / 40 TDI ab 2019	Audi S5 3.0 TFSI quattro ab 2019
Motor	Otto	Otto, Hybrid	Diesel	Otto
Zylinderzahl / Bauart	4 (Reihe), vorne längs	4 (Reihe), vorne längs	4 (Reihe), vorne längs	6 (V-Form, 90°), vorne längs
Bohrung x Hub	82,5 x 92,8 mm	82,5 x 92,8 mm	82,5 x 92,8 mm	84,5 x 89 mm
Hubraum	1984 cm^3	1984 cm^3	1968 cm^3	2995 cm^3
Leistung	190 PS (140 kW) bei 4200 U/min 252 PS (185 kW) bei 5000 U/min 245 PS (180 kW) bei 5000 U/min	150 PS (110 kW) bei 4000 U/min 204 PS (150 kW) bei 4475 U/min 265 PS (195 kW) bei 5250 U/min	163 PS (120 kW) bei 3250 U/min 190 PS (140 kW) bei 3800 U/min	354 PS (260 kW) bei 5400 U/min
Drehmoment	320 Nm bei 1450 U/min 370 Nm bei 1600 U/min	270 Nm bei 1300 U/min 320 Nm bei 1450 U/min 370 Nm bei 1600 U/min	U370 Nm bei 1500 U/min 400 Nm bei 1750 U/min	500 Nm bei 1370 U/min
Verdichtung	1: 9,6 / 11,7	1: 9,6 / 12,2 / 11,7	1:16,0	1:11,2
Gemischbildung	Direkteinspritzung, Turbolader, LAdeluftkühler		Direkteinspritzung Common-Rail, Turbolader, Ladeluftkühlung	Direkteinspritzung, Turbolader Ladeluftkühler
Ventile / Steuerung	4 / DOHC, Rollenschlepphebel, kontinuierliche Ein-/Auslassnockenwellenverstellung, hydraulischer Ventilspielausgleich , Kette		4 / DOHC, Rollenschlepphebel, hydraulischer Ventilspielausgleich, Zahnriemen	4 / 2 x DOHC, Nockenwellen-verst., Rollenschlepphebel, hydraul. Ventilspielausgleich, Kette
Kühlung	Pumpe, 8,8 Liter Wasser		Pumpe, 11,9 Liter Wasser	Pumpe, 10,4 Liter Wasser
Schmierung	Druckumlauf, 5,2 Liter Öl		Druckumlauf, 5,5 Liter Öl	Druckumlauf, 7,6 Liter Öl
Batterie	12 V 58 / 68 Ah		12 V 58 Ah	12 V 79 Ah
Lichtmaschine	Alternator 150 / 278 A		Alternator 150 A	Alternator 150 A
Kraftübertragung	Frontantrieb, quattro: Allrad permanent, selbstsperrendes Mittendifferential			
Schaltung	Schaltstock Wagenmitte			
Kupplung	Einscheibentrocken, quattro: Lamellenkupplung, elektr. geregelt, ölgekühlt	Hydraulisch betätigte Doppelkupplung (nasslaufend)		Hydr. Drehmomentwandler, Überbrückungskupplung
Getriebe	6-Gang / 7-Gang DSG (S tronic)		7-Gang DSG (S tronic)	8 Gang tiptronic
Übersetzungen	I. 3.778 – II. 2.05 – III. 1.276, – IV. 0.914 – V. 0.784 – VI. 0.667 – R. 3.333 I. 3.188 – II. 2.19 – III. 1.517 – IV. 1.057 – V. 0.738 – VI. 0.557 – VII. 0.433 – R. 2.75 I. 4.714 –II. 3.143 – III. 2.106 – IV. 1.667 – V. 1.285 – VI. 1,0 – VII. 0.839 – VIII. 0.667 – R. 3.317			
Antriebs-Übersetzung	3.409 / 4.234		4.234	2.848
Karosserie / Fahrwerk	selbsttragend Stahl/Aluminium-Mischbauweise (2+2)			
Vorderradaufhängung	Fünflenkerachse, je 2 Querlenker oben und unten, Rohr-Stabilisator			
Hinterradaufhängung	Fünflenkerachse, je 2 Querlenker oben und unten, Rohr-Stabilisator			
Lenkung	Elektromechanische Zahnstangenlenkung mit geschwindigkeitsabhängiger Servounterstützung			
Fußbremse / Regelsysteme	Scheiben vorn innenbelüftet 314 / 338 mm Ø, hinten 300 / 330 mm Ø, S5: vorne 350 mm Ø, hinten 330 mm Ø, ABS/EBV , ESP, Bremskraftverstärker			
Allgemeine Daten				
Radstand	2765 mm			
Spur	1590/1570 mm	1587/1568 mm		
Gesamtmaße	4670 x 1850 x 1380 mm	4673 x 1846 x 1383 mm		4692 x 1846 x 1382 mm
Gepäckraum	320-380 Liter (offen / geschlossen)			
Räder	7.5 J x 17			8,5 x 18
Reifen	225/50 R 17			245/40 R 18
Wendekreis	11,5 Meter			
Leermasse	1600-1820 kg	1670 kg	1690 kg	1915 kg
Zuläss. Gesamtgewicht	2110-2320 kg	217 kg	2215 kg	2340 kg
Höchstgeschwindigkeit	237-250 km/h	219-250 km/	222- 241 km/h	250 km/h
Beschleunigung 0–100 km/h	7,9-6,7 sec	9,8-6,0 sec	9,0-8,4 sec	5,1 sec
Verbrauch/100 km	5,9-6,2 Liter	6,5-7,4 Liter	5,0-5,6 Liter	7,8 Liter
Kraftstofftank	54 Liter	54 Liter	40 Liter Diesel + Harnstofftank 12 Liter, optional 54/24 Liter	58 Liter

MODELLÜBERSICHT AUDI A3 – BAUREIHE A5 (8P/PA)

Typ	Zylinder	Hubraum	Leistung	Beschleunigung 0-100 km/h	Höchstgeschwindigkeit	Durchschnittsverbrauch	Listenpreis	Baujahr
Audi A3 Cabriolet 1.2 TFSI	4 Zylinder	1.197 cm^3	77 kW/105 PS	12,2 s	190 km/h	5,7 L/100 km	25.500 €	06/2010-04/2013
Audi A3 Cabriolet 1.4 TFSI	4 Zylinder	1.390 cm^3	92 kW/125 PS	10,7 s	200 km/h	6,0 L/100 km	27.150 €	05/2011-04/2013
Audi A3 Cabriolet 1.6	4 Zylinder	1.595 cm^3	75 kW/102 PS	12,5 s	183 km/h	7,0 L/100 km	25.400 €	08/2008-04/2010
Audi A3 Cabriolet 1.8 TFSI	4 Zylinder	1.798 cm^3	118 kW/160 PS	8,2 s	220 km/h	6,7 L/100 km	30.150 €	08/2008-04/2013
Audi A3 Cabriolet 2.0 TFSI Quattro	4 Zylinder	1.984 cm^3	147 kW/200 PS	7,4 s	236 km/h	7,2 L/100 km	32.850 €	08/2008-04/2013
Audi A3 Cabriolet 1.6 TDI	4 Zylinder	1.598 cm^3	77 kW/105 PS	12,2 s	190 km/h	4,3 L/100 km	29.000 €	06/2009-04/2013
Audi A3 Cabriolet 1.9 TDI	4 Zylinder	1.896 cm^3	77 kW/105 PS	12,3 s	185 km/h	5,1 L/100 km	28.200 €	03/2008-06/2009
Audi A3 Cabriolet 2.0 TDI	4 Zylinder	1.968 cm^3	103 kW/140 PS	9,6 s	208 km/h	4,6 L/100 km	31.050 €	10/2008-04/2013

MODELLÜBERSICHT AUDI A3 – BAUREIHE MQB (8V)

Typ	Zylinder	Hubraum	Leistung	Beschleunigung 0-100 km/h	Höchstgeschwindigkeit	Durchschnittsverbrauch	Listenpreis	Baujahr
Audi A3 Cabriolet 1.4 TFSI	4 Zylinder	1.395 cm^3	85 kW/116 PS	10,6 s	203 km/h	5,3 L/100 km	29.900 €	02/2016-08/2018
Audi A3 Cabriolet 1.4 TFSI	4 Zylinder	1.395 cm^3	92 kW/125 PS	10,2 s	211 km/h	5,3 L/100 km	30.500 €	03/2014-05/2016
Audi A3 Cabriolet 1.4 TFSI COD	4 Zylinder	1.395 cm^3	103 kW/140 PS	9,1 s	218 km/h	5,0 L/100 km	31.700 €	03/2014-05/2014
Audi A3 Cabriolet 1.4 TFSI COD Ultra	4 Zylinder	1.395 cm^3	110 kW/150 PS	8,9 s	222 km/h	5,0 L/100 km	32.650 €	05/2014-05/2017
Audi A3 Cabriolet 1.5 TFSI COD	4 Zylinder	1.498 cm^3	110 kW/150 PS	8,9 s	222 km/h	5,2 L/100 km	34.100 €	05/2017-08/2018
Audi A3 Cabriolet 35 TFSI COD	4 Zylinder	1.498 cm^3	110 kW/150 PS	8,9 s	222 km/h	5,3 L/100 km	34.600 €	09/2018-06/2020
Audi A3 Cabriolet 1.8 TFSI Quattro	4 Zylinder	1798 cm^3	132 kW/180 PS	7,6 s	234 km/h	6,6 L/100 km	38.700 €	03/2014-05/2016
Audi A3 Cabriolet 2.0 TFSI Quattro	4 Zylinder	1.984 cm^3	140 kW/190 PS	6,9 s	242 km/h	6,1 L/100 km	42.650 €	07/2016-08/2018
Audi A3 Cabriolet 40 TFSI Quattro	4 Zylinder	1.984 cm^3	140 kW/190 PS	6,9 s	242 km/h	6,6 L/100 km	43.150 €	02/2019-06/2020
Audi S3 Cabriolet S	4 Zylinder	1.984 cm^3	221 kW/300 PS	5,2 s	250 km/h	7,1 L/100 km	52.300 €	06/2014-05/2016
Audi S3 Cabriolet 2.0 TFSI Quattro	4 Zylinder	1.984 cm^3	221 kW/300 PS	5,4 s	250 km/h	7,1 L/100 km	49.350 €	11/2018-06/2020
Audi S3 Cabriolet 2.0 TFSI Quattro	4 Zylinder	1.984 cm^3	228 kW/310 PS	5,4 s	250 km/h	7,1 L/100 km	50.700 €	07/2016-08/2018
Modelle mit Diesel-Motoren								
Audi A3 Cabriolet 1.6 TDI	4 Zylinder	1.598 cm^3	81 kW/110 PS	11,4 s	200 km/h	4,1 L/100 km	33.400 €	05/2014-05/2016
Audi A3 Cabriolet 2.0 TDI	4 Zylinder	1.968 cm^3	110 kW/150 PS	8,9 s	224 km/h	4,2 L/100 km	34.300 €	03/2014-08/2018
Audi A3 Cabriolet 2.0 TDI Quattro	4 Zylinder	1.968 cm^3	110 kW/150 PS	8,8 s	220 km/h	4,9 L/100 km	37.700 €	05/2014-04/2018
Audi A3 Cabriolet 2.0 TDI	4 Zylinder	1.968 cm^3	135 kW/184 PS	7,9 s	241 km/h	4,4 L/100 km	37.500 €	05/2014-05/2016
Audi A3 Cabriolet 2.0 TDI Quattro	4 Zylinder	1.968 cm^3	135 kW/184 PS	7,6 s	237 km/h	5,0 L/100 km	41.350 €	07/2016-08/2018

Audi A3 2.0 TDI S-Line, 2008-2010.

Audi A3 Cabriolet I / Baureihe A5 (2008–2013)
Audi A3 Cabriolet II / MQB-Plattform (2014–2020)

Die eigentliche A3-Reihe von Audi hatte 1996 aufgelegt, wenn auch nicht als Cabrio. Das kam erst mit der zweiten Generation. Der offene A3 (Typ 8P) von 2008 war das erste Cabriolet in der Kompaktklasse von Audi. Es saß auf der PQ35-Querplattform vom VW Golf V, wobei ein vergleichbares Golf Cabrio noch auf sich warten ließ. Der A3 hatte ein klassisches Stoffverdeck. Der Karosserierohbau lief in Ingolstadt, die Endmontage erfolgte in Györ/Ungarn. Der Verkauf des A3 Cabriolets startete in Deutschland ab Mitte Januar 2008. Er lief bis März 2013. Fünf Motorenvarianten standen anfangs zur Verfügung, darunter drei Ottomotoren mit 102 PS / 75 kW, 160 PS / 118 kW und 200 PS / 147 kW. Dazu kamen zwei Dieselmotoren mit 105 PS / 77 kW und 140 PS / 103 kW.

Im Jahr 2012 war die dritte A3-Generation angelaufen (Basis Modularer Querbaukasten, auch beim Golf VII), die es bald auch als Sportback und 2013 sogar als Stufenheck-Ausführung gab.

Das nunmehr zweite A3-Cabrio folgte erst im Januar 2014, vorgestellt worden war es auf der im September IAA 2013. Es verfügte weiterhin über ein Stoffverdeck, wobei das Kofferraumvolumen von 260 auf 320 Liter gewachsen war. Gebaut wurde die offene Version wiederum in Györ. 2016 gab es eine Modellüberarbeitung.

Alle Diesel- und Ottomotoren erhielten Turbolader; Basis-Motorisierung bildete zunächst ein 1,4-Liter-Ottomotor mit Benzindirekteinspritzung (TFSI) und 122 PS / 90 kW, gefolgt vom 1,8-Liter-Ottomotor mit Doppelkupplungsgetriebe (S tronic) und einer maximalen Leistung von 180 PS / 132 kW. Die niedrigste Leistungsstufe des 2,0-Liter-Dieselmotors leistete nun 150 PS / 110 kW. Das Cabrio wurde zudem als S-Variante mit einem 300 PS / 221 kW starken 2,0-Liter angeboten.

Die Baureihe lief 2020 aus, der Nachfolger erschien zunächst als zweitüriger Hatch, viertüriger Sportback und viertürige Stufenheck-Version, ein neues Cabrio war nicht zu erwarten. Die Fertigung der MQB-Cabrios endete im Februar 2020.

Der noble Golf-Ableger kam 2010 in den Genuss einiger kaum wahrnehmbarer optischer Verfeinerungen, erkennbar etwa an den Türgriffen.

Das Motorenprogramm umfasste zuletzt vier TSFI-Benziner und zwei TDI-Diesel. In Bild: der 2.0 TDI.

Wie alle Cabriolets des Herstellers trug auch der offene A3 eine Stoffkapuze.

Das letzte A3-Cabrio war acht Zentimeter länger als zuvor und basierte auf der Stufenheck-Version. Das vergrößerte das Kofferraumvolumen um bis zu 60 Liter.

Der Absatz des offenen A3 blieb, wie bei den meisten Cabrios jener Zeit, hinter den Erwartungen zurück. Seit dem Modellwechsel 2020 ist daher Schluss mit luftig. Wer weiterhin ein Audi-Cabrio fahren will, muss zum A5 greifen.

Audi A3 Cabriolet 8P/PA	Audi A3 1.6 2008–2010 Audi A 3 1.2 TFSI 2010–2013 Audi A3 1.4 TFSI 2010–2013	Audi A3 1.8 TFSI Audi A3 2.0 TFSI 2008–2013	Audi A3 1.6 TDI Audi A3 2.0 TDI 2008–2013	Audi A3 1.9 TDI 2008–2009
Motor	Otto		Diesel	
Zylinderzahl / Bauart	4 (Reihe), vorne		4 (Reihe), vorne	
Bohrung x Hub	81 x 77,4 mm 71 x 75,6 mm 74,5 x 80 mm	82,5 x 84,1 mm 82,5 x 92,8 mm	79,5 x 80,5 mm 81 x 80,5 mm	79,5 x 95,5 mm
Hubraum	1595 / 1197 /1390 cm³	1798 / 1984 cm³	1598 / 1968 cm³	1896 cm³
Leistung	102 PS (75 kW) bei 5600 U/min 105 PS (77 kW) bei 5000 U /min 125 PS (92 kW) bei 5000 U/min	160 PS (118 kW) bei 5000 U/min 200 PS (147 kW) bei 5100 U/min	105 PS (77 kW) bei 4400 U/min; 140 PS (103 kW) bei 4200 U/min	105 PS (77 kW) bei 4000 U/min
Drehmoment	148 Nm bei 3800 U/min 175 / 200 Nm bei 1550 U/min	250 / 280 Nm bei 1500 / 1700 /min	250 (320) Nm bei 1500-(1750) U/min	250 Nm bei 1900 U/min
Verdichtung	1: 10,3 / 10,0 / 10,5	1:9,6 /10,5	1:16,5	1: 18,5
Gemischbildung	Vollelektronisches Motormanagement mit E-Gas Direkteinspritzung mit E-Gas, Turbolader, Ladeluftkühler		Direkteinspritzung, Common Rail, VTG-Turbolader, Ladeluftkühler	Pumpe-Düse-Direkteinspritzung; VTG-Turbolader, Ladeluftkühler
Ventile / Steuerung	2 (4) / OHC (DOHC), Rollenschlepphebel, Kette	4 / DOHC, kontinuierliche Einlassnockenwellenverstellung (Kette)	2 (4)/ OHC (DOHC), hydraulische Tassenstößel, Zahnriemen	2 / OHC, hydraulische Tassenstößel, Zahnriemen
Kühlung	Pumpe, 7,4-6,5 Liter Wasser	Pumpe, 7,5 Liter Wasser	Pumpe, 8,4 Liter Wasser	Pumpe, 8,4 Liter Wasser
Schmierung	Druckumlauf, 4,6 / 3,6 /4,0 Liter Öl	Druckumlauf, 4,6 Liter Öl	Druckumlauf, 4,0 (4,3) Liter Öl	Druckumlauf, 4,5 Liter Öl
Batterie	12 V 44-60 Ah	12 V 60 Ah	12 V 68 (61) Ah	12 V 61 Ah
Lichtmaschine	90-140 A	140 A	140 A	140 A
Kraftübertragung	Frontantrieb			
Schaltung	Schaltstock Wagenmitte			
Kupplung	Einscheibentrocken / DSG: zwei elektrohydraulisch betätigte Lamellenkupplungen			
Getriebe	6-Gang / 7-Gang DSG	6-Gang / 6- (7-) Gang DSG	5-(6-) Gang / 6-Gang DSG	5-Gang
Übersetzungen	I. 3.62 – II. 1.96 – III. 1.28 – IV. 0.97 – V. 0.78 – VI. 0.65 – R. 3.18	I. 3.78 (3.36) – II. 2.0 (2.09) – III. 1.46 – IV. 1.11 – V. 0.88 – VI. 0.73 – R. 3.6	I. 3.78 (3.77) – II. 1.94 (2.09) – III. 1.19 (1.32) – IV. 0.82 (0.89) – V. 0.63 (0.98) – (VI. 0.81) – R. 3.60 (4.55)	I. 3.46 – II. 1.96 – III. 1.28 – IV. 0.96 – V. 0.81 – R. 3.2 TDI: I. 3.78 – II. 2.06 – III. 1.35 – IV. 0.97 – V. 0.74 – R. 3.60
Automatik	DSG 6: I. 3.46 – II. 2.05 – III. 1.3 – IV. 0.9 – V. 0.91 – VI. 0.76 – R. 3,99 DSG 7: I. 3.77 – II. 2.27 – III. 1.53 – IV. 1.12 – V. 1.18 – VI. 0.95 – VII. 0.8 – R. 4.17			
Antriebs-Übersetzung	4. 53/ 4.06, DSG: 4,438 / 3,227	4.06 (3.14)	3.65 (2.76) / 4.12 (3.04)	3.39
Karosserie/Fahrwerk	Selbsttragende Ganzstahlkarosserie			
Vorderradaufhängung	McPherson-Federbeinachse, untere Dreiecksquerlenker, Aluminium-Hilfsrahmen, Rohr-Stabilisator			
Hinterradaufhängung	Vierlenkerachse mit getrennter Feder-Dämpfer Anordnung, Hilfsrahmen, Rohr-Stabilisator			
Lenkung	Zahnstange elektromechanisch, Servo			
Fußbremse / Regelsysteme	Scheiben (vorne innenbelüftet) 282 mm Ø, hinten 256 mm Ø, ABS, ESP, EBV, EDS			
Allgemeine Daten				
Radstand	2578 mm			
Spur	1535/1505 mm			
Gesamtmaße	4240 x 1765 x 1425 mm			
Gepäckraum	260 Liter			
Räder	6.5 J x 16			
Reifen	205/55 R 16			
Wendekreis	10,7 Meter			
Leermasse	1430-1360 kg	1350–1450 kg	1400–1430 kg	1550 kg
Zuläss. Gesamtgewicht	1830-1860 kg	1925–1955 kg	1930–1995 kg	1975 kg
Höchstgeschwindigkeit	185–203 km/h	218–231 km/h	190–205 km/h	183 km/h
Beschleunigung 0–100 km/h	12,5–9,3 sec	8,3 sec	12,2–4,4 sec	12,8 sec
Verbrauch/100 km	5,7–7,0 Liter	9,7–10,3 Liter	4,3–6,8 Liter	6,4 Liter
Kraftstofftank	55 Liter			

Audi A3 Cabriolet MQB (8V)	Audi A3 1.0 TFSI 2016–2019	Audi A3 1.4 TFSI 2012–2018 Audi A 3 1.5 TFSI 2017–2018 Audi A3 35 TFSI 2018–2020	Audi A3 2.0 TFSI 2016–2018 Audi A3 40 TFSI 2019–2020	Audi A3 1.6 TDI 2012–2016 Audi A3 2.0 TDI 2014–2018
Motor	Otto			Diesel
Zylinderzahl / Bauart	3 (Reihe), vorne quer	4 (Reihe), vorne quer		
Bohrung x Hub	74,5 x 74,5 mm	74,5 x 85,9 mm 74,5 x 80 mm	82,5 x 92,8 mm	79,5 x 80,5 mm 81 x 95,5 mm
Hubraum	999 cm^3	1498 cm^3 1395 cm^3	1984 cm^3	1598 cm^3 1968 cm^3
Leistung	115 PS (85 kW) bei 5000 U/min	150 PS (110 kW) bei 5000 U/min 115 PS (85 kW) bei 5000 U/min	190 PS (140 kW) bei 4200 U/min	110 PS (81 kW) bei 3200 U/min 150 PS (110 kW) bei 3500 U/min
Drehmoment	200 Nm bei 2000 U/min	250 Nm bei 1500 U/min 200 Nm bei 1400 U/min	320 Nm bei U/min	250 Nm bei 1500 U/min 340 Nm bei 1750 U/min
Verdichtung	1:10,5	1:10,5	1:11,5	1:16,2
Gemischbildung	vollelektronische Direkteinspritzung mit E-Gas, Turbolader, Ladeluftkühler			Direkteinspritzung, Common-Rail, VTG Turbolader, Ladeluftkühler
Ventile / Steuerung	4 / DOHC, Rollenschlepphebel, hydraul. Ventilspielausgleich, Zahnriemen			
Kühlung	k.A.	Pumpe, 6,5 Liter Wasser	k.A.	Pumpe, 6,5 Liter Wasser
Schmierung	Druckumlauf, 4,0 Liter Öl	Druckumlauf, 4,0 Liter Öl	Druckumlauf 5,7 Liter Öl	Druckumlauf, 4,6 Liter Öl
Batterie	12 V 59 Ah	12 V 59 Ah	12 V 59 Ah	12 V 68 Ah
Lichtmaschine	140 A	140 A	140 A	140 A
Kraftübertragung	Frontantrieb			
Schaltung	Schaltstock Wagenmitte			
Kupplung	Einscheibentrocken / DSG: zwei elektrohydraulisch betätigte Lamellenkupplungen im Ölbad			
Getriebe	6-Gang / 7-Gang DSG	6-Gang / 7-Gang DSG	6-Gang / 7-Gang DSG	6-Gang / 6-Gang DSG
Übersetzungen	I. 3.769 – II. 1.955 – III. 1.281 – IV. 0.973 – V. 0.778 – VI. 0.646 – R. 3.181	I. 3.778 (3.615) – II. 2.118 (1.947) – III. 1.36 – IV. 1.029 – V. 0.857 – VI. 0.733 – R. 3.6	I. 3.7690 – II. 2.087 – III. 1.324 – IV. 0.977 – V. 0.957 – VI. 0.814 – R. 4.549	I. 4.111 – II. 2.118 – III. 1.36 – IV. 0.971 – V. 0.733 – VI. 0.592 – R. 3.99 2.0: I. 3.765 – II. 1.96 – III. 1.26 – IV. 0.87 – V. 0.86 – VI. 0.72 – R. 4.55
Automatik	I. 3.765 – II. 2.273 – III. 1.531 – IV. 1.122 – V. 1.176 – VI. 0.951 – VII. 0.795 – R. 4.17	I. 3.5 – II. 2.087 – III. 1.343 – IV. 0.933 – V. 0.974 – VI. 0.777 – VII. 0.653 – R. 3.722	I. 3.4 – II. 2.75 – III. 1.767 – IV. 0.925 – V. 0.705 – VI. 0.755 – VII. 0.635 – R. 2.901	I. 3.46 – II. 1.91 – III. 1.13 – IV. 0.76 – V. 0.76 – VI. 0.62 – R. 3.99
Antriebs-Übersetzung	4.056, DSG: 4.438 / 3.277	3.647, DSG: 4.8 / 3.429	3.45 / 2.76, DSG: 4.167 / 3.125	3.389, 2.0: 3.45 / 2.76, DSG: 4.38 / 3.33
Karosserie / Fahrwerk	Selbsttragende Ganzstahlkarosserie			
Vorderradaufhängung	McPherson-Federbeinachse mit unteren Dreiecksquerlenkern, Hilfsrahmen, Rohr-Stabilisator			
Hinterradaufhängung	Verbundlenkerachse mit getrennter Feder-Dämpfer-Anordnung			
Lenkung	Elektromechanisch, geschwindigkeitsabhängig Servo			
Fußbremse / Regelsysteme	Scheiben v./h. 380 mm Ø (vorne belüftet), ABS, ESP, EBV, EDS			
Allgemeine Daten				
Radstand	2600 mm			
Spur	1560/1530 mm			
Gesamtmaße	4420 x 1790 x 1410 mm			
Gepäckraum	320 Liter			
Räder	6,5 x 16	7 J x 16 Alu	6,5 x 16	7J x 16
Reifen	205/55 R 16	205/55 R 16	205/55 R 16	205/55 R 16, 225/35 R 19
Wendekreis	10,9 Meter			
Leermasse	1355–1375 kg	1380–1395 kg	1430–1555 kg	1420–1540 kg
Zuläss. Gesamtgewicht	1855–1875 kg	1880–1895 kg	1930–2055 kg	1920–2040 kg
Höchstgeschwindigkeit	203 km/h	222 km/h	250 - 242 km/h	200–224 km/h
Beschleunigung 0–100 km/h	10,6 sec	8,9 sec	7,3 sec	11,4–8,9 secv
Verbrauch/100 km	5,3 Liter	5,2 Liter	5,6 Liter	3,9–4,2 Liter.
Kraftstofftank	50 Liter	50 Liter	50 / 55 Liter	50 / 55 Liter

Audi TT Roadster I / Baureihe A4 (1999/2000–2006)

Auf der IAA 1995 noch als Studie präsentiert, lief die Produktion des vom damaligen Designchef Peter Schreyer geschaffenen Coupés 1998 im ungarischen Audi-Werk Györ an, wo Audi ohnehin Motoren fertigen ließ. Gegenüber der Studie hatte sich das Design nur geringfügig geändert – so gab es beispielsweise hinten ein zusätzliches Seitenfenster. Der sehr sportlich geschnittene 2+2-Sitzer (Typ 8N) mit der Alu-Motorhaube saß auf der verkürzten Plattform von VW Golf/Audi A3 (Baureihe A4) und überraschte durch seine kompromisslose Form. Viele liebevolle Details wie Alustreben und Alu-Tankdeckel begeisterten ebenso wie der für einen Sportwagen relativ günstige Preis.

Dieser kam nur zustande, weil die Antriebstechnik aus dem Baukasten stammte: Zum Einsatz kam ausschließlich der bekannte 1,8-Liter-Fünfventil-Turbo, der zunächst exklusiv für den TT mittels zweier Ladeluftkühler auf 180 PS / 132 kW und 225 PS / 166 kW leistungsgesteigert wurde. Die stärkere Version wurde serienmäßig, die schwächere optional mit Allradantrieb (elektronische Lamellenkupplung) angeboten. Allerdings erwies sich der aerodynamisch ausgefeilte Wagen mit dem kurzen Radstand als instabil bei sehr hohen Geschwindigkeiten. Könner hatten damit kein Problem, Neueinsteiger zeigten sich im Extremfall und in engen Kurven überfordert.

Darum entschied sich Audi Ende 1999 zur Umrüstung bereits ausgelieferter Autos. Die Aktion kostete den Hersteller rund 200 Millionen DM und umfasste vorn stärkere Stabilisatoren und straffere Dämpfer; die quattro-Versionen bekamen hinten schwächere Stabis. Hinten wurden ebenfalls die Dämpfer angepasst (härter in der Druckstufe). Außerdem erhielt der TT ab Januar 2000 einen Heckspoiler, der zwar die makellose Linienführung störte, aber das Auftriebsmoment verringerte. Gegen einen Aufpreis (DM 650,-) wurde überdies das ESP-System nachgerüstet.

Der erst ab Anfang 2000 ausgelieferte Roadster (ursprünglich sollte die Markteinführung im Juli 1999 erfolgen) verfügte – genau wie alle ab Januar 2000 gebauten Coupés – von vornherein über das geänderte Fahrwerk und den Spoiler. Beim Coupé überraschte das enorme Gepäckraumvolumen, wenn man die Lehnen der (nur für Kinder geeigneten) Fondsitze umlegte. Vom Kunden gewünschte Individualisierungen wie z.B. Voll-Leder-Interieur nahm – wie auch bei anderen Audi-Modellen – die quattro GmbH vor. Stärkster Motor war übrigens der quer installierte 3,2-Liter-VR6 von Volkswagen.

Für den Audi TT der ersten Generation zeichnete Peter Schreyer verantwortlich, der es später im koreanischen Hyundai-Konzern zu höchsten Ehren brachte.

Audis TT Roadster wurde ab 1999 gebaut. Er war weniger sportlich als ein BMW-Roadster, aber wesentlich agiler und fahraktiver als ein Mercedes SLK. Der von manchen als unschön empfundene, ursprünglich nicht vorgesehene Heckspoiler war aus Gründen der Fahrsicherheit ein Muss.

MODELLÜBERSICHT AUDI TT ROADSTER – BAUREIHE A4 (8N)

Typ	Zylinder	Hubraum	Leistung	Beschleunigung 0-100 km/h	Höchstgeschwindigkeit	Durchschnittsverbrauch	Listenpreis	Baujahr
Audi TT Roadster 1.8 T	4 Zylinder	1.781 cm^3	110 kW/150 PS	8,9 s	214 km/h	8,2 L/100 km	29.400 €	2000-2005
Audi TT Roadster 1.8 T	4 Zylinder	1.781 cm^3	120 kW/163 PS	8,2 s	218 km/h	8,2 L/100 km	29.400 €	2005-2007
Audi TT Roadster 1.8 T	4 Zylinder	1.781 cm^3	132 kW/180 PS	7,9 s	222 km/h	8,3 L/100 km	32.500 €	1999-2005
Audi TT Roadster 1.8 T	4 Zylinder	1.781 cm^3	140 kW/190 PS	7,6 s	228 km/h	8,2 L/100 km	32.500 €	2005-2007
Audi TT Roadster 1.8 T Quattro	4 Zylinder	1.781 cm^3	132 kW/180 PS	7,9 s	220 km/h	9,6 L/100 km	34.000 €	1999-2005
Audi TT Roadster 1.8 T Quattro	4 Zylinder	1.781 cm^3	140 kW/190 PS	7,7 s	226 km/h	9,6 L/100 km	34.900 €	2005-2007
Audi TT Roadster 1.8 T Quattro	4 Zylinder	1.781 cm^3	165 kW/225 PS	6,9 s	237 km/h	9,4 L/100 km	38.600 €	1999-2007
Audi TT Roadster 3.2 Quattro	6 Zylinder	3.189 cm^3	184 kW/250 PS	6,6 s	250 km/h	9,9 L/100 km	42.700 €	2003-2007

MODELLÜBERSICHT AUDI TT ROADSTER – BAUREIHE A5 (8J)

Typ	Zylinder	Hubraum	Leistung	Beschleunigung 0-100 km/h	Höchstgeschwindigkeit	Durchschnittsverbrauch	Listenpreis	Baujahr
Audi TT Roadster 1.8 TFSI	4 Zylinder	1.798 cm^3	118 kW/160 PS	7,4 s	223 km/h	6,9 L/100 km	31.050 €	04/2008-04/2014
Audi TT Roadster 2.0 TFSI / Quattro	4 Zylinder	1.984 cm^3	147 kW/200 PS	6,7 s	237 km/h	7,9 L/100 km	34.450 €	03/2007-08/2010
Audi TT Roadster 2.0 TFSI / Quattro	4 Zylinder	1.984 cm^3	155 kW/211 PS	6,3 s	242 km/h	6,7 L/100 km	36.400 €	08/2010-04/2014
Audi TTS Roadster	4 Zylinder	1.984 cm^3	200 kW/272 PS	5,6 s	250 km/h	8,2 L/100 km	48.550 €	04/2008-04/2014
Audi TT RS Roadster	5 Zylinder	2.480 cm^3	250 kW/340 PS	4,7 s	250 km/h	9,1 L/100 km	59.800 €	07/2009-04/2014
Audi TT RS plus Roadster 2.5 TFSI Quattro	5 Zylinder	2.480 cm^3	265 kW/360 PS	4,4 s	280 km/h	9,1 L/100 km	63.700 €	04/2012-04/2014
Audi TT Roadster 3.2 Quattro	6 Zylinder	3.189 cm^3	184 kW/250 PS	6,1 s	250 km/h	10,4 L/100 km	44.450 €	03/2007-04/2010
Audi TT Roadster 2.0 TDI Quattro	4 Zylinder	1.968 cm	125 kW/170 PS	7,7 s	223 km/h	5,5 L/100 km	36.450 €	04/2008-04/2010

MODELLÜBERSICHT AUDI TT ROADSTER – BAUREIHE MQB (FV)

Typ	Zylinder	Hubraum	Leistung	Beschleunigung 0-100 km/h	Höchstgeschwindigkeit	Durchschnittsverbrauch	Listenpreis	Baujahr
Audi TT Roadster 1.8 TFSI	4 Zylinder	1.798 cm^3	132 kW/180 PS	7,2 s	237 km/h	5,9 L/100 km	36.150 €	08/2015-06/2018
Audi TT Roadster 2.0 TFSI / Quattro	4 Zylinder	1.984 cm^3	169 kW/230 PS	6,2 s	250 km/h	6,0 L/100 km	39.550 €	11/2014-06/2018
Audi TTS Roadster	4 Zylinder	1.984 cm^3	225 kW/306 PS	4,8 s	250 km/h	7,2 L/100 km	56.878 €	01/2019-11/2020
Audi TTS Roadster	4 Zylinder	1.984 cm^3	228 kW/310 PS	5,2 s	250 km/h	7,3 L/100 km	53.950 €	01/2015-06/2018
Audi TT Roadster 40 TFSI	4 Zylinder	1.984 cm^3	145 kW/197 PS	6,9 s	247 km/h	6,3 L/100 km	38.455 €	12/2018-03/2023
Audi TT Roadster 45 TFSI / Quattro	4 Zylinder	1.984 cm^3	180 kW/245 PS	6,1 s	250 km/h	6,7 L/100 km	41.233 €	12/2018-03/2023-
Audi TTS Roadster	4 Zylinder	1.984 cm^3	235 kW/320 PS	4,8 s	250 km/h	k.A.	61.900 €	11/2020-03/2023
Audi TT Roadster 2.0 TDI Ultra / Quattro S	4 Zylinder	1.968 cm	135 kW/184 PS	7,3 s	237 km/h	4,3 L/100 km	39.150 €	12/2016-06/2018
Audi TT RS Roadster	5 Zylinder	2.480 cm^3	294 kW/400 PS	3,9 s	250 km/h	8,3 L/100 km	69.800 €	04/2019-03/2023-

Wie alles begann: Der Audi TT Roadster Concept war eine der Sensationen des Auto-Jahres 1995.

Audi TT Roadster II / Baureihe A5 (2007–2014)

Die zweite TT-Cabrio-Generation (Typ 8J) ab 2007 kam größer und deutlich erwachsener daher, hatte damit aber auch an Profil verloren. Sie teilte sich die Plattform mit dem Golf V. 2010 gab es eine leichte Modellüberarbeitung, 2014 endete die Produktion des Cabrios. Neben dem 1,8-Liter wurde ein 2,0-Liter-Vierzylinder angeboten, während der VR6 aus dem Programm fiel. Der Ende 2008 vorgestellte TTS verfügte über einen 2,0-Liter-TFSI mit 272 PS / 200 kW. Zusätzlich kam ab 2009 der TT RS mit aufgeladenem 2,5-Liter-Fünfzylindermotor und 340 PS / 250 kW. Letzterer beschleunigt den Offenen mit DSG-Getriebe binnen 4,4 Sekunden von 0 auf 100 km/h.

Audi TT Roadster III / MQB-Plattform (2014–2023)

Die dritte Generation des TT (Typ FV) auf Basis des Modularen Querbaukastens von VW hatte sich äußerlich kaum geändert. Das Design des Fahrzeugs blieb vertraut, etwa der spezielle Tankdeckel und die Auspuffanlage mit zwei mittigen runden Endrohren: Sie erinnerten an die erste TT-Generation. Einige Elemente wie die Scheinwerfer und der breitere Kühlergrill wurden, im Vergelich zur Generation 2, kantiger gestaltet. Und die dritte Bremsleuchte unterhalb des ausfahrbaren Heckspoilers war nun über die ganze Breite der Heckklappe zwischen die Heckleuchten integriert. Auch eine Modellpflege änderte an der Optik nicht mehr. Sonst aber passierte eine Menge.

Der Audi TT RS Roadster 2009 holte aus seinem 2,5-Liter-Fünfzylinder-Turbomotor satte 340 PS.

Der TT Roadster bot ein exzellent verarbeitetes Verdeck. Die wattierte Stoffmütze war gegen Aufpreis, wie das Windschott auch, elektrisch zu betätigen.

Audi TT Roadster A4 (8N)	Audi TT Roadster 1.8 T (quattro) 2000–2007	Audi TT Roadster 3.2 quattro 2003–2006
Motor	Otto	
Zylinderzahl / Bauart	4 (Reihe), vorne quer	VR6, vorne quer
Bohrung x Hub	81 x 86,4 mm	84 x 95,9 mm
Hubraum	1781 cm^3	3189 cm^3
Leistung	180 PS (132 kW) bei 5500 U/min 225 PS (165 kW) bei 5900 U/min	250 PS (184 kW) bei 6300 U/min
Drehmoment	235 Nm bei 1950 U/min 280 Nm bei 2200 U/min	320 Nm bei 2500 U/min
Verdichtung	1:9,5 (9.0)	1:11,3
Gemischbildung	Motronic ME 7.5, vollelektron. sequenzielle Einspritzung, Turbolader, Ladeluftkühler	Motronic ME 7.5, vollelektron. sequenzielle Einspritzung
Ventile / Steuerung	5 / DOHC, Zahnriemen	4 / DOHC, Kette
Kühlung	Pumpe, 7 Liter Wasser	Pumpe, 6,5 Liter Wasser
Schmierung	Druckumlauf, 4,5 Liter Öl	Druckumlauf, 7,5 Liter Öl
Batterie	12 V 60 Ah	12 V 80 Ah
Lichtmaschine	90 A / 120 A	140 A
Kraftübertragung	Frontantrieb	Allradantrieb
Kupplung	Einscheibentrocken; quattro: hydraul. Lamellenkupplungen im Ölbad	
Getriebe	5- (6-) Gang / quattro: 6-Gang	6-Gang / 6-Gang DSG
Übersetzungen	I. 3.3 – II. 1.94 – III. 1.31 – IV. 1.03 – V. 0.84 – R. 3.06 I. 3.78 – II. 2.06 – III. 1.46 – IV. 1.11 – V. 0.88 – VI. 0.73 – R. 3.6	I. 3.36 – II. 2.09 – III. 1.47 – IV. 1.09 – V. 1.11 – VI. 0.91 – R. 3.99 DSG: I. 2.93 – II. 1.83 – III. 1.3 – IV. 0.98 – V. 1.03 – VI. 0.83 – R. 3.35
Antriebs-Übersetzung	3.94 / 3.65	3.27, DSG: 4.8 / 3.6
Karosserie / Fahrwerk	Selbsttragende Ganzstahlkarosserie	
Vorderradaufhängung	McPherson-Federbeine, untere Dreiecksquerl., Hilfsrahmen, Querstabilisator	
Hinterradaufhängung	Längs-Doppelquerlenker, Hilfsrahmen,Querstabilisator, Gasdruck-Dämpfer (Verbundlenker-Achse)	
Lenkung	Elektromechanisch, Servo geschwindigkeitsabhängig	
Fußbremse / Regelsysteme	Scheiben vorne belüftet 310 mm Ø, h. 230 mm Ø, ABS/EBV , ASR, EDS, ESP quattro: v./h. 334/256 mm Ø, ABS/EBV, EDS vorne, EPS	
Allgemeine Daten		
Radstand	2420 / 2429 mm	
Spur	1528/1513 (1528/1505) mm	
Gesamtmaße	4040 x 1765 x 1350 mm	
Gepäckraum	180 Liter	
Räder	7 J x 16 / 7J x 17	7 J x 16 Alu
Reifen	205/55 R 16 / 225/45 R 17	205/55 R 16
Wendekreis	10,5 m	10,9 m
Leermasse	1310 – 1515 kg	1380 – 1395 kg
Zuläss. Gesamtgewicht	1610 – 1815 kg	1880 – 1895 kg
Höchstgeschwindigkeit	220 – 237 km/h	222 km/h
Beschleunigung 0–100 km/h	6-9 – 8,0 Liter	8,9 sec
Verbrauch/100 km	11,1 – 13,3 Liter	5,2 Liter
Kraftstofftank	55 (62) Liter	50 Liter
Anmerkung	2001: auch mit 110 kW/ 150 PS; 2005-2006: 110 kW-Version jetzt 120 kW/163 PS, 132-kW-Version jetzt 140 kW/190 PS	

Noch ohne Heckspoiler: Audi TTS Roadster Concept, 1995.

Audi TT 3.2 quattro Roadster 2004–2006, US-Ausführung.

Audi TT Clubsport quattro Concept, 2008.

Audi TT RS Roadster, 2009.

Audi TT 2.0 TFSI quattro Roadster, 2010–2013, US-Ausführung.

Audi TT S-Line, 2007–2010.

Audi TT Roadster A5 (8S)	Audi TT Roadster 2.0 TSFI 2007–2014	Audi TTS Roadster 2008–2014	Audi TT RS 2009–2014 Audi TT RS plus 2012–2014
Motor	Otto		
Zylinder / Bauw.	4 (Reihe), vorne quer		5 (Reihe), vorne quer
Bohrung x Hub	82,5 x 92,8 mm		82,5 x 92,8 mm
Hubraum	1984 cm^3		2480 cm^3
Leistung	200 PS (147 kW) bei 5100 U/min, ab 2011: 211 PS (155 kW) bei 4300 U/min	272 PS (200 kW) bei 6000 U/min	340 PS (250 kW) bei 5400 U/min 360 PS (265 kW) bei 5500 U/min
Drehmoment	280 Nm bei 1800 U/min 50 Nm bei 1600 U/min	350 Nm bei 2500-5000 U/min	450 (465) Nm bei 1600 U/min
Verdichtung	1:10,3 (9,5)	1:9,8	1:10,0
Gemischbildung	vollelektronisches Motormanagement mit E-Gas, Direkteinspritzung, Turbolader, Ladeluftkühler		
Ventile / Steuer.	4 / DOHC, Kontinuierliche Einlassnockenwellenverstellung, Zahnriemen		4 / DOHC, Ein- und Einlassnockenwellenverstellung, Rollenschlepphebel
Kühlung	Pumpe, 9,0 Liter Wasser	Pumpe, 8,6 Liter Wasser	
Schmierung	Druckumlauf, 4,6 Liter Öl	Druckumlauf, 5,5 Liter Öl	Druckumlauf, 6,5 Liter Öl
Batterie	12 V 61 Ah	12 V 61 Ah	12 V 80 Ah
Lichtmaschine	140 A	140 A	140 A
Kraftübertragung	Frontantrieb, TT RS/RS plus: Allradantrieb permanent, elektronisch geregelte Lamellenkupplung, Differenzialsperre EDS		
Schaltung	Schaltstock Wagenmitte, Schaltwippen		
Kupplung	Einscheibentrocken / DSG		
Getriebe	6-Gang / 6-Gang DSG		6-Gang / 6- (7-) Gang DSG
Übersetzungen	I. 3.357 (3.78) – II. 2.087 – III. 1.469 – IV. 1.15 – V. 1.108 (1.17) – VI. 0.975 – R. 3.990 DSG: I. 3.46 – II. 2.15 – III. 1.46 – IV. 1.08 – V. 1.09 – VI. 0.92 – R. 3.994	I. 3.357 – II. 2.087 – III. 1.469 – IV. 1.088 – V. 1.108 – VI. 0,912 – R. 3.990; DSG: I. 2.933 – II. 1.833 – III. 1.300 – IV. 0.975 – V. 1.030 – VI. 0.825 – R. 3.35	I. 3.357 – II. 2.16 – III. 1.89 – IV. 1.43 – V. 1.16 – VI. 0.97 – R. 3.2; DSG (6-Gang): s. TTS DSG 7-Gang: I. 3.563 – II. 2,526 – III. 1,679 – IV. 1,022 – V. 0.788 – VI. 0.761 – VII. 0,635 – R. 2,789
Antriebs-Übersetzung	3.94 / 3.09 (3.24/2.62), DSG: 4.06/3.09		3.77 / 2.91; 4.77 (4.059) / 3.44 (3.450)
Karosserie/ Fahrwerk	Selbsttragend Stahl/Aluminium Gemischbauweise		
Vorderradaufh.	McPherson-Federbeinachse, untere Alu-Dreiecksquerlenker, Alu-Schwenklager, Hilfsrahmen, Stabilisator		
Hinterradaufh.	Vierlenkerachse, getrennte Feder-Dämpfer-Anordnung, Hilfsrahmen, Rohr-Stabilisator		
Lenkung	Elektromechanisch, Servo geschwindigkeitsabhängig		
Fußbremse / Regelsysteme	Scheiben innenbel., vorne 312 mm Ø, hinten 286 mm Ø, TTS/RS: 370 / 310 mm Ø, Alle Modelle: ABS, ESP, EBD, BA		
Allg. Daten			
Radstand	2468 mm		
Spur	1572/1558 mm		
Gesamtmaße	4178 x 1842 x 1358 mm		
Gepäckraum	250 Liter		
Räder	7.5 J x 16		8,5 J x 18, 9J x 19
Reifen	225/55 R 16		245/40 R 18 ; 255/35 R 19
Wendekreis	11 Meter		
Leergewicht	1295 kg	1305 kg	1510-1550 kg
Zuläss. Gesamtgewicht	1615 kg	1695 kg	1875-1910 kg)
Höchstgeschw.	237 km/h	242 km/h	250 (280) km/h
Beschl. 0–100 km/h	6,7 sec	6,2 sec	4,7 (4,1) sec
Verbrauch100 km	7,8 Liter	6,7 sec	9,5 Liter
Kraftstofftank	55 Liter		60 Liter

Audi TT Roadster MQB (FV)	Audi TT Roadster 40 TFSI 2018–2023	Audi TT Roadster 45 TFSI 2018–2023	Audi TT RS 2009–2014 Audi TT RS plus 2012–2014
Motor	Otto		
Zylinderzahl / Bauart	4 (Reihe), vorne quer		5 (Reihe), vorne quer
Bohrung x Hub	82,5 x 92,8 mm		82,5 x 92,8 mm
Hubraum	1984 cm³		2480 cm³
Leistung	197 PS (145 kW) bei 4400 U/min	245 PS (180 kW) bei 5250 U/min	340 PS (250 kW) bei 5400 U/min 360 PS (265 kW) bei 5500 U/min
Drehmoment	320 Nm bei 1500 U/min	370 Nm bei 1600 U/min	480 Nm bei 1600 U/min
Verdichtung	1:12,2	1:9,6	1:10,0
Gemischbildung	vollelektronisches Motormanagement mit E-Gas, Direkteinspritzung, Turbolader, Ladeluftkühler		
Ventile / Steuerung	4 / DOHC, Kontinuierliche Einlass-/Auslassnockenwellenverstellung, Zahnriemen		4 / DOHC, Ein- und Einlassnockenwellenverstellung, Rollenschlepphebel
Kühlung	Pumpe, 8,8 Liter Wasser	Pumpe, 10,1 Liter Wasser	k.A.
Schmierung	Druckumlauf, 5,7 Liter Öl		Druckumlauf, 6,5 Liter Öl
Batterie	12 V 61 Ah		12 V 80 Ah
Lichtmaschine	140 A		140 A
Kraftübertragung	Frontantrieb	Allradantrieb permanent, elektronisch geregelte Lamellenkupplung, Differenzialsperre EDS	
Kupplung	zwei elektrohydraulisch betätigte Lamellenkupplungen im Ölbad		
Schaltung	7-Gang S tronic		6-Gang / 6- (7-) Gang DSG
Übersetzungen	I. 3.400 – II. 2.750 – III. 1.767 – IV. 0.925 – V. 0.705 – VI. 0.755 – VII. 0.635 – R. 2.900		I. 3.357 – II. 2.16 – III. 1.89 – IV. 1.43 – V. 1.16 – VI. 0.97 – R. 3.2
Automatik	DSG 6: I. 2.933 – II. 1.833 – III. 1.300 – IV. 0.975 – V. 1.030 – VI. 0.825 – R. 3.35 DSG 7: I. 3.563 – II. 2.526 – III. 1.679 – IV. 1.022 – V. 0.788 – VI. 0.761– VII. 0,635 – R. 2,789		
Antriebs-Übersetzung	4.471/3.304		3.77 / 2.91; 4.77 (4.059) / 3.44 (3.450)
Karosserie / Fahrwerk	Selbsttragend, Stahl/Aluminium Mischbauweisee		
Vorderradaufhängung	McPherson-Federbeinachse mit unteren Alu-Dreiecksquerlenkern, Alu-Schwenklager, Hilfsrahmen, Stabilisator		
Hinterradaufhängung	Vierlenkerachse mit getrennter Feder-Dämpfer-Anordnung, Hilfsrahmen, Rohr-Stabilisator		
Lenkung	Elektromechanische Lenkung mit geschwindigkeitsabhängiger Servounterstützung		
Fußbremse / Regelsysteme	Scheiben innenbel., v./h. 312 / 286 mm Ø, TTS, TT RS: v./h. 370 / 310 mm Ø; ABS, ESC, EBV, BA		
Allgemeine Daten			
Radstand	2505 mm		
Spur vorn/hinten	1572 / 1552 mm		
Gesamtmaße	4191 x 1832 x 1355 mm		
Gepächraum	280 Liter		
Räder	8.0 J x 17		9J x 19
Reifen	225/50 R 17		245/40 R 18 (255/35 R 19)
Wendekreis	11 Meter		
Leermasse	1370 kg	1385 kg	1510-1550 kg
Zuläss. Gesamtgewicht	1685 kg	1710 kg	1875-1910 kg)
Höchstgeschwindigkeit	243 km/h	250 km/h	250 (280) km/h
Beschleunigung 0–100 km/h	6,9 sec	6,2 sec	4,7 (4,1) sec
Verbrauch/100 km	7,1-6,8 Liter	7,6-7,3 Liter	9,5 Liter
Kraftstofftank	50 Liter		60 Liter

Die dritte Generation des Audi TT Roadster wurde im Oktober 2014 auf dem Pariser Salon vorgestellt. Es blieb beim Stoffverdeck; das Kofferraumvolumen stieg um 30 Liter.

Zur Markteinführung im Herbst 2014 im TT zu haben waren ein 2,0-Liter-Dieselmotor mit 184 PS / 135 kW, zwei 2,0-Liter TFSI mit 230 PS / 169 kW sowie im TTS ein 310 PS / 228 kW. Den quattro-Allradantrieb gab es für die 230-PS-Benziner und den 184-PS-Diesel als Option, beim TTS war er serienmäßig. Serienmäßig quattro hatte der ab 2016 lieferbare TT RS mit 400 PS / 294 kW.

Mit der Modellpflege 2016 gab es den aufgeladenen 2,0-Liter-Benziner in drei Motorisierungsstufen: 40 TFSI mit 197 PS / 145 kW (nur Frontantrieb), 45 TFSI mit 245 PS / 180 kW (optional Allrad) und im TTS mit 306 PS / 225 kW (Allrad). 2019 dann folgte die nächste Modellpflege, sie brachte eine geschärftes ten Exterieur-Design, leistungsstärkere Motoren und eine erweiterte Serienausstattung. Die auf dem Modularen Querbaukasten basierende TT-Generation verabschiedete sich 2023 von der Bühne.

Audi TT Roadster »Final Edition«, auf 50 Exemplare limitiertes Sondermodell für die USA, 2023.

Mitte links: Audi TT Roadster-Sondermodell »20 Years« limitiert auf 999 Exemplare, 2018.

Mitte rechts: Das Facelift 2019 bracht optische Retuschen, eine verbesserte Ausstattung und neue 2,0-Liter-Motoren mit höherer Leistung. Spitzenmodell blieb der TTS RS mit seinem 400 PS starken 2,5-Liter-Fünfzylinder.

Audi TTS competition plus Roadster, 2020.

Audi R8 Spyder I (2010–2015)
Audi R8 Spyder II (2015–2021)

Aufbauend auf die Rennerfolge in der Prototypen-Klasse lancierte Audi ein neues Supersport-Coupé (Typ 42), das ab Juni 2007 ausgeliefert wurde. Der Zweisitzer mit Alu-Spaceframe-Karosserie, Mittelmotor und permanentem quattro-Allradantrieb war ein brillanter Supersportwagen mit überraschend hohem Alltagsnutzen. Nach 4,6 Sekunden war Tempo 100 erreicht, die Höchstgeschwindigkeit lag bei 301 km/h. Geschaltet wurde das sequenzielle Sechsganggetriebe mit Bedientasten am Lenkrad. Serienmäßig verfügte der Sportler über Bi-Xenon-Licht und ein Tagfahrlicht aus zwölf Leuchtdioden. Noch beeindruckender aber waren die Voll-LED-Scheinwerfer, mit denen der R8 als erstes Serienauto weltweit ab Ende 2007 optional ausgestattet werden konnte

Zwischen April 2010 und 2015 gab es vom R8 auch eine Spyder-Version mit Stoffverdeck und separat versenkbarer Heckscheibe, produziert in der Manufaktur der quattro GmbH im Werk Neckarsulm. Im Unterschied zum Coupé entfielen die Sideblades hinter den Türen; die Seitenteile bestanden aus Kohlefaser-Verbundmaterial, ebenso der große Deckel über der Verdeckablage. Das Verdeck war, typisch Audi, aus Stoff gefertigt, wog nur 20 kg und Highspeed-tauglich.

Wie beim Coupé standen zunächst der 4.2-Liter-Achtzylinder mit FSI-Direkteinspritzung (430 PS / 316 kW) und der 5.2-Liter-Zehnzylinder mit 525 PS / 386 kW zur Wahl. Auf Wunsch gab Audi dem R8 Spyder 5.2 FSI ein automatisiertes Sechsganggetriebe mit. Die R-tronic bot ein Normal- und ein Sportprogramm sowie einen vollautomatischen und einen manuellen Modus. Zudem hatte der offene Mittelmotor-Sportwagen eine Launch Control an Bord – ein Programm, das beim Start das volle Beschleunigungspotenzial ausschöpft. Als Höchstgeschwindigkeit für den V8 galten 299 km/h, für den V10 über 300 km/h. Anfang Juni 2011 wurde der Audi R8 GT Spyder vorgestellt, der wie das geschlossene Coupé 560 PS / 412 kW leistete und eine Höchstgeschwindigkeit von 317 km/h erreichte. Der Zweisitzer war auf 333 Exemplare limitiert.

Sechs Jahre nach der Premiere und gut 20.000 gebauten Fahrzeugen unterzog Audi sein Flaggschiff einer umfangreichen Modellpflege. Auf dem Pariser Salon 2012 gezeigt, präsentierte es sich in vielerlei Hinsicht verbessert. Die vielleicht wichtigste technische Änderung bestand in der Einführung der neu entwickelten Siebengang-S-tronic. Das Programm umfasste nach wie vor die beiden Karosserievarianten Spyder und Coupé, zu haben als R8 V8 mit dem 4.2 FSI quattro (430 PS / 316 kW), und als R8 V10 (5.2 FSI quattro, 525 PS / 386 kW). Spitzenmodell war der noch stärkere R8 V10 plus mit seiner Spitzengeschwindigkeit von 317 km/h.

Die zweite R8-Generation (Typ 4S) erschien dann 2015 (das Cabrio zum Modelljahr 2016), sie nutzte die Plattform des Lamborghini Huracán. Carbon und weitere Leichtbau-Materialien senkten das Gewicht um rund 60 Kilogramm im Vergleich zur ersten Generation. Die Topmotorisierung bildete der 5,2-Liter-V10 mit 580 PS / 427 kW; die Kraftübertragung erfolgte ausschließlich über ein Siebengang-Doppelkupplungsgetriebe. 2019 gab es eine neuerliche Produktüberarbeitung, bis dahin waren seit 2007 insgesamt 38.699 R8 Coupés und Spider ausgeliefert worden. Angekündigt waren außerdem eine E-Tron-Version sowie ein Plug-in-Hybrid, wobei der Auslauf der Modellreihe für 2021 bereits beschlossene Sache war.

Audi R8 Spyder quattro, 2009 bis 2015. Anfangs gab es den Offenen nur mit V10-Motor, ab November 2010 wurde er alternativ auch mit Achtzylinder ausgeliefert. Im Bild der R8 Spyder FSI quattro vom Frühjahr 2010. Hier leistete der V10 525 PS, seine Höchstgeschwindigkeit lag bei 313 km/h.

Audi R8 Spyder V10 quattro

Vollautomatisches Verdeck
Fully automatic soft top
11/18

Der R8 der zweiten Generation wurde auf dem Genfer Salon im März 2015 enthüllt. Allerdings tauchten vorab erste Fotos im Internet auf, daher war der Überraschungseffekt nicht mehr ganz so groß. Eine wesentliche Neuheit war das Laserlicht.

Schematische Darstellung der vollautomatischen Verdecköffnung für den Audi R8 Spyder V10 quattro. Der Vorgang dauerte 20 Sekunden.

Audi R8 Spyder V10 performance quattro vom Februar 2019 in der Farbe Kemoragrau metallic.

Das Audi R8 V10 Performance-Modell hatte auf der IAA 2019 seinen großen Auftritt. Foto: Kittler

Audi R8 Spyder	Audi R8 V8 Spyder (4.2 FSI quattro) 2010–2014	Audi R8 V10 Spyder (5.2 FSI quattro) 2010–2014	Audi R8 V10 Spyder (5.2 FSI quattro) 2017–2020
Motor	Otto		
Zylinderzahl / Bauart	8 (V-Form, 90°), Mittelmotor	10 (V-Form, 90°), Mittelmotor	
Bohrung x Hub	84,5 x 92,8 mm	84,5 x 92,8 mm	
Hubraum	4163 cm³	5204 cm³	
Leistung	430 PS (316 kW) bei 7900 U/min	525 PS (386 kW) bei 8000 U/min	540 PS (397 kW) bei 7800 U/min 570 PS (419 kW) bei 8100 U/min 610 PS (449 kW) bei 8250 U/min 620 PS (456 kW) bei 8000 U/min
Drehmoment	430 Nm bei 4500 U/min	530 Nm bei 6500 U/min	540 / 560 / 580 Nm bei 6300-6600 U/min
Verdichtung	1:12,5		1:12,5 / 12,7
Gemischbildung	Direkteinspritzung		
Ventile / Steuerung	4 / 2 x DOHC, Rollenschlepphebel, kontinuierliche Ein-/Auslassnockenwellenverstellung, hydraulischer Ventilspielausgleich		
Kühlung	Pumpe, 23 Liter Wasser	Pumpe, 24 Liter Wasser	Pumpe, 24,7 Liter Wasser
Schmierung	Trockensumpf, 10 Liter Öl	Trockensumpf, 12 Liter Öl	
Batterie	12 V 110 Ah		
Lichtmaschine	190 A		
Kraftübertragung	Allradantrieb über Viscokupplung, Differenzialsperre, ASR		
Kupplung	Zweischeiben		
Getriebe	Sequenzielles Schaltgetriebe 6-Gang	Sequenzielles Schaltgetriebe 6-Gang / 7-Gang DSG	7-Gang DSG
Übersetzungen	I. 4.373 – II. 2.709 – II. 1.878 – IV. 1.411 – V. 1.126 – VI. 0.928 – R: 3.713	I. 4.373 – II. 2.709 – III. 1.93 – IV. 1.5 – V. 1.24 – VI. 1.04 DSG: I. 3.13 – II. 2.59 – III. 1.88 – IV. 1.14 – V. 0.9 – VI. 0.88 – VII. 0.65 – R. 2.65	I. 3.13 – II. 2.59 – III. 1.88 – IV. 1.14 – V. 0.9 – VI. 0.88 – VII. 0.65 – R. 2.65
Antriebs-Übersetzung	3.462	3.08; 4.46 / 3.59	4.46 / 3.59
Karosserie / Fahrwerk	selbsttragend, Audi Space Frame ASF		
Vorderradaufhängung	Doppelquerlenkerachse, Aluminium, hydraulische Gasdruck-Stoßdämpfer	Doppelquerlenkerachse, Aluminium, adaptive Gasdruck-Stoßdämpfer	
Hinterradaufhängung	Doppelquerlenkerachse, Aluminium, hydraulische Gasdruck-Stoßdämpfer	Doppelquerlenkerachse, Aluminium, adaptive Gasdruck-Stoßdämpfer	
Lenkung	Zahnstange, Servo		
Fußbremse / Regelsysteme	Scheiben belüftet vorne 365 mm Ø, hinten 356 mm Ø, ABS, ESP, EBV		
Allgemeine Daten			
Radstand	2650 mm		
Spur	1638 / 1595 mm	1640/1595 mm	1645/1599 mm
Gesamtmaße	4434 x 1904 x 1244 mm	4435 x 1905 x 1245 mm	4429 x 1940 x 1242 mm
Gepäckraum	100 Liter	100 Liter	112 Liter
Räder	vorne 8.5 J, hinten 10,5 J x 18	vorne 8.5 J, hinten 11 J x 19	
Reifen	vorne 235/40 R 18, hinten 285/35 R 18	vorne 235/35 R 19, hinten 295/30 R 19	
Wendekreis	11,8 m	11,8 m	11,2 m
Leermasse	1735 kg	1720-1740 kg	1695-1770 kg
Zuläss. Gesamtgewicht	1960 kg	2005-2040 kg	2015 kg
Höchstgeschwindigkeit	300 km/h	313-311 km/h	313-329 km/h
Beschleunigung 0–100 km/h	4,8 sec	4,1-3,8 sec	3,8-3,2 sec
Verbrauch/100 km	14,4 Liter	14,9-13,3 Liter	13,9 Liter
Kraftstofftank	80 Liter		

AWZ, IFA Sachsenring

Zweiter Autohersteller in der SBZ/DDR war neben dem Unterehmen in Eisenach das Automobilwerk Zwickau (AWZ), das die Nachfolge der Auto Union-Werke Audi und Horch antrat. Von 1948 bis 1955 liefen alle Fahrzeugproduzenten – also auch Eisenach und Zwickau – über die zentral gelenkte Industrieverwaltung Fahrzeugbau (IFA). Unter den Personenwagen trugen aber einzig die DKW-Nachfolgemodelle der Vorkriegszeit die IFA-Raute wie ein Markenemblem.

Der IFA-DKW mit seinem 684-cm³-Zweizylinder-Zweitaktmotor trug die Typenbezeichnung F8 und wurde in Zwickau von 1949 bis 1955 in 26.270 Exemplaren gebaut. Ihm folgte der F9, der mit seinem 804-cm³-Dreizylindermotor und moderner (bereits 1940 bei der Auto Union entwickelten) Karosserie, dessen Produktion ab 1953 nach Eisenach verlagert wurde.

Erstaunlicherweise liefen in dem künftig allein auf Zweitakter spezialisierten sächsischen Werk auch große Viertakter-Geländewagen für die Nationale Volksarmee. Deren 2,4-Liter-Motor trieb auch den Repräsentationswagen Sachsenring P240 an, der aber nur von 1956 bis 1959 im Programm war.

Bis April 1991 stellten die Sachsenring Automobilwerke dann den Trabant her. Der Name Sachsenring blieb indes auch nach der Wende erhalten (Sachsenring Automobiltechnik GmbH, dann AG), war aber nicht mehr der eines Kraftfahzeugherstellers.

F8 Luxuscabrio von 1954, noch mit der konservativen Front, wie sie auch der F8 als Limousine oder Kombiwagen hatte. Durch die Verdeckkonstruktion mit Innenverspannung konnte auf die außenliegenden Sturmstangen verzichtet werden. Foto: Starck

IFA F8 (1951–1955)

Die ersten F9-Prototypen sowie einige verspätete Vorkriegs-F8 entstanden noch im Auto Union-Werk Chemnitz und wurden auf der Leipziger Frühjahrsmesse 1948 vorgestellt. Die Serienproduktion in den Hallen des ehemaligen Audi-Werkes Zwickau lief im Oktober 1950 an. Den antiquiert wirkenden IFA F8 gab es als Limousine, Kombi, aber auch als Exportcabrio und als Luxuscabrio, vor allem für den Export in westliche Devisenländer. Die F8 Cabrio-Limousine stand 1963 mit 8.695 Ost-DM in der Preisliste.

IFA F9 (1950–1956)

Zur Leipziger Frühjahrsmesse 1951 erschien der Dreizylinder-Zweitakt-F9 auch als Cabrio-Limousine; den Ganzstahl-Aufbau lieferte Gläser resp. KWD in Dresden. 1953 – in Zwickau waren rund 2.000 F9 entstanden – ging die Fertigung des ehemaligen DKW-Kleinwagens nach Eisenach, um Produktionskapazitäten für den neuen »DDR-Volkswagen« zu schaffen. Die in Zwickau gebaute F9 Cabrio-Limousine kostete 15.000 DM, daneben gab es die Limousine, den Kombi sowie ein Vollcabrio. 1951 war sogar das Unikat eines Roadsters gezeigt worden, von dem inzwischen diverse Nachbauten existieren.

Sachsenring P240 (1955–1959)

Automobile mit dem Namen Sachsenring waren die indirekten Nachfolger des in Zwickau vor 1945 gebauten Horch. Indirekt, weil zwar am gleichen Platz produziert, aber in anderer technischer Konzeption und mit einem Zeitverzug von mehr als einem Jahrzehnt. 1955/56 nahm man in Zwickau die Herstellung jener Repräsentationslimousine wieder auf, als Sachsenring P 240 bezeichnet. Sie besaß einen 2.407-cm³-Sechszylindermotor von 80 PS / 59 kW, gut für etwa 140 km/h. Dieses leicht modifizierte Triebwerk war für ein Militärfahrzeug entwickelt worden.

Oben links: IFA F9 Cabriolet, 1949 – wobei hier bereits einiges an einen Polizei-Kübelwagen erinnert. Die Position der Fahrtrichtungsanzeiger (Winker) hinten änderte sich bei späteren Modellen nach der Produktionsverlagerung des F9 nach Eisenach, zudem verschwand die geteilte Frontscheibe.

Oben: F8 Exportcabrio-Limousine von 1954 – eine Bauart, die heutzutage nahezu gänzlich verschwunden ist.

Die Motorhaube war bei einigen Exemplaren bereits aus Duroplast. Foto: Kittler

	IFA F 8 1949–1957	IFA F 9 1950–1953	IFA F 9 1953–1956
Motor	Otto (Zweitakt)		
Zylinderzahl / Bauart	2 (Reihe), quer hinter Vorderachse	3 (Reihe), längs vor Vorderachse	3 (Reihe), längs vor Vorderachse
Bohrung x Hub	76 x 76 mm	70 x 78 mm	70 x 78 mm
Hubraum	684 cm^3	900 cm^3	900 cm^3
Leistung	20 PS (15 kW) bei 3500 U/min	28 PS (21 kW) bei 3600 U/min	28 PS (21 kW) bei 3600 U/min, ab 1954: 30 PS (22 kW) bei 3000 U/min
Drehmoment	5 mkg (49 Nm) bei 2500 U/min	7,5 mkg (74 Nm) bei 2500 U/min	7,5 mkg (74 Nm) bei 2500 U/min
Verdichtung	1:5,9	1:6,25	6,25 : 1, ab 1954: 6,9 : 1
Vergaser	1 Flachstromvergaser BVF 30	1 Flachstromvergaser BVF H 32/0	1 Flachstromvergaser BVF H 32/0
Steuerung	Kolbensteuerung (Zweitakter)	Kolbensteuerung (Zweitakter)	Kolbensteuerung (Zweitakter)
Kurbelwellenlager	3	4	4
Kühlung	Thermosyphon, 8,0 Liter Wasser	Thermosyphon, 10,0 Liter Wasser	Thermosyphon, 10,0 Liter Wasser
Schmierung	Zweitaktgemisch 1:25	Zweitaktgemisch 1:25	Zweitaktgemisch 1:25
Batterie	6 V 70 Ah (im Motorraum)	6 V 75 bzw. 84 Ah (im Motorraum)	6 V 75 bzw. 84 Ah (im Motorraum)
Lichtmaschine	Gleichstrom/Dynastart 150 W	Gleichstrom 130 W	Gleichstrom 130 W
Anlasser		0,6 PS (0,4 kW)	0,6 PS (0,4 kW)
Kraftübertragung	Frontantrieb		
Schaltung	Krückstockschaltung an Armaturentafel, ab 1955: Lenkradschaltung		
Kupplung	Mehrscheiben-Ölbadkupplung	Einscheiben-Trockenkupplung	Einscheiben-Trockenkupplung
Getriebe	3-Gang	4-Gang	4-Gang
	alle Gänge mit Freilauf, sperrbar		
Synchronisierung	Keine	Keine	Keine
Übersetzungen	I. 3,44 – II. 1,69 – III. 1,0 – R 4,728	I. 3,50 – II. 2,06 – III. 1,35 – IV. 0,985 – R 4,44	I. 3,50 – II. 2,06 – III. 1,35 – IV. 0,985 – R 4,44 ab 1954: I. 3,273 – II. 2,133 – III. 1,368 – IV. 0,956 – R: 5,138
Antriebs-Übersetzung	6,1	4,857	4,857
Karosserie / Fahrwerk	Kastenprofilrahmen, Ganzstahl-Karosserie		
Vorderradaufhängung	Dreieckquerlenker unten, Querblattfeder oben, hydraulische Kolben-Stoßdämpfer ab 1954: Teleskopstoßdämpfer		
Hinterradaufhängung	Starre Rohrachse mit Querblattfeder oben, hydraulische. Kolben-Stoßdämpfer		
Lenkung	Zahnstange	Zahnstange (15:1)	Zahnstange (15:1)
Fußbremse	Mechanisch, 4 Räder, vorn/hinten Trommeln 200 mm Ø	Hydraulisch, 4 Räder, vorn/hinten Trommeln 230 Ø mm	Hydraulisch, 4 Räder, vorn/hinten Trommeln 230 mm Ø
Handbremse	Mechanisch, auf Hinterräder	Mechanisch, auf Hinterräder	Mechanisch, auf Hinterräder
Schmierung	Nippel	Chassis-Zentralschmierung (Eindruck)	Chassis-Zentralschmierung (Eindruck)
Allgemeine Daten			
Radstand	2600 mm	2350 mm	2350 mm
Spur	1190/1250 mm	1184/1260 mm	1184/1260 mm
Gesamtmaße	4000 x 1480 x 1480 mm	4200 x 1600 x 1500 mm	4200 x 1600 x 1500 mm
Reifen	5,00–16	5,00–16	5,00–16
Räder	3.25 D 16	3.25 D x 16	3.25 D x 16
Bodenfreiheit	190 mm	200 mm	200 mm
Wendekreisdurchmesser	11 m	11 m	11 m
Leermasse	830 kg	920 kg	920 kg
Zuläss. Gesamtmasse	1170 kg	1250 kg	1250 kg
Höchstgeschwindigkeit	90 km/h	110 km/h	110 km/h
Beschleunigung 0–100 km/h	k.A.	39 sec	39 sec
Verbrauch	8,5 Liter/100 km	10 Liter/100 km	10 Liter/100 km
Kraftstofftank	32 Liter (im Motorraum)	30 Liter (im Motorraum)	30 Liter (im Motorraum), ab 1954: 40 Liter (hinten)

Nur als Prototyp entstand 1951 ein überaus schicker F9 Roadster. Glücklicherweise wurde er – wenn auch im Zustand 5 minus – wiedergefunden und harrt seines Wiederaufbaus. Daneben entstanden mehrere Repliken wie dieses Modell.

Im P240 hatte es eine größere Ölwanne (Druckumlauf- statt Trockensumpfschmierung) und eine geänderte Nockenwelle.

Die ersten P240 hatten noch das geflügelte Horch-»H«-Emblem auf der Kühlerhaube, der Kofferklappe und den Radblenden besessen. Ab Juli 1957 gab es einen etwas geänderten Kühlergrill, größere Blinkleuchten und ein neues Sachsenring-Emblem. Mehr als 1.382 Wagen vom Typ P240 sind indes nicht entstanden, darunter sieben Kombiwagen für die staatlichen Fernsehanstalt, sowie einige viertürige Cabriolets für hohe Parteifunktionäre. 1959 wurde die Produktion des P240 wieder eingestellt

P2, P3 (1952–1968)

Im Bemühen, eigene Militärfahrzeuge zu entwickeln, hatten sächsische Spezialisten des FEW Chemnitz Anfang der 50er-Jahre den P1 bzw. dessen Serienversion P2M geschaffen. Zunächst ging es noch um ein schwimmfähiges Allzweckauto, dann beschränkte man sich auf eine 4x4-taugliche Straßenausführung. Für sie wurde der 65 PS / 48 kW starke Sechszylinder-Motor OM6 geschaffen, der mit den BMW-Entwicklungen aus Eisenach jedoch nichts zu tun hatte. Die Fertigung lief von 1952 bis 1958 in über 2.000 Einheiten.

Das in kleinster Stückzahl hergestellte P240-Vollcabrio kann man heute im EFA-Museum in Amerang in Augenschein nehmen.

Sachsenring P240 Cabrio, hier noch mit dem geflügelten »H« auf der Haube. Von der offenen, viertürigen Ausführung erschien gut eine Handvoll Exemplare bei KWD. Sie wurden vor allem von der Generalität der Volksarmee eingesetzt.

Dem P2M folgte 1962 der von Ingenieuren im Zweigwerk Hohnstein-Ernstthal entwickelten P3, den Motor produzierte nun das Zwickauer Sachsenring-Werk. Es handelte sich um eine Weiterentwicklung des P2M-Motors mit einem Motorblock aus Aluminium- statt Grauguss und 75 PS / 55 kW Leistung. Zunächst wurde der P3 in Karl-Marx-Stadt (Chemnitz) gebaut, dann wanderte die Produktion bis 1966 nach Ludwigsfelde ins dortige Lkw-Werk. Insgesamt entstanden vom P3 rund 3.000 Stück.

***Oben rechts:** P2 S-Prototyp eines schwimmfähigen Militär-Fahrzeugs, entwickelt im Karl-May-Geburtsort Hohenstein-Ernstthal. Heute residiert im einstigen IFA-Zweigwerk die Engineering-Firma Drauz.*

***Mitte rechts:** Nachfolger des P2M war der weiterhin mit einem trinkfreudigen Sechszylinder ausgestatteten P3. Zugunsten sowjetischer Militär-Allradler wie des GAZ69 wurde er schließlich ausgemustert und ging an die unterschiedlichsten VEB-Betriebe. Erst lange Zeit später gerieten solche Fahrzeuge in private Hand.*

***Unten:** Der Sachsenring P2M wirkt wie mit der Axt gestylt. Er war sowohl bei der Kasernierten Volkspolizei/Volksarmee, als auch bei Feuerwehr und Katastrophenschutz im Einsatz. Foto: Dünnebier*

	Sachsenring P240 Cabriolet 1956–1959	Sachsenring P2 M 1954–1958	Sachsenring P2 S 1954–1962	Sachsenring P3 1962–1968
Motor	Otto, OM 6-42	Otto, OM 6-30		Otto, OM 6-35
Zylinderzahl	6 (Reihe), vorne längs über Vorderachse			
Bohrung x Hub	78 x 84 mm			
Hubraum	2407 cm^3			
Leistung	80 PS (59 kW) bei 4250 U/min	65 PS (48 kW) bei 3500 U/min		75 PS (55 kW) bei 3750 U/min
Drehmoment	17 mkg (167 Nm) bei 1400 U/min	152 Nm bei 1250 U/min		167 bei 1500 U/min
Verdichtung	7,1 : 1			
Vergaser	1 Flachstromvergaser BVF F 363	1 Flachstrom-Gelände-Vergaser HG 361-1		
Ventile	2 / hängend (Stößel, Kipphebel) seitliche Nockenwelle (Antrieb durch Stirnräder)			
Kurbelwellenlager	7			
Kühlung	Pumpe/ 13 Liter Wasser	Pumpe/ 16 Liter Wasser		Pumpe/ 13 Liter Wasser
Schmierung	Druckumlauf/ 5,5 Liter Öl	Trockensumpf		Druckumlauf/ 5,5 Liter Öl
Batterie	12 V 84 Ah (im Motorraum)			2 x 12 V 84 Ah (NVA)
Lichtmaschine	Gleichstrom 200 W	Gleichstrom 160 W		
Kraftübertragung	Heckantrieb	Allradantrieb permanent (36 : 64 %), zweistufiger Achsantrieb; P2 S mit Abtrieb für Kompressor und Schraubenwelle ab Verteilergetriebe		Heckantrieb, Vorderräder zuschaltbar
Schaltung	Schaltstock Wagenmitte			
Kupplung	Einscheibentrocken	Zweischeibentrocken		
Getriebe	4-Gang	4-Gang, mit sperrbarem Planetenrad-Verteilergetriebe, zweistufig mit Normalgang (1,02) und Geländegang (1,35)		4-Gang, Verteilergetriebe, zweistufig mit Normalgang (1,09) und Geländegang (1,41)
Synchronisierung	II–IV	–	–	II–IV
Übersetzungen	I. 3,154 – II. 2.00 – III. 1.304 – IV. 0,862, R: 3,487	I. 3,84 – II. 2,15 – III. 1,25 – IV. 0,70 R: 4,05		I. 3,92 – II. 2,26 – III. 1,2 – IV. 0,68 R: 3,64
Antriebs-Übersetzung	4,556	4,83/ 1,44,		4,83 / 1,53
Fahrwerk	Kastenprofilrahmen Ganzstahlkarosserie	Kastenprofilrahmen, X-Versteifungen, Ganzstahlkarosserie	Ganzmetallaufbau in Spantenbauweise, zwei Längsträger	Kastenprofilrahmen, Ganzstahlkarosserie
Vorderradaufhängung	Trapez-Dreieckquerlenker, Längsfederstäbe, Teleskop-Stoßdämpfer	Doppelkurbellenker längs, zwei Drehstäbe quer übereinander, Teleskop-Stoßdämpfer		Doppelquerlenker, Längsdrehstäbe, Teleskopstoßdämpfer
Hinterradaufhängung	Starrachse mit Dreieckschublenker, Längsfederstäbe, Teleskop-Stoßdämpfer	Schublenker längs, zwei Drehstäbe quer hintereinander, Teleskopstoßdämpfer		Schräglenker, zwei Drehstäbe längs, Teleskopstoßdämpfer
Lenkung	Schnecke und Rolle			
Fußbremse	Hydraulisch, 4 Räder, vorn/hinten Trommeln			
Handbremse	Mechanisch, auf Hinterräderr			
Allgemeine Daten		Kübelwagen offen, Faltverdeck	Amphibienfahrzeug	Kübelwagen offen, Faltverdeck
Radstand	2800 mm	2285 (links) / 2215 (rechts) mm		2400 mm
Spur	1350/1400 mm	1400/1400 mm	1415/1420 mm	1420/1400 mm
Gesamtmaße	4730 x 1780 x 1680 mm	3755 x 1685 x 1840 mm	5100 x 1835 x 1860 mm	3710 x 1950 x 1950
Reifen	7,10–15	6.50-16 Gelände		7.50-16 Extra Niederdruck
Räder	5.0 K 15	4.5 E 16		5.5 F 16 Tiefbett
Bodenfreiheit	k.A.	300 mm		330 mm
Wendekreisdurchmesser	12 m	13 m	14 m	11,8 m
Leermasse	1525 kg	1710 kg	1970 kg	1860 kg
Zuläss. Gesamtmasse	1960 kg	2150 kg	2410 kg	2560 kg
Höchstgeschwindigkeit	140 km/h	95 km/h	95 km/h (Straße), 10 km/h (Wasser)	95 km/h
Verbrauch	15 Liter/100 km	20 Liter/100 km	20 Liter/100 km	24 Liter/100 km
Kraftstofftank	60 Liter (hinten)	100 + 20 Liter (hinten)	2 x 50 Liter (hinten)	104 + 20 Liter (hinten)

Trabant 601 (1964–1990)

Nach dem Neubeginn im Automobilwerk Zwickau (AWZ) – mit IFA F8, F9 und Sachsenring P240 – wandte man sich in Zwickau 1955 dem ersehnten Volks-Wagen zu. Vorstufe des späteren Trabant war der P70. Er basierte zwar auf dem F8, setzte aber als eines der ersten Autos der Welt auf eine Kunststoff-Karosserie, um so das westliche Embargo für Tiefziehbleche zu umgehen. Der in verschiedenen Karosserieversionen angebotene P70 war indes nur vier Jahre im Programm und entstand insgesamt in 36.151 Einheiten. Eine Cabrio-Ausführung gab es allerdings davon nie.

Erst mit dem Nachfolgemodell, dem Trabant P50, war das Ziel erreicht, ein einfach gemachtes, preisgünstiges Automobil herauszubringen. Vorgestellt wurde der Neue 1958 auf der Leipziger Herbstmesse, dem Wirtschaftsschaufester der DDR. Anders als der P70, dessen Rückgrat ein modifiziertes IFA-F8-Fahrgestell mit einem tragenden Holzgerippe war, stützte sich der P50 auf ein Nächster Schritt war eine Hubraum-Vergrößerung auf 600 cm³, die aus dem P50 den P60 machte. Der letzte Modellwechsel fand zur Frühjahrsmesse 1964 statt: Der Trabant 601 erhielt eine neue Karosserie, die er bis zur Produktionseinstellung 26 Jahre später immer noch trug. Rund drei Millionen wurden produziert, die letzten mit dem Viertaktmotor des VW Polo (ab 1988, Bezeichnung Trabant 1,1). Nach der Wiedervereinigung rettete der VW-Konzern die Zwickauer Autobauer und übernahm die Werksanlagen. Im Trabant-Werk Mosel, dem modernsten Betriebsteil, liefen bald kompakte VW-Modelle und später auch der Passat vom Band.

Vorserienmodell des 1.1 Kübels. Foto: Kittler

Trabant 601A/1.1 Tramp (1967–1991)

Vom DDR-Einheitswagen Trabant 601 gab es neben der zweitürigen Limousine und dem Kombi ab 1967 auch eine offene Version mit Stahlblechkarosserie und Klappverdeck für die Nationale Volksarmee und für andere »gesellschaftliche Bedarfsträger«. Der frontgetriebene DDR-Kübelwagen 601A war allerdings für den Geländeeinsatz noch ungeeigneter als sein Gegenstück im Westen, der VW 181. Beiden mangelte es an Bodenfreiheit, Allradantrieb und Leistung.

In der zivilen Version hieß der Trabant Tramp mit etwas wertigerem Interieur. Er wurde im Inland nur an staatliche Betriebe verkauft, aber auch in sozialistische Bruderländer exportiert. Neben Exporten des 601A nach Griechenland gelangte der Tramp erst in der 1.1-Viertaktversion mit 40 PS / 29 kW nach dem Fall der Mauer in den Westen – Besitzer waren beispielsweise Udo Lindenberg

1989 kam der Trabant 1.1 mit VW-Motor. Doch auch der brachte keine Rettung. Typisch für die viertaktenden Trabant ist der teilabgedeckte Kühlergrill, so wie bei diesem Tramp zu sehen. Foto: Starck

und der damalige VW-Chef Carl Hahn. 496 Exemplare entstanden. Sogar der Prototyp einer militärisch nutzbaren Kübel-Version ist in Zwickau aufgebaut worden. Der offene 1.1er markierte in seiner letzten, zusammen mit IVM realisierten Ausführung (»Caro-Tramp«) als Freizeit- und Spaßmobil das Ende der Trabant-Ära.

Die letzte zweitaktende Trabant-Limousine lief am 29. Juni 1990 vom Band; der Kombi folgte am 23. Juli 1990. Im Mai 1990 hatte derweil die Serienproduktion des Viertakt-1.1 begonnen. Dieser besaß den von Barkas Karl-Marx-Stadt in Lizenz gefertigten 40 PS-VW-Vierzylinder sowie erstmals McPherson-Federbeine und Scheibenbremsen vorn. Die Kunststoff-Karosserie war nur unwesentlich verändert worden, der Tank (einschließlich von außen zugänglichem Tankverschluss) saß nun hinten, und dies reduzierte den Innenraum. Größere Plastik-Stoßfänger wurden verbaut, Motor- und Kofferraumhaube gerieten kantiger. Und die Spurweiten wurden entsprechend vergrößert. Auffällig im Innenraum: der neue Instrumententräger und die Knüppelschaltung.

Als Alternative war 1988 der 1.1 E mit geänderter Bug- und Heckpartie geformt worden, auch ein Nachfolgemodell mit VW-Bodengruppe (Polo) wurde durchgerechnet, ebenso den Einsatz eines von Zastava in Lizenz gebauten Fiat-Motors.

Obwohl die Werkleitung endlich die Produktion entsprechend der prognostizierten Nachfrage umgestellt hatte – nunmehr sollten 80 Prozent Kombis entstehen – stockte der Absatz. Am 30. April 1991 ging der letzte Trabant 1.1 übers Band. 39.474 Viertakter entstanden in Zwickau, 496 davon waren Tramp.

	Trabant 601, 1963–1966 / Trabant 601 A, 1966–1990		Trabant 1.1 1990 – 1991
Motor	Otto (Zweitakt)		Otto (Viertakt)
Zylinderzahl / Bauart	2 (Reihe), quer vor Vorderachse	2 (Reihe), quer vor Vorderachse	4 (Reihe), quer vor Vorderachse
Bohrung x Hub	72 x 73 mm	72 x 73 mm	75 x 59 mm
Hubraum	595 cm³	595 cm³	1043 cm³
Leistung	23 PS (17 kW) bei 4000 U/min	26 PS (19 kW) bei 4000 U/min	40 PS (30 kW) bei 5300 U/min
Drehmoment	51 Nm bei 2750 U/min	53 Nm bei 3000 U/min	73 Nm bei 3000 U/min
Verdichtung	1:7,6	1:7,6	1:9,5
Gemischbildung	1 Flachstromvergaser BVF 28 HB, 1984:BVF 28 H 1-1		1 Fallstromvergaser Solex 32 TLA
Ventile / Steuerung	Einlass-Drehschieber (Zweitakter), Trabant 1.1: 2/ hängend (Stößel, Kipphebel), OHC, Zahnriemen		
Kühlung	Luft/Axialgebläse	Luft/Axialgebläse	Pumpe / 7,0 Liter Wasser
Schmierung	Zweitaktgemisch 1:33 / 1:50		Druckumlauf/ 3,5 Liter Öl
Batterie	6 V 84 Ah	6 V 84 Ah, ab 1983: 12 V 38 Ah	12 V 44 Ah (im Motorraum)
Lichtmaschine	Gleichstrom 220 W, ab 1983 P66: Drehstrom 580 W		Drehstrom 53 A
Kraftübertragung	Frontantrieb		
Schaltung	Krückstockschaltung unter Lenkrad		
Kupplung	Einscheibentrocken, a.W. Hycomat-Halbautomatik		Einscheibentrocken
Getriebe	4-Gang (Freilauf im IV. Gang, nicht sperrbar)		4-Gang
Übersetzungen	I. 4,08 – II. 2,32 – III. 1,52 – IV. 1,03 bzw. 1,103 (ab Oktober 1974) – R: 3,94 bzw. 3,83		I. 3,250 – II. 2,053 – III. 1,342 – IV. 0,955 – R:.3,08
Antriebs-Übersetzung	4,33 bzw. 3,95 (ab Oktober 1974)		4,267
Karosserie / Fahrwerk	Plattformrahmen, Duroplast-Stahl-Mischbauweise auf Stahlblech-Gerippe		
Vorderradaufhängung	Dreieckquerlenker unten, Querblattfeder oben, hydr. Teleskop-Stoßdämpfer		Federbeine, Schraubenfedern, Dreieckquerlenker unten
Hinterradaufhängung	Pendelachse mit Dreieckquerlenker, Querblattfeder (ab 1988: Schraubenfedern), hydr. Teleskop-Stoßdämper		Schräglenker, Schraubenfedern, hydraulische Teleskop-Stoßdämpfer
Lenkung	Zahnstange		Zahnstange (16,5 : 1)
Fußbremse	Hydraulisch, vorn/hinten Trommeln (200 mm Ø)		Hydraulisch, v. Scheiben, h. Trommeln
Allgemeine Daten	Kübelwagen		
Radstand	2020 mm		2020 mm
Spur	1206/1255 mm		1284/1255 mm
Gesamtmaße	3500 x 1600 x 1500 mm		3500 x 1510 x 1500 mm
Räder / Reifen	4,0 J x 13 / 5,20–13 bzw. 145 SR 13 (a.W. ab 1973		4.0 J x 13 / 145 R 13, 155/70 SR 13
Wendekreis	10 m		10 m
Leermasse	645 kg		725 kg
Zuläss. Gesamtgewicht	1020 kg		1100 kg
Höchstgeschwindigkeit	95 km/h	105 / 108 km/h	125 km/h
Beschleunigung 0–80 km/h	24 sec	21 sec	22 sec
Verbrauch/100 km	9,0 Liter/100 km	9,0 Liter/100 km	8 Liter/100 km
Kraftstofftank	24 Liter (vorn)	24 Liter, ab Herbst 1972: 26 Liter	28 Liter (hinten)

Bitter

Sie sei Deutschlands kleinste Automarke – so bezeichnete sich die Bitter GmbH &Co. KG in Schwelm. 1971 von Erich Bitter gegründet, verkörperte sie auch Jahrzehnte später noch das Motto: klein aber fein. Ein bis zwei Wagen pro Tag wurden in Schwelm bis 1986 montiert. Die Antriebsaggregate stammten traditionell aus den Serienproduktionen von Opel: Diplomat, Senator, Omega.

Erich Bitter, früher ein erfolgreicherer Radrennfahrer, stieg in den 1960er-Jahren auf vier Räder um und gewann auf NSU, Porsche und Abarth etliche Rennen und sogar die Deutsche Rennsportmeisterschaft. Er betrieb einen Rallye-Shop und übernahm 1969 die Vertretung der italienischen Marke Intermeccanica, die damals ein großes Cabriolet baute.

Auf Bitters Initiative baute Intermeccanica später den Indra, unter dessen Haube der V8-Motor des Opel Diplomat seine Arbeit verrichtete. Der Indra war ein zwar sehr schöner, aber nicht allzu solide verarbeiteter Traumwagen. 1971 beschloss Bitter, selbst Autos zu bauen. Es entstand das Bitter CD-Coupé, das 1973 auf der IAA debütierte: ein großer Wagen mit elegantem Design und solider Opel-Mechanik.

Im Dezember 1980 begann die Serienfertigung des Bitter SC, eines viersitzigen Coupés auf der Basis des Opel Senator. Die Karosserie dieses Autos hatte Erich Bitter selbst entworfen. Sie zeichnete sich durch den hervorragenden cW-Wert von 0,34 aus. Davon abgeleitet wurde ein viersitziges Cabriolet.

Wie die meisten Kleinserienhersteller geriet auch Bitter in finanzielle Schwierigkeiten. Der Konkurs konnte nur knapp abgewendet werden. Mitte 1986 war die Firma über dem Berg, sowohl Bitter SC Coupé als auch Cabriolet waren weiterhin lieferbar. Allerdings stand der Senator A als Basisfahrzeug nicht mehr zur Verfügung. Daher begannen die Vorarbeiten für ein neues Projekt auf Opel Omega-Basis (Typ 3).

Bitter SC Cabriolet (1982–1985)

Vorgestellt auf der IAA 1981, verzichtete das viersitzige Vollcabriolet auf Überrollbügel. Die Karosserie kam von Bertone. Das mit zwei Schnellverschlüssen fixierte, gefütterte Stoffverdeck verschwand in geöffnetem Zustand in einem mit einer Lederplane abgedeckten Stahlblechfach. Durch Längs- und Querträger verstärkter Aufbau, dadurch 85 kg schwerer als das Coupé. Aufwändige Serienausstattung mit elektrischen Fensterhebern, Klimaanlage, Lederausstattung, Zentralverriegelung und Stereoanlage. Rund 30 offene Fahrzeuge wurden ab 1982 in kleiner Serie gebaut, vier blieben

Beim Bitter SC stammte die Mechanik vom Opel Senator, ebenso die Instrumente, Bedienhebel und Schalter: Auch sie kamen aus dem Opel-Regal.

	Bitter Typ 3 Spider 1991	Bitter Typ 3 Limousine 1995
Motor	Ottomotor (Einspritzer) Opel	
Zylinderzahl	6 (Reihe), längs über der Vorderachse	6 (V 54°), längs über der Vorderachse
Bohrung x Hub	95 x 69,8 mm	86 x 85 mm
Hubraum	2969 cm³	
Leistung	177 PS (130 kW) bei 5800/min	ca. 240 PS (177 kW)
Max. Drehmoment	240 Nm bei 2400/min	ca. 280 Nm
Gemischbereitung	Elektronische Einspritzung	
Ventile pro Zylinder	2, V-förmig hängend 1 obenliegende Nockenwelle (Zahnriemen)	4, V-förmig hängend 2 x 2 obenliegende Nockenwellen (Zahnriemen), 1 Abgasturbolader
Kurbelwellenlager	7	4
Kraftübertragung	Heckantrieb, Differentialsperre (45 %)	Heckantrieb, Differentialsperre
Kupplung	Einscheiben-Trockenkupplung	
Schaltung	5 Gang / 4 Stufen, Schaltstock in Wagenmitte	
Antriebsübersetzung		3,70
Fahrwerk	Selbsttragende Ganzstahlkarosserie	
Vorderradaufhängung	McPherson-Federbeine (Schraubenfedern, Teleskopstoßdämpfer), Doppelquerlenker, Drehstab-Stabilisator	
Hinterradaufhängung	Schräglenker-Achse Schraubenfedern, Teleskopstoßdämpfer, Drehstab-Stabilisator	Mehrlenker-Achse, Schraubenfedern, Teleskopstoßdämpfer Drehstab-Stabilisator Niveauregulierung
Lenkung	Zahnstange, Servo	
Fußbremse	Zweikreis-Hydraulik, Servo, vorn/hinten belüft. Scheiben, ABS	
Allgemeine Daten	Spider, 4sitzig	Limousine. 4 türig
Radstand	ca. 2600 mm	ca. 2600 mm
Gesamtmaße	4450 x 1765 x 1395 mm	ca. 4500 x 1765 x 1400 mm
Reifen (vorn/hinten)	215/55 ZR 16	225/55 ZR 17
Felgen (vorn/hinten)	7.5 J x 16	7.5 J x 17
Leermasse	1490 kg	
Höchstgeschwindigkeit	227 (Automatk: 220) km/h	
Beschleunigung 0-100 km/h	7,6 /8,4) sec	5,4 sec

in Deutschland, der Rest wanderte in den Nahen Osten und in die USA. Preis: DM 115.000,-.

Bitter Typ 3 (1987)

Das neue Bitter Typ 3-Projekt feierte auf der IAA im September 1987 Premiere. Wie schon bei den Vorgängern CD und SC stammte die Mechanik von Opel. In diesem Fall lieferte der Omega A, das Auto des Jahres 1986, die Basis für den »Schwelmenstreich«.

Wie bei Bitter üblich, sollte auch die offene Version nicht nur gefällige Optik, sondern auch verschwenderischen Luxus bieten. Sitze und Verkleidungen aus feinstem Nappaleder sowie Verblendungen aus afrikanischem Rosenholz setzten im Interieur Akzente; bei der Technik besorgten dies im Prototyp der neue Vierliter-Sechszylinder-Reihenmotor (aus dem SC, in Serie kommen sollte der 3,0-Liter von Opel), ABS und Sperrdifferenzial. Die Stahlkarosserie des Zweisitzers sollte bei Bertone in Turin entstehen, die Endmontage bei der Würzburger Karosseriefabrik Voll erfolgen. Weiterhin war vorgesehen, den Verkauf in den USA über das Händlernetz von Isuzu (GM) zu organisieren.

Ende 1988 wurden die ersten amerikanischen Verkaufsprospekte gedruckt, doch bevor die Produktion des Autos anlaufen konnte, zog GM das Vorhaben zurück. Aus dem Typ 3 wurde nichts; es blieb bei fünf Prototypen, von denen noch zwei existieren. Die drei anderen wurden bei Crashtests zerstört.

Bitter stellte neben aufgewerteten Opel-Modellen wie dem Bitter Cascada weiterhin diverse Studien wie den Roadster vor, von denen zumindest einige geschlossene Versionen Serienreife erlangten. Trotz wiederholter, teilweise vielversprechender Versuche gelang es ihm aber in keinem Fall, noch einmal eine Produktion zu realisieren.

Bitter Typ 3 Cabriolet auf Basis Opel Omega A 3000. Fünf Stück gebaut.

BMW

Die Bayerische Motoren Werke GmbH entstand am 20. Juli 1917 aus der Flugmaschinenfabrik Gustav Otto und der Rapp-Motorenwerke GmbH, die beide am 7. März 1916 in der Bayerischen Flugzeugwerke AG aufgegangen waren. Auf die flugtechnische Vergangenheit von BMW weist heute noch das Firmenzeichen hin: die blau-weißen Kreissegmente sind nichts anderes als zwei stilisierte rotierende Propellerflügel. Der Flugmotorenbau verschaffte dem jungen Unternehmen beste Reputation. Bis zum Ende des Zweiten Weltkriegs gehörten BMW-Flugmotoren zu den bevorzugten Antriebsaggregaten im militärischen und zivilen Bereich.

Ab 1923 tauchte das weiß-blaue Markenzeichen auch auf der Straße auf – zunächst bei Motorrädern, ab 1929 auch auf Automobilen. Diese wurden in Eisenach anfangs noch nach Austin-Lizenz gebaut. In den 1930er-Jahren erschienen dann in rascher Folge zahlreiche Sechszylinder-Modelle, deren Krönung der Sportwagen 328 mit 2,0 Liter Hubraum und 80 PS / 59 kW war.

1951 wurde auf der Frankfurter Automobilausstellung mit dem 501 das erste, künftig in München gefertigte Nachkriegsmodell, eine große, viertürige Reiselimousine, vorgestellt. Als Antrieb diente der gleiche Motor, der vor dem Krieg den Typen 326, 327 und 328 zu damals überdurchschnittlichen Fahrleistungen verholfen hatte. 1954 folgten die ersten Cabriolets von Baur und Autenrieth. Im selben Jahr erschien der BMW 502, der erste deutsche Achtzylinder-Personenwagen nach dem Krieg. Sein V8-Leichtmetallmotor zählt zu den Klassikern des Motorenbaus. In verschiedenen Leistungsstufen zwischen 95 und 160 PS trieb er die bis 1965 produzierten »Großwagen« (so die BMW-interne Beschreibung) an, darunter auch die Cabriolets 501, 502, 503 und 507.

Durch seine extreme Modellpolitik – einerseits technisch hochwertige und teure Achtzylinder, andererseits hubraumschwache Kleinmobile (Isetta und BMW 600) – geriet das Münchener Unternehmen Ende der 50er-Jahre in eine Krise und wäre fast von Daimler-Benz geschluckt worden. Erst mit den Modellen BMW 700 und der Neuen Klasse in Form des BMW 1500 war die Marke gerettet. Allen Kinderkrankheiten zum Trotz wurden der BMW 1500 und seine späteren Schwestern 1600, 1800 und 2000 zum Rückgrat des Münchener Unternehmens. 1956 kam die 02-Serie hinzu, die wesentlich dazu beitrug, das dynamische BMW-Image zu prägen.

Am 1. Januar 1967 übernahm BMW die Hans Glas GmbH in Dingolfing, wo ab 1973 vor allem die Modelle der 5er-Reihe gebaut wurden. Die Unternehmensphilosophie hat sich im Laufe der Jahre etwas gewandelt: Priorität hatten nicht mehr die Fahrleistungen, sondern hochwertige Technik in Verbindung mit Komfort und Eleganz. So schloss BMW zu Mercedes auf, um anschließend bis in die Gegenwart auf Augenhöhe zum schwäbischen Wettbewerber zu agieren. Weitere Marken wurden zugekauft, geblieben sind Mini und Rolls-Royce.

BMW bot als einzige deutsche Firma in der Nachkriegszeit neben Sechs- auch Achtzylinder-Modelle an. Die Rahmenanlage mit aufgesetzter Karosserie wirkte aber antiquiert. BMW verfügte über keinen eigenen Karosseriebau, vor allem Baur in Stuttgart sprang ein.

BMW 501A, 501, 502 (1954–1955)

Im Frühjahr 1954 begann bei Baur in Stuttgart die Produktion des 501A Cabriolets. Außer etwa 220 zweitürigen Exemplaren gab es 50 Stück mit vier Türen. Auch die Darmstädter Karosseriefirma Autenrieth stellte in geringer Stückzahl Cabriolets her, darunter ein Einzelstück, das große Ähnlichkeit mit dem 503 aufwies. Der Aufbau bei Baur kostete damals rund DM 9.000,-, bei Autenrieth begannen die Preise bei 12.000 D-Mark. 1955 lief die Kleinserie aus. Autenrieth baute allerdings bis 1960 noch einige Einzelexemplare.

BMW 507 Roadster (1956–1959)

Dieser rundum von Albrecht Graf Goertz entworfene Roadster, für den es auch ein Hardtop gab, wurde zusammen mit dem 503 auf der IAA 1955 in Frankfurt am Main präsentiert. Obwohl er ein echter Konkurrent zum Mercedes-Benz 300 SL war, kam er nur auf bescheidene Stückzahlen, weil man sich preislich verkalkuliert hatte und mit zu hohen Preisen auf dem US-Markt ging. Von November 1956 bis März 1959 wurden ganze 252 Exemplare gebaut (300 SL Generation W198/II: 1.858). Heute gehört der 507 zu den gesuchtesten Klassikern, der teuer als ein 300 SL gehandelt wird.

Vor dem Entwurf des Designers Goertz hatte der einstige Rennleiter und Veritas-Gründer, inzwischen wieder in BMW-Diensten stehende ehemalige Veritas-Chef Ernst Loof ebenfalls einen Roadster (507a) gebaut, unter dessen handgearbeiteter Aluminiumkarosserie sich V8-Motor und Fahrgestell des BMW 502 verbargen. Vieles hätte für diesen Wagen gesprochen, aber seine etwas barocke Form missfiel dem US-Importeur – daraufhin entschied der Vorstand, das Goertz-Modell zu bauen.

Zwei weitere Versionen des 507 entstanden als Unikate, ohne das BMW dagegen eingeschritten ist: zum einen eine Coupé-Ausführung von Raymond Loewy, zum anderen eine modernistisch-glattflächige Cabrio-Ableitung von Michelotti.

BMW 503 Cabrio (1956–1959)

Das 503 Cabriolet, ebenso wie das Coupé, von Albrecht Graf Goertz auf Basis eines hauseigenen Entwurfs finalisiert, wurde auf der IAA 1955 vorgestellt. Die Karosserie bestand aus Aluminium, die Verdeckbetätigung erfolgte elektrohydraulisch. Von Mai 1956 bis Juni 1960 wurden insgesamt 139 Cabrios und 273 Coupés hergestellt. Der elegante, 29.500 DM teure Wagen mit der harmonischen Linienführung blieb – wenngleich 3.000 Mark teurer als der 507 – länger als der Roadster im Programm.

Als technische Basis für den neuen Sportwagen diente das um 35,5 Zentimeter verkürzte Chassis der BMW 502 3,2 Liter. Trotz seiner herausragenden Qualitäten war der 507 ein kommerzieller Misserfolg: Nur 254 Exemplare entstanden, dabei hatte BMW mit 5.000 Exemplaren geplant.

Der BMW 507 entstand in zwei Serien. Die erste lief bis 1957. Der offiziell letzte Roadster, Nummer 254, wurde am 14. August 1959 komplettiert.

Die erste Serie wartete noch mit einem 110-Liter-Tank direkt hinter dem vorderen Gestühl auf, bei der zweiten mit dem Brennstoffreservoir unter dem Kofferraum fasste er nur noch 65 Liter. Der Einfüllstutzen rückte nach hinten rechts.

Pinin Farina, so erinnerte sich Designer Goertz noch Jahrzehnte später, habe bei der Präsentation von 507 und 503 letzteren als den schöneren Wagen bezeichnet.

Der 412 Mal gebaute BMW 503 – den es auch als Coupé gab – stand stets im Schatten des sportlicheren Fünfnullsieben. Handgedengelte Leichtmetallkarosserien hatten sie beide. Jedes Fahrzeug wurde nach Kundenwunsch konfiguriert.

	BMW 503 1956–1959 BMW 3200 CS 1962–1965	BMW 507 1956–1959	BMW 700 Sport 1961–1964
Motor	Otto		
Zylinderzahl / Bauart	8 (V-Form, 90°), Leichtmetallblock, nasse Zylinderbüchsen, vorne längs		2 (Boxer), Leichtmetallblock, hinter der Hinterachse
Bohrung x Hub	82 x 75 mm		78 x 73 mm
Hubraum	3168 cm^3		697 cm^3
Leistung	140 PS bei 4800 U/min 160 PS bei 5600 U/min	150 PS bei 5000 U/min	40 Ps bei 5700 U/min
Drehmoment	22,0 mkg bei 3800 U/min 24,5 mkg bei 3600 U/min	24,0 mkg bei 4000 U/min	5,2 mkg bei 4500 U/min
Verdichtung	1:7,3 /1:9	1:7,8	1:9,5
Gemischbildung	2 Doppel-Fallstromverg. Zenith 32 NDIX /36 NDIX		2 Fallstromvergaser Solex 34PCI
Ventile / Steuerung	2 / hängend, Stoßstangen und Kipphebel, zentr. Nockenwelle, Antrieb d. Duplexkette		2 / V-förmig hängend,. Stoßstangen, Kipphebel, zentrale Nockenwelle, Stirnradantrieb
Kühlung	Pumpe, 10 Liter Wasser		Gebläse, Luft
Schmierung	Druckumlauf 6,5 Liter Öl		Druckumlauf, 2 Liter Öl
Batterie	12 V 56 Ah (im Motorraum)		12 V 24 Ah
Lichtmaschine	Gleichstrom 200 W		Gleichstrom 130 W
Kraftübertragung	Heckantrieb	Heckantrieb, Getriebe mit Motor verblockt	Heckantrieb
Schaltung	Lenkradschaltung, ab 9/1957: Schaltstock Wagenmitte; CS: Lenkrad- oder Mittelschaltung	Schaltstock Wagenmitte	Schaltstock Wagenmitte
Kupplung	Einscheibentrocken		
Getriebe	4-Gang vollsynchronisiert		
Übersetzungen	I. 3,78 – II. 2,35 – III. 1,49 – IV. 1,00 Sport: I. 3,540 – II. 2,202 – III. 1,395 – IV. 1,00 CS: I. 3,71 – II. 2,27 – III. 1,49 – IV. 1,00	I. 3,387 – II. 2,073 – III. 1,364 – IV. 1,00	I. 3,354 – II. 1,194 – III. 1,27 – IV. 0,839
Antriebs-Übersetzung	3,90 a. W. 3,42; CS: 3,90, a. W. 3,70	3,70, auch 3,42 und 3,90	5,43
Karosserie / Fahrwerk	Rahmen aus Kasten-Längs- u. Rohr-Querträgern, mit Karosseriegerippe verschweißt, Außenhaut der Karosserie und Türen aus Leichtmetall		Selbststragende Ganzstahlkarosserie
Vorderradaufhängung	Doppel-Querlenker, Längs-Federstäbe		Geschobene Längsschwingen, Schraubenfedern
Hinterradaufhängung	503: Starrachse, Dreieck-Schublenker, Längs-Federstäbe; 507 + CS: Starrachse, Zug- und Schubstreben, Längs-Federstäbe, Panhardstab		Schräglenker, Schraubenfedern
Lenkung	Kegelrad (gebog. Zahnstange) 16,5:1, 3,5 Lenkraddrehungen; 507: Lenkrad axial verstellbar		Zahnstange 17,85:1,
Fußbremse	Hydraul., Servohilfe, Trommel v./h. 284 mm Ø, CS: v. 267 mm Ø		Hdyraul. Trommel 200 mm Ø
Allgemeine Daten			
Radstand	2835 mm	2480 mm	2120 mm
Spur vorn/hinten	1400/1420; CS: 1330/1416 mm	1445/1425mm	1270/1200 mm
Gesamtmaße	4750 x 1710 x 1440; CS: 4830 x 1720 x 1460 mm	4380 x 1650 x 1300 mm	3540 x 1480 x 12190 mm
Kofferraumvolumen	k.A.	k.A.	k.A.
Räder	4,50 E x 16 / 5 J x 15	4,50 E x 16 /	3,0 x 12
Reifen	6,00 H 16 / 7,00 H 15 L od. 185 HR 15	6,00 H 16	5.20 (5.50 ab Mj. 64)-12
Wendekreis	12,0 Meter	10,7 Meter	10,1 Meter
Leermasse	1500 kg	1330 kg	685 kg
Zuläss. Gesamtgewicht	1800 / 1900 kg	1500 kg	910 kg
Höchstgeschwindigkeit	190-200 km/h	H-Achse 3,90: 190 km/h; H-Achse 3,70: 200 km/h	135 km/h
Beschleunigung 0–100 km/h	13 / 14 sec	11,5 sec	20 secr
Verbrauch/100 km	16 Liter Super	17 Liter Super	7,5 Liter Super
Kraftstofftank	75 Liter (hinten)	65 od. 110 Liter (hinten)	30 Liter (vorn)

BMW 3200 CS Cabrio (1962)

Der dem 503 ab 1961 folgende 3200 CS von Bertone war sicher der schickste Achtzylinder, aber sein Konzept hatte sich überlebt. 602 Einheiten des Coupés entstanden, dazu lediglich ein Werks-Cabrio, das Mehrheitsaktionär Quandt zum Geschenk gemacht worden ist. Die Grundform des Bertone-CS wurde für das Vierzylinder-Coupé 2000 C/CS übernommen.

BMW 700 (1961–1964)

Von dem 1959 präsentierten Coupé mit dem im Heck installierten Zweizylinder-Motorradmotor gab es ab September 1961 auch eine offene Version. Das hübsche zweisitzige Cabriolet war mit einem leistungsgesteigerten 40-PS-Motor (Doppelvergaser, höhere Verdichtung, Nockenwelle, schärfere Nocken) ausgerüstet. Anders als beim Coupé gab es für das Cabrio nur einen einzigen Radstand (keine LS-Version). Bis zur Produktionseinstellung im November 1964 wurden 2.592 Exemplare bei Baur in Stuttgart hergestellt, von denen aufgrund ihrer Rostanfälligkeit heute nur noch wenige existieren dürften.

Rechts: BMW 700 Cabrio, Karosserie Baur, 1961–1964: Wie bei der gesamten Baureihe galt der temperamentvolle Motor als außerordentlich gelungen, wenn auch ein wenig laut.

Dieses 1962 gebaute BMW 3200 CS-Cabriolet war eine Sonderanfertigung für Herbert Quandt und verfügte über ein elektrisches Verdeck. Inzwischen gibt es auch einige privat initiierte Nachbauten.

Dem offenen BMW 1600-2 von Bau war ein werkseigener Entwurf vorausgegangen, der sogenannte »Studentenwagen«.

BMW 1600/2002 (1967–1975)

Anderthalb Jahre nach der Vorstellung der zweitürigen Limousine 1600-2 wurde im September 1967 auch ein von Baur im Werksauftrag karossiertes Cabriolet mit voll versenkbarem Verdeck präsentiert. Die Freude an der hübschen Karosserie wurde jedoch durch den recht verwindungsfreudigen Aufbau getrübt, auch galt die Verarbeitungsqualität als fragwürdig. Insgesamt wurden 1.938 Cabriolets vom Typ 1600 und 471 vom Typ 2002 gebaut.

Der immer mehr in Mode kommende Trend zum integrierten Überrollbügel führte dazu, dass das Cabriolet im April 1971 durch das nicht gerade elegante, dafür aber verwindungssteifere Targa-Modell auf der Basis des 2002 ersetzt wurde. Mit der Einstellung der 02-Baureihe im Sommer 1975 entschlief auch dieses Modell, nachdem es rund 2.000-mal gebaut worden war. Parallel war zwischen 1967 und 1968 ein knappes Jahr lang das BMW 1600 Cabrio entstanden, dabei handelte es sich um das von Glas übernommene 1300er/1700-Cabrio mit 1,6-Liter-BMW-Motor, das 1.255-mal entstanden ist.

1974 wurde die 02er-Reihe einer umfassenden Modellpflege unterzogen, der schwarz eingefärbte Grill und die größeren Heckleuchten gehörten zu den Merkmalen.

	BMW 1600 1967-1971	BMW 2002 1971-1975	BMW 316 / BMW 318 1975-1980 BMW 320 / BMW 320i 1975-1977	BMW 320 1977-1982 BMW 323i 1978-1982
Motor	Otto			
Zylinderzahl / Bauart	4 (Reihe), Block um 30° rechts seitlich geneigt	4 (Reihe), Block um 30° rechts seitlich geneigt	4 (Reihe). Block um 30° rechts seitlich geneigt	6 (Reihe), Block um 30°, rechts seitlich geneigt
Bohrung x Hub	84 x 71 mm	89 x 71 mm	84 x 71 / 89 x 71 / 89 x 80 mm	80 x 66 / 80 x 76,8 mm
Hubraum	1573 cm^3	1990 cm^3	1563 / 1754 / 1977 cm^3	1990 / 2315 cm^3
Leistung	85 PS bei 5700 U/min	100 PS bei 5500 U/min	90 PS (66 kW) b. 6000 U/min 98 PS (72 kW) b. 5800 U/min 109 PS (80 kW) b. 5800 U/min 125 PS (92 kW) b. 5700 U/min	122 PS (90 kW) bei 6000 U/min 143 PS (105 kW) bei 6000 U/min
Drehmoment	12,6 mkg bei 3000 U/min	16,0 mkg bei 3500 U/min	12,5-17,5 mkg bei 3700-4350 U/min	16,3 mkg bei 4000 U/min/ 19,4 mkg bei 4500 U/min
Verdichtung	1:8,6	1:8,5	1:8,3 / 8,1 /9,3	1: 9,2 / 9,5
Gemischbildung	1 Fallstromvergaser Solex 38 PDSI	1 Fallstromvergaser Solex 40 PDS	1 Fallstrom-Registervergaser Solex 32/32 DIDTA, 320i: Saugrohr-Einspritzung Bosch K-Jetronic	1 Fallstrom-Registervergaser Solex 4A1, Startautomatik; 323i: Saugrohr-Einspritzung Bosch K-Jetronic
Ventile / Steuerung	2 / V-förmig hängend, OHC, Duplex-Kette			2 / V-förmig hängend, OHC, Zahnriemen
Kühlung	Pumpe, 7 Liter Wasser	Pumpe, 7 Liter Wasser	Pumpe 7 Liter Wasser	Pumpe 12 Liter Wasser
Schmierung	k.A.	Druckumlauf, 4,25 Liter Öl	Druckumlauf, 4,25 Liter Öl	Druckumlauf, 4,75 Liter Öl
Batterie	6 V 77 Ah, ab 9/1967: 12 V 36 Ah	12 V 44 Ah	12 V 36-44 Ah	12 V 44-55 Ah
Lichtmaschine	Gleichstrom 250 W, ab 9/1967: 490 W	Drehstrom 490, ab 4/1971: 630 W	Drehstrom 630 -770 W	Drehstrom 910 W
Kraftübertragung	Antrieb auf Hinterräder, geteilte Kardanwelle, Schalthebel Wagenmitte			
Kupplung	Einscheibentrocken			
Getriebe	4-Gang	4-Gang / 5-Gang, a.W. 3-Gang-Automatik, Planetengetriebe	4-Gang, ab 9/79: 5-Gang / 3-Gang Automatik, Planetengetriebe	
Übersetzungen	I.3,835 – II.2,053 – III.1,345 – IV.1,000 ab1971: I.3,764 – II.2,020 – III.1,320 – IV.1,000	I. 3,764 – II. 2,020 – III. 1,320 – IV. 1,000 I. 3,368 – II. 2,160 – III. 1,579 – IV. 1,241 – V. 1,000 I. 2,56 – II. 1,52 – III. 1,0	I. 3,764 – II. 2,022 – III. 1,320 – IV. 1,00, Automatik: I. 2,478 – II. 1,478 – III. 1,00	I. 3,764 – II. 2,022 – III. 1,320 – IV. 1,00; I. 3,681 – II. 2,001 – III. 1,329 – IV. 1,00– V. 0,805 Autom.: I. 2,478 – II. 1,478 – III. 1,00
Antriebs-Übersetzung	4,11	3,64	4,10 / 3,90 / 3,64	3,64 / 3,45
Karosserie / Fahrwerk	Selbsttragende Ganzstahlkarosserie			
Vorderradaufhängung	McPherson-Federbeine, Schraubenfedern, a.W. Drehstab-Stabilisator	McPherson-Federbeine, Schraubenfedern, Schräglenker, a. .W: Stabilisator	McPherson-Federbeine, Schraubenfedern, Gummi-Zusatzfedern, Stabilisator	
Hinterradaufhängung	Schräglenker, Schraubenfedern, a.W.: Drehstab-Stabilisator	McPherson-Federbeine, Schraubenfedern, Schräglenker, a. W. Stabilisator	Schräglenker, Federbeine, Schraubenfedern, Gummi-Zusatzfedern, a.W. Stabilisator, ab 8/1976: Serie bei 318, 320 , 320i, 323: Serie ab Baubeginn	
Lenkung	Schnecke 17,58:1, 3,75 Lenkradd.		Zahnstange 19,0:1,4	Zahnstange 21,1:1, Aufpreis: Servohilfe
Fußbremse	ab Sept. 1968: Doppel-Zweikreis-Hydraulik, Servoh. Scheiben v. Ø 240 mm, Trommel h. Ø 200 mm		Zweikreis-Hydr., Servoh., Scheiben v. Ø 255 mm, Trommel h. Ø 250 mm; 323i: Scheiben hinten Ø 258 mm	
Allgemeine Daten				
Radstand	2500 mm	2500 mm	2563 mm	
Spur vorn/hinten	1330/1330 mm,. (ab Sept.1973): 1342/1342 mm		1364/1377 mm, BMW 320, 320i, 323i: 1386/1399 mm	
Gesamtmaße	4230 x 1590 x 1360 mm	4230 x 1590 x 1360 mm	4355 x 1610 x 1380 mm	
Räder	4,5 J x 13,. (ab Sept. 1973) 5 J x 13	4,5 J x 13 ab Sep.'73: 5 J x 13	5 J x 13 / 5,5 J x 13	5,5 J x 13
Reifen	6,00 S 1. A. W., ab Aug. 1970) 165 SR 13	165 SR 13	165/SR 13 / 185/70 HR 13	185/70 HR 13
Wendekreis	10,5 Meter	10,5 Meter	10,6 Meter	10,6 Meter
Leermasse	980 kg	1040 kg Automatik + 20 kg	1040-1080 kg, Automatic + 20 kg	1150-1180 kg, Automatic + 20 kg
Zuläss. Gesamtgewicht	1320 kg	1390 kg	1420- 1460 kg	1150-1570 kg
Höchstgeschwindigkeit	162 km/h	173-169 km/h	161-182 km/h	183-192 km/h
Beschleunigung 0–100 km/h	13,5 sec	11, Automatik 12 sec	14-10 sec	10,5-9,5 sec
Verbrauch/100 km	11,5 Liter Super	12,5, Automatik 13 Liter Super	11,5-13 Liter Super	13 Liter, Automatic 13,5 Liter Super
Kraftstofftank	46 bzw. (ab Sep.'73) 50 Liter (im Heck)		52, ab Sept. 1977: 58 Liter	58 Liter (unter dem Rücksitz)

Das 2002 Cabrio ergänzte die Nullzwei-Reihe. Das Dachmittelteil war herausnehmbar, das Verdeck abklappbar. Wurde bei Baur gefertigt.

BMW 3er-Reihe / Baureihe E21 (1975–1983)

Erst drei Jahre nach der Markteinführung der 3er-Reihe (E 21) gab es wieder eine offene Version. Wie der 1975 eingestellte 2002 Targa entstand sie bei Baur in Stuttgart. Die Dachkonstruktion glich der des Vorgängermodells: ein abnehmbares Hartdach über den Vordersitzen und ein versenkbares Stoffverdeck über den Fondsitzen. Die Bezeichnung »Cabriolet« stimmt genau genommen nicht, denn es handelte sich um ein typisches Targa-Modell.

Ab 1978 waren die Modelle 316, 318, 320 und 323i als Cabriolet lieferbar. Die Preise lagen rund 6.000 D-Mark über denen der entsprechenden Limousinen. Ab Frühjahr 1981 kam das 315 Cabriolet hinzu. Bis Ende 1982 stellte Baur etwa 5.000 Cabriolets der ersten 3er Reihe her.

Der gänzlich offene 1600er-E21 von Karmann entstand ohne Werksauftrag. Er blieb bedauerlicherweise ein Unikat

Karmann hatte gleich zum Debüt der Baureihe E21 den Entwurf eines Vollcabrios präsentiert, ging aber leer aus. Damit blieb es bei der Baur-Schöpfung.

E21-BMW 320 als Baur-TC-Ausführung. Das Dachmittelteil ließ sich einfach herausnehmen und im Kofferraum verstauen, das Verdeck hinten unter einer Persenning verbergen.

BMW 3er E 30	BMW 320i / 323i / 325e Baur TC 1983–1987	BMW 320i Kat 1988–1992 BMW 325i Kat 1988–1992	BMW 318i 1989–1993	BMW M3 Kat 1988–1991
Motor	Otto			
Zylinderzahl / Bauart	6 (Reihe), längs, Block um 20° rechts seitlich geneigt		4 (Reihe), längs, Block um 30° rechts seitlich geneigt	
Bohrung x Hub	80 x 66 / 80 x 76,8 / 84 x 81 mm	80 x 66 / 84 x 75 mm	84 x 81 mm	93,4 x 84 mm
Hubraum	1990 / 2316 / 2693 cm^3	1991 / 2494 cm^3	1796 cm^3	2302 cm^3
Leistung	125 / 139 / 150 / 122 PS (92/102/110/90 kW) bei 4250-6000 U/min	129 PS (95 kW) bei 6000 U/min 170 PS (125 kW) bei 5800 U/min	113 PS (83 kW) bei 5500 U/min	215 PS (150 kW) bei 6750 U/min
Drehmoment	170 / 200 / 225 Nm bei 3250 U/min	164 / 222 Nm bei 4300 U/min	162 Nm bei 4250 U/min	230 Nm bei 4600 U/min
Verdichtung	1:9,8 / 9,8 / 9,0	1:8,8	1: 8,8	1: 10,5
Gemischbildung	Einspritzung / elektron. Einspritzung Bosch L-Jetronic/Motronic	Elektron. Einspritzung Bosch Motronic	Elektron. Einspritzung Bosch Motronic	Elektron. Einspritzung Bosch Motronic ML
Ventile / Steuerung	2 / V-förmig hängend, OHC, Zahnrie-men	2 / V-förmig hängend, OHC, Du-plex-Kette	4 / V-förmig hängend, Hydrostößel, OHC, Zahnriemen	4/ V-förmig hängend, DOHC, Duplex-Kette
Kühlung	Pumpe, 10,5-12 Liter Wasser	Pumpe, 7 Liter Wasser	Pumpe 6 Liter Wasser	Pumpe 9 Liter Wasser
Schmierung	Druckumlauf 4,25 / 4,75 Liter Öl	Druckumlauf, 4,25 Liter Öl	Druckumlauf, 4 Liter Öl	Druckumlauf, 5 Liter Öl
Batterie	12 V 50-66 Ah	12 V 50 Ah	12 V 46 Ah	12 V 65 Ah
Lichtmaschine	1120 W	1120 W	910 W	1260 W
Kraftübertragung	Heckantrieb, geteilte Kardanwelle			
Schaltung	Schaltstock Wagenmitte			
Kupplung	Einscheibentrocken, Automatik Hydr. Wandler 2fach			
Getriebe	5-Gang (Sport) / 4-Gang Automatik	5-Gang / 4-Gang-Automatik	5-Gang / 4-Gang Automatik	5-Gang
Übersetzungen	I. 3,72 (3.83) – II. 2,02 – III. 1,32 (1.40) – IV. 1,00 – V. 0,80 (0.81)	I. 3,72 – II. 2,02 – III. 1,32 – IV. 1,00 – V. 0,81 325i / 318i: I. 3,72 – II. 2,02 – III. 1,32 – IV. 1,00 – V. 0,81 – R: 3.45		I. 3,72 – II. 2,40 – III. 1,77 – IV. 1,26 – V. 1,00, R: 4.23
Automatik	I. 2,48 – II. 1,48 – III. 1,00 – IV. 0,73, BMW 318i: I. 2,73 – II. 1,56 – III. 1,00 – IV. 0,73 – R: 2.09			
Antriebs-Übersetzung	3.45-3.91/4.10/3.46-3.23/2.93, Automatik: 3.46 / 3.64 / 4.10/3.23/2.93	4.27 (4.45) / 3,73	4,27 / 4,45	3,25
Karosserie / Fahrwerk	Selbsttragende Ganzstahlkarosserie			
Vorderradaufhängung	McPherson-Federbeine, Schraubenfedern, Drehstab-Stabilisator			
Hinterradaufhängung	Schräglenker, Minibloc-Schraubenfedern, Drehstab-Stabilisatorr			
Lenkung	Zahnstange, a.W. Servo.	Zahnstange , Servo	Zahnstange, ab 1990 Servo Serie	Zahnstange, Servo
Fußbremse / Regelsysteme	Zweikreis-Hydraulik, Servohilfe, Schei-ben vorn 255 mm Ø, hinten 250 mm Ø, a.W. ABS	Zweikreis-Hydraulik, Servohilfe, Schei-ben vorn 255 mm Ø, h. 250 mm Ø, ABS	Zweikreis-Hydraulik, Servohilfe, Schei-ben v. 255 mm Ø, h. 250 mm ø a.W. ABS, ab 1991 Serie	Zweikreis-Hydraulik, Servohil-fe, Scheiben vorn 280 mm Ø, hinten 282 mm ø, ABS
Allgemeine Daten				
Radstand	2570 mm			2562 mm
Spur vorn/hinten	1407/1415 mm			1412/1424 mm
Gesamtmaße	4325 x 1645 x 1380 mm	4325 x 1645 x 1370 mm	4325 x 1645 x 1380 mm	4325 x 1680 x 1370 mm
Gepäckraum	312 Liter			303 Liter
Räder	5,5 J x 14	5,5 J x 14 / 6 J x 14	5,5 J x 14	7 J x 15 Alu
Reifen	195/60 bzw. 195/65 HR 14	195/65 R 14	195/65-14	205/55 ZR 15
Wendekreis	10,5 Meter			12,2 Meter
Leermasse	1160 kg (TC), 1240 kg (Cabrio), Auto-matik + 20 kg	1080-1330 kg	1220, Automatik + 20 kg	1405 kg
Zuläss. Gesamtgewicht	1510-1570 kg kg	1680-1730 kg	1620 kg	1600 kg
Höchstgeschwindigkeit	190-205 km/h	196-216 km/h	187-185 km/h	235-240 km/h
Beschleunigung 0–100 km/h	9-13 sec	11,5-8,7 sec	12-13,1 sec	7-7,5sec
Verbrauch/100 km	12-13,5 Liter	10,2-9,7 Liter	8,8-9,0 Liter Super	13 Liter Super
Kraftstofftank	55 Liter, ab Sep.'87 64 Liter (TC), 62 Liter (Cabrio)	62 Liter	62 Liter	55 Liter (unter dem Rücksitz)
Anmerkung	TC-Cabrio auch als 316, 318 und 325 iX			

BMW 3er-Reihe / Baureihe E30 (1982–1994)

Bis zum Erscheinen des Werks-Cabriolets stellte auch in der zweiten Generation der 3er Reihe ein Baur-Cabriolet die einzige Möglichkeit dar, einen offenen BMW mit voller Werksgarantie zu fahren. Der neue Baur TC war ab Anfang 1983 lieferbar. Im Unterschied zum alten 3er-Cabriolet lag bei den 83er Modellen das Faltverdeck flach auf der Hutablage auf, wodurch die Sicht nach hinten verbessert wurde. Auch im geschlossenen Zustand wirkte das neue Modell wesentlich harmonischer. Dennoch blieb der offene Dreier ein Nischenmodell. Das änderte sich dann erst mit dem bügellosen Vollcabriolet aus eigener Herstellung.

Auf der Frankfurter IAA 1985 erlebte das Cabriolet bei BMW eine glanzvolle Auferstehung. Der offene BMW, ohne Überrollbügel und mit voll versenkbarem Verdeck, begeisterte als 320i und 325i Presse und Publikum gleichermaßen. Er ging weg wie die sprichwörtlichen warmen Semmeln, bis Mai 1991 waren rund 112.000 Sechszylinder hergestellt worden. Die Presse bezeichnete den Newcomer als »das beste Cabriolet überhaupt«.

Dieses Lob bezog sich vor allem auf die vorbildliche Karosserie-Steifigkeit. Verstärkungen im Bereich der Bodengruppe, der Seitenschweller und des Windschutzscheibenrahmens erhöhten das Leergewicht des offenen 325i allerdings um satte 90 kg auf 1.255 kg. Ein Hardtop (Aufpreis DM 4.950,-) verhalf zur uneingeschränkten Wintertauglichkeit.

Zur IAA 1987 erweiterte BMW die Cabrio-Baureihe um den 320i. Eine reichhaltige Serienausstattung mit ABS, Leichtmetallrädern, Zentralverriegelung und Diebstahlsicherung entschädigten für die vergleichsweise mageren 129 PS / 95 kW des 2,0-Liter-Sechszylinders. Noch einmal zwei Jahre später, im September 1989, rundete das BMW 318i Cabrio die Modellpalette nach unten ab. Der 1,8-Liter-Vierzylinder-Mehrventiler leistete 113 PS / 83 kW und verfügte über einen geregelten Katalysator; der Motor war bislang nicht beim Cabriolet verwendet worden. Vier- und Sechszylinder waren in der Optik kaum zu unterscheiden, für alle gab es ein Hardtop. Der 318i taucht im April 1993 als einziges E30-Cabriolet ein letztes Mal in den Preislisten auf, es kostete DM 48.400,-.

Das BMW M3 Cabrio als Dreier-Flaggschiff entstand auf Bestellung bei der BMW Motorsport GmbH in Handarbeit. Die typischen Kotflügelverbreiterungen machten den Wagen unverwechselbar. Unter der Karosserie arbeitete die rennerprobte M3-Technik, ein Power-Vierzylinder mit 2,3 Liter Hubraum und 215 PS / 158 kW. Der offene M3 erschien im Spätsommer 1988 und kostete DM 89.450,-.

BMW 316-323i Cabriolet der Baureihe E30. Von diesem Fahrzeug fertigte Baur ausschließlich derartige TC-Modelle. Für das Kraftfahrbundesamt handelt es sich dabei um die Aufbauart: »geschlossen«.

Alles Handarbeit: das BMW M3-Cabriolets mit 2,3-Liter-Vierzylindermotor. Hier ein M3 von 1988, dem Jahr der Erstvorstellung. Insgesamt entstanden 765 Exemplare.

Mit dem Modelljahr 1986 nahm das Werk wieder die Fertigung eines Vollcabriolets auf. Die Technik entsprach dem Sechszylinder-Modell BMW 325i.

Der bügellose Viersitzer wurde auch noch nach Ablösung der Limousine noch bis 1993 weitergebaut.

BMW Z1 / E30 (Z) (1988–1991)

Der BMW-Messestand auf der IAA im September 1987 war ständig dicht umlagert. Im Mittelpunkt des Interesses stand ein dunkelgrün-metallic lackierter, offener Zweisitzer – der avantgardistisch gestylte Z1 verstand sich als zeitgenössische Interpretation des englischen Roadster-Gedankens mit langer Fronthaube und kurzem Radstand, breiter Spur und tiefem Schwerpunkt.

Das Rückgrat des Z1 bildete ein tauchverzinktes Chassis mit eingeklebtem Kunststoffboden. Die Karosserie bestand aus zwei verschiedenen Kunststoffen: Thermoplaste fanden Verwendung bei den Wagenflanken, Bug und Heck; Kunststoff-Komponenten in Sandwich-Bauweise nutze man für Motorhaube, Verdeck- und Kofferraumklappe. Die Antriebseinheit mit geregeltem Katalysator wurde dem BMW 325i entlehnt. Der seidenweich laufende Sechszylinder beschleunigte den 1250 Kilogramm schweren Roadster in rund acht Sekunden aus dem Stand auf 100 km/h. Die Kraft gelangte über ein Fünfgang-Schaltgetriebe in einem starren Transaxlerohr an die Hinterachse.

Während man bei der Federbein-Vorderachse wieder auf Bewährtes zurückgegriffen hatte, konstruierten die Männer um Entwicklungschef Ulrich Bez eine neue Hinterachse aus Quer- und Längslenkern. Diese Konstruktion stand Pate bei der Zentral-Lenker-Hinterachse der neuen 3er-Reihe, die Ende 1990 erschien. Zu diesem Zeitpunkt war das Ende des Z1 bereits programmiert: Die Ablösung des 2,5-Liter-Sechszylinders zum Sommer 1991 brachte auch das Aus für den offensten BMW der Neuzeit. Insgesamt wurden ca. 8.000 Einheiten produziert, 3.000 mehr als ursprünglich geplant.
Preis des BMW Z1: 85.000 Mark.

BMW Z1 (Baureihe E 30), 1988–1991. Zum Erkennungsmerkmal des Z1-Roadsters wurden die außergewöhnlich hohen Seitenschweller und die elektrisch versenkbaren Türen.

	BMW Z1 1988-1991
Motor	Ottomotor (Einspritzer)
	M20B25, LM-Kopf
Zylinderzahl	6 (Reihe), längs hinter der Vorderachse
Bohrung x Hub	84 x 75 mm
Hubraum	2494 cm^3
Leistung	170 PS (125 kW) bei 5800/min
Drehmoment	220 Nm bei 4300/min
Verdichtung	8,8 : 1
Gemischbereitung	Elektron. Einspritzung
	Bosch Motronic DME
Ventile pro Zylinder	2, V-förmig hängend
	1 obenlieg. Nockenwelle (Zahnriemen)
Kurbelwellenlager	7
Kühlung	Pumpe / 12,0 l Wasser, Motor-Ölkühler
Schmierung	Druckumlauf / 4,75 l Öl
Batterie/Lichtmaschine	12 V 66 Ah – Drehstrom 90 A / 1120 W
Kraftübertragung	Heckantrieb, opt. Sperrdifferential (25 %)
Kupplung	Einscheiben- Trockenkupplung
Schaltung	5 Gang , Schaltstock in Wagenmitte
Übersetzungen	I. 3,83 – II. 2,20 – III. 1,40
	IV. 1,0 – V. 0,81 – R: 3,46
Antriebsübersetzung	3,64
Fahrwerk	Selbsttragendes
	Stahlblech-Rahmengerüst
	Kunststoffboden
	Kunststoff-Karosseriebeplankung
Vorderradaufhängung	McPherson-Federbeine
	(Schraubenfedern, Teleskopstoßdämpfer)
	Dreieckquerlenker
	Drehstab-Stabilisator
Hinterradaufhängung	Längslenker, Schrägstreben unten
	Querlenker oben, Schraubenfedern
	Teleskopstoßdämpfer
	Drehstab-Stabilisator
Lenkung	Zahnstange (18,75 : 1), Servo
Fußbremse	Zweikreis-Hydraulik, Servo
	vorn belüft. (ø = 260 mm)
	und hinten (ø = 282 mm)
	Scheiben, ABS
Allgemeine Daten	Roadster, 2sitzig
Radstand	2450 mm
Spur vorn/hinten	1456/1470 mm
Gesamtmaße	3925 x 1690 x 1248 mm
Gepäckraum	260 L
Reifen/Felgen	225/45 ZR 16 – 7.5 J x 16 (LM)
Wendekreisdurchmesser	10,5 m
Leermasse (DIN)	1290 kg
Zul. Gesamtmasse	1460 kg
Luftwiderstand (c_W x A)	0,36 x 1,83 m^2
Höchstgeschwindigkeit	220 km/h
Beschleunigung 0-100 km/h	9,0 sec
Drittelmix-Verbrauch	11,0 L/100 km (N)
Kraftstofftank	57 Liter (vor der Hinterachse)

Der Z1 entstand in 8.012 Exemplaren zwischen 1988 und 1991.

BMW 3er-Reihe / Baureihe E36 (1990–1999)

Im September 1990 präsentierte BMW die neue 3er-Limousine der Baureihe E36 im Stil der aktuellen 5er und 7er Limousinen. Handlichkeit und Fahreigenschaften des Autos galten als Maßstab für den Wettbewerb. Im Oktober 1990 lief die Produktion der ausschließlich viertürigen Limousine in München und Regensburg an – sofort mit dem vollen Motorenprogramm als 316i, 318i, 320i, 323i und 325i. Zur IAA 1991 gesellte sich der 325td hinzu. Das zweitürige Coupé folgte im Januar 1992 – als 320i, 325i und als 318iS mit Vierventilmotor. Alles in allem entstand eine halbe Million Einheiten des schicken Zweitürers mit den voll versenkbaren, rahmenlosen Seitenscheiben, der trotz aller Ähnlichkeit keine Karosserie-Außenteile der Limousine nutzte.

Im November 1992 stellten die Münchner ihr neues 3er Cabrio vor, ausgeliefert wurde es ab Juni 1993. Genau wie beim Coupé war die Motorhaube um 10 cm verlängert worden und die stärker geneigte A-Säule etwas weiter nach hinten verlegt. Die Heckscheibe bestand aus Kunststoff, die vorderen Sicherheitsgurte waren an der B-Säule fixiert. Für einen Aufpreis von 2.200 Mark konnte man einen bei Bedarf herausfahrenden Überrollbügel ordern; das Verdeck ließ sich elektrisch betätigen. Ebenfalls als Extra gab es von Anfang an ein Aluminium-Hardtop. Versuchsweise liefen auch Cabriolets mit Dieselmotor, die allerdings nicht in Serie gingen. Das Cabrio darf als gelungenstes Derivat der 3er-Reihe gelten

Ab 1992 wurde auch die E36-Limousine beim Stuttgarter Karossier Baur als viertüriges »Top Cabriolet« umgebaut (sogar mit Dieselmotor), hatte aber gegen die zweitürigen Werkscabrios keine Chance. Nach 320 TC-Exemplaren endete 1996 die Einzelfertigung; 1999 musste die traditionsreiche Firma Vergleich anmelden und wurde von der Münchener Ingenieurfirma IVM übernommen.

Im November 1992 gelangte auch das M3 Coupé mit dem von der BMW Motorsport GmbH entwickelten Vierventilmotor in den Handel. Der Sechszylinder hatte als erster BMW verstellbare Ein- und Auslass-Nockenwellen (Doppel-Vanos-System) und wartete auch bei niedrigeren Drehzahlen mit einem ungestümen Temperament auf. Im Winter 1993/94 folgte das M3 Cabriolet.

Das E36-Cabriolet basierte auf dem Ende 1991 vorgestellten 3er-Coupé. Die Einführung erfolgte zur Saison 1993 als 325i. Im Frühjahr 1994 erschienen dann die Cabrio-Modelle 318i und 320i, gefolgt vom 328i.

Das M3 Cabriolet war das Flaggschiff der E36-Cabrio-Palette. Es erschien im Frühjahr 1996 und kostete DM 97.500,-.

BMW 325i Cabriolet mit aufgesetztem Hardtop, 1993: Anders als beim E30 war ein Vollcabriolet von Anfang an Bestandteil der Planungen gewesen, ebenso wie ein Coupé – das die Basis für die offenen E36 bildete.

Parallel neben dem Vollcabrio fertigte Baur weiterhin seinen TC – übrigens sogar mit Dieselmotor. Im Werkscabrio der Baureihe E36 gab es keinen Selbstzünder.

BMW 3er E 36	BMW 318i 1993–1999	BMW 320i 1993–1999	BMW 325 i 1993–1995 BMW 328i 1995–1999	BMW M3 1994–1995 BMW M3 1995–1999
Motor	Otto			
Zylinderzahl / Bauart	4 (Reihe), längs, Block um 30° rechts seitlich geneigt	6 (Reihe), längs, Block um 20° rechts seitlich geneigt		
Bohrung x Hub	84 x 81 mm	80 x 66 mm	84 x 75 mm 84 x 84 mm	86 x 85,8 mm 86,4 x 91 mm
Hubraum	1796 cm^3	1991 cm^3	2494 cm^3 2793 cm^3	2990 / 3201 cm^3
Leistung	115 PS (85 kW) bei 5500 U/min	150 PS (110 kW) bei 5900 U/min	192 PS (141 kW) bei 5900 U/min 193 PS (142 kW) bei 5500 U/min	286 PS (210 kW) bei 7000 U/min 321 PS (236 kW) bei 7400 U/min
Drehmoment	168 Nm bei 3900 U/min	190 Nm bei 4700, ab 1993: 4200 U/min	245 Nm bei 4200/min 280 Nm bei 3500 U/min	320 (350) Nm bei 3600 (3250) U/min
Verdichtung	1:9,7	1: 10,5 (11,0)	1: 10,5 (10,2)	1: 10,8 (11,3)
Gemischbildung	Elektron. Einspritzung Bosch	Elektron. Einspritzung Bosch Motronic , ab 1993: Siemens	Elektron. Einspritzung Bosch (Siemens)	Elektron. Einspritzung Bosch Motronic
Ventile / Steuerung	2 / V-förmig hängend, OHC, Kette	4 / V-förmig hängend, DOHC, Kette, ab 1994 verstellbar (Vanos)	4 / V-förmig hängend, DOHC, Kette (Vanos)	4/ V-förmig hängend, DOHC, Doppel-Vanos) Duplex-Kette
Kühlung	Pumpe, 6,5 Liter Wasser	Pumpe, 10,5 Liter Wasser	Pumpe 10,5 Liter Wasser	Pumpe 10,7 (10,8) Liter Wasser, Ölkühler
Schmierung	Druckumlauf 4,0 Liter Öl	Druckumlauf, 6,9 (1993: 6,5) Liter Öl	Druckumlauf, 8,5 Liter Öl	Druckumlauf, 7,0 (8,0) Liter Öl
Batterie	12 V 70 Ah	12 V 65-70 Ah	12 V 70 Ah	12 V 70 Ah
Lichtmaschine	1120 W	1120 (1260) W	1260 (1120) W	1260 (1610) W
Kraftübertragung	Heckantrieb, geteilte Kardanwelle, M3: Sperrdifferential			
Schaltung	Schalthebel Wagenmitte			
Kupplung	Einscheibentrocken, Automatik Hydr. Wandler 2fach			
Getriebe	5-Gang / 4-Gang Automatik	5-Gang / 5-Gang-Automatik	5-Gang / 5-Gang Automatik	5- / 6- Gang ab 1995, a.W. DSG
Übersetzungen	I. 4,23 – II. 2,52 – III. 1,66 – IV. 1,22 – V. 1,00– R: 4,04 BMW 328 / M3: I. 4.21 – II. 2.49 – III. 1.66 – IV. 1.24 – V. 1,0 – R: 3.85 BMW M3 ab 1996: I. 4,23 – II. 2,51 – III. 1,67 – IV. 1,23 – V. 1,00 – VI. 0,83 – R: 3.75			
Aautomatik	I. 2,4 – II. 1,466 – III. 1,00 – IV. 0,763 R: 2.0	3,67 – II. 2,0 – III. 1,41 – IV. 1,0 – V. 0,74 – R: 4,1		
Antriebs-Übersetzung	3.38 (4.45-4.44)	4.27 (4.45) / 3,73	3.15 (2.92) / 3.45 (3.07)	3,15 (3.23)
Karosserie / Fahrwerk	Selbsttragende Ganzstahlkarosserie			
Vorderradaufhängung	Federbeine (Schraubenfedern, Teleskopstoßdämpfer), Dreieckquerlenker, Stabilisator			
Hinterradaufhängung	Doppelquerlenker, Längslenker, Schraubenfedern, Stoßdämpfer, Drehstab-Stabilisator			
Lenkung	Zahnstange a.W. Servo.	Zahnstange Servo	Zahnstange, Servo	Zahnstange 16,8:1 (17,8), Servo
Fußbremse / Regelsysteme	Zweikreis-Hydraulik, Servohilfe, Scheiben vorn 286 mm Ø, hinten 280 mm Ø,, ABS, ab 1997 ASC+T	Zweikreis-Hydraulik, Servohilfe, Scheiben belüftet, v. 286 mm Ø, h. 276 mm ø, ABS , ab 1997 ASC+T		Zweikreis-Hydraulik, Servohilfe, S. bel., v. 315 mm Ø, h. 312 mm Ø, ABS (ABS, CBC, DSC)
Allgemeine Daten				
Radstand	2700 mm	2700 mm	2700 mm	2700 (2710) mm
Spur vorn/hinten	1418/1431 mm	1408/1421 mm	1408/1421 mm	1422/1444 mm
Gesamtmaße	4435 x 1710 x 1348 mm	4433 x 1710 x 1350 mm	4433 x 1710 x 1348 mm	4333 (4435) x 1710 x 1340 mm
Gepäckraum	230 Liter	230 Liter	230 Liter	230 Liter
Räder	6,5 J x 15	6,5 J x 15	7 J x 15	7,5 J x 17, h. 8,5 J x 17
Reifen	205/60 HR 15	205/60 VR 15	205/60 WR 15	235/40 ZR 17 v. 225/45 ZR 17, h. 245/40 ZR 17
Wendekreis	10,4 Meter	10,8 Meter	10,8 Meter	10,7 Meter
Leermasse	1370-1410 kg	1410-1445 kg	1450 (1430) kg	1540 (1560)kg
Zuläss. Gesamtgewicht	1770-1810 kg kg	1810-1845 kg	1850 (1830) kg	1930 (1980) kg
Höchstgeschwindigkeit	194-189 km/h	196-216 km/h	229-230 km/h	250 km/h
Beschleunigung 0–100 km/h	12,5-13,7 sec	10,6-11,4 sec	8,6 (7,7) sec	6,2 (5,6) sec
Verbrauch/100 km	8,1-9,3 Liter Liter	9,1-10,4 Liter	8,6-10,4 Liter	9,1-8,7 Literr
Kraftstofftank	65 , ab 1995: 62 Liter	65, ab 1995: 62 Liter	65 (62) Liter	65 (62) Liter
Anmerkung:	bis 1995: Trommelbremsen hinten			

BMW Z3 Roadster / Baureihe E36-7 (1996–2002) BMW M Roadster /Baureihe E36-7 (1997–2002)

Anlässlich des bevorstehenden 60. Geburtstages des legendären 328 von 1936 überraschte BMW die Motorwelt 1995 mit einem attraktiven Sportwagen, der im amerikanischen BMW-Werk in Spartanburg gebaut wurde.

Technik und Fahrwerk stammten vom BMW der 3er-Reihe, die Bodengruppe vom BMW Compact. Die Cockpitabmessungen waren für einen Zweisitzer akzeptabel, die Größe des Kofferraums allerdings minimal.

BMW hatte die Präsentation des Z3 (E36-7) vorweggenommen, und zwar durch ein so genanntes »Product placing« in einem James-Bond-Film. Dort ließ der Geheimagent 007 im Dienste ihrer Majestät seinen Aston Martin stehen und stieg auf einen bayerischen Sportwagen um. Was für eine cineastische Sensation!

Der 116 PS / 85 kW starke 1,8-Liter-Motor war der gleiche Vierzylinder, der im BMW 318i zum Einbau kam, wobei es bis Ende 1998 auch einen 1,9-Liter mit 140 PS / 103 kW gab. Im September 1996 kam der Sechszylinder Z3 2.8i hinzu; der Vierventil-VANOS-Motor war der des BMW 328i. Ab 1999 stand für den Z3 ein Hardtop zur Verfügung.

Es war abzusehen gewesen, dass BMW den Z3 mit weiteren Motorisierungen anbieten würde. So wurde der Wagen ab 1999 mit einem Zweiliter-Sechszylinder-Aggregat angeboten, das den 1,9-Liter ersetzte, aber nur kurz im Programm blieb und dann dem Modell 2.2i Platz machte. Zugleich erschien der Z3 3.0i, dessen Doppel-VANOS-Sechszylindermotor mit zwei obenliegenden Nockenwellen 231 PS / 170 kW leistete und für den 1.258 kg leichten Zweisitzer das maximal Zumutbare darstellte – zumindest für den Augenblick.

Für das Modelljahr 2000 ließ BMW dem Z3 einige kosmetische Verbesserungen angedeihen. Auch wurde die hintere Spur verbreitert, es gab neue Rückleuchten, neue Stoßfänger und einen geänderten Kofferdeckel. Die Scheinwerfer wurden mit Chromrändern versehen.

Da der Z3 Roadster ein zwar reizvoller Sportwagen war, BMW aber ermittelt hatte, dass eine große Klientel sich ein solches Auto als Coupé wünschte, kam man diesen Erwartungen nach und stellte im Herbst 1997 den Z3 als eine Art Kombicoupé mit Heckklappe vor (»Turnschuh«). Im Januar 1998 war Baubeginn des Coupés, zu haben auch als M-Version mit 321 PS starkem 3,2-Liter-Motor (dohc-Vierventiler). Doch bevor das Coupé auf die Straße gelangte, gab es eine solche Version bereits als Roadster. Dieses von 1997 bis 2000 gebaute Auto trug offiziell indes nicht die Chiffre Z3, sondern hieß schlicht M Roadster. Mit 321 PS / 236 kW und abgeregelten 250 km/h Spitze war ein besonders reizvolles Fahrzeug entstanden.

Am 5. Juli 2002 lief der letzte Z3 vom Band. Mit knapp 280.000 produzierten Fahrzeugen war der Z3 ein sehr erfolgreiches Modell für BMW. Sein Nachfolger wurde der Z4.

Die 2,8- und später 3,0-Liter-Reihensechszylinder passten weit besser zum kleinen Roadster als die Vierzylinder. Wahre Sahnestückchen waren indes die leistungsgesteigerten Motoren des Z3 M-Roadsters.

1995 wurde der ausschließlich im amerikanischen Spartanburg gebaute Z3 vorgestellt, zunächst mit zwei Vierzylindermotoren. Viele der frühen US-Importe mussten wegen Verarbeitungsmängeln in Deutschland von einer Task-Force-Truppe überarbeitet werden.

Der bärenstarke Sechszyliinder des M Roadsters (Version 1996) erwies sich als echtes Sahnestückchen.

Auftrieb der Pressetestfahrzeuge bei der ersten Präsentation im BMW-Werk in Spartanburg/ North Carolina. Foto: Kittler

Baureihe E 36/7	BMW Z3 1.8 1996–1998 BMW Z3 1.8 /1.9 1998–2000	BMW Z3 Roadster 1.9i 2000–2002	BMW Z3 2.0 1999 BMW Z3 Roadster 2.2i 2000–2002 BMW Z3 2.8 1996–2000	BMW Z3 Roadster 3.0 i 2000–2002 BMW Z3 M Roadster 1997–2002
Motor	Otto			
Zylinderzahl / Bauart	4 (Reihe), längs über der Vorderachse		6 (Reihe), längs über der Vorderachse	
Bohrung x Hub	84 x 81 / 85 x 83,5 mm	85 x 83,5 mm	80 x 66 mm, 2.2:: 80 x 72 mm, 2.8: 84 x 84 mm /	86,4 x 91 mm 84 x 89,6 mm
Hubraum	1796 / 1895 cm³	1895 cm³	1991 / 2171 /2739 cm³	2979 / 3201 cm³
Leistung	116 PS (85 kW) bei 5500 U/min 118 PS (87 kW) bei 5500 U/min 1.9: 140 PS (103 kW) bei 6000 U/min	118 PS (87 kW) bei 5500 U/min	2.0: 150 PS (110 kw) bei 5900 U/min 2.2: 170 PS (125 kW) bei 6250 U/min, 2.8: 192 PS (141 kW) bei. 5500 U/min	231 PS (170 kW) bei 5900 U/min 321 PS (236 kW) bei 7400 /min
Drehmoment	168 / 180 Nm bei 4300 U/min	180 Nm bei 3900 U/min	190 /210 Nm bei 3500-3950 U/min 2.8: 275 Nm bei 3950 U/min	300 Nm bei 3500 U/min 350 Nm bei 3250 U/min
Verdichtung	1:9.7	1:10,0	1: 11,0 / 1:10,8 / 1:10,2	1: 10,2 / 1:11,3
Gemischbildung	Elektronische Einspritzung Bosch / Siemens			
Ventile / Steuerung	2 / Hängend, OHC, Kette, 1.9: 4 V	2 / Hängend, OHC, Kette	4 / V-förmig hängend, DOHC, verstellbar (Doppel-Vanos) (Kette)	
Kühlung	Pumpe, 6,5 Liter Wasser		Pumpe, 10,5 Liter Wasser	Pumpe, 10,8 Liter Wasser, Ölkühler
Schmierung	Druckumlauf 5 Liter Öl		Druckumlauf, 6,5 Liter Öl	Druckumlauf, 5,5 Liter Öl
Batterie	12 V 70 Ah	12 V 70 Ah	12 V 70 Ah	12 V 70 Ah
Lichtmaschine	1260 / 1120 W	1260 W	1260 W	1610 W
Kraftübertragung	Heckantrieb			
Schaltung	Schaltstock Wagenmitte			
Kupplung	Einscheibentrocken			
Getriebe	5-Gang / 4-Gang Automatik (nur 1.9)	5-Gang	5-Gang / Automatik: 4- /5-Gang	5-Gang
Übersetzungen	I. 4,23 – II. 2,52 – III. 1,66 – IV. 1,22 – V. 1,0 – R: 4,04,	I. 4,23 – II. 2,52 – III. 1,66 – IV. 1,22 – V. 1,0 – R: 4,04	I. 4,23 –II. 2,52 –III. 1,66 –IV. 1,22 –V. 1,0 – R: 4,04	I. 4,21 – II. 2,49 – III. 1,66 – IV. 1,24 – V. 1,0 – R: 3,85
Automatik	I. 2,86 – II. – 1,62 – III. 1,0 – IV. 0,72 – R: 2,0 Z3 2.2: I. 3,42 – II. 2,52 – III. 1,60 – IV. 1,0 – V. 0,75 – R: 3,03			
Antriebs-Übersetzung	3.45 / 4.44	3.38	3.45 / 3.15 / 4.1	3.15
Karosserie / Fahrwerk	Selbststragende Ganzstahlkarosserie			
Vorderradaufhängung	Federbeine, Schraubenfedern, Teleskopstoßdämpfer, Dreieckquerlenker, Stabilisator			
Hinterradaufhängung	Schräglenker, Schraubenfedern, Teleskopstoßdämpfer, Stabilisator			
Lenkung	Zahnstange (15,4:1, M 16,3:1), Servo			
Fußbremse / Regelsysteme	Hydraul., Scheiben, Servo, vorn (Ø 286 mm) / h. (Ø 272 mm), ABS, ab 1996: ASC-T (Automatische Stabilitäts Control + Traction), a.W. DSC (Dynamische Stabilitäts Control). Z3 2.8 / 3.0:Scheiben vorn belüftet, Ø 300 mm; ABS, ASC+T, DSC. Z3 M: Scheiben belüftet, v. Ø 315 mm, h. Ø 312 mm			
Allgemeine Daten				
Radstand	2445 / 2446 mm	2446 mm	2445 / 2446 mm	2446 / 2459 mm
Spur vorn/hinten	1410/1425; 1411/1492; 1.9: 1410/1425 mm	1413/1494 mm	1413/1494 mm	1422/1492 mm
Gesamtmaße	4025 x 1692 x 1288 mm 1.8/1.9: 4050 x 1740 x 1288 mm	4050 x 1740 x 1293 mm	4025 x 1692 x 1288 mm 4050 x 1740 x 1293 mm	4050 x 1740 x 1306 mm 4025 x 1740 x 1266 mm
Gepäckraum	195 Liter			
Räder	6,5 J x 15 / 7 J x 16	7 J x 16	7 J x 16	7 J x 16 ; M: 7,5 J x 17 / 9 J x 17
Reifen	205/60 HR/VR 15 / 225/50 VR 16	225/50 VR 16	225/50 VR/ZR 16	225/50 VR/ZR 16; M: 225/45 ZR 17 / 245/40 ZR 17
Wendekreis	11,35 / 10,0 /10,4 Meter	10,0/ 10,4 Meter		
Leermasse	1150-1240 kg	1295 kg	1270-1385 kg	1350 kg
Zuläss. Gesamtgewicht	1400-1490 kg	1490 kg	1540-1595 kg	1620 kg
Höchstgeschwindigkeit	194-205 km/h	196 km/h	210-225 km/h	236 / 250 km/h
Beschleunigung 0–100 km/h	10.5-9,5 sec	10,4 sec	8,9-6,9 sec	6,0 / 5,2 secr
Verbrauch/100 km	7,8-8,7 Liter Super	7,9 Liter	9,2-10,4 Liter (S)	11,1 Liter
Kraftstofftank	51 Liter			
Anmerkung			Z3 2.8, 1999: Leistungsangabe 193 PS / 142 kW, 280 Nm	

BMW 3er Reihe / Baureihe E46 (1998–2007)

Im März 1998 erfolgte das Debüt des BMW 3ers der vierten Generation, zunächst als 316i. Auffallend war die modifizierte Wagenfront mit einer Scheinwerferform, deren untere Kante zwei Wellen aufwies, sowie eine flachere Kühlerniere, jetzt Teil der Motorhaube. Auch die Heckpartie hatte man geändert.

Im März 1999 bereicherten der 328i und der 320i die E46-Reihe. In Genf erfolgte die Vorstellung eines neuen Coupés; der Wagen war breiter und niedriger als der E36. Ab Juli auch als Touring zu bekommen, der den Kombi der Baureihe E36 ablöste. Im März 2000 Einführung des 330d mit 3,0-Liter-Dieselmotor, ferner gab es den 320d mit 2,0-Liter-Vierzylinder. Alle Motorisierungen ebenfalls im Touring. Das Programm enthielt jetzt auch einen 330xd (Allrad). Debüt des 2,8-Liter-Cabriolets.

Ein neuer 323i erschien im Mai 2000. Alle Benzinmotoren arbeiteten jetzt mit Doppel-Vanos. Im Juni ersetzte im Cabriolet ein 231 PS / 170 kW leistender 3,0-Liter den 2,8-Liter-Sechszylinder. Ab Oktober gab es den E46 auch in Gestalt eines 343 PS / 252 kW starken M3 Coupés mit variabler Differenzialsperre und Dynamischer Stabilitätskontrolle (DSC).

Ende 2000 war ein neues 320Ci Cabriolet mit 3,3-Liter-Motor produktionsreif, das ab Februar 2001 zur Auslieferung kam, und im Mai erschien der E46 auch als Compact mit 1,8-Liter-Vierzylinder- und 2,5-Liter-Sechszylinder. Im September 2001 präsentierte BMW weitere Varianten von Limousine und Touring, versah die Compact-Modelle nun mit dem Kürzel »ti« und offerierte als Option das M-Sportpaket und ein sequentiell schaltbares Getriebe, zu bedienen über Drucktasten am Lenkrad. Und den 318Ci mit 143 PS / 105 kW bot BMW nun auch als offenen Viersitzer an, doch ohne großen Erfolg. Ein leichtes Facelift 2003 brachte eine modifizierte BMW-Niere, überarbeitete Lufteinlässe und voluminösere Radhäuser und Schweller.

Für 1.500 Euro Aufpreis waren manche Modelle wie der 325i und der 330i mit sequenziellem Schaltgetriebe (SMG) zu haben – nicht aber der BMW 320Cd, 2003–2007.

Front- und Seitenairbags, ein in die Vordersitze integriertes Gurtsystem, Traktionskontrolle und ein Überrollschutzsystem waren nicht nur beim M3 immer mit dabei.

Das BMW-Cabriolet war in jeder Beziehung ein vollwertiger Viersitzer – mit einer Ausnahme: Bei geöffnetem Verdeck fasste er Kofferraum laut ADAC-Messungen lediglich noch 250 Liter.

MODELLÜBERSICHT BMW 3ER – BAUREIHE E46

Typ	Zylinder	Hubraum	Leistung	Beschleunigung 0-100 km/h	Höchstgeschwindigkeit	Durchschnittsverbrauch	Preis	Bauzeit
BMW 318 Ci Cabrio	4 Zylinder	1.995 cm^3	105 kW/143 PS	10,2 s	206 km/h	7,7 L/100 km	31.900 €	03/2003 - 02/2006
BMW 318 Ci Cabrio	4 Zylinder	1.995 cm^3	110 kW/150 PS	10,3 s	207 km/h	7,8 L/100 km	35.050 €	02/2006 - 11/2006
BMW 320 Ci Cabrio	6 Zylinder	2.171 cm^3	125 kW/170 PS	8,8 s	222 km/h	9,4 L/100 km	34.300 €	09/2000 - 11/2006
BMW 323 Ci Cabrio	6 Zylinder	2.494 cm^3	125 kW/170 PS	8,6 s	225 km/h	9,7 L/100 km	35.509 €	04/2000 - 08/2000
BMW 325 Ci Cabrio	6 Zylinder	2.494 cm^3	141 kW/192 PS	7,7 s	234 km/h	9,6 L/100 km	36.450 €	09/2000 - 11/2006
BMW 330 Ci Cabrio	6 Zylinder	2.979 cm^3	170 kW/231 PS	6,9 s	247 km/h	9,5 L/100 km	41.000 €	06/2000 -11/2006
BMW M3 Cabrio	6 Zylinder	3.246 cm^3	252 kW/343 PS	5,5 s	250 km/h	12,1 L/100 km	63.750 €	04/2001 - 11/2006
BMW 320 Cd Cabrio	4 Zylinder	1.995 cm^3	110 kW/150 PS	9,7 s	211 km/h	6,3 L/100 km	37.450 €	04/2005 - 11/2006
BMW 330 Cd Cabrio	6 Zylinder	2.993 cm^3	150 kW/204 PS	7,8 s	234 km/h	7,0 L/100 km	43.050 €	04/2005 - 11/2006

MODELLÜBERSICHT BMW 3ER – BAUREIHE E 93

Typ	Zylinder	Hubraum	Leistung	Beschleunigung 0-100 km/h	Höchstgeschwindigkeit	Durchschnittsverbrauch	Preis	Bauzeit
BMW 318i Cabrio	4 Zylinder	1.995 cm^3	105 kW/143 PS	10,3 s	210 km/h	6,6 L/100 km	39.100 €	03/2010 -01/2014
BMW 320i Cabrio	4 Zylinder	1.995 cm^3	125 kW/170 PS	9,1 s	228 km/h	6,8 L/100 km	39.900 €	03/2007 - 02/2010
BMW 325i Cabrio	6 Zylinder	2.996 cm^3	160 kW/218 PS	7,6 s	245 km/h	7,5 L/100 km	46.350 €	01/2007 - 01/2014
BMW 330 Ci Cabrio	6 Zylinder	2.953 cm^3	235 kW/320 PS	6,2 s	250 km/h	8,1 L/100 km	48.350 €	03/2007 - 02/2010
BMW 330i Cabrio	6 Zylinder	2.996 cm^3	200 kW/272 PS	6,5 s	250 km/h	7,8 L/100 km	49.750 €	01/2007 - 01/2014
BMW 335i Cabrio	6 Zylinder	2.979 cm^3	225 kW/306 PS	5,8 s	250 km/h	9,5 L/100 km	52.350 €	09/2007 - 01/2014
BMW M3 Cabrio	8 Zylinder	3.999 cm^3	309 kW/420 PS	5,3 s	250 km/h	12,7 L/100 km	75.900 €	05/2008 - 09/2013
BMW 320d Cabrio	4 Zylinder	1.995 cm^3	130 kW/177 PS	8,6 s	223 km/h	5,3 L/100 km	44.300 €	03/2008 - 02/2010
BMW 320d Cabrio	4 Zylinder	1.995 cm^3	135 kW/184 PS	8,3 s	228 km/h	5,1 L/100 km	44.500 €	03/2010 - 01/2014
BMW 325d Cabrio	6 Zylinder	2.993 cm^3	145 kW/197 PS	7,9 s	235 km/h	6,1 L/100 km	47.400 €	09/2007 - 02/2010
BMW 325d Cabrio	6 Zylinder	2.993 cm^3	150 kW/204 PS	7,5 s	238 km/h	6,1 L/100 km	47.700 €	03/2010 - 01/2014
BMW 330d Cabrio	6 Zylinder	2.993 cm^3	170 kW/231 PS	7,0 s	245 km/h	6,1 L/100 km	49.000 €	03/2007 - 02/2009
BMW 330d Cabrio	6 Zylinder	2.993 cm^3	180 kW/245 PS	6,7 s	250 km/h	6,1 L/100 km	50.650 €	03/2009 - 01/2014

Das M3-Cabrio ist eine Ikone für die Ewigkeit. Sehr schade, dass BMW sich für die Nachfolgergeneration für die schwerere Blechklappdach-Technik entschied.

BMW 3er E 46	BMW 318 Ci 2003–2006	BMW 320 Ci 2000–2006	BMW 325 / 330 Ci 2000–2006	BMW M3 2001–2006	BMW 320 Cd 2005–2006	BMW 330 Cd 2005–2006
Motor	Otto				Diesel	
Zylinderzahl / Bauart	4 (Reihe) längs über der Vorderachse	6 (Reihe), längs über der Vorderachse , Block um 20° rechts seitlich geneigt			4 (Reihe) längs über der Vorderachse	6 (Reihe) längs über der Vorderachse
Bohrung x Hub	84 x 90 mm	80 x 72 mm	84 x 75 / 84 x 89,6 mm	87 x 91mm	84 x 88 mm	84 x 88 mm,
Hubraum	1995 cm^3	2171 cm^3	2494 cm^3 / 2979 cm^3	3245 cm^3	1951 cm^3	2996 cm^3
Leistung	143 PS (105 kW) bei 6000 U/min	170 PS (125 kW) bei 6100 U/min	192 PS (141 kW) bei 6000 U/min / 231 PS (170 kW) bei 5900 U/min	343 PS (252 kW) bei 7900 U/min	136 PS (100 kW) bei 4000 U/min	184 PS (135 kW) bei 4000 U/min
Drehmoment	200 Nm bei 3750 U/min	210 Nm bei 3500 U/min	245 (300) Nm bei 3500 U/min	370 Nm bei 4900 U/min	280 Nm bei 1750 U/min	390 Nm bei 1750 U/min
Verdichtung	1:10,2	1: 10,8	1: 10,5 (10,2)	1: 11,3	1: 19,0	1:18,0
Gemischbildung	Elektron. Einspritzung Bosch Siemens			Elektron. Einspritzung BMW / Bosch	Verteilereinspritzpumpe Turbolader, Ladeluftkühler	Common Rail, Turbolader, Ladeluftkühler
Ventile / Steuerung	4 / V-förmig hängend, DOHC, Kette	4 / V-förmig hängend, DOHC, Kette, VANOS	4 / V-förmig hängend, DOHC, Doppel-VANOS, Kette	4/ V-förmig hängend, DOHC, Doppel-Vanos, Duplex-Kette	4 / parallel hängend, DOHC, Kette	4 / parallel hängend, DOHC, Kette
Kühlung	Pumpe, 7,0 Liter Wasser	Pumpe, 8,4 Liter Wasser	Pumpe 8,4 Liter Wasser	Pumpe 10,8 Liter Wasser, Ölkühler	Pumpe 7,0 Liter Wasser	Pumpe 10,2 Liter Wasser
Schmierung	Druckumlauf 4,25 Liter Öl	Druckumlauf, 6,5 Liter Öl	Druckumlauf, 6,5 Liter Öl	Druckumlauf, 8,0 Liter Öl	Druckumlauf, 5,0 Liter Öl	Druckuml., 6,75 Liter Öl
Batterie	12 V 80 Ah	12 V 80 Ah	12 V 80 Ah	12 V 70 Ah	12 V 80 Ah	12 V 70-95 Ah
Lichtmaschine	1540 W	1260 W	1260 (1680) W	1680 W	1680 W	2100 W
Kraftübertragung	Antrieb auf Hinterräder, M3: Sperrdifferenzial					
Schaltung	Schaltstock Wagenmitte					
Kupplung	Einscheibentrocken,					
Getriebe	5-Gang / 5-Gang Autom.	5-Gang / 5-Gang Autom.	5- (6-) Gang / 5-Gang Autom.	6-Gang	5-Gang / 5-Gang Autom.	5-Gang / 5-Gang Autom.
Übersetzungen	I. 4,23 – II. 2,52 – III. 1,66 – IV. 1,22 – V. 1,00– R: 4,04 Autom. I. 3,42 – II. 2,22 – III. 1,60 – IV. 1,0 – V. 0,75 – R: 3.03	I. 4,23 – II. 2,52 – III. 1,66 – IV. 1,22 – V. 0,81– R: 4,04 Autom. I. 3,67 – II. 2,0 – III. 1,41 – IV. 1,0 – V. 0,74 – R: 4,10	I. 4,23 – II. 2.52 – III. 1.66 – IV. 1.22 – V. 1,00 – R: 4,04; nur 330 Ci: VI. 0,85 Autom. I. 3,67 – II. 2,0 – III. 1,41 – IV. 1,0 – V. 0,74 – R: 4,10	I. 4,23 – II. 2,51 – III. 1,67 – IV. 1,23 – V. 1,00, – VI. 0,83 – R: 3.75	I. 5,09 – II. 2,8 – III. 1,76 – IV.1,25 – V.1,0 – R: 4,71 I. 3,45 – II. 2,21 – III. 1,59 – IV. 1,0 – V. 0,76 – R: 3,17	I. 5,24 – II. 2,92 – III. 1,82 – IV.1,27 –V. 1,0 – R 4,72 Automatik: I. 3,52 – II. 2,22 – III. 1,60 – IV. 1,0 – V. 0,75 – R: 3,03
Antriebs-Übersetzung	3.38 / 2.22	3.45 / 3.38	3.23 (3.38) / 3.93 (3.38)	3.23	2.47 / 2.81	2.35 / 2.93
Karosserie / Fahrwerk	Selbsttragende Ganzstahlkarosserie					
Vorderradaufhängung	Ein-Gelenk-Federbeinachse mit Vorlaufversatz; kleiner positiver Lenkrollradius; Querkraftausgleich; Bremsnickreduzierung					
Hinterradaufhängung	Zentral-Lenker-Achse mit Längslenker und Doppelquerlenker; Anfahr- und Bremsnickausgleich					
Lenkung	Zahnstange, Servo					
Fußbremse / Regelsysteme	Zweikreis-Hydraulik, Servohilfe, Scheiben belüftet, v. 286 mm Ø, h. 276 mm Ø; 325 Ci: 325/320 mm Ø, 330 Ci: 286/276 mm Ø, M3: 325/326 mm Ø Alle Modelle: ABS, EBV, CBC, DSC, ADB, DBC, ASC+T				Zweikreis-Hydraulik, Servo, vorn belüftet, vorn 325 mm Ø, hinten 320 mm Ø, ABS, CBC, ASC+T	
Allgemeine Daten						
Radstand	2725 mm					
Spur vorn/hinten	1471/1483 mm					
Gesamtmaße	4488 x 1757 x 1372 mm					
Gepäckraum	300-410 Liter (offen/geschlossen)					
Räder	7 J x 16	7 J x 16	7 J x 16 / 8 J x 17	8 J x 18, h. 9 J x 18	6,5 J x 15	7 J x 17
Reifen	205/60 VR 16	205/60 VR 16	205/ VR 16 / 225/45 WR 17	v. 225/45 ZR 18 h. 255/40 ZR 18	195/65 HR 15	205/55 WR 17
Wendekreis	10,5 Meter	10,5 Meter	10,5 Meter	11,6 Meter	10,4 Meter	10,4 Meter
Leermasse	1580-1615 kg	1615-1650 kg	1640-1705 kg	1550 kg	1410 kg	1555 kg
Zuläss. Gesamtgewicht	1920-1960 kg	1960-1995 kg	1985-2050 kg	2100 kg	1820 kg	2145
Höchstgeschwindigkeit	206 km/h	219-222 km/h	230-247 km/h	250 km/h	207 km/h	227 km/h
Beschl. 0-100 km/h	10,4-12,2 sec	10,6-11,4 sec	6,9-9,1 sec	5,5 sec	9,9 sec	7,7 sec
Verbrauch/100 km	7,9-9,1 Liter	7,8-8,4 Liter	9,6-10,2 Liter	12,1 Liter	5,7 Liter	6,8 Liter
Kraftstofftank	63 Liter				63 Liter	

BMW 3er Reihe / Baureihe E93 (2007–2013)

Die neue 3er-Reihe E90 wurde im Frühjahr 2005 als Nachfolger der E46-Reihe auf dem Genfer Auto-Salon vorgestellt, verantwortlich fürs Design zeichnete Chris Bangle. Gleich zu Anfang wurde ein markanter Kritikpunkt ausgemacht: Das BMW-typische fahrerbezogene Cockpit war durch einen geraden Instrumententräger ersetzt worden – keine gute Entscheidung im Sinne von Markentreue.

Als erstes Modell der Baureihe kam im März 2005 die Limousine (E90) auf den Markt, im September 2005 folgte die Kombi-Version Touring (E91). Das 3er-Coupé (E92) erschien im September 2006, und das Cabrio (E93) schob man im März 2007 nach. Angedacht, aber noch nicht umgesetzt war die Idee, die beiden Zweitürer als 4er-Reihe laufen zu lassen. E92 und E93 wurden ausschließlich im Werk Regensburg montiert. Die beiden Viersitzer unterschieden sich optisch stärker von der Limousine als beim Vorgänger E46. Die Form der Frontscheinwerfer unterschied sich stark, die Rückleuchten wiesen die BMW-typische L-förmige Gestaltung auf und waren breiter als die des Viertürers. Besonderheit des Cabrios war das Blech-Klappdach statt eines textilen Softtops. Das dreiteilige Dach reduzierte den verbleibenden Kofferraum allerdings stärker als konventionelle Soft-Tops oder zweiteilige Klappdächer.

Alle 3er hatten Reihenmotoren mit Vierventiltechnik. Die Motorenpalette wurde komplett überarbeitet und auf wenige Grundmodelle reduziert mit der Folge, dass noch weniger als vorher die Modellbezeichnung den tatsächlichen Hubraum angab. Der 316 hatte einen Hubraum von 1,6 Litern, der 316d einen Hubraum von zwei Litern. 318 und 320 (mit Otto- bzw. Dieselmotoren) waren Vierzylindermotoren mit einem Hubraum von 2,0 Liter.

Die größeren Modelle hatten Sechszylinder mit 3,0 Liter Hubraum, bei denen die unterschiedlichen Leistungen nur durch Abstimmung und Aufladung erreicht wurden, beim 335d zum Beispiel durch eine Registeraufladung.

Alle Benzintriebwerke hatten Direkteinspritzung. Die Preisspanne reichte 2007 von 39.900 Euro beim 320i bis 52.350 Euro beim 335i (Bild).

Das E93-Cabrio war der erste offene BMW mit faltbarem Blechdach statt eines Stoffverdecks. Die Öffnungszeremonie dauerte 22 Sekunden. Im Bild ein Modell mit Aeorodynamic-Kit, 2007–2010

Die Ottomotoren in 325i und 330i hatten einen Aluminium-Magnesium-Motorblock und 3,0 Liter Hubraum, wobei der Leistungsunterschied zwischen 325i und 330i durch eine geänderte Einspritzregelung erzielt wurde. Der im September 2006 eingeführte 335i (N54-Motor) mit fast gleichem Hubraum basierte aber auf einem Motorblock aus Aluminium. Er stellte mit zwei Turboladern und Piezo-Direkteinspritzung ein maximales Drehmoment von 400 Nm zur Verfügung. Gleichzeitig wurde mit dem 325d ein neuer Sechszylinder-Dieselmotor eingeführt. Im September 2008 erschienen dann überarbeitete Versionen von Limousine und Touring, ein weniger umfangreiches Facelift für Coupé und Cabrio folgte im März 2010. Das Cabrio lief bis Oktober 2013.

Der M3 mit neukonstruiertem V8-Motor erschien im Herbst 2007 zunächst als Coupé, ab Frühjahr 2008 auch als viertürige Stufenheck-Limousine und schließlich auch als Cabrio. Die starke Open-air-Version war von Mai 2008 bis September 2013 im Programm.

Der BMW M3 (Facelift-Modell nach 2010) war, so das amerikanische Magazin Car and Driver, das schlichtweg beste Blechdach-Cabrio der Welt.

Blechballett: Das Faltdach reduzierte das Kofferraumvolumen von 350 auf 210 Liter. Die Motorenpalette entsprach der des Coupés.

BMW 3er E 93	**BMW 318i 2010–2014 BMW 320i 2007–2010**	**BMW 325i 2007–2014 BMW 330i 2007–2014 BMW 335i 2007–2014**	**BMW 320d 2008–2010 BMW 325d 2007–2010 BMW 330d 2009–2014**	**BMW M3 2008–2013**
Motor	Otto		Diesel	Otto
Zylinderzahl / Bauart	4 (Reihe), vorne, längs	6 (Reihe), vorne längs	4/ 6 (Reihe), vorne längs	8 (V-Form) 90
Bohrung x Hub	84 x 90 mm	85 x 88 / 84 x 89,6 mm	84,0 x 90,0 mm	75,2 x 92 mm
Hubraum	1995 cm^3	2996 / 2979 cm^3	1995 / 2993 cm^3	3999 cm^3
Leistung	143 PS (106 kW) 170 PS (125 kW) bei 6700 U/min	218 PS (160 kW) bei 6100 U/min 272 PS (200 kW) bei 6700 U/min 306 PS (225 kW) bei 5800 U/min	177 / 197 / 245 PS (130 / 145 / 180 kW) bei 4000 U/min	420 PS (309 kW) bei 8300 U/min
Drehmoment	190 / 210 Nm bei 4250 U/min	270 / 320 / 400 Nm bei 2400 / 2750 / 1300 U/min	350 / 400 / 520 Nm bei 1750 / 1300 / 1750 U/min	400 Nm bei 3900 U/min
Verdichtung	1:12	1: 12 (10,2)	1: 16 / 17 / 16,5	1: 12,0
Gemischbildung	Elektron. Einspritzung Bosch	Elektron. Einspritzung Bosch Motronic	Elektron. Einspritzung Bosch Motronic	Elektron. Einspritzung Bosch Motronic
Ventile / Steuerung	4 / V-förmig hängend, OHC, Kette	4 / V-förmig hängend, DOHC, Kette	4 / V-förmig hängend, DOHC, Kette (VANOS)	4/ V-förmig hängend, DOHC, Doppel-Vanos, Duplex-Kette
Kühlung	Pumpe, 8,4 (9,1) Liter Wasser	Pumpe, 8,2 (8,5) Liter Wasser	Pumpe, 8,2 (8,5) Liter Wasser	Pumpe 11,4 Liter Wasser, Ölkühler
Schmierung	Druckumlauf 4,25 Liter Öl	Druckumlauf, 6,5 Liter Öl	Druckumlauf, 8,5 Liter Öl	Druckumlauf, 8,8 Liter Öl
Batterie	12 V 70 Ah	12 V 90 Ah	12 V 90 Ah	12 V 90 Ah
Lichtmaschine	2520 W	2520 W	2520 / 2100 W	2520 W
Kraftübertragung	Antrieb auf Hinterräder, M3: Sperrdifferential (variabel)			
Kupplung	Einscheibentrocken, Automatik bei BMW 335i und BMW M3: Doppelkupplungsgetriebe DKG			
Schaltung	Schalthebel Wagenmitte			
Getriebe	6-Gang / 6-Gang Automatik	6-Gang / 6-Gang-Automatik	6-Gang / 6-Gang Automatik	6-Gang / 7-Gang DKG
Übersetzungen	I. 4,323 – II. 2,456 – III. 1,66 – IV. 1,230 – V. 1,00 – VI. 0,848 – R: 3.938	BMW 325i wie 320i, BMW 330i: I. 4,350 – II. 2,496– III. 1,665– IV. 1,230 – V. 1.00 – VI. 0,851 – R: 3.926; BMW 335i: I. 4.055 – II. 2,396– III. 1,582– IV. 1,192 – V. 1.00 – VI. 0,872 – R: 3.677	I. 5.080 – II. 2.804 – III. 1.738 – IV. 1.260 – V. 1.00 – VI. 0.835 – R: 4.607; BMW 320d: I. 5.1400 – II. 2.830 – III. 1.804 – IV. 1.257 – V. 1.00 – VI. 0.831 – R: 4.638	I. 4.055 – II. 2.369 – III. 1.582 – IV. 1.192 – V. 1,00 – VI. 0.872 – R: 3.846
Automatik	I. 4.171 – II. 2,340 – III. 1,521 – IV. 1.143 – V. 0.867 – VI. 0,691 – R: 3.403			
Antriebs-Übersetzung	3.636 (4.100)	3,154 (3,636) / 3,154 (3,727) / 3,077 (2,563)	2.471 / 27.86 (3.154 / 2.929)	3.846 (3.154)
Karosserie / Fahrwerk	Selbsttragende Ganzstahlkarosserie			
Vorderradaufhängung	Eingelenk-Federbeinachse; M3: Aluminium-Zwei-Gelenk-Federbeinachse, Zugstrebe alle Modelle: positiver Lenkrollradius, Querkraftausgleich; Bremsnickreduzierung			
Hinterradaufhängung	Zentrallenker-Achse, Längslenker und Doppelquerlenker, M3: Fünflenkerachse in Leichtbauweise, alle Modelle: Anfahr- und Bremsnickausgleich			
Lenkung	Zahnstange, elektromechanische Servolenkung			Zahnstange, Servotronic
Fußbremse / Regelsysteme	Zweikreis-Hydraulik, Servo, Scheiben belüftet, v. 312 mm Ø, h. 300 mm Ø, M3: v. 360 mm Ø, h. 350 mm Ø, ABS, DSC, ABS, DTC, CBC, DBC			
Allgemeine Daten				
Radstand	2760 mm			2761 mm
Spur vorn/hinten	1500 / 1513 mm, BMW 335i: 1500 / 1507 mm			1540 / 1539 mm
Gesamtmaße	4580 x 1782 x 1384 mm, Länge nach Facelift 03/2010: 4612 x 1782 x 1384 mm			4615 x 1804 x 1392 mm
Gepäckraum	210-350 Liter (offen/geschlossen)			
Räder	8 J x 17; BMW 335i v. 8 J x 17, h. 8,5 J x 17, M3: 8,5 J x 18, h. 9,5 J x 18			
Reifen	225/45 R 17	v. 225/45 R 17, h. 255/40 R 17	225/45 R 17	245/40 ZR18, h. 265/40 ZR18
Wendekreis	11 Meter	11 Meter	11 Meter	11,7 Meter
Leermasse	1670-1700 kg	1730-1825 kg	1730-1840 kg	1810-1885 kg
Zuläss. Gesamtgewicht	2025-2055 kg	2085-2180 kg	2085-2195 kg	2280 kg
Höchstgeschwindigkeit	210-228 km/h	243-250 km/h	223-250 km/h	250 km/h
Beschleunigung 0–100 km/h	10,3-9,1 sec	7,6-6,5 sec	8,7-6,4 sec	5,3-5,1 sec
Verbrauch/100 km	6,4-6,9 Liter	9,1-10,4 Liter	5,3-6,4 Liter	12,7-11,5 Literr
Kraftstofftank	63 Liter	63 Liter	61 Liter	63 Liter

BMW 4er Reihe / Baureihe F33 (2013–2021)

Im Rahmen der neuen Bezeichnungs-Nomenklatur fasst die 4er Reihe nun zunächst zweitürige Varianten (Coupé= F32, Cabrio=F33, Gran Coupé=F36) zusammen, die bislang zur 3er-Reihe gehörten. Dazu kam später auch das viertürige Gran Coupé. Während das 4er Coupé in München und das Gran Coupé in Dingolfing gefertigt wurde, entstand das Cabrio in Regensburg. Weltpremiere hatte das 4er-Coupé im Januar 2013 in Detroit, die die Markteinführung erfolgte am 5. Oktober 2013. Das Cabrio folgte mit einem halben Jahr zeitlichem Abstand Ende 2013 in den USA und Japan, die Markteinführung am 8. März 2014.

Zum Einsatz kamen Otto- und Diesel-Vierzylinder mit 2,0 Liter Hubraum und 3,0 Liter große Otto- und Diesel-Sechszylinder. Das 4er-Coupé bzw.-Cabriolet war als 420i (184 PS / 135 kW), 428i (245 PS / 180 kW), 430i, 430i xDrive, 435i (306 PS / 225 kW), 435i xDrive, 440i und 440ixDrive mit Ottomotoren sowie als 420d (184 PS / 135 kW), 430d (258 PS / 190 kW) und 435dxDrive (313 PS / 230 kW) mit Dieselmotor erhältlich. Das neue M4 Cabriolet (als F83 bezeichnet) hatte den 3,0-Liter-Biturbo-Reihensechser und 431 PS / 317 kW. Das Cabrio (Facelift 2017) lief bis Juni 2021.

Bei den Nachfolgern der zweitürigen 3er wechselte BMW die Modellbezeichnung und bedachte diese mit einer neuen Ziffer.

Zum Start des 4er-Cabrios standen zwei Benziner und ein Diesel-Triebwerk zur Verfügung. Erstmals gab es auch eine Allrad-Variante, den 428i xDrive.

MODELLÜBERSICHT BMW 4ER – BAUREIHE F33 / F83

Typ	Zylinder	Hubraum	Leistung	Beschleunigung 0-100 km/h	Höchstge-schwindigkeit	Durchschnitts-verbrauch	Preis	Bauzeit
BMW 420i Cabrio	4 Zylinder	1.998 cm³	135 kW/184 PS	8,2 s	230 km/h	6,6 L/100 km	43.900 €	07/2014 - 09/2020
BMW 428i Cabrio	4 Zylinder	1.997 cm³	180 kW/245 PS	6,4 s	250 km/h	6,8 L/100 km	48.200 €	03/2014 - 03/2016
BMW 428i Cabrio xDrive	4 Zylinder	1.997 cm³	180 kW/245 PS	6,5 s	250 km/h	7,0 L/100 km	52.850 €	03/2014 - 03/2016
BMW 430i Cabrio	4 Zylinder	1.998 cm³	185 kW/252 PS	6,4 s	250 km/h	6,6 L/100 km	50.400 €	03/2016 - 09/2020
BMW 430i Cabrio xDrive	4 Zylinder	1.998 cm³	185 kW/252 PS	6,4 s	250 km/h	6,4 L/100 km	55.050 €	03/2016 - 09/2020
BMW 435i Cabrio	6 Zylinder	2.979 cm³	225 kW/306 PS	5,6 s	250 km/h	8,1 L/100 km	52.100 €	03/2014 - 03/2016
BMW 435i Cabrio xDrive	6 Zylinder	2.979 cm³	225 kW/306 PS	5,6 s	250 km/h	8,5 L/100 km	56.500 €	07/2015 - 03/2016
BMW 440i Cabrio	6 Zylinder	2.998 cm³	240 kW/326 PS	5,4 s	250 km/h	6,8 L/100 km	58.350 €	03/2016 -09/2020
BMW 440i Cabrio xDrive	6 Zylinder	2.998 cm³	240 kW/326 PS	5,4 s	250 km/h	6,8 L/100 km	60.850 €	03/2016 - 09/2020
BMW M4 Cabrio (F83)	6 Zylinder	2.979 cm³	317 kW/431 PS	4,4 s	250 km/h	8,7 L/100 km	82.400 €	09/2014 - 06/2019
BMW M4 Cabrio (F83)	6 Zylinder	2.979 cm³	331 kW/450 PS	4,5 s	250 km/h	9,1 L/100 km	86.090 €	03/2016 - 09/2020
BMW 420d Cabrio	4 Zylinder	1.995 cm³	135 kW/184 PS	8,2 s	235 km/h	5,1 L/100 km	46.300 €	03/2014 - 05/2015
BMW 420d Cabrio	4 Zylinder	1.995 cm³	140 kW/190 PS	8,1 s	235 km/h	4,8 L/100 km	47.900 €	07/2015 - 09/2020
BMW 425d Cabrio	4 Zylinder	1.995 cm³	160 kW/218 PS	7,3 s	241 km/h	5,2 L/100 km	49.800 €	07/2014 - 05/2015
BMW 425d Cabrio	4 Zylinder	1.995 cm³	165 kW/224 PS	7,1 s	241 km/h	5,1 L/100 km	51.900 €	03/2016 -02/2017
BMW 430d Cabrio	6 Zylinder	2.993 cm³	190 kW/258 PS	5,9 s	250 km/h	5,3 L/100 km	55.550 €	07/2014 - 09/2020
BMW 435d Cabrio xDrive	6 Zylinder	2.993 cm³	230 kW/313 PS	5,2 s	250 km/h	5,7 L/100 km	60.850 €	07/2015 - 09/2020

MODELLÜBERSICHT BMW 4ER – BAUREIHE G23 / G83

Typ	Zylinder	Hubraum	Leistung	Beschleunigung 0-100 km/h	Höchstge-schwindigkeit	Durchschnitts-verbrauch	Preis	Bauzeit
BMW 420i Cabrio	4 Zylinder	1.998 cm³	135 kW/184 PS	8,2 s	236 km/h	6,7 L/100 km	58.600 €	03/ 2021 - 01/2024
BMW 430i Cabrio	4 Zylinder	1.998 cm³	180 kW/245 PS	6,4 s	250 km/h	6,9 L/100 km	64.500 €	07/2021 - 01/2024
BMW 430i Cabrio	4 Zylinder	1.998 cm³	190 kW/258 PS	6,2 s	250 km/h	6,0 L/100 km	59.800 €	03/2021 - 01/2024
BMW 430i Cabrio xDrive	4 Zylinder	1.998 cm³	180 kW/245 PS	6,3 s	250 km/h	7,3 L/100 km	67.000 €	11/2021 - 01/2024
BMW M4 Cabrio Competition M xDrive (G83)	6 Zylinder	2.993 cm³	375 kW/510 PS	3,7 s	250 km/h	10,2 L/100 km	107.900 €	07/2021 - 01/2024
BMW M440i Cabrio	6 Zylinder | Hybrid	2.998 cm³	275 kW/374 PS	5,2 s	250 km/h	7,7 L/100 km	79.200 €	11/2021 - 01/2024
BMW M440i Cabrio xDrive	6 Zylinder | Hybrid	2.998 cm³	275 kW/374 PS	4,9 s	250 km/h	7,8 L/100 km	81.700 €	03/2021 - 01/2024
BMW 420d Cabrio	4 Zylinder | Hybrid	1.995 cm³	140 kW/190 PS	7,6 s	236 km/h	4,9 L/100 km	61.100 €	03/2021 - 01/2024
BMW 430d Cabrio	6 Zylinder | Hybrid	2.993 cm³	210 kW/286 PS	5,8 s	250 km/h	6,9 L/100 km	68.800 €	07/2021 - 01/2024
BMW M440d Cabrio xDrive	6 Zylinder | Hybrid	2.993 cm³	250 kW/340 PS	5,0 s	250 km/h	6,0 L/100 km	82.600 €	11/2021 - 01/2024

Das dreiteilige Stahlblechdach kannte man schon vom offenen 3er, und wie bei diesem reduzierte das Offenfahren das Kofferraumvolumen ganz erheblich.

BMW 4er F33	BMW 428i / xDrive	BMW 435i	BMW 420i BMW 430i / xDrive	BMW 440i / xDrive	BMW 420d BMW 425d	BMW M4
Motor	Otto				Diesel	Otto
Zylinderzahl / Bauart	4 (Reihe), längs	6 (Reihe), längs	4 (Reihe), längs	6 (Reihe), längs	4 (Reihe)	6 (Reihe), längs
Bohrung x Hub	90,1 x 84 mm	89,6 x 84 mm	94,6 x 82,0 mm	94,6 x 82 mm	90 x 84 mm	89,6 / 84,0
Hubraum	1997 cm^3	2979 cm^3	1998 cm	2998 cm^3	1995 cm^3	2979
Leistung	245 PS (180 kW) bei 5000 U/min	306 PS (225 kW) bei 5800 U/min	184 PS (135 kW) bei 6000 U/min / 252 PS (185 kW) bei 6200 U/min	326 PS (240 kW) bei 5500 U/min	190 PS (140 kw) bei 4000 U/min / 224 PS (165 kW) bei 4400 U/min	431 PS (317 kW) bei 5550 U/min
Drehmoment	350 Nm bei 1250 U/min	400 Nm bei 1200 U/min	245 Nm bei 4200 U/min 280 Nm bei 3500 U/min	450 Nm bei 1380 U/min	400 Nm bei 1750 U/min 450 Nm bei 1500 U/min	550 Nm bei 2350 U/min
Verdichtung	1:11,0	1: 10,2	1: 11,0 (10,2)	1: 11,0	1:16,5	1:10,2
Gemischbildung	Direkteinspritzung, TwinPower-Turbolader		Direkteinspritzung, Twin-Scroll-Turbolader	Elektron. Einspritzung Bosch Motronic	Common-Rail-Direkteinspritzung, Turbolader mit variabler Geometrie	Direkteinspritzung, Biturbo, Ladeluftkühler
Ventile / Steuerung	4 / DOHC, variable Einlasssteuerung		4 / V-förmig hängend, DOHC, Kette, Valvetronic, Doppel-Vanos	4 / V-förmig hängend, DOHC, Kette, Valvetronic, Doppel-Vanos	4 / hängend, DOHC	4 / V-förmig hängend, DOHC, Kette, Valvetronic, Doppel-Vanos
Kühlung	Pumpe, 9,1 Liter Wasser	Pumpe, 7,2 Liter Wasser	Pumpe 10,5 Liter Wasser	Pumpe, 10,5 Liter Wasser	Pumpe, 7 Liter Wasser	Pumpe, 13,9 Liter
Schmierung	Druckumlauf 5,75 Liter Öl	Druckumlauf, 6,5 Liter Öl	Druckumlauf, 8,5 Liter Öl	Druckumlauf, 6,5 Liter Öl	Druckumlauf, 5,0 Liter Öl	Druckumlauf, 6,5 Liter Öl
Batterie	12 V 90 Ah	12 V 90 Ah	12 V 90 Ah	12 V 90 Ah	12 V 90 Ah	12 V 70 Ah
Lichtmaschine	2380 W	2940 W	2560 W	2560 W	2100 W	2100 W
Kraftübertragung	Antrieb auf Hinterräder, xDrive: Allrad					
Schaltung	Schaltstock Wagenmitte					
Kupplung	Einscheibentrocken, Automatik Hydr. Wandler 2fach					
Getriebe	6-Gang / 8-Gang Steptronic					6-Gang / 7-Gang DKG
Übersetzungen	I. 4.683 – II. 2.062 – III. 1.313 – IV. 1.00 – V. 0.809 –VI. 0.677 – R: 3.348; BMW 435i: I. 4.110 – II. 2.248 – III. 1.403 – IV. 1.00 – V. 0.802 –VI. 0.659 – R: 3.727		I. 4.002 – II. 2.130 – III. 1.396 – IV. 1.00 – V. 0.781 –VI. 0.668 – R: 3.647; BMW 430i: I. 3.683 – II. 2.062 – III. 1.313 – IV. 1.00 – V. 0.809 –VI. 0.677 – R: 3.38	I. 5.00 – II. 3.20 – III. 2.143 – IV. 1.720 – V. 1.1314 – VI. 1.00 – VII. 0.822 – VIII. 0.640 – R: 3.456	I. 4.110 – II. 2.248 – III. 1.403 – IV. 1.00 – V. 0.802 –VI. 0.659 – R: 3.727;	I. 4.110 – II. 2.315 – III. 1.542 – IV. 1.179 – V. 1.00 –VI. 0.846 – R: 3.727
Automatik	Steptronic: I. 4.714 – II. 3.143 – III. 2.106, – IV. 1.676 – V. 1.285 – VI. 1.00 – VII. 0.839 – VIII. 0.667 – R: 3.295; DKG: I. 4.806 – II. 2.593 – III. 1.701 – IV. 1.227 – V. 1.00 – VI. 1.844 – VII. 0.671 – R: 4.172					
Antriebs-Übersetzung	3.909 / 3.154	3.231 / 3.154	3.462 (2.813) 3.909 (2.813)	2.813	3.385 (3.462) / 2.813	3.462
Karosserie / Fahrwerk	Selbsttragende Ganzstahlkarosserie					
Vorderradaufhängung	Doppelgelenk-Federbeinachse (Aluminium), positiver Lenkrollradius, Querkraftausgleich, Bremsnickreduzierung, Stabilisator					
Hinterradaufhängung	Fünflenkerachse, Hinterachsträger Stahlleichtbau, Stabilisator, M4: Lenker und Radträger Aluminium, spezifische Kinematik- und Steifigkeitsauslegung					
Lenkung	Elektromechanische Zahnstangen-Servolenkung (EPS) Servotronic; a.W.: variable Sportlenkung. M4: EPS, M-Servotronic, variable Sportübersetzung					
Fußbremse / Regelsysteme	Scheiben innenbelüftet, BMW 420:, v. /h. 300 mm Ø, BMW 428i/430i/420d: v. 312 mm Ø, h. 300 mm Ø, BMW 435i: v. 340 mm Ø, h. 330 mm Ø; BMW 440i/425d: v. 330 mm Ø, h. 300 mm Ø; BMW M4: , v. 380 mm Ø, h. 370 mm Ø. Alle Modelle: DSC, ABS, DTC, CBC, DBC					
Allgemeine Daten						
Radstand	2810 mm					2812 mm
Spur vorn/hinten	1544 / 1594 (1590) mm	1545/1594 mm				1579 / 1603 mm
Gesamtmaße	4638 x 1825 x 1399 mm	4638 x 1825 x 1384 mm				4671 x 1870 x 1386 mm
Gepäckraum	220-370 Liter (offen/geschlossen)					
Räder	7,5 J x 17					v. 9 J x 18, h. 10 J x 18
Reifen	225/50 R17, M4: 255/40 ZR18, h. 275/40 ZR18					
Wendekreis	11,4 Meter		11,3 Meter			12,2 Meter
Leermasse	1680-1770 kg	1740-1815 kg	1700-1785 kg	1700-1850 kg	1700-1810 kg	1790-1850 kg
Zuläss. Gesamtgewicht	2140-2220 kg	2220-2210 kg	2170-2195 kg	2230-2300 kg	2185-2240 kg	2250 kg
Höchstgeschwindigkeit	250 km/h	250 km/h	230-250 km/h	250 km/h	227-241 km/h	250-290 km/h
Beschl. 0–100 km/h	6,4-6,5 sec	5,6-5,5 sec	8,4-6,3 sec	5,4 sec	8,1-6,7 sec	4,6-4,4 sec
Verbrauch/100 km	6,6-7,0 Liter	8,1-7,5 Liter	5,8-6,6 Liter	6,8-7,3 Literr	5,1-4,7 Liter	10,2-9,5 Liter
Kraftstofftank	60 Liter	60 Liter	60 Liter	60 Liter	57 Liter	60 Liter
Anmerkung:	xDrive-System nur in Kombination mit Steptronic					Daten für Mj. 2019

Das Diesel-Cabrio M420d wie auch der M440i waren mit 48-Volt-Mild-Hybridsystem ausgestattet. Der Elektromotor hatte eine Leistung von 8 kW.

BMW 4er Reihe II / Baureihe G23 (seit 2021)

Der zweite 4er (Coupé = G22, Cabrio = G23, Gran Coupé = G26) kam im Jahr 2021, sofort erkennbar an der aggressiveren Front mit den riesigen Nieren. BMW sprach von einem »entfesselten Freiheitsdrang«, den die neue Optik ausstrahle… Das offene Modell war bereits im September 2020 vorgestellt worden. Es wurde nun auch in Dingolfing produziert und seit März 2021 ausgeliefert. Im Gegensatz zum Vorgängermodell hat es ein gut gedämmtes Stoffdach (»Flächenspriegelverdeck«). Sein Mindergewicht gegenüber dem Blechdach kompensiert das aktuelle Mehrgewicht durch die 48V-Mild-Hybridtechnik.

Die Motoren kamen auch im BMW 3er (G20) zum Einsatz, es handelte sich um 2,0- und 3,0-Liter-Vier- bzw. Sechszylinder mit Otto- bzw. Dieseltechnik. Allerdings verzichtet die 4er-Reihe auf die schwächeren Antriebe sowie den Plug-in-Hybrid. Der M440i (374 PS / 275 kW) sowie alle Diesel-Modelle verfügen über ein 48-Volt-Bordnetz. Der mit dem Sportmotor S58 (480 PS / 353 kW) ausgestattete M4 (G83) wurde als Cabrio im Mai 2021 vorgestellt und ab Juli 2021 ausgeliefert. Die Modellfamilie begann beim 420i mit Steptronic (184 PS / 135 kW) und reichte bis zum M4 Competition M xDrive (510 PS / 375 kW).

Das 4er-Cabrio, präsentiert im März 2021, verzichtete auf das bisherige Blech-Faltdach. Die neu konstruierte Stoffhülle nannte sich »Flächenspriegelverdeck«. Die Abkehr von der Blechmütze sparte rund 40 % an Verdeckgewicht ein und erhöhte das Kofferraumvolumen um fast 25 % auf 385 Liter.

Das Portfolio der BMW 4er Cabrio M Automobile umfasste die vier Typen BMW M4 Competition, BMW M440i xDrive, M440i und M440d xDrive Cabrio. Flaggschiff war natürlich das Competition Cabrio mit M xDrive und fulminanten 375 kW (510 PS) und 650 Nm Drehmoment.

BMW 4er G23	BMW 420i ab 2021	BMW 430i ab 2021	BMW 420d ab 2021	430d ab 2021
Motor	Otto		Diesel	
Zylinderzahl / Bauart	4 (Reihe), längs		4 (Reihe), längs	6 (Reihe), längs
Bohrung x Hub	82 x 94,6 mm		84 x 90 mm	84 x 90 mm
Hubraum	1998 cm³		1995 cm³ 2793 cm³	2993 cm³
Leistung	184 PS (135 kW) bei 5000 U/min	258 PS (190 kW) bei 5000 U/min	190 PS (140 kW) bei 4000 U/min + 11 PS (8 kW) bei 48-V-Hybrid-Technologie	286 PS (210 kW) bei 4000 U/min
Drehmoment	300 Nm bei 1350 U/min	400 Nm bei 1550 U/min	400 Nm bei 1750 U/min	650 Nm bei 1500 U /min
Verdichtung	1:11,0	1: 10,2	1: 16,5	1: 16,5
Gemischbildung	Direkteinspritzung, TwinPower-Turbolader		Common-Rail-Direkteinspritzung, VTG-Turbolader	
Ventile / Steuerung	4 / DOHC, Kette, Valvetronic, Doppel-Vanos		4 / DOHC, Kette	
Kühlung	Pumpe, 9 Liter Wasser			
Schmierung	Druckumlauf 5,25 Liter Öl		Druckumlauf, 5,25 Liter Öl	
Batterie	12 V 80 Ah		12 V 90 Ah	
Lichtmaschine	1120 W	1120 (1260) W	1260 (1120) W	1260 (1610) W
Kraftübertragung	Heckantrieb, 430i xDrive: Allradantrieb			
Schaltung	Schalthebel Wagenmitte	Schalthebel Wagenmitte		
Kupplung	Einscheibentrocken			
Getriebe	8-Gang-Steptronic			
Übersetzungen	I. 5,250 – II. 3360 – III. 2172 – IV. 1,720 – V. 1,316 – VI. 1,000 – VII. 0,822 – VIII. 0,640 – R: 3,712			
Antriebs-Übersetzung	2.813	3.154	2.813	2.536
Karosserie / Fahrwerk		Selbsttragende Ganzstahlkarosserie		
Vorderradaufhängung	Doppelgelenk-Zugstreben-Federbeinachse, hyd. Gedämpftes Zugstrebenlager			
Hinterradaufhängung	Fünflenkerachse in Alu-Stahl-Leichtbau			
Lenkung	Elektromech. Servolenkung (EPS), 14,1			
Fußbremse / Regelsysteme	Einkolbenfaustsattel-Scheibenbremsen, belüftet; DSC inkl. ABS, DTC, CBCDPC			
Allgemeine Daten				
Radstand	2851 mm			
Spur vorn/hinten	1575 / 1611 mm			
Gesamtmaße	4768 x 1852 x 1384 mm			
Gepäckraum	220-385 Liter			
Räder	7,5 J x 17			
Reifen	205/50 R17			
Wendekreis	11,4 Meter			
Leermasse	1690-1765 kg	1750-1790 kg	1775-1850 kg	1880-1955 kg
Zuläss. Gesamtgewicht	2185 kg	2200 kg	2270 kg	2380 kg
Höchstgeschwindigkeit	236 km/h	250 km/h	236 km/h	250 km/h
Beschleunigung 0–100 km/h	8,2 sec	6,2 sec	7,6 sec	5,8 sec
Verbrauch/100 km	6,7-7,4 Liter	6,9-7,7 Liter	4,9-5,6 Liter	5,3-6,0 Liter
Kraftstofftank	59 Liter			
Anmerkung	auch als M440i/xDrive (374 PS), M440d xDrive(340 PS), M4 Competition M xDrive (510 PS)			

Rund vier Monate nach Einführung des Coupés im November 2007 rollte das 1er-Cabriolet zu den Händlern. Topmodell war der 135i mit dem 306 PS starken Sechszylinder-Biturbo der 3er-Reihe.

Anders als beim 3er verfügte der Einser über ein Stoffverdeck. Im Gegensatz zum Blechdach ließ es sich auch in Fahrt – bis 40 km/h – betätigen.

BMW 1er Reihe / Baureihe E88 (2008–2013)

Die erste Generation der 1er-Reihe (Reihe E81 Dreitürer, E82 Coupé, E87 Fünftürer, E88 Cabrio) wurde als Fünftürer im März 2004 vorgestellt und im September 2004 eingeführt. Die Reihe, ebenfalls mit Heckantrieb, folgte den Compact-Modellen (auf 3er-Basis) und zählte nun zur Kompaktklasse. Ende Mai 2007 kam die dreitürige Variante in den Handel. Ende November 2007 folgte das Coupé und im April 2008 rollte das Cabrio – hergestellt im Werk Leipzig – als letztes Modell der Reihe auf den Markt.

Coupé und Cabrio kamen in völlig eigenständiger Form daher, nur die Front war an die Limousinen angepasst. Das Coupé, nicht aber das Cabrio, gab es sogar in einer M-Version mit 340 PS / 250 kW. Auf der Detroit Motor Show im Januar 2008 hatte die offizielle Weltpremiere des 1er-Cabrio stattgefunden, nachdem bereits Jahre vorher ein offenes CS-Showcar gezeigt worden war. Offizieller Verkaufsbeginn in Deutschland war am 5. April 2008.

Im Gegensatz zum 3er-Cabrio hatte das 1er-Cabrio ein serienmäßig elektrisch bedienbares Stoffverdeck mit beheizbarer Glasheckscheibe, welches sich bis zu einer Geschwindigkeit von 40 km/h innerhalb von 22 Sekunden öffnen und schließen ließ und bei Karmann gefertigt wurde. Der Kofferraum fasste zwischen 305 bei geschlossenem und 260 Litern bei geöffnetem Verdeck. Die Serien- und Zusatzausstattung orientierte sich an dem Angebot für das 1er-Coupé. Als Besonderheit offerierte BMW gegen Aufpreis eine Lederpolsterung mit spezieller Pigmentierung, die das Aufheizen der Sitze um bis zu 20 Grad Celsius gegenüber normalen Lederpolsterungen senkt.

Als Motoroptionen wurden bei den Vierzylindermotoren die Varianten 118i, 120i, 118d, 120d und 123d (ab Modelljahr 2009) angeboten, bei den Sechszylindermotoren die Varianten 125i und 135i (Bi-Turbo wie im Coupé; ab September 2009 Turbo mit Twinscroll).

Wie das 1er-Coupé erhielt auch das Cabrio im März 2011 ein Facelift. Während die Baureihe selbst nur bis 2011 lief, wurde das Cabrio bis Oktober 2013 weiterproduziert.

MODELLÜBERSICHT BMW 1ER – BAUREIHE E 88

Typ	Zylinder	Hubraum	Leistung	Beschleunigung 0-100 km/h	Höchstgeschwindigkeit	Durchschnittsverbrauch	Preis	Bauzeit
BMW 118i Cabrio	4 Zylinder	1.995 cm^3	105 kW/143 PS	9,3 s	210 km/h	6,6 L/100 km	29.500 €	2008-2013
BMW 120i Cabrio	4 Zylinder	1.995 cm^3	125 kW/170 PS	8,4 s	220 km/h	6,8 L/100 km	33.000 €	2008-2013
BMW 125i Cabrio	6 Zylinder	2.996 cm^3	160 kW/218 PS	6,8 s	238 km/h	8,4 L/100 km	37.300 €	2008-2013
BMW 135i Cabrio	6 Zylinder	2.979 cm^3	225 kW/306 PS	5,6 s	250 km/h	9,4 L/100 km	44.850 €	2008-2013
BMW 118d Cabrio	4 Zylinder	1.995 cm^3	105 kW/143 PS	9,5 s	208 km/h	4,9 L/100 km	32.350 €	2008-2013
BMW 120d Cabrio	4 Zylinder	1.995 cm^3	130 kW/177 PS	8,1 s	222 km/h	5,0 L/100 km	34.500 €	2008-2013
BMW 123d Cabrio	4 Zylinder	1.995 cm^3	150 kW/204 PS	7,5 s	230 km/h	5,3 L/100 km	38.200 €	2008-2013

Das 1er-Cabrio kostete anfangs rund 9.500 Euro weniger als das E90-Cabrio. In Verarbeitung und Materialanmutung war das auch deutlich zu spüren.

BMW 1er E88	BMW 118i 2008–2013 BMW 120i 2008–2013	BMW 125i 2008–2013	BMW 135i 2008–2013	BMW 118d 2009–2013 BMW 120d 2008–2013 BMW 123d 2009–2013
Motor	Otto			Diesel
Zylinderzahl / Bauart	4 (Reihe), längs	6 (Reihe), längs	6 (Reihe), längs	4 (Reihe), längs
Bohrung x Hub	90 x 84 mm	88 x 85 mm	89,6 x 84 mm	90 x 84 mm
Hubraum	1995 cm^3	2996 cm	2979 cm^3	1995 cm^3
Leistung	143 PS (105 Nm) bei 6000 U/min 170 PS (125 kW) bei 6700 U/min	218 PS (160 kW) bei 6100 U/min	306 PS (225 kW) bei 5800 U/min	143 PS (105 kW) bei 4000 U/min 177 PS (133 kw) bei 4000 U/min 204 PS (150 kW) bei 4400 U/min
Drehmoment	190 / 210 Nm bei 4250 U/min	270 Nm bei 2500 U/min	400 Nm bei 1200 U/min	300 Nm bei 1750 U/min 350 Nm bei 1750 U/min 450 Nm bei 2000 U/min
Verdichtung	1:12,0	1: 10,7	1: 10,2	1:16,5
Gemischbildung	Direkteinspritzung	Direkteinspritzung	Direkteinspritzung, Twin Turbo	Common-Rail-Direkteinspritzung, Turbo, BMW 123d: Twin Turbo
Ventile / Steuerung	4 / DOHC, Kette	4 / DOHC, Kette, Valvetronic, Doppel-VANOS		4 / DOHC, Kette
Kühlung	Pumpe, 8,4-9,2 Liter Wasser	Pumpe, 8,2-8,5 Liter Wasser	Pumpe, 8,2-8,5 Liter Wasser	Pumpe, 7,2-7,5 Liter Wasser
Schmierung	Druckumlauf, 4,25 Liter Öl	Druckumlauf, 6,5 Liter Öl	Druckumlauf, 6,5 Liter Öl	Druckumlauf, 5,5 Liter Öl
Batterie	12 V 90 (70) Ah	12 V 70 Ah	12 V 80 Ah	12 V 90 (80) Ah
Lichtmaschine	2520 W	2520 W	2520 W	2520 W
Kraftübertragung	Antrieb auf Hinterräder, BMW 135i: elektronische Differentialsperre			
Schaltung	Schalthebel Wagenmitte			
Kupplung	Einscheibentrocken, Automatik Hydr. Wandler 2fach			
Getriebe	6-Gang / 6-Gang Automatik	6-Gang / 6-Gang Automatik	6-Gang / 6-Gang Automatik	6-Gang / 6-Gang Automatik
Übersetzungen	I. 4.323 – II. 2.456 – III. 1.659 – IV. 1.230 – V. 1.000 –VI. 0.848 – R: 3.983;	I. 4.323 – II. 2.456 – III. 1.659 – IV. 1.230 – V. 1.000 –VI. 0.848 – R: 3.983;	I. 4.055 – II. 2.396 – III. 1.582 – IV. 1.192 – V. 1.000 –VI. 0.872 – R: 3.977 Automatik: I. 4.171 – II. 2.340 – III. 1.521 – IV. 1.143 – V. 0.867 –VI. 0.691 – R: 3.403	I. 40 – II. 2.11 – III. 1.38 – IV. 1.00 – V. 0.78 –VI. 0.65 – R: 3.19 I.5.14 – II. 2.83 – III. 1.80 – IV. 1.26 – V.1.00 –VI. 0.83 – R: 4.64 I.5.08 – II. 2.80 – III. 1.78 – IV. 1.26 – V.1.00 –VI. 0.84 – R: 4.61
Automatik	I. 4.171 – II. 2.340 – III. 1.521 – IV. 1.143 – V. 0.867 –VI. 0.691 – R: 3.403 Automatik 125i: I. 4.065 – II. 2.371 – III. 1.551 – IV. 1.157 – V. 0.853 –VI. 0.674 – R: 3.200			
Antriebs-Übersetzung	3.909 / 3.154	3.23 / 3.73	3.08 / 3.46	2.64 / 3.15 / 3.79
Karosserie / Fahrwerk	Selbsttragende Ganzstahlkarosserie			
Vorderradaufhängung	Doppelgelenk-Zugstreben-Federbeinachse in Aluminiumbauweise			
Hinterradaufhängung	Fünflenkerachse in Stahlleichtbauweise			
Lenkung	Elektromechanische Zahnstangen-Servolenkung (EPS), BMW 135i: Hydrauliklenkung, BMW 125/135i: Aktivlenkung			
Fußbremse / Regelsysteme	Scheiben innenbelüftet, BMW 118i: v. 292 mm Ø, h. 300 mm Ø, BMW 120i/125i/118d/120d: v. 300/ h. 300 mm Ø, BMW 135i: v. 338 mm Ø, h. 324 mm Ø; BMW 123d: v. 330 mm Ø, h. 300 mm Ø. Alle Modelle: ABS, CBC, ASC, DSC, DTC, DBC			
Allgemeine Daten				
Radstand	2660 mm			
Spur vorn/hinten	1484/1517, 120i: 1480/1513 mm	1474/1507 mm	1474/1507 mm	1480/1513 mm
Gesamtmaße	4360 x 1748 x 1411 mm			
Gepäckraum	240–280 Liter (offen/geschlossen)			
Räder	6.5J x 16; BMW 120i: 7J x 16	7 J x 17	v. 7 J x 17, h. 7,5 J x 17	7J x 16 / 7 j x 17
Reifen	195/55 R 16, BMW 120i: 205/55 R 16	205/50 R 17	205/50 R 17, h. 225/45 R 17	205/55 R 16 / 205/50 R 17
Wendekreis	10,7 Meter			
Leermasse	1480-1535 kg	1585-1615 kg	1675-1685 kg	1585-1595 kg
Zuläss. Gesamtgewicht	1845-1900 kg	1950-1980 kg	2040-2050 kg	1950-1960 kg
Höchstgeschwindigkeit	208-218 km/h	238-236 km/h	250 km/h	208-230 km/h
Beschleunigung 0–100 km/h	8,4-10,1 sec	8,4 (9,0) sec	5,6-5,7 sec	9,6-7,5 sec
Verbrauch/100 km	6,6-6,8 Liter	8,1 Liter	9,4 Liter	4,8-5,7 Liter
Kraftstofftank	53 Liter	53 Liter	53 Liter	51 Liter
Anmerkung:	ab März 2009: Euro-5-Norm erfüllt		ab 2009 TwinScroll statt BiTurbo, ab 2011 mit 7-Gang DSG	BMW 123d: Twin Turbo

MODELLÜBERSICHT BMW 2ER – BAUREIHE F23

Typ	Zylinder	Hubraum	Leistung	Beschleunigung 0-100 km/h	Höchstgeschwindigkeit	Durchschnittsverbrauch	Preis	Bauzeit
BMW 220i Cabrio	4 Zylinder	1.997 cm^3	135 kW/184 PS	7,5 s	231 km/h	6,5 L/100 km	35.350 €	02/2015 - 06/2017
BMW 228i Cabrio	4 Zylinder	1.997 cm^3	180 kW/245 PS	6,1 s	250 km/h	6,8 L/100 km	39.550 €	02/2015 - 06/2016
BMW M235i Cabrio	6 Zylinder	2.979 cm^3	240 kW/326 PS	5,2 s	250 km/h	8,5 L/100 km	49.100 €	02/2015 - 06/2016
BMW 220d Cabrio	4 Zylinder	1.995 cm^3	140 kW/190 PS	7,5 s	225 km/h	4,4 L/100 km	38.350 €	02/2016 - 06/2017
BMW 218i Cabrio	3 Zylinder	1.499 cm^3	100 kW/136 PS	9,4 s	207 km/h	5,5 L/100 km	34.750 €	03/2015 - 06/2017
BMW 230i Cabrio	4 Zylinder	1.998 cm^3	185 kW/252 PS	6,1 s	250 km/h	6,5 L/100 km	40.650 €	07/2016- 06/2017
BMW M235i Cabrio xDrive	6 Zylinder	2.979 cm^3	240 kW/326 PS	4,9 s	250 km/h	8,3 L/100 km	53.200 €	07/2015 - 06/2016
BMW M240i Cabrio	6 Zylinder	2.998 cm^3	250 kW/340 PS	4,9 s	250 km/h	8,3 L/100 km	49.400 €	07/2016 - 06/2017
BMW M240i Cabrio xDrive	6 Zylinder	2.998 cm^3	250 kW/340 PS	4,6 s	250 km/h	7,8 L/100 km	56.300 €	07/2016 - 06/2017
BMW 218d Cabrio	4 Zylinder	1.995 cm^3	110 kW/150 PS	8,9 s	208 km/h	4,3 L/100 km	38.400 €	07/2015 - 06/2017
BMW 225d Cabrio	4 Zylinder	1.995 cm^3	165 kW/224 PS	6,4 s	235 km/h	4,6 L/100 km	44.050 €	07/2015 - 06/2017

BMW 2er Reihe / Baureihe F23 (2015–2021)

Im Juni 2011 war zuerst der 1er-Fünftürer von seinem Nachfolger F20 abgelöst worden, im September 2012 war die dreitürige Variante F21 gefolgt. Die 1er-Erben von Cabrio und Coupé liefen nun nicht mehr als 1er-Reihe, sondern begründeten die neue 2er-Reihe. Begonnen wurde sie im März 2014 als Coupé (F22).

Das 2er-Cabriolet (Baureihe F23) wurde am 10. September 2014 erstmals im Internet gezeigt, hatte seine Öffentlichkeitspremiere auf der Pariser Mondial de l'Automobile im Oktober 2014 und erlebte seine Einführung in Deutschland am 28. Februar 2015. Produziert wurden die Zweitürer in Leipzig.

Die Karosserie war gegenüber dem Vorgänger etwas vergrößert worden – in der Länge um 70 mm auf 4,43 m, in Breite und Radstand je um 3 cm, die Spur um 40 mm. Damit wuchsen auch Kopf-, Schulter- und Beinfreiheit sowie der Kofferraum (um 20 auf 390 Liter). Das Gewicht blieb gleich, während der Luftwiderstandsbeiwert (cW) auf 0,29 verbessert wurde. Zum Marktstart des 2er-Cabriolets waren drei Ottomotoren und ein Diesel mit 2,0 Liter Hubraum, aber unterschiedlicher Leistungsauslegung erhältlich: 220i (184 PS / 135 kW), 228i (244 PS / 180 kW), M235i (326 PS / 240 kW) und 220d (bereits mit dem neuen Baukastenmotor B47 D20 mit 190 PS / 140 kW). Im Jahr 2015 wurde das Motorenangebot durch einen Dreizylinder-Ottomotor erweitert. Das Stoffdach ließ sich bis zu Geschwindigkeiten von 50 km/h öffnen und schließen. Nach einem Facelift im Sommer 2017 wurde im Juli 2021 das Nachfolgemodell der Baureihe G42 vorgestellt, angeboten ausschließlich als Coupé und nicht mehr als Cabrio.

Das heckangetriebene 2er-Cabriolet ersetzte das bisherige 1er-Modell. Der längere Radstand verbesserte die Ergonomie und das Platzangebot, von dem vor allem die Fondpassagiere profitierten. Im Bild der M235i.

BMW 2er F23	BMW 228i	BMW M235i	BMW 218i	BMW 220i BMW M230i	BMW M240i / xDrive	BMW 218d BMW 220d BMW 225d
Motor	Otto					Diesel
Zylinderzahl / Bauart	4 (Reihe), längs	4 (Reihe), längs	3 (Reihe), längs	4 (Reihe), längs	6 (Reihe), längs	4 (Reihe), längs
Bohrung x Hub	90,1 x 84,0 mm	90,1 x 84,0 mm	94,6 x 82,0 mm	94,6 x 82,0 mm	94,6 x 82,0 mm	90,0 /84,0
Hubraum	1997 cm^3	1997 cm^3	1499 cm^3	1998 cm^3	2998 cm^3	1995
Leistung	245 PS (180 kW) bei 5000 U/min	326 PS (240 kW) bei 5800 U/min	136 PS (100 kW) bei 4400 U/min	184 PS (135 kW) bei 5000 U/min / 252 PS (185 kW) bei 5200 U/min	340 PS (250 kw) bei 5500 U/min	150 PS (110 kW) / 190 PS (140 kW) bei 4000 U/min / 224 PS (165 kW) bei 4400 U/min
Drehmoment	350 Nm bei 1250 U/min	450 Nm bei 1300 U/min	220 Nm bei 1250 U/min	290 Nm bei 1350 U/min 350 Nm bei 1450 U/min	500 Nm bei 1520 U/min	320 Nm bei 1500 U/min 400 Nm bei 1750 U/min 450 Nm bei 1500 U/min
Verdichtung	1: 10,0	1: 10,2	1: 11,0	1: 11,0 (10,2)	1:11,0	1:16,5
Gemischbildung	Direkteinspritzung, TwinPower-Turbolader	Direkteinspritzung Twin-Scroll-Turbolader, Direkteinspritzung	Direkteinspritzung, Twin-Scroll-Turbolader	Direkteinspritzung, Twin-Scroll-Turbolader	Direkteinspritzung, Twin-Scroll-Turbolader	Common-Rail-Direkteinspritzung, Turbolader mit variabler Einlassgeometrie, BMW 225d: Stufenaufladung
Ventile / Steuerung	4 / DOHC, Kette, VANOS	4 / V-förmig hängend, DOHC, Kette, Valvetronic, Doppel-Vanos				4 / V-förmig hängend, DOHC, Kette
Kühlung	Pumpe, 7,0-7,6 Liter Wasser	Pumpe, 6,7-7,2 Liter Wasser	k.A.	k.A.	k.A.	k.A.
Schmierung	Druckumlauf, 5 Liter Öl	Druckumlauf, 6,5 Liter Öl	Druckumlauf, Liter Öl	Druckumlauf, 6,5 Liter Öl	Druckumlauf, 6,5 Liter Öl	Druckumlauf, 5 Liter Öl
Batterie	12 V 80 Ah	12 V 80 Ah	12 V 80 Ah	12 V 80 Ah	12 V 80 Ah	12 V 90 Ah
Lichtmaschine	2380 W					
Kraftübertragung	Heckantrieb, xDrive: Allrad					
Schaltung	Schaltstock Wagenmitte					
Kupplung	Einscheiben-Trockenkupplung, Automatik: Hydraulik-Wandler 2fach					
Getriebe	6-Gang / 8-Gang Steptronic					
Übersetzungen	I. 3.683 – II. 2.062 – III. 1.313 – IV. 1.00 – V. 0.809 –VI. 0.677 – R: 3.348	I. 4.110 – II. 2.315 – III. 1.542 – IV. 1.179 – V. 1.000 –VI. 0.846 – R: 3.727	I. 4.552 – II. 2.548 – III. 1.659 – IV. 1.230 – V. 1.00 –VI. 0.830 – R: 4.138	I. 4.002 – II. 2.130 – III. 1.396 – IV. 1.00 – V. 0.781 – VI. 0.668 – R: 3.647; BMW M 230i: I. 3.683 – II. 2.062 – III. 1.313 – IV. 1.00 – V. 0.809 –VI. 0.677 – R: 3.38	I. 4.110 – II. 2.315 – III. 1.542 – IV. 1.179 – V. 1.000 –VI. 0.846 – R: 3.727	I. 4.002 – II. 2.108 – III. 1.395 – IV. 1.00 – V. 0.78 –VI. 0.668 – R: 3.647
Automatik	I. 4.714 – II. 3.143 – III. 2.106, – IV. 1.676 – V. 1.285 – VI. 1.00 – VII. 0.839 – VIII. 0.667 – R: 3.295				I. 5.00 – II. 3.200 – III. 2.143, – IV. 1.720 – V. 1.314 – VI. 1.00 – VII. 0.822 – VIII. 0.640 – R: 3.456	
Antriebs-Übersetzung	3.909 / 3,077	3.077	3.077	3.462 (2.813) / 3.909 (2.813)	3.077 / 2.813	3.231 / 2.647
Karosserie / Fahrwerk	Selbsttragende Ganzstahlkarosserie					
Vorderradaufhängung	Doppelgelenk-Zugstreben-Federbeinachse in Aluminiumbauweise, M 235i/240i: mit M spezifischer Elastokinematik					
Hinterradaufhängung	Fünflenkerachse in Stahlleichtbauweise mit doppelt elastischer Lagerung					
Lenkung	Elektromechanische Zahnstangen-Servolenkung (EPS) Servotronic; optional: variable Sportlenkung (Serie bei M235i/240i)					
Fußbremse / Regelsysteme	Scheiben innenbelüftet, BMW 220i /230i: v. 312 mm Ø, h. 300 mm Ø, BMW 218i/218d: v. 284/ h. 290 mm Ø, BMW M240i: v. 340 mm Ø, h. 345 mm Ø; BMW 225d: , v. 300 mm Ø, h. 300 mm Ø, Alle Modelle: DSC, ABS, DTC, CBC, DBC					
Allgemeine Daten						
Radstand	2690 mm					
Spur vorn/hinten	1521 / 1556 mm	1516 / 1534 mm	1521 / 1556	1521 / 1556 mm	1516 / 1534 mm	1521 / 1556 mm
Gesamtmaße	4432 x 1774 x 1413	4454 / 1774 / 1403mm	4432 / 1774 / 1413	4432 x 1774 x 1413mm	4454 x 1774 x 1403 mm	4432 / 1774 / 1413 mm
Gepäckraum	280-335 Liter (offen/geschlossen)					220-370 Liter
Räder	7 J x 17	v. 7,5 J x 18, h. 8 J x 18	7 J x 16	7 J x 16 / 7 J x 17	v. 7,5 J x 18, h. 8 J x 18	7 J x 16 / 7 J x 17
Reifen	205/50 R 17	225/40 R 18, h. 245/35 R18	205/55 R 16	205/55 R 16 / 205/50 R 17	225/40 R 18, h. 245/35 R18	205/55 R 16 / 205/50 R 17
Wendekreis	10,9 Meter					
Leermasse	1535-1610 kg	1600-1675 kg	1500-1575 kg	1520-1615 kg	1615-1755 kg	1565-1700 kg
Zuläss. Gesamtgewicht	1975-1995 kg	2030-2050 kg	1965-1985 kg	1980-2010 kg	2045-2100 kg	2015-2060 kg
Höchstgeschwindigkeit	250 km/h	250 km/h	207-205 km/h	226-250 km/h	250 km/h	205-231 km/h
Beschl. 0–100 km/h	6,1 sec	5,2 sec	9,4-9,6 sec	7,7-5,9 sec	4,9-4,6 sec	9,0-6,5 sec
Verbrauch/100 km	6,8-6,6 Liter	8,5-7,9 Liter	6,5-6,1 Liter	5,7-6,5 Literr	8,3-7,8 Liter	5,2-4,8 Liter
Kraftstofftank	52 Liter	52 Liter	52 Liter	52 Liter	52 Liter	52 Liter
Anmerkung:	xDrive-System nur in Kombination mit Steptronic					BMW 225d nur mit Steptronic

So definierte BMW die 2er-Zielgruppe: Zur Premiere setzte BMW im September 2015 in Brüssel, Paris und München auf »Experimental Marketing«, eine Kombination aus Designelementen, Kunstinstallation und digitaler interaktiver Ausstellung.

Das leichte Facelift 2017 bescherte ihm minimale Änderungen an Front und Heck, LED-Scheinwerfer sowie ein neues Armaturenbrett. Die Produktionseinstellung erfolgte zu den Werksferien im Sommer 2021.

BMW Z4 E85	BMW Z4 2.2i 2002–2005	BMW Z4 2.5i 2002–2005	BMW Z4 3.0i 2002–2005	BMW Z4 2.5i 2006–2008 BMW Z4 2.5si 2006–2008
Motor	Otto			
Zylinderzahl / Bauart	6 (Reihe), längs über der Vorderachse			
Bohrung x Hub	80 x 72 mm	75 x 84 mm	89,6 x 84 mm	82,0 x 78,8
Hubraum	2171 cm^3	2494 cm^3	2979 cm^3	2497 cm^3
Leistung	170 PS (125 kW) bei 6100 U/min	192 PS (141 kW) bei 5500 U/min	231 PS (170 kW) bei 5900 U/min	177 PS (130 kW) bei 5800 U/min 218 PS (160 kW) bei 6500 U/min
Drehmoment	210 Nm bei 3500 U/min	245 Nm bei 3500 U/min	300 Nm bei 3500 U/min	230 Nm bei 3500 U/min 250 Nm bei 2750 U/min
Verdichtung	1:10,8	1:10,5	1: 10,2	1: 11,0
Gemischbildung	Elektronische Einspritzung	Elektronische Einspritzung Siemens	Elektronische Einspritzung Siemens	Elektronische Einspritzung Siemens
Ventile / Steuerung	4 / hängend, DOHC, Vanos, Kette	4 / hängend, DOHC, Kette	4 / V-förmig hängend, DOHC, Doppel-Vanos, Kette	4 / V-förmig hängend, DOHC, Doppel-Vanos, Kette
Kühlung	Pumpe, 8,3 Liter Wasser	Pumpe, 8,3 / 8,8 Liter Wasser	Pumpe, 10,5 Liter Wasser	Pumpe, 8,3 Liter Wasser, Motor-Öl-kühler
Schmierung	Druckumlauf 6,5 Liter Öl	Druckumlauf, 6,5 Liter Öl	Druckumlauf, 6,5 Liter Öl	Druckumlauf, 6,5 Liter Öl
Batterie	12 V 55 Ah	12 V 70 Ah	12 V 70 Ah	12 V 55 Ah
Lichtmaschine	1260 W	1260 W	1260 W	2170 W
Kraftübertragung	Antrieb auf Hinterräder , M Roadster: Sperrdifferential			
Schaltung	Knüppelschaltung Mitte			
Kupplung	Einscheibentrocken			
Getriebe	5-Gang / 5-Gang Automatik	6-Gang / 5-Gang Automatik	6-Gang / 5-Gang Automatik	6-Gang / 6-Gang Automatik
Übersetzungen	I. 4.23 – II. 2,52 – III. 1,66 – IV. 1,22 – V. 1,0 – R: 4,04	I. 4,23 – II. 2,50 – III. 1,66 – IV. 1,24 – V. 1,000 – VI. 0,85 – R: 3,93	I. 4,35 –II. 2,496 –III. 1,665 –IV. 1,243 –V. 1,00 – VI. 0,851 – R: 3,926	I. 4.323 – II. 2.456 – III. 1.659 – IV. 1.230 – V. 1.000 – VI. 0.848 – R. 3.938 (4,171)
Automatik	I. 3.67 – II. 2.00 – III. 1.41 – IV. 1.00 – V. 0.74 – R. 4.10			I. 4.171 – II. 2.340 – III. 1.521 – IV. 1.143 – V. 0.867 – VI. 0.691 –R. 3.403
Antriebs-Übersetzung	3.38	3.23	3.07	3,38 (3,91/3.73)
Karosserie/Fahrwerk	Selbststragende Ganzstahlkarosserie			
Vorderradaufhängung	Eingelenk-Federbeinachse mit Vorlaufversatz; kleiner positiver Lenkrollradius; Querkraftausgleich; Bremsnickreduzierung			
Hinterradaufhängung	Einzelradaufhängung, Zentrallenkerachse, getrennte Feder und Dämpfer; Anfahr- und Bremsnickausgleich			
Lenkung	Zahnstange EPS			
Fußbremse / Regelsysteme	Hydraul., Scheiben, Servo, vorn Ø 286 mm / h. Ø 280 mm, BMW Z4 2.5si: vorn Ø 330 mm / h. Ø 294 mm, BMW Z4 3.0si: vorn Ø 325 mm / h. Ø 294 mm, ABS, DSC (Dynamische Stabilitäts Control)., DTC (Dynamic Traction Control)			
Allgemeine Daten				
Radstand	2495	2495 mm	2495 mm	2495 mm
Spur vorn/hinten	1473 / 1523	1473 / 1523 mm	1473 / 1523 mm	1473/1523 mm
Gesamtmaße	4091 x 1781 x 1299 mm	4091 x 1781 x 1299 mm	4091 x 1781 x 1299 mm	4091 x 1781 x 1299 mm
Gepäckraum	240-260 Liter (offen/geschlossen)			
Räder	7 J x 16	7 J x 16	8 J x 17	7 J x 16 ;
Reifen	205/55 R 16	225/50 VR 16	225/45 VR/ZR 17	225/50 R16
Wendekreis	9,8 Meter	9,8 Meter	9,8 Meter	9,8 Meter
Leermasse	1295 kg	1260 kg	1290 kg	1345-1395 kg
Zuläss. Gesamtgewicht	1520 kg	1560 kg	1590 kg	1570-1620 kg
Höchstgeschwindigkeit	225-221 km/h	235-227 km/h	250-244 km/h	229-240 km/h
Beschleunigung 0–100 km/h	7,7–8,3 sec	7,0–7,5 sec	5,9–6,2 sec	6,5-7,5 sec
Verbrauch/100 km	8,8–9,3 Liter	8,9 Liter	9,1 Liter	8,2-9,0 Liter
Kraftstofftank	55 Liter	55 Liter	55 Liter	55 Liter
Anmerkung:		Sequentiell manuelles Getriebe ab 04/03 optional		

BMW Z4 Roadster I / Baureihe E85 (2002–2008)

Der Z4 verkörperte eine im Herbst 2002 eingeführte Roadster-Baureihe, die den etwas kleineren Z3 ablöste und, wie dieser, in Spartanburg/USA entstand. Vorgestellt wurde der Z4 auf der Mondial de l'Automobile 2002. Er kam zuerst im Oktober 2002 auf den amerikanischen Markt und wurde im März 2003 in Deutschland eingeführt. Der Roadster war ab € 29.900,- erhältlich.

Zur Begrenzung des Gewichtsanstiegs wurden für die Karosserie hochfeste Stähle und Aluminium für die Haube verwendet. Darüber hinaus setzte BMW zum ersten Mal eine elektrisch unterstütze Servolenkung ein, die nur Energie beim Lenkvorgang benötigt und damit Kraftstoff spart. Fahrwerkstechnisch entsprach die Vorderachse der des Z3 mit McPherson-Federbeinen, die Hinterachse war eine Mehrlenkerkonstruktion. Das Verdeck wurde elektrisch betätigt und erhielt eine heizbare Heckscheibe aus Glas. Für den Antrieb sorgten Sechszylinder-Ottomotoren.

BMW wollte den Z4 nicht als Nachfolger des Z3 verstanden wissen, sondern als Fahrzeuge mit »deutlich höherer Produktsubstanz«.

Nach anfänglich gutem Absatz schwächelten die Verkaufszahlen ab 2004. Darum entschloss sich BMW zu einer umfangreichen Modellpflege samt dem Angebot einer Coupé-Variante. Die überarbeitete Version des Z4 wurde im Frühjahr 2006 der Öffentlichkeit vorgestellt. Änderungen wurden sowohl am Interieur- als auch am Exterieurdesign vorgenommen. Die wichtigsten technischen Neuerungen betrafen den Fahrwerks- und Motorenbereich. Künftig gab es neue N52-Sechszylindermotoren.

Die ursprünglichen BMW M54-Motoren in den Varianten 2.2i (170 PS / 125 kW), 2.5i (192 PS / 141 kW) und 3.0i (231 PS / 170 kW) wurden durch die N52-Triebwerke in den Varianten 2.5i (jetzt 177 PS / 130kW), 2.5si (218 PS / 160 kW) und 3.0si (265 PS / 195 kW) ersetzt. Die im Mai 2005 eingeführte Vierzylinder-Variante 2.0i mit N46-Motor und 150 PS / 110 kW blieb auch weiter im Programm. Weiterhin hatten alle Modelle mit manuellem Schaltgetriebe jetzt sechs Schaltstufen (vorher nur beim 2.0i und 3.0i, sonst Fünfgang).

Spitzenmodell war der Z4M. Er verfügte über den 343 PS / 252 kW starken 3,2-Liter-Sechszylinder aus dem M3 der Reihe E46. Mit dieser Motorisierung beschleunigte er in 5,0 s von 0 auf 100 km/h und wurde auf eine Spitzengeschwindigkeit von 250 km/h elektronisch begrenzt, gegen Aufpreis waren bis zu 275 km/h möglich. Optisch unterschied sich der Z4 M durch geänderte Schürzen, eine etwas konturierte Motorhaube und eine Auspuffanlage mit vier Endrohren. Ein sequentielles Getriebe, wie es für die anderen M-Modelle lieferbar war, war für den Z4M nicht verfügbar. Im August 2008 endete die Produktion. Insgesamt wurden über 197.950 Einheiten gebaut, davon 180.856 Roadster (E85) und 17.094 Coupés (E86).

Der 2003 eingeführte und 2006 modellgepflegte Roadster hatte als Einstiegsvariante 2.0i einen 150 PS starken 2,0-Liter-Vierzylinder-Motor.

MODELLÜBERSICHT BMW Z3 – BAUREIHE E36-7

Typ	Zylinder	Hubraum	Leistung	Beschleunigung 0-100 km/h	Höchstge-schwindigkeit	Durchschnittsver-brauch	Preis	Bauzeit
BMW Z3 1.8	4 Zylinder	1.796 cm^3	85 kW/115 PS	10,5 s	194 km/h	7,7 L/100 km	22.752 €	1999-2002
BMW Z3 2.8	6 Zylinder	2.793 cm^3	141 kW/192 PS	7,1 s	218 km/h	9,7 L/100 km	32.006 €	1996-2000
BMW M Roadster	6 Zylinder	3.201 cm	236 kW/321 PS	5,4 s	250 km/h	11,1 L/100 km	48.368 €	01/1997-06/2002
BMW Z3 1.8	4 Zylinder	1.895 cm^3	87 kW/118 PS	10,4 s	196 km/h	7,8 L/100 km	24.056 €	1998
BMW Z3 2.8	6 Zylinder	2.793 cm^3	142 kW/193 PS	7,4 s	225 km/h	9,4 L/100 km	32.364 €	11/1996-8
BMW Z3 1.9	4 Zylinder	1.895 cm^3	103 kW/140 PS	9,5 s	205 km/h	8,0 L/100 km	25.462 €	11/1995-12/1999
BMW Z3 2.0	6 Zylinder	1.991 cm^3	110 kW/150 PS	9,9 s	206 km/h	9,9 L/100 km	27.788 €	04/1999-01/2003
BMW Z3 2.2i	6 Zylinder	2.171 cm^3	125 kW/170 PS	7,9 s	224 km/h	9,3 L/100 km	28.500 €	10/2000-06/2002
BMW Z3 Roadster 1.9i	4 Zylinder	1.895 cm^3	87 kW/118 PS	10,4 s	196 km/h	8,0 L/100 km	25.600 €	07/1998-01/2003
BMW Z3 Roadster 3.0i	6 Zylinder	2.979 cm^3	170 kW/231 PS	6,0 s	240 km/h	9,5 L/100 km	34.900 €	06/2000-12/2002
BMW M Roadster	6 Zylinder	3.246 cm^3	239 kW/325 PS	5,3 s	250 km/h	11,1 L/100 km	50.500 €	06/2001-01/2003
BMW Z3 Roadster 2.2i	6 Zylinder	2.171 cm^3	125 kW/170 PS	7,9 s	224 km/h	9,3 L/100 km	29.000 €	10/2000-06/2002

MODELLÜBERSICHT BMW Z4 – BAUREIHE E85

Typ	Zylinder	Hubraum	Leistung	Beschleunigung 0-100 km/h	Höchstge-schwindigkeit	Durchschnittsver-brauch	Preis	Bauzeit
BMW Z4 Roadster 2.2i	6 Zylinder	2.171 cm^3	125 kW/170 PS	7,7 s	225 km/h	8,9 L/100 km	30.900 €	10/2003-10/2005
BMW Z4 Roadster 2.5i	6 Zylinder	2.494 cm^3	141 kW/192 PS	7,0 s	235 km/h	9,0 L/100 km	33.900 €	12/2002-12/2005
BMW Z4 Roadster 3.0i	6 Zylinder	2.979 cm^3	170 kW/231 PS	5,9 s	250 km/h	9,1 L/100 km	39.900 €	12/2002-12/2005
BMW Z4 Roadster 2.0i	4 Zylinder	1.995 cm^3	110 kW/150 PS	8,2 s	220 km/h	7,5 L/100 km	28.900 €	05/2005-02/2009
BMW Z4 M Roadster	6 Zylinder	3.246 cm^3	252 kW/343 PS	5,0 s	250 km/h	12,1 L/100 km	59.900 €	01/2006-08/2008
BMW Z4 Roadster 2.5i	6 Zylinder	2.497 cm^3	130 kW/177 PS	7,1 s	229 km/h	8,2 L/100 km	32.900 €	01/2006-08/2008
BMW Z4 Roadster 2.5si	6 Zylinder	2.497 cm^3	160 kW/218 PS	6,5 s	240 km/h	8,4 L/100 km	35.900 €	01/2006-08/2008
BMW Z4 Roadster 3.0s	6 Zylinder	2.996 cm^3	195 kW/265 PS	5,7 s	250 km/h	8,6 L/100 km	42.250	01/2006-08/2008

MODELLÜBERSICHT BMW Z4 – BAUREIHE E89

Typ	Zylinder	Hubraum	Leistung	Beschleunigung 0-100 km/h	Höchstge-schwindigkeit	Durchschnittsver-brauch	Preis	Bauzeit
BMW Z4 sDrive23i	6 Zylinder	2.497 cm^3	150 kW/204 PS	6,6 s	242 km/h	8,5 L/100 km	36.400 €	05/2009-08/2011
BMW Z4 sDrive30i	6 Zylinder	2.996 cm^3	190 kW/258 PS	5,8 s	250 km/h	8,5 L/100 km	43.400 €	05/2009-08/2011
BMW Z4 sDrive35i	6 Zylinder	2.979 cm^3	225 kW/306 PS	5,2 s	250 km/h	9,4 L/100 km	49.300 €	05/2009-082011
BMW Z4 sDrive35is	6 Zylinder	2.979 cm^3	250 kW/340 PS	4,8 s	250 km/h	9,0 L/100 km	57.300 €	03/2010-08/2016
BMW Z4 sDrive20i	4 Zylinder	1.997 cm^3	135 kW/184 PS	6,9 s	235 km/h	6,8 L/100 km	36.950 €	09/2011-08/2016
BMW Z4 sDrive28i	4 Zylinder	1.997 cm^3	180 kW/245 PS	5,7 s	250 km/h	6,8 L/100 km	43.950 €	09/2011-08/2016
BMW Z4 sDrive18i	4 Zylinder	1.997 cm^3	115 kW/156 PS	7,9 s	221 km/h	6,8 L/100 km	34.250 €	04/2013-08/2016

MODELLÜBERSICHT BMW Z4-BAUREIHE G29

Typ	Zylinder	Hubraum	Leistung	Beschleunigung 0-100 km/h	Höchstge-schwindigkeit	Durchschnittsver-brauch	Preis	Bauzeit
BMW Z4 M40i	6 Zylinder	2.998 cm^3	250 kW/340 PS	4,5 s	250 km/h	7,4 L/100 km	61.900 €	11/2018-07/2022
BMW Z4 sDrive20i	4 Zylinder	1.998 cm^3	145 kW/197 PS	6,8 s	241 km/h	6,9 L/100 km	42.000 €	11/2018-07/2022
BMW Z4 sDrive30i	4 Zylinder	1.998 cm^3	190 kW/258 PS	5,4 s	250 km/h	6,1 L/100 km	49.800 €	11/2018-07/2022

BMW Z4 Roadster II / Baureihe E89 (2009–2016)

Die zweite Roadster-Generation lief ab 2009 im Werk Regensburg vom Band. Erstmals präsentiert wurde das Auto im Dezember 2008, seine Weltpremiere hatte es auf der NAIAS 2009 in Detroit. Der Verkauf startete weltweit am 9. Mai 2009.

Da der neue Z4 nun ein klappbares Hardtop bekam, ersetzte er sowohl die Roadster- als auch die Coupé-Versionen des Vorgängers. Das zweiteilige, elektrohydraulisch versenkbare Hardtop in Aluminium-Schalen-Leichtbauweise ließ sich binnen 20 Sekunden vollautomatisch öffnen bzw. schließen (ab 2012 auch in Fahrt bis 40 km/h). Bei geöffnetem Dach betrug das Kofferraumvolumen 180 Liter (geschlossen: 310 Liter).

Im Gegensatz zum Vorgänger war er 148 mm länger, 9 mm breiter und 8 mm niedriger. Die Spurweite wuchs um 47 mm. Das Gewicht stieg um 95 kg, wovon aber nur 30 kg durch das neue Dachkonzept verursacht werden. Der restliche Gewichtszuwachs resultiert aus den gewachsenen Abmessungen, einer steiferen Karosserie und einer geänderten Serienausstattung (z.B. 17-Zoll-Räder, Bi-Xenon-Scheinwerfer).

Alle Motoren waren mit der Nockenwellenverstellung Doppel-VANOS ausgestattet, und bis auf den sDrive35i(s) besaßen alle Motorvarianten auch die Valvetronic-Ventilsteuerung. Die sDrive35i und 35is bekamen zwei Turbolader (Twin Turbo) und wurden auf die strahlgeführte Direkteinspritzung (High Precision Injection) umgestellt. Basis-Motorvariante war der 2,5-Liter-Reihensechszylinder mit 204 PS / 150 kW. Eine noch stärkere M-Version gab es künftig nicht mehr.

Im Herbst 2011 wurden die beiden Sechszylindermodelle sDrive23i und sDrive30i von zwei neuen Vierzylinderversionen mit Twin-Scroll-Turbolader abgelöst (sDrive20i und sDrive28i). Im März 2013 erhielt der Z4 ein leichtes Facelift, dazu kam eine neue Basis-Version sDrive18i. Je nach Motorisierung wurde zudem ein Sechsgang-Sport-Automatikgetriebe mit Steptronic anstelle des Sechsgang-Schaltgetriebes verbaut, und die Topmodelle 35i und 35is hatten das neue Siebengang-Doppelkupplungsgetriebe. Der Umfang an neuen Fahrdynamik-Regelsysteme (Fahrdynamik Control) hing vom Ausstattungsniveau ab; die elektrische Feststellbremse brachten aber alle E89 von Anfang an mit.

Die Produktion in Regensburg wurde am 22. August 2016 offiziell beendet. Insgesamt wurden 116.045 Exemplare des Z4 E89 produziert. Ob ein Nachfolger kommen würde, blieb zunächst unklar.

Während die erste Generation noch im US-Werk Spartanburg produziert wurde, kam die zweite aus dem Werk in Regensburg.

Die erste Generation hatte ein Stoffverdeck, die Neuauflage hingegen rollte mit einem klappbaren Hardtop vor. Dafür entfiel das bisherige Z4 Coupé, ebenso wie der M Roadster. Topmodell war der 340 PS starke Z4 sDrive 35iS, hier mit M -Package, 2015.

BMW Z4 Baureihe E85	BMW Z4 2.0i 2005-2008	BMW Z4 Roadster 3.0si 2005-2008
Motor	Otto	
Zylinderzahl / Bauart	4 (Reihe), längs über der Vorderachse	6 (Reihe), längs über der Vorderachse
Bohrung x Hub	84 x 90 mm	88,0 x 85,0 mm
Hubraum	1995 cm^3	2996 cm^3
Leistung	150 PS (110 kW) bei 6200 U/min	265 PS (195 kW) bei 6600 U/min
Drehmoment	200 Nm bei 3600 U/min	315 Nm bei 2750 U/min
Verdichtung	1:10.5	1:11,0
Gemischbildung	Elektronische Einspritzung Bosch MEV9	Elektronische Einspritzung Bosch/Siemens MSV70
Ventile / Steuerung	4 / hängend, OHC, Kette	4 / hängend, OHC, Kette
Kühlung	Pumpe, 8-85 Liter Wasser	Pumpe, 8,3-8,8 Liter Wasser
Schmierung	Druckumlauf 4,25 Liter Öl	Druckumlauf 6,5 Liter Öl
Batterie	12 V 55 Ah	12 V 55 Ah
Lichtmaschine	1540 W	2170 W
Kraftübertragung	Heckantrieb	
Schaltung	Schaltstock Wagenmitte	
Kupplung	Einscheibentrocken	
Getriebe	6-Gang	6-Gang / 6-Gang Automatik
Übersetzungen	I. 4,350 – II. 2,496 – III. 1,665 – IV. 1,230 – V. 1,00 – VI. 0,851 – R: 3.926	I. 4.350 – II. 2.496 – III. 1.665 – IV. 1.230 – V. 1.00 – IV. 0.851 – R. 3.926 / Autom.: I. 4.171 – II. 2.340 – III. 1,521 – IV. 1.143 – V. 0.867 – VI. 0.691 – R. 3.406
Antriebs-Übersetzung	3.38	3.23 / 3.64
Karosserie/ Fahrwerk	Selbststragende Ganzstahlkarosserie	
Vorderradaufhängung	Eingelenk-Federbeinachse mit Vorlaufversatz; kleiner positiver Lenkrollradius; Querkraftausgleich; Bremsnickreduzierung	
Hinterradaufh.	Zentrallenkerachse, getrennte Feder und Dämpfer; Anfahr- und Bremsnickausgleich	
Lenkung	Zahnstange (14,2:1), Servo	
Fußbremse / Regelsysteme	Hydraul., Scheiben belüftet, Servo, v. 286 mm Ø / h. 280 mm Ø 3.0si: v. 325 mm Ø/ h. 294 mm Ø, ABS, ASC-T (Automatische Stabilitäts Control + Traction), DSC (Dynamische Stabilitäts Control)	
Allgemeine Daten		
Radstand	2495 mm	
Spur vorn/hinten	1473 / 1523 mm	
Gesamtmaße	4091 x 1781 x 1299 mm	
Gepäckraum	240-260 Liter (offen / geschlossen)	
Räder	7 J x 16	8 J x 17
Reifen	225/50 R 16	225/45 R 17
Wendekreis	9,8 Meter	
Leermasse	1295 kg	1385-1415 kg
Gesamtgewicht	1520 kg	1610-1640 kg
Höchstgeschw.	220 km/h	250 km/h
Beschl. 0-100 km/h	8,2 sec	6,5 sec
Verbrauch/100 km	8,8 Liter Super	9,0 Liter
Kraftstofftank	55 Liter	
Anmerkung	auch als 2.2i (170 PS), 2.5 i (155 u. 192 PS), 2.5si, 3.0i, M3.2i (343 PS)	

BMW Z4 Baureihe E89	BMW Z4 sDrive23i	BMW Z4 sDrive30i
Motor	Otto	
Zylinderzahl / Bauart	4 (Reihe), längs über der Vorderachse	6 (Reihe), längs über der Vorderachse
Bohrung x Hub	78,8 x 82,0 mm	88,0 x 85,0 mm
Hubraum	2497cm^3	2996 cm^3
Leistung	204 PS (150 kW) bei 6400 U/min	258 PS (190 kW) bei 6600 U/min
Drehmoment	250 Nm bei 2750 U/min	310 Nm bei 2600 U/min
Verdichtung	1:11,0	1:10,7
Gemischbildung	Elektronische Einspritzung	
Ventile / Steuerung	4 / vollvariable Ventilsteuerung (Valvetronic), Doppel-Vanos	
Kühlung	Pumpe, 8,2-8,5 Liter Wasser	
Schmierung	Druckumlauf 6,5 Liter Öl	
Batterie	12 V 70 Ah	
Lichtmaschine	2380 W	
Kraftübertragung	Heckantrieb	
Schaltung	Schaltstock Wagenmitte	
Kupplung	Einscheibentrocken	
Getriebe	6-Gang / 6-Gang Automatik	
Übersetzungen	I. 4.323 – II. 2.456 – III. 1.659 – IV. 1.230 – V. 1.000 – VI. 0.848 – R: 3.938	I. 4.498 – II. 2.005 – III. 1.313 – IV. 1.00 – V. 0.809 – VI. 0.701 – R: 3.187
Automatik	I. 4.171 – II. 2.340 – III. 1.521 – IV. 1.143 – V. 0.867 – VI. 0.691 – R: 3.403	
Antriebs-Übersetzung	3.636 / 3.727	4.273 / 3.636
Karosserie / Fahrwerk	Selbststragende Ganzstahlkarosserie	
Vorderradaufh.	Federbeine, Schraubenfedern, Teleskopstoßdämpfer, Dreieckquerlenker, Stabilisator	
Hinterradaufh.	Schräglenker, Schraubenfedern, Teleskopstoßdämpfer, Stabilisator	
Lenkung	Zahnstange (15,4:1, M 16,3:1), Servo	
Fußbremse / Regelsysteme	Scheiben, belüftet, Servo, vorn 300 mm Ø/ h. 300 mm Ø, BMW Z4 sDrive30i: 300/300 mm Ø, DSC inkl. ABS und DTC (Dynamische Traktions Control), Kurvenbremshilfe CBC, Bremsassistent DBC	
Allgemeine Daten		
Radstand	2496 mm	
Spur vorn/hinten	11511 / 1559 mm	
Gesamtmaße	4239 x 1790 x 1291 mm	
Gepäckraum	180-310 Liter (offen / geschlossen)	
Räder	8 J x 17	
Reifen	225/45 R 17	
Wendekreis	10,7 Meter	
Leermasse	1405-1480 kg	1415-1490 kg
Gesamtgewicht	1735-1760 kg	1745-1760 kg
Höchstgeschw.	194-205 km/h	196 km/h
Beschl. 0-100 km/h	10.5-9,5 sec	10,4 sec
Verbrauch/100 km	7,8-8,7 Liter Super	7,9 Liter
Kraftstofftank	55 Liter	

BMW Z4 Baureihe E89	BMW Z4 sDrive35i / 35is	BMW Z4 SDrive28i
Motor	Otto	
Zylinderzahl / Bauart	6 (Reihe), längs über der Vorderachse	4 (Reihe), längs über der Vorderachse
Bohrung x Hub	89,6 x 84 mm	84 x 90 mm
Hubraum	2979 cm^3	1997 cm^3
Leistung	306 PS (225 kW) bei 5800 U/min / 340 PS (250 Nm) bei 5900 U/min	245 PS (180 kW) bei 5500 U/min
Drehmoment	400 Nm bei 1300 U/min 450 + 50 Nm bei 1500 U/min	180 Nm bei 3900 U/min
Verdichtung	1:10,2	1:10,0
Gemischbildung	Direkteinspritzung, Twin Turbo	Direkteinspritzung, Twin-Scroll Turbolader
Ventile / Steuerung	4 / Hängend, OHC, Kette	4 / DOHC, Valvetronic, Doppel-Vanos, Kette
Kühlung	Pumpe, 8,2-8,5 Liter Wasser	
Schmierung	Druckumlauf 6,5 Liter Öl	
Batterie	12 V 70 Ah	12 V 70 Ah
Lichtmaschine	2380 W	1260 W
Kraftübertragung	Heckantrieb	
Schaltung	Schaltstock Wagenmitte	
Kupplung	Einscheibentrocken	
Getriebe	6-Gang / 7-Gang DKG	5-Gang
Übersetzungen	I. 4,23 – II. 2,52 – III. 1,66 – IV. 1,22 – V. 1,0 – R: 4,04 I. 4,055 – II. 2.396 – III. 1.582 – IV. 1.192 – V. 1.000 – VI. 0.872 – R. 2.677 / DKG: I. 4.780 – II. 3.056 – III. 2.153 – IV. 1.678 –V . 1.390 – VI. 1. –VII. 1,000 – R. 4.454	
Antriebs-Übersetzung	3.077 / 2.563	3.38
Karosserie/Fahrwerk	Selbsttragende Ganzstahlkarosserie	
Vorderradaufhängung	Doppelgelenk-Federbein-Zugstrebenachse in Aluminium-Bauweise, positiver Lenkrollradius, Querkraftausgleich, Bremsnickreduzierung; BMW Z4 35is: Adaptives Fahrwerk	
Hinterradaufhängung	Zentrallenkerachse, getrennte Feder und Dämpfer, Anfahr- und Bremsnickausgleich BMW Z4 35is: Adaptives Fahrwerk	
Lenkung	Zahnstange, elektromechanisch Servo (EPS), optional Servotronic (Serie ab 2013)	
Fußbremse / Regelsysteme	Hydraul., Scheiben belüftet, Servo, vorn 348 mm Ø / hinten 324 mm Ø; DSC, ABS, DTC, CBC, DBC	
Allgemeine Daten		
Radstand	2496 mm	
Spur vorn/hinten	1511 / 1537 mm	1413 / 1494 mm
Gesamtmaße	4239 x 1790 x 1291 mm 35is: 4244 x 1790 x 1284 mm	4050 x 1740 x 1293 mm
Gepäckraum	180-310 Liter (offen / geschlossen)	
Räder	v. 8 J x 17, h. 8,5 J x 17 ; 28i: / J x 16; 35is. v. 8J x 18, h. 8,5 J x 18	
Reifen	v. 225/45 R 17 / h. 255/40 R17 ; 28i: 225/50 VR 16; 35iS: v. 225/40 R 18 / h. 255/35 R18	
Wendekreis	10,7 Meter	
Leermasse	1505-1600 kg	1295 kg
Gesamtgewicht	1835-1855 kg	1490 kg
Höchstgeschwindigkeit	250 km/h	196 km/h
Beschl. 0-100 km/h	5,1-4,8 sec	10,4 sec
Verbrauch/100 km	9,4-9,0 Liter	7,9 Liter
Kraftstofftank	55 Liter	

BMW Z4 Baureihe G29	BMW Z4 sDrive 20i	BMW Z4 sDrive 30i	BMW Z4 M40i
Motor	Otto		
Zylinderzahl / Bauart	4 (Reihe), längs über der Vorderachse		6 (Reihe), längs über der Vorderachse
Bohrung x Hub	94,6 x 82 mm	85 x 83,5 mm	94,6 x 82 mm/
Hubraum	1998 cm^3	1895 cm^3	2998 cm^3
Leistung	197 PS (145 kW) bei 4500 U/min	258 PS (190 kW) bei 5500 U/min	350 PS (240 kW) bei 5000 U/min
Drehmoment	320 Nm bei 1450 U/min	400 Nm bei 1550 U/min	500 Nm bei 1600 U/min
Verdichtung	1:10,2	1:10,0	1: 11,0
Gemischbildung	Direkteinspritzung TwinScroll Turbolader		
Ventile /Steuerung	4 / V-förmig hängend, DOHC, Valvetronic, Doppel-Vanos, Kette		
Kühlung	Pumpe, 8,4 Liter Wasser		Pumpe, 10,5 Liter Wasser
Schmierung	Druckumlauf 5,25 Liter Öl		Druckumlauf, 6,5 Liter Öl
Batterie	12 V 80 Ah	12 V 70 Ah	12 V 90 Ah
Lichtmaschine	2160 W		
Kraftübertragung	Heckantrieb		
Schaltung	Schaltstock Wagenmitte		
Kupplung	Einscheibentrocken		
Getriebe	8-Gang Steptronic		
Übersetzungen	I. 5.250 – II. 3.360 – III. 2.172 – IV. 1.720 – V. 1.316 – VI. 1.000 – VII. 0.822 – VIII. 0.640 – R. 3.712		
Antriebs-Übersetzung	3.154		
Karosserie/ Fahrwerk	Selbststragende Ganzstahlkarosserie		
Vorderradaufhängung	Doppelgelenk-Zugstreben-Federbeinachse in Aluminium-Stahl-Leichtbauweise, hydr. gedämpftes Zugstrebenlager		
Hinterradaufhängung	Fünflenker-Achse in Aluminium-Stahl-Leichtbauweise		
Lenkung	Elektromech. Zahnstangen-Servolenkung (EPS), Servotronic, Variable Sportlenkung		
Fußbremse / Regelsysteme	Scheiben belüftet, Servo, v./h. 330 mm Ø; M40 v./h. 348 mm Ø, DSC, ABS, ASC, DTC, CBC, DBC		
Allgemeine Daten			
Radstand	2470 mm		
Spur vorn/hinten	1609 / 1616 mm		1594 / 1589 mm
Gesamtmaße	4324 x 1864 x 1304 mm		
Gepäckraum	281 Liter		
Räder	7,5 J x 17 / 8,5 J x 17		9 J x 18 / 10 J x 18
Reifen	225/50 R 17 / 255/45 R 17		255/40 ZR 18 / 275/40 ZR 18
Wendekreis	11,0 Meter		
Leermasse	1405 kg	1415 kg	1535 kg
Zul. Gesamtgewicht	1740 kg	1740 kg	1860 kg
Höchstgeschwindigkeit	240 km/h	250 km/h	250 km/h
Beschl. 0–100 km/h	6,6 sec	5,4 sec	4,5 sec
Verbrauch/100 km	6,9-6,1 Liter Super	7,9 Liter	7,4-7,1 Liter
Kraftstofftank	52 Liter		

BMW Z4 III Roadster / Baureihe G29 (ab 2018)

Erst im August 2017 auf dem Concours d'Elegance in Pebble Beach im August und dann auf der IAA im September 2017 zeigte BMW eine Konzeptstudie mit Stoffdach für den Nachfolger des Z4. Erstmals handelte es sich hier um das Resultat einer Kooperation mit Toyota, die seit 2012 verhandelt wurde. Die Roadster-Variante sollte unter der Bezeichnung BMW Z4 laufen, während Toyota die Coupé-Version als GR Supra anbieten wollte. Im Oktober 2018 erfolgte dann die formale Messepremiere auf der Mondial Paris Motor Show. Die Produktion lief ab November 2018 bei Magna Steyr in Graz/Österreich.

Der Roadster mit Stoffverdeck, das binnen zehn Sekunden geschlossen werden konnte, steht wie andere aktuelle BMW-Modelle auf der sogenannten CLAR-Plattform. Aus Gewichtsgründen bestehen Motorhaube und Türen aus Aluminium, die Heckklappe aber aus Kunststoff. Beide Achsen (hinten mit elektronischem Differenzial) sind in Aluminium-Stahl-Leichtbauweise ausgeführt (Gesamtgewichtsverteilung 50 : 50). Verzögert wird natürlich über Scheibenbremsen (rundum belüftet). Der M40i ist zudem mit einem Sportfahrwerk mit elektronisch geregelten Dämpfern, einer Sportbremsanlage mit Vierkolben-Faustsätteln an den vorderen Bremsscheiben und einem Sportdifferential im Hinterachsgetriebe ausgestattet. Für adäquaten Antrieb sorgen wahlweise zwei 2,0 Liter große B48-Vierzylinder (20i mit 197 PS / 145 kW und 30i mit 258 PS / 190 kW) sowie ein 340 PS / 250 kW starker klassischer B58-Reihen-Sechszylinder mit Turboaufladung im M40i. Der sDrive20i ist ab 42.900 Euro zu haben, der sDrive30i (mit Steptronic-Schaltung) kostet 50.900 Euro – beide in Advantage-Ausstattung. Sportline und Sport kosten etwas mehr. Der M40i mit Steptronic ist mindestens 63.100 Euro teuer.

Seit Herbst 2018 auf dem Markt, erhielt der Z$ für das Frühjahr 2023 ein dezentes Facelift. Im Bild ein Z4 M40i, 2023.

BMW entwickelte den Z4 der dritten Generation G29 zusammen mit dem neuen Toyota GR Supra. Um unnötige Konkurrenz zu vermeiden, gab es den Toyota nur als Coupé und den BMW ausschließlich als Stoffdach-Roadster. Nur das Grundmodell 20i hatte ein manuelles Sechsganggetriebe.

BMW 6er II Cabrio / Baureihe E64 (2004–2010)

Nach dem Auslaufen der ersten 6er-Modellreihe (E24) dauerte es 16 Jahre, bis mit der zweiten Modellreihe auch wieder ein M6 im Programm stand. Als Coupé (E63)- ab Sommer 2003 – und ab April 2004 auch als 2+2sitziges Cabrio (nur in offener Ausführung als E64 bezeichnet) zu haben, bildete die aktuelle Reihe auch die Basis für den neuen M6. Das Cabrio war im Januar 2004 in Detroit vorgestellt worden, die M-Version folgte nach einem Jahr.

Zum Marktstart war nur das Coupé als 645Ci mit einem Ottomotor mit 4,4 Liter Hubraum und 333 PS / 245 kW maximaler Leistung erhältlich. Wenige Monate danach kam auch eine weitere Variante als 630i als Coupé und Cabriolet in die Angebotsliste hinzu. Der Sechszylindermotor verfügte über 3,0 Liter Hubraum und leistete maximal 258 PS / 190 kW. Im Juli 2005 wurde der 645Ci durch den 650i ersetzt. Sein durchzugsstärkerer 4,8 Liter großer V8 bot 367 PS / 270 kW. Auch diesen Antrieb gab es sowohl im Coupé als auch im Cabriolet.

Besonderheit des Cabrios (4.820 mm lang, über 1,5 Tonnen schwer) war die einfahrbare, steilstehende gläserne Heckscheibe. Zudem hatte man speziell für das Cabrio neue vordere Einzelsitze geschaffen. Batterie und das Reifenpannensystem (kein Ersatzrad mehr) befanden sich im Kofferraum, der ein Volumen von 300 bis 350 Litern aufwies.

Für das Modelljahr 2008 gab es neue Motoren und optische Retuschen, darunter die in den Kofferraumdeckel integrierte dritte Bremsleuchte. Topmodell war der M6 mit dem 5,0-Liter-Zehnzylinder des M5 (507 PS / 373 kW und 520 Nm Drehmoment stark). Seine Höchstgeschwindigkeit lag, elektronisch abgeregelt, bei den üblichen 250 km/h. Wer mochte, konnte die Speere aufheben lassen (auf die knapp 2.500 Euro kam es in der Preisklasse wohl nicht an) und dann dabei zusehen, wie die Tachonadel auf 305 km/h kletterte. Das SMG-Getriebe wies sieben Gänge auf. Serienmäßig gab es eine variable Differenzialsperre, die bei zunehmender Drehzahldifferenz zwischen den Antriebsrädern ein steigendes Sperrmoment aufbaute. Die Preisliste fürs M6 Cabrio begann bei 116.300 Euro. 5.065 der insgesamt 14.152 M6 waren Cabrios.

Das erste Facelift erfolgte Ende 2007. Zu diesem Zeitpunkt vollzog sich auch die Einführung des Biturbo-635d mit Sechsgang-Automatik.

Schaustück: BMW 650i Cabrio Individual (E64), zu sehen zur IAA 2005.

Technisch baute der 6er auf der 5er-Baureihe auf. Das Design, insbesondere der Heckabschluss, war sehr umstritten. Die Benziner waren serienmäßig mit Siebengang-Handschaltung bestückt.

BMW 6er E64	BMW 645i 2004–2005	BMW 630i 2007–2010	BMW 650i 2005–2007	BMW 635d 2007–2010	BMW M6 2006-2010
Motor	Otto			Diesel	Otto
Zylinderzahl / Bauart	8 (V-Form 90 °), vorne längs	6 (Reihe), vorne längs	8 (V-Form 90 °), vorne längs	6 (Reihe), vorne längs	10 (V-Form 90 °), vorne längs
Bohrung x Hub	92,0 x 82,7 mm	85,0 x 88,0 mm	93 x 88,3 mm	84 x 90 mm	92 x 75,2 mm
Hubraum	4398 cm^3	2996 cm^3	4799 cm^3	2993 cm^3	4999 cm^3
Leistung	333 PS (245 kW) bei 6100 U/min	272 PS (200 kW) bei 6700 U/min	367 PS (270 kW) bei 6300 U/min	286 PS (210 kW) bei 4400 U/min	507 PS (373 kW) bei 7750 U/min
Drehmoment	450 Nm bei 3600 U/min	320 Nm bei 2750 U/min	490 Nm bei 3400 U/min	580 Nm bei 1750 U/min	520 Nm bei 6100 U/min
Verdichtung	1:10,0	1: 12	1: 10,5	1: 17	1:12
Gemischbildung	Direkteinspritzung	Direkteinspritzung	Direkteinspritzung, Twin-Scroll-Turbolader	Direkteinspritzung, Twin-Scroll-Turbolader	Direkteinspritzung, Twin-Scroll-Turbolader
Ventile / Steuerung	4 / V-förmig hängend, 2 x DOHC, Kette, Valvetronic, Doppel-Vanos		4 / V-förmig hängend,2 x DOHC, Kette, Valvetronic, Doppel-Vanos	4 / V-förmig hängend, DOHC, Kette, Valvetronic, Doppel-Vanos	
Kühlung	Pumpe, 14,2 Liter Wasser	Pumpe, 10-10,5 Liter Wasser	Pumpe 13,8-14,2 Liter Wasser	Pumpe, 9,8 Liter Wasser	Pumpe, 15 Liter Wasser
Schmierung	Druckumlauf, 8,0 Liter Öl	Druckumlauf, 6,5 Liter Öl	Druckumlauf, 8,0 Liter Öl	Druckumlauf, 8,5 Liter Öl	Druckumlauf, 13 Liter Öl
Batterie	12 V 90 Ah	12 V 90 Ah	12 V 90 Ah	12 V 90 Ah	12 V 90 Ah
Lichtmaschine	2520 W	2170 W	2520 W	2520 W	2380 W
Kraftübertragung	Heckantrieb				
Schaltung	Schaltstock Wagenmitte oder Tasten am Lenkrad				
Kupplung	Einscheibentrockenkupplung, Steptronic Doppelkupplungsgetriebe, hydraulischer Drehmomentwandler				
Getriebe	6-Gang / 6-Gang Steptronic			6-Gang Steptronic	7-Gang Steptronic
Übersetzungen	I. 4.055 – II. 2.396 – III. 1.582 – IV. 1.192 – V. 1.000 – VI. 0,872 – R. 3.68 I. 4.171 – II. 2.340 – III. 1.521 – IV. 1.143 – V. 0,867 – VI. 0,691 – R. 3,403	I. 4.350 – II. 2.496 – III. 1.665 – IV. 1.230 – V. 1.000 – VI. 0.851 – R. 3.926 I. 4.171 – II. 2.340 – III. 1.521 – IV. 1.143 – V. 0,867 – VI. 0,691 – R. 3,403	I. 4.055 – II. 2.396 – III. 1.582 – IV. 1.192 – V. 1.000 – VI. 0,872 – R. 3.68 I. 4.171 – II. 2.340 – III. 1.521 – IV. 1.143 – V. 0,867 – VI. 0,691 – R. 3,403	II. 4.171 – II. 2.340 – III. 1.521 – IV. 1.143 – V. 0.867 – VI. 0.691 – R. 3.403	I. . 3.985 – II 2.652 – III. 1.806 – IV. 1.392 – V. 1.159 – VI. 1,00 – VII. 0.833 – R . 3.985
Antriebs-Übersetzung	3.462	3.385 / 3.909	3.462	3.154	3.062
Karosserie / Fahrwerk	Selbsttragende Ganzstahlkarosserie				
Vorderradaufhängung	Doppelgelenk-Zugstreben-Federbeineachse, inAluminiumbauweise); Stabilisator				
Hinterradaufhängung	Mehrlenkerachse in Aluminiumbauweise; Quer- und Längslenker, Stoßdämpfer, Schraubenfedern, Stabilisator				
Lenkung	hydraulische Zahnstangen-Servolenkung, Servotronic, optional Aktivlenkung				
Fußbremse / Regelsysteme	Scheiben innenbelüftet, v. 348 mm Ø, h. 345 mm Ø; DSC, DTC, ABS, CBC, DBC, ASC, MSR; a.W: aktive Wankstabilisierung . M6: v. 374 mm Ø, h. 370 mm Ø, variable M Differenzialsperre				
Allgemeine Daten					
Radstand	2780 mm				2781 mm
Spur vorn/hinten	1558/1592 mm	1558 / 1596 mm			1567 / 1584 mm
Gesamtmaße	4 820 x1855 x1373 mm	4820 x 1855 x 1374 mm			4871 x 1855 x 1377 mm
Gepäckraum	300-350 Liter (offen/geschlossen)				
Räder	8 J x 18	7,5 J x 17	8 J x 18	7,5 J x 17	v. 8,5 J x 19, h. 9,5 J x 19
Reifen	245/45 R 18	245/50 R 17	245/45 R 18	245/50 R 17	255/40 ZR 19, h. 285/35 ZR 19
Wendekreis	11,4 Meter				
Leermasse	1890-1895 kg	1815-1825 kg	1935 kg	1935 kg	2005 kg
Zuläss. Gesamtgewicht	2215-220 kg	2140-2150 kg	2260 kg	2260 kg	2380 kg
Höchstgeschwindigkeit	250 km/h	250 km/h	250 km/h	250 km/h	250 km/h
Beschleunigung 0–100 km/h	6,1 sec	6,7-7,0 sec	5,5-5,6 sec	6,6 sec	4,8 sec
Verbrauch/100 km	12,8-11,5 Liter	8,3-8,1 Liter	12,6-10,9Liter	7,2 Literr	15,2 Liter
Kraftstofftank	70 Liter				

MODELLÜBERSICHT BMW 6ER – BAUREIHE E64

Typ	Zylinder	Hubraum	Leistung	Beschleunigung 0-100 km/h	Höchstgeschwindigkeit	Durchschnittsverbrauch	Preis	Bauzeit
BMW 630i Cabrio	6 Zylinder	2.996 cm^3	190 kW/258 PS	6,9 s	250 km/h	9,6 L/100 km	73.300 €	09/2004 - 10/2007
BMW 630i Cabrio	6 Zylinder	2.996 cm^3	200 kW/272 PS	6,7 s	250 km/h	8,3 L/100 km	78.850 €	10/2007 - 11/2010
BMW 645i Cabrio	8 Zylinder	4.398 cm^3	245 kW/333 PS	6,1 s	250 km/h	12,9 L/100 km	80.000 €	03/2004 - 07/2005
BMW 650i Cabrio	8 Zylinder	4.799 cm^3	270 kW/367 PS	5,7 s	250 km/h	12,9 L/100 km	86.000 €	05/2005 - 10/2007
BMW 635d Cabrio	6 Zylinder	2.993 cm^3	210 kW/286 PS	6,6 s	250 km/h	7,2 L/100 km	85.150 €	10/2007 - 11/2010
BMW M6 Cabrio	10 Zylinder	4.999 cm^3	373 kW/507 PS	4,8 s	250 km/h	14,7 L/100 km	123.200 €	10/2006 - 08/2010

MODELLÜBERSICHT BMW 6ER – BAUREIHE F12

Typ	Zylinder	Hubraum	Leistung	Beschleunigung 0-100 km/h	Höchstgeschwindigkeit	Durchschnittsverbrauch	Preis	Bauzeit
BMW 640i Cabrio	6 Zylinder	2.979 cm^3	235 kW/320 PS	5,5 s	250 km/h	7,8 L/100 km	83.900 €	03/2011 - 04/2018
BMW 640i Cabrio xDrive / Steptronic	6 Zylinder	2.979 cm^3	235 kW/320 PS	5,4 s	250 km/h	8,2 L/100 km	87.300 €	03/2013 - 04/2018
BMW 650i Cabrio	8 Zylinder	4.395 cm^3	300 kW/407 PS	4,9 s	250 km/h	8,7 L/100 km	94.300 €	03/2011 - 12/2012
BMW 650i Cabrio xDrive	8 Zylinder	4.395 cm^3	300 kW/407 PS	4,9 s	250 km/h	8,7 L/100 km	97.700 €	09/2011 - 12/2012
BMW 650i Cabrio	8 Zylinder	4.395 cm^3	330 kW/450 PS	4,6 s	250 km/h	8,9 L/100 km	95.900 €	12/2012 - 04/2018
BMW 650i Cabrio xDrive / Steptronic	8 Zylinder	4.395 cm^3	330 kW/450 PS	4,5 s	250 km/h	9,3 L/100 km	99.300 €	12/2012 - 04/2018
BMW M6 Cabrio	8 Zylinder	4.395 cm^3	412 kW/560 PS	4,3 s	250 km/h	10,3 L/100 km	138.800 €	07/2012 - 04/2018
BMW 640d Cabrio	6 Zylinder	2.993 cm^3	230 kW/313 PS	5,5 s	250 km/h	5,6 L/100 km	87.400 €	09/2011 - 04/2018
BMW 640d Cabrio xDrive	6 Zylinder	2.993 cm^3	230 kW/313 PS	5,3 s	250 km/h	5,9 L/100 km	90.800 €	01/2012 - 04/2018

BMW 6er III Cabrio / Baureihe F12 (2011-2018)

2011 debütierte dann die neue 6er-Reihe, als Coupé (F13) und als Cabrio (F12); später folgte eine Gran Coupé-Version (F06) mit vier Türen. Die neue 6er-Reihe basierte auf dem bis 2017 gebauten 5er-Baureihe F10 und teilte sich mit ihr einen Großteil der Technik und Ausstattungsmöglichkeiten. Das Cabrio war bereits im November 2010 offiziell vorgestellt worden, erster internationaler Auftritt war in Detroit im Januar 2011. Das neue Cabrio, das ab März 2011 in Deutschland ausgeliefert wurde, entstand im Werk Dingolfing.

Den Antrieb besorgten 3,0-Liter-Sechszylinder (Otto und Diesel) und ein V8 mit 4,4 Liter im 640i (320 PS / 235 kW), im 650i (407 PS / 300 kW) und im 640d (313 PS / 230 kW). Als Spitzenmodell erschien 2012 (Messepremiere Genf) der neue M6 mit 4,4 Liter großem V8-Doppelturbo (560 PS / 412 kW) und Siebengang-Doppelkupplungsgetriebe.

Das serienmäßige große Stoffverdeck des geradezu riesigen Autos (4.894 mm lang, fast 2,0 Tonnen schwer) ließ sich bis zu einer Geschwindigkeit von 40 km/h öffnen und schließen. Während das Öffnen 19 Sekunden benötigte, dauerte das Schließen 24 Sekunden.

2015 und 2017 folgten umfassende Modellpflegemaßnahmen, die unter anderem eine erweiterte Serienausstattung mit LED-Scheinwerfern und zusätzliche Sonderausstattungen mit sich brachten. Im Jahr 2018 lief die 6er-Reihe aus, ihre zweitürigen Varianten wurden in der künftigen 8er-Reihe weitergeführt.

Auch nach dem Modellwechsel bildete der 6er, technisch gesehen, die teuerere und feinere Art, einen 5er zu fahren. Das sportliche-elegante Oberklasse-Cabriolet streckte sich auf 4,89 m Länge. Zu den Besonderheiten der Verdeckkonstruktion gehörte die senkrechte, elektrisch absenkbare Heckscheibe aus Glas. Im Bild der M6 im Erscheinungsjahr 2012.

BMW 6er F12	BMW 640i 2012-2018	BMW 650i / xDrive 2012-2018	BMW 640d / xDrive 2011-2018	BMW M6 2012-2018
Motor	Otto		Diesel	Otto
Zylinderzahl / Bauart	6 (Reihe), vorne längs	8 (V-Form 90 °), vorne längs	6 (Reihe), vorne längs	8 (V-Form 90 °), vorne längs
Bohrung x Hub	89,6 x 84,0 mm	88,3 x 89,0 mm	90 x 84,0 mm	88,3 / 89,0
Hubraum	2979 cm^3	4395 cm^3	2993 cm	4395 cm^3
Leistung	320 PS (235 kW) bei 5800 U/min	408 PS (300 kW) bei 5500 U/min ab 2015: 450 PS (330 kW) bei 5500 U/min	313 PS (230 kW) bei 4400 U/min	560 PS (412 kW) bei 6000 U/min
Drehmoment	450 Nm bei 1300 U/min	650 Nm bei 2000 U/min	630 Nm bei 1500 U/min	680 Nm bei 1500 U/min
Verdichtung	1: 10,2	1: 10,0	1: 16,5	1:10,0
Gemischbildung	Direkteinspritzung, TwinPower-Turbolader		Common-Rail-Direkteinspritzung, VTG Biturbo mit variabler Geometrie	Direkteinspritzung, Twin Scroll, Twin Turbo Aufladung,
Ventile	4 / V-förmig hängend, 2 x DOHC, Kette, Valvetronic, Doppel-Vanos		4 / DOHC, Kette	4 / V-förmig hängend, 2 x DOHC, Kette, Valvetronic, Doppel-Vanos
Kühlung	Pumpe, 10,2 Liter Wasser	Pumpe, 14,4 Liter Wasser	Pumpe 9,9 Liter Wasser	Pumpe, 18,5 Liter Wasser
Schmierung	Druckumlauf, 6,5 Liter Öl	Druckumlauf, 9 Liter Öl	Druckumlauf, 6,5 Liter Öl	8,4 Liter Öl
Batterie	12 V 90 Ah	12 V 105 Ah	12 V 90 Ah	12 V 105 Ah
Lichtmaschine	2940 W	2940 W	3080 W	2926 W
Kraftübertragung	Antrieb auf Hinterräder, xDrive: Allrad			
Schaltung	Schaltstock Wagenmitte oder Tasten am Lenkrad			
Kupplung	Doppelkupplungsgetriebe, hydraulischer Drehmomentwandler			
Getriebe	8-Gang Steptronic			7-Gang Steptronic
Übersetzungen	I. 4.714 – II. 3.143 – III. 2.106 – IV. 1.667 – V. 1.285 –VI. 1.00 – VII. 0.839 – VIII. 0.667– R: 3.3295	I. 4.714 – II. 3.143 – III. 2.106 – IV. 1.667 – V. 1.285 –VI. 1.00 – VII. 0.839 – VIII. 0.667– R: 3.317		I. 4,806 – II . 2,593 – III. 1,701 –IV. 1,277 – V. 1,000 – VI. 0,844 – VII. 0,671 – R :1 4,17
Antriebs-Übersetzung	3.231	2.813		3.145
Karosserie/Fahrwerk	Selbsttragende Ganzstahlkarosserie			
Vorderradaufhängung	Doppelquerlenkerachse mit aufgelöster unterer Lenkerebene in Aluminiumbauweise, kleiner Lenkrollradius, Bremsnickreduzierung. M6: mit M spezifischer Elastokinematik			
Hinterradaufhängung	Mehrlenkerachse in Aluminiumbauweise, lenkbar, mit Anfahr- und Bremsnickausgleich, doppelt akustisch entkoppelt. M6: M spezifischer Elastokinematik			
Lenkung	Elektromechanische Servolenkung (EPS) mit Servotronic; optional: Integral-Aktivlenkung. M6: Spezifische Servotronic			
Fußbremse / Regelsysteme	Scheiben innenbelüftet, vorne 348 mm Ø, hinten 345 mm Ø, M6: vorne 400 mm Ø, hinten 396 mm Ø Alle Modelle: DSC, ABS, ASC, DTC, CBC, DBC			
Allgemeine Daten				
Radstand	2855 mm			2851 mm
Spur vorn/hinten	1600 / 1655 mm			1631 / 1612 mm
Gesamtmaße	4894 x 1894 x 1365 mm			4898 x 1899 x 1372 mm
Gepäckraum	300-350 Liter (offen / geschlossen)			300-350 Liter (offen / geschlossen)
Räder	8 J x 17	8 J x 18	8 J x 17	v. 9,5 J x 19, h. 10,5 J x 19
Reifen	225/55 R 17	245/45 R 18	225/55 R 176	265/40 R 19, h. 295/35 R19
Wendekreis	11,7 Meter	11,7 Meter	11,7 Meter	12,1 Meter
Leermasse	1840-1880 kg	1940-1980 kg	1860-1985 kg	1980 kg
Zuläss. Gesamtgewicht	2320 kg	2420-2480 kg	2340-2400 kg	2410 kg
Höchstgeschwindigkeit	250 km/h	250 km/h	250 km/h	305 km/h
Beschleunigung 0–100 km/h	5,5 sec	4,5 sec	5,5 sec	4,3 sec
Verbrauch/100 km	7,8-7,9 Liter	9,3-6,6 Liter	5,7-8,2 Liter	10,3 Liter
Kraftstofftank	70 Liter			80 Liter

Die Pressevorstellung des modellgepflegten Wagens erfolgte im März 2015 in Lissabon. Alle 6er hatten nun LED-Scheinwerfer.

Zuletzt war der 6er mit drei V8-Motoren, einem Sechszylinder-Benziner sowie einem Diesel zu haben. Außerdem gab es drei Allrad-Ausführungen.

Der 2+2-Sitzer bot den Fondpassagieren hervorragende Einzelsitze und auch die Sicherheitsausstattung war komplett. Aber die Ausstattung ließ noch Luft nach oben: Die bei einem so unübersichtlichen Autos unverzichtbaren Parksensoren wie auch die Rückfahrkamera kosteten Aufpreis.

BMW 8er Cabrio / Baureihe G14 (ab 2019)

20 Jahre sollten vergehen, bis nach dem Auslauf der ersten 8er-Reihe (E31) eine Neuauflage folgte: Die zweite 8er-Reihe wird seit August 2018 mit der internen Bezeichnung BMW G15 (Coupé) in Dingolfing produziert. 2019 folgten das zweitürige Luxus-Cabrio BMW (Reihe G14) und das viertürige Coupé BMW (G16). Bereits im Mai 2017 war der Prototyp der zweiten 8er-Reihe als BMW Concept 8 erstmals gezeigt worden. Das 8er Coupé kam im November 2018 auf den Markt, das Cabrio – mit dickgepolstertem Stoffverdeck – wurde erst in jenem Monat vorgestellt (LA Auto Show 2018). Im März 2019 gelangte die offene Version in den Handel.

Ab Verkaufsstart wurde der Neue (Außenlänge 4.851 mm) ausschließlich mit 8-Stufen-Automatikgetriebe von ZF und mit variablem Allradantrieb xDrive ausgeliefert. Zwei Motoren standen zur Auswahl: ein 4,4-Liter-V8-Otto (530 PS / 390 kW) und ein 3,0-Liter-Sechszylinder-Reihendiesel (320 PS / 235 kW). Zwischen Juli 2019 und September 2020 gab es mit dem 840i ein Modell mit Reihensechszylinder-Otto (340 PS / 250 kW), das mit Heck- oder Allradantrieb angeboten wurde. Ab November 2020 hatte dieser Motor 333 PS, zu diesem Zeitpunkt erfolgte die Umstellung auf 48-V-Technik (Mild-Hybrid).

Die M8-Variante (Auslieferung ab September 2019) mit dem vom M5 bekannten 4,4-Liter-V8 (600 PS / 441 kW) bekam als F91 eine eigene Baureihen-Bezeichnung. Beim Cabriolet (F93) wurden zahlreiche stabilitätsfördernde Maßnahmen vorgenommen, die allerdings 125 kg Mehrgewicht mit sich brachten. Die Durchlademöglichkeit vom Kofferraum war wie beim Coupé gegeben, aber etwas verkleinert. Selbstverständlich entsprach das Fahrwerk (Doppelquerlenker-Vorderachse mit reduziertem Lenkrollradius, Fünflenker-Hinterachse mit Hilfsrahmen, elektronisch gesteuerte Dämpfer, optional aktive Wankstabilisierung, mitlenkende Hinterachse, innenbelüftete Bremsscheiben rundum, Radträger und Lenker aus Alu) allen Erwartungen an ein Oberklassefahrzeugs. Entsprechend stattlich geriet die Preisgestaltung für den offenen 8er (BMW-Sprech: »Symbiose aus Kraft und Beschleunigung. Eine neue Dimension selbstbestimmter Fahrfreude«: 840i Cabrio mit Achtgang-Steptronic ab 104.900 Euro, 840ixDrive ab 108.200 Euro, 840dxDrive ab 110.400 Euro und M850ixDrive ab 136.100 Euro. Flaggschiff der Familie war der M8Competition (Baureihenbezeichnung F93) mit 625 PS / 460 kW. Er stand mit 178.400 Euro in der 2021er Liste.

Erst vor der IAA 1991 stand fest, dass es von der 8er-Baureihe kein Cabrio geben würde. Bis dahin wurden drei Prototypen gebaut. Foto: Kuch

Das mehrlagige Stoffverdeck öffnete und schloss bei Geschwindigkeiten von bis zu 50 km/h.

Es gab es kein 8er-Cabriolet für unter 100.000 Euro. Doch im Konkurrenz umfeld war das noch günstig. Im Januar 2022 erfolgt ein erstes Facelift.

Mit dem 8er ersetzte BMW den Sechser. Produktionsbeginn war November 2018 in Dingolfing, Markteinführung im März 2019.

Offen passten 280 Liter in den Kofferraum, geschlossen 350 Liter.

BMW 8er	BMW 840i (G14)	BMW M850i xDrive (F93)	BMW M8 Competition (F93)	BMW 840d xDrive (F93)
Motor	Otto			Diesel
Zylinderzahl / Bauart	6 (Reihe), vorne längs	8 (V-Form 90 °), vorne, längs		6 (Reihe), vorne längs
Bohrung x Hub	94,6 x 82 mm	88,3 x 89 mm		90 x 84 mm
Hubraum	2998 cm^3	4395 cm^3		2993 cm^3
Leistung	333 PS (245 kW) bei 5500 U/min	530 PS (390 kW) bei 5500 U/min	625 PS (460 kW) bei 6000 U/min	340 PS (250 kW) bei 4400 U/min
Drehmoment	500 Nm bei 1700 U/min	750 Nm bei 1800 U/min	750 Nm bei 1800 U/min	700 Nm bei 1750 U/min
Verdichtung	1:11,0	1:10,5	1:10,0	1:16,5
Gemischbildung	Direkteinspritzung, Twin Scroll Turbolader	Direkteinspritzung, Bi-Turbo (Twin Turbo), Ladeluftkühlung		Direkteinspritzung Common Rail, 2 x VTG Turbolader mit Stufenaufladung
Ventile / Steuerung	4 / DOHC, vollvariable Ventilsteuerung, variable Nockenwellensteuerung Vanos , Kette	4 / 2 x DOHC, vollvariable Ventilsteuerung Valvetronic,, variable Nockenwellen-steuerung Doppel-Vanos, Kette		4 /DOHC, Kette
Kühlung	Pumpe, 10,5 Liter	k.A.	k.A.	k.A.
Schmierung	Druckumlauf, 6,5 Liter	Druckumlauf, 10,5 Liter	Druckumlauf, 10 Liter	Druckumlauf, 7 Liter
Batterie	12 V 90 + 11 Ah	12 V 90 Ah	12 V 70	12 V 90 + 11 Ah
Lichtmaschine	Mild-Hybrid, 48-Volt-Startergenerator	k.A.	k.A.	Mild-Hybrid, 48-Volt-Starterge-nerator
Kraftübertragung	Hinterräder, Allrad, automatisch zuschaltend			
Schaltung	Schaltstock Wagenmitte oder Tasten am Lenkrad			
Kupplung	Doppelkupplungsgetriebe, hydraulischer Drehmomentwandler			
Getriebe	8-Gang Steptronic			
Übersetzungen	I. 5,25 – II. 3.360 – III. 2.172 – IV. 1.720 – V. 1.316 – VI. 1.000 – VII. 0.822 – VIII. 0.640 – R. 3.712	I. 5.50 – II. 3.520 – III. 2.200 – IV. 1.720 – V. 1.317 – VI. 1.000 – VII. 0.823 – VIII. 0.640 – R. 3.993	I. 5.00 – II. 3.200 – III. 2.143 – IV. 1.720 – V. 1.313 – VI. 1.000 – VII. 0.823 – VIII. 0.640 – R. 3.487	I. 5.50 – II. 3.520 – III. 2.200 – IV. 1.720 – V. 1.317 – VI. 1.000 – VII. 0.823 – VIII. 0.640 – R. 3.993
Antriebs-Übersetzung	2.929	2.813	3.154	2.647
Karosserie / Fahrwerk	Selbsttragende Ganzstahlkarosserie			
Vorderradaufhängung	Doppelquerlenker-Achse in Aluminium-Bauweise			
Hinterradaufhängung	Fünflenkerachse			
Lenkung	Elektromechanische Zahnstangen-Servolenkung (EPS), Integral-Aktivlenkung (Allrad-Lenkung)			
Fußbremse / Regelsysteme	Scheiben, belüftet, v. / h. 348/345 mm Ø, ABS, DSC, DTC, CBC, Bremsenergie-Rückgewinnung	Scheiben, belüftet, v. / h. 395/345 mm Ø, ABS, DSC, DTC, CBC, Bremsenergie-Rückgewinnung	Scheiben, belüftet, v. / h. 395 mm Ø, ABS, DSC, DTC, CBC, Bremsenergie-Rückgewinnung	Scheiben, belüftet, v. / h. 348/345 Ø mm, ABS, DSC, DTC, CBC, Bremsenergie-Rückge-winnung
Allgemeine Daten				
Radstand	2822 mm	2822 mm	2822 mm	2822
Spur vorn/hinten	1627/1642 mm	1627/1642 mm	1627/1632 mm	1627/1642 mm
Gesamtmaße	4843 x 1902 x 1339 mm	4851 x 1902 x 1345 mm	4867 x 1907 x 1353 mm	4843 x 1902 x 1339 mm
Gepäckraum	280-350 Liter (offen / geschlossen)			
Räder	v. 8J x 18, h. 9J x 18	v. 8J x 20, h. 9J x 20	v. 9,5J x 20, h. 10,5 J x 20	v. 8J x 18, h. 9J x 18
Reifen	v. 245/45 R18, h. 275/40 R18	v. 245/35 R20, h. 275/30 R20	v. 275/35 ZR20, h. 285/35 ZR20	v. 245/45 R18, h. 275/40 R18
Wendekreis	11,6 Meter	11,9 Meter	12,2 Meter	11,9 Meter
Leermasse	1840-1915 kg	2050-2125 kg	2025-2100 kg	2030-2105 kg
Zuläss. Gesamtgewicht	2340 kg	2515 kg	2440 kg	2500 kg
Höchstgeschwindigkeit	250 km/h	250 km /h	305 km/h	250 km/h
Beschleunigung 0–100 km/h	5,5 sec	4,0 sec	3,3 sec	5,1 sec
Verbrauch/100 km	8,6 Liter	10,1 Liter	11,1 Liter	6,7-6,4 Liter
Kraftstofftank	68 Liter			
Anmerkung	Leistung bis 9/2020: 340 PS	Leistung bis 9/2020: 600 PS		Leistung bis 9/2020: 320 PS

BMW Z8 Roadster / Baureihe E52 (1999–2003)

Im Oktober 1997 war in Tokio und im Januar 1998 in Detroit die Vorstudie zu einem seriennahen BMW-Sportwagen namens Z07 gezeigt worden. Im September 1999 hatte der Z8 seine offizielle Premiere – er war eine Hommage an Graf Goertz' berühmten BMW 507: An diesen Klassiker erinnerten zumindest die Frontpartie, die dekorativen Elemente der seitlichen Lüftungsschlitze (die aber funktionslos waren) und die Instrumentierung im Cockpit. Mit der Einführung des Z8 endete die Produktion der 8er-Reihe (E31).

Innovativ und nicht retro war die Konstruktion der Alu-Space-Karosserie. Strukturbleche aus Aluminium füllten die Räume zwischen den als Gerüst dienenden Strangpressprofilen aus. Das ergab eine Steifigkeit und eine Verwindungsstabilität, wie sie bei einem offenen Sportwagen bisher kaum erreicht worden war. Die groß dimensionierten Bremsen hatten vorn einen Scheibendurchmesser von 334, hinten von 328 mm.

Die Dingolfinger, das bewiesen sie mit dem Z8 einmal mehr, sind Spezialisten im Umgang mit Aluminium. Die dort angefertigte Karosserie kam zur Vervollständigung nach München; der Betrieb in Landshut lieferte die Stoßfänger und Schweller.

Der in München produzierte Motor des Z8 war ein 5,0-Liter-V8 mit 400 PS / 294 kW. Er hatte vier verstellbare Nockenwellen (Doppel-Vanos) und ein Bosch-Motormanagement mit vier elektronisch betätigten Einzeldrosselklappen. Es handelte sich um das Aggregat aus dem M5. Vor seinem Einbau lief jeder Motor 20 Minuten auf dem Prüfstand. Zum Serienumfang des Z8 gehörten ein Hardtop, ein Multifunktionsradio mit Navigation und ein elektronisches Stabilitätssystem.

Ein V10-Motor, das hatten die BMW-Ingenieure unter Projektleiter Christian Dietrich für die nächste Generation nicht ausgeschlossen. Doch daraus wurde nichts; es gab keinen Nachfolger. Der 235.000 Mark teure Z8 alias E52 wurde Ende 2003 aus dem Programm genommen, nachdem 5703 Stück gebaut worden waren. Davon waren 555 Exemplare von Alpina mit einem drehmomentstärkeren Motor und mit einer Wandlerautomatik ausgestattet worden. Die Buchloer hatten probeweise auch versucht, den V12 in den Z8 zu implantieren, was aber nicht zum gewünschten Erfolg führte.

Der Z8 war 1997 als Studie Z07 vorgestellt und zur IAA 1999 als Z8 eingeführt worden. BMW empfahl in den internen Verkaufsunterlagen, den Z8 »grundsätzlich« als »Türöffner von hochwertigen Vielfahrzeuggaragen» zu nutzen, in denen bisher noch »kein« (fett hervorgehoben) BMW stünde.

	BMW Z 8 1999–2003	BMW Alpina V8 Roadster 2002–2003
Motor	Otto	
Zylinderzahl	8 (V-Form 90 °), längs hinter Vorderachse	
Bohrung x Hub	94,0 x 89,0 mm	93 x 89 mm
Hubraum	4941 cm^3	4837 cm^3
Leistung	294 / 400 bei 6600 U/min	381 PS (280 kW) bei 5800 U/min
Drehmoment	500 bei 3800 U/min	520 Nm bei 3800 U/min
Verdichtung	1:11,0	1:10,5
Gemischbildung	Einspritzung (Saugrohr)	
Ventile	4 / hängend, hydraul. Vetilspielausgleich, 2 x DOHC, Doppel-Vanos, Kette	
Kühlung	Pumpe, 12,45 Liter Wasser	Pumpe, 12,5 Liter Wasser
Schmierung	Druckumlauf, 7,5 Liter Öl	Druckumlauf, 7,5 Liter Öl
Batterie	12 V 90 Ah	
Lichtmaschine	1680 W	
Kraftübertragung	Heckantrieb	
Schaltung	Mitteltunnel	Mitteltunnel + Lenkradtasten
Kupplung	Mehrscheibenkupplung im Ölbad	Einscheibentrocken
Getriebe	6-Gang	5-Gang Automatik
Übersetzungen	I. 4.227– II. 2.528 – III. 1.669 – IV. 1.226 – V. 1.000 – VI. 0.828 – R. 3.746	I. 3.357– II. 2.20 – III. 1.505 – IV. 1.00 – V. 0.80 – R. 4.095
Antriebs-Übersetzung	3.38	3.385
Karosserie / Fahrwerk	Karosserie selbsttragend, Alu-Spaceframe, Alu-Beplankung	
Vorderradaufhängung	Doppelgelenk-Federbeinachse (Querlenker unten und Zugstrebe, Stabilisator)	
Hinterradaufhängung	Mehrlenker (obere Querlenker, Schräglenker), Federbeine, Stabilisator	
Lenkung	Zahnstange-Servolenkung	
Fußbremse	Scheiben belüftet, v. 334 mm, h. 328 mm, ABS, DSC, CBC	
Allgemeine Daten		
Radstand	2505 mm	
Spur vorn/hinten	1553 / 1568 mm	1552 / 1568 mm
Gesamtmaße	4400 x 1830 x 1317 mm	
Gepäckraum	203 Liter	
Räder	8 J x 18 / 9 J x 18	9 x 20 H2 / 10 x 20 H2
Reifen	v. 245/45 R 18, h. 275/40 R 18	v. 255/35 R 20, h. 285/30 R 20
Wendekreis	11,8 Meter	11,6 Meter
Leermasse	1690 kg	1620 kg
Zuläss. Gesamtgewicht	1930 kg	1950 kg
Höchstgeschwindigkeit	250 km/h	260 km/h
Beschl. 0–100 km/h	4,7 sec	5,3 sec
Verbrauch/100 km	14,5 Liter	13,2 Liter
Kraftstofftank	73 Liter	

Der BMW Z8 sollte dem Mercedes-Benz SL Konkurrenz machen. Konzipiert als Imageträger unter Federführung von Chris Bangle, gehörte zu seinen Highlights die Aluminium-Spaceframe-Struktur. Für Vortrieb sorgte ein 5,0-Liter-V8 mit 400 PS, wie er auch im M5 Verwendung fand. Das Hardtop gehörte zum Lieferumfang .

Wichtigste Features des V8 Roadsters (so nannte Alpina seinen Z8) waren der alltagstauglichere Motor und die Getriebeautomatik. Äußerlich unterscheiden sich die Versionen aus München und dem Allgäu nur in Details.

BMW i8 Cabrio / Baureihe i15 (2018–2020)

Mit BMW i3 und BMW i8 feierten gleich zwei Elektrofahrzeuge Weltpremiere während der IAA 2013. Der i3 war ein rein elektrisch angetriebener Stadtwagen, während der i8 als Plug-in-Hybrid die Dynamik eines Sportgeräts mit den Verbrauchs- und Emissionswerten auf Kleinwagenniveau kombinieren sollte. Beide Autos verfügen über eine Fahrgastzelle aus karbonfaserverstärktem Kunststoff (CFK). Die offene Version wurde nachgereicht – das 2012 zunächst noch als Studie vorgestellte Cabrio ging im Jahr 2018 in den Verkauf.

Das Antriebssystem des i8 bestand aus einem hochaufgeladenen Dreizylinder-Benzinmotor und 1,5 Liter Hubraum, die Leistung lag bei 231 PS / 170 kW und wirkte auf die Hinterräder, während der 142 PS / 105 kW starke E-Antrieb sein Antriebsmoment an die Vorderräder weiterreichte. Bei rein elektrischem Fahrbetrieb betrug die Reichweite bis zu 35 km; der Vorwärtsdrang endete dann bei 120 km/h. Laut Werk stürmte der i8 in 4,4 Sekunden zur 100-km/h-Marke, die elektronisch begrenzte Spitze lag bei 250 km/h. In den Kraftstofftank passten 30 Liter, optional gab es einen Tank mit 42 Litern. Bei einem Werksverbrauch von 2,1 Liter/100 km waren dennoch anständige Reichweiten von 400 und mehr Kilometern möglich. Der Öko-Sportler mit Mittelmotor war jedoch, wie jeder Sportwagen, nur bedingt alltagstauglich. Das Kofferraumvolumen von 154 Litern reichte kaum für den Wochenendeinkauf.

Während das i8 Coupé nur bis Mai 2018 lieferbar war, gab es den Roadster quasi als Nachfolgemodell von Mai 2018 bis Juni 2020. Als i8 Concept Spyder war er bereits 2012 erstmals angekündigt worden. Der Serien-Roadster bekam rahmenlose Schmetterlingstüren und ein Stoffdach, das in 15 Sekunden offen ist. Es ließ sich bis zu einer Geschwindigkeit von 50 km/h beim Fahren öffnen. Bis einschließlich Dezember 2020 sind in Deutschland 2.400 BMW i8 neu zugelassen worden; von April 2014 bis Juni 2020 entstanden insgesamt 20.465 Einheiten (Roadster und Coupé) im Werk Leipzig.

Der i8 war, so das Werk, der BMW mit dem tiefsten Schwerpunkt und daher perfekt ausbalanciert.

Der i8 als Hybrid-Sportwagen kombinierte einen 1,5-Liter-Dreizylinder-Benzinmotor mit bis zu 231 PS Leistung mit einem 96 kW starken Elektromotor.

	BMW i8 2018-2020
Motor	Otto, Hybrid
Zylinderzahl	Otto: 3, Reihe; Plug-in Hybrid EV (PHEV)
Bohrung x Hub	82 x 94,6 mm
Hubraum	1499 cm^3
Leistung	Ottomotor: 170 kW/ 231 PS, 5800/min; Elektromotor: 105 kW / 143 PS, 4800/min; Systemleistung 275 kW / 374 PS
Drehmoment	320 Nm bei 3700/min
Verdichtung	1:9,5
Gemischbildung	Direkteinspritzung. TwinPower Turbolader
Ventile	4 / DOHC, Valvetronic, Kette
Kühlung	k.A.
Schmierung	Druckumlauf, 4,2 Liter Öl
Batterietechnik	Lithium-Ionen
Speichertechnik	Hochvoltspeicher 355 V, Zellkapazität 34 Ah
Kraftübertragung	Hybrid-spezifischer Allradantrieb, Verbrennungsmotor auf die Hinterräder, Elektromotor auf die Vorderräder wirkend
Kupplung	Mittelkonsole
Schaltung	Schaltpaddles am Lenkrad
Getriebe	Ottom.: 6-Gang; Elektrom.: 2-Gang
Übersetzungen	I. 4.459 – II. 2.508 – III. 1.556 – IV. 1.142 – V. 0.851 – VI. 0.672
Antriebs-Übersetzung	3.68
Karosserie / Fahrwerk	Alu-Spaceframe, Fahrgastzelle aus carbonfaserverstärktem Kunststoff (CFK), Karrosseriebeplankung aus thermoplastischen Kunststoffen
Vorderradaufhängung	Aluminium-Doppelquerlenkerache (untere Querlenker und Zugstrebe), Stabilisator
Hinterradaufhängung	Aluminium-Fünflenkerachse
Lenkung	Elektrisch unterstützte Zahnstangenlenkung (EPS)
Fußbremse	Scheiben belüftet, v. 340 mm, h. 340 mm, DSC, ABS, CBC, DBC, ADB-x (Aktive Differential Bremse), Fahrdynamische Antriebsmomentenvorsteuerung (FAV), DTC
Allgemeine Daten	
Radstand	2800 mm
Spur vorn/hinten	1640/1580 mm
Gesamtmaße	4690 x 1940 x 1290 mm
Kofferraumvolumen	88 Liter
Räder	v. 7 J x 20, h. 7.5 J x 20
Reifen	v. 195/50 R 20, h. 215/45 R 20
Wendekreis	12,3 Meter
Leermasse	1595 kg
Zuläss. Gesamtgewicht	1965 kg
Höchstgeschw.	250, elektrisch: 120 km/h
Beschl. 0–100 km/h	4,6 sec
Verbrauch/100 km	2,1 Liter, EV: 14,5 kWh/100 km, Reichweite (elektr.): 53 km
Speicher:	Kraftstofftank: 30 Liter, Speicherkapazität brutto 7,1 kWh (Batterie mittig im Unterboden)

BMW unterstützte von Anfang die Rennserie ABB FIA Formula E World Championship. Pacecar war bis 2021 der i8, dann ein Elektro-Mini.

Im Elektrobetrieb – Fahrbereich ca. 30 km – wurden nur die Vorderräder aktiviert, der Verbrenner wirkte auf die Hinterräder.

Borgward-Gruppe

Die Automobilindustrie der Hansestadt Bremen begann sich kurz nach der Jahrhundertwende zu entwickeln. Bereits 1905 waren im oldenburgischen Varel die Hansa Automobilgesellschaft und 1906 in Bremen die Namag (Marke: Lloyd) gegründet worden, die 1914 zur Hansa-Lloyd-Werke AG fusionierten. Nach dem Ersten Weltkrieg trennten sich beide Firmen wieder, entwickelten sich aber wenig glückhaft, bis sie 1929 vor dem Zusammenbruch standen. Da übernahmen die Goliath-Werke Borgward & Co. GmbH die Aktienmajorität. Diese Firma war 1928 von dem damals 38-jährigen Carl F. W. Borgward eingerichtet worden mit dem Zweck, seinen bis dahin bereits gut eingeführten Goliath-Blitzkarren in größerem Umfang zu bauen. Ende 1931 verschmolz Borgward das Goliath-Werk mit den Hansa-Lloyd-Werken. Außer Nutzfahrzeugen, die sich stets gut verkauften, brachte er eine Reihe neuer Personenwagenmodelle heraus. Nach dem 200-cm³-Dreirad Goliath-Pionier und den allerdings weniger überzeugenden Heckmotor-Kleinwagen Hansa 400 und 500 erschien 1934 Borgwards erfolgreichster Vorkriegstyp, der Hansa 1100, ein robuster Vierzylinder mit sehr ansprechender Form. Dazu kam bald der Hansa 1700 mit Sechszylindermotor und schließlich, schon mit neuem Markenzeichen, der Borgward 2000, der 2300 sowie in geringer Stückzahl ein 3,5-Liter-Modell. Seit 1938, als eine neu errichtete Fabrik in Bremen-Sebaldsbrück in Betrieb genommen wurde, lautete die Firmenbezeichnung Carl F. W. Borgward Automobil- und Motoren-Werke GmbH. Im Krieg wurden dort hauptsächlich Panzerfahrzeuge und Zugmaschinen hergestellt. 1948 kehrte Borgward 58-jährig aus der Internierung zurück.

Die Lastwagenproduktion lief zu jener Zeit bereits wieder, und bald erschien nun der Hansa 1500, dem im Laufe der Jahre der 1800, der 2400, die Isabella und der 2,3-Liter P 100 folgten. Dazu gründete Borgward nunmehr als selbständige Unternehmen die Goliath-Werk GmbH und die Lloyd-Motoren-Werke GmbH, die mit ihren verschiedenen Modellen zeitweise sehr viel, zeitweise aber auch weniger Erfolg hatten.

Borgward Hansa 1500 Sportcabrio, 1950–1953. Im Gegensatz zum Vorgänger flacher gehalten und mit verringertem Radstand.

Im Herbst 1960 geriet die Borgward-Gruppe in finanzielle Schwierigkeiten. Nun übernahm der Bremer Senat die Fabriken des einstigen Privatkonzerns, um diese vor dem endgültigen Zusammenbruch zu bewahren, doch blieben die von Anfang an umstrittenen Sanierungsmaßnahmen erfolglos. Carl F. W. Borgward, zeitlebens mehr Konstrukteur als Geschäftsmann, verstarb 73-jährig im Juli 1963.

Borgward Hansa 1500 (1949–1952)

Vorgestellt März 1949 (Genfer Salon). Erste deutsche Personenwagen-Neukonstruktion nach dem Kriege. Erstes deutsches Auto mit Pontonkarosserie nach amerikanischem Vorbild (Kaiser). Ab Juli 1949 bis September 1952 wurden 22.504 Wagen gebaut, davon 1.255 Kombis.

Nur wenige Monate später präsentierte die Karosseriefirma Hebmüller bereits ein viersitziges Cabriolet. Das Fahrgestell und der 52-PS-Vierzylindermotor wurden unverändert von der Limousine übernommen. Zusätzlich gab es bald darauf eine Sportversion mit verkürztem Radstand, flacherer Karosserie und 66-PS-Motor (49 kW). Ab Frühjahr 1953 erhielt dieses 2/2-sitzige Hansa 1500 Sport-Cabriolet den so genannten Carrera-Motor mit 80 PS / 59 kW, der für 165 km/h Spitze sorgte. Selbst ein viertüriges offenes Polizeifahrzeug wurde gebaut, Karosserie Hebmüller.

Borgward Hansa 1800 (1952–1954)

Ab Sommer 1952 lösten das Hansa 1800 Cabriolet und das Hansa 1800 Sport-Cabriolet die 1500er-Modelle ab. Die Karosserien blieben weitgehend unverändert, als Antrieb diente bei beiden Versionen das 60-PS-Aggregat (44 kW) aus der Serienlimousine. Ein spezieller Hochleistungsmotor wurde nicht mehr angeboten. Im Mai 1954 lief die Produktion aus. Unterscheidungs-Merkmale: Zunächst Drei- statt Vierganggetriebe. Zierleiste unter Seitenfenstern, Blinker auf den Vorderkotflügeln. Außerdem ab März 1953: Vollsynchronisiertes Vierganggetriebe, andere Armaturentafel, breitere Heckscheibe. Gebaut ab Mai 1952 bis Mai 1954, insgesamt entstanden 8.111 Wagen aller Baureihen, davon 999 Kombis.

Borgward Hansa 1500, in der Nomenklatur als »Streifenkraftwagen 4 Sitze« geführt und DM 10.250,- teuer. Alle Fotos: Peter Kurze

Borgward Hansa 1800 Sport-Cabriolet (1953–1954)

Gleicher Wagen wie Hansa 1500 Sport-Cabriolet, jedoch mit 1,8-Liter-Serienmotor statt 1,5-Liter-Sportmotor. Es kostete DM 12.950,-.

Hebmüller baute 1950 bis 1952 für Borgward das Hansa 1500 Tourencabrio. Die Blinker befanden sich hier unterhalb der Scheinwerfer.

Borgward Hansa 1500, 1950–1952. Alle Fotos: Peter Kurze

Borgward Hansa 1800 Sportcabriolet, 1953–1954.

Borgward Hansa 1500 Tourencabriolet, 1950–1952.

	Borgward Hansa 1500 1949–1952	Borgward Hansa 1500 Sport-Cabriolet 1950-1953	Borgward Hansa 1800 1952-1954	Borgward Hansa 1800 Sport-Cabriolet 1953-1954
Motor	Otto			
Zylinderzahl / Bauart	4 (Reihe), vorne längs			
Bohrung x Hub	72 x 92 mm	72 x 92 mm	78 x 92 mm	78 x 92 mm
Hubraum	1498 cm^3	1498 cm^3	1758 cm^3	1758 cm^3
Leistung	48 PS bei 4000 U/min ab Herbst 1950: 52 PS bei 4200 U/min	66 PS bei 4400 U/min	60 PS bei 4200 U/min	60 PS bei 4200 U/min
Drehmoment	10,6 mkg bei 2300 U/min	11,0 mkg bei 2500 U/min	12,8 mkg bei 2100 U/min	12,8 mkg bei 2100 U/min
Verdichtung	1:6,3	1:7,2	1:6,4	1:6,4
Gemischbildung	1 Fallstromvergaser Solex 32 PBJ	2 Fallstromvergaser Solex 32 PBJ	1 Fallstromvergaser Solex 32 PBJC	1 Fallstromvergaser Solex 32 PBJC
Ventile / Steuerung	2 / hängend, Stoßstangen und Kipphebel, seitliche Nockenwelle, Antrieb durch Stirnräder		2 / hängend, Stoßstangen und Kipphebel, seitliche Nockenwelle, Antrieb durch Stirnräder	
Kurbelwellenlager	3	3	3	3
Kühlung	Pumpe, 7,5 Liter Wasser	Pumpe, 7,5 Liter Wasser	Pumpe, 7,5 Liter Wasser	Pumpe, 7,5 Liter Wasser
Schmierung	Druckumlauf, 4 Liter Öl	Druckumlauf, 4 Liter Öl	Druckumlauf, 4 Liter Öl	Druckumlauf, 4 Liter Öl
Batterie	6 V 75 Ah (im Motorraum)	6 V 75 Ah (im Motorraum)	6 V 75 Ah (im Motorraum)	6 V 75 Ah (im Motorraum)
Lichtmaschine	130 W	130 W	130 W	130 W
Kraftübertragung	Antrieb auf Hinterräder			
Schaltung	Schalthebel Wagenmitte, ab Januar 1951: Lenkradschaltung; ab März 1950 auf Wunsch: Hansamatic, Wählhebel unter Lenkrad			
Kupplung	Einscheibentrocken, Hansamatic: Automatisches Strömungsgetriebe, Hydraulischer Wandler			
Getriebe	Bis März 1953: 3-Gang, ab März 1953: 4-Gang			
Synchronisierung	III–IV	III–IV	II–III bzw. I–IV	I–IV
Übersetzungen	I. 3.66 – II. 2.30 – III. 1.51 – IV. 1.00	I. 3.66 – II. 2.30 – III. 1.51 – IV. 1.00	I. 3,015 – II. 1,470 – III. 1,000, I. 4,18 – II. 2,32 – III. 1,47 – IV. 1,00	I. 4,18 – II. 2,32 – III. 1,47 – IV. 1,00
Antriebs-Übersetzung	4,28	3,75	4,28 / 4,25	3,75
Karosserie / Fahrwerk	Zentralrohrrahmen mit Plattform, Ganzstahlkarosserie			
Vorderradaufhängung	Querlenker oben, 1 Querfeder unten			
Hinterradaufhängung	Pendelachse, Schublenker, 1 Querfeder			
Lenkung	Schnecke (13,55:1), 2,4 Lenkraddrehungen		Schnecke (13,55:1), 2,5 Lenkraddrehungen	
Fußbremse	Hydraulisch, Trommel 250 mm Ø, Bremsfläche 832 cm^2			
Allgemeine Daten				
Radstand	2600 mm	2400 mm	2600 mm	2400 mm
Spur vorn/hinten	1250/1300 mm	1250/1300 mm	1250/1300 mm	1250/1300 mm
Gesamtmaße	4450 x 1620 x 1600 mm	4175 x 1620 x 1500 mm	4450 x 1620 x 1600 mm	4175 x 1620 x 1500 mm
Räder	4,5 K x 15	4 J x 15	4½ K x 15	4 J x 15
Reifen	6,40-15	5,90-15	6,40-15	5,90-15
Wendekreis	11 Meter	10,5 Meter	11 Meter	10,5 Meter
Leermasse	1240 kg	1155 kg	1270 kg	Sport-Cabriolet: 1155 kg
Zuläss. Gesamtgewicht	1530 kg	1415 kg	1570 kg	Sport-Cabriolet: 1415 kg
Höchstgeschwindigkeit	121 km/h	150 km/h	136 km/h	150 km/h
Beschleunigung 0–100 km/h	27, Hansa-Matic 37 sec	k.A.	24 sec	20 sec
Verbrauch/100 km	10, Hansa-Matic 10,5 Liter	10,5 Liter	10 Liter	10 Liter
Kraftstofftank	40 Liter (im Heck)	40 Liter (im Heck)	40 Liter (im Heck)	40 Liter (im Heck)

	Borgward Isabella 1954 - 1961	Borgward Isabella TS 1955 - 1961
Motor	Otto	
Zylinderzahl / Bauart	4 (Reihe) vorne längs	
Bohrung x Hub	75 x 84,5 mm	
Hubraum	1493 cm³	
Leistung	60 PS bei 4700 /min	75 PS bei 5200 /min
Drehmoment	11 mkg bei 2400 /min	11,7 mkg bei 3000 /min
Verdichtung	1:6,8, ab 1957: 1:7	1:8,2
Gemischbildung	1 Fallstromvergaser Solex 32 PJCB	1 Register-Fallstromvergaser Solex 32 PAITA
Ventile / Steuerung	2 / hängend, Stoßstangen und Kipphebel, seitliche Nockenwelle, Antrieb durch Stirnräder	
Kurbelwellenlager	3	
Kühlung	Pumpe, 7 Liter Wasser	
Schmierung	Druckumlauf, 4,4 Liter Öl	
Batterie	6 V 84 Ah (im Motorraum)	
Lichtmaschine	130 bzw. (ab 1957) 160 W	
Kraftübertragung	Antrieb auf Hinterräder	
Schaltung	Lenkradschaltung	
Kupplung	Einscheibentrocken, ab Mai 1960 auf Wunsch: Saxomat	
Getriebe	4 Gang	
Synchronisierung	I-IV	
Übersetzungen	I. 4,18 – II. 2,32 – III. 1,47 – IV. 1,00 ,ab Sommer 1955: I. 3,86 – II. 2,15 – III. 1,36 – IV. 1,00, ab Mai 1960 auf Wunsch: Vollautomatisches Hobbs-Viergangetriebe Hansamatic	
Antriebs-Übersetzung	3,9	3,9
Karosserie / Fahrwerk	Selbsttragende Ganzstahlkarosserie	
Vorderradaufhängung	Doppel-Querlenker, Schraubenfedern, Stabilisator	
Hinterradaufhängung	Pendelachse, Schubstreben, Schraubenfedern	
Lenkung	Schnecke (15,43:1), 3,25 Lenkraddrehungen	
Fußbremse	Hydraulisch, Trommel vorn und hinten 230 mm Ø, Bremsfläche 744 cm²	
Allgemeine Daten		
Radstand	2600 mm	
Spur vorn/hinten	1336/1360, ab Aug. 1958: 1346/1370 mm	
Gesamtmaße	4390 x 1705 x 1480 mm, ab Aug. 1958: 4400 x 1760 x 1500 mm	
Räder	4½ K x 13	
Reifen	5,90-13	
Wendekreis	11 Meter	
Leermasse	1060 kg	1120 kg
Zuläss. Gesamtgewicht	1395 kg	1440 kg
Höchstgeschwindigkeit	135 km/h	150 km/h
Beschleunigung 0–100 km/h	25 sec	19 sec
Verbrauch/100 km	10,5 Liter	9,5 Liter
Kraftstofftank	40 Liter, ab Sept. 1957: 46 Liter (im Heck)	

Borgward Isabella (1954–1961)

Völlig neuer Nachfolger des Hansa 1500/1800. Serienbeginn Juni 1954 (Kombi Mai 1955). Ab 1957: Wegfall des Gitters im Kühlergrill. Ab August 1958: Borgward-Rhombus verkleinert, glatte Hinterkotflügel, schmale HeckleuchtenKofferraum größer. Bis September 1961 wurden, alle Isabella-Modelle zusammengerechnet, 202.862 Wagen gebaut.

Ab 1955 gab es die Isabelle als 2/2-sitziges Cabriolet (Karosserie Deutsch), kurze Zeit darauf auch wahlweise mit dem stärkeren TS-Motor. Von der zweiten Isabella-Serie ab August 1958 gab es das Cabriolet nur mehr in der TS-Version.

Zwischen 1957 und 1960 stellte Deutsch außerdem ca. 20 Cabriolets auf Isabella-Coupé-Basis her, nach Ansicht vieler Fachleute das schönste Borgward-Modell überhaupt. Das Design stammte von Johannes Beeskow, der 1953 von Rometsch zu Deutsch gewechsel hatte. Auch bei Autenrieth entstanden einige wenige Exemplare.

	Preis		
	1954/57	1957/59	1959/61
Cabriolet 2/2 Sitze	DM 9.950,–	—	—
„TS" Cabriolet 2/2 Sitze	DM 9.950,–	DM 8.725,–	DM 9.125,–
Cabriolet 2/2 Sitze	DM 10.950,–	DM 12.535,–	

Bei diesem Deutsch-Cabrio bildete das 1957er Coupé die Basis.

Rechte Seite: Deutsch fertigte seine Cabriolets auf Limousinenbasis. Das obere Bild zeigt die zwischen 1954 und 1956 gebaute Ausführung, das untere ein Cabrio-Modell von 1959. Alle Fotos: Peter Kurze

Goliath

Die Entstehungsgeschichte der Marke Goliath steht im Zusammenhang mit der von Borgward, und mit dem Zusammenbruch des Borgward-Konzerns 1961 verschwand auch die Marke Goliath.

Goliath GP 700 / GP 700 E / GP 900 (1951–1957)

Im März 1950 kam mit dem Modell GP 700 ein neuer Personenwagen der Marke Goliath auf den Markt; sein Motor war ein Zweitakt-Zweizylinder mit 688 cm^3 Hubraum mit zunächst 25 PS. Auch ein Cabrio zu 8690 Mark wurde angeboten, desgleichen eine Cabrio-Limousine (DM 6.650,-). Auf Wunsch war der GP 700 ab 1953 auch mit Kraftstoffeinspritzung (DM 7.135,-) zu haben, er leistete dann 29,5 PS.

Die großen GP 900 gab es ebenfalls mit (1956) und ohne Einspritzung, die Leistung lag bei 38 beziehungsweise 40 PS. Der 700er mit Einspritzmotor wurde aufgegeben, stattdessen kam 1956 ein neuer GP 700 mit der für den 900er entwickelten Vergaserbattrie. Die nunmehrige Kombination brachte es auf lebendige 29 PS. 1957 vollzog Borgward dann die radikale Abkehr vom Zweitakter. Alle Goliath-Personenwagen hatten die gleiche Karosserie, die Ausstattung machte den Unterschied.

Das galt natürlich auch für die Cabrio-Limousinen, neben Opel bot lediglich noch die Borgward-Gruppe diese Vorkriegs-Bauform an.

Authenrieth baute dieses GP 700 Vollcabrio, 1951. Foto: Peter Kurze

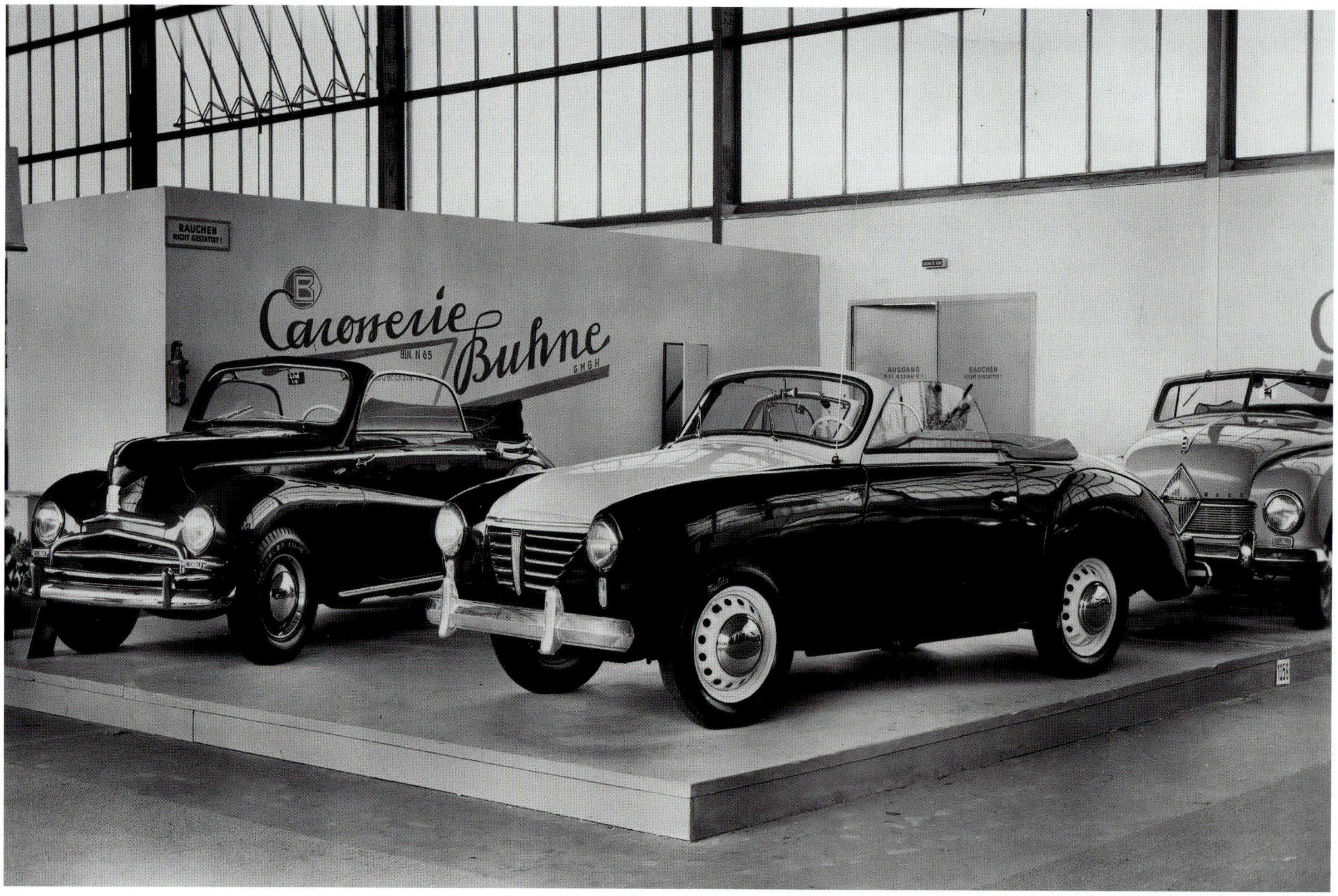

Ein Einzelstück blieb dieses 1951 bei der Berliner Karosseriefirma Heinrich Buhne gebaute GP700-Cabriolet. Foto: Archiv Halwart Schrader

In ganz geringer Stückzahl wurde 1951 ein viersitziges Goliath-Vollcabriolet mit Lederausstattung angeboten. Ferner stellte die Berliner Karosseriefirma Buhne 1951 einen zweisitzigen GP 700 Roadster vor. Es blieb bei einem, maximal zwei Einzelstücken, die Firma konzentrierte sich ganz auf den Nutzfahrzeugbau und später auf Feuerwehr-Aufbauten. Das Unternehmen erlosch 2005.

Goliath 1100 / Hansa 1100 (1957–1959)

Zur IAA 1957 erschien der Goliath 1100 (der ab Juli 1958 dann »Hansa« hieß), er sollte bis zur Firmenschließung 1961 hergestellt werden. Doch unter welchem Namen auch immer: Der wie seine Vorgänger frontgetriebene 1100er besaß einen Vierzylinder-Viertaktmotor mit 40 PS / 29 kW, wahlweise als Einspritzer mit 55 PS / 40 kW zu haben. Der ab Februar 1957 gebaute wassergekühlte Vierzylinder-Boxermotor galt als hervorragende Konstruktion, er bot sehr viel Auto für's Geld. Als Hansa 1100 hatte er dann Lenkrad- statt Stockschaltung, größere Fensterflächen, ein besser proportioniertes Heck und andere Zierleisten. Mit etwas mehr als 31.000 Fahrzeugen Jahren waren die 1100er wesentlich erfolgreicher als die zweitaktenden Vorgängern. Die letzten Fahrzeuge wurden noch 1963 aus Teilebeständen komplettiert

Vom Goliath 1100 wie auch vom Hansa 1100 gab wieder Cabrio-Limousinen; diese gab es aber ausschließlich mit der schwächeren 40-PS-Maschine.

Goliath GP 700 Cabrio-Limousine, 1951-1955: So unelegant türmte sich bei keiner anderen Cabrio-Limousine jener Zeit das Faltdach auf.

Goliath GP 700 Cabrio-Limousine, Luxus-Ausstattung,1956-1957.

Goliath GP 700 und GP 900 waren lediglich an der Seitenzierleiste zu unterscheiden: Die hatte nur der 900er Goliath. Alle Fotos: Peter Kurze

Das von der Presse außerordentlich positiv beurteilte Coupé (hier bis 1959) bildete die Basis für das Wiesenfahrt-Cabrio. Foto: Peter Kurze

Hansa 1100 2/2 sitziges Cabriolet 40 und 55 PS Preis DM 8900.–

HERBERT WIESENFARTH REUTLINGEN

KAROSSERIE-SPEZIAL-AUFBAUTEN

REUTLINGEN (Württ.), Benzstraße 62

Nur acht Mal gebaut wurde das Wiesenfarth-Cabriolet. Hier fügte sich das Verdeck harmonisch ein. .

Den Bau der Cabrio-Limousinen stellte Borgward mit dem Facelift (Kühlergrill ohne senkrechte Mittelstrebe)1959 ein, wer nun einen offenen Hansa wollte, musste sich ins Schwäbische begeben: Die Reutlinger Karosseriefirma und Goliath-Vertretung Herbert Wiesenfarth baute auf Basis des Hansa 1100 Coupés ein elegantes 2/2-sitziges Vollcabriolet. Acht Exemplare entstanden zwischen 1958 und 1960.

Goliath Jagdwagen (1954–1960)

Im Sommer 1956 übergab das Goliath-Werk der Abnahme-Kommission des Bundesverteidigungsministeriums zwölf Geländewagen, genannt Typ 31, die zur Erprobung durch die junge Bundeswehr gedacht waren. Auch Porsche hatte einen solchen 4x4 konstruiert. Das Rennen machte jedoch der von der Auto Union präsentierte DKW Munga.

1957 löste ein verbesserter Typ 34 den Typ 31 ab. Als Antriebsaggregat diente zunächst der 40 PS / 29 kW starke Viertaktmotor aus der 1100er Limousine. Schon nach wenigen Monaten ersetzte man ihn durch einen 50-PS-Motor (37 kW). Das Fünfganggetriebe machte einem ZF-Vierganggetriebe mit Vorgelege Platz. Trotz dieser Verbesserungen blieb der Verkaufserfolg aus. Nach einem Dutzend Vorserienwagen entstanden von 1954 bis 1960 nicht mehr als 95 Exemplare, davon alleine 50 für die Truppenversuche der Bundeswehr. Der Preis betrug DM 10.075,- für die Zivil- und DM 12.025,- für die Bundeswehr-Ausführung.

1954 entstand dieser Prototyp eines Goliath-Geländewagens. Der »Jagdwagen 0,25t gl (Typ 31)« rerücksichtigte die Bundeswehr-Vorgaben und hatte den Vierzylinder-Boxermotor des Goliath 1100. Nach Vergleichsfahrten erhielt aber DKW mit dem Munga den Lieferkontrakt. Foto: Peter Kurze

	Goliath GP 700 1951 – 1957 Goliath GP 700 E 1953 – 1955	Goliath GP 900 V 1956 – 1957 Goliath GP 900 E 1955 – 1957
Motor	Otto (Zweitakt)	
Zylinderzahl / Bauartl	2 (Reihe), Motor-Getriebe-Block quer vor Vorderachse	
Bohrung x Hub	74 x 80 mm	84 x 80 mm
Hubraum	688 cm^3	886 cm^3
Leistung	24 PS bei 4000 U/min , 1955: 25,5 PS, 1956: 29 PS bei 4500 U/min; 29 PS bei 4000 U/min	38 PS / 40 PS bei 4000 U/min
Drehmoment	5,2 (ab 1956: 5,75) mkg bei 2750 U/min ; 5,9 mkg bei 2400 U/min	7,5 mkg bei 2750 U/min
Verdichtung	1:6,4 / 7,6, ab 1956: 7,2	1:7,4 / 7,7
Gemischbildung	1 Flachstromvergaser Solex 30 BFLH , ab 1956 Solex 44 HR; P 700/900 E: Bosch-Einspritzpumpe, Direkteinsprit-zung	
Kühlung	Thermosyphon, 9 Liter Was-ser, ab 1956: Pumpe, 8,5 Liter	Pumpe, 8,5 Liter Wasser
Steuerung	–	–
Schmierung	Gemisch 1:25, E: Frischölschm., Bosch-Kolbenpumpe	
Batterie	6 V 75 Ah (im Motorraum), ab 1953: 6 V 84 Ah	
Lichtmaschine	90, dann 130 W, ab 1956 160 W	
Kraftübertragung	Frontantrieb,	
Schaltung	Krückstockschaltung unter Lenkrad	
Kupplung	Einscheibentrocken	
Getriebe	4 Gang, vollsynchronisiert ab 12/1952	
Übersetzungen	I 3,33 II. 1,74 III. 1,12 IV. 0,83, ab 12/ 52: I. 3,28 II. 1,86 III. 1,22 IV. 0,82	I. 4,00 – II. 2,30 – III. 1,40 – IV. 0,87
Antriebs-Übersetzung	6,17, ab 1956: 4.73	4.73
Karosserie / Fahrwerk	Zentralrohrrahmen, Ganzstahlkarosserie	
Vorderradaufhängung	2 Querfedern	
Hinterradaufhängung	Starre I-Achse, Halbfedern	
Lenkung	Zahnstange (15,7:1), 2,25 Lenkraddrehungen	
Fußbremse	Hydraulisch, Trommel 230 mm Ø, Bremsfläche 760 cm^2	Hydraulisch, Trommel 230 mm Ø, Bremsfläche 676 cm^2
Allgemeine Daten		
Radstand	2300 mm	
Spur vorn/hinten	1250/1250 mm	
Gesamtmaße	4120 x 1570 x 1470 mm, ab 1955: 4034 x 1630 x 1470 mm	
Räder	3,25 D x 16 , ab 1954: 4 J x 15, ab 1956: 4 J x 13	
Reifen	5,00-16, ab 1954: 5,60-15, ab 1956: 5,60-13	
Wendekreis	12 Meter	12 Meter
Leermasse	940 kg, ab 1956: 920 kg	920 kg
Zuläss. Gesamtgewicht	1315 kg, ab 1956: 1285 kg	1285 kg
Höchstgeschwindigkeit	100 -110 km/h	110 km/h
Beschl. 0-100 km/h	ca. 120 sec , ab 1956: 48 sec	
Verbrauch/100 km	9-10 Liter	10,5 Liter
Kraftstofftank	30 Liter, ab 1955 47 Liter (vorn im Motorraum)	

	Goliath 1100, 1957 – 1958 Hansa 1100, 1958 – 1961	Jagdwagen Typ 31, 1956 – 1957 Jagdwagen Typ 34, 1957-1960
Motor	Otto (Viertakt), Typ 31: Otto (Zweitakt)	
Zylinderzahl	4 (Boxer), vorne längs, Typ 31: 2 (Reihe), vorne längs	
Bohrung x Hub	74 x 64 mm	84 x 80 / 74 x 64 mm
Hubraum	1093 cm^3	886 / 1093 cm^3
Leistung	40 PS bei 4250 U/min	40 PS bei 4000 U/min 50 PS bei 5000 U/min
Drehmoment	8 mkg bei 2750 /min	7,4 mkg bei 4000 U/min / 7,9 mkg bei 4000 U/min
Verdichtung	1:7,3	1: 7,7 / 1: 7,9
Gemischbildung	1 Fallstromvergaser Solex 32 P/C Bm, Hansa 1100: 1 Fallstromverg. Solex 28 PCI, ab 1959 Solex 32 KI-P	Direkteinspritzung Bosch, Typ 34: 1 Doppel-Fallstromvergaser Zenith-Pallas 32 NDXPICB
Ventile / Steuerung	2 / hängend, Stoßstangen und Kipphebel, zentrale Nocken-welle, Stirnräder	
Schmierung	Frischölschm., Typ 34 und 1100: Druckumlauf, 3 Liter Öl	
Batterie	6 V 84 Ah	2 x 12 V 45 Ah
Lichtmaschine	160 W	600 W
Kraftübertragung	Frontantrieb, Jagdwagen: Allradantrieb permanent (50 : 50 %), Selbstsp. Hinterachs-Differenzial	
Schaltung	Krückstockschaltung unter Lenkrad, ab 1959 Lenkrads.	Schaltstock Wagenmitte
Kupplung	Einscheibentrocken, ab 1959 auf Wunsch : Saxomat	Einscheibentrocken, F&S
Getriebe	4 Gang, vollsynchronisiert	5-G. Borgward / 4-G. ZF
Übersetzungen	I. 4,00 – II. 2,30 – III. 1,40 – IV. 0,875	I. 7,40 – II. 4,45 – III. 2,75 – IV. 1,73 – V. 1,07 – R. 7,0; Typ 34: I 4,90 – II. 2,70 – III. 1,50 – IV. 0987 – R 4,54
Antriebs-Übersetzung	4,714	5,83 / 6,33, Gelände 1,34
Karosserie / Fahrwerk	Zentralrohrrahmen, Ganz-stahlkarosserie	Kastenrahmen, Längs- und Querträger, Ganzstahlkar.
Vorderradaufhängung	Einzeln, 1 Querfeder oben, Querlenker unten	Einzeln, Querblattfeder oben, Dreiecksquerlenker unten, Teleskopstoßdämpfer
Hinterradaufhängung	Starrachse, Halbfedern	Starr, Halbelliptik-Längsblattfe-dern, Teleskopstoßdämpfer
Lenkung	Zahnstange (19,75:1). 3 Lenk-raddrehungen	Zahnstange (12,2:1). 3 Lenkrad-drehungen
Fußbremse	Hydraulisch, Trommel-Ø 230 mm, Bremsfläche 736 cm^2	
Allgemeine Daten		
Radstand	2270 mm	2000 / 2150 mm
Spur vorn/hinten	1290/ 1250 bzw. 1290/1290 mm	1300/ 1300, Typ 34: 1320/1320 mm
Gesamtmaße	4020 (4090) x 1630 x 1370 mm	3530 x 1660 x 1600 (1230) mm Typ 34: 3550 x 1650 x 1655 (1275) mm
Räder	4 J x 13	6.0-16 extra M
Reifen	5,60-13 (4 PR)	5.0 x 16
Wendekreis	10,7 Meter	12 Meter
Leermasse	900 kg	1150 / 1195 kg
Zuläss. Gesamtgewicht	1225 kg	1600 / 1700-1830 kg
Höchstgeschwindigkeit	124 km/h	95/ 100 km/h
Beschl. 0–100 km/h	26 sec	22 sec
Verbrauch/100 km	10 Liter	12-16 Liter
Kraftstofftank	45 Liter (im Heck)	45 Liter (im Heck)

Lloyd

Eine Gebrauchtberatung 1960 führte den Lloyd-Erfolg in erster Linie auf das gute Vertriebsnetz und den geringen Preis zurück.

Die 1906 in Bremen gegründete Norddeutsche Automobil- und Motoren AG – kurz NAMAG – war eine Tochtergesellschaft des Norddeutschen Lloyd, eine der größten Reedereien Deutschlands. 1921 erfolgte die Gründung der „Bremer Kühlerfabrik Borgward & Co.", die zunächst Lieferant der Hansa-Lloyd-Werke AG war. Der Kaufmann Carl F.W. Borgward gründete wenig später die Firma Goliath, die einen Kleintransporter produzierte; 1929 übernahm der erfolgreiche Unternehmer die Aktienmehrheit bei Hansa-Lloyd und damit die Hansa-Lloyd Motorenwerke.

Borgwards Lloyd Maschinenfabrik GmbH wurde 1950 unter der Bezeichnung Lloyd Motoren-Werke GmbH eingetragen, die einen Kleinwagen namens Lloyd LP300 herausbrachte. Im Verein mit den Marken Borgward und Goliath war die Rolle der Marke Lloyd die des besonders günstigen Einsteigermodells. Lloyd lag von 1955 bis 1957 hinter VW und Opel an dritter Stelle der deutschen Neuzulassungen.

Das zweitürige Miniaturauto mit seiner Sperrholz-Karosserie, mit Kunstleder überzogen, bekam im Volksmund den Spitznamen »Leukoplastbomber«. Stahlblech war knapp, und die von Lloyd praktizierte Lösung erinnerte an die Weymann-Karosserien der Vorkriegszeit. Zur Herstellung der Aufbauten waren keine Karosseriepressen nötig, sondern nur viele fleißige Handwerkerhände. Ein luftgekühlter, 10 PS / 7,5 kW leistender 293-cm^3-Zweitakt-Zweizylindermotor trieb die Vorderräder an. Das Auto kostete DM 3.324,-. 1951 folgten eine Kombi- und eine Coupéversion.

Empfehlenswert waren die Lloyd erst nach 1952, zu erkennen an der großen Motorhaube. Dieses LC 300 Coupé (Modell 1952) hat noch die kleine Haube, aber ein Faltschiebedach. Alles Foto: P. Kurze

Bis Ende 1952 wurde der Wagen in 18.087 Exemplaren ausgeliefert, ein großartiger Erfolg. 1953 folgte mit einem auf 386 cm^3 vergrößerten und 12 PS / 9 kW leistenden Motor der Lloyd 400, mit Zentralrohrrahmen und Plattformboden, vorderen Querfedern und hinterer Pendelachse wie sein Vorgänger.

Im Mai 1959 erschien als bisher größtes und auch elegantestes Lloyd-Model die Arabella mit einem wassergekühlten Vierzylinder-Boxermotor. Der hatte 897 cm^3 Hubraum, eine zentrale Nockenwelle und 38 PS / 26 kW (de-Luxe-Ausführung: 45 PS / 33 kW). Doch dieser Wagen kam zu spät auf den Markt und war auch nicht zur Gänze ausgereift, um den defizitären Borgward-Konzern vor dem Zusammenbruch zu retten. Bis zum Juli 1961 wurden von der Arabella 45.549 Stück gebaut – eine Cabrioversion hat es nicht gegeben.

Lloyd 400 (1953–1957)

Der Lloyd 300 (1950–1952) galt seinerzeit als geradezu sensationelle Lösung des Kleinwagenproblems. Er war ein primitives, viel geschmähtes, aber betriebsbilliges Fortbewegungsmittel.

Seine Nachfolge trat ab Januar 1953 bis September 1957 der LP 400 an. Von ihm wurden insgesamt 109.878 Wagen gebaut. Zeitweise (um 1955) stand Lloyd nach VW und Opel an dritter Stelle in der deutschen Zulassungsstatistik. Es gab

Ab 1955 war der LC 400 mit Stahl-Karosserie zu haben.

	Lloyd 300 1950–1952	Lloyd 400 1953–1957	Lloyd 250 1956–1957
Motor	Otto (Zweitakter)		
Zylinderzahl	2 (Reihe) Motor-Getriebe-Block quer vor Vorderachse		
Bohrung x Hub	54 x 64 mm	62 x 64 mm	50 x 64 mm
Hubraum	293 cm^3	386 cm^3	250 cm^3
Leistung	10 PS bei 4000 U/min	13 PS bei 3750 U/min	11 PS bei 5000 U/min
Drehmoment	2 mkg bei 2700 U/min	2.9 mkg bei 2750 U/min	1,75 mkg bei 3650 U/min
Verdichtung	1:6.25	1:6,8	1:7
Gemischbildung	1 Flachstromvergaser Solex 26 BFRH	1 Flachstromvergaser Solex 30 BFRH	1 Flachstromvergaser Solex 32 HR
Ventile	Ohne	Ohne	Ohne
Kühlung	Gebläse (Luft)	Gebläse (Luft)	Gebläse (Luft)
Schmierung	Gemisch 1:25	Gemisch 1:25	Gemisch 1:25
Batterie	6 V 50 Ah (im Motorraum)	6 V 50 Ah (im Motorraum)	6 V 50 Ah (im Motorraum)
Lichtmaschine	75 W	75 W, ab Okt. 1954: 90 W	90 W
Kraftübertragung	Frontantrieb		
Schaltung	Krückstockschaltung unter Lenkrad		
Kupplung	Einscheibentrocken		
Getriebe	3-Gang , ohne Synchronisierung		
Übersetzungen	I. 4,58 – II.2,19 – III. 1,31	I 4,58 – II. 2,19 – III. 1,31	I 4,58 – II. 2,19 – III. 1,31
Antriebs-Übersetzung	4,87	4,87	5,7
Karosserie / Fahrwerk	Zentralrohrrahmen, Plattformboden, Holzkarosserie mit Hartholz-Fachwerkgerippe, Sperrholzverkleidung und Kunstlederbezug. 1953/54 stufenweiser Übergang auf Stahlblechteile		
Vorderradaufhängung	2 Querfedern		
Hinterradaufhängung	Pendelachse, Halbledern		
Lenkung	Zahnstange (17,65:1), 2,25 Lenkraddrehungen		
Fußbremse	Mechanisch Seilzug, ab März 1953: Hydraulisch, Trommel 180 mm Ø, Bremsfläche 426 cm^2, ab Aug. 1955: Trommel 200 mm Ø Bremsfläche 456 cm^2		
Handbremse	Mechanisch / 4 Räder	Mechanisch / Vorderräder	Mechanisch / Vorderräder
Allgemeine Daten			
Radstand	2000 mm		
Spur vorn/hinten	1050/1050 bzw. (ab Nov. 1954) 1050/1100 mm		
Gesamtmaße	3200 x 1320 x 1360 mm	3355 x 1410 x 1400 mm	3355 x 1410 x 1400 mm
Räder	2,50 C x 15	2,50 C x 15	2,50 C x 15
Reifen	4,00/4,25-15	4,25-15 (4PR)	4,25-15 (4PR)
Wendekreis	11 Meter	11 Meter	11 Meter
Leermasse	480 kg	510 kg	Einfach-Ausstattung 490 kg, Normal-Ausstattung 510 kg
Zuläss. Gesamtgewicht	780 kg	820 kg	820 kg
Höchstgeschwindigkeit	75 km/h	75 km/h	75 km/h
Verbrauch/100 km	5,5 Liter	6 Liter	6 Liter
Kraftstofftank	18 Liter (vorn im Motorraum)	25 Liter (vorn im Motorraum)	25 Liter (vorn im Motorraum)

Dank der Schalenbauweise (bei der das Dach keinerlei tragende Funktion übernahm) war der Bau einer Cabrio-Limiusine leicht. Doch diese Variante des LC 400 wurde kaum verkauft. Der Zweitakterbau endet 1957, ein 17-PS-400er ging nicht mehr in Serie. Foto: Peter Kurze

den Lloyd 400 in drei Entwicklungsstufen: Anfangs bestand die ganze Karosserie aus Sperrholzschalen mit Kunstlederbezug. Ab März 1953 Seitenteile aus Stahlblech. Ab Januar 1954 auch Motorhaube und Heck aus Stahlblech, außerdem von da an Zweispeichenlenkrad. Ab November 1954 war dann auch das Dach aus Stahlblech, außerdem gab es ein großes Heckfenster, unsichtbare Türscharniere und ein leiseres Kühlgebläse. Die im August 1955 vorgestellte Cabrio-Limousine LC 400 war im Grunde nichts anderes als die normale Limousine, bei der man das Stahldach durch ein Cabrioverdeck ersetzt hatte. Alle anderen Bauteile waren mit den entsprechenden Limousinen-Teilen identisch. Das Ergebnis sah nicht schlecht aus und konnte aufgrund der simplen Konstruktion konkurrenzlos billig angeboten werden; er kostete 3.680 Mark.

Lloyd LC 600 (1955–1957)

Mitte der 1950er Jahre umfasste das Lloyd-Angebot sieben mehr oder minder identische Limousinen sowie zwei Kleintransporter. Am unteren Ende warb der LP 250 in Einfachst-Ausstattung um Roller-Aufsteiger, er kostete 2.980 Mark. Mit seinen elf PS war er aber ebenso wenig zeitgemäß wie die Riege der 400er mit ihren Zweitakt-Motoren.

Mit dem Modell 600 vollzog Lloyd den Übergang vom Zwei- zum Viertaktmotor. Der neue Motor entsprach zwar den gestiegenen Ansprüchen, überforderte aber das Fahrwerk. Dennoch waren die Viertakter der 600er-Serie konkurrenzfähig.

Der LC 600, der kurz nach der LP-Limousine auf den Markt kam, war die letzte Cabrio-Limousine des Herstellers. Trotz des günstigen Preises fand der offene Lloyd aber nicht allzu viele Käufer. Er kostete DM 3.980,–. Den mangelnden Erfolg der Baureihe führten Zeitgenossen auf das schlechte Image der Marke zurück, daher wurde Nachfolger Lloyd als »Alexander« (1957-1961) beworben. Dieser aufgewertete Lloyd 600 mit Vierganggetriebe, Kurbelfenstern und Schwenkscheiben, Kofferklappe war zwar besser als der Ruf der Marke, ihm aber stand die typische Lloyd-Karosserie im Wege. Es gab ihn nie als Cabriolet beziehungsweise Cabrio-Limousine.

Der etwas stärkere Lloyd LP 600 (1955–1957) unterschied sich äußerlich kaum vom 400er. Foto: Peter Kurze

LC 600

So geräumig ging es nur im Prospekt zu: Die Rücksitze taugten nur für Kinder, und die Selbstmördertüren waren nicht mehr zeitgemäß.

Brabus

Bodo Buschmann (1955-2018) war mit Fahrzeugen der Marke Mercedes-Benz aufgewachsen. Sein Vater besaß Autohäuser in Bottrop und Umgebung. Nach dem Abitur studierte Buschmann Jura und BWL.1977 gründete er – noch während seines Studiums – mit seinem Partner Klaus Brackmann die Brabus GmbH zum Vertrieb von Hochleistungs-Spezialölen für Personenwagen. Bereits nach vier Wochen kaufte Buschmann seinem Partner dessen Anteile wieder ab, damit war er Alleininhaber der Firma Brabus.

1979 kam es zur Gründung der Brabus GmbH Mercedes-Tuning, gefolgt von der Firma Brabus Autosport als Tochterunternehmen der väterlichen Buschmann-Gruppe. Sie befasste sich mit der Optimierung von Mercedes-Benz-Fahrzeugen, ein Geschäft, das Erfolg versprach. 1983 wurde der erste Brabus-Mercedes auf der Essener Motor Show ausgestellt. Seit 1989 steht Brabus als Hersteller auf dem Typenschild; er war vom KBA als Produzent mit eigenem Markenstatus anerkannt worden.

Neben der optischen Veredelung führte Buschmann Fahrwerks- und Motortuning durch und erzielte Leistungen bis zu 360 PS / 264 kW. In Gestalt von Cabrios (in der Daimler-Nomenklatur: SL Roadster) rangierten am oberen Ende der Skala die S-V12S-Modelle mit 730 PS / 537 kW starkem V12-Biturbo auf Basis des S/CL/SL 600, der T13 mit »nur« 630 PS / 463 kW starkem V12-Biturbo auf gleicher Basis, der S-V12R Biturbo SL mit 800 PS / 590 kW und der Brabus SLK V8 »One of Five« als geplante Kleinserie des SLK R170 von 20 Stück. Diese wurde dann auf fünf Fahrzeuge limitiert mit einem 6.5-Liter-Motor mit 450 PS / 333 kW und 668 Nm. Die Höchstgeschwindigkeit belief sich mit langer Hinterachse auf 302 km/h.

Einen SL 800 nennt Brabus sein bislang stärkstes Stück auf Basis des Mercedes SL 65 AMG. Dank seiner 1.100 Nm war dieses Auto damals der leistungsstärkste Roadster der Welt. Highlights bei Brabus sind aktuell der 800 PS starke Brabus Rocket auf Basis der CLS-Klasse sowie der Brabus 850 6.0 Biturbo mit 850 PS / 626 kW und einem maximalen Drehmoment von 1.450 Nm.

Neben dem Tunen exklusiver Mercedes-Modelle widmete sich Brabus ab 1999 auch dem Smart und entwickelte Leistungskits, die das Motormanagement betreffen. 2002 gründeten der Automobilhersteller MCC (Smart) und Brabus die Smart-Brabus GmbH, um ihre Zusammenarbeit zu intensivieren. Spitzenmodell war 2020 der Brabus Ultimate E auf Basis des elektrisch angetriebenen Smart EQ Fortwo Cabriolets mit 92 PS / 68 kW. Die von Brabus präparierten Fahrzeuge trugen später ausschließlich Blauschwarz-Metallic.

Der Brabus Rocket 900 6.3 V12, präsentiert zur IAA 2017, stellte die nächste Stufe im Wettrüsten des weltweit größten herstellerunabhängigen Automobilveredlers dar: Basis bildete der Mercedes-Benz AMG S 65. Die Leistung lag bei 900 PS / 662 kW, das Drehmoment musste auf 1200 Nm begrenzt werden.

Am Rande des 24-Stunden-Rennens im französischen Le Mans 2016 präsentierte Brabus das seinerzeit schnellste Viersitzer-Cabriolet der Welt. Basis des Mercedes AMG S 63 4Matic, den die Brabus-Mannen auf 850 PS /625 kW bei 4500 Umdrehungen pro Minute getunt hatten. Sie erreichten damit eine Höchstgeschwindigkeit von 350 km/h.

Zum Modelljahr 2008 ging der smart fortwo BRABUS an den Start. Er war Bestandteil der offiziellen Modellpalette von DaimlerChrysler und versprach 30 Prozent mehr Leistung bei 5,2 Litern Kraftstoffverbrauch.

Smart Roadster Brabus, 2005: Dem etwas schwächlichen Dreizylinder-Turbomotor des Smart Rodaster half Brabus mit neuen Kolben, einen modifizierten Turbolader mit 1,4 bar Ladedruck und einem wassergekühlter Ladeluftkühler auf die Sprünge. Dazu kamen ein Sportfahrwerk, Breitreifen, eine optimierte Schaltung und weitere Feinarbeit. Nun trafen 101 PS auf 832 Kilogramm und beschleunigten in unter zehn Sekunden auf 100 km/h. Der Vortrieb endete bei 190 km/h.

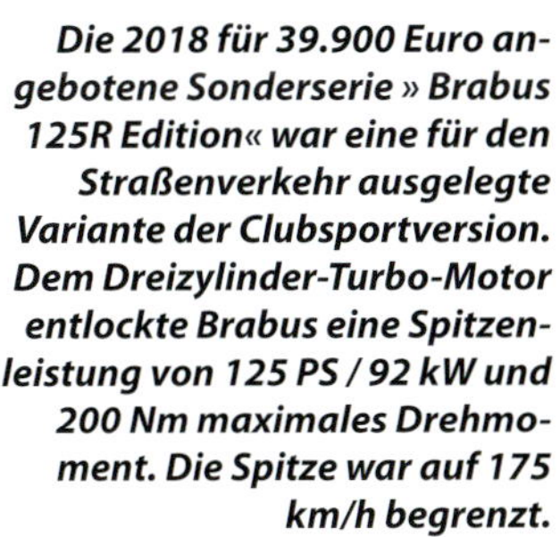

Die 2018 für 39.900 Euro angebotene Sonderserie » Brabus 125R Edition« war eine für den Straßenverkehr ausgelegte Variante der Clubsportversion. Dem Dreizylinder-Turbo-Motor entlockte Brabus eine Spitzenleistung von 125 PS / 92 kW und 200 Nm maximales Drehmoment. Die Spitze war auf 175 km/h begrenzt.

Brütsch

Fabrikantensohn Egon Brütsch (1904-1988) war zunächst als Rennfahrer auf Bugatti, Alfa Romeo, Maserati und Mercedes-Benz unterwegs. Nach dem Ende des Zweiten Weltkrieges baute er sich in Eigenregie einen Rennwagen, den EBS-Maserati (EBS: Egon Brütsch Stuttgart). Bekannter wurde Brütsch jedoch als Konstrukteur zahlreicher Kleinwagen mit luftgekühlten Zweitakt-Motorradmotoren.

Im Frühjahr 1950 entstand als größeres Modell zunächst der Brütsch-Ford 1200, den es als zwei- und als viertüriges Cabriolet sowie als Coupé gab. Die Alu-Karosserien ließ Brütsch bei Wendler in Reutlingen anfertigen. 15 Fahrzeuge entstanden.

1954 stellte Brütsch seinen ersten Kleinwagen mit einer zweisitzigen Roadster-Karosserie aus Kunststoff vor. Dies war der Typ 200, der später den Markennamen Spatz erhielt. Die Baurechte hatte Brütsch dem bayerischen Fabrikanten Friedrich (Firma Alzmetall) in Altenmark verkauft. Friedrich beauftragte Hans Ledwinka, den Kleinwagen zu verbessern, wogegen Brütsch (erfolglos) klagte – und ein neues Modell entwarf, für das er Lizenznehmer in der Schweiz (Belcar) und in Frankreich (Avolette) fand.

Brütsch schuf weitere Frischluft-Kleinstmobile wie den 750 Mark teuren, 14-mal gebauten Mopetta (späterer Name: Opelit Mopetta), den Rollera, den Bussard, den Pfeil und den Tricar. Der umtriebige Fabrikant packte im Umfeld der IFMA drei Mopetta und einen Rollera auf zwei normale Pkw-Dächer, um damit Werbefahrten zu unternehmen Erfolgreich waren diese skurrilen Konstruktionen alle nicht. 1958 zog sich Egon Brütsch entmutigt aus dem Geschäft zurück.

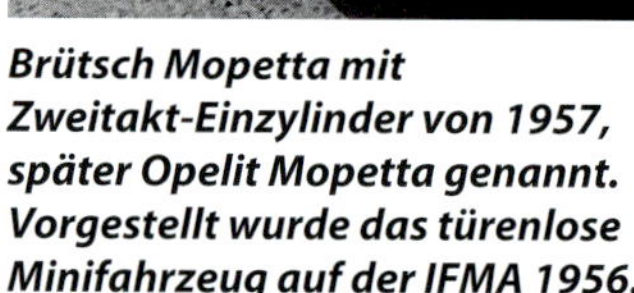

Brütsch Mopetta mit Zweitakt-Einzylinder von 1957, später Opelit Mopetta genannt. Vorgestellt wurde das türenlose Minifahrzeug auf der IFMA 1956.

Oben rechts: Brütsch Rollera mit 98-cm^3-Zweitakt-Einzylinder (5,2 PS, Dreiganggetriebe), 1956 bis 1958 wahrscheinlich nur achtmal gebaut. Das 2,1 m lange Fahrzeug wog 85 kg.

Der Brütsch Spatz 200 war das erste deutsche Auto (sofern man diese Bezeichnung wählen möchte) aus Kunststoff. Die zweiteilige Schale wurde an der umlaufenden Stoßleiste zusammengefügt.

Champion Maico

Der Urahn des Champion entstand bereits im ersten Nachkriegsjahr bei der 1915 gegründeten Getriebefabrik ZF in Friedrichshafen. Der 1946 von Oberingenieur Albert Maier konstruierte winzige zweisitzige Roadster besaß vier Motorradräder und im Heck einen Motorrad-Motor.

Dieses 165 kg leichte Einzelstück, das heute im Foyer von ZF zu besichtigen ist, wurde von einem 200-cm³-Einzylinder von Triumph mit 5 PS / 3,5 kW und Zweiganggetriebe angetrieben – 40 km/h Spitze sollen erreicht worden sein. Die Idee dahinter: Die Leichtbaukonstruktion sollte als preiswerter Bausatz an die Belegschaft gegeben werden, wobei der herausnehmbare Motor auch als Antrieb für Arbeitsgeräte genutzt werden konnte. Nach fünf Versuchsfahrzeugen stoppte ZF das Projekt und verkaufte die kleinen, offenen Zweisitzer und die Rechte an der Konstruktion.

Im Januar 1949 erwarb der frühere BMW-Versuchsingenieur Hermann Holbein von ZF die Lizenz zum Nachbau des Champion. Nach einigen Vorserienwagen lief im März 1950 in Herrlingen bei Ulm die Serienproduktion an. Im November desselben Jahres gründete Holbein gemeinsam mit der Bielefelder Stahlfirma Benteler die Champion Automobilwerke GmbH und siedelte nach Paderborn über.

Noch vier Monate lang wurde dort der Roadster weitergebaut, dann bereitete man den Start der Cabrio-Limousine Champion 400 vor. Erste Entwürfe waren bereits 1949 bei den Karosseriewerken Weinsberg entstanden. Die Produktion begann im Mai 1951. Die Karosserien kamen allerdings nicht aus Weinsberg, sondern von Drauz in Heilbronn. Querelen mit seinen Partnern führten dazu, dass sich Holbein im Sommer 1952 aus dem Unternehmen zurückzog und anschließend im Auftrag der Deutschen Fiat AG in Heilbronn maßgeblich an der Entwicklung des Topolino-Nachfolgers beteiligt war. Die Produktion des Champion lief im September 1952 aus, nachdem zuletzt ein Verlust von 400 DM pro Wagen entstanden war.

Diese Tatsache konnte freilich den Champion-Händler Hennhöfer & Co. in Ludwigshafen/Rhein nicht schrecken. Voller Optimismus gründete er die Rheinische Automobilfabrik Hennhöfer & Co. OHG, kaufte die Produktionsanlagen in Paderborn und begann im Dezember 1952 mit dem Bau einer neuen Vorserie. Im April lief dann die Serienproduktion an. Als Antriebsaggregat diente jetzt ein Heinkel-Motor. Obwohl der Champion zu diesem Zeitpunkt ein passabler Kleinwagen war, kam man bei weitem nicht auf die angestrebten Stückzahlen. Der Trend ging eindeutig in Richtung Viersitzer. Schon im November 1953 musste die Rheinische Automobilfabrik ihre Tore schließen.

Der nächste Wiederbelebungsversuch fand im Sommer 1954 statt. Der Däne Henning Thorndal ließ die Produktion wieder anlaufen und senkte den Preis. Dennoch war der

Die Grundkostruktion stammte von der Zahnradfabrik Friedrichshafen, die Produktion aber von Hermann Holbein, der seinen Entwurf im April 1949 auf der Reutlinger Automobilausstellung erstmals zeigte. Die Karosserien wurden in Tuttlingen hergestellt. Foto: Kittler

Champion Ch-1 Roadster (Böbel), 1949, mit geteilter Windschutzscheibe.

Rückwärtsgang überflüssig: Champion Ch-2 Roadster mit einteiliger Windschutzscheibe, 1949.

Aus der Heck-Perspektive ist der Maico 400 gestalterisch gelungen. Mit 3,18 m Länge und einem Radstand von 1,80 m wog er lediglich 495 kg. Der Nachfolger war ein richtig guter Mitbewerber im Kleinwagensegment, doch Maico ging Pleite und riss beinahe auch Baur mit.

Champion kaum billiger als ein VW Standard und noch teurer als der Lloyd LP 400 S, den großen Rivalen in diesem Preissegment. Im November standen in Ludwigshafen die Bänder abermals still.

Maico 500 (1956-1958)

Nun traten die Pfäffinger Maico-Werke auf den Plan. Im Juni 1955 übernahmen sie für rund 300.000 DM sämtliche Montageeinrichtungen, Werkzeuge und Lagervorräte. Die zweitsitzige Cabrio-Limousine trug jetzt die Typenbezeichnung Maico MC 400 H. Auf der IAA 1955 präsentierte man zusätzlich eine viersitzige Limousine, die bis August 1958 gebaut wurde. Auf deren Chassis baute 1957 die Schweizer Karosseriefirma Beutler in Thun vier Roadster mit Kunststoffkarosserie. Dieser Maico 500 Sport ging jedoch nicht mehr in Serie. Die Weiterentwicklung des Champion 400 führte zur Maico-500-Limousine. Solide Verarbeitung, ordentliche Federung, aber dubiose Lenkung, schwache Bremsen und beträchtlicher Innenlärm. Die Karosseriefertigung erledigte Baur in Stuttgart. Ab Juni 1956 bis Oktober 1958 baute Maico (Pfäffingen) 6301 Fahrzeuge dieses Modells. Preis: Limousine 2 Türen DM 3.665,–. Außerdem wurden etwa vierZweisitzer-Cabriolets hergestellt (Karosserie Beutler, Thun/Schweiz).

ZF trat übrigens nur noch ein einziges Mal als Partner bei einer eigenständigen Automobilentwicklung auf: mit dem zusammen mit Karmann im Jahr 2005 aufgebauten SUC (Sport Utility Convertible). Besonderheit war nicht nur die Kombination von offenem Auto und Geländefahrzeug, sondern auch das vollelektronische Fahrwerk, das ZF entwickelt hatte. Das Projekt war seiner Zeit um Jahrzehnte voraus. Die Grundkonstruktion baute auf dem ersten X5 von BMW auf, verfügte aber u.a. über ein großes Verdeck mit Glasdach über dem Fahrer und gegenläufig öffnenden Türen.

Die Schweizer Karosseriefabrik Beutler in Thun baute 1957 vier Exemplare des Maico 500 Sport. Eine Serienproduktion kam nicht zustande.

	Champion 400 1951–1952	Champion 400 H 1953–1956	Maico 500 1956–1958
Motor	Otto (Zweitakt) von ILO	Otto (Zweitakt) von Heinkel	Otto (Zweitakt) von Heinkel
Zylinderzahl / Bauart	2 (Reihe), Motor hinter, Getriebe vor der Hinterachse		
Bohrung x Hub	61 x 68 mm	62 x 68 mm	66 x 66 mm
Hubraum	398 cm^3	398 cm^3	452 cm^3
Leistung	14 PS bei 4000 U/min	15 PS bei 4000 U/min	18 PS bei 4000 U/min
Drehmoment	3,2 mkg bei 2000 U/min	3,2 mkg bei 2000 U/min	3,7 mkg bei 3000 U/min
Verdichtung	1:6,8	1:6,6	1:7,2
Gemischbildung	1 Fallstromvergaser Solex 26 VFIS	1 Flachstromvergaser Solex 28JVS	1 Flachstromvergaser Bing 1/24
Ventile	Ohne	Ohne	Ohne
Kühlung	Thermosyphon 5 Liter Wasser	Thermosyphon 5 Liter Wasser	Pumpe 3,5 Liter Wasser
Schmierung	Gemisch 1:25	Gemisch 1:25	Gemisch 1:25
Batterie	6 V 50 Ah	6 V 50 Ah	12 V 24 Ah
Lichtmaschine	110 W	110 W	130 W
Kraftübertragung	Hinterräder		
Schaltung	Schalthebel Wagenmitte	Schalthebel Wagenmitte	Schalthebel Wagenmitte
Kupplung	Einscheibentrocken	Einscheibentrocken	Einscheibentrocken
Getriebe	3-/4- Gang, unsynchronisiert		
Übersetzungen	I. 3,90 – II. 2,13 – III. 1,30	I. 3,90 – II. 2,13 – III. 1,30	I. 2,07 – II. 1,15 – III. 0.655 Ab Juli 1957: I. 2,07 – II. 1,15 –III. 0,715 – IV. 0,484
Antriebs-Übersetzung	3,88	4,43	4,43
Karosserie / Fahrwerk	Zentralrohrrahmen, Ganzstahlkarosserie		
Vorderradaufhängung	Doppel-Querlenker, Gummi-Torsionsfedern	Doppel-Querlenker, Gummi-Torsionsfedern	Doppel-Querlenker, Gummi-Torsionsfedern bzw. (ab Juli 1957) Schraubenfedern
Hinterradaufhängung	Pendelachse, Gummi-Torsionsfedern	Pendelachse, Gummi-Torsionsfedern	Pendelachse, Schraubenfedern
Lenkung	Zahnstange (15,9:1), 2,3 Lenkraddrehungen	Zahnstange (15,9:1), 2,3 Lenkraddrehungen	Zahnstange (15,9:1), ab Juli 1957: Schnecke
Fußbremse	Hydraulisch, Trommel 180 mm Ø, Bremsfläche 340 cm^2	Hydraulisch, Trommel 180 mm Ø, Bremsfläche 340 cm^2	Hydraulisch, Trommel 180 mm Ø, Bremsfläche 360 cm^2
Allgemeine Daten			
Radstand	1800 mm	1800 mm	2020 bzw. (ab Juli 1957) 2070 mm
Spur vorn/hinten	1200/1150 mm	1200/1150 mm	1200/1155 mm
Gesamtmaße	3180 x 1470 x 1300 mm	3180 x 1470 x 1300 mm	3420 x 1490 x 1395 mm
Räder	2,50 C x 15	3,00 D x 15	3,00 D x 15 bzw. (ab Juli 1957) 3,50 x 12
Reifen	4,25-15	4,80-15	4,80-15 bzw. (ab Juli 1957) 5,20-12
Wendekreis links/rechts	9,5 Meter	9,5 Meter	11 Meter
Leermasse	520 kg	520 kg	585 kg
Zuläss. Gesamtgewicht	750 kg	800 kg	880 kg
Höchstgeschwindigkeit	80 km/h	80 km/h	92 km/h
Verbrauch/100 km	6 Liter	6 Liter	6,5 Liter
Kraftstofftank	24 Liter (vorn im Wagen)	24 Liter (vorn im Wagen)	26 Liter (vorn im Wagen)

DKW

Im Jahre 1932 entstand die Auto Union AG, um die im Land Sachsen ansässigen Automobilfabriken vor dem Zusammenbruch zu bewahren. Der Konzern umfasste die Marken Audi, DKW, Horch und Wanderer. 1945 wurden die in der nunmehrigen Sowjetzone gelegenen Werke entschädigungslos enteignet. Ein Zentraldepot in Ingolstadt, das die in den Westzonen laufenden Auto-Union-Fahrzeuge mit Ersatzteilen versorgte, entwickelte sich zur Keimzelle einer neuen Auto Union, und zwar diesmal einer GmbH, deren Aufbau Dr. Richard Bruhn, Generaldirektor des früheren Konzerns, und Dr. Carl Hahn, seit 1922 enger Mitarbeiter des DKW-Gründers J. S. Rasmussen, unter schwierigsten Umständen vorantrieben.

1949 wurden in Ingolstadt wieder DKW-Motorräder und ein neuer DKW-Lieferwagen produziert, und bald fand sich in Düsseldorf ein ehemaliger Rüstungsbetrieb, in dem 1950 auch wieder die Herstellung der DKW-Personenwagen beginnen konnte. Die Marke DKW erlebte eine neue Blütezeit, die allerdings nicht von sehr langer Dauer sein sollte, denn die Zeit der Zweitakt-Automobile ging unaufhaltsam ihrem Ende entgegen. 1958 wurde die Auto Union GmbH von der Daimler-Benz AG aufgekauft. Nun gab man die Herstellung des Transporters auf und den Motorradbau ab, die Personenwagenproduktion fasste man in Ingolstadt zusammen, und im Werk Düsseldorf baute Daimler-Benz von nun an die eigenen kleineren Nutzfahrzeuge. Anfang 1965 verkaufte Daimler-Benz die Auto Union an das Volkswagenwerk, behielt dabei aber das Werk Düsseldorf. VW stellte die Produktion des letzten DKW-Modells, des DKW F 102, im Februar 1966 ein, denn inzwischen gab es den Audi, und der verkaufte sich viel besser. Lediglich der Munga blieb noch im Programm, solange ihn die Bundeswehr noch kaufte. Mit dem letzten Geländewagen, der im Dezember 1968 fertiggestellt wurde, endete die fast 50-jährige Geschichte des Zweitaktmotors bei DKW und der Auto Union.

DKW Meisterklasse (1950–1954)

Vom Typ F89P, dem ersten Nachkriegsmodell der wiedergegründeten Auto Union, gab es von August 1950 bis Dezember 1952 ein viersitziges Cabriolet von Karmann (Preis: DM 7730,-) sowie von April 1951 bis Ende 1952 ein zweisitziges Cabriolet, das bei Hebmüller gebaut wurde (DM 9100,-). Zwischen 1950 und 1955 entstanden bei Karmann insgesamt 6560 viersitzige Meisterklasse- und Sonderklasse-Cabriolets.

DKW Sonderklasse (1953–1955)

Die Karosserie des F91 war, von einigen Retuschen abgesehen, mit der des Vorgängermodells identisch. Eine wesentliche Neuerung verbarg sich dagegen unter der Motorhaube, wo jetzt ein Dreizylinder mit 34 PS (25 kW) für bessere Fahrleistungen sorgte. Von März 1953 bis September 1955 war sowohl das viersitzige Cabriolet lieferbar, dessen Preis von DM 7.800,- später auf DM 7.440,- gesenkt wurde, als auch das zweisitzige Cabriolet für DM 8.800,-. Auch ein Polizei-Kübelwagen wurde gebaut. Audi nennt als Gesamtzahl aller F91-Cabrios die Zahl 432.

Großer DKW 3=6 (1955–1959)

Der Typ 3=6 (F93) war länger, breiter und höher als die Sonderklasse, in der Karosserieform jedoch fast identisch. Mit der Gleichung 3=6 suggerierte die DKW-Werbung, der Dreizylinder-Zweitakter komme in Bezug auf Laufruhe und Leistungsentfaltung einem Sechszylinder-Viertakter gleich – eher ein frommer Wunsch. 1956 liefen die 3=6 Cabriolets mit der Typenbezeichnung F93 aus, nachdem über 600 offene Viersitzer (DM 7.455,-) und 40 Zweisitzer (DM 8.055,-) gebaut worden waren. Ähnlich wie bei der Borgward Isabella scheinen zusätzlich zu den Werkscabrios auch Limousinen aufgeschnitten worden zu sein, die sich in einigen Punkten von en originalen Cabrios unterschieden.

Die Popularität der Auto Union-Marke DKW war der Tatsache zu verdanken, dass viele Fahrzeuge den Krieg überlebt hatten, denn die Wehrmacht wollte sie nicht. In den frühen Nachkriegsjahren lieferte Baur viele Ersatzkarosserien, doch das, was DKW neu lieferte, basierte auf einem Vorkriegsentwurf der AU (der auch in der auch in der DDR als Basis diente).

	DKW Meisterklasse 1950–1954	DKW Sonderklasse 1953–1955	Großer DKW 3=6 1955–1959	Auto Union 1000 Sp 1958–1965
Motor	Otto (Zweitakt)			
Zylinderzahl	2 (Reihe) Motor-Getriebe-Block quer vor Vorderachse	3 (Reihe) Motor-Getriebe-Block quer vor Vorderachse		
Bohrung x Hub	76 x 76 mm	71 x 76 mm	71 x 76 mm	74 x 76 mm
Hubraum	684 cm^3	896 cm^3	996 cm^3	980 cm^3
Leistung	23 PS bei 4200 /min	34 PS bei 2000 /min	38 PS bei 4200 /min	55 PS bei 4500 /min
Drehmoment	4,6 mkg bei 2500 /min	7 mkg bei 2000 /min	7,25 mkg bei 3000 /min	9 mkg bei 3500 /min
Verdichtung	1:6,25	1:6,5	1:6,5	1:8,2
Gemischbildung	1 Fallstromvergaser Solex 32 PBJ	1 Fallstromvergaser Solex 40 PBIC	1 Fallstromvergaser Solex 40 JCB	1 Doppel-Fallstromvergaser Zenith 32/36 NDIX
Ventile	Ohne	Ohne	Ohne	Ohne
Kühlung	Thermosyphon, 8 Liter Wasser	Thermosyphon, 9 Liter Wasser	Thermosyphon, 8 Liter Wasser	Thermosyphon, 7,5 Liter Wasser
Schmierung	Zweitakt-Gemisch 1: 25	Zweitakt-Gemisch 1: 25, ab Juli 1954: Shell-Mixer	Zweitakt-Gemisch 1: 25, Shell-Mixer	Zweitakt-Gemisch 1:40 Shell-Mixer, (ab 9/1961) Frischöl-Automatik
Batterie	6 V 75 Ah (im Motorraum)		6 V 75 Ah (im Motorraum)	6 V 75 Ah (im Motorraum)
Lichtmaschine	Dynastart-Anlage 150/180 W	Lichtmaschine 130 W	160 W	160 W
Kraftübertragung	Frontantrieb			
Schaltung	Krückstockschaltung an Armaturentafel	Lenkradschaltung	Lenkradschaltung	Lenkradschaltung
Kupplung	Ölbad-Mehrscheibenkupplung, ab Januar 1953: Einscheibentrocken		Einscheibentrocken, ab Februar 1957 auf Wunsch: Saxomat	Einscheibentrocken, auf Wunsch (jedoch nicht für 1000 Sp): Saxomat
Getriebe	3 Gang, ab Januar 1953: 4 Gang, Freilauf abschaltbar			
Synchronisierung	Ohne	I–II bzw. I–IV	I–III bzw. I–IV.	II–IV, ab Aug. 1959: I–IV
Übersetzungen	I. 3,44 – II. 1,69 – III. 1,00, I. 4,97 – II. 2,94 – III. 1,63 – IV. 1,00	I. 3,36 – II. 1,59 – III. 0,913 I. 3,82 – II. 2,22 – III. 1,31 – IV. 0,913	I. 3,36 – II. 1,59 – III. 0,913 I. 3,82 – II. 2,22 – III. 1,31 – IV. 0,913	I. 3,82 – II. 2,22 – III. 1,31 – IV. 0,913
Antriebs-Übersetzung	5,72, ab Januar 1953: 5,17	4,72	4,72	4,375
Karosserie / Fahrwerk	Kastenprofil-Rahmen, Ganzstahlkarosserie			
Vorderradaufhängung	Querlenker unten, 1 Querfeder oben			
Hinterradaufhängung	Rohr-Starrachse (»Schwebeachse«), 1 Querfeder hochliegend			
Lenkung	Zahnstange (15,35:1), 2,4 Lenkraddrehungen		Zahnstange (16,7:1), 2,5 Lenkraddrehungen	Zahnstange (19,2:1), 2,75 Lenkraddrehungen
Fußbremse	Hydraulik, Trommel 230 mm Ø, Bremsfläche 544 cm^2		Hydraulik, Trommel 230 mm Ø, Bremsfläche 678 cm^2	Hydraulik, Trommel 230 mm Ø, Bremsfläche 672 cm^2 ab 8/1959: 715 cm^2, ab 3/ 1963: Scheibenbr. v. 275 mm
Allgemeine Daten				
Radstand	2350 mm			
Spur vorn/hinten	1190/1250 mm		1290/1350 mm	
Gesamtmaße	4200 x 1600 x 1450 mm		4225 x 1695 x 1465 mm	4170 x 1680 x 1325
Räder	Bis Juni 1952: 3,50 D x 16, ab Juni 1952: 4 J x 15		4 J x 15	4 J x 15
Reifen	Bis Juni 1952: 5,50-16, ab Juni 1952: 5,20-15, ab Jan. 1953: 5,60-15		5,60-15	155 SR 15
Wendekreis	11,7 Meter		11,6 Meter	11,5 Meter
Leermasse	890 kg	940 kg	950 kg	960 kg
Zuläss. Gesamtgewicht	1280 kg	1260 kg	1305 kg	1200 kg
Höchstgeschwindigkeit	100 km/h	120 km/h	123 km/h	140 km/h
Beschleunigung 0–100 km/h	55 sec	34 sec	F 93: 29 sec, F 94: 27 sec	23 sec
Verbrauch/100 km	8,5 Liter	10 Liter	10 Liter	10,5 Liter
Kraftstofftank	32 Liter (im Heck)		45 Liter (im Heck)	50 Liter (im Heck)

Auf der Frankfurter Automobilausstellung 1953 präsentierte DKW den F91 Sonderklasse mit Dreizylinder-Zweitaktmotor. Karmann entwickelte daraus ein zwei- wie ein viersitziges Cabriolet, 432 Fahrzeuge entstanden. Foto: Lothar Spurzem, cc-by-sa 2.0

Die Zweitaktkonstruktion gehörte zu den wenigen deutschen Nachkriegsfahrzeugen mit separatem Rahmen. Der Motor saß vor der Vorderachse, was die Gewichtsverteilung optimierte.

Die fortgeschrittenste Ausbaustufe des DKW-Programms war der 3=6. Im Vordergrund der Zweisitzer – der Nachfolger des Sonderklasse Luxus-Cabriolets – und links das Viersitzer-Vierfenster-Cabriolet, beide von Karmann gefertigt.

Mit dem viertürigen Polizei-Kübelwagen reagierte auch DKW auf die große Nachfrage westdeutscher Behörden, die sich teilweise noch bis Anfang der 50er mit dem VW Vorkriegs-Kübel begnügen mussten.

Auto Union 1000 Sp (1958–1965)

Der sportlicher Zweisitzer mit einer Karosserielinie im Stil des seinerzeitigen Ford Thunderbird wurde auf der Frankfurter Automobil-Ausstellung im September 1957 vorgestellt. Die Basis bildete der »Große DKW 3=6«, aber mit einem auf 1000 cm³ vergrößerten Motor. Charakteristisch war auch die Panorama-Scheibe. Gebaut wurden in Zusammenarbeit mit der Karosseriefabrik Baur (Stuttgart) von 1958 bis April 1965 insgesamt 5.000 Coupés sowie von September 1961 bis April 1965 außerdem 1.640 Roadster. Dass Baur diese Fahrzeuge überhaupt bauen konnte, war dem vorhergegangenen Maico-Desaster zu verdanken: Beim Maico-Konkurs hatten die Stuttgarter viel Geld verloren und mussten ihr Werk 2 verkaufen. Das übernahm der Auto-Union-Großhändler Emil Spahr – was zur Verbindung mit der Auto-Union führte.

Preis	
Coupé 2 Sitze	DM 11.950,– bzw. (ab August 1959) DM 10.750,–
Roadster 2 Sitze	DM 10.750,–

Seine Karosserie erhielt der Auto Union 1000 Sp Roadster bei Baur in Stuttgart. Ein ausgesprochen schickes Auto – wären da nicht das Zweitakt-Geräusch und vor allem die Abgasfahne gewesen!

Der Roadster – hier auf den Fersen des 1000 Sp Coupés – hatte kleine, damals modische Heckflossen.

Auto Union Munga (1954–1968)

Dass die Bundeswehr 1956 unter drei Konkurrenten den DKW F91/4 gl. zum künftigen Standardfahrzeug dieser Klasse auserkor, wurde viele Jahre lang diskutiert – nicht nur in Militärkreisen. Technisch gesehen, waren die Geländewagen von Goliath und Porsche sicher nicht schlechter, abgesehen davon, dass ein Zweitakter mit seinem ungünstigen Drehmomentverlauf nicht der ideale Antrieb im Off-Road-Betrieb war. Und seine Abgasfahne trug auch nicht gerade dazu bei, das Kolonnenfahren angenehmer zu machen. Einer der Hauptgründe für die Entscheidung zugunsten der Auto Union war wohl die ausreichende Fertigungskapazität der Auto Union.

Die Leistung des Munga (Abkürzung für Mehrzweck-Universal-Geländefahrzeug mit Allradantrieb), wie er seit 1962 hieß, kletterte im Laufe seiner 14-jährigen Bauzeit von 38 über 40 auf 44 PS (28-32 kW). Neben dem viersitzigen Bundeswehrmodell gab es auch sechs- und achtsitzige Pritschenwagen für zivile Zwecke. Diese wurden auch in den USA angeboten, die bezeichnung lautete »Bronco«.Von 1954 bis Ende 1968 wurden rund 55.000 Einheiten gebaut, davon etwa 50.000 für die Bundeswehr. Der Preis betrug DM 9.500,-.

Die Zivilausführung unterschied sich von der Militärvariante zum Beispiel durch die 12-Volt-Elektrik (BW-Munga: 24 V), Frischölautomatik (statt Mixer im Tankstutzen), Fingerhebel für Blinker und Licht und Lenkradschloss. Optional bestand die Möglichkeit, Zapfwelle und Ackerschiene zu ordern.

Die Auto Union lieferte in Form des DKW Munga den ersten Geländewagen für die neu aufgestellte Bundeswehr. Rund 5 % wurden an zivile Nutzer ausgeliefert. Er wurde 1968 durch den VW 181 abgelöst, seine Karosserie aber noch beim Iltis verwendet. Foto: anefo

	Auto Union/DKW F91/4 Geländewagen Munga 1954–1956 / 1957	Auto Union/DKW F91/4 Geländewagen Munga 1958–1962	Auto Union/DKW F91/4 Geländewagen Munga 1963–1968	DKW F12 1963–1965
Motor	Otto (Zweitakt)			
Zylinderzahl	3 (Reihe) Motor vor, Getriebe hinter der Vorderachse			
Bohrung x Hub	71 x 76 mm	74 x 76 mm		74,5 x 68 mm
Hubraum	896 cm^3	980 cm^3		889 cm^3
Leistung	38 PS bei 4200 U/min 40 PS bei 4250 U/min	44 PS bei 4500 U/min		40 PS bei 4300 U/min
Drehmoment	7,25 mkg bei 3000 U/min 7,5 mkg bei 3000 U/min	8,0 mkg bei 3000 U/min		8 mkg bei 2250 U/min
Verdichtung	1:6,5 / 7,0	1:7,2		1:7 bis 7,25
Gemischbildung	1 Doppel-FallstromGeländevergaser Zenith 32 NDIX			1 Fallstromvergaser Solex 40 CIB
Ventile	Ohne	Ohne	Ohne	Ohne
Kühlung	Thermosyphon, 9,5 l Wasser			Thermosyphon, 7,25 l Wasser Frischöl-Automatik
Schmierung	Zweitakt-Gemisch 1:40 Shell-Mixer			Ölbehälter 3,8 Liter
Batterie	12 V 45 Ah (Motorraum), auf Wunsch: 2 x 12 V 45 Ah			6 V 56 Ah (im Motorraum)
Lichtmaschine	160, 300 oder 600 W			200 W
Kraftübertragung	Frontantrieb, (Hinterrad-Antrieb bis 1956 abschaltbar, später nicht mehr)			Frontantrieb
Schaltung	Schalthebel Wagenmitte, Schaltgriff für Vorgelege an der Armaturentafel			Lenkradschaltung
Kupplung	Einscheibentrocken			Einscheibentrocken, a. W.: Saxomat
Getriebe	4-Gang + Vorgelege zuschaltbar, II.-IV. Gang synchronisiert			4-Gang vollsynchronisiert, ab 8/1963: a.W.: mit Freilauf, abschaltbar
Übersetzungen	I. 3,818 – II. 2,411 – III. 1,478 – IV. 0,915			I. 3,75 – II. 2,23 – III. 1,41 – IV. 0,94
Vorgelege-Übersetzung	1,604			
Antriebs-Übersetzung	6,333			4,125
Karosserie / Fahrwerk	Kastenprofil-Rahmen, Ganzstahlkarosserie			
Vorderradaufhängung	Querlenker unten, 1 Querfeder oben			Doppel-Querlenker Federstäbe längs Stabilisator
Hinterradaufhängung	Querlenker unten, 1 Querfeder oben, Vorder- und Hinterradaufhängungen baugleich			Rohr-Starrachse Längslenker Federstab quer Panhardstab
Lenkung	Zahnstange (15,5:1)			Zahnstange (15,4:1), 2,75 Lenkraddrehungen
Fußbremse	Hydraulik, Trommel-Ø 230 mm, Bremsfläche 678 cm^2			Hydraulik Scheibenbr. vorn 270 mm Ø (innen am Differenzial), Trommelbr. hinten 200 mm Ø
Allgemeine Daten				
Radstand	2000 mm			2250 mm
Spur vorn/hinten	1206/1206 mm			1200/1280 mm
Gesamtmaße	Mit Verdeck: 3445 x 1810 x 1735 mm, ohne Verdeck, ohne Außenspiegel, Frontscheibe abgeklappt: 3450 x 1500 x 1335 mm			3968 x 1575 x 1453 mm
Räder	5,00 F x 16			4 J x 13
Reifen	6,00-16 extra M			5,50-13
Bodenfreiheit	240 mm			
Watfähigkeit	500 mm			
Spurkreis	11,25 Meter			10,7 Meter
Wendekreis	12 Meter			
Leermasse	1110 kg			750 kg
Zuläss. Gesamtgewicht	1450 kg			1120 kg
Höchstgeschwindigkeit	98 km/h			124 km/h
Mindestgeschwindigkeit	3 km/h			
Verbrauch/100 km	Straße 13, Gelände 17 Liter			10 Liter
Kraftstofftank	45 Liter (im Heck)			33 Liter (im Heck)

DKW F 11, F 12 (1963–1965)

Der Prototyp des DKW Junior mit 660-cm³-Zweizylinder-Motor stand auf der Frankfurter Automobil-Ausstellung September 1957. Die endgültige Ausführung mit 750-cm³-Dreizylindermotor lief im neu errichteten Werk Ingolstadt von August 1959 bis Ende 1962 vom Band, und zwar insgesamt 118.968 Wagen. Der besser ausgestattete DKW Junior de Luxe hatte etwas mehr Hubraum unbd Leistung sowie eine Frischölautomatik. Ab Juli 1961 bis August 1963 entstanden von ihm 118.619 Wagen. Die Ablösung dieser Modellreihe erfolgte in Gestalt der DKW-F-Modelle, die nur wenig Neues boten.

Der F 11 war das einfach ausgestattete Standard-Modell und kombinierte die neue Rohkarosserie mit der Mechanik des bisherigen Junior de Luxe. Von September 1963 bis Juni 1965 wurden 30.738 Wagen gebaut. Preis: Limousine 2 Türen DM 5.100,–.

Der eigentliche Nachfolger des DKW Junior de Luxe trug die Bezeichnung »F 12«, war etwas größer geraten und hatte eine neuen Motor mit 900 cm³. Zu haben ab Januar 1963, wurden von allen Ausführungen zusammen bis Juni 1965 82.506 Wagen gebaut. Die letzten Limousinen (etwa 8.000 Stück, genannt »DKW F 12/65«) wurden ab Februar 1965 mit dem höher verdichteten 45-PS-Motor des Roadsters ausgerüstet. Dieser war im September 1963 vorgestellt worden und in kleiner Serie bei Baur von Anfang 1964 bis Anfang 1965 gebaut worden. Er kostete DM 7.250,–.

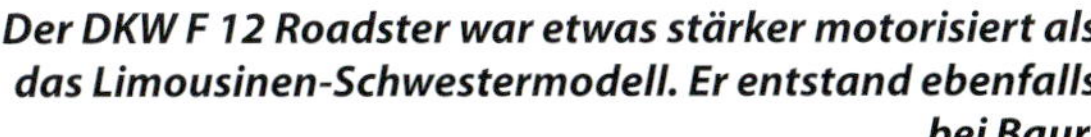
Der DKW F 12 Roadster war etwas stärker motorisiert als das Limousinen-Schwestermodell. Er entstand ebenfalls bei Baur.

Der DKW F 12 entsprach technisch im Grunde genommen dem Vorgänger, hatte aber einen längeren Radstand und eine breitere Spur. Weil aber die Optik antiquiert war und noch immer ein Dreizylinder-Zweitaktmotor unter der Haube saß, vergab die Auto Union letztlich eine große Chance.

FMR, Messerschmitt

Im April 1947 eröffnete der junge Flugzeugingenieur Fritz M. Fend in Rosenheim einen technischen Fertigungsbetrieb. Neben kleineren Lohnaufträgen bastelte Fend an einer dreirädrigen Eigenkonstruktion. Dieser frühe Vorläufer des Kabinenrollers wurde per Muskelkraft über Pedale angetrieben. Für beinamputierte Kriegsversehrte baute Fend seine Dreiradfahrzeuge auch mit Handhebelantrieb (Holländer-System). Als nach der Währungsreform die ersten Fahrrad-Hilfsmotoren auf den Markt kamen, verpflanzte er im September 1948 ein solches Aggregat ins Heck seines in kleiner Stückzahl produzierten Fend Flitzers, wie er das Dreirad getauft hatte. Die ursprünglich verwendeten Fahrraddräder wurden durch Schubkarrenräder ersetzt.

In den folgenden Monaten verbesserte Fend seine Konstruktion. Im April 1949 präsentierte er auf der Technischen Messe in Frankfurt/Main seinen Flitzer mit einem 4,5 PS / 3,5 kW starken Riedel-Motor. Der entscheidende Durchbruch gelang ihm allerdings erst drei Jahre später, als er mit dem Flugzeugbauer Prof. Messerschmitt übereinkam, seinen Kabinenroller in dessen Regensburger Werk in Serie zu bauen. Nach den je 10 PS / 7 kW starken Modellen KR175 und KR200, beide mit Plexiglas-Kuppeldach (»Menschen in Aspik« nannte man spöttisch die hintereinander sitzenden Insassen), präsentierte Fend im Januar 1957 das Modell KR201 mit Roadsterverdeck.

Im selben Monat gründete er nach der Ausgliederung der Kabinenrollerproduktion aus dem Messerschmitt-Werk zusammen mit einem Zulieferer die Fahrzeug- und Maschinenbau GmbH Regensburg (FMR). Im September 1957 zeigte die FMR auf der Frankfurter IAA erstmals den vierrädrigen »Tiger«, der wahlweise mit 400- oder 500-cm³-Motor geliefert werden sollte. Auf den Einspruch der Firma Krupp, die sich den Namen für ihr Lkw-Programm hatte schützen lassen, nannte Fend die Vierrad-Version fortan »Tg500«.

Trotz überdurchschnittlicher Fahrleistungen und Anhebung der Garantiezeit auf ein Jahr ohne Kilometerbegrenzung – 1961 eine Sensation – ging die Nachfrage immer mehr zurück, was 1964 zur Produktionseinstellung führte.

FMR KR201 Roadster (1957–1964)

Der dreirädrige Kabinenroller mit Roadsterverdeck und zwei Tandemsitzen wurde von Februar 1957 bis Januar 1964 gebaut, wobei exakte Stückzahlen fehlen. Der Preis betrug anfangs DM 1.998,-, ab Mai 1960 DM 2.395,-.

Zuvor, im Jahr 1955, hatte Fritz Fend mit seinem Roadster einen 24-Stunden-Test auf dem Nürburgring absolviert. Die Motorleistung des weitgehend serienmäßigen KR 200 war auf 13 PS / 10 kW verstärkt worden, und eine kleine Bugscheibe ersetzte die Plexiglaskuppel.

Fend Flitzer, 1950–1951.

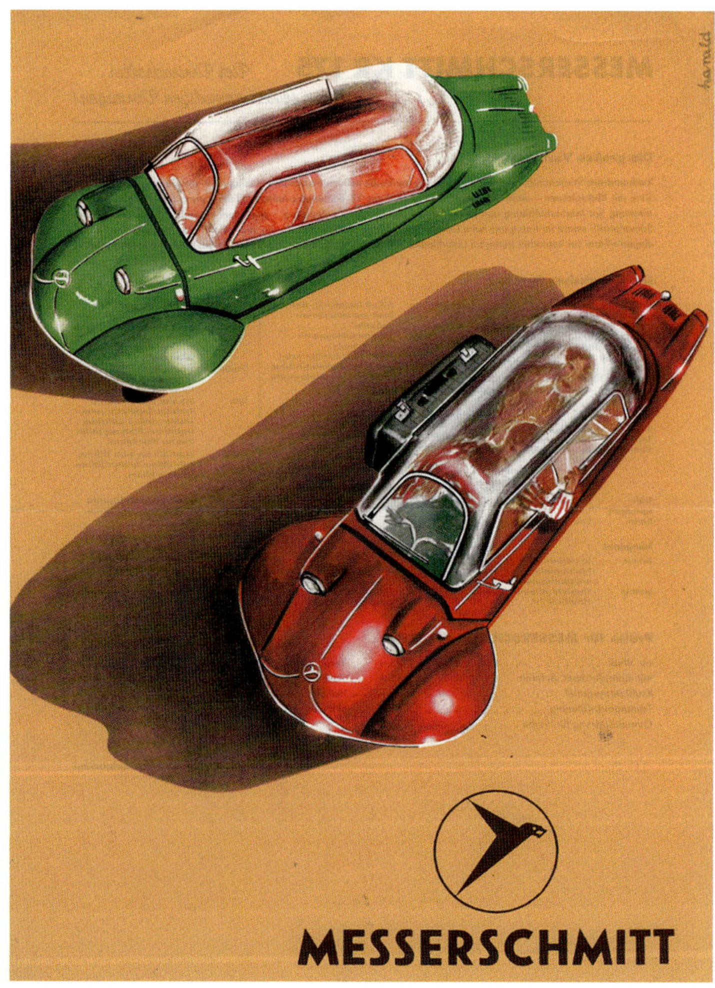

Der erste Karo, der KR 175, erschien 1953, mit 175-cm³-Sachs-Motor ohne elektrischen Anlasser. Der kam zum Herbst 1954.

Der meistverkaufte Messerschmitt-Kabinenroller KR 201 erschien 1955 mit 200er Sachs-Motor und Elektrostarter. Erstaunlich gut war die Kopffreiheit für die Besatzung. Er wurde mit einigem Erfolg auch im Ausland angeboten. Foto: anefo

Der FMR Roadster Tg500 (Tiger) verfügte über einen 494 cm³ großen, zweitaktenden Fichtel & Sachs-Zweizylinder. Er kam bis auf 130 km/h. Neben der Variante mit geschlossener Kanzel gab es auch eine Cabrioausführung.

Messerschmitt	Kabinenroller KR 175 1953–1954	Kabinenroller KR 200 1955–1964	FMR Tg 500 1958–1961
Motor	Otto (Zweitakter) von Fichtel & Sachs		
Zylinderzahl/Bauart	1 (stehend), Mittelmotor		2 (Twin), stehend, Mittelmotor
Bohrung x Hub	62 x 58 mm	65 x 58 mm	67 x 70 mm
Hubraum	173 cm^3	191 cm^3	493 cm^3
Leistung	10,9 PS (8 kW) bei 5250 U/min	10,2 PS (7,5 kW) bei 5250 U/min, ab 1957: 9,7 PS (7,1 kW) bei 5000 U/min	19,5 PS (14,3 kW) bei 5000 U/min
Drehmoment	1,3 mkg bei 4000 U/min	1,53 mkg bei 3800 U/min	3,4 mkg bei 4000 U/min
Verdichtung	1:6,5	1:6,6, ab 1957: 1:6,3	1:6,5
Gemischbildung	1 Schrägdüsenvergaser Bing 24	1 Schrägdüsenvergaser Bing 24	1 Drehschiebervergaser Bing 28
Ventile/Steuerung	Ohne	Ohne	Ohne
Kühlung	Gebläse (Luft)	Gebläse (Luft)	Gebläse (Luft)
Schmierung	Gemisch 1:25	Gemisch 1:25	Gemisch 1:30 bis 1:40
Batterie	6 V 45 Ah (neben Motor)	12 V 12/14 Ah (neben Motor)	12 V 24 Ah (beim Motor)
Lichtmaschine	45 W	90 W	160 W
Kraftübertragung	Motor vor Hinterrad, Antrieb über Rollenkette		
Schaltung	Handschaltung mit Automat, Kupplung am Lenker, ab 1954: Ratschen-Schalthebel rechts vom Fahrer	Ratschen-Schalthebel rechts vom Fahrer	Schalthebel rechts v. Fahrer
Kupplung	Dreischeiben-Ölbad	Vierscheiben-Ölbad	Zweischeibentrocken
Getriebe	4-Gang, unsynchronisiert	4-Gang	4-Gang
Übersetzungen	I. 3,62 – II. 1,85 – III. 1,24 –IV. 0,95	I. 3,62 – II. 1,85 – III. 1,24 – IV. 0,86	I. 2,67 – II. 1,445 – III. 0,833 – IV. 0,593
Antriebs-Übersetzung	2,37	2,31	3,125
Karosserie/Fahrwerk	Ganzstahlkarosserie mit Rohrträgern und tragender Bodenwanne, Plexiglas-Kabinenhaube		
Vorderradaufhängung	Querlenker, Gummifedern		
Hinterradaufhängung	Einseitige Aufhängung des Hinterrades am als Schwingarm dienenden Kettenkasten, Gummifedern		Pendelachse, Querlenker, Schraubenfedern
Lenkung	Fast direkte Achsschenkellenkung mit Hebelübertragung und motorradähnl. Lenker		
Fußbremse	Mechanisch (Seilzug), Trommelbremse 115 mm Ø, Bremsfläche 170 cm^2		Hydraulisch, Trommelbr. 180 mm Ø, Bremsfläche 400 cm^2
Handbremse	—	—	Mechanisch/Vorderräder
Allgemeine Daten			
Radstand	2030 mm	2030 mm	1885 mm
Spur vorn/hinten	vorn 920 mm, hinten 1 Rad	vorn 1080 mm, hinten 1 Rad	1110/1044 mm
Gesamtmaße	2820 x 1220 x 1200 mm	2820 x 1220 x 1200 mm	3000 x 1270 x 1240 mm
Räder	2,45-8	2,45-8	2,45-10
Reifen	4,00-8	4,40-8	4,40-10
Wendekreis links/rechts	8 Meter	9 Meter	9,5 Meter
Leermasse	220 kg	240 kg	390 kg
Zuläss. Gesamtgewicht	360 kg	430 kg	560 kg
Höchstgeschwindigkeit	78 km/h	90 km/h	125 km/h
Beschleunigung 0-100 km/h	—	—	32 sec
Verbrauch/100 km	3,5 Liter	4,5 Liter	6,5 Liter
Kraftstofftank	11,5 Liter (über Motor)	13 Liter (über Motor)	30 Liter (beim Motor)

FMR Tg 500 (1959–1961)

Der vierrädrige Kabinenroller mit 19,5-PS-Zweizylinder (14 kW) und Roadsterverdeck (und den obligatorischen zwei Tandemsitzen) war leistungsmäßig allen damals gebauten Kleinwagen weit überlegen. Zum Zeitpunkt seines Erscheinens – gebaut zwischen Januar 1959 und Januar 1964 – war aber die Zeit der Rollermobile bereits abgelaufen, daher wurde er nicht sonderlich häufig verkauft, die Schätzungen schwanken zwischen 320 und 950 Einheiten. Der Preis des gern im Rennsport eingesetzten Wagens betrug DM 3.455,-.

Mit einem aerodynamisch modifizierten KR 200 Super wurden 1955 Geschwindigkeits-Weltrekorde über 24 Stunden herausgefahren. Diese Replica des Messerschmitt Rekord-Renners war 2023 zu sehen, gebaut von der 2014 neu erstandenen Firma Messerschmitt, die inzwischen in Spanien produziert. Die Motoren stammen von Piaggio, auch E-Ausführungen sind lieferbar.

Für Sportfahrer bot Fend den Tiger auch als Rennsport-Roadster an. Sein Kennzeichen war die winzige Plexiglasscheibe und der schalenförmige Kunstledersitz. Für den internationalen Rennsport war diese Ausführung aber nicht zugelassen, da – wie hier in Zandvoort – die Kanzel aufgesetzt sein musste. Foto: anefo

Ford

Kaum liefen die ersten Motorwagen, als Henry Ford bereits zwei Brückenköpfe im Deutschen Reich errichtete. 1903 gründete er in Berlin und in Stolp/Pommern Generaldirektionen, die für Import und Vertrieb von Ford-Wagen in Deutschland zuständig waren. Die deutsche Tochtergesellschaft Ford Motor Company AG in Berlin entstand erst 1925. Ein Jahr später rollte die erste in Deutschland montierte Tin Lizzie aus der Montagehalle im Berliner Westhafen. Knapp 9.000 T-Exemplare entstanden, dem folgte ab 1928 das neue A-Modell.

1929 entschied man sich für Köln-Niehl als neuen Standort. Die Heilbronner Karosseriefirma Drauz, seit 1929 Hauptlieferant von Ford, schaltete schnell und errichtete 1932 ein eigenes Zweigwerk in der Domstadt am Rhein. In den folgenden Jahren stiegen die Produktionszahlen kräftig an – Ford erreichte 1938 mit 23.969 Pkw das beste Vorkriegsergebnis. In den restlichen Kriegsjahren wurden im Kölner Ford-Werk ausschließlich Lastwagen für die Wehrmacht gebaut. Am 8. Mai 1945, noch vor der deutschen Kapitulation, erlaubten die Besatzungsbehörden bereits den Wiederbeginn der Produktion.

1948 begann die Wiederaufnahme der Fertigung des bereits 1939 vorgestellten »Taunus«. Die ersten Karosserien wurden mangels eigener Kapazität im Lohnauftrag vom Volkswagenwerk produziert. Als erste echte Novität erschien dann im Januar 1952 der Taunus 12M (das M stand für Meisterstück), unter dessen Haube freilich das seitengesteuerte Vorkriegsaggregat werkelte – und das bis 1962! Im Jahr 1954 entwickelte Ford in eigener Regie ein zweisitziges Cabriolet auf Basis der 12M Limousine.

1955 wurde der Taunus 15M präsentiert, der bald auch als zwei- und viersitziges Cabriolet lieferbar war. Die Pkw-Produktion war so stark angestiegen, dass man zwecks Kapazitätsausweitung Verhandlungen mit Borgward aufnahm, die allerdings ergebnislos verliefen. Stattdessen kaufte Ford im Januar 1956 das Wülfrather Werk des Karosserieherstellers Hebmüller. Am 23. Mai 1961 lief der einmillionste deutsche Ford seit Kriegsende vom Band. Dank des Erfolgsmodells 17M kletterte Ford auf den dritten Platz der deutschen Zulassungsstatistik und steigerte den Marktanteil auf mehr als zehn Prozent.

Kein anderes Nachkriegsmodell einer deutschen Marke hatte so viele Karosseriebauer auf den Plan gerufen wie der Ford Taunus. Neben bekannten Firmen wie Karmann, Deutsch und Drauz wetteiferten Migö in Köln-Ehrenfeld (der Firmeninhaber Christian Mittelgöker war ein ehemaliger Deutsch-Mitarbeiter) und Drews in Wuppertal mit mehr oder weniger gelungenen Kreationen um die Gunst des Cabriolet-Käufers. Die Spezial- und Luxus-Versionen des Taunus gab es als zwei- und viersitzige Cabriolets, teils mit zwei, teils mit vier Seitenscheiben. In Serie gebaut wurden allerdings nur die von Deutsch karossierten Cabriolets, von allen übrigen gab es jeweils nur Einzelstücke. Von 1949 bis 1951 war der offene »Buckel-Taunus« von Deutsch (2 Sitze, 2 Seitenfenster, 4 Sitze, 4 Seitenfenster bzw. 4 Sitze, 2 Seitenfenster), Karmann (4 Sitze, 4 Seitenfenster), Drauz (4 Sitze, 4 Seitenfenster), Migö (4 Sitze, 2 oder 4 Seitenfenster) sowie Drews (4 Sitze, 2 Seitenfenster) lieferbar. Auch Papler hat ein Vierfenster-Cabriolet vorgestellt. Auf dem Cabriolet-Sektor hielt sich das Werk mit eigenen Entwürfen aber zurück. Als ersten Versuchsballon nach jahrelanger Abstinenz starteten die

Ford Taunus de Luxe, Deutsch-Cabriolet, 1950. Foto: Archiv Alexander Storz.

Kölner 1981 auf der Frankfurter IAA den offenen Escort XR3. Das positive Echo und wohl auch die zunehmenden Aktivitäten der Konkurrenz in dieser Marktnische gaben schließlich den Ausschlag für die Entscheidung, wieder ein offenes Auto anzubieten.

Ford Taunus (1948–1952)

Unterschied sich vom Vorkriegsmodell gleichen Namens und gleichen Aussehens, von dem ab Juni 1939 bis 1942 nur noch 7.100 Stück gefertigt werden konnten, lediglich durch Querstabilisatoren, andere Lenkung und verschiedene Detailänderungen. Von Ende November 1948 bis Januar 1952 wurden insgesamt 74.128 Wagen dieser Bauserie (werksintern: Typ G 73 A) gebaut.

Basis für die Cabriolers bildeten vor allem die Spezial- und Luxus-Versionen des Taunus, am bekanntesten wurden die von Deutsch karossierten Cabriolets.

Ford Taunus 12m (1953–1962)

Der 12m war die erste Neuentwicklung von Ford Köln nach dem Krieg. Neu indessen war vor allem die Ponton-Karosserie, die Technik stammte meist vom Vorgänger. So sorgte für den Antrieb des G13, so die interne Modellbezeichnung, nach wie vor das seitengesteuerte Vorkriegsaggregat, das bis 1962 im Programm blieb. Von 1953 bis 1954 gab es eine kleine Serie zwei- und viersitziger »Weltkugel«-Cabriolets. Die genaue Stückzahl ließ sich nicht feststellen.

Die im August 1959 vorgestellte Taunus-Neuauflage unterschied sich vom alten Modell hauptsächlich durch einige Karosserie-Retuschen (z.B. neuer Kühlergrill, farblich abgesetzter Seitenstreifen). Neben dem seitengesteuerten 1,2-Liter-Motor gab es ja auch eine Luxus-Ausführung mit modernerem 1,5 Liter-Kurzhuber – und wieder einige »Streifentaunus«-Cabriolets von Deutsch.

Ford Taunus de Luxe Cabriolet von Deutsch, ca. 1950.

Ford Taunus de Luxe Cabriolet (Migö), 1951. 430 Stück entstanden.

Ford Taunus de Luxe Cabriolet (Drews), 1950.

Dieses viersitzige Vierfenster-Cabriolet realisierte Karmann auf Basis des 1949er Taunus Spezial. Foto: Archiv Alexander Storz.

Ford	**Ford Taunus 1948–1952**	**Ford Taunus 12m 1952–1959**	**Ford Taunus 15m 1955–1958**
Motor	Otto		
Zylinder/Bauart	4 (Reihe), vorne längs		
Bohrung x Hub	63,5 x 92,5 mm	63,5 x 92,5 mm	82 x 70,9 mm
Hubraum	1172 cm^3	1172 cm^3	1498 cm^3
Leistung	34 PS (25 kW) bei 4250 U/min	38 PS (28 kW) bei 4250 U/min	55 PS (40 kW) bei 4250 U/min
Drehmoment	7,25 mkg bei 2300 U/min	7,56 mkg bei 2200 U/min	11,3 mkg bei 2400 U/min
Verdichtung	1:6,6	1:6,8	1:7, ab 9/1957: 1:6,5
Gemischbildung	1 Fallstromvergaser Solex 26 VFJ	1 Fallstromvergaser Solex 28 VFJS	1 Fallstromvergaser Solex 32 PICB
Ventile/Steuerung	2 / Seitlich stehend, seitliche Nockenwelle, Antrieb Stirnräder	2/ Seitlich stehend, Stößel, seitliche Nockenwelle, Antrieb Stirnräder	2 / Hängend, Stoßstangen und Kipphebel, seitliche Nockenwelle, Antrieb Stirnräder
Kurbelwellenlager	3	3	3
Kühlung	Thermosyphon 7,7 Liter Wasser	Pumpe 7,1 Liter Wasser	Pumpe 7 Liter Wasser
Schmierung	Druckumlauf 2,5 Liter Öl	Druckumlauf 2,5 Liter Öl	Druckumlauf 2,5 Liter Öl
Batterie	6 V 75 Ah (im Motorraum)	6 V 75 Ah, ab 9/1955: 85 Ah	6 V 84 Ah (im Motorraum)
Lichtmaschine	90 W bzw. ab 5/1950: 130 W	130 W, ab 9/1957: 160 W	130 W, ab 9/1957: 160 W
Kraftübertragung	Heckantrieb		
Schaltung	Schalthebel Wagenmitte	Lenkradschaltung	Lenkradschaltung
Kupplung	Einscheibentrocken	Einscheibentrocken	Einscheibentrocken, a.W. ab 9/1957: Saxomat
Getriebe	3-Gang, 1. Gang unsynchronisiert	3-Gang /3-Gang ab 9/1957 vollsynchronisert	3-Gang /3-Gang ab 9/1957
Übersetzungen	I. 3.071(ab 7/1949: 3,41) – II. 1,765 – III. 1,000	I. 3,410 – II. 1,765 (1,80) – III. 1,000	I. 3,27 – II. 1,69 – III. 1,00
Antriebs-Übersetzungen	4,857 (34:7) oder 5,50 (33:6)	4,375 oder 4,57; ab 10/1954: 4,44	4,11
Karosserie/Fahrwerk	Plattformrahmen, Ganzstahlkarosserie	Selbsttragende Ganzstahlkarosserie	Selbsttragende Ganzstahlkarosserie
Vorderradaufhängung	Starrachse, 1 Querfeder, Stabilisator	Doppel-Querlenker, Schraubenfedern	Doppel-Querlenker, Schraubenfedern
Hinterradaufhängung	Starrachse, 1 Querfeder, Stabilisator	Starrachse, Halbfedern	Starrachse, Halbfedern
Lenkung	Schnecke (13,6:1), 2,5 Lenkraddrehungen	Schnecke (13,6:1), 2,5 Lenkraddrehungen	Schnecke (13,6:1), 2,5 Lenkraddrehungen
Fußbremse	Hydraulisch, Trommelbr. 230 mm Ø, Bremsfläche 680 cm^2	Hydraulisch, Trommelbr. 203 mm Ø	Hydraulisch, Trommelbr. 203 mm Ø
Allgemeine Daten			
Radstand	2387 mm	2489 mm	2489 mm
Spur	1186/1220 mm	1220/1220 mm	1220/1220 mm
Gesamtmaße	4080 x 1485 x 1600 (de Luxe 1580) mm	4060 x 1580 x 1550 mm	4060 x 1580 x 1550 mm
Räder	3,25 oder 3,50 D x 16 (Standard/Spezial), ab 5/1950 4 J x 15 (Spez./de Luxe)	4 J x 13	4 J x 13
Reifen	5,00, 5,25 oder 5,50–16; ab 5/1950 (Spez./de Lux) 5,60 oder 5,90–15	5,60 oder 5,90–13	5,60–13
Wendekreis	10,2 m	11,5 m	11,5 m
Leermasse	1030 kg	Cabriolet 2 Sitze/4 Sitze 915/935 kg	Cabriolet 2 Sitze/4 Sitze 990/1015 kg
Zuläss. Gesamtgewicht	1200 kg	1250 kg	1300 kg
Höchstgeschwindigkeit	105 km/h (bei Antriebsübersetzung 5,50: 95 km/h)	112 km/h	128 km/h
Beschleunigung 0–100 km/h	44 sec	38 sec	25 sec
Verbrauch/100 km	9–9,5 Liter	9–9,5 Liter	10–10,5 Liter
Kraftstofftank	35 Liter (im Heck)	34 Liter (im Heck)	34 Liter (im Heck)
Anmerkung	Auch als Cabriolet 2 Sitze. Alle Modelle: ab 1950 Lenkradschaltung	Auch mit 4-Gang-Getriebe (synchronisiert II-IV): 3,70/2,16/1,40/1,00, ab 9/1957: 3,60/2,10/1,41/1,00.	Auch mit 4 Gang (synchronisiert I-IV): 3,39/1,98/1,33/1,00, Antrieb: 3,90. A.W. Saxomat ab 9/1957.

Ford Taunus 15m (1955–1958)

Der Ford G4 B war im Wesentlichen der gleiche Wagen wie der Taunus 12m, jedoch mit neuem 1,5-Liter-Kurzhub-Hängeventilmotor. Gebaut wurden ab Dezember 1954 bis Juli 1958 insgesamt 134.127 Autos, davon 20.552 Kombis sowie bis Sommer 1957 eine kleine Zahl von zwei- und viersitzigen Cabriolets, die mindestens 2.500 D-Mark teuerer waren als die Basis-Limousinen. Die Baureihe gab es ab September 1955 auch als Taunus 15m de Luxe (»Dienstmädchen im Abendkleid«).

Deutsch baute in handwerklicher Kleinserie das Taunus 12m Cabriolet, das über das Ford-Händlernetz verkauft wurde. Der Wagen war ein 2+2-Sitzer, streng genommen sogar ein 3+2-Sitzer. Denn hinten befanden sich nur Notsitze, und die vordere Bank war für drei Passagiere zugelassen. Die Präsentation erfolgte auf der IAA (die damals noch im Frühjahr abgehalten wurde) im März 1953.

Neben dem 2+2 baute Deutsch auch einige Viersitzer-Cabrios, diese hatten dann vier Seitenscheiben.

Aus dem Weltkugel-Taunus wurde der »Streifen«-Taunus, und auch den offerierte Deutsch als 2+2-Cabrio.

	Ford Taunus 1,2 Liter 1959–1962	Ford Taunus 1,5 Liter 1959–1962	Ford Taunus 1,2 Liter, 1962–1966 / 1,5 Liter, 1963–1966	Ford Taunus TS 1,5 Liter 1963–1966	Ford 1200 1967–1968
Motor	Otto				
Zylinderzahl /Bauart	4 (Reihe), vorne längs		V4 (60°) , vorne längs		
Bohrung x Hub	63,5 x 92,5 mm	82 x 70,9 mm	80 x 58,86 mm	90 x 58,86 mm	80 x 58,86 mm
Hubraum	1172 cm³	1498 cm³	1183 cm³	1498 cm³	1183 cm³
Leistung	38 PS (28 kW) bei 4250 U/min	55 PS (40 kW) bei 4250 U/min	40 PS (29 kW) bei 4500 U/min	55 PS (40 kW) bei 4500 U/min	45 PS (33 kW) bei 4500 U/min
Drehmoment	7,8 mkg bei 2200 U/min	11,3 mkg bei 2400 U/min	8,0 mkg bei 2400 U/min	11,0 mkg bei 2300 U/min	8,2 mkg bei 2400 U/min
Verdichtung	1:7,4	1:6,8	1:7,8	1:8,5	1:8,2
Gemischbildung	1 Fallstromvergaser Solex 28 PCJ	1 Fallstromvergaser Solex 32 PICBA	1 Fallstromvergaser Solex 28 PDSI, ab 9/1964: 28 PDSIT-7 mit Startautomatik	1 Fallstromvergaser Solex 32 PDSI	1 Fallstromvergaser Solex 28 PDSIT-4 mit Startautomatik
Ventile/Steuerung	Seitlich stehend, Stößel, seitliche Nockenwelle, Stirnräder		Hängend, Stoßstangen und Kipphebel, zentrale Nockenwelle, Stirnräder		
Kühlung	Pumpe, 7 Liter Wasser		Pumpe, 6,5 Liter Wasser		Pumpe (6,2 l Wasser)
Schmierung	Druckumlauf, 2,5 Liter Öl	Druckumlauf, 2,85 Liter Öl)	Druckumlauf, 3,25 Liter Öl		Druckumlauf (3,3 l Öl)
Batterie	6 V 84 Ah (im Motorraum)		6 V 77 Ah (im Motorraum)		12 V 38 Ah (im Motorraum)
Lichtmaschine	160 W, ab 9/1961: 180 W		200 W	200 W	14 V 25 A
Kraftübertragung	Antrieb auf Hinterräder		Frontantrieb. Motor vorn, Getriebe hinter der Vorderachse		
Kupplung	Einscheibentrocken, a.W.: Saxomat		Einscheibentrocken		
Schaltung	Lenkradschaltung				
Getriebe	3 Gang		4 Gang		
Übersetzungen	I. 3,48 (3,47) – II. 1,80 (1,70) – III. 1,00	I. 3,27 (3,29) – II. 1,69 (1,81) – III. 1,00	I. 4,03 (ab 4/1964: 4,06) – II. 2,33 – III. 1,48 – IV. 1,00		I. 4,06 – II. 2,16 – III. 1,48 – IV. 1,00
Antriebs-Übersetzungen	4,11 oder 4,44	3,9	3,78	3,56	3,78
Karosserie/Fahrwerk	Selbsttragende Ganzstahlkarosserie				
Vorderradaufhängung	Doppel-Querlenker		8 -Blatt-Querfeder oben, Querlenker unten		Querlenker, McPherson-Federbeine, Schraubenfedern
Hinterradaufhängung	Schraubenfedern, Stabilisator Starrachse, Halbfedern		Starrachse, 4 Blatt-Halbfeder, Stabilisator (nur bis 7/1964)		Starrachse, Halbfedern
Lenkung	Schnecke (13,6:1), 2,5 Lenkraddrehungen		Kugelumlauf (22:1), 4 Lenkraddrehungen		Zahnstange (19,0:1), 3,5 Lenkraddr.
Fußbremse	Hydraulisch, Trommelbr. 203 mm Ø		Hydraulisch, Trommelbr. v. 230 mm Ø, hinten 200 mm Ø ab 9/1964: Scheibenbr. v. Ø 230 mm		Hydraulisch. Scheibenbr. v. 236,5 mm Ø, Trommelbr. h. 203 mm Ø
Allgemeine Daten					
Radstand	2489 mm		2527 mm		2527 mm
Spur	1220/1220 mm		1245/1245 mm		1321/1321 mm
Gesamtmaße	4060 x 150 x 1520 mm		4248 (4322) x 1594 x 1458 mm		4318 (4389) x 1603 x 1400 mm
Räder	4 J x 13		4 J x 13		4 J x 13
Reifen	5,60–13		5,60–13		5,60–13 4 PR
Wendekreis	11,5 Meter		11,8/11,2 Meter		11,1/11,0 m
Leermasse	875 kg	900 kg	845 kg	870 kg	870 kg
Zuläss. Gesamtgewicht	1280 kg	1280 kg	1245 kg	1270 kg	1280 kg
Höchstgeschwindigkeit	112 km/h	128 km/h	123 km/h	139 km/h	125 km/h
Beschleunigung 0–100 km/h	38 sec	25 sec	29,5 sec	17,5 sec	26 sec
Verbrauch/100 km	9–9,5 Liter	10–10,5 Liter	9 Liter	9 Liter	10 Liter
Kraftstofftank	34 Liter (im Heck)		38 Liter (im Heck)		
Anmerkung	Auch mit 4 Gang, Übersetzung ab 9/1961 in Klammer: 3,60 (3,43)/2,10 (1,97)/1,41 (1,37)/1,00, Antrieb 4,11, 3,9 oder 4,44	Auch 4 Gang, voll synchronisiert. Übersetzung ab 9/1961 in Klammer: 3,39 (3,43)/1,98 (1,97)/1,33 (1,37)/1,00	12m 1,5: B x H 90 x 58,86 mm, 1498 cm³. 50 PS bei 4500 / min, 10,5 mkg bei 2100 /min, 1:8,0, ab 9/1964 mit Startautomatik. Vmax 135 km/h, 0-100 km/h 20 sec	Motordaten ab 9/1964: 65 PS bei 4500 /min, 11,5 mkg bei 2300 /min, 1:9,0. Vmax 139 (144) km/h, 0-100 km/h 17,5 (16,5) sec.	Ab 9/1967: Bremsen mit Zweikreis-Hydraulik; ab 2/1968 a.W.: Servohilfe. Ab 2/1968 a.W.: Schalthebel Wagenmitte.

Ford Taunus 12m (1962–1966)

Die Taunus-Baureihe P4 hatte mit dem früheren Taunus 12m nur den Namen gemeinsam, denn der technische Aufbau, das Aussehen und der Charakter waren grundlegend verschieden. Dieser Neuentwicklung mit V4-Motor und Vorderradantrieb war ursprünglich (als »Cardinal«) in Amerika für den amerikanischen Markt als Konkurrenz zum Volkswagen-Käfer konstruiert worden. Gebaut haben ihn dann aber die Kölner Ford-Werke, die das Grundkonzept nur noch im Detail verbessern konnten. Grundmodell und gebaut wurde der Taunus 12m als Zweitüren-Limousine mit 1,2-Liter-Motor ab September 1962. Es folgten der Taunus 12m TS im Dezember 1962, der Kombi im März 1963 sowie der Viertürer, das 12m TS Coupé und eine erste Ausführung mit 1,5-Liter-Motor im September 1963. Ab September 1964 erhielten alle Modelle Scheibenbremsen vorn sowie eine korrigierte Vorderrad-Aufhängung. Das Coupé war ab 1966 auf Wunsch auch mit 50-PS-1,5-Liter-Motor lieferbar.

Gebaut wurden ab September 1962 bis Juli 1966 insgesamt 672.695 Wagen, und zwar 413.683 Limousinen mit 1,2-Liter-Motor, 209.949 Limousinen und Coupés mit 1,5-Liter-Motor, 21.698 Kombis mit 1,2-Liter-Motor und 27.365 Kombis mit 1,5-Liter-Motor. Gefertigt wurde er zunächst ausschließlich in Köln, ab August 1963 dann (und schließlich fast nur noch) im belgischen Zweigwerk Genk. Zweitürige Limousinen wurden in geringer Zahl von Deutsch zu 2/2-Sitzern umgebaut, wobei der Preis je nach Ausführung ab etwa DM 8.500,– betrug. Den Umbau veranschlagte Deutsch mit DM 3.200,–, Lieferbeginn war das Frühjahr 1963.

Ford Taunus 12m Cabriolet (Deutsch), 2 Sitze, 1963–1966.

Testern galt der P4-Taunus als unambitionierte Einfach-Konstruktion mit schlechter Straßenlage und miserabler Lenkung. Wer einen solchen Wagen sich als Cabriolet leistete, wurde meist mit Unverständnis betrachtet.

Deutsch in Köln-Braunsfeld bot ab dem Jahreswechsel 1962/63 das 12m-Cabriolet an. Für den offenen Ford ließ Deutsch selbst Prospekte drucken, nicht Ford. Foto: Archiv Storz

Ford Taunus 17m (1957–1960)

Fords P2 war eine völlige Neukonstruktion und oberhalb des bisherigen Taunus angesiedelt. Die Karosserielinie (»Gelsenkirchener Barock«) des neuen »Großen Ford« war dem dem Stil zeitgenössischer USA-Modelle nachempfunden worden. Der amerikanische Straßenkreuzer im Taschenformat war auch in Zweifarben-Lackierung erhältlich, was den Eindruck noch verstärkte. Noch mehr amerikanisches Flair als die Limousine strahlte das von Deutsch gebaute de Luxe-Cabriolet aus, dessen Verdeck in geöffnetem Zustand vollständig hinter der Rückenlehne verschwand. Der Preis lag bei DM 10.500,-. Gebaut wurden ab August 1957 bis August 1960 insgesamt 239.978 Wagen, wobei die Zahl Zweisitzer-Cabriolets sich nicht mehr ermitteln lässt. Viele waren es jedenfalls nicht.

Ford Taunus 17m Deluxe Limousine, 2 Türen, 1957–1958. Als Alternative zum Cabriolet war ein Golde-Stoffschiebedach, ab August 1959 dann ein Stahlschiebedach erhältlich.

Nicht jedes Deluxe-Cabriolet war zweifarbig lackiert. Foto: Archiv Storz

Mit dem Wechsel zum P2 schuf Deutsch nur noch 2+2-Sitzer. Der Aufwand war hoch. So mussten Türen wie auch Seitenscheiben angepasst werden, um sich dem Verlauf des Verdecks anzupassen

Ford Taunus 17m (1960–1964)

Mit dem Ford P3 löste sich Ford Köln komplett vom amerikanischen und britischen Designgeschmack. Die neue, stromlinienähnliche Karosserie wurde als »Linie der Vernunft« vermarktet und fand allgemein großen Anklang.

Nur war leider längere Zeit die qualitative Verarbeitung des Wagens mäßig, was die modern gezeichnete Limousine anfangs in Misskredit brachte. Wahlweise lieferbar waren die neuen Modelle mit 1,5-Liter-Motor (Typ P3), 1,7-Liter-Motor (Typ P3 S) oder (ab September 1961) 1,75-Liter-TS-Motor (Typ P3 C). Gebaut wurden ab September 1960 bis August 1964 insgesamt 669.731 Wagen, davon 86.010 Kombis (die bei Ford den Beinamen »Turnier« erhielten), und zwar jeweils etwa die Hälfte mit 1,5-Liter-Motor. Einige Limousinen hat die Firma Karl Deutsch (Köln) in Zweisitzer-Cabriolets (Preis ab etwa 11.000 DM) und in Coupés umgebaut.

Preise			
	Ab Sept. 1960	April 1962	Sept. 1963
17m 1,5 Liter Limousine 2 Türen	DM 6645,–	DM 6845,–	DM 6845,–
17m 1,5 Liter Limousine 4 Türen	DM 7035,–	DM 7235,–	DM 7235,–
17m 1,5 Turnier, Kombi 2 Türen	DM 6945,–	DM 7145,–	DM 7145,–
1,7 Liter-Motor	DM + 75,–	DM + 75,–	DM + 75,–
4 Gang-Getriebe	DM + 95,–	DM + 95,–	DM + 95,–
Sonderausstattung	DM + 295,–	DM + 295,–	DM + 295,–
17m TS Limousine 2 Türen	DM 7890,–	DM 8090,–	DM 7945,–
17m TS Limousine 4 Türen	DM 8280,–	DM 8480,–	DM 8335,–

Typisch für die Deutsch-Cabriolets war das voll versenkbare Verdeck, wie es auch diese »Badewanne«, der Typ P3, aufweist.

Für den 17m P3 lieferte Deutsch auf Wunsch auch ein Hardtop.

Ford Taunus 17m Cabriolet (Deutsch), 2 Sitze, 1960–1964.

	Ford Taunus 1,5 Liter 1960–1964	Ford Taunus 1,7 Liter 1960–1964	Ford Taunus TS 1,75 Liter 1961–1964	Ford Taunus 1500 1964–1967	Ford Taunus 1966–1967 Ford Taunus 1700 S 1964–1968
Motor	Otto				
Zylinderzahl /Bauart	4 (Reihe) vorne längs			4 (V-Form, 60°) vorne längs	
Bohrung x Hub	82 x 70,9 mm	84 x 76,6 mm	85,5 x 76,6 mm	90 x 58,86 mm	90 x 66,8 mm
Hubraum	1498 cm^3	1698 cm^3	1758 cm^3	1498 cm^3	1699 cm^3
Leistung	55 PS (40 kW) bei 4250 U/min	60 PS (44 kW) bei 4250 U/min	70 PS (51 kW) bei 4500 U/min	60 PS (44 kW) bei 4500 U/min	65 PS (48 kW) bei 4500 U/min
Drehmoment	11,3 mkg bei 2400U /min	13,2 mkg bei 2200 U/min	14,3 mkg bei 2200 U/min	11,4 mkg bei 2400 U/min	12,9 mkg bei 2400 U/min
Verdichtung	1:6,8	1:7,0	1:8,5	1:8,0	1:8,0
Gemischbildung	1 Fallstromvergaser Solex 32 PICB, ab 9/1963 32 PDSIT mit Startautomatik	1 Fallstromvergaser Solex 32 PICB	1 Fallstromvergaser Solex 32 PICB	1 Fallstromvergaser Solex 32 PDSIT-4 mit Startautomatik	
Ventile / Steuerung	2 / hängend, Stoßstangen und Kipphebel, seitliche Nockenwelle, Antrieb Stirnräder			2 / hängend, Stoßstangen und Kipphebel, zentrale Nockenwelle, Antrieb Stirnräder	
Kühlung	Pumpe 7 Liter Wasser			Pumpe 6 Liter Wasser	
Schmierung	Druckumlauf 3,25 Liter Öl			Druckumlauf 3,5 Liter Öl	
Batterie	6 V 78 Ah (im Motorraum)			6 V 77 Ah (im Motorraum) , A.W.: 12 V, Drehstrom-Lichtmaschine	
Lichtmaschine	180 W			200 W	
Kraftübertragung	Heckantrieb, Zweiteilige Kardanwelle				
Schaltung	Lenkradschaltung , Automatik-Wählhebel unter Lenkrad.				
Kupplung	Einscheibentrocken, a.W.: Saxomat		Einscheibentrocken, ab 5/1966: Automatic a.W: Hydraulischer Wandler (2,14 fach)		
Getriebe	3-Gang/4-Gang		4-Gang	3-Gang/4-Gang	
Übersetzungen	I. 3,29 (3,43) – II. 1,61 (1,97) – III. 1,00 (1,37) – IV. 1,00		I. 3,43 – II. 1,97 – III. 1,37 – IV. 1,00	I. 3,29 (3,43) – II. 1,61 (1,97) – III. 1,00 (1,37) – IV. 1,00 Automatik: 2,46 – 1,46 –1,00	
Antriebs-Übersetzungen	3,56 oder 3,89		3,56, 3,89 oder 3,27	3,89	3,70/3,15
Karosserie/Fahrwerk	Selbsttragende Ganzstahlkarosserie				
Vorderradaufhängung	McPherson-Federbeine, Schraubenfedern, Stabilisator				
Hinterradaufhängung	Starrachse, 3 Blatt-Halbfedern				
Lenkung	Schnecke (15,8:1), 3,75 Lenkraddrehungen			Kugelumlauf (18,3:1), 4,5 Lenkraddrehungen	
Fußbremse	Hydraulisch, Trommelbremsen 230 mm Ø; ab 4/1962 a.W. und ab 7/1963 Serie: Scheibenbr. vorne 188 mm Ø			Hydraulisch, Scheibenbr. v. 242 mm Ø Trommelbr. h. 230 mm Ø, a.W.: Servohilfe. Ab 1967: Zweikreis-Hydraulik, Servo serienmäßig	
Allgemeine Daten					
Radstand	2630 mm			2705 mm	
Spur	1295/1295 mm			1430/1400 mm, ab 1967: 1437/1404 mm	
Gesamtmaße	4452 x 1670 x 1450 mm			4585 x 1715 x 1480 mm , ab 1967: 4663 x 1756 x 1494 mm	
Räder	4J x 13			4 ½ J x 13	4½ J x 13, a.W.: 4½ J x 14
Reifen	5,90–13			6,40–13 4 PR	6,40-13 4 PR; a.W.: 165 SR 14
Wendekreis	11,4 m			11 m	11 m
Leermasse	960 kg			980 kg	980-1065 kg
Zuläss. Gesamtgewicht	1340 kg			1410 kg	1410-1480 kg
Höchstgeschwindigkeit	136 km/h	140 km/h	148 km/h	140 km/h	145, Automatik 140 km/h
Beschleunigung 0–100 km/h	22 sec	22 sec	17 sec	19,5 sec	17,5, Automatik 20,5 sec
Verbrauch/100 km	9,5 Liter	10,0 Liter	10 Liter Super	10 Liter	10 Liter
Kraftstofftank	45 Liter (im Heck)				
Anmerkung	Ab 4/1962 a.W. und ab 7/1963 Serie: Scheibenbr. v. Ø 188 mm	Ab 9/1963: 65 PS bei 4250 /min; 14,2 mkg bei 2100 /min, 8,4:1, Vmax 135 km/h, 0-100 km/h 20 sec.	Ab 9/1963: 75 PS bei 4500 /min, 14,7 mkg bei 2300 /min, 8,6:1. Vergaser mit Startautomatik	Schaltung bei 4 Gang ab 6/1966 a.W.: Mittelschaltung.	Bei Automatik: Gewicht +20 kg, Verbrauch +1,0 l. Taunus 1700 S: 70 PS bei 4500 /min, 13,5 mkg bei 2400 /min, Vmax 145-150 km/h, 0-100 km/h 16-19 sec

Ford Taunus 17M/20M (P5. 1964–1967)
Ford Taunus 17M/20M/26M (P7, 1967–1971)

Die »Linie der Vernunft«, die Ford 1960 mit dem neuen 17M P3 vorgestellt und 1964 mit der Baureihe P5 weiterentwickelt hatte, stand auch den bei Deutsch gebauten 2/2-sitzigen Cabriolets gut zu Gesicht. Das galt im Grundsatz auch für den P5, wobei diese Baureihe die letzte war, welche Ford Deutschland entwickelt hatte. Bei den folgenden Modellreihen hatte, auf Geheiß von Henry Ford II. höchstpersönlich, die neu gegründete Ford Europe das Sagen, das heißt die britische Ford-Dependance.

Mit der Einführung der Baureihe P7 im August 1967 wandte sich Ford von der zeitlosen, harmonischen Karosserielinie ab und präsentierte die 17M/20M-Baureihe mit stark zerklüfteter, eckiger Karosserie, die wie der größere Bruder des 12M wirkte. Deutsch brachte dennoch das Kunststück fertig, auf dieser Basis ein ansehnliches Cabriolet zu bauen. Auch von der 1968 erneut geänderten zweiten Serie der Baureihe P7 und dem etwas klobig wirkenden Ford 26M gab es einige 2/2-sitzige Deutsch-Cabriolets.

Alle Cabriolets, die Ford zwischen 1960 und 1970 über das eigene Händlernetz anbot, wurden von Deutsch umgebaut. Andere Karossiers kamen nicht mehr zum Zuge. Das verlieh den Deutsch-Produkten den Status von Werks-Cabriolets. Hier der 20M der Baureihe P5.

Ford bot den P5-Taunus in den Ausführungen 17M und 20M. Optisch unterschieden sie sich kaum, der 20M indessen hatte Radzierringe, Stoßstangenhörner und eine Rückfahrleuchte serienmäßig, wobei es diese Zutaten optional auch für den 17M gab. Vordere Einzelsitze gab es nur beim TS, alle anderen hatten eine Sitzbank.

Als Anbieter der Cabriolets trat immer der Karossier auf. Offiziell hießen solche Wagen »Sport-Cabriolet auf Ford-Taunus-Fahrgestell«. Hier ein 17M P7b von 1968.

Bis zum Erscheinen des Granada bildete der 26 M das Flaggschiff der Ford-Modellpalette. Ab Werk waren 83 Motor- und Ausstattungsvarianten möglich – und da war das Cabriolet nicht mitgerechnet.

Studien und Prototypen

Mit Beginn der 1970er Jahre verschwanden Ford-Cabriolets vom deutschen Markt, lediglich Crayford in England verwandelte Taunus-Limousinen in Cabriolets; rund 500 Stück sollen entstanden sein. In Deutschland waren sie nicht zu haben.

Bis zum Erscheinen des offenen Escort gab es keine Angebote ab Werk mehr für Cabriofreunde, weder der offene Fiesta noch das Sierra-Cabriolet schafften es in die Serie. Es blieb privaten Umbauern überlassen, den Traum vom offenen Ford Wirklichkeit werden zu lassen.

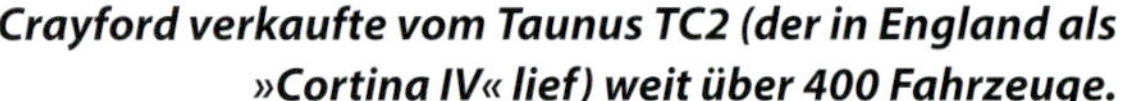

Crayford verkaufte vom Taunus TC2 (der in England als »Cortina IV« lief) weit über 400 Fahrzeuge.

Aus den Ford-Archiven stammt dieses Foto einen Sierra-Targa-Mock-ups, also einer nicht fahrbereiten Stylingstudie. Erinnert ein wenig an den Lancia Beta Spider und wäre, wieder dieser auch, wohl ein Misserfolg geworden.

Das Fiesta-Cabriolet, umgebaut von Tropic, wurde zur IAA 1979 vorgestellt. In die Serienfertigung schaffte es der Prototyp aber nicht. In England gab es Überlegungen, einen ähnlichen Entwurf von Crayford (Fiesta »Fly«) in XR2-Ausführung über das Ford-Händlernetz zu vertreiben. Daraus wurde aber ebenfalls nichts. Sollath versuchte später sein Glück damit.

Ford Escort III / IV (1983–1990)
Ford Escort IV (1990–1997)

Mit der Modellreihe 81 von 1980 – zeitgemäß mit Quermotor und Frontantrieb – war die Ära der Heckantrieb-Escort (1967-1980, zwei Generationen) endgültig vorüber. Von der neuen Schräghecklimousine abgeleitet wurde, zunächst als Studie für die IAA 1981 in Frankfurt, ein Cabrio mit feststehendem Überrollbügel, das 1983 in Serie ging. Bei den Motoren handelte es sich um 1,1 bis 1,6 Liter große Vierzylinder. Gebaut wurde es von Karmann im Zweigwerk Rheine, die Bodengruppe lieferte das Ford-Werk Saarlouis. Karmann versteifte sie mit rund 80 Kilogramm Stahl. Das Cabriolet unterschied sich in rund 2000 Teilen von der Limousine. Als bestmotorisierte Variante gab es den Escort XR3 bzw. den XR3i (105 PS / 72 kW).

Das Modell 86 (Escort IV) war ein umfangreiches Facelift der bisherigen Ausführung, mit besserer Ausstattung und erneuerten Motoren. Ab Spätsommer 1990 wurde das neue Modell 91 angeboten, die fünfte Version des Escort. Es handelte sich um eine Neuentwicklung (wiederum mit feststehendem Bügel), die deutlich größer war als der Vorgänger. Das Design entsprach dem damaligen Anspruch, besonders windschnittige Fahrzeuge zu bauen.

Die Motoren entsprachen anfangs denen des Vorgängermodells, wobei das Fahrwerk zunächst zu hart abgestimmt war. Auch von diesem Escort gab es ein Cabriolet, das wieder bei Karmann entstand. Motorisiert war es mit 1,4- bis 1,8-Liter-Motoren (70 bis 130 PS / 52 bis 96 kW). Der offene Escort war ab Juni 1995 eines der ersten Cabrios mit Dieselmotor (1,8 Liter-Turbo, 90 PS / 66 kW), es kostete ab 34.600 Mark. Sogar die extrem sportive Cosworth-Motorisierung und -Ausstattung kam dem Cabrio zugute. Insgesamt wurden 83.983 offene Escort gefertigt.

KARMANN

Ford Escort Cabriolet

Neben den offiziellen Werksprospekten gab auch Karmann selbst Infoblätter heraus, um die eigene Kompetenz zu unterstreichen.

Kein Cabriolet ohne Henkel: Vom Ritmo bis zum offenen Golf, keines der Viersitzer-Cabriolets verzichtete auf den versteifenden Bügel. Der Escort aber – hier in XR3i-Variante – war das optisch ausgewogenste.

	Ford Escort 1.6 GL / XR3 i 1983–1989	Ford Escort 1,4 / 1.4i Kat 1986–1989 / 1987–1990	Ford Escort 1,6 / 1.6i Kat 1986–1989 / 1987–1990
Motor	Otto (CVH)		
Zylinderzahl / Bauart	4 (Reihe),quer vor der Vorderachse		
Bohrung x Hub	80 x 79,5 mm	77,2 x 74,3 mm	80 x 79,5 mm
Hubraum	1597 cm^3	1392 cm^3	1597 cm^3
Leistung	79 PS (58 kW) bei 5800 U/min 105 PS (77 kW) bei 6000 U/min	75/73 PS (55/54 kW) bei 5600 U/min	90 PS (66 kW) bei 5800 U/min
Drehmoment	138 Nm bei 4800 U/min	10,9/10,3 mkg bei 4000 U/min	133 Nm bei 4000 U/min 123 Nm bei 4600 U/min
Verdichtung	1:9,5	1:9.5	1:9.5:1 / 8,5
Gemischbildung	1 Register-Fallstromvergaser/Einspritzung Bosch K-Jetronic	1 Register-Fallstromvergaser/Zentraleinspritzung Weber DFM (geregelter Kat)	1 Register-Fallstromvergaser/Einspritzung Bosch K-Jetronic (geregelter Kat)
Ventile / Steuerung	2 / hängend, OHC, Hydrostößel, Zahnriemen		
Kurbelwellenlager	5	5	5
Kühlung	Pumpe, 7,8 Liter Wasser	Pumpe, 7,6 Liter Wasser	Pumpe, 7,9 Liter Wasser
Schmierung	Druckumlauf, 3,5 Liter Öl	Druckumlauf, 3,5 Liter Öl	Druckumlauf, 3,5 Liter Öl
Batterie	12 V 43 Ah	12 V 43 Ah	12 V 43 Ah
Lichtmaschine	Drehstrom 55 A	Drehstrom 70 A	Drehstrom 70 A
Kraftübertragung	Frontantrieb		
Schaltung	Schalthebel Wagenmitte		
Kupplung	Einscheibentrocken		
Getriebe	5-Gang		
Übersetzungen	I. 3,15 – II.1.91 – III. 1,28 – IV. 0,95 – V. 0.76	I. 3,58 – II.1.91 – III. 1,28 – IV. 0,95 – V. 0.76	I. 3,58 – II.1.91 – III. 1,28 – IV. 0,95 – V. 0.76
Antriebs-Übersetzung	4.29 oder 3.84	3.87	3.58 / 3.82
Karosserie/Fahrwerk	Selbsttragende Ganzstahlkarosserie		
Vorderradaufhängung	Einzelradaufhängung an McPherson-Federbeinen, Querlenker, Zugstreben, Schraubenfedern, Querstabilisator		
Hinterradaufhängung	Einzelradaufhängung Querlenker, Längslenker, Schraubenfedern, Stoßdämpfer (XR3 i: Gasdruck)		
Lenkung	Zahnstange (19,64:1), 3,7 Lenkraddrehungen	Zahnstange (19,63:1), 3,5 Lenkraddrehungen	Zahnstange (19,63:1), 3,5 Lenkraddrehungen
Fußbremse	Diagonal-Zweikreis-Hydraulik, Servohilfe, Scheiben. v. 239,5 mm Ø, Trommeln h. 203 mm Ø. , ab 1986: ABS	Diagonal-Zweikreis-Hydraulik, Servohilfe, Scheiben v. 239,5 mm Ø, Trommeln h. 178 mm Ø ABS Girling optional	
Allgemeine Daten			
Radstand	2393 mm	2400 mm	2400 mm
Spur	1390/1430 mm	1404/1427 mm	1404/1427 mm
Gesamtmaße	4068 x 1640x 1370 mm	4022 x 1640 x 1375 mm	4061 x 1640 x 1352 mm
Gepäckraum	274 Liter		
Räder	6 J x 14	5 J x 13	5 J x 13, 6 J x 14
Reifen	185/60 HR 14	155 SR 13 oder 175/70 SR 13	155 TR 13 oder 185/60 HR 14
Wendekreis links/rechts	10,8/10,8 m	11,3/11,3 m	11,3/11,3 m
Leermasse	1000 kg	955 kg	975-985 kg
Zuläss. Gesamtgewicht	1400 kg	1300-1350 kg	1350-1375 kg
Höchstgeschwindigkeit	185 km/h	165 km/h	180 km/h
Beschleunigung 0–100 km/h	10 sec	13 sec	12 / 9,8 sec
Verbrauch/100 km	10 Liter Super	10,5 Liter Super	10,5 Liter Normal
Kraftstofftank	48 Liter (vor Hinterachse)	48 Liter (vor Hinterachse)	48 Liter (vor Hinterachse)
Anmerkung	1990: XR3i auch mit G-Kat, dann 75 kW (102 PS) bei 6000/min.	Geringfügige Unterschiede in Abmessungen und Spurweite in Abhängigkeit von Baujahr, Motor und Ausstattungslinie	Geringfügige Unterschiede in Abmessungen und Spurweite in Abhängigkeit von Baujahr, Motor und Ausstattungslinie

Das Ford Escort-Cabriolet gab es bei Produktionsbeginn 1983 in zwei Ausstattungs- und drei Motorversionen. Die Heckleuchten stammten übrigens vom Kombimodell Escort Turnier, was den Einbau einer bis zur Stoßstange reichenden Kofferraumklappe erlaubte. Im Bild das 1,3 Ghia-Cabriolet.

Das Escort-Cabrio nach der Modellpflege 1986. Basis-Motorisierung bildete nun der 1,4 Liter mit 75 PS.

Unten: Das XR3i-Sondermodell vom September 1989 hatte einen 1,6-Liter-Kat-Motor, dazu Sonderlack, Recaros und Cosworth-Alus.

BORIS BECKER ZUM THEMA AUTOFAHREN:

„Vom Winde verwöhnt." Ford Escort Cabrio BB

	Ford Escort 1.4i 1991–1994 Ford Escort 1.4i 1995–1998	Ford Escort 1,6 16 V 1995–1998	Ford Escort 1,6 / 1.6i Kat 1986–1989 / 1987–1990
Motor	Otto (CHV)	Otto (Zetec-H)	Otto (CHV)
Zylinderzahl / Bauart	4 (Reihe), quer vor der Vorderachse		
Bohrung x Hub	77,3 x 74,3 / 77,2 x 74,3 mm	76 x 88 mm	80 x 79,5 mm
Hubraum	1392 /1391 cm^3	1597 cm^3	1597 cm^3
Leistung	71 PS (52 kW) bei 5600 U/min 75 PS (55 kW) bei 5500 U/min	90 PS (66 kW) bei 5500 U/min	90 PS (66 kW) bei 5800 U/min
Drehmoment	103 Nm bei 4000 U/min 106 Nm bei 2750 U/min	130 Nm bei 3000 U/min	133 Nm bei.4000 U /min 123 Nm bei 4600 U/min
Verdichtung	1:8,5 / 9,5	1:10,3	1:9.5:1 / 8,5
Gemischbildung	Zentraleinspritzung / elektronische Einspritzung	elektronische Einspritzung	1 Register-Fallstromvergaser/Einspritzung Bosch K-Jetronic
Ventile / Steuerung	2 / hängend OHC, Hydrostößel, Zahnriemen	4 / hängend DOHC, Hydrostößel, Zahnriemen	2 / hängend OHC, Hydrostößel, Zahnriemen
Kurbelwellenlager	5	5	5
Kühlung	Pumpe, 7,8 Liter Wasser	Pumpe, 7,6 Liter Wasser	Pumpe, 7,9 Liter Wasser
Schmierung	Druckumlauf, 3,5 Liter Öl	Druckumlauf, 3,5 Liter Öl	Druckumlauf, 3,5 Liter Öl
Batterie	12 V 43 Ah	12 V 43 Ah	12 V 43 Ah
Lichtmaschine	Drehstrom 55 A	Drehstrom 70 A	Drehstrom 70 A
Kraftübertragung	Frontantrieb		
Schaltung	Schalthebel Wagenmitte		
Kupplung	Einscheibentrocken		
Getriebe	5-Gang		
Übersetzungen	I. 3,15 – II.1.91 – III. 1,28 – IV. 0,95 – V. 0.76	I. 3,58 – II.1.91 – III. 1,28 – IV. 0,95 – V. 0.76	
Antriebs-Übersetzung	4.29 oder 3.84	3.87	3.58 / 3.82
Karosserie/Fahrwerk	Selbsttragende Ganzstahlkarosserie		
Vorderradaufhängung	Einzelradaufhängung an McPherson-Federbeinen, Querlenker, Zugstreben, Schraubenfedern, Querstabilisator		
Hinterradaufhängung	Einzelradaufhängung Querlenker, Längslenker, Schraubenfedern, Stoßdämpfer (XR3 i: Gasdruck)		
Lenkung	Zahnstange mit Servo	Zahnstange mit Servo	Zahnstange (19,63:1), 3,5 Lenkraddrehungen
Fußbremse/Regelsysteme	Diagonal-Zweikreis-Hydraulik, Servohilfe, Scheibenbr. v. 239,5 mm Ø, Trommelbr. h. 203 mm Ø; ab 1986: ABS	Diagonal-Zweikreis-Hydraulik, Servohilfe, Scheibenbr. v. 239,5 mm Ø, Trommelbr. hinten 178 mm Ø; ABS optional	Diagonal-Zweikreis-Hydraulik, Servohilfe, Scheibenbr. v. 239,5 mm Ø, hinten Trommelbremen 178 mm Ø; ABS Girling optional
Allgemeine Daten			
Radstand	2525 mm	2400 mm	2400 mm
Spur	1440/1455 mm	1404/1427 mm	1404/1427 mm
Gesamtmaße	4036 x 1692 x 1379 mm	4022 x 1640 x 1375 mm	4061 x 1640 x 1352 mm
Gepäckraum	322 Liter		
Räder	6J x 14	5 J x 14	5J, 6J x 14
Reifen	185/60 R 14	155 SR 13 oder 175/70 SR 13	155 TR 13 oder 185/60 HR 14
Wendekreis	10,8/10,8 m (li./re.)	10,5 m	11,3/11,3 m
Leermasse	1065 kg	1165-1185 kg	975-985 kg
Zuläss. Gesamtgewicht	1525 kg	1660-1700 kg	1350-1375 kg
Höchstgeschwindigkeit	163 km/h	173 km/h	180 km/h
Beschleunigung 0–100 km/h	15,2sec	12,7 sec	12 / 9,8 sec
Verbrauch/100 km	8,1 Liter	10,5 Liter Super	10,5 Liter Normal
Kraftstofftank	55 Liter (vor Hinterachse)	55 Liter (vor Hinterachse)	48 Liter (vor Hinterachse)
Anmerkung	ab 1986: Leistungsvariante 66 kW (90 PS) bei 5800 U/min 1990: auch mit G-Kat, dann 75 kW (102 PS) bei 6000 U/min.	Geringfügige Unterschiede in Abmessungen und Spurweite in Abhängigkeit von Baujahr, Motor und Ausstattungslinie	Geringfügige Unterschiede in Abmessungen und Spurweite in Abhängigkeit von Baujahr, Motor und Ausstattungslinie

Die Neuauflage des Escort-Cabriolets wurde im August 1990 vorgestellt, zunächst nur mit dem 1,6-Liter-Motor (77 kW/105 PS) des XR3i.

Unter dem kleinen Stummelheck öffnete sich ein überraschend großer Kofferraum mit 322 Litern Fassungsvermögen nach VDA-Norm.

Das Facelift 1992 brachte zahlreiche Verbesserungen, einen ovalen Kühlergrill und eine Vielzahl von Sondermodellen.

Die zweite große Escort-Modellpflege 1995 brachte eine erneut geänderte Frontpartie. Außerdem gab es nun einen Diesel-Motor.

Auch die Heckpartie wurde im Januar 1995 verfeinert, ein Vierkanal-ABS eingeführt und das Fahrwerk neu abgestimmt.

Ford Streetka (2003–2005)

Dieser flotte, im Frühjahr 2003 vorgestellte Roadster auf Basis des Ford Ka Kleinwagens hatte eine Karosserie von Pininfarina und einen 95 PS / 70 kW leistenden 1,6-Liter-Vierzylindermotor, der die Vorderräder antrieb. Es handelte sich dabei um einen kompakten Zweisitzer mit einem Stoffverdeck. Ab 2004 gab es den Wagen alternativ mit einem Hardtop. Die Produktion des Streetka lief im Juli 2005 nach 37.000 Fahrzeugen in Italien aus, weil Pininfarina die Kapazitäten unter anderem für die Produktion des neuen Focus Cabriolets benötigte.

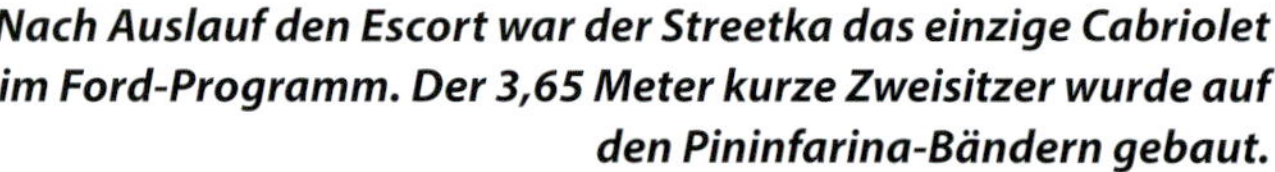

Nach Auslauf den Escort war der Streetka das einzige Cabriolet im Ford-Programm. Der 3,65 Meter kurze Zweisitzer wurde auf den Pininfarina-Bändern gebaut.

Rahmenlose Türen, ein knapp sitzendes Verdeck und ein Spoiler-bewehrtes Heck machten den kleinen Kölner zum Hingucker. Wie alle Ka jener Generation war aber auch der Streetka extrem rostanfällig, und die Verarbeitung lag deutlich unter Karmann-Niveau.

Mit dem Focus CC reihte sich auch Ford, als letzter deutsche Hersteller, ein in die Phalanx der Stahl-Klappdach-Cabrios. In Sachen Eleganz indessen fuhr der Pininfarina-Entwurf vorneweg.

Ford Focus CC (2007–2010)

Im März 2007 führte Ford eine Cabrioversion des Focus unter dem Namen Focus CC (Coupé-Cabriolet) ein, die von Pininfarina im Turin montiert wurde. Es war das erste Cabrio von Ford in Europa mit einem im Kofferraum versenkbaren Hardtop. Das Stahldach ließ sich innerhalb von 29 Sekunden öffnen oder schließen. Der Wagen wurde mit einem 1,6-Liter-Ottomotor mit 101 PS / 74 kW, einem 2,0-Liter-Ottomotor mit 145 PS / 110 kW sowie einem 2,0-Liter-Dieselmotor mit 136 PS / 100 kW angeboten.

Das Coupé-Cabrio wurde kurz nach den anderen Focus-Modellen im April 2008 optisch und technisch überarbeitet; im Juli 2010 stellte man die Produktion des Focus CC mangels Nachfrage ein.

Ungewöhnlich groß war das Kofferraumvolumen im Focus CC. Geschlossen fasste das Kofferabteil 534 Liter, offen waren es immer noch 248 Liter – ein Bestwert im Konkurrenzumfeld.

	Ford Streetka 2003–2005	Ford Focus CC 1.6 2007–2010	Ford Focus CC 2.0 2007–2010	Ford Focus CC 2.0 TDCi 2007–2010
Motor	Otto			Diesel
Zylinderzahl / Bauart	4 (Reihe) vorne quer			
Bohrung x Hub	82 x 75,5 mm	79 x 81,4 mm	87,5 x 83,1 mm	85 x 88 mm
Hubraum	1598 cm^3	1596 cm^3	1999 cm^3	1997 cm^3
Leistung	95 PS (70 kW) bei 5500 U /min	100 PS (74 kW) bei 6000 U/min	145 PS (107 kW) bei 6000 U/min	136 PS (100 kW) bei 4000 U/min
Drehmoment	135 Nm bei 4250 U/min	150 Nm bei 4000 U/min	185 Nm bei 4500 U/min	340 Nm bei 2000 U/min
Verdichtung	1:9,5	1:11,0	1:10,8	1:18,0
Gemischbildung	Elektronische Einspritzung (EFI) Siemens	Elektronische Einspritzung (EFI) Siemens	Elektronische Einspritzung (EFI) Visteon	Direkteinspritzung Common Rail Siemens, Turbolader
Ventile / Steuerung	2 / V-förmig hängend, OHC, Kette	4 /V-förmig hängend (42°)DOHC Zahnriemen	4 /V-förmig hängend (39°)DOHC	4 /V-förmig hängend, DOHC , Zahnriemen/Kette
Kurbelwellenlager	5	5	5	5
Kühlung	Pumpe (7,1 l Wasser)	Pumpe (6 l Wasser)	Pumpe (6 l Wasser)	Pumpe (9 l Wasser)
Schmierung	Druckumlauf (4 l Öl)	Druckumlauf (4,1 l Öl)	Druckumlauf (4,3 l Öl)	Druckumlauf (5,5 l Öl)
Batterie	12 V 43 Ah	12 V 52 Ah	12 V 52 Ah	12 V 60 Ah
Lichtmaschine	Alternator 90 A	Alternator 90 A	Alternator 90 A	Alternator 90 A
Kraftübertragung	Frontantrieb			
Schaltung	Mittelschaltung	Mittelschaltung	Mittelschaltung a.W. Automatik	Mittelschaltung
Kupplung	Einscheibentrocken			
Getriebe	5-Gang		5-Gang-Getriebe / 4-Stufen-Automat	6-Gang
Übersetzungen	I. 3.15 – II. 1.93 – III. 1.27 – IV. 0.95 – V. 0.76 – R. 3.62	I. 3.58 – II. 2.04 – III. 1.41 – IV. 1.11 – V. 0.88 – R. 3.62	I. 3.67 – II. 2.14 – III. 1.45 – IV. 1.03 – V. 0.80 – R. 3.73 Automatik: I. 2.81 – II. 1.49 – III. 1,0 – IV. 0.72 – R. 2.64	I. 3.23 – II. 1.86 – III. 1.24 – IV. 0.84 – V. 0.89 – VI. 0.71 – R. 1.36
Antriebs-Übersetzungen	4.25	4.06	4.7 / 4.2	4.07 / 2.85
Karosserie/Fahrwerk	Selbsttragende Ganzstahlkarosserie			
Vorderradaufhängung	Doppel-Querlenker, McPherson-Federbeine, Stabilisator	Dreieckquerlenker, McPherson-Federbeine, Schraubenfeder, Gasdruckstoßdämpfer, Fahrschemel		
Hinterradaufhängung	Verbundlenkerachse, Schraubenfedern	Mehrlenkerachse, Hilfsrahmen, Stabilisator, Gasdruckstoßdämpfer		
Lenkung	Zahnstangenlenkung mit Servo	Zahnstangenlenkung mit Servo	Zahnstangenlenkung mit Servo (elektr.-hydr.)	
Fußbremse / Regelsysteme	Scheibenbr. v. (belüftet) 258 mm Ø, h. Trommelbr. 203 mm Ø, ABS, EBD	Scheibenbr. v. (belüftet.) 278 mm Ø, h. 265 Ø, ABS, EBD, EBA, ESP, ASR	Scheibenbr. v. (belüftet.) 300 mm Ø, h. 280 Ø, ABS, EBD, EBA, ESP, ASR	
Allgemeine Daten				
Radstand	2445 mm	2640 mm		
Spur vorn/hinten	1415/1450 mm	1535/1530 mm		
Gesamtmaße	3650 x 1695 x 1335 mm	4510 x 1835 x 1455 mm		
Gepäckraum	214 Liter	250-535 Liter (offen / geschlossen)		
Räder	6.5 J x 16	6.5 x 16 / 7 J x 17 / 7 J x 18		
Reifen	195/45 R 16	205/55 R 16 / 205/50 R 17 / 225/40 R 18		
Wendekreis	11,1 Meter	10,7 Meter		
Leermasse	1060 kg	1400 kg	1450-1460 kg	1530 kg
Zuläss. Gesamtgewicht	1285 kg	1870 kg	1950-1960 kg	2045 kg
Höchstgeschwindigkeit	173 km/h	182 km/h	208 km/h	205 km/h
Beschleunigung 0–100 km/h	12,1 sec	13,6 sec	10,3 sec	10,3 sec
Verbrauch/100 km	7,9 Liter	9,4 Liter	10,6 Liter	7,7 Liter
Kraftstofftank	40 Liter	55 Liter		

Gemballa

Zu den Firmen, die Automobile nach Kundenwunsch individualisieren, zählt die von Uwe Gemballa (1958-2010) im Jahr 1979 in Leonberg bei Stuttgart gegründete Gemballa Automobil-Interieur GmbH. Man nahm sich zunächst des Volkswagen Golf GTI an, dann des Audi quattro, des BMW 323 und des Porsche 911 Turbo. Das Haus etablierte eine Konstruktions- und Entwicklungsabteilung, richtete eine eigene Sattlerei und eine Lackiererei ein.

1985 wurde Gemballa als Automobilhersteller vom Kraftfahrt-Bundesamt anerkannt, und im gleichen Jahr stellte er erstmals auf dem Genfer Salon aus: einen modifizierten Porsche 959, der 440.000 DM kostete. Auffallend waren dessen umgebaute Dachpartie und ein großer Heckflügel. Rund 250 modifizierte Fahrzeuge verließen 1985 das Gemballa-Werk, und diese Zahl nahm jährlich zu. In der Hauptsache widmete man sich Porsche- und Mercedes-Benz-Modellen. Darunter war auch das 928 S4 Cabrio von 1989, die Umbaukosten lagen zwischen DM 31.500,- und DM 50.000,-.

1986 erfolgte die Gründung einer Tochterfirma in West Palm Beach, Florida. 2009 verfügte Gemballa über ein weltweites Vertriebsnetz mit neun Verkaufsniederlassungen. In Zusammenarbeit mit Spieleherstellern wurden in Computerspielen Gemballa-Fahrzeuge anstelle von Porsche-Fahrzeugen angeboten, wodurch die Spielehersteller Lizenzkosten sparen konnten. Anfang 2010 starb Gemballa in Südafrika als Opfer eines Raubmords. Nach Abschluss eines Insolvenzverfahrens erwarb im August 2010 der Kaufmann Andreas Schwarz die Marken- und Namensrechte und führt die Marke Gemballa weiter. Sie widmet sich weiterhin vor allem den Sportwagen von Porsche.

Der Gemballa-928er von 1989 wurde bei Voll in Würzburg gebaut. Das Verdeck faltete sich elektrisch zusammen und verschwand im Kofferraum.

Noch immer gehört Gemballa zur ersten Garde der Edel-Tuner. Doch wenn Gemballa Cabrios anbietet, dann handelt es sich um aufgewertete Serienprodudulte wie dieses Gemballa GT Cabrio. Basis bildet der Porsche 991.

Glas

Die Hans Glas GmbH im niederbayerischen Dingolfing war aus einer hundert Jahre alten Landmaschinenfabrik hervorgegangen. Die Herstellung von Kraftfahrzeugen begann Hans Glas ((1890-1969) mit dem Goggo Motorroller (1951–1954), dem das Goggomobil als erstes, wenn auch äußerst bescheidenes Automobil folgte. Später kamen »richtige« Autos hinzu, wobei man sich sogar an die Entwicklung eines anspruchsvollen Achtzylinderwagens wagte. Die Leitung des auf 4000 Mann angewachsenen Privatunternehmens teilten sich Seniorchef Hans Glas, sein Sohn Andreas »Anderl« Glas und Chefkonstrukteur Karl Dompert. Die Produktion der größeren Automobile wäre jedoch nur dann gewinnbringend zu bewerkstelligen gewesen, wenn die Familie Glas über Mittel für die dafür nötigen Investitionen verfügt hätte. Das war nicht der Fall, man geriet in die roten Zahlen und musste schließlich froh sein, 1966 von den Bayerischen Motoren-Werken für die Übernahme der verschuldeten Firma mit 91 Millionen D-Mark abgefunden zu werden. Teils unverändert, teils modifiziert wurden einige Modelle des seitherigen Glas-Programms noch eine Zeitlang weitergeführt, wobei es im Wesentlichen darum ging, übernommene Vorräte aufzubrauchen und bestehende Verpflichtungen abzuwickeln. Später ersetzte BMW die primitiven und kaum zu modernisierenden Werksanlagen durch eine neue Automobilfabrik (BMW Werk Dingolfing), in der die mittelgroßen Wagen der 5er-Reihe (BMW 518 bis 528) entstanden. Der Marktanteil von Glas bei den Kleinwagen bis 500 cm³ Hubraum hatte zu den besten Zeiten 50,6 % erreicht. In privater Regie wurden immer wieder mal Goggomobil Coupés in Cabrios verwandelt – liebenswerte Zwergenautos mit Esprit, bei deren Auftauchen für gute Laune gesorgt war

Ein Goggomobil-Cabriolet gab es offiziell nie ab Werk, wohl aber wurde zumindest Prototypen auf Basis des Coupés des TS 400. Bei diesem Fahrzeug handelt es sich aber um einen Umbau aus den frühen Sechzigern. Foto: Dorotheum GmbH & Co. KG.

Goggomobil (1955–1969)

Das Goggomobil erschien im Herbst 1954, die Serienproduktion der Limousine begann im März 1955. Das Coupé kam Anfang 1957 hinzu. Beide Modelle waren wahlweise mit 250- oder mit 300-cm^3-Motor lieferbar, ab Oktober 1957 auch mit 400-cm^3-Motor. Die Limousine erhielt im September 1957 Kurbel- statt Schiebefenster (Coupé von Anfang an mit Kurbelfenstern), beide Modelle hatten ab März 1964 vorn statt hinten angeschlagene Türen. Der 300-cm^3-Motor wurde ab Sommer 1965, der 400-cm^3-Motor ab Frühjahr 1967 nicht mehr angeboten. Von den vielen Rollermobilen, welche es in den fünfziger Jahren gab, hat das Goggomobil am längsten überlebt: BMW stellte seine Produktion erst am 30. Juni 1969 ein.

Gekauft wurde das ungemein primitive Fahrzeug vor allem von den Besitzern des alten Führerscheins 4. Das Gesamtergebnis betrug immerhin 280.739 Goggomobile. Ein Cabriolet hat es ab Werk nie gegeben beziehungsweise kam nicht über das Prototypenstadium hinaus.

Auf dem Goggomobil basierendes Sportmobil Dart aus Australien. Bedauerlicherweise wurde es nie in Deutschland angeboten.

Vermutlich entstanden bei Glas neun Prototypen, fraglich ist, ob eines überlebt hat.

Glas S 1004, 1204, 1304 (1962–1967)

Die äußerlich kaum zu unterscheidenden Glas Cabriolets der Baureihen 1004 bis 1304 boten überdurchschnittliche Fahrleistungen für wenig Geld und waren ein Geheimtipp für Freunde des Offenfahrens. Dass sie dennoch nur eine Außenseiterrolle spielten, lag einerseits an mancherlei technischen Problemen, aber auch am Image-Defizit der Dingolfinger Marke. Das Modell S 1004 wurde von Frühjahr 1963 bis Ende 1967 gebaut, die übrigen Modelle der Baureihen 1004 und 1204 nur bis Sommer 1965. Von September 1965 bis Ende 1967 gab es ferner das Cabriolet S 1304. Insgesamt wurden 40.703 Wagen dieser Modellreihe gebaut.

Die Basis für das Cabriolet bildete das Coupé, 2/2 Sitze, zu haben als S 1004 (1962–1965), S 1004 TS / S 1204 und S 1204 TS (1963–1965).

Die Glas-Baureihen S 1004 bis S 1304 waren mehr oder minder äußerlich identisch. Topvariante war der offene S 1304 mit 1,3-Liter-Motor und 60 PS. Foto: Kittler

Preise						
		1962	ab Jan. 1963	ab Nov. 1963	ab Sept. 1965	ab Sept. 1966
S 1004	Coupé	DM 5865,—	DM 5865,–	DM 5865,–	—	—
S 1004	Cabriolet	—	DM 6500,–	DM 6500,–	DM 6600,–	DM 6600,–
1004	Limousine	—	—	—	DM 5850,–	DM 5850,–
1004 CL	Kombilimousine	—	—	—	—	DM 6385,–
S 1004 TS	Coupé	—	—	DM 6995,–	—	—
S 1004 TS	Cabriolet	—	—	DM 7630,–	—	—
1204	Limousine	—	DM 5850,–	DM 5850,–	—	—
S 1204	Coupé	—	DM 6165,–	DM 6165,–	—	—
S 1204	Cabriolet	—	DM 6800,–	DM 6800,–	—	—
1204 TS	Limousine	—	—	DM 6980,–	—	—
S 1204 TS	Coupé	—	—	DM 7295,–	—	—
S 1204 TS	Cabriolet	—	—	DM 7930,–	—	—
1304	Limousine	—	—	—	DM 6320,–	DM 6320,–
1304 CL	Kombilimousine	—	—	—	—	DM 6685,–
S 1304	Cabriolet	—	—	—	DM 7070,–	DM 7070,–
1304 TS	Limousine	—	—	—	DM 7770,–	DM 7770,–

Ein Auto, das die Eleganz des sportlichen Roadsters mit dem Komfort des Coupés vereint, ist das GLAS-Cabriolet. Es ist lieferbar als S 1004 und als S 1304. Im Nu ist das schön geformte Verdeck mit wenigen Handgriffen geöffnet und – ohne zusätzlichen Raum zu beanspruchen – vollständig im Wagenheck verschwunden. Ebenso leicht ist das Cabriolet in ein geschlossenes Fahrzeug zu verwandeln, dessen Kurbelfenster so wind- und regendicht schließen wie beim Coupé. Die besonders wirksame Klimaanlage macht das GLAS-Cabriolet auch bei kühlem Wetter zu einem hochwertigen Gebrauchswagen.
Gegen Aufpreis ist es auch mit Hard-top lieferbar; Sie verfügen damit auf ideale Weise über zwei Typen in einem: Roadster und Coupé.

Ein Glas-Fahrer musste viel Verständnis aufweisen. Dem Werk fehle es, so ein Test 1966, »an Selbstdisziplin«, so dass »Montagsautos nicht nur am ersten Wochentag vorkommen«. Das Cabriolet brachte lediglich 25 kg mehr auf die Waage, Verwindungen waren darum stets ein Thema.

	Glas 1004 1962–1967	Glas 1004 TS 1963–1965	Glas 1204 1963–1965	Glas 1204 / 1304 TS 1963–1965 / 1965–1967	Glas 1700 / TS 1964–1967
Motor	Otto				
Zylinderzahl / Bauart	4 (Reihe) , vorne längs				
Bohrung x Hub	72 x 61 mm	72 x 61 mm	72 x 73 mm	72 x 73 mm / 75 x 73 mm	78 x 88 mm
Hubraum	992 cm^3	992 cm^3	1189 cm^3	1189 cm^3 / 1290 cm^3	1682 cm^3
Leistung	42 PS (31 kW) b. 5000 U /min, ab 9/1965: 40 PS (31 kW) bei 4800 U /min	64 PS (47 kW) bei 6000 U/min	53 PS (39 kW) bei 5100 U/min	70 PS (51 kW) b. 5750 U/min 60 PS (44 kW) b. 5000 U/min	80 (85) PS (59/62 kW) bei 4800 U /min; TS: 100 PS (74 kW) bei 5500 U/min
Drehmoment	7,0 mkg bei 2500 U/min	7,9 mkg bei 5000 U/min	9,15 mkg bei 2100 U/min	9,4 mkg bei 4200 U/min 10,1mkg bei 2000 U/min	13,9 (14,5) mkg bei 2500 U /min; TS: 15 mkg bei 3000 U /min
Verdichtung	1:8,3-8,5	1:9,5	1:8,3-8,5	1:9,0 / 9,3	1:8,5 / 9,5
Gemischbildung	1 Fallstromvergaser Solex 32 PICB	2 Flachstromvergaser Solex 35 RH	1 Fallstromvergaser Solex 32 PICB	2 Flachstromvergaser Solex 35 RH / 1 Fallstromvergaser Solex 32 PICB	1 Fallstromvergaser Solex 34 PDSIT mit Startautomatik / 2 Flachstromverg. Solex 40 RH
Ventile / Steuerung	2 / V-förmig hängend, obenliegende Nockenwelle, Antrieb durch Zahnriemen				
Kurbelwellenlager	5fach gelagert				
Kühlung	Pumpe, 7,5 Liter Wasser				Pumpe, 8 Liter Wasser
Schmierung	Druckumlauf, 2,5 Liter Öl				Druckumlauf, 3 Liter Öl
Batterie	6 V 66 oder 77 Ah				6 V 77 Ah (im Motorraum)
Lichtmaschine	200 W				
Kraftübertragung	Heckantrieb				
Schaltung	Schalthebel Wagenmitte , Automatik: Wählhebel am Lenkrad				
Kupplung	Einscheibentrocken				
Getriebe	4-Gang , vollsynchronisiert, ab 7/66 a. W.: 4-Gang-Automatik mit elektrohydr. Schaltvorrichtung (nur Glas 1700)				
Übersetzungen	I. 3,925 – II. 2,060 – III. 1,362 – IV. 1,000 ab September 1966: I. 3,98 – II. 2,09 – III. 1,38 – IV. 1,000				I 3,816 – II. 2,072 – III. 1,330 – IV. 1,000
Antriebs-Übersetzung	4,25 oder 4,375	4,375	4,125	4,125 / 3,88	3,888 (9:35)
Karosserie/Fahrwerk	Selbsttragende Ganzstahlkarosserie				
Vorderradaufhängung	Längs- und Querlenker, Schraubenfedern, 1304 TS: Querstabilisator				Doppel-Querlenker, Schraubenfedern, Querstabilisator
Hinterradaufhängung	Starrachse, Dreiblatt-Halbfedern, 1004 TS, 1204 TS und 1304 TS: Panhardstab				Starrachse, Dreiblatt-Halbfedern, Panhardstab
Lenkung	Schnecke (15,85:1), 2,4 Lenkraddrehungen				Schnecke (ZF-Gemmer, 15,03:1), 3,25 Lenkraddrehungen
Fußbremse	Hydraulisch, Trommel 230 mm Ø, Bremsfläche 488 cm^2, ab Aug. 1963: Scheibenbremsen vorn 240 mm Ø				Hydraulisch, Scheiben vorn 268 mm Ø, Trommeln h. 230 mm Ø, TS: Servohilfe
Allgemeine Daten					
Radstand	2100 mm				2500 mm
Spur vorn/hinten	1230/1200 mm				1320/1320 mm
Gesamtmaße	3835 x 1500 x 1355 mm				4415 x 1610 x 1390 mm
Räder	4 J x 13				4½J x 14
Reifen	5,50-13/4 PR				6,00 S 14/4 PR
Wendekreis	12 Meter				10,8/11,3 Meter
Leermasse	775 kg				1020-1040 kg
Zuläss. Gesamtgewicht	1100–1130 kg, CL: 1170 kg	1100 kg	1100–1130 kg	1100–1200 kg	1450 kg
Höchstgeschwindigkeit	130 km/h	150 km/h	140 km/h	160-148 km/h	150-165 km/h
Beschleunigung 0–100 km/h	26 sec	16 sec	17 sec	13-16 sec	15-13 sec
Verbrauch/100 km	8,5 Liter Super	10 Liter Super	9 Liter Super	10,5-9,5 Liter Super	11-13 Liter Super
Kraftstofftank	40 Liter (im Heck)				55 Liter (im Heck)

Glas 1300 GT (1964–1967)
Glas 1700 GT (1965–1967)
BMW 1600 GT (1967–1968)

Dieses elegant aussehende, leistungsfähige und verhältnismäßig billige Coupé war wohl das am besten gelungene Modell unter allen von der Firma Glas herausgebrachten Automobilen. Vorgestellt wurde der Glas 1300 GT im September 1963 (Frankfurter Automobil-Ausstellung). Karosserie-Entwurf und-Herstellung: Frua (Turin). Produktionsbeginn des Glas 1300 GT im März 1964, des Glas 1700 GT im Mai 1965. Bis zum Produktionsauslauf im September 1967 wurden von beiden Modellen zusammen 5378 Wagen gebaut, davon etwa zwei Drittel 1300 GT und ein Drittel 1700 GT. Mitgezählt sind die in nur geringer Stückzahl hergestellten Cabriolets.

Dem Coupé war es als einzigem Modell aus dem Nachlass der Firma Glas vergönnt, noch ein Jahr lang als BMW 1600 GT weitergebaut zu werden. Außer dem BMW-Gesicht erhielt es Motor, Getriebe und Hinterachse des BMW 1600 ti, beibehalten wurden die Karosserie und Vorderachse. Gebaut wurde der nunmehrige BMW 1600 GT von September 1967 bis August 1968 in einer Auflage von nur mehr 1.255 Wagen weiterhin in Dingolfing.

Preise	
Glas 1300 GT Roadster-Cabriolet	DM 12500,– Ab Sept. 1965: DM 13350,
Glas 1700 GT Roadster-Cabriolet 2 Sitze	DM 14750,
BMW 1600 GT Coupé 2/2 Sitze	DM 15850,–
	Ausverkaufspreis ab Okt. 1968: DM 10900,–

Bei dem vom Team Berufsausbildung des BMW Werks in Dingolfing restaurierten BMW 1600 GT Cabriolet handelt es sich um einen der beiden Frua-Prototypen von 1967. Besitzer war Herbert Quandt.

Der 1300 GT hatte den Motor des Glas S 1304, allerdings mit Doppelvergasern. Die Motorleistung stieg daher von 60 auf 85 PS.

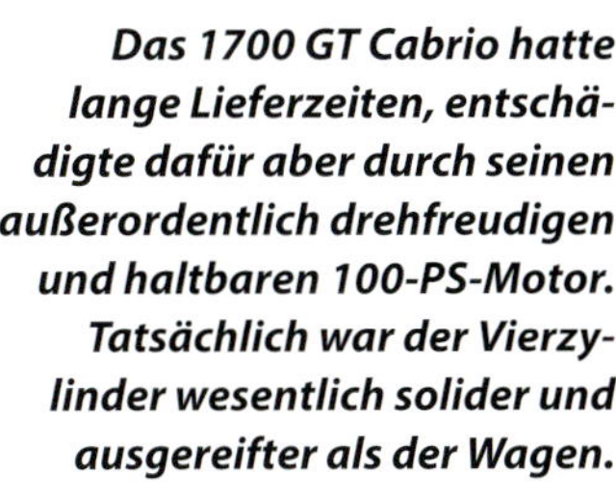

Das 1700 GT Cabrio hatte lange Lieferzeiten, entschädigte dafür aber durch seinen außerordentlich drehfreudigen und haltbaren 100-PS-Motor. Tatsächlich war der Vierzylinder wesentlich solider und ausgereifter als der Wagen.

Gutbrod

In den zwanziger Jahren baute Wilhelm Gutbrod zuerst in Ludwigsburg, dann in Stuttgart-Feuerbach die damals in hohem Ansehen stehenden Motorräder der Marke »Standard«. Mit dem Automobilbau beschäftigte er sich 1933 bis 1935 zum ersten Mal, als er den von Dipl.-Ing. Josef Ganz konzipierten Standard Superior auf den Markt brachte, einen Kleinwagen mit 400- bzw. 500-cm³-Heckmotor. Diesem folgten Lieferwagen verschiedener Ausführungen sowie, nach dem Umzug in ein neu errichtetes Werk in Plochingen, als Hauptgeschäft ein von Gutbrod konstruierter Motormäher. Dessen Produktion konnte bald nach dem Kriege wieder aufgenommen werden, doch Walter Gutbrod, der Sohn des Firmengründers, verlegte sich nun hauptsächlich auf den Automobilbau. Unter der technischen Leitung von Dr. Hans Scherenberg erschien 1950 der sehr moderne Kleintransporter Gutbrod Atlas und nahezu gleichzeitig der Personenwagen Gutbrod Superior. Aber die Kapitalausstattung war für einen Automobilbau größeren Stils – mittlerweile hatte man bei Calw im Schwarzwald ein weiteres Werk errichtet – zu mager, und so geriet die Firma in Geldschwierigkeiten. Der Automobilbau musste 1954 aufgegeben und das Werk Calw verkauft werden. Die Gründerfamilie verließ den Betrieb, der fortan wieder Landmaschinen herstellte.

Gutbrod Superior (1950–1954)

In Form und Linie hervorragend gelungener Zweisitzer, für die Begriffe seiner Zeit ziemlich schnell und mit ausgezeichneten Fahreigenschaften, doch leider waren der Zweitaktmotor und das Fahrwerk anfällig. Gebaut wurden ab Juli 1950 (Vorserie ab November 1949) bis April 1954 insgesamt 7.726 Gutbrod Superior, und zwar einschließlich des ab 1952 lieferbaren, von den Westfalia-Werken (Wiedenbrück) entwickelten und montierten Kombiwagens sowie einiger zuletzt noch hergestellter Viersitzer-Limousinen. Es begann mit dem Gutbrod Superior 600 in Standard- und Luxusausführung.

Im September 1952 wurde das letztere Modell durch den Gutbrod Superior 700 Luxus abgelöst, welcher wahlweise mit Vergaser- oder mit (noch sehr unzuverlässigem) Einspritzmotor erhältlich war, wozu bemerkt sei, dass bereits seit Ende 1951 einige Superior 600 mit Benzineinspritzung ausgerüstet worden waren. Die letzten, ab August 1953 gebauten Superior 600 Standard besaßen das gleiche Synchrongetriebe wie die 700er-Modelle.

»Am besten«, so schrieb ein Fachmagazin, »fahren jene, die ein gewisses persönliches Verhältnis zu ihrem Auto pflegen … und sich nicht scheuen, auch dann das Werkzeug in die Hand zu nehmen, wenn kein unmittelbarer Zwang besteht.« Gutbrod stellte die Fertigung 1954 ein, Ersatzteile gab es aber noch viele Jahre lang.

Bei der Karosseriefabrik Wendler entstanden zehn Gutbrod-Roadster. Der Entwurf galt als außerordentlich gelungen.

	Gutbrod Superior 600, 1950–1954 Gutbrod Superior 600 Luxus, 1950–1952	Gutbrod Superior 700 Luxus 1952–1954	Gutbrod Superior 700 Luxus 1952–1954
Motor	Otto (Zweitakter), Motor vor, Getriebe hinter der Vorderachse		
Zylinderzahl/Bauart	2 (Reihe)	2 (Reihe)	2 (Reihe)
Bohrung x Hub	71 x 75 mm	75 x 75 mm	75 x 75 mm
Hubraum	593 cm^3	663 cm^3	663 cm^3
Leistung	20 PS (14,7 kW) bei 4000 U/min	26 PS (19 kW) bei 4300 U/min	30 PS (22 kW) bei 4300 U/min
Drehmoment	4,3 mkg bei 3250 U/min	4,7 mkg bei 2700 U/min	4,9 mkg bei 3500 U/min
Verdichtung	1:6,6	1:6,8	1:8
Gemischbildung	1 Fallstromvergaser Solex 32 PBJ	1 Fallstromvergaser Solex 32 PBJ	Bosch-Einspritzpumpe, direkte Einspritzung
Ventile / Steuerung	Ohne	Ohne	Ohne
Kurbelwellenlager	5	5	5
Kühlung	Thermosyphon, 8 l Wasser	Thermosyphon, 8 l Wasser	Thermosyphon, 8 l Wasser
Schmierung	Gemisch 1:25	Gemisch 1:25	Frischölschmierung, Bosch-Kolbenpumpe, Öltank 2 Liter (im Motorraum)
Batterie	6 V 75 Ah (im Heck)	6 V 75 Ah (im Heck)	6 V 75 Ah (im Heck)
Lichtmaschine	130 W	130 W	130 W
Kraftübertragung	Frontantrieb		
Schaltung	Schalthebel Wagenmitte		
Kupplung	Einscheibentrocken		
Getriebe	unsynchronisiert, 3-Gang		
Übersetzungen	I. 4,68 – II. 2,01 – III. 1,17		
Antriebs-Übersetzung	4,15		
Karosserie/Fahrwerk	Zentralrohrrahmen, Ganzstahlkarosserie		
Vorderradaufhängung	Doppel-Querlenker, Schraubenfedern		
Hinterradaufhängung	Pendelachse, Schraubenfedern		
Lenkung	Zahnstange (14:1), 2 Lenkraddrehungen		
Fußbremse	Hydraulisch, Trommel-Ø 200 mm, Bremsfläche 540 cm^2		
Allgemeine Daten			
Radstand	2000 mm		
Spur vorn/hinten	1130/1160 mm		
Gesamtmaße	3560 x 1490 x 1365 mm		
Räder	2,50 C x 15		
Reifen	4,25-15		
Wendekreis links/rechts	9,7 Meter		
Leermasse	710 kg	740 kg	760 kg
Zuläss. Gesamtgewicht	900 kg	950 kg	975 kg
Höchstgeschwindigkeit	100 km/h	110 km/h	115 km/h
Beschleunigung 0-100 km/h	ca. 100 sec	ca. 50 sec	ca. 40 sec
Verbrauch/100 km	7,5 Liter	7,5 Liter	7 Liter
Kraftstofftank	27 Liter (im Heck)	40 Liter (im Heck)	40 Liter (im Heck)

Irmscher

Günther Irmscher (1937-1996) war Kraftfahrzeugmeister, Ingenieur und ein erfolgreicher Rennfahrer, als er sich 1968 entschloss, mittels eines eigenen Betriebs vor allem Opel-Fahrzeuge für den Motorsport zu verbessern. Klüger und gewinnbringender hätte er seinen Rallyewagen nicht anlegen können, denn aus diesen Anfängen entwickelte sich ein florierendes Unternehmen. Bekannte Rennsportgrößen wie Walter Röhrl nahmen das Angebot der neuen Renn- und Rallyefahrzeuge auf Basis von getunten Opel dankbar an.

Ab den 70er Jahren war der kleine Betrieb aus Remshalden bei Stuttgart dann tatsächlich Kooperationspartner von Opel. Irmscher kümmerte sich um die ganze Modellpalette des Rüsselsheimer Autobauers, und dies nicht nur für den Rennsportbereich. Zwar stand dabei die Leistungssteigerung der Motoren im Mittelpunkt, doch bot der Tuner auch ein breites Angebot von Zubehörteilen an, die das Äußere des Fahrzeugs, seine Aerodynamik, sein Fahrwerk und seine Innenausstattung auf Vordermann brachten.

Irmscher bot seit 1993 die VM-Eigenentwicklung in Anlehnung des Lotus Seven an und vermarktete ihn als Irmscher VM Seventy Seven. Seit 2010 läuft er als Irmscher Roadster. Für den Antrieb sorgte ein Vierzylinder von Opel mit wahlweise 115 PS / 85 kW oder 150 PS / 110 kW. Ebenso wurde ein Opel Turbo-Motor mit 240 / 177 bis zu 284 PS / 209 kW verbaut. Im Jahr 1989 hatte Irmscher den GT vorgestellt, der mit einem 3,6-l-Motor ausgestattet und als 2+2-Sitzer-Sportcoupe vermarktet werden sollte.

Ein Einzelstück war das im Jahr 2002 vorgestellte Fahrzeug »Inspiro« geblieben, in dem ein V6-Motor aus dem Opel Omega werkelte, der dem Zweisitzer-Sportwagen mit seiner markanten Erscheinung (lange Motorhaube, Stummelheck) zu einer Leistung von 225 PS / 166 kW und einer Spitzengeschwindigkeit von 240 km/h verhalf.

In den folgenden Jahren weitete die Firma Irmscher das Angebot an Automarken aus. So entstand die RC-Linie, die sich um Fahrzeuge des französischen Autoherstellers Peugeot kümmerte, oder die Avenue-Reihe mit Zubehör für Freizeitfahrzeuge, Vans und SUVs. Neben aktuellen Opel-Modellen

Den Corsa Spider konnte man über die Opel-Verkaufsorganisation erwerben

Irmscher Corsa Spider: Das Stoffdach samt Spannbügel verschwand unter der Abdeckung zwischen Rücksitzen und Kofferraum.

Der »Irmscher 7«, ein Nachbau des britischen Lotus Seven, war der Einstieg Irmschers in die eigene Fahrzeugherstellung, nachdem in den 90er-Jahren bereits erste Versuche unternommen worden waren. Er entstand in Zusammenarbeit mit VM.

bot Irmscher zudem Tuningkits für Opelklassiker aus vergangenen Tagen an. Auch die amerikanischen Automodelle der Opel-Mutterfirma General Motors – Buick, Chevrolet, Cadillac – waren fast von Anfang an Modifikations-Zielobjekte des Opel-Tuners gewesen.

Zu den Sondermodellen von Irmscher (erkennbar meist an der Modell-Bezeichnung »i«) gehörte der ab 2009 in der Stückzahl limitierte »Chevrolet Camaro i42« mit 509 PS / 375 kW und 6,2-Liter-V8-Motor, der dem ein Jahr zuvor vorgestellten »Irmscher GT i40« mit 475 PS / 350 kW nachfolgte. Ebenfalls limitiert, und zwar auf 25 Stück, war der »Irmscher Roadster Turbo« mit seinem 2,0-L-Turbomotor, der den lediglich 723 kg schweren Sportwagen mit 265 PS / 195 kW versorgte. Anlässlich des 45. Firmengeburtstags sollten 45 limitierte Exemplare entstehen. Angeregt von einem Hollywood-Film, entstand zudem 2009 in Zusammenarbeit der beiden Firmen Chevrolet und Irmscher das Sondermodell »Bumblebee Cruz«.

Der Erfolg des Remshaldener Autotuners hatte im Laufe der Zeit zu vielen Niederlassungen in ganz Europa geführt, deren größte sich in Spanien befindet. Rund 150 Mitarbeiter fanden hier Beschäftigung. Doch die Wirtschafts- und Finanzkrise seit 2008 erwischte Irmscher nicht minder hart als andere Tuningfirmen. Außerdem musste die Absatzkrise bei Opel beinahe zwangsläufig auf dessen wichtigsten Fahrzeugveredler übergreifen. Dennoch wurde 2011 in Form des Irmscher 7 Selectra mit 175-kW-Elektroantrieb noch eine rein elektrisch betriebene Variante eines früheren Modells auf dem Genfer Salon vorgestellt.

2012 kündigte die Firmenleitung überraschend an, Ende Mai 2013 den deutschen Stammsitz in Remshalden mitsamt Firmenzentrale, den Logistikeinrichtungen und dem Fahrzeug-Umbau zu schließen und an zu verlagern. Der Geschäftsbetrieb ging indes weiter, und die Firma feierte 2018 das Produktionsjubiläum des 500.000sten durch Irmscher umgebauten Fahrzeugs. Es handelt sich um ein auf 68 Stück limitiertes Sondermodell, den Irmscher Vivaro Liner 68.

Der Irmscher Inspiro blieb ein Unikat. Ein V6 aus dem Opel Omega trieb die Studie auf bis zu 240 km/h.

Die mit dem Gitterrohrrahmen verbundene Karosserie der 780-kg-Studie bestand aus Kunststoff. Der puristisch geformte Roadster rollte auf 19-Zöllern mit 225er/245er-Bereifung. Fotos: Augustin/mot

2007 präsentierte Irmscher seinen IS7, angetrieben nunmehr von einem aufgeladenen 2,0-Liter-Reihenvierzylinder mit 265 PS / 195 kW. Das 725 kg leichte Auto verzichtete auf Fahrdynamikhilfen wie ABS und ESP und hatte auch keine Airbags.

Isdera

Deutschlands einziger Hersteller einer ganzen Palette von Supersportwagen ist die Firma Isdera (Ingenieurgesellschaft für Styling, Design und Racing mbH) in Warmbronn bei Leonberg. In Handarbeit entstehen hier extravagante, sehr teure Exoten, die rund um den Globus (jedoch nicht in die USA) exportiert werden. Die meisten Exemplare blieben aber in Deutschland.

Firmengründer Eberhard Schulz pflegte stets gute Kontakte zu Porsche und Mercedes-Benz, so dass er tatkräftig bei der Adaption von Mercedes-Technik unterstützt wurde. Nebenbei baute er Prototypen wie den Baur TC3, einen Opel-Manta-Roadster für Erich Bitter, ein Opel-Omega-GT-Coupé für Irmscher sowie GFK-Anbausätze.

Die 1981 gegründete Firma stellt seit 1983 in kleiner Serie den Spyder her (Bezeichnung anfangs 033 i mit Audi-Vierzylinder, ab 1987: 036 i mit Mercedes-). Der knapp geschnittene Zweisitzer, für den es kein Klappverdeck gibt, verfügt – genau wie die zwei anderen Isdera-Typen – über einen als Mittelmotor vor der Hinterachse eingebauten Motor. Dem Audi-Motor folgte 1985 der 2,3 Liter-Vierzylinder des Mercedes 230 E, 1987 kam der 3 Liter-Vierventiler. Genau wie die späteren Isdera-Modelle besitzt der futuristisch gestylte Spyder nach oben öffnende Türen. Der Spyder hat darüberhinaus nur eine niedrige Frontscheibe, so dass das Tragen eines Schutzhelms beispielsweise bei Regenfahrten sinnvoll ist. Bis zum Jahr 2000 entstanden vom Spyder 17 Exemplare.

Zweiter Isdera-Typ war der 1984 in Genf erstmals gezeigte Imperator 108 i – er war doppelt so teuer wie der Spyder. Das zweisitzige Coupé mit oben angeschlagenen Flügeltüren ähnelt dem legendären Mercedes C 111-Prototyp vom Ende der 60er Jahre. Der aerodynamikbegeisterte Eberhard Schulz hatte 1979 eine daran anknüpfende Studie – den Mercedes CW 311 – geschaffen. 1991 wurde das Auto gründlich überarbeitet: Die Scheinwerfer waren nun verdeckt angeordnet, die Aerodynamik verbessert. Bis zum Jahr 2000 wurden 31 Imperator gebaut.

1993 auf der IAA gezeigt und ab 1996 in kleinster Kleinserie handgefertigt wird der Commendatore 112 i, wiederum doppelt so teuer wie der Imperator. Stilistisch nimmt er deutliche Anleihen bei Mercedes und Posche. Der Commendatore besitzt den 6 Liter-V12 des SL 600/ S 600, ein 6,9 Liter-Motor von AMG wird optional offeriert. Neben den vorderen »Flügeltüren« ließen sich auch über dem Langheck zwei flügelartige Klappen öffnen, um ans Triebwerk zu kommen. Bis zum Jahr 2000 wurden gerade mal zwei Commen-

Der erste Isdera: Erator GT Flügeltürer, 1968-1969.

	Isdera Spyder 036 i ab 1983	Isdera Imperator 108 i ab 1984	Isdera Commendatore 112 i ab 1993
Motor	Ottomotor (Einspritzer) M103	Ottomotor (Einspritzer) M968	Ottomotor (Einspritzer) M120
	Grauguß-Block/LM-Kopf	LM-Block/Kopf	
Zylinderzahl	6 (Reihe), längs vor der Hinterachse	8 (V 90°), längs vor der Hinterachse	12 (V 90°), längs vor der Hinterachse
Bohrung x Hub	88,5 x 80,2 mm, ab 1994: 89,9 x 84 mm	96,5 x 85,0 mm	6.0: 89 x 80,2 mm, 6.9: 89 x 80,2 mm
Hubraum	2960 cm^3, ab 1994: 3199 cm^3	4973 cm^3	5987 cm^3, 6900 cm^3
Leistung	180 PS (132 kW) bei 5700/min	330 PS (243 kW) bei 5500/min	6.0: 420 PS (403 kW) bei 5800/min
	ab 1994: 231 PS (170 kW) bei 6400/min		6.9: 620 PS (403 kW) bei 62000/min
Drehmoment	255 Nm bei 4400/min	450 Nm bei 4000/min	6.0: 580 Nm bei 3800/min
	ab 1994: 315 Nm bei 3750/min		6.9: 620 Nm bei 3500/min
Verdichtung		10,0 : 1	
Gemischbereitung/	Elektronische Einspritzung		Elektronische Einspritzung
Motorsteuerung	Bosch Motronic DME		
Ventile pro Zylinder	4, V-förmig hängend	4, V-förmig hängend	
	2 obenliegende Nockenwellen (Kette)	2 x 2 obenliegende Nockenwellen (Kette)	
Kurbelwellenlager	7	5	7
Kühlung	Pumpe / 7,2 Liter Wasser, Motor-Ölkühler	Pumpe / 15,0 Liter Wasser, Motor-Ölkühler	Pumpe / 18,0 Liter Wasser, Motor-Ölkühler
Schmierung	Druckumlauf / 7,5 Liter Öl	Druckumlauf / 9,0 Liter Öl	Druckumlauf / 11,0 Liter Öl
Abgasreinigung		Dreiwege-Metallkat, Lambdasonde	
Batterie/Lichtmaschine	12 V 66 Ah – Drehstrom 44 A / 700 W	12 V 100 Ah (vorn) –	12 V 120 Ah (vorn) –
		Drehstrom 120 A / 1680 W	Drehstrom 120 A/1680 W
Kraftübertragung	Heckantrieb, Sperrdifferential (45 %)	Heckantrieb, Sperrdifferential (75 %)	
Kupplung		Einscheiben-Trockenkupplung	
Schaltung	5 Gang (ZF), Schaltstock in Wagenmitte	5 Gang, Schaltstock in Wagenmitte	6 Gang (Getrag), Schaltst. in Wagenmitte
Übersetzungen	I. 2,58 – II. 1,52 – III. 1,04		I. 3,15 – II. 1,78 – III. 1,26
	IV. 0,84 – V. 0,70 – R: 2,86		IV. 0,96 – V. 0,75 – VI. 0,60 – R: 2,71
Antriebsübersetzung	4,22	3,2	3,44
Fahrwerk		Gitter-Rohrrahmen, Glasfiberkarosserie	
Vorderradaufhängung	McPherson-Federbeine	Doppelte Dreieckquerlenker	
	(Schraubenfedern, Teleskopstoßdämpfer)	Schraubenfedern, Teleskopstoßdämpfer	
	Dreieckquerlenker, Drehstab-Stabilisator	Drehstab-Stabilisator	
Hinterradaufhängung	Raumlenkerachse (Quer- u.	Doppelquerlenker	
	Schräglenker), Schraubenfedern	Längslenker, Schraubenfedern	
	Teleskopstoßdämpfer	Teleskopstoßdämpfer,	
	Drehstab-Stabilisator	Drehstab-Stabilisator	
Lenkung	Zahnstange (15,4 : 1)	Zahnstange (13,1 : 1), Servo	Zahnstange (13,4 : 1), Servo
Fußbremse	Zweikreis-Hydraulik, Servo	Zweikreis-Hydraulik, Servo	
	vorn (ø = 290 mm) und hinten	vorn (ø = 330 mm) und hinten	
	(ø = 275 mm) belüftete Scheiben, ABS	(ø = 310 mm) belüftete Scheiben, ABS	
Allgemeine Daten	Spider, 2sitzig	Coupé, 2sitzig	Coupé, 2sitzig
Radstand	2516 mm	2480 mm	2600 mm
Spur vorn/hinten	1430/1400 mm	1480/1408 mm	1551/1546 mm
Gesamtmaße	4160 x 1710 x 1130 mm	4220 x 1835 x 1135 mm	4665 x 1885 x 1040 mm
Gepäckraum	300 L	330 L	200 L
Reifen (vorn/hinten)	195/50 VR 15 / 205/50 VR 15	245/40 ZR 17 / 335/35 ZR 17	255/35 ZR 18 / 285/30 ZR 20
Felgen (vorn/hinten)	7.0 J x 15 / 7.0 J x 15 (LM)	9.0 J x 17 / 13.0 J x 17 (LM)	8.5 J x 18 / 10.0 J x 20 (LM)
Wendekreisdurchmesser	11,2 m	10,2 m	11,8 m
Leermasse	970 kg	1410 kg	1575 kg
Zul. Gesamtmasse	1200 kg	1550 kg	1800 kg
Luftwiderstand (c_W x A)		0,38 x 1,70 m^2	0,30 x 1,62 m^2
Höchstgeschwindigkeit	265, ab 1994: 285 km/h	292 km/h	342 km/h
Beschleunigung 0-100 km/h	6,4; ab 1994: 5,6 sec	5,2 sec	4,5 sec
Drittelmix-Verbrauch	11,2 L/100 km	13,9 L/100 km	14,2 L/100 km
Kraftstofftank	65 Liter (vor der Hinterachse)	110 Liter (vor der Hinterachse)	123 Liter (vor der Hinterachse)

datore ausgeliefert. Geld verdient Schulz trotz des exorbitant hohen Verkaufspreises an diesem Auto nicht – allein seine Entwicklungskosten betrugen 7,6 Millionen Mark.

Alle Isdera-Karosserien bestehen aus Kunststoff und sind mit einem selbsttragenden Gitter-Rohrrahmen verklebt. Die Sechs- und Achtzylinder-Typen verfügen über Fünfgang-Schaltgetriebe von ZF; der Commendatore bekam ein Automatikgetriebe war allerdings niemals im Programm.

Isdera Spyder, 1983.

Wind spüren, Regen fühlen
PS hören, Kraft erleben:
Leben.

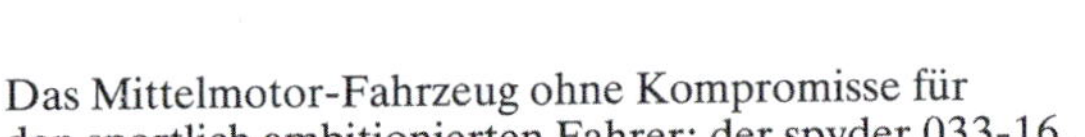

Das Mittelmotor-Fahrzeug ohne Kompromisse für den sportlich ambitionierten Fahrer: der spyder 033-16.

Eine leichte Kunststoffkarosserie, in Verbindung mit dem verwindungssteifen Gitterrohrrahmen, ermöglicht dem 4-Ventil-Motor diesem Sportwagen rennwagengerechte Fahrleistungen zu verleihen.

Die Sitzposition wie im Formel I, ohne Dach und störende Fenstersäulen – ISDERA bietet Fahren in seiner natürlichen Form, ohne dabei auf den intelligenten Einsatz modernster Technologien zu verzichten.

Der äußerlich nicht vom 033i zu unterscheidende Nachfolger Isdera 036i von 1989 hatte zunächst den 300-E-Motor mit 138, dann 170 kw (188 bzw. 230 PS). Gut 20 Exemplare wurden gebaut.

Der Isdera Imperator 108i, 1984-2001, geht zurück auf den Mercedes-Benz CW 311 von 1978.

Kleinschnittger

Den ersten Prototyp seines Kleinwagens schraubte der Ingenieur Paul Kleinschnittger Anfang 1949 im holsteinischen Ladelund zusammen. Dieser Typ 98 besaß nur einen einzigen Frontscheinwerfer und verzichtete auf Fahrtrichtungsanzeiger (diese Funktion übernahm der Arm des Fahrers). Der auf vier Lastenfahrrad-Rädern rollende Winzling wog ganze 110 kg und trug im Heck den 98-cm³-Zweitaktmotor der DKW RT100.

Noch im Sommer desselben Jahres gründete Kleinschnittger gemeinsam mit dem Hamburger Kaufmann Paul Lembke die Kleinschnittger-Werke GmbH und zog nach Arnsberg im Sauerland um. Dort entwickelte er den Nachfolgetyp F125 (F stand für Frontantrieb), der von einem 125-cm³-Einzylinder von Ilo angetrieben wurde. Am 25. April 1950 rollten die ersten fünf Wagen aus der Werkhalle.

Der anfangs 4,5 PS (ab 1951 5,5 und ab 1953 6 PS) starke Motor wurde mit einem Seilzug links unterhalb des Armaturenbretts angeworfen, ein Rückwärtsgang war nicht vorhanden. Immerhin besaß der F125 zwei Frontscheinwerfer und seitliche Blinker. Der »Zwerg unter den Zwergen« (»auto, motor und sport«) mit Aluminium-Karosserie verkaufte sich gut. Selbst im Sport war er für beachtliche Leistungen gut. So belegte 1953 ein F125 hinter einem Porsche 356 bei der Rallye Lissabon-Madrid den zweiten Platz in der Klasse bis 1.100 cm³. Kleinschnittger selbst rührte mit einem 150-cm³-Monoposto kräftig die Werbetrommel. Die Hälfte der Monatsproduktion von etwa 70 Einheiten wurde exportiert.

1954 hatte Kleinschnittger, dem Zug der Zeit folgend, den Prototyp eines etwas größeren Coupés mit 250-cm³-Motor auf die Räder gestellt. Aus diesem F250 entstand 1955 der vier sitzige, vierrädrige F250C, der jedoch ebenso wenig in Serie ging wie ein geplanter Dreisitzer. Und auch das entzückende Spezial-Cabriolet ging nie in Serie. Die aufkommende Konkurrenz, vor allem Lloyd und Goggomobil, blies schließlich auch dem F125 das Lebenslicht aus. Im August 1957 mussten die Kleinschnittger-Werke Konkurs anmelden.

Kleinschnittger F125 (1950-1957)

Zweisitziger Roadster mit Zentralrohrrahmen und Aluminiumkarosserie. Der »Kleinstwagen für Beruf, Sport und Reise« – so die Reklame – erwarb sich aller Kritik zum Trotz den Ruf, ein robustes Fahrzeug von beachtlichem Durchhaltevermögen zu sein. Als Wetterschutz ließ sich eine Kapuze überstülpen. Schwachstellen waren die Radaufhängungen und die Gummibandfederung. Von April 1950 bis August 1957 wurden insgesamt 2.980 Exemplare hergestellt. Der Preis betrug anfangs DM 1.995,- und stieg 1954 auf DM 2.450,-.

Kleinschnittger F 125, 1953–1957 mit einteiliger Windschutzscheibe. Eigentlich musste der Kleinschnittger von Hand gestartet werden, jede Werkstatt konnte aber einen elektrischen Anlasser einbauen.

	Kleinschnittger F 125 1953–1957
Motor	Otto (Zweitakt) von ILO
Zylinderzahl / Bauart	1 (liegend), Motor in Wagenmitte
Bohrung x Hub	52 x 58 mm
Hubraum	125 cm^3
Leistung	6 PS (4 kW) bei 5600 U /min
Drehmoment	1,2 mkg bei 4500 U/min
Verdichtung	1:6,8
Gemischbildung	1 Bing 17 Vergaser
Ventile / Steuerung	Ohne
Kühlung	Luft
Schmierung	Gemisch 1:25
Batterie	6 V 14 Ah, Seilzug-Handstarter
Kraftübertragung	Heckantrieb, Antrieb Motor-Getriebe durch Kette im Ölbad, Antrieb Getriebe-Hinterachse durch Gelenkwelle
Schaltung	Ratschenschaltung an linker Seitenwand
Kupplung	Mehrscheiben-Ölbad-Kupplung
Getriebe	3-Gang-Ziehkeilgetriebe, unsynchronisiert
Übersetzungen	I. 2,84 – II. 1,53 – III. 1,00
Antriebs-Übersetzung	3,23

Karosserie/Fahrwerk	Zentralrohrrahmen
Vorderradaufhängung	Querlenker, geschobene Längsschwingarme, Gummiband
Hinterradaufhängung	gezogene Längsschwingarme, Gummiband
Lenkung	Zahnstange
Fußbremse	Seilzug/4 Räder, Trommelbremsen
Allgemeine Daten	
Radstand	1700 mm
Spur	980 (1010) mm
Gesamtmaße	2650 x 1150 x 1200 mm
Räder	1,85-B 5
Reifen	2,25-20
Wendekreis	7,5 Meter
Leermasse	150 kg
Zuläss. Gesamtgewicht	350 kg
Höchstgeschwindigkeit	70 km/h
Beschleunigung 0–max. km/h	k.A.
Verbrauch/100 km	2,5 Liter Gemisch
Kraftstofftank	7,5 Liter

Der Kleinschnittger F 250 Spezial wurde auf der IAA im Herbst 1955 vorgestellt. Der dreisitzige Kleinstwagen mit 250er Ilo-Motor und 15 PS sollte eine Spitzengeschwindigkeit von 100 km/h erreichen. Die rechte Tür war nur von innen zu öffnen. Angekündigt wurde er mit einem Verkaufspreis von 2.985 Mark. Foto: Kittler

Mercedes-Benz

Der dreirädrige Motorwagen, den Carl Benz (1844-1929) im Jahr 1885 in Mannheim baute, gilt heute als der Welt erstes Automobil mit Verbrennungsmotor. Und fast zeitgleich stellte Gottlieb Daimler (1834-1900) in Cannstatt bei Stuttgart seinen ersten Prototyp fertig: eine vierrädrige Kutsche mit einem Einzylinder im Heck. Bei Daimler entstanden ab 1900 die legendären Mercedes-Wagen.

Im Jahr 1924 gründeten die Daimler-Motoren-Gesellschaft AG und die Benz & Cie. Rheinische Automobil- und Motorenfabrik AG zunächst eine Interessengemeinschaft, um dann am 29. Juni 1926 zur Daimler-Benz AG zu fusionieren. Im Verlauf des Krieges wurden die Werke Untertürkheim und Sindelfingen, wo inzwischen Lastwagen und Flugzeugmotoren gebaut wurden, ebenso wie die übrigen Daimler-Benz-Werke schwer beschädigt.

Als erster Personenwagen lief 1947 wieder der 170V vom Band, den es zwei Jahre später auch als Cabriolet zu kaufen gab. Mit Beginn der 1950er-Jahre knüpfte Daimler-Benz mit zahlreichen offenen Varianten wieder an die Vorkriegszeit an, in der Cabriolets und Roadster wie Pilze aus dem Boden geschossen waren. Den Typ 230 beispielsweise hatte es nicht nur als zweisitziges und viersitziges Cabriolet sowie zusätzlich als Roadster, sondern auch als sechssitzigen offenen Tourenwagen und als Landaulet gegeben. Diese Vielfalt hatte das Unternehmen schon Ende der 1920er-Jahre zu einer Nomenklatur veranlasst, die bis Anfang der 1960er-Jahre beibehalten wurde:

Cabrio A: 2 Türen, 2 Fenster, 2 Sitze u. 1 Notsitz;
Cabrio B: 2 Türen, 4 Fenster, 4-5 Sitze
Cabrio C: 2Türen, 2 Fenster, 2 Sitze u. 2 Notsitze
Cabrio D: 4 Türen, 4 Fenster, 4-5 Sitze
Cabrio F: 4 Türen, 6 Fenster, 6-7 Sitze

Auch im Motorsport setzte Daimler-Benz in den 1950er Jahren seine erfolgreiche Tradition fort. Juan M. Fangio wurde 1954 und 1955 mit dem W196 zweimal Weltmeister. 1955 gewann das Werk zudem die Europa-Tourenwagenmeisterschaft und mit dem 300SLR auch die Markenweltmeisterschaft der Konstrukteure.

Zu den technischen Meilensteinen gehörten die serienmäßige Benzineinspritzung beim 300SL und vor allem zahlreiche Sicherheitsdetails, die entweder selbst von Daimler-Benz entwickelt oder zumindest in die Serie übernommen wurden, so das bereits 1949 eingeführte Sicherheitstürschloss, die zehn Jahre später präsentierte Karosserie mit vorderer und hinterer Knautschzone, das Lenkrad mit gepolstertem Pralltopf oder das ABS-Bremssystem, um nur einige Beispiele zu nennen. Trotz dieses beispielhaften Sicherheitsdenkens bewies man in Untertürkheim Augenmaß und produzierte selbst dann noch unverdrossen Roadster ohne Überrollbügel, als alle Welt schon vom bevorstehenden Exitus offener Autos orakelte.

Mitte der 1980er-Jahre begann eine tiefgreifende Umstrukturierung mit dem Ziel, das Traditionsunternehmen auf eine breitere Basis zu stellen.

Unverdrossen blieben aber weiterhin offene Autos im Programm, und das gleich in mehreren Baureihen, auch bei der zum Unternehmen gehörenden Marke Smart. Mercedes setzte zudem Trends, beispielsweise beim Klappdach-Cabrio und bei der Sicherheitsausstattung.

Mercedes-Benz Typ 170 V
Baureihe 136 (1947–1953)

Typ 170 V: Die Produktion des bereits in den Jahren 1936 bis 1942 gebauten Typs wurde, nachdem Ende Februar 1946 der erste Motor nach dem Krieg in Untertürkheim fertiggestellt worden war, im Mai 1946 wieder aufgenommen, und zwar zunächst nur in geringer Stückzahl als Lieferwagen, Krankenwagen und Polizei-Streifenwagen, dann ab Juli 1947 auch wieder als Viertüren-Limousine, die, von wenigen Einzelheiten abgesehen, dem Vorkriegsmodell entsprach. Auf dem Fahrgestell des 170V gab es einen viersitzigen offenen Polizei-Streifenwagen, der statt der Türen Segeltuchvorhänge besaß.

Etwas komfortabler war der ab 1949 gebaute 170 DA OTP (D für Diesel, A für A-Cabriolet, OTP für Offener Tourenwagen Polizei), der vier normale Türen hatte, mit 100 km/h Höchstgeschwindigkeit zur Verfolgung flüchtiger Bankräuber aber nur bedingt geeignet war. An heißen Tagen konnte man die vier seitliche Steckscheiben abnehmen und die Windschutzscheibe umklappen. Vom 170 DA OTP wurden bis 1952 insgesamt 530 Stück gebaut, anfangs ausschließlich für die Polizei, später auch für zivile Kunden.

Nur wenige originale 170 DA OTP haben überlebt. Damals bauten nur wenige Autohersteller – darunter DKW, Borgward und Volkswagen – solche Wagen.

Der offene 170er für die Polizei war in zweierlei Hinsicht bedeutsam: Er verfügte ausschließlich über vier Türen und einen Dieselmotor. Foto: Kittler

Höchst interessante Straßenszene aus Essen, 1959: Mercedes-Benz Typ 170 OTP im Dienste der Polizei und ein Hängerzug mit einem der damals brandneuen Mercedes-Kurzhauber der Baureihe L 322, einem Lkw mit 10,5 t Gesamtgewicht.

Mercedes-Benz Typ 170 S
Baureihe W 136 (1949–1952)
Mercedes-Benz 170 Sb
Baureihe W 191 (1952-1953)

Beim Typ 170 S handelte es sich um die Weiterentwicklung des Typs 170 V. Er hatte eine größere und modernere Karosserie (im Stil des Vorkriegs-Typs 230), eine neue Vorderradaufhängung und eine höhere Motorleistung.

Sowohl das zweisitzige A-Cabriolet als auch das viersitzige B-Cabriolet entsprachen stilistisch weitgehende ihren Vorgängermodellen aus der Vorkriegszeit. Von Mai 1949 bis November 1951 wurden insgesamt 820 A- und 1.633 B-Cabriolets gebaut. Die Preise lagen zwischen 15.800 und 16.100 Mark beim A-Cabriolet und betrugen 12.500 bzw. 12.800 Mark beim B-Cabriolet.

Die neue Mitte begeisterte Kunden wie Tester, im Innenraum gäbe es »kaum etwas, was man sich besser wünscht«. Der Motor sei »erstaunlich lebendig« und das Fahrverhalten gut – »um nicht zu sagen hervorragend«.

Der 1952 aufgefrischte Typ erhielt dann, der besseren Unterscheidung zum weiterhin lieferbaren 170 Va (W 136) wegen, die Bezeichnung 170 Sb, und je nach Werbemedium fand sich die Bezeichnung auch im Prospekt. Erkennbar war die neue Generation an der vergrößerten Heckscheibe und den nach innen verlegten Scharnieren des Kofferraumdeckels.

Mercedes-Benz Typ 170 S (Baureihe W 136 IV), Polizei-Streifen-, Mannschafts- oder Bereitschaftswagen, Bauzeit: 1950 bis 1952.

Als dieser sechssitzige Streifenwagen gebaut wurde, waren solche Aufbauten im Polizeidienst schon seit 25 Jahren aus der Mode. Daher wurde diese Version nur selten gebaut, DM 10.600,-.

Oben links: Mercedes-Benz Typ 170 S, Cabriolet A, 1949 bis 1951

Links: Mercedes-Benz Typ 170 S, Cabriolet B, 1949 bis 1951.

	Mercedes-Benz Typ 170 S (W 136 IV) 1949–1952
Motor	Daimler-Benz M 136 III Vergasermotor
Zylinderzahl / Bauart	4 (Reihe)
Bohrung x Hub	75 x 100 mm
Hubraum	1767 cm^3
Leistung	52 PS (38 kW) bei 4000 U/min
Drehmoment	11,4 mkg bei 1800 U/min
Verdichtung	1:6,5
Gemischbildung	1 Fallstromvergaser Solex 32 PICB
Ventile / Steuerung	Seitlich stehend Seitliche Nockenwelle Antrieb durch Stirnräder
Kurbelwellenlager	3
Kühlung	Pumpe, 10,5 Liter Wasser
Schmierung	Druckumlauf, 4 Liter Öl
Batterie	6 V 75 Ah (im Motorraum)
Lichtmaschine	130 W
Anlasser	0,6 PS
Kraftübertragung	Antrieb auf Hinterräder, Gelenkwelle einteilig
Schaltung	Schalthebel Wagenmitte
Kupplung	Einscheibentrocken
Getriebe	4 Gang
Übersetzungen	I. 4,025 – II. 2,280 – III. 1,420 – IV. 1,000
Antriebs-Übersetzung	4,375
Karosserie/Fahrwerk	X-Form-Ovalrohr-Rahmen Ganzstahlkarosserie
Vorderradaufhängung	Doppel-Querlenker Schraubenfedern Stabilisator
Hinterradaufhängung	Pendel-Schwingachse Doppel-Schraubenfedern
Lenkung	Schnecke (13,9:1), 2,75 Lenkraddrehungen
Fußbremse	Hydr., Trommel 240 mm Ø, Bremsfläche 736 cm^2
Handbremse	Mechanisch (Seilzug), Hinterräder
Schmierung	WV-Eindruck-Zentralschmierung
Allgemeine Angaben	
Radstand	2845 mm
Spur vorn/hinten	1315/1420 mm
Gesamtmaße	Cabriolet B: 4455 x 1684 x 1610 mm Cabriolet A: 4510 x 1684 x 1560 mm
Räder	4,50 K x 15
Reifen	6,40–15
Wendekreis	12 Meter
Leermasse	Cabriolet A und B: 1270 kg
Zuläss. Gesamtgewicht	Cabriolet B: 1605 kg, Cabriolet A: 1530 kg
Höchstgeschwindigkeit	122 km/h
Beschleunigung 0–100 km/h	32 sec
Verbrauch/100 km	12 Liter
Kraftstofftank	47 Liter (im Heck)
Preise	Cabriolet B: DM 12 850,– / Cabriolet A: DM 15 800,–

Mercedes-Benz Typ 220
Baureihe W 187 (1951–1955)

Der Typ 220 (W 187), vorgestellt auf der Frankfurter Automobil-Ausstellung April 1951. Fahrwerk und Karosserie entsprachen dem Typ 170 S, jedoch waren die Scheinwerfer nicht freistehend, sondern in die Kotflügel integriert. Ganz neu war dagegen der Sechszylindermotor. Das B-Cabriolet lief von Juli 1951 bis Mai 1954 insgesamt 997-mal vom Band, das A-Cabriolet wurde bis August 1995 in einer Stückzahl von 1.278 Exemplaren hergestellt. Ferner entstanden 41 viertürige Cabriolets für den Polizeieinsatz. Preise: A-Cabriolet DM 18.300,- bis 21.500,-; B-Cabriolet DM 14.600,- bis 15.150,-. Produktion ab Juli 1951 bis Mai 1954, Cabriolet A bis August 1955. Letzteres wurde ab Mai 1954 in geringer Stückzahl auch als Coupé geliefert.

Ein neuer Sechszylinderwagen fehlte inzwischen dringend im Verkaufsprogramm der Daimler-Benz AG. Man konnte und wollte diese Größenklasse auf die Dauer nicht dem kräftig motorisierten und sehr erfolgreichen Opel Kapitän allein überlassen. Zudem weckten die hervorragenden Fahreigenschaften des Typs 170 zunehmend höhere Ansprüche an die Geschwindigkeit und das Beschleunigungsvermögen, was zwingend einen wesentlich stärkeren Motor erforderte. Dessen überaus moderne Konstruktion als Sechszylinder-Kurzhuber mit obenliegender Nockenwelle war nun tatsächlich eine Überraschung. Mit ihm gewann der Typ 220 auf Anhieb eine begeisterte Kundschaft, die aber jetzt andererseits bald wieder mehr Geräumigkeit und Komfort, also eine neue und größere Karosserie verlangte. So brachte es der erste Typ 220, obgleich er sich bestens bewährte, nur auf eine verhältnismäßig kurze Produktionsdauer.

Der Typ 220 basierte, abgesehen vom neuen 2,2-l-Motor mit 80 PS, auf dem Typ 170 S. Die Scheinwerfer waren aber in die Kotflügel integriert.

Die Produktion der beiden 170 S-Cabrios lief im November 1951 aus, die entsprechenden Cabriolets auf Basis des Typs 220 ersetzten sie.

Im November 1953 erhielt das Cabriolet A eine leicht gewölbte statt der bisher geraden Frontscheibe, 1953 bis 1955.

Mercedes-Benz Typ 220 Cabriolet B, 1952-1953. Die Produktion des B-Cabriolets lief im Mai 1953 aus, die des A-Cabriolets im August 1955.

	Mercedes-Benz Typ 220 (W 187), 1951–1955
Motor	Otto (M 180)
Zylinderzahl / Bauart	6 (Reihe)
Bohrung x Hub	80 x 72,8 mm
Hubraum	2195 cm^3
Leistung	80 PS (59 kW) bei 4850 U/min
Drehmoment	14,5 mkg bei 2500 U/min
Verdichtung	1:6,5
Gemischbildung	1 Doppel-Fallstromvergaser Solex 30 PAAJ
Ventile / Steuerung	2 / hängend , OHC, Duplex-Kette
Kurbelwellenlager	4
Kühlung	Pumpe, 15,2 Liter Wasser
Schmierung	Druckumlauf, 6 Liter Öl
Batterie	6 V 75 Ah (im Motorraum)
Lichtmaschine	130 W
Anlasser	0,6 PS
Kraftübertragung	Heckantrieb, Gelenkwelle geteilt
Schaltung	
Kupplung	Einscheibentrocken
Getriebe	4-Gang
Übersetzungen	I. 3,68 – II. 2,25 – III. 1,42 – IV. 1,00
Antriebs-Übersetzung	4,44
Karosserie/Fahrwerk	Ganzstahlkarosserie, X-Form-Ovalrohr-Rahmen
Vorderradaufhängung	Doppel-Querlenker, Schraubenfedern, Stabilisator
Hinterradaufhängung	Pendel-Schwingachse, Doppel-Schraubenfedern
Lenkung	Schnecke (13,9:1), 2,75 Lenkraddrehungen
Fußbremse	Hydraulisch, Trommel 240 mm Ø, Bremsfläche 736 cm^2
Handbremse	Mechanisch (Seilzug), Hinterräder
Schmierung	WV-Eindruck-Zentralschmierung
Allgemeine Angaben	
Radstand	2845 mm
Spur vorn/hinten	1315/1435 mm
Gesamtmaße	4507 x 1685 x 1610 mm Cabriolet A: 4538 x 1685 x 1560 mm
Räder	4,50 K x 15
Reifen	6,40–15
Wendekreis	12 Meter
Leermasse	Cabriolet A und B: 1440 kg
Zuläss. Gesamtgewicht	Cabriolet B: 1785 kg Cabriolet A: 1680 kg
Höchstgeschwindigkeit	140 km/h, Cabriolet: A 145 km/h
Beschleunigung 0–100 km/h	21 sec
Verbrauch/100 km	14,5 Liter
Kraftstofftank	65 Liter (im Heck)
Preise	Cabriolet B (2 Türen) 1951–1954 DM 15 160,–, Cabriolet A (2/3 Sitze) 1951–1955 DM 18 860,–, Coupe (2/3 Sitze) 1954–1955 DM 20 850,–, Coupé (2/3 Sitze) mit Stahlschiebedach 1954–1955 DM 22 000,–

Mercedes-Benz Typ 220, Cabriolet 2 Sitze, Karosserie Drews (Essen), Einzelanfertigung 1952.

Mercedes-Benz Typ 220, Cabriolet 2 Sitze, Karosserie Wendler (Reutlingen), Einzelanfertigung 1952.

Mercedes-Benz Typ 220 Cabriolet B als »Mittlerer Funkstreifenwagen«, Verdeck ohne Sturmstangen. 41 Stück wurden zwischen 1952 und 1953 gebaut.

Mercedes-Benz Typ 300 (1951–1962)
Baureihen W 186/188/189

Der Typ 300 war die erste echte Neukonstruktion von Daimler-Benz nach dem Krieg. Das damalige Untertürkheimer Flaggschiff war viele Jahre lang das Standardfahrzeug hoher Regierungsbeamter und erfolgreicher Unternehmer. Vom D-Cabriolet (wie auch von der Limousine) gab es vier verschiedene Serien:

300 und 300 b (W186): Von November 1951 bis Juli 1955 entstanden insgesamt 591 D-Cabriolets. Die Preise betrugen zwischen DM 22.900,- und 24.700,-.

Mercedes-Benz Typ 300 Cabriolet D, 1951 bis 1954.

Typ 300 c (W 186/IV). Wahlweise Vierganggetriebe oder Automatik (Borg-Warner). Das Cabriolet D wurde ab Sommer 1956 nicht mehr offiziell angeboten, blieb aber auf Sonderbestellung lieferbar. Ab Juli 1956 war eine Sonderausführung der Limousine (Radstand 3.150 mm, Gesamtlänge 5.165 mm) zu einem Aufpreis von DM 3.000,– erhältlich.
Es wurden vom Typ 300 c ab September 1955 bis Juli 1957 insgesamt 1.432 Limousinen und 51 Cabriolet D hergestellt.

Typ 300 d (W 189). Modernisierte Karosserie in Hardtop-Bauart. Längerer Radstand. Einspritzmotor. Es wurden von August 1957 bis März 1962 insgesamt 3.077 Limousinen und 65 Cabriolet D gebaut. Preis: DM 37.000,-.

1960 wurden außerdem zwei Landaulets mit verlängertem Radstand (3600 mm) gefertigt, eins davon für Papst Johannes XXIII.

Mercedes-Benz Typ 300 S (1952–1958)

Der 300 S stellte den Höhe- und Schlusspunkt der klassischen A-Cabriolets mit Sturmstangen und langgezogenen Kotflügeln dar. Als einziger Mercedes nach dem Krieg war er nicht nur als Cabriolet, sondern auch als Roadster lieferbar (außerdem als Coupé). Neben dem 300 SL gehört der 300S heute zu den teuersten Mercedes-Raritäten.Von Juli 1952 bis April 1958 entstanden 252 A-Cabriolets und Roadster. Die Preise waren für beide Versionen gleich. Juli 1952 bis August 1955: DM 34.500,-; September 1955 bis April 1958: DM 36.500,-.

Mercedes-Benz 300b Cabriolet D mit optionalen Zusatzscheinwerfern und integriertem Rückspiegel, gebaut 1954 bis1955.

Leider ließ sich nicht mehr nachvollziehen, bei welchem Anlass dieses Bild entstand. Im Vordergrund sehen wir ein 300 b Cabriolet D, gefolgt von einem 300 S Cabriolet, diverse Adenauer-Limousinen und einen 1953er Cadillac. Unten: Mercedes-Benz Typ 300 d Cabriolet D, 1958–1962.

	Mercedes-Benz Typ 300 (W 186 II) 1951–1954	Mercedes-Benz Typ 300 b (W 186 III) 1954–1955	Mercedes-Benz Typ 300 c (W 186 IV) 1955–1957	Mercedes-Benz Typ 300 d (W 189) 1957–1962
Motor	Otto			
Zylinderzahl/Bauart	6 (Reihe), vorne längs			
Bohrung x Hub	85 x 88 mm			
Hubraum	2996 cm^3			
Leistung	115 PS (85 kW) bei 4600 U/min	125 PS (92 kW) bei 4500 U/min	125 PS (92 kw) bei 4500 U/min	160 PS (118 kW) bei 5300 U/min
Drehmoment	20 mkg bei 2500 U/min	22,5 mkg bei 2600 U/min	22,5 mkg bei 2600 U/min	24,2 mkg bei 4200 U/min
Verdichtung	1:6,4	1:7,4 bis 7,5	1:7,4 bis 7,5	1:8,6
Gemischbildung	2 Fallstromvergaser Solex 40 PBJC	2 Register-Fallstromvergaser Solex 32 PAITA oder PAIAT mit Startautomatik	2 Register-Fallstromvergaser Solex 32 PAITA oder PAIAT mit Startautomatik	Einspritzpumpe Bosch
Ventile/Steuerung	2 / Hängend, OHC, Antrieb durch Duplex-Kette			
Kurbelwellenlager	7	7	7	7
Kühlung	Pumpe, 20 Liter Wasser	Pumpe, 21 Liter Wasser		
Schmierung	Druckumlauf, 6,5 Liter Öl	Druckumlauf, 6,5 Liter Öl		
Batterie	12 V 50 Ah (im Motorraum)	12 V 70 Ah (im Motorraum)		
Lichtmaschine	150 W	150 W		
Kraftübertragung	Heckantrieb, Kardanwelle geteilt			
Schaltung	Lenkradschaltung, bei Automatik: Wählhebel unter Lenkrad			
Kupplung	Einscheibentrocken / Automatik, hydraulischer Drehmomentwandler, Wandler max. 2,1-fach,			
Getriebe	4 Gang	4 Gang	4 Gang, a. W. 3 Gang Planetengetriebe	
Übersetzungen	I. 2,95, später 3,30 – II. 2,13 – III. 1,46 – IV. 1,00	I. 3,44 – II. 2,30 – III. 1,53 – IV. 1,00	I. 3,44 – II. 2,30 – III. 1,53 – IV. 1,00 I. 2,303 – II. 1,435 – III. 1,00	
Antriebs-Übersetzung	4,44	4,67	4,67	4,67
Karosserie/Fahrwerk	Ganzstahlkarosserie, X-Form-Ovalrohr-Rahmen			
Vorderradaufhängung	Doppel-Querlenker, Schraubenfedern, Stabilisator			
Hinterradaufhängung	Pendel-Schwingachse, Doppel-Schraubenfedern, elektrisch zuschaltbare Drehstabfederung		Eingelenk-Pendelachse, Schubstreben, Doppel-Schraubenfedern, elektrisch zuschaltbare Drehstabfederung	
Lenkung	Schnecke (17,9:1), 3,3 Lenkraddrehungen bzw. ab 1952 Kugelumlauf (21,4:1) 3,75 Lenkraddrehungen			
Fußbremse	Hydraulisch, 4 Räder, Trommel 260 mm Ø Bremsfläche 1270 cm^2	Hydraulisch, Servohilfe, 4 Räder Trommel 260 mm Ø, Bremsfläche 1470 cm^2		
Handbremse	Mechanisch (Seilzug), Hinterräder			
Schmierung	WV-Eindruck-Zentralschmierung			
Allgemeine Angaben				
Radstand	3050 mm	3050 mm	3050 mm	3150 mm
Spur vorn/hinten	1480/1525 mm	1480/1525 mm	1480/1525 mm	1480/1525 mm
Gesamtmaße	4950 x 1840 x 1640 mm	5065 x 1840 x 1640 mm	5065 x 1840 x 1600 mm	5190 x 1860 x 1620 mm
Räder	5 K x 15	5 K x 15	5,50 K x 15	5,50 K x 15
Reifen	7,00–15 extra (6 PR)	7,00–15 extra (6 PR)	7,60 S 15 (6 PR)	7,60 S 15 (6 PR)
Wendekreis	12,6/13,1 Meter (l./re.)	12,6/13,1 Meter	12,6/13, 1 Meter	12,8/13,3 Meter
Leermasse	1830 kg	1830 kg	1910, Automatik 1950 kg	2000, Automatik 2040 kg
Zuläss. Gesamtgewicht	2185 kg	2220 kg	2360 kg	2450 kg
Höchstgeschwindigkeit	160 km/h	163 km/h	160, Automatik 155 km/h	170, Automatik 165 km/h
Beschleunigung 0–100 km/h	18 sec	17 sec	17, Automatik 18 sec	17, Automatik 18 sec
Verbrauch/100 km	16,5 Liter	16 Liter Super	16, Automatik 17 Liter Super	17, Automatik 18 Liter Super
Kraftstofftank	72 Liter (im Heck)			

Mercedes-Benz Typ 300 c, Cabriolet D, 1955 bis 1957.

Mercedes-Benz Typ 300 b, Luxus-Cabriolet 4 Türen, Karosserie Ghia (Turin), Einzelanfertigung 1956 für einen arabischen Kunden.

Das Bild schmerzt: Dieses D-Cabriolet wurde ein Opfer der Unfallforschungen im Werk Sindelfingen.

Mercedes-Benz Typ 300 d, Pullman-Landaulet, Sonderausführung für den Vatikan, 1960.

Im Oktober 1951 – einen Monat, bevor die Serienproduktion des 300ers anlief – wurde auf dem Pariser Salon der Typ 300 S vorgestellt.

Neben dem Cabriolet A – Verdeck aufliegend – gab es den Mercedes-Benz Typ 300 S auch Roadster, 1952 bis 1955.

Der Typ 300 Sc – hier als Roadster – wurde zur IAA 1955 gezeigt. Jetzt mit Einspritzanlage versehen, lag die Leistung bei 175 PS. 1956 bis 1958.

Technisch handelte es sich beim 300 S um einen Typ 300 mit verkürztem Fahrgestell. Die Serienfertigung begann nach den Werksferien 1952.

Mit der neuen Dreivergaser-Anlage stieg die Motorleistung auf 150 PS und die Höchstgeschwindigkeit auf 175 km/h an.

Mercedes-Benz Typ 300 S, Cabriolet trasformabile, Karosserie Pininfarina (Turin), im Stil eines Duesenberg 1937, Einzelanfertigung aus dem Jahre 1956.

	Mercedes-Benz Typ 300 S (W 188 I) 1951 – 1955	Mercedes-Benz Typ 300 Sc (W 188 II) 1955 – 1958	Mercedes-Benz Typ 300 SL Roadster (W 198 II) 1957 – 1963
Motor	Otto		
Zylinderzahl/Bauart	6 (Reihe), vorne längs		6 (Reihe), Block um 45° nach links zur Seite geneigt
Bohrung x Hub	85 x 88 mm	85 x 88 mm	85 x 88 mm
Hubraum	2996 cm^3	2996 cm^3	2996 cm^3
Leistung	150 PS (110 kW) bei 5000 U/min	175 PS (128 kW) bei 5400 U/min	215 PS (158 kW) bei 5800 U/min
Drehmoment	23,5 mkg bei 3800 U/min	26 mkg bei 4300 U/min	28 mkg bei 4600 U/min
Verdichtung	1:7,8	1:8,6	1:8,6
Gemischbildung	3 Fallstromvergaser Solex 40 PBJC	Einspritzpumpe Bosch	Einspritzpumpe Bosch
Ventile/Steuerung	2 / Hängend , OHC, Antrieb durch Duplex-Kette		
Kurbelwellenlager	7 fach gelagert		
Kühlung	Pumpe, 19,5 Liter Wasser	Pumpe, 20 Liter Wasser	Pumpe, 20 Liter Wasser
Schmierung	Druckumlauf, 6,5 Liter Öl	Trockensumpf, 9 Liter Öl	Trockensumpf, 11 Liter Öl
Batterie	12 V 50 Ah (im Motorraum)	12 V 70 Ah (im Motorraum)	12 V 56 Ah (hinter Sitz)
Lichtmaschine	150 W	300 W	150 W
Anlasser	1,0 PS	1,0 PS	1,0 PS
Kraftübertragung	Heckantrieb, Kardanwelle geteilt		
Schaltung	Lenkradschaltung		Schaltstock Wagenmitte
Kupplung	Einscheibentrocken		Einscheibentrocken
Getriebe	4-Gang		4-Gang
Synchronisierung	I–IV		I–IV
Übersetzungen	I. 3,33 später 3,68 – II. 2,12 später 2,25 – III. 1,46 später 1,42 – IV. 1,00	I. 3,55 – II. 2,30 – III. 1,53 – IV. 1,00	I. 3,34 – II. 1,97 – III. 1,385 – IV. 1,00
Antriebs-Übersetzung	4,125	4,44	3,64 oder wahlweise 3,25, 3,42, 3,89, 4,11
Karosserie/Fahrwerk	X-Form-Ovalrohr-Rahmen Ganzstahlkarosserie		Stahlrohr-Gitterrahmen
Vorderradaufhängung	Doppel-Querlenker, Schraubenfedern ,Stabilisator		
Hinterradaufhängung	Pendel-Schwingachse, Doppel-Schraubenfedern	Eingelenk-Pendelachse , Doppel-Schraubenfedern	
Lenkung	Kugelumlauf (21,4:1), 3,75 Lenkraddrehungen		Kugelumlauf (17,3:1), 3 Lenkraddrehungen
Fußbremse	Hydraulisch, ab 1954 Servo, Trommel 260 mm Ø, Bremsfläche 1270 cm^2		Hydraulisch, Servo, Trommel 260 mm Ø, ab März 1961) Scheibenbremsen vorn und hinten (290 mm Ø)
Handbremse	Mechanisch (Seilzug), Hinterräder		
Allgemeine Angaben			
Radstand	2900 mm		2400 mm
Spur vorn/hinten	1480/1525 mm		1398/1448 mm
Gesamtmaße	4700 x 1860 x 1510 mm		4570 x 1790 x 1300 mm
Räder	5 K x 15		5 K x 15
Reifen	6,70–15 extra		6,70–15 Supersport
Wendekreis	12,2/12,7 Meter (li./re.)		11,4/11,4 Meter
Leermasse	1760 kg	1780 kg	Roadster 1420 kg, mit Coupédach 1460 kg
Zuläss. Gesamtgewicht	2000 kg	2020 kg	1560 kg bzw. (ab März 1961) 1660 kg
Höchstgeschwindigkeit	176 km/h	180 km/h	220 bis 250 km/h, je nach Hinterachse
Beschleunigung 0–100 km/h	15 sec	14 sec	10 sec
Verbrauch/100 km	17 Liter Super	17 Liter Super	17 Liter Super
Kraftstofftank	85 Liter (im Heck)	85 Liter (im Heck)	100 Liter (im Heck)

Auf dem Genfer Automobil-Salon im März 1957 wurde als Nachfolger des Flügeltürers ein Roadster vorgestellt, der wie der Flügeltürer auf die Initiative von US-Importeur Max Hoffman zurückging. Hier ist der Mercedes-Benz Typ 300 SL Roadster mit abnehmbarem Coupé-Dach zu sehen.

Mercedes-Benz Typ 300 SL, Roadster, 1957 bis 1963: Technisch entsprach der Roadster im großen und ganzen dem Coupé; nach Modifikationen der Seitenteile des Gitterrohr-Rahmens ließen sich nun normale Türen einbauen.

Mercedes-Benz Typ 300 SL (1954–1963)
Baureihe W 198 II

Der 300 SL Flügeltürer, von Rudolf Uhlenhaut zunächst als Rennsportwagen konzipiert, ist zweifellos der Mercedes-Klassiker schlechthin. Die Buchstaben SL, Abkürzung für »superleicht«, sind noch heute das Synonym für sämtliche Mercedes-Benz-Roadster. Zunächst allerdings war er ausschließlich als Coupé lieferbar, dessen Türen sich nach oben öffneten. Im Februar 1957 löste der DM 32.500,- teure 300 SL Roadster das DM 29.000,- kostende Flügeltüren-Coupé ab. Bis Februar 1963 wurden insgesamt 1.858 Exemplare gebaut.

Das Coupé-Dach wurde erst ab Oktober 1958 angeboten,es kostete DM 1500,- Aufpreis und konnte auch nachträglich geordert werden.

Renneinsätze sollten für Aufmerksamkeit sorgen: Für die USA baute Mercedes-Benz 1957 zwei Spezialroadster 300 SLS auf.

Grundlegend verbessert gegenüber dem Flügeltürer wurde die Hinterrad-Aufhängung: Der 300 SL Roadster erhielt die verfeinerte Eingelenk-Pendelachse mit tiefgelegtem Drehpunkt des 220a.

Mercedes-Benz Typ 190 SL
Baureihe W 121 (1955–1963)

Der amerikanische Daimler-Benz-Generalvertreter Max Hoffman (1904-1981) in New York hatte nach den Motorsporterfolgen des 300 SL-Renn-Flügeltürers bereits eine größere Stückzahl geordert. Gleichzeitig regte Hoffman, der eine untrügliche Spürnase für vierrädrige Bestseller besaß, in Untertürkheim den Bau eines kleineren offenen Sportwagens an. Das Ergebnis war der 190SL, der im Februar 1954 gemeinsam mit dem 300SL auf der Internationalen Motor Sports Show in New York debütierte.

Während der 300SL ein echter Wettbewerbswagen war, der je nach Hinterachsübersetzung bis zu 260 km/h lief, eignete sich der 190SL mit seinem vom Typ 180 abgeleiteten anspruchslosen Triebwerk eher für den Boulevard und stand deshalb vor allem bei der Damenwelt (und-halbwelt) in hoher Gunst.Im Februar 1963 ging – zusammen mit dem 300 SL Roadster – die Ära des seit Januar 1955 gebauten 190SL (DM 16.000,-) zu Ende, von dem 25.881 Exemplare hergestellt worden waren. Optional hat es ihn mit Hardtop gegeben.

Mercedes-Benz Typ 220 bis 220 SE
Baureihen W 105 /128/180 (1954–1960)

Ein völlig neues Modell brachte Daimler-Benz im September 1955 mit dem A/C-Cabriolet des Typs 220 (»Ponton«) auf den Markt. Sturmstangen und ausladende Kotflügel suchte man vergebens, die Karosserie war der Pontonform der Limousine angeglichen worden. Vom Vorgängermodell übernommen wurde lediglich der in der Leistung geringfügig gesteigerte Sechszylinder.

Der Typ 220 S löste dann den Typs 220 a ab. Limousine und Cabriolet A/C wurden ab Juli 1956 (Coupé ab Oktober 1956) gebaut, die Motorleistung betrug zunächst 100, ein Jahr später 106 PS. Der 220 S wurde bis August 1959 gebaut, es entstanden 55.279 Limousinen sowie 3.429 Coupés und Cabriolets.

Im Oktober 1958 kam das Einspritzer-Modell 220SE (W128) mit 115 PS / 85 kW hinzu. Die letzte Serie ab August 1959 erhielt bereits die 120-PS-Maschine (88 kW) des Nachfolgemodells W111. Von Juli 1956 bis November 1960 wurden 2178 Cabriolets 220S (W180) und 1112 Cabriolets 220SE (W128) gebaut. Sie kosteten zwischen 21.500 und 23.200 Mark.

Mercedes-Benz Typ 220b bis 300 SE
Baureihen W 111 / 112 (1961–1971)

Die Oberklasse-Baureihe W 111 löste 1959, zunächst nur als Limousine, die Topmodelle der bisherige Ponton-Baureihe W 180 ab. Grundmodell war der Typ 220b, der den Typ 219 ersetzte. Er entsprach bis auf die geringere Motorleistung und einfachere Ausstattung dem Typ 220 Sb, denn einmal mehr hatte sich das Werk für die Verwendung einer Heckflossen-Einheitskarosserie für das gesamte Programm entschieden. Die neue Karosserie, zu ihrer Zeit von bestechender Eleganz, und insbesondere der Typ 220 S, fanden enormen Anklang. Ab 1962 war eine Automatik lieferbar, außerdem Scheibenbremsen und eine Zweikreis-Hydraulik. Die Produktion lief vom August

Mercedes-Benz Typ 190 SL Roadster im Hof der Werksniederlassung Germersheim, ca. 1959. Technisch waren SL wie auch Heckflossen- und Ponton-Limousinen eng miteinander verwandt, der 190 SL nutzte die verkürzte Rahmenbodenanlage der »Ponton-Limousine« (W 120).

Der Typ 190 SL Roadster wurde zwischen 1955 und 1963 ohne große sichtbare Änderungen gebaut. Lieferbar war der elegante Zweisitzer in verschiedenen Ausführungen: als Roadster mit Verdeck, als Coupé mit abnehmbaren Hardtop, aber ohne Faltverdeck, sowie als Hardtop-Coupé mit Verdeck.

Mercedes-Benz Typ 190 SL Roadster, mit Coupédach in der ersten Ausführung, 1958.

Mercedes-Benz Typ 190 SL Roadster, mit dem neuen Coupédach (vergrößertes Heckfenster), eingeführt im Oktober 1959.

	Mercedes-Benz Typ 190 SL (W 121) 1955–1963	Mercedes-Benz Typ 220 S (W 180 II) 1956–1959	Mercedes-Benz Typ 220 SE (W 128) 1958–1960	Mercedes-Benz Typ 220 SEb (W 111/3), 1961–1965	Mercedes-Benz Typ 300 SE (W 112/3) 1962–1965
Motor	Otto				
Zylinderzahl/Bauart	4 (Reihe)	6 (Reihe)	6 (Reihe)	6 (Reihe)	6 (Reihe), Leichtmetallblock
Bohrung x Hub	85 x 83,6 mm	80 x 72,8 mm	80 x 72,8 mm	80 x 72,8 mm	85 x 88 mm
Hubraum	1897 cm^3	2195 cm^3	2195 cm^3	2195 cm^3	2996 cm^3
Leistung	105 PS (77 kw) bei 5700 U/min	100 PS (74 kW) bei 4800 U/min; ab 8/1957: 106 PS (78 kW) bei 5200 U/min	115 PS (85 kW) bei 4800 U/min	120 PS (88 kW) bei 4800 U/min	160 PS (118 kW) bei 5000 U/min, ab 1/1964: 170 PS(125 kW) bei 5400 U/min
Drehmoment	14,5 mkg bei 3200 U/min	16,5 mkg bei 3500 U/min ab 8/1957: 17,5 mkg	19 mkg bei 3800 U/minn	19,3 mkg bei 3900 U/min	25,6 mkg bei 3800 U/min Ab 1/ 1964: 25,4 mkg
Verdichtung	1:8,5, ab Sept. 1959: 1:8,8	1:7,6 ab Aug. 1957: 1:8,7	1:8,7	1:8,7	1:8,7, ab Januar 1964: 1:8,8
Gemischbildung bzw. Einspritzpumpe	2 Register-Fallstromvergaser Solex 44 PHH	1 Register-Fallstromvergaser Solex 32 PAJTA	Bosch Zweistempel--Einspritzpumpe	Bosch Zweistempel-Einspritzpumpe	Bosch Zweistempel-Einspritzpumpe, ab 1/ 1964:Sechsstempel-Einspritzp.
Ventile/Steuerung	2 / hängend, OHC, Antrieb durch Duplex-Kette				
Kühlung	Pumpe, 10 Liter Wasser	Pumpe, 11,3 Liter Wasser		Pumpe, 11,4 Liter Wasser	Pumpe, 16,8 Liter Wasser, ab 1963: Elektromagn. Ventilatorkupplung
Schmierung	Druckumlauf, 4 Liter Öl	Druckumlauf, 6 Liter Öl		Druckumlauf, 5,5 Liter Öl	Druckumlauf (6 Liter Öl)
Batterie	12 V 56 Ah (im Motorraum)	12 V 42 Ah, ab Sept. 1955: 12 V 56 Ah (im Motorraum)		12 V 52 Ah (Motorraum)	12 V 66 Ah (im Motorraum)
Lichtmaschine	160 W, Typ 220 SE/SEb: 240 W				300 W
Kraftübertragung	Heckantrieb, geteilte Kardanwelle, 300 SE ab März 1962: Sperrdifferential				
Schaltung	Schaltstock Wagenmitte	Lenkradschaltung		Schaltstock Wagenmitte	Lenkrads. oder Schaltstock
Kupplung	Einscheibentrocken	Einscheibentrocken, ab August 1957 bis 1961 auf Wunsch: Kupplungsautomat »Hydrak«			Einscheibentrocken / hydraul.
Getriebe	4-Gang				4-Gang / a.W 4-Gang Autom.
Übersetzungen	I. 3,52 (Typ 220 anfangs 3,40) – II. 2,32 – III. 1,52 – IV. 1,00			I. 3,98 – II. 2,52 – III. 1,58 – IV. 1,00	I. 4,05 – II. 2,28 – III. 1,53 – IV. 1,00, Autom.: I. 3,98 – II. 2,52 – III. 1,58 – IV. 1,00
Antriebs-Übersetzung	3,9	4,10 (41:10)	4,10 (41:10)	4,1	3,92 / 3, 75, Automatik 4,10
Karosserie/Fahrwerk	Selbsttragende Ganzstahlkarosserie				
Vorderradaufhängung	Doppel-Querlenker , Schraubenfedern (300 SE: Luftkammer-Federbälge), Stabilisator				
Hinterradaufhängung	Eingelenk-Pendelachse, Schubstreben, Schraubenfedern, 220 SEb: Ausgleichs-Schraubenfeder auf Wunsch ab Sommer 1963: zusätzliche Luftfederung, 300 SE: Luftkammer-Federbälge (Niveau-Ausgleich)				
Lenkung	Kugelumlauf (18,5:1), 3,5 Lenkraddrehungen	Kugelumlauf (21,4:1), 4 Lenkraddrehungen	Kugelumlauf (21,4:1), 4 Lenkraddrehungen	Kugelumlauf (22,7:1), 4,1 Lenkraddrehungen, a.W.) Servohilfe, dann 3,2 Lenkraddrehungen	Kugelumlauf (17,3:1), Servohilfe, 3,2 Lenkraddrehungen
Fußbremse	Hydraulisch, Trommel 230 mm Ø, auf Wunsch bzw. ab 5/1956 Serie: Servo			Hydraulisch, Servo, Scheiben vorn (253 mm Ø), Trommeln h. (230 mm Ø), ab 8/1963: Zweikreis-Hydraulik	
Allgemeine Angaben					
Radstand	2400 mm	2700 mm		2750 mm	2750 mm
Spur vorn/hinten	1430/1475 mm	1430/1470 mm		1482/1485 mm	1482/1490 mm
Gesamtmaße	4220 x 1740 x 1320 mm	4670 x 1765 x 1530 mm		4880 x 1845 x 1445 mm	4880 x 1845 x 1400 mm
Räder	5 K x 13	5 K x 13	5 K x 13	5,5 JK x 13	5 JK x 13
Reifen	6,40–13 Sport	6,70–13 Sport	6,70–13 Sport	7,50–13 Sport	7,50 H 13
Wendekreis	11 Meter	11,4 Meter		12,1/11,9 Meter	
Leermasse	1160 kg, Coupédach + 20 kg	1450 kg	1470 kg	1520 kg , Automatik + 40 kg	1700 kg, Automatik + 40 kg
Zuläss. Gesamtgewicht	1400 kg, ab 1961: 1440 kg	1815 kg	1815 kg	1950 kg	2160 kg
Höchstgeschwindigkeit	171 km/h	160 km/h	160 km/h	172 km/h	175 - 200 km/h
Beschleunigung 0–100 km/h	14,5 sec	17 sec	15 sec	14 sec	13 - 12 sec
Verbrauch/100 km	12,5 Liter Super	13,5-14 Liter Super	13-13,5 Liter Super	14,5 Automatik 15,5 l Super	17 bis 19 Liter Super
Kraftstofftank	65 Liter (im Heck)	64 Liter (im Heck)	62 Liter (im Heck)	65 Liter (im Heck)	65 Liter, ab Januar 1963: 82 Liter (im Heck)

Ab September 1958 wurden Limousine, Cabrio und Coupé auch als 220SE mit Benzineinspritzung angeboten – sie liefen für alle Karosserieausführungen unter der Baureihenbezeichnung W128. Äußerlich gab es keine Unterschiede zum parallel weiterhin angebotenen Vergaser-Modell.

Mercedes-Benz Typ 220 S Cabriolet, 1956 bis 1959: Mit 21.500 D-Mark kostete das Cabrio 9.000 Mark mehr als die Limousine.

Mit insgesamt 5.371 Einheiten, davon 1.942 Stück mit Einspritzmotor, blieben die Ponton-Zweitürer Raritäten.

1959 (Vorserie Mai 1959) bis Juli 1965. Der Typ 220 SEb (W 111/3) verfügte über eine Benzineinspritzung, bot aber lediglich einen unbedeutenden Leistungszuwachs. Das Coupé wurde ab Februar 1961 und das eng damit verwandte Cabriolet ab September 1961 bis Oktober 1965 gebaut.

Oberhalb der W 111-Reihe angesiedelt, aber wegen der praktisch identischen Karosserien kaum von dieser zu unterschieden, war die zur IAA 1961 gezeigte Limousine der Baureihe W 112 mit Einspritzmotor und 118 kW (160 PS). Die neue Baureihe mit Dreiliter-Leichtmetall-Motor, Luftfederung und zusätzliche Ausstattungen löste den bisherigen Spitzentyp 220 SE ab. Den 300 SE gab es auch als Coupé wie auch als Cabriolet waren in dieser Ausführung lieferbar und vom Februar 1962 bis Dezember 1967 (ab August 1965 mit verstärkter Hinterachse und Bremskraftregler) im Programm.

Den Modellwechsel der Limousine zum Modelljahr 1966 (Baureihe W 108/109) vollzogen weder Coupé noch Cabriolet nach, doch erhielten die sportlich-eleganten Wagen alle Verbesserungen der neuen Limousinenbaureihe. Das betraf in erster Linie den Einbau neuer Motoren. Das führte zum neuen Typ 250 SE, der, ansonsten unverändert, den bisherigen Typ 220 SE ersetzte. Von August 1965 bis Januar 1968 wurden 6213 Coupés und Cabriolets gebaut, danach erfolgte die Ablösung durch den Typ 280 S (280 S/8). Der hatte einen neuen Motor mit gleichmäßigen Zylinderabständen anstelle der bisher paarweise nahe beieinander stehenden Zylinder. Äußeres Kennzeichen war der größer karierte Kühlergrill.

Das Produktionsprogramm der Jahre 1968 und 1972 umfasste nun die Typen 280 S/SE sowie 280/300 SEL, wobei die Luftfederung, bisher Merkmal des seitherigen Typ 300 SE, nur noch im Typ 300 SEL sowie dem Coupé und dem Cabriolet zu finden war. Die Produktion der Wagen mit Einspritzmotor lief im Falle der Limousinen von Januar 1968 bis September 1972, bei Coupé und Cabriolet hingegen nur bis Mai 1971.

Topmodell dieser Baureihe war das so genannte Flachkühler-Cabriolet 280 SE 3.5 mit V8-Motor (August 1969 bis Juli 1971), das mühelos die 200-km/h-Marke überwand. Der Unterschied zu den bisherigen Modellen betraf äußerlich nur den breiteren und niedrigeren Kühlergrill.

Insgesamt wurden 35.931 Coupés und Cabriolets der Typen 220 SE, 250 SE, 280 SE, 300 SE, 280 SE 3.5 gebaut, davon 1232 Flachkühler-Cabriolets und 708 Cabrios vom Typ 300 SE.

Mercedes-Benz 300 SE Cabriolet, Baureihe (W112), in der Form gebaut zwischen 1962 und 1967.

Mercedes-Benz 220 SE Cabriolet (Baureihe W 111). Mit diversen Motorisierungen wurden diese S-Klasse-Cabrios von 1961 bis 1971 gebaut.

Das Fahrwerk entsprach dem der Limousine, verfügte aber von Anfang an über Scheibenbremsen. Kein Karosserieteil, abgesehen von Scheinwerfern und Kühlergrill, war mit der Limousine identisch.

Das Cabriolet (wie auf der linken Seite handelt es sich um einen 220 SEb) erschien im September 1961. Die Rahmenversteifungen waren der einzige technische Unterschied gegenüber dem Coupé.

Mercedes-Benz Typ 300 SEL: Diese Landaulet-Sonderanfertigung für den Vatikan wurde 1966 an den Papst übergeben.

	Mercedes-Benz Typ 250 SE Cabriolet (W 111 III) 1965 – 1967	Mercedes-Benz Typ 300 SE Cabriolet (W 112/3) 1965 – 1967	Mercedes-Benz Typ 280 SE (W 111 E 28) 1968-1971	Mercedes-Benz Typ 280 SE 3.5 Cabriolet (W 111 E 35/1), 1969 – 1971
Motor	Otto			
Zylinderzahl/Bauart	6 (Reihe), vorne längs			8 (90°- V-Form)
Bohrung x Hub	82 x 78,8 mm	85 x 88 mm	86,5 x 78,8 mm	92 x 65,8 mm
Hubraum	2496 cm^3	2996 cm^3	2778 cm^3	3499 cm^3
Leistung	150 PS (110 kW) bei 5500 U/min	170 PS (125 kW) bei 5400 U/min	160 PS (118 kW) bei 5500 U/min	200 PS (147) bei 5800 U/min
Drehmoment	22,0 mkg bei 4200 U/min	25,4 mkg bei 4000 U/min	24,5 mkg bei 4250 U/min	29,2 mkg bei 4000 U/min
Verdichtung	1:9,3. Ab 1967: 1:9,5	1:8,8	1:9,5	1:9,5
Gemischbildung bzw. Einspritzpumpe	Bosch Sechsstempel-Einspritzpumpe	Bosch Sechsstempel-Einspritzpumpe	Bosch Sechsstempel-Einspritzpumpe	Elektronisch gesteuerte Bosch-Einspritzung
Ventile/Steuerung	2 / hängend, OHC, Antrieb durch Duplexkette			2 / hängend, 2 x OHC, Duplex-Kette
Kühlung	Pumpe, 11,4 Liter Wasser, Viscose Ventilatorkupplung	Pumpe, 16,8 Liter Wasser, Elektromagnetische Ventilatorkupplung	Pumpe, 10,5 Liter Wasser, Viscose-Ventilatorkupplung	Pumpe, 13,25 l Wasser, Viscose-Ventilatorkupplung
Schmierung	Druckumlauf, 5,5 Liter Öl	Druckumlauf, 6 Liter Öl	Druckumlauf, 5,5 Liter Öl	Druckumlauf, 7,5 anfangs 6,5 Liter Öl
Batterie	12 V 44 Ah (im Motorraum)	12 V 66 Ah (im Motorraum)	12 V 55 Ah (im Motorraum)	12 V 66 Ah (im Motorraum)
Lichtmaschine	Drehstrom 490 W	Drehstrom 490 W	Drehstrom 35 A (490 W)	Drehstrom 770 W
Kraftübertragung	Heckantrieb, geteilte Kardanwelle			
Schaltung	Schalthebel Wagenmitte	Schalthebel Wagenmitte	Lenkradschalter oder Schalthebel Wagenmitte	Schaltstock Wagenmitte
Kupplung	Einscheibentrocken, Automatik, Wählhebel am Lenkrad oder Wagenmitte, hydraulische Kupplung + 4 Gang-Planetengetriebe			
Getriebe	4-Gang / 4-Gang Automatik		4-Gang, ab 9/1969 auch 5-Gang / 4-Gang Automatik	4-Gang / 4-Gang Automatik
Übersetzungen	I. 4,05 – II. 2,23 – III. 1,42 – IV. 1,00,		I. 4,05 – II. 2,23 – III. 1,42 – IV. 1,00, ab 9/69 : I. 3,96 – II. 2,34 – III. 1,43 – IV. 1,00 – V. 0,87	I. 3,96 – II. 2,34 – III. 1,46 – IV. 1,00
Automatuik	I. 3,98 – II. 2,52 – III. 1,58 – IV. 1,00		I. 3,98 – II. 2,52 – III. 1,58 – IV. 1,00, ab 6/1969: I. 3,98 – II. 2,39 – III. 1,46 – IV. 1,00	I. 3,98 – II. 2,39 – III. 1,46 – IV. 1,00
Antriebs-Übersetzung	3,92	3,69 oder 3,92	3,92 (12:47)	3,69
Karosserie/Fahrwerk	Selbsttragende Ganzstahlkarosserie			
Vorderradaufhängung	Doppel-Querlenker, Schraubenfedern, Stabilisator	Doppel-Querlenker, Luftkammer-Federbälge, Stabilisator	Doppel-Querlenker, Schraubenfedern, Stabilisator	Doppel-Querlenker, Schraubenfedern, Gummi-Zusatzfedern, Drehstab-Stabilisator
Hinterradaufhängung	Eingelenk-Pendelachse, Schubstreben, Schraubenfedern, hydropneumatischer Niveau-Ausgleich	Eingelenk-Pendelachse, Schubstreben, Luftkammer-Federbälge, Niveau-Ausgleich, Stabilisator	Eingelenk-Pendelachse, Schubstreben, Schraubenfedern, hydropneumatischer Niveau-Ausgleich	Eingelenk-Pendelachse, Schubstreben, Schraubenfedern, Gummi-Zusatzfedern, hydropneumatischer Niveau-Ausgleich
Lenkung	Kugelumlauf (22,7:1), 4, 1 Lenkraddrehungen, auf Wunsch: Kugelumlauf (17,3:1) + Servohilfe, 3,2 Lenkraddrehungen			
Fußbremse	Zweikreis-Hydraulik, Servo, Scheibenbremsen, vorn (273 mm Ø) und hinten (279 mm Ø)			
Allgemeine Angaben				
Radstand	2750 mm			
Spur vorn/hinten	1482/1485 mm			
Gesamtmaße	4880 x 1845x 1435 mm			4905 x 1845 x 1420 mm
Räder	6 J x 14			
Reifen	195 H 14		185 H 14	
Wendekreis	11,8/11,8 Meter			
Leermasse	1575 kg, Automatik + 40 kg	1715 kg, Automatik + 40 kg	1615 kg Automatik + 40 kg	1710 kg, Automatik + 40 kg
Zuläss. Gesamtgewicht	2045 kg	2185 kg	2055 kg	2120 kg
Höchstgeschwindigkeit	193-188 km/h	185-200 km/h	193-188 km/h	210 km/h
Beschleunigung 0–100 km/h	12 sec	12 sec	11 sec	10 sec
Verbrauch/100 km	15,5-16,5 Liter Superr	17-19 Liter Super	16-17 Liter Super	18,5-19,5 Liter Super
Kraftstofftank	83 Liter (im Heck)	82 Liter (im Heck)	82 Liter (im Heck)	82 Liter (im Heck)

Der 220 SE (Hochkühler) wurde im September 1965 durch den 250 SE abgelöst. Kennzeichen waren die Radkappen auf 14-Zoll-Felgen.

Prospektfoto des 250 SE Cabriolet. Der Heckschriftzug sieht aus, als wäre er etwas zu hoch angebracht.

Im Sommer 1969 ergänzten die Typen 280 SE 3.5 Coupé und Cabriolet mit neu konstruiertem 3,5-Liter-V8-Motor und überarbeiteter Front die Modellreihe.

Mercedes-Benz 280SE 3.5 Cabriolet (W 111/E35-1) mit Flachkühler, 1971.

Mercedes-Benz Typ 600 Landaulet
Baureihe W 100 (1964–1981)

Der auf der Frankfurter IAA im September 1963 vorgestellte Typ 600 war ein Wagen der Superlative, mit dem Daimler-Benz die ruhmreiche Serie der »Großen Mercedes« – zuletzt verkörpert durch das Vorkriegsmodell 770 – fortsetzte. Prestigemäßig nur noch mit Rolls-Royce vergleichbar, war dieses Monument auf Rädern seinem britischen Pendant in den Disziplinen Leistung, Komfort und Fahrverhalten eindeutig überlegen – und das zu einem günstigeren Einstandspreis.

Der 600 setzte nicht nur neue Maßstäbe in der automobilen Spitzenklasse, sondern war auch in einer ungewöhnlichen Karosserievariante lieferbar: Als einziges deutsches Automobil nach dem Kriege konnte man ihn als Landaulet bestellen. Ein Landaulet ist gewissermaßen ein Zwitter: halb Limousine, halb Cabriolet. Vor dem Krieg, als die besseren Kreise noch mit Chauffeur reisten, waren Landaulets häufiger anzutreffen. Während jener unterm Blechdach am Volant drehte, genoss sein im Fond sitzender Arbeitgeber das Privileg, bei schönem Wetter mit heruntergeklapptem Lederverdeck durch die Lande zu rollen. Vorzugsweise wurden auch Taxis als Landaulet karossiert.

Das 600er Landaulet, mit 6,24 Meter Länge und an die 3,0 Tonnen Eigengewicht ein wahres Monster, zierte so manchen Fuhrpark der Großen dieser Welt. Von 1965 bis 1981 entstanden 59 Exemplare dieses komplett in Handarbeit gefertigten Fahrzeugs. In der offiziellen Preisliste wurde das Landaulet nicht angeführt. Gepanzerte und mit vielerlei Sonderzubehör ausgestattete Wagen kamen auf einige hunderttausend Mark.

1965 wurde das 600 Pullman-Landaulet für Papst Paul VI. an den Vatikan durch Chefkonstrukteur Fritz Nallinger (1898-1984) und den DB-Aufsichtsratvorsitzenden Hermann Josef Abs (1901-1994) sowie weiteren Mitarbeitern übergeben.

Mercedes-Benz Typ 600, Pullman-Landaulet, 1964.

	Mercedes-Benz Typ 230 SL (W 113) 1963–1967	Mercedes-Benz Typ 250 SL (W 113) 1966–1968	Mercedes-Benz Typ 280 SL (W 113) 1968–1971	Mercedes-Benz Typ 600 Pullman (W 100) 1964–1981
Motor	Otto			
Zylinderzahl/Bauart	6 (Reihe), vorne längs			V8 (90°-V-Form)
Bohrung x Hub	82 x 72,8 mm	82 x 78,8 mm	86,5 x 78,8 mm	103 x 95 mm
Hubraum	2281 cm^3	2496 cm^3	2778 cm^3	6330 cm^3
Leistung	150 PS bei 5500 U/min	150 PS bei 5500 U/min	170 PS bei 5750 U/min	250 PS bei 4000 U/min
Drehmoment	20,0 mkg bei 4200 U/min	22,0 mkg bei 4200 U/min	24,5 mkg bei 4500 U/min	51 mkg bei 2800 U/min
Verdichtung	1:9,3	1:9,5	1:9,5	1:9,0
Gemischbildung bzw. Einspritzpumpe	Bosch Sechsstempel-Einspritzpumpe			Bosch Achtstempel-Pumpe, intermittierende Einspritzung in den Ansaugkanal
Ventile/Steuerung	2 / hängend, Obenliegende Nockenwelle, Antrieb durch Duplex-Kette			2 / hängend, 2 x OHC, Duplex-Kette
Kühlung	Pumpe, 10,8 Liter Wasser	Pumpe, 12,9 Liter Wasser, Viscose-Ventilatorkupplung		Pumpe, 23 Liter Wasser, hydraulische, thermostatisch gesteuerte Ventilatorkupplung
Schmierung	Druckumlauf, 5,5 Liter Öl			Druckumlauf, 6 Liter Öl
Batterie	12 V 55 Ah (im Motorraum)			12 V 88 Ah (im Motorraum)
Lichtmaschine	Drehstrom 490 W			2 x 1 Drehstrom 490 W
Kraftübertragung	Heckantrieb, zweiteilige Gelenkwelle			Heckantrieb, Sperrdifferential, zweiteilige Gelenkwelle
Schaltung				
Kupplung	Einscheibentrocken, auf Wunsch (Serie W 100): Automatik, hydraulische Kupplung			
Getriebe	4 Gang / 4-Gang Automatik, (Planetengetriebe) Wählhebel am Lenkrad oder in Wagenmitte			
Übersetzungen	I. 4,42 (ab 1965: 4,05) – II. 2,28 (2,23) – III. 1,53 (1,42) – IV. 1,00 ; optional Automatik (Serie W 100): I. 3,98 – II. 2,52 – III. 1,58 –IV. 1,00			
Antriebs-Übersetzung	3,75, ab Sept. 1965:3,92 oder 3,69	3,92 oder 3,69		3,23
Karosserie/Fahrwerk	Selbsttragende Ganzstahlkarosserie			Selbsttragende Ganzstahlkarosserie
Vorderradaufhängung	Doppel-Querlenker, Schraubenfedern, Stabilisator			Doppel-Querlenker, Luftkammer-Federbälge + Gummi-Zusatzfedern, Drehstab-Stabilisator
Hinterradaufhängung	Eingelenk-Pendelachse, Schubstreben, Schraubenfedern, Ausgleichs-Schraubenfeder			Eingelenk-Pendelachse, Schubstreben, Luftkammer-Federbälge (Niveau-Ausgleich) + Gummi-Zusatzfedern, Drehstab-Stabilisator, hydraulische Stoßdämpfer vorn und hinten, während der Fahrt verstellbar
Lenkung	Kugelumlauf (22,7:1), 4,1 Lenkraddrehungen, auf Wunsch (Serie bei W 100) : Kugelumlauf (17,3:1) + Servohilfe, 3,2 Lenkraddrehungen,			
Fußbremse	Zweikreis-Hydraulik, Servo, Scheiben v. (253 mm Ø), Trommel h. (230 mm Ø)	Zweikreis-Hydraulik, Servo, Scheiben v. (273 mm Ø), Scheiben h. (279 mm Ø)		Zweikreis-Hydraulik, Servo, Scheiben vorn (291 mm Ø), Scheiben hinten (294,5 mm Ø)
Allgemeine Angaben				
Radstand	2400 mm			3900 mm
Spur vorn/hinten	1485/1485 mm			1587/1581 mm
Gesamtmaße	4285 x 1760 x 1305 bzw. (mit Roadster-Verdeck) 1320 mm			6240 x 1950 x 1510 mm
Räder	5,5 J x 14 H	6 J x 14 HB	6 J x 14 HB	6,5 J x 15 H
Reifen	185 HR 14	185 HR 14	185 HR 14	9,00 H 15 Supersport (6 PR)
Wendekreis	10,5/10,5 Meter			ca. 14,6 Meter
Leermasse	Roadster 1300 - 1360 kg , Coupédach + 80 kg, Automatik + 40 kg			2770 kg
Zuläss. Gesamtgewicht	1650 kg	1715 kg	1715 kg	3340 kg
Höchstgeschwindigkeit	200, Automatik 195 km/h	195, Automatik 190 km/h	200, Automatik 195 km/h	200 km/h
Beschleunigung 0-100 km/h	11 sec	12 sec	11 sec	12 sec
Verbrauch/100 km	15-16 Liter Super	16-17 Liter Super	16,5-17,5 Liter Super	24 Liter Super
Kraftstofftank	65 Liter (im Heck)	82 Liter (im Heck)		112 Liter (im Heck)

Mercedes-Benz Typ 230 SL bis 280 SL
Baureihe W 113 (1963–1971)

Der im März 1963 präsentierte 230 SL (»Pagode«) trat ein schweres Erbe an. Zwar war er im Gegensatz zum eher verspielten 190 SL ein echter Sportwagen mit durchaus angemessenen Fahrleistungen, konnte aber dem verblichenen 300 SL weder in der Leistung noch der Optik das Wasser reichen. Die anvisierte Käufergruppe war freilich auch eine andere: Daimler-Benz peilte mit ihm einen breiteren Kundenkreis an als mit dem bisherigen 300 SL.

Ökonomisch ging diese Rechnung zweifellos auf. Der bis Januar 1967 gebaute, von Paul Braq gezeichnete 230 SL fand immerhin 19.331 Käufer, die für das Auto 20.600 Mark bezahlten zuzüglich 1600 Mark für das pagodenähnliche Hardtop. Der Nachfolger 250 SL (DM 22.800,-) wurde von November 1966 bis Januar 1968 insgesamt nur 5.196-mal gebaut. Vom 280 SL dagegen wurden zwischen November 1967 und März 1971 stolze 23.885 Stück verkauft. Preis: DM 24.300,-.

Der meist verkaufte SL war der 280er.

Der erste »Pagoden-SL« hörte auf die Bezeichnung 230 SL und erschien 1963. Seinen Spitznamen verdankt er dem grazilen Hardtop, das für 1.100 Mark Aufpreis geliefert wurde

Die Pagode ersetzte 1963 beide SL-Baureihen. Premiere hatte der 230 SL auf dem Genfer Autosalon. Im Herbst folgte dann die Deutschland-Premiere auf der IAA in Frankfurt. Als Technikspender fungierte die Heckflossen-Baureihe W 111. Der aufgebohrte Reihen-Sechszylinder leistete bis zu 170 PS.

Auf einem langgestreckten Grundstück direkt am Werk Untertürkheim, dem sogenannten »Flaschenhals«, nahm Daimler-Benz 1957 eine erste Versuchsstrecke in Betrieb. Die Gesamtlänge aller Versuchs- und Prüfstrecken beträgt heute insgesamt 15.460 Meter, dabei stehen 3.018 Meter Schnellfahrstrecke sowie Steilkurven mit Neigungswinkeln von bis zu 90 Grad zur Verfügung. Theoretisch kann diese Steilwand mit bis zu 200 km/h befahren werden. Im Versuch wird aber die Steilkurve an ihrem oberen Rand stets mit einer Freihandgeschwindigkeit von 150 km/h befahren. 230 SL, 1964–1967.

Mercedes-Benz Typ 350 SL Roadster (R 107) und sein direkter Vorgänger, der W 113, auf der Einfahrbahn in Untertürkheim.

Mercedes-Benz Typ 280 SL bis 560 SL
Baureihe R 107 (1971–1989)

Als Roadster gilt ein zweisitziger offener Wagen, dessen Türen tief ausgeschnitten sind. Die Seitenfenster werden bei Bedarf aufgesteckt, das Verdeck ist ungefüttert. Mit dieser Elle gemessen, hat Mercedes-Benz in den letzten 70 Jahren nicht einen einzigen Roadster gebaut, obgleich die SL-Typen in der Baureihenbezeichnung das »R« für »Roadster« führen. Auch die Pagoden-Nachfolger der Reihe 107 segelten so gesehen unter falscher Flagge – was sie nicht hinderte, zur erfolgreichsten SL-Baureihe zu werden.

Als Nachfolger des ziemlich kantigen 280 SL präsentierte Daimler-Benz im Frühjahr 1971 den wieder etwas rundlicheren Roadster 350 SL. Als Antriebsaggregat diente der 200 PS / 147 kW starke V8-Motor, der schon seit 1969 auf Wunsch für das 280SE-Cabriolet (und einige andere Modelle) lieferbar war. Nur wenige Monate später erschien der 450 SL, der zwar kaum schneller war, dessen Motor aber dank des bulligen Drehmoments die harmonischere Antriebsquelle darstellte. Dass diese Charakteristik ganz im Sinne der Kunden war, belegten die Verkaufszahlen.

Der 350 SL wurde zwischen April 1971 und März 1980 insgesamt 15.304-mal verkauft, der 450 SL zwischen Juli 1971 und November 1980 dagegen 66.298 Mal. Die Preise lagen zwischen 29.970 und 43.143 Mark (350SL) bzw. zwischen 36.630 und 48.092 Mark (450SL).

Zu dem seit 1974 angebotenen 280 SL mit dem altgedienten Reihensechszylinder kamen im Frühjahr 1980 als Nachfolger des 350 SL/450 SL die Modelle 380 SL und 500 SL hinzu, die von einem neu entwickelten Leichtmetall-V8-Motor angetrieben wurden. Nach der Vorstellung der neuen S-Klasse (Baureihe W126) rüstete Daimler-Benz auch die traditionsreichen offenen Zweisitzer mit den weiterentwickelten Achtzylinder-Triebwerken aus.

Der R 107 erschien im Frühjahr 1971 und kam damit schon in den Genuss der vollständigen Hohlraumversiegelung, die nach den Werksferien im August 1970 eingeführt worden war.

Das 3,8-Liter-V8-Aggregat des 380 SL leistete 204 PS / 150 kW; der gleichzeitig vorgestellte 500 SL mobilisierte 231 PS / 170 kW. Beide Modelle waren serienmäßig mit einer neuen Wandler-Viergang-Automatik mit Overdrive ausgerüstet, während der Sechszylinder ein mechanisches Fünfgang-Getriebe erhielt. In der Optik unterschied sich die zweite R107-Generation kaum von den Vorgängern, am leichtesten war die Identifizierung des neuen Mercedes-Spitzentyps: Der 500SL hatte Leichtmetallfelgen und schmückte sich mit einem dezenten Heckspoiler aus schwarzem Kunststoff, der nicht recht zu der eleganten Linie passen wollte.

Die letzte R 107-Generation erschien zur Frankfurter Automobilausstellung 1985. An der schon klassischen äußeren Erscheinung der immerhin 14 Jahre alten Baureihe wurde so gut wie nichts geändert, wie üblich steckten die Neuheiten unter dem Blech. Das Augenmerk der Untertürkheimer Techniker galt vor allem Motoren und Fahrwerk. Neu war das Sechszylinder-Triebwerk des 300 SL, der den 280 SL ablöste. Der Dreiliter-Motor mit Querstrom-Zylinderkopf aus Leichtmetall

Mercedes-Benz Typ 280 SL Roadster, 1974 bis 1980.

	Mercedes-Benz Typ 280 SL 1974–1985	Mercedes-Benz Typ 350 SL 1971–1980	Mercedes-Benz Typ 380 SL 1980–1985	Mercedes-Benz Typ 450 SL1971–1980	Mercedes-Benz Typ 500 SL 1980–1985
Motor	Otto				
Zylinderzahl/Bauart	6 (Reihe), vorne längs	V8 (90°-V-Form vorne längs			
Bohrung x Hub	86 x 78,8 mm	92 x 65,8 mm	92 x 71,8 mm bzw. ab Herbst 1981: 88 x 78,9 mm	92 x 85 mm	96,5 x 85 mm
Hubraum	2746 cm³	3499 cm³	3818 cm³ ab Herbst 1981: 3839 cm³	4520 cm³	4973 cm³
Leistung	185 PS (136 kW) bei 6000 U/min., 1976: 177 PS (130 kW) bei 6000 U/min, 1978: 185 PS (136 kW) bei 5800 U/min	200 PS (147 kW) bei 5800 U/min, 1976: 195 PS (143 kW) bei 5500 U/min, 1978: 205 PS (151 kW) bei 5750 U/min	218 PS (160 kW) bei 5500 U/min ab Herbst 1981: 204 PS (150 kW) bei 5250 U/min	225 PS (165 kW) bei 5000 U/min, 1976: 217 PS (160 kW) bei 5000 U/minn 1978: 225 PS (165 kW) bei 5000 U/min	240 PS (177 kW) bei 5000 U/min ab 1982: 231 PS (170 kW) bei 4750 U/min
Drehmoment	24,3 mkg bei 4500 U/min 1976 (1978): 23,8 (24,5) mkg bei 4500 U/min	29,2 mkg bei 4000 U/min, 1976 (1978): 28 (29) mkg bei 4000 U/min	30,5 mkg bei 4000 U/min ab Herbst 1981: 32,1 mkg bei 3250 U/min	38,5 mkg bei 3000 U/min 1976 (1978): 36,7 (37,5) mkg bei 3250 U/min	41 mkg bei 3200 U/min ab Nov. 1981: 41,2 mkg bei U/min
Verdichtung	1:9,0 / 8,7 / 9,0	1:9,5 / 9,0	1:9,0 / 9,4	1:8,8	1:8,8 bzw. ab Herbst 1981 9,2
Gemischbildung	Elektronische Einspritzung Bosch D-Jetronic, ab 11/ 1975 mechanische Einspritzung Bosch K-Jetronic		Mechanische Einspritzung Bosch K-Jetronic	Elektronische Bosch D-Jetronic, ab 11/1975: mech. Bosch K-Jetronic	Mechanische Einspritzung Bosch K-Jetronic
Ventile/Steuerung	2 / V-förmig hängend, DOHC, Kette	2 / hängend, 2 x DOHC, Kette			
Kühlung	Pumpe, 12 Liter Wasser	Pumpe, 14,3 Liter Wasser	Pumpe, 12,5 Liter Wasser	Pumpe, 15 Liter Wasser	
Schmierung	Druckumlauf, 6 Liter bzw. ab Herbst 1981 5,5 Liter Öl	Druckumlauf, 7,5 Liter Öl	Druckumlauf, 7,5 Liter Öl	Druckumlauf, 7,5 Liter Öl	
Batterie	12 V 55 Ah (im Motorraum)	12 V 66 Ah (im Motorraum)	12 V 66 Ah (im Motorraum)	12 V 66 Ah (im Motorraum)	
Lichtmaschine	Drehstrom 55 A (770 W)	Drehstrom 55 A (770 W)	Drehstrom 70 A (980 W)	Drehstrom 55 A (770 W)	Drehstrom 70 A (980 W)
Kraftübertragung	Heckantrieb, Gelenkwelle zweiteilig				
Schaltung	Schalthebel Wagenmitte				
Kupplung	Einscheibentrocken, Automatik hydraulischer Wandler 2,2-fach				
Getriebe	4- (5-) Gang / 4-Gang Autom.	4 Gang / 4 (3-) Gang Autom.	4-Gang Automatik	3-Gang Automatik,	4-Gang Automatik
Übersetzungen	I.3,90 – II. 2,30 – III. 1,41 – IV. 1,00, ab Mj 1982: I. 3,98 – II. 2,34 – III. 1,43 – IV. 1,00 – V. 0,88 (3,82/2,20 / 1,40 / 1,00 / 0,81) 350 SL: I. 3,96 – II. 2,34 – III. 1,43 – IV. 1,00				
Automatik	I. 3.98 – II. 2.39 – III. 1,46 – IV. 1,00, ab 1982: 3.68 / 2.41 / 1.44 / 1.00 SL 380, 450, 500: I. 2,31 – II. 1,46 – III. 1,00; 4-Gang: I. 3,68 – II. 2,41 – III. 1,44 – IV. 1,00				
Antriebs-Übersetzung	3,69 / 3,92 / 3,58 (Mj. 1982)	3,46	3,27 / 2,47	3,07	2,72, ab Herbst 1981: 2.24
Karosserie/Fahrwerk	Selbsttragende Ganzstahlkarosserie				
Vorderradaufhängung	Doppel-Querlenker, Schraubenfedern, Gummi-Zusatzfedern, Drehstab-Stabilisator				
Hinterradaufhängung	Diagonal-Pendelachse, Schräglenker, Schraubenfedern, Gummi-Zusatzfedern, Drehstab-Stabilisator				
Lenkung	Kugelumlauf (1: 15,6), Servohilfe, 3,3 Lenkraddrehungen				
Fußbremse	Zweikreis-Hydraulik, Servohilfe, ab 1980 auf Wunsch ABS, Scheiben vorn (278 mm Ø) und Scheiben hinten (279 mm Ø)				
Allgemeine Angaben					
Radstand	2460 mm				
Spur vorn/hinten	1452/1440 mm				
Gesamtmaße	4390 x 1790 x 1300 mm				
Räder	6 J / 6,5 J x 14 (ab Mj. 1981)	6,5 J x 14			
Reifen	nur 280 SL: 185 HR 14 / 195/70 HR 14, ab 1981: 205/70 VR 14	205/70 VR 14			
Wendekreis	10,8/10,6 Meter				
Leermasse	1560 kg, Automatik + 40 kg	1960 kg, Automatik + 40 kg	1640 kg	1640 kgc	1600 kg
Zuläss. Gesamtgewicht	1920 kg	1960 kg	1960 kg	2015 kg	1960 kg
Höchstgeschwindigkeit	207 km/h	212 km/h	215, ab Mj. 1982: 205 km/h	218 km/h	225, ab Mj. 1982: 220 km/h
Beschleunigung 0–100 km/h	9,5, Automatik 10,5 sec	9, Automatik 10 sec	9,5 sec	9,5 sec	8,5 sec
Verbrauch/100 km	15,5-15 Liter Super	18,5 Liter Super	18,5 bzw. ab Mj. 1982 17 Liter Super		
Kraftstofftank	90 Liter (über Hinterachse)				

280, 380 und 500 SL der Typenreihe R 107 nach der ersten Modellüberarbeitung 1980. Äußerlich bestanden kaum Unterschiede zu den Vorgängern. Alle SL erhielten nun eine Alu-Motorhaube und einen Frontspoiler, den mit einer Spoilerlippe bewehrten Kofferraumdeckel aus Alu hatte nur der 500er.

und hydraulischem Ventilspiel-Ausgleich stammte vom Mittelklasse-Modell W 124 und war Ende 1984 vorgestellt worden.

Die beiden Achtzylinder blieben von größeren Eingriffen verschont, sieht man von der Hubraumerhöhung von 3,8 auf 4,2 Liter einmal ab. Der nunmehrige 420SL leistete 218 PS / 160 kW und war bereits für den Katalysator-Betrieb vorbereitet. Der große 5,0-Liter-V8, jetzt 245 PS / 180 kW stark, markierte zumindest für deutsche SL-Fahrer nach wie vor das Ende der Fahnenstange. Der neue 5,6-Liter-Motor, der die 560 SEC- und SEL-Typen bis zu 250 km/h schnell machte, war in Verbindung mit der R 107-Karosse nur für den Export vorgesehen. Bei allen drei Varianten wurde das Fahrwerk modifiziert. Insbesondere die geänderte Vorderachse mit reduziertem Lenkrollradius sorgte für eine spürbare Steigerung der Lenkpräzision. In den letzten Jahren gab es, gegen Aufpreis von 2.188 Mark, auch einen Fahrer-Airbag.

Der R 107 war der erste SL mit Achtzylinder, und mit 18 Jahren Laufzeit steht diese Zahlenkombination auch für die am längsten gebaute Pkw-Baureihe der Schwaben. Im Bild ein Typ 420 SL der Jahre 1985 bis 1989.

	Mercedes-Benz Typ 300 SL (R 107 E 30) 1985–1989	Mercedes-Benz Typ 420 SL (R 107 E 42) 1985–1989	Mercedes-Benz Typ 500 SL / 560 (R 107 E 50/56) 1985–1989
Motor	Daimler-Benz M 103 E 30 Einspritzmotor	Daimler-Benz M 116 E 42 Einspritzmotor	Daimler-Benz M 117 E 50 Einspritzmotor
Zylinderzahl/Bauart	6 (Reihe) vorne längs	V8 (90°-V-Form) vorne längs	V8 (90°-V-Form) vorne längs
Bohrung x Hub	88,5 x 80,25 mm	92,0 x 78,9 mm	96,5 x 85,0 mm 96,5 x 94,8 mm
Hubraum	2962 cm^3	4196 cm^3	4973 cm^3 5547 cm^3
Leistung	188 PS (138 kW) bei 5700 U/min bzw. mit Katalysator 180 PS (132 kW) bei 5700 U/min	218 PS (160 kW) bei 5200 U/min bzw. mit Katalysator 204 PS (150 kW) bei 5200 U/min	245 PS (180 kW) bei 4750 U/min 227 PS (167 kW) bei 4750 U/min
Drehmoment	26,0 mkg bei 4400 U/min bzw. mit Katalysator 25,5 mkg bei 4400 U/min	33,0 mkg bei 3750 U/min bzw. mit Katalysator 31,0 mkg bei 3600 U/min	40,0 mkg bei 3750 U/min
Verdichtung	1:9,2	1:9	1:9
Gemischbildung	Mech. Einspritzung Bosch KE-Jetronic	Mech. Einspritzung Bosch KE-Jetronic	Mech. Einspritzung Bosch KE-Jetronic
Ventile / Steuerung	2 / hängend, OHC, Hydrostößel, Schwinghebel, Einfach-Kette	2 / hängend , 2 x OHC, Hydrostößel, Schwinghebel, Duplex-Kette	
Kühlung	Pumpe, 11 Liter Wasser	Pumpe, 12,5 Liter Wasser	Pumpe, 15 Liter Wasser
Schmierung	Druckumlauf, 6 Liter Öl	Druckumlauf, 8 Liter Öl	Druckumlauf, 8 Liter Öl
Batterie	12 V 62 Ah (im Motorraum)	12 V 66 Ah (im Motorraum)	12 V 66 Ah (im Motorraum)
Lichtmaschine	Drehstrom 70 A (900 W)	Drehstrom 80 A (1120 W)	Drehstrom 80 A (1120 W)
Kraftübertragung	Heckantrieb, Gelenkwelle zweiteilig		
Schaltung	Schalthebel Wagenmitte		
Kupplung	Einscheibentrocken / Hydraulisch, Wandler		
Schaltgetriebe	5-Gang/ 4-Gang Planetengetriebe	4-Gang Planetengetriebe	
Übersetzungen	I. 3.86 – II. 2.18 – III. 1,38 – IV. 1,00 – V. 0,80 – R. 4.22 I. 3,68 – II. 2,41 – III. 1,44 – IV. 1,00 – R. 5,14		
Antriebs-Übersetzung	3,46	2.47	2,24
Karosserie/Fahrwerk	Selbsttragende Ganzstahlkarosserie		
Vorderradaufhängung	Doppel-Querlenker, Schraubenfedern, Gummi-Zusatzfedern, Drehstab-Stabilisator		
Hinterradaufhängung	Diagonal-Pendelachse, Schräglenker, Schraubenfedern, Gummi-Zusatzfedern, Drehstab-Stabilisator		
Lenkung	Kugelumlauf (1:15,6), Servo, 3 Lenkraddrehungen		
Fußbremse	Zweikreis-Hydraulik, Servohilfe, a. W.: ABS Scheiben v. 284 mm Ø, Scheiben h. 279 mm Ø	Zweikreis-Hydraulik, Servohilfe, ABS Scheiben vorne belüftet, 284 mm Ø, Scheiben hinten 279 mm Ø	
Allgemeine Daten			
Radstand	2455 mm		
Spur vorn/hinten	1461/1465 mm		
Gesamtmaße	4390 x 1790 x 1307 mm		
Räder	7 J x 15		
Reifen	205/65 VR 15		
Wendekreis links/rechts	10,8/1 0,6 Meter		
Leermasse	1530 kg, Automatik + 40 kg	1600 kg	1610 kg
Zuläss. Gesamtgewicht	1930 kg	2020 kg	2030 kg
Höchstgeschwindigkeit	200 km/h	210 km/h	225 km/h
Beschleunigung 0–100 km/h	10, Automatik 11 sec	9,5 sec	8 sec
Verbrauch/100 km	14,5 Liter Super	15,5 Liter Super	16,5 Liter Super
Kraftstofftank	85 Liter (über Hinterachse)	85 Liter (über Hinterachse)	85 Liter (über Hinterachse)
Anmerkung	Nur USA: Typ 560 SL mit 5,6 Liter-Motor und Katalysator, Leistung 227 PS		

Mercedes-Benz E-Klasse Baureihe 124 (1984–1997)

Die Mercedes-Kundschaft wurde ab Herbst 1984 mit den Limousinen der Baureihe 124 bedacht. Trotz anfänglicher Kritik am Design und an der Qualität wurde auch er wieder ein großer Verkaufserfolg. Auf der IAA im September 1985 debütierte der erste Mercedes-Kombi aller Zeiten, T-Modell (T für Transport) genannt. Gleichzeitig kam der Allradantrieb 4matic heraus (etwa 15.000 DM Aufpreis, Auslieferung ab Anfang 1987) – bis zu 35 Prozent der Antriebskraft gingen an die Vorderachse. Seit dem Genfer Salon im März 1987 gab es auch ein Coupé auf W 124-Basis (zuerst 230 CE, ab 1998 300 CE-24).

Der Chiffre 124 vorangestellt war bei den Limousinen in der internen Terminologie weiterhin ein W, bei den Cabrios ein A, bei den Kombiwagen ein S, bei den Coupés ein C. Was die Freunde des Untertürkheimer Sterns immer wieder forderten, machte der Konzern zur IAA 1991 endlich wahr: Mit dem 300 CE-24 Cabriolet (Baureihe A 124) nahm Daimler-Benz wieder ein viersitziges Cabriolet ins Programm. Die technische Basis dafür bildete das in Genf vorgestellte zweitürige Coupé.

Der offene Viersitzer trat zunächst mit einem 220 PS / 162 kW starke Vierventil-Sechszylindermotor an. Das gefütterte Stoffverdeck ließ sich trotz der Heckscheibe aus Sicherheitsglas voll versenken; ein elektrisch-hydraulischer Verdeckantrieb konnte als Sonderausstattung geordert werden. Die Fahrleistungen des Cabriolets unterschieden sich nur unwesentlich von dem des Coupés; mit mechanischem Fünfganggetriebe dauerte der Sprint zur 100-km/h-Marke 8,7 Sekunden. Die Höchstgeschwindigkeit war mit 230 km/h angegeben. Der offene 300 CE-24 war ab Mitte 1992 verfügbar, die Jahresproduktion hatte man auf 5.500 Einheiten begrenzt. Dem Cabrio folgten weitere Ausführungen mit

Mercedes-Benz Cabriolet 300 CE-24, 1991. Das Werkscabriolet besaß ein voll versenkbares, gefüttertes Stoffverdeck mit beheizbarer Heckscheibe und ausfahrbare Kopfstützen hinten. Die Motorisierung entsprach der des Coupés.

anderen Motoren bis hinunter zum E 200, allerdings waren die bei der Limousine so beliebten Diesel für Cabrio-Käufer keine Option.

Mitte 1992 ersetzten neue Vierventiler die bisherigen, sehr elastischen Aggregate. Anschließend bekamen die Neuen geänderte Bezeichnungen – so gab es nun den E 200, den E 220 und den E 320. Die Dieselmotoren blieben weitgehend unverändert. Und auch der alte 300 E Zweiventiler blieb im Programm, allerdings nur als 4matic-Ausführung. Die Diesel bekamen 1993 Zuwachs in Form von 250 D und 300 D. Allerdings verschwanden die seitlichen Luftschlitze für die Turboversionen.

Eine letzte Aufwertung erhielt das Auto im Juni 1993. Nach dem Muster der C-Klasse hieß die 124-Reihe nun »E-Klasse«, das E wurde bei allen Typenbezeichnungen vorangestellt. Gleichzeitig wurde der Stern vom Kühler auf die Motorhaube gerückt. Die Bezeichnungen CE und TE verschwanden, die Aufbaubezeichnung wurde komplett in den Namen aufgenommen. Einige Umbenennungen trafen nun den tatsächlichen Hubraum – so hieß der E 400 mit 4,2-Liter-V8 nun E 420. Äußerlich erkennbar waren die 124er nun an den Anbauteilen in Wagenfarbe, farblosen statt gelben Blinkergläsern, Rückleuchten in Weißgrau. Die hintere Schutzleiste des Stoßfängers wurde bis zum Radausschnitt verlängert und die Stoßfänger tiefer gezogen. Der Kofferraumdeckel hatte rundere Kanten, das Kennzeichenfeld eine Blende.

Während die Fertigung der Limousine nur bis 1995 lief, blieb das T-Modell bis 1996 im Programm. Eine allerletzte Modellpflege erfolgte im März 1994: Alle Autos erhielten eine bessere Ausstattung fürs gleiche Geld – Beifahrerairbag, Zentralverriegelung mit Infrarot-Bedienung und Wegfahrsperre, elektrische Fensterheber, Fondkopfstützen (außer E 200 und E 200 D). Das Coupé C 124 war bis Jahresende 1993 zu haben, das Cabrio gab es noch bis Mitte 1997. Insgesamt entstanden 33.942 E-Klasse-Cabrios.

Die Modellpflege zum Modelljahr 1994 brachte neue Motoren, neue Bezeichnungen und geringfügige optische Änderungen, wie zum Beispiel die modisch abgedunkelten Heckleuchten.

Kennzeichen der letzen E-Klasse-Cabrios waren die weißen Blinkleuchten.

Mercedes-Benz E 200 Cabrio, Baureihe W 124, 1990.

	Mercedes 230 CE Coupé 1987-1992	Mercedes 300 CE Coupé 1987-1992	Mercedes 300 CE-24 Coupé, 1988-1992 Mercedes 300 CE-24 Cabrio, 1991-1993
Motor	Ottomotor (Einspritzer)		
	M 102 E23, LM-Kopf	M103 E30, LM-Kopf	M 104, LM-Kopf
Zylinderzahl	4 (Reihe), längs über der Vorderachse	6 (Reihe), längs über der Vorderachse	
Bohrung x Hub	95,5 x 80,2 mm	88,5 x 80,2 mm	
Hubraum	2298 cm^3	2962 cm^3	
Leistung	136 PS (97 kW) bei 5500/min	180 PS (132 kW) bei 5700/min	220 PS (162 kW) bei 6450/min
Drehmoment	400 Nm bei 3500/min	190 Nm bei 4000/min	210 Nm bei 4000/min
Verdichtung	9,0 : 1	9,2 : 1	10,0 : 1
Gemischbereitung	Mechan./elektronische Einspritzung, Bosch KE-Jetronic		
Ventile pro Zylinder	2, V-förmig hängend, 1 obenlieg. Nockenwelle (Kette)		4, V-förmig hängend, 2 obenlieg. Nockenwellen (Kette)
Kurbelwellenlager	5	7	
Kühlung	Pumpe / 8,5 Liter Wasser	Pumpe / 9,0 Liter Wasser	
Schmierung	Druckumlauf / 5,0 Liter Öl	Druckumlauf / 6,0 Liter Öl	Druckumlauf / 7,5 Liter Öl
Abgasreinigung	Dreiwege-Kat, Lambdasonde		
	Lambdasonde	Lambdasonde	Lambdasonde
Batterie/Lichtmaschine	12 V 62 Ah – Drehstrom 770 W	12 V 62 Ah – Drehstrom 980 W	12 V 62 Ah – Drehstrom 1120 W
Kraftübertragung	Heckantrieb		
Kupplung	Einscheiben- Trockenkupplung		
Schaltung	5 Gang, Schaltstock in Wagenmitte		
Übersetzungen	I. 3,91 – II. 2,17 – III. 1,37 IV. 1,0 – V: 0,78 – R: 4,27	I. 3,86 – II. 2,18 –III. 1,38 IV. 1,0 – V. 0,81 – R: 4,22	I. 4,15 – II. 2,52 – III. 1,69 IV. 1,24 – V. 1,0 – R: 4,15
Antriebsübersetzung	3.46	3.67	3.27
Automatik	4 Stufen		4 Stufen / 5 Stufen
Übersetzungen (Autom.)	I. 4,25 – II. 2,41 – III. 1,49, – IV. 1,0 – R: 5,67	I. 3,87 – II. 2,25 – III. 1,44 – IV. 1,0 – R: 5,59	
			I. 3,87 – II. 2,25 – III. 1,44 IV. 1,0 – V. 0,75 – R: 5,59
Antriebsübers. (Autom.)	3.27	3.07	3,27 / 3,69
Fahrwerk	Selbstragende Ganzstahlkarosserie		
Vorderradaufhängung	McPherson-Federbeine (Schraubenfedern, Gasdruckdämpfer), Dreieckquerlenker, Drehstab-Stabilisator		
Hinterradaufhängung	Raumlenkerachse (Quer- u. Schräglenker, Spurstange), Schraubenfedern, Gasdruckdämpfer, Drehstab-Stabilisator		
	a.W.: Niveauregulierung u. ADS	a.W.: Niveauregulierung	a.W.: Niveauregulierung
Lenkung	Kugelumlauf (15,4 : 1), Servo		
Fußbremse	Zweikreis-Hydraulik, Servo, vorn belüft. (ø = 284 mm) und hinten belüft. Scheiben (ø = 258 mm), ABS	Zweikreis-Hydraulik, Servo, vorn belüft. (ø = 284 mm) und hinten Scheiben (ø = 258 mm), ABS	Zweikreis-Hydraulik, Servo, vorn belüft. (ø = 295 mm) und hinten Scheiben (ø = 278 mm), ABS
Allgemeine Daten	Coupé, 4sitzig	Coupé, 4sitzig	Coupé, 4sitzig – Cabrio, 4sitzig
Radstand	2715 mm	2715 mm	2715 mm
Spur vorn/hinten	1500 / 1490 mm	1500 / 1490 mm	1500 / 1490 mm
Gesamtmaße	4655 x 1740 x 1395 mm	4655 x 1740 x 1395 mm	4655 x 1740 x 1395 (Cabrio: 1400) mm,
Gepäckraum	480 L	480 L	480 L, Cabrio: 300 L
Reifen/Felgen	195/65 HR 15 – 6.5 J x 15	195/65 VR 15 – 6.5 J x 15	195/65 ZR 15, 205/60 ZR 15 – 6.5 J x 15
Wendekreisdurchmesser	11,0 m	11,0 m	11,0 m
Leermasse (DIN)	1420 (1460) kg	1460 (1500) kg	1560 (1600) kg, Cabrio: 1710 (1750) kg
Zul. Gesamtmasse	1800 (1840) kg	1850 (1890) kg	1930 (1970) kg, Cabrio: 2160 (2200) kg
Luftwiderstand (c_W x A)	0,30 x 2,01 m^2	0,30 x 2,01 m^2	0,30 x 2,01 m2, 0,32 x 2,02 m^2
Höchstgeschwindigkeit	200 (195) km/h	225 (220) km/h	235 (229) km/h, Cabrio: 230 (225) km/h
Beschleunigung 0-100 km/h	12,0 (12,6) sec	9,0 (9,5) sec	8,5 (9,0) sec, Cabrio: 8,7 (8,5) sec
Drittelmix-Verbrauch	9,2 (10,0) L /100 km (S)	10,9 (11,5) L /100 km (S)	11,0 (11,7) L/100 km (S), Cabrio: 11,5 (12,0) L/100 km (S)
Kraftstofftank	70 Liter (über der Hinterachse)	70 Liter (über der Hinterachse)	70 Liter (über der Hinterachse)

Mercedes-Benz SL Roadster
Baureihe R129 (1989-2001)
Mercedes-Benz SL AMG Roadster
Baureihe R129 (1993-2001)

Nach langer Laufzeit des Vorgängers erschien im März 1989 auf dem Genfer Salon der neue SL (R 129), anfangs werksintern Tourensportwagen genannt. Gebaut wurde das Auto im Mercedes-Werk Bremen, die maximale Jahreskapazität betrug dort 25.000 Einheiten. Die ersten Fahrzeuge wurden im Juni 1989 ausgeliefert. Der SL basierte auf der verkürzten Bodengruppe der E-Klasse-Limousine W 124 und galt von Anfang an als stilistisches Meisterwerk, der weniger Roadster als klassischer GT war. Denn serienmäßig gehörte zum Lieferumfang ein 34 kg schweres Alu-Hardtop, zu dessen Montage (vier Befestigungspunkte) zwei Leute vonnöten waren. Das feste Dach minderte die Windgeräusche fast auf das Niveau eines Coupés – was dazu führte, dass manche Coupé-Liebhaber, die sich mit dem Oberklasse-SEC / CL nicht anfreunden konnten, zum SL griffen.

Vollkommen neu im SL waren die Sportsitze (Alu-Druckgussgestell) mit integrierten Sicherheitsgurten. Ebenfalls eine Novität war der automatische Überrollbügel im Verdeckkasten, der für den Wegfall der hinteren Notsitze verantwortlich zeichnete. Er schnellte binnen 0,3 Sekunden hoch, wenn ein Überschlag drohte. Das elektrohydraulisch betätigte Verdeck selbst benötigte 30 Sekunden zum vollautomatischen Öffnen oder Schließen. Zum Serenumfang gehörte auch das Windschott – ein netzartiger Aufsatz, der die Luftverwirbelung hinter den Köpfen der Besatzung eindämmte.

Eine der wichtigsten Innovationen des Fahrwerks betraf das für die Sechs- und Achtzylinder optionale Adaptive Dämpfersystem (ADS), das während der Fahrt die Dämpfer je nach Fahrbahnbeschaffenheit in vier Stufen anpasste. Auf Wunsch gab es eine Antischlupfregelung (ASR, Serie im 500 SL und später im 600 SL) und ein Sperrdifferenzial.

Die Motoren stammten von der Baureihe 124 und der S-Klasse. Einstiegsmodell war der 300 SL, gefolgt vom 300 SL-24 Vierventiler. Darüber war der 500 SL mit V8 angesiedelt, im Juli 1992 kam der Zwölfzylinder 600 SL dazu. Er blieb ein kostspieliges Vergnügen, von dem arbeitstäglich lediglich 20 Stück entstanden. Nur den 300 SL gab es serienmäßig mit Fünfgang-Schaltgetriebe; allen anderen wurde eine Automatik spendiert. Äußerlich waren die Versionen kaum voneinander zu unterscheiden.

Mit dem Debüt der neuen C-Klasse trat zur zweiten Jahreshälfte 1993 bei Mercedes eine neue Modell-Nomenklatur in Kraft: Das SL in der Typenbezeichnung wurde vorangestellt – nach inzwischen 85.500 Exemplaren. Neu war nun der SL 280, das nächst höher platzierte Modell war der SL 320. Beide Reihensechszylinder verfügten über Vierventiltechnik. Der SL 500 musste aus Gründen günstigerer Emissionswerte 6 PS abgeben. 1995 gab es die erste Modellpflege. Das Karosseriedesign wurde leicht modifiziert, die Serienausstattung erweitert (Sidebags, ESP-Fahrdynamikregelung, zunächst nur im SL 600, dann im 500er) und der Kraftstoffverbrauch gesenkt.

Die zweite Überarbeitung des Sportzweisitzers lief 1998, vorgeführt auf dem Turiner Salon. Serienmäßig gab es nun 17-Zoll-Räder, das unübersehbare Auspuffendrohr erhielt einen ovalen Querschnitt. Die Rückleuchten (inzwischen einfarbig) wurden verändert, die Außenspiegel anders geformt. Die Fahrzeuge wurden dank veränderter Stoßfänger (genau wie die Schwellerverkleidung und andere Anbauteile in Wagenfarbe) etwas länger. Statt der bisherigen Reihensechser und des Vierventil-V8 kamen die neuen Dreiventil-V-Motoren zum Einsatz. Sie waren sparsamer als bisher, teilweise aber auch leistungsschwächer. Ab 1994 legte Mercedes Sonderserien des SL (280 bis 500) auf; zum Produktionsauslauf offerierte Stuttgart die ab Mai 2000 lieferbare »SL Edition« mit exklusiver Ausstattung – beschränkt auf die 3,2- und die 5,0-Liter-Version. Vom R 129 entstanden rund 200.000 Einheiten.

Ab 1993 bot AMG einen Roadster SL 60 mit einem auf sechs Liter aufgebohrten Achtzylindermotor an. Er stand bis 1998 offiziell in den Mercedes-Preislisten und kostete in seinem letzten Produktionsjahr knapp DM 220.000,-. Mit dem Facelift der Baureihe fiel er aus dem Programm.

Mitte der 1990er-Jahre gab es für kurze Zeit den SL 600 6.0 AMG, den SL 70 AMG und den SL 73 AMG mit Zwölfzylindermotoren. Nach einer kurzen Unterbrechung standen diese Fahrzeuge von 1998 bis 2001 wieder zur Verfügung, allerdings nie in den Preislisten von Mercedes-Benz. Sie liefen im Bremer Mercedes-Werk als SL 600 mit AMG-Styling-Paket und AMG-Rädern vom Band und wurden anschließend bei AMG in Affalterbach umgebaut.

Zusammen mit dem auf 7,0 oder 7,3 Liter vergrößerten Hubraum, dem geänderten Zylinderkopf beim 6,0-Liter-Motor und weiteren Tuningmaßnahmen wurden die Antriebswellen und die Bremsanlage modifiziert, um der höheren Leistung gerecht zu werden. Diese Technikpakete kosteten damals DM 81.657,- (SL 70 AMG) oder DM 99.180,- im SL 73 AMG, zusätzlich zum Grundpreis von mindestens DM 240.000,- für den SL 600 mit AMG-Styling-Paket und AMG-Rädern.

Der SL der Baureihe 129, von 1989 bis 2001 gebaut, hatte als erster Mercedes eine in mehreren Stufen justierbare elektronische Dämpferverstellung. Rund 250.000 Fahrzeuge wurden produziert.

MODELLÜBERSICHT SL – BAUREIHE R 129

Typ	Zylinder	Hubraum	Leistung	Beschleunigung 0-100 km/h	Höchstgeschwindigkeit	Durchschnittsverbrauch	Preis	Bauzeit
1989-1993								
Mercedes-Benz 300 SL	6 Zylinder	2.960 cm³	140 kW/190 PS	9,3 s	228 km/h	11,6 L/100 km	47.999 €	03/1989-06/1993
Mercedes-Benz 300 SL-24	6 Zylinder	2.960 cm³	170 kW/231 PS	8,4 s	240 km/h	11,8 L/100 km	61.826 €	03/1989-06/1993
Mercedes-Benz SL 500	8 Zylinder	4.973 cm³	240 kW/326 PS	6,2 s	250 km/h	12,9 L/100 km	67.117 €	03/1989-06/1992
Mercedes-Benz SL 600	12 Zylinder	5.987 cm³	290 kW/395 PS	6,1 s	254 km/h	14,9 L/100 km	111.329 €	07/1992-06/1992
Mercedes-Benz 500 SL AMG	8 Zylinder	5.956 cm³	280 kW/381 PS	6,0 s	k.A.	k.A.		09/1991-09/1993
Mercedes-Benz 500 SL	8 Zylinder	4.973 cm³	235 kW/320 PS	6,2 s	250 km/h	12,4 L/100 km	78.600 €	09/1992-09/1993
1993-1998								
Mercedes-Benz SL 280	6 Zylinder	2.799 cm³	142 kW/193 PS	9,3 s	230 km/h	11,1 L/100 km	60.268 €	07/1993-06/1998
Mercedes-Benz SL 320	6 Zylinder	3.199 cm³	170 kW/231 PS	8,4 s	240 km/h	10,9 L/100 km	66.119 €	06/1993-06/1998
Mercedes-Benz SL 500	8 Zylinder	4.973 cm³	235 kW/320 PS	6,5 s	250 km/h	12,4 L/100 km	83.376 €	06/1993-06/1998
Mercedes-Benz SL 600	12 Zylinder	5.987 cm³	290 kW/394 PS	6,1 s	250 km/h	13,4 L/100 km	114.186 €	06/1993-06/1998
Mercedes-Benz SL 60 AMG	8 Zylinder	5.956 cm³	280 kW/381 PS	5,8 s	250 km/h	12,4 L/100 km	101.192 €	09/1993-05/1998
1989-2001								
Mercedes-BenzSL 280	6 Zylinder	2.799 cm³	150 kW/204 PS	9,7 s	232 km/h	11,5 L/100 km	67.048 €	06/1998-06/2001
Mercedes-Benz SL 320	6 Zylinder	3.199 cm³	165 kW/224 PS	8,4 s	238 km/h	11,6 L/100 km	72.964 €	06/1998-07/2001
Mercedes-Benz SL 500	8 Zylinder	4.966 cm³	225 kW/306 PS	6,5 s	250 km/h	12,7 L/100 km	90.480 €	06/1998-07/2001
Mercedes-Benz SL 600	12 Zylinder	5.987 cm³	290 kW/394 PS	5,9 s	250 km/h	12,9 L/100 km	111.799 €	06/1998-05/2001
Mercedes-Benz SL 55 AMG	8 Zylinder	5.439 cm³	260 kW/354 PS	5,9 s	250 km/h	12,9 L/100 km	111.799 €	05/1999-07/2001
Mercedes-Benz SL 73 AMG	12 Zylinder	7.291 cm³	386 kW/525 PS	5,9 s	250 km/h	12,9 L/100 km	111.799 €	04/1999-05/2001

Der R 129 war das in der Entwicklung teuerste Auto, das Daimler-Benz bis dahin auf die Räder gestellt hatte. Zahlreiche Neuerungen, wie etwa der nach oben schnellende Überrollbügel, feierten hier ihre Premiere.

1995 wurden 35 Exemplare des SL 72 AMG hergestellt. 25 Stück erwarb der Sultan von Brunei, lediglich zehn Exemplare gingen in den freien Verkauf. Angetrieben wurde diese Version von einem Motor mit 7,2 Liter Hubraum aus 12 Zylindern mit 532 PS / 391 kW bei einem Drehmoment bis zu 740 Nm. Die Basis bildete auch hier der SL 600.

Auch der 1999 vorgestellte SL 55 AMG war ein Manufakturprodukt auf der technischen Grundlage des SL 500 (DM 129.068,-) und erschien ebenfalls nicht in den Preislisten von Mercedes-Benz. Für Vortrieb sorgte der modifizierte 5,4-Liter-V8, der unter anderem in der E-Klasse 55 AMG Limousine verwendet wurde. Der Preis für das Technikpaket (bei angeliefertem SL 500) belief sich mit AMG-Styling-Paket und AMG-Rädern auf 37.120 D-Mark.

	Mercedes 300 SL 1989-1993	Mercedes 300 SL-24 1989-1993	Mercedes 500 SL/SL 500 1989-1993/1993-1998
Motor	Ottomotor (Einspritzer) M103, LM-Kopf	Ottomotor (Einspritzer) M104, LM-Block/Kopf	Ottomotor (Einspritzer) M 119 LM-Block/Kopf
Zylinderzahl	6 (Reihe), längs über der Vorderachse		8 (V 90°), längs über der Vorderachse
Bohrung x Hub	88,5 x 80,2 mm		96,5 x 85,0 mm
Hubraum	2960 cm^3		4973 cm^3
Leistung	190 PS (140 kW) bei 5700/min	231 PS (170 kW) bei 6300/min	326 PS (240 kW) bei 5500/min, 1993: 320 PS (235 kW) bei 5600/min
Drehmoment	260 Nm bei 4500/min	272 Nm bei 4600/min	450 Nm bei 4000/min 1993: 470 Nm bei 3900/min
Verdichtung	9,2 : 1	10,0 : 1	
Gemischbereitung	Mechan./elektron. Einspritzung Bosch KE-Jetronic		
			1993: Bosch LH-Jetronic / Bosch HFM
Ventile pro Zylinder	2, parallel hängend, 1 obenlieg. Nockenwelle (Kette)	4, V-förmig hängend, 2 obenlieg. Nockenwellen (Kette)	4, V-förmig hängend, 2 x 2 obenlieg. Nockenwellen (Kette)
Kurbelwellenlager	7		5
Kühlung	Pumpe / 11,0 Liter Wasser		Pumpe / 15,0 Liter Wasser
Schmierung	Druckumlauf / 6,0 Liter Öl	Druckumlauf / 7,5 Liter Öl	Druckumlauf / 8,0 Liter Öl
Abgasreinigung	Dreiwege-Kat, Lambdasonde		
Batterie/Lichtmaschine	12 V 92 Ah – Drehstrom 1400 W	12 V 72 Ah – Drehstrom 1400 W	12 V 72 Ah – Drehstrom 1400 / 1680 W
Kraftübertragung	Heckantrieb		
Kupplung	Einscheiben-Trockenkupplung		
Schaltung	5 Gang, Schaltstock in Wagenmitte		Schaltstock in Wagenmitte
Übersetzungen	I. 3,86 – II. 2,18 – III. 1,38 IV. 1,0 – V. 0,80 – R: 4,15	I. 4,15 – II. 2,52 – III. 1,69 IV. 1,24 – V. 1,0 – R: 4,15	
Antriebsübersetzung	3,92	3,46	
Automatik	4 Stufen	4 Stufen / 5 Stufen	4 Stufen
Übersetzungen (Autom.)	I. 3,87 – II. 2,25 – III. 1,44 – IV. 1,0 – R: 5,59		
		I. 3,87 – II. 2,25 – III. 1,44 IV. 1,0 – V. 0,75 – R: 5,59	
Antriebsübers. (Autom.)	3,29	3,46 / 3,69	2,65
Fahrwerk	Selbstragende Ganzstahlkarosserie		
Vorderradaufhängung	McPherson-Federbeine (Schraubenfedern, Gasdruckdämpfer), Dreieckquerlenker, Drehstab-Stabilisator, Hilfsrahmen		
Hinterradaufhängung	Raumlenkerachse (Quer- u. Schräglenker, Spurstange), Schraubenfedern, Gasdruckdämpfer, Drehstab-Stabilisator, a.W. adapt. Dämpfersystem (ADS)		
Lenkung	Kugelumlauf (15,5 : 1), Servo	Kugelumlauf, Servo	
Fußbremse	Zweikreis-Hydraulik, Servo, vorn belüft. (ø = 300 mm) und hinten Scheiben (ø = 278 mm), ABS		
Allgemeine Daten	Roadster, 2sitzig	Roadster, 2sitzig	Roadster, 2sitzig
Radstand	2515 mm	2515 mm	2515 mm
Spur vorn/hinten	1535 / 1523 mm	1535 / 1523 mm	1535 / 1523 mm
Gesamtmaße	4465 x 1812 x 1285 mm	4465 x 1812 x 1285 mm	4465 x 1812 x 1285 mm
Gepäckraum	260 L	260 L	260 L
Reifen/Felgen	225/55 R 16 – 8.0 J x 16	225/55 R 16 – 8.0 x 16	225/55 R 16 – 8.0 J x 16
Wendekreisdurchmesser	11,0 m	11,0 m	11,0 m
Leermasse (DIN)	1780 kg	1820 kg	1880 kg
Zul. Gesamtmasse	2090 kg	2130 kg	2190 kg
Luftwiderstand (c_W x A)	0,32 x 1,97 m^2/ 0,34 x 1,98 m^2	0,32 x 1,97 m^2/ 0,34 x 1,98 m^2	0,32 x 1,97 m^2/ 0,34 x 1,98 m^2
Höchstgeschwindigkeit	228 (223) km/h	235 (230) km/h	250 km/h
Beschleunigung 0-100 km/h	9,3 (9,5) sec	8,4 (8,7) sec	6,2 sec
Drittelmix-Verbrauch	12,8 (11,7) L /100 km (S)	11,8 (11,7) L /100 km (S)	12,9 L /100 km (S)
Kraftstofftank	80 Liter (über der Hinterachse)	80 Liter (über der Hinterachse)	80 Liter (über der Hinterachse)

	Mercedes SL 280 1993-1998	Mercedes SL 280 1998-2001	Mercedes SL 320 1993-1998
Motor	Ottomotor (Einspritzer) M104, LM-Kopf	Ottomotor (Einspritzer) M112, LM-Block/Kopf	Ottomotor (Einspritzer) M104, LM-Kopf
Zylinderzahl	6 (Reihe), längs über der Vorderachse	6 (V 90°), längs über der Vorderachse	6 (Reihe), längs über der Vorderachse
Bohrung x Hub	89,9 x 73,5 mm		89,9 x 84,0 mm
Hubraum	2799 cm³		3199 cm³
Leistung	193 PS (142 kW) bei 5500/min	204 PS (150 kW) bei 5700/min	231 PS (170 kW) bei 5600/min
Drehmoment	270 Nm bei 3750/min	270 Nm bei 3000/min	315 Nm bei 3750/min
Verdichtung	10,0 : 1	10,1 : 1	10,0 : 1
Gemischbereitung	Elektronische Einspritzung, Bosch HFM		
Ventile pro Zylinder	4, V-förmig hängend, 2 obenlieg. Nockenwellen (Kette)	3, V-förmig hängend, 2 x 1 obenlieg. Nockenwelle (Kette)	4, V-förmig hängend, 2 obenlieg. Nockenwellen (Kette)
Kurbelwellenlager	7	4	7
Kühlung	Pumpe / 11,0 Liter Wasser	Pumpe / 11,0 Liter Wasser, Motor-Ölkühler	Pumpe / 11,0 Liter Wasser
Schmierung	Druckumlauf / 7,5 Liter Öl		
Abgasreinigung	Dreiwege-Kat, Lambdasonde		
Batterie/Lichtmaschine	12 V 100 Ah – Drehstrom 1540 W	12 V 74 Ah – Drehstrom 1260 W)	12 V 72 Ah – Drehstrom 1540 W
Kraftübertragung	Heckantrieb		
Kupplung	Einscheiben-Trockenkupplung		
Schaltung	5 Gang, Schaltstock in Wagenmitte		Schaltstock in Wagenmitte
Übersetzungen	I. 3,86 – II. 2,18 – III. 1,38 – IV. 1,0 – V. 0,80 – R: 4,22		
Antriebsübersetzung	3,92 / 3,89	3,89	
Automatik	4 Stufen / 5 Stufen	5 Stufen	4 Stufen
Übersetzungen (Autom.)	I. 4,25 – II. 2,41 – III. 1,49 IV. 1,0 – R: 5,67 I. 3,87 – II. 2,25 – III. 1,44 IV. 1,0 – V. 0,75 – R: 5,59 1996: I. 3,93 – II. 2,41 – III. 1,49 IV. 1,0 – V. 0,83 – R: 1,90	I. 3,93 – II. 2,41 – III. 1,49 IV. 1,0 – V. 0,83 – R: 1,90	I. 3,87 – II. 2,25 – III. 1,44 IV. 1,0 – R: 5,59 1996: I. 3,93 – II. 2,41 – III. 1,49 IV. 1,0 – V. 0,83 – R: 1,90
Antriebsübers. (Autom.)	3,27 / 3,69 bzw. 3,67	3,67	3,69 bzw. 3,45
Fahrwerk	Selbstragende Ganzstahlkarosserie		
Vorderradaufhängung	McPherson-Federbeine (Schraubenfedern, Gasdruckdämpfer), Dreieckquerlenker, Drehstab-Stabilisator, Hilfsrahmen		
Hinterradaufhängung	Raumlenkerachse (Quer- u. Schräglenker, Spurstange), Schraubenfedern, Gasdruckdämpfer, Drehstab-Stabilisator, a.W. adapt. Dämpfersystem (ADS)		
Lenkung	Kugelumlauf, Servo		
Fußbremse	Zweikreis-Hydraulik, Servo, vorn belüft. (ø = 300 mm) und hinten Scheiben (ø = 278 mm), ABS	Zweikreis-Hydraulik, Servo, vorn (ø = 300 mm) und hinten belüft. Scheiben (ø = 300 mm), ABS	Zweikreis-Hydraulik, Servo, vorn (0 = 300 mm) und hinten belüft. Scheiben (0 = 278 mm), ABS
Fahrdynamikregelung	–	ESP	–
Allgemeine Daten	Roadster, 2sitzig	Roadster, 2sitzig	Roadster, 2sitzig
Radstand	2515 mm	2515 mm	2515 mm
Spur vorn/hinten	1535 / 1523 mm	1535 / 1523 mm	1535 / 1523 mm
Gesamtmaße	4499 x 1812 x 1285 mm	4465 x 1812 x 1285 mm	4499 x 1812 x 1285 mm
Gepäckraum	260 L	260 L	260 L
Reifen/Felgen	225/55 ZR 16 – 8.0 J x 16	245/45 ZR 17 – 8.25 J x 17	225/55 R 16 – 8.0 J x 16
Wendekreisdurchmesser	11,0 m	11,0 m	11,0 m
Leermasse (DIN)	1760 kg	1780 kg	1780 kg
Zul. Gesamtmasse	2150 kg	2170 kg	2170 kg
Luftwiderstand (c_W x A)	0,32 x 1,97 m²/ 0,34 x 1,98 m²	0,32 x 1,97 m²/ 0,34 x 1,98 m²	0,32 x 1,97 m²/ 0,34 x 1,98 m²
Höchstgeschwindigkeit	230 (226) km/h	232 (225) km/h	250 km/h
Beschleunigung 0-100 km/h	9,5 (9,3) sec,	9,7 (9,8) sec	8,4 sec
Drittel/Euromix-Verbrauch	11,2 (11,0) L /100 km (S)	12,4 (12,6) L /100 km (S)	11,0 L /100 km (S),
Kraftstofftank	80 Liter (über der Hinterachse)	80 Liter (über der Hinterachse)	80 Liter (über der Hinterachse)

	Mercedes SL 320 1998-2001	Mercedes SL 500 1998-2001	Mercedes SL 55 AMG 1998-2001
Motor	Ottomotor (Einspritzer) M112	Ottomotor (Einspritzer) M113	Ottomotor (Einspritzer) M113
	LM-Kopf	LM-Block/Kopf	LM-Block/Kopf
Zylinderzahl	6 (V 90°), längs über der Vorderachse	8 (V 90°), längs über der Vorderachse	
Bohrung x Hub	89,9 x 84,0 mm	97,0 x 84,0 mm	97,0 x 92,0 mm
Hubraum	3199 cm³	4966 cm³	5439 cm³
Leistung	224 PS (165 kW) bei 5600/min	306 PS (225 kW) bei 5600/min	354 PS (260 kW) bei 5500/min
Drehmoment	315 Nm bei 3000/min	460 Nm bei 2700/min	530 Nm bei 3000/min
Verdichtung	10,0 : 1		10,5 : 1
Gemischbereitung	Elektronische Einspritzung, Bosch HFM		
Ventile pro Zylinder	3, V-förmig hängend,		
	2 x 1 obenlieg. Nockenwelle (Kette)		
Kurbelwellenlager	4	5	
Kühlung	Pumpe / 11,0 Liter Wasser	Pumpe / 15,0 Liter Wasser, Motor-Ölkühler	
Schmierung	Druckumlauf / 7,5 Liter Öl	Druckumlauf / 8,0 Liter Öl	
Abgasreinigung	Dreiwege-Kat, Lambdasonde		
Batterie/Lichtmaschine	12 V 100 Ah – Drehstrom 1540 W	12 V 100 Ah – Drehstrom 1680 W	
Kraftübertragung	Heckantrieb		
Kupplung	Einscheiben-Trockenkupplung		
Schaltung	Schaltstock in Wagenmitte		
Automatik	5 Stufen		
Übersetzungen (Autom)	I. 3,93 – II. 2,41 – III. 1,49	I. 3,59 – II. 2,19 – III. 1,41	
	IV. 1,0 – V. 0,83 – R: 3,10	IV. 1,0 – V. 0,83 – R: 3,16	
Antriebsübers. (Autom.)	3.45	2.65	2.82
Fahrwerk	Selbstragende Ganzstahlkarosserie		
Vorderradaufhängung	McPherson-Federbeine		
	(Schraubenfedern, Gasdruckdämpfer)		
	Dreieckquerlenker, Drehstab-Stabilisator, Hilfsrahmen		
Hinterradaufhängung	Raumlenkerachse		
	(Quer- u. Schräglenker, Spurstange), Schraubenfedern		
	Gasdruckdämpfer, Drehstab-Stabilisator		
	a.W. adapt. Dämpfersystem (ADS)	a.W. adapt. Dämpfersystem (ADS)	adapt. Dämpfersystem (ADS)
Lenkung	Kugelumlauf, Servo		
Fußbremse	Zweikreis-Hydraulik, Servo,	Zweikreis-Hydraulik, Servo,	Zweikreis-Hydraulik, Servo,
	vorn (ø = 300 mm) und hinten	vorn (ø = 334 mm) und hinten	vorn (ø = 334 mm) und hinten
	belüft. Scheiben (ø = 300 mm), ABS	belüft. Scheiben (ø = 300 mm), ABS	belüft. Scheiben (ø = 278 mm), ABS
Fahrdynamikregelung	–	ESP	
Allgemeine Daten	Roadster, 2sitzig	Roadster, 2sitzig	Roadster, 2sitzig
Radstand	2515 mm	2515 mm	2515 mm
Spur vorn/hinten	1535 / 1523 mm	1535 / 1523 mm	1535 / 1523 mm
Gesamtmaße	4499 x 1812 x 1285 mm	4499 x 1812 x 1285 mm	4499 x 1812 x 1275 mm
Gepäckraum	260 L	260 L	260 L
Reifen v/h	245/45 ZR 17	245/45 WR 17	245/40 ZR 18 / 275/35 ZR 18
Felgen v/h	8.25 J x 17	8.25 J x 17	8.5 / 9.5 J x 17
Wendekreisdurchmesser	11,0 m	11,0 m	11,0 m
Leermasse (DIN)	1760 kg	1820 kg	1750 kg
Zul. Gesamtmasse	2150 kg	2210 kg	2210 kg
Luftwiderstand (c_W x A)	0,32 x 1,97 m2 / 0,34 x 1,98 m²	0,32 x 1,97 m2 / 0,34 x 1,98 m²	0,32 x 1,97 m2 / 0,34 x 1,98 m²
Höchstgeschwindigkeit	238 km/h	250 km/h	250 km/h
Beschleunigung 0-100 km/h	8,4 sec	6,5 sec	5,9 sec
Euromix-Verbrauch	12,6 L /100 km (S)	13,8 L /100 km (S)	14,0 L /100 km (S)
Kraftstofftank	80 Liter (über der Hinterachse)	80 Liter (über der Hinterachse)	80 Liter (über der Hinterachse)

	Mercedes 600 SL/SL 600 1992-1993/1993-2001	Mercedes SL 60 AMG 1993-1998	Mercedes SL 73 AMG 1999-2001
Motor	Ottomotor (Einspritzer) M120, LM-Block/Kopf		
Zylinderzahl	12 (V 60°), längs über der Vorderachse	8 (V 90°), längs über der Vorderachse	12 (V 60°), längs über der Vorderachse
Bohrung x Hub	89,0 x 80,2 mm	100,0 x 94,8 mm	91,5 x 92,4 mm
Hubraum	5987 cm^3	5956 cm^3	7291 cm^3
Leistung	394 PS (290 kW) bei 5200/min	381 PS (280 kW) bei 5500/min	525 PS (386 kW) bei 5500/min
Drehmoment	570 Nm bei 3800/min	580 Nm bei 3750/min	750 Nm bei 4000/min
Verdichtung	10,0 : 1		10,5 : 1
Gemischbereitung	Elektronische Einspritzung	Elektronische Einspritzung	Mechan./elektron. Einspritzung
	Bosch LH-Jetronic / Bosch HFM	Bosch LH-Jetronic	Bosch KE-Jetronic
Ventile pro Zylinder	4, V-förmig hängend, 2 x 2 obenlieg. Nockenwellen (Kette)		
Kurbelwellenlager	7	7	7
Kühlung	Pumpe / 18,0 Liter Wasser, Motor-Ölkühler	Pumpe / 15,0 Liter Wasser, Motor-Ölkühler	Pumpe / 18,0 Liter Wasser, Motor-Ölkühler
Schmierung	Druckumlauf / 10,0 Liter Öl	Druckumlauf / 8,0 Liter Öl	
Abgasreinigung	Dreiwege-Kat, Lambdasonde		
Batterie/Lichtmaschine	12 V 92 / 100 Ah – Drehstrom 1680 W	12 V 100 Ah – Drehstrom 1680 W	
Kraftübertragung	Heckantrieb		
Kupplung	Einscheiben-Trockenkupplung		
Schaltung	Schaltstock in Wagenmitte		
Automatik	4 Stufen / 5 Stufen	4 Stufen	5 Stufen
Übersetzungen (Autom.)	I. 3,87 – II. 2,25 – III. 1,44		I. 3,59 – II. 2,19 – III. 1,41
	IV. 1,0 – R: 5,59		IV. 1,0 – V. 0,83 – R: 3,16
	I. 3,59 – II. 2,19 – III. 1,41		
	IV. 1,0 – V. 0,83 – R: 3,16		
Antriebsübers. (Autom.)	2,65		
Fahrwerk	Selbstragende Ganzstahlkarosserie		
Vorderradaufhängung	McPherson-Federbeine (Schraubenfedern, Gasdruckdämpfer), Dreieckquerlenker,		
	Drehstab-Stabilisator, Hilfsrahmen		
Hinterradaufhängung	Raumlenkerachse (Quer- u. Schräglenker, Spurstange), Schraubenfedern, Gasdruckdämpfer,		
	Drehstab-Stabilisator, adapt. Dämpfersystem (ADS)		
Lenkung	Kugelumlauf, Servo		
Fußbremse	Zweikreis-Hydraulik, Servo,	Zweikreis-Hydraulik, Servo,	Zweikreis-Hydraulik, Servo,
	vorn (ø = 300 / 344 mm) und	vorn (ø = 300 mm) und	vorn (ø = 344 mm) und hinten
	hinten belüft. Scheiben	hinten belüft. Scheiben	belüft. Scheiben (ø = 300 mm),
	(ø = 278 / 300 mm), ABS	(ø = 300 mm), ABS	ABS
Fahrdynamikregelung	1995: ESP	ESP	ESP
Allgemeine Daten	Roadster, 2sitzig	Roadster, 2sitzig	Roadster, 2sitzig
Radstand	2515 mm	2515 mm	2515 mm
Spur vorn/hinten	1535 / 1523 mm	1535 / 1523 mm	1535 / 1523 mm
Gesamtmaße	4465 x 1812 x 1285 mm	4465 x 1812 x 1285 mm	4465 x 1812 x 1275 mm
Gepäckraum	1998: 4499 x 1812 x 1285 m 260 L	260 L	260 L
Reifen v/h	225/55 R 16, 245/45 R 17	245/40 R 18 / 275/35 R 18	245/40 R 18 / 275/35 R 18
Felgen v/h	8.0 J x 16, 8.25 J x 17	8.5 / 9.5 J x 18	8.5 / 9.5 J x 18
Wendekreisdurchmesser	11,0 m	11,0 m	11,0 m
Leermasse (DIN)	1980 kg	2020 kg	2020 kg
Zul. Gesamtmasse	2320 kg	2350 kg	2350 kg
Luftwiderstand (c_W x A)	0,32 x 1,97 m^2/ 0,34 x 1,98 m^2	0,32 x 1,97 m^2 / 0,34 x 1,98 m^2	0,32 x 1,97 m^2 / 0,34 x 1,98 m^2
Höchstgeschwindigkeit	250 km/h	250 km/h	250 km/h
Beschleunigung 0-100 km/h	6,1 sec	5,6 sec	4,8 sec
Euromix-Verbrauch	14,9 L /100 km (S)	12,8 L /100 km (S)	16,0 L /100 km (S)
Kraftstofftank	80 Liter (über der Hinterachse)	80 Liter (über der Hinterachse)	80 Liter (über der Hinterachse)

1989 wurden zunächst die Typen 300 SL und 500 SL präsentiert, weitere – wie dieser 280 SL von 1993 – sollten folgen. Das elektrisch ver- und entriegelbare Hardtop war serienmäßig, es ließ sich aber auch gegen Minderpreis abbestellen.

schwächer. Ab 1994 legte Mercedes Sonderserien des SL (280 bis 500) auf; gegen Ende des Modellzyklus offerierte Stuttgart die ab Mai 2000 lieferbare SL Edition mit exklusiver Ausstattung – beschränkt auf die 3,2- und die 5,0-Liter-Version. Vom R 129 wurden rund 200.000 Einheiten produziert.

Ab 1993 bot AMG einen Roadster SL 60 mit einem auf sechs Liter aufgebohrten Achtzylindermotor an. Er stand bis 1998 offiziell in den Mercedes-Preislisten und kostete in seinem letzten Produktionsjahr knapp DM 220.000,-. Mit dem Facelift der Baureihe fiel er aus dem Programm.

Mitte der 1990er-Jahre gab es für kurze Zeit den SL 600 6.0 AMG (1996-1998), den SL 70 AMG (1996-1999) und den SL 73 AMG (1998-2001). Sie standen allerdings nie in den Preislisten von Mercedes-Benz, sondern liefen im Bremer Mercedes-Werk als SL 600 mit AMG-Styling-Paket und -Rädern vom Band und wurden anschließend bei AMG in Affalterbach umgebaut. Zusammen mit dem auf 7,0 oder 7,3 Liter vergrößerten Hubraum der Zwölfzylinder, dem geänderten Zylinderkopf beim 6,0-Liter-Motor (V8) und weiteren Tuningmaßnahmen wurden die Antriebswellen und die Bremsanlage modifiziert, um der höheren Leistung gerecht zu werden. Diese Technikpakete kosteten damals DM 81.657,- (SL 70 AMG) oder DM 99.180,- im SL 73 AMG, zusätzlich zum Grundpreis von mindestens DM 240.000,- für den SL 600 mit AMG-Styling-Paket und AMG-Rädern.

1995 entstanden noch 35 Exemplare des SL 72 AMG. 25 Stück erwarb der Sultan von Brunei, lediglich zehn Exemplare gingen in den freien Verkauf. Der Zwölfzylinder mit 7,2 Liter Hubraum leistete hier 532 PS / 391 kW bei einem Drehmoment bis zu 740 Nm. Die Basis bildete auch hier der SL 600.

Auch der 1999 vorgestellte SL 55 AMG war ein Manufakturprodukt auf der technischen Grundlage des SL 500 (DM 129.068,-) und erschien ebenfalls nicht in den Preislisten von Mercedes-Benz. Für Vortrieb sorgte der modifizierte 5,4-Liter-V8, der unter anderem in der E-Klasse 55 AMG Limousine verwendet wurde. Der Preis für das Technikpaket (bei angeliefertem SL 500 in der ab Werk lieferbaren AMG-Konfiguration) belief sich auf 37.120 D-Mark.

Mercedes-Benz SLK I Roadster
Baureihe R 170 (1996–2004)

Dieser zweisitzige Roadster der SLK-Reihe wurde vom Herbst 1996 bis Anfang 2004 produziert und war mit einem festen, klappbaren Stahldach ausgerüstet, auch Retractable Hardtop bzw. Variodach genannt. Wollte man offen fahren, verschwand es vollständig und automatisch im Kofferraum des Fahrzeugs. Neu war die Idee nicht, so etwas hatte es früher schon bei Peugeot und Ford USA gegeben.

Das Stahldach vereinte die Vorzüge eines Hardtops mit der Flexibilität eines Faltverdecks. Dadurch war der SLK sowohl ein Roadster als auch ein Coupé. Das Variodach schob sich in 25 Sekunden aus dem Kofferraum herauf.

Das Fahrzeug wurde im Februar 2000 einer optischen und technischen Modellpflege unterzogen. Der kleinste Motor mit zwei Liter Hubraum bekam einen Kompressor, und zum ersten Mal war der SLK auch mit einem Sechszylinder zu haben. Der Motor des SLK 320 entsprach dem aus anderen Baureihen bekannten 3,2-Liter-V6 mit drei Ventilen pro Zylinder und Doppelzündung, neu war die Kombination mit einem manuell zu schaltenden Getriebe. In allen anderen Baureihen war das Automatikgetriebe serienmäßig. Stärkstes SLK-Modell war der SLK 32 AMG mit 354 PS / 260 kW.

Mit der Modellpflege wurden ESP und das manuell geschaltete Sechsganggetriebe in allen Modellen serienmäßig eingeführt, und bei der Innenausstattung wurden höherwertige Materialien verwendet. Äußerlich war der modellgepflegte SLK durch neue Schweller und Schürzen sowie durch die Blinker im Spiegelgehäuse zu erkennen. Insgesamt wurden 311.222 SLK der Baureihe R 170 gebaut.

Mit dem zweisitzigen SLK-Roadster (Baureihe R170) begaben sich die Stutgarter wieder in das Segment er kleinen Roadster.

Der SLK war das erste Klappdach-Cabrio von Mercedes. Wenn das mehrteilige Hardtop verschwunden war, sank das Gepäckraumvolumen von 348 auf 145 Liter.

Die technische Basis spendierte die erste C-Klasse (W 202) – wobei der Radstand 2.400 statt 2.690 mm betrug. Das zunächst in acht Farbtönen lieferbare Auto wurde im Februar 2000 einer Modellpflege unterzogen, die Modifikationen an Front und Heck sowie Blinker im Spiegelgehäuse brachten.

MODELLÜBERSICHT SLK – BAUREIHE R 170

Typ	Zylinder	Hubraum	Leistung	Beschleunigung	Höchstgeschwindigkeit	Durchschnittsverbrauch	Preis	Bauzeit
SLK 200	4 Zylinder	1998 cm³	100 kW / 136 PS	9,3 s	208 km/h	9,1 L/100 km	52.900 DM	07/1996 - 02/2000
SLK 230 Kompressor	4 Zylinder	2295 cm³	142 kW / 193 PS	7,4 s	231 km/h	9,3 L/100 km	60.950 DM	07/1996 - 02/2000
2000-2004								
SLK 200 Kompressor	4 Zylinder	1998 cm³	120 kW / 163 PS	8,2 s	223 km/h	9,6 L/100 km	30.722 €	02/2000 - 04/2004
SLK 230 Kompressor	4 Zylinder	2295 cm³	145 kW / 197 PS	7,2 s	237 km/h	9,8 L/100 km	33.747 €	02/2000 - 04/2004
SLK 320	V6-Zylinder	3199 cm³	160 kW / 218 PS	6,9 s	242-245 km/h	11,1 L/100 km	39.678 €	02/2000 - 04/2004
SLK 32 AMG	V6-Zylinder	3199 cm³	260 kW / 354 PS	5,2 s	250 km/h	11,2 L/100 km	56.840 €	01/2001 - 03/2004

MODELLÜBERSICHT SLK – BAUREIHE R 171

Typ	Zylinder	Hubraum	Leistung	Beschleunigung	Höchstgeschwindigkeit	Durchschnittsverbrauch	Preis	Bauzeit
Mercedes-Benz SLK 200 Kompressor	4 Zylinder	1796 cm³	120 kW / 163 PS	7,9 s	228 km/h	8,7 L/100 km	33.524 €	01/2004-12/2007
Mercedes-Benz SLK 280	V6-Zylinder	2996 cm³	170 kW / 231 PS	6,3 s	250 km/h	9,7 L/100 km	39.614 €	04/2005-12/2007
Mercedes-Benz SLK 350	V6-Zylinder	3498 cm³	200 kW / 272 PS	5,6 s	250 km/h	10,6 L/100 km	43.384 €	05/2004-01/2008
Mercedes-Benz SLK 55 AMG	V8-Zylinder	5439 cm³	265 kW / 360 PS	4,9 s	250 km/h	11,7 L/100 km	63.974 €	09/2004-12/2007
2008-2010								
Mercedes-Benz SLK 200 Kompressor	4 Zylinder	1796 cm³	125 kW / 170 PS	7,7 s	236 km/h	7,7 L/100 km	36.503 €	04/2008-12/2007
Mercedes-Benz SLK 280	V6-Zylinder	2996 cm³	170 kW / 231 PS	6,3 s	250 km/h	9,3 L/100 km	41.848 €	04/2008-07/2009
Mercedes-Benz SLK 300	V6-Zylinder	3498 cm³	200 kW / 272 PS	6,3 s	250 km/h	9,5 L/100 km	43.465 €	09/2009-01/2008
Mercedes-Benz SLK 350 Sportmotor	V6-Zylinder	3498 cm³	224 kW / 305 PS	5,4 s	250 km/h	9,5 L/100 km	46.975 €	04/2008-01/2008
Mercedes-Benz SLK 55 AMG	V8-Zylinder	5439 cm³	265 kW / 360 PS	4,9 s	250 km/h	12,0 L/100 km	69.050 €	04/2008-12/2007

MODELLÜBERSICHT SLK / SLC – BAUREIHE R 172

Typ	Zylinder	Hubraum	Leistung	Beschleunigung	Höchstgeschwindigkeit	Durchschnittsverbrauch	Verkaufspreis im ersten Jahr	Bauzeit
Mercedes-Benz SLK 200	4 Zylinder	1796 cm³	135 kW / 184 PS	7,3 s	240 km/h	6,4 L/100 km	38.675 €	03/2011-03/2016
Mercedes-Benz SLK 250	4 Zylinder	1796 cm³	150 kW / 204 PS	6,5 s	244 km/h	6,9 L/100 km	44.256 €	03/2011-03/2016
Mercedes-Benz SLK 250 CDI / 250 d	4 Zylinder	2143 cm³	150 kW / 204 PS	6,5 s	244 km/h	4,8 L/100 km	41.828 €	01/2012-03/2016
Mercedes-Benz SLK 300	4 Zylinder	1991 cm³	180 kW / 245 PS	5,8 s	250 km/h	6,2 L/100 km	46.053 €	06/2015-03/2016
Mercedes-Benz SLK 350	V6-Zylinder	3498 cm³	225 kW / 306 PS	5,6 s	250 km/h	7,1 L/100 km	52.300 €	03/2011-03/2016
Mercedes-Benz SLK 55 AMG	V8-Zylinder	5461 cm³	310 kW / 422 PS	4,6 s	250 km/h	8,4 L/100 km	72.590 €	01/2012-03/2016
2016-2020								
Mercedes-Benz SLC 180	4 Zylinder	1595 cm³	115 kW / 156 PS	7,9 s	226 km/h	5,6 L/100 km	34.926 €	04/2016-03/2019
Mercedes-Benz SLC 200	4 Zylinder	1991 cm³	135 kW / 184 PS	7,0 s	240 km/h	6,1 L/100 km	39,805 €	04/2016-3/2020
Mercedes-Benz SLC 250 d	4 Zylinder	2143 cm³	150 kW / 204 PS	6,6 s	245 km/h	4,4 L/100 km	43.524 €	04/2016-3/2018
Mercedes-Benz SLC 300	4 Zylinder	1991 cm³	180 kW / 245 PS	5,8 s	250 km/h	k.A.	46.380 €	04/2016-3/2020
Mercedes-AMG SLC 43	V6-Zylinder	2996 cm³	270 kW / 367 PS	4,7 s	250 km/h	7,8 L/100 km	59.886 €	04/2016-3/2020

Mercedes-Benz SLK II Roadster
Baureihe R 171 (2004–2011)

Der R 171 verkörperte die zweite SLK-Generation und wurde auf dem Genfer Salon 2004 präsentiert. Bis Ende 2009 wurden 220.000 Fahrzeuge gebaut.

Die elektro-hydraulische Dachmechanik hatte man gegenüber dem Vorgänger etwas modifiziert. Im neuen Modell rotierte die Heckscheibe in ihrem Rahmen, so dass ihre Krümmung im zusammengeklappten Zustand nach oben wies. Dadurch konnte der Kofferraum im Cabriomodus vergrößert werden. Neu im SLK und erstmals in einem Cabrio von Mercedes-Benz war die optionale Kopfraumheizung: Sie leitete über Kanäle im Sitz sowie in der Kopfstütze beheizte Luft nach oben und richtete einen warmen Strahl auf den Nacken von Fahrer und Beifahrer. Die Temperatur war in drei Stufen regelbar, die Gebläseleistung passte sich automatisch der Geschwindigkeit an.

Zu den Motoren gehörten ein Vierzylinder, zwei Sechszylinder und ein Achtzylinder. Ab dem Start der Baureihe war zunächst der Vierzylindermotor mit Kompressor (Hubraum 1,8 Liter) erhältlich. Im SLK 350 debütierte anschließend die neue Generation von Sechszylindermotoren, welche wieder über vier Ventile pro Zylinder verfügen. Mitte 2005 folgte der SLK 280 mit neuer Motorentechnologie. Eine Spitzenposition nahm das AMG-Modell ein; es leistete mit einem 5,5-Liter-Saugmotor 360 PS / 265 kW. Noch stärker motorisiert war der SLK 55 AMG Black Series.

Der im Frühjahr 2004 in Genf präsentierte neue SLK basierte wiederum auf der C-Klasse (Baureihe W 203) und entstand – eine Parallele zum Vorgänger – im Werk Bremen. Auch das Faltdach behielt man bei. Umstritten war die neue Front, die an die Formel 1-Renner erinnern sollte.

Mercedes-Benz SLK III Roadster
Baureihe R 172 (2011–2020)

Die dritte SLK-Generation wurde erstmals auf der Qatar Motor Show gezeigt; die Händlerpremiere in Europa fand am 26. März 2011 statt. Die für Roadster typisch lange Motorhaube hatte man beibehalten, doch anstelle der Front in Anlehnung an die Formel-1-Fahrzeuge war der SLK nun an einem Grill mit einer Mittelstrebe, die den Stern trägt, erkennbar. Darunter gab es einen weiteren zentralen Lufteinlass. Das obere Ende der Motorhaube prägten zwei größere Luftauslässe. Im Gegensatz zu den Vorgängern befanden sich die Rückspiegel mit integrierten Blinkern auf den Türflanken. Die Scheinwerfer waren horizontaler ausgerichtet; die Blinker befanden sich als LED-Leiste an deren unterer Kante. LED-Tagfahrlichtbänder waren in den seitlichen Einlässen der Frontschürze platziert. Die ansteigende Seitenlinie und das kurze Heck hatte man beibehalten.

Ab 2016 lief der SLK im Zuge einer neuen Nomenklatur als SLC. Im Februar 2019 kündigte Daimler eine »Final Edition« und das Produktionsende zum Frühjahr 2020 an.

Flaggschiff der SLK-Generation R 172 war der SLK 55 AMG, hier in der vor 2015 gebauten Ausführung.

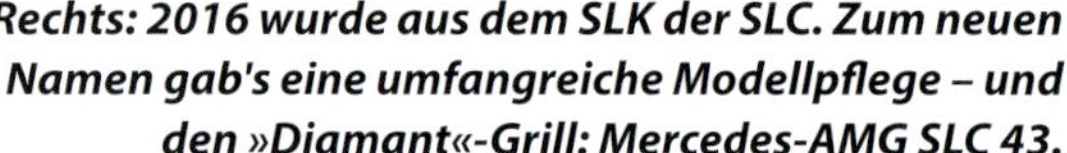

Rechts: 2016 wurde aus dem SLK der SLC. Zum neuen Namen gab's eine umfangreiche Modellpflege – und den »Diamant«-Grill: Mercedes-AMG SLC 43.

Im Februar 2019 kündigte Mercedes-Benz eine »Final Edition« und das bevorstehende Produktionsende des SLC für 2020 an. Das Sondermodell in AMG-Line mit Stylingpaket, Sportfahrwerk und größerer Bremsanlage mit gelochten Scheiben war in allen Motorvarianten lieferbar.

Mercedes-Benz Baureihen R 170 / 171	Mercedes-Benz SLK 200 Mercedes-Benz SLK 230	Mercedes-Benz SLK 320 Mercedes-Benz SLK 32 AMG	Mercedes-Benz SLK 280 / SLK 350 (R 171)	Mercedes-Benz SLK 300 / 350 Sport (R 171)	Mercedes-Benz SLK 55 AMG (R 171)
Motor	Otto				
Zylinderzahl / Bauart	4 (Reihe)	6 (V-Form 90°), vorne längs			8 (V-Form 90°)
Bohrung x Hub	89,9 x 78,7 / 90,9 x 88,4 mm	89,9 x 84,0 mm	88 x 82,1 / 92,9 x 86 mm	88,0 x 82,1 / 92,9 x 86,0 mm	97,0 x 92,0 mm
Hubraum	1998 / 2295 cm^3	3199 cm^3	2996 / 3499 cm^3	2996 / 3499 cm^3	5439 cm^3
Leistung	136 PS (100 kW) bei 5500 U/min, ab 2000: 163 PS (120 kW) bei 5300 U/min; SLK 230: 193 PS (142 kW), ab 2000: 197 PS (145 kW) SLK 320: 218 PS (160 kW) bei 5700 U/min SLK 32 AMG: 354 PS (260 kW) bei 6100 U/min		231 / 272 PS (170 / 200 kW) bei 6000 U/min	231 / 305 PS (170 / 224 kW) bei 6000 (6500) U/min	360 (265 kW) bei 5750 U/min
Drehmoment	190 / 230 Nm bei 3700 U/min; SLK 230: 280 Nm	310 Nm bei 3000 U/min, AMG: 450 Nm bei 4400 U/min	300 / 350 Nm bei 2400 U/min	300 / 360 Nm bei 2400 (4900) U/min	510 Nm bei 4000 U/min
Verdichtung	1:10,4 / 9,5, SLK 230: 1:8,8	1:10, AMG: 9,0	1:11,1 / 10,7	1:11,3 / 11,7	1:11,0
Gemischbildung	Saugrohreinspritzung / Kompressor; AMG: mit Ladeluftkühlung (Luft-Wasser)		Saugrohreinspritzung	Saugrohreinspritzung	Saugrohreinspritzung, Kompressor, Ladeluftkühlung
Ventile / Steuerung	4 / DOHC, Einlass-Nockenwelle verstellbar, Duplex-Kette	3 / 2 x OHC, Hydrostößel, Duplex-Kette	4 / 2 x DOHC /Duplex-Kette, Zahnräder; SLK 350: beide Nockenwellen verstellbar	4 / 2 x DOHC /Duplex-Kette, Zahnräder, beide Nockenwellen verstellbar	3 / 2 x OHC, beide Nockenwellen verstellbar, Duplex-Kette, Zahnräder
Kühlung	Pumpe, 8,0 Liter Wasser	Pumpe, 11,0 Liter Wasser	Pumpe, 11,5 Liter Wasser	Pumpe, 15 Liter Wasser	Pumpe, 12,5 Liter Wasser
Schmierung	Druckumlauf, 5,5 Liter Öl	Druckumlauf, 8 Liter Öl	Druckumlauf,8 Liter Öl	Druckumlauf,8 Liter Öl	Druckumlauf, 9,2 l Öl
Batterie	12 V 46 Ah	12 V 46 Ah	12 V 74 Ah	12 V 74 Ah	12 V 74 Ah
Lichtmaschine	1260 W	1610 W	2100 W	2100 W	2100 W
Kraftübertragung	Heckantrieb, Gelenkwelle zweiteilig				
Schaltung	Schalthebel Wagenmitte				
Kupplung	Einscheibentrocken				
Getriebe	5-Gang / 6-Gang; SLK 320: 6-Gang / AMG: 5-Gang Automatik		6-Gang	6-Gang / 7-Gang Automatik (SLK 55 AMG Serie)	
Übersetzungen	I. 3.91 – II. 2.17 – III. 1.37 – IV. 1.0 – V. 0,81 – R. 4.27; ab 2000: s. Br. R 171 SLK 230: I. 3.86 – II. 2.18 – III. 1.38 – IV. 1.0 – V. 0.80 – R. 4.22 SLK 320: s. Br. R 171 AMG: I. 3.59 – II. 2.19 – III. 1.41 – IV. 1.0 – V. 0.83 – R. 3.16		I. 4.46 – II. 2.61 – III. 1.72 – IV. 1.25 – V. 1,0 – VI. 0.84 – R. 4.06 I. 4.38 – II. 2.86 – III. 1.92 – IV. 1.37 – V. 1,0 – VI. 0.82 – VII. 0.73 – R. 3.41		
Antriebs-Übersetzung	3.91 / 3.46	3.27 / 3.07	3,27	3.27 / 3.07	3.06
Karosserie/Fahrwerk	Selbsttragende Ganzstahlkarosserie				
Vorderradaufhängung	Doppel-Querlenker-Achse, Schraubenfedern, Gasdruckstoßdämpfer, Drehstab-Stabilisator		McPherson-Dreilenkerachse, Schraubenfedern, Gasdruckstoßdämpfer, Drehstab-Stabilisator		
Hinterradaufhängung	Raumlenkerachse, Schraubenfedern, Gasdruckstoßdämpfer		Raumlenkerachse, Schraubenfedern, Gasdruckstoßdämpfer, Drehstab-Stabilisator		
Lenkung	Kugelumlauf, Servo		Zahnstange, Servo		
Fußbremse / Regelsysteme	SLK 200/230: Scheiben, vorn belüftet, 288 / 278 mm Ø, ABS, ab 06/1997 BA, ab 2000: ESP (SLK 230); SLK 320: 300 / 278 mm Ø ; SLK 320, AMG: 330 / 300 mm Ø, ABS , BA, ESP		Scheibenbremsen, vorn belüftet, 330 / 290 mm Ø, SLK 55 AMG: 340 / 330 mm Ø, ABS , BA, ESP		
Allgemeine Angaben					
Radstand	2400 mm		2430 mm		
Spur vorn/hinten	1488 / 1471 mm	1488 / 1485 mm; AMG: 1488 / 1477 mm	1526 / 1549 mm		
Gesamtmaße	3995 x 1715 x 1288 mm, SLK 230: 4010 x 1712 x 1274 mm SLK 320 (AMG): 4010 x 1712 x 1279 (1269) mm		4082 x 1788 x 1298 mm	4103 x 1788 x 1298 mm	4087 x 1794 x 1271 mm, ab 2008: 4099 x 1794 x 1287 mm
Gepäckraum	145-348 Liter (offen / geschlossen)		208-300 Liter (offen / geschlossen)		
Räder	7,0 J x 15 / SLK 230: v. 7,0 J x 15, h. 8.0 J x 16 /SLK 320: v. 7,0 J x 16, h. 8.0 J x 16 / AMG: v. 7,5 J x 17, h. 8.5 J x 17		7,0 J x 16 / 7,5 J x 17	v. 7,0 J x 16, h. 8 J x 16 / v. 7,5 J x 17, h. 8,5 J x 17	v. 7,5 J x 18, h. 8,5 J x 18
Reifen	205/60 R 15 / SLK 320: 205/60 R 16, h. 225/50 R 16 AMG: 225/45 ZR 17, h. 245/40 ZR 17		205/60 R 16 / 225/45 ZR 17	v. 205/60 R 16, h. 225/45 ZR 16 v. 225/45 R 17, h. 245/40 R 17	v. 225/40 ZR 18, h. 245/35 ZR 18
Wendekreis	10,6 Meter		10,5 Meter		
Leermasse	1270–1385kg	11405–1496 kg	1440-1565 kg	1455–1585 kgc	1540–1575 kg
Zuläss. Gesamtgewicht	1530-1645 kg	1665–1755 kg	1755-1780 kg	1770–1800 kg	1850 kg
Höchstgeschwindigkeit	208-228 / 231 km/h	245-250 km/h	250 km/h		
Beschleunigung 0–100 km/h	9,3–8,2 / 7,4 sec	6,9-5,2 sec	6,3-5,6 sec	6,3-5,4 sec	4,9 sec
Verbrauch/100 km	9,1–9,6 / 9,3 Liter	11,1-11,2 Liter	9,7-10,6 Liter	9,5 Liter	11,7–12,0 Liter
Kraftstofftank	53, ab 2000: 60 Liter		70 Liter		
Anmerkung:			Auch als SLK 200 Kompressor: 4-Zyl., Reihe, 1796 cm^3 (B x H: 82 x 85 mm)		

Mercedes-Benz SLK-/ SLC Baureihe R 172	Mercedes-Benz SLK 200 / 250 / 300 2011–2015	Mercedes-Benz SLC 180 / 200 / 300 2016–2020	Mercedes-AMG SLC 43 2016–2020
Motor	Otto		
Zylinderzahl/Bauart	4 (Reihe), vorne, längs stehend		6 (V-Form, 90°)n vorne längs
Bohrung x Hub	1796 / 1991 cm^3	1595 / 1991 cm^3	2996 cm^3
Hubraum	82,0 x 85,0 mm 83,0 x 92,0 mm	83,0 x 73,7 mm 83,0 x 92,0 mm	88,0 x 82,1 mm
Leistung	184 PS (135 kW) bei 5250 U/min 204 PS (150 kW) bei 5500 U/min 245 PS (180 kW) bei 5500 U/min	156 PS (115 kW) bei 5300 U/min 184 PS (135 kW) bei 5500 U/min 245 PS (180 kW) bei 5500 U/min	367 PS (270 kW) bei 5500 U/min
Drehmoment	270 Nm bei 1800 U/min, 310 Nm bei 2000 U/min, 370 Nm bei 1300 U/min	250 (300) Nm bei 1200 U/min, 370 Nm bei 3000 U/min	520 Nm bei 2000 U/min
Verdichtung	1: 9,3 (9,8)	1:10,3 (9,8)	1:10,7
Gemischbildung	Direkteinspritzung, mikroprozessorgesteuerte Einspritzanlage, Turbolader	Direkteinspritzung, mikroprozessorgesteuerte Einspritzanlage, Turbolader	mikroprozessorgesteuerte Einspritzanlage, 2 x Turbolader
Ventile/Steuerung	4 / DOHC, beide Nockenwellen verstellbar, Duplex-Kette	4 / DOHC, beide Nockenwellen verstellbar, Kette	4 / 2 x OHC, Kette
Kühlung	Pumpe, 9,0 Liter Wasser	Pumpe, 9,5 Liter Wasser	Pumpe, 12 Liter Wasser
Schmierung	Druckumlaufschmierung, 5,5 Liter Öl	Druckumlaufschmierung, 6,1 / 6,3 Liter Öl	Druckumlaufschmierung, 6,5 Liter Öl
Batterie	12 V 80 Ah	12 V 80 Ah	12 V 80 Ah
Lichtmaschine	1680 W	2450 W	2800 W
Kraftübertragung	Heckantrieb, Gelenkwelle zweiteilig		
Schaltung	Schaltstock Wagenmitte		
Kupplung	Einscheibentrocken		
Getriebe	6-Gang / 7-Gang (9-) Gang Autom.	6-Gang / 9-Gang Automatik	9-Gang Automatik
Übersetzungen	I. 4.99 – II. 2.82 – III. 1.78 – IV. 1.25 – V. 1,0 – VI. 0.82 – R. 4.54; ab 2016: I. 4.75 – II. 2.46 – III. 1.62 – IV. 1.24 – V. 1,0 – VI. 0.79 – R. 4.54 I. 4.38 – II. 2.86 – III. 1.92 – IV. 1.37 – V. 1,0 – VI. 0.82 – VII. 0.73 – R. 3.41 I. 5.50 – II. 3.33 – III. 2.31 – IV. 1.66 – V. 1,21 – VI. 1, 0 – VII. 0.86 – VIII. 0.72 – IX. 0.60 – R. 4.93 Ab 2016: I. 5.35 – II. 3.24 – III. 2.25 – IV. 1.646 – V. 1,21 –VI. 1,0 – VII. 0.86 – VIII. 0.72 – IX. 0.60 – R. 4.93		
Antriebs-Übersetzung	3.06	3.07 / 2.47	2.47
Karosserie/Fahrwerk	Selbsttragende Ganzstahlkarosserie		
Vorderradaufhängung	McPherson-Dreilenkerachse, Schraubenfedern, Gasdruckstoßdämpfer, Drehstab-Stabilisator		
Hinterradaufhängung	Raumlenkerachse, Schraubenfedern, Gasdruckstoßdämpfer, Drehstab-Stabilisator		
Lenkung	Zahnstange, Servo		
Fußbremse / Regelsysteme	Scheibenbremsen, vorn innenbelüftet, 295 / 300 (322/300) mm Ø, ABS , BA, ESP		Scheibenbremsen, innenbelüftet, 340 / 330 mm Ø, ABS , BA, ESP
Allgemeine Angaben			
Radstand	2430 mm		
Spur vorn/hinten	1559 / 1565; 1551 / 1568 mm		1551 / 1566 mm
Gesamtmaße	4134 x 1810 (1817) x 1301 (1303) mm	4133 x 1810 (1817) x 1301 mm	4142 x 1817 x 1304 mm
Gepäckraum	225-335 Liter (offen / geschlossen)		
Räder	v. 7,0 J x 16; v. 7,5 J x 17, h. 8,5 J x 17	v. 7,0 J x 16; v. 7,5 J x 17, h. 8,5 J x 17	v. 8 J x 18, h. 9 J x 18
Reifen	205/55 R 16; v. 225/45 R 17, h. 245/40 R 17		v. 235/40 ZR 18, h. 255/35 ZR 18
Wendekreis	10,5 Meter	10,6 Meter	
Leermasse	1430–1500 kg	1435–1505 kg	1580 kg
Zuläss. Gesamtgewicht	1750–1820 kg	1750–1820 kg	1920 kg
Höchstgeschwindigkeit	240–250 km/h	226–250 km/h	250 km/h
Beschleunigung 0–100 km/h	7,3–5,8 sec	7,9–5,8 sec	4,7 sec
Verbrauch/100 km	6,1–6,9 Liter	5,6–7,2 Liter	7,9 Liter
Kraftstofftank	60 Liter	70 (SLC 180), 60 Liter	60 Liter
Anmerkung	Start-Stop-Automatik; SLK 200 / 250 mit BlueEfficiency-Ausstattung		

Mercedes-Benz CLK I Cabrio
Baureihe A 208 (1998–2003)

Der neue Zweitürer wurde als Coupé (C 208) von Mitte 1997 bis Sommer 2002 und als Cabriolet (A 208) von Mitte 1998 bis Frühjahr 2003 hergestellt. Ein erstes Konzeptfahrzeug datierte bereits von 1993. Technisch basierte die Baureihe 208 – die sich als Nachfolger des E-Klasse-Coupés C 124 verstand – auf der Plattform der damaligen C-Klasse (Baureihe 202). Binnen des ersten Jahres verkaufte sich das CLK-Cabrio 21.000-mal.

Bereits 1999 erschien die modifizierte Ausgabe des CLK. Dabei entfiel die Ausstattungslinie Sport. Von nun an konnten die Linien Elegance und Avantgarde geordert werden. Avantgarde war diejenige Fortsetzung der Linie Sport, die einen etwas dynamischeren Eindruck vermitteln sollte. Ab Mitte 2000 wurden zudem überarbeitete Vierzylinder-Motoren eingebaut. 2001 waren außerdem die Ausstattungslinie Master-Edition und im letzten Baujahr 2002 die Final-Edition ausschließlich für das Cabrio erhältlich, welche sich durch erweiterte Serienausstattung, hauptsächlich optischer Natur von den beiden anderen Linien unterschieden. Gebaut wurde das Cabrio bei Karmann in folgenden Stückzahlen:

- CLK 200 (136 PS / 100 kW): 9.000 Einheiten
- CLK 200 K (192 PS / 141 kW) (nur Export): 10.300 Einheiten
- CLK 200 K (163 PS / 120 kW): 10.300 Einheiten
- CLK 230 K (193 PS / 142 kW): 19.700 Einheiten
- CLK 320 (218 PS / 160 kW): 32.500 Einheiten
- CLK 430 (279 PS / 205 kW): 12.200 Einheiten
- CLK 55 AMG (347 PS / 255 kW): 400 Einheiten

Mercedes-Benz CLK II Cabrio
Baureihe A 209 (2003–2010)

Auch die zweite offene CLK-Generation entstand bei Karmann, während das Coupé zunächst im Werk Bremen lief. Technisch basierte der CLK auf der Plattform der C-Klasse (Baureihe 203). Die Karosserie ähnelte von vorne leicht der des Mercedes-Benz R 230 (SL-Klasse) und bot vier Sitzplätze sowie einen Kofferraum von 435 (Coupé) bzw. 390 Liter

Im Inland war das CLK-Cabriolet in zunächst drei Motorisierungen erhältlich, die der Coupé-Ausführung entsprachen: als CLK 200, CLK 230 Kompressor sowie als CLK 320 mit V6-Triebwerk und 224 PS. Später folgten der CLK 430 und der in Kleinserie gebaute CLK 55 AMG, der knapp 184.000 Mark kostete.

Im März 1998 erlebte das Mercedes-Benz CLK-Cabriolet seine Weltpremiere auf dem Genfer Automobil-Salon, nachdem bereits Anfang Dezember 1997 erste offizielle Fotos veröffentlicht worden waren. Im Juni 1998, ein Jahr nach Markteinführung des CLK-Coupés, stand die offene Variante endlich in den Ausstellungsräumen der Händler.

Mercedes-typisch war das hohe Maß an Sicherheit im CLK-Cabriolet, unter anderem mit automatisch ausfahrendem Überrollbügel. Der Kofferraum schluckte mit rund 350 Litern weit mehr als nur das Wochenendgepäck.

(Cabrio). Das Cabriolet hatte ein Stoffverdeck (in den Farben Schwarz, Blau oder Grau), das sich innerhalb von 25 Sekunden elektrohydraulisch öffnen und schließen ließ. Sowohl Coupé als auch Cabrio wurden nur in den beiden Ausstattungslinien Avantgarde und Elegance angeboten. Sie unterschieden sich indes nur geringfügig voneinander, zum Beispiel im Innenraumdekor oder durch spezifische Räder.

2004 erfuhr der CLK II ein erstes Facelift, im Folgejahr gab es eine weitere Überarbeitung sowie peu á peu neue Vier-, Sechs- und Achtzylinder-Motoren. Anders als in der Vorgängergeneration (Baureihe 208) wurden nun auch Dieselmotoren angeboten. Das Cabriolet war bis zum Erscheinen des Nachfolgers A 207 im März 2010 weiterhin lieferbar.

Dieser basierte weiterhin auf der C-Klasse (Baureihe 204), zählte aber zur E-Klasse. 2004 war als besonderes Highlight der CLK DTM AMG hinzugekommen – eine Hommage anlässlich der erfolgreichen DTM-Saison 2003 (neun von zehn Mercedes-Siegen). Er wurde in einer Kleinstserie von 100 Exemplaren im Auftrag der Mercedes AMG GmbH bei der HWA AG gefertigt. Im Gegensatz zum DTM-Rennwagen basiert er technisch auf dem Serien-CLK der Baureihe 209, übernahm jedoch optische Merkmale des Rennwagens. Der Grundpreis lag bei sehr stolzen € 236.060,-. Ein Jahr später wurde eine zweite DTM-AMG-Generation aufgelegt, diesmal auch als Cabrio. Der Viersitzer war bei 300 km/h abgeregelt, für Vortrieb sorgte der 5,4-L-V8-Kompressormotor mit 582 PS / 428 kW aus dem Coupé; die Auflage lag bei 100 Exemplaren.

Gegenüber der ersten CLK-Generation präsentierte sich die Neuauflage rundum erneuert. So senkte das neu entwickelte Stoffverdeck den Geräuschpegel im Innenraum. Außerdem wuchs das Kofferraumvolumen bei geschlossenem Dach um 40 auf 390 Liter (nach VDA). Offen blieben davon noch 276 Liter übrig.

MODELLÜBERSICHT CLK – BAUREIHE A 208

Typ	Zylinder	Hubraum	Leistung	Beschleunigung	Höchstgeschwindigkeit	Durchschnittsverbrauch	Preis	Bauzeit
Mercedes-Benz CLK 200	4 Zylinder	1998 cm³	100 kW / 136 PS	12,2 s	203 km/h	9,4 L/100 km	35.239 €	05.1998-06.2000
Mercedes-Benz CLK 200 Kompressor	4 Zylinder	1998 cm³	120 kW / 163 PS	9,9 s	218 km/h	9,9 L/100 km	39.208 €	04.2000-12.2002
Mercedes-Benz CLK 230 Kompressor	4 Zylinder	2295 cm³	142 kW / 193 PS	9,1 s	230 km/h	10,1 L/100 km	39.144 €	08.1999 - 06.2000
Mercedes-Benz CLK 230 Kompressor	4 Zylinder	2295 cm³	145 kW / 197 PS	8,8 s	230 km/h	9,6 L/100 km	41.876 €	05.2000-03.2003
Mercedes-Benz CLK 320	V6 Zylinder	3199 cm³	160 kW / 218 PS	8,1 s	236 km/h	11,1 L/100 km	46.676 €	05.1998-03.2003
Mercedes-Benz CLK 430	V8 Zylinder	4266 cm³	205 kW / 279 PS	7,4 s	250 km/h	12,2 L/100 km	59.276 €	07.1999 03.2003
Mercedes-Benz CLK 55 AMG	V8 Zylinder	5439 cm³	255 kW / 347 PS	6,2 s	250 km/h	11,7 L/100 km	109.197 €	06.1999-06.2002

MODELLÜBERSICHT CLK – BAUREIHE A 209

Typ	Zylinder	Hubraum	Leistung	Beschleunigung	Höchstgeschwindigkeit	Durchschnittsverbrauch	Preis	Bauzeit
Mercedes-Benz CLK 200 Kompressor	4 Zylinder	1796 cm³	120 kW/163 PS	9,8 s	228 km/h	8,8 L/100 km	42.804 €	02.2003-04.2005
Mercedes-Benz CLK 240	V6 Zylinder	2597 cm³	125 kW/170 PS	9,7 s	250 km/h	10,9 L/100 km	45.820 €	02.2003-04.2005
Mercedes-Benz CLK 320	V6 Zylinder	3199 cm³	160 kW/218 PS	8,2 s	250 km/h	10,6 L/100 km	52.549 €	02.2003-04.2005
Mercedes-Benz CLK 500	V8 Zylinder	4966 cm³	225 kW/306 PS	6,2 s	250 km/h	11,8 L/100 km	63.162 €	02.2003-04.2005
Mercedes-Benz CLK 55 AMG	V8 Zylinder	5439 cm³	270 kW/367 PS	5,4 s	250 km/h	12,3 L/100 km	83.858 €	02.2003-04.2005
2005-2009								
Mercedes-Benz CLK 200 Kompressor	4 Zylinder	1796 cm³	135 kW/184 PS	9,6 s	250 km/h	8,6 L/100 km	45.275 €	12.2006-08.2009
Mercedes-Benz CLK 320 CDI	V6 Zylinder	2987 cm³	165 kW/224 PS	8,6 s	250 km/h	7,1 L/100 km	51.199 €	10.2005-07.2009
Mercedes-Benz CLK 280	V6 Zylinder	2996 cm³	170 kW/231 PS	7,7 s	250 km/h	9,5 L/100 km	49.414 €	07.2005-08.2009
Mercedes-Benz CLK 350	V6 Zylinder	3498 cm³	200 kW/272 PS	6,7 s	250 km/h	10,1 L/100 km	56.138 €	05.2005-08.2009
Mercedes-Benz CLK 500	V8 Zylinder	5462 cm³	285 kW/388 PS	6,1 s	250 km/h	11,4 L/100 km	68.692 €	04.2006-12.2009
Mercedes-Benz CLK 63 AMG	V8 Zylinde	6208 cm³	354 kW/522 PS	4,7 s	250 km/h	14,4 l/100 km	96.895	04.2006-12.2009

Mercedes-Benz CLK Baureihe A 208	Mercedes-Benz CLK 200 1998–2000 Mercedes-Benz CLK 200 K 2000–2002	Mercedes-Benz CLK 230 K 1999–2000 CLK 230 K 2000–2003	Mercedes-Benz CLK 430 1999–2003 CLK 55 AMG 1999–2002
Motor	Otto		
Zylinderzahl/Bauart	4 (Reihe) vorne längs, 15° nach rechts geneigt		8 (V-Form 90°)
Bohrung x Hub	89,9 x 78,7 mm	90,9 x 88,4 mm	89,9 x 84 mm / 97 x 92 mm
Hubraum	1998 cm³	2295 cm³	4266 cm³ 5439 cm³
Leistung	136 PS (100 kW) bei 5500 U/min 163 PS (120 kW) bei 5300 U/min	193 PS (142 kW) bei 5300 U/min 197 PS (145 kW) bei 5500 U/min	279 PS (205 kW) bei 5750 U/min 347 PS (255 kW) bei 5500 U/min
Drehmoment	190 Nm bei 3700 U/min 230 Nm bei 2500 U/min	280 Nm bei 2500 U/min	400 Nm bei 3800 U/min 510 Nm bei 3000 U/min
Verdichtung	1:10,5 / 9,5	1:8,8 / 9,0	1:10,0
Gemischbildung	mikroprozessorgesteuerte Einspritzanlage / Saugrohreinspritzung; ab 2000: Kompressor, Ladeluftkühler	mikroprozessorgesteuerte Einspritzanlage Bosch ME / Kompressor, Ladeluftkühler, ab 2000: Motorsteuerung Siemens SIM	mikroprozessorgesteuerte Einspritzanlage Bosch ME
Ventile/Steuerung	4 / V-förmig hängend, DOHC, Einlaß-Nockenwelle verstellbar, Duplex-Kette	4 / V-förmig hängend, DOHC, Einlaß-Nockenwelle verstellbar, Duplex-Kette	3 / V-förmig hängend, 2 x OHC, Duplex-Kette
Kühlung	Pumpe, 8,0 Liter Wasser	Pumpe, 8,5 Liter Wasser	Pumpe, 9.0 Liter Wasser
Schmierung	Druckumlauf, 6 Liter Öl	Druckumlauf, 5,8 Liter Öl	Druckumlauf, 9,5 Liter Öl
Batterie	12 V 62 Ah	12 V 62 Ah	12 V 100 Ah
Lichtmaschine	1260 W	1260 W	2100 W
Kraftübertragung	Heckantrieb, Gelenkwelle zweiteilig		
Schaltung	Schsaltstock Wagenmitte		
Kupplung	Einscheibentrocken / hydraulischer Drehmomentwandler mit schlupfgesteuerter Überbrückungskupplung		
Getriebe	5-Gang / 5-Gang-Automatik / 6-Gang automatischer Schaltmodus 200 K: 6-Gang (auch sequentiell) / 5-Gang Autom.	5-Gang / 5-Gang-Automatik Ab 2000: 6-Gang (auch sequenziell) / 5-Gang Automatik	5-Gang-Automatik, elektr. gesteuert
Übersetzungen	I. 3,91 – II. 2,17 – III. 1,37 – IV. 1,0 – V. 0,81 – R. 4,27 Autom: I. 3,93 – II. 2,41 – III. 1,49 – IV. 1,0 – V. 0,83 – R. 3,10 200 K: I. 4,46 – II. 2,61 – III. 1,72 – IV. 1,25 – V. 1,0 – VI. 0,84 – R. 4,06	I. 3,86 – II. 2,18 – III. 1,38 – IV. 1,0 – V. 0,80 – R. 4,22 Autom: I. 3,93 – II. 2,41 – III. 1,49 – IV. 1,0 – V. 0,83 – R. 3,10 Ab 2000: I. 4,46 – II. 2,61 – III. 1,72 – IV. 1,25 – V. 1,00 – VI. 0,84 – R. 4,06	I. 3,59 – II. 2,19 – III. 1,41 – IV. 1,0 – V. 0,83 – R. 3,16
Antriebs-Übersetzung	3.92 / 3.46	3,46 / 3.07	2,87 / 2,82
Karosserie/Fahrwerk	Selbsttragende Ganzstahlkarosserie		
Vorderradaufhängung	Doppel-Querlenker, Schraubenfedern, Drehstab-Stabilisator		
Hinterradaufhängung	Raumlenkerachse, Schraubenfedern, Drehstab-Stabilisator		
Lenkung	Kugelumlauf, Servohilfe		
Fußbremse / Regelsysteme	Scheiben, vorn bel. 288 (300) mm Ø, h. 278 (290) mm Ø, CLK 430 / CLK 55 AMG: Scheiben belüftet, v. 300 (334) mm Ø, h. 290 (300) mm Ø, ABS, BA		
Allgemeine Daten			
Radstand	2690 mm		
Spur vorn/hinten	1505/1474 mm	1505 / 1474 mm / 1510/1470 mm	1505 / 1474 mm / 1505 / 1488 mm
Gesamtmaße	4567 x 1722 x 1380 mm	4567 x 1722 x 1380 / 4570 x 1720 x 1370 mm	4567 x 1722 x 1380 mm
Kofferraum	237 Liter		
Räder	7 J x 16	7 J x 16	7,5 J x 17 / v. 7.5 J x 17, h. 8,5 J x 17
Reifen	205/55 R 16 91 H	205/55 R 16 91 H	225/45 R 17 / v. 225/45 ZR 17, h. 245/40 ZR 17
Wendekreis links/rechts	10,7 Meter	10,7 Meter	10,7 Meter
Leermasse	1575-1620 kg	1625-1645 kg	1755 kg
Zuläss. Gesamtgewicht	1980-2020 kg	2030-2050 kg	2080 kg
Höchstgeschwindigkeit	204-218 km/h	228-230 km/h	250 km/h
Beschleunigung 0–100 km/h	12-9,9 sec	8,8 sec	7,4 (6,2) sec
Verbrauch/100 km	9,5 Liter	10,0 Liter	12,2 - 11,7 Liter
Kraftstofftank	62 Liter		

Das Leistungsspektrum der Vier-, Sechs- und Achtzylinder reichte von 120 kW bis 270 kW. Im Bild ein CLK 500 von 2003.

Zum Frühjahr 2005 gab es eine neue Kühlermaske mit drei Lamellen. Diese waren, je nach Ausstattungslinie, schwarz oder silber.

Die Modellpflege zur Saison 2005 bescherte der Baureihe 209 erstmals einen Dieselmotor: Der CLK 320 CDI mit Diesel-Direkteinspritzer leistete 224 PS und kam auf ein Drehmoment von 510 Newtonmeter mit der 7G-TRONIC. Dazu gab`s einen Partikelfilter.

Mercedes-Benz CLK Baureihe A 209	Mercedes-Benz CLK 200 K 2003–2010	Mercedes-Benz CLK 240 Mercedes-Benz CLK 320 2003–2005	Mercedes-Benz CLK 500 Mercedes-Benz CLK 55 AMG 2003–2005	Mercedes-Benz CLK 320 CDI 2005–2010	Mercedes-Benz CLK 63 AMG 2005–2010
Motor	Otto (M271)	Otto (M112)	Otto (M113)	Diesel (OM 642)	Otto (M156)
Zylinderzahl/Bauart	4 / Reihe; vorn, längs, rechts geneigt	6 (90°), V-Form, vorn, längs stehend	8 (90°), V-Form), vorn, längs stehend	6 (72°), V-Form, vorn, längs stehend	8 (90°), V-Form, vorn, längs stehend
Bohrung x Hub	82,0 x 85,0 mm	89,9 x 68,2 (84,0) mm	97,0 x 84,0 (92,0) mm	83,0 x 92,0 mm	102,2 x 94,6 mm
Hubraum	1796 cm^3	2597 / 3199 cm^3	4966 / 5439 cm^3	2987 cm^3	6208 cm^3
Leistung	163 PS (120 kW) bei 5500 U/min ab 12.2006: 135 kW / 183 PS	170 PS (125 kW) bei 5500 U/min / 218 PS (160 kW) bei 5700 U/min	306 PS (225 kW) bei 5600 U/min / 367 PS (270 kW) bei 5750 U/min	224 PS (165 kW) bei 3800 U/min	481 PS (354 kW) bei 6800 U/min
Drehmoment	240 Nm bei 3000 U/min 250 Nm bei 2800 U/min	240 Nm bei 4500 U/min 310 Nm bei 3000 U/min	460 Nm bei 2700 U/min 510 Nm bei 4000 U/min	510 / 415 Nm bei 1600 (1400) U/min	630 Nm bei 5000 U/min
Verdichtung	1:9,5	1:10,5 / 8,8	1:10,0 / 11,0	1:17,7	1:11,3
Gemischbildung	Einspritzung / Kompressor, Ladeluftkühler	Einspritzung		Common-Rail-Direkteinspritzung, Turbo, Ladeluftkühler	Einspritzung
Ventile/Steuerung	4 / hängend, DOHC, variabel verstellbar, Duplex-Kette	3 / V-förmig hängend, 2 x OHC, Duplex-Kette	3 / V-förmig hängend, 2 x OHC, Duplex-Kette	4 / hängend, 2 x DOHC, Duplex-Kette	4 / V-förmig hängend, 2 x DOHC, variabel verstellbar, Duplex-Kette
Schmierung	Druckumlauf, 5,8 Liter Öl	Druckumlauf, 7,5 Liter Öl	Druckumlauf, 9,5 Liter Öl	Druckumlauf, 5,8 Liter Öl	Druckumlauf, 9,5 Liter Öl
Batterie	12 V 62 Ah	12 V 74 Ah	12 V 100 Ah	12 V 100 Ah	12 V 100 Ah
Lichtmaschine	1260 W	1260 W	1540 W	1540 W	2100 W
Kraftübertragung	Heckantrieb, Gelenkwelle zweiteilig				
Schaltung	Schaltstock Wagenmitte				
Kupplung	Einscheibentrocken / hydraul. Drehmomentwandler, schlupfgest. Überbrückungskupplung				
Getriebe	6-Gang / 5-Gang-Automatik		5-(7-) Gang-Automatik	6-Gang / 7-Gang-Automatik	7-Gang-Automatik
Übersetzungen	I. 4,46 – II. 2,61 – III. 1,72 – IV. 1,25 – V. 1,0 – VI. 0,84 – R. 4,06			I. 5,01 – II. 2,83 – III. 1,79 – IV. 1,26 – V. 1,0 – VI. 0,83 – R. 4,57	
Automatik	5-Gang: I. 3,95 – II. 2,42 – III. 1,49 – IV. 1,0 – V. 0,83 – R. 3,15; CLK 500: I. 3,60 – II. 2,17 – III. 1,40 – IV. 1,0 – V. 0,83 – R. 3,17 ab 6/2004: 7-Gang: I. 4,38 – II. 2,86 – III. 1,92 – IV. 1,37 – V. 1,0 – VI. 0,82 – VII. 0,73 – R. 3,42; CLK 55 AMG: I. 3,59 – II. 2,19– III. 1,41 – IV. 1,0 – V. 0,83 – R. 3,16				
Antriebs-Übersetzung	3,27	3,46 / 3,07	2,82 / 2,65 / 3,06	3,07	2,65
Karosserie/Fahrwerk	Selbsttragende Ganzstahlkarosserie				
Vorderradaufhängung	Dreilenkerachse / McPherson-Federbein Schraubenfedern, Drehstab-Stabilisator				
Hinterradaufhängung	Raumlenkerachse, Schraubenfedern, Drehstab-Stabilisator				
Lenkung	Zahnstange, Servo, auf Wunsch mit Parameterfunktion				
Fußbremse/Regelsysteme	Scheiben, vorn innenbel., 278 mm Ø, h. 279 mm Ø, CLK 240/ 320: Scheiben innenbel., v. 345 mm Ø, h. 300 mm Ø, CLK 320 CDI: v. 330 mm Ø, h. 290 mm Ø, CLK 63 AMG: v. 360 mm Ø, h. 330 mm Ø,ABS, BA				
Allgemeine Daten					
Radstand	2715 mm				
Spur vorn/hinten	1493 (1497) / 1474 (1478) mm	1493 / 1474 mm	1505 / 1475 (1495 /1474) mm	1497 / 1478 mm	1495 / 1474 mm
Gesamtmaße	4652 x 1740 x 1413 (1400) mm	4643 x 1740 x 1413 mm	4650 (4638) x 1740 x 1415 (1405) mm	4652 x 1740 x 1415 mm	4652 x 1740 x 1400 mm
Gepäckraum	275-390 Liter (offen / geschlossen)				
Räder	v. /h. 7/8 J x 16 / v./h. 7,5/8,5 J x 17	v. 7 J x 16, h. 8 J x 16	v. 7,5 J x 17, h. 8,5 J x 17	v. 7,5 J x 18, h. 8 ,5 J x 18	v. 7,5 J x 18, h. 8 ,5 J x 18
Reifen	v. 205/55 R 16, h. 225/50 R 16 v. 225/45 R 17, h. 245/40 R 17	v. 205/55 R 16, h. 225/50 R 16	v. 225/55 R 17, h. 245/40 R 17	v. 225/40 R 18, h. 255/35 R 18	v. 225/40 R 18, h. 255/35 R 18
Wendekreis	10,8 Meter				
Leermasse	1665 kg	1700-1730 kg	1710-1820 kg	1785 kg	1875 kg
Zuläss. Gesamtgewicht	2135 kg	2155-2185 kg	2225 kg	2250 kg	2260 kg
Höchstgeschwindigkeit	223-225 km/h	232-241 km/h	250 km/h	242-245 km/h	250 km/h
Beschleunigung 0–100 km/h	9,8 sec	9,7-8,2 sec	6,1-5,4 sec	7,2-8,6 sec	4,7 sec
Verbrauch/100 km	8,9 Liter	10,9 -10,4 Liter	12,3-16,9 Liter	7,3 Liter	14,4 Liter
Kraftstofftank	62 Liter				

Mercedes-Benz E-Klasse
Baureihe A 207 (2010-2016)

Das neue E-Klasse-Cabrio kam ein Jahr nach dem Debüt des Coupés C 207 heraus. Es war ab dem 27. März 2010 erhältlich (die ursprüngliche Einführung im Herbst 2009 war wegen der Wirtschaftskrise verschoben worden). Im Januar 2013 wurden die überarbeiteten Versionen der Coupé- und Cabriolet-Variante vorgestellt (Markteinführung ab 18. Mai 2013).

Wie in der vorhergehenden CLK-Klasse, die komplett auf der Bodengruppe der C-Klasse basierte und optisch an die E-Klasse angelehnt war, wurde in der Baureihe 207 weiterhin die Bodengruppe der C-Klasse (Reihe 204) genutzt. Technisch gesehen stammten etwa beim Coupé nur rund 60 % von der E-Klasse-Limousine. So standen auch nur die Fahrwerksvarianten der C-Klasse zur Auswahl, während die Luftfederung Airmatic ausschließlich der E-Klasse-Limousine und dem -T-Modell vorbehalten war. Aber das E-Klasse Cabriolet hatte als erstes Cabriolet ein sogenanntes Aircap – eine um sechs

Nachdem die beiden Vorgänger-Baureihen auf der C-Klasse basiert hatten, nutzte das neue Cabriolet auch Komponenten der E-Klasse.

Um Windturbulenzen auch von den Fondpassagieren fernzuhalten, entwickelte Mercedes-Benz einen Windabweiser, der in den oberen Windschutzscheibenrahmen integriert war. Die Option kostete 82 Euro, die elektrische Verdeckbetätigung war serienmäßig.

Zentimeter ausfahrbare Windlamelle oberhalb der Windschutzscheibe und ein dreifach verstellbares Windschott zwischen den Kopfstützen der hinteren Sitze. Zusätzlich war in den Kopfstützen der Vordersitze eine als Airscarf bezeichnete Nackenheizung eingebaut. Diese bewirkte, dass bei bis zu 160 km/h die Wärme im Innenraum bleibt und kaum Verwirbelungen auftraten.

Angeboten wurden eine Vielzahl von Otto- und Dieselmotoren auch fürs Cabrio – von Vierzylindern mit 1,8 und 2,0 Liter über V6-3,0- und-3,5-Liter bis zu V8-Triebwerken mit 4,7 und 5,0 Liter Hubraum, die meisten davon ein- oder zweifach aufgeladen. Dazu kamen 2,2- und 3,0-Liter-Diesel.

Mercedes-Benz E-Klasse
Baureihe A 238 (2017-2023)

Unabhängig von den zeitgleich angebotenen Coupé- und Cabrio-Modellen der C-Klasse offerierte Mercedes ab 2016 eine Coupé-Version (Weltpremiere Januar 2017 USA) und eine Cabritere Motoren und Varianten eingeführt, darunter der E 350 (Oktober 2017) mit 48-Volt-Mildhybrid.

Äußerlich fiel es nicht ganz leicht, zwischen C- und E-Cabrio zu differenzieren. Das galt auch für die am 27. Mai 2020 präsentierten Facelift-Modelle der Coupé/Cabrio-Baureihe 238.

Die E-Klasse erhielt bei dieser Gelegenheit neue Scheinwerfer und ein überarbeitetes Interieur. Der Nachfolger, der gleichermaßen C- wie E-Klasse-Coupé bzw. Cabriolet ersetzte, erschien in Gestalt der CLE-Baureihe 214 von 2023.

Mercedes-AMG E 53 4matic+ als Cabrio, wie es zwischen 2020 und 2023 angeboten wurde.

Ab Juni 2017 stand die neue E-Klasse als Coupé und als Cabriolet zur Verfügung. Zum Start waren neun Motorisierungen verfügbar, darunter drei Diesel-Aggregate (im Bild der 220d) sowie die beiden neuen BlueDIRECT Vierzylinder-Benziner mit Direkteinspritzer im E 200 und E 250.

MODELLÜBERSICHT E-KLASSE – BAUREIHE A 207

Typ	Zylinder	Hubraum	Leistung	Beschleunigung	Höchstgeschwindigkeit	Durchschnittsverbrauch	Preis	Bauzeit
Mercedes-Benz E 220 CDI BlueEFFICIENCY	4 Zylinder	2143 cm^3	125 kW / 170 PS	8,8 s	232 km/h	5,1 L/100 km	46.380 €	2010-2013
Mercedes-Benz E 250 CDI BlueEFFICIENCY	4 Zylinder	2143 cm^3	150 kW / 204 PS	7,8 s	245 km/h	5,1 L/100 km	39.208 €	2009 - 2013
Mercedes-Benz E 350 CDI BlueEFFICIENCY	6 Zylinder	2987 cm^3	170 kW / 231 PS	6,9 s	250 km/h	7,0 L/100 km	55.543 €	2009 - 2011
Mercedes-Benz E 350 CDI BlueEFFICIENCY	6 Zylinder	2987 cm^3	195 kW / 265 PS	6,4 s	250 km/h	6,0 L/100 km	56.019 €	2011 - 2013
Mercedes-Benz E 200 CGI BlueEFFICIENCY	4 Zylinder	1796 cm^3	135 kW / 184 PS	k.A.	236 km/h	11,1 L/100 km	46.676 €	2010 - 2011
Mercedes-Benz E 200 BlueEFFICIENCY	4 Zylinder	1796 cm^3	135 kW / 184 PS	8,8 s	240 km/h	7,2 L/100 km	46.380 €	2011 - 2013
Mercedes-Benz E 250 CGI BlueEFFICIENCY	4 Zylinder	1796 cm^3	150 kW / 204 PS	k.A.	250 km/h	11,7 L/100 km	k.A.	2009 - 2011
Mercedes-Benz E 250 BlueEFFICIENCY	4 Zylinder	1796 cm^3	150 kW / 204 PS	7,8 s	240 km/h	7,9 L/100 km	50.664 €	2011-2013
Mercedes-Benz E 300 BlueEFFICIENCY	6 Zylinder	3498 cm^3	185 kW / 252 PS	7,2 s	250 km/h	7,2 L/100 km	55.216 €	2011 - 2013
Mercedes-Benz E 350 CGI BlueEFFICIENCY	6 Zylinder	3498 cm^3	215 kW / 292 PS	6,8 s	250 km/h	8,8 L/100 km	57.566 €	2009 - 2011
Mercedes-Benz E 350 BlueEFFICIENCY	6 Zylinder	3498 cm^3	225 kW / 306 PS	6,4 s	250 km/h	7,2 L/100 km	57.863 €	2011 - 2013
Mercedes-Benz E 500	8 Zylinder	5461 cm^3	285 kW / 388 PS	5,3 s	250 km/h	11,0 L/100 km	72.084 €	2010 - 2011
Mercedes-Benz E 500 BlueEFFICIENCY	8 Zylinder	4663 cm^3	300 kW / 408 PS	5,2 s	250 km/h	9,1 L/100 km	74.583 €	2011 - 2013
2013–2016								
Mercedes-Benz E 220 CDI BluetecEFFICIENCY	4 Zylinder	2143 cm^3	125 kW / 170 PS	8,8 s	232 km/h	4,9 L/100 km	49.028 €	2013-2015
Mercedes-Benz E 250 CDI BlueEFFICIENCY	4 Zylinder	2143 cm^3	150 kW / 204 PS	7,8 s	245 km/h	4,9 L/100 km	51.705 €	
Mercedes-Benz E 350 BluetecEFFIENCY	6 Zylinder	2987 cm^3	185 kW/252 PS	6,7 s	250 km/h	5,6 L/100 km	58.429 €	2013-2014
Mercedes-Benz E 350 CDI BlueEFFICIENCY	6 Zylinder	2987 cm^3	190 kW / 258 PS	6,7 s	250 km/h	5,3 L/100 km	58.429 €	2014-2015
Mercedes-Benz E 220 d	4 Zylinder	2143 cm^3	125 kW / 170 PS	8,5 S	230 km/h	4,7 L/100 km	49.920 €	2015-2016
Mercedes-Benz E 250 d	4 Zylinder	2143 cm^3	150 kW / 204 PS	7,7 s	243 km/h	5,0 L7100 km	52.598 €	2015-2016
Mercedes-Benz E 350 d	6 Zylinder	2987 cm^3	190 kW/258 PS	6,7 s	250 km/h	5,3 L/100 km	58.726 €	2015-2016
Mercedes-Benz E 200	4 Zylinder	1991 cm^3	135 kW /184 PS	8,6 s	235 km/h	6,4 L/100 km	47.838 €	
Mercedes-Benz E 250	4 Zylinder	1991 cm^3	155 kW /211 PS	7,5 s	245 km/h	6,2 L/100 km	52.122 €	
Mercedes-Benz E 320	6 Zylinder	2996 cm^3	200 kW / 272 PS	6,9 s		250 km/h	7,1 L/100 km	56.882 €	
Mercedes-Benz E 350	6 Zylinder	3498 cm^3	225 kW/306 PS	6,4 s	250 km/h	7,2 L/100 km	58.845 €	2014-2017
Mercedes-Benz E 400	6 Zylinder	3498 cm^3	245 kW / 333 PS	5,3 s	250 km/h	7,6 L/100 km	60.868 €	
Mercedes-Benz E 500	8 Zylinder	4663 cm^3	300 kW / 408 PS	5,2 s	250 km/h	9,1 L/100 km	74.583 €	

MODELLÜBERSICHT E-KLASSE – BAUREIHE A 238

Typ	Zylinder	Hubraum	Leistung	Beschleunigung	Höchstgeschwindigkeit	Verbrauch	Preis	Bauzeit
E 200	4 Zylinder	1.991 cm^3	135 kW/184 PS	8,1 s	234 km/h	6,2 L/100 km		2016
E 200 4Matic	4 Zylinder	1.991 cm^3	135 kW/184 PS	8,3 s	230 km/h	7,7 L/100 km		2016
E 400 4Matic	6 Zylinder	2.996 cm^3	245 kW/333 PS	5,5 s	250 km/h	8,3 L/100 km		09.2017-12.2019
E 220 d	4 Zylinder	1.950 cm^3	143 kW/194 PS	7,7s	237 km/h	4,3 L/100 km		09.2017-12.2019
E 220 d	4 Zylinder	1.950 cm	143 kW/194 PS	7,9 s	234 km/h	5,1 L/100 km		2016
E 300 d	4 Zylinder	1.950 cm^3	180 kW/245 PS	6,6 s	250 km/h	5,2 L/100 km		2016
E 300	4 Zylinder	1.991 cm^3	180 kW/245 PS	6,6 s	250 km/h	6,8 L/100 km		09.2017-12.2019
E 350	4 Zylinder, Hybrid	1.991 cm^3	220 kW/299 PS	6,1 s	250 km/h	6,8 L/100 km		11.2017-12.2019
AMG E 53 4Matic	6 Zylinder, Hybrid	2.999 cm^3	320 kW/435 PS	4,5 s	250 km/h	8,8 L/100 km		01.2018-12.2019
E 450 4Matic	6 Zylinder, Hybrid	2.996 cm^3	270 kW/367 PS	5,8 s	250 km/h	8,5 L/100 km		2018
E 400 d 4Matic	6 Zylinder	2.925 cm^3	250 kW/340 PS	5,2 s	250 km/h	5,8 L/100 km	71.340 €	2018
E 200 4Matic	4 Zylinder , Hybrid	1.991 cm^3	145 kW/197 PS	8,0 s	250 km/h	7,0 L/100 km	57.530 €	2019
E 300	4 Zylinder , Hybrid	1.991 cm^3	190 kW/258 PS	6,6 s	250 km/h	6,6 L/100 km	61.255 €	2019
E 350 d	6 Zylinder	2.925 cm^3	210 kW/286 PS	6,0 s	250 km/h	5,3 L/100 km	63.843 €	2019
AMG E 53 4Matic+	6 Zylinder, Hybrid	2.999 cm^3	320 kW/435 PS	4,6 s	250 km/h	8,8 L/100 km	96.384 €	2020
E 400 d 4Matic	6 Zylinder	2.925 cm	243 kW/330 PS	5,4 s	250 km/h	6,3 L/100 km	81.282 €	2020
E 300 d 4Matic	4 Zylinder, Hybrid	1.993 cm^3	195 kW/265 PS	6,6 s	250 km/h	5,6 L/100 km	74.583 €	2021

Mercedes-Benz Baureihe A 207	Mercedes-Benz E 220 CDI BlueEFFICIENY 2010 –2013	Mercedes-Benz E 350 CDI BlueEFFICIENCY 2009–2011	Mercedes-Benz E 200 CGI BlueEFFICIENCY 2010–2013 (ab 04.2011: E 200 BlueEFF.)	Mercedes-Benz E 500 2010– 2011
Motor	Diesel (OM651)	Diesel (OM656)	Otto (M271)	Otto (M273)
Zylinderzahl/Bauart	4 (Reihe), längs über der VA	6 (72°), V-Form, längs; über der VA	4 (Reihe), längs über der VA	8 (90°), V-Form, längs; über der VA
Bohrung x Hub	83 x 99 mm	83 x 92 mm	82 x 85 mm	98 x 50,5 mm
Hubraum	2143 cm^3	2987 cm^3	1796 cm^3	5461 cm^3
Leistung	170 PS (125 kW) bei 3000 U/min	231 PS (170 kW) bei 3800 U/min	184 PS (135 kW) bei 5250 U/min	388 PS (285 kW) bei 6000 U/min
Drehmoment	400 Nm bei 1400 U/min	540 Nm bei 1600 U/min	270 Nm bei 1800 U/min	530 Nm bei 2800 U/min
Verdichtung	1:16,2	1:15,5	1:9,3	1:10,5
Gemischbildung	Common-Rail, Turbolader, Ladeluftkühler		Direkteinspritzung, Turbolader, Ladeluftkühler	mikroprozessorgesteuerte Einspritzung
Ventile/Steuerung	4 / DOHC, Kette	4 / DOHC, Duplex-Kette	4 / DOHC Nockenwellen (variabel verstellbar), Kette	4 / DOHC Nockenwellen (variabel verstellbar), Kette / Zahnräder
Kühlung	Pumpe 10,0 Liter Wasser	Pumpe 11 Liter Wasser	Pumpe, 7,2 Liter	Pumpe 14 Liter Wasser
Schmierung	Druckumlauf, 6,5 Liter Öl	Druckumlauf, 8,0 Liter Öl	Druckumlauf, 5,5 Liter Öl	Druckumlauf, 8,5 Liter Öl
Batterie	12 V 100 Ah	12 V 100 Ah	12 V 68 Ah	12 V 80 Ah
Lichtmaschine	2100 W	2520 W	2100 W	2520 W
Kraftübertragung	Heckantrieb			
Schaltung	Schaltstock Wagenmitte			
Kupplung	Einscheibentrocken./ hydr. Drehmomentwandler. mit Überbrückungsk. (elektro-hydr., G-Tronic: hydr. gesteuert)			
Getriebe	6-Gang / 5-Gang Tippshift 7G-TRONIC+	7G-TRONIC	6-Gang / 5-Gang Tippshift / 7G-TRONIC+	7G-TRONIC
Übersetzungen	I. 5,01 – II. 2,83 – III. 1,79 – IV. 1,26 – V. 1,00 – VI. 0,83 – R. 4,57 / I. 3,60 – II. 2,19 – III. 1,41 – IV. 1,00 – V. 0,83 G-Tronic: I. 4,38 – II. 2,86 – III. 1,92 – IV. 1,37 – V. 1,00 – VI. 0,82 – VII. 0,73 – R. 3,42		I. 4,99 – II. 2,82 – III. 1,78 – IV. 1,25 – V. 1,00 – VI. 0,83 – R. 4,54 I. 3,95 – II. 2,42 – III. 1,49 – IV. 1,00 – V. 0,83 G-Tronic: I. 4,38 – II. 2,86 – III. 1,92 – IV. 1,37 – V. 1,00 – VI. 0,82 – VII. 0,73 – R. 3,42	
Antriebs-Übersetzung	2,47	2,47	2.47 / 3.07	2.65
Karosserie/Fahrwerk	Selbsttragende Ganzstahlkarosserie			
Vorderradaufhängung	Mehrlenkerachse, Schraubenfeder, Zweirohr-Gasdruckstoßdämpfer mit SDD, Drehstab-Stabilisator			
Hinterradaufhängung	Raumlenkerachse, Schraubenfeder, Einrohr-Gasdruckstoßdämpfer mit SDD, Drehstab-Stabilisator			
Lenkung	Zahnstange, hydraulisch, geschwindigkeitsabhängig			
Fußbremse/Regelsysteme	Scheiben, v. innenbelüftet 295 mm Ø, h. 300 mm Ø , E 350 CDI: v. 322 mm Ø, h. 300 mm Ø , E 500: v. 344 mm Ø, h. 300 mm Ø			
Allgemeine Daten				
Radstand	2760 mm			
Spur vorn/hinten	1538/1544 mm			1538/1536-1544 mm
Gesamtmaße	4698 x 1786 x 1398 mm			4701-4717 x 1786 x 11394-1409 mm
Kofferraumvolumen	300-390 Liter (offen/geschlossen)			
Räder	7,5 J x 17			v. 8 J x 18, h. 8,5 J x 18
Reifen	235/45 R17			v. 235/40 R18, h. 255/35 R18
Wendekreis	11 Meter			11,2 Meter
Leermasse	1795 kg	1845 kg	1685 kg	1840 kg
Zuläss. Gesamtgewicht	2265 kg	2295 kg	2155 kg	2260 kg
Höchstgeschwindigkeit	230-232 km/h	250 km/h	231-236 km/h	250 km/h
Beschleunigung 0–100 km/h	8,8 sec	6,9 sec	8,8 sec	5,3 sec
Verbrauch/100 km	9 Liter	7,2 Liter	6,7-8,0 Liter	11 Liter
Kraftstofftank	66 Liter	66 Liter	66 Liter	66 Liter

Mercedes-Benz E 350 BlueTec Cabrio] (A207), 2013 bis 2016.

Mercedes-Benz E 400 4MATIC Cabrio »25th Anniversary«, 2017.

Mercedes-Benz Baureihe A 238	Mercedes-Benz E 220 d 2017–2020	Mercedes-Benz E 350 d 4Matic 2017–2020	Mercedes-Benz E 350 2017–2020	Mercedes-AMG E 53 4Matic+ 2017–2020
Motor	Diesel (OM654)	Diesel (OM656)	Ottomotor + Elektromotor	
Zylinderzahl / Bauart	4 (Reihe), längs über Achse	6 (Reihe), längs über Achse	4 (Reihe), längs über Achse	6 (Reihe), längs; über Achse
Bohrung x Hub	83 x 99 mm	83 x 90,1 mm	83 x 93 mm	83 x 92,4 mm
Hubraum	1950 cm^3	2925 cm^3	1991 cm^3	2999 cm^3
Leistung	190 PS (143 kW) bei 3000 U/min	286 PS (190 kW) bei 3400 U/min	199 + 16 PS (200 + 22 kW) bei 5800 U/min	435 PS + 22 PS (320 kW + 16 kW) bei 6100 U/min
Drehmoment	400 Nm bei 1400 U/min	600 Nm bei 1200 U/min	400 Nm bei 3000 U/min + 200 Nm	520 Nm bei 1800 U/min + 250 Nm
Verdichtung	1:15,5		1:10,0	1:10,5
Gemischbildung	Direkteinspritzung Common-Rail, VTG-Turbolader		Direkteinspritzung, Twinscroll-Turbolader, Ladeluftkühler	Direkteinspritzung, Turbolader, Zusatzverdichter
Ventile / Steuerung	4 / DOHC, Einfach-Kette	4 / DOHC, Duplex-Kette	4 / DOHC, Nockenwellen variabel verstellbar, Einfach-Kette	
Kühlung	k.A.	Pumpe, 13 Liter Wasser	k.A.	k.A.
Schmierung	Druckumlauf, 6,3 Liter Öl	Druckumlauf, 9 Liter Öl	Druckumlauf, 5,5 Liter Öl	Druckumlauf, 8,5 Liter Öl
Batterie	12 V 80 Ah		Bordnetz 48 V	Bordnetz 48 V
Lichtmaschine	2100 W		ISTG	ISTG
Kraftübertragung	Heckantrieb			Allrad, Kraftverteilung variabel
Schaltung	Schalthebel Wagenmitte, auch Schaltwippen am Lenkrad			
Kupplung	hydr. Drehmomentwandler mit Überbrückungskupplung (geregelt), hydraulisch gesteuert			
Getriebe	9G-TRONIC		9G-TRONIC	AMG SPEEDSHIFT TCT 9G
Übersetzungen	I. 5,35 – II. 3,24 – III. 2,25 – IV. 1,64 – V. 1,21 – VI. 1,00 – VII. 0,86 – VIII. 0,72 – IX. 0,60 – R. 4,80			
Antriebs-Übersetzung	2,47		2.47 / 3.07	2.65
Karosserie/Fahrwerk	Selbsttragende Ganzstahlkarosserie			
Vorderradaufhängung	Vierlenker-Vorderachse, Schraubenfedern, Gasdruckstoßdämpfer, Stabilisator		Mehrlenkerachse, Schraubenfeder, Zweirohr-Gasdruckstoßdämpfer mit SDD, Drehstab_Stabilisator	Mehrlenkerachse,Schraubenfeder, Dämpfer mit Dämpfventil, Drehstab-Stabilisator
Hinterradaufhängung	Raumlenkerhinterachse, Schraubenfedern, Gasdruckstoßdämpfer, Stabilisator		Raumlenkerachse, Schraubenfeder, Einrohr-Gasdruckstoßdämpfer mit SDD, Drehstab-Stabilisator	Raumlenkerachse, Schraubenfeder, Dämpfer mit Dämpfventil, Drehstab-Stabilisator
Lenkung	Zahnstange, hydraulisch, geschwindigkeitsabhängig			
Fußbremse / Regelsysteme	Scheiben innenbelüftet 305 mm Ø, h. 300 mm Ø , ABS, ABA, ESP, Handbremse elektrisch	Scheiben innenbelüftet 305 mm Ø, h. 300 mm Ø , ABS, ABA, ESP, Handbremse elektrisch	Scheiben, v. innenbelüftet 295 mm Ø, h. 300 mm Ø ABS, ABA, ESP, Handbremse elektrisch	Scheiben, innenbelüftet, v. 344 mm Ø, h. 300 mm Ø, ABS, ABA, ESP, Handbremse elektrisch
Allgemeine Daten				
Radstand	2873 mm		2760 mm	2760 mm
Spur vorn/hinten	1605/1609 mm		1538/1544 mm	1538/1536-1544 mm
Gesamtmaße	4826 x 1860 x 1428 mm		4698 x 1786 x 1398 mm	4701-4717 x 1786 x 11394-1409 mm
Gepäckraum	310-385 Liter (offen / geschlossen)			
Räder	7,5 J x 17		7,5 J x 17	v. 8 J x 18, h. 8,5 J x 18
Reifen	225/55 R17		235/45 R17	v. 235/40 R18, h. 255/35 R18
Wendekreis	11,6 Meter		11 Meter	11,2 Meter
Leermasse	1830 kg	1935 kg	1685 kg	2055 kg
Zuläss. Gesamtgewicht	2335 kg	2390 kg	2155 kg	2495 kg
Höchstgeschwindigkeit	237 km/h	250 km/h	231-236 km/h	250 km/h
Beschleunigung 0–100 km/h	7,7 sec		8,8 sec	4,5 sec
Verbrauch/100 km	4,3 Liter	5,7-5,5 Liter	6,7-8,0 Liter	8,7 Liter
Kraftstofftank	50 (a.W: 66) Liter		66 Liter	66 Liter

MODELLÜBERSICHT C-KLASSE – BAUREIHE A 205

Typ	Zylinder	Hubraum	Leistung	Beschleunigung	Höchstgeschwindigkeit	Durchschnittsverbrauch	Preis	Bauzeit
Mercedes AMG C 43	6 Zylinder	2.996 cm³	270 kW/367 PS	4,7 s	250 km/h	7,8 L/100 km	68.454 €	09.2016-12.2019
Mercedes AMG C 63	8 Zylinder	3.982 cm³	350 kW/476 PS	4,2 s	250 km/h	10,4 L/100 km	85.656 €	09.2016-12.2019
Mercedes AMG C 63 S	8 Zylinder	3.982 cm³	375 kW/510 PS	4,1 s	290 km/h	10,4 L/100 km	94.402 €	09.2016-12.2019
Mercedes-Benz C 180	4 Zylinder	1.595 cm³	115 kW/156 PS	8,9 s	222 km/h	6,0 L/100 km	42.726 €	09.2016-12.2019
Mercedes-Benz C 200	4 Zylinder	1.991 cm³	135 kW/184 PS	8,2 s	235 km/h	6,0 L/100 km	44.749 €	09.2016-06.2018
Mercedes-Benz C 200 4Matic	4 Zylinder	1.991 cm³	135 kW/184 PS	7,5 s	229 km/h	6,7 L/100 km	49.117 €	09.2016-06.2018
Mercedes-Benz C 250	4 Zylinder	1.991 cm³	155 kW/211 PS	6,9 s	244 km/h	6,2 L/100 km	49.985 €	09.2016-12.2019
Mercedes-Benz C 300	4 Zylinder	1.991 cm³	180 kW/245 PS	6,5 s	250 km/h	6,7 L/100 km	51.949 €	09.2016-12.2019
Mercedes-Benz C 400 4Matic	6 Zylinder	2.996 cm³	245 kW/333 PS	5,2 s	250 km/h	8,0 L/100 km	60.279 €	09.2016
Mercedes-Benz C 220 d	4 Zylinder	2.143 cm³	125 kW/170 PS	8,3 s	231 km/h	4,5 L/100 km	47.248 €	09.2016-06.2018
Mercedes-Benz C 220 d	4 Zylinder	1.950 cm³	143 kW/194 PS	7,5 s	233 km/h	4,8 L/100 km	51.164 €	2016
Mercedes-Benz C 220 d 4Matic	4 Zylinder	2.143 cm³	125 kW/170 PS	8,1 s	225 km/h	5,0 L/100 km	52.127 €	2016
Mercedes-Benz C 250 d	4 Zylinder	2.143 cm³	150 kW/204 PS	7,2 s	243 km/h	4,6 L/100 km	52.722 €	09.2016-12.2019
Mercedes AMG C 43	6 Zylinder	2.996 cm³	287 kW/390 PS	4,8 s	250 km/h	9,5 L/100 km	70.120 €	2018
Mercedes-Benz C 300	4 Zylinder	1.991 cm³	190 kW/258 PS	6,2 s	250 km/h	6,7 L/100 km	52.615 €	09.2016-12.2019
Mercedes AMG C 43 4Matic	6 Zylinder	2.996 cm³	287 kW/390 PS	4,8 s	250 km/h	9,5 L/100 km	70.572 €	07.2018-03.2023
Mercedes-Benz C 300 4Matic	4 Zylinder, Hybrid	1.991 cm³	190 kW/258 PS	6,3 s	250 km/h	k.A.	63.712 €	2019
Mercedes-Benz C 200 d	4 Zylinder	1.598 cm³	118 kW/160 PS	9,2 s	220 km/h	4,5 L/100 km	46.963 €	2019
Mercedes-Benz C 220 d 4Matic	4 Zylinder	1.950 cm³	143 kW/194 PS	7,8 s	228 km/h	k.A.	61.427 €	07.2018-03.2023
Mercedes-Benz C 300 d	4 Zylinder	1.950 cm³	180 kW/245 PS	6,3 s	250 km/h	k.A.	61.963 €	2019

Mercedes-Benz C-Klasse Cabrio
Baureihe A205 (2016–2023)

Die C-Klasse-Limousinen-Baureihe 205 ging 2014 in Produktion und wurde 2020 abgelöst. Ein bzw. zwei Jahre nach Anlauf der Reihe gesellten sich ein Coupé (C 205) und ab Juli 2016 ein Cabrio (A 205) hinzu, das die offene E-Klasse ablöste, die sowieso auf der C-Klasse basiert hatte. Die Umbennenung war also ein folgerichtiger Schritt. Das Modellprogramm reichte übrigens bis zum bärenstarken C63 AMG. In der Länge legte das Cabrio im Vergleich zum Vorgänger um ca. 6 cm zu. Das Cabrio blieb auch nach Auslauf der Limousinen-Modellreihe zunächst weiter im Programm bis zur Ablösung durch die CLE-Klasse, Baureihe 214.

Viersitzer-Cabriolets haben bei Mercedes Tradition, und daher können hinten auch Menschen mitfahren, die dem Bällebad entwachsen sind.

Mercedes-Benz C 400 4Matic AMG Line Cabriolet 2018–2021

Mercedes-Benz Baureihe A 205	Mercedes-Benz C 220 d 2016–2018	Mercedes-Benz C 180 2016–2018	Mercedes-Benz C 200 4Matic 2016–2018	Mercedes-AM C 63 2016–023
Motor	Diesel	Otto		
Zylinderzahl/Bauart	4 (Reihe), vorne, längs	4 (Reihe), vorne, längs	4 (Reihe) , vorne längs	8 (V-Form 90 °) vorne längs
Bohrung x Hub	83 x 99 mm	83 x 73,7 mm	72 x 66,6 mm	83,0 x 92,0 mm
Hubraum	2143 cm^3	1595 cm^3	1991 cm^3	3982 cm^3
Leistung	170 PS (125 kW) bei 3000 U/min	156 PS (115 kW) bei 5300 U/min	183 PS (135 kW) bei 5500 U/min	475 PS (350 kW) bei 5500 U/min
Drehmoment	400 Nm bei 1400 U/min	250 Nm bei 1200 U/min	300 Nm bei 1200 U/min	650 Nm bei 1750 U/min
Verdichtung	1:16,2	1:8,5	1:9,8	1:10,5
Gemischbildung	Common Rail, Biturbo, Ladeluftkühler	Direkteinspritzung, Turbolader, Ladeluftkühler		
Ventile/Steuerung	4 / V-förmig hängend, DOHC, Rollenschlepphebel, Zahnräder / Kette	4 / V-förmig hängend, DOHC, variabel verstellbar, Kette	4 / V-förmig hängend, DOHC, Kette	4 / 2 x DOHC, Rollenschlepphebel, Kette
Kühlung	Pumpe, 8,5 Liter Wasser	Pumpe, 7,5 Liter Wasser	Pumpe, 9,0 Liter Wasser	Pumpe, 11,2 Liter Wasser
Schmierung	Druckumlauf, 6,5 Liter Öl	Druckumlauf, 7,0 Liter Öl	Druckumlauf, 7,0 Liter Öl	Druckumlauf, 9,0 Liter Öl
Batterie	12 V 80 Ah	12 V 70 Ah	12 V 60 Ah	12 V 60 Ah
Lichtmaschine	180 A	150 A	190 A	200 A
Kraftübertragung	Heckantrieb		Allradantrieb	Hinterräder
Schaltung	Schalthebel Wagenmitte, auch Schaltwippen am Lenkrad			
Kupplung	Einscheibentrocken			
Getriebe	6-Gang / 9G-TRONIC		9G-TRONIC	7G-TRONIC
Übersetzungen	I. 5 – II. 2.62 – III. 1.52 – IV. 1,0 – V. 0.82 – VI. 0.69 – R. 4.68; I. 5.35 – II. 3.24 – III. 2.25 – IV. 1.64 – V. 1.21 – VI. 1,0 – VII. 0.86 – VIII. 0.72 – IX. 0.6 – R. 4.80I			I. 4.38 – II. 2.86 – III. 1.92 – IV. 1.37– V. 1,0 – VI. 0.82 – VII. 0.73 – R. 3.42
Antriebs-Übersetzung	2.65 / 3.47	3,786	3,07	2.82
Karosserie/Fahrwerk	Selbsttragende Ganzstahlkarosserie			
Vorderradaufhängung	Doppel-Querlenker, Schraubenfedern, Querstabilisator			
Hinterradaufhängung	Schräglenker, Schraubenfedern, Gummi-Zusatzfedern			
Lenkung	Zahnstange, elektr. Servo	Zahnstange, elektr. Servo	Zahnstange, elektr. Servo	Zahnstangenlenkung, el. Servo
Fußbremse / Regelsysteme	Scheiben, belüftet vorn 305 mm, h. 300 mm Ø, ABS, BA , ESP	Scheiben, belüftet vorn 295 mm, h. 300 mm Ø, ABS, BA , ESP		Scheiben belüftet, v. 360 mm Ø, h. 300 mm Ø, ABS, BA, ESP
Allgemeine Daten				
Radstand	2840 mm			
Spur vorn/hinten	1563/1546 mm	1560/1550 mm	1560/1550 mm	1560/1550 mm
Gesamtmaße	4686 x 1810 x 1409 mm			4750 × 1877 × 1405 mm
Kofferraumvolumen	285 (360) Liter (offen / geschlossen)			285 (360) Liter
Räder	7 J x16			
Reifen	205/60 R 16			v. 245/40 ZR 18, h. 265/40 ZR 18
Wendekreis	11,25 Meter			11,25 Meter
Leermasse	1805 kg	1595 kg	1690 kg	1835 kg
Zuläss. Gesamtgewicht	2285 kg	2080 kg	2145 kg	2275 kg
Höchstgeschwindigkeit	230 km/h	225 km/h	228 km/h	250 km/h
Beschleunigung 0–100 km/h	8,1 sec	8,5 sec	8 sec	4,1 sec
Verbrauch/100 km	5,0 Liter	5,3 Liter	6,7 Liter	10,5 Liter
Kraftstofftank	41 Liter			

***Ab 2024 beim Händler:** Das Mercedes-Benz CLE Cabriolet, das sowohl das C-Klasse-Cabriolet als auch die offene E-Klasse ersetzt.*

Baureihe A 205	Mercedes-Benz C 200 Cabriolet 2018–2023	Mercedes-Benz C 300 Cabriolet 2018–2023	Mercedes-AMG C 43 4matic Cabriolet 2018–2023
Motor	Otto (M264)		Otto (M276)
Zylinderzahl(Bauart	4 (Reihe), längs stehend über der Vorderachse		6 (V-Form 90°) längs stehend über der Vorderachse
Bohrung x Hub	83,0 x 92,0 mm	83,0 x 92,0 mm	88,0 x 82,1
Hubraum	1497 cm³	1991 cm³	2996 cm³
Leistung	184 PS (135 kW) + 12 PS EQ-Boost bei 5500 U/min	258 PS (190 kW) bei 5800 U/min	390 PS (287 kW) bei 6100 U/min
Drehmoment	280 Nm + 160 bei 2800 U/min	370 Nm bei 1800 U/min	520 Nm bei 2500 U/min
Verdichtung	1:7,6	1:10,5	1:10,7
Gemischbildung	Direkteinspritzung, Twin-Scroll-Turbolader	Direkteinspritzung, Twin-Scroll-Turbolader	Direkteinspritzung, Biturbo-Aufladung
Ventile/Steuerung	4 / DOHC, variable Ventilsteuerung einlassseitig	4 / DOHC, variable Ventilsteuerung einlassseitig	4 / DOHC
Kühlung	Pumpe, 9 Liter Wasser	Pumpe, 9 Liter Wasser	Pumpe, 10,9 Liter Wasser
Schmierung	Druckumlauf, 7,0 Liter Öl	Druckumlauf, 7,0 Liter Öl	Druckumlauf, 6,5 Liter Öl
Batterie	12 V	12 V	12 V
Lichtmaschine	48 Volt Bordnetz, EQ Boost mit Rekuperation, riemengetriebener Startgenerator	48 Volt Bordnetz, EQ Boost mit Rekuperation, riemengetriebener Startgenerator	W
Kraftübertragung	Heckantrieb		Allradantrieb AMG Performance 4matic
Schaltung	Schaltstock Wagenmitte		
Kupplung	Einscheibentrocken		
Getriebe	9G-TRONIC		
Übersetzungen	I. 5.35 – II. 3.24 – III. 2.25 – IV. 1.64 – V.1.21 – VI. 1.00 – VII. 0.86 – VIII. 0.72 – IX. 0.60 – R. 4.80		
Antriebs-Übersetzung	3,47		3,07
Karosserie/Fahrwerk	Selbsttragende Ganzstahlkarosserie		
Vorderradaufhängung	Mehrlenker-Achse, Schraubenfedern, Gasdruckdämpfer		Dreilenkerachse, Schraubenfedern, Gasdruckdämpfer, adaptive Verstelldämpfung
Hinterradaufhängung	Raumlenker-Achse, Schraubenfedern, Gasdruckdämpfer		Mehrlenkerachse, Schraubenfedern, Gasdruckdämpfer, adaptive Verstelldämpfung
Lenkung	Zahnstange, elektromechanisch, Servo, lineare Lenkübersetzung		Zahnstange, elektromechanische Parameter-Servolenkung, lineare Lenkunterstützung
Fußbremse/Regelsysteme	Scheiben, innenbelüftet, v. 330 mm Ø, h. 300 mm Ø, ABS, BA, ESP		Scheiben, innenbelüftet, v. gelocht 360 mm Ø, h. 320 mm Ø, ABS, BA, ESP
Allgemeine Daten			
Radstand	2840 mm		
Spur vorn/hinten	1563/1546 mm		1602/1558 mm
Gesamtmaße	4686 x 1810 x 1409 mm		4693 x 1810 x 1405 mm
Gepäckraum	285-360 Liter (offen/geschslossen)		
Räder	7,0 J x 17		v: 7,5 J x 18; h: 8,5 J x 18
Reifen	225/50 R 17		v: 225/45 ZR 18; h: 245/40 ZR 18
Wendekreis	11,22 Meter		12,10 Meter
Leermasse	1710 kg	1765 kg	1885 kg
Zuläss. Gesamtgewicht	2160 kg	2230 kg	2315 kg
Höchstgeschwindigkeit	239 km/h	250 km/h	250 km/h
Beschleunigung 0–100 km/h	7,9 sec	6,2 sec	4,1 sec
Verbrauch/100 km	6,5 Liter	7,1 Liter	9,8 Liter
Kraftstofftank	50 Liter	66 Liter	66 Liter

Der neue Mercedes-Benz SL 55 AMG kam in der Saison 2001 als F1 Safety Car zum Einsatz. Hier auf dem Hockenheimring flankiert von den damaligen F1-Piloten Mika Häkkinen (r.) und David Coulthard. Foto: Mercedes-Benz Grand Prix Ltd / Wolfgang Wilhelm

Mercedes-Benz SL Roadster
Baureihe R 230 (2001-2011)

Auf dem deutschen Markt wurde der R 230 am 13. Oktober 2001 eingeführt und trat die Nachfolge des R 129 an, und auch der Nachfolger sollte es auf eine lange Laufzeit bringen.

Als Besonderheit verfügte der R 230 serienmäßig (SL 350 optional) über das aktive Federungssystem »Active Body Control« (ABC). Beim ABC-Fahrwerk werden auf Impulse von Sensorsignalen und mit Hilfe spezieller Hydraulikzylinder an den Achsen Wank- und Nickbewegungen der Karosserie beim Anfahren, bei Kurvenfahrt und beim Bremsen fast vollständig kompensiert.

Der R 230 hatte ein klappbares Hartdach (Variodach) aus Aluminium, das sich samt gläserner Heckscheibe elektrohydraulisch im Kofferraum versenken ließ. Gegen Aufpreis war es mit einem Glaseinsatz erhältlich.

Zum Jahreswechsel 2005/06 wurde der R 230 seiner ersten Modellpflege unterzogen. Dabei wurden Änderungen vorgenommen wie die Umgestaltung der Frontschürze mit Chromringen um die Nebelscheinwerfer. Auch gab es einen neuen Kühlergrill mit nur drei statt vier Lamellen, teilweise neue Leichtmetallfelgen sowie neue Heckleuchten in Klarglasoptik mit einem weißen Streifen. Im Frühjahr 2008 erfolgte eine umfangreichere Modellpflege. Die Front wurde mit Einzelscheinwerfern, neuer Frontschürze, neuem Kühlergrill mit nur einer Lamelle sowie modifizierten Lufteinlässen umgestaltet. Die Heckansicht wurde durch neue Rückleuchten, einen Diffusoreinsatz in der Heckschürze sowie neu gestaltete Endrohre aufgefrischt.

Auch bei den Motoren gab es Neuerungen, so etwas beim 3,5-Liter-V6 im SL 350 (mehr Leistung, sportlichere Charakteristik, weniger Verbrauch). Der 5,5-Liter-V8-Kompressor wurde durch den 6,2-Liter-V8 im SL 63 AMG ersetzt. Neu im Angebot war als Basismodell der SL 280 mit einem 3,0-Liter-V6 hinzugekommen. Daneben gab es diverse Spezialeditionen wie 2003 die »Mille Miglia«, 2004 die »Edition 50« und 2010 die »Edition Night«.

Im Juli 2002 stellte Daimler mit dem SL 55 AMG die Sportversion des SL 500 vor. Dieses damals leistungs- und drehmomentstärkste Modell des Baumusters R 230 distanzierte sich optisch durch einen neu geformten Stoßfänger mit Frontspoiler sowie durch andere Seitenschweller und 18-Zoll-Räder, dunkel getönte hintere Blink- und Rückfahrleuchten und vier Auspuff-Endrohre. Der V8-Kompressormotor war neu konstruiert worden, hatte einen Hubraum von 5.439 cm^3, leistete 476 PS / 350 kW und entwickelte ein maximales Drehmoment bis zu 700 Nm.

Im Rahmen der Modellpflege 2008 wurde der SL 63 AMG eingeführt. Neben dem 6,2-Liter-Saugmotor unterschieden ihn zahlreiche Designänderungen von der Serie. Dazu gehörten abgedunkelte Scheinwerfer und Rückleuchten, neu gestaltete Karosserieteile (Motorhaube, Front- und Heckschürze, Seitenschweller, Lufteinlässe, Außenspiegel, Räder). Exklusiv dieser Modellreihe vorbehalten war zunächst das 7-Gang-MCT-Getriebe, eine Mehrfachkupplung mit Zwischengasfunktion, die bei manueller Betätigung des Getriebeautomaten schnelle Gangwechsel ermöglicht.

MODELLÜBERSICHT SL-KLASSE – BAUREIHE R 230

Typ	Zylinder	Hubraum	Leistung	Beschleunigung	Höchstge-schwindigkeit	Verbrauch	Preis	Bauzeit
Mercedes-Benz SL 350	6 Zylinder	3724 cm^3	180/245	7,2 s	250 km/h	11,6 L/100 km	79.982 €	10.2002 - 02.2006
Mercedes-Benz SL 500	8 Zylinder	4966 cm^3	225/306	6,3 s	250 km/h	12,8 L/100 km	96.396 €	07.2001 - 03.2006
Mercedes-Benz SL 600	12 Zylinder	5513 cm^3	368/500	4,7 S	250 km/h	14,5 L/100 km	133.168	04.2003 - 01.2006
Mercedes-Benz SL 55 AMG	8 Zylinder	5439 cm^3	350/476	4,7 S	250 km/h	14,4 L/100 km	124.236 €	12.2001 - 02.2002
Mercedes-Benz SL 55 AMG	8 Zylinder	5439 cm^3	368/500	4,7 S	250 km/h	13,5L/100 km	131.660 €	2.2002 - 01.2006
Mercedes-Benz SL 65 AMG	12 Zylinder	5980 cm^3	450/612	4,2 S	250 km/h	15,2 L/100 km	204.624 €	06.2004 - 01.2006
2006-2008								
Mercedes-Benz SL 350	6 Zylinder	3498 cm^3	200/272	6,6 S	250 km/h	10,3 L/100 km	85.144 €	02.2006 - 02.2008
Mercedes-Benz SL 500	8 Zylinder	5461 cm^3	285/388	5,4 S	250 km/h	12,3 L/100 km	106.683 €	01.2006 - 02.2008
Mercedes-Benz SL 600	12 Zylinder	5513 cm^3	380/517	4,5 S	250 km/h	14,4 L/100 km	139.051 €	02.2006 - 02.2008
Mercedes-Benz SL 55 AMG	8 Zylinder	5439 cm^3	380/517	4,5 S	250 km/h	13,5 L/100 km	138.932 €	02.2006 - 01.2008
Mercedes-Benz SL 65 AMG	12 Zylinder	5980 cm^3	450/612	k.A.	250 km/h			02.2006 - 02.2008
2008-2011								
Mercedes-Benz SL 280	6 Zylinder	2996 cm^3	170/231	7,8 s	250 km/h	9,4 L/100 km	80.920 €	03.2008 - 11.2009
Mercedes-Benz SL 300	6 Zylinder	2.996 cm^3	170 kW/231 PS	7,8 s	250 km/h	9,4 L/100 km	82.645	12.2009-11.2011
Mercedes-Benz SL 350	6 Zylinder	3498 cm^3	232/316	6,2 s	250 km/h	9,9 L/100 km	89.250 €	02.2008 - 11.2011
Mercedes-Benz SL 500	8 Zylinder	5461 cm^3	285/388		250 km/h			02.2008 - 11.2011
Mercedes-Benz SL 600	12 Zylinder	5513 cm^3	380/517		250 km/h			02.2008 - 06.2011
Mercedes-Benz SL 63 AMG	8 Zylinder	6208 cm^3	386/525	4,6 s	250 km/h	14,1 L/100 km	149.880 €	02.2008 - 06.2011
Mercedes-Benz SL 65 AMG	12 Zylinder	5980 cm^3	450/612		250 km/h			02.2008 - 11.2010

Der SL-Baureihe R 129 folgte 2001 die Reihe R 230. Zur Markteinführung trug sie das seinerzeit aktuelle Vieraugen-Gesicht der Marke.

Mercedes-Benz SL-Klasse R 230	Mercedes-Benz SL 350 2001–2006	Mercedes-Benz SL 65 AMG 2006–2008	Mercedes-Benz SL 500 2008–2011
Motor	Otto		
Zylinderzah/Bauart	6 (V-Form 90°) längs stehend über der Vorderachse	12 (V-Form 60°) längs stehend über VA	8 (V-Form 90°) längs stehend über VA
Bohrung x Hub	97,0 x 84,0 mm	82,6 x 93,0 mm	98,0 x 90,5 mm
Hubraum	3724 cm^3	5980 cm^3	5461 cm^3
Leistung	245 PS (180 kW) bei 5600 U/min	612 PS (450 kW) bei 4800 U/min	388 PS (285 kW) bei 6000 U/min
Drehmoment	350 Nm bei 3000 U/min	1000 Nm bei 2000 U/min	530 Nm bei 2800 U/min
Verdichtung	1:10	1:9,0	1:10,7
Gemischbildung	Mikroprozessorgesteuerte Einspritzung Bosch ME	Mikroprozessorgesteuerte Einspritzung Bosch ME, Biturbo mit Ladeluftkühler	Mikroprozessorgesteuerte Einspritzung
Ventile/Steuerung	3 / OHC, Duplex-Kette	3 / V-förmig hängend, OHC, verstellbar, Duplex-Kette	4/ DOHC (variabel verstellbar), Kette/Zahnräder
Kühlung	Pumpe, 10,8 Liter Wasser	Pumpe, 15,5 Liter Wasser	Pumpe, 11,6 Liter Wasser
Schmierung	Druckumlauf, 8,0 Liter Öl	Druckumlauf, 9,5 Liter Öl	Druckumlauf, 8,5 Liter Öl
Batterie	12 V 74 Ah	12 V 35 + 74 Ah	12 V 35 + 74 Ah
Lichtmaschine	2520 W	2520 W	2520 W
Kraftübertragung	Heckantrieb		
Schaltung	Schaltstock Wagenmitte		
Kupplung	Einscheibentrockenk. / hydr. Drehmomentwandler, Überbrückungskupplung (geregelt), elektr. gesteuert	hydr. Drehmomentwandler, Überbrückungskupplung (geregelt), elektr. gesteuert	hydr. Drehmomentwandler, Überbrückungskupplung (geregelt), elektr. gesteuert
Getriebe	6-Gang sequenziell / 5-Gang Automatik	5-Gang-Automatik	7G-TRONIC
Übersetzungen	I. 4,46 – II. 2,61 – III. 1,71 – IV. 1,25 – V. 1,0 – VI. 0,84 – R. 4,06 / I. 3,59 – II. 2,19 – III. 1,41 – IV. 1,0 – V. 0,83 – R. 3,16	I. 3,60 – II. 2,19 – III. 1,41 – IV. 1,0 – V. 0,83 – R. 3,17	I. 4.38 – II. 2.86 – III. 1.92 – IV. 1.37 – V. 1.00 – VI. 0.82 VII. 0.73 – R. 3,42/2,23
Antriebs-Übersetzung	3.27	2.65	3.07
Karosserie/Fahrwerk	Selbsttragende Ganzstahlkarosserie		
Vorderradaufhängung	Vierlenkerachse, a. W. aktive Fahrwerkregelung ABC, Schraubenfedern, Drehstab-Stabilisator, Zweirohr-Gasdruck-Stoßdämpfer		
Hinterradaufhängung	Raumlenkerachse, a. W. aktive Fahrwerkregelung ABC, Schraubenfedern, Drehstab-Stabilisator, Zweirohr-Gasdruck-Stoßdämpfer		
Lenkung	Zahnstange, Servo, mit Parameter-Funktion		Zahnstange, Servo, mit Parameter-Funktion, Lenkungsstoßdämpfer
Fußbremse/Regelsysteme	Scheiben, innenbel., v. 330 mm Ø, h. 300 mm Ø, SL 65: v. 360 mm Ø, h. 300 mm Ø v./h. gelocht; SL 500: v. gelocht 350 mm Ø, h. 350 mm Ø,, ABS, BA		
Allgemeine Daten			
Radstand	2560 mm		
Spur vorn/hinten	1559 / 1547 mm	1569 / 1551 mm	1559 / 1547 mm
Gesamtmaße	4535 x 1827 x 1317 mm	4535 x 1815 x 1295 mm	4562 x 1820 x 1298 mm
Gepäckraum	235-339 Liter (offen / geschlossen)		
Räder	8,5 J x 17	v. 8,5 J x 19, h. 9,5 J 19, LM mehrteilig	8,5 J x 18
Reifen	255/45 ZR 17	v. 255/35 ZR 19, h. 285/30 ZR 19	255/40 R 18
Wendekreis	11,04 Meter		
Leermasse	1755 kg	2120 kg	1910 kg
Zuläss. Gesamtgewicht	2050 kg	2385 kg	2205 kg
Höchstgeschwindigkeit	250 km/h	250 km/h	250 km/h
Beschleunigung 0–100 km/h	7,2 sec	4,2 sec	5,4 sec
Verbrauch/100 km	11,5 Liter	15,1 Liter	11,9 Liter
Kraftstofftank	80 Liter		

Bei der ersten Überarbeitung 2006 der Baureihe R 230 hatten vor allem Motoren, Antrieb und Fahrwerk im Focus gestanden, bei der zweiten von 2008 gab es auch deutliche optische Änderungen. Dazu gab es mit dem SL 280, dem SL 63 AMG (Bild) und dem SL 65 AMG drei neue Typen im Angebot.

Mercedes-Benz SL-Klasse
Baureihe R 231 (2012–2020)

Im Gegensatz zu den vorangegangenen Modellwechseln des SL zeitigte die Ablösung des R 230 durch den R 231 – wie seine Vorgänger im Bremen produziert – keine derart radikalen Änderungen wie es beim Erscheinen des R230 im Jahre 2001 der Fall gewesen war. Die klassischen Proportionen eines Roadsters, die eine lange Motorhaube und ein kurzes Heck ausmachen, blieben auch bei der siebenten Generation erhalten. An der Front stand die Kühlermaske, die optisch nicht mehr in die Motorhaube integriert, sondern separat gestaltet war, nun aufrecht. Im Kühlergrill war das Markenlogo von Mercedes-Benz mit nur noch einer Mittelstrebe integriert. Im Vergleich zum Vorgänger wurden die Scheinwerfer weiter außen platziert, behielten dabei jedoch ihre in der Schräge gekippte Stellung. In den äußeren Bereichen des Stoßfängers befand sich nun auch beim R 231 das Tagfahrlicht in Form von LED-Tagfahrlichtbändern, die Rückspiegel mit integrierten Blinkern saßen auf den Türflanken.

Außerdem hatte der R 231 deutlich an Gewicht verloren, hier kam eine vollständig aus Aluminium gefertigte Rohkarosserie zum Einsatz. Durch den hohen Leichtmetallanteil sank ihr Gewicht im Vergleich zum Vorgängermodell um rund 110 auf nunmehr 254 kg. Eine Ausnahme bildeten der Dachrahmen um die Windschutzscheibe, der weiterhin aus Stahl bestanden, und der Heckdeckel aus einem Gemisch aus Kunststoff und Stahl.

Der neu entwickelte SL (hier der SL 500) feierte im Januar 2012 auf der North American International Auto Show in Detroit Premiere.

Erstmals verwirklichte Mercedes-Benz beim R 231 einen Vollaluminium-Rohbau in der Großserie. Das sparte Gewicht, beim neuen 500er waren es rund 125, beim SL 350 sogar 140 Kilogramm.

MODELLÜBERSICHT SL-KLASSE – BAUREIHE R 231

Typ	Zylinder	Hubraum	Leistung	Beschleunigung 0-100 km/h	Höchstge-schwindigkeit	Durchschnittsver-brauch	Preis	Bauzeit
Mercedes-Benz SL 350	6 Zylinder	3.498 cm^3	225 kW/306 PS	5,9 s	250 km/h	6,8 L/100 km	93.534,00	01.2012 - 12.2015
Mercedes-Benz SL 400	6 Zylinder	2.996 cm^3	245 kW/333 PS	5,2 s	250 km/h	7,3 L/100 km	97.758 €	06.2014 - 03.2016
Mercedes-Benz SL 400	6 Zylinder	2.996 cm^3	270 kW/367 PS	4,9 s	250 km/h	8,6 L/100 km	100.412 €	04.2016-11.2019
Mercedes-Benz SL 500	8 Zylinder	4.663 cm^3	320 kW/435 PS	4,6 s	250 km/h	9,2 L/100 km	117.096,00	01.2012 - 03.2016
Mercedes-Benz SL 500	8 Zylinder	4.663 cm^3	335 kW/455 PS	4,6 s	250 km/h	9,1 L/100 km	120.963 €	04.2016-11.2019
Mercedes-Benz SL 63 AMG	8 Zylinder	5.461 cm^3	395 kW/537 PS	4,3 s	250 km/h	9,9 L/100 km	160.590,00	02.2012 -12.2014
Mercedes-Benz SL 63 AMG Performance Package	8 Zylinder	5.461 cm^3	415 kW/564 PS	4,2 s	250 km/h	9,9 L/100 km	190.995	02.2012 - 12.2014
Mercedes-AMG SL 63	8 Zylinder	5.461 cm^3	430 kW/585 PS	4,2 s	250 km/h	9,8 L/100 km	161.542 €	12.2014 - 06.2018
Mercedes-AMG SL 63	8 Zylinder	5.461 cm^3	420 kW/571 PS	4,1 s	250 km/h	11,6 L/100 km	162.316 €	07.2018-05.2019
Mercedes SL 65 AMG	12 Zylinder	5.980 cm^3	463 kW/630 PS	4,0 s	250 km/h	11,6 L/100 km	236.334 €	06.2012 - 12.2014
Mercedes-AMG SL 65	12 Zylinder	5.980 cm^3	463 kW/630 PS	4,0 s	250 km/h	11,6 L/100 km	239.785 €	12.2014 - 03.2016
Mercedes-AMG SL 65	12 Zylinder	5.980 cm^3	463 kW/630 PS	4,0 s	250 km/h	11,6 L/100 km	239.785 €	04.2016 - 06.2018

Mercedes stellt auf dem Autosalon Genf im März 2015 den »Mille Miglia 417« vor und erinnerte damit an den historischen Sieg bei der Mille Miglia 1955 eines 300 SL mit der Startnummer 417. Es gab das Sondermodell als SL 400 oder als SL 500.

Zum Start Ende März 2012 standen zwei Motoren zur Wahl, so ein 3,5 Liter großer V6-Ottomotor mit Direkteinspritzung (SL 350), der eine Leistung von 306 PS / 225 kW aufwies, sowie ein 4,7-Liter-V8-Ottomotor, der mit zwei Turboladern und Direkteinspritzung ausgerüstet war und auf eine Leistung von 435 PS / 320 kW kam. (SL 500). Im Mai wurde die Motorenpalette um den SL 63 AMG, der aus einem 5,5-Liter-V8-Ottomotor mit Direkteinspritzung und Biturboaufladung 537 PS / 395 kW-leistet, erweitert. Außerdem erschien im September der SL 65 AMG, ein 6,0-Liter-V12-Ottomotor mit Biturboaufladung und einer Leistung von 630 PS / 463 kW. Ab Juni 2014 ersetzte der 3,0 Liter große V6-Ottomotor mit Direkteinspritzung und zwei Turboladern im SL 400 den bisherigen Einstiegsmotor im SL 350. Gleichzeitig wurde der SL 63 AMG in der Leistung auf 585 PS / 430 kW gesteigert.

Sonder-Editionen und Ausstattungspakete auch in Kombination mit AMG-optimierten Modellen ergaben ein breites Spektrum von Auswahlmöglichkeiten für den passionierten und zahlungskräftigen Mercedes-Fan.

Zur Einführung der neuen Baureihe bot Mercedes-Benz beide Varianten (hier der SL 500) als Sondermodell mit Namen »Edition 1« an. Es trug einen silberne Sonderlackierung (»designo Magno Kristallsilber Metallic«), hatte AMG Styling, Sportfahrwerk, AMG 19-Zoll-Leichtmetallräder, rotes Nappaleder und weitere Ausstattungsfeatures.

Nach 2015 baute Mercedes-Benz sein Angebot an Luxus-Cabriolets aus: Komfortbetonte Kunden griffen zur offenen S-Klasse, Sportfahrer zum AMG Roadster. Das führte 2020 zur vorläufigen Einstellung der Traditionsbaureihe. Im Bild: der SL 65 AMG ab Modelljahr 2016.

Mercedes-Benz SL-Klasse R 231	Mercedes-Benz SL 350 2012–2015	Mercedes-Benz SL 400 2014–2016	Mercedes-Benz SL 63 AMG 2012-2014 Mercedes-AMG SL 63 2014-2016	Mercedes-AMG SL 63 2016
Motor	Otto			
Zylinderzahl/Bauart	6 (V-Form 90°) längs; über der Vorderachse		8 (V-Form 90°) längs; über der Vorderachse	
Bohrung x Hub	92,9 x 86,0 mm	88 x 82,1 mm	98,0 x 90,5 mm	98,0 x 90,5 mm
Hubraum	3498 cm³	2996 cm³	5461 cm³	5461 cm³
Leistung	306 PS (225 kW) bei 6500 U/min	333 PS (245 kW) bei 5250 U/min	537 PS (395 kW) bei 5500 U/min; ab 04.2014: 585 PS (430 kW)	585 PS (430 kW) bei 5500 U/min
Drehmoment	370 Nm bei 3500 U/min	480 Nm bei 1600 U/min	800 Nm bei 2000 U/min; ab 04.2014: 900 Nm bei 2250 U/min	900 Nm bei 2250 U/min
Verdichtung	1:12	1:10,5	1:10,7	1:10,7
Vergaser	Direkteinspritzung, Piezo-Injektoren, SL 400: Biturbo, Ladeluftkühler		Direkteinspritzung	
Ventile/Steuerung	4 / 2 x DOHC, variabel verstellbar, Duplex-Kette, SL 63 AMG: Kette/Zahnräder			
Kühlung	Pumpe, 10,8 Liter Wasser	Pumpe, 11,6 Liter Wasser	Pumpe, 14,8 Liter Wasser	Pumpe, 14,8 Liter Wasser
Schmierung	Druckumlauf, 6,5 Liter Öl	Druckumlauf, 6,5 Liter Öl	Druckumlauf, 8,5 Liter Öl	Druckumlauf, 8,5 Liter Öl
Batterie	12 V 95 Ah	12 V 35 + 74 Ah	12 V 35 + 74 Ah	12 V 35 + 74 Ah
Lichtmaschine	2520 W	2520 W	2520 W	2520 W
Kraftübertragung	Heckantrieb			
Schaltung	Schaltstock Wagenmitte			
Kupplung	hydr. Drehmomentwandler, Überbrückungskupplung (geregelt), hydraulisch gesteuert	hydr. Drehmomentwandler, Überbrückungskupplung (geregelt), elektr.-hydraulisch gesteuert	hydr. Drehmomentwandler, Überbrückungskupplung (geregelt), hydraulisch gesteuert	hydr. Drehmomentwandler, Überbrückungskupplung (geregelt), elektronisch gesteuert
Getriebe	7G-TRONIC PLUS	7G-TRONIC PLUS	7-Gang AMG SPEEDSHIFT	7-Gang AMG SPEEDSHIFT
Übersetzungen	I. 4,38 – II. 2,86 – III. 1,92 – IV. 1,37 – V. 1,0 – VI. 0,82 – VII. 0,73 – R. 3,42			
Antriebs-Übersetzung	3.07	3.07	3.07	3.07
Karosserie/Fahrwerk	Selbsttr. Ganzstahlkarosserie		Selbsttr. Vollaluminium-Karosserie	
Vorderradaufhängung	Mehrlenkerachse, a. W. aktive Fahrwerkregelung ABC, Schraubenfeder, Einrohr-Stoßd. mit kontinuierlicher Verstelldämpfung, Drehstab-Stabilisator		Vierlenkerachse mit ABC, Schraubenfedern, Zweirohr-Gasdruck-Stoßdämpfer	
Hinterradaufhängung	Raumlenkerachse, a. W. aktive Fahrwerkregelung ABC, Schraubenfeder, Einrohr-Stoßd. mit kontinuierlicher Verstelldämpfung, Drehstab-Stabilisator		Raumlenkerachse mit ABC, Schraubenfedern, Zweirohr-Gasdruck-Stoßdämpfer, Hinterachs-Diffenzial	
Lenkung	Zahnstangen-Servolenkung, elektro-mechanisch, geschwindigkeitsabhängig, SL 63 AMG: zusätzlich Parameter-Funktion			
Fußbremse/Regelsysteme	Scheiben, innenbelüftet und gelocht v. 342 mm Ø, h. 320 mm Ø, SL 63: 390 mm Ø, h. 360 mm Ø, SL 63 AMG 2016: v./h. 350 mm Ø; ABS, BA, ESP			
Allgemeine Daten				
Radstand	2585 mm			2560 mm
Spur vorn/hinten	1608 / 1635 mm		1621 / 1604 mm	1559 / 1547 mm
Gesamtmaße	4612 x 1877 x 1314 mm		4633 x 1877 x 1300 mm	4562 x 1820 x 1298 mm
Gepäckraum	241-365 Liter (offen / geschlossen)			
Räder	8 J x 17		v. 9 J x 19, h. 10 J x 19	v. 9 J x 19, h. 10 J x 19
Reifen	255/45 R 17		v. 255/35 R 19, h. 285/30 R 19	v. 255/35 R 19, h. 285/30 R 19
Wendekreis	11,04 Meter		11,1 Meter	11,04 Meter
Leermasse	1685 kg	1730 kg	1845 kg	1910 kg
Zuläss. Gesamtgewicht	2065 kg	2110 kg	2180 kg	2205 kg
Höchstgeschwindigkeit	250 km/h	250 km/h	250-300 km/h	250 km/h
Beschleunigung 0–100 km/h	5,9 sec	5,2 sec	4,1-4,3 sec	4,1 sec
Verbrauch/100 km	7,5 Liter	7,7 Liter	9,8-10,1 Liter	10,1 Liter
Kraftstofftank	65 Liter		75 Liter	65 Liter
Anmerkung		ab 2016: 270 kW/367 PS	mit AMG Performance Package: 564 PS (415 kW)	

Mercedes-Benz AMG SL Roadster
Baureihe R 232 (ab 2021)

Die im Oktober 2021 präsentierte siebte SL-Reihe wird ausschließlich bei AMG in Affalterbach produziert. Zu den Händlern rollt sie ab März 2022. Nachdem die beiden Vorgängermodelle (R 230 und R 231) ein klappbares Hartdach hatten, wird der neue SL wieder mit einem Stoffdach angeboten. Er basiert auf einer neuen Plattform, die von Mercedes-AMG entwickelt wurde und 270 kg leichter sein soll. Mit 4705 x 1975 x 1355 mm Außenabmessung ist er in allen Dimensionen größer als der Vorgänger, der Radstand liegt bei 2700 mm. Erstmals verfügt ein SL über bewegliche Anbauteile, die den Abtrieb in Abhängigkeit der Geschwindigkeit verändern. Der Luftwiderstandsbeiwert cW beträgt 0,31.

Zunächst bringt Mercedes nur die beiden Achtzylinder-Modelle SL 55 und SL 63 heraus, die mit Allradantrieb (4matic+) versehen sind. Sie verfügen über den zweifach aufgeladenen 4,0-L-V8 M177 und leisten 476 PS / 350 kW bzw. 585 PS / 430 kW. Für die Kraftübertragung dient eine Neunstufen-Automatik (AMG Speedshift). Die Höchstgeschwindigkeit wird nicht bei 250 km/h begrenzt, sondern wird mit 295 bzw. 315 km/h angegeben. Später folgt auch eine Hybridversion

AMG-Mercedes SL 55 (R 232). Serienmäßig waren Schraubenfedern und verstellbare Dämpfer, der SL 63 hingegen hatte das Aktivfahrwerk.

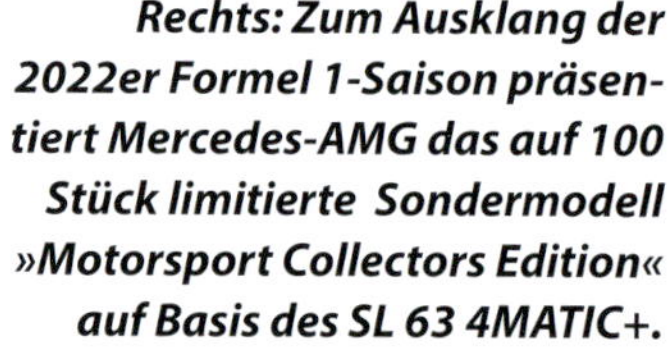

Rechts: Zum Ausklang der 2022er Formel 1-Saison präsentiert Mercedes-AMG das auf 100 Stück limitierte Sondermodell »Motorsport Collectors Edition« auf Basis des SL 63 4MATIC+.

Der bei AMG entwickelte und in Bremen gebaute R 232 war ab 2022 zunächst als SL 55 4matic+ (oben) und als SL 63 4matic+ erhältlich.

Mercedes-Benz S-Klasse Cabriolet
Baureihe A 217 (2016–2020)

Die 2014 in Genf zunächst als Coupé vorgestellte Mercedes-Benz Baureihe C/A 217 umfasste Coupé und Cabriolet der S-Klasse-Baureihe W 222. Die Markteinführung des Coupés erfolgte am 27. September 2014, nachdem die Produktion am 11. Juni 2014 begann. Eine Weltneuheit im Automobilbau war die Kurvenneigetechnik des Magic Body Control-Fahrwerks (vorausschauende Version von Active Body Control dank Road Surface Scan).

Die Vorstellung des von einem V8 angetriebenen S-Klasse Cabriolets (A 217) folgte im September 2015 auf der IAA. Damit war erstmals seit dem 1971 eingestellten Mercedes-Benz W111 wieder eine offene Version der S-Klasse erhältlich. Das Cabriolet hatte dank zahlloser Leichtbau-Versteifungen ein Fahrverhalten ähnlich wie das des geschlossenen Coupés. Die Sicherheit gewährleistete ein Überrollschutzsystem, das im Notfall hinter den Fondpassagieren pyrotechnisch ausfuhr. Verkauft wurde das große Luxus-Cabrio ab April 2016, die Preisliste begann bei 139.051,50 Euro.

Auf der Los Angeles Auto Show im November 2016 wurde mit dem Mercedes-Maybach S 650 Cabrio ein auf 300 Fahrzeuge limitiertes Luxuscabrio auf Basis des Cabriolet vorgestellt. Dieser offene S 650 trug zahlreiche Chromakzente, diverse Maybach-Embleme und 20-Zoll große Maybach-Schmiederäder. Außerdem wurde beim Öffnen der Türen das Maybach-Logo auf die Straße projiziert. Als Motor kam nur hier der aus dem S 65 bekannte 630 PS / 463 kW starke Sechsliter-V12-Biturbo zum Einsatz, der das Fahrzeug in 4,1 Sekunden auf 100 km/h beschleunigte. Die Höchstgeschwindigkeit gab der Hersteller mit abgeregelten 250 km/h an.

In Deutschland war das Maybach-Cabriolet zwischen April und Oktober 2017 zu einem Preis von 357.000 Euro erhältlich. Die Produktion des S-Klasse Cabriolets lief im Sommer 2020 aus, sie blieb bislang ohne Nachfolger.

Mit der offenen S-Klasse kehrte Mercedes-Benz in den Bereich der viersitzigen Luxus-Cabriolets zurück. Zu den Pluspunkten gehörten Verarbeitung, Fahrkomfort und Ausstattung, zu den Nachteilen der sehr hohe Preis und die daran gemessen lächerliche Garantie von nur zwei Jahren.

Ende 2017 erhielt das S-Klasse-Cabriolet ein dezentes Facelift.In dieser Seitenansicht schön zu sehen sind die neuen 20-Zoll-Schmiederäder mit jeweils 16 Speichen, die das Rad noch größer erscheinen lassen sollen. Der V12 im Mercedes-AMG S 65 kam nun auf 630 PS.

Im April 2018 zu haben war das Sondermodell »Exclusive Edition«. Zu den Besonderheiten gehörte ein LED-Lichtsystem mit Swarovski-Kristallen und Sonderlackierung, in dem Fall Aragonitsilber.

Das Mercedes-Maybach S 650 Cabriolet wurde in einer Auflage von 300 Exemplaren ab 2017 angeboten. Für Vortrieb sorgte der 6,0 Liter große V12 mit einer Leistung von 630 PS. Es kostete 300.000 Euro, plus Steuer.

	Mercedes S 500 2016–2018 Mercedes-Benz S 560 2018–2020	Mercedes-AMG S 63 4matic	Maybach S 650 Cabriolet 2017
Motor	Otto (M278/M176)	Otto (M157)	Otto (M279)
Zylinderzahl/Bauart	8 (V-Form 90°); längs; über der Vorderachse		12 (V-Form 60°); längs; über der Vorderachse
Bohrung x Hub	92,9 x 86 / 83 x 92 mm	83 x 92 / 98 x 90,5 mm	82,6 x 93 mm
Hubraum	4663 / 3982 cm³	3982 / 5461 cm³	5980 cm³
Leistung	455 PS (335 kW) bei 5250 U/min 469 PS (345 KW) bei 5250 U/min	585 PS (430 kW) bei 5500 U/min 612 PS (450 kW) bei 5500 U/min	630 PS (463 kW) bei 4800 U/min
Drehmoment	700 Nm bei 1800 U/min	900 Nm bei 2250 U/min	1000 Nm bei 2300 U/min
Verdichtung	1:10,5	1 : 10 / 1 : 8,6	1:9,0
Gemischbereitung	Direkteinspritzung, Biturbo		Direkteinspritzung, Biturbo
Ventile/Steuerung	4 / DOHC, Ventilverstellung CAMTRONIC		4 / 2 x DOHC, Kette
Kühlung	Pumpe, 12,1 / 14,2 Liter Wasser	Pumpe, 11,5 / 13,5 Liter Wasser	Pumpe, 10,5 Liter Wasser
Schmierung	Druckumlauf, 8 / 9 Liter Öl	Druckumlauf, 13 Liter Öl	Druckumlauf, 13 Liter Öl
Batterie	12V 70 Ah	12 V 70 Ah	12 V 70 Ah
Lichtmaschine	250 A	250 A	250 A
Kraftübertragung	Heckantrieb	Allradantrieb	Allradantrieb
Schaltung	Schaltstock Wagenmitte		
Kupplung	hydr. Drehmomentwandler, Überbrückungskupplung (geregelt), elektronisch gesteuert		
Getriebe	9G-TRONIC	7-Gang AMG SPEEDSHIFT	7G-TRONIC Plus
Übersetzungen	I. 5.35 – II. 3.24 – III. 2.24 – IV. 1.64 – V. 1.21 – VI. 1.00 – VII. 0.86 – VIII.0.72 – IX. 0.60 – R. 4.80	I. 4.38 – II. 2.86 – III. 1.92 – IV. – 1.37 – V. 1.0 – VI. 0.82 – VII. 0.73 – R. 3.42 (3.27)	
Antriebs-Übersetzung	2.82	3.07	3.07
Karosserie/Fahrwerk	Selbsttragende Ganzstahlkarosserie		
Vorderradaufhängung	Vierlenkerachse, Luftfeder, Gasdruckstoßdämpfer, Stabilisator, adaptives Dämpfungssystem		
Hinterradaufhängung	Raumlenkerachse, Luftfeder, Gasdruckstoßdämpfer, Stabilisator, daptives Dämpfungssystem		
Lenkung	Zahnstange, elektromechanisch, Servo		Elektromechanische Parameter-Servolenkung mit Zahnstange, variabler Übersetzung, variable Lenkkraftunterstützung
Fußbremse/Regelsysteme	Scheiben belüftet, vorn 370 mm Ø, h. 360 mm Ø, ABS, ESP, adaptiver Bremsassistent		Scheiben belüftet, vorn 390 mm Ø, h. 360 mm Ø, ABS, ESP, adaptiver Bremsassistent
Allgemeine Daten			
Radstand	2945 mm		
Spur vorn/hinten	1625/1649 mm	1625/1649 bzw. 1660/1645 mm	1635/1645 mm
Gesamtmaße	5032 x 1899 x 1417 mm	5051 x 2108 x 1500 mm	5027 x 1899 x 1417 mm
Gepäckraum	350 Liter		
Räder	v. 8 J x 18, h. 8,5 J x 18	v. 8,5 J x 19, h. 9,5 J x 19	v. 8,5 J x 20, h. 9,5 J x 20
Reifen	v. 245/50 R 18, h. 245/50 R 18	v. 255/45 R 19, h. 285/40 R 19	v. 255/40 R 20; h. 285/35 R 20
Wendekreis links/rechts	11,6 Meter		
Leermasse	2150 kg	2110 kg	2255 kg
Zuläss. Gesamtgewicht	2625 kg		
Höchstgeschwindigkeit	250 km/h	250 km/h	250 (300) km/h
Beschleunigung 0–100 km/h	4,6-5,5 sec	3,9 sec	4,1 sec
Verbrauch/100 km	9,1-11,0 Liter	10,4 Liter	12,0 Liter
Kraftstofftank	80 Liter		

MODELLÜBERSICHT G-KLASSE – BAUREIHE 460

Typ	Zylinder	Hubraum	Leistung	Beschleunigung 0-100 km/h	Höchstge-schwindigkeit	Durchschnittsver-brauch	Preis	Bauzeit
Mercedes-Benz 240 GD	4 Zylinder	2399 cm^3	53 kW / 72 PS		115 km/h	14,2 L/100 km	DM 31.192,	1979-1991
Mercedes-Benz 250 GD	5 Zylinder	2497 cm^3	62 kW / 84 PS		125 km/h	k.A.	DM 53.295,00	1987-1992
Mercedes-Benz 300 GD	5 Zylinder	2998 cm^3	59 kW / 80 PS		130 km/h	14,6 L/100 km	DM 32.984,00	1979
Mercedes-Benz 300 GD	5 Zylinder	2998 cm^3	65 kW / 88 PS		130 km/h	14,6 L/100 km	DM 36.442,50	09.1979-1991
Mercedes-Benz 230 G	4 Zylinder	2307 cm^3	66 (75) kW 90 (102) PS		128 / 137 km/h	19,5 L/100 km	DM 29.736,00	1979-1986
Mercedes-Benz 230 G	4 Zylinder	2299 cm^3	80 kW / 109 PS			19,1 L/100 km	k.A.	1986-1989
Mercedes-Benz 230 GE	4 Zylinder	2299 cm^3	92 kW / 125 PS		152 km/h	17,1 L/100 km	DM 40.454,00	1982-1991
Mercedes-Benz 230 GE Kat	4 Zylinder	2299 cm^3	90 kW / 122 PS		152 km/h	k.A.	DM 46.968,00	1986-1991
Mercedes-Benz 280 GE	6 Zylinder	2746 cm^3	115 kW / 156 PS		158 km/h	22,4 L/100 km	DM 35.896,00	1979-1991

MODELLÜBERSICHT G-KLASSE – BAUREIHE 463

Typ	Zylinder	Hubraum	Leistung	Beschleunigung 0-100 km/h	Höchstge-schwindigkeit	Durchschnittsver-brauch	Preis	Bauzeit
Mercedes-Benz 250 GD	5 Zylinder	2497 cm^3	69 kW / 94 PS		125 km/h	13,5 L/100 km	DM 59.337,00	06.1990 - 09.1992
Mercedes-Benz 300 GD	6 Zylinder	2996 cm^3	83 kW / 113 PS		135 km/h	14,7 L/100 km	DM 62.301,00	04.1990 - 08.1993
Mercedes-Benz GD 300	6 Zylinder	2996 cm^3	83 kW / 113 PS		135 km/h	14,7 L/100 km	DM 79.235,00	09.1993 - 07.1994
Mercedes-Benz G 300 TD	6 Zylinder	2996 cm^3	130 kW / 177 PS	14,2 s	164 km/h	13,1 L/100 km	DM 101.487,50	07.1996 - 11.2000
Mercedes-Benz 350 GD Turbo	6 Zylinder	3449 cm^3	100 kW / 136 PS	16,0 s	145 km/h	13,5 L/100 km	DM 86.526,00	03.1992 - 08.1993
Mercedes-Benz G 350 Turbo	6 Zylinder	3449 cm^3	100 kW / 136 PS	16,0 s	145 km/h	13,5 L/100 km	DM 95.105,00	09.1993 - 07.1996
Mercedes-Benz 230 GE	4 Zylinder	2298 cm^3	93 kW / 126 PS	17,7 s	145 km/h	16,4 L/100 km	DM 59.679,00	04.1990 - 09.1993
Mercedes-Benz G 230	4 Zylinder	2298 cm^3	93 kW / 126 PS	17,7 s	145 km/h	16,4 L/100 km	DM 76.187,50	10.1993 - 07.1994
Mercedes-Benz 300 GE	6 Zylinder	2980 cm^3	125 kW / 170 PS	13,5 s	165 km/h	18,7 L/100 km	DM 68.172,00	04.1990 - 09.1993
Mercedes-Benz G 300	6 Zylinder	2980 cm^3	125 kW / 170 PS	13,5 s	165 km/h	18,7 L/100 km	DM 85.962,50	10.1993 - 08.1996
Mercedes-Benz G 320	6 Zylinder	3199 cm^3	155 kW / 210 PS	12,5 s	170 km/h	16,6 L/100 km	DM 94.300	05.1994 - 09.1997
Mercedes-Benz G 320	V6 Zylinder	3199 cm^3	158 kW / 215 PS	10,9 s	173 km/h	15,3 L/100 km	DM 111.032,50	11.1997 - 11.2000
Mercedes-Benz G 500	V8 Zylinder	4966 cm^3	218 kW / 296 PS	9,7 s	190 km/h	16,7 L/100 km	DM 138.852	06.1998 - 11.2000
Mercedes-Benz G 55 AMG	V8 Zylinder	5439 cm^3	260 kW / 354 PS	7,4 s	209 km/h	16,2 L/100 km	DM 178.00	07.1999 - 03.2001
2000-2008								
Mercedes-Benz G 320 CDI	V6 Zylinder	2987 cm^3	165 kW / 224 PS	9,1 s	177 km/h	11,0 L/100 km	69.948	09.2006 - 09.2008
Mercedes-Benz G 400 CDI	V8 Zylinder	3996 cm^3	184 kW / 250 PS	9,9 s	182 km/h	12,8 L/100 km	76.328	07.2001 - 07.2006
Mercedes-Benz G 320	V6 Zylinder	3199 cm^3	158 kW / 215 PS	10,9 s	175 km/h	15,5 L/100 km	61.596	07.2001 - 07.2006
Mercedes-Benz G 500	V8 Zylinder	4966 cm^3	218 kW / 296 PS	9,7 s	190 km/h	16,7 L/100 km	76.328	06.2001 - 06.2008
Mercedes-Benz G 55 AMG	V8 Zylinder	5439 cm^3	260 kW / 354 PS	7,4 s	210 km/h	16,6 L/100 km	ca. 95.468	04.2001 - 05.2004
2001-2012								
Mercedes-Benz G 320 CDI	V6 Zylinder	2987 cm^3	165 kW / 224 PS	8,8 s	177 km/h	11,0 L/100 km	73.958,50	09.2008 - 05.2009
Mercedes-Benz G 350 CDI	V6 Zylinder	2987 cm^3	165 kW / 224 PS	8,8 s	177 km/h	11,0 L/100 km	76.398	06.2009 - 05.2012
Mercedes-Benz G 350 BlueTEC	V6 Zylinder	2987 cm^3	155 kW / 211 PS	8,8 s	175 km/h	11,2-11,3 L/100 km	81.146,10	09.2010 - 06.2012
Mercedes-Benz G 500 BlueTEC	V8 Zylinder	5439 cm^3	285 kW / 388 PS	5,9 s	210 km/h	14,9 L/100 km	90.618,50	08.2008 - 06.2012

Mercedes-Benz G-Klasse Cabriolet
Baureihen W 460/461/463 (1979–2013)

Die G-Modellreihe wird seit 1979 bei Kooperationspartner Steyr-Daimler-Puch in Graz produziert. Viele Jahre gab es sie auch in einer Cabrioversion. Die Basis des Fahrzeugs bildete ein klassischer Kastenrahmen aus geschlossenen Längsprofilen und Traversen. Die schraubengefederten Achsen waren starr. Als im Gelände nützlich erwiesen sich die langen Federwege und die große Bodenfreiheit sowie zuschaltbare Differenzialsperren. In seiner Karosserieform wurde das Fahrzeug zwischen 1979 und 2018 kaum verändert, technisch erfuhr es allerdings immer wieder Verbesserungen und Aktualisierungen. Diese betrafen vor allem Motoren, Interieur und Sicherheitsmerkmale, kaum aber Chassis und Fahrwerk.

Von der G-Klasse wurden drei Aufbauvarianten für die zivile Nutzung gebaut: ein zweitüriges Cabriolet. ein geschlossener Dreitürer (Station kurz) und eine fünftürige Langversion (Station lang). Die ursprüngliche Variante des W460 wurde bis 1990 nur als 4x4 produziert, danach erfolgte eine Unterteilung in zwei Modelle für verschiedene Kundenansprüche: Es gab nun neben dem Permanent-4x4 auch einen W461 mit zu- und abschaltbarem Allradantrieb und etwas reduzierter Ausstattung für Behörden, Kommunaldienste, Katastrophenschutz und Streitkräfte. Die Baureihe 463 hingegen war komfortbaler und besser ausgestattet, sie war in erster Linie für zivile Käufer bestimmt und bot eine größe Auswahl an Motoren. Von allen drei Baureihen gab es optisch nahezu identische Cabriolet-Ausführungen.

Als kleinster Motor stand 1979 ein Vierzylinder-Diesel mit 2,4 Liter Hubraum und 72 PS / 53 kW Leistung zur Verfügung. Die Höchstgeschwindigkeit lag bei 117 km/h. Beliebteste Variante wurde der 300GD mit dem aus der Pkw-Produktion bekannten 3,0-Liter-Fünfzylinder OM617. Der zunächst stärkste Motor, der 280 GE, leistete – durch Verdichtungsreduktion und Einsatz zahmerer Nockenwellen gedrosselt – 156 PS / 115 kW. 1999 kam das erste G-Modell in AMG-Ausführung, dessen V8-Saugmotor 354 PS / 260 kW leistete. Auch neue Dieselmotoren wurden ab Modell 2001 in der G-Klasse angeboten. Die Leistungen stiegen Anfang des neuen Jahrtausends auf bis zu 250 PS / 184 kW beim dieselnden G 400 CDI sowie 476 PS / 350 kW beim benzinbetriebenen, ab 2004 mit Aufladung versehenen G 55 AMG.

Anlässlich der Produktionseinstellung des Cabriolets Ende 2013 wurde ab August eine auf 200 Exemplare limitierte »Final Edition 200« angeboten, versehen mit einem beigefarbenen Verdeck. Als Motor war ausschließlich ein 387 PS / 285 kW leistender 5,0 Liter V8 verfügbar. Innerhalb von vier Wochen und somit schon vor der Premiere auf der IAA waren alle Wagen verkauft, das Stück zu 110.000 Euro.

Die Baureihe 460 lief zwischen 1979 und 1992. 1982 kam es zu Veränderungen im Interieur ebenso wie beim Motorenangebot. Das Planenverdeck war ab 1987 endgültig Geschichte.

Mercedes-Benz Typ 230 G, Baureihe 460. Ab Jahresbeginn 1985 war gegen Aufpreis ein Cabrio-ähnliches, mit klappbarem Gestänge versehenes Faltverdeck lieferbar.

Mercedes-Benz G-Klasse Baureihe 460	**Mercedes-Benz 230 G / 230 GE 1979–1989**	**Mercedes-Benz 280 GE 1979–1991**	**Mercedes-Benz 240 GD / 300 GD 1979–1991**
Motor	Otto	Otto	Diesel
Zylinderzahl/Bauart	4 (Reihe), vorne längs	6 (Reihe) vorne längs	4 / 5 (Reihe) vorne längs
Bohrung x Hub	93,75 x 83,6 / 95,5 x 80,3 mm	86,0 x 78,8 mm	90,9 x 92,4 mm
Hubraum	2307 / 2299 cm^3	2746 cm^3	2404 / 3005 cm^3
Leistung	90 PS (66 kW) b. 5000 U/min 100 PS (75 kW) b. 5200 U/min 125 PS bei 5000 U/min	150 PS (110 kW) bei 5250 U/min bzw. ab 1980: 156 PS (115 kW) bei 5250 U/min	72 PS (53 kW) bei 4400 U/min 80 PS (59 kW) bei 4000 U/min bzw. ab 1980: 88 PS (65 kW) bei 4000 U/min
Drehmoment	16,7 mkg bei 2500 U/min 17,2 mkg bei 3000 U/min 19,2 mkg bei 4000 U/min	22 mkg bei 4280 U/min bzw. ab 1980: 22,6 mkg bei 4250 U/min	13,7 mkg bei 2400 U/min 17 bzw. ab 1980 17,2 mkg bei 2400 U/min
Verdichtung	8,1:1 / 9,0:1	8,0:1	21:1
Gemischbildung	1 Flachstromvergaser Stromberg 175 CD (44 mm) GE: Mechanische Einspritzung Bosch K-Jetronic	Mechanische Einspritzung Bosch K-Jetronic	Bosch Vierstempel-Einspritzpumpe
Ventile/Steuerung	2 / hängend OHC, Duplex-Kette GE: 2 / V-förmig hängend OHC, Einfach-Kette	2 / V-förmig hängend DOHC, Duplex-Kette	2 / hängend OHC, Duplex-Kette
Kühlung	Pumpe, 10 / 8,5 Liter Wasser	Pumpe, 10,5 Liter Wasser	Pumpe, 10 / 12 Liter Wasser
Schmierung	Druckumlauf, 5 Liter Öl	Druckumlauf, 6,5 Liter Öl	Druckumlauf, 6,5 / 8,6 Liter Öl
Batterie	12 V 55-66 Ah (im Motorraum)	12 V 66 Ah (im Motorraum)	12 V 88 Ah (im Motorraum)
Lichtmaschine	Drehstrom 55 A (770 W)	Drehstrom 55 A (770 W)	Drehstrom 55 A (770 W)
Kraftübertragung	Allrad (Antrieb auf Vorderräder zu- und abschaltbar), auf Wunsch: Differentialsperren für Vorder- und Hinterachse		
Schaltung	Stockschaltung Wagenmitte		
Kupplung	Einscheibentrocken	Einscheiben, Automat: Hydraulischer Wandler 2,2fach	
Getriebe	4-Gang + Vorgelege, GE: ab 1983 auch 5-Gang	4-Gang (ab 1983 auch 5-Gang) + Vorgelege / a. W. Automatik	4-Gang + Vorgelege/ 300 GD: ab 1983 auch 5-Gang, a.W. Automat
Übersetzungen	I. 4,628 – II. 2,462 – III. 1,473 – IV. 1,00 I. 3,822 – II. 2,199 – III. 1,398 – IV. 1,00 – V. 0,813 Vorgelege: Straße 1,00, Gelände 2,14	I. 4,043 – II. 2,206 – III. 1,381 – IV. 1,00 I. 3,822 – II. 2,199 – III. 1,398 – IV. 1,00 – V. 0,813 Vorgelege: Straße 1,00, Gelände 2,14	I. 4,628 – II. 2,462 – III. 1,473 – IV. 1,00 I. 3,822 – II. 2,199 – III. 1,398 – IV. 1,00 – V. 0,813 Planetengetriebe : I. 4,007 – II. 2,392 – III. 1,463 – IV. 1,00
Antriebs-Übersetzung	5,33 / 4,9	4,9	5,33 / 4,9
Karosserie/Fahrwerk	Vierkantrohr-Kastenrahmen mit Querträgern		
Vorderradaufhängung	Starrachse, Längslenker, Querlenker (Panhardstab), Schraubenfedern, Zusatzfedern, Teleskop-Stoßdämpfer, Drehstab-Stabilisator		
Hinterradaufhängung	Starrachse, Längslenker, Querlenker (Panhardstab), Schraubenfedern, Zusatzfedern, Teleskop-Stoßdämpfer		
Lenkung	Kugelumlauf, a.W. Servo, GE: Servo ab 1983	Kugelumlauf, Servo	Kugelumlauf, a.W. Servo
Fußbremse	Zweikreis-Hydraulik, Servo, vorn Scheiben- und hinten Trommelbremsen		
Allgemeine Daten			
Radstand	2400 mm		
Spur vorn/hinten	1425/1425 mm		
Gesamtmaße	3945 x 1700 x 1960 mm		
Räder	5,5 JK x 16		
Reifen	6,50 oder 205 R 16		
Wendekreis	11,4 Meter		
Leermasse	1870-1880 kg	1895 kg,	1900-1935 kg,
Zuläss. Gesamtgewicht	2500 kg	2500 kg	2500 kg
Höchstgeschwindigkeit	131-145 km/h	150 km/h	115-130 km/h
Beschleunigung 0–100 km/h	24-20 sec	18 sec	39-27 sec
Verbrauch/100 km	19,5 -16,5 Liter Super	22 Liter Normal	15-16 Liter Diesel
Kraftstofftank	68 Liter (hinter Hinterachse)	81 Liter (hinter Hinterachse)	68 Liter (hinter Hinterachse)

Mercedes-Benz G-Klasse Baureihe 463	Mercedes-Benz 350 GD Turbo (ab 09.1993: G 350 Turbo) 1992–1996	Mercedes-Benz G 320 1997–2000	Mercedes-Benz G 500 1998–2000
Motor	Diesel	Otto	Otto
Zylinderzahl/Bauart	6 (Reihe), vorne längs	6 (V-Form 90°) längs; über der Vorderachse	8 (V-Form 90°) längs; über der Vorderachse
Bohrung x Hub	89 x 92,4 mm	89,9 x 84,0 mm	97,0 x 84 mm
Hubraum	3449 cm^3	3199 cm^3	4966 cm^3
Leistung	136 PS (100 kW) bei 4600 U/min	215 PS (158 kW) bei 5500 U/min	296 PS (218 kW) bei 5500 U/min
Drehmoment	305 Nm bei 1800 U/min	300 Nm bei 2800 U/min	456 Nm bei 2800 - 4000 U/min
Verdichtung	1:22	1:10	1:10
Gemischbildung	Vorkammer-Einspritzung, mechanisch gesteuert, Bosch Sechsstempelpumpe, Abgas-Turboladerl	mikroprozessorgesteuerte Einspritzung mit Heißfilm-Luftmassenmessung, Elektro-Förderpumpe	mikroprozessorgesteuerte Einspritzung mit Heißfilm-Luftmassenmessung, Elektro-Förderpumpe
Ventile/Steuerung	2 / hängend OHC, Duplex-Kette	3 / 2 x OHC, Duplex-Kette	3 / 2 x OHC, Duplex-Kette
Kühlung	Pumpe, 9,5 Liter Wasser	Pumpe, 11,6 Liter Wasser	Pumpe, 12 Liter Wasser
Schmierung	Druckumlauf, 8,5 Liter Öl	Druckumlauf, 8,0 Liter Öl	Druckumlauf, 8,0 Liter Öl
Batterie	12 V 72 Ah, ab 9/1993: 100 Ah	12 V 74 Ah	12 V 74 Ah
Lichtmaschine	770 W	1260 W	1610 W)
Kraftübertragung	Allradantrieb permanent, Differenzialsperren an Verteilergetriebe, Vorder- und Hinterachse per Knopfdruck sperrbar		
Schaltung	Stockschaltung Wagenmitte		
Kupplung	hydraulischer Drehmomentwandler mit Überbrückungskupplung (geregelt), Planetengetriebe hydraulisch gesteuert		
Getriebe	4 Gang-Automatik	5-Gang-Automatik	5-Gang-Automatik
Übersetzungen	I. 3,87 – II. 2,25 – III. 1,44 – IV. 1,0 – R. 5,59 Übersetzung Verteilergetriebe Straße 0,87, Gelände 2,16	I. 3,93 – II. 2,41 – III. 1,49 – IV. 1,0 – V. 0,83 – R. 3,10; Übersetzung Verteilergetriebe Straße 0,87, Gelände 2,16	II. 3,59 – II. 2,19 – III. 1,41 – IV. 1,0 – V. 0,83 – R. 3,16; Übersetzung Verteilergetriebe Straße 0,87, Gelände 2,16
Antriebs-Übersetzung	4,11 (vorne/hinten)	4,86 (vorne/hinten)	4,38 (vorne/hinten)
Karosserie/Fahrwerk	gekröpfter Vierkantrohr-Leiterrahmen		
Vorderradaufhängung	Starrachse, Längslenker, Querlenker (Panhardstab), Schraubenfedern, Zusatzfedern, Teleskopstoßdämpfer, Drehstab-Stabilisator		
Hinterradaufhängung	Starrachse, Längslenker, Querlenker (Panhardstab), Schraubenfedern, Zusatzfedern, Teleskop-Stoßdämpfer		
Lenkung	Kugelumlauf, hydraulisch Servo	Kugelumlauf, hydraulisch Servo	Kugelumlauf, hydraulisch Servo
Fußbremse	Scheiben (ab 07.1994: innenbelüftet)) vorn 303 mm Ø,, hinten Trommelbremsen 260 mm Ø	Scheiben innenbelüftet, vorn 303 mm Ø,, hinten 272 mm Ø	Scheiben innenbelüftet, vorn 313 mm Ø, hinten 272 mm Ø
Allgemeine Daten			
Radstand	2400 mm	2400 mm	2400 mm
Spur vorn/hinten	1425 mm (ab 07.1994: 1475 mm) / 1425 mm (ab 07.1994: 1475 mm)	1475/1475 mm	1475/1475 mm
Gesamtmaße	4225 x 1690 x 1940 mm, ab 07.1994: 4275 x 1760 x 1941 mm	4275 x 1760 x 1941 mm	4275 x 1760 x 1941 mm
Räder	6 J x 16 (ab 07.1994: 7,5 J x 16)	7,5 J x 16	7,5 J x 18
Reifen	205 R16 M+S (ab 07.1994: 255/65 R16)	255/65 R16 M+S	265/60 R18
Wendekreis	11,29 Meter (ab 07/1994: 11,31 Meter)		
Leermasse	2115 kg	2175 kg,	2350 kg,
Zuläss. Gesamtgewicht	2710 kg	2500 kg	2810 kg
Höchstgeschwindigkeit	145 km/h	173 km/h	190 km/h
Beschleunigung 0–100 km/h	16,0 sec	10,9 sec	9,7 sec
Verbrauch/100 km	13,5 Liter (Diesel)	15,3 Liter	16,7 Liter
Kraftstofftank	96 Liter	96 Liter	96 Liter
Anmerkung		elektrohydraulische Verdeckbetätigung	elektrohydraulische Verdeckbetätigung

Mercedes-Benz G-Klasse Baureihe 463	Mercedes-Benz G 400 CDI 2001–2006	Mercedes-Benz G 350 BlueTEC 2010–2012	Mercedes-Benz G 55 AMG 2001–2004
Motor	Diesel	Diesel	Otto
Zylinderzahl/ Bauart	8 (V-Form 75°) längs über der Vorderachse	6 (V-Form 72°) längs über der Vorderachse	8 (V-Form 90°) längs über der Vorderachse
Bohrung x Hub	86 x 86 mm	83 x 92 mm	97 x 92 mm
Hubraum	3996 cm^3	2987 cm^3	5439 cm^3
Leistung	184 kW / 250 PS bei 4400 U/min	155 kW / 211 PS bei 3800 U/min	260 kW / 354 PS bei 5500 U/min
Drehmoment	560 Nm bei 1700 - 2600 U/min	540 Nm bei 1600 U/min	525 Nm bei 3000 U/min
Verdichtung	1:18,5	1:17,7	1:10,5
Gemischbildung	Diesel Direkteinspritzung Common Rail, Turbolader, Ladeluftkühler	Diesel Direkteinspritzung Common Rail, Turbolader, Ladeluftkühler	mikroprozessorgesteuerte Einspritzung mit Heißfilm-Luftmassenmessung
Ventile/Steuerung	4 / 2 x DOHC, Duplex-Kette	4 / 2 x DOHC, Duplex-Kette	3 / hängend OHC, Duplex-Kette
Kühlung	Pumpe, 14,7 Liter Wasser	Pumpe, 10,5 Liter Wasser	Pumpe, 12 Liter Wasser
Schmierung	Druckumlauf, 9 Liter Öl	Druckumlauf, 6,5 Liter Öl	Druckumlauf, 8 Liter Öl
Batterie	12 V 90 Ah	12 V 90 Ah	12 V 100 Ah
Lichtmaschine	2100 W	2100 W	2100
Kraftübertragung	Allradantrieb permanent, Differenzialsperren an Verteilergetriebe, Vorder- und Hinterachse per Knopfdruck sperrbar. Seit 09.2001: Elektronisches Traktions-System 4ETS		
Schaltung	Stockschaltung Wagenmitte		
Kupplung	hydraulischer Drehmomentwandler mit Überbrückungskupplung (geregelt), Planetengetriebe hydraulisch gesteuert		
Getriebe	5-Gang-Automatik mit elektronischer Steuerung	Automatik 7G-TRONIC	5-Gang-Automatik mit elektronischer Steue-rung
Übersetzungen	I. 3,59 – II. 2,19 – III. 1,41 – IV. 1,0 – V. 0,83 – R. 3,17 Übersetzung Verteilergetriebe Straße 0,87, Gelände 2,16	I. 4,38 – II. 2,86 – III. 1,92 – IV. 1,37 – V. 1,00 – VI. 0,82 – VII. 0,73 – R. 3,42 Übersetzung Verteilergetriebe Straße 0,87, Gelände 2,16	I. 3,59 – II. 2,19 – III. 1,41 – IV. 1,0 – V. 0,83 – R. 3,17 Übersetzung Verteilergetriebe Straße 0,87, Gelände 2,16
Antriebs-Übersetzung	4,11 (vorne/hinten)	4,11 (vorne/hinten)	4,38 (vorne/hinten)
Karosserie/Fahrwerk	Vierkantrohr-Kastenrahmen mit Querträgern		
Vorderradaufhängung	Starrachse, Längslenker, Querlenker (Panhardstab), Schraubenfedern, Zusatzfedern, Teleskop-Stoßdämpfer, Drehstab-Stabilisator		
Hinterradaufhängung	Starrachse, Längslenker, Querlenker (Panhardstab), Schraubenfedern, Zusatzfedern, Teleskop-Stoßdämpfer		
Lenkung	Kugelumlauf, hydraulisch Servo		
Fußbremse/Regelsysteme	Zweikreis-Hydraulik, Servo, Scheiben vorne 303 mm Ø, hinten 272 mm Ø		Zweikreis-Hydraulik, Servo, Scheiben vorne(be-lüftet 315 mm Ø, hinten 272 mm Ø
Allgemeine Daten			
Radstand	2400 mm		
Spur vorn/hinten	1475/1475 mm		
Gesamtmaße	4275 x 1760 x 1941 mm		
Räder	7,5 J x 18	7,5 J x 16	7,5 J x 18
Reifen	265/60 R18	265/70 R16	265/60 R18
Wendekreis	11,31 Meter		
Leermasse	2475 kg	2285 - 2320 kg,	2375 kg,
Zuläss. Gesamtgewicht	2850 kg	2850 kg	2850 kg
Höchstgeschwindigkeit	182 km/h	175 km/h	210 km/h (elektronisch geregelt)
Beschleunigung 0–100 km/h	9,9 sec	8,8 sec	7,4 sec
Verbrauch/100 km/h	12,8 Liter	11,3 Liter	16,2 Liter
Kraftstofftank	96 Liter		

Nach 1990 erfolgte die Aufsplittung der Modellreihe: Der nutzwertigen Baureihe 460 wurden die komfortorientierteren Modelle der Reihe 463 zur Seite gestellt. Im Bild ein Mercedes-Benz Typ G 320 der Baureihe 463, 1994.

Unten: Baureihe 463, 2000–2007. In der letzten D-Mark-Preisliste vom September 2001 figurierte der G 290 CDI mit kurzem Radstand als Einstiegsmodell in die G-Klasse für 98.237,43 DM, der Diesel G 400 CDI markierte als Cabrio mit 151.553,36 DM die Spitze, zusammen mit dem G 500 Cabrio, das exakt so viel kostete.

NSU

Keimzelle des seinerzeitigen Audi-NSU-Werks in Neckarsulm war eine kleine Werkstätte zur Herstellung von Strickmaschinen, welche 1873 ein Mechaniker namens Christian Schmidt in Riedlingen an der Donau gründete. 1880 verlegte er seine Wirkungsstätte nach Neckarsulm. Der Betrieb entwickelte sich zur »Neckarsulmer Strickmaschinenfabrik«, die einen großen Aufschwung nahm, nachdem sie 1886 die Produktion von Fahrrädern aufgenommen hatte. 1888 ließ Wilhelm Maybach in Neckarsulm die Gestelle für den damals aufsehenerregenden Daimler Stahlradwagen bauen, aber erst viel später, nämlich 1906, begann NSU mit der Herstellung eigener Motorwagen. In den beiden folgenden Jahrzehnten gedieh die Firma zu einer bedeutenden Motorrad- und Automobilfabrik, geriet aber Ende der zwanziger Jahre in finanzielle Schwierigkeiten. Ein neues Automobilwerk in Heilbronn, das NSU gerade aufgebaut hatte, wurde deshalb – samt Markennamen – an den italienischen Fiat-Konzern verkauft. So kam es, dass bis in die sechziger Jahre die in Heilbronn montierten Wagen sowie einige importierte Sondermodelle unter dem Namen NSU/Fiat angeboten wurden. In den Jahren 1933/34 verspürten die Neckarsulmer Lust, wiederum mit dem Automobilbau zu beginnen. Es entstanden drei Versuchsmodelle eines von Professor Porsche konstruierten Stromlinien-Schwingachswagens mit luftgekühltem 1,5-Liter-Boxermotor im Heck. Diese Pläne, bald wieder aufgegeben, erlangten insofern historische Bedeutung, als es sich hier um einen Ur-Volkswagen handelte, dessen Konzeption bereits weitgehend dem späteren VW Käfer entsprach. 25 Jahre lang baute NSU dann Fahrräder in großen Stückzahlen, wobei 1937 auch noch der entsprechende Produktionszweig von Opel übernommen worden war. Vor allem aber lebte die Firma von motorisierten Zweirädern und wuchs bis 1955 zur damals größten Motorradfabrik der Welt. Das von da an in Deutschland rapid zurückgehende Motorradgeschäft legte es den Neckarsulmern zum vierten Mal in ihrer Geschichte nahe, sich mit dem Automobilbau zu beschäftigen. 1957 stellte NSU mit dem von Oberingenieur Albert Roder konstruierten Prinz erstmals seit 1929 wieder einen Personenwagen vor. Noch im selben Jahr absolvierte in Neckarsulm der Wankelmotor seinen ersten Prüfstandslauf. Sechs Jahre später präsentierte man auf der Frankfurter IAA mit dem Wankel Spider das erste Automobil der Welt mit Kreiskolbenmotor. Der Spider blieb das einzige offene NSU-Modell der Nachkriegszeit.

In den kommenden 15 Jahren vergaben NSU und die Wankel GmbH in München an 27 Automobilhersteller Lizenzen zum Bau von Kreiskolbenmotoren, darunter an Daimler-Benz, Rolls-Royce, General Motors, Ford, Porsche, Toyo Kogyo (Mazda) und Toyota. Allerdings brachten die 1960er-Jahre NSU zunehmend Probleme, weil zum einen die Kleinwagen-Ära zu Ende ging, zum anderen der 1967 erschienene Ro80 Unsummen an Garantie- und Kulanzkosten verschlang. 1969 übernahm VW die Aktienmehrheit des Neckarsulmer Unternehmens, wenige später wurde es mit der Auto Union in Ingolstadt zur Audi NSU Auto Union AG verschmolzen. Mitte der 1970er Jahre gab es unter dem NSU-Zeichen nur noch den Ro 80, der im VAG-Programm stets ein Fremdkörper blieb.

Der Spider stand 1963 als weltweit erstes Auto mit Wankelmotor auf der IAA. Mazda wollte seinen Wagen eigentlich auch in Frankfurt präsentieren, zog dann aber zurück, um den Lizenzgeber NSU nicht zu verärgern.

NSU Wankel Spider (1964–1967)

Der Wankel Spider (Prototyp 1963, Produktionsbeginn ein Jahr später) brachte NSU zwar das Verdienst, als erster Automobilhersteller der Welt den Kreiskolbenmotor in einen Serienwagen eingebaut zu haben, aber keinen kommerziellen Erfolg. Statt der geplanten Serie von 5.000 Einheiten liefen von September 1964 bis Juli 1967 lediglich 2.375 von den Neckarsulmer Bändern. Allerdings war der Spider auch im Rennsport aktiv und durchaus erfolgreich: Die Rennversion kam auf 90 PS /66 kW. 1966 gewann sie die deutsche GT Rallyemeisterschaft, und 1967 und 1968 wurde Siegfried Spiess auf Wankel Spider Zweiter bzw. Erster in der Deutschen Bergmeisterschaft. Die letzten Exemplare wurden erst lange nach Produktionsauslauf mit erheblichem Nachlass losgeschlagen. Mangels Nachfrage hatte man bereits im Dezember 1966 den Preis des zweisitzigen Spiders von 8.500 auf .000 Mark gesenkt. Noch ein Jahr nach Produktionsauslauf stand der NSU Spider in der Werkspreisliste vom 31.7.1968.

Die Serienfertigung startete 1964. Auf Wunsch gab es auch ein Hardtop.

NSU-typisch, befand sich der Kreiskolbenmotor – Kammervolumen 500 Kubikzentimeter – unter dem Boden des Kofferraums.

	NSU/Wankel Spider 1964–1967
Motor	Otto
Zylinderzahl/Bauart	Kreiskolbenmotor, Motor hinter, Getriebe vor der Hinterachse
Bohrung x Hub	1 Scheibe
Hubraum	Kammerinhalt: 500 cm^3
Leistung	50 PS bei 6000 U/min
Drehmoment	7,2 mkg bei 2500 U/min
Verdichtung	1:8,6
Vergaser	1 Flachstromvergaser Solex 18/32 HHD
Ventile	Ohne
Kurbelwellenlager	2
Kühlung	Pumpe, 11,5 Liter Wasser, Kühler an der Wagenfront
Schmierung	Druckumlauf, 4,5 Liter Öl
Batterie	12 V 55 Ah (unter Notsitz)
Lichtmaschine	240 W
Kraftübertragung	Heckantrieb
Schaltung	Stockschalthebel Wagenmitte
Kupplung	Einscheibentrockenkupplung
Getriebe	4 Gang
Synchronisierung	I–IV
Übersetzungen	I. 3,08 – II. 1,77 – III. 1,17 – IV. 0,85
Antriebs-Übersetzung	k.A.
Karosserie/Fahrwerk	Selbsttragende Ganzstahlkarosserie
Vorderradaufhängung	Doppel-Querlenker, Schraubenfedern, Stabilisator
Hinterradaufhängung	Pendelachse, Schräglenker, Schraubenfedern
Lenkung	Zahnstange (16,25:1), 2,8 Lenkraddrehungen
Fußbremse	Hydraulik, Scheibenbr. vorn 227 mm Ø, Trommelbr. hint. 180 mm Ø
Allgemeine Daten	
Radstand	2018 mm
Spur vorn/hinten	1246/1227 mm
Gesamtmaße	3580 x 1520 x 1260 mm
Räder	3,50 x 12
Reifen	5,00 S 12 oder 5,00 R 12
Wendekreis	9,4/9,1 Meter
Leermasse	700 kg
Zuläss. Gesamtgewicht	950 kg
Höchstgeschwindigkeit	152 km/h
Beschleunigung 0–100 km/h	16 sec
Verbrauch/100 km	10 Liter
Kraftstofftank	35 Liter (vorn)

NSU/Fiat, Neckar

Fiat in Turin – Fiat heißt Fabbrica Italiana Automobili Torino – ist die größte Automobilfabrik Italiens und war seinerzeit (nach VW und Renault) der drittgrößte Personenwagenproduzent Europas. Auf dem deutschen Markt war Fiat von jeher gut eingeführt und jahrzehntelang sogar die einzige Importmarke von Bedeutung. Gewissermaßen Heimatrecht besaß die italienische Marke hierzulande, seit sie in Heilbronn ein eigenes Montagewerk betrieb. Es handelte sich um die 1929 von NSU übernommenen Fabrikanlagen. Mit deren Kauf erwarb Fiat damals auch das Recht, die dort montierten Wagen unter der Marke NSU auf den Markt zu bringen. Nachdem NSU in Neckarsulm ab Ende der fünfziger Jahre selbst wieder Automobile baute, verzichtete die Deutsche Fiat AG ab 1966 auf die Marke NSU/Fiat und wählte für die in Heilbronn montierten Wagen den Markenamen »Neckar«. Aber auch dieser Name verschwand Ende 1969 mit dem Auslaufen der 600er-Produktion. In der Folgezeit beschränkte sich die Heilbronner Montage darauf, Limousinen der Fiat-Reihen 124, 125 und 128 mit Stahlschiebedächern zu versehen, bis schließlich im März 1973 die Pkw-Montage in Heilbronn völlig eingestellt wurde. Die Kapazität hatte maximal 80 Wagen pro Arbeitstag betragen, und das war im Zeitalter großer Stückzahlen nicht mehr wirtschaftlich. Die Deutsche Fiat AG war danach ausschließlich als Importeur tätig, wobei die Fabrik in Heilbronn als Zentrale und Reparaturwerk diente.

NSU/Fiat 500 C (1950–1955)

Als Nachfolger des berühmten Vorkriegsmodells Fiat 500 (»Topolino«) und des im Herbst 1948 herausgebrachten Zwischentyps 500 B wurde der Fiat 500 C (breite Kühlerverkleidung, größerer Gepäckraum, Reserverad im Wagen) beim Genfer Salon im März 1949 vorgestellt. Außer der zweisitzigen Cabriolet-Limousine gab es (schon beim 500 B) den viersitzigen Kombi »Giardiniera Belvedere«, zunächst in Holz-, Stahl- und ab 1952 in Ganzstahl-Ausführung. Als Anfang 1955 der Fiat 600 erschien, wurde die Produktion des äußerst beliebt gewesenen Fiat 500 C eingestellt. In Deutschland war zunächst nur der Kombi und erst ab Sommer 1950 auch der normale Zweisitzer erhältlich. Beide Modelle wurden ab 1952 als NSU/Fiat 500 C in Heilbronn montiert. Die Gesamtzahl aller Fiat 500, 500 B und 500 C betrug 520.000 Wagen.

Der Stammbaum des Topolino reichte bis ins Jahr 1936 zurück. Er steht auch am Anfang der Nachkriegsgeschichte von NSU-Fiat. Foto: Kittler

Der 500 C Topolino blieb bis 1955 im Programm. Als Cabriolimousine war er aber ein Fall für kinderlose Paare.

Preise				
	1950/51	1952	1953	1954
Cabriolet-Limousine 2 Sitze	DM 4900,–	5060,–	4910,–	4610,–
Kombi (Standard) 2 Türen	DM 5200,–	5510,–	5150,–	4850,–
Kombi (Luxus) 2 Türen	DM -	5750,–	5390,–	5090,–

NSU-Fiat 1100 TV / Neckar Sport (1954–1956)

Die Reutlinger Karosseriefirma Wendler baute von 1954 bis 1956 zunächst auf dem Fahrgestell des Fiat 1100 TV, dann auf der Basis des NSU-Fiat Neckar eine kleine Serie zweisitziger Sportcabriolets. Auch hier ist die exakte Stückzahl nicht mehr festzustellen. Der Preis betrug anfangs 11.200 D-Mark, sank aber später um 500 Mark. Auch Drauz stellte ein Cabriolet auf Basis des 1100 TV aus.

NSU/Fiat Neckar Sport Cabriolet, 2 Türen, 1955/56.

NSU/Fiat Neckar 1100 TV, mutmaßlich von Drauz, 1951. Foto: Archiv Coachbuild.com/Galrot.

NSU-Fiat 1400 Cabriolet (1951–1952)

Das Fiat 1400 Cabriolet debütierte zusammen mit der Limousine im März 1950 auf dem Genfer Salon. In Deutschland baute zunächst Rometsch, vermutlich 1951, ein eigenständiges Cabriolet auf Fiat 1400-Basis, später stellten auch die Karosseriewerke Weinsberg einen eigenen Entwurf vor. Es blieb jedoch beim Holzmodell. Dafür wurde 1952 in Weinsberg eine Anzahl NSU-Fiat 1400 Cabriolets aus angelieferten Teilen montiert, die sich vom Turiner Original nicht unterschieden. Nach Angaben eines ehemaligen Weinsberg-Mitarbeiters dürften etwa 50 Cabriolets in Deutschland montiert worden sein. Angeboten wurden sie für DM 13.850,-.

Die bei NSU-Fiat montierten Cabriolets des Fiat 1400 entstanden komplett aus italienischen Teilen. Der Rometsch-Entwurf war schlanker und hatte eine durchgehende Zierleiste.

	NSU/Fiat 500 C 1952 – 1955	NSU/Fiat Neckar 1956 – 1957
Motor	Otto	Otto, Fiat 103 E
Zylinderzahl	4 (Reihe) , hinten	4 (Reihe) , vorne längs
Bohrung x Hub	52 x 67 mm	68 x 75mm
Hubraum	570 cm^3	1089 cm^3
Leistung	16,5 PS bei 4400 U/min	37 PS bei 4400 U/min
Drehmoment	3 mkg bei 2900 U/min	7,1 mkg bei 2700 U/min
Verdichtung	1:6,5	1:7,0
Vergaser	1 Fallstromvergaser Weber 22 DRS oder Solex 22 IAC-4	1 Fallstromvergaser Weber 32 DR oder Solex 32 BIC
Ventile/Steuerung	2 / hängend, Stoßstangen und Kipphebel, seitliche Nockenwelle, Duplex-Kette	
Kühlung	Pumpe, 5,5 Liter Wasser	Pumpe, 5,6 Liter Wasser
Schmierung	Druckumlauf, 2,2 Liter Öl	Druckumlauf, 3 Liter Öl
Batterie	12 V 28 Ah (unter Boden hinter Fahrersitz)	12 V 28 Ah (im Motorraum)
Lichtmaschine	150 W	180 W
Kraftübertragung	Heckantrieb	
Schaltung	Schalthebel Wagenmitte	Lenkradschaltung
Kupplung	Einscheibentrocken	Einscheibentrocken
Getriebe	4 Gang , III–IV synchronisiert	4 Gang, II–IV. synchronisiert
Übersetzungen	I. 4,480 II. 2,730 III. 1,766 IV. 1,000	I. 3,86 II. 2,38 III. 1,57 IV. 1,00
Antriebs-Übersetzung	5,125	4,3
Karosserie/Fahrwerk	Profilrahmen mit Kreuzverstrebung, Ganzstahlkarosserie	Selbsttr. Ganzstahlkarosserie
Vorderradaufhängung	Querlenker unten, 1 Querfeder oben	Doppel-Querlenker, Schraubenfedern, Stabilisator
Hinterradaufhängung	Starrachse, Halbfedern (beim Kombi verstärkt), Stabilisator	Starrachse, Halbfedern, Stabilisator
Lenkung	Schnecke (13,79:1). 2,5 Lenkraddrehungen	Schnecke (16,4:1), 3,25 Lenkraddrehungen
Fußbremse	Hydraulisch, Trommel 200 mm Ø, Bremsfläche 492 cm^2	Hydraulisch, Trommel 250 mm Ø, Bremsfläche 658 cm^2
Handbremse	Mechanisch/Kardanwelle	Mechanisch/Kardanwelle
Allgemeine Daten		
Radstand	2000 mm	2340 mm
Spur vorn/hinten	1116/1083 mm	1229/1212 mm
Gesamtmaße	3350 x 1298 x 1375 mm	3775 x 1458 x 1485 mm
Räder	2,50 C x 15	3½ J x 14
Reifen	4,25-15	5,20-14
Wendekreis links/rechts	8,7 Meter	10,9 Meter
Leermasse	625 kg	870 kg
Zuläss. Gesamtgewicht	850 kg	1175 kg
Höchstgeschwindigkeit	95 km/h	120 km/h
Beschleunigung 0–80 km/h	36 sec	32 sec
Verbrauch/100 km	6 Liter	9 Liter
Kraftstofftank	21,5 Liter (vorn)	38 Liter (hinten)

	NSU/Fiat Jagst 1956–1960	NSU/Fiat Jagst 770, 1960–1964 NSU/Fiat Jagst 2, 1964–1969
Motor	Otto	
Zylinderzahl/Baurt	4 (Reihe), Motor hinter, Getriebe vor der Hinterachse	
Bohrung x Hub	60 x 56 mm	62 x 63,5 mm
Hubraum	633 cm^3	767 cm^3
Leistung	19 PS bei 4600 U/min, ab 3/1959: 20 PS bei 4800 U/min	25 PS bei 4800 U/min, ab 6/1964: 23 PS bei 4500 U/min
Drehmoment	4,05 mkg bei 2800 U/min	4,7 mkg bei 3000 U/min
Verdichtung	1955/56: 1:7, ab 1957: 1:7,5	1:7,5
Vergaser	1 Fallstromvergaser 1955/56: Weber 22 DRA oder Solex 22 BICF, ab 1957: Weber 22 IM, ab März 1959: Weber 26 IM	1 Fallstromvergaser Weber 28 ICP, ab 1964 auch: Solex 28 PIB
Ventile/Steuerung	2/ hängend, Stoßstangen und Kipphebel, seitliche Nockenwelle, Duplex-Kette	
Kühlung	Pumpe, 4,3 Liter Wasser	Pumpe, 4,3 Liter Wasser
Schmierung	Druckumlauf, 2,5 Liter Öl	Druckumlauf, 3 Liter Öl
Batterie	12 V 28 bzw. (ab 1958) 32 Ah (vorn im Wagen)	12 V 32 bzw. (ab 1963) 36 Ah (vorn im Wagen)
Lichtmaschine	160 W	160 W
Kraftübertragung	Heckantrieb	
Schaltung	Schaltstock Wagenmitte	
Kupplung	Einscheibentrocken, ab Sept. 1959 auf Wunsch: Saxomat	Einscheibentrocken
Getriebe	4-Gang, II–IV. synchronisiert	4-Gang, II–IV. synchronisiert
Übersetzungen	I. 3,385 – II. 2,055 – III. 1,333 – IV. 0,896	I. 3,385 – II. 2,055 – III. 1,333 – IV. 0,8966
Antriebs-Übersetzung	5,375	4,875
Karosserie/Fahrwerk	Selbsttragende Ganzstahlkarosserie	
Vorderradaufhängung	Querlenker oben, 1 Querfeder unten	
Hinterradaufhängung	Schräglenker, Schraubenfedern	
Lenkung	Schnecke (17,1:1), 3,3 Lenkraddrehungen	
Fußbremse	Hydraulisch, Trommel 185 mm Ø, Bremsfläche 432 cm^2	
Handbremse	Bis Herbst 1959: Mechanisch/Getriebe, ab Herbst 1959: Mechanisch/Hinterräder	
Allgemeine Daten		
Radstand	2000 mm	2000 mm
Spur vorn/hinten	1150/1160 mm	1150/1160 mm
Gesamtmaße	3215 x 1380 x 1410 mm	3295 x 1395 x 1410 mm
Räder	3,50 x 12	3,50 x 12
Reifen	5,20-12 (4 PR)	5,20-12 (4 PR)
Wendekreis links/rechts	8,7 Meter	8,7 Meter
Leermasse	600 kg	Jagst 770: 605 kg. Jagst 2: 615 kg
Zuläss. Gesamtgewicht	895 kg	Jagst 770: 925 kg. Jagst 2: 930 kg
Höchstgeschwindigkeit	103 km/h	104 km/h
Beschleunigung 0–80 km/h	28 sec	23 sec
Verbrauch/100 km	60 sec	54 sec
Kraftstofftank	27 Liter (vorn)	17, ab 1965 31 Liter (vorn)

Wendler NSU-Fiat 1100 TV Cabriolet, 1950. Foto: Archiv Coachbuild.com/TommyK

Der NSU-Fiat Jagst 770 Riviera, Design Vignale in Italien, wurde ausschließlich bei den Karosseriewerken Weinsberg gebaut. Foto: Lothar Spurzem, cc-by-sa 2.0

Insgesamt entstanden in Weinsberg etwa 170.000 Jagst 600/770, darunter rund 1.200 Riviera Spyder.

NECKAR vorm. NSU Heilbronn

Jagst 770 'Riviera'

Coupé

Jagst 770 'Riviera'

Spyder

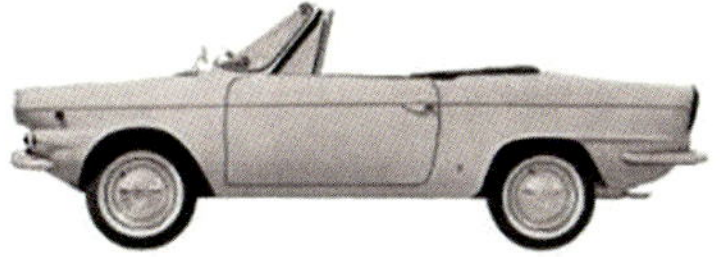

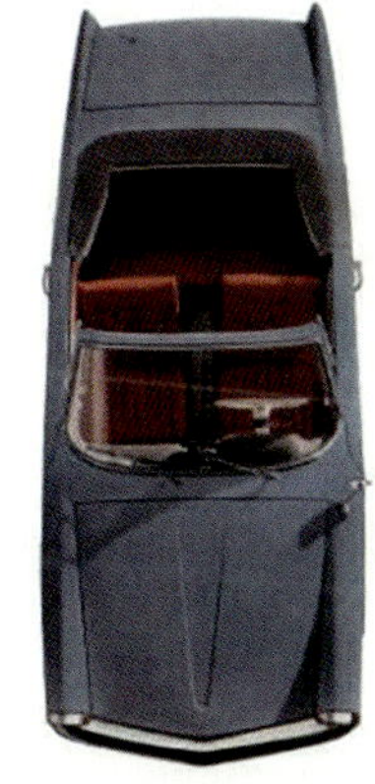

Opel

Die fünf Opel-Brüder waren begeisterte Radsportler und interessierten sich schon früh für die neuen Automobile. Im Herbst 1898 erblickte der erste »Opel-Patent-Motorwagen, System Lutzmann« das Licht der Welt, eine ursprünglich von Friedrich Lutzmann aus Dessau kreierte Schöpfung, die aber den Konkurrenzmodellen bald nicht mehr folgen konnte. 1902 übernahmen die Opels die Renault- und Darracq-Vertretung für Deutschland und präsentierten ihr erstes eigenes Modell, den Opel 10/12 PS. Andere erfolgreiche Autos folgten, die auch im Rennsport abräumten. Mit der Einführung der Fließbandproduktion für den »Laubfrosch« (eine Citroën-Kopie) ab 1924 markierten die Rüsselsheimer einen fertigungstechnischen Einschnitt in der deutschen Automobilgeschichte. 1929 ging die Adam Opel AG an General Motors. 1935 machte Opel abermals mit einer technischen Pioniertat von sich reden: Als erster deutscher Serienwagen mit selbsttragender Ganzstahlkarosserie lief der Opel Olympia vom Band.

Trotz schwerer Zerstörungen lief in Rüsselsheim bereits 1946 die Produktion des Opel-Blitz-Lkw an. 1947 erschien der Olympia in kaum veränderter Vorkriegsgestalt, 1948 folgte der ein Jahrzehnt zuvor eingeführte Kapitän. Der Sog des Wirtschaftswunders ließ die Produktionszahlen in den 1950er- und 1960er-Jahren nach oben schnellen. 1956 lief der zweimillionste Opel vom Band, 1960 wurde die dritte, 1962 die vierte Million erreicht. Ebenfalls 1962 wurde das Werk Bochum eingeweiht, 1966 das Werk Kaiserslautern in Betrieb genommen. Inzwischen zählt Opel längst wieder zu den führenden Automobilherstellern Europas.

Die frühere Cabriolet-Tradition wurde nach dem Krieg nur halbherzig wieder aufgenommen (u.a. mit großen Opel-Kapitän-Modellen), aber werksseitig 1956 mit der Olympia Rekord Cabrio-Limousine zunächst beendet. Interessenten für offene Opel mussten auf Anbieter wie Autenrieth oder Deutsch zurückgreifen. Auch Karmann baute Einzelstücke, die aber nie in Serie gingen. Kein großer Erfolg beschieden war dem Kadett C Aero, einem bei Baur in Stuttgart produzierten Targa-Modell, das nach zweijähriger Produktionsdauer wieder eingestellt wurde.

Die Renaissance des Cabriolets auf Opel-Basis begann 1982 mit dem Ascona C als Umbau bei Voll in Würzburg und später bei Hammond & Thiede, die bis 1986 insgesamt über 2.000 Exemplare erreichten. Auch der Opel Händler Keinath beteiligte sich mit exklusiven Cabriolets als Anbieter für die wieder erwachte Nachfrage.

Von Mai 1987 bis 1993 stellte Opel mit dem bei Bertone in Turin gebauten Kadett wieder ein Cabriolet ins Programm, das 60.000 Käufer fand. Beim Kadett-Nachfolger Astra war eine offene Variante von Anfang an eingeplant. Die anderen Opel-Baureihen mussten ohne Cabrio-Versionen auskommen.

Im neuen Jahrtausend machten Opel durch diverse offene Zweisitzer von sich reden,Es folgten der Tigra Twin Top (von Heuliez) und der Cascada, eine gelungene GM-Opel-Konstruktion. Große Erfolge waren ihnen nicht vergönnt, wie auch der Hersteller in immer stürmische Fahrwasser geriet. Die Schwierigkeiten der Konzern-Mutter General Motors im Gefolge der internationalen Finanzkrise führten 2017 zum Verkauf der europäischen Tochterfirmen, Opel gehört heute zur franzöischen Stellantis-Gruppe – und bietet, ebenso wenig wie Ford, keine Cabriolets mehr an.

Opel Olympia Cabrio (1950–1952)

1950 präsentierte Opel eine offene Version des stilistisch überarbeiteten Olympia. Es handelte sich um eine typische

Opel Olympia Cabrio-Limousine, 1950: Typisch für eine solche Konstruktion waren die feststehenden Scheibenrahmen .

Opel Olympia Cabrio-Limousine, 1950: Die Cabrio-Limousine war stets 200 D-Mark teurer als der geschlossene Wagen.

Cabrio-Limousine mit vier Sitzen, die nur 200 Mark mehr kostete als die Limousine. Gebaut wurden 3.114 Stück. Auch das ab Februar 1951 erneut retuschierte Olympia-Modell mit größerem Heckfenster und von außen zugänglichem Kofferraum war als Cabrio-Limousine lieferbar und wurde 6.503-mal produziert. Der Preis betrug im März 1951 DM 6.350,-.

Opel Olympia Rekord Cabrio (1954–1956)

Im Frühjahr 1953 brachte Opel den völlig neu entwickelten Rekord heraus. Er war das erste Rüsselsheimer Modell mit Pontonkarosserie und gewissermaßen ein Amerikaner im Taschenformat. Ein Jahr später gab es den Rekord auch als Cabrio-Limousine. Die gesamte Mechanik war wesentlich ausgereifter und die Verarbeitung von Anfang an gut. Er galt als wirtschaftlicher, in jeder Hinsicht unproblematischer Wagen. Serienanlauf der Limousine März 1953, des Caravan September 1953, der Cabriolet-Limousine März 1954. Von den insgesamt 151.973 Olympia Rekord entfielen 5.006 Einheiten auf die Cabrio-Limousine. Der Modelljahrgang 1955 trug die gleiche Karosserie, hatte jedoch ein größeres Heckfenster und ein anderes Kühlergitter sowie Blinkerschalter mit automatischer Rückstellung. Bauzeit September 1954 bis August 1955, 4.554 Cabrio-Limousinen.. Zum Modelljahr 1956 gab es wieder einen anderen Frontgriff und Stoßfänger ohne Hörner, dazu technische Verbesserungen, produziert von August 1955 bis August 1956 (2.944 Cabrio-Limousinen). Der Olympia Rekord des Jahres 1957 bildete schließlich den Abschluss dieser Ponton-Modellreihe. Von ihm aber gab es keine Cabriolet-Limousine mehr. Insgesamt waren 12.504 Cabrio-Limousinen entstanden.

Opel Kapitän (1948–1957)

Der zwischen 1948 und 1950 angebotene Kapitän entsprach, von kleinen Einzelheiten abgesehen, dem bereits 1939 in einer Auflage von 25.374 Stück gebauten Opel Kapitän. 1951 erhielt der Wagen eine modernisierte Karosserie im Stil des Chevrolet Modell 1947/48. Von März 1951 bis Juli 1953 wurden 48.562 Wagen gebaut. Der 1953er Kapitän hatte eine völlig neue Karosserie in Pontonform. Ab November 1953 bis Juli 1955 wurden 61.543 Wagen gebaut. Der Opel Kapitän lag damals nach VW und Opel Olympia an dritter Stelle der westdeutschen Produktionsstatistik. Die Straßenlage des Wagens war flau, weil Opel zu jener Zeit einer weichen Federungsabstimmung den Vorzug gab. Der 1955 erneuerte Kapitän wies die Karosserie des Vormodells auf, hatte jedoch ein anderes Kühlergitter und gestrafftere Linien Preis: Limousine, 4 Türen, DM 9.600,– bzw. (ab 1952) DM 9.850,–.

In Zusammenarbeit mit selbständigen Karosseriefirmen, vor allem mit Autenrieth, entstanden verschiedene große Cabriolets auf Basis der Kapitän-Baureihen in überschaubarer Stückzahl.

Autenrieth-Prototyp des Kapitän '51, der aber nicht in Serie ging.

Opel setzte als einziger Großserienhersteller in den Nachkriegsjahren weiterhin auf die Cabrio-Limousine: Opel Olympia Rekord '55.

Bei Autenrieth auf Kundenwunsch entwickeltes Cabriolet auf Basis eines Kapitän '56.

	Opel Olympia Cabrio-Limousine 1950 Opel Olympia Cabrio-Limousine 1951–1952	Opel Olympia Rekord Cabrio-Limousine 1954–1955	Opel Olympia Cabrio-Limousine 1956
Motor	Otto		
Zylinderzahl/Bauart	4 (Reihe)	4 (Reihe)	4 (Reihe)
Bohrung x Hub	80 x 74 mm	80 x 74 mm	80 x 74 mm
Hubraum	1488 cm^3	1488 cm^3	1488 cm^3
Leistung	37 PS bei 3500 U/min 39 PS bei 3700 U/min	40 PS bei 3800 U/min	45 PS bei 3900 U/min
Drehmoment	9,0 mkg bei 2000 U/min	9,6 mkg bei 1900 U/min	10 mkg bei 2300 U/min
Verdichtung	1:6,15	1:6,3	1:6,9
Vergaser	1 Fallstromvergaser Opel (Lizenz Carter)	1 Fallstromvergaser Opel (Lizenz Carter)	1 Fallstromvergaser Opel (Lizenz Carter)
Ventiltrieb	2 / SV, hängend, Stoßstangen und Kipphebel, Antrieb durch Stirnräder	2 / SV, hängend, Stoßstangen und Kipphebel, Antrieb durch Stirnräder	2 / SV, hängend, Stoßstangen und Kipphebel, Antrieb durch Stirnräder
Kühlung	Pumpe, 8,8 Liter Wasser	Pumpe, 8,8 Liter Wasser	Pumpe, 7,5 Liter Wasser
Schmierung	Druckumlauf, 3,25 Liter Öl	Druckumlauf, 3,25 Liter Öl)	Druckumlauf 3,25 Liter Öl
Batterie	6 V 75 Ah (im Motorraum)	6 V 75 Ah (im Motorraum)	6 V 84 Ah (im Motorraum)
Lichtmaschine	130 W	130 W	160 W
Kraftübertragung	Heckantrieb		
Schaltung	Lenkradschaltung		
Kupplung	Einscheibentrocken		
Getriebe	3-Gang		
Synchronisierung	II–III		
Übersetzungen	I. 3,584 – II. 1,675 – III.1,000	I. 3,584 (3.57) – II. 1.675 – III. 1,000	I. 3.57 – II. 1.675 – III. 1,000
Antriebs-Übersetzung	4,556 / 4,30	3.90	3.90
Karosserie/Fahrwerk	Selbsttr. Ganzstahlkarosserie		
Vorderradaufhängung	Doppel-Querlenker, Schraubenfedern		
Hinterradaufhängung	starr, Halbfedern , seit April 1952 mit Stabilisator		
Lenkung	Schnecke (17,8:1), 4 Lenkraddrehungen	Schnecke (17,3:1), 4 Lenkraddrehungen	Kugelumlauf
Fußbremse	Trommelbremsen	Trommelbremsen	Trommelbremsen
Allgemeine Daten			
Radstand	2395 mm	2487 mm	2487
Spur	1192/1250 (1203/1262) mm	1200 / 1268 mm	1200 / 1268 mm
Gesamtmaße	4050 x 1564 x 1580 mm	4240 x 1625 x 1550 mm,	4210 x 1625 x 1550 mm
Räder	3,25 D x 16 / 4J x 15	4J x 13	4J x 13
Reifen	5,00–16	5,60–13	5,60–13
Wendekreis links/ rechts	11 m	11 m	11 m
Leermasse	910-920 kg	920 kg	920 kg
Zuläss. Gesamtgewicht	1260-1270 kg	1270 kg	1235 kg
Höchstgeschwindig-keit	112 km/h	112 km/h	122 km/h
Beschleunigung 0–100 km/h	43 sec	43 sec	20 sec
Verbrauch/100 km	10 Liter	10 Liter	10 Liter
Kraftstofftank	35 Liter	35 Liter	35 Liter

Opel (Olympia) Rekord P (1958–1962)

Der neue Mittelklasse-Opel erhielt die Werksbezeichnung »Rekord P« und zeichnete sich durch die neue Karosserie im amerikanischen Stil mit Panoramascheiben, besserem Platzangebot und feststehenden Türgriffen. Auch die Technik präsentierte sich weiterentwickelt. Ab September 1958 gab es als Sonderausstattung die automatisch betätigte Kupplung »Olymat«. Von August 1957 bis Juli 1959 wurden insgesamt 509.110 Fahrzeuge gebaut, aber keine Cabriolets oder Cabrio-Limousinen angeboten.

Im Juli 1959 erschien der äußerlich unveränderte Nachfolger. Gleichwohl war er in Einzelheiten weiterentwickelt (Armaturentafel oben gepolstert, Lenkradschloss, Scheibenwischer, elektrischer statt mechanischer Scheibenwischer-Antrieb). An Motoren standen ein 1,5- und ein 1,7-Liter-Motor zur Wahl. Von Juli 1959 bis Juli 1960 wurden 307.893 Limousinen, Caravan und Kastenwagen gebaut, rund 70 Prozent hatten den kleineren Motor.

Erst mit dieser Baureihe gab es für die Freunde offener Autos wieder ein entsprechendes Opel-Modell, angeboten von der Darmstädter Karosseriefirma Autenrieth auf Basis der zweitürigen Rekord P-I-Limousine. Die Karosserieschneider hatten hier die Opel-Karosserie, dem Zeitgeschmack entsprechend, mit Heckflossen verfeinert, was nicht jedem gefiel.

Wie gehabt, Auch der Rekord P II war bei Autenrieth als zweisitziges Cabriolet erhältlich. Als Basismodell für diese Umbauten diente jetzt das Coupé, die zusätzlichen Heckflossen sparte man sich. Genaue Stückzahlen sind nicht bekannt.

Da Opel zur IAA 1961 ein eigenes Coupé brachte, verlor Autenrieth seinen wichtigsten Kunden. Das war das Ende für die Darmstädter.

Opel Rekord P I Cabriolet, gebaut von Autenrieth. Die zusätzlichen Heckflossen waren von den Karossiers aufgesetzt worden.

	Opel Olympia Rekord (P) 1959–1960 Opel Rekord (P II) 1961–1963	Opel Rekord A 1700 S 1963–1965 Opel Rekord-6 2600 1964–1966	Opel Rekord C 1967–1971 Opel Commodore A 1967–1971
Motor	Otto		
Zylinderzahl/Bauart	4 (Reihe), vorne längs	4 / 6 (Reihe) vorne längs	4 / 6 (Reihe) vorne längs
Bohrung x Hub	80 x 74 / 85 x 74 mm	85 x 74 / 85 x 76,5 mm	93 x 69,8 / 87 x 69,8 mm
Hubraum	1488 / 1680 cm^3	1680 / 2605 cm^3	1897 / 2490 cm^3
Leistung	37 / 40 / 44 kW (50/55/60 PS) bei 4000 / 4100 U/min	49 / 74 kW (67/100 PS) bei 4400 / 4600 U/min	66 / 85 kW (90/115 PS) bei 5100 / 5200 U/min
Drehmoment	105 / 120 / 126 Nm bei 2000 U/min	125 / 181 Nm bei 2900-2400 U/min	146 / 174 Nm bei 2800-3800 U/min
Verdichtung	1:7,25 / 8	1:8 / 8,2	1:9 / 9,5
Gemischbildung	Fallstromvergaser Opel (Lizenz Carter)	Fallstromvergaser Opel (Lizenz Carter)	Solex 32/35 DDITA-4)
Ventile/Steuerung	2 / OHV, hängend	2 / OHV, hängend	2 / OHC hängend
Kühlung	Pumpe, 8 Liter Wasser	Pumpe, 11 Liter Wasser	Pumpe 5,7 / 9,5 Liter Wasser
Schmierung	Druckumlauf 3,25 Liter Öl	Druckumlauf, 4 Liter Öl	Druckumlauf 3,6 / 4,5 Liter Öl
Batterie	6 V 77 Ah	6 V 77 Ah / 12 V 44 Ah	12 V 44 Ah
Lichtmaschine	200 W	200 W / 490 W	350 / 390 W
Kraftübertragung	Heckantrieb		
Schaltung	Lenkradschaltung		
Kupplung	Einscheibentrocken		
Getriebe	3-Gang, vollsynchronisiert	4-Gang, vollsynchronisiert	3-Gang, vollsynchronisiert
Übersetzungen	I. 3,235 – II. 1,681 – III. 1,000	I. 3.572 – II. 2.043 – III. 1,324 – IV. 1.000 I. 3.482 – II. 2.156 – III. 1,366 – IV. 1.000	I. 2,896 – II. 1,661 – III. 1,000
Antriebs-Übersetzung	3,90	3,89 / 3,20	3,90
Karosserie/Fahrwerk	Selbsttr. Ganzstahlkarosserie		
Vorderradaufhängung	Doppel-Querlenker, Schraubenfedern	Doppel-Querlenker, Schraubenfedern, Stabilisator	
Hinterradaufhängung	starr, Blattfedern	starr, Blattfedern	starr, Längslenker, Panhardstab, Schraubenfedern, Stabilisator
Lenkung	Kugelumlauf	Kugelumlauf	Kugelumlauf
Fußbremse	Hydraulisch, Trommel-Ø 230 mm	Trommeln / Scheiben vorn, Trommel hinten	Scheiben vorn, Trommel hinten, Servo
Allgemeine Daten			
Radstand	2541 mm	2639 mm	2668 mm
Spur	1260/1270 mm 1265/1280 mm	1348/1326 mm 1325/1279 (13456) mm	1412 (1410)/1140 mm
Gesamtmaße	4433 x 1616 x 1490 mm 4515 x 1632 x 1405 mm	4512 x 1696 x 1400 mm 4551 x 1690 x 1418 mm	4574 x 1754 x 1660 mm
Räder	4 / 4,5 J x 13	4,5 J x 13 / 14	5 J x 13 / 14
Reifen	5,90–13	5,90–13 / 165 SR 14	6,40–13 / 165 SR 14
Wendekreis links/rechts	11,6 / 11,5 Meter	11,6 Meter	11,7-12 Meter
Leermasse	920-930 kg	980-1115 kg	1025-1070 kg
Zuläss. Gesamtgewicht	1260-1300 kg	1300-1470 kg	1480-1505 kg
Höchstgeschwindigkeit	128-140 km/h	144-168 km/h	155-170 km/h
Beschleunigung 0–100 km/h	20-24 sec	17-13 sec	16-14 sec
Verbrauch/100 km	8 Liter	10-12 Liter	12-12,5 Liter
Kraftstofftank	40 Liter	45 Liter	55, ab 8/69: 70 Liter

Opel Rekord A / B (1963–1966)

Der Rekord A zeichnte sich durch die neue Karosserie im Stil des amerikanischen Chevy II aus. Der Serienanlauf des Rekord erfolgte im März 1963, der des Caravan im Mai 1963. Der besser ausgestattete Rekord L folgte im August 1963, kurz danach feierte das Rekord Coupé im September 1963 Premiere. Die Sechzylinder-Spitzenmodelle Rekord L-6 und das Coupé-6 (Vorläufer des Opel Commodore) bildeten im März 1964 den krönenden Abschluss dieser Generation. Gebaut wurden bis Juli 1965 insgesamt 283.273 Rekord 1500, 439.986 Rekord 1700 und 12.661 Rekord mit Sechszylindermotor, ferner 47.651 Caravan 1500, 80.626 Caravan 1700 und 21.095 Kastenlieferwagen.

Der offene Opel Rekord A war das letzte Cabriolet, das bei Autenrieth entstand. Nachdem das Darmstädter Unternehmen 1964 seine Tore schloss, übernahm die Kölner Karosseriefirma Karl Deutsch den Umbau des Rekord A-Coupés. Um das Verdeck unterbringen zu können, musste die Rücksitzbank geändert werden, sie reichte aber, so ein Test »zwei Personen bei bescheidenen Ansprüchen auch im Kopfraum«. Die genaue Stückzahl ist nicht bekannt. Das gilt noch mehr für den nachfolgenden Rekord B, einen Zwischentyp mit völlig neu konstruierte Vierzylinder-Motoren, dazu kamen optische Äderungen an Front und Heck.

Opel Rekord C (1966–1971) Opel Rekord Commodore A

Keiner der bis zu diesem Zeitpunkt gebauten Opel Rekord erreichte die Produktionsdauer und Stückzahlen des Rekord C, eines Fahrzeugs, das General Motors weltweit (und unter verschiedenene Markennamen) vermarktete . Der Fertigungsbeginn erfolgte am 8. August, die Pressevorstellung 23. August 1966. Vom vorhergehenden Modell unterschied sich der Rekord C durch die Schraubenfeder-Hinterachse, den län-

Im März 1963 präsentierte Opel den Rekord A als Nachfolger des Rekord P2. Ab 1964 auch mit Sechszylinder-Motor lieferbar, baute Autenrieth noch einige wenige Cabriolets.

Deutsch verwandelte zweitürige Opel Rekord A in Cabriolets.

geren Radstand und vor allem durch die völlig neue Karosserie. Übersichtlichkeit, Platzangebot und Gepäckraum standen zwar nicht in optimalem Verhältnis zu den Dimensionen des Wagens, doch Markenruf und Wirtschaftlichkeit in Verbindung mit der ebenso eleganten wie soliden Präsentation machten den Opel Rekord C zu einem der beliebtesten Wagen auf dem deutschen Markt und in weiten Exportgebieten. Sowohl die Limousinen als auch der nun ebenfalls mit zwei oder vier Türen angebotene Caravan waren attraktiv, vor allem aber fand das Hardtop-Coupé begeisterte Anerkennung, zumal es nur wenig mehr kostete als die Limousinen. Die Luxus-Variante des Rekord C wurde als »Commodore« vermarktet.

Die Karosseriefirma Deutsch bot ab 1967 sowohl den Rekord C als auch den Commodore A als 2/2sitziges Cabriolet an. Als Basismodell diente jeweils die zweitürige Limousine, die Umbaukosten betrugen rund .4000 Mark. Auch Karmann in Osnabrück baute vier Commodore-Cabriolets.

Opel Kadett (1962–1978)

Dieses völlig neue Modell, von Opel ausdrücklich zum »Käfer-Killer« bestimmt, hatte mit dem von 1937 bis 1941 in 107.000 Exemplaren gebauten Opel Kadett nur den Namen gemein. Für dessen Herstellung errichtete Opel das hochmoderne Produktionswerk in Bochum. Der neue Volkswagen-Konkurrent ging im August 1962 in Produktion. Der Serienanlauf des Kadett A erfolgte gestaffelt, erst im Oktober 1963 waren alle Karosserie- und Motorvarianten lieferbar. Die erste Serie, mit einem leichten Facelift im Februar 1964, lief bis August 1965. Insgesamt entstanden 649.485 Limousinen, Coupés sowie Caravans. Cabriolets indessen gab es nicht, wiewohl Deutsch einen Kadett A-Prototypen vorstellte. Der blieb im Rahmen des Erwartbaren, ganz anders als die beiden in Italien gestylten Studien.

Pietro Frua zeigte auf dem Genfer Salon 1964 auf Basis Kadett A einen Kadett Spider bei Italsuisse, der bis heute existiert. Auch im Folgejahr stand bei der Schweizer Firma Italsuisse in Genf ein weiterer Kadett-Spider, gekennzeichnet durch charakteristisch breite Scheinwerfer. Ein deutscher Entwurf hingegen war das Kadett-B-Cabriolet der Firma Welsch in Mayen.

Der Rekord B lief als Zwischentyp nur ein Jahr, bevor er vom Rekord C abgelöst wurde. Während lediglich Deutsch ein Rekord-B-Coupé zum Cabrio umbaute, gab es einen offenen Rekord C auch von Karmann.

Opel-Cabriolets kamen ab 1964 von Deutsch: Rekord A, Rekord B, Rekord C, Commodore A und sogar einige Kadett B.

Das Rekord C Cabriolet mit Deutsch-Karosserie entstand in Kleinstserie. Die Firma Karl Deutsch in Köln-Braunsfeld schloss 1972 ihre Pforten, Cabriolets waren nicht weiter gefragt.

Der Kadett C erschien im August 1973. Er hatte unter Beibehaltung der bewährten Mechanik eine neue, elegant gezeichnete und von Anfang an sauber verarbeitete Karosserie. Dieser Kadett, der als GM-Weltauto von verschiedenen Marken weltweit angeboten wurde, war auch in Krisenzeiten gefragt, denn er war nicht nur preiswert und wirtschaftlich, sondern auch gefällig gezeichnet und zuverlässig. Außerdem bot er eine große Karosserievielfalt. Zu haben waren Zwei- und Viertürer, Fließheck-Coupé und Kombi (»Caravan«) wahlweise mit 1200-Normalbenzin- oder 1200-S-Motor sowie (ab März 1974) auch wieder mit dem alten 1,0-Liter-Motor. Mit Letzterem zeigte der Kadett allerdings recht müde Fahrleistungen.

Ab Januar 1975 erhielt der Kadett eine erweiterte Grundausstattung mit Scheibenbremsen vorn, 13-Zoll-Reifen und weiteren Ausstattungsverbesserungen. Ende Mai 1975 wurde als zusätzliches Modell der Opel Kadett City (L) eingeführt, ein Golf-Konkurrent mit zwei Türen und Heckklappe, 20 cm kürzer als alle anderen Kadett-Modelle, 100 DM teurer als ein Stufenheck-Zweitürer..

Mit dem Aero rückte im März 1976 eine weitere Modellversion in das Opel-Programm. Diese Cabrioversion namens »Aero« markierte Opels halbherzigen Versuch, wieder an die Cabriolet-Tradition früherer Zeiten anzuknüpfen. Das Targa-Modell wurde bei Baur produziert und glich in seiner Konzeption den dort zuvor hergestellten Cabriolets der BMW-Baureihe 02. Als Basis diente die zweitürige Kadett C-Limousine. Als Antriebsquelle wurde zunächst nur der 1,2-Liter-Motor, ab1977

1964 päsentierte die Schweizer Firma Italsuisse auf dem Genfer Automobilsalon den von Frua designten Opel Kadett Spider. Die Studie ging nicht in Serie.

auch das 1,6-Liter-Aggregat angeboten. Der bis Juli 1978 gebaute Aero-Kadett erwies sich als Flop, nicht zuletzt wegen seines hohen Preises. Er betrug anfangs DM 15.500,-, ab August 1977 dann DM 14.500,-. Der 1,6-Liter-Motor kostete DM 655,- Aufpreis. Gebaut wurden insgesamt 1.332 Exemplare. Besonders exklusiv: der Bitter Aero Kadett. Diese Top-Version entstand in Zusammenarbeit mit der Firma Bitter und zeichnete sich durch eine Lederinnenausstattung, Irmscher-Kotflügelverbreiterungen, Breitreifen und einen mit Doppelvergaser versehenen 1,6-Liter-Motor aus. Zehn Edelcabrios entstanden.

Italsuisse zeigte auf dem Genfer Salon 1965 einen Vorjahres-Kadetten als eleganten Vignale-Spider. Das Einzelstück hatte den 48-PS starken S-Motor. Foto: ETH Zürch, Bildarchiv, cc-by-sa 4.0

Der C-Kadett war von General Motors als »Weltauto« konzipiert worden, als Fahrzeug, das auf verschiedenen Kontinenten produziert werden und sich in vielen Märkten behaupten können sollte. Ein Cabriolet spielte in diesen Überlegungen keine Rolle, was die geringe Stückzahl erklärt. Wichtigster Exportmarkt für den offenen Opel waren die Niederlande

Stylingstudien und Prototypen

Nachdem in den Sechzigern zahlreiche Karosseriebaufirmen ihre Pforten geschlossen hatten, blieb lediglich noch Karmann in Osnabrück übrig. Das Unternehmen fertigte auf Eigeninitiative oder im Auftrag diverse Einzelstücke, die aber allesamt nicht in das Produktionsprogramm der Rüsselsheimer übernommen wurden. Bis in die Neunziger gab es dann immer wieder Versuche, für Opel großserientaugliche Cabriolets zu entwickeln, Keinath etwa präsentierte ein Monza-Cabriolet, das letztlich dann in Eigenregie entstand. Vom finnischen Automobilzulieferer Valmet – der zum Beispiel für Porsche zeitweise den Boxster fertigte, – kam der Vorschlag zu einem offenen Calibra, der es ebenfalls nicht in die Serie schaffte. Auch EDAG schuf einen offenen Calibra, der die Verantwortlichen bei Opel-Mutterkonzern GM nicht überzeugte.

	Opel Kadett Aero 1600 S(R) 1977–1978
Motor	Otto
Zylinderzahl /Bauart	4 (Reihe), vorne längs
Bohrung x Hub	85 x 69,8 mm
Hubraum	1584 cm^3
Leistung	75 PS bei 5200 U/min
Drehmoment	11,5 mkg bei 3800 U/min
Verdichtung	1:8,8
Gemischbildung	1 Fallstromvergaser Solex 35 PDSI
Ventile/Steuerung	2/ hängend, Stoßstangen,Kipphebel, Rollenkette
Kühlung	Pumpe 4,6 Liter Wasser
Schmierung	Druckumlauf, 2,8 Liter Öl
Batterie	12 V 44 Ah (im Motorraum)
Lichtmaschine	390 W, ab 9/75: 630 W)
Kraftübertragung	Heckantrieb. einteilige Gelenkwelle
Schaltung	Schaltstock Wagenmitte
Kupplung	Einscheibentrocken
Getriebe	4-Gang / 3-Gang Automatik
Übersetzungen	I. 3,733 – II. 2,243 – III. 1,432 – IV. 1,00 I. 2,40 – II. 1,48 – III. 1,00
Antriebs-Übersetzungen	3,89
Karosserie/Fahrwerk	Selbsttragende Ganzstahlkarosserie
Vorderradaufhängung	Doppel-Querlenker, Schraubenfedern, Drehstab-Stabilisator
Hinterradaufhängung	Zentralgelenk-Starrachse, Längslenker, Panhardstab, Schraubenfedern, Teleskopstoßdämpfer, Drehstab-Stabilisator
Lenkung	Zahnstange, 3,8 Lenkdrehungen
Fußbremse	Scheibenbr. vorn 238 mm Ø, Trommelbr. hinten 200 mm Ø, Zweikreis-Hydraulik, Servo
Allgemeine Daten	
Radstand	2395 mm
Spur	1300/1299 mm
Gesamtmaße	4124 x 1580 x 1375 mm
Räder	5½ J x 13
Reifen	175/70 SR 13
Wendekreis links/rechts	9,95 Meter
Leermasse	920 kg
Zuläss. Gesamtgewicht	1210–1220 kg
Höchstgeschwindigkeit	157 km/h
Beschleunigung 0–100 km/h	13,5 sec
Verbrauch/100 km	9,7-10,7 Liter
Kraftstofftank	43 Liter (über Hinterachse)

Von Karmann zum Cabriolet verwandelter früher Opel Admiral.

Ein Einzelstück blieb dieses 1973 von Karmann gebaute Cabriolet auf Basis des Opel Manta A 1900 S. Die später von verschiedenen Umbauern angebotenen Cabriolets sahen der Karmann-Lösung zum Verwechseln ähnlich.

Zulieferer EDAG baute diesen Calibra zum Cabrio auf und überließ ihn der Firma Opel.

Opel Aero GT (1969)

Auf der Frankfurter Automobil-Ausstellung 1965 überraschte Opel mit einem aufsehenerregenden Grand Tourisme Coupé, abgeleitet vom Opel Kadett und ausgerüstet mit dem 1900-S-Motor. Man stellte den Wagen als Experimentalfahrzeug vor, dessen serienmäßige Produktion nicht geplant sei. Dennoch wurde der Opel GT zur Serienreife entwickelt und im September 1968 auf den Markt gebracht. Die Karosserie ließ Opel von der französischen Firma Brissoneaux & Lotz fertigen, montiert wurde der GT im Werk Bochum. Er erzielte auf Anhieb einen ausgezeichneten Verkaufserfolg, wozu seine schnittige Form ebenso beitrug wie die hervorragenden Fahrleistungen. Der 1900-S-Motor war zwar weniger sportlich als der Wagen, ermöglichte andererseits aber einen relativ niedrigen Verkaufspreis. Bis Sommer 1970 wurde der Opel GT alternativ auch mit dem vom Rallye Kadett her bekannten 1100-SR-Motor angeboten, der jedoch hier eindeutig zu schwach war.

Auf der Frankfurter Automobil-Ausstellung 1969 stand ein offener Opel Aero GT, die Studie ging aber nie in Serie. Die beiden Prototypen – einer gebaut von Fissore, der andere von Michelotti – haben überlebt.

Opel Aero GT, 1969: Neben dem Michelotti-Prototyp zu sehen sind die Serienausführung des GT sowie die Studie aus dem Jahre 1965. Die entstand bei Fissore, wie auch der zweite offene GT.

Opel Ascona C (1983–1988)

Vorgestellt nach angeblich achtjähriger Entwicklungsarbeit auf der Frankfurter Automobilausstellung im September 1981, schien sich der Ascona C / Ascona III äußerlich auf den ersten Blick vom Vorgänger nicht auffallend zu unterscheiden. Allerdings gab es nun außer den Zweitüren- und Viertüren-Stufenheck-Limousinen auch eine Viertüren-Kombilimousine mit Schrägheck und großer Ladeklappe. Die weit wichtigere Änderung aber versteckte sich unter dem Blech. Gegenüber dem Ascona B mit herkömmlichem Antrieb auf die Hinterräder zeichnete sich der Ascona C durch einen modernen Frontantrieb mit Quermotor aus. Diese Umstellung ergab sich keineswegs aus konstruktions- oder fahrtechnischen Notwendigkeiten, sondern allein aus dem Streben nach mehr Innen- und Gepäckraum bei ungefähr gleichen Gesamtabmessungen.

Ein Cabrio-Studie hatte Opel ebenfalls 1981 zur IAA vorgestellt. Diese war im Opel-Auftrag bei der American Sunroof Corp. ASC aufgebaut worden, einer 1967 vom Deutsch-Amerikaner Heinz Christian Prechter gegründeten Firma. Doch trotz der positiven Resonanz dachte Opel nicht an eine Serienproduktion, das Auto wurde unter den Lesern der Zeitschrift »auto motor und sport« nach der Messe verlost. Wer leer ausgegangen war – über 85.000 Einsendungen – konnte ab Frühjahr 1983 ein Ascona-C-Cabrio beim Dettinger Opel-Händler Keinath ordern. Das Keinath KC3-Cabriolet entstand in einer Kleinserie von 325 (andere Quellen: 434) Exemplaren zu Preisen zwischen DM 39.950,- und DM 42.000,-, plus Extras. Auch der Münchner Opel-Händler Häusler plante den Bau eines Ascona-Cabrios, die Produktion sollte bei der Firma Tropic erfolgen. Das Unternehmen aus Crailsheim steckte zu dem Zeitpunkt bereits in großen Schwierigkeiten, daher blieb es nur beim Bau von zwei Prototypen, die Tropic laut den Spezialisten der Ascona Cabrio IG bei Michelotti fertigen ließ. Tropic-Chef Weber (der bei ASC gearbeitet hatte) war dann einer der drei Partner bei Gründung der Firma Hammond & Thiede, die unter eigenem Namen – Weber war nicht mehr mit an Bord – das viersitzige Häusler-Vollcabriolet flächendeckend über das Opel-Händlernetz vertreiben durfte. Zwischen 1985 und 1988 entstanden rund 2.900 Fahrzeuge, die bei der Würzburger Karosseriefabrik Voll gebaut wurden, davon 1.283 mit Rechtslenkung als »Vauxhall Cavalier«.

Das Opel Ascona C Cabriolet von ASC wurde nach der IAA 1981 von der Zeitschrift »auto motor und sport« verlost.

Opel Ascona-Cabriolet von Keinath, Typ KC3, 1983–1985.

Opel Ascona C Cabriolet, von Auto Häusler, München, initiiert, dann von Hammond & Thiede über das Opel-Händlernetz angeboten und bei Voll in Würzburg gebaut, 1985–1988.

	Opel Ascona 1.6 S KC 3 1983–1988 Opel Ascona 1.8i KC 3 1983–1988	Opel Corsa Spider 1.3 1985–1990
Motor	Otto	
Zylinderzahl/Bauart	4 (Reihe), vorne, quer	4 (Reihe)
Bohrung x Hub	80 x 79,5 / 84,5 x 79,5 mm	75 x 73,4 mm
Hubraum	1587 / 1771 cm^3	1297 cm^3
Leistung	66 / 85 kW (90/115 PS) bei 5800 U/min	44 / 51 kW (60/70 PS) bei 5800 U/min
Drehmoment	126 / 151 Nm bei 4000-4800 U/min	96 / 101 Nm bei 3200-3800 U/min
Verdichtung	1:9,2 / 9,5	1:8,2 / 9,2
Gemischbildung	Fallstromvergaser GMF Varajet / Einspritzung Bosch Jetronic	Fallstromvergaser Pierburg
Ventile /Steuerung	2 / ohc, hängend, Hydrostößel , Zahnriemen	2 / ohc, hängend, Hydrostößel , Zahnriemen
Kühlung	Pumpe 7,9 / 7,6 Liter Wasser	Pumpe , 6,1 Liter Wasser
Schmierung	Druckumlauf 3,25 Liter Öl	Druckumlauf, 3 Liter Ökl
Batterie	12 V 44 / 55 Ah	12 V 36 / 55 Ah
Lichtmaschine	320 / 390 W	320 / 390 W
Kraftübertragung	Frontantrieb	
Schaltung	Schaltstock Wagenmitte	
Kupplung	Einscheibentrocken	Einscheibentrocken
Getriebe	4/5-Gang / 3-Gang Automatik	4/5-Gang
Übersetzungen	I. 3.545 – II. 2.158 – III. 1.370 – IV. 0.971 I. 3.42 – II. 1.95 – III. 1,28 – IV. 0.89 – V. 0.71 I. 2.48 – II. 1,60 – III. 1,000	I. 3.64 – II. 2.21 – III. 1,43 – IV. 0.71 I. 3.55 – II. 1.96 – III. 1,30 – IV. 0.89 – V. 0.71
Antriebs-Übersetzung	4.19 / 3.74 / 3.94 / 3.33	3.74 / 3.94 / 4.18
Karosserie/Fahrwerk	Selbsttr. Ganzstahlkarosserie,	
Vorderradaufhängung	McPherson-Federbeine, Querlenker, Schraubenfedern, Stabilisator	
Hinterradaufhängung	Verbundlenker, Miniblockfedern, Stoßdämpfer, Stablisator	
Lenkung	Zahnstange, Servo a.W. ab 7/82	Zahnstange
Fußbremse	Scheiben v. 233 mm Ø / Trommel h. 201 mm Ø	Scheiben v. 236 mm Ø / Trommel h.
Allgemeine Daten		
Radstand	2574 mm	2343 mm
Spur	1406/1406 mm	1320/1307 mm
Gesamtmaße	4366 x 1668 x 1370 mm	3622 x 1532 x 1365 mm
Gepäckraum	450 Liter	k.A.
Räder	5 / 5,5 J x 13	4,5 J x 13
Reifen	185/70 SR/HR 13	145 SR 13 / 155 SR 13
Wendekreis	10,95 Meter	10 Meter
Leermasse	1050-1090 kg	810 kg
Zuläss. Gesamtgewicht	1510-1549 kg	1255 kg
Höchstgeschwindigkeit	162-184 km/h	157-163 km/h
Beschleunigung 0–100 km/h	12,5-15,5 sec	13,5-13 sec
Verbrauch/100 km	8 Liter	8 Liter
Kraftstofftank	61 Liter	41 Liter

Opel Corsa Spider (1985–1990)

Der Corsa Spider entstand auf Initiative des Opel-Haustuners Irmscher in Remshalden-Grunbach und wurde auf dem Genfer Salon 1982 erstmals gezeigt. Die überraschend große Nachfrage nach einem offenen Corsa A ermutigte das schwäbische Unternehmen, eine kleine Serie solcher Fahrzeuge aufzulegen, die zunächst als Irmscher-Corsa ins Opel-Programm aufgenommen wurden. Ab Herbst 1985 wurde der Spider als Corsa-Spider offiziell unter dem Opel-Markenzeichen vertrieben; die notwendigen Karosserieversteifungen wurden bereits in Opels spanischem Corsa-Produktionswerk eingebaut.

Wer auf die schmale Rücksitzbank des Irmscher-Corsa verzichten wollte, wandte sich an die Konkurrenz: Die gefällige Spider-Kreation der Wiesbadener Firma Michalak gab es nur als Zweisitzer, aber nicht beim Opel-Händler.

Der Michalak-Spider war kein offizielles Opel-Produkt. Er war rund 40 kg leichter als ein Corsa und kostete ab DM 24.685,-.

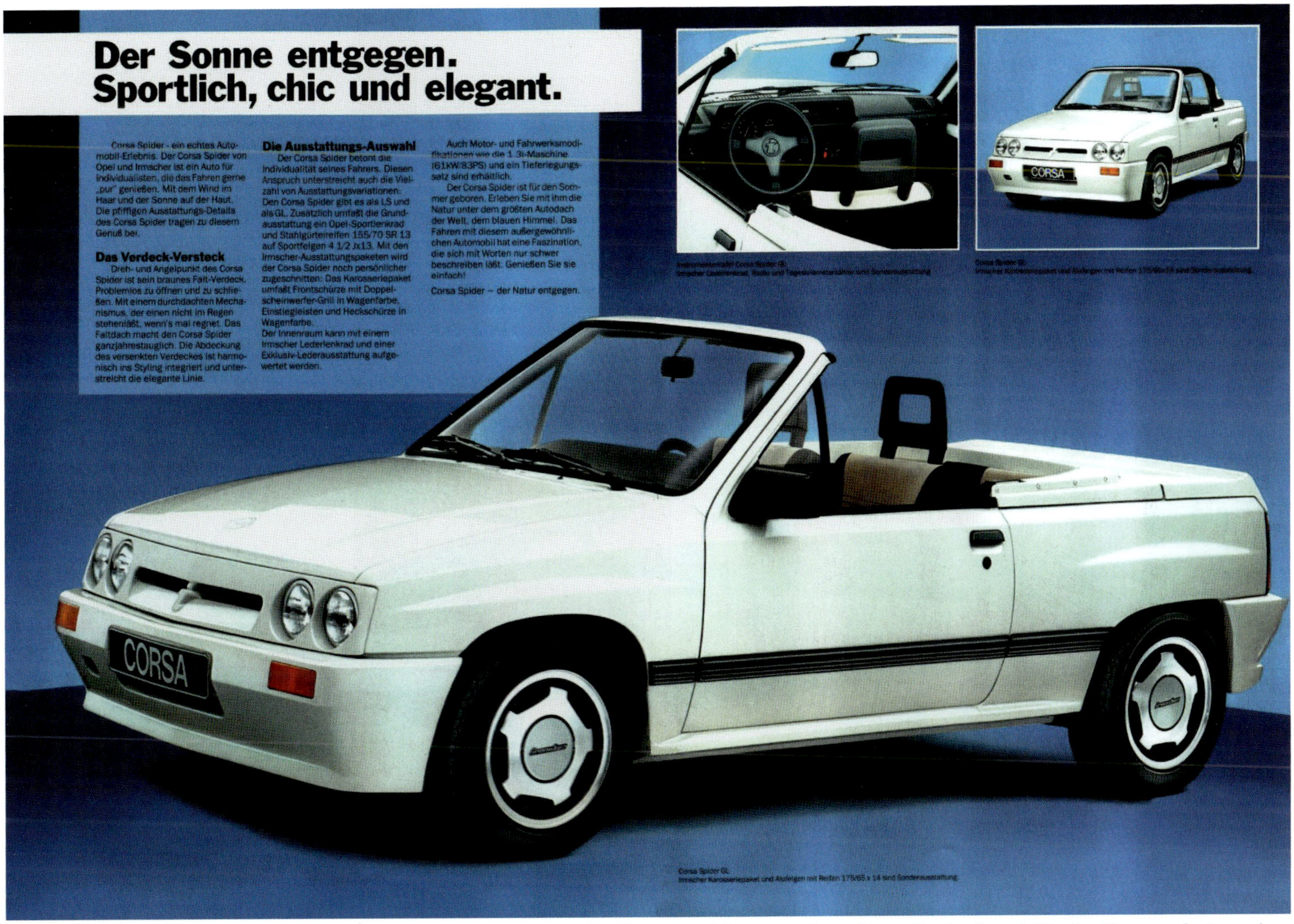

Der Sonne entgegen.
Sportlich, chic und elegant.

Corsa Spider - ein echtes Automobil-Erlebnis. Der Corsa Spider von Opel und Irmscher ist ein Auto für Individualisten, die das Fahren gerne „pur" genießen. Mit dem Wind im Haar und der Sonne auf der Haut. Die pfiffigen Ausstattungs-Details des Corsa Spider tragen zu diesem Genuß bei.

Das Verdeck-Versteck

Dreh- und Angelpunkt des Corsa Spider ist sein braunes Falt-Verdeck. Problemlos zu öffnen und zu schließen. Mit einem durchdachten Mechanismus, der einen nicht im Regen stehenläßt, wenn's mal regnet. Das Faltdach macht den Corsa Spider ganzjahrestauglich. Die Abdeckung des versenkten Verdeckes ist harmonisch ins Styling integriert und unterstreicht die elegante Linie.

Die Ausstattungs-Auswahl

Der Corsa Spider betont die Individualität seines Fahrers. Diesen Anspruch unterstreicht auch die Vielzahl von Ausstattungsvariationen. Den Corsa Spider gibt es als LS und als GL. Zusätzlich umfaßt die Grundausstattung ein Opel-Sportlenkrad und Stahlgürtelreifen 155/70 SR 13 auf Sportfelgen 4 1/2 Jx13. Mit den Irmscher-Ausstattungspaketen wird der Corsa Spider noch persönlicher zugeschnitten: Das Karosseriepaket umfaßt Frontschürze mit Doppelscheinwerfer-Grill in Wagenfarbe, Einstiegleisten und Heckschürze in Wagenfarbe.
Der Innenraum kann mit einem Irmscher Lederlenkrad und einer Exklusiv-Lederausstattung aufgewertet werden.

Auch Motor- und Fahrwerksmodifikationen wie die 1.3i-Maschine (61KW/83PS) und ein Tieferlegungssatz sind erhältlich.

Der Corsa Spider ist für den Sommer geboren. Erleben Sie mit ihm die Natur unter dem größten Autodach der Welt, dem blauen Himmel. Das Fahren mit diesem außergewöhnlichen Automobil hat eine Faszination, die sich mit Worten nur schwer beschreiben läßt. Genießen Sie sie einfach!

Corsa Spider – der Natur entgegen.

Opel Corsa (A) Spider (Karosserie Irmscher). Das Fahrzeug war mit allen Motorisierungen bestellbar, die Opel auch für den Corsa anbot, sowie dem von Irmscher getunten 1,3-Liter-Einspritzmotor. 1985–1990.

Opel Kadett E (1987–1991)

Nach der Bruchlandung des Aero-Kadett verzichtete Opel vorerst auf weitere Cabrio-Experimente. Mit Cabrios war damals kein Geschäft zu machen, und sowohl Mercedes-Benz als auch VW hielten lediglich aus Tradition daran fest. Nur wenige Jahre später sah die Sache anders aus. Der Erfolg von Golf- und Escort-Cabriolet hatte die deutsche General-Motors-Tochter in Zugzwang gebracht: Die Cabrio-Welle rollte, und Opel hatte in der wichtigen Kompakt-Klasse nichts vorzuweisen.

Abhilfe schuf das Kadett-Cabriolet, das seit 1987 seinen Platz im Werksprogramm hatte. Wie die Konkurrenten von VW und Ford entschied man sich für eine Lösung mit Überrollbügel, was neben dem Sicherheitsaspekt auch Kostenvorteile hatte. Für das Design zeichnete der italienische Karossier Nuccio Bertone verantwortlich, der auch die Produktion übernahm. Opel lieferte den kompletten Kadett nach Turin; Bertone besorgte den Umbau, wobei das Cabriolet rund 85 kg schwerer geriet als die Limousine. Opel stellte das Cabriolet in zwei Versionen vor, wobei das Basismodell mit dem 75 PS / 55 kW starken 1,6-i-Aggregat und Katalysator versehen war (den 82 PS / 60 kW starken 1,6-Liter-S-Motor ohne Katalysator gab es im Cabrio nur kurze Zeit). Das Topmodell GSi erhielt den neuen Zweiliter-Motronic-Motor mit 115 PS / 85 kW. Die Serienausstattung entsprach den jeweiligen Limousinen-Pendants.

Opel Kadett Cabrio	1,6 S	DM 26.870,-
Opel Kadett Cabrio	1,6i Kat	DM 26.870,-
Opel Kadett Cabrio	2,0i GSi Kat	DM 30.920,-

Das Kadett-E-Cabrolet erschien erst 1987.

Mit dem E-Kadett begann die Zusammenarbeit mit Bertone.

Dass Volkswagen mit dem Golf ein Cabriolet im Programm hatte, nahm Opel eher hin als die Offenlegung des hart konkurrierenden Ford Escort.

Opel Kadett Cabrio, Sondermodell »Edition Elegance«, 1992–1993.

Opel Kadett GSi Cabrio,Sondermodell »Edition Fun«, 1992–1993.

Opel Kadett E	Opel Kadett 1,6 S 1987	Opel Kadett 2.0 GSi 1987–1988	Opel Kadett 1,6i Kat 1987–1993	Opel Kadett GSi 2,0i Kat 1987–1993
Motor	Otto			
Zylinderzahl/Bauart	4 (Reihe), vorne quer	4 (Reihe), vorne quer	4 (Reihe), vorne quer	4 (Reihe), vorne quer
Bohrung x Hub	79 x 81,5 mm	86 x 86 mm	79 x 81,5 mm	86 x 86 mm
Hubraum	1598 cm^3	1984 cm^3	1598 cm^3	1984 cm^3
Leistung	82 PS (60 kW) bei 5400 U/min	112 PS (82 kW) bei 5600 U/min	75 PS (55 kW) bei 5200 U/min	115 PS (85 kW) bei 5400 U/min
Drehmoment	130 Nm bei 2600 U/min	175 Nm bei 3000 U/min	121 (125) Nm bei 3400 (3200) U/min	170 Nm bei 3000 U/min
Verdichtung	1:10,2	1:9,2	1:8,6 (9,2)	1:9,2
Gemischbildung	Registervergaser Pierburg	Einspritzung Bosch Motronic M1.5	Einspritzung Rochester	Einspritzung Bosch Motronic M1.5
Ventile/Steuerung	2 / hängend, OHC			
Kühlung	Pumpe, 7,5 Liter Wasser	Pumpe, 6,4 Liter Wasser	Pumpe, 7,5 Liter Wasser	Pumpe, 6,4 Liter Wasser
Schmierung	Druckumlauf, 3,25 Liter	Druckumlauf, 4,0 Liter	Druckumlauf, 3,25 Liter	Druckumlauf, 4,0 Liter
Batterie	12 V 55 Ah	12 V 55 Ah	12 V 44 Ah	12 V 55 Ah
Lichtmaschine	770 W	770 W	770 W	770 W
Kraftübertragung	Frontantrieb			
Schaltung	Schaltstock Wagenmitte			
Kupplung	Einscheibentrocken			
Getriebe	5-Gang			
Übersetzungen	I.3,55 – II.1,96 – III.1,30 – IV.0,89 – V.0,71 R.3,31	I.3,42 – II.2,16 – III.1,48 – IV.1,12 – V.0,89 – R.3,33	II.3,55 – II.1,96 – III.1,30 – IV.0,89 – V.0,71 R.3,31	I.3,42 – II.2,16 – III.1,48 – IV.1,12 – V.0,89 – R.3,33
Antriebs-Übersetzung	3,94	3,55	3,94	3,55
Karosserie/Fahrwerk	selbsttragende Ganzstahlkarosserie			
Vorderradaufhängung	McPherson-Federbeine, untere Querlenker, Schraubenfedern, Stabilisator			
Hinterradaufhängung	Verbundlenker-Achse, doppelkonische Miniblockfedern			
Lenkung	Zahnstange, ab 1990: Servo			
Fußbremse	Scheiben vorn 246 mm Ø,,hinten Trommeln 200 mm Ø			
Allgemeine Daten				
Radstand	2520 mm			
Spur	1400/1406 mm	1406/1406 mm	1400/1406 mm	1406/1406 mm
Gesamtmaße	3998 x 1663 x 1385 mm	3998 x 1663 x 1380 mm	3998 x 1663 x 1385 mm	3998 x 1663 x 1380 mm
Gepäckraum	290 Liter			
Räder	5,5 J x 13	5,5 J x 14	5,5 J x 13	5,5 J x 14
Reifen	175/70 R13	185/60 R14	175/70 R13	185/60 R14
Wendekreis	10,5 m	10,5 m	10,5 m	10,5 m
Leermasse	970 kg	1045 kg	980-985 kg	1055 kg
Zuläss. Gesamtgewicht	1405 kg	1460 kg	1405-1420 kg	1460 kg
Höchstgeschwindigkeit	172 km/h	195 km/h	167 km/h	195 km/h
Beschleunigung 0–100 km/h	13,0 sec	10,0 sec	14-13,5 sec	10,0 sec
Verbrauch/100 km	6,8 Liter	8,3 Liter	7,9 Liter	8,3 Liter
Kraftstofftank	52 Liter			
Anmerkung	GSi-Motoren je nach Baujahr mit 8 und 16V-Motoren, jeweils mit und ohne Katalysator angeboten.			

Opel Astra F (1992–1998)

Der in Deutschland im August 1991 eingeführte Astra F (Debüt Juli 1991) war Nachfolger des Kadett E und basierte auch weitgehend auf diesem. Die Bezeichnung Astra war in Großbritannien bereits seit langem gebräuchlich – in Deutschland sollte sie den Wechsel in eine neue Klasse verdeutlichen.

Hergestellt wurde der Astra zunächst in den Werken Bochum und Luton/GB, ab September 1992 auch in Eisenach (zusätzlich 150.00 Einheiten pro Jahr). Weitere SKD-Montagewerke standen in Polen (1994 bis 1998 mit 49.820 Exemplaren). Die Modellpalette umfasste eine drei- und fünftürige Schrägheck-Limousine, den fünftürigen Kombi (Caravan) sowie ab Mai 1992 die Stufenheck-Version. Im August 1993 kam das neue Cabrio heraus, das wieder bei Bertone gebaut wurde.

Die Cabrio-Variante des Opel Astra F entstand bei Bertone auf der Basis des Stufenheckmodells. Das eingeklappte Stoffdach hatte keine karosserieeigene Verdeckkasten-Abdeckung, sondern musste mit einer Persenning mittels Druckknöpfen manuell abgedeckt werden. Kaum ein Fahrer hat sich wegen der umständlichen Handhabung jedoch darangehalten.

Die Ausstattungslinien hießen traditionell GL, GLS, CD und GT, den sportlichen GSi mit 2,0 Liter und Gasdruckdämpfern gab es nur als Dreitürer (insgesamt 60.499 Exemplare).

Es blieb bei den bekannten Einspritzmotoren des Kadett (mit Katalysator) von 1,4 bis 2,0 Liter Hubraum (1,6 bis 2,0 serienmäßig mit Lenkhydraulik). Im August 1994 kam der 1,6 16V hinzu; der 2,0 Liter wurde im September 1995 durch einen 1,8 16V ersetzt. Neu waren im August 1991 der 1,7 D mit Querstromkopf (57 PS, im April 1994 durch einen neuen Gegenstrom-1,7 D mit 68 PS abgelöst) und der 1,7 TD (82 PS). Insgesamt bot Opel im Astra F drei verschiedene Diesel an, jeweils mit Fünfgang-Schaltgetrieben. Nur die Benziner erhielten optional eine Vierstufenautomatik.

Im Herbst 1994 erfuhren alle Astra-Modelle ein großes Facelift (bis dahin waren 4.142.686 Exemplare ausgeliefert worden). Erkennbar war der neue Jahrgang an den weißen Blinkergläsern, dem modifizierten Kühlergrill und der schwarzen Blende zwischen den abgedunkelten Rückleuchten. Der GSi, Anfang 1995 mit 136 und 150 PS, hatte ABS in Serie.

Im Herbst 1996 bekamen alle Astra Airbags serienmäßig, damit spielte Opel eine Vorreiterrolle auf dem deutschen Markt und in dieser Preisklasse sowieso.

Im Herbst 1996 bekamen alle Astra Airbags, damit setzte sich Opel klar von der Konkurrenz in seinem Wettbewerbsumfeld ab.

Opel Astra F Cabrio, 1993–1994.
Anders als Golf und Escort, aber auch der Kadett E, verzichtete das Bertone-Cabriolet auf den unschönen Bügel. Ganz sicher eines der elegantesten und familientauglichsten Cabriolets der Neunziger.

Opel Astra F	Opel Astra 2.0 i 1993–1994	Opel Astra 1.6 i 1993–1996/1996–1999	Opel Astra 1.8 i 16V 1995–1999
Motor		Otto	
Zylinderzahl/Bauart	4 (Reihe), vorne, quer	4 (Reihe), vorne, quer	4 (Reihe), vorne, quer
Bohrung x Hub	86,0 x 86,0 mm	79 x 81,5 mm	81,6 x 86 mm
Hubraum	1998 cm^3	1598 cm^3	1799 cm^3
Leistung	115 PS (85 kW) bei 5400 U/min	71 / 75 PS (52 / 55 kW) bei 5200 U/min	115 PS (85 kW) bei 5400 U/min
Drehmoment	170 Nm bei 2600 U/min	128 Nm bei 2800 U/min	170 Nm bei 3600 U/min
Verdichtung	1:10,8	1:9,6	1:10,8
Gemischbildung	elektr. Einspritzung Bosch Motronic	elektr. Zentral-Einspritzung Rochester	elektr. Einspritzung Simtec
Ventile/Steuerung	2 / parallel hängend, OHC, Zahnriemen	2 / parallel hängend, OHC, Zahnriemen	4 / V-förmig hängend, DOHC, Zahnriemen
Kühlung	Pumpe, 7,2 Liter Wasser	Pumpe, 6,1 Liter Wasser	Pumpe, 6,5 Liter Wasser
Schmierung	Druckumlauf, 4,0 Liter Öl	Druckumlauf, 3,5 Liter Öl	Druckumlauf, 4,0 Liter Öl
Batterie	12 V 44 Ah	12 V 44 Ah	12 V 66 Ah
Lichtmaschine	70 A	70 A	100 A
Kraftübertragung		Frontatntrieb	
Schaltung		Schaltstock Wagenmitte	
Kupplung		Einscheibentrocken / hydr. Wandler	
Getriebe	5-Gang	5-Gang / 4-Gang Automatik	5-Gang
Übersetzungen	I. 3.58 – II.1,88 – III. 1,23 – IV. 0.92 – V. 0,74 – R. 3,33	I. 3.73 – II. 2.13 – III. 1.41 – IV – 1.12 – V. 0.89 – R. 3.31 I. 2.81 – II. 1.48 – III. 1.0 – IV. 0,74 – R. 2,77	I. 3.58 – II.1,88 – III. 1,23 – IV. 0.92 – V. 0,74 – R. 3,33
Antriebs-Übersetzung	3.74	3.74 / 4.12	3.74
Karosserie/Fahrwerk		Selbsttragende Ganzstahlkarosserie	
Vorderradaufhängung		McPherson-Federbeine, Dreieckquerlenker, Drehstab-Stabilisator	
Hinterradaufhängung	Verbundlenker, Längslenker, Schraubenfedern, Teleskopstoßdämpfer, Drehstab-Stabilisator	Verbundlenker, Miniblockfedern, Gasdruckstoßdämpfer	Verbundlenker, Miniblockfedern, Gasdruckstoßdämpfer
Lenkung	Zahnstangenlenkung, el.-hydr. Servo	Zahnstangenlenkung, el.-hydr. Servo	Zahnstangenlenkung, el.-hydr. Servo
Fußbremse/Regelsysteme	Scheiben,v. belüftet 256 mm Ø, h. 200 mm Ø, ABS	Scheiben, v. belüftet 256 mm Ø, h. Trommel 200 m Ø,, ABS.	Scheiben, v. belüftet 256 mm Ø, h. 260 mm Ø, ABS,
Allgemeine Daten			
Radstand		2510 mm	
Spur		1420/1420 mm	
Gesamtmaße		4240 x 1680 x 1400 mm	
Kofferaum		390 Liter	
Räder		5,5 J x 14	
Reifen		185/60 HR 14	
Wendekreis		10,5 Meter	
Leermasse	1150 kg	1150-1185 kg	1240 kg
Zuläss. Gesamtgewicht	1560 kg	1560-1595 kg	1650 kg
Höchstgeschwindigkeit	195 km/h	168 km/h	200 km/h
Beschleunigung 0–100 km/h	9,5 sec	15 sec	10,0 sec
Verbrauch/100 km	8,4 Liter	8,3-8,7 Liter	8,5 Liter
Kraftstofftank	52 Liter	52 Liter	52 Liter

Opel Astra (G) (2001–2005)

Der Opel Astra G wurde als Nachfolger des Astra F von Februar 1998 bis Dezember 2005 gebaut; das zweitürige Cabrio (Fahrzeugtyp T98C) von März 2001 bis Dezember 2005. Die Fertigung des Cabrios wie auch des Coupés erfolgte wieder bei der Carrozzeria Bertone in Italien (»Erdacht bei Opel, erschaffen bei Bertone«) und begann im März 2001. Der Viersitzer mit Stoffdach galt als ausreichend geräumig, und weil das vollversenkbare Verdeck im Kasten hinter den Rücksitzen verschwand, schmälerte es auch nicht das Kofferraumvolumen. Im Vergleich zum Vorgänger war die Torsionssteifigkeit um 40 % gestiegen – leider auch die Unübersichtlichkeit nach hinten. An Motoren standen vier Ecotec-Ottomotoren (1,6 Liter mit 100/103 PS (74/76 kW), 1,8 Liter mit 125 PS / 92 kW, 2,2 Liter mit 147 PS / 108 kW und 2,0-Liter-Turbo mit 192/200 PS (141/147 kW) sowie ein Diesel mit 2,2 Liter Hubraum und 125 PS / 92 kW zur Wahl.

Das Cabrio wurde ausschließlich mit elektrischem Verdeckmechanismus angeboten, als Sonderausstattung mit Fernbedienungsmöglichkeit über die Zentralverriegelung per Schlüssel. Sie war bei den Modellen 2,2- und 2,0-Turbo Serienausstattung. Das Öffnen oder Schließen dauerte etwa 25 Sekunden.

Zusätzlich zu den gängigen Ausstattungsvarianten gab es das Cabrio im Verlauf seiner vierjährigen Produktionszeit als Sondermodelle »90-Jahre-Bertone-Edition« (ab Ende 2002), »Linea-Rossa« (Juli 2002 bis November 2004), »Linea Blu« (Herbst 2001 bis Anfang 2004), »Daytona« und »Silverstone« (ab Oktober 2003). Linea Blu-/Rossa-Kennzeichen war die blau-schwarze (rot-schwarze) Nappalederausstattung im Innenraum, die weiß unterlegten Rundinstrumenten mit roten Zeigern, das Lederlenkrad mit Fernbedienung für das Audiosystem, Sonderfarben und weitere Leckereien. Das fernbedienbare Verdeck (wahlweise auch in Rot) war ebenso serienmäßig wie das Windschott. Die »Bertone«-Edition hatte beiges Leder, BBS-Alus, Sonderlackierung Chinablau (Karbonschwarz optional) und dergleichen; »Daytona« brachte weiß unterlegte Rundinstrumente, Lederlenkrad mit Fernbedienung sowie Leder- und Alu-Applikationen mit, während beim »Silvestone«-Innenraum die Farbe Stahlgrau dominierte.

Das Opel-Astra-G-Cabriolet markierte einen deutlichen Fortschritt zum Astra F. Natürlich wurde er wieder als vollwertiger Viersitzer angepriesen. Hinten wurde es aber trotzdem eng, auch ohne voluminöses Brautkleid.

MODELLÜBERSICHT OPEL – ASTRA F CABRIOLET

Typ	Zylinder	Hubraum	Leistung	Beschleunigung 0-100 km/h	Höchst-geschwindigkeit	Durchschnitts-verbrauch	Listenpreis	Baujahr
Opel Astra 1.8 16V	4 / Reihe / 16 V	1598 cm³	85 kW / 115 PS	10,0 s	200 km/h	8,5 L/100 km	24.419 €	1994 -1995
Opel Astra 2.0i	4 / Reihe / 16 V	1998 cm³	85 kW / 115 PS	10,0 s	195 km/h		21.218 €	1993-1995
Opel Astra 1.6i	4 / Reihe / 16 V	1598 cm³	52 kW / 71 PS	14,5 s	170 km/h		18.575 €	1993-1995
Opel Astra 1.6i	4 / Reihe / 16 V	1598 cm³	55 kW / 75 PS	15,0 s	168 km/h	7,8 L/100 km	18.841 €	1996-2000
Opel Astra 1.8i 16V	4 / Reihe / 16 V	1799 cm³	85 kW / 115 PS	10,0 s	200 km/h		21.714 €	1996-2000

MODELLÜBERSICHT OPEL – ASTRA G CABRIOLET

Typ	Zylinder	Hubraum	Leistung	Beschleunigung 0-100 km/h	Höchst-geschwindigkeit	Durchschnitts-verbrauch	Listenpreis	Baujahr
Opel Astra 1.6	4 / Reihe / 16 V	1598 cm³	74 kW / 100 PS	13,0 s	190 km/h	7,3 L/100 km	21.945 €	2001-2003
Opel Astra 1.6 Twinport	4 / Reihe / 16 V	1598 cm³	76 kW / 103 PS	13.0 s	190 km/h	6,7 L/100 km	24.315 €	2003-2005
Opel Astra 1.8	4 / Reihe / 16 V	1796 cm³	92 kW / 125 PS	10,5 s	207 km/h	7,7 L/100 km	25.180 €	2001-2005
Opel Astra 2.0 Turbo	4 / Reihe / 16 V	1998 cm³	141 kW / 192 PS					2002-2002
Opel Astra 2.0 Turbo	4 / Reihe / 16 V	1998 cm³	147 kW / 200 PS	8,0 s	242 km/h	8,9 L/100 km	29.580 €	2002-2005
Opel Astra 2.2	4 / Reihe / 16 V	2198 cm³	108 kW / 147 PS	9,5 s	216 km/h	8,2 L/100 km	26.390 €	2001-2005
Opel Astra 2.2 DTI	4 / Reihe / 8V	2172 cm³	92 kW / 125 PS	10,9 s	205 km/h	6,5 L/100 km	26.990 €	2002-2005

MODELLÜBERSICHT OPEL – ASTRA H CABRIOLET TWIN TOP

Typ	Zylinder	Hubraum	Leistung	Beschleunigung 0-100 km/h	Höchst-geschwindigkeit	Durchschnitts-verbrauch	Listenpreis	Baujahr
Opel Astra 1.6 Twinport	4 / Reihe / 16 V	1598 cm³	77 kW/ 105 PS	14,1 s	186 km/h	7,0 l/100 km	25.030 €	2006-2007
Opel Astra 1.6	4 / Reihe / 16 V	1598 cm³	85 kW / 115 PS	13,3 s	192 km/h	6,9 L/100 km	25.960 €	2006-2010
Opel Astra 1.6 Turbo	4 / Reihe / 16 V	1598 cm³	132 kW/ 180 PS	9,2 s	228 km/h	7,9 L/100 km	29.670 €	2006-2010
Opel Astra 1.8	4 / Reihe / 16 V	1796 cm³	103 kW/ 140 PS	11,4 s	209 km/h	7,7 L/100 km	27.450 €	2006-2010
Opel Astra 2.0 Turbo	4 / Reihe / 16 V	1998 cm³	125 kW/ 170 PS	9,5 s	224 km/h	9,2 L/100 km	27.265 €	2006
Opel Astra 2.0 Turbo	4 / Reihe / 16 V	1998 cm³	147 kW/ 200 PS	8,9 s	237 km/h	9,5 L/100 km	32.670 €	2006-2010
Opel Astra 1.9 CDTI	4 / Reihe / 8V	1910 cm³	110 kW/150 PS	10,2 s	213 km/h	6,1 L/100 km	30.270 €	2006-2010

Opel Astra G	Opel Astra 1.6 16V Ecotec 2001–2005	Opel Astra 1.8 16V Ecotec 2001–2005	Opel Astra 2.0 16V Ecotec 2002–2005	Opel Astra 2.2 DTI 16V 2003–2005
Motor	Otto			Diesel
Zylinderzahl/Bauart	4 (Reihe), vorne, quer			
Bohrung x Hub	79 x 81,5 mm	80,5 x 88,2 mm	86 x 86 mm	84 x 98 mm
Hubraum	1598 cm^3	1796 cm^3	1998 cm^3	2171 cm^3
Leistung	100 PS (74 kW) bei 6200 U/min	125 PS (92 kW) bei 5600 U/min	200 PS (147 kW) bei 5600 U/min	125 PS (92 kW) bei 4000 U/min
Drehmoment	150 Nm bei 3200 U/min	170 Nm bei 3800 U/min	250 Nm bei 1950 U/min	280 Nm bei 1500 U/min
Verdichtung	1:10,5	1:10,5	1:8,8	1:18,5
Gemischbildung	Einspritzung sequenziell Multec	Einspritzung sequenziell Simtec	Einspritzung/Turbo	Direkteinspritzung Bosch
Ventile/Steuerung	4 / V-förmig hängend, DOHC, Zahnriemen	4 / V-förmig hängend, DOHC, Zahnriemen	4 / V-förmig hängend, DOHC, Zahnriemen	4 / parallel, OHC, hydraul. Tassenstößel, Kette
Kühlung	Pumpe, 6,3 Liter Wasser	Pumpe, 6,8 Liter Wasser	Pumpe, 7,1 Liter Wasser	Pumpe, 7,8 Liter Wasser
Schmierung	Druckumlauf, 3,5 Liter	Druckumlauf, 4,25 Liter	Druckumlauf, 5,0 Liter	Druckumlauf, 5,5 Liter
Batterie	12 V 44 Ah	12 V 55 Ah	12 V 66 Ah	12 V 70 Ah
Lichtmaschine	70 A	70 A	100 A	100 A / 1704 W
Kraftübertragung	Frontatntrieb			
Schaltung	Schaltstock Wagenmitte			
Kupplung	Einscheibentrocken			
Getriebe	5-Gang			
Übersetzungen	I. 3.73 – II. 2.14 – III. 1.41 – IV. 1.12 – V. 0.89 – R. 3.31			
Antriebs-Übersetzung	3.74	3.74	3.63	3.61
Karosserie/Fahrwerk	Selbsttragende Ganzstahlkarosserie			
Vorderradaufhängung	McPherson-Federbeine, Dreieckquerlenker an Fahrschemel, Drehstab-Stabilisator			
Hinterradaufhängung	Verbundlenker, Miniblockfedern, Gasdruckstoßdämpfer			
Lenkung	Zahnstange, elektro-hydraulisch Servo			
Fußbremse/Regelsysteme	Scheiben,v. belüftet 280 mm Ø, h. 264 mm Ø, ABS, EBV BA, TC	Scheiben,v. belüftet 308 mm Ø, h. 264 mm Ø, ABS, EBV BA, TC	Scheiben,v. belüftet 280 mm Ø, h. 264 mm Ø, ABS, EBV BA, TC	
Allgemeine Daten				
Radstand	2605 mm			
Spur	1475/1480 mm			
Gesamtmaße	4265 x 1710 x 1390 mm			
Gepäckraum	330 Liter			
Räder	6 J x 15 / a.w: 6 J x 16		6 J x 16	
Reifen	195/60 R 15, 205/50 R 16		205/50 R 16	
Wendekreis	10,9 Meter			
Leermasse	1275 kg	1305 kg	1260 kg	1505 kg
Zuläss. Gesamtgewicht	1695 kg	1725 kg	1640 kg	1850 kg
Höchstgeschwindigkeit	190 km/h	207 km/h	242 km/h	205 km/h
Beschleunigung 0–100 km/h	13 sec	10,5 sec	8 sec	10,9 sec
Verbrauch/100 km	7,6 Liter	8,4 Liter	9,4 Liter	6,7 Liter
Kraftstofftank	52 Liter			

Opel Astra G	Opel Astra 2.0 16V Turbo 2003–2005	Opel Astra 2.2 16V 2001–2005
Motor	Otto	
Zylinderzahl/Bauart	4 (Reihe), vorne, quer	
Bohrung x Hub	86 x 86 mm	86 x 94,6 mm
Hubraum	1998 cm^3	2198 cm^3
Leistung	200 PS (147 kW) bei 5600 U/min	147 PS (108 kW) bei 5800 U/min
Drehmoment	250 Nm bei 1950 U/min	203 Nm bei 4000 U/min
Verdichtung	1:8,8	1:10,0
Gemischbildung	Einspritzung/Turbolader	Einspritzung sequenziell GMPT
Ventile/Steuerung	4 / V-förmig hängend, DOHC, Zahnriemen	
Kühlung	Pumpe, 7,1 Liter Wasser	
Schmierung	Druckumlauf, 5,0 Liter Öl	
Batterie	12 V 66 Ah	
Lichtmaschine	100 A	
Kraftübertragung	Frontatntrieb	
Schaltung	Schaltstock Wagenmitte	
Kupplung	Einscheibentrocken / hydr. Wandler-Überbrückungsk., elektr. gesteuert	
Getriebe	5-Gang	5-Gang / 4-Gang Automatik
Übersetzungen	1.3.58 – II. 2.02 – III. 1.35 – IV .0,98 –,V. 0.81 – R. 3.31 I. 3.67 – II. 2.1 – III. 1.39 – IV. 1 – R. 4.02	
Antriebs-Übersetzung	3.63	3.63 / 3.95
Karosserie/Fahrwerk	Selbsttr. Ganzstahlkarosserie	
Vorderradaufhängung	McPherson-Federbeine, Dreieckquerlenker an Fahrschemel, Drehstab-Stabilisator	
Hinterradaufhängung	Verbundlenker, Miniblockfedern, Gasdruckstoßdämpfer	
Lenkung	Zahnstangenlenkung mit elektro-hydraulischem Servo	
Fußbremse/ Regelsysteme	Scheiben,vorne belüftet 308 mm Ø, h. 264 mm Ø, ABS, EBV BA, TC	
Allgemeine Daten		
Radstand	2605 mm	
Spur	1475/1480 mm	
Gesamtmaße	4265 x 1710 x 1390 mm	
Gepäckraum	330 Liter	
Räder	6 J x 16	
Reifen	205/50 R 16	
Wendekreis links/rechts	10,9 Meter	
Leermasse	1260 kg	1320 kg
Zuläss. Gesamtgewicht	1640 kg	1785 kg
Höchstgeschwindigkeit	242 km/h	216 km/h
Beschleunigung 0–100 km/h	8 sec	9,5 sec
Verbrauch/100 km	9,7 Liter	9,2 Liter
Kraftstofftank	52 Liter	

Dem geschlossenen Opel Cabrio darf man gern eine hervorragande Wintertauglichkeit zubilligen.

Bereits die Basis war mit elektrischem Verdeck, ZV, Nebelscheinwerfern, elektrischen Fensterhebern und -Außenspiegeln gut ausgestattet, auch die Durchlademöglichkeit für Ski oder Boards war immer mit an Bord. Traktionskontrolle und ESP gab es ab dem 1,8 Liter.

Opel Astra (H) Twin Top (2006–2010)

Der Astra H (auf der neuen Delta-Plattform von General Motors) war der Nachfolger des Astra G. Er wurde von März 2004 bis September 2010 für den deutschen Markt hergestellt. Als zweitüriges TwinTop Cabriolet mit versenkbarem Stahlklappdach (mit elf beweglichen Teilen) von CTS gab es dieses Auto von Mai 2006 bis September 2010.

Vorderbau und Cockpit des Klappdach-Cabrios stammten vom Astra Coupé GTC. Laut Werksangabe war das Auto um 30 Prozent steifer als sein Vorgänger – was von Testern zumindest fürs geöffnete Fahrzeug bezweifelt wurde. Das Kofferraumvolumen betrug 440 Liter bei geschlossenem Verdeck und 205 Liter bei offenem Auto.

Das Cabrio-Coupé galt als passabler Viersitzer und bot guten Fahrkomfort. Zumindest bei geschlossenem Dach schluckte der Kofferraum auch das Urlaubsgepäck für Zwei.

Der Twin Top mit seinem dreiteiligen Blechdach öffnete und schloss innerhalb von 30 Sekunden. Opel-typisch, wurde der Wagen mit einem breiten Ausstattungs- und Motorenangebot offeriert.

Opel Astra H	Opel Astra Twin Top 1.6 Turbo 2006–2010	Opel Astra Twin Top 1.8 16V 2006–2010	Opel Astra Twin Top 2.0 Turbo 2006	Opel Astra Twin Top 1.9 CDTI 2006–2010
Motor	Otto			Diesel
Zylinderzahl/Bauart	4 (Reihe), vorne, quer			
Bohrung x Hub	79 x 81,5 mm	80,5 x 88,2 mm	86 x 86 mm	82 x 90,4 mm
Hubraum	1598 cm^3	1796 cm^3	1998 cm^3	1910 cm^3
Leistung	180 PS (132 kW) bei 5500 U/min	140 PS (103 kW) bei 5600 U/min	170 PS (125 kW) bei 5200 U/min	150 PS (110 kW) bei 4000 U/min
Drehmoment	230 Nm bei 2200 U/min	175 Nm bei 3800 U/min	250 Nm bei 1950 U/min	320 Nm bei 2000 U/min
Verdichtung	1:8,8	1:10,5	1:8,8	1:17,5
Gemischbildung	Einspritzung sequenziell Motronic / Turbolader, Ladeluftkühler	Einspritzung sequenziell Simtec	Einspritzung sequenziell Motronic / Turbolader, Ladeluftkühler	Direkteinspritzung Common-Rail Bosch
Ventile/Steuerung	4 / V-förmig hängend DOHC, Zahnriemen	4 / V-förmig hängend, DOHC variabel, Zahnriemen	4 / V-förmig hängend, DOHC, Zahnriemen	4 / parallel, DOHC, Rollenschlepphebel, Zahnriemen
Kühlung	Pumpe, 6,1 Liter Wasser	Pumpe, 6,3 Liter Wasser	Pumpe, 7,7 Liter Wasser	Pumpe, 7,0 Liter Wasser
Schmierung	Druckumlauf, 4 Liter Öl	Druckumlauf, 4,25 Liter Öl	Druckumlauf, 4,25 Liter Öl	Druckumlauf, 4,3 Liter Öl
Batterie	12 V 55 Ah	12 V 44 Ah	12 V 55 Ah	12 V 60 Ah
Lichtmaschine	1420 W	994 W	1704 W	1704 W
Kraftübertragung	Frontantrieb			
Schaltung	Schalthebel Wagenmitte			
Kupplung	Einscheibentrocken / hydr. Wandler			
Getriebe	6-Gang	6-Gang / 4-Gang Automatik	6-Gang	6-Gang
Übersetzungen	I. 3.73 – II. 2.14 – III. 1.41 – IV. 1.12 – V. 0.89 – R. 3.31	I. 3.73 – II. 2.14 – III. 1.41 – IV. 1.12 – V. 0.89 – R. 3.31; I. 2.81 – II. 1.48 – III. 1.00 – IV. 0.74 – R 2.77,	I. 3.82 – II. 2.05 –III. 1.30 – IV. 0.96 – V. 0.61 – R. 3.55	I. 3.58 – II. 1.89 – III. 1.19 – IV. 0.89 – V. 0.66 R 3.43
Antriebs-Übersetzung	3.74	3.94 / 4.12	3.94	3.61
Karosserie/Fahrwerk	Selbsttragende Ganzstahlkarosserie			
Vorderradaufhängung	McPherson-Federbeine, Dreieckquerlenker an Fahrschemel, Drehstab-Stabilisator			
Hinterradaufhängung	Verbundlenker, Miniblockfedern, Gasdruckstoßdämpfer			
Lenkung	Zahnstangenlenkung mit elektro-hydraulischem Servo			
Fußbremse/Regelsysteme	Scheiben,vorne belüftet 256 mm Ø, h. 240 mm Ø, ABS, EBV BA, TC	Scheiben,vorne belüftet 280 mm Ø, hinten 264 mm Ø, ABS, EBV BA, TC		
Allgemeine Daten				
Radstand	2614 mm			
Spur	1488/1481 mm			
Gesamtmaße	4476 x1831 x 1414 mm			
Gepäckraum	205-440 Liter (offen/geschlossen)			
Räder	6,5 J x 16		7 J x 17	6,5 J x 16
Reifen	195/60 R 15		225/45 R 17	205/50 R 16
Wendekreis	11,2 Meter			
Leermasse	1275 kg	1305 kg	1260 kg	1505 kg
Zuläss. Gesamtgewicht	1695 kg	1725 kg	1640 kg	1850 kg
Höchstgeschwindigkeit	190 km/h	207 km/h	242 km/h	213 km/h
Beschleunigung 0–100 km/h	13 sec	10,5 sec	8 sec	10,9 sec
Verbrauch/100 km	7,9 Liter	7,7 Liter	9,5 Liter	6,0 Liter
Kraftstofftank	52 Liter			

Opel Tigra (B) Twin Top (2004–2009)

Der Opel Tigra TwinTop ist ein Roadster (intern: Typ X-C/ Roadster), der von Juni 2004 bis Mai 2009 in Frankreich bei dem Karosserie- und Dachspezialisten Heuliez hergestellt wurde. Es handelte sich nicht mehr um ein Coupé, sondern um eine offene Version. Im Motorenprogramm standen zwei Benziner (1,4 und 1,8 Liter mit 90 und 125 PS (66 und 92 kW) sowie ein Diesel (1,3 CDTI) mit 70 PS (51 kW) zur Verfügung. Der Wagen war .3921 mm lang und verfügte über einen Radstand von 2.491 mm.

Der Tigra B basierte auf der Gamma-Plattform von General Motors: Die Aggregate, die Fahrzeugbasis und die Innenausstattung stammen weitestgehend aus dem Corsa C. Im Gegensatz zu anderen Autos mit versenkbarem Stahldach verschwindet das zweiteilige Dach nicht komplett im Kofferraum, sondern eher hinter den Sitzen. Dies hat zur Folge, dass auch mit geöffnetem Dach ein Kofferraumvolumen von 250 Liter zur Verfügung steht. Bei geschlossenem Dach beträgt das Volumen des Kofferraums 440 Liter. Hinter den Sitzen befindet sich noch ein weiteres Staufach, das 53 Liter fasst. Bereits im ersten Jahr entstanden 81.000 Einheiten. Die Produktion des Opel Tigra endete nach 90.874 hergestellten Exemplaren im Mai 2009.

Im Unterschied zu anderen Stahldach-Cabriolets fädelte sich das Tigra-Dach zwischen Kofferraum und Fahrgastzelle ein. Das bescherte ihm einen für diese Fahrzeugklasse großen Kofferraum.

Die technische Basis des Roadsters mit dem damals angesagten Blech-Faltdach legte der Corsa. Auch die Motoren stammten aus dem Corsa-Programm.

	Opel Tigra Twin Top 1.4 / 1.8 2004–2009	Opel Tigra Twin Top 1.3 CDTI 2004–2008	Opel Speedster 2.2 2001–2004	Opel Speedster 2.0 Turbo 2003–2005	Opel GT Roadster 2007–2009
Motor	Otto	Diesel	Otto		
Zylinderzahl/Bauart	4 (Reihe), vorne quer		4 (Reihe), quer vor Hinterachse		4 (Reihe) vorne quer
Bohrung x Hub	73,4 x 80,6 mm 80,5 x 88,2 mm	69,6 x 82 mm	86 x 94,6 mm	86 x 86 mm	86 x 86 mm
Hubraum	1364 / 1796 cm³	1248 cm³	2180 cm³	1998 cm³	1998 cm³
Leistung	90 PS (66 kW) b. 5600 U/min 125 PS (92 kW) b. 5600 U/min	70 PS (51 kW) bei 4000 U/min	147 PS (108 kW) bei 5800 U/min	200 PS (147 kW) bei 5500 U/min	264 PS (194 kW) bei 5300 U/min
Drehmoment	125 Nm bei 4000 U/min 167 Nm bei 3800 U/min	170 Nm bei 1750 U/min	203 Nm bei 4000 U/min	250 Nm bei 1950 U/min	353 Nm bei 2500 U/min
Verdichtung	1:10.5	1:18	1:10,0	1:8,8	1:9,2
Gemischbildung	Einspritzung, Bosch Motronic Einspritzung, Siemens	Direkteinspritzung, Common Rail, Turbo, Ladeluftkühler	Einspritzung	Einspritzung/Turbo	Direkteinspritzung, Turbolader, Ladeluftkühler
Ventile/Steuerung	4 / V-förmig hängend, DOHC, Kette; 1.8: Zahnriemen	4 / V-förmig hängend, DOHC, Kette	4 / V-förmig hängend, DOHC, Kette	4 / V-förmig hängend, DOHC, Zahnriemen	4 / V-förmig hängend, DOHC, doppelte variable Nockenwellenverstellung, Kette
Kühlung	Pumpe, Liter	Pumpe, Liter			
Schmierung	Druckumlauf, 3,5 / 4,25 Liter	Druckumlauf, 3,25 Liter Öl	Druckumlauf, 6 Liter Öl	Druckumlauf, 6 Liter Öl	Druckumlauf, 4,7 Liter Öl
Batterie	12 V 55 Ah	12 V 60 Ah	12 V 38 Ah	12 V 45 Ah	60 Ah
Lichtmaschine	100 A	100 A	115 A	100 A	140 A
Kraftübertragung	Frontantrieb		Heckantrieb		
Schaltung	Schaltstockl Wagenmitte				
Kupplung	Einscheibentrocken				
Getriebe	5-Gang / Easytronic	5-Gang	5-Gang	5-Gang	5-Gang
Übersetzungen	I. 3.73 – II. 2.14 – III. 1.41 – IV. 1.12 – V. 0.89 – R. 3.31, Easytr.: I. 3.73 – II. 1.96 – III. 1.31 – IV. 0.95 – V. 0.76, –R. 3.31		I. 3.58 – II. 2.02 – III. 1.35 – IV. 0.97 – V. 0.81 – R. 3.31	I. 3.58 – II. 2.02 – III. 1.35 – IV. 0.97 V. 0.79 – R. 3.63	I. 3.75 – II. 2.26 – III. 1.51 – IV. 1,0 – V. 0.73 – R. 3.67
Antriebs-Übersetzung	3.74 / 3.94	3.55	3.95	3.95	3.73
Karosserie/Fahrwerk	Selbsttragende Ganzstahlkarosserie		Alu-Spaceframe, GfK-Karosserie		Alu-Spaceframe, Karosserie in Gemischbauweise
Vorderradaufhängung	McPherson-Federbein, Querlenker unten, geteilte Achsschenkel, Differenzialsperre		Doppelquerlenker, McPherson-Federbein, Stabilisator		Doppelquerlenker, McPherson-Federbein, Stabilisator
Hinterradaufhängung	Verbundlenkerachse, Watt-Gestänge, Schraubenfedern, Stoßdämper		Querlenker, Schräglenker, McPherson-Federbein, Stabilisator		Quer-/Längslenker, Schraubenfedern, Stoßdämpfern, Stabilisator, Sperrdifferzial
Lenkung	Zahnstange, elektr. Servo		Zahnstange		Zahnstange, Servo
Fußbremse/Regelsysteme	Scheiben vorn belüftet 260 mm Ø, h. Trommel, 1.8: 240 mm Ø, ABS, ESP		Scheiben belüftet, vorn 288 mm Ø, hinten 288 mm Ø, ABS		Scheiben, belüftet vorn 296 mm Ø, h. 278 mm Ø, ESP
Allgemeine Daten					
Radstand	2490 mm		2330 mm		2415 mm
Spur	1430/1420 mm		1450/1490 mm		1545/1560 mm
Gesamtmaße	3920 x 1685 x 1365 mm		3790 x 1710 x 1110 mm		4100 x 1815 x 1275 mm
Gepäckraum	250-440 Liter (offen/geschlossen, zusätzlich 70 l)		205 Liter		65-155 l (offen/geschlossen)
Räder	6.5 J x 15		v. 5.5 J x 17, h. 7.5 J x 17		8 J x 18
Reifen	185/60 R 15		v. 175/55 R 17, h. 225/45 R 17		245/45 R 18
Wendekreis links/rechts	10,6 Meter		11,6 Liter		10,8 Meter
Leermasse	1165 kg		870 kg	930 kg	1320 kg
Zuläss. Gesamtgewicht	1450-1480 kg	1450 kg	1150 kg	1150 kg	1625 kg
Höchstgeschwindigkeit	180-205 km/h	167 km/h	217 km/h	243 km/h	229 km/h
Beschleunigung 0–100 km/h	12,4 sec	15,5 sec	5,9 sec	4,9 sec	5,7 sec
Verbrauch/100 km	6,3 Liter	4,8 Liter	9,1 Liter	10 Liter	9,7 Liter
Kraftstofftank	45 Liter		36 Liter		52 Liter

Opel Speedster (2001–2005)

Der Speedster basierte auf der Lotus Elise, wurde im Lotus-Werk im englischen Hethel hergestellt und trug werksintern die Bezeichnung Lotus Type 116. Im März 1999 konnte man ihn erstmals auf dem Genfer Salon sehen, der erste Serien-Speedster verließ im März 2001 die Werkshallen.

Charakteristisch für den Speedster waren seine spartanische Innenausstattung, die geringe Höhe von 1.117 mm, die Beschleunigung (0–100 km/h in 5,9 Sekunden) und die sportlichen Fahreigenschaften. Die Höchstgeschwindigkeit betrug 217 km/h, das Leermasse lediglich 870 kg, die maximale Zuladung 205 kg. Der Reihenvierzylinder mit 2.198 cm³ leistete 147 PS / 108 kW und war quer vor der Hinterachse eingebaut. Die Räder waren einzeln an doppelten Dreiecksquerlenkern aufgehängt, die vier Scheibenbremsen innenbelüftet.

Das Chassis bestand aus Aluminium und war weitgehend nicht verschweißt, sondern geschraubt/genietet und geklebt, was dem Fahrzeug eine hohe Steifigkeit verlieh. Der Unterboden war vollständig verkleidet. Die nicht selbsttragende Karosserie bestand aus GFK. Serienmäßig war ein Stoffdach, gegen Aufpreis ein Hardtop erhältlich. Der über eine kleine Öffnung zugängliche Kofferraum fasste 206 Liter Gepäck. Im Grenzbereich legte der Speedster eine deutliche Neigung zum Übersteuern an den Tag, daher wurde der Speedster vorn lediglich mit einer 175er Bereifung auf Felgen 5,5 × 17 ausgeliefert. Das machte ihn leichter beherrschbar, doch bei schnellen Lastwechseln wechselte er schlagartig vom Untersteuern ins Übersteuern. Viele Opel erhielten daher anderes Geläuf. Der Basispreis lag im Jahr 2000 bei 63.500 Mark.

Ab September 2003 rückte ein Turbo ins Programm, der Zweiliter mit 200 PS / 147 kW entwickelte 250 Nm maximales Drehmoment und erhöhte das Gewicht auf 930 kg. Zuletzt gab es den Zweisitzer ausschließlich mit diesem Motor. Damit beschleunigte der Speedster in 4,9 Sekunden auf 100 km/h, die Höchstgeschwindigkeit betrug 243 km/h.

Die Turbo-Variante hatte ein eher neutral abgestimmtes Fahrwerk, andere Räder, eine zusätzliche elektrische Hilfswasserpumpe, einen Frontgrill ohne Steg und Seitenteile mit ausgestellten Lufteinlässen sowie einer Heckabrisskante zur Reduktion des Auftriebs. Der Neupreis für den Basis-Turbo lag bei 36.500, später bei 36.865 Euro. Nach ersten Planungen hatten 10.000 Fahrzeuge gebaut werden sollen. Mangels Nachfrage endete die Produktion aber am 22. Juli 2005 schon nach 7.207 Exemplaren. Letztes produziertes Fahrzeug war ein schwarzer Turbo mit der Fahrgestellnummer 7.998.

Oben: Der Speedster wurde zwischen 2000 und 2003 in dieser Form angeboten. Er basierte auf dem britischen Lotus Type 116. Die englische Traditionsmarke gehörte zu diesem Zeitpunkt, wie Opel auch, zum amerikanischen GM-Konzern.

Der Speedster war der kompromissloseste Opel im Programm. Rational betrachtet, war er eng, laut, mittelmäßig verarbeitet und kaum alltagstauglich – aber eine faszinierende Fahrmaschine, die ihresgleichen suchte.

Opel GT Roadster (2007–2009)

Der Opel GT Roadster wurde im März 2006 in Genf als Nachfolger des Speedsters vorgestellt; im Frühjahr 2007 kam der Wagen auf den europäischen Markt. Beworben wurde der Roadster mit den Slogans »Die Legende ist zurück« und »GT'aime«, einer Anspielung auf das französische »je t'aime«. Mit dem ebenfalls als GT bezeichneten Opel Coupé von 1968-1973 hat dieser Roadster nichts gemein.

Der GT Roadster basierte auf der Kappa-Plattform (Motor vorn, Antrieb hinten) des Opel-Mutterkonzerns GM, auf der auch die nahezu baugleichen Saturn Sky, Pontiac Solstice und Daewoo G2X aufbauten. Diese Fahrzeuge und der Opel GT wurden in Wilmington (Delaware/USA) gebaut; die Wagen hatten einen mit 9,2:1 verdichteten 2,0-Liter-Turbo-Ecotec-Vierzylindermotor mit einer Leistung von 264 PS / 194 kW bei 5300/min, Benzin-Direkteinspritzung, variabler dohc-Nockenwelleneinstellung und einen Turbolader mit Ladeluftkühlung. Der GT spurtete von 0 auf 100 km/h in 5,7 Sekunden, die Höchstgeschwindigkeit lag bei 229 km/h bei einem Durchschnittsverbrauch von 9,2 Liter/100 km.

Vom Opel GT Roadster wurden 7.519 Exemplare hergestellt. Bis 2011 sind in Deutschland 4.191 Opel GT neu zugelassen worden, die meisten davon in 2008.

Opel GT, so hieß die europäisierte Variante des Pontiac Solstice; sie lief auch in den USA vom Band. Er war wesentlich geräumiger und bequemer, als er aussah, bot anständige Fahrleistungen, sehr gute Bremsen und, damals noch nicht selbstverständlich, ein ESP. Und er war günstig.

Opel Cascada (2012–2019)

Der Opel Cascada war ab April 2013 im Handel und bis zum Ende des Jahres 2019 zu bekommen. Mit ihm bot Opel nach der Cabrio-Variante des Astra H TwinTop wieder ein Stoffdach-Cabriolet an. Denn vom Astra J gab es kein offenes Modell. Der Cascada hatte – wie zuletzt das G-Cabrio – ein Stoffverdeck, das sich nun nicht nur im Stand bei angezogener Handbremse, sondern auch bis zu einer Geschwindigkeit von 50 km/h öffnen ließ. Der Name leitete sich vom spanischen Wort »cascada« ab und bedeutet Wasserfall.

Der Cascada war ein eigenständiges Modell auf der von Opel entwickelten GM-Plattform Delta II, die unter anderem auch für den Astra J verwendet wurde. Wesentliche Teile der Technik kamen vom größeren Insignia. Laut Opel war an der Karosserie jedoch kein Astra-Teil zu finden, nichts war mit dem Astra gleich. Insofern war der Cascada ein eigenes, zwischen dem Astra und dem Insignia angesiedeltes Modell.

Motorisierungen: 1,4 oder 1,6 Liter Otto mit 120-200 PS (88–147 kW) oder 2,0 Liter Diesel mit 164-194 PS (121–143 kW). Produziert wurde das Auto in Gleiwitz / Gliwice (Polen) und unter verschiedenen Marken verkauft: in den USA als Buick, in Großbritannien als Vauxhall und in Australien als Holden.

Zwischen 2012 und 2019 wurden in Deutschland insgesamt 15.952 Opel Cascada neu zugelassen. Mit 358 Einheiten war 2014 das erfolgreichste Verkaufsjahr. Damit endete vorläufig die Ära offener Opel-Modelle.

Der Cascada war im Grunde genommen die Cabrio-Variante der vierten Astra-Generation. Der offene Viersitzer blieb eine Rarität im Straßenbild und wurde nur zwischen 2013 und 2019 verkauft.

Der Cascada stand auf der Plattform des Astra J, wesentliche Teile der Technik steuerte der Insignia bei.

Auch wenn er innerhalb des Opel-Programms den offenen Astra ersetzte, bildete der Cascada eine eigenständige Baureihe. Anders als der Vorgänger hatte das neue Opel-Cabrio wieder eine klassische Stoffmütze.

Das Verdeck war elektrohydraulisch zu betätigen und voll versenkbar. Beim Offenfahren sank das Kofferraumvolumen um 100 auf 280 Liter.

	Opel Cascada 1.4 Turbo eco-TEC / EcoFlex 2013–2018	Opel Cascada 1.6 SIDI / Ecotec DI Turbo 2013–2018	Opel Cascada 1.6 Ecotec DI Turbo 2018–2019	Opel Cascada 2.0 CDTI Opel Cacada 2.0 BiTurbo CDTI 2013–2015
Motor	Otto			Diesel
Zylinderzahl / Bauart	4 (Reihe), vorne, quer	4 (Reihe), vorne, quer	4 (Reihe), vorne, quer	4 (Reihe), vorne, quer
Bohrung x Hub	72,5 x 82,5 mm	79 x 81,5 mm	79 x 81,5 mm	83 x 90,4mm
Hubraum	1362 cm^3	1598 cm^3	1598 cm^3	1956 cm^3
Leistung	120 PS (88 kW) bei 4200 U/min 140 PS (103 kW) bei 4900 U/min	170 PS (125 kW) bei 4250 U/min 200 PS (147 kW) bei 5500 U/min	136 PS (100 kW) bei 4000 U/min 170 PS (125 kW) bei 4750 U/min	165 PS (121 kW) bei 4250 U/min 195 PS (143 kW) bei 5500 U/min
Drehmoment	200 Nm bei 1850 U/min	260 Nm bei 1650 U/min, ab 2016: 280 Nm	240 Nm bei 1650 U/min 260 Nm bei 1650 U/min	350 Nm bei 1750 U/min 400 Nm bei 1750 U/min
Verdichtung	1:9.5	1:9.5	1:10.5	1:16,5
Gemischbildung	Mehrpunkt-Einspritzung, Turbolader	Direkteinspritzung, Turbolader	Mehrpunkt-Einspritzung, Turbolader	Direkteinspritzung Common Rail, 1 (2) VTG-Turbolader, Ladeluftkühler
Ventile / Steuerung	4 / DOHC, hydr. Tassenstößel, variable Ventilsteuerung, Kette	4 / DOHC, hydr. Tassenstößel, variable Ventilsteuerung, Kette / Zahnriemen	4 / DOHC, hydr. Tassenstößel, variable Ventilsteuerung, Kette / Zahnriemen	4 / DOHC, Rollenschlepphebel, Zahnriemen
Kühlung	Pumpe, 6,2 Liter Wasser	Pumpe, 6 Liter Wasser	Pumpe, 6,0 Liter Wasser	Pumpe, 9,0 Liter Wasser
Schmierung	Druckumlauf, 4 Liter Öl	Druckumlauf, 5,5 Liter Öl	Druckumlauf, 5,5 Liter Öl	Druckumlauf, 4,5 Liter Öl
Batterie	12 V 50 Ah	12 V 60 Ah	12 V 60 Ah	12 V 60 Ah
Lichtmaschine	120 A	130 A	130 A	130 A
Kraftübertragung	Frontantrieb			
Schaltung	Schalthebel Wagenmitte			
Kupplung	Einscheibentrocken, mit Automatik: Doppelkupplung DKG			
Getriebe	6-Gang	6-Gang / 6-Gang Automatik		
Übersetzungen	I. 4.27 – II. 2.35 – III. 1.48 – IV. 1.07 – V. 0.88 VI. 0.74 – R. 3.28	I. 3.82 – II. 2.16 – III. 1.48 – IV. 1.07 – V. 0.88 – VI. 0.74 – R. 3.55 I. 4.58 – II. 2.96 – III. 1.91 – IV. 1.45 – V. 1, 0 – VI. 0.75 – R. 2.94		
Antriebs-Übersetzung	4.18	3.94, ab 2016: 4.18 / 3.53		
Karosserie/Fahrwerk	Selbsttr. Ganzstahlkarosserie			
Vorderradaufhängung	McPherson-Federbein, Querlenker unten, geteilte Achsschenkel, Differenzialsperre			
Hinterradaufhängung	Verbundlenkerachse, Watt-Gestänge, Schraubenfedern, Stoßdämper			
Lenkung	Zahnstange, elektr. Servo			
Fußbremse / Regelsysteme	Scheiben (vorn belüftet) 276 mm Ø, h. 268 mm Ø, ABS, BA, ASR, ESP	Scheiben (vorn belüftet) 300 mm Ø, h. 292 mm Ø, ABS, BA, ASR, ESP		
Allgemeine Daten				
Radstand	2695 mm			
Spur	1585/1585, ab 2016: 1590/1590 mm			
Gesamtmaße	4696 x 1839 x 1443 mm, ab 2016: 4700 x 1840 x 1450 mm			
Gepäckraum	280-380 Liter (offen/geschlossen)			
Räder	7 J x 17 / 7,5 J x 18			
Reifen	235/55 R 17 / 235/50 R 18			
Wendekreis	12,2 Meter			
Leermasse	1714 kg	1660-1685 kg	1714 kg	1816 kg
Zuläss. Gesamtgewicht	2105-2110 kg	2140-2165 kg	2105-2110 kg	2200-2215 kg
Höchstgeschwindigkeit	195-207 km/h	205-235 km/h	205-219 km/h	218-230 km/h
Beschleunigung 0–100 km/h	11,9 / 10,9 sec	9,6-9,2 sec	11,4-9,9 sec	10,3-9,4 sec
Verbrauch/100 km	6,5-6,3 Liter	6,3-6,8 Liter	6,3-7,2 Liter	5,2 Liter
Kraftstofftank	56 Liter			

Porsche

Nach leitenden Positionen bei Austro-Daimler, Steyr und Daimler-Benz gründete Ferdinand Porsche (1931-1951) in Stuttgart die Dr. h.c. F. Porsche GmbH (Geschäftszweck: »Konstruktion und Beratung für Motore und Fahrzeuge«). Im selben Jahr entwickelte er mit seinem Team für Zündapp einen Kleinwagen-Prototyp. Anschließend arbeitete er an einem ähnlichen Auftrag für NSU, beides waren frühe Vorläufer des Volkswagens. Im Auftrag des Reichsverbandes der Deutschen Automobilindustrie (RDA) begann Porsche dann 1934 mit der Entwicklung des Volkswagens. Ende 1935 waren die ersten Prototypen fertig. Ebenfalls noch vor dem Krieg entstanden Schlepperkonstruktionen sowie Entwürfe für Flugmotoren und Windkraftanlagen, während des Kriegs eine Reihe von Panzern und Traktoren sowie der Amphibien-VW Typ 166. Wegen seines Engagements in der Rüstung war Porsche anschließend zwei Jahre interniert.

In Gmünd/Kärnten, wohin 1944 das Konstruktionsbüro ausgelagert worden war, hatte unterdessen Porsches Sohn Ferry (1909-1998) mit der Produktion von Skibindungen und Barackenbeschlägen die Arbeit wieder aufgenommen. Gemeinsam mit Chefkonstrukteur Karl Rabe arbeitete er seit 1946 an seiner Lieblingsidee: der Entwicklung eines Sportwagens. Auf der Basis des VW-Käfers entstand im Juni 1948 der erste 356, ein zweisitziger Mittelmotor-Roadster mit Aluminiumkarosserie.

Bis zum März 1951 wurden in Gmünd insgesamt 46 Alu-356 (23 Cabrios und 23 Coupés) gebaut, danach erfolgte der Umzug nach Stuttgart-Zuffenhausen. Dort mietete Ferry Porsche von der Karosseriefabrik Reutter 600 Quadratmeter Werksfläche an und begann mit der Serienfertigung des 356, von jetzt ab mit Stahlkarosserie. Niemand ahnte, dass bis zur Produktionseinstellung des Urmodells im April 1965 über 76.000 Stück entstehen würden.

Die Grundkonzeption des ersten 356 blieb bis zum Schluss unverändert. Im Zuge der Modellpflege wurden die Nachfolgetypen 356A, 356B und 356C systematisch verbessert und verfeinert. Auch das äußere Erscheinungsbild wurde im Lauf

Porsche 356 Cabriolet und Speedster, 1950/51.

Porsche 356 Roadster (Protoytp) 1948, der erste Porsche überhaupt.

der Jahre ansehnlicher. Die Leistung des luftgekühlten Boxermotors eskalierte von 40 auf 130 PS (29 bzw. 96 kW) in den Carrera-Versionen des B- und C-Typs.

Cabriolets spielten bei Porsche immer eine besondere Rolle. Schon 1936 hatte der Firmengründer ein VW-Cabriolet auf der Basis der Limousinen-Versuchsserie entwickelt. Zwei Jahre später folgte der erste offene Wagen der VW-Typenreihe 60, von dem nur 30 Stück gebaut wurden. Auch der Urahn der Typenreihe 356 war wieder ein Cabriolet. Und der allerletzte 356C, der vom Band lief, war ebenfalls offen.

Roadster, Speedster und weitere besonders sportive Versionen trugen wesentlich dazu bei, dass Porsche gerade in den USA schon früh Kultstatus erreichte. Zumal diese Autos im Motorsport erfolgreich waren- und das meinte nach dem Verständnis von Porsche Pressechef Huschke von Hanstein auch die zahllosen Clubrennen weltweit, die von ihm immer wieder werblich hervorgehoben wurden. Schon früh etablierten sich Enthusiastengemeinschaften, ohne die das Werk nie so erfolgreich geworden wäre. Unter den Kunden von Autos wie dem eigentlich nur für den Rennsport entwickelten 550 waren Promis jeder Coleur. Dass gerade die kleinen Flitzer bei der Mille Miglia, der Carrera Panamericana und in Le Mans den Großen das Fürchten lehrten, machte sie umso begehrenswerter.

Das letzte 356 C Cabriolet war kaum vom Band gelaufen, da machte Porsche mit einem völlig neuen offenen Wagen Schlagzeilen: dem 911 Targa, vorgestellt im September 1965 auf der Frankfurter IAA und von seinen Erbauern stolz apostrophiert als »erstes serienmäßiges Sicherheits-Cabriolet der Welt«. In einer Pressemitteilung wurden vor allem die verschiedenen Variationsmöglichkeiten des Wagens gelobt: Man konnte geschlossen, halb offen oder ganz offen fahren. Der von Puristen als störend empfundene Überrollbügel freilich blieb in jedem Fall stehen. Dadurch gewann der Targa an Verwindungssteifheit, außerdem lag er genau im Trend des

wachsenden Sicherheitsbewusstseins. Die Targa-Modelle 911 und 912 wurden ab Frühjahr 1966 ins Verkaufsprogramm aufgenommen. Die Heckscheibe war wahlweise fest installiert oder als flexibles Plastikfenster ausknöpfbar. Ab 1968 gab es nur noch die Ausführungen mit fest eingebauter Heckscheibe.

Das erste Porsche-911-Vollcabrio wurde erst 1982 als SC-Version angeboten- zuvor war befürchtet worden, dass die scharfen Sicherheitsbedenken in den USA Anbieter derartiger Autos in die Enge treiben würden. Es soll aber bereits Mitte der 60er erste Prototypen eines offenen Elfers gegeben haben. Nach dem SC hatten alle folgenden 911-Generationen Cabrio- oder sogar Speedster-Angebote aufzuweisen- selbst den Turbo gab es ab den 90ern in offener Bauweise.

Gleiches galt auch für die Vierzylinderreihen vom 914 über den 944 bis zum 968. Der 1996 lancierte Boxster ist bis heute als Cabrio im Programm – neben der geschlossenen Version (Cayman). Nur den Achtzylinder-928 bot man ab Werk nie in offener Version an, ebenso alle anderen Baureihen jenseits von Elfer und Boxster.

Porsche 356 (1950–1955)

Der noch in Gmünd/Kärnten gebaute Roadster (später auch als Coupé) hatte eine Leichtmetallkarosserie und eine geteilte Frontscheibe. Im Prototyp saß der Motor vor der Hinterachse, bei der folgenden Kleinserie von 23 Roadstern und 23 Coupés hinter der Hinterachse. Einige Roadster karossierte auch Beutler in Thun/Schweiz. Die Alu-356er wurden von Juni 1948 bis März 1951 gebaut.

Ab April 1950 entstanden bei Reutter in Stuttgart die ersten 1100er Cabriolets mit Ganzstahlkarosserie. Preis: 12.200 DM, zu diesem Preis gab es ab April 1951 auch das 1300er Cabrio.

Neben den 356-Cabriolets entstand 1952 auf Anregung des damaligen Porsche-USA-Importeurs Maximilian Hoffmann eine Exklusivserie von 15 Exemplaren des »America Roadster« (Typ 540). Er besaß ein Notverdeck, Steckfenster und leichte Schalensitze und wog nur 605 kg. Der 70 PS / 58 kW starke 1500-S-Motor sorgte für beachtliche Fahrleistungen. Das normale Cabriolet gab es nun bereits in drei Versionen: mit 55, 60 oder 70 PS. 1953 kam als vierte Ausführung das Modell 1300 Super hinzu. Der Preis war inzwischen auf 15.500 DM geklettert. Nachfolger des American Roadsters war 1954 der 356 Speedster: mit 35 mm niedrigeren Türen, stark gerundeter, niedriger Frontscheibe, Steckfenstern statt versenkbarer Seitenscheiben und einem flachen Notverdeck. Schalensitze und ein geändertes Armaturenbrett vermittelten sportliches Flair. Speedster war wahlweise mit 55 oder 70 PS (40 oder 52 kW), ab 1955 als 356A mit 60 oder 70 PS (44 oder 52 kW), später auch mit dem Carrera-Triebwerk lieferbar. Er blieb bis 1958 im Programm.

Porsche 356/2: Die Alu-Cabriolets entstanden in Österreich.

Der neben dem Cabriolet angebotene Speedster (wahlweise mit 44, 55, 60 oder 70 PS) lag im Preis deutlich niedriger. Die stärkste Ausführung kostete Ende 1954 lediglich 13.300 DM. Von April 1950 bis August 1955 wurden insgesamt 2.239 Cabriolets (1100, 1300, 1300 Super, 1500, 1500 Super) und 1.900 Speedster (1300, 1300 Super, 1500, 1500 Super) produziert.

Porsche 356 A (1955–1959)

Technisch und formal weiterentwickelter Wagen, vorgestellt im September 1955. Das Cabriolet gab es nun in den folgenden Leistungsvarianten: 1300 (44 PS), 1300 Super (60 PS), 1600 (60 PS) und 1600 Super (75 PS), ferner als 1500 GS Carrera mit dem 100 PS starken Viernockenwellen-Motor. Die Preise lagen je nach Modell zwischen 12.600 und 19.700

Mit einem 356 S nahm Porsche 1952 zum ersten Mal an der Carrera Panamericana teil. Fürst Paul Alfons von Metternich und Baron Manuel Antônio de Teffé brachten den ersten Klassensieg nach Zuffenhausen.

Mark. Den Speedster gab es jeweils 2000 Mark billiger als 1600, 1600 Super und Carrera. Ab September 1957 verschwanden die Modelle 1300 und 1300 Super. Die stärkste Version hieß nun 1500 GS Carrera de Luxe und leistete 105 PS. Die Auspuffrohre wurden durch die Stoßstangenhörner geführt. Die Spindellenkung wich einer ZF-Einfingerlenkung. Beim Cabriolet sorgten vordere Ausstellfenster für zugfreie Belüftung, die Heckscheibe wurde nochmals vergrößert. Für Cabriolet und Speedster war jetzt auch ein schnell demontierbares Hardtop lieferbar.

Von August 1958 bis 1959 ersetzte der Convertible D (D stand für den Heilbronner Karosseriehersteller Drauz) die Modelle 1600 Speedster und 1600 Super Speedster. Er war wahlweise mit einem oder zwei Lüftungsgittern in der Motorhaube erhältlich. Zwischen Mai 1957 und August 1958 konnte man den Speedster auch als 1500 GS Carrera Gran Turismo mit 110 PS kaufen. Ab September 1958 wurde die Carrera-Maschine auf 1.588 cm³ aufgebohrt.

Zwischen September 1955 und August 1959 wurden vom Typ 356 A insgesamt 3.367 Cabriolets, 2.922 Speedster und 1.330 Convertible D hergestellt.

Der 356 1500 America Roadster (Typ 540) wurde 1952 von Gläser gebaut. Die Rennausführung hatte Selbstmördertüren.

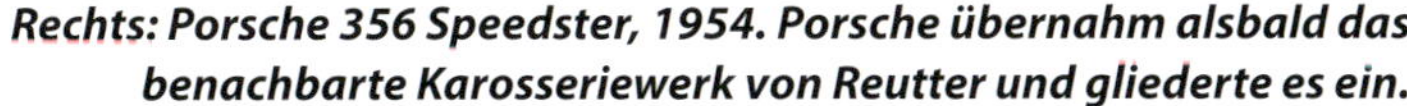

Rechts: Porsche 356 Speedster, 1954. Porsche übernahm alsbald das benachbarte Karosseriewerk von Reutter und gliederte es ein.

Ab Frühjahr 1951 gab es den 356 mit 1300er-Motor, im Herbst erfolgte dann die Einführung des Modells mit 1500-cm³-Motor.

	Porsche 356 A 1300 (Super) 1955–1957	Porsche 356 A 1600 (Super) 1955–1959	Porsche 356 A 1500 GS Carrera 1955–1958	Porsche 356 A 1600 GS Carrera De Luxe, 1958–1959
Motor	Otto			
Zylinderzahl / Bauart	4 (Boxer) Leichtmetallblock, Motor hinter, Getriebe vor der Hinterachse			
Bohrung x Hub	74,5 x 74 mm	82,5 x 74 mm	85 x 66 mm	87,5 x 66 mm
Hubraum	1290 cm^3	1582 cm^3	1498 cm^3	1588 cm^3
Leistung	44 (60) PS bei 4200 (5500) U/min	60 (75) PS bei 4500 (5000) U/min	100 PS bei 6200 U/min	105 PS bei 6500 U/min
Drehmoment	8,25 (9.0) mkg bei 2800 (3600) U/min	11,2 (11,9) mkg bei 2800 (3700) U/min	12,1 mkg bei 5200 U/min	12,3 mkg bei 5000 U/min
Verdichtung	1:6,5 (8,2)	1:7,5 (8,5)	1:9	1:9,5
Gemischbildung	2 Fallstromvergaser Solex 32 (40) PBIC	2 Fallstromvergaser Solex 32 PBIC ab 9/1957: 2 Doppel-Fallstrom-vergaser Zenith 32 NDIX	2 Doppel-Fallstromvergaser Solex 40 PJJ	
Ventile	2 / V-förmig hängend, Stoßstangen und Kipphebel, zentrale Nocken-welle, Stirnräder		V-förmig hängend, 2 x DOHC, Königswellen, Doppelzün-dung (2 Zündspulen, 2 Verteiler, je Zylinder 2 Kerzen)	
Kurbelwellenlager	Geschmiedet 4 Gleitlager (Hirth, mehrteilig 4 Rollenlager)	Hirth, mehrteilig 4 Rollenlager, ab Sept. 1957: Geschmiedet	Hirth, mehrteilig, 4 Rollenlager	Geschmiedet 4 Gleit-lager
Kühlung	Gebläse (Luft)		Gebläse (Luft)	
Schmierung	Druckumlauf, 4,5 Liter Öl		Trockensumpf, 8 Liter Öl	
Batterie	6 V 84 Ah (vorn im Wagen)		6 V 84 Ah oder 12 V 50 Ah (vorn im Wagen)	
Lichtmaschine	160 W		160 W	
Kraftübertragung	Heckantrieb			
Schaltung	Schaltstock Wagenmitte			
Kupplung	Einscheibentrocken			
Getriebe	4-Gang, vollsynchronisiert			
Übersetzungen	I. 3,18 (auch 3,09 oder 2,54) – II. 1,76 (auch 1,94 oder 1,63) – III. 1,13 (auch 1,23 oder 1,04) – IV. 0,815 (auch 0,885 oder 0,96)			
Antriebs-Übersetzung	4,42 (auch 4,38 oder 4,857 oder 5,167)			
Karosserie/Fahrwerk	Stahlblech-Kastenrahmen, Ganzstahlkarosserie			
Vorderradaufhängung	Kurbellenker oben und unten, Vierkant-Federstäbe, Stabilisator			
Hinterradaufhängung	Pendelachse, Längslenker, beiderseits quer 1 runder Federstab			
Lenkung	Bis August 1957: Spindel (14,15:1), 2,4 Lenkraddrehungen ab September 1957: Schnecke (16:1), 2,6 Lenkraddrehungen			
Fußbremse	Hydraulisch, Alu-Trommelbremsen vorn und hinten 280 mm Ø, Bremsfläche 788 cm^2			
Allgemeine Daten				
Radstand	2100 mm			
Spur vorn/hinten	1306 / 1272 mm			
Gesamtmaße	3950 x 1670 x 1310 mm	Speedster: 3950 x 1670 x 1220 mm, Cabriolet: 3950 x 1670 x 1290 mm	3950 x 1670 x 1220 mm	3950 x 1670 x 1310 mm
Räder	4½ J x 15	4½ J x 15	4½ J x 15	
Reifen	5,60 oder 5,90-15 Sport	5,60 oder 5,90-15 Sport	5,90-15 Supersport	
Wendekreis	10,4 Meter			
Leermasse	880 kg	Speedster: 815 kg Cabriolet: 855 kg	Speedster 835 kg, Cabriolet 900 kg	950 kg
Zuläss. Gesamtgewicht	1200 kg	Speedster 1100 kg Cabriolet 1250 kg	Speedster 1100 kg Cabriolet 1200 kg	1250 kg
Höchstgeschwindigkeit	145 (160) km/h	160 (175) km/h	200 km/h	200 km/h
Beschleunigung 0–100 km/h	22 (17) sec	16 (15) sec	12 sec	11 sec
Verbrauch/100 km	10 (11) Liter Super		13 Liter Super	
Kraftstofftank	50 Liter (vorn im Wagen)			

Porsche 356 B (1959–1963)

Erneut karosserie- und ausstattungsmäßig weiterentwickeltes Modell, ausgeliefert ab September 1959 und von außen zu erkennen an den höhergelegten Stoßstangen, den ovalen Lufteinlässe in der Frontschürze zur Kühlung der jetzt querverrippten Trommelbremsen und den Rückfahrscheinwerfern unter der Stoßstange. Dazu gab es jetzt die Möglichkeit, die Nebellampen unter der vorderen Stoßstange zu platzieren.Nachfolger des Convertible D war der »Roadster«. Er blieb – wahlweise mit 60, 75 oder 90 PS (44, 55 oder 66 kW) als 1600 und 1600 Super, ab März 1960 auch als Super 90 – bis zum Sommer 1961 im Programm. Im Gegensatz zum Speedster besaß er Kurbelfenster und wog nur knapp 30 kg weniger als das Cabriolet. Bis Februar 1961 wurde der Roadster bei Drauz gebaut, danach noch einige Monate bei der belgischen Firma D'léteren in Brüssel. Als neue Karosserievariante kam ab Sommer 1960 das Modell »Hardtop« hinzu. Im Gegensatz zum weiterhin lieferbaren Cabriolet mit abnehmbarem Stahldach war bei diesem Modell (gebaut bei Karmann) das Dach fest mit der Karosserie verschweißt. Es handelte sich also um eine Coupé-Variante.

Cabriolet und Roadster gab es als 1600 (60 PS / 44 kW), 1600 Super 75 (75 PS / 55 kW) und 1600 Super 90 (90 PS / 66 kW), außerdem ab 1961 als 2000 GS Carrera 2). Alle Modelle hatten seit 1961 die T6-Karosserie mit zwei hinteren Lüftungsgittern.

Die Preise für das Cabriolet lagen zwischen 13.900 und 24.850 Mark, die des Roadster zwischen 12.650 und 15.200 Mark. Von September 1959 bis Juli 1963 wurden 6.194 Cabriolets und 2.653 Roadster (Produktionseinstellung im August 1961) hergestellt.

Für das Porsche 356 A Cabriolet bot Porsche ein abnehmbares Hardtop an.

Oben rechts: Der Porsche 356 Convertible D ersetzte für 1959 den spärlich ausgestatteten Speedster .

Porsche 356 A 1600 (S) Cabriolet: Zum Modelljahr 1957 mit ausstellbarem Dreiecksfenster an der Tür.

Porsche 356 C (1963–1965)

Der 356 C unterschied sich von seinem Vorgänger äußerlich nur durch die neugestalteten Felgen und Radkappen. Hinter ihnen verbargen sich Scheibenbremsen (System Dunlop) an allen vier Rädern. Im Innenraum gab es einige Modifikationen an Armaturenbrett und Heizungsbetätigung. Der Schalthebel wurde nochmals verkürzt. Das Verdeck erhielt ein abnehmbares Heckfenster, das mit Hilfe eines speziellen Reißverschlusses rasch demontiert werden konnte.

Als Antriebsaggregate dienten der unveränderte 1600 Super-Motor, der jetzt 1600 C hieß (75 PS / 55 kW), und der auf 95 PS / 70 kW gesteigerte 1600 SC-Motor sowie die ebenfalls unveränderte Carrera 2-Maschine. Die 1600er »Dame« mit 60 PS / 44 kW wurde nicht mehr angeboten. Gebaut wurden von Juli 1963 bis April 1965 insgesamt 3.165 Cabriolets.

Porsche 356 bzw. 356 A, Speedster, 1954–1958.

	Porsche 356 B 1600 1959–1963	Porsche 356 B 1600 Super 75 (90) 1959–1963	Porsche 356 B 2000 GS Carrera 2 1961–1963
Motor	Otto		
Zylinderzahl/Bauart	4 (Boxer) Leichtmetallblock, Motor hinter, Getriebe vor der Hinterachse		
Bohrung x Hub	82,5 x 74 mm	82,5 x 74 mm	92 x 74 mm
Hubraum	1582 cm^3	1582 cm^3	1966 cm^3
Leistung	60 PS bei 4500 U/min	75 (90) PS bei 5000 (5500) U/min	130 PS bei 6200 U/min
Drehmoment	11,2 mkg bei 2800 U/min	11,9 (12,3) mkg bei 3700 (4300) U/min	16,5 mkg bei. 4600 U/min
Verdichtung	1:7,5	1:8,5 (9,0)	1:9,5
Gemischbildung	2 Doppel-Fallstromvergaser Zenith 32 NDIX		2 Doppel-Fallstromvergaser Solex 40 PJJ
Ventile/Steuerung	2 / V-förmig hängend, Stoßstangen und Kipphebel, zentrale Nockenwelle, Stirnräder		V-förmig hängend, 2 x 2 DOHC, Königswellen, Doppelzündung
Kühlung	Gebläse (Luft)		
Schmierung	Druckumlauf, 4,5 Liter Öl		Trockensumpf, 8 Liter Öl
Batterie	6 V 84 Ah (vorn im Wagen)		12 V 50 Ah (vorn im Wagen)
Lichtmaschine	200 W		200/300 W
Kraftübertragung	Heckantrieb		
Schaltung	Schaltstock Wagenmitte		
Kupplung	Einscheibentrocken		
Getriebe	4-Gang, vollsynchronisiert		
Übersetzungen	I. 3,09 – II. 1,765 – III. 1,13 – IV. 0,815 (0,852)		
Antriebs-Übersetzung	4,428		
Karosserie/Fahrwerk	Stahlblech-Kastenrahmen, Ganzstahlkarosserie		
Vorderradaufhängung	Kurbellenker oben und unten, 2 quer durchgehende Vierkant-Federstäbe, Stabilisator		
Hinterradaufhängung	Pendelachse, Längslenker, beiderseits quer 1 runder Federstab. Super 90, Carrera GT, Carrera 2 mit Ausgleichs-Blattfeder quer		
Lenkung	Schnecke (16:1), 2,6 Lenkraddrehungen		
Fußbremse	Hydraulisch, Trommel-Ø 280 mm Bremsfläche 788 cm^2, Carrera 2 ab April 1962: Scheiben vorn und hinten		
Allgemeine Daten			
Radstand	2100 mm		
Spur vorn/hinten	1306/1272 mm		
Gesamtlänge	4010 x 1670 x 1315 (1310) mm		4010 x 1670 x 1315 mm (mit Hardtop)
Räder	4½ J x 15		
Reifen	5,60-15 Sport oder 165 R 15		
Wendekreis	10,4 Meter		
Leermasse	875-955 kg	875-970 kg	1040 kg
Zuläss. Gesamtgewicht	1250 kg	1250 kg	1360 kg
Höchstgeschwindigkeit	160 km/h	175 (180) km/h	200 km/h
Beschleunigung 0–100 km/h	16 sec	15 (14) sec	9 sec
Verbrauch/100 km	10 Liter Super	11 (12) Liter Super	14 Liter Super
Kraftstofftank	50 Liter (vorn)		

Die niederländische Autobahnpolizei fuhr Jahrzehnte lang Porsche. Die ersten Prototypen wurden 1960 gebaut. Fotos: anefo

	Porsche 356 C 1600 C (SC) 1963–1965	Porsche 356 C 2000 GS Carrera 2 1963–1964	Porsche 550 1500 RS Spyder 1953–1955
Motor	Otto		
Zylinderzahl/Bauart	4 (Boxer) Leichtmetallblock , Motor hinter, Getriebe vor der Hinterachse		
Bohrung x Hub	82,5 x 74 mm	92 x 74mm	98 x 76,1 mm
Hubraum	1582 cm³	1966 cm³	1498 cm³
Leistung	75 (95) PS bei 5200 (5800) U/min	130 PS bei 6200 U/min	110 PS (81 kW) bei 6200 U/min
Drehmoment	12,5 (12,6) mkg bei 3600 U/min	16,5 mkg bei 4600 U/min	129 Nm bei 5300 U/min
Verdichtung	1:8,5 (9,5)	1:9,5	1:9,5
Gemischbildung	2 Doppel-Fallstromvergaser 32 (40)	2 Doppel-Fallstromvergaser Solex 40 PJJ	2 Doppel-Fallstromvergaser Solex oder Weber
Ventile / Steuerung	2 / V-förmig hängend, Stoßstangen und Kipphebel, zentrale Nockenwelle, Antrieb durch Stirnräder	2 / V-förmig hängend, 2 x DOHC über Königswellen, Doppelzündung	2 / V-förmig hängend, DOHC über Königs-wellen
Kühlung	Gebläse (Luft)	Gebläse (Luft)	Gebläse (Luft)
Schmierung	Druckumlauf, 4,5 Liter Öl	Trockensumpf, 8 Liter Öl	Trockensumpf, 8 Liter
Batterie	6 V 84 Ah (vorn im Wagen)	12 V 50 Ah (vorn im Wagen)	6 V 70 Ah
Lichtmaschine	200 W	200/300 W	160 W
Kraftübertragung	Heckantrieb		
Schaltung	Schaltstock Wagenmitte		
Kupplung	Einscheibentrocken		
Getriebe	4-Gang vollsynchronisiert		
Übersetzungen	I 3,091 – II. 1,765 – III. 1,13 – IV. 0,815		I. 3.182, – II. 1.765 – III. 1.130 – IV. 0.815 – R. 3.56
Antriebs-Übersetzung	4,428		4,375 [4,429] [4,576]
Karosserie/Fahrwerk	Stahlblech-Kastenrahmen, Ganzstahlkarosserie		Aluminiumkarosserie selbsttragend, Leiterrohrrahmen aus Stahlrohr
Vorderradaufhängung	Kurbellenker oben und unten, 2 quer durchgehende Vierkant-Federstäbe, Stabilisator		Traghebel, 2 quer durchgehende Vier-kant-Federdrehstäbe, verstellbar, hydrau-lische Stoßdämpfer, Stabilisator
Hinterradaufhängung	Pendelachse. Längslenker, beiderseits quer 1 runder Federstab		Pendelhalbachsen, durch Federstreben geführt, je ein querliegender Drehstab auf jeder Seite hydraul. Stoßdämpfer
Lenkung	Schnecke (16:1), 2,6 Lenkraddrehungen		k.A.
Fußbremse	Hydraulisch, Scheiben vorn 226 mm Ø, hinten 244 mm Ø		Trommeln, v. doppeltwirkend, h. einfach, jeweils 280 mm Ø
Allgemeine Daten			
Radstand	2100 mm		
Spur vorn/hinten	1306/1272 mm		1290/1250 mm
Gesamtmaße	4010 x 1670 x 1315 mm		3600 x 1550 x 1015 mm
Räder	4½ J x 15		3,50 D x 16 / 3,50 D x 16
Reifen	5,60-15 Sport	165 R 15	5,00-16 / 5,25-16
Wendekreis	10,4 Meter		k.A.
Leermasse	955 kg	1040 kg	685 kg
Zuläss. Gesamtgewicht	1250 kg	1360 kg	900 kg
Höchstgeschwindigkeit	175 (185) km/h	200 km/h	220 km/h
Beschleunigung 0–100 km/h	14 (12) sec	9 sec	10 sec
Verbrauch/100 km	11 ((12) Liter Super	14 Liter Super	9,4 Liter Normal
Kraftstofftank	50 Liter (vorn)		65, auf Wunsch 90 Liter

Porsche 550 Spyder (1953–1955)

Basierend auf dem 1949 begonnenen Eigenbau des Frankfurter VW-Großhändlers Walter Glöckler und seines Chefingenieurs Ramelow entstand zwischen 1953 und 1955 der 550 Spyder (Karosserie Weidenhausen). Der Wagen besaß einen superleichten Rohrrahmen und eine Leichtmetallkarosserie des Frankfurter Karossiers C. H. Weidenhausen. Er wog weniger als 450 kg, sein 1100er Porsche-Motor leistete alkoholbeflügelt (damals zulässig) 58 PS / 43 kW. Der 550 Spyder (550 stand für das Gewicht) wurde erstmals bei der Mille Miglia 1954 eingesetzt. Als Antrieb diente der von Dr. Ernst Fuhrmann konstruierte Viernockenwellen-Motor (Werksbezeichnung 547), der später auch dem 356er Carrera zugutekam. Er leistete zunächst sehr anständige 110 PS / 81 kW.

1956 bis 1962 kamen die Nachfolgertypen 550A, 718, RS60 und RS61 (hier mit bis zu 180 PS / 132 kW starkem Fuhrmann-Motor) dazu. Es handelte sich stets um offene Rennsportwagen, die sowohl werksseitig als auch von Privatfahrern bei zahlreichen Wettbewerben eingesetzt wurden. Einige Exemplare besaßen auch eine Straßenzulassung – prominentester Kunde des 550 Spyders war der US-Schauspieler James Dean. Als Antriebsaggregat diente der von Prof. Ernst Fuhrmann entwickelte Carrera-Motor mit anfangs 110 PS / 81 kW, später bis zu 180 PS / 132 kW.

Vom 550 Spyder wurden 78 Exemplare hergestellt, der Preis betrug 24.600 Mark. Vom 550A gab es 37 Stück, vom 718 (Preis: DM 33.600,-) die gleiche Anzahl. Vom RS60 und dem RS61 wurden zwischen 1960 und 1962 nicht mehr als elf Einheiten gebaut.

Der Porsche 550 A Spyder löste 1956 den 550 1500 RS Spyder ab.

Die Bezeichnung trug der Alu-Roadster nicht wegen seines Gewichts von 550 kg, sondern weil es sich dabei um die 550. Porsche-Konstruktion handelte.

Unter den ersten 550 gab es noch einige Coupés, doch ab 1954 wurden nur noch Spyder gefertigt.

Porsche 597 Geländewagen (1954–1958)

Der Typ 597 war 1954 im Hinblick auf einen in Aussicht stehenden Bundeswehr-Großauftrag entwickelt worden, den dann aber die Auto Union an Land zog. Formal wie technisch war der Porsche-Kübelwagen (Nato-Bezeichnung: Lkw 0,25 t gl.) sicher nicht die schlechteste Kreation unter den drei Bewerbern. Mit seiner bei Baur angefertigten Karosserie war der Wagen schwimmfähig, der Vorderradantrieb konnte abgeschaltet werden. Mit dem auf 50 PS / 37 kW reduzierten Motor aus der 1500er stand ein robustes, problemloses Triebwerk zur Verfügung. Im Gegensatz zur ersten Serie hatte die 1957/58 gebaute zweite Ausführung auch Türen mit Steckfenstern, so dass die Insassen weitgehend witterungsgeschützt waren. Nach der Herstellung von 71 Wagen wurde 1958 die Produktion eingestellt. Der Preis lag mit 7.500 Mark erstaunlich niedrig.

Vorserien-Erprobung, noch mit Reutter-Karosserie ohne versteifende Sicken an den Flanken. Weil das Beschaffungsamt exakte Vorgaben machte, sahen Munga, Goliath und Jagdwagen sich sehr ähnlich.

Für die neu gegründete Bundeswehr mussten zehntausende Fahrzeuge beschafft werden. Jeder deutsche Automobilhersteller sollte sich an den Ausschreibungen beteiligen. Porsche entwickelte den »Jagdwagen«, doch der billigere und einfacher aufgebaute Dkw Munga gewann.

VW-Porsche 914 (1969–1975)

Ende August 1969 erschien der VW-Porsche 914, ein Targa-ähnliches Coupé mit abnehmbarem Plastikdach und Heckmotor (Mittelmotor) vor der Hinterachse. Weder von seiner Gesamtkonzeption noch vom Styling oder vom Preis her vermochte der VW-Porsche 914 jemals voll zu überzeugen, erreichte aber stückzahlmäßig dennoch ansehnliche Ergebnisse, vor allem dank des guten Verkaufs in Amerika.

Angeboten wurde der Wagen zunächst mit dem 1,7-Liter-Motor des VW 411 E, dann ab August 1973 mit dem 1,8-Liter-Motor des VW 412 S. Als Alternative gab es ursprünglich den VW-Porsche 914/6 mit dem Zweiliter-Sechszylinder-Motor des Porsche 911 T. Nachdem sich dieses Modell wegen des damals allzu hohen Preises sehr schleppend verkaufte, wurde es ab August 1972 durch den VW-Porsche 914-2,0 mit Zweiliter-Vierzylinder-Motor abgelöst. Ab August 1974: Aufpralldämpfende Stoßstangen.

Karmann fertigte die Karosserie des 914 und montierte alle Vierzylinder-Modelle, während der Zusammenbau des 914/6 bei Porsche erfolgte. Die Produktion des VW-Porsche 914 lief Ende 1975 aus, seinen Platz innerhalb der Modellpalette übernahm der Porsche 924. Bei Volkswagen fiel dem Scirocco dann diese Rolle zu, auch er bei Karmann gefertigt

Porsche 912 (1965–1969)

Das neue Einstiegsmodell kombinierte Karosserie und Fahrwerk des Porsche 911 mit dem Vierzylindermotor des früheren Porsche 356 C (1600 SC). Von April 1965 bis Anfang August 1969 wurden 30.745 Porsche 912 (davon 2.544 Targa) gebaut.

Ob es sich nun um einen VW-Porsche oder um einen Porsche-Porsche handelte, war bei den 914-Typen allenfalls an Kleinigkeiten auszumachen.

Der VW-Porsche 914 ersetzte in der VW-Modellpalette den »Großen Karmann-Ghia« Typ 34. Für Porsche bedeutete er das zweite Modell neben dem 911 beziehungsweise dem 912.

	VW-Porsche 914 1969–1972 VW-Porsche 914-1,7 1972–1973	VW-Porsche 914-1,8 1973–1975	VW-Porsche 914/6 1969–1972	VW-Porsche 914/2,0 1972–1975
Motor	Otto			
Zylinderzahl / Bauart	4 (Boxer), Motor vor, Getriebe hinter der Hinterachse; 914/6: 6 (Boxer)			
Bohrung x Hub	90 x 66mm	93 x 66mm	80 x 66 mm	94 x 71 mm
Hubraum	1679 cm^3	1795 cm^3	1991 cm^3	1971 cm^3
Leistung	80 PS (59 kW) bei 4900 U/min	85 PS (63 kW) bei 5000 U/min	110 PS (80 kW) bei 5800 U/min	100 PS (74 kW) bei 5000 /min
Drehmoment	13,6 mkg bei 2700 U/min	13,8 mkg bei 3400 U/min	16 mkg bei 4200 U/min	16 mkg bei 3500 /min
Verdichtung	1:8,2	1:8,6	1:8,6	1:8,0
Gemischbildung	Elektronisch gesteuerte Bosch Einspritzung	2 Fallstromvergaser Solex 40 PDSIT mit Startautomatik	2 Dreifach-Fallstromvergaser Weber40 IDT	Elektronisch gesteuerte Bosch Einspritzung
Ventile/Steuerung	2 / Parallel hängend, Stoßstangen und Kipphebel, zentrale Nockenwelle, Antrieb durch Stirnräder		2 / V-förmig hängend, Kipphebel, 2 x OHC, Zwischenwelle, Duplex-Kette	2 / Parallel hängend, Stoßstangen, Kipphebel, zentrale Nockenwelle, Stirnräder
Kurbelwellenlager	Geschmiedet, 4 Gleitlager		Geschmiedet, 8 Gleitlager	Geschmiedet, 4 Gleitlager
Kühlung	Gebläse (Luft)			
Schmierung	Druckumlauf, 3,5 Liter Öl		Trockensumpf, 9 Liter Öl	Druckumlauf, 3,5 Liter Öl
Batterie	12 V 45 Ah (beim Motor)			
Lichtmaschine	Drehstrom 700 W		Drehstrom 770 W	Drehstrom 700 W
Kraftübertragung	Heckantrieb			
Schaltung	Schaltstock Wagenmitte			
Kupplung	Einscheibentrocken			
Getriebe	5-Gang / 4-Gang Sportomatic			
Übersetzungen	I. 3,091 – II. 1,889 – III. 1,261 – IV. 0,926 – V. 0,710; Sportomatic I. 2,40 – II. 1,476 – III. 1,04 0150 IV. 0,793			
Antriebs-Übersetzung	4,429 / 3,857			
Karosserie/Fahrwerk	Selbsttragende Ganzstahlkarosserie			
Vorderradaufhängung	Querlenker unten, Längs-Federstäbe, auf Wunsch: Stabilisator			
Hinterradaufhängung	Schräglenker, Schraubenfedern, auf Wunsch: Stabilisator			
Lenkung	ZF-Zahnstange (17,78:1). 3,2 Lenkraddrehungen. Kurze Sicherheits-Lenksäule			
Fußbremse	Zweikreis-Hydraulik, Scheiben vorn 281 mm Ø, hinten 282 mm Ø			
Allgemeine Daten				
Radstand	2450 mm			
Spur vorn/hinten	1337/1374 mm, 1339/1380 mm	1343/1383 mm	1361/1382 mm	1343/1383 mm
Gesamtmaße	3985 x 1650 x 1230 mm	3985 x 1650 x 1230 mm	3985 x 1650 x 1240 mm	3985 x 1650 x 1230 mm
Räder	4, 5 / 5,5 J x 15	5,5 J x 15	5.5 J x 15 oder 14	5,5 J x 15
Reifen	155 oder 165 SR 15	165 SR 15	165 HR 15 oder 185 HR 14	165SR 15
Wendekreis	11 Meter			
Leermasse	940, Sportomatic 955 kg	970 kg	980, Sportomatic 995 kg	970 kg
Zuläss. Gesamtgewicht	1220 kg	1220 kg	1260 kg	1220 kg
Höchstgeschwindigkeit	177, Sportomatic 172 km/h	180 km/h	201, Sportomatic 196 km/h	192 km/h
Beschleunigung 0–100 km/h	13,5, Sportomatic 14,5 sec	12,5 sec	10, Sportomatic 11 sec	10,5 sec
Verbrauch/100 km	12 Liter Super, Sportomatic 13 Liter Super	12 Liter Super	13,5 Liter Super, Sportomatic 14,5 Liter Super	13 Liter Super
Kraftstofftank	62 Liter (vorn)			

Porsche 911 (1964–1977)

Der Prototyp, als Porsche 901 bei der Frankfurter Automobil-Ausstellung im September 1963 vorgestellt, stellte eine völlige Neukonstruktion mit luftgekühltem Zweiliter-Sechszylinder-Boxermotor im Heck dar. Die Vorserie des dann als Porsche 911 bezeichneten Wagens – Peugeot hatte Einspruch erhoben – lief ab ab Mai 1964, die Serienfertigung begann dann ab September 1964. Erhebliche Anfangsschwierigkeiten plagten den Nachfolger des Typs 356, die Karosserieverarbeitung überzeugte nicht, es kam zu Ventilschäden (ab 1965 durch Drehzahlbegrenzer verhindert) und Vergaserproblemen (deshalb wurde ab März 1966 Weber-Vergaser eingesetzt). Ein Vollcabriolet stand nicht im Programm, stattdessen erschien der Porsche 911 »Targa«. Dabei handelte es sich um das erste Cabriolet der Welt mit fest integriertem Überrollbügel. Die von Porsche kreierte Bezeichnung »Targa« erinnerte an die traditionsreichen Rennen in Sizilien um die Targa Florio, eine Trophäe, die das Zuffenhausener Unternehmen mehrfach gewonnen hatte. »Targa« wurde bald zum neuen Gattungsbegriff für Cabriolets mit abnehmbaren Hartdach und festem Überrollbügel. Ursprünglich gab es zwei Targa-Versionen: mit fest eingebauter Heckscheibe und mit ausknöpfbarem Stoffverdeck. Die zweite Ausführung wurde 1968 aus dem Programm genommen. Obwohl von Puristen als Pseudo-Cabriolet geschmäht, zeigten die steigenden Verkaufszahlen schon bald, dass Porsche eine Marktlücke entdeckt hatte.

Das im Oktober 1972 eingeführte Porsche-Spitzenmodell Carrera mit dem neuen 2,7-Liter-Motor gab es zunächst ausschließlich als Coupé. Erst ab August 1973 war der Carrera auch als Targa lieferbar. Fürs Modelljahr 1974 war der Elfer gründlich überarbeitet worden – äußerlich erkennbar an den Faltenbalg-Stoßfängern. Ab September 1975 erhielten die Carrera-Modelle den 3,0-Liter-Motor mit 200 PS / 147 kW. In dieser Ausführung wurden sie bis Herbst 1977 gebaut, als die neuen SC-Modelle sowohl den bisherigen Elfer als auch den Carrera ablösten.

Die Targa-Version war für Porscheenthusiasten lange Jahre die einzige Möglichkeit, einen Frischluft-Elfer zu fahren.

	Porsche 912 1965–1969	Porsche 911 T 1967–1968	Porsche 911 1964–1967 Porsche 911 L 1967–1968	Porsche 911 S 1966–1968
Motor	Otto			
Zylinderzahl/Bauart	6 (Boxer) Motor hinter, Getriebe vor der Hinterachse; Typ 912: 4 (Boxer)			
Bohrung x Hub	82,5 x 74 mm	80 x 66 mm	80 x 66 mm	80 x 66 mm
Hubraum	1582 cm^3	1991 cm^3	1991 cm^3	1991 cm^3
Leistung	90 PS bei 5800 U/min	110 PS bei 5800 U/min	130 PS bei 6100 U/min	160 PS bei 6600 U/min
Drehmoment	12,4 mkg bei 3500 U/min	16,0 mkg bei 4200 U/min	17,8 mkg bei 4200 U/min	18,2 mkg bei 5200 U/min
Verdichtung	1:9,3	1:8,6	1:9	1:9,8
Gemischbildung	2 Doppel-Fallstromvergaser Solex 40 PJJ	2 Dreifach-Fallstromvergaser Weber 40 IDS / 40 IDA	2 Dreifach-Überlaufvergaser Solex 40 PI, ab 3/66: 2 Dreifach-Fallstromvergaser Weber 40 IDS / 40 IDA	2 Dreifach-Fallstromvergaser Weber 40 IDS / 40 IDA
Ventile/Steuerung	2/V-förmig hängend, Stoßstangen, zentrale Nockenwelle, Stirnräder	2/V-förmig hängend, 2 x OHC, Zwischenwelle, je 1 Duplex-Kette		
Kurbelwellenlager	Geschmiedet 4 Gleitlager	Geschmiedet 8 Gleitlager		
Kühlung	Gebläse (Luft)	Gebläse (Luft)		
Schmierung	Druckumlauf, 4,5 Liter Öl	Trockensumpf, 9 Liter Öl		
Batterie	12V 45 Ah (vorn im Wagen)		12 V 45 Ah (vorn im Wagen)	
Lichtmaschine	200 bzw. 300 bzw. 420 W		490 W	
Kraftübertragung	Heckantrieb			
Schaltung	Schaltstock Wagenmitte			
Kupplung	Einscheibentrocken, ab August 1967 auf Wunsch: Sportomatic (Halbautomatik) Hydraulischer Wandler (max. 2fach) + automatisch betätigte Einscheibentrockenkupplung			
Getriebe	4-/5-Gang		5-Gang / 4-Gang Sportomatic	
Übersetzungen	I. 3,091 – II. 1,684 – III. 1,125 – IV. 0,857 I. 3,091 – II. 1,889 – III. 1,318 – IV. 1,040 – V. 0,857		I. 2,833 – II. 1,778 – III. 1,217 – IV. 0,962 – V. 0,821 ab Juni 1965: I. 3,091 – II. 1,684 – III. 1,125 – IV. 0,857 Sportomatic: I. 2,40 – II. 1,63 – III. 1,21 – IV. 0,96	
Antriebs-Übersetzung	4,428	4,428 / 3,85		
Karosserie/Fahrwerk	Selbsttragende Ganzstahlkarosserie			
Vorderradaufhängung	Querlenker unten, Längs-Federstäbe, Stabilisator			
Hinterradaufhängung	Längslenker, Quer-Federstäbe, 911 S: Stabilisator			
Lenkung	Zahnstange (16,5:1), 3 Lenkraddrehungen, Kurze Sicherheits-Lenksäule			
Fußbremse	Hydraulisch, ab Aug. 1967: Zweikreis-Hydraulik, Scheiben vorn 282 mm Ø, hinten 285 mm Ø			
Allgemeine Daten				
Radstand	2211 mm			
Spur vorn/hinten	1337/1317 mm, ab 6/1966: 1353/1321 mm ab 8/1967 1367/1335 mm	1367/1335 mm	1337/1317 mm ab 6/1966: 1353/1321 mm ab 8/1967 1367/1335 mm	1353/1325 mm ab 8/1967 1367/1335 mm
Gesamtmaße	4163 x 1610 x 1320 mm			
Räder	4,5 J x 15, ab 8/67 5,5 J x 15	5,5 J x 15	4,5 J x 15, ab 8/67 5,5 J x 15	Elektron 4,5 J x 15, ab 8/67 5,5 J x 15
Reifen	6,95 H 15 oder 165 HR 15	165 HR 15		
Wendekreis	10,3 Meter			
Leermasse	995 kg	1095-1110 kg	1095-1110 kg	1085-1100 kg
Zuläss. Gesamtgewicht	1290 kg	1400 kg	1400 kg	1400 kg
Höchstgeschwindigkeit	183 km/h	200-195 km/h	210-205 km/h	220-215 km/h
Beschleunigung 0–100 km/h	13,5 sec	10-11 sec	9-10 sec	8- 9 sec
Verbrauch/100 km	12 Liter Super	14,5-15,5 Liter Super	15-16 Liter Super	15,5-16,5 Liter Super
Kraftstofftank	62 Liter (vorn)			

Porsche 911 2.0 L Targa, 1967–1968.

Porsche 911 2.0 S Targa, 1968-1969.

Stärkster Elfer für 1970 war der 911 S 2.2 ,1969–1971.

Im Modelljahr 1970 war das Einstiegsmodell 911 T auf 125 PS erstarkt.

	Porsche 911 T / E / S 1969–1971	Porsche 911 T / E / S 1971–1973	Porsche 911 / S 1973–1975
Motor	Otto		
Zylinderzahl/Bauart	6 (Boxer), Motor hinter, Getriebe vor der Hinterachse		
Bohrung x Hub	84 x 66 mm	84 x 70,4 mm	90 x 70,4 mm
Hubraum	2195 cm^3	2341 cm^3	2687 cm^3
Leistung	125 / 155 / 180 PS bei 5800-6500 U/min	130 / 65 / 195 PS bei 5600-6500 U/min	150 /175 PS bei 5700 / 5800 U/min
Drehmoment	18-20,3 mkg bei 4200-5200 U/min	20 -22 mkg bei 4000-5200 U/min	24 mkg bei 3800 /4000 U/min
Verdichtung	1:8,6 / 9,1 / 9,8	1:7,5 / 8.0 (8,5	1:8,0 (8,5)
Gemischbildung	2 Dreifach-Fallstromvergaser Solex/Zenith 40 TIN / Bosch Saugrohreinspritzung mit Doppelreihen-6-Stempel-Einspritzpumpe		Einspritzung Bosch K-Jetronic
Ventile/Steuerung	V-förmig hängend, 2 x OHC Antrieb durch Zwischenwelle und je 1 Duplex-Kette		
Kurbelwellenlager	Geschmiedet 8 Gleitlager		
Kühlung	Gebläse (Luft)	Gebläse (Luft)	Gebläse (Luft)
Schmierung	Trockensumpf, 9 Liter Öl	Trockensumpf, 9 Liter Öl. 911 S: 10 Liter Öl	Trockensumpf, 11 Liter Öl
Batterie	2 x 12 V 36 Ah (vorn im Wagen)		12 V 66 Ah
Lichtmaschine	770 W		770 W, 8/74: 980 W
Kraftübertragung	Heckantrieb		
Schaltung	Schaltstock Wagenmitte		
Kupplung	Einscheibentrocken, Wunsch: Sportomatic (Halbautomatik) Hydraulischer Wandler		
Getriebe	4-/5- Gang / Sportomatic	4-/5- Gang / Sportomatic	4-/5- Gang
Übersetzungen	I. 3,091 – II. 1,632 – III. 1,040 0150 – IV. 0,759 I. 3,091 – II. 1,778 0 – III. 1,218 – IV. 0,926 V. 0,759; Sportomatic: I. 2,40 – II. 1,55 – III. 1,125 – IV. 0,821	I. 3,18 – II. 1,78 – III. 1,13 – IV. 0,82 I. 3,18 – II. 1,83 – III. 1,26 – IV. 0,96 – V. 0,76; Sportomatic: I. 2,40 – II. 1,55 – III. 1,125 – IV. 0,821	I. 3,18 – II. 1,60 – III. 1,04 – IV. 0,724 I. 3,18 – II. 1,83 – III. 1,26 – IV., 0,925 – V. 0,724 / 911 S ab 8/74: I. 3,18 – II. 1,60 – III. 1,08 – IV. 0,821; I. 3,18 – II. 1,83 – III. 1,26 – IV. 1,00 – V. 0,821
Antriebs-Übersetzung	4,429, 911 S ab 8/74: 3,875, Sportomatic: 3,857		
Karosserie/Fahrwerk	Selbsttragende Ganzstahlkarosserie		
Vorderradaufhängung	Querlenker unten, Längs-Federstäbe. 911 S: Stabilisator, auf Wunsch bei 911 T und 911 S (Serie bei 911 E): Hydropneum. Federbeine (niveauregulierend)		
Hinterradaufhängung	Längslenker, Quer-Federstäbe. 911 S: Stabilisator		
Lenkung	Zahnstange (17,78:1). 3,3 Lenkraddrehungen. Kurze Sicherheits-Lenksäule		
Fußbremse	Zweikreis-Hydraulik, Scheiben vorn 282,5 mm Ø, hinten 290 mm Ø		
Allgemeine Daten			
Radstand	2268 mm	2271 mm	
Spur vorn/hinten	1362/1343 mm	1360/1342 (1372/1354) mm	
Gesamtmaße	4163 x 1610 x 1320 mm	4147 x 1610 x 1320 mm	4291 x 1610 x 1320 mm
Räder	5,5 J x 15 (Stahl) / 6 J x 15 (Elektron)		
Reifen	165 HR 15 / 185/70 VR 15		
Wendekreis links/rechts	10,8 Meter		
Leermasse	1110-1125 kg		
Zuläss. Gesamtgewicht	1400 kg		
Höchstgeschwindigkeit	200-225 km/h	200-230 km/h	205-225 km/h
Beschleunigung 0–100 km/h	11-8 sec	11-8,5 sec	8-9 sec
Verbrauch/100 km	14,5-16,5 Liter Super	15-18 Liter Normal	14 -16 Liter Normal
Kraftstofftank	60 Liter (vorn)		80 Liter (vorn)

Porsche 911 T 2.4 Targa 1971–1973.

Kurios: Pressebild mit dem Porsche 912 Targa, 1966. 2.544 Stück wurden bis 1969 gebaut.

	Porsche 911 1973–1975	Porsche 911 S 1973–1975	Porsche Carrera 1972–1975
Motor	Otto		
Zylinderzahl/Bauart	6 (Boxer) LM, Motor hinter, Getriebe vor der Hinterachse		
Bohrung x Hub	90 x 70,4 mm		
Hubraum	2687 cm^3		
Leistung	150 PS (110 kW) bei. 5700 U/min	175 PS (129 kW) bei 5800 U/min	210 PS (154 kW) bei 6300 U/min
Drehmoment	24 mkg bei 3800 U/min	24 mkg bei 4000 U/min	26 mkg bei 5100 U/min
Verdichtung	1:8,0	1:8,5	1:8,5
Gemischbildung	Einspritzung Bosch K-Jetronic		Mechanische Saugrohreinspritzung mit Bosch 6 Stempel-Einspritzpumpe
Ventile/Steuerung	V-förmig hängend, 2 x OHC, Antrieb durch Zwischenwelle und je 1 Duplex-Kette		
Kurbelwellenlager	Geschmiedet 8 Gleitlager		
Kühlung	Gebläse (Luft)		
Schmierung	Trockensumpf, 11 Liter Öl	Trockensumpf, 13 Liter Öl	Trockensumpf, 13 Liter Öl
Batterie	12 V 66 Ah (vorn im Wagen)	12 V 66 Ah (vorn im Wagen)	12 V 66 Ah (vorn im Wagen)
Lichtmaschine	770 W, ab 8/74: 980 W		770 W
Kraftübertragung	Heckantrieb		
Schaltung	Schaltstock Wagenmitte		
Kupplung	Einscheibentrocken, a. W.: Sportomatic (Halbautomatik) Hydraulischer Wandler, max. 2fach		
Getriebe	4-/ 5-Gang		
Übersetzungen	I. 3,18 – II. 1,60 – III. 1,04 – IV. 0,724. / I. 3,18 – II. 1,83 –III. 1,26 – IV. 0,925 – V. 0,724. 911 S ab 819/74: I. 3,18 – II. 1,60 – III. 1,08 – IV. 0,821 / I. 3,18 – II. 1,83 – III. – 1,26, – IV. 1,00 – V. 0,821 Sportomatic: I. 2,40 – II. 1,55 – III. 1,125 – IV. 0,821		
Antriebs-Übersetzung	4,429, 911 S ab 8/1974: 3,875,Sportomatic: 3,857		4,429 (7:31), 911 S ab 8/1974: 3,875 (8:31)
Karosserie/Fahrwerk	Selbsttragende Ganzstahlkarosserie		
Vorderradaufhängung	Querlenker unten, Längs-Federstäbe, Stabilisator		
Hinterradaufhängung	Längslenker, Quer-Federstäbe, auf Wunsch: Stabilisator		
Lenkung	ZF-Zahnstange (17,78:1). 3,3 Lenkraddrehungen. Kurze Sicherheits-Lenksäule		
Fußbremse	Zweikreis-Hydraulik, Scheiben vorn 282,5 mm Ø, hinten 290 mm Ø		
Allgemeine Daten			
Radstand	2271 mm		
Spur vorn/hinten	1360/1342 mm	1372/1354 mm	1372/1380 mm
Gesamtmaße	4291 x 1610 x 1320 mm		
Räder	5½ J x 15 Stahl bzw. (ab Aug. 1974) 6 J x 15 Elektron	6 J x 15 Elektron	6 J x 15 Elektron hinten 7 J x 15 Elektron vorn
Reifen	165 HR 15 bzw. (ab Aug. 1974) 185/70 VR 15	185/70 VR 15	185/70 VR 15 hinten 215/60 VR 15
Wendekreis	10,8 Meter		
Leermasse	1110-1025 kg		
Zuläss. Gesamtgewicht	1400 kg		
Höchstgeschwindigkeit	210-205 km/h	225-220 km/h	240 km/h
Beschleunigung 0–100 km/h	9, Sportomatic 10 sec	8, Sportomatic 9 sec	6,5 sec
Verbrauch/100 km	14 Liter Normal, Sportomatic 15 Liter N	15 Liter Normal, Sportomatic 16 Liter N	17 Liter Normal
Kraftstofftank	80 Liter (vorn)		

Porsche 911 SC/G (1977–1989)

Die Kombination der Elfer-Modelle mit dem leistungsreduzierten 3,0-Liter-Motor des Carrera zum 911SC von 1977 verlief anfangs nicht ohne Probleme. Der um 20 PS schwächer gewordene Carrera-Motor, dem Zug der Zeit folgend auf Normalbenzin gedrillt, ließ den gewohnten Biss vermissen und erwies sich nicht gerade als kultiviertes Triebwerk. Besserung brachte erst die Umstellung auf Superkraftstoff und eine Leistungserhöhung auf 204 PS / 150 kW im September 1980.

Erstmals nach 16 Jahren stellte Porsche 1981 auf der IAA wieder ein klassisches Cabriolet vor. Der mit Allradantrieb ausgerüstete Prototyp sollte nach offizieller Diktion demonstrieren, welche Möglichkeiten noch in der immerhin 17 Jahre alten 911er-Konstruktion steckten. In Wahrheit sollte er das Käuferpotenzial für ein Vollcabriolet testen.

Nach dem überaus positiven Echo war die Produktion beschlossene Sache. Im Spätherbst 1982 liefen die ersten Elfer-Cabriolets vom Band, die Auslieferung an die Kunden begann im Januar 1983. Zum Serienanlauf erhielt das Cabriolet einen rechten Außenspiegel und Vordersitze mit Lederbezügen. Der Verdeckstoff war nur in Schwarz lieferbar. Bereits im Spätjahr präsentierte Porsche den neuen Carrera mit 3,2-Liter-Sechszylinder-Boxermotor und 231 PS / 170 kW. Das Cabriolet erhielt die neue Carrera-Innenausstattungen und konnte nun auch mit blauem oder braunem Verdeck geordert werden. Zwei weitere Verdeckfarben – weinrot und graugrün – waren die markantesten Neuerungen des Modelljahres 1985, das außerdem verbesserte Sitze, eine automatische Heizungsregelung und eine geänderte Fahrwerksabstimmung bereithielt.

1985 bot Porsche erstmals einen Katalysator-Motor an. Er leistete 207 PS /152 kW. Die nächste Triebwerkgeneration erschien zwei Jahre darauf, die Leistung stieg auf 217 PS /160 kW. Die Höchstgeschwindigkeit der abgasentgifteten Version stieg dadurch auf 240 km/h. Komfortbewusste Fahrer konnten nun ihren offenen Carrera für 3.950 DM Aufpreis mit elektrischem Verdeck bestellen. Die Kunststoff-Heckscheibe ließ sich weiterhin mit einem Reißverschluss separat öffnen. Bei der ein halbes Jahr später, im Februar 1987, vorgestellten Cabrio-Variante des legendären 911 Turbo, war das elektrische

Porsche 911 2.7 Targa, 1973–1977: Umfangreiche Änderungen an der Karosserie markierten auch optisch den Start der G-Serie.

Der herausnehmbare Dacheinsatz, das »Targa«-Dach, ließ sich im Kofferraum verstauen. Auf die gesamte Karosserie bot Porsche ab Modelljahr 1982 sieben Jahre Garantie gegen Durchrostung. Hier ein Porsche 911 Carrera 3.0 mit den klassischen Fuchs-Felgen.

Bei den frühesten Elfer-Cabriolets von 1983 handelte es sich um SC-Cabriolets. Auf Pressefotos wie auch in den ersten Verkaufsprospekten erstrahlten die meisten in Weiß. Hier schön zu sehen: Etwa die Hälfte des Verdecks wirkte dank verbauter Stahlblechprofile wie ein Festdach.

	Porsche 911 SC 1977-1980	Porsche 911 SC 1980-1983
Motor	Einspritzmotor	
Zylinder	6 (Boxer), Leichtmetallmotor	
Bohrung x Hub	95 x 70,4 mm	
Hubraum	2994 (Steuer 2956) ccm	
Leistung	180 PS (132 kW) b. 5500 U/min	204 PS (150 kW) b. 5900 U/min
	bzw. ab September 1979:188 PS (138 kW) b. 5500 U/min	
Drehmoment	27 mkg b. 4200 U/min	27 mkg b. 4300 U/min
Verdichtung	8,5 bzw. (ab Sept. 1979) 8,6:1	9,8:1
Gemischbereitung	Mechanische antriebslose kontinuierliche Saugrohreinspritzung Bosch K-Jetronic	
Ventile	2 Ventile je Zylinder, V-förmig hängend, 2 x 1 obenliegende Nockenwelle	
	Antrieb über Zwischenwelle und je 1 Duplex-Kette	
Kurbelwelle	Geschmiedet, 8 Gleitlager	
Kühlung	Gebläse, Luft	
Schmierung	Trockensumpf, 13 Liter Öl	
Batterie	12 V 66 oder 88 Ah (vorn im Wagen	
Lichtmaschine	Drehstrom 980 W bzw. (ab Sept. 1981) 1050 W	
Kraftübertragung	Hecktriebblock. Motor hinter, Getriebe vor der Hinterachse	
Kupplung	Einscheibentrockenkupplung	
Schaltgetriebe	5 Gang	
Schaltung	Schaltstock Wagenmitte	
Übersetzungen	I. 3,181 – II. 1,833 – III. 1,256 – IV. 0,966 – V. 0,786	
Antriebs-Übersetzung	3,875 (8:31)	
	Mit Aufpreis: Sportomatic (Halbautomatik) Hydraulischer Wandler + automatisch betätigte Einscheibentrockenkupplung + 3 Gang-Schaltgetriebe. Schaltstock Wagenmitte. Übersetzungen: 2,41 /1,429 / 0,926, Wandler 2,19-fach. Antriebs-Übersetzung 3,375 (8:27)	
Fahrwerk	Selbsttragende Ganzstahlkarosserie	
Vorderradaufhängung	Querlenker unten, Längs-Federstäbe, Stabilisator	
Hinterradaufhängung	Längslenker, Quer-Federstäbe, Stabilisator	
Lenkung	ZF-Zahnstange, 3,3 Lenkraddrehungen, kurze Sicherheits-Lenksäule	
Betriebsbremse	Zweikreis-Hydraulik, Servohilfe	
	Scheibenbremsen vorn 235 mm ø, hinten 244 mm ø	
Allgemeine Daten		
Radstand	2272 mm	
Spur vorn/hinten	1369/1379 mm	
Gesamtmaße	4291 x 1652 x 1320 mm	
Felgen	vorn 6 J x 15 oder 6 J x16	
	hinten 7 J x 15 oder 7 J x 16	
Reifen	vorn 185/70 VR 15 oder 205/55 VR 16	
	hinten 215/60 VR 15 oder 225/50 VR 16	
Wendekreis links/rechts	10,7/10,9 Meter	
Wagengewicht	1160, Targa 1190 kg	1180, Targa 1210 kg
	Sportomatic + 15 kg	Cabriolet 1200 kg
Zuläss. Gesamtgewicht	1500 kg	1500 kg
Höchstgeschwindigkeit	225 km/h	235 km/h
Beschleunigung 0-100 km/h	7 sec	6,5 sec
Verbrauch/100 km	17 Liter Normalbenzin	15,5 Liter Super
Kraftstofftank	80 Liter (vorn im Wagen)	80 Liter (vorn im Wagen)
Bemerkungen	USA-Ausführung:	
	172 PS bei 5500 U/min	

Verdeck bereits serienmäßig installiert. Der offene Turbo, 300 PS / 220 kW stark und 260 km/h schnell, markierte mit einem Preis von 145.000 DM das obere Ende der 911-Familie

Porsche 911 Speedster (1987–1989)

Der erste Porsche Speedster hatte 1955 Premiere gefeiert und war besonders in den USA ein Erfolg gewesen. Er steigerte den Bekanntheitsgrad der jungen Marke auf diesem wichtigen Exportmarkt ganz beträchtlich. 32 Jahre später präsentierte Porsche wieder einen Speedster-Typ, offiziell deklariert als Studie zur IAA 1987.

Ausgangsbasis der Speedster-Studie war Porsches Traditionsmodell, der 911 in seiner aktuellen Fassung mit dem 231 PS / 170 kW leistenden Sechszylinder. Im Unterschied zum 911 2/2-Cabriolet war der Speedster als reiner Zweisitzer ausgelegt. Der Raum, der bei Coupé und Cabriolet als Notsitze-Alibi diente, wurde von der ungefütterten Speedster-Regenhaube ausgefüllt. Im aufgeklappten Zustand verschwand sie vollständig unter dem in Wagenfarbe lackierten Kunststoff-Buckel, der die Kopfstützen von Fahrer- und Beifahrersitzen optisch weiterführte. Fast noch charakteristischer als die eigenwillige Verdeckpersenning wurde die kleine, flache Frontscheibe mit Alurahmen. Sie war gegenüber der Serie um fünf Grad flacher geneigt und mit Bordmitteln leicht demontierbar. In der Clubsport-Version ließ sich stattdessen ein kleiner Windschutz anbringen. Zudem konnte auch der Beifahrersitz überdeckelt werden.

In der Rennversion erhielt der Speedster keine Straßenzulassung. Keine Probleme gab es dagegen bei einer anderen Besonderheit, die den Speedster von seinen 70 kg schwereren offenen Brüdern unterschied: Die versenkbaren Seitenscheiben kamen ohne Dreieckfenster aus. In Frankfurt wurde nur die so genannte »schmale« Version vorgestellt, die ausschließlich für den Export vorgesehen war. Der »breite« Speedster mit Turbo-Optik (ohne Heckspoiler) gelangte dagegen auch zu deutschen Kunden. Insgesamt wurden rund 2.000 breite und 171 schmale Speedster gebaut. Preis: DM 111.575,-.

Das Clubsport-Konzeptfahrzeug, gezeigt zur IAA 1987. Das nach oben geklappte Mono-Top ging nie in Serie.

In der zweiten Hälfte des Modelljahrs 1989 war der 911 Carrera auch als Speedster lieferbar, in Deutschland allerdings nur in der Turbolook-Version. Von der schmaleren »Normal«-Version wurden lediglich 171 Exemplare gebaut, die ausschließlich in den Export gingen.

1981 gab es vom 911 Turbo auch eine Cabrio-Studie. Das erste 911-Cabrio, das in Serie gebaut wurde, ließ dann aber noch zwei Jahre auf sich warten, und es war auch kein Turbo. Das erschien erst im Frühjahr 1987.

Vom Porsche 911 Speedster (Turbo-Look) wurden rund 2.000 Exemplare gebaut, 1989.

Porsche 911 SC 3.0 Cabriolet, 1982–1983.

Porsche 911 Carrera 1983-1989	Porsche 911 Carrera 1986-1989	Porsche 911 Turbo 1977-1989
Einspritzmotor	Einspritzmotor mit Dreiwege-Katalysator und Lambda-Sonde	Einspritzmotor mit Abgas-Turbolader KKK Typ 3 und Ladeluftkühler
6 (Boxer), Leichtmetallmotor	6 (Boxer), Leichtmetallmotor	6 (Boxer), Leichtmetallmotor
95,0 x 74,4 mm	95,0 x 74,4 mm	97,0 x 74,4 mm
3164 (Steuer 3125) ccm	3164 (Steuer 3125) ccm	3299 ccm
231 PS (170 kW) b. 5900 U/min	217 PS (160 kW) b. 5900 U/min	300 PS (221 kW) b. 5500 U/min
28,4 mkg b. 4800 U/min	26,5 mkg b. 4800 U/min	42 mkg b. 4000 U/min
10,3:1	9,5:1	7,0:1
Elektronische Einspritzung Bosch Motronic		Mechanische Saugrohreinspritzung Bosch K-Jetronic
2 Ventile je Zylinder, V-förmig hängend, 2 x 1 obenliegende Nockenwelle		
Antrieb über Zwischenwelle und je 1 Duplex-Kette		
Geschmiedet, 8 Gleitlager		
Gebläse, Luft		
Trockensumpf, 13 Liter Öl		
12 V 66 oder 88 Ah (vorn im Wagen		
Drehstrom 1260 W		Drehstrom 980 W bzw. (ab Sept. 1981) 1050 W bzw. (ab Sept. 1983) 1260 W
Hecktriebblock. Motor hinter, 5 Gang, Getriebe vor der Hinterachse Schaltstock Wagenmitte		Hecktriebblock. Motor hinter, 4 Gang, Getriebe vor der Hinterachse Schaltstock Wagenmitte
bis Aug. 1986: I. 3,181 – II. 1,833 – III. 1,256 – IV. 0,966 – V. 0,763		I. 2,25 – II. 1,30 – III. 0,89 – IV. 0,89
ab Aug. 1986 (bzw. für Export): I. 3,500 – II. 2,059 – III. 1,409 – IV. 1,074 – V. 0,861		
ab Aug. 1986 (bzw. für Export): I. 3,154 – II. 1,895 – III. 1,333 – IV. 1,036 – V. 0,861		
3,875 (8:31) – 3,444 – 3,444		4,22 (9:38)
Selbsttragende Ganzstahlkarosserie		Selbsttragende Ganzstahlkarosserie
Querlenker unten, Längs-Federstäbe, Stabilisator		Querlenker unten, Längs-Federstäbe, Stabilisator, Gasdruck-Stoßdämpfer
Längslenker, Quer-Federstäbe Stabilisator		Längslenker, Quer-Federstäbe Stabilisator, Gasdruck-Stoßdämpfer
ZF-Zahnstange (17,78:1) 3,3 Lenkraddrehungen kurze Sicherheits-Lenksäule		ZF-Zahnstange (17,78:1) 3,3 Lenkraddrehungen kurze Sicherheits-Lenksäule
Zweikreis-Hydraulik, Servohilfe Scheibenbremsen vorn 235 mm ø, hinten 244 mm ø		Zweikreis-Hydraulik, Servohilfe Scheibenbr. vorn 282,5 mm ø, hi. 290 mm ø
2272 mm		2272 mm
1370/1380 mm		1432/1492 mm
4291 x 1652 x 1320 mm		4291 x 1775 x 1310 mm
vorn 6 J x 15, dazu 185/70 bzw. (ab Aug. 1986) 195/65 VR 15 hinten 7 J x 15, dazu 215/60 VR 15 wahlweise mit Aufpreis bzw. ab Aug. 1988 Serie: vorn 6 J x 16, dazu 205/55 VR 16 hinten 7 J x 16, dazu 255/50 VR 16		vorn 7 J x 16, dazu 205/55 VR 16 hinten 8 J x 16, dazu 255/50 VR 16 bzw. ab Aug. 1985: hinten 9 J x 16, dazu 245/45 VR 16
10,7/10,9 Meter		11,0/11,2 Meter
1200-1280 kg		1300-1380 kg
1500 bzw. (ab Aug. 1984) 1530 kg		1680 kg
245-250 km/h	240 km/h	260 km/h
6-6,5 sec	6,5 sec	5,5-6 sec
15 Liter Super	16 Liter Super bleifrei	20 Liter Super
80 Liter (vorn im Wagen)	80 Liter (vorn im Wagen)	80 Liter (vorn im Wagen)
	1985/86 mit Katalysator 207 PS (152 kW), 235 km/h	1989: 5 Gang- statt 4 Gang-Getriebe
Porsche 911 Carrera mit Turbo-Look: Reifen und Maße wie 911 Turbo, Wagen- und Gesamtgewicht + 50 kg		

Porsche 944 (1989–1992)

Der Porsche 924 war ursprünglich als Nachfolger für den VW-Porsche 914 entwickelt worden. Nachdem er aber dem Volkswagenwerk zu aufwendig und zu teuer ausfiel, übernahm ihn die Porsche AG in das eigene Verkaufsprogramm. Hergestellt wurde er in Lohnfertigung bei Audi im ehemaligen NSU-Werk Neckarsulm. Schon die Vorgeschichte des Porsche 924 wie auch seine als belanglos empfundene Form und Technik hatten zur Folge, dass der Wagen vom deutschen Publikum mit Zurückhaltung aufgenommen wurde. Zwar erzielte er, weil zeitweise bis zu 80% exportiert wurden, durchaus respektable Produktionszahlen, aber die Kundschaft zu Hause erkannte ihn überwiegend nie als echten »Porsche« an. Es fehlte ihm einfach der Nimbus, das Flair des 911. Angekündigt wurde der Porsche 924 im November 1975, Produktion und Lieferung begannen im Februar 1976. Die wichtigsten Merkmale des Kombi-Coupés mit Heckklappe: die Verwendung eines Motors sowie zahlreicher Fahrwerks-Bauteile von VW oder Audi sowie der Fronteinbau des wassergekühlten Motors mit Transaxle-Antrieb auf die Hinterachse, die ihrerseits mit dem Getriebe zusammengebaut war.

Zum September 1981 (Frankfurter Automobil-Ausstellung) erfolgte die Einführung Porsche 944. Er unterschied sich vom Porsche 924 durch 2,5-Liter-Moto, einen halbierten V8 des Porsche 928.. Optisch wirkte der 944 dank breiterer Kotflügel eindrucksvoller als der schmale 924. Produktionsbeginn für den 944 war der Januar 1982.

Auf der Frankfurter Automobil-Ausstellung im September 1985 stand der Prototyp eines Porsche 944 Cabriolets, das beim interessierten Publikum begeisterten Beifall fand. Dennoch dauerte es noch vier Jahre bis zur Serienreife, andere Projekte wie der Carrera 4 und der Speedster genossen Priorität. Auch war lange unklar, wer das Cabriolet bauen sollte. Porsche entschied sich schließlich für die American Speciality Company ASC, ein Tochterunternehmen der American Sunroof Corp., das ursprünglich Schiebedächer herstellte. ASC, eine Gründung des Deutschen Heinz Prechter, profilierte sich als Serien- und Prototypenhersteller mit einem Ausstoß von rund 30.000 Fahrzeugen jährlich. Porsche legte Wert darauf, die Cabrio-Produktion so nah wie möglich beim Porsche-Werk zu haben. ASC erstellte für die Cabrioproduktion in Heilbronn ein Karosseriewerk mit rund 150 Beschäftigten. Büro und Verwaltung übernahmen die rund sechs Kilometer entfernt liegenden Karosseriewerke Weinsberg, an denen Heinz Prechter eine Anteilsmehrheit von 95 Prozent hielt.

Bei ASC wurde die von Audi in Neckarsulm angelieferte Rohkarosse im Bereich der vorderen und hinteren Türholme

1981 suchte die niederländische Rijkspolitie nach Ersatz für ihre 911 Targa. Testweise wurden drei Porsche 924 angeschafft, einer davon erhielt ein Targa-Dach. Der Umbau hätte aber rund ein Viertel des Fahrzeugpreises gekostet, daher blieb es bei diesem einen Exemplar. Foto: anefo

verstärkt, der Unterboden erhielt ein Korsett in Form von zwei Längsträgern. Darunter wurde eine zweite Bodenplatte eingeschweißt. Diese Umbauten machten das Cabriolet zwar 116 kg schwerer, sorgten aber für eine beispielhafte Karosseriesteifigkeit. In Technik und Ausstattung entsprach das neue Cabriolet dem S2-Vierzylinder-Coupé. Die exklusivsten Cabriolets entstammten der auf 500 Exemplare limitierten Sonderserie mit Turbo-Motor, elektrischem Verdeck, Klimaanlage und Scheinwerfer-Reinigungsanlage. Insgesamt wurden rund 7.500 S2-Cabrios gebaut, darunter 528 Turbo-Exemplare.

Das 944 Cabriolet war eine Entwicklung der amerikanischen ASC, das die Produktion in Weinsberg (und damit in der Nähe vom Audi-Werk Neckarsulm) übernahm.

Im Herbst 1990 erschien auf Basis des 944 S2 das 944 turbo Cabriolet mit 250 PS. Das Sondermodell war auf 500 Exemplare limitiert.

	Porsche 944 S2 1989–1991	Porsche 944 Turbo 1991	Porsche 968 1992–1995
Motor	Otto		
Zylinderzahl/Bauart	4 / Reihe, vorne längs		
Bohrung x Hub	104 x 88 mm	100 x 78,9 mm	104 x 88 mm
Hubraum	2990 cm^3	2479 cm^3	2990 cm^3
Leistung	211 PS (155 kW) bei 5800 U/min	250 PS (184 kW) bei 6000 U/min	240 PS (176 kW) bei 6200 U/min
Drehmoment	280 Nm bei 5800 U/min	350 Nm bei 4000 U/min	305 Nm bei 4100 U/min
Verdichtung	1:10,9	1:8.0	1:11.0
Gemischbildung	Einspritzung Bosch Jetronic		
Ventile/Steuerung	4 / V-förmig hängend, DOHC, Zahnriemen	4 / V-förmig hängend, DOHC, Zahnriemen, Turbolader, Ladeluftkühlung	4 / V-förmig hängend, DOHC, Einlassnockenwellenverstellung VarioCam, Zahnriemen
Kühlung	Pumpe, 8,0 Liter Wasser	Pumpe, 8,5 Liter Wasser	Pumpe, 8,0 Liter Wasser
Schmierung	Druckumlauf, 6,5 Liter Öl	Druckumlauf, 7 Liter Öl	Druckumlauf, 7 Liter Öl
Batterie	12 V 63 Ah	12 V 63 Ah	12 V 63/65 Ah
Lichtmaschine	1610 W	1610 W	1610 W
Kraftübertragung	Heckantrieb Transaxlebauweise, Turbo: Sperrdifferential		
Schaltung	Schaltstock Wagenmitte		
Kupplung	Einscheibentrocken		
Getriebe	5-Gang	5 Gang	6-Gang / 4-Gang Tiptronic
Übersetzungen	I. 3.5 – II. 2.059 – III. 1.04 – IV.1.034 – V. 0.778 – R. 3.5	I. 3.5 – II. 2.059 – III. 1.04 – IV.1.034 – V. 0.829 – R. 3.5	I. 3.82 – II. 2.00 – III. 1.435 – IV. 1.111 – V. 0.912 – VI. 0.778 – R.3.455; Tiptronic: I. 2.579 – II. 1.407 – III. 1.000 – IV. 0.742 – R. 2.882
Antriebs-Übersetzung	3.875:1	3.375	3.778 / 3.250
Karosserie/Fahrwerk	Selbsttragende Ganzstahlkarosserie		
Vorderradaufhängung	McPherson-Federbeine, Dreieck-Querlenker, Stabilisator		
Hinterradaufhängung	Schräglenker, Schraubenfedern, Stoßdämpfer, querliegende Drehfederstäbe, Stabilisator		
Lenkung	Zahnstange, Servo		
Fußbremse/Regelsysteme	Scheiben, innenbelüftet, v./h. 298/299 mm Ø, ABS	Scheiben, innenbelüftet, v./h. 304/299 mm, Ø, ABS, ASR	Scheiben, innenbelüftet, v./h. 298/299 mm Ø, ABS, ASR
Allgemeine Daten			
Radstand	2400 mm		
Spur vorn/hinten	1477/1451 mm	1457/1451 mm	1477 / 1451 mm
Gesamtmaße	4230 x 1735 x 1275 mm	4230 x 1735 x 1275 mm	4320 x 1735 x 1275 mm
Gepäckraum	162-270 Liter (offen/geschlossen)		
Räder	7 J x 16 / 8 J x 16	7 J x 16 / 9 J x 16	7 J x 16 / 8 J x 16
Reifen	205/55 ZR 16 / 225/50 ZR 16	225/50 VR 16 / 245/45 VR 16	205/55 ZR 16 / 225/50 ZR 16
Wendekreis	10,75 Meter	11,0 Meter	
Leermasse	1340-1390 kg	1400 kg	1440-1470 kg
Zuläss. Gesamtgewicht	1650-1710 kg	1740 kg	1760-1820 kg
Höchstgeschwindigkeit	240 km/h	240 km/h	252-247 km/h
Beschleunigung 0–100 km/h	7,1 sec	7,1 sec	6,5-7,9 sec
Euromix-Verbrauch/100 km	14-14,3 Liter	13,3-14 Liter	14,8-14,6 Liter
Kraftstofftank	80 Liter	80 Liter	74 Liter

Porsche 968 (1991–1995)

Dem guten, aber stets verkannten 944 folgte der auf der IAA 1991 präsentierte Typ 968 mit Vierzylinder-Frontmotor. Entworfen von Harm Lagaay, erfolgte die Pressevorstellung bereits im Juni 1991 als Coupé und als Cabriolet. Prinzipiell war er nur eine Evolutionsstufe des Vorgängers, gab sich aber anders durch die Front, die 911 und 928 ähnelte. Neu waren auch die in die Karosse integrierten Stoßfänger.

Den 968 gab's von Anfang an als Coupé (Fertigung in Stuttgart) und Cabrio (serienmäßig elektrisch betätigtes Verdeck und zwei Airbags, Fertigung erneut bei ASC), beide mit dem 240 PS starken 3.0 Liter (gekoppelt mit einem Sechsgang-Getriebe oder einer Tiptronic-Automatik für 5.850 Mark Aufpreis). Er galt als größter Vierzylinder der Welt und verfügte erstmals über eine verstellbare Einlass-Nockenwelle (VarioCam). Mit diesem Motor ausgerüstet, kam der 944 auch in Sachen Durchzug dem Porsche 911 gefährlich nahe. Bei der IAA-Publikumspremiere hätte auch ein Roadster gezeigt werden, er blieb aber auf der Strecke. Porsche entwarf ihn gemeinsam mit der American Sunroof Company als puristische Variante des 968 Cabriolet. Zu den größten Änderungen gegenüber dem normalen Cabriolet zählten der Verzicht auf die Notsitze und die damit einher gehende Verlängerung der Heckpartie. Außerdem wurde der Windschutzscheibenrahmen gekürzt. Nettes Detail: Noch vor der Boxster-Studie, die 1993 in Detroit erschien, trug der Roadster den Porsche-Schriftzug auf den Reifen.

Egal in welcher Karosserieform: Der 968, der nur nach Zuffenhausen geholt wurde, um die nach Auslauf des Porsche 928 freiwerdenden Kapazitäten zu nutzen, war kein sonderlicher Erfolg. Von der IAA bis Jahresende wurden wohl nur 15 Exemplare überhaupt gebaut. 1992 war das beste Jahr für diese Baureihe, insgesamt entstanden 5.102 Coupés und Cabriolets. Im Juli 1995 lief die im Rohbau bei Karmann 11.800 Mal produzierte 968-Serie endgültig aus – für die Fans der Transaxle-Baureihe ein Grund zur Trauer, für Porsche aber ein Befreiungsschlag, weil die Firma damals mit drei vollkommen unabhängigen Modellreihen überfordert war. Insgesamt entstanden 3.959 Cabrios.

Porsche 968 Cabriolet, 1994.

Porsche Typ 968 Roadster. Gemeinschaftsentwicklung mit der American Sunroof Company. Nur Prototyp, 1991. Zu den größten Änderungen gegenüber dem normalen Cabriolet zählten der Verzicht auf die Notsitze und die damit einher gehende Verlängerung der Heckpartie. Außerdem wurde der Windschutzscheibenrahmen gekürzt. Die Verkaufszahlen des 968 waren aber nicht gut genug, um eine Fortführung der Transaxle-Reihe zu rechtfertigen: Die Arbeiten am Boxster begannen, während die Arbeiten am Roadster eingestellt wurden. Entstanden war dieser mutmaßlich auf Basis eines 968 CS.

1991 löste der 968 den 944 als Vierzylinder-Transaxle bei Porsche ab. Für Vortrieb sorgte der 3,0-Liter-Reihenvierzylinder aus dem 944 S2. Bug- und Heckteil bestanden aus glasfaserverstärktem Polyurethan.

Porsche 911
Baureihe 964 (1989–1993)

Im August 1988 hatte der 250 PS starke Nachfolger des G-Modells mit der Baureihenbezeichnung 964 mit 3,6 Liter Hubraum, Doppelzündung und grundsätzlich mit Metall-Katalysator debütiert – gebaut im neuen Karosseriewerk auf der anderen Seite der Schwieberdinger Straße in Stuttgart-Zuffenhausen. Neu waren die selektive Klopfregelung und die relativ hohe Verdichtung. Bodengruppe und Fahrwerk der Baureihe 964 (erstmals Schraubenfedern und Servolenkung) waren weitgehend neu. Die Karosserie unterschied sich von der des Vorgängers durch die glattflächige Unterbodenverkleidung, neue Innenverkleidungen, die flächigen, und damit ihrem Namen kaum noch entsprechenden »Stoßfänger« und den verstellbaren Heckspoiler. Bei 50 km/h schob er sich ins Freie, bei 30 km/h fuhr er wieder ein. Um übereifrige Verkehrspolizisten davon abzuhalten, 911-Fahrer mit herausgefahrenem Spoiler in der Stadt zu stoppen, gab es auch eine manuelle Betätigungsmöglichkeit für den Luftleitflügel – aus seiner Stellung ließ sich so nicht unbedingt auf eine Geschwindigkeitsübertretung schlussfolgern.

Zunächst kam der Typ 964 als Carrera 4 mit elektronisch gesteuertem, permanenten Allradantrieb nach dem Muster des 959. Eine Automatik stand für dieses Antriebskonzept nie zur Verfügung. Das Konzept des Allrad-911 wurde in den nächsten zehn Jahren mit entsprechenden Modifikationen (zuerst variable Kraftverteilung, beim Nachfolger maximal 40 Prozent der Antriebskraft für die Vorderachse) weiter genutzt. In der bis 1994 geführten 964-Serie wurde der Carrera 4 als Coupé (insgesamt 13.353 Einheiten), Cabrio (4.802) und Targa (1.329) in der bekannten Form mit feststehender B-Säule und herausnehmbarem Dachteil angeboten. Anlässlich des 30. Geburtstags des 911 gab es dann 1993 eine auf 911 Exemplare limitierte »Jubiläumsserie«.

Der 100 Kilo leichtere und rund 13.000 Mark preisgünstigere Carrera 2 mit Heckantrieb war erst im Juli 1989 vorgestellt worden – als Coupé (insgesamt 18.219 Einheiten), Cabrio (11.013) und Targa (3.524). Das Cabrioverdeck wurde elektrisch betätigt (Serienausstattung); ein Hardtop war nie im Lieferprogramm. Im Gegensatz zum stest deutlich untersteuernden C4 blieb der Hecktriebler ein Übersteuerer. Äußerlich unterschieden sich C2 und C4 nur durch die Schriftzüge auf der Heckklappe. Ab Januar 1990 wurde der C2 alternativ zum Fünfgang-Schaltgetriebe mit Vierstufen-Automatik angeboten, von Anfang an als Tiptronic mit manueller Eingriffsmöglichkeit (rund 6.300 Mark Aufpreis).

Im Oktober 1992 gesellte sich – wie schon beim Vorgänger zelebriert – als vierte C2-Variante eine heckgetriebene Speedster-Sonderserie mit der konventionell-schmalen Karosserie (einige wenige Exemplare mit Turbo-Look-Aufbau) hinzu. Dieses Sammlerstück ab Werk verfügte über eine niedrigere Frontscheibe, eine abgemagerte Innenausstattung (keine Airbags) mit RS-Schalensitzen und die charakteristische Höckerabdeckung der Notsitze.

Nach dem Genfer Salon im März 1990 war auch wieder ein

Die Rijkspolitie fuhr ab 1990 Porsche 964, zunächst als Targa, dann auch als Cabriolet. Die Porsche-Ära endete 1996. Im Laufe von 34 Jahren haben die niederländischen Polizeibehörden rund 510 Porsche beschafft. Foto: Kuch

Die 911-Modellfamilie im Porsche-Modelljahr 1990: Cabrio, Targa und Coupe. Die Karosserien von Carrera 2 und Carrera 4 waren nahezu identisch.

Porsche 911 Carrera 2 Speedster, 1992–1994. 930 Exemplare wurden gebaut, weitere 15 mit breiter Turbo-Karosserie.

	Porsche 911 Carrera 4 (964) 1988-1993	Porsche 911 Carrera 2 (964) 1989-1993
Motor	Ottomotor (Einspritzer) M64/01, LM-Block/Kopf	
Zylinderzahl	6 (Boxer), längs hinter der Hinterachse	
Bohrung x Hub	100 x 76,4 mm	
Hubraum	3600 cm³	
Leistung	250 PS (184 kW) bei 6100/min	
Drehmoment	310 Nm bei 4800/min	
Verdichtung	11,3 : 1	
Gemischbereitung	Elektronische Einspritzung (Multipoint, Doppelzündung), Bosch Motronic DME M 2.1	
Ventile pro Zylinder	2, V-förmig hängend, 2 x 1 obenlieg. Nockenwellen (Kette)	
Kurbelwellenlager	8	
Kühlung	Luft (Axialgebläse), Motor-Ölkühler	
Schmierung	Trockensumpf / 11,5 Liter Öl	
Abgasreinigung	Dreiwege-Metallkat, Lamdasonde	
Batterie/Lichtmaschine	12 V 72 Ah – Drehstrom 115 A /1610 W	
Kraftübertragung	Allradantrieb permanent	Heckantrieb,
	(zentrales Planetenrad-Differential, Transaxlerohr, h. Differential	a.W. Sperrdifferential
	mit elektron./hydraulisch geregelten Lamellensperren)	
Kupplung	Einscheiben-Trockenkupplung	
Schaltung	5 Gang, vor der Hinterachse, Schaltstock in Wagenmitte	
Übersetzungen	I. 3,50 – II. 2,118 – III. 1,444	I. 3,50 – II. 2,059 – III. 1,407
	IV. 1,086 – V. 0,868 – R: 2,857	IV. 1,086 – V. 0,868 – R: 2,857
Antriebsübersetzung	3,444	
Automatik	–	4 Stufen (ab 1/90 Tiptronic)
Übersetzungen (Autom.)		I. 2,479 – II. 1,479 – III. 10 – IV. 0,728 – R: 2,086
Antriebsübers. (Autom.)		3,667
Fahrwerk	Selbsttragende Ganzstahlkarosserie	
Vorderradaufhängung	McPherson-Federbeine (Schraubenfedern, Teleskopstoßdämpfer), Dreieckquerlenker, Drehstab-Stabilisator	
Hinterradaufhängung	Schräglenkerachse, Schraubenfedern, Teleskopstoßdämpfer, Drehstab-Stabilisator	
Lenkung	Zahnstange (18,48 : 1), Servo	
Fußbremse	Zweikreis-Hydraulik, Servo	Zweikreis-Hydraulik, Servo
	vorn (ø = 298 mm)	vorn (ø = 298 mm, Turbo-Look 322 mm)
	und hinten belüft. Scheiben	und hinten belüft. Scheiben
	(ø = 299 mm), ABS (Bosch), ASR	(ø = 299 mm), ABS (Bosch), a. W. ASR
Allgemeine Daten	Coupé – Cabrio – Targa, 2+2sitzig	Coupé – Cabrio – Targa, 2+2sitzig
	2+2sitzig	ab 8/91 Cabrio Turbo-Look – ab 10/92 Speedster, 2sitzig
Radstand	2272 mm	2272 mm
Spur vorn/hinten	1380 / 1374 mm	1380 / 1374 mm
Gesamtmaße	4250 x 1652 x 1321 mm	4250 x 1652 x 1310 mm
		Cabrio Turbo-Look: 4250 x 1775 x 1280 mm
		Speedster: 4250 x 1652 x 1280 mm
Gepäckraum	90 L (vorn)	90 L (vorn)
Reifen vorn	205/55 ZR 16	205/55 ZR 16; Cabrio Turbo-Look u. Speedster: 205/50 ZR 17
Reifen hinten	225/50 ZR 16	255/50 ZR 16 Cabrio Turbo-Look u. Speedster: 255/40 ZR 17
Felgen vorn/hinten	6 J x 16 / 8 J x 16	6 J x 16 / 8 J x 16; Cabrio Turbo-Look u.
		Speedster: 7 J x 17 / 8 (9) J x 17
Wendekreisdurchmesser	11,75 m	11,75 m
Leermasse	Coupe: 1450 kg, Cabrio: 1480 kg	Coupe: 1350 (1380) kg, Cabrio/Speedster: 1350 (1380) kg
Zul. Gesamtmasse	Coupe: 1790 kg, Cabrio: 1730 kg	Coupe: 1690 (1720) kg, Cabrio/Speedster: 1600 (1630) kg
Luftwiderstand (c_W x A)	0,33 x 1,87 m²	0,33 x 1,87 m²
Höchstgeschwindigkeit	260 km/h	260 (256) km/h
Beschleunigung 0-100 km/h	6,0 sec	5,7 (6,6) sec
Drittelmix-Verbrauch	11,8 L /100 km (S)	11,5 L (11,4) /100 km (S)
Kraftstofftank	77 Liter (hinter der Vorderachse)	77 Liter (hinter der Vorderachse)

Porsche 911 Carrera 2 Speedster, 1993. Im Gegensatz zum Vorgänger war die Windschutzscheibe fest verbaut, also nicht mehr abnehmbar.

911 Turbo (intern Typ 930 genannt) im Programm – zunächst mit 3,3 Liter Hubraum und 320 PS. Lieferbar war das ausschließlich als heckgetriebenes Coupé bestellbare Kraftpaket mit 17-Zoll-Rädern, Doppelauspuff und dem großen Heckspoiler ab Dezember 1990 (2 Jahre Lieferzeit). Werksseitig wurde ab Modelljahr 1992 ein 355-PS-Leitungskit bereitgestellt – für über 20.000 Aufpreis. Sogar einige wenige Cabrios wurden damit ausgestattet. Ein zusätzlich angebotener weiterer Leistungskit erreichte 380 PS und beflügelte das nur 86-mal verkaufte Turbo S-Coupé mit 18-Zoll-Rädern sowie gewichtsre-

Porsche 911 Carrera 2 3.6 Cabriolet Turbolook, 1992–1995: Das 964-Cabriolet war sowohl mit Fünfgang-Handschaltung als auch mit Tiptronic zu haben.

duzierter Karosserie. Es kostete knapp 300.000 Mark.

Im Januar 1993 kam dann die auf 360 PS erstarkte 3,6-Liter-Version. Der Motor (Doppel- statt Einfachzündung) war ausgiebig im Carrera-Cup »getestet« – und nun mit der bekannten Turboaufladung des 3.3 aufgerüstet worden. Zu erkennen ist die stärkste 964-Turboversion an den 18-Zoll-Rädern, den roten Bremssätteln (vom Turbo S) und dem Schriftzug auf der Heckklappe. Ab Februar 1991 gehörten Fahrer- und Beifahrer-Airbag für alle C2/C4-Modelle zum Serienumfang. Um den Prallsack vor dem Fahrer unterzubringen, geriet das Lenkrad jedoch eher plump. Der Carrera 2/4 hatte grundsätzlich 16-Zoll-Felgen, optional waren die neuen 17-Zoll-Alu-Räder, die nach Meinung vieler Besitzer die Radhäuser besser ausfüllten.

Ebenfalls ab dem Modelljahr 1992 bot Porsche das Cabrio im Turbo-Look an, ausgerüstet mit 17-Zoll-Rädern, den stärkeren Bremsen,dem strafferen Fahrwerk und der gewöhnungsbedürftigen, verbreiterten Karosserie. In den USA wurde dieses Cabrio als »American Roadster« vertrieben. Gleichzeitig gab es optional einen von 77 auf 85 Liter vergrößerten Benzintank.

Beginnend ab Juli, wurden bis Dezember 1993 die verschieden 964er Modelle vom Band genommen, um Platz zu machen für die Nachfolgebaureihe 993.

Porsche 911
Baureihe 993 (1993–1998)

In der Zeit wirtschaftlichen Niedergangs setzte Porsche alles auf eine Karte (nämlich der Beibehaltung des 911) – und gewann. Im September 1993 zeigte die angeschlagene Firma auf der IAA in Frankfurt die letzte Ausführung des Kultmobils mit dem luftgekühlten Boxer im Heck. Die Typenreihe 993 lief noch im Herbst jenes Jahres an – zunächst als heckgetriebenes Coupé, ab Frühjahr 1994 auch als Cabriolet (weiterhin nur mit Soft- und nicht mit Hardtop) – und fand reißenden Absatz bei den Fans, die das baldige Ende der Firma befürchteten.

Ein gänzlich neues Auto war der 993 trotz anderslautender Beteuerungen letztendlich freilich nicht, vielmehr ein sehr weitreichendes Facelift. Die wichtigsten Neuerungen steckten tatsächlich unterm Blech. Der ursprünglich vorgesehene Achtzylinder blieb zwar im Regal, aber der bekannte 3,6 Liter leistete nunmehr 272 PS und war erstmals mit einem Sechsgang-Schaltgetriebe gekoppelt. Optional gab es wieder die Vierstufen-Automatik mit Tiptronic-Funktion. Einige Bauteile der vorderen Achse bestanden jetzt aus Aluminium, die Mehrlenker-Hinterachse mit Fahrschemel geriet vollkommen neu und ermöglichte höhere Querbeschleunigungswerte. Verbessert wurde auch die Bremsanlage (perforierte Bremsscheiben).

Die Allrad-Version kam erst im August Mitte 1994, auch diesmal ausschließlich mit Schaltgetriebe. Das Antriebssystem war überarbeitet worden: Statt konstanter Kraftverteilung erhielt die Vorderachse schlupfabhängig maximal 40 Prozent der Antriebskraft zugeteilt. Das automatische Bremsdifferential (ABD) ergänzte das Sperrdifferential. Der Gewichtsunterschied zum Hecktriebler machte nur noch 50 Kilo aus. Identifizieren ließ sich der C4 an weißen Blinkleuchten vorn und roten Blinkern hinten sowie am Schriftzug auf der Heckklappe. Die Bremszangen waren titanfarben lackiert.

Die Porsche 911 – hier als Carrera 3.6 – der Baureihe 993 waren die ersten, die serienmäßig über ein Sechsganggetriebe verfügten.

<table>
<tr><th></th><th>Porsche 911 Turbo 3.3 (964)
1990-1992</th><th>Porsche 911 Turbo S (964)
1991-1992</th></tr>
<tr><td>Motor</td><td>Ottomotor (Einspritzer) M30/69,</td><td>Ottomotor (Einspritzer) M30/69 SL,</td></tr>
<tr><td></td><td colspan="2">LM-Block/Kopf</td></tr>
<tr><td>Zylinderzahl</td><td colspan="2">6 (Boxer), längs hinter der Hinterachse</td></tr>
<tr><td>Bohrung x Hub</td><td colspan="2">97 x 74,4 mm</td></tr>
<tr><td>Hubraum</td><td colspan="2">3299 cm^3</td></tr>
<tr><td>Leistung</td><td>320 PS (236 kW) bei 5750/min</td><td>355 PS (261 kW) bei 5750/min
381 PS (280 kW) bei 6000/min</td></tr>
<tr><td>Drehmoment</td><td>450 Nm bei 4500/min</td><td>471 Nm bei 5000/min, 490 Nm bei 4800/min</td></tr>
<tr><td>Verdichtung</td><td colspan="2">7,0 : 1</td></tr>
<tr><td>Gemischbereitung</td><td colspan="2">Elektronische Einspritzung
(Multipoint, Einfachzündung)
Bosch K-Jetronic,
1 Abgasturbolader KKK 27.2</td></tr>
<tr><td></td><td>(Ladedruck: 0,7 bar), 1 Ladeluftkühler</td><td>(Ladedruck: 0,9 bar; 381 PS: 1,0 bar), 1 Ladeluftkühler</td></tr>
<tr><td>Ventile pro Zylinder</td><td colspan="2">2, V-förmig hängend,
2 x 1 obenlieg. Nockenwelle (Kette)</td></tr>
<tr><td>Kurbelwellenlager</td><td colspan="2">8</td></tr>
<tr><td>Kühlung</td><td colspan="2">Luft (Axialgebläse), Motor-Ölkühler</td></tr>
<tr><td>Schmierung</td><td colspan="2">Trockensumpf / 12 Liter Öl</td></tr>
<tr><td>Abgasreinigung</td><td colspan="2">Dreiwege-Metallkat, Lamdasonde</td></tr>
<tr><td>Batterie/Lichtmaschine</td><td>12 V 72 Ah – Drehstrom 115 A / 1610 W</td><td>12 V 72 Ah – Drehstrom 150 A</td></tr>
<tr><td>Kraftübertragung</td><td colspan="2">Heckantrieb, a.W. Sperrdifferential</td></tr>
<tr><td>Kupplung</td><td colspan="2">Einscheiben-Trockenkupplung</td></tr>
<tr><td>Schaltung</td><td colspan="2">5 Gang, vor der Hinterachse, Schaltstock in Wagenmitte</td></tr>
<tr><td>Übersetzungen</td><td colspan="2">I. 3,154 – II. 1,789 – III. 1,269
IV. 0,967 – V. 0,756 – R: 2,857</td></tr>
<tr><td>Antriebsübersetzung</td><td colspan="2">3,444</td></tr>
<tr><td>Fahrwerk</td><td colspan="2">Selbsttragende Ganzstahlkarosserie</td></tr>
<tr><td>Vorderradaufhängung</td><td colspan="2">McPherson-Federbeine
(Schraubenfedern, Teleskopstoßdämpfer),
Dreieckquerlenker, Drehstab-Stabilisator</td></tr>
<tr><td>Hinterradaufhängung</td><td colspan="2">Schräglenkerachse, Schraubenfedern,
Teleskopstoßdämpfer, Drehstab-Stabilisator</td></tr>
<tr><td>Lenkung</td><td colspan="2">Zahnstange (18,48 : 1), Servo</td></tr>
<tr><td>Fußbremse</td><td colspan="2">Zweikreis-Hydraulik, Servo</td></tr>
<tr><td></td><td>vorn (ø = 322 mm) und hinten belüft.
Scheiben (ø = 299 mm), ABS (Bosch), ASR</td><td>vorn (ø = 298 mm) und hinten belüft.
Scheiben (ø = 299 mm), ABS (Bosch), ASR</td></tr>
<tr><td>Allgemeine Daten</td><td>Coupe, 2+2 sitzig</td><td>Coupe, 2+2sitzig</td></tr>
<tr><td>Radstand</td><td>2272 mm</td><td>2272 mm</td></tr>
<tr><td>Spur vorn/hinten</td><td>1493 / 1499 mm</td><td>1434 / 1493 mm; 1440 / 1481 mm</td></tr>
<tr><td>Gesamtmaße</td><td>4250 x 1775 x 1310 mm</td><td>4250 x 1775 x 1270 mm;</td></tr>
<tr><td>Gepäckraum</td><td>90 L (vorn)</td><td>4275 x 1775 x 1270 kg 90 L (vorn)</td></tr>
<tr><td>Reifen vorn</td><td>205/50 ZR 17</td><td>205/50 ZR 17; 225/40 ZR 18</td></tr>
<tr><td>Reifen hinten</td><td>225/40 ZR 17</td><td>255/40 ZR 17; 265/35 ZR 18</td></tr>
<tr><td>Felgen vorn/hinten</td><td>7 J x 17 / 9 J x 17</td><td>7 J x 17 / 9 J x 17; 8 J x 18 / 10 J x 18</td></tr>
<tr><td>Wendekreisdurchmesser</td><td>11,45 m</td><td>11,95 m</td></tr>
<tr><td>Leermasse</td><td>1470 kg</td><td>1470 kg; 381 PS: 1290 kg</td></tr>
<tr><td>Zul. Gesamtmasse</td><td>1810 kg</td><td>1690 kg; 381 PS: 1510 kg</td></tr>
<tr><td>Luftwiderstand (c_W x A)</td><td>0,36 x 1,89 m^2</td><td>0,36 x 1,89 m^2</td></tr>
<tr><td>Höchstgeschwindigkeit</td><td>270 km/h</td><td>280 km/h; 290 km/h</td></tr>
<tr><td>Beschleunigung 0-100 km/h</td><td>5,0 sec</td><td>4,7 sec; 4,6 sec</td></tr>
<tr><td>Dittelmix-Verbrauch</td><td>13,3 L /100 km (S)</td><td>11,5 /100 km (S)</td></tr>
<tr><td>Kraftstofftank</td><td>77 Liter (hinter der Vorderachse)</td><td>77 Liter (hinter der Vorderachse)</td></tr>
</table>

Von Anfang an bot Porsche wieder Leistungskits an. Wer wollte, ließ sich 1994/95 einen auf 3,8 Liter aufgebohrten Motor mit 285 PS installieren. Die Leistung wurde in den Modelljahren 1996/97 dank variabler Nockenwellen auf 300 PS bei gleichem Hubraum gesteigert. Das Tuning kostete jeweils rund 13.000 Mark. Im »normalen« Optionskatalog war ab Juli 1994 die Tiptronic S mit zusätzlichen Schaltwippen am Lenkrad erhältlich; manuell geschaltet werden konnte aber auch weiterhin über den Wählhebel.

Daneben gab es den Carrera RS 3.8, der auch als Clubsport-Version angeboten wurde. Der 300 PS starke Motor erhielt erstmals das Variocam-System zur Verstellung der Einlass-Nockenwelle, das später auch der zivile Elfer bekam.

Natürlich gab es diese Renn-Elfer nicht als Cabriolet, wohl ber den neuen Turbo, der ab Frühjahr 1995 auf den Markt kam. Erstmals verfügte er über permanenten Allradantrieb. Die Karosserie war deutlich breiter geworden. Nicht mehr ein, sondern zwei Turbolader beatmeten den Sechszylinder, der stolze 408 PS leistete. Neu waren auch die 18-Zoll-Hohlspeichen-Räder und die Renn-Bremsanlage. Natürlich bot das Werk auch für den Turbo ein Leistungskit an – 430 PS erreichte der innermotorisch optimierte Sechszylinder (Kosten: 12.500 Mark). Im letzten Modelljahr (1998) gab es sogar ein sehr weitreichendes 450-PS-Kit.

Im Juli 1995 hatte auch der nunmehr straffer abgestimmte Neunelfer den 3,6-Liter-Motor. Dank Variocam-System, neuer Motronic und geänderten Ventilen erreichte er 285 PS. Serienmäßig waren nun eine Mobiltelefonanlage sowie die Funkfernsteuerung für die Zentralverriegelung. Leider wurde schon ein Jahr später ein länger übersetztes Sechsgang-Getriebe verbaut, das eigentlich nur in den USA-Versionen zum Einsatz kommen sollte, tatsächlich aber auch in Deutschland so an die überraschten und nicht selten enttäuschten Kunden ging.

Neu kam im Modelljahr 1996 auch wieder eine Targa-Version des Carrera auf den Markt, die allerdings nur als Carrera 2 erhältlich war. Die Karosserie stammte vom Cabriolet, die dreiteilige Dachkonstruktion war komplett neu.

MODELLÜBERSICHT PORSCHE 911– BAUREIHE 993

Typ	Zylinder	Hubraum	Leistung	Beschleunigung 0-100 km/h	Höchstgeschwindigkeit	Durchschnittsverbrauch	Listenpreis	Baujahr
Porsche 911 Carrera Cabriolet Tiptronic S	6 Zylinder	3.600 cm³	200 kW/272 PS	6,6 s	265 km/h	11,4 L/100 km	157.460 DM	1994-1998
Porsche 911 Carrera Cabriolet	6 Zylinder	3.600 cm³	200 kW/272 PS	5,6 s	270 km/h	11,4 L/100 km	150.800 DM	1994-1998
Porsche 911 Carrera Cabriolet	6 Zylinder	3.600 cm³	210 kW/285 PS	6,4 s	270 km/h	11,5 L/100 km	150.800 DM	1995-1998
Porsche 911 Targa	6 Zylinder	3.600 cm³	210 kW/285 PS	5,4 s	275 km/h	11,6 L/100 km	145.000 DM	1995-1998
Porsche 911 Carrera 4 Cabriolet	6 Zylinder	3.600 cm³	200 kW/272 PS	5,5 s	270 km/h	11,7 L/100 km	159.850 DM	1994-1996
Porsche 911 Carrera 4 Cabriolet	6 Zylinder	3.600 cm³	210 kW/285 PS	5,3 s	275 km/h	11,8 L/100 km	162.900 DM	1996-1998

MODELLÜBERSICHT PORSCHE 911– BAUREIHE 996

Typ	Zylinder	Hubraum	Leistung	Beschleunigung 0-100 km/h	Höchstgeschwindigkeit	Durchschnittsverbrauch	Listenpreis	Baujahr
Porsche 911 Carrera Cabriolet	6 Zylinder	3.387 cm³	221 kW/300 PS	5,4 s	280 km/h	11,7 L/100 km	81.776 €	1998-2005
Porsche 911 Targa	6 Zylinder	3.596 cm³	235 kW/320 PS	5,2 s	285 km/h	11,0 L/100 km	82.276 €	2001-2005
Porsche 911 Carrera 4 Cabriolet	6 Zylinder	3.596 cm³	235 kW/320 PS	5,2 s	285 km/h	11,2 L/100 km	90.280 €	2001-2005
Porsche 911 Carrera Cabriolet	6 Zylinder	3.596 cm³	235 kW/320 PS	5,2 s	285 km/h	11,0 L/100 km	84.480 €	2001-2005
Porsche 911 Turbo Cabriolet	6 Zylinder	3.600 cm³	309 kW/420 PS	4,3 s	305 km/h	12,8 L/100 km	138.652 €	2003-2005
Porsche 911 Carrera 4S Cabriolet	6 Zylinder	3.596 cm³	235 kW/320 PS	5,3 s	280 km/h	11,4 L/100 km	99.792 €	2003-2005

	Porsche 911 Carrera (993) 1993-1997	Porsche 911 Carrera 4 (993) 1994-1998	Porsche 911 4S (993) 1995-1998
Motor	Ottomotor (Einspritzer) M64/05, LM-Block/Kopf		Otto (Einspritzer) M64/21, LM-Block/Kopf
Zylinderzahl	6 (Boxer), längs hinter der Hinterachse		
Bohrung x Hub	100 x 76,4 mm, exclusive ab 10/95: 102 x 76,4 mm		100 x 76,4 mm
Hubraum	3600 cm3, exclusive ab 10/95: 3746 cm3		3600 cm3
Leistung	272 PS (200 kW) bei 6100/min, exclusive 3.6: 285 PS (210 kW) bei 6000/min		285 PS (210 kW) bei 6100/min
	Exclusive 3.8: 300 PS (210 kW) bei 6600/min, 10/1995: 285 PS (210 kW) bei 6100/min		
Drehmoment	330 Nm bei 5000/min, exklusive 3.6: 350 Nm bei 5500/min		340 Nm bei 5250/min
	Exclusive 3.8: 355 Nm bei 5400/min, 10/1995: 340 Nm bei 5250/min		
Verdichtung	11,3 : 1		
Gemischbereitung	Elektronische Einspritzung (Multipoint, Doppelzündung)		
	Bosch Motronic DME M 2.10, ab 285 PS: M 5.2		Bosch Motronic DME M 5.2
Ventile pro Zylinder	2, V-förmig hängend, 2 x 1 obenlieg. Nockenwelle (Kette),		
	ab 10/1995: Variocam- Nockenwellenverstellung		Variocam-Nockenwellenverstellung
Kurbelwellenlager	8		
Kühlung	Luft (Axialgebläse), Motor-Ölkühler		
Schmierung	Trockensumpf / 11,5 Liter Öl		
Abgasreinigung	2 Dreiwege-Metallkats, Lambdasonden		
Batterie/Lichtmaschine	12 V 75 Ah (im Gepäckraum) – Drehstrom 115 A / 1610 W	12 V 70 Ah (im Gepäckraum) – Drehstrom 115 A / 1610 W	12 V 60/70 Ah (im Gepäckraum) – Drehstrom 115 A / 1610 W
Kraftübertragung	Heckantrieb Sperrdifferential	Allradantrieb permanent (Viscokupplung, Transaxlerohr, variable Drehmomentverteilung), Sperrdifferential	
Kupplung	Einscheiben-Trockenkupplung		
Schaltung	6 Gang (vor der Hinterachse), Schaltstock in Wagenmitte		
Übersetzungen	I. 3,82 – II. 2,15 – III. 1,56 – IV. 1,24 – V. 1,03 – VI. 0,82 – R: 2,86		
Antriebsübersetzung	3.444		
Automatik	4 Stufen (Tiptronic)	–	–
Übersetzungen (Autom.)	I. 2,48 – II. 1,48 – III. 1,0 – IV. 0,73 –R: 2,09		
Antriebsübers. (Autom.)	3.67		
Fahrwerk	Selbsttragende Ganzstahlkarosserie		
Vorderradaufhängung	McPherson-Federbeine (Schraubenfedern, Teleskopstoßdämpfer), Dreieckquerlenker, Drehstabilisator		
Hinterradaufhängung	Mehrlenkerachse mit Längs-, Quer- und Schräglenkern, Schraubenfedern, Teleskopstoßdämpfer, Drehstab-Stabilisator		
Lenkung	Zahnstange, Servo		
Fußbremse	Zweikreis-Hydraulik, Servo vorn (ø = 304 mm) und hinten belüft. Scheiben (ø = 299 mm), ABS (Bosch), a. W. ASR	Zweikreis-Hydraulik, Servo vorn (ø = 304 mm) und hinten belüft. Scheiben (ø = 299 mm), ABS (Bosch), a. W. ASR	Zweikreis-Hydraulik, Servo vorn (ø = 304 mm) und hinten belüft. Scheiben (ø = 322 mm), ABS (Bosch), a. W. ASR
Allgemeine Daten	Coupé u. Cabrio, 2+2sitzig, ab 9/95 Glasdach-Coupé (Targa) und Coupé S, 2+2sitzig	Coupé u. Cabrio, 2+2sitzig	Coupé, 2+2sitzig
Radstand	2272 mm	2272 mm	2272 mm
Spur vorn/hinten	1405 / 1444 mm	1405 / 1444 mm	1411 / 1504 mm
Gesamtmaße	4245 x 1735 x 1300 mm Coupé S: 4245 x 1795 x 1285 mm	4245 x 1735 x 1300 mm	4245 x 1795 x 1285 mm
Gepäckraum	125 L (vorn)	125 L (vorn)	125 L (vorn)
Reifen vorn	205/55 ZR 16; 3.7: 205/50 ZR 17	205/55 ZR 16	245/40 ZR 18
Reifen hinten	245/45 ZR 16; 3.7: 255/40 ZR 17	245/45 ZR 16	285/30 ZR 18
Felgen v/h	7 J x 16 / 9 J x 16, 3.7: 7 J x 18 / 9 J x 18	7 J x 16 / 9 J x 16	8 J x 18 / 10 J x 18
Wendekreisdurchmesser	11,7 m	12 m	12 m
Leermasse	Coupé: 1370 (1395) kg Cabrio: 1370 (1395) kg Targa: 1400 (1425) kg	Coupé: 1420 kg Cabrio: 1420 kg	1450 kg
Zul. Gesamtmasse	Coupé: 1710 (1735) kg Cabrio: 1710 (1735) kg	Coupé: 1760 kg Cabrio: 1760 kg	1790 kg
Luftwiderstand (c_W x A)	0,32 x 1,79 m2	0,32 x 1,79 m2	0,34 x 1,93 m2
Höchstgeschwindigkeit	270 (265) km/h, Exclusive: 275 km/h ab 10/95: 275 (270) km/h	265 km/h ab 10/95: 270 km/h	270 km/h
Beschleunigung 0-100 km/h	5,6 (6,6) sec, Exclusive: 5,4 sec ab 10/95: 5,4 (6,4) sec	5,7 sec ab 10/95: 5,3 sec	5,5 sec
Euromix-Verbrauch	12,2 L (12,2) /100 km (S)	12,6 L /100 km (S)	12,8 L /100 km (S)
Kraftstofftank	72 Liter (hinter der Vorderachse), a.W. 92 L	72 Liter (hinter der Vorderachse), a.W. 92 L	72 Liter (hinter der Vorderachse), a.W. 92 L

Ebenfalls in der zweiten Jahreshälfte 1995 debütierte der 911/993 Targa. Das ausschließlich heckgetriebene Fahrzeug nutzte die Rohkarosse des Cabrios, die mit zusätzlichen seitlichen Dachstreben versehen wurde – und so für eine ungewöhnlich schmale C-Säule verantwortlich zeichneten. Statt des bisherigen feststehenden Bügels und des herausnehmbaren Dachteils verfügte diese Version über ein großes, transparentes Glasdach, das sich hinter die Heckscheibe schieben ließ. Darunter konnte man ein Sichtschutzrollo ausfahren.

Zum gleichen Zeitpunkt kam auch das 4S Coupé heraus – also der allradgetriebene Elfer mit der Karosserie des Turbo, abgesehen vom nicht übernommenen Heckflügel. Das gleiche Rezept nutzte das ein Jahr später vorgestellte S Coupé: Hier handelte es sich um den Hecktriebler, dem die Turbo-Karosserie angepasst wurde. Dieses Modell sollte als letzter Vertreter der 993-Baureihe noch bis Ende 1998 im Programm bleiben.

Die heckgetriebenen Coupé, Cabrio und Targa wurden bereits ab Juli 1997 nicht mehr angeboten. Der Turbo war bis Februar 1998 lieferbar, binnen nur drei Jahren waren 6.314 Exemplare verkauft worden. Die C4-Coupés und Cabrios blieben bis Juli 1998 im Lieferprogramm.

Porsche 911
Baureihe 996 (1997–2006)

Der 1997 präsentierte Porsche 996 folgte dem 993 als fünfte Generation der 911er-Reihe. Sein Sechszylinder war erstmals wassergekühlt und nach dem 1996 eingeführten Boxster das zweite Porsche-Modell mit dieser Technologie. Porsche gab damit aus technischen Gründen 1997 dieses 50 Jahre lang praktizierte Konzept endgültig auf.

Es gab vom 996 – wie beim Vorgängermodell – ein Coupé sowie ab 2002 einen Targa und ein Cabriolet. Coupé und Cabriolet waren wahlweise als Carrera oder Turbo-Modell erhältlich. Der 996 Targa wurde ausschließlich als Carrera produziert.

Die Leistung der Sechszylinder-Boxermotoren reichte von 300 PS / 221 kW bis 345 PS / 254 kW in den freisaugenden Ausführungen. Die Varianten mit Turboaufladung kamen auf 420 PS / 309 kW bis 483 PS / 355 kW. Der 996 hatte entweder ein Sechsgang-Schaltgetriebe oder mit eine Tiptronic genannte Automatik. Beim Carrera gab es als Alternative zum Heckantrieb mit den Modellen Carrera 4 und Carrera 4S Allradantrieb; der Turbo wies den Allradantrieb serienmäßig auf.

Mit dem Design des 996 entfernte sich Porsche allerdings von der klassischen 911-Form. Augenfällig waren die flach in den Kotflügeln integrierten, gewöhnungsbedürftigen Scheinwerfer im »Spiegeleier-Look«. Aus Kostengründen wurden außerdem viele Bauteile vom preisgünstigeren Boxster übernommen, was für viel Kritik sorgte. Ab 2002 kamen neue Frontleuchten mit anders gestalteten Klarglas-Scheinwerfern, die den 996 gegenüber dem Boxster eigenständiger erscheinen ließen.

Der 996 Targa hatte erstmals ein gläsernes Dachsystem im Stil eines Glasdachs, dessen Mittelteil sich elektrisch unter die Heckscheibe fahren und bei Bedarf per Rollo abdunkeln ließ.

Porsche 911 Carrera S Cabrio (Typ 993), 1993–1997. Hier: Modelljahr 1996 mit Motorkit zur Leistungssteigerung auf 300 PS (221 kW).

Fronthaube, Frontscheinwerfereinheiten mit Abblend- und Fernlicht, Blink- und Nebelleuchten, die vorderen Kotflügel sowie die Türen waren beim 996 und dem Boxster identisch

Mit dem Facelift der 996-Baureihe erschien im Modelljahr 2002 auch wieder ein 911 Targa. Sein Glasdach bestand erneut aus drei verschiebbaren Elementen.

Den Porsche 911 (Typ 996) Turbo Cabriolet gab es erst ab Herbst 2003 auch ohne Dach. Er leistete 420 PS und als Turbo S 450 PS.

Porsche 911
Baureihe 997 (2006–2012)

Technisch von der Vorgängerserie nur geringfügig abweichend, wurden mit dem letzten Werk des Porsche-Chefdesigners Harm Lagaay die runden Scheinwerfer wiedereingeführt. Diese Modifikation wurden von den Kunden einhellig gelobt.

Im November 2006 wurde die Baureihe 997 durch Tara-Modelle ergänzt, die ausschließlich mit Allradantrieb geliefert wurden. Optische Unterschiede zum 997 Carrera fanden sich insbesondere in der Silhouette, die durch die spitz auslaufenden Fond-Seitenscheiben und die beidseitigen. eloxierten Alu-Zierleisten, die an der A-Säule beginnen und hinter den Fondseitenscheiben ausliefen, akzentuiert wurde. Im Vergleich zum 911 Targa der Baureihe 996 war das Glasdach, das aus getöntem Spezialglas bestand, um 1,9 kg leichter geworden.

Am 5. Juli 2008 präsentierten die Porsche-Händler in ihren Verkaufsräumen eine gründlich überarbeitete Version des 911 Carrera, und das in gleich vier Varianten: Als Carrera und Carrera S, jeweils als Coupé und als Cabriolet. Herausragendste Neuerung beim 997/2 waren die komplett neu entwickelten Sechszylinder-Boxer mit 3,6 bzw. 3,8 Litern Hubraum, deren Leistung gegenüber den Vorgängermodellen um 20 (Carrera) bzw. 30 PS (Carrera S) gesteigert worden war. Eine Benzin-Direkteinspritzung und das optional erhältliche Porsche-Doppel-kupplungsgetriebe brachten ein Plus an Sportlichkeit und Dynamik bei verringertem kraftstoffbedarf. Da das PDK auch über eine Automatik-Funktion verfügte, ersetzte es bei den neuen Elfern die Tiptronic S. Äußerlich ganz leicht zu erkennen waren die neuen Modelle an der eingesetzten LED-Lichttechnik.Inoffiziell wurde diese Baureihe als 997/2 bezeichnet.

Zum 25-jährigen Jubiläum der Porsche-Exclusive-Linie wurde 2010 eine auf 356 Exemplare limitierte Speedster-Kleinserie aufgelegt, die auf dem Auto-Salon in Paris vorgestellt wurde. Das Design des Speedsters orientierte sich am 964-Speedster. Der Wagen war durch den verkürzten Windschutzscheibenrahmen und den Speedster-Verdeckkastendeckel zu erkennen. Zusätzlich wurden einige Elemente des Sondermodells 911 Sport Classic übernommen, wie die schwarz umrandeten Hauptscheinwerfer, die 19-Zoll-Sport-Classic-Räder im Fuchs-Design sowie die Heckgestaltung und Abgasanlage. Im Heck arbeitete ein 3,8-Liter-Boxermotor, der 408 PS / 300 kW leistete. Der Wagen wurde ausschließlich mit einem 7-Gang-Doppelkupplungsgetriebe (PDK) verkauft. Zum Ausstattungsumfang gehörten die Keramik-Bremsscheiben Porsche Ceramic Composite Brake (PCCB), Bi-Xenon-Scheinwerfer, adaptive Sportsitze, das Sport-Chrono-Paket Plus, ein Surround-Sound-System, Leder und das Paket Porsche Communication Management (PCM).

Endlich wieder das vertraute Bild: Mit der Generation 997 – im Bild der Carrera S – wechselte Porsche zu den runden Scheinwerfern zurück.

MODELLÜBERSICHT PORSCHE 911 – BAUREIHE 997

Typ	Zylinder	Hubraum	Leistung	Beschleunigung 0-100 km/h	Höchstgeschwindigkeit	Durchschnittsverbrauch	Listenpreis	Baujahr
Porsche 911 Carrera Cabriolet	6 Zylinder	3.596 cm^3	239 kW/325 PS	5,2 s	285 km/h	11,2 L/100 km	91.838 €	2005-2008
Porsche 911 Carrera S Cabriolet	6 Zylinder	3.824 cm^3	261 kW/355 PS	4,9 s	293 km/h	11,7 L/100 km	102.548 €	2005-2008
Porsche 911 Carrera S Cabriolet Leistungskit	6 Zylinder	3.824 cm^3	280 kW/381 PS	4,9 s	293 km/h	12,2 L/100 km	114.924 €	2005-2008
Porsche 911 Carrera 4 Cabriolet	6 Zylinder	3.596 cm^3	239 kW/325 PS	5,3 s	280 km/h	11,4 L/100 km	98.145 €	2005-2008
Porsche 911 Carrera 4 Cabriolet	6 Zylinder	3.824 cm^3	261 kW/355 PS	4,9 s	288 km/h	11,8 L/100 km	108.855 €	2005-2008
Porsche 911 Carrera 4S Cabriolet	6 Zylinder	3.824 cm^3	261 kW/355 PS	5,4 s	280 km/h	12,1 L/100 km	111.800 €	2005-2008
Porsche 911 Carrera 4S Cabriolet Leistungskit	6 Zylinder	3.824 cm^3	280 kW/381 PS	4,7 s	296 km/h	12,4 L/100 km	121.231 €	2005-2008
Porsche 911 Targa 4	6 Zylinder	3.596 cm^3	239 kW/325 PS	5,3 s	280 km/h	11,4 L/100 km	95.646 €	2006-2008
Porsche 911 Targa 4S	6 Zylinder	3.824 cm^3	261 kW/355 PS	4,9 s	288 km/h	11,8 L/100 km	106.356 €	2006-2008
Porsche 911 Targa 4S Leistungskit	6 Zylinder	3.824 cm^3	280 kW/381 PS	4,7 s	296 km/h	12,4 L/100 km	118.732 €	2006-2008
Porsche 911 Turbo S Cabriolet	6 Zylinder	3.600 cm^3	331 kW/450 PS	4,3 s	307 km/h	13,3 L/100 km	152.224 €	2004-2008
Porsche 911 Turbo Cabriolet	6 Zylinder	3.600 cm^3	353 kW/480 PS	4,0 s	310 km/h	13,1 L/100 km	153.956 €	2007-2008
2008-2012								
Porsche 911 Carrera Cabriolet	6 Zylinder	3.614 cm^3	254 kW/345 PS	5,1 s	289 km/h	10,5 L/100 km	96.843 €	2008-2012
Porsche 911 Carrera 4 Cabriolet	6 Zylinder	3.436 cm^3	254 kW/345 PS	5,1 s	282 km/h	9,5 L/100 km	103.626 €	2008-2012
Porsche 911 Carrera 4S Cabriolet	6 Zylinder	3.800 cm^3	283 kW/385 PS	4,7 s	295 km/h	10,7 L/100 km	120.226 €	2008-2012
Porsche 911 Targa 4	6 Zylinder	3.614 cm^3	254 kW/345 PS	5,0 s	282 km/h	10,3 L/100 km	104.280 €	2008-2012
Porsche 911 Targa 4	6 Zylinder	2.981 cm^3	272 kW/370 PS	4,7 s	289 km/h	8,9 L/100 km	118.382 €	2008-2012
Porsche 911 Targa 4S	6 Zylinder	3.800 cm^3	283 kW/385 PS	4,9 s	297 km/h	11,0 L/100 km	113.860 €	2008-2012
Porsche 911 Turbo Cabriolet	6 Zylinder	3.800 cm^3	368 kW/500 PS	3,8 s	312 km/h	11,7 L/100 km	161.698 €	2009-2012
Porsche 911 Turbo S Cabriolet	6 Zylinder	3.800 cm^3	368 kW/500 PS	3,7 s	312 km/h	11,5 L/100 km		2009-2012
Porsche 911 Turbo S Cabriolet	6 Zylinder	3.800 cm^3	390 kW/530 PS	3,4 s	315 km/h	11,5 L/100 km	184.546 €	2010-2012
Porsche 911 Carrera GTS Cabriolet	6 Zylinder	3.800 cm^3	300 kW/408 PS	4,8 s	306 km/h	10,8 L/100 km	115.050 €	2010-2012
Porsche 911 Speedster	6 Zylinder	3.800 cm^3	300 kW/408 PS	4,4 s	305 km/h	10,3 L/100 km	201.682 €	2010-2012
Porsche 911 Carrera 4 GTS Cabriolet	6 Zylinder	3.800 cm^3	300 kW/408 PS	4,8 s	302 km/h	11,2 L/100 km	122.071 €	2011-2012

Die Markteinführung der verschiedenen Varianten erfolgte gestaffelt: Allrad, Turbo und Targa wurden nach dem Verkaufsstart der Coupé-Varianten vorgestellt. Im Bild der Carrera 4 mit Hardtop. Das Turbo-Cabriolet wurde erst ein Jahr nach dem Turbo Coupé präsentiert.

Am 5. Juli 2008 standen bei den Porsche-Händlern die ersten Vertreter der neue Generation des 911 Carrera der Baureihe 997/2. Noch stärker als ihre Vorgänger, waren sie äußerlich an den eingesetzten LED-Leuchten gut zu erkennen.

Die Ausstattung des Targa entsprach dem Carrera 4, plus elektrischem Glasdach und der zu öffnenden Heckscheibe. Der Aufpreis lag bei rund 9.000 Euro.

Unten: Der 911 Speedster der Generation 997 erschien 2010, man hat genau 356 Stück gebaut. Der Speedster war ausschließlich mit dem Siebengang-PDK-Getriebe zu haben, seine Windschutzscheibe war deutlich kürzer und flacher angestellt.

Baureihe 997.1	Porsche 911 Carrera / Carrera 4 / Carrera 4 S 2005–2008	Porsche 911 Targa 4 / Porsche 911 Targa 4 S 2007–2008	Porsche 911 Carrera / Carrera 4 2009–2011	Porsche 911 Carrera S / GTS 2009–2011
Motor	Otto			
Zylinderzahl/Buart	6 (Boxer), hinter Hinterachse			
Bohrung x Hub	96 x 82,8 mm	96 x 82,8 / 99 x 82,8 mm	97 x 81,5 mm	102 x 77,5 mm
Hubraum	3596 cm^3	3596 / 3824 cm^3	3614 cm^3	3800 cm^3
Leistung	325 PS (239 kW) bei 6800 U/min	325 PS (239 kW) bei 6800 U/min 355 PS (261 kW) bei 6600 U/min	345 PS (254 kW) bei 6500 U/min	385 PS (283 kW) bei 6500 U/min 408 PS (300 kW) bei 7300 U/min
Drehmoment	370 Nm bei 4250 U/min	370 Nm bei 4250 U/min 400 Nm bei 4600 U/min	390 Nm bei 4400 U/min	420 Nm bei 4400 U/min
Verdichtung	1:11,3	1:11,3	1:12,5	1:12,5
Gemischbildung	sequenziell Multipoint Einspritzung		Direkteinspritzung DFI	
Ventile/Steuerung	4, DOHC, Variocam Plus			
Kühlung	Pumpe, 22,5 Liter Wasser			
Schmierung	Integrierte Trockensumpfschmierung, 8,25 Liter Öl			
Batterie	12 V 70 Ah			
Lichtmaschine / Generator	Drehstromgenerator 2100 W			
Kraftübertragung	Heckantrieb / Allradantrieb Visko-Lamellenkupplung	Allradantrieb, Visko-Lamellenkupplung	Heckantrieb / Allradantrieb Visko-Lamellenkupplung	Heckantrieb / Allradantrieb Visko-Lamellenkupplung
Schaltung	Schaltstock Wagenmitte, PDK auch Schalttasten am Lenkrad			
Kupplung	Einscheibentrocken, Tiptronic: hydr. Drehmomentwandler		Einscheibentrocken / Doppelkupplung	
Getriebe	6-Gang / 5-Gang Tiptronic-S		6-Gang / 7-Gang PDK	6-Gang / 7-Gang PDK
Übersetzungen	I. 3.91 – II. 2.32 – III. 1.61 – IV. 1.28 – V. 1.08 – R. 3.59 Tiptronic: I. 3.6 – II. 2.19 – III. 1.41 – IV. 1 – V. 0.83 – R. 3.17		II. 3.91 – II. 2.32 – III. 1.61 – IV. 1.28 – V. 1.08 – R. 3.59 PDK: I. 3.91 – II. 2.29 – III. 1.65 – IV. 1.3 – V. 1.08 – VI. 0.88 – VII. 0.62 – R. 3.55	I. 3.82 – II. 2.14 – III. 1.48 – IV. 1.18 – V. 0.97 –, VI. 0.79 – R. 2.67 PDK: I. 3.91 – II. 2.29 – III. 1.65 – IV. 1.3 – V. 1.08 – VI. 0.88 – VII. 0.62 – R. 3.55
Antriebs-Übersetzung	3.44; Carrera 4 / Tiptronic: h:. 3.44 / 3.56, v.: 3.33 /3.45	3.44, v: 3.33 / 3.56, v: 3.45	3.44, v.: 3.33	v. 3.33, h. 3.44
Karosserie/Fahrwerk	Selbsttragende Ganzstahlkarosserie			
Vorderradaufhängung	McPherson-Federbeine (Längslenker, Querlenker, Schraubenfedern, Gasdruckdämpfer, Längslenker, Querlenker), Stabilisator			
Hinterradaufhängung	Mehrlenkerachse mit Schraubenfedern, Gasdruckdämpfer, Stabilisator			
Lenkung	Zahnstange, Servo			
Fußremse / Regelsysteme	Scheiben belüftet , v./h. 330 mm Ø, ab Mj. 2009: v./h. 350 mm Ø, a.W.: Keramik (PCCB) v./h. 380/350 mm Ø, ABS, PSM, Anfahr-Assistent			
Allgemeine Daten				
Radstand	2350 mm			
Spur vorn/hinten	1486/1534, Carrera 4: 1488 / 1548 mm	1488/1548 mm	1486/1516 mm	1488/1548; GTS: 1490/1546
Gesamtmaße	4472 x 1808 x 1310 mm Carrera 4 / S: 4427 x 1852 x 1300 mm	4425 x 1850 x 1310 mm, 4 S: 4435 x 1852 x 1300 mm	4435 x 1808 (1852) x 1300 mm	4435 x 1852 x 1300 mm
Kofferraum	135, Carrera 4 / Targa / GTS: 105 Liter			
Räder	v. 8 J x 18, h. 10 J, Carrera 4: h. 11 J x 19	v. 8 J x 18, h. 11 J x 19	v. 8 J, h. 10.5 J x 18	v. 8 J, h. 11 J, GTS: v. 8.5 J, h. 11.5 J x 19
Reifen	v. 235/40 ZR 18, h. 265/40 ZR 18, v. 235/35 ZR 19, h. 305/30 ZR 19	v. 235/40 R 18, h. 295/35 R 18 v.235/40 R 18, h. 305/30 R 19	v. 235/40 ZR 18, h. 265/40 ZR 18	v. 235/35 ZR 19, h. 295/30 ZR 19; v. 235/35 ZR 19, h. 305/30 ZR 19
Wendekreis	12,1 Meter			
Leermasse	1480-1600 kg	1510-1575 kg	1500-1585 kg	1510-1595 kg
Gesamtgewicht	1875-1975 kg	1900-1960 kg	1880-1960 kg	1890-1970 kg
Höchstgeschwindigkeit	275-288 km/h	275-288 km/h	282-289 km/h	297- 306 km(h
Beschleunigung 0–100 km/h	4,9-5,8 sec	5,3-5,8 sec	4,9-5,2 sec	4,4-4,9 sec
Verbrauch/100 km	11,2 - 11,9 Liter	11,3 -11,8 Liter	15,6 / 7,5 / 10,4 (14,9 / 7,0 / 9,9) Liter	10,8 - 11,2 Liter
Kraftstofftank	64, Carrera 4 / 4S: 67 Liter	67 Liter	64, Carrera 4 / 4S: 67 Liter	64, GTS: 67 Liter
Anmerkungen				ab 8/2009 auch als Carrera 4 S / 4S GTS: 408 PS

Mit 500 PS wiederum deutlich stärker, gleichzeitig aber auch erheblich sparsamer und leichter startete der neue 911 Turbo am 21. November 2009 in den Verkauf. Der Flügel beim 997/2-Cabriolet war ausfahrbar.

Porsche 911
Baureihe 991 (2012-2021)

Der von 2012 bis 2019 produzierte 991 war der erste Porsche in Aluminium-Stahl-Mischbauweise. Durch die in dieser Technologie hergestellte Rohkarosserie konnten rund 80 kg gegenüber der des Vorgängermodells 997 eingespart werden. Die Bodengruppe der Karosserie, Türen und Dach bestanden aus Aluminium; durch dessen Materialeigenschaften ergaben sich außer dem geringeren Gewicht auch Vorteile in der Fertigung. Für den Zusammenbau der Aluminiumteile mussten allerdings neue Fügetechniken wie Stanznieten, Clinchen, Flow-Drill-Schrauben (die Schraube bohrt das Loch und schneidet das Gewinde selbst), Aluminium-MIG- und Bolzenschweißen eingeführt werden. Die Seitenteile bestanden aus Stah.

Nach dem Carrera erschienen in gewissen Abständen weitere Modellvarianten, so Mitte 2012 der allradgetriebene Carrera 4(S) sowie im zweiten Halbjahr der neue 911 GT3 Cup. Vier Monate nach der Präsentation des 991 Carrera Coupés erfolgte in Detroit die Weltpremiere der Cabrioversion.

Ebenfalls auf der Detroit Motor Show wurde im Januar 2014 der Targa 991 vorgestellt. Er hatte ein Softtop mit feststehendem Überrollbügel und einteiliger Heckscheibe. Angeboten wurde dieses Modell in den Versionen 911 Targa 4, 911 Targa 4S und 911 Targa 4 GTS. Das Dachteil zwischen der A-Säule (Frontscheibe) und dem Targabügel (B-Säule) war wie bei den Klappdachcabriolets anderer Hersteller automatisch ausfahrbar: Das gesamte Heckscheibenmodul wurde dabei zunächst nach hinten ausgefahren. Teile des Targabügels schwenkten links und rechts aus, um das Targadach dann hin-

Stark wie nie: Die Turbo S der Generation 991 kamen auf eine Leistung von 560 PS.

Baureihe 997.2	**Porsche 911 Speedster 2010–2011**	**Porsche 911 Targa 4 Porsche 911 Targa 4 S 2009–- 2012**	**Porsche 911 Turbo 2007–2009**	**Porsche 911 Turbo Porsche 911 Turbo S 2009–2012**
Motor	Otto (M64/01)			
Zylinderzahl/Bauart	6 (Boxer), LM-Block/Kopf, hinter Hinterachse			
Bohrung x Hub	102 x 77,5 mm	97 x 81,5 / 102 x 77,5 mm	100 x 76,4 mm	102 x 77,5 mm
Hubraum	3800 cm^3	3614 / 3800 cm^3	3600 cm^3	3800 cm^3
Leistung	408 PS (300 kW) bei 7300 U/min	345 PS (254 kW) bei 6500 U/min, 4 S: 385 PS (283 kW) bei 6500 U/min	480 PS (353 kW) bei 6000 U/min	500 PS (368 kW) bei 6000 U/min, Turbo S: 530 PS (390 kW) bei 6250 U/min
Drehmoment	420 Nm bei 4200-5600 U/min	390 / 420 Nm bei 4400 U/min	620 Nm bei 1950 U/min	650 Nm bei 1950 U/min Turbo S: 700 Nm bei 2100 U/min
Verdichtung	1:12,5	1:12,5	1: 9,0	1:9,8
Gemischbildung	Direkteinspritzung	Direkteinspritzung	Einspritzung, Bi-Turbo, variable Turbinengeometrie	Direkteinspritzung, Bi-Turbo, variable Ladergeometrie
Ventile / Steuerung	4, DOHC, Variocam Plus			
Kühlung	Pumpe, 23-27 Liter Wasser			
Schmierung	Integrierte Trockensumpfschmierung, 10 Liter Öl		Trockensumpfschmierung, 10,4 Liter	Integrierte Trockensumpfschmierung, 10,4 Liter
Batterie	12 V 70 Ah	12 V 70 Ah	12 V 70 Ah	12 V 70 Ah
Lichtmaschine / Generator	2100 W	2100 W	2100 W	2100 W
Kraftübertragung	Heckantrieb	Allradantrieb, PTM		
Schaltung	Schaltstock Wagenmitte, PDK auch Schalttasten am Lenkrad			
Getriebe	7-Gang PDK	6-Gang / 7-Gang PDK	6-Gang / 5-Gang-Tiptronic-S	6-Gang / 7-Gang PDK
Übersetzungen	I. 3.91 – II. 2.29 – III. 1.65 – IV. 1.28 – V. 1.08 – VI. 0.88 – VII. 0.62 – R. 3.55	I. 3.91 – II. 2.29 – III. 1.65 – IV. 1.28 – V. 1.08 – VI. 0.88 – VII. 0.62 – R. 3.59 PDK: I. 3.91 – II. 2.29 – III. 1.65 – IV. 1.3 – V. 1.08 – VI. 0.88 – VII. 0.62 – R. 3.55	I. 3.82 – II. 2.05 – III. 1.41 – IV. 1.12 – V. 0.92 – VI. 0.75 – R. 2.86, Tiptronic: I. 3.6 – II. 2.19 – III. 1.41 – IV. 1,0 – V. 0.83 – R. 3.17	I. 3.82 – II. 2.14, – III. 1.48 – IV. 1,18 – V. 0.97 – VI. 0.79 – R. 2.67 PDK: I. 3.91 – II. 2.29 – III. 1.58 – IV. 1.18 – V. 0.94, – VI. 0.79 – VII. 0.62 – R. 3.55, Turbo S : nur PDK
Antriebs-Übersetzung	3.44	v. 3.33, h. 3.44	v. 3.33, h. 3.44	v. 3.33, h. 3.44
Karosserie/Fahrwerk	Selbsttragend, Stahl/Aluminium			
Vorderradaufhängung	McPherson-Federbeine (Längslenker, Querlenker, Schraubenfedern, Gasdruckdämpfer, Längslenker, Querlenker), Stabilisator			
Hinterradaufhängung	Mehrlenkerachse mit Schraubenfedern, Gasdruckdämpfer, Stabilisator			
Lenkung	Zahnstange, Servo			
Bremse / Regelsysteme	Keramik-Scheiben (PCCB) belüftet, v./h. 350 mm Ø,	Scheiben belüftet , v./h. 330 mm Ø,	Scheiben belüftet, v./h. 350 mm Ø,	Scheiben belüftet, v./h. 350 mm Ø, Turbo S: Keramik (PCCB) v./h. 380/350 mm Ø,
Allgemeine Daten				
Radstand	2350 mm			
Spur vorn/hinten	1492/1550 mm	1488/1548 mm	1490/1548 mm	1490/1548 mm
Gesamtmaße	4440 x 1852 x 1230 mm	4435 x 1850 x 1310 mm 4 S: 4435 x 1852 x 1300 mm	4450 x 1852 x 1300 mm	4450 x 1852 x 1300 mm
Wendekreis	12,1 Meter			
Räder	v. 8.5 J x 19 h. 11.5 J x 19	v. 8 J, h. 11 J	v. 8,5 J, h. 11 J	v. 8.5 J, h. 11 J
Reifen	v. 235/35 ZR 19, h. 305/30 ZR 19	v. 235/40 ZR 18, h. 295/35 ZR 18, 4 S: v. 235/35 R 19, h. 305/30 R 19	v. 235/35 ZR 19, h. 305/30 ZR 19	v. 235/35 R 19, h. 305/30 R 19
Gepäckraum	135 Liter	105 Liter	105 Liter	105 Liter
Leermasse	1920 kg	1530- 1570 kg	1655-1690 kg	1645-1670 kg
Gesamtgewicht	1540 kg	1910- 1950 kg	2000-2035 kg	1995-2020 kg
Höchstgeschwindigkeit	289 km/h	293-302 km/h	310 km/h	312-315 km/h
Beschleunigung 0–100 km/h	4,4-3,9 sec	4,3 sec	4,0 (3,8) sec	3,7-3,4 sec
Verbrauch/100 km	9,2 Liter	9,7-9,0 Liter	9,8 - 10,3 Liter	11,3 Liter
Kraftstofftank	64 Liter	67 Liter		

MODELLÜBERSICHT PORSCHE 911 – BAUREIHE 991

Typ	Zylinder	Hubraum	Leistung	Beschleunigung 0-100 km/h	Höchst-geschwindigkeit	Durchschnitts-verbrauch	Listenpreis	Baujahr
2012-2015								
Porsche 911 Carrera Cabriolet	6 Zylinder	3.614 cm^3	257 kW/350 PS	5,0 s	286 km/h	9,2 L/100 km	103.150 €	2012-2015
Porsche 911 Carrera S Cabriolet	6 Zylinder	3.800 cm^3	294 kW/400 PS	4,7 s	301 km/h	9,7 L/100 km	117.906 €	2012-2015
Porsche 911 Carrera 4 Cabriolet	6 Zylinder	3.614 cm^3	257 kW/350 PS	5,1 s	282 km/h	9,5 L/100 km	110.290 €	2012-2015
Porsche 911 Carrera 4S Cabriolet	6 Zylinder	3.800 cm^3	294 kW/400 PS	4,7 s	296 km/h	10,1 L/100 km	125.046 €	2012-2015
Porsche 911 Turbo Cabriolet	6 Zylinder	3.800 cm^3	382 kW/520 PS	3,5 s	315 km/h	9,9 L/100 km	177.882 €	2013-2015
Porsche 911 Turbo S Cabriolet	6 Zylinder	3.800 cm^3	412 kW/560 PS	3,2 s	318 km/h	9,9 L/100 km	209.774 €	2013-2015
Porsche 911 Carrera 4 GTS Cabriolet	6 Zylinder	3.800 cm^3	316 kW/430 PS	4,6 s	303 km/h	10,0 L/100 km	137.420 €	2014-2016
Porsche 911 Targa 4	6 Zylinder	3.614 cm^3	257 kW/350 PS	5,2 s	282 km/h	9,5 L/100 km	109.338 €	2014-2015
Porsche 911 Targa 4S	6 Zylinder	3.800 cm^3	294 kW/400 PS	4,8 s	296 km/h	10,0 L/100 km	124.094 €	2014-2015
2015-2019								
Porsche 911 Carrera Cabriolet	6 Zylinder	2.981 cm^3	272 kW/370 PS	4,8 s	293 km/h	8,5 L/100 km	111.004 €	2015-2019
Porsche 911 Carrera 4 Cabriolet	6 Zylinder	2.981 cm^3	272 kW/370 PS	4,7 s	289 km/h	8,9 L/100 km	118.382 €	2015-2019
Porsche 911 Carrera S Cabriolet	6 Zylinder	2.981 cm^3	309 kW/420 PS	4,5 s	306 km/h	8,8 L/100 km	125.165 €	2015-2019
Porsche 911 Carrera 4S Cabriolet	6 Zylinder	2.981 cm^3	309 kW/420 PS	4,4 s	303 km/h	9,0 L/100 km	132.543 €	2015-2019
Porsche 911 Carrera 4 GTS Cabriolet	6 Zylinder	2.981 cm^3	331 kW/450 PS	4,1 s	308 km/h	9,7 L/100 km	146.228 €	2017-2019
Porsche 911 Carrera GTS Cabriolet	6 Zylinder	2.981 cm^3	331 kW/450 PS	4,2 s	310 km/h	9,4 L/100 km	138.850 €	2017-2019
Porsche 911 GTS Targa 4	6 Zylinder	2.981 cm^3	331 kW/450 PS	4,1 s	308 km/h	9,7 L/100 km	146.228 €	2017-2019
Porsche 911 Targa 4	6 Zylinder	2.981 cm^3	272 kW/370 PS	4,7 s	289 km/h	8,9 L/100 km	118.382 €	2015-2019
Porsche 911 Targa 4S	6 Zylinder	2.981 cm^3	309 kW/420 PS	4,4 s	303 km/h	9,0 L/100 km	132.543 €	2015-2019
Porsche 911 Targa 4 GTS	6 Zylinder	2.981 cm^3	331 kW/450 PS	4,1 s	308 km/h	9,7 L/100 km	146.228 €	2015-2019
Porsche 911 Turbo Cabriolet	6 Zylinder	3.800 cm^3	397 kW/540 PS	3,1 s	320 km/h	9,3 L/100 km	190.020 €	2016-2019
Porsche 911 Turbo S Cabriolet	6 Zylinder	3.800 cm^3	427 kW/580 PS	3,0 s	330 km/h	9,3 L/100 km	218.223 €	2016-2019

Mit der neuen Generation 991, eingeführt im Dezember 2011, verzeichnete der Sportwagen-Klassiker den größten Entwicklungssprung seit der Umstellung von Luft- auf Wasserkühlung. Carrera und Carrera S gab es zunächst nur als Coupé, die Cabrios ab März 2012.

Die Cabrios kamen erst ein Vierteljahr nach den Coupés auf den Markt. Im Bild ein Carrera 4, den es natürlich auch als 4S gab.

Die neuen Targas besaßen wieder breite Bügel. Das Dach-Mittelteil ließ sich jetzt aber auf Knopfdruck versenken.

Der 911 Targa 4 GTS erschien 2015, nur wenig später als die Carrera-GTS-Modelle.

Baureihe 991	Porsche 911 Carrera 2012–2015	Porsche 911 Carrera 4S / GTS 2012–2015	Porsche 911 Turbo / S (991.2) 2016–2019	Porsche 911 Carrera (991.2) 2015–2019
Motor	Otto			
Zylinderzahl	6 (Boxer), hinter Hinterachse			
Bohrung x Hub	97,0 x 77,5 mm	102,0 x 77,5 mm	102,0 x 77,5 mm	91,0 x 76,4 mm
Hubraum	3436 cm³	3800 cm³	3800 cm³	2981 cm³
Leistung	350 PS (257 kW) bei 7400 U/min	400 PS (249 kW) bei 3800 U/min	540 PS (397 kW) bei 6400 U/min Turbo S: 560 PS (412 kW) bei 6500 U/min	370 PS (272 kW) bei 6500 U/min
Drehmoment	390 Nm bei 5600 U/min	440 Nm bei 5600 U/min	710 Nm bei 2250 U/min Turbo S: 700 Nm bei 2100 U/min, mit Over-boost: 750 Nm bei 2200 U/min	450 Nm bei 1750-5000 U/min
Verdichtung	1 : 12,5	1 : 12,5	1 : 9,8	1 : 10,
Gemischbildung	Direkteinspritzung	Direkteinspritzung	Direkteinspritzung, Bi-Turbo VTG, 2 x Ladeluftkühler	Direkteinspritzung,, Bi-Turbo VTG, 2 x Ladeluftkühler
Ventile	4 / 2 x DOHC (Kette), Variocam Plus			
Kühlung	Pumpe, 23-27 Liter Wasser			
Schmierung	Trockensumpf, 7,5 Liter Öl	Trockensumpf, 7,5 Liter Öl	Trockensumpf, 10,4 Liter	Trockensumpf, 13,1 Liter Öl
Batterie	12 V 50 Ah	12 V 70 Ah	12 V 95 Ah	12 V 80 Ah
Lichtmaschine	2450 W	2450 W	2100 W	2940 W
Kraftübertragung	Hinterradantrieb	Allradantrieb, lektrohydraulisch geregelter, kennfeldgesteuerter Lamellenkupplung (PTM); geregelte Hinterachs-Quersperre, Porsche Torque Vectoring Plus (PTV+)		Hinterradantrieb
Schaltung	Schaltstock Wagenmitte, PDK auch Schalttasten am Lenkrad			
Getriebe	7-Gang / 7-Gang-PDK	7-Gang-PDK	7-Gang-PDK	7-Gang / 7-Gang-PDK
Übersetzungen	I. 3.91 – II. 2.29 – III. 1.65 – IV. 1.28 – V. 1.08 – VI. 0.88 – VII. 0.62 – R. 3.55 PDK: I. 3.91 – II. 2.29 – III. 1.58 – IV. 1.18 – V. 0.94, – VI. 0.79 – VII. 0.62 – R. 3.55			
Antriebs-Übersetzung	3,44	4,44	3,44	3,44
Karosserie/Fahrwerk	Selbsttragend, Stahl/Aluminium			
Vorderradaufhängung	Mc-Pherson-Federbeine, Quer- u. Längslenker, Stabilisator, PASM			
Hinterradaufhängung	Fünflenker, Schraubenfedern, Stabilisator		Fünflenker, Schraubenfedern, Stabilisator, Hinterachslenkung	Fünflenker, Schraubenfedern, Stabilisa-tor, a.W. Hinterachslenkung
Lenkung	Zahnstange, elektromechanisch Servo			
Fußbremse/Regelsysteme	Scheiben v. 330 mm Ø, h. 330 mm Ø, ABS, BA, PSM	Scheiben v. 340 mm Ø, h. 330 mm Ø, ABS, BA, PSM	Scheiben (PCB), v. 380 mm Ø, h. 380 mm Ø Turbo S: v. 410 mm Ø, h. 390 mm Ø ABS, BA, PSM, PDDC	Scheiben v. 330 mm Ø, h. 330 mm Ø, ABS, BA, PSM
Allgemeine Daten				
Radstand	2450 mm			
Spur vorn/hinten	1532/1518 mm	1532/1560 mm	1539/1590 mm	1541/1518 mm
Gesamtmaße	4491 x 1808 x 1303 mm	4491 x 1852 x 1296 mm, Targa GTS: 4509 x 1852 x 1291 mm	Turbo Cabrio: 4506 x 1880 x 1294 mm Turbo S: 4506 x 1880 x 1292 mm	Cabrio: 4499 x 1808 x 1297 mm, Targa 4S: 4490 x 1852 x 1293
Kofferraum	125 Liter	125 Liter	115 Liter	125 Liter
Räder	v. 8.5 J x 19, h. 11J x 19	v. 8,5J x 19, H. 11J x 19	v.9 J x 20, h. 11,5 J x 20	v. 8J x 20, h. 11.5J x 20
Reifen	v. 235/40 ZR 19, h. 285/35 ZR 19	v.235/40 ZR 19, h. 295/35 ZR 19	v. 245/35 ZR 20, h. 305/30 ZR 20	v. 235/40 ZR 19, h. 295/40 ZR 19
Wendekreis links/rechts	11,1 Meter			
Leermasse	1525 kg (+20kg PDK)	1595 kg (+20kg PDK)	1665-1675 kg	1500 kg (+20kg PDK)
Zuläss. Gesamtgewicht		-1980 kg	2065-2045 kg	1925 kg (1940) kg
Höchstgeschwindigkeit	289 km/h (PDK 287)	299 km/h (PDK 297)	320-318 km/h	293 km/h (PDK 291)
Beschleunigung 0–100 km/h	4,8 sec (PDK 4,6 s)	4,5 sec (PDK 4,3 s)	3,1-3,2 sec	4,6 sec (PDK 4,2 s)
Verbrauch/100 km	9,2 Liter (PDK 8.4)	10,1 Liter (PDK 9,3)	9,3-9,9 Liter	8,5 Liter (PDK 8,1)
Kraftstofftank	64 Liter	68 Liter	68 Liter	64 Liter

ter den Notsitzen abzulegen. Das Heckscheibenmodul wurde anschließend zurück in die Ausgangsposition gebracht. Die Türen waren wie beim Ur-Targa rahmenlos. Am 10. Mai 2014 führte Porsche das Targa-Serienmodell auf dem Markt ein. Die Basispreise betrugen stolze 109.338 Euro für den 911 Targa 4,124.094 Euro für den 911 Targa 4S und 146.228 Euro für den 911 Targa 4 GTS.

Ende des Jahres 2014 wurde der 911 / 991 GTS als Interimsmodell zwischen Carrera S und GT3 als Carrera GTS, Carrera 4 GTS, Carrera GTS Cabriolet, Carrera 4 GTS Cabriolet und Targa 4 GTS eingeführt. Der GTS 991.1 erhielt einen Motor mit einer Leistung von 430 PS / 316 kW und einem maximalen Drehmoment von 440 Nm sowie eine bessere Ausstattung, wie größere Bremsscheiben (vorn 350 mm, hinten 330 mm), mittig angeordnete Sportabgasanlage, erweiterte Multimediafunktionalitäten und ein Sport-Chrono-Paket mit dem vom 918 Spyder abgeleiteten Schalter am GT-Sportlenkrad für vier Fahrmodi (Normal, Sport, Sport Plus, Individual); außerdem bekam auch die 4×2-Variante das breite Heck. Für den GTS verlangte Porsche Preise von 125.760 Euro (911 Carrera GTS) bis 146.228 Euro (911 Targa 4 GTS).

Auf der IAA 2015 präsentierte Porsche eine umfassende Modellpflege. Die beiden Grundversionen des 911 (Carrera und Carrera S) wurden ab Dezember 2015 erstmals in der Geschichte des 911 mit Turbo- statt Saugmotor ausgeliefert. Darüber hinaus wurden Veränderungen außen und innen vorgenommen. Serienmäßig waren 0,5 Zoll breitere Hinterräder sowie das zuvor aufpreispflichtige »aktive Fahrwerk« PASM. Der neue Doppel-Turbolader-Motor hatte nur noch 3,0 Liter Hubraum statt zuvor 3,4 oder 3,8 Liter, zeitigte dennoch mehr Leistung und einen geringeren Verbrauch.

Porsche 911
Baureihe 992 (ab 2019)

Das Coupé wurde im November 2018 auf der Los Angeles-Auto Show vorgestellt, das Cabrio präsentierte Porsche im Januar 2019 in Detroit, im September dann der Carrera 4. 2020 folgten Coupé und Cabrio als Turbo S, im Mai 2020 gesellte sich der 992 als Targa hinzu. Dessen Markteinführung war im August 2020. Der Turbo folgte im Juli 2020, ein halbes Jahr später kam der GT3 (den es nicht als Cabrio gab), dem wiederum im Juni 2021 der GTS samt Targa 4 GTS nachgeschoben wurde. Auch eine Speedster-Variante kam ins Programm.

Äußerlich unterscheidet sich der 992 nur in Details vom Vorgänger, wenngleich nun eine neue Plattform (MMB) Verwendung gefunden hat. Die Spur war um 40 mm gewachsen und über den vorn 20 und hinten 21 Zoll großen Rädern wölbten sich jetzt deutlich breitere Radhäuser, während das Heck nun bei allen Modellen die gleiche Breite aufwies.

Im Januar 2019 zeigte Porsche zum ersten Mal das neue S-Cabriolet der Baureihe 992.

MODELLÜBERSICHT PORSCHE 911 – BAUREIHE 992

Typ	Zylinder	Hubraum	Leistung	Beschleunigung 0-100 km/h	Höchstgeschwindigkeit	Durchschnittsverbrauch	Listenpreis	Baujahr
Porsche 911 Carrera 4 Cabriolet	6 Zylinder	2.981 cm^3	283 kW/385 PS	4,4 s	289 km/h	9,7 L/100 km	144.627 €	2019-2021
Porsche 911 Carrera 4 GTS Cabriolet	6 Zylinder	2.981 cm^3	331 kW/450 PS	3,7 s	306 km/h	10,0 L/100 km	150.393 €	2019-2021
Porsche 911 Carrera 4S Cabriolet	6 Zylinder	2.981 cm^3	331 kW/450 PS	3,8 s	304 km/h	9,9 L/100 km	160.097 €	2019-2021
Porsche 911 Carrera Cabriolet	6 Zylinder	2.981 cm^3	283 kW/385 PS	4.4 s	291 km/h	9,4 L/100 km	136.773 €	2019-2021
Porsche 911 Carrera GTS Cabriolet	6 Zylinder	2.981 cm^3	331 kW/450 PS	3,8 s	308 km/h	9,8 L/100 km	143.015 €	2019-2021
Porsche 911 Carrera S Cabriolet	6 Zylinder	2.981 cm^3	331 kW/450 PS	3,9 s	308 km/h	9,7 L/100 km	152.243 €	2019-2021
Porsche 911 Speedster	6 Zylinder	3.996 cm^3	375 kW/510 PS	4,0 s	310 km/h	10,0 L/100 km	262.486 €	2019-2021
Porsche 911 Targa 4 GTS	6 Zylinder	2.981 cm^3	331 kW/450 PS	3,7 s	306 km/h	10,5 L/100 km	150.393 €	2019-2021
Porsche 911 Targa 4	6 Zylinder	2.981 cm^3	283 kW/385 PS	4,4 s	289 km/h	9,9 L/100 km	144.627 €	2020-2022
Porsche 911 Targa 4S	6 Zylinder	2.981 cm^3	331 kW/450 PS	3,8 s	304 km/h	10,2 L/100 km	160.097 €	2020-2022
Porsche 911 Turbo Cabriolet	6 Zylinder	3.745 cm^3	427 kW/580 PS	2,9 s	320 km/h	11,3 L/100 km	227.808 €	2020-2022
Porsche 911 Turbo S Cabriolet	6 Zylinder	3.745 cm^3	478 kW/650 PS	2,8 s	330 km/h	11,3 L/100 km	260.414 €	2020-2022
Porsche 911 Carrera GTS Cabriolet	6 Zylinder	2.981 cm	353 kW/480 PS	3,6 s	309 km/h	9,8 L/100 km	169.617 €	2021-2023
Porsche 911 Carrera 4 GTS Cabriolet	6 Zylinder	2.981 cm^3	353 kW/480 PS	3,8 s	307 km/h	10,0 L/100 km	177.471 €	2021-2023
Porsche 911 Targa 4 GTS	6 Zylinder	2.981 cm^3	353 kW/480 PS	3,5 s	307 km/h	10,2 L/100 km	177.471 €	2021-2023

Baureihe 992	**Porsche 911 Carrera / Carrera 2 ab 2019**	**Porsche 911 Carrera 4 / 4 S ab 2019**	**Porsche 911 Targa 4 / 4 S ab 2020**	**Porsche 911 Turbo / Turbo S ab 2020**
Motor	Otto			
Zylinderzahl / Bauart	6 (Boxer), hinter Hinterachse			
Bohrung x Hub	91 x 76,4 mm			102 x 76,4 mm
Hubraum	2981 cm			3745 cm
Leistung	385 PS (283 kW) bei 6500 U/min, Carrera 2: 450 PS (331 kW) bei 6500 U/min			580 PS (427 kW) bei 6500 U/min 650 PS (478 k/W) bei 6750 U/min
Drehmoment	450 Nm bei 1950-5000 U/min, Carrera 2 / Carrera 4 / 4 S: 530 Nm bei 2300-5000 U/min			750 Nm bei 2250-4500 U/min, 800 Nm bei 2500-4000 U/min
Verdichtung	1:10,2			1: 8,7
Gemischbildung	Direkteinspritzung, Bi-Turbo			
Ventile / Steuerung	4, DOHC, Variocam Plus			
Kühlung	Pumpe, 23-27 Liter Wasser			
Schmierung	Integrierte Trockensumpfschmierung, 11,3 Liter Öl			
Batterie	12 V 70 Ah			
Lichtmaschine / Generator	Drehstromgenerator 2100 W /150 A			
Kraftübertragung	Heckantrieb	Allradantrieb, PTM, PTV, elektronisch geregelte Hinterachs-Quersperre		
Schaltung				
Kupplung	8-Gang PDK		7-Gang / 8-Gang PDK	8-Gang PDK
Übersetzungen	I. 4.89 – II. 3.17 – III. 2.15 – IV. 1.56 – V. 1.18 – VI. 0.94 – VII. 0.76 – VIII. 0.61 – R. 3.99		I. 3.91 – II. 2.29 – III. 1.58 – IV. 1.18, –V. 0.94 – VI. 0.79 – VII. 0.62 – R. 3.55	I. 4.89 – II. 3.17 – III. 2.15 – IV. 1.56 – V. 1.18 – VI. 0.94 – VII. 0.76 – VIII. 0.61 – R. 3.99
Antriebs-Übersetzung	3.12	3.12	3.12	3.02
Karosserie/Fahrwerk	Selbsttragend, Aluminium/Stahl			
Vorderradaufhängung	McPherson-Federbeine (Längslenker, Querlenker, Schraubenfedern, Gasdruckdämpfer, Längslenker, Querlenker), Stabilisator, PASM			
Hinterradaufhängung	Mehrlenkerachse mit Schraubenfedern, Gasdruckdämpfer, Stabilisator, PASM			
Lenkung	Zahnstange, elektro-mech. Servo, optional Hinterachslenkung (HAL) Turbo: Zahnstangen-Allradlenkung			
Bremse/Regelsysteme	Scheiben belüftet, v./h. 330 mm Ø, Carrera 2 / 4 / 4 S: v./h. 350 mm Ø, ABS, PSM			
Allgemeine Daten				
Radstand	2350 mm	2450 mm		2450 mm
Spur vorn/hinten	1590/1560 mm	1591/1557 mm, 4 S: 1589/1557 mm		1583/1600 mm
Gesamtmaße	4519 x 1852 x 1297 mm			4535 x 1900 x 1302 mm
Räder	v. 8.5 J, h. 11.5 J	v. 8.5 J, h. 11.5 J	v. 8.5 J, h. 11.5 J	v. 9 J, h. 11,5 J
Reifen	v. 235/40 ZR 19, h. 295/35 ZR 20, Carrera 2: v. 245/35 ZR 20, h. 305/30 ZR 21	v. 235/40 ZR 19, h. 295/35 ZR 20, 4 S: v. 245/35 ZR 20, h. 305/30 ZR 21	v. 235/40 ZR 19, h. 295/35 ZR 20, 4 S: v. 245/35 ZR 20, h. 305/30 ZR 21	v. 245/35 ZR 20, h. 315/30 ZR 21, Turbo S: v. 255/35 ZR 20, h. 315/30 ZR 21
Gepäckraum	132 Liter			128 Liter
Wendekreis	11,2 Meter			10,9 Meter
Leermasse	1575-1585 kg	1625-1635 kg	1640- 1675 kg	1710 kg
Gesamtgewicht	2015-2040 kg	2040-2065 kg	2055- 2085 kg	2100 kg
Höchstgeschwindigkeit	291-306 km/h	289-304 km/h	289-304 km/h	320-330 km/h
Beschleunigung 0–100 km/h	4,4-3,9 sec	4,4-2,8 sec	4,4 - 3,8 sec	2,9 sec
Verbrauch/100 km	9,2 Liter	9,7-9,9 Liter	9,9 - 10,2 Liter	11,3 Liter
Kraftstofftank	64 Liter	67 Liter		

Das Sondermodell 911 Targa 4S Heritage Design Edition wurde auf 992 Exemplare limitiert und erschien Ende 2020.

Einzelstück: Das Carrera S Cabriolet »Panamericana Special« von 2022 erinnerte an den ersten Porsche-Start bei der »La Carrera Panamericana« von 1952.

Porsche präsentierte Mitte 2021 die neuen GTS-Modelle der Baureihe 911. Die Carrera GTS waren von Anfang an wieder als Coupé und als Cabriolet zu haben. Der Sechszylinder-Boxermotor leistete in allen GTS 480 PS.

Das Porsche 911 Carrera GTS Cabriolet, Sondermodell »America Edition« wurde 2022-2023 in einer Auflage von 115 Stück produziert.

Baureihe 986	Porsche Boxster 2.5 1997–1999	Porsche Boxster 2.7 2000–2002 / 2003–2004	Porsche Boxster S 2000–2002 / 2003–2004
Motor	Otto		
Zylinderzahl/Bauart	6 (Boxer), längs, als Mittelmotor		
Bohrung x Hub	85,5 × 72 mm	85,5 x 78 mm	93 x 87 mm
Hubraum	2480 cm^3	2687 cm^3	3179 cm^3
Leistung	204 PS (150 kW) bei 6000 U/min	220 Ps (162 kW) bei 6400 U/min 228 PS (168 kW) bei 6300 U/min	252 PS (185 kW) bei 6250 U/min 260 PS (191 kW) bei 6200 U/min
Drehmoment	245 Nm bei 4500 U/min	260 Nm bei 4750 U/min	305 / 310 Nm bei 4500 U/min
Verdichtung	1:11,0		
Gemischbildung	Elektronisch gesteuerte Bosch Einspritzung		
Ventile/Steuerung	4 / V-förmig hängend, 2 x DOHC, Hydrostößel, Kette, ab 2003: Einlassnockenwellenverstellung Variocam		
Kühlung	Pumpe, 17 Liter Wasser		
Schmierung	Trockensumpf, 8,75 Liter Öl		
Batterie	12 V 60 Ah	12 V 60 / 70 Ah	12 V 60 / 70 Ah
Lichtmaschine	1680 W	1680 W	1680 W
Kraftübertragung	Heckantrieb		
Schaltung	Schaltstock Wagenmitte		
Kupplung	Einscheibentrocken		
Getriebe	5-Gang / Tiptronic S		6-Gang / Tiptronic S
Übersetzungen	I. 3,50 – II. 2.12 – III. 1.43 – IV. 1.03 – V. 0,79 – R. 3.44		I. 3.82 – II. 2.2 – III. 1.52 – IV. 1.22 – V. 1.02 – VI. 0.84 – R. 3.55
	Tiptronic: I. 3.66 – II. 2.0 – III. 1.41 – IV. 1.0 – V. 0.74 – R. 4.1		
Antriebs-Übersetzung	3.89 / 4.02	3.56 / 4.02	3.44 / 3.73
Karosserie/Fahrwerk	Selbsttragende Ganzstahlkarosserie		
Vorderradaufhängung	McPherson-Federbeine, Querlenker, Stabilisator		
Hinterradaufhängung	McPherson-Federbeine, Querlenker, Stabilisator		
Lenkung	Zahnstange, Servo		
Fußbremse/Regelsysteme	Scheiben v. 298 mm Ø, h. 292 mm Ø, ABS	Scheiben innenbel. v. 298 mm Ø, h. 292 mm Ø, ABS	Scheiben innenbel. v. 318 mm Ø, h. 299 mm Ø, ABS
Allgemeine Daten			
Radstand	2415 mm	2415 mm	2415 mm
Spur vorn/hinten	1465/1528 mm	1465/1530 mm	1465/1508 mm
Gesamtmaße	4329 × 1801 × 1295 mm	4329 × 1801 × 1295 mm 4320 × 1780 × 1290 mm	4315 × 1780 × 1290 mm 4320 × 1780 × 1290 mm
Gepäckraum	260 Liter (vorn 130, hinten 130 l)		
Räder	v. 6 J x 16, h. 7 J x 16		v. 7 J x 17, h. 8,5 J x 17
Reifen	205/55 ZR 16, 225/50 ZR 16		v. 205/50 ZR 17, h. 255/40 ZR 17
Wendekreis	11,20 Meter	11,20 Meter	11,20 Meter
Leermasse	1250 kg	1260-1310 kg	1295-1335 kg
Zuläss. Gesamtgewicht	1560 kg	1570-1620 kg	1615-1665 kg
Höchstgeschwindigkeit	240 km/h	245-253 km/h	255-264 km/h
Beschleunigung 0–100 km/h	6,9-7,6 sec	5,7-7,3 sec	5,7-6,5 sec
Verbrauch/100 km	9,7 Liter	9,9 Liter	10,7 Liter
Kraftstofftank	64 Liter	64 LIter	64 Liter

Porsche Boxster I
Baureihe 986 (1996-2004)

Das neue Einstiegsmodell von Porsche, der Boxster, gab im Januar 1993 in Detroit seinen Einstand. Ab 1996 wurde er in Serie gebaut. Auch wenn die Enthusiastenszene zunächst skeptisch war – der Neue galt schon bald als echter Porsche. Was sicher auch daran lag, dass er keinen Vierzylinder, sondern einen 2,5-Liter-Sechszylinder (204 PS / 150 kW) hatte, der vor der Hinterachse saß.

Um die unerwartet langen Lieferfristen zu verkürzen, gab man ab Herbst 1997 einen Teil der Produktion an die Firma Valmet in Finnland. 109.213 Boxster der ersten Generation wurden von 1997 bis 2004 in Finnland produziert. Anhand der Fahrgestellnummer sind die Produktionsorte der Fahrzeuge erkennbar: Ein U (Uusikaupunki) oder S (Stuttgart) vor der folgenden sechsstelligen Nummer kennzeichnete die Herkunft.

Der Boxster enthielt viele Komponenten des 1997 erscheinenden Porsche 911/ Baureihe 996, was wegen mangelnder Differenzierung zu Kritik führte. Mit einem Einstiegspreis von DM 76.500,- (39.100 Euro) lockte er jedoch neue Kunden zur Marke und startete die Boomjahre von Porsche Mitte/Ende der 1990er-Jahre. Dank seines Mittelmotorkonzepts wies der Wagen vorn und hinten je einen Kofferraum auf. Das serienmäßig elektrisch betätigte Verdeck fand in einem Verdeckkasten über dem Motor Platz; anfangs ließ es sich nur im Stillstand öffnen und schließen.

Im Jahr 2000 erhielt der Einstiegs-Boxster einen auf 2,7 Liter vergrößerten Motor, der 220 PS / 162 kW leistete. Weiterhin wurde die Baureihe um den Boxster S mit einem 3,2-Liter-Motor mit 252 PS / 185 kW ergänzt, die ihn von 0 auf 100 km/h in 5,9 Sekunden beschleunigen ließ. Noch vor dem Modellwechsel zur Baureihe 987 erfuhr der Boxster ein letztes Facelift und eine Leistungssteigerung: Der Boxster leistete nun 228 PS / 168 kW, der Boxster S kam auf 260 PS / 191 kW.

Im Modelljahr 2004 gab es dann das Sondermodell »50 Jahre 550 Spyder«, das auf 1.953 Stück limitiert war, von denen 372 Fahrzeuge auf den deutschen Markt kamen. Teilweise schon mit 987-Technik versehen, leistete der Boxster-Spyder 266 PS / 195 kW und wurde mit einer Höchstgeschwindigkeit von 266 km/h angegeben. Der Grundpreis des mit zahlreichen Extras ausgestatteten Modells belief sich auf 59.192 Euro.

Die erste Boxster-Generation trug die Baureihenbezeichnung »986«. Aus Kostengründen hatte Porsche-Chef Wendelin Wiedeking ein hohes Maß an Gleichteilen mit dem Elfer gefordert.

Mit der ersten Boxster-Generation (Baureihe 986, 1996–2004) fuhr Porsche aus der Krise. Der Vorderbau des Boxster war identisch mit dem des 911. Das sparte Kosten, sorgte aber gleichzeitig auch für viel Kritik. Im Bild der Boxster 550 Spyder, 2003.

Porsche Boxster II
Baureihe 987 (2004–2011)

Der 987, Nachfolger des Porsche 986, wurde am 27. November 2004 eingeführt. Er entsprach äußerlich nahezu dem Vorgängermodell. Die wegen ihrer Form beim Vorgängermodell oft kritisierten Scheinwerfer waren allerdings neugestaltet und dem Porsche 911 angeglichen worden. Dadurch wirkte der Wagen kraftvoller und harmonierte in seinem Erscheinungsbild mehr mit dem größeren Porsche-Modell. Der Innenraum mit einem neuen Lenkrad, einer geänderten Mittelkonsole und anderen Türverkleidungen wurde ebenfalls überarbeitet. Das elektrische Verdeck ließ sich nun bei Geschwindigkeiten bis zu 50 km/h öffnen und schließen. Traditionsgemäß hatte das neue Modell in seiner Leistung zugelegt und bot bei der Markteinführung 240 PS / 176 kW bzw. 280 PS / 206 kW beim Boxster S. Parallel zum offenen Boxster wurde 2005 die geschlossene Version unter dem Namen Cayman eingeführt.

Ab Mitte 2006 wurden die leistungsstärkeren Cayman-Motoren mit 245 PS / 180 kW bzw. 295 PS / 217 kW auch in den Boxster/Boxster S übernommen. Im selben Jahr erschien das auf 1.960 Exemplare limitierte Sondermodell »RS 60 Spyder« mit dem 3,4-Liter-Sechszylinder des Boxster S. Eine modifizierte Abgasführung, bestehend aus einer Sportabgasanlage in Verbindung mit einem Doppelendrohr, steigerte die Leistung auf 303 PS / 223 kW. Die Höchstgeschwindigkeit lag bei 274 km/h, und den Sprint von 0–100 km/h schaffte er in 5,4 Sekunden. Die größten Veränderungen gab es jedoch im Inneren: mit Carrera-rotem Leder, Edelstahl-Einstiegsblenden, einem neuen Schalthebel und neugestalteter Kombi-Anzeige. Außerdem war das Porsche Active Suspension Management (PASM), ein elektronisches System zur Verstellung der Stoßdämpfer, serienmäßig mit an Bord.

Das Modelljahr 2009 (ab Februar 2009) zeichnete sich durch neue Motoren mit einer elektronisch bedarfsgeregelten Ölpumpe, etwas größerem Hubraum und mehr Leistung aus; auch das schwächere Modell besaß vorn die größeren Bremsscheiben des Boxster S.

Der Boxster Spyder – eine attraktive Sonderversion des Boxster II – wurde erstmals im Dezember 2009 gezeigt. Er huldigte dem Porsche 550 Spyder von 1955. Der Spyder hatte einen 3,4-Liter-Sechszylinder mit 320 PS / 235 kW und beschleunigte mit Schaltgetriebe in 5,1 Sekunden auf Tempo 100 und war mit 1.275 kg das leichteste Modell der Marke; die Höchstgeschwindigkeit betrug 267 km/h. Statt eines elektrischen Verdecks gab es ein manuell zu betätigendes, zweiteiliges Verdeck, das er unter einer langen Haube mit zwei Hutzen versteckte. Außerdem hatte er einen niedrigeren Schwerpunkt, diverse Veränderungen zur Senkung des Gewichts (bis hin zu einfachen Schlaufen anstelle von Griffen in den Türen) und ein komplett neues Sportfahrwerk. Der Boxster Spyder wurde bis 2011 nur 1.667-mal gebaut.

Baureihe 987.1	Porsche Boxster 2004–2006 / 2007–2009	Porsche Boxster 2009–2011	Porsche Boxster S 2005–2006	Porsche Boxster S Porsche Boxster RS 60 Spyder 2007–2009
Motor	Otto			
Zylinderzahl/Bauart	6 (Boxer), längs, als Mittelmotor			
Bohrung x Hub	85,5 x 78 mm	89,0 × 77,5 mm	93 x 78 mm	96,0 × 78,0 mm
Hubraum	2687 cm^3	2839 cm^3	3179 cm^3	3387 cm^3
Leistung	240 PS (176 kW) bei 6400 U/min 245 PS (180 kW) bei 6500 U/min	255 PS (188 kW) bei 6400 U/min	280 PS (206 kW) bei 6200 U/min	295 PS (217 kW) bei 6250 /min 303 PS (223 kW)
Drehmoment	270 / 273 Nm bei 4600 U/min	290 Nm bei 4750 /min	320 bei 4700-6000 U/min	340 Nm bei 4500 /min
Verdichtung	1:11 / 11,3	1:11,5	1:11,0	1:11,1
Gemischbildung	Elektronisch gesteuerte Bosch-Einspritzung, sequenziell			
Ventile/Steuerung	4 / V-förmig hängend, DOHC, Einlassnockenwellenverstellung Variocam, Hydrostößel, Kette ab 2007: VarioCam Plus			
Kühlung	Pumpe, 22 Liter	Pumpe, 23 Liter	Pumpe, 22,3 Liter	Pumpe, 22,3-24,3 Liter
Schmierung	Trockensumpf, 2 x Pumpe, 9,7 Liter Öl	Trockensumpf, 4 x Pumpe, 10 Liter Öl	Trockensumpf, 2 x Pumpe, 9,7 Liter Öl	Trockensumpf, 2 x Pumpe, 7,75 LiterÖl
Batterie	12 V 60 -70 Ah	12 V 60 / 70 Ah	12 V 60 -70 Ah	12 V 70 Ah
Lichtmaschine	2100 W	2100 W	2100 W	2100 W
Kraftübertragung	Heckantrieb			
Schaltung	Schaltstock Wagenmitte			
Kupplung	Einscheibentrocken			
Getriebe	5-Gang / 5-Gang Tiptronic S	6-Gang / 7-Gang PDK	6-Gang / 5-Gang Tiptronic S	6-Gang / 5-Gang Tiptronic S
Übersetzungen	I. 3.50 – II. 2.12 – III. 1.43 – IV. 1.09 – V. 0.84 – R. 3.44	I. 3,67 – 2.05 – III. 1.41 – IV. 1.13 – V. 0.97 – VI. 0.99 – R: 3.33		I. 3.31 – II. 1.95 – III. 1.41 – IV. 1.13 – V. 0.97 – VI. 0.82 – R. 3,0
	Tiptronic S: I. 3,66 – II. 2,00 – III.1,41 – IV. 1,00 – V. 0,74 – R. 4,10 PDK: I. 3.91 – II. 2.292 – III. 1.65 – IV. 1.3 – V. 1.08 – VI. 0.88 – VII. 0.62 – R. 3.55			
Antriebs-Übersetzung	3.56 / 4.02	3.88 / 3.25	3.88 / 3.91	3.88 / 4.16
Karosserie/Fahrwerk	Selbsttragende Ganzstahlkarosserie, Hauben Aluminium			
Vorderradaufhängung	McPherson-Federbeine, Querlenker, Stabilisator			
Hinterradaufhängung	McPherson-Federbeine, Querlenker, Stabilisator			
Lenkung	Zahnstangenlenkung, hydraulisch Servo			
Fußbremse/Regelsysteme	Scheiben innenbel. vorn 298 mm Ø, hinten 292 mm Ø; ABS Boxster S/Spyder: 318 mm Ø, hinten 299 mm Ø; ABS			
Allgemeine Daten				
Radstand	2415 mm			
Spur vorn/hinten	1490 / 1534 mm	1465 / 1530 mm	1486 / 1528 mm	1485 / 1530 mm
Gesamtmaße	4329 × 1801 × 1295 mm	4342 × 1801 × 1292 mm	4329 x 1801 x 1295 mm	4329 × 1801 × 1295 mm
Gepäckraum	280 Liter (vorn 150, hinten 130 l)			
Räder	v. 6,5 J x 17, h. 8 J x 17	v. 6 J x 16, h. 7 J x 16	8 J x 18	v. 8 J x 18, h. 9 J x 18
Reifen	205/55 ZR 17, 235/50 ZR 17	205/55 ZR 16, 225/50 ZR 16	235/40 ZR 18 / 265/40 ZR 18	v. 235/40 R 18, h. 265/40 R 18
Wendekreis	11,1 Meter			
Leermasse	1295-1365 kg	1260-1310 kg	1345 kg	1250 kg
Zuläss. Gesamtgewicht	1570-1620 kg	1570-1620 kg	1630 kg	1560 kg
Höchstgeschwindigkeit	245-264 km/h	245-264 km/h	260-268 km/h	272 / 264 km/h
Beschleunigung 0–100 km/h	6,2-7,1 sec	5,7-7,3 sec	5,5-6,3 sec	5,4 sec
Verbrauch/100 km	9,6-10,5 Liter		10,4-11 Liter	9,7 Liter
Kraftstofftank	64 Liter			

Boxster und Boxster S der neuen Baureihe 987 präsentierte Porsche im Modelljahr 2005.

Den Abschied der zweiten Boxster-Generation bildete 2011 der Boxster S »Black Edition«, der 987-mal gebaut wurde.

Der Boxster Spyder wurde 2010 ins Verkaufsprogramm aufgenommen. Diese dritte Variante neben Boxster und Boxster S war deutlich leichter, hatte einen tieferen Schwerpunkt als ein Boxster S und verfügte über ein neues Sportfahrwerk; ihr 3,4-Liter-Motor leistete 320 PS.

Baureihe 987.2	Porsche Boxster 2009–2011	Porsche Boxster S 2009–2011	Porsche Boxster S Spyder 2010–2011
Motor	Otto		
Zylinderzahl	6 (Boxer), längs, als Mittelmotor		
Bohrung x Hub	89 x 77,5 mm	97,0 × 77,5 mm	
Hubraum	2893 cm^3	3436 cm^3	
Leistung	255 PS (188 kW) bei U/min	310 PS (228 kW) bei 6250 U/min	320 PS (235 kW) bei 6200 U/min
Drehmoment	290 Nm bei 4750 U/min	360 Nm bei 4500 U/min	370 Nm bei 4500 U/min
Verdichtung	1:11,5	1:12,5	
Gemischbildung	Elektronisch gesteuerte Bosch-Einsprit-zung	Benzindirekteinspritzung	
Ventile/Steuereung	4 / V-förmig hängend, DOHC, VarioCam Plus, Hydrostößel, Kette		
Kühlung	Pumpe, 23-25 Liter Wasser		
Schmierung	Trockensumpf, 10,0 Liter Öl	Trockensumpf, 10 Liter Öl	
Batterie	12 V 70 Ah	12 V 70 Ah	12 V 60 Ah
Lichtmaschine	2100 W	2400 W	2400 W
Kraftübertragung	Heckantrieb		
Schaltung	Schaltstock Wagenmitte		
Kupplung	Einscheibentrocken		
Getriebe	6-Gang / 7-Gang PDK	6-Gang / 7-Gang PDK	
Übersetzungen	I.3,67 – II. 2.05 – III. 1.41 – IV. 1.13 – V. 0.984 – VI. 0.84 – R 3.33	I. 3.31 – II. 1.95 – III. 1.41 – IV. 1.13 – V. 0.97 – VI. 0.82 – R. 3,0	
	PDK: I. 3,91 – II.2,292 –III. 1,65 – IV. 1,30 –V. 1,08 – VI.0,88 – VII. 0,62 – R 3,55		
Antriebs-Übersetzung	3.88 / 3.25	3.89 / 3.25	
Karosserie/Fahrwerk	Selbsttragende Ganzstahlkarosserie		
Vorderradaufhängung	McPherson-Federbeine, Querlenker, Stabilisator		
Hinterradaufhängung	McPherson-Federbeine, Querlenker, Stabilisator		
Lenkung	Zahnstange, elektromechanisch, Servo		
Fußbremse/Regelsysteme	Scheiben innenbel. v. / h. 318 mm / 299 mm Ø, ABS	v. 320 mm Ø, h. 300 mm Ø, ABS	
Allgemeine Daten			
Radstand	2415 mm		
Spur vorn/hinten	1490 / 1534 mm	1485 / 1530 mm	1490 / 1535 mm
Gesamtmaße	4342 x 1801 x 1292 mm	4342 × 1801 × 1292 mm	
Kofferraumvolumen	280 Liter (150 / 130 Liter v./h.)		
Räder	7 J x 17 / 8,5 J x 17	v. 8 J x 18, h. 9 J x 18	v. 8.5 J x 19, h. 10 J x 19
Reifen	205/55 ZR 17 / 235/50 ZR 17	v. 235/40 R 18, h. 265/40 R 18	v. 235/35 R 19, h. 265/35 R 19
Wendekreis	11,20 Meter		
Leermasse	1335 kg	1355-1380 kg	1275 kg
Zuläss. Gesamtgewicht	1635 kg	1645-1670 kg	1555 kg
Höchstgeschwindigkeit	261-263 km/h	274 km/h	267 km/h
Beschleunigung 0–100 km/h	5,8-5,9 sec	5,3 sec	5,1 sec
Verbrauch/100 km	9,4 Liter	9,8 Liter	9,3 Liter
Kraftstofftank	64 Liter		

Porsche Boxster III
Baureihe 981 (2012–2016)

Die dritte Version des Boxsters (Baureihe 981) mit 60 mm mehr Radstand wirkte deutlich erwachsener als der Vorgänger. Gekennzeichnet durch die seitlichen Einzüge in den Türen und die bis in die Rückleuchten hineinführende Windabrisskante am Heck, öffnete im Vergleich zum Vorgänger das elektrische Verdeck drei Sekunden schneller in neun Sekunden bei einer Fahrtgeschwindigkeit von bis zu 50 km/h.

Der neue Alu-Hybrid-Rohbau mit 55 kg Mindergewicht und ein neu konzipiertes Fahrwerk bescherten mehr Sportlichkeit. Trotz rund 7 kW mehr Leistung (2,7- und 3,4-L-Motoren mit 265 PS / 195 kW bis 375 PS / 276 kW) verbrauchte das Modell 981 rund zehn Prozent weniger Kraftstoff, was neben der Gewichtsreduktion auch mit einer serienmäßigen Start-Stopp-Automatik und einer elektromechanischen statt der alten hydraulischen Lenkung erreicht wurde.

Wegen der hohen Nachfrage wurde am 19. September 2012 die Produktion neben dem Stammwerk in Stuttgart-Zuffenhausen zusätzlich im ehemaligen Karmann-Werk in Osnabrück (heute Volkswagen Osnabrück) aufgenommen. Der Preis des neuen Modells begann bei 49.243 Euro, für den Porsche Boxster S betrug er mindestens 60.191 Euro.

Porsche Boxster GTS, 2014-2017: Bis zum Erscheinen des Spyder 2015 war der GTS mit seinen 330 PS der stärkste Boxster der Baureihe, 1994.

Im April 2012 neu auf dem Markt: Porsche Boxster der Generation 981 mit 265 PS. Der Boxster S, wie hier zu sehen, schöpfte aus seinen 3,4 Litern Hubraum 315 PS. In der Form bis 2016 zu haben. 2015 löste der Boxster Spyder der Generation 981 den GTS als Spitzenmodell der Boxster-Baureihe ab.

Der Porsche Boxster Spyder in US-Ausführung, 2016: Mit 375 PS erreichte der Spyder eine Höchstgeschwindigkeit von 290 km/h.

Baureihe 981	Porsche Boxster	Porsche Boxster S Porsche Boxster GTS	Porsche Boxster Spyder
Motor	Otto		
Zylinderzahl/Bauart	6 (Boxer), längs, als Mittelmotor		
Bohrung x Hub	89 x 72,5 mm	97 x 77,5 mm	97 x 77,5 mm
Hubraum	2706 cm^3	3436 cm^3	3436 cm^3
Leistung	265 PS (195 kW) bei 6700 U/min	315 PS (232 kW) bei 6700 U/min 330 PS (243 kW) bei 6700 U/min	320 PS (235 kW) PS bei 7200 U/min
Drehmoment	280 Nm bei 4500 U/min	360 / 370 Nmbei 4500 U/min	370 Nm bei 4750 U/min
Verdichtung	1:12,5	1:12,5	1:12,5
Gemischbildung	Direkteinspritzung		Elektronisch gesteuerte Bosch Einspritzung
Ventile/Steuerung	4 / V-förmig hängend, DOHC, VarioCam Plus, Kette		4 / V-förmig hängend, DOHC, VarioCam Plus, adaptive Zylindersteuerung, Kette
Schmierung	Trockensumpf, 10,1 Liter Öl	Trockensumpf, 10,1 Liter Öl	Trockensumpf, 5,7 Liter Öl
Batterie	12 V 70 Ah	12 V 60 / 70 Ah	12 V 60 / 70 Ah
Lichtmaschine	2100 W		
Kraftübertragung	Heckantrieb		
Schaltung	Schaltstock Wagenmitte		
Kupplung	Einscheibentrocken/ PDK mit mechanischer Hinterachs-Quersperre		
Getriebe	6-Gang / 7-Gang PDK	6-Gang / 7-Gang PDK, GTS: PDK+Quicks-hifter	6-Gang
Übersetzungen	I. 3,67 – II. 2,05 – III. 1,46 – IV. 1,13 – V. 0,97 – VI. 0,84 – R. 3,33	I. 3,31 – II. 1.95 – III. 1.41 – IV. 1.13 – V. 0,95 – VI. 0.81 – R. 3.00	I. 3,31 – II. 1.95 – III. 1.41 – IV. 1.13 – V. 0,95 – VI. 0.81 – R. 3.00
	PDK: I. 3.91 – II. 2,292 – III. 1.65 – IV. 1.30 – V. 1.08 – VI. 0.88 – VII. 0.62 – R. 3.55		
Antriebs-Übersetzung	3.89 / 3.250	3.89 / 3.250	3.89
Karosserie/Fahrwerk	Selbsttragend, Verbundbauweise Aluminium/Stahl		
Vorderradaufhängung	McPherson-Federbeine, Querlenker, Stabilisator, GTS: 20 mm Tieferlegung; variables Dämpfungssystem PASM		
Hinterradaufhängung	McPherson-Federbeine, Querlenker, Stabilisator, GTS: 20 mm Tieferlegung; variables Dämpfungssystem PASM		
Lenkung	Elektromechanische Servolenkung mit variabler Lenkübersetzung		
Fußbremse / Regelsysteme	Scheiben innenbl., gelocht, v. / h. 315 / 299 mm Ø, ; Boxster S: 330 / 299 mm Ø; GTS: v. / h. 350 /330 mm Ø, PSM, ASR, ABD, MSR, ABS		
Allgemeine Daten			
Radstand	2475 mm		
Spur vorn/hinten	1526 / 1536 mm	1526 / 1540 mm	1490 / 1530 mm
Gesamtmaße	4374 x 1801 x 1282 mm	4374 x 1801 x 1281 mm 4404 x 1801 x 1273 mm	4414 x 1801 x 1262 mm
Gepäckraum	280 Liter (vorn 150, hinten 130 l)		
Räder	v. 8 J x 18, h. 9 J x 18	v. 8 J x 19, h. 9,5 J x 19	8,5 J x 20, h. 10,5 J x 20
Reifen	235/45 ZR 18, 265/45 ZR 18	235/40 ZR 19, 265/40 ZR 19	235/35 ZR 20, 265/35 ZR 20
Wendekreis	10,98 Meter		
Leermasse	1310 kg	1320 / 1420 kg	1315 kg
Zuläss. Gesamtgewicht	1645 kg	1655 kg	1650 kg
Höchstgeschwindigkeit	264 km/h	277-281 km/h	290 km/h
Beschleunigung 0–100 km/h	5,5-5,8 sec	4,7-5,1 sec	4,5 sec
Verbrauch/100 km	8,2 Liter	8,8-9 Liter	9,9 Liter
Kraftstofftank	64 Liter		

Die Modellpflege 2016 bescherte der Boxster/Cayman-Baureihe nicht nur den neuen Vornamen »718«, sondern auch neue Vierzylinder-Boxermotoren mit mindestens 300 PS. Außerdem kostete das Coupé weniger als der Roadster. Im Bild der 718 Boxster T von 2019.

Porsche Boxster IV
Baureihe 982 (ab 2016)

2016 bekam der Boxster (eigentlich nur eine Modellpflege des 981 mit neuer Baureihenbezeichnung 982) den Namenszusatz 718. Seitdem wird er von einem neu entwickelten, wassergekühltem Vierzylinder-Boxer mit Turbolader anstatt eines Sechszylinder-Boxermotors ohne Aufladung angetrieben. Der Hubraum sinkt damit in der Basisvariante von 2,7 auf 2,0 Liter und in der S-Variante von 3,4 auf 2,5 Liter. Die Aufladung führt jedoch zu einer Leistungssteigerung. Diese steigt in der Basisvariante auf 300 PS / 220 kW und in der S-Variante auf 350 PS / 257 kW. Der Kraftstoffverbrauch sinkt je nach Variante um bis zu einem Liter/100 km. Außerdem sind die Modelle mit den neuen LED-Scheinwerfern erhältlich. Angeboten wird der neue Vierzylinder-Zweisitzer als Boxster, Boxster S, Boxster GTS, Poxster T und Boxster Spyder RS.

Porsche 718 Spyder RS mit Weissach-Paket, 2023: Bei gleicher Leistung viele feine Extras – und 11.965,45 € Aufpreis.

Mitte 2019 erschien der 718 Spyder als Topmodell der Boxster-Baureihe 982. Der neu entwickelte Vierliter-Sauger leistete 420 PS, die beiden »Streamliner« genannten Hutzen auf dem Heckdeckel kannte man vom 981er.

Baureihe 982	Porsche 718 Boxster	Porsche 718 Boxster S	Porsche Boxster 718 GTS 4.0
Motor		Otto	
Zylinderzahl/Bauart	4 (Boxer), längs, als Mittelmotor	4 (Boxer), längs, als Mittelmotor	6 (Boxer), längs, als Mittelmotor
Bohrung x Hub	91 x 76,4 mm	102 x 76,4 mm	102 x 81,5 mm
Hubraum	1988 cm^3	2497 cm^3	3995 cm^3
Leistung	220 kW (300 PS) bei 6500 U/min	257 kW (350 PS) bei 6500 U/min	294 kW (400 PS) bei 7000 U/min
Drehmoment	380 Nm bei 2150 U/min	420 Nm bei 2150 U/min	420 (430) Nm bei 5000 (5500) U/min
Verdichtung	1:9,5	1:9,5	1:13,0
Gemischbildung	Direkteinspritzung, Turbolader, indirekte Ladeluftkühlung	Elektronisch gesteuerte Direkteinspritzung, Turbolader mit variabler Geometrie, indirekte Ladeluftkühlung	Elektronisch gesteuerte Bosch Direkteinspritzung
Ventile/Steuerung	4 / V-förmig hängend, DOHC, Nockenwellenverstellung und Ventilhubschaltung VarioCam Plus, Kette		4 / V-förmig hängend, DOHC, VarioCam Plus, adaptive Zylindersteuerung, Kette
Schmierung		Trockensumpf, 5,7-8 Liter Öl	
Batterie	12 V 80 Ah	12 V 60 / 70 Ah	12 V 60 / 70 Ah
Lichtmaschine		1680 W	
Kraftübertragung		Heckantrieb	
Schaltung		Schaltstock Wagenmitte	
Kupplung		Einscheibentrocken / PDK mit mechanischer Hinterachs-Quersperre	
Getriebe		6-Gang / 7-Gang PDK	
Übersetzungen		I. 3,31 – II. 1.95 – III. 1.41 – IV. 1.13 – V. 0,95 – VI. 0.81 – R. 3.00 PDK: I. 3.91 – II. 2,29, – III. 1.65 – IV. 1.3 – V. 1.08 – VI. 0.88 – VII. 0.62 – R. 3.55	
Antriebs-Übersetzung		3.89 / 3.62	
Karosserie/Fahrwerk		Selbsttragend, Verbundbauweise Aluminium/Stahl	
Vorderradaufhängung		McPherson-Federbeine, Querlenker, Stabilisator; GTS: 20 mm Tieferlegung; variables Dämpfungssystem PASM	
Hinterradaufhängung		McPherson-Federbeine, Querlenker, Stabilisator, GTS: 20 mm Tieferlegung; variables Dämpfungssystem PASM	
Lenkung		Elektromechanische Servolenkung mit variabler Lenkübersetzung	
Fußbremse / Regelsysteme		Scheiben innenbl., gelocht, v. / h. 330 /299 mm Ø, PSM, ASR, ABD, MSR, ABS GTS: Scheiben innenbl., gelocht, v. / h. 350 /330 mm Ø, PSM, PTM, ASR, ABD, MSR, ABS	
Allgemeine Daten			
Radstand		2475 mm	
Spur vorn/hinten	1515/1532 mm	1515/1540 mm	1527/1537 mm
Gesamtmaße	4379 × 1801 × 1281 mm	4379 × 1801 × 1280 mm	4391 x 1801 x 1262 mm
Gepäckraum		275 Liter	
Räder	8 J x 18 h. 9,5 J x 18	v. 8 J x 19, h. 10 J x 19	8,5 J x 20, h. 10,5 J x 20
Reifen	235/45 ZR 18, 265/45 ZR 18	235/40 ZR 19, 265/40 ZR 19	235/35 ZR 20, 265/35 ZR 20
Wendekreis		10,98 Meter	
Leermasse	1335 kg	1355 kg	1405 kg
Zuläss. Gesamtgewicht	1655 kg	1665 kg	1700 kg
Höchstgeschwindigkeit	275 km/h	285 km/h	288-293 km/h
Beschleunigung 0–100 km/h	5,1 sec	4,6 sec	4,5 sec
Verbrauch/100 km	8,7 Liter	9,6 Liter	10,8 Liter
Kraftstofftank	54, auf Wunsch 64 Liter	64 Liter	64 Liter

Porsche Carrera GT (2003–2006)

Völlig außerhalb aller existenten Baureihen lancierte Porsche im Jahr 2003 seinen GT-Supersportwagen. Ursprünglich sollte dieses Fahrzeug in Le Mans starten, bot aber dann die Basis für einen offenen Zweisitzer der Extraklasse, angetrieben von einem neuentwickelten 5,7-Liter-V10 mit 612 PS / 450 kW. Es war das erste Serienfahrzeug, bei dem das als Monocoque gefertigte Fahrgestell und der Aggregateträger vollständig aus kohlenstofffaserverstärktem Kunststoff (CFK) bestehen. Wegen des Mittelmotors ist das Heck des Carrera GT lang gestreckt und hat zwei Entlüftungsöffnungen, die von gelochten Edelstahlblechen abgedeckt werden. Das Dach des Carrera GT besteht aus zwei CFK-Schalen, die im Kofferraum untergebracht werden können. Die Räder werden wie im Rennsport mit Zentralverschlüssen befestigt, die unterschiedliche Farben tragen.

Das »Downforce-Kit«, bestehend aus einem komplexen Luftleitsystem am Unterboden, half dem Carrera GT auch bei hohen Geschwindigkeiten sicher die Spur zu halten. Er wurde dabei von einem Heckflügel unterstützt, der ab einer Geschwindigkeit von 120 km/h automatisch hochfuhr, um den Anpressdruck weiter zu erhöhen.

Die Produktion des straßenzugelassenen V10-Modells war auf 1.500 Einheiten limitiert. Am 28. Dezember 2005 gab Porsche bekannt, dass die Produktion wie geplant im April 2006 eingestellt werde. Bis zum Zeitpunkt dieser Mitteilung lagen erst ca. 1.250 Bestellungen vor. Am 6. Mai 2006 verließ das letzte von insgesamt 1.270 Kunden-Fahrzeugen die Manufaktur in Leipzig Der Carrera GT kostete neu in Deutschland 452.690 Euro. Zur Serienausstattung zählte neben der PC-CB-Keramikverbundbremsanlage (»Porsche Ceramic Composite Brake«) auch ein passendes, fünfteiliges Gepäckset.

Der V10-Saugmotor war direkt von einem für Le Mans konstruierten Aggregat abgeleitet worden und schöpfte aus 5,7 Litern Hubraum 612 PS sowie ein maximales Drehmoment von 590 Nm.

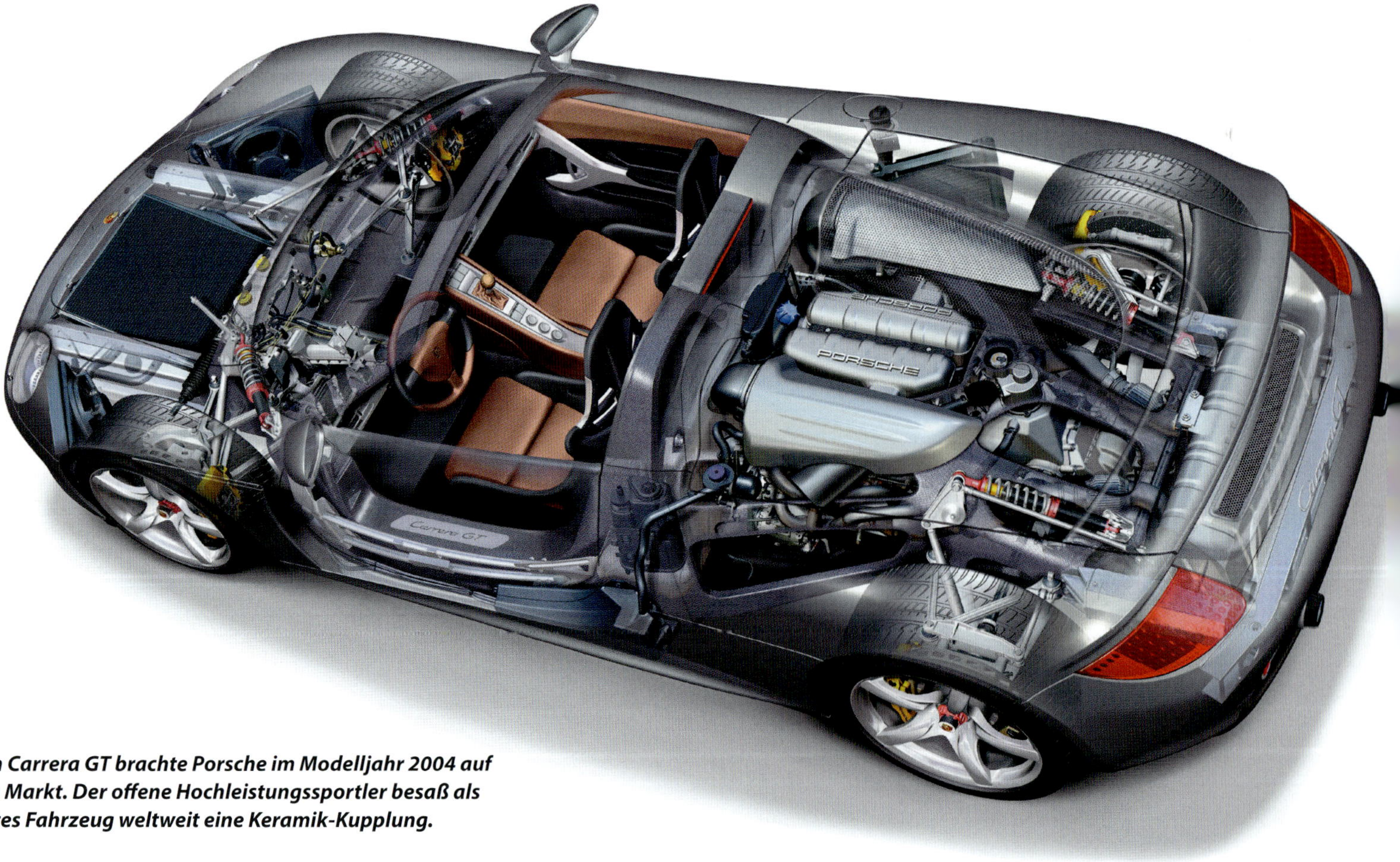

Den Carrera GT brachte Porsche im Modelljahr 2004 auf den Markt. Der offene Hochleistungssportler besaß als erstes Fahrzeug weltweit eine Keramik-Kupplung.

Porsche 918 Spyder (2013–2015)

Nach anfänglichem Zögern wandte sich auch Porsche dem Elektroantrieb zu. Zunächst mit zwei verschiedenen Konzepten, die zwischen 2010 und 2011 vorgestellt wurden: dem 918 RSR, einem Rennwagen, und dem 918 Spyder – einem zweisitzigen Supersportwagen mit Roadster-Karosserie. Er wurde im März 2010 auf dem Genfer Auto-Salon vorgestellt, Markteinführung war im November 2013. Der Grundpreis lag bei 768.026 Euro, für gewichtsoptimierte Fahrzeuge mit »Weissach-Paket« waren 839.426 Euro fällig, den damaligen Nordschleifen-Rundenrekord – unter sieben Minuten für ein fahrzeug mit Straßenzulassung – gab es mit dazu.

Der 918 Spyder verfügte über einen Hybridantrieb aus einem 4,6 Liter großen V8 (607 PS / 447 kW) und Elektromotoren vorn/hinten mit 210 kW – die Gesamtleistung liegt bei 887 PS / 652 kW. Das 4,6 m lange und 1.642 kg schwere Fahrzeug verstand sich als Nachfolger des Carrera GT. Gebaut wurde der 350 km/h schnelle Spyder im Stammwerk Stuttgart-Zuffen- hausen. Die Produktion des auf 918 Exemplare limitierten Supersportlers wurde am 19. Juni 2015 eingestellt. Weiterentwickelte Modelle wie der erfolgreiche Taycan folgten, darunter ist aber bis heute kein offenes Fahrzeug.

Als Plug-in-Hybrid mit 4,6-Liter-V8 und zwei Elektromotoren kam der allradgetriebene Spyder auf eine Systemleistung von 887 PS und konnte bis zu 30 Kilometer rein elektrisch zurücklegen.

Ende 2013 erschien mit dem 918 Spyder ein weiterer Supersportler aus dem Hause Porsche.

	Porsche Carrera GT 2004–2006	Porsche 918 Spyder 2014–2016
Motor	Otto	Otto-Hybrid
Zylinderzahl/Bauart	10 (68°) V-Form, Mittelmotor	8 (90°) V-Form, Mittelmotor, 1 permanenterregter Synchronmotor an der Vorderachse, 1 permanenterregter Synchronmotor an der Hinterachse
Bohrung x Hub	98 x 76 mm	98 x 76,1 mm
Hubraum	5733 cm^3	4593 cm^3
Leistung	612 PS (450 kW) bei 8000 U/min	608 PS (447 kW) bei 8700 U/min, Systemleistung 887 PS (652 kW) bei 8500 U/min
Drehmoment	590 Nm bei 5750 U/min	917-1280 Nm bei 800-5000 U/min
Verdichtung	1:12,0	1:12,5
Gemischbildung	Einspritzung Bosch Motronic	Einspritzung Bosch Motronic
Ventile/Steuerung	4 / DOHC, Einlassnockenverstellung Vario Cam, Zahnräder/Kette	4 / DOHC, Einlassnockenverstellung Vario Cam, Kette
Schmierung	Trockensumpf, 10,5 Liter Öl	Trockensumpf, 10,5 Liter Öl
Batterie	12 V 60-80 Ah	6,8 kWh Lithium-Ionen-Transaktionsbatterie, Onboard-Ladegerät 3,6 kW
Lichtmaschine	2100 W	-/ 230 kW max. Leistungsabgabe
Kraftübertragung	Heckantrieb	Heckantrieb, vordere Elektromaschine mit Getriebe für die Vorderräder (ab 265 km/h abgekoppelt)
Schaltung	Schaltstock Wagenmitte	
Kupplung	Zweischeiben, Keramik	
Getriebe	6-Gang	7-Gang PDK
Übersetzungen	I. 3.2 – II. 1.87 – III. 1.36 – IV. 1.07 – V. 0.9 – VI. 0.75 – R. 2.19	I. 3.91 – II. 2.29 – III. 1.58 – IV. 1.19 – V. 0.97 – VI. 0.83 – VII. 0,67 – R. 3.55
Antriebs-Übersetzung	4.44	3.09
Karosserie/Fahrwerk	Roadster 2 Sitze, 2 Türen, kohlefaserverstärktes Kunststoff-Monocoque	Spyder 2 Sitze, 2 Türen, kohlefaserverstärktes Kunststoff-Monocoque
Vorderradaufhängung	Alu-Doppelquerlenker, progressive Schraubenfedern, federtragende Gasdruckdämpfer, Stabilisator	Alu-Doppelquerlenker, Schraubenfedern, Zweirohr-Gasdruckdämpfer mit PASM, Stabilisator
Hinterradaufhängung	Alu-Doppelquerlenker, progressive Schraubenfedern, federtragende Gasdruckdämpfer, Stabilisator	Alu-Mehrlenker, Schraubenfedern, Zweirohr-Gasdruckdämpfer mit PASM, Stabilisator
Lenkung		aktive Hinterachslenkung
Fußbremse/Regelsysteme	Keramikfaser-Scheiben PCCB, innenbl./gel.,v./h. 380/380 mm, ABS	Keramikfaser-Scheiben PCCB, innenbl./gel.,v./h. 410/390 mm, adaptive Rekuperation, ABS
Allgemeine Daten		
Radstand	2730 mm	2730 mm
Spur vorn/hinten	1612/1587 mm	1664/1612 mm
Gesamtmaße	4613 x 1921 x 1166 mm	4643 x 1940 x 1167 mm
Gepäckraum	76 Liter	110 Liter
Räder	9,5 J x 19 / 12,5 J x 20	9,5 J x 20 / 12,5 J x 21 (Magnesium, geschmiedet)
Reifen	265/35 ZR 19 / 335/30 ZR 20	265/35 ZR 20, h. 325/30 ZR 21
Wendekreis	k.A.	k.A
Leermasse	1380-1445 kg	1675-1900 kg
Zuläss. Gesamtgewicht	1635 kg	1635 kg
Höchstgeschwindigkeit	330 km/h	345 km/h
Beschleunigung 0–100 km/h	3,9 sec	2,6 sec
Verbrauch/100 km	17,9 Liter	3,1 Liter / 12,7 kWh Reichweite elektrisch: 16-31 km
Kraftstofftank	92 Liter	70 Liter

Smart

Das ursprünglich von Uhrenhersteller Nicholas Hayek (1928-2010) konzipierte Swatch-Auto sollte die Automobilwelt revolutionieren. Wie die billige Swatch-Armbanduhr sollte auch das Fahrzeug ein Konsumartikel werden: preiswert, praktisch und kompakt, mit Platz für zwei Personen und zwei Kästen Bier. Nachdem Volkswagen abgewinkt hatte, interessierte sich Mercedes-Benz für das Konzept und entwickelte das Auto bis zur Produktionsreife. Seine Grundstruktur um einen festen Metallrahmen-Rohbau und eine Sandwich-Plattform (Tridion-Sicherheitszelle) sorgte für eine einzigartige Crashsicherheit. Knautschzonen vorn und hinten, zwei Fullsize-Airbags, Gurtstraffer und weitere Features hoben die passive Sicherheit des Smart auf ein bemerkenswert hohes Niveau.

Als Produktionsort diente eine neue Fabrik in Hambach in Lothringen, Verwaltungssitz der von Daimler-Benz und SMH (Hayek) gegründeten MCC (Micro Compact Car AG) war in Renningen bei Böblingen Der Anteil der Fertigungsumfänge, die von Zulieferern kamen, war höher als bei anderen Herstellern. Man hatte den Systemlieferanten Betriebsstätten direkt auf dem Fabrikgelände zur Verfügung gestellt, um dort komplette Module zu fertigen und anzuliefern.

Sehr optimistisch rechnete man mit einem Jahresabsatz von 200.000 Stück. Erste Prototypen entstanden 1993, doch die Weltpremiere des Smart erfolgte erst im September 1997 auf der IAA. MCC bot den Kleinstwagen ab 16.800 DM an. Nicht über den Autohandel, sondern über neue Partner mit genormten Fahrstuhl-Türmen sollte der nur 2,50 m kurzen Zweisitzer seine Kunden finden, die ermuntert wurden, Anbau- und Interieur-Teile ihres Autos zu individualisieren. Doch der Verkauf des Smart lief nicht wie gedacht. Hayek zog sich 1998 aus dem Projekt zurück, und Daimler-Benz übernahm das Gemeinschaftsunternehmen. Per 1. Januar 1999 wurde es in Micro Compact Car smart GmbH umbenannt, anschließend hieß es smart GmbH.

Für den Antrieb des Smart waren ursprünglich vier Unterflurmotoren diskutiert worden: ein Dreizylinder-Benziner, ein Dreizylinder-Turbodiesel, ein Diesel-Elektro-Hybrid und ein reiner Elektromotor. Tatsächlich kam er zunächst mit einem 55 PS / 40 kW starken 0,6-Liter-Turbobenziner mit Doppelzündung und Ladeluftkühlung auf den Markt. Es bildete zusammen mit dem Softip-Sechsganggetriebe, einer Automatikkupplung und der Antriebsachse ein kompaktes Modul hinten rechts.

Ende 1999 kam der geplante Turbo-Dieselmotor (800 cm³, 40 PS) ins Smart-Programm. Im März 2000 folgte ein bereits im September 1999 gezeigtes Cabrio (A450) mit elektrischem, stufenlos verstellbarem Faltdach – tatsächlich handelte es sich eher um ein Coupe mit riesigem, in mehreren Stufen elektrisch zu öffnendem Webasto-Stoffdach. Die seitlichen Dachholme ließen sich herausnehmen und in einer eigens dafür vorgesehenen Halterung in der Heckklappe verstauen. Ab

Mit dem Bau dieses Kleinwagens betrat Mercedes-Benz völliges Neuland. Der Absatz blieb zunächst weiter hinter den Erwartungen zurück, lange Jahre war die Marke das Sorgenkind des Konzerns – neben Maybach.

MODELLÜBERSICHT SMART – BAUREIHE 450

Typ	Zylinder	Hubraum	Leistung	Beschleunigung 0-100 km/h	Höchstge-schwindigkeit	Durchschnittsver-brauch	Preis	Bauzeit
Smart Cabrio	3 Zylinder	599 cm³	40 kW/55 PS	17,2 s	135 km/h	5,0 L/100 km	11.514 €	03/2000-01/2003
Smart Cabrio	3 Zylinder	599 cm³	45 kW/61 PS	16,8 s	135 km/h	5,0 L/100 km	12.368 €	03/2000-01/2003
Smart Cabrio	3 Zylinder	698 cm³	45 kW/61 PS	15,5 s	135 km/h	4,8 L/100 km	11.185 €	01/2003-01/2007
Smart Cabrio cdi	3 Zylinder	799 cm³	30 kW/41 PS	19,8 s	135 km/h	3,4 L/100 km	13.720 €	03/2001-01/2007
Smart Crossblade	3 Zylinder	599 cm³	52 kW/71 PS	17,0 s	135 km/h	5,6 L/100 km	24.360 €	03/2002-12/2003
Smart Fortwo Cabrio Brabus	3 Zylinder	599 cm³	52 kW/71 PS	k.A.	150 km/h	5,3 L/100 km	17.890 €	06/2002-01/2003
Smart Fortwo Cabrio Brabus	3 Zylinder	698 cm³	55 kW/75 PS	12,3 s	150 km/h	5,3 L/100 km	21.450 €	01/2003-01/2007

MODELLÜBERSICHT SMART – ROADSTER

Typ	Zylinder	Hubraum	Leistung	Beschleunigung 0-100 km/h	Höchstge-schwindigkeit	Durchschnittsver-brauch	Preis	Bauzeit
Smart roadster 0.7	3 Zylinder	698 cm³	45 kW/61 PS	15,5 s	160 km/h	4,9 L/100 km	14.990 €	01/2003-12/2006
Smart roadster 0.7	3 Zylinder	698 cm³	60 kW/82 PS	10,9 s	175 km/h	5,0 L/100 km	18.610 €	01/2003-12/2006
Smart roadster Brabus	3 Zylinder	698 cm³	74 kW/101 PS	9,8 s	190 km/h	5,2 L/100 km	23.290 €	01/2004-12/2006

MODELLÜBERSICHT SMART FORTWO – BAUREIHE 451

Typ	Zylinder	Hubraum	Leistung	Beschleunigung 0-100 km/h	Höchstge-schwindigkeit	Durchschnittsver-brauch	Preis	Bauzeit
Smart fortwo Cabrio 1.0 turbo	3 Zylinder	999 cm³	62 kW/84 PS	10,9 s	145 km/h	5,2 L/100 km	15.720 €	04/2007-12/2015
Smart Fortwo Cabrio Brabus 0.9	3 Zylinder	999 cm³	72 kW/98 PS	9,9 s	155 km/h	5,4 L/100 km	19.910 €	10/2007-07/2010
Smart Fortwo Cabrio cdi 0.8	3 Zylinder	799 cm³	33 kW/45 PS	19,8 s	135 km/h	3,3 L/100 km	14.300 €	04/2007-07/2009
Smart Fortwo Cabrio Brabus 0.9	3 Zylinder	999 cm³	75 kW/102 PS	8,9 s	155 km/h	5,2 L/100 km	20.430 €	09/2010-12/2015
Smart Fortwo Cabrio	3 Zylinder	799 cm³	40 kW/54 PS	16,8 s	135 km/h	3,3 L/100 km	16.785 €	09/2009-12/2015
Smart Fortwo Cabrio cdi 0.8	3 Zylinder	799 cm³	40 kW/54 PS	16,8 s	135 km/h	3,3 L/100 km	14.355 €	09/2009-12/2015
Smart Fortwo ED Cabrio	Elektro		55 kW/75 PS	11,5 s	125 km/h	k.A.	22.000 €	07/2012-08/2015
Smart Fortwo Cabrio Brabus electric drive	Elektro		60 kW/82 PS	10,2 s	130 km/h	k.A.	28.310 €	05/2013-08/2015

MODELLÜBERSICHT SMART FORTWO – BAUREIHE 453

Typ	Zylinder	Hubraum	Leistung	Beschleunigung 0-100 km/h	Höchstge-schwindigkeit	Durchschnittsver-brauch	Preis	Bauzeit
Smart Fortwo Cabrio 1.0	3 Zylinder	999 cm³	52 kW/71 PS	14,9 s	151 km/h	5,0 L/100 km	14.425 €	07/2016-06/2019
Smart Fortwo Cabrio Brabus 0.9	3 Zylinder	898 cm³	80 kW/109 PS	9,5 s	165 km/h	4,6 L/100 km	23.675 €	07/2016-05/2018
Smart Fortwo ED Cabrio	Elektro		60 kW/82 PS	11,8 s	130 km/h	k.A.	25.200 €	01/2017-02/2018
Smart Fortwo Cabrio EQ	Elektro		60 kW/82 PS	11,8 s	130 km/h	k.A.	25.200 €	09/2018-06/2023
Smart Fortwo Cabrio Brabus EQ	Elektro		60 kW/82 PS	10,2 s	130 km/h	k.A.	28.310 €	03/2018-08/2019

Der Brabus smart roadster trug die Baureihenbezeichnung »R452«. Er stand zwischen 2005 und 2006 im Programm; Produktionsende war im November 2005 gewesen. Allerdings standen zu dem Zeitpunkt noch rund 11.000 Roadster, und damit ein Viertel der Gesamtproduktion auf Halde, daher konnte man noch lange danach ladenneue Roadster erhalten.

dem Modelljahr 2001 (1st Generation) bekam das Cabriolet in den Modellvarianten Pulse und Passion einen mit hellem Stoff verkleideten Dachhimmel.

Mit dem Bau dieses Kleinwagens betrat Mercedes-Benz völliges Neuland. Der Absatz blieb zunächst weiter hinter den Erwartungen zurück, lange Jahre war die Marke das Sorgenkind des Konzerns – neben Maybach.

Basierend auf dem city-coupé, bot das Cabrio Offenfahren in drei Stufen: Mit elektrisch geöffnetem Faltverdeck, mit zusätzlich mechanisch geöffnetem Heckverdeck und schließlich noch mit abmontierten seitlichen Dachholmen.

Abgeleitet vom Cabrio wurde der martialisch wirkende, völlig offene Crossblade, der ab Juni 2002 in einer Kleinserie von 2.000 Einheiten vertrieben wurde. Die Entwicklung lag in den Händen der Firma Bertrandt; Basis war der Smart Fortwo Cabrio & Pure ohne Dach und Frontscheibe. Statt herkömmlicher Türen befanden sich nur schmale Sicherheitsbügel an den Seiten. Kaum zu glauben: Das Fahrzeug war wetterfest und waschanlagentauglich, da sich mehrere Wasserabläufe im Fahrzeug befanden und alle relevanten Teile des Innenraumes entsprechend neu entwickelt wurden. Nur vorgestellt, aber nie in Serie gebaut wurde zudem der Crosstown, der 2005 auf der IAA gezeigt worden ist.

Im August 2002 war zusätzlich ein auf 3,00 m Länge gewachsener Smart als sportliches Fahrzeug ins Programm gekommen. Die Entwicklung des flachen Zweisitzers hatte im Herbst 1998 begonnen, am 11. April 2003 erfolgte die Markteinführung. Wobei der so genannte Roadster (R452) in zwei Versionen zu haben war: als Smart Roadster und als Smart Roadster-Coupé. Beide Modellvarianten waren bis auf den hinteren Kofferraum identisch. Der Roadster hat ein Stufenheck, das Coupé besaß dagegen einen vollverglasten Heckaufbau (Glaskuppel). Für Vortrieb sorgten entweder ein 61 PS / 45 kW-Motor oder ein 82 PS / 60-kW-Triebwerk (»Suprex-Turbomotor«). Dazu kamen exklusiv von Brabus ausgestattete Versionen mit 101 PS / 74-kW-Turbomotor. Alle drei Leistungsstufen hatten den Dreizylinder mit 698 cm³ Hubraum. Wahlweise verfügten die Autos über ein zweiteiliges Hardtop oder ein elektrisches Faltstoffverdeck ähnlich dem des Smart Cabrios. Das Hardtop ließ sich im hinteren Kofferraum des Wagens verstauen. Das Softtop konnte während der Fahrt bei jeder Geschwindigkeit innerhalb von zehn Sekunden geöffnet oder geschlossen werden. Zusätzlich konnten bei komplett geöffnetem Verdeck wie beim Smart Cabrio die seitlichen Dachholme ausgebaut und in den vorderen Kofferraum verstaut werden. Der Smart Roadster wurde zwischen 2003 und 2005 gebaut.

Mit dem Modelljahr 2003 wurde die Motorenpalette überarbeitet und das ESP serienmäßig verbaut. Die Motoren hatten nun einen Hubraum von 0,7 Litern und 50 oder 61 PS; der 0.8 cdi blieb bei 41 PS. Eine Servolenkung gab es nun gegen Aufpreis. Topmodell Brabus war der Brabus mit 75 PS. Roadster bzw. Roadster-Coupé war ab April 2004 in einer auf 101 PS / 74 kW getunten Brabus-Version erhältlich.

Im Oktober 2002 – nach fünf Jahren Fertigungszeit – waren jedoch gerade mal 430.000 Fahrzeuge hergestellt worden. Für die Motorenfertigung hatte man in Kölleda, Thüringen, ein neues Werk eingerichtet, das nicht an der Kapzitätsgrenze arbeitete. Auch das Roadster-Coupé und die viersitzige Variante Forfour (Debüt 2004) liefen einfach nicht. Am 24. März 2006 wurde daher die Einstellung des Forfour beschlossen – am 2. Juli 2006 lief der letzte Smart-Viersitzer vom Band; der Roadster war bereits am 4. November 2005 nach insgesamt 43.000 Stück eingestellt worden. Zum Zeitpunkt des Produktionsendes sollen noch ca. 11.000 Fahrzeuge auf Halde gestanden haben.

In der Folgezeit bemühten sich einige Firmen um Lizenzen für den Smart Roadster, um ihn neu aufzulegen. So plante

Basierend auf dem city-coupé, bot das Cabrio Offenfahren in drei Stufen: Mit elektrisch geöffnetem Faltverdeck, mit zusätzlich mechanisch geöffnetem Heckverdeck und schließlich noch mit abmontierten seitlichen Dachholmen. Zwischen Januar 2003 und Januar 2004 hieß das city-coupé »fortwo«, danach »Fortwo«.

Der Crossblade war eine Entwicklung von Automobilzulieferer Bertrandt und wurde 2000 mal gebaut.

Die zweite Smart-Generation (Baureihe 451) wurde zwischen 2007 und 2017 gebaut, hier nach dem 1. Facelift 2010.

die britische Project Kimber Ltd. für 2007 eine Wiedergeburt – ausgerechnet unter der Traditionsmarke AC (AC Ace SuperSports). Doch daraus wurde nichts. Die von DaimlerChrysler gefertigte Modellpalette war nun wieder auf eine einzige Smart-Baureihe reduziert und bestand nur mehr aus einigen, stilistisch überarbeiteten Varianten des jetzt 20 Zentimeter längeren Basismodells Fortwo (neue Schreibweise: fortwo).

Ab Frühjahr 2007 war der Nachfolger des Smart Fortwo (A451) verfügbar. Das Fahrzeug war 19,5 Zentimeter länger, behielt aber seinen ursprünglichen Charakter. Nahezu die gesamte Technik hatte man überarbeitet, auch gab es eine neue Motorenpalette und ein neues Fünfganggetriebe. In den Leistungsstufen 60 und 70 PS (44 und 52 kW) der Benzinmotoren wurde der Smart seit 2008 mit einem Start-Stopp-System ausgestattet. Die Modellpflege zum Sommer 2010 optimierte die Technik, verbesserte die Optik außen und innen und bescherte dem Cabrio neue Verdeckstoffe.

Die dritte Smart-Generation (A453) entstand nun in Zusammenarbeit mit Renault. Wie gehabt, verließ der Cityflitzer in drei Karosserievarianten das Smart-Werk im Elsass. Die Verkaufszahlen besserten sich aber nicht, diese Generation war die letzte mit konventionellem Verbrennungsmotor gab.

Die schon lange geplante und ab Ende 2009 gebaute Elektroversion ED – erhältlich für Coupé und Cabrio (A453) – hatte einen 30 kW-Motor. Die Reichweite betrug 115 Kilometer, wobei zunächst ein Natrium-Nickelchlorid-Hochtemperatur-Akkumulator eingesetzt wurde. Die nächste Version hatte einen Lithium-Ionen Akku mit einer Kapazität von 16,5 kWh. Die Spitzengeschwindigkeit betrug 112 Kilometer pro Stunde, der Energiebedarf lag bei zirka 12 kWh/100 km. Die Produktion fand im Smart-Werk im französischen Hambach statt. Eingesetzt wurde der Smart ED zunächst in einem Flottenversuch in Zusammenarbeit mit RWE.

Ab 2018 wandelte sich die bisherige Automarke Smart zu einer rein elektrischen Marke namens Smart EQ. Zusammen mit dem chinesischen Unternehmen Geely, größter Einzelaktionär von Daimler, wurde ein neues Gemeinschaftsunternehmen gegründet. Die Fertigung in Hambach (und für den Viertürer in Slowenien) endete Ende März 2024, Elektro-Smart kommen nun aus China.

Die dritte Smart-Generation entstand in Zusammenarbeit mit Renault. Wie gehabt, verließ der Cityflitzer in drei Karosserievarianten das Smart-Werk im Elsass.

In der zweiten Hälfte der 2010er Jahre begann der Umstieg auf Elektromotoren. Smart baut nun nur noch E-Autos und gehört zu einem chinesischen Konzern.

Baureihe 450	smart 0.6 fortwo	smart 0.7 fortwo / Brabus	smart 0.8 fortwo cdi	smart Roadster / Crossblade
Motor	Otto	Otto	Diesel	Otto
Zylinderzahl / Bauart	3 (Reihe), hinten	3 (Reihe)	3 (Reihe)	3 (Reihe)
Bohrung x Hub	63,5 x 63 mm	66,5 x 67 mm	65,5 x 79 mm	66,5 x 67 mm 63,5 x 63 mm
Hubraum	599 cm³	698 cm³	799 cm³	698 cm³ / 599 cm³
Leistung	55 PS (40 kW) bei 5250 U/min 61 PS (45 kW) bei 5250 U/min	55 PS (40 kW) bei 5250 U/min 61 PS (45 kW) bei 5250 U/min 75 PS (55 kW) bei 5250 U/min	41 PS (30 kW) bei 4200 U/min	61 PS (45 kW) / 82 PS (60 kW) / 101 PS (74 kW) bei je 5250 U/min CB: 71 PS (52 kW) bei 5470/min
Drehmoment	70 Nm bei 1800 U/min 95 Nm bei 2000 U/min	80 Nm bei 1800 U/min 95 Nm bei 2000 U/min 110 Nm bei 2500 U7min	100 Nm bei 1800 U/min	95 Nm bei 2000 U/min 110 Nm bei 2250 U/min 130 Nm bei 2500 U/min 100 Nm bei 3210 U/min
Verdichtung	1:9,0	1:9,0	1:18,5	1:9,0
Gemischbildung	elektr. Multipoint-Einspritzung, E-Gas/Turbo	elektr. Multipoint-Einspritzung, E-Gas/Turbo	Turbodiesel, Common Rail	elektr. Multipoint-Einspritzung, E-Gas/Turbo
Ventile / Steuerung	2 / V-förmig hängend (18°), OHC, Kette	2 / V-förmig hängend (18°), OHC, Kette	2 / V-förmig hängend (18°), OHC, Kette	2 / V-förmig hängend (18°), OHC, Kette
Kühlung	4,2 Liter Wasser	4,2 Liter Wasser	4,2 Liter Wasser	4,2 Liter Wasser
Schmierung	2,5 Liter Öl	3,0 Liter Öl	2,7 Liter Öl	2,5 / 3,0 Liter Öl
Batterie	12 V 35 Ah	12 V 35 Ah	12 V 60 Ah	12 V 35 Ah
Lichtmaschine	Alternator 40 A	Alternator 40 A	Alternator 50 A	Alternator 40 A
Kraftübertragung	Heckantrieb			
Schaltung	Schaltstockl Wagenmitte , Schaltwippen optional			
Kupplung	Einscheibentrocken			
Getriebe	2 x 3 Gänge sequenziell/automatisch			
Übersetzungen	I. 3.38 – II. 2.45 – III. 1.76 – R. 3.06			
Antriebs-Übersetzung	3.92/ 1.55		3.67/1.35	
Karosserie/Fahrwerk	Selbsttragender Ganzstahlkarosseriekörper, Sicherheitszelle mit austauschbaren Kunststoffelementen beplankt			
Vorderradaufhängung	Dreieckquerlenker, Dämpferbein, Blattfeder, Stabilisator, ab 01/2001: Dreieckquerlenker, Mc-Pherson-Federbein, Schraubenfedern, Teleskopdämpfer, Stabilisator			
Hinterradaufhängung	DeDion-Achsrohr mit Zentrallager, Querlenker, Schraubenfedern, Teleskopdämpfer			
Lenkung	Zahnstangenlenkung, Lenkungsdämpfer	Zahnstangenlenkung, a. W. elektr. Servo		
Fußbremse / Regelsysteme	Scheiben vorn, Trommeln hinten, Elektronisches Stabilitätsprogramm ESP (inkl. ABS und EBV), Bremsassistent			
Allgemeine Daten				
Radstand	1812 mm			2360 / 1812 mm
Spur vorn/hinten	1285/1354 mm	1272/1354 mm	1285 /1354 mm	1357/1392 mm 1282 /1393 mm
Gesamtmaße	2500 x 1537 x 1549 mm			3427 x 1615 x 1192 mm 2622 x 1618 x 1508 mm
Gepäckraum	150-260 Liter (offen / geschlossen)			vorn 59, hinten 45 Liter Crossblade: 122 Liter
Räder	4J x 15 / 5,5J x 15	v. 4 J x 15 , h. 5.5 J x 15 v. 5.5 J x 16, h. 6.5 J x 16	v. 3,5J x 15 / h. 5,5 J x 15	5J x 15 / 6J x 15 Crossblade: v. 6,5 J x 16 / 7J x 16
Reifen	145/65 R 15 / 175/55 R15	v. 145/65 R 15, h. 175/55 R 15 v. 175/50 R 16, h. 205/45 R 16	v. 135/70 R 15, h. 175/55 R 15	185/55 R 15 v. 195/40 R 16, h. 215/35 R16
Wendekreis	8,7 Meter			10,7 Meter
Leermasse	740 kg			790 (740) kg
Zuläss. Gesamtgewicht	990 kg			(980) kg
Höchstgeschwindigkeit		135 / 150 km/h	135 km/h	150-195 km/h
Beschleunigung 0-100 km/h	18,9 sec	19,8 / 15,5 /12,3 sec	20,8 sec	15,5-9,8 sec
Verbrauch/100 km	4,2 Liter	4,7 Liter	3,4 Liter	5,1 Liter
Kraftstofftank	22 Liter	33 Liter	22 Liter	35 Liter

Baureihe 451	smart 1.0 / 1.0 mhd	smart 0.8 Fortwo cdi	Brabus 1.0 Turbo
Motor	Otto	Diesel	Otto
Zylinderzahl/Bauart	3 (Reihe), hinten quer		
Bohrung x Hub	72 x 81,8 mm	65,5 x 79 mm	72 x 81,8 mm
Hubraum	999 cm^3	799 cm^3	999 cm^3
Leistung	61 PS (45 kW) bei 5800 U/min 71 PS (52 kW) bei 5800 U/min 84 PS (62 kW) bei 5250 U/min	45 PS (33 kW) bei 3800 U/min 54 PS (40 kW) bei 3800 U/min	98 PS (72 kW) bei 5500 U/min 102 PS (75 kW) bei 6000 U/min
Drehmoment	89 Nm bei 3000 U/min 92 Nm bei 4500 U/min 120 Nm bei 3250 U/min	110 Nm bei 2000 U/min 130 Nm bei 2100-2600 U/min	140 Nm bei 3500 U/min 147 Nm bei 2500 U/min
Verdichtung	1:11,5	1:18,0	1:10,0
Gemischbildung	Einspritzung Motronic (62 kW: Turbolader, Ladeluftkühler)	Direkteinspritzung Common Rail	Einspritzung, Motronic Turbolader, Ladeluftkühler
Ventile/Steuerung	4 / DOHC, Kette	2 / hängend in V (18°), OHC, Kette	4 / DOHC, Kette
Kühlung	Pumpe, 4,5 Liter Wasser	Pumpe, 4,2 Liter Wasser	Pumpe, 4,5 Liter Wasser
Schmierung	Druckumlauf, 3,7 Liter Öl	Druckumlauf 2,7 Liter Öl	Druckumlauf 3,7 Liter Öl
Batterie	12 V 42 Ah	12 V 60 Ah	12 V 42 Ah
Lichtmaschine	Alternator 90 A	Alternator 90 A	Alternator 90 A
Kraftübertragung	Hinterräder		
Schaltung	Schaltstock Wagenmitte		
Kupplung	Einscheibentrocken		
Getriebe	5-Gang automatisiert		
Übersetzungen	I. 3.07 – II. 1.91 – III. 1.26 – IV. 0.94 – V. 0.71 – R. 3.23	I. 3.31 – II. 1.91 – III. 1.26 – IV. 0.89 – V. 0.65 – R. 3.23	I. 3.07 – II. 1.91 – III. 1.26 – IV. 0.94 – V. 0.71 – R. 3.23
Antriebs-Übersetzung	4.53	4.53	4.53
Karosserie/Fahrwerk	Selbsttragender Ganzstahlkarosseriekörper, Sicherheitszelle mit austauschbaren Kunststoffelementen beplankt,		
Vorderradaufhängung	Dreiecksquerlenker, Mc-Pherson-Federbein, Schraubenfedern, Teleskopdämpfer, Stabilisator		
Hinterradaufhängung	DeDion-Achsrohr mit Zentrallager, Querlenker, Schraubenfedern, Teleskopdämpfer		
Lenkung	Zahnstangenlenkung, a. W. elektr. Lenkraftunterstützung		
Fußbremse/Regelsysteme	Scheiben vorn 280 mm Ø Trommeln hinten 203 mm Ø, ABS, ASR, BAS, EBV, ESR, ESP		
Allgemeine Daten			
Radstand	1865 mm	1867 mm	1865 mm
Spur vorn/hinten	1285 / 1385 mm	1283 / 1385 mm	1270 / 1365 mm
Gesamtmaße	2695 x 1559 x 1542 mm	2695 x 1559 x 1542 mm	2725 x 1580 x 1530 mm
Gepäckraum	220-340 Liter (offen / geschlossen)	220-340 Liter (offen / geschlossen)	220-340 Liter (offen / geschlossen)
Räder	v. 4.5 J x 15, h. 5.5 J x 15 v. 5 J x 15, h. 6.5 J x 15	v. 4.5 J x 15, h. 5.5 J x 15 weitere Rad-/Reifenkombinationen je nach Ausstattung	v. 5.5 J x 16, h. 7.5 J x 17 weitere Rad-/Reifenkombinationen je nach Ausstattung
Reifen	v. 155/60 R 15, h. 175/55 R 15 v. 175/55 R 15, h. 195/50 R 15	v. 155/60 R 15, h. 175/55 R 15	v. 175/50 R 16, h. 225/35 R 17 v. 175/50 R 16, h. 225/35 R 17
Wendekreis	8,75 Mete	8,75 Meter	8,75 Meter
Leermasse	790-820 kg	820 kg	810-825 kg
Zuläss. Gesamtgewicht	1090 kg	1090 kg	1080 kg
Höchstgeschwindigkeit	145 km/h	135 km/h	155 km/h
Beschleunigung 0-100 km/h	16,7-10,7 sec	16,7 sec	9,9-8,9 sec
Verbrauch/100 km	4,7-4,9 Liter	3,3 Liter	4,4/ 5,2/ 6,5
Kraftstofftank	33 Liter im Heck		
Anmerkung	Benzinmodelle optional auch in MHD-Ausführung (Mild Hybrid Drive) mit Start-Stopp-System		

Baureihe 453	**smart 0.9 Turbo**	**smart 1.0**	**smart ed/EQ**
Motor	Otto	Ottol	E-Motor
Zylinderzahl/Bauart	3 (Reihe), hinten quer	3 (Reihe) hinten quer	AC synchron (Renault), Heck
Bohrung x Hub	72,2 x 73,1 mm	72 x 72 mm	–
Hubraum	898 cm^3	999 cm^3	–
Leistung	90 PS (66 kW) bei 5500 U/min	61 PS (45 kW) bei 6000 U/min 71 PS (52 kW) bei 6000 U/min	81 PS (60 kW)
Drehmoment	135 Nm bei 2500 U/min	91 Nm bei 2850 U/min 91 Nm bei 2500 U/min	160 Nm
Verdichtung	1:9,5	1:10,0	–
Gemischbildung	Einspritzung VTG-Turbolader	Einspritzung	–
Ventile/steuerung	4 / DOHC, Kette	4 / DOHC, Kette	–
Kühlung		4,5 Liter Wasser	–
Schmierung	3,4 Liter Öl	3,5 Liter Öl	–
Batterie	12 V 65 Ah	12 V 60 Ah	Traktionsbatterie: Li-Ion 230 V, 17.6 kWh
Lichtmaschine	Alternator 90 A		–
Kraftübertragung	Hinterräder		
Schaltung	Schaltstockl Wagenmitte		Direktantrieb
Kupplung	Einscheibentrocken / Doppelkupplungsgetriebe		–
Getriebe	5-Gang automatisiert, ab 2016: 6-Gang DKG		1-Gang
Übersetzungen	I. 3.36 – II. 1.86 – III. 1.32 – IV. 0.97 – V. 0.74 – R. 1.58; I. 3.92 – II. 2.43 – III. 1.44 – IV. 1.02 – V. 0.87 – VI. 0.7 – R. 3.73		
Antriebs-Übersetzung	4.07 / 3.51	4.53	
Karosserie/Fahrwerk			
Vorderradaufhängung	Dreiecksquerlenker, Mc-Pherson-Federbein, Schraubenfedern, Teleskopdämpfer, Stabilisator		
Hinterradaufhängung	DeDion-Achsrohr mit Zentrallager, Querlenker, Schraubenfedern, Teleskopdämpfer		
Lenkung	Zahnstangenlenkung, elektrische Lenkraftunterstützung		
Fußbremse/Regelsysteme	vorn Scheiben 259 (258 innenbelüftet) mm Ø, hinten Trommeln 203 mm Ø, ABS, ASR, BAS, EBV, ESR, ESP		
Allgemeine Daten			
Radstand	1873 mm		
Spur vorn/hinten	1469/1430 mm		
Gesamtmaße	2695 x 1555 x 1560 mm		
Gepäckraum	260-340 Liter (offen / geschlossen)		
Räder	v. 5,0 J x 15, h. 5,5 J x 15, weitere Rad-/Reifenkombinationen je nach Ausstattung		
Reifen	v. 165/65 R 15, h. 185/60 R 15		
Wendekreis	6,95 Meter		
Leermasse	920 kg	810-825 kg	1040 kg
Zuläss. Gesamtgewicht	1225 kg	1080 kg	1320 kg
Höchstgeschwindigkeit	155 km/h	155 km/h	125 km/h
Beschleunigung 0-100 km/h	11,7 sec	9,9-8,9 sec	11,8 sec
Verbrauch/100 km	5,1 Liter	4,9 Liter	12,9 kWh
Kraftstofftank	28-34 Liter (im Heck)		Reichweite 160 km

Treser

»Wenn ich es mir recht überlege, habe ich mein ganzes Leben vom Autovergnügen geträumt«: Dieser Lebenstraum von Walter Treser, Jahrgang 1940, ist vermutlich der Grund dafür, dass er nicht im familieneigenen Hotel- und Gaststättenbetrieb heimisch wurde. Stattdessen konzentrierte er sich auf den Motorsport, dem er sich zuerst auf einer Grasbahn-Maschine, später auf DKW Junior und Alpina-BMW bei Berg- und Rundstreckenrennen widmete. in den späten 1970er-Jahren bei Audi als Leiter der Vorentwicklung bei Audi gearbeitet, war unter Ferdinand Piëch Projektleiter des Audi quattro und anschließend Leiter der Audi Sportabteilung

Nach seinem Weggang von Audi gründete er 1981 die Walter Treser GmbH in Hofstetten bei Ingolstadt zur Entwicklung und Konstruktion von Komponenten für die Automobil- und Zubehörindustrie sowie zur Leistungssteigerung von Audi-Fahrzeugen.

Im Frühjahr 1982 stellte Dipl.-Ing. Walter Treser seine individualisierte Version eines Audi quattro vor, sehr viel bulliger im Heck mit einem in die Kotflügel einbezogenen Spoiler und einer auffallenden Heckschürze. Auch das Cockpit war weitgehend modifiziert. Den auf 2.323 cm³ Hubraum vergrößerten Serienmotor des Audi tunte man bei Treser auf 240 Turbo-PS / 177 kW. Den Audi 80 quattro und das entsprechende Coupé gab es ebenfalls in einer Treser-Version. Außerdem entstanden Sondertypen wie die Hunter-Offroad-Limousine sowie der Audi 200 quattro Largo.

Die in puncto offenes Auto wichtigste Schöpfung waren der Audi Quattro Roadster und der in Berlin gebaute T1/TR1 auf VW-Basis, zudem baute Treser einen Polo II mit Retractable Hardtop. Bis Ende 1984 blieben der Audi AG die Exklusivrechte an den Entwicklungen der Treser GmbH vorbehalten, anschließend sicherten weitere Auftraggeber die Basis der Firma ab.

In den 90ern gelang Walter Treser ein Neubeginn als Sportdirektor bei Opel. Er leitete die Motorsporteinsätze des legendären Calibra und beschäftigte sich anschließend in der Vorentwicklung mit neuen Projekten wie dem MAXX und dem Opel Speedster. 2021 starb er nach langer Krankheit.

Treser quattro Roadster (1983–1986)

Nach dem Audi-Ausstieg fand Treser Zeit für die Erfüllung seines alten Traums, ein eigenes Auto zu bauen. Das erste realisierte Ergebnis stand auf der IAA 1983: der Audi quattro Roadster. Auf Basis des vierradgetriebenen Audi war ein ungewöhnlicher Roadster mit versenkbarem Hardtop entstanden, dessen markantestes Merkmal die voluminöse Haube war, unter der sich ein Kunststoff-Hardtop verbarg. Die patentierte Dachkonstruktion ließ sich sekundenschnell über einen Drehpunkt in Höhe der B-Säule nach oben ziehen und am Windschutzscheibenrahmen verriegeln. Den Abschluss hinten übernahm die hohe Heckhaube. Der Kofferraum wurde nicht beeinträchtigt, das Hardtop mit festen Scheiben machte sich dort breit, wo die Rücksitzbank war. Das Abtrennen des Daches und das Einschweißen des Hilfsrahmens nahm ein VAG-Autohaus in Hannover vor, erst die Endmontage erfolgte bei Treser.

Mitte 1986 wurde der letzte Roadster ausgeliefert; 29 Stück waren entstanden, die meisten gingen in den Export. Das exklusive Vollcabriolet kostete mit dem 200 PS starken Serienmotor 142.000 DM, wobei Frontspoiler, Heckschürze, superbreite Leichtmetallräder der Dimension 230/45 VR 390

Der Audi quattro Roadster war eine Entwicklung von Walter Treser, dem ehemaligen Chef der Audi-Sportabteilung. Unter der voluminösen Heckklappe verbarg sich das Hardtop. Foto: Kittler

sowie elektrische Fensterheber, Sitzheizung, Sportsitze und Lederlenkrad zum Lieferumfang gehörten.

VW Polo Open Air (1991–1992)

Das erst Jahre später in Mode gekommene Thema klappbarer Blechdächer hatte Walter Treser bereits in den 90ern beschäftigt. In Regie der neuen K. Treser Design Technik GmbH gehörten Audi- und VW-Modifikationen wieder zum Geschäft des in Insolvenz geratenen Walter Treser. Immerhin 290 Exemplare des Open Air auf Basis der Faceliftvariante des VW Polo II entstanden. Man konnte den 75 PS / 55 kW starken 1,3-Liter-Wagen als Targa und als Vollcabrio fahren. Preisgünstig war dies aber nicht: Allein die Umbaukosten lagen bei ca. 16.000 DM.

Treser TR-1 (1987–1988)

1985 entstand in West-Berlin eine zweite Firma, die Walter Treser Automobilbau GmbH, die in eine leerstehende Fabrik in Berlin einzog. Nach dem Vorbild des Audi quattro Roadster

Treser-Spezialität: die Verdeckkonstruktion, für die er ASC mit ins Boot holte. Die meisten Roadster gingen nach Nordamerika.

Die hintere Klappe öffnete sich auf Knopfdruck, das Festdach wird am Scheibenrahmen entriegelt und einfach nach hinten geklappt. Darüber schließt sich wieder die GfK-Haube.

gedieh hier das Konzept für ein neues Auto mit offener Alu/Kunststoff-Karosserie und dem Vierventil-Mittelmotor vom VW Golf GTI 1,8 Liter.

Der Serienanlauf war für Ende 1987 geplant. Die Firmenhalle war ein Entwurf des Architekten und Erdmann & Rossi-Spezialisten Rupert Stuhllemmer. In dem umgebauten Gebäude sollten 200 Mitarbeiter bis zu sechs Coupés und Roadster pro Tag bauen. Die Pläne für den T-1 lagen schon auf dem Tisch. Im Lastenheft las sich das so: »Der Treser-Sportwagen ist als zweisitziger, leichter Sportwagen mit Mittelmotor und Hardtop konzipiert. Bodengruppe und GfK-Karosserie werden neu entwickelt. Die technischen Aggregate, wie Motor, Getriebe, Vorder- und Hinterachse, Bremsen, Lenkung, Heizung usw. werden, soweit irgend möglich, aus dem VW/Audi-Baukasten übernommen«.

Bereits im Mai 1984 war ein erstes Holzmodell im Maßstab 1:5 entstanden. Seinen ersten offiziellen Auftritt absolvierte »das Auto, das in vielem anders ist« (Treser) auf der IAA 1987: Design und technische Details machten deutlich, dass trotz Großserienteilen einschließlich Motor des Golf II GTI 16V und Getriebe aus dem Passat B3 ein innovatives Automobilkonzept verwirklicht worden war.

Besonders auffällig: Mittelmotor, Kunststoff-Karosserie mit Scheinwerfern, deren Abdeckung nach unten wegklappte; Getriebebetätigung über Seilzug (bei VW erst in der dritten Passat-Generation eingeführt); zwei geregelte Abgas-Katalysatoren und eine aerodynamisch gestaltete Bodengruppe aus einer Aluminium-Verbund-Struktur.

Der Treser VW Polo »open air« (ganz oben mit Dornier Do 27 im Hintergrund) feierte auf der IAA 1991 Premiere. Er wurde über die VW-Organisation vertrieben. Foto: Kittler

Sportwagen aus Berlin: Der Treser TR1 debütierte auf der IAA 1987 mit VW-Technik, Klappscheinwerfern und GfK-Karosserie.

Sechs Fahrzeuge sollten pro Tag gefertigt werden. Doch der Serienbeginn verzögerte sich. Im Juni 1988 entstand dennoch eine Sonderserie für den Hydro-Aluminium-Sportwagen-Cup. Mit diesen in Handarbeit gebauten, bis 170 PS starken Fahrzeugen wollte Treser einerseits Motorsport-Nachwuchs fördern und andererseits die Funktions- und Gebrauchstüchtigkeit seiner Fahrzeuge beweisen. Der Preis des TR-1 betrug inzwischen 64.850 DM.

Insgesamt wurden nur 27 TR-1 gebaut und verkauft – einige davon waren in der eigens gegründeten Cup-Rennserie unterwegs. Es handelte sich um 24 Cup-Fahrzeuge sowie einen Vorserien-Roadster plus zwei Treser TR 1 (ein roter und ein schwarzer), die auf der IAA 1987 standen. Dass es nicht mehr wurden, lag an der unzureichenden Finanzierung. Investitionen in Höhe von 25 Millionen DM hätte der Berliner Jungunternehmer gebraucht, um eine Serienfertigung aufzuziehen. Die 5-Mio-Unterstützung des Berliner Senats allein reichte leider nicht aus, um das ehrgeizige Projekt am Leben zu erhalten. Banken und finanzkräftige Kapitalanleger waren nicht zu gewinnen, auch der größte unter den deutschen Tunern, Gerhard Oettinger, ließ sich nicht ins Boot ziehen. So blieb 1988 nur noch der Gang zum Konkursrichter.

Das Unternehmen musste Vergleich anmelden, und im März 1989 schloss auch der Haupt-Betrieb in Ingolstadt seine Bücher. Eine von Tresers Ehefrau Karin gegründete und bis 1993 bestehende K. Treser Design Technik GmbH als Nachfolge-Gesellschaft versorgte weiterhin alle Kunden mit Tuning-Teilen. 1993 übernahm der Automobilhändler Walter Beutlich den Betrieb.

Von diesem revolutionären Entwurf wurden insgesamt nur 27 Exemplare gebaut. Das Projekt scheiterte an der unzureichenden Finanzierung.

	Treser Roadster TR-1 1987–1989
Motor	Otto, von Volkswagen
Zylinderzahl/Bauart	4 (Reihe), als Mittelmotor
Bohrung x Hub	81 x 86,4 mm
Hubraum	1781 cm^3
Leistung	130 PS (96 kW) bei 5800 U/min , Cup-Version ca. 170 PS (125 kW)
Drehmoment	172 Nm bei 4300 U/min
Verdichtung	1:10
Gemischbildung	Einspritzung Bosch KE-Jetronic, Lambda-Sonde
Ventile / Steuerung	4 / hängend
Kühlung	Pumpe, 6,5 Liter Wasser
Schmierung	Druckumlauf, 4,0 Liter
Batterie	12 V 45 Ah
Lichtmaschine / Generator	910 W
Kraftübertragung	Heckantrieb
Schaltung	Schaltstock
Kupplung	Einscheibentrocken
Getriebe	5-Gang
Übersetzungen	I.3,455 – II.2,118 – III.1,444 – IV.1,29 – V.0,912 – R. 3,167
Antriebs-Übersetzung	3,667
Karosserie / Fahrwerk	Roadster mit Alu-Spaceframe und Golf-II-Basis, Bodengruppe aus Alu-Verbund-Struktur
Vorderradaufhängung	Querlenker, Federbeine, Schraubenfedern, Stabilisator
Hinterradaufhängung	Schräglenker, Schraubenfedern, Stabilisator
Lenkung	Zahnstange
Fußbremse	Scheiben vorn (innenbelüftet) 239 mm Ø/ hinten 226 mm Ø
Allgemeine Daten	
Radstand	2500 mm
Spur	1455/1490 mm
Gesamtmaße	14045 x 1730 x 1250 mm
Räder	7J x 15
Reifen	v. 220/45 VR 15, h. 230/45 VR 15)
Wendekreis	n. bekannt
Leermasse	1030 kg
Zuläss. Gesamtgewicht	1350 kg
Höchstgeschwindigkeit	210 km/h
Beschleunigung 0–100 km/h	8,7 sec
Verbrauch/100 km	8,9 Liter
Kraftstofftank	55 Liter (vorn)

Veritas

Die Veritas GmbH, zunächst in Meßkirch/Baden ansässig, wurde 1946 von ehemaligen BMW-Mitarbeitern zu dem Zweck gegründet, auf der Grundlage des Vorkriegsmodells BMW 328 wettbewerbsfähige Renn- und Sportwagen zu bauen. Dies geschah auch, und zwar mit für damalige Verhältnisse erstaunlichen Erfolgen. 1949 begann Veritas auch mit der Herstellung normaler Tourensportwagen, wobei nach wie vor Motor und Fahrwerk des BMW 328 beibehalten wurden. Das Zweisitzer-Coupé kostete DM 22.000,–. 1950 übernahm die Veritas GmbH von der Firma Heinkel ein Werk in Muggensturm bei Rastatt, um von der Einzel- zur Serienproduktion übergehen zu können. Ab Mai 1950 wurde der Veritas 2 Liter in neuer Ausführung angeboten.

Die neuen Modelle besaßen statt des BMW-Langhubmotors einen in Zusammenarbeit mit der Firma Heinkel entwickelten, quadratisch ausgelegten Leichtmetallmotor. Auch das Fahrwerk war völlig neu konstruiert. Die Karosserien stammten, wie schon beim vorhergehenden Modell, von der Firma Spohn in Ravensburg. Es kam jedoch nur mehr zur Fertigstellung weniger Prototypen. Mit dem Umzug nach Muggensturm geriet die Veritas GmbH nämlich in wachsende finanzielle Schwierigkeiten, welche im November 1950 zum Zusammenbruch des Unternehmens führten.

Insgesamt hat die Veritas GmbH 78 Renn- und Sportwagen gebaut. Die kaufmännische Leitung der Firma besorgte Direktor Lorenz Dietrich, Konstruktions-Chef war Dipl.-Ing. Zipprich und Versuchsleiter Ing. Ernst Loof.

Veritas-Nürburgring 2 Liter (1951–1952)

Im Herbst 1951 mietete Ernst Loof die ehemaligen Auto-Union-Boxen am Nürburgring, um dort in Einzelfertigung weiterhin den Veritas 2 Liter zu bauen. Die Motoren kamen von Heinkel, die Karosserien wieder von Spohn. Angeboten wurden je ein Coupé und ein Cabriolet auf kürzerem bzw. längerem Fahrgestell mit 100 PS sowie ein Sportwagen mit 120 oder 150 PS. Preise ab DM 21.000,–. Fertiggestellt wurden jedoch nur schätzungsweise 20 bis 30 Wagen. 1953 musste die Veritas-Nürburgring liquidiert werden. BMW hat Ernst Loof, der einige Jahre später starb, sowie die Reste seiner Firma übernommen.

Preise	
Saturn 100 PS Coupé 2/2 Sitze	DM 17.250,–
Scorpion 100 PS Cabriolet 2/2 Sitze	DM 18.350,–
Comet 100 PS Sportwagen 2 Sitze	DM 19.850,–
Comet S 150 PS Rennsportwagen 2 Sitze	DM 25.500,–

Mit dem fünfsitzigen und 110 PS starken Veritas 2 Liter »Nürburgring« versuchte das Unternehmen 1951 den Neustart in der Eifel. Zu den frühesten Interessenten gehörte übrigens Veritas-Rennfahrer und Verleger Paul Pietsch (1911–2012).

Im Mai 1950 stellte Veritas den Comet vor als Basisfahrzeug für den Motorsport vor. Das erklärt die hier zu sehenden kleinen Brooklands-Scheiben.

Das Scorpion-Cabriolet von 1950 verfügte, ebenso wie das Saturn-Coupé, über einen neu entwickelten 2,0-Liter-Motor von Heinkel.

Motorsport war seine Domäne: Der Veritas RS, gebaut zwischen 1948 und 1950, entstand in rund 25 Exemplaren. Noch 1954, obwohl nicht mehr zeitgemäß, waren sie bei Sportwagenrennen zu sehen – wie dieses Foto aus den Niederlanden beweist. In Front übrigens der Ferrari Mondial 500 Pinin Farina des Niederländers Herman Roosdorp. Foto: Anefo

Der BMW 507a (auch als Typ 728 bezeichnet) blieb ein 1954 von Baur aufgebautes Unikat, das Ernst Loof vorangetrieben hatte. Es war tatsächlich windschnittiger als der später realisierte Serien-507, wirkte aber altmodischer.

	Veritas 80 PS 2 Liter 1949	Veritas 100 PS 2 Liter 1950	Veritas 100 PS 2 Liter 1951–1952	Dyna-Veritas 1950–1952
Motor	Otto, von BMW	Otto, von Heinkel	Otto, von Heinkel	Otto, von Panhard
Zylinderzahl/Bauart	6 (Reihe)	6 (Reihe) Leichtmetallblock	6 (Reihe) Leichtmetallblock	2 (Boxer) Leichtmetall-Zylinder
Bohrung x Hub	66 x 96 mm	75 x 75 mm	75 x 75 mm	79,5 x75 mm
Hubraum	1971 cm^3	1988 cm^3	1988 cm^3	744cm^3
Leistung	80 PS bei 5000 /min	100 PS bei 5000 /min	100 PS bei 5000 /min	32 PS bei 5000 /min
Drehmoment		14,5 mkg bei 3000 /min	14,5 mkg bei 3000 /min	5,5 mkg bei 3200 /min
Verdichtung	1:8,0	1:7,7	1:7,2	1:7,5
Gemischbildung	3 Fallstromvergaser Solex 30 JF	3 Fallstromvergaser Solex 35 APJ	3 Fallstromvergaser Solex 32 PBI	1 Fallstromvergaser Solex 32 PBI
Ventile/Steuerung	Schräg hängend, Stoßstangen und Kipphebel, seitliche Nockenwelle, Antrieb durch Duplex-Kette	V-förmig hängend, Stößel und Kipphebel, obenliegende Nockenwelle, 2 x Kette		Hängend, Stoßstangen und Kipphebel, zentrale Nockenwelle, Antrieb durch Stirnräder
Kurbelwellenlager	4	7	7	2
Kühlung	Pumpe, Wasser	Pumpe, 14 Liter Wasser	Pumpe, 14 Liter Wasser	Ventilator (Luft)
Schmierung	Druckumlauf, 5 Liter Öl	Trockensumpf, 7 Liter Öl	Trockensumpf, 7 Liter Öl	Druckumlauf, 3 Liter Öl
Batterie	6 V	12 V	12 V 63 Ah (im Motorraum)	12 V 40 Ah (im Motorraum)
Lichtmaschine	130 W	130 W	150 W	185 W
Kraftübertragung	Heckantrieb			Frontantrieb, Motor vor Vorderachse
Schaltung	Schalthebel Wagenmitte	Lenkradschaltung	Schalthebel Wagenmitte oder Lenkradschaltung	Schalthebel in Mitte unter Armaturentafel
Kupplung	Einscheibentrocken			
Getriebe	4-Gang	5-Gang	5-Gang	4-Gang
Synchronisierung	I–IV	II–V	II–V	III–IV
Übersetzungen	k.A.	I. 2,75 II. 1,93 III. 1,51 IV. 1,18 V. 1,00	I. 2,75 II. 1,93 III. 1,51 IV. 1,18 V. 1,00	I 2,59 II. 1,66 III. 1,00 IV. 0,68
Antriebs-Übersetzung	k.A.	4,35	4,35	6,93
Karosserie/Fahrwerk	Doppelrohr-Rahmen, Leichtbau-Karosserie mit Gitter-Rohrgerippe		Doppelrohr-Rahmen, Ganzstahlkarosserie	Kastenrahmen, Ganzstahlkarosserie
Vorderradaufhängung	1 Querfeder oben, Querlenker unten	Doppel-Querlenker, Längs-Federstäbe	Doppel-Querlenker, Längs-Federstäbe	2 Querfedern
Hinterradaufhängung	Starrachse, Halbfedern	De Dion-Doppelgelenkachse, Längs-Federstäbe	De Dion-Doppelgelenkachse, Längs-Federstäbe	Halbstarre Rohrachse, V-Strebe, Quer-Federstäbe
Lenkung	Zahnstange	Zahnstange	Zahnstange	Zahnstange (11:1), 2,25 Lenkraddrehungen
Fußbremse	Zweikreis-Hydraulik, Alu-Trommel 280 mm Ø Bremsfläche 1080 cm^2			Hydraulisch, Trommel-Ø 225 mm Bremsfläche 558 cm^2
Allgemeine Daten				
Radstand	2500 mm	2600 mm	Drei- bzw. Viersitzer 2500 bzw. 2900 mm	2180 mm
Spur vorn/hinten	1180/1220mm	1280/1300 mm	1280/1300 mm	1220/1220 mm
Gesamtmaße	4200 x 1515 x 1380 mm		4350 x 1700 x 1460 bzw. 4900 x 1700 x 1460 mm	3900 x 1450 x 1380 mm
Reifen	5,50 oder 6,00-16	5,50-16	5,50 bzw. 6,00-16	4,50-16
Wendekreis	k.A.	k.A.	12 bzw. 12,5 Meter	10,0/9,5 Meter
Leermasse	980 kg	k.A.	1050 bzw. 1250 kg	720 kg
Zuläss. Gesamtgewicht	k.A.	k.A.	k.A.	1100 kg
Höchstgeschwindigkeit	165 km/h	165 km/h	165 bzw.150 km/h	116 km/h
Beschleunigung 0–100 km/h	k.A.	k.A.	k.A.	41 sec
Verbrauch/100 km	13 Liter	13 Liter	13 bzw. 14 Liter	7,5 Liter
Kraftstofftank	80 Liter (im Heck)	80 Liter (im Heck)	80 bzw. 65 Liter (im Heck)	44 Liter (im Heck)

Dyna-Veritas (1950–1952)

In Zusammenarbeit mit der französischen Firma Panhard brachte die Veritas GmbH ein kleines, ganz entzückendes Cabriolet heraus, dessen Mechanik vom Dyna-Panhard übernommen wurde. Nach dem Zusammenbruch der Veritas GmbH ließ die in Baden-Baden gegründete Firma Dyna (Geschäftsleitung wieder Lorenz Dietrich) den Dyna-Veritas bei der Karosseriefabrik Karl Baur (Stuttgart) bis 1952 in kleiner Serie (insgesamt 176 Wagen) weiterbauen. Preis: Cabriolet 2/2 Sitze DM 8.300,–

Der Dyna-Veritas verdankte sein Entstehung der Bekanntschaft von Lorenz Dietrich mit dem französchen Autofabrikanten Paul Panhard. Aus Kostengründen nutzte Karosseriehersteller Baur zahlreiche Teile aus einer geplatzen Zusammenarbeit mit der neu gegründeten Auto Union.

Dyna-Veritas 750 ccm Cabriolet (Baur), 1950–1952.

Vermot Veritas RS IIII (2009–2013)

Anschließend sollte beinahe ein halbes Jahrhundert vergehen, bis die Firma namens Vermot AG den Markenbegriff »Veritas« wieder ins Spiel brachte. Die Vermot AG hatte mit ihren gerade einmal 15 Mitarbeitern in der Nähe der letzten historischen Veritas-Produktionsstätte m Ortsbezirk Gelsdorf der Gemeinde Grafschaft in Rheinland-Pfalz, Nähe Nürburgring, ihr Lager aufgeschlagen. Im Jahr 2000 stellte die Firma das Konzept des Veritas RS III vor, eines Supersportwagens, mit dem zunächst lediglich die neu entwickelten Räder beworben werden sollten. Das Design des Roadsters stammte von Michael Söhngen, der nach Stationen bei Firmen wie Isdera, Gemballa, TechArt und Kässbohrer Geländefahrzeuge AG bereits 1998 seine Vision eines Sportwagens entwickelt hatte.

Die Außenhaut des ungewöhnlichen Autos spannte sich über das von Ulrich Schwarzbauer (Fahrzeugingenieur und Inhaber der Fa. Italauto in Köngen) auf höchstem Level entwickelte Fahrwerk. Vom ursprünglichen Entwurf her war ein Frontmittelmotor-Supersportwagen mit Gitterrohrrahmen geplant, ganz wie Ernst Loof es zu Beginn vorgemacht hatte. Als Antrieb war zunächst ein BMW-V12 vorgesehen – so wurde das Schaustück im Jahr 2000 auf der Messe in Essen präsentiert. Erst mit dem Einstieg von Michael Trick Ende 2007 als Vorstand bei Vermot kam nicht zuletzt dank neuer Geldgeber wieder Wind in das Projekt.

Nun wurde das Designmodell von 2000 unter Federführung von Michael Söhngen fahrfertig gemacht und der Weltpresse vorgestellt. Dem Conceptcar folgte bis 2009 ein seriennaher Prototyp. Michael Söhngen hatte diesen zweiten Veritas mit modernen CAD-Technologien neu entwickelt.
Er blieb dem Prinzip von Gitterrohrrahmen und Mittelmotor treu. Die Karosserie des 995 kg leichten Roadsters bestand aus Kevlar-Carbon. Sie wurde von der im Formel-1-Geschäft tätigen Firma Formtech in England produziert. Die darunter liegende Gitterrohrrahmen-Konstruktion stammte von Vermot. Statt einer Frontscheibe musste der Fahrer mit einem kleinen Windabweiser vorliebnehmen. Den Antrieb besorgte nun ein Fünfliter-V10 von BMW, der 507 PS / 373 kW lieferte und das Fahrzeug bis auf 347 km/h bringen sollte. Für den Sprint von 0 auf 100 km/h benötigte er nur 3,2 Sekunden. Als Getriebe standen ein Siebengang-SMG oder eine manueller Sechsgangschalter zur Wahl. Berater des Projekts war der Sohn des einstigen Gründers, Horst Loof, der die Wiedergeburt des Marke Veritas begleitete und den Verantwortlichen die Philosophie seines Vaters aus erster Hand vermittelte.

Der Markteintritt verschob sich durch die Weltwirtschaftskrise, zudem hatte BMW in der Zwischenzeit die Zehnzylinder-Saugmotoren auslaufen lassen. Die Vermot AG passte das Fahrzeug an und konnte 2013 die ersten fünf Exemplare fertigstellen. Geplant war zu diesem Zeitpunkt eine limitierte Handfertigung von insgesamt 13 Sportwagen – in Anlehnung an die 13 Deutschen Meistertitel, die Ernst Loof errungen hatte. Jedes Exemplar zu einem Preis von 350.000 Euro zuzüglich etwaiger Kosten für Sonderausstattungen. Zugesagt hatte BMW komplette (»warme«) Motoren, keine Teilesätze – dennoch kam es zu weiteren Verzögerungen. Laut Handelsregisterauszug wurde dann jedoch (Online-Handelsregister) das Insolvenz-Verfahren eröffnet und die VerMot AG 2018 aufgelöst.

	Veritas RS III 2009–2013
Stückzahl	5
Karosserie	Roadster mit Gitterrohrrahmen und Aramid/Carbon-Beplankung Bodengruppe aus Alu-Verbund-Struktur
Sitzplätze	2
Fahrwerk	Heckantrieb, Doppelquerlenker v/h, Keramikbremsen 325/25 x 22 hinten, 255/30 x 22 vorn
Motor	V10 (Otto), vorn (ex BMW M5); später V8 (Otto), vorn
Hubraum (cm^3)	4.999
Leistung (PS/kW)	507 / 373 bzw. 480 / 353
Getriebe	7-Gang (SMG)
Länge x Breite x Höhe (mm)	4.680 x 2.020 x 970
Radstand (mm)	2.500 ?
Leergewicht (kg)	1.080
Höchstgeschw. (km/h)	347
Preis (Euro)	350.000

Das »Haifischmaul« wurde zum Markenzeichen des Veritas RS III und ziert in diversen Varianten alle Prototypen.

Der Supersportwagen RS III sollte von 480 und 600 PS starken BMW-Aggregaten motorisiert werden. Zu Preisen ab 342.000 Euro hätte er verkauft werden sollen.

Victoria,BAG

Als angeblich leicht entflammbarer Roadster ging der »Spatz« in die Kleinwagengeschichte der Nachkriegszeit ein. Weniger bekannt ist, dass nur knapp die Hälfte der insgesamt über 1.500 Spatzen von den Nürnberger Victoria-Werken, einem renommierten Motorradhersteller, gebaut wurde – der Rest stammte von der Bayerischen Autowerke GmbH (BAG) in Nürnberg.

Begonnen hatte die Sache auf dem Pariser Automobilsalon 1954, wo der Stuttgarter Egon Brütsch sein dreirädriges Kunststoffmobil Brütsch 200 ausstellte. Harald Friedrich, ein Werkzeugmaschinenfabrikant aus Bayern, war von dem »Spatz« derart angetan, dass er ihn sogleich in Lizenz zu bauen beschloss. Materialknappheit und Konstruktionsmängel verzögerten jedoch den Serienanlauf. Schließlich heuerte Friedrich den früheren Tatra-Konstrukteur Prof. Hans Ledwinka an, der das Plastikdreirad zu einem vierrädrigen Mittelmotor-Roadster umfunktionierte. Aus dem Primitivmobil war ein vollwertiges Auto geworden.

Um sich effiziente Vertriebswege zu erschließen, gründete Friedrich im Juli 1956 gemeinsam mit der Victoria-Werke AG die Bayerische Autowerke GmbH. Produziert wurde der Spatz im Traunreuter BAG-Werk, der Vertrieb erfolgte über das Victoria-Händlernetz. Lizenzrechtliche Auseinandersetzungen mit Brütsch führten dazu, dass Friedrich Ende 1956 aus der BAG ausstieg. In der Folgezeit wurde der Spatz von den Victoria-Technikern überarbeitet und verbessert, aber nicht erfolgreicher.

Von Juni 1957 bis Februar 1958 wurden bei Victoria 729 Exemplare produziert. Der Preis betrug DM 2975,-.

Den Spatz mit seiner zweiteiligen Kunststoff-Karosserie bauten verschiedene Hersteller. Insgesamt entstanden 1.588 Exemplare.

Im Juni 1957 erschien er als Victoria 250 in äußerlich kaum veränderter Gestalt. Erfolg war ihm freilich nicht mehr beschieden. Im Februar lief das letzte Exemplar vom Band. Ein Jahr später verkaufte Victoria die Produktionseinrichtungen an die Firma Burgfalke im Bayerischen Wald, wo der ehemalige Spatz als Burgfalke 250 Export auferstehen sollte. Es blieb bei einigen handgefertigten Exemplaren.

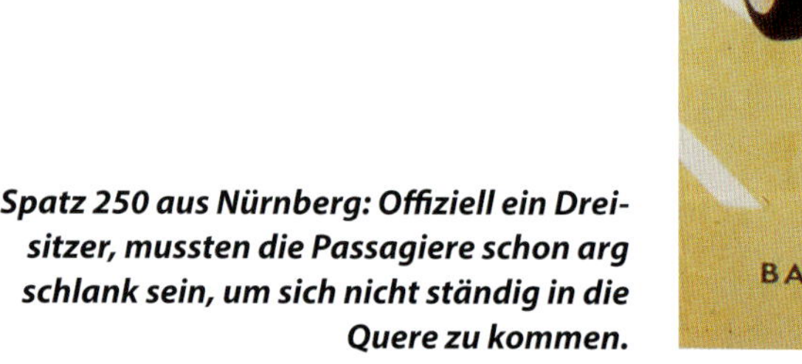

Spatz 250 aus Nürnberg: Offiziell ein Dreisitzer, mussten die Passagiere schon arg schlank sein, um sich nicht ständig in die Quere zu kommen.

SPATZ

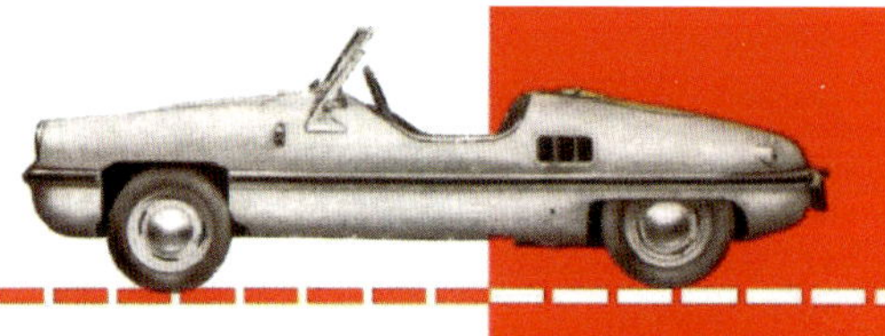

Auf der bequemen breiten Sitzbank haben selbst drei Erwachsene gut Platz.

Sogar Leute mit langen Beinen sitzen ganz entspannt: der Fußraum ist sehr groß. Außerdem ist vorn ungewöhnlich viel Platz für das Reisegepäck.

das Auto der modernen Linie

Der Einstieg ist so, wie ihn die sportliche Linie des Wagens verlangt. Das bietet die Sicherheit, daß während der Fahrt keine Tür aufgehen kann. Die aerodynamische Form des Spatz ist nicht nur elegant; sie hat auch wirtschaftliche Vorteile.

In Verbindung mit dem außergewöhnlich geringen Gewicht des Glasseide-Panzerpolyesters (nur 1/3 des Stahlgewichtes!) ergibt diese windschlüpfige Form größte Ausnutzung der Motorkraft.

Die Widerstandskraft des innig mit Glasseide vereinten witterungsfesten Kunststoffes übertrifft noch die Festigkeit gewöhnlicher Autobleche. Reparaturen sind nicht wiederzuerkennen. Außerdem: Haltungs- und Fahrtkosten sind so klein, wie sie beim Auto nur sein können!

Spatz-Fahrer werden beneidet

Es ist doch so: die wahre Freude am Besitz haben wir erst dann, wenn das, was wir erworben, auch anderen gefällt und man uns darum beneidet. Was werden wohl die Nachbarn sagen, wenn Sie mit Ihrem eigenen Spatz-Sporttyp an Ihrem Hause vorfahren! In ein so schönes Fahrzeug kann man sich richtig verlieben.

Der Spatz ist so elegant, daß er selbst in der Gesellschaft der teuersten und vornehmsten Wagen nur positiv auffällt: er ist ein schnittiger Sporttyp. Durch seine flache Bauweise erhielt er zudem eine ungewöhnlich sichere Straßen- und Kurvenlage. Selbstverständlich hat der Spatz Lenkradschaltung und eine moderne Beleuchtungsanlage mit kombinierten Blink- und Parkleuchten.

Und das Praktische: Sie sparen mit dem Spatz noch Zeit und Geld. Für Ihren Weg zur Arbeitsstätte bekommen Sie Steuervergünstigung. Der Bahnhof liegt sozusagen vor Ihrer Haustür: am Wochenende geht es mit Frau und Kind oder „drei Mann hoch" auf Erholungsfahrt – billiger, bequemer und freizügiger als mit jedem Massenverkehrsmittel.

Nur wenige Handgriffe, und Sie haben ein Dach über dem Kopf. Dicke Celon-Glasscheiben schützen gegen das Wetter von der Seite. Von unten ist Ihr Auto durch die voll abschließende Unterschale geschützt – wie einfach ist dadurch auch die Autowäsche!

die Erfüllung des Traumes vom eigenen Auto

Spatz-Besonderheit: elektromagnetisches Vorwählgetriebe mit Drucktasten und Wählhebel am Armaturenbrett, fünf Gänge.

	Victoria Spatz 1956–1957	Victoria 250 1957–1958
Motor	Otto, Zweitakt	
Zylinderzahl/Bauart	1 (stehend) Mittelmotor	
Bohrung x Hub	65 x 58 mm	67 x 70 mm
Hubraum	191 cm^3	248 cm^3
Leistung	10,2 PS bei 5250 U/min	14 PS bei 5200 U/min
Drehmoment	2,3 mkp bei 4250 U/min	2,03 mkg bei 4650 U/min
Verdichtung	1:6,6	1:7,5
Gemischbildung	1 Fallstromvergaser Bing	1 Fallstromvergaser Bing 26/60
Ventile/Steuerung	–	–
Kurbelwellenlager	2	2
Kühlung	Gebläse	
Schmierung	Zweitaktgemisch	
Batterie	12 V 14 Ah	12 V 24 Ah
Lichtmaschine	90 W	130 W
Kraftübertragung	Antrieb auf Hinterräder	
Schaltung	Ratschenschaltung am Lenkrad	Lenkradschaltung, elektromagnetischer Vorwahlhebel am Armaturenbrett
Kupplung	Vierscheiben-Lamellen im Ölbad	Einscheibentrocken
Getriebe	4-Gang	5-Gang
Synchronisierung	I–IV	I–V
Übersetzungen	I.362 – II. 1.85 – III. 1.24 – IV. 0,86	I. 3.020 – II. 1.588 – III. 0,957 – IV. 0.700 V. 0.552
Antriebs-Übersetzung	4.56.	4,125
Karosserie/Fahrwerk	Kunststoffkarosserie, zweiteilig	
Vorderradaufhängung	Kurbellenker, Federbeine	
Hinterradaufhängung	Pendelachse, Dreieckslenker, Federbeine	
Lenkung	Zahnstange	
Fußbremse	Trommelbremsen vorn/hinten, Seilzug	
Allgemeine Daten		
Radstand	1950 mm	
Spur vorn/hinten	1160/1160mm	1160/1200 mm
Gesamtmaße	3300 x 1400 x 1240 mm	3360 x 1450 x 1240 mm
Räder	3.00 D x 12	
Reifen	4,40–12	
Leermasse	290 kg	425 kg.
Zuläss. Gesamtgewicht	410 kg	690 kg
Höchstgeschwindigkeit	75 km/h	97 km/h
Beschleunigung	k.A.	k.A.
Verbrauch/100 km	4,5 Liter Gemisch	5,3 Liter Gemisch
Kraftstofftank	15 Liter	23 Liter

Genau in der Mitte des Hauptholmes lagert die Sitzbank; zu den Achsen wie eine Sänfte zu ihren Trägern angeordnet. Dazu die außergewöhnliche Abfederung durch Pendelachsen mit einzeln abgefederten Rädern und den hydraulischen Federbeinen: das garantiert eine angenehme Fahrt! Große Vierrad-Öldruckbremsen gewährleisten sicheres und müheloses Bremsen.

Was Sie an technischen Einzelheiten interessieren wird

Der Motor ist ein 191-ccm-Einzylinder-F&S-Zweitakter mit Gebläsekühlung, der 10,2 PS schafft. Die Bohrung beträgt 65 mm, der Hub 58 mm. Der Tank enthält 12 Liter, mit denen man normalerweise über 250 km fahren kann, denn der Normverbrauch (100 km auf ebener Straße bei gleichbleibenden 55 km/h) ist 4 Liter. In der Spitze fährt der Spatz 75 km/h. Eine Vierscheiben-Lamellenkupplung überträgt die Kraft auf ein Vierganggetriebe im Motorblock. Der Motor ist mit einer Dyna-Startanlage von 12 Volt mit 90–135 Watt ausgerüstet, die für Vor- und Rückwärtslauf eingerichtet ist. Die Zahnstangenlenkung ermöglicht als kleinsten Wendekreis ca. 9,50 m. Die auf vier Räder wirkende Öldruckbremse mit 180-mm-⌀-Bremstrommeln bringt den Wagen auf kürzeste Entfernung zum Stehen. Die als Seilzugbremse ausgeführte Handbremse wirkt auf die Vorderräder. Die Bereifung ist 4,40×12 auf Stahlscheiben-Rädern mit aufgesetzten Zierkappen. Der Spatz ist 3400 mm lang und 1450 mm breit, sein Radstand ist 1950 mm, die Spurweite 1160 mm, die Bodenfreiheit 185 mm. Sein Leergewicht beträgt 320 kg, und er kann 240 kg mitnehmen. Rahmen: stabile Zentralrohr-Konstruktion. Die Vorderachse ist einzeln in Lenkern aufgehängt und mit hydraulisch gedämpften Federbeinen abgefedert. Hinten befindet sich eine quergelenkte Pendelachse mit einzeln aufgehängten Rädern, die auch mit Federbeinen und hydraulischen Stoßdämpfern abgefedert ist. Das Finanzamt verlangt im Jahr vom Spatz-Besitzer nur 29.— DM, die Haftpflichtversicherung beträgt 90.— DM.

Änderungen im Laufe der ständigen, fortschreitenden Entwicklung vorbehalten.

Sporttyp Spatz	2975.– DM
bereiftes Reserverad	65.– DM
Klappverdeck	65.– DM

Preise ab Werk Traunreut/Obb.

Jeder Spatz-Händler lädt Sie gerne zu einer Probefahrt ein

SPATZ

BAYERISCHE AUTOWERKE G.m.b.H. NÜRNBERG

6013 b. 6. 56. 20

passenger performed on a test run under the supervision of the German-Austrian, Italian Automobile Club over a measured road course through the Alps from Nurnberg to Milan and then to Zurich over grades up to 23%. The distance of 1406 kilometers was traveled in 19 hours and 49 minutes, for an average of 71 kilometers per hour including time spent for customs clearance.

The Sparkling New Victoria

Technical Data Victoria Sport Car 250

ENGINE: Air-cooled, 1 cylinder, 2 cycle engine. Bore 2.64", stroke 2.75" developing 14 horsepower. Normal gasoline consumption is approximately 60 miles per gallon.

TRANSMISSION: Pre-selective type—5 forward speeds, 1 reverse. Special feature this car offers is the electro-magnetic shift lever mounted on instrument panel operated clockwise selecting your gear speed in advance and then depressing the clutch pedal, the gear changes automatically.

REAR AXLE: Split type.

BRAKES: Lockheed hydraulic 4 wheel brakes with 7" drums. Mechanical emergency hand brake on all 4 wheels.

BODY CONSTRUCTION: One piece fibre glass body supported by welded tubular frame mounted on 4 combination spring and hydraulic shock absorbers.

WHEELS & TIRES: Five disc wheels. Tires: 4.40 x 12 in. with tubes.

GASOLINE TANK: Mounted in rear. 6 gallon capacity (Mixture of 1 quart oil to one tank full of gas). Low octane fuel only.

ELECTRICAL SYSTEM: 12 Volt, 24 amp. battery. Dyna generator starter; 7" seal beam headlamps; separate side lamps; built-in twin stop tail lamps; red flashing directional signals, single vibrating horn; twin-blade windshield wipers.

OVERALL DIMENSIONS: (Approx.) Length 133.8 in., Width 67 in. Wheelbase 76 in. Front Tread: 45.6 in. Rear Tread: 47.2 in. Ground clearance 6.7 in. Wght. (App.) 1.000 Lbs.

VICTORIA

THE GORDON MOTORS CORP.
226 SO. BROADWAY
YONKERS, N. Y.

Volkswagen

Die Entstehung des Wolfsburger Volkswagenwerkes geht auf die Synthese zweier Ideen zurück, einer technischen von Ferdinand Porsche (Exposé für Konstruktion und Fabrikation) und einer politischen (Förderung durch Adolf Hitler). Nach ersten Versuchen bei NSU und Zündapp standen im Februar 1936 die beiden ersten Volkswagen, eine Limousine und ein Cabriolet, auf den Rädern. Nach einem Härtetest des »VW 3« über je 50.000 km baute Porsche in Zusammenarbeit mit Daimler-Benz und Reutter eine Vorserie von 30 Fahrzeugen (VW30), die insgesamt 2,4 Millionen Versuchskilometer ohne wesentliche Beanstandungen zurücklegten.

Am 26. Mai 1938 wurde in der Nähe von Fallersleben in Niedersachsen der Grundstein zum Volkswagenwerk gelegt, wofür das Ford-Werk in Dearborn die Blaupause geliefert hatte. Im gleichen Jahr begann der Aufbau der »Stadt des KdF-Wagens« auf der grünen Wiese. Den Namen Wolfsburg erhielt sie erst nach Kriegsende. Mit der Gesamtplanung des Volkswagenwerks wurde Ferdinand Porsche beauftragt, der bis 1945 dessen Leiter blieb. Bis Kriegsende wurden allerdings lediglich 630 KdF-Wagen, aber dafür rund 52.000 Kübelwagen (Typ 82) und 14.276 Schwimmwagen (Typ 166) fertiggestellt.

Nach Kriegsende dienten die 1944 zu zwei Dritteln zerstörten Werksanlagen zunächst als Reparaturbetrieb für britische Militärfahrzeuge. Mit dem Auftrag zum Bau von 20.000 Volkswagen, den die britische Militärregierung im September 1945 erteilte, fiel der Startschuss zu einem bislang unerreichten Produktionsrekord: Insgesamt liefen über 21 Millionen Käfer weltweit vom Band. Schon 1947 wurden die ersten Volkswagen in die Niederlande exportiert, ein Jahr später entstand – wenn man von dem erwähnten KdF-Sondermodell und den frühen Porsche-Prototypen einmal absieht – das erste Cabriolet. Es handelte sich um einen Polizeikübelwagen, der nicht nur oben, sondern auch an den Seiten offen war, um schnellstmögliches Aus- und Einsteigen zu gewährleisten. Bei schlechtem Wetter konnten sich die Polizisten mit einknüpfbaren Segeltuchvorhängen notdürftig gegen Spritzwasser schützen. VW-Cabriolets dienten in mehreren Bundesländern bis weit in die 1950er-Jahre hinein als Streifenwagen – seit 1949, als bei Karmann die Produktion anlief, allerdings mit richtigen Türen wie das zivile Pendant.

Am 1. Januar 1948 übernahm der frühere Opel-Manager Dipl.-Ing. Heinrich Nordhoff (1899-1968) die Leitung des Volkswagenwerkes. Unter seiner Ägide nahm es zwar einen beispielhaften Aufschwung, sein starres Festhalten am Heckmotor-Dogma führte aber Ende der 60er zu einer ersten

Die offene Version des legendären VW Käfer ist bis heute das meistgebaute Viersitzer-Cabriolet der Welt: 331.847 Exemplare liefen von März 1949 bis Januar 1980 in Osnabrück vom Band, die Basis bildete stets das jeweilige Exportmodell in Kombination mit dem leistungsstärksten Motor im Programm. Obwohl technisch und konstruktiv veraltet, stieg gerade in den letzten Produktionsjahren der Absatz stetig.

Strukturkrise. Erst die von seinen Nachfolgern Kurt Lotz und Rudolf Leiding vorangetriebene Erneuerung der Modellpalette (Passat 1973, Golf und Scirocco 1974, Polo 1975) führte das zweitgrößte deutsche Industrieunternehmen aus der wirtschaftlichen Talsohle heraus. Vor allem der Golf trat im In- und Ausland rasch an die Stelle des Käfers als robuster Allerweltswagen. In der Zwischenzeit – nämlich von 1969 bis 1979 – gab es noch ein sportives Fahrzeug mit Targadach, dessen Zuordnung schwerfällt: Der VW-Porsche 914, der zusammen mit dem Stuttgarter Partner entwickelt und vertrieben wurde.

Das 1979 präsentierte Golf-Cabriolet hatte zunächst gegen das damals in höchster nostalgischer Gunst stehende Käfer-Cabriolet kaum eine Chance. Aber langfristig hatten die Wolfsburger Marketingstrategen doch auf das richtige Pferd gesetzt, wie sich zeigte. Bereits kurze Zeit nach der endgültigen Produktionseinstellung des offenen Käfers kletterten die Absatzzahlen des als »Henkelkorb« geschmähten Golf-Cabriolets steil in die Höhe. 1991 stellte der offene Golf den Produktionsrekord des Käfer-Cabriolets ein, das 331.847 Mal gebaut wurde.

Früher Werbeprospekt von VW-Partner Karmann, noch ganz ohne Hinweis auf Volkswagen.

Volkswagen (1100) Cabriolet (1949–1953)

Das Viersitzer-Cabriolet entstand bei der Firma Karmann, die zwischen 1946 und 1948 schon Prototypen gebaut hatte. Im Juni 1949 erhielt der offene Karmann von VW die Produktionsfreigabe, er wurde in der Nomenklatur als Typ 15 bezeichnet und basierte auf dem Exportmodell. Nur bei den frühesten Exemplaren lagen die Winker noch in Höhe der A-Säule, bereits 1950 wanderten diese dann hinter die Türen. Die konstruktiven Unterschiede umfassten massive Kastenschweller an den Türschwellen, Stabilisierungsträger unterhalb der Rücksitze sowie Zusatzbleche im Fußraum, um nur das Wichtigste zu nennen. Kotflügel und Fronthaube waren mit dem Export-Volkswagen identisch, Unterschiede gab es bei der Motorhaube. Billig war der offene Viersitzer nicht, er kostete wie der bis Anfang 1953 verkaufte Zweisitzer von Hebmüller zunächst DM 7.500,-.

Frühes Karmann Käfer Cabrio (vorn), dahinter Hebmüller-Version.

Volkswagen Polizei-Cabriolet Typ 18A (1948–1951)

Die Polizeistreifenwagen der ersten Nachkriegsjahre – einerlei ob von VW, Daimler-Benz oder Ford – gaben sich martialisch und erinnerten in ihrer Konzeption an die Wehrmacht-Kübelwagen. Stoffverdeck und Segeltuchvorhänge statt Türen waren obligatorisch. Hebmüller und später Karmann bauten von 1948 bis 1951 exakt 482 Stück jener spartanischen Einsatzfahrzeuge, die anfangs 5.900, später nur noch 5.600 Mark kosteten. Auch Papler und Austro-Daimler bauten Polizei-Cabriolets.

Polizei-Kübelwagen (hier mit Hebmüller-Aufbau) waren typisch für die Streifenwagen der frühen Nachkriegszeit. Dahinter stand die Idee, dass die Beamten, falls erforderlich, ihr Fahrzeug ganz rasch verlassen sollen könnten.

Neben Hebmüller fertigte auch Papler, Köln, Streifenwagen für den Polizeidienst.

	Volkswagen Cabriolet Typ 1 1949–1953	Volkswagen Cabriolet 1954–1960	Volkswagen 1200 Cabriolet 1960–1965
Motor	Otto		
Zylinder / Bauweise	4 Zylinder (Boxer), zweiteiliges Kurbelgehäuse aus Magnesium-Legierung, Grauguss-Einzelzylinder und Leichtmetall-Zylinderköpfe. Motor hinter, Getriebe vor der Hinterachse		
Bohrung x Hub	75 x 64 mm	77 x 64 mm	77 x 64 mm
Hubraum	1131 cm^3	1192 cm^3	1192 ccm
Leistung	25 PS bei 3300 U/min	30 PS bei 3400 U/min	34 PS bei 3600 U/min
Drehmoment	6,8 mkg bei 2000 U/min	7,7 mkg bei 2000 U/min	8,4 mkg bei 2000 U/min
Verdichtung	1:5,8	1:6,1, ab Aug.1954: 1:6,6	1:7
Gemischbildung	Solex 26 VFJ, ab April 1950: Solex 26 VFJS, ab Okt. 1952: Solex 28 PCI	1 Fallstromvergaser Solex 28 PCI	1 Fallstromvergaser Solex 28 PICT mit Startautomatik
Ventile/Steuerung	2 / Hängend, Stoßstangen und Kipphebel, zentrale Nockenwelle, Antrieb durch Stirnräder		
Kurbelwellenlager	4	4	4
Kühlung	Gebläse (Luft)	Gebläse (Luft)	Gebläse (Luft)
Schmierung	Druckumlauf, 2,5 Liter Öl	Druckumlauf, 2,5 Liter Öl	Druckumlauf, 2,5 Liter Öl
Batterie	6 V 75 Ah (unter Rücksitz)	6 V 66 Ah (unter Rücksitz)	6 V 66 Ah (unter Rücksitz)
Lichtmaschine	130 W	160 W, ab Aug. 1959: 180 W	180 W
Anlasser	0,4 PS	0,4 PS, ab Sept. 1956: 0,5 PS	0,5 PS
Kraftübertragung	Heckantrieb		
Schaltung	Schaltstock Wagenmitte	Schaltstock Wagenmitte	Schaltstock Wagenmitte
Kupplung	Einscheibentrocken	Einscheibentrocken	Einscheibentrockenkupplung, a. W. Saxomat
Getriebe	4 Gang, unsynchronisiert	4 Gang, II.-IV. synchronisiert	4 Gang, vollsynchronisiert
Übersetzungen	I. 3.60 – II. 2.07 – III. 1.25 – IV. 0.80	I. 3.60 – II. 1.88 – III. 1.23 – IV. 0.82	I. 3.80 – II. 2.06 – III. 1.32 – IV. 0.89
Antriebs-Übersetzung	4.43	4.43 (4.37)	4,375
Karosserie/Fahrwerk	Zentralrohr-Plattformrahmen, Ganzstahlkarosserie		
Vorderradaufhängung	Kurbellenker oben und unten, 2 Federstäbe quer, ab August 1959: Stabilisator		
Hinterradaufhängung	Pendelachse, Längslenker, Federstäbe quer		
Lenkung	Spindel (14,15:1), 2,4 Lenkraddrehungen. Ab August 1961: Schnecke (14,34: 1), 2,7 Lenkraddrehungen		
Fußbremse	Mechanisch (Seilzug), ab Mai 1950: Hydraulisch, Trommel-Ø 230 mm		
Allgemeine Daten			
Radstand	2400 mm		
Spur	1290/1250 mm	1290/1250 mm, ab Okt. 1957: 1305/1250 mm	1305/1288 mm
Gesamtmaße	4070 x 1540 x 1550 mm, ab. Okt. 1952: 4070 x 1540 x 1500 mm	4070 x 1540 x 1500 mm	4070 x 1540 x 1500 mm
Räder	3,00 D x 16, ab Okt. 1952: 4,00 J x 15	4 J x 15	4 J x 15
Reifen	5,00-16, ab Okt. 1952: 5,60-15	5,60-15	5,60-15
Wendekreis links/ rechts	11,5 Meter	11,5 Meter	11,2 Meter
Leermasse	Cabriolet 2 Sitze 775 kg, Cabriolet 4 Sitze 800 kg	810 kg	820 kg
Zuläss. Gesamtgewicht	1110 kg, Cabriolet 4 Sitze 1160 kg	1160 kg	1170 kg
Höchstgeschwindigkeit	105 km/h	112 km/h	115 km/h
Beschleunigung 0–100 km/h	50 sec	38 sec	33 sec
Verbrauch/100 km	7,5 Liter	8 Liter	8,5 Liter
Kraftstofftank	40 Liter (vorn)		

Volkswagen Cabriolet Typ 14A (1949–1952)

Die ersten drei Prototypen des zweisitzigen Hebmüller-Cabriolets (Typ 14A) wurden Ende 1948 in Wolfsburg vorgestellt (seine beiden hinteren Notsitze waren nur bei geschlossenem Verdeck zugänglich). Sie fanden so viel Anklang, dass VW einen Lieferauftrag über 2.000 Exemplare erteilte. Das Hebmüller-Cabriolet war ausschließlich in Zweifarbenlackierung lieferbar: rot/schwarz oder elfenbein/schwarz. Aber schon bald nach Produktionsbeginn im Frühjahr 1949 wurde das Wülfrather Hebmüller-Werk von einem Brand heimgesucht, so dass die Tagesproduktion von 17 auf drei Einheiten sank.

Vom März 1949 bis April 1950 wurden 696 Stück gebaut. Der Preis betrug 7.500 Mark. Wenig bekannt ist, dass von 1952 bis 1955 nochmals zwölf Cabriolets des Typs 14A bei Karmann entstanden.

Volkswagen Cabriolet 2 Sitze (Hebmüller), 1949.

Hebmüller bot den Typ 144 mit verschiedenen, sehr geschmackvollen Zweifarben-Lackierungen an. Die Motorhaube war übrigens nicht mit der Kofferraumhaube identisch.

Zahlreiche Karosseriebau-Werkstätten wurden bei Volkswagen vorstellig und boten an, Cabriolets zu bauen. In der Regel schmetterte VW-Chef Nordhoff alle Anfragen ab, denn die Wolfsburger konnten mit der Nachfrage ohnehin nicht Schritt halten. Lediglich die Konstruktionen von Hebmüller und Karmann wurden vom Werk unterstützt. (Archiv Storz)

Volkswagen Cabriolet Sonderkarosserien (1949–1961)

Der Erfolg des bei Karmann gebauten viersitzigen Käfer-Cabriolets rief schon bald weitere Konkurrenten auf den Plan. So brachte die Wuppertaler Karosseriefirma Drews 1949 ein etwas klobig wirkendes zweisitziges Cabriolet heraus. Mangels Nachfrage wurde dessen Produktion 1950 wieder eingestellt.

Erfolgreicher war das stilistisch gelungene Cabriolet von Dannenhauer & Stauss in Stuttgart, das deutliche Anklänge an den Porsche 356 zeigte. Zwischen 1951 und 1955 wurden 135 Stück gebaut und zum Preis von rund DM 9.000,- verkauft. Formal recht ansprechend war auch das zweisitzige Rometsch-Cabriolet, von dem zwischen 1951 und 1954 rund 500 Stück entstanden. 1959 und 1960 stellte Rometsch nochmals Cabriolets auf VW-Basis vor, von denen jeweils nur geringe Stückzahlen gebaut wurden. 1961 gab die Berliner Firma den Karosseriebau auf.

Sport-Cabriolet von Karossier Drews.

Volkswagen Cabriolet, 2 Sitze, 1951–1954 (Dannenhauer & Stauss). Foto: Staud

Volkswagen Cabriolet, 2 Sitze, 1951–1953 (Rometsch). Foto: Archiv Storz.

VW-Zweisitzer, 1950–1953 : Rometsch, (li.) und Drews (re.).

Volkswagen 1200 Cabriolet, 2 Sitze (Rometsch), 1960/61.

Volkswagen (1200) Cabriolet (1954–1960)
Volkswagen 1200 Cabriolet (1960–1965)

Im April des Jahres 1950 war die Hälfte der von VW georderten 2.000 Cabriolets verkauft, im Februar 1951 bestellte Wolfsburg weitere 2.000 Einheiten, zum Jahresende hatte Karmann insgesamt .4009 offene Viersitzer gebaut. Und die Nachfrage riss nicht ab, daher machte das Cabrio auch alle Modellpflegemaßnahmen der Limousine mit, so etwa 1954 den Wechsel zum 30-PS-Motor. Die Beschleunigung von Null auf 80 km/h betrug 22 statt bisher 27 Sekunden, die Höchstgeschwindigkeit lag bei 110 km/h. Der Motor war elastischer, ohne mehr Kraftstoff zu verbrauchen. Nützliche Detailverbesserungen waren das Zündanlassschloss (vorher: getrennter Starterknopf), etwas kräftigere, lackierte (statt verchromte) Scheibenwischerarme, bessere Scheibenwischergummis sowie eine regulierbare Instrumentenbeleuchtung.

Wie bei der Limousine fielen mit steigender Stückzahl die Preise, so etwa von den DM 6.950,- des Jahres 1953 auf DM 6.500,- (wobei DM 374,- auf die Reifen entfielen) im Jahr darauf. Wichtige, dem Cabriolet vorbehaltene Modelländerungen gab es kaum. Für das Modelljahr 1961 kamen Blinker anstelle der Winker, ansonsten änderte sich wenig. Das kleine Rückfenster, anfangs kaum so groß wie ein Briefkastenschlitz, war 1952, 1958 und zuletzt für 1965 vergrößert worden und bot nun einen anständigen Rückblick. Für den Modelljahrgang 1965 kam ein leicht geänderten Klappmechanismus, das Verdeck ließ sich nun etwas flacher zusammenfalten als zuvor.

Die Stoffmütze war eine Karmann-Spezialität und außerordentlich wintertauglich; sie bestand aus einem Dachhimmel, einem Futter aus Pferdehaar und der leinenen Außenhaut. Auch der Fensterheber-Mechanismus war eine Cabriospezialität. Mit DM 5.990,- kostete der offene Käfer im August 1961

Die äußerlich der Käfer-Entwicklung folgenden, schrittweise modifizierten Cabrios wurden ausschließlich in Osnabrück aufgebaut.

Volkswagen Cabriolet, 4 Sitze (Karmann), Polizei-Ausführung, 1954. Beachtenswert die Sonnenschutz-Schute.

Nur in Details zu unterscheiden sind die Jahrgänge, hier beispielsweise am größeren Heckfenster der 1963er-Ausführung.

noch genauso viel wie Ende 1955; 1964 hatte sich sein Preis indessen auf DM 6.230,- und Ende 1965 auf DM 6.490,- erhöht.

VW 1200 Cabriolet, gebaut bis zur Ablösung 1965 durch den VW 1300.

Volkswagen 1300 Cabriolet (1965–1966)

Natürlich gab es auch einen offenen VW 1300 mit Kugelbolzen-Vorderachse und Pendel-Hinterachse, allerdings wurde dieses Cabriolet bereits vor der Ablösung der Limousine wieder vom Band genommen: Der Viersitzer mit dem 1300er Motor fiel bereits nach der Einführung des VW 1500 für das Modelljahr 1967 aus dem Programm. Dennoch hatte das 1,3-Liter-Cabriolet eine bemerkenswerte Neuerung aufgewiesen, nämlich den Übergang von dem seit Jahrzehnten bewährten Textilverdeck zu einer Kunststoff-Außenhaut. An der aufwendigen mehrlagigen Verdeckkonstruktion änderte sich dadurch aber nichts. Das Auto kostete im Frühjahr 1966 ab Werk DM 6.670,-, nach den Werksferien dann DM 6.895,-.

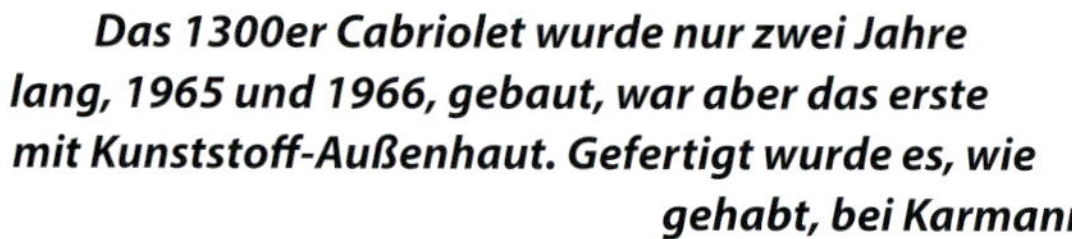

Das 1300er Cabriolet wurde nur zwei Jahre lang, 1965 und 1966, gebaut, war aber das erste mit Kunststoff-Außenhaut. Gefertigt wurde es, wie gehabt, bei Karmann.

	VW 1200 Cabriolet 1960–1965	VW 1300 Cabriolet 1965–1966	VW 1500 Cabriolet 1966–1967
Motor	Otto		
Zylinderzahl/Bauart	4 Zylinder (Boxer), zweiteiliges Kurbelgehäuse aus Magnesium-Legierung, Grauguss-Einzelzylinder und Leichtmetall-Zylinderköpfe. Motor hinter, Getriebe vor der Hinterachse		
Bohrung x Hub	77 x 64 mm	77 x 69 mm	83 x 69 mm
Hubraum	1192 ccm	1290 cm^3	1493 ccm
Leistung	34 PS bei 3600 U/min	40 PS bei 4000 /min	44 PS bei 4000 /min
Drehmoment	8,4 mkg bei 2000 /min	9,4 mkg bei 2000 /min	10,2 mkg bei 2000 /min
Verdichtung	1:7	1:7	1:7,5
Gemischbildung	1 Fallstromvergaser Solex 28 PICT mit Startautomatik		1 Fallstromvergaser Solex 30 PICT-1 mit Startautomatik
Ventile/Steuerung	2 / Hängend. Stoßstangen und Kipphebel, zentrale Nockenwelle, Antrieb durch Stirnräder		
Kühlung	Gebläse (Luft)		
Schmierung	Druckumlauf, 2,5 Liter Öl		
Batterie	6 V 66 Ah (unter Rücksitz)		
Lichtmaschine	180 W		
Kraftübertragung	Heckantrieb		
Schaltung	Schaltstock Wagenmitte		
Kupplung	Einscheibentrockenkupplung		
Getriebe	4 Gang, Auf Wunsch Saxomat, dann jedoch nur mit 34 PS-Motor		
Übersetzungen	I. 3.80 – II. 2.06 – III. 1.32 – IV. 0.89		
Antriebs-Übersetzung	4.375	4.375	4.125
Karosserie/Fahrwerk	Zentralrohr-Plattformrahmen, Ganzstahlkarosserie		
Vorderradaufhängung	Kurbellenker oben und unten, 2 Federstäbe quer, Stabilisator		
Hinterradaufhängung	Pendelachse, Längslenker, Federstäbe quer		
Lenkung	Spindel (14,15:1), 2,4 Lenkraddrehungen. Ab August 1961: Schnecke (14,34: 1), 2,7 Lenkraddrehungen		
Fußbremse	Hydraulisch, v./h. Trommel 230 mm Ø		Zweikreis-Hydraulik, Scheiben v. (277 mm Ø), Trommel h. (230 mm Ø)
Allgemeine Daten			
Radstand	2400 mm		
Spur	1305/1288 mm	1305/1300 mm	1305/1350 mm
Gesamtmaße	4070 x 1540 x 1500 mm	4070 x 1540 x 1500 mm	4070 x 1540 x 1500 mm
Räder	4 J x 15	4 J x 15	4 J x 15
Reifen	5,60-15	5,60-15	5,60-15 (4 PR)
Wendekreis	11,2 Meter	11,2 Meter	11,1 Meter
Leermasse	820 kg	820 kg	840 kg
Zuläss. Gesamtgewicht	1170 kg	1180 kg	1200 kg
Höchstgeschwindigkeit	115 km/h	122 km/h	128 km/h
Beschleunigung 0–100 km/h	33 sec	28 sec	23 sec.
Verbrauch/100 km	8,5 Liter	9,5 Liter	10 Liter
Kraftstofftank	40 Liter (vorn)		

Volkswagen 1500 Cabriolet (1967–1970)

Mit dem 44-PS-Motor und vorderen Scheibenbremsen stand das 1500er Cabriolet bis Juli 1970 in den deutschen Lieferlisten. In diese Zeit fielen bedeutende (die senkrecht stehenden Scheinwerfer und die Eisenbahnschienen-Stoßfänger für 1968) und weniger bedeutende Modifikationen wie die Heckscheibe aus Sicherheitsglas für 1969. Technik und Ausstattung entsprachen stets der jeweiligen Limousine. Ab Juni 1969 versah man den Motordeckel das Cabriolets mit vier Gruppen von Lüftungsschlitzen. Der Wagen war auch mit einer Dreigang-Halbautomatik lieferbar, dann mit Schräglenker-Hinterachse.

Neue Optik, bewährte Technik: VW 1500 Cabrio von 1967 mit all den Modelländerungen, die auch die Limousinen prägten. Die flachen Radkappen gab es seit 1965. Im Bild jenes Cabriolet, das Jürgen Klinsmann gehörte.

Volkswagen 1302 LS / Volkswagen 1303 LS (1971–1980)

Kennzeichen des 1302 Cabriolets war der größere Vorderwagen samt neuem Fahrwerk mit Federbein-Vorderachse, dreiteiliger Sicherheitslenksäule und hinterer Doppelgelenk-Achse.

Damit einher ging die vergrößerte Spurbreite vorn, die einen größeren Lenkeinschlag und damit einen kleineren Wendekreis zur Folge hatte. Anders als die Limousine gab es das Cabriolet nur mit 50-PS-Motor und in L-Ausstattung, ergab zusammen die Modellbezeichnung »1302 LS«. Dazu kam der neue Verdeckmechanismus, der bei heruntergeklapptem Dach Höhe und Länge des Verdeckpakets verringerte.

Die Lüftungsschlitze im Motordeckel bildeten vier Gruppen. Weitere Veränderungen entsprachen denen des Limousinen-Grundmodells. Der Preis für das Cabriolet betrug bei der Einführung 7.490 Mark.

Die Ablösung, das letzte Cabriolet auf VW-Käfer-Basis wurde im August 1972 für das Modelljahr 1973 präsentiert, nur kurz nach der Limousine. Wie diese hatte auch das Cabrio die modifizierte Vorderachsgeometrie mit negativem Lenkrollradius erhalten und die breiteren Felgen der Dimension 4,5 J x 15. Der Karmann-Viersitzer sollte DM 8.840,- kosten; im Modelljahr 1975 – nachdem die vorderen Blinker in die Stoßfänger gewandert waren – wurden dafür bereits stolze DM 12.130,- aufgerufen. Dafür gab es jetzt immerhin eine vergrößerte Heckscheibe und endlich eine Zahnstangenlenkung anstelle der Schneckenrollenlenkung. Außerdem wurden die Kotflügelkeder nicht mehr in Wagenfarbe lackiert, sondern waren

Volkswagen 1500 Cabriolet (Karmann), US-Ausführung, 1968.

Als Streifenwagen orderten die Polizeibehörden schon seit Mitte der Fünfziger keine Cabriolets mehr. Dennoch kamen Cabriolets bei der Bereitspolizei beziehungsweise dem Bundesgrenzschutz bei höheren Stellen noch zum Einsatz, so wie hier im Mai 1968 im Bonner Hofgarten, als die Staatsmacht bei einer Demonstration gegen Rechts mit einem Großaufgebot zur Stelle war. Foto: anefo

VW 1500 Cabriolet, deutsche Ausführung, ab 1969 mit geänderten Kühlluftschlitzen.

Den Sieg bei der Fußball-WM 1974 feierte Volkswagen mit dem 1303-Sondermodell »World Cup 74«. 25 der insgesamt 300 cliffgrünen LS-Cabriolets mit der mattschwarzen Haube wurden an Spieler und Betreuerstab verschenkt.

einheitlich schwarz. Während die 1303-Limousine mit Ablauf des Modelljahres 1975 vom Band genommen wurde, liefen die Cabriolets, zuletzt vor allem als Sondermodell für den US-Markt, noch bis Januar 1980 vom Band, bis auch der Teilefluss von VW in Emden versiegte. In diesen letzten Jahren war es zu keinen Änderungen mehr gekommen, abgesehen von den ab 1978 verwendeten Sitzen mit verstellbaren Kopfstützen anstelle der bis dahin üblichen »Tombstones«. Der letzte offizielle Preis hatte 14.423 Mark betragen.

VW 1302 LS Cabriolet, 1971 für 7.990 Mark in der Preisliste. Nur für das Cabrio stand auf Wunsch – und gegen Aufpreis – neben den VW-Farben auch die von Porsche zur Verfügung. Ohne Aufpreis dagegen war die Wahl zwischen Kunstleder oder Stoff-Sitzbezügen.

Ein Karmann-Werbebild für das 1303-Cabriolet.

	Volkswagen 1302 S / LS 1970–1972 Volkswagen 1303 S / LS 1972–1980	
Motor	Otto	
Zylinderzahl/Bauart	4 (Boxer), im Heck zweiteiliges Kurbelgehäuse aus Magnesium-Legierung, Grauguss-Einzelzylinder und -Zylinderköpfe; Motor hinter, Getriebe vor der Hinterachse	
Bohrung x Hub	85,5 x 69 mm	
Hubraum	1584 cm³	
Leistung	50 PS (37 kW) bei 4000 U/min	
Drehmoment	10,8 mkg bei 2800 U/min	
Verdichtung	1:7,5	
Gemischbildung	1 Fallstromvergaser Solex 34 PICT-3 mit Startautomatik	
Ventile/Steuerung	2 / Hängend. Stoßstangen und Kipphebel, zentrale Nockenwelle, Antrieb durch Stirnräder	
Kühlung	Gebläse (Luft)	
Schmierung	Druckumlauf, 2,5 Liter Öl	
Batterie	12 V 36 oder 45 Ah (unter Rücksitz)	
Lichtmaschine	360 W. Ab Sept. 1973: Drehstrom 700 W	
Kraftübertragung	Heckantrieb	
Schaltung	Schaltstock Wagenmitte	Halbautomatik, Schaltstock Wagenmitte
Kupplung	Einscheibentrocken	Automatisch betätigte Einscheibentrocken+ hydraul. Wandler
Getriebe	4-Gang	3-Gang
Übersetzungen	I. 3.78 – II. 2.06 – III. 1.26 – IV. 0.93	I. 2.25 – II. 1.26 – III. 0.88
Antriebs-Übersetzung	4.,375	4.125
Karosserie/Fahrwerk	Zentralrohr-Plattformrahmen, Ganzstahlkarosserie	
Vorderradaufhängung	McPherson-Federbeine, Stabilisator	
Hinterradaufhängung	Doppelgelenkachse, Schräglenker, Federstäbe quer	
Lenkung	Schnecke (14, 34:1), 2,7 Lenkraddrehungen. Ab August 1974: Zahnstangenlenkung	
Fußbremse	Zweikreis-Hydraulik, Scheiben v. (278 mm Ø), Trommel h. (230 mm Ø)	
Allgemeine Daten		
Radstand	2420 mm	
Spur	1302: 1379/1352 mm; 1303: 1394/1349 mm	
Gesamtmaße	1302: 4080 x 1585 x 1500 mm 1303: 4110 (4140) x 1585 x 1500 mm	
Räder	1302: 4 J x 15; 1303: 4½ J x 15. Sonderausstattung: 5½ J x 15	
Reifen	5,60-15 (4 PR) oder 6,00-15 oder 155 SR 13. Sonderausstattung 1303: 175/70 SR 15	
Wendekreis	10,5 Meter	
Leermasse	920 kg; 1303: 940 kg	
Zuläss. Gesamtgewicht	1302: 1280 kg; 1303: 1300 kg	
Höchstgeschwindigkeit	132 km/h	127 km/h
Beschleunigung 0–100 km/h	20 sec	24 sec
Verbrauch/100 km	11,5 Liter	12 5 Liter
Kraftstofftank	41,5 Liter (vorn)	

Volkswagen Karmann Ghia 1200 (1957–1965)

Das bei Karmann in Osnabrück gefertigte Coupé (VW Typ 14) basierte auf einem Design der italienischen Firma Ghia und nutzte die Plattform des Export-Käfers. Um die neue Karosserie aufsetzen zu können, musste diese um insgesamt 160 mm verbreitert werden, außerdem wurde die Lenksäule flacher ausgerichtet und der Schalthebel gekürzt. Zudem war der Ghia-Entwurf ein ziemlich aufwändiges Blechpuzzle, an eine kostengünstige Großserienfertigung hatte anscheinend keiner gedacht. Gar nicht zu der eleganten Karosserie passte die bescheidene Motorleistung; die Unterschiede zum 30-PS-Motor des Käfers beschränkten sich auf einen anders positionierten Luftfilter, eine andere Vergaserbestückung und eine im Motorraum untergebrachte Batterie. Die Publikumspremiere erfolgte auf der IAA in Frankfurt im September 1955. Für das Coupé rief VW stolze 7.500 Mark auf.

Obwohl das schmucke Coupé etwas schwerer war als der Käfer, lag die Höchstgeschwindigkeit um etwa 5 km/h darüber. Von Anfang an hatte der Sport-VW Blinker statt Winker und einen vorderen Querstabilisator. 1959 erhielt der Karmann Ghia eine modifizierte Frontpartie mit größeren und weiter nach vorn versetzten Scheinwerfern sowie größere Kühlluft-Einlassöffnungen. Die hinteren Scheiben waren jetzt ausstellbar. Scheibenwaschanlage und Lichthupe gab es serienmäßig, außerdem kamen geänderte hintere Kotflügel und Dreikammer-Rückleuchten.

1960 folgen der 34-PS-Motor aus der Export-Limousine, das vollsynchronisierte Getriebe, die Spindellenkung und das asymmetrische Abblendlicht. Und die mittlerweile vom Gesetzgeber vorgeschriebene Diebstahlsicherung erhielt der Karmann ab August 1961 in Form eines Schaltschlosses.

Karmann hatte schon lange mit einem offenen Zweisitzer geliebäugelt und bereits 1954 einen Prototyp erstellt. Ohne Dach war aber die Karosserie nicht stabil genug, daher verstärkte Karmann Aufbau und Fahrgestell. Die zweisitzige Cabrioletversion (Typ 141) erschien letztlich zum September 1957, wobei das Cabrio die technischen Grunddaten des Coupés aufwies. Serienmäßig an Bord waren nun die Tankuhr wie auch die Blinkerschalter mit automatischer Rückstellung. Die Betätigung der Hupe erfolgte über einen Halbring im neuen Lenkrad. Das Cabriolet kostete DM 8.250,-; später sank der Preis auf DM 7.635,-, doch das war noch immer fast das Doppelte dessen, was ein Standard-Volkswagen kostete.

Das Karmann-Ghia-Cabriolet war im technischen Aufbau stets identisch mit dem Coupé, auch die Extras waren die gleichen. Beliebt waren die US-Stoßstangen mit aufgesetzten Bügeln – standen auch bei Neckermann zum Nachrüsten im Katalog, die Rammstoßstangen kosteten 70 Mark –, ein Autoradio und Radzierblenden, die es auch mit Speichenimitat gab.

Gerade auch um die Chancen auf dem amerikanischen Absatzmarkt zu verbessern, war der Karmann Ghia seit 1961 auch mit »Saxomat«-Halbautomatik lieferbar. Deutsche Käufer konnten diese ebenfalls ordern, ließen das aber meist bleiben, erstens wegen der 310 Mark Mehrkosten und zweitens wegen der Testberichte, die davon abrieten. Nach Einführung des VW 1300 erbte der Karmann Ghia dessen Antriebsachse und die neue Vorderachse.

Volkswagen 1500 Karmann Ghia Cabriolet, 1967–1970.

Volkswagen Karmann Ghia 1300 (1965–1966)

Neu beim Karmann Ghia 1300 waren, neben dem 40-PS-Motor und der verbesserten Vorderachse, das Armaturenbrett mit Chromleiste und sonstige Kleinigkeiten. Sonst änderte sich wenig, schon gar nicht das kinderleicht zu bedienende Faltverdeck: Durch Drehen des Griffes über dem Windschutzscheiben-Rückspiegel wurden die beiden Halteklauen entriegelt, die das Verdeck im Windschutzscheibenrahmen verankerten. Die Stoffmütze verschwand dann, sauber gefaltet, hinter den Sitzen.

Der Verdeckrucksack, der beim viersitzigen Karmann-Cabrio teilweise die Luftzufuhr zum Motor behinderte, blieb dem Ghia-Cabrio erspart. Der Preisunterschied zum Coupé betrug weiterhin rund 700 Mark. Mitte der 60er war die Nachfrage nach dem »Volkswagen im Sonntagskleid« (VW-Werbung) am größten, 1964 kamen hierzulande 13.121 Cabrios und Coupés auf die Straßen.

Volkswagen 1300 Karmann Ghia Coupé, Volkswagen 1300 Karmann Ghia Cabriolet, 1965–1966.

Volkswagen Karmann Ghia 1500 (1966–1970)

Natürlich wurde »die Ghia-Robe für den VW« (wie ein Test 1955 titelte) mit Einführung des 1,5-Liter-Motors auf das 44-PS-Aggregat umgestellt.
Der KG 1500 erschien nach den Werksferien 1966 und kostete DM 7.445,-. Während sich im Grundsatz nicht viel geändert hatte (noch immer galt der Ghia als der schönere VW), kam der 1500er in den Tests außerordentlich gut weg, was vielleicht auch an der breiteren Spur der Hinterachse und der Ausgleichsfeder lag. An der Vorderachse verzögerten nun Scheibenbremsen. Und außerdem hatte man ihn netter eingerichtet, die Armaturentafel war mit PVC-Folie im Teakholzlook überzogen, dazu kamen neue Zierleisten, ein kombiniertes Anlassschloss mit Lenksperre und Vordersitze mit abnehmbarer Rückenlehne1968 erhielten die Kontrollleuchten an der Instrumententafel Symbole, und eine Warnblinkanlage gab es jetzt auch.

Zwischen 1957 und 1974 entstanden 80.881 Cabriolets, wobei die Modellentwicklung sich am Käfer orientierte: 1966 kamen der KG 1300 und 1967 der 1500, hier in US-Ausführung zu sehen.

Volkswagen Karmann Ghia 1600 (1970–1974)

Die 1,6-Liter-Version vom August 1970 wies, neben dem Motor des 1302 S, viele Detailverbesserungen auf wie Abschleppösen vorn und hinten oder einen Tageskilometerzähler. Für 1972 kamen die klobigen »Eisenbahnschienen«-Stossfänger, die großen Typ-3-Rückleuchten und eine schwarz überzogene Armaturentafel mit den Rundinstrumenten des 411 E. Neu war auch ein Vierspeichen-Lenkrad mit gepolsterter Nabe.

Die Produktion des Coupés endete dann Anfang 1974, die letzten Export-Cabrios liefen am 21. Juni 1974 vom Band. Insgesamt entstanden 443.466 Ghia (einschließlich der 80.881 offenen Fahrzeuge).

VW Karmann Ghia Cabriolet 1600 (US-Ausführung), 1970-1974

Höhe- und Endpunkt der Entwicklung des »kleinen Karmann« war der Typ 1600 mit dem 50-PS-Motor des VW 1302 S, zuerst präsentiert 1970.

	Volkswagen Karmann-Ghia 1957–1960	VW 1200 Karmann-Ghia 1960–1965	VW 1300 Karmann-Ghia 1965–1966	VW 1500 Karmann-Ghia 1966–1967
Motor	Otto			
Zylinderzahl/Bauart	4 Zylinder (Boxer), zweiteiliges Kurbelgehäuse aus Magnesium-Legierung, Grauguss-Einzelzylinder und Leichtmetall-Zylinderköpfe. Motor hinter, Getriebe vor der Hinterachse			
Bohrung x Hub	77 x 64 mm	77 x 64 mm	77 x 69 mm	83 x 69 mm
Hubraum	1192 cm^3	1192 cm^3	1290 cm^3	1493 cm^3
Leistung	30 PS bei 3400 U/min	34 PS bei 3600 U/min	40 PS bei 4000 U/min	44 PS bei 4000 U/min
Drehmoment	7,7 mkg bei 2000 U/min	8,4 mkg bei 2000 U/min	9,4 mkg bei 2000 U/min	10,2 mkg bei 2000 U/min
Verdichtung	1:6,6	1:7	1:7	1:7,5
Gemischbildung	1 Fallstromvergaser Solex 28 PCI	1 Fallstromvergaser, Solex 28 PICT mit Startautomatik	1 Fallstromvergaser Solex 28 PICT-2 mit Startautomatik	1 Fallstromvergaser Solex 30 PICT-1 mit Startautomatik
Ventile/Steuerung	2 / Hängend, Stoßstangen und Kipphebel, zentrale Nockenwelle, Antrieb durch Stirnräder			
Kühlung	Gebläse (Luft)			
Schmierung	Druckumlauf, 2,5 Liter Öl			
Batterie	6 V 66 Ah (im Motorraum)			
Lichtmaschine	180 W			
Kraftübertragung	Heckantrieb			
Schaltung	Schaltstock Wagenmitte			
Kupplung	Einscheibentrocken, a. W. Saxomat, dann jedoch nur in Verbindung mit dem 34 PS-Motor			
Getriebe	4-Gang, II. bis IV. synchronisiert	4-Gang, vollsynchronisiert		
Übersetzungen	I. 3,60 – II. 1,88 – III. 1,23 – IV. 0,82	I. 3,80 – II. 2,06 – III. 1,32 – IV. 0,89		
Antriebs-Übersetzung	4,43 oder 4,37	4,375	4,375	4,125
Karosserie/Fahrwerk	Zentralrohr-Plattformrahmen, Ganzstahlkarosserie			
Vorderradaufhängung	Kurbellenker oben und unten, 2 Federstäbe quer, Stabilisator			
Hinterradaufhängung	Pendelachse, Längslenker, Federstäbe quer , KG 1500: zusätzlich Ausgleichsfeder			
Lenkung	Spindel (14,15:1), 2,4 Lenkraddrehungen. Ab August 1961: Schnecke (14,34:1), 2,7 Lenkraddrehungen			
Fußbremse	Hydraulisch, Trommel Ø 230 mm, KG 1500: Zweikreis-Hydraulik, Scheiben v. (Ø 277 mm), Trommel h. (Ø 230 mm)			
Allgemeine Daten				
Radstand	2400 mm			
Spur	1290/1250 mm, ab Okt. 1957: 1305/1250 mm	1305/1288 mm	1305/1300 mm	1305/1350 mm
Gesamtmaße	4140 x 1634 x 1330 mm			
Räder	4 J x 15			
Reifen	5,60 S 15 (4 PR)			
Wendekreis	11,6 Meter	11,3 Meter	11,3 Meter	11,3 Meter
Leermasse	820 kg	820 kg	830 kg	850 kg
Zuläss. Gesamtgewicht	1120 kg	1140 kg	1160 kg	1170 kg
Höchstgeschwindigkeit	118 km/h	122 km/h	128 km/h	136 km/h
Beschleunigung 0–100 km/h	33 sec	31 sec	27 sec	23 sec.
Verbrauch/100 km	8 Liter	8,5 Liter	9,5 Liter	10 Liter
Kraftstofftank	40 Liter (vorn)			

Früher 1200er Karmann-Ghia von 1958 mit den sogenannten Lowlights.

	VW 1500 Karmann-Ghia 1967–1970	VW 1500 Karmann-Ghia Automatik 1967–1970	VW Karmann-Ghia 1970–1974	VW Karmann-Ghia Automatik 1970–1974
Motor	Otto			
Zylinderzahl/Bauart	4 Zylinder (Boxer), Hecktriebblock. Motor hinter, Getriebe vor der Hinterachse			
Bohrung x Hub	83 x 69 mm		85,5 x 69 mm	
Hubraum	1493 cm^3		1584 cm^3	
Leistung	44 PS (32 kW) bei 4000 /min		50 PS (37 kW) bei 4000 /min	
Drehmoment	10,2 mkg bei 2000 /min		10,8 mkg bei 2800 /min	
Verdichtung	1:7,5		1:7,5	
Gemischbildung	1 Fallstromvergaser Solex 30 PICT-2 mit Startautomatik		1 Fallstromvergaser Solex 34 PICT-3 mit Startautomatik	
Ventile/Steuerung	2 / Hängend. Stoßstangen und Kipphebel, zentrale Nockenwelle, Antrieb durch Stirnräder			
Kühlung	Gebläse (Luft)			
Schmierung	Druckumlauf, 2,5 Liter Öl			
Batterie	12 V 36 Ah (im Motorraum)		12 V 36 oder 45 Ah (im Motorraum)	
Lichtmaschine	360 W			
Anlasser	0,7 PS			
Kraftübertragung	Heckantrieb			
Schaltung	Schaltstock Wagenmitte	Halbautomatik, Schaltstock Wagenmitte	Schaltstock Wagenmitte	Halbautimatik, Schaltstock Wagenmitte
Kupplung	Einscheibentrocken	Automatisch betätigte Einscheibentrocken+ hydraul. Wandler	Einscheibentrocken	Automatisch betätigte Einscheibentrocken+ hydraul. Wandler
Getriebe	4-Gang	3-Gang	4-Gang	3-Gang
Übersetzungen	I. 3,80 – II. 2,06 – III. 1,26 – IV. 0,89	I. 2,06 – II. 1,26 – III. 0,89	I. 3,80 – II. 2,06 – III. 1,26 – IV. 0,89	I. 2,06 – II. 1,26 – III. 0,89
Antriebs-Übersetzung	4,125	4,375	3,875	4,125
Karosserie/Fahrwerk	Zentralrohr-Plattformrahmen, Ganzstahlkarosserie			
Vorderradaufhängung	Kurbellenker oben und unten, 2 Federstäbe quer, Stabilisator			
Hinterradaufhängung	Pendelachse, Längslenker, Federstäbe quer, Ausgleichfeder	Doppelgelenkachse, Schräglenker, Federstäbe quer	Pendelachse, Längslenker, Federstäbe quer, Ausgleichfeder	Doppelgelenkachse, Schräglenker, Federstäbe quer
Lenkung	Schnecke (14,34 :1), 2,7 Lenkraddrehungen			
Fußbremse	Zweikreis-Hydraulik, Scheiben v. (277 mm Ø), Trommel h. (230 mm Ø)			
Allgemeine Daten				
Radstand	2400 mm			
Spur	1316/1350 mm			
Gesamtmaße	4140 x 1634 x 1330 mm			
Räder	4 J x 15, ab Aug. 1968: 4½ J x 15			
Reifen	5,60 S 15 (4 PR), ab August 1972: 6,00 S 15 (4 PR)			
Wendekreis	11,3 Meter			
Leermasse	870 kg			
Zuläss. Gesamtgewicht	1200 kg			
Höchstgeschwindigkeit	136 km/h	130 km/h	140 km/h	134 km/h
Beschleunigung 0–100 km/h	23 sec	28 sec	21 sec	24 sec
Verbrauch/100 km	10 Liter	11 Liter	11,5 Liter	12,5 Liter
Kraftstofftank	40 Liter (vorn)			

Volkswagen Typ 3 und Typ 34 (1961) Volkswagen Typ 4 (1968)

Den »großen« Karmann enthüllte Volkswagen auf der IAA 1961, zusammen mit den übrigen Mitgliedern der Typ-3-Familie. Der Entwurf stammte wieder von Ghia in Turin und war 1958 entstanden. Das Coupé trat viel energischer auf als der runde »Sekretärinnenporsche« Karmann Ghia 1200.

Der Typ 34 war breiter, länger und höher und mit einem Gewicht von 893 kg (900 kg beim 1600er) auch rund 80 kg schwerer als ein »kleiner« Karmann. Während letzterer mit einer (im Vergleich zum Käfer) breiteren Bodengruppe aufwarten konnte, steckte unter dem schicken Blechkleid des Typ 34 originale Typ-3-Technik. Die Auslieferung des Typ-3-Coupés erfolgte im März 1962, zunächst mit dem 45-PS-Motor, von August 1963 bis August 1965 auch als 140 km/h schneller 1500 S mit 54 PS: Wie gehabt entsprachen die technischen Merkmale denen der Limousinen. Das Coupé kostete bei seiner Einführung selbstbewusste DM 8.900,-.

Der Karmann Ghia 1500/1600 war der erste Volkswagen, der nach nur achtjähriger Bauzeit wieder aus dem Programm genommen wurde, doch das 1961 gezeigte Cabriolet schaffte es noch nicht einmal in die Verkaufsräume: Schon vor Serienanlauf wurde es, ebenso wie das viersitzige Typ-3-Cabrio, eingestellt. Mit einem anvisierten Verkaufspreis von DM 9.500,- wäre der Zweisitzer das teuerste VW-Modell im Volkswagen-Programm gewesen, hätte aber – im Vergleich zum kleineren Ghia wie auch zum Käfer-Cabriolet – einige überzeugendere Detaillösungen aufgewiesen. So verschwand hier das zurückgeklappte Dach völlig hinter den Sitzen, im Gegensatz zur »Sofalehnen«-Konstruktion z.B. des Käfer-Cabriolets. Dazu kamen ca. 20 nachträgliche Aufschnitte, vor allem von der Firma Lorenz in Wetter.

Auch das Typ 34 Cabrio zeigte VW auf der IAA 1961, ebenso wurden bereits Prospekte gedruckt. Entstanden sind aber nur zwei Prototypen ab Werk.

Rechts: Nur als Einzelstück entstand 1968 bei Karmann ein großes Cabriolet auf Basis des VW Typ 4 mit selbsttragender Karosserie. Das Unikat hat überlebt und gehört heute zur Sammlung von Volkswagen Classic.

Ein weiterer Typ-3-Entwurf schaffte es ebenfalls nicht in die Verkaufsräume: Zusammen mit dem Typ 34 hatte Volkswagen auf der IAA 1961 auch einen offenen Viersitzer auf Basis des neuen VW Typ 3 vorgestellt. Zwischen 1961 und 1963 entstanden bei Karmann insgesamt 16 Prototypen eines Typ-3-Cabriolets, das bei der IAA-Premiere der neuen Baureihe im September 1961 mit auf dem Messestand zu bewundern war. Es hätte DM 8.200,- kosten sollen.

Kurze Zeit vor Serienanlauf – die Prospekte waren bereits gedruckt worden – stoppte die Konzernleitung den Countdown: Während der Fahrerprobung hatte sich herausgestellt, dass der Aufbau nicht verwindungsfest genug war. Dieses Problem ließ sich nicht zufriedenstellend lösen, daher wurde die Serie nie verwirklicht. Mindestrens zehn der Versuchswagen landeten im Shredder, zwei Exemplare überlebten: Eines steht im VW-Museum (»Stiftung AutoMuseum Volkswagen«), ein zweites war bis zur Auflösung der Sammlung bei Karmann in Osnabrück und gehört aktuell der Volkswagen Classic.

Die Präsentation des Typ 3 Cabriolets erfolgte auf der IAA 1961 zunächst vor Pressevertretern. Das Werk hatte bereits die kompletten Ersatzteilkataloge, Prospekte und Presseunterlagen erstellt.

Karmann GF (1971–1974)

Auf Basis eines für 600 Mark erstandenen Käfers, gezeichnet von einem Studenten der KFZ-Technik im vierten Semester und gebaut von einer Firma für Silotechnik, entstand im Mai 1969 auf Initiative der Zeitschrift Gute Fahrt der erste deutsche Buggy, der »GF Buggy« (der zunächst als »Floh« bezeichnet wurde).

Nachdem Volkswagen der um 360 mm verkürzten Typ-1-Bodengruppe die Freigabe erteilt hatte und die Redaktion von Bestellungen förmlich überschwemmt wurde, stellte man das Buggy-Projekt auf solide Beine und fand mit der Firma Karmann einen Partner, der im Fahrzeugbau Erfahrung hatte. Damit stand einer Bausatzproduktion nichts mehr im Wege. Das Volkswagenwerk unterstützte das Projekt durch die Herausgabe einer Werkstattanweisung zur fachgerechten Kürzung der Bodengruppe. Der Bausatz wurde für DM 2.950,- verkauft, einbrauchbarer Teileträger verschlang weitere 2.000 Mark; Karmann bot den GF auf Bestellung (zum doppelten Preis) auch als Komplettfahrzeug an. 1.200 Kits wurden hergestellt. Insgesamt wurden schätzungsweise 2.000 VW-Buggies im Bundesgebiet zugelassen.

AHS Imp (1971–1974)

Der AHS Imp begann seine Karriere bei der Firma Empi, einem amerikanischen VW-Teilehändler (der einen knapp 196 km/h schnellen Käfer-Dragster gebaut hatte), und basierte auf der verkürzten Bodengruppe des VW 1200/1300. Die Entwicklung von Empi-Chef Joe Vittone galt als der vielleicht beste und hochwertigste aller Buggys, die Fertigung unterlag hohen Qualitätsstandards.

Der Buggy war einer der Stars der IAA 1969, die Lizenz dafür erwarb das Autohaus Südhannover, das ihn dann auch mit TÜV-konformen Kotflügeln versah. Die erfolgreich bestandene Typprüfung war auch der Grund dafür, dass es den Imp nicht als Bausatz, sondern nur als Komplettfahrzeug beim Vertragshändler gab. Der übernahm den Aufbau und wurde als Erbauer in den Schein eingetragen.

In der kurzen IMP-Geschichte ist besonders das Jahr 1970 bedeutsam, als sich die Karosserie-Optik durch Seitenpaneele und einen Versteifungsschacht (der die hintere einteilige Sitzbank in zwei Einzelsitze unterteilte) änderte. AHS trat die Fertigung an Karmann ab, das den Buggy dann komplett für 9.100 Mark anbot. Fünf Farben standen zur Auswahl.

Der 1971er Karmann-GF-Buggy geht auf das VW-Blatt »Gute Fahrt« zurück, das einen Buggy entwickelte. Die Nachfrage war so groß, dass die Produktion schließlich in Osnabrück abgewickelt werden musste.

VW Buggy AHS Imp, 1971–1974. Verwendbar und vom TÜV zugelassen waren alle 1200- bis 1600er-VW-Käfer-Motoren.

	VW-Buggy Karmann GF 1971–1974 / VW-Buggy AHS Imp 1971–1974
Motor	Otto
Zylinderzahl/Bauart	4 Zylinder (Boxer), Motor hinter, Getriebe vor der Hinterachse.
Bohrung x Hub	83 x 69 mm / 85,5 x 69 mm
Hubraum	1493 cm^3 / 1285 cm^3
Leistung	44 PS bei 4000 U/min / 44 PS bei 4100 U/min
Drehmoment	10.2 mkg bei 2000 U/min / 8.8 mkg bei 3000 U/min
Verdichtung	1:7,7 / 1:7,5
Gemischbildung	1 Fallstromvergaser Solex 30 PICT-2 mit Startautomatik / Solex 31 PICT 4
Ventile/Steuerung	2 / Hängend. Stoßstangen und Kipphebel, zentrale Nockenwelle, Antrieb durch Stirnräder
Kühlung	Gebläse (Luft)
Schmierung	Druckumlauf, 2,5 Liter Öl
Batterie	12 V 36 Ah
Lichtmaschine	Gleichstrom 360 W
Anlasser	0,7 PS
Kraftübertragung	Heckantrieb
Schaltung	Schaltstock Wagenmitte
Kupplung	Einscheibentrockenkupplung
Getriebe	4 Gang
Übersetzungen	I. 3,78, II. 2,06, III. 1,26, IV. 0,93
Antriebs-Übersetzung	4,125
Karosserie/Fahrwerk	Zentralrohr-Plattformrahmen / IMP: verkürzt, Karosserie auf glasfaserverstärktem Polyester, PVC-Klappverdeck
Vorderradaufhängung	Kurbellenker oben und unten, 2 Federstäbe quer, Stabilisator
Hinterradaufhängung	Pendelachse, Längslenker, Federstäbe quer, Ausgleichfeder
Lenkung	Schnecke (14,34:1), 2,7 Lenkraddrehungen
Fußbremse	Zweikreis-Hydraulik, Scheiben v. (Ø 277 mm), Trommel h. (Ø 230 mm)
Allgemeine Daten	
Radstand	2127 mm / IMP: 2100 mm
Spur	1308/1349 mm
Gesamtmaße	3310 x 1685 x 1415 mm / 3350 x 1770 x 1349 mm
Räder	v. 4½ J x 15, h. 6½ J x 15 / v. 4½ J x15, h. 5½ J x 15
Reifen	v. 155 SR 15, h. GR 70 HR 15 / v. 155 (165) SR 15, h. 185 SR (HR) 15
Leermasse	640 kg / 610 kg
Zuläss. Gesamtgewicht	1000 kg / 980 kg
Höchstgeschwindigkeit	125 km/h
Beschleunigung 0–100 km/h	ca. 30 sec
Verbrauch/100 km	11 Liter
Kraftstofftank / Inhalt	40 Liter (vorn im Wagen)

Volkswagen 181 (1969–1978)

Nach dem Vorbild des Wehrmachts-Kübelwagens Typ 82 der Kriegsjahre entstand für die Bundeswehr dieser offene Viertürer. Der Wagen war nur bedingt geländegängig und basierte auf der breiten Bodengruppe des Karmann-Ghia. Die Änderungen an der Plattform beschränkten sich auf neue Lagerkörper und den zusätzlichen Unterzug unter dem hinteren Querrohr. Die Vorderachse ähnelte der des Käfers, die Modifikationen betrafen Achsschenkel und Vorderachsabstützung. Die hintere Portal-Pendelachse mit Vorgelege wurde auch beim alten Wehrmachtskübel beziehungsweise der ersten Transporter-Generation verwendet. Sie ermöglichte eine Bodenfreiheit von gut 200 mm. Mit 3,78 m Länge war der neuzeitliche Kübel um fast 300 mm kürzer als der Typ 1, der Käfer.

Für Vortrieb sorgte der aus dem VW Käfer 1500 bekannte Vierzylinder-Boxermotor mit 44 PS, 1971 folgte der gleichstarke 1302-S-Motor. Weitaus häufiger als bei der Bundeswehr war der Typ 181 aber bei Behörden und anderen Institutionen unterwegs, die Zivilausführung des »Kurierwagens«, so die VW-Bezeichnung, wurde unter dem Namen »Safari« angeboten; die olivgrüne Bundeswehrlackierung kostete in diesem Fall dann knapp zehn Mark Aufpreis. Bei seiner Vorstellung 1969 betrug der Verkaufspreis DM 8.500,-, dann kletterte der Preis Jahr für Jahr und erreichte im April 1975 mit DM 13.260,-seinen Höhepunkt, jeweils einschließlich Standheizung. Gegen Aufpreis war eine Differentialsperre erhältlich, auch die Standheizung kostete zuletzt extra.

Ab August 1973 erhielt man den VW 181 nur mehr aus mexikanischer Fertigung, von dort aus wurden auch Teilesätze zur Montage nach Indonesien geliefert. Der Kübelwagen mit den vielen Namen (die Amerikaner nannten ihn schlicht »The Thing«, die britische Ausführung lief als »Trekker«, in Mexiko hieß er »Safari« und in Indonesien »Camat«) erhielt dann die großen »Elefantenfuß-Rückleuchten«, eine moderate Leistungsspritze auf 48 PS, breitere Räder (185 SR 14) und die Schräglenker-Hinterachse, wie sie auch bei den VW 1302 und 1303 verwendet wurde. In den USA wurde »das Ding« lediglich zwischen 1972 und 1975 verkauft. Von diesem Pseudo-Geländewagen entstanden bis Ende 1978 70.395 Stück.

Nach dem Vorbild des Wehrmachts-Kübelwagens Typ 82 entstand für die Bundeswehr der Typ 181. Er nutzte die breite Bodengruppe des Karmann-Ghia und wurde zwischen 1969 und 1978 gebaut. Foto: Kuch

	VW 181 1969 / ab August 1970 / ab März 1973
Motor	Otto
Zylinderzahl/Bauart	4 Zylinder (Boxer), Motor hinter, Getriebe vor der Hinterachse.
Bohrung x Hub	83 x 69 mm / 85,5 x 69 mm
Hubraum	1493 cm^3 / 1584 cm^3
Leistung	44 PS bei 4000 U/min / 44 PS bei 3800 U/min / 48 PS bei 4000 U/min
Drehmoment	10,2 mkg bei 2000 U/min / 10,0 mkg bei 2000 U/min / 10,2 mkg bei 2000 U/min
Verdichtung	1:7,5 / 1:6,6 / 1:7,3
Gemischbildung	1 Fallstromvergaser Solex 30 PICT-2 / 31 PICT-3 / 34 PICT-3 jeweils mit Startautomatik
Ventile/Steuerung	2 / hängend, Stoßstangen und Kipphebel, zentrale Nockenwelle, Antrieb durch Stirnräder
Kühlung	Gebläse (Luft)
Schmierung	Druckumlauf, 2,5 Liter Öl
Batterie	12 V 36 oder 45 Ah (unter Rücksitz), auf Wunsch 2 Batterien
Lichtmaschine	Gleichstrom 280 W, auf Wunsch 2 Lichtmaschinen
Kraftübertragung	Heckantrieb, Auf Wunsch: Sperrdifferential
Schaltung	Schaltstock Wagenmitte
Kupplung	Einscheibentrocken
Getriebe	4-Gang
Übersetzungen	I. 3,80 – II. 2,06 – III. 1,22 – IV. 0,82. Ab Aug. 1974: I. 3,78 – II. 2,25 – III. 1,26 – IV. 0,88
Antriebs-Übersetzung	3,975 + Vorgelege 1,39 bzw. (ab März 1971) 1,26
Karosserie/Fahrwerk	Zentralrohr-Profilrahmen, Ganzstahlkarosserie
Vorderradaufhängung	Kurbellenker oben und unten, 2 quer durchgehende Vierkant-Federstäbe, Stabilisator
Hinterradaufhängung	Eingelenk-Pendelachse, Längslenker, 2 Federstäbe quer. Ab 03/1973: Zweigelenk-Pendelachse, Schräglenker, 2 Federstäbe quer
Lenkung	Schnecke (14,34: 1), 3 Lenkraddrehungen
Fußbremse	Zweikreis-Hydraulik, Trommel-Ø 230 mm, Bremsfläche 716 cm^2
Allgemeine Daten	
Radstand	2400 mm
Spur	1324/1436 mm (15"); 1354/1385 mm (14")
Gesamtmaße	3780 x 1640 x 1620 mm
Räder	Fünfloch 4½ K x 15; ab März 1971: 5 JK x 14
Reifen	165 SR 15 M+S; ab März 1971: 185 SR 14 M+S
Bodenfreiheit	205 mm, Watfähigkeit 396 mm
Wendekreis	11,1 Meter
Leermasse	910 kg
Zuläss. Gesamtgewicht	1340 kg
Höchstgeschwindigkeit	115 km/h; 120 km/h (1,6 l)
Beschleunigung 0–100 km/h	34 sec; 30 sec (1,6 l)
Verbrauch/100 km	12 / 15 Liter (44 PS, Gelände/Straße); 12,5 / 16 Liter (48 PS)
Kraftstofftank / Inhalt	40 Liter (vorn im Wagen)

Die Produktion des Typ 181 erfolgte ab 1973 ausschließlich in Mexiko, diese Modelle hatten die großen Rückleuchten und vergrößerte Lufteinlässe. Mexiko-Kübel wurden auch in Indonesien montiert.

In den USA wurde der Typ 181 als »Das Ding« vermarktet, als trendiges Spaßfahrzeug für die kalifornische Surfer-Community. Für dortige Strände gedacht war der »Acapulco«. 1969–1973.

Volkswagen Iltis (1978–1981)

Der bei Audi in Ingolstadt entwickelte, 4x4getriebene Iltis war ein kompromissloser Geländewagen mit spartanischer Ausstattung. Seine Qualitäten offenbarte er erst im harten Offroadbetrieb. Als Zugeständnis an das gestiegene Sicherheitsbewusstsein war er serienmäßig mit einem Überrollbügel aus Leichtmetall ausgestattet.

Der ab November 1978 gebaute Iltis wurde ab 1980 auch an zivile Kunden geliefert und fand bis zur Produktionseinstellung Ende 1981 insgesamt 1.957 Käufer. Weitere 8.800 Exemplare erhielt die Bundeswehr. Einige Jahre später baute die Firma Bombardier in Quebec/Kanada den Iltis in Lizenz weiter. 1984 wurden 2.500 Stück an die belgische Armee geliefert.

Der VW Typ 183 »Iltis« mit seinem permanentem Allradantrieb gilt als Urvater der Allrad-Fahrzeugtechnik bei VW. Die Wanne stammte vom zweitaktenden Vorgänger DKW Munga, denn die Presswerke waren noch vorhanden und die bestehenden Bundeswehr-Werkstatteinrichtungen sollten weiter genutzt werden.

Der VW-Geländewagen kostete fast 35.000 Mark und war damit so teuer wie ein Mercedes G-Modell. Um den Absatz anzukurbeln, schickte VW 1980 vier Werksteams zur berüchtigten Langstreckenrallye Paris-Dakar (damals: »Oasis-Rallye«) in die Wüste. . Die Veranstaltung endete mit überragenden Ergebnissen: Die Wolfsburger holten die Plätze eins (Freddy Kottulinsky/Gerd Löffelmann), zwei, vier und neun im Gesamtklassement.

Der für die Bundeswehr konzipierte Wagen entstand bei Audi in Ingolstadt; ab Februar 1979 wurde er auch zivilen Käufern angeboten. Es gab ihn mit normalem Verdeck oder, ab 1980, mit Kotflügelverbreiterungen und optionalem Hardtop.

	VW Iltis (Typ 183) 1978–1982
Motor	Otto
Zylinderzahl/Bauart	4 Zylinder (Reihe) / Grauguss-Block, LM-Zylinderköpfe, vorn längs vor VA
Bohrung x Hub	79,5 x 86,4 mm
Hubraum	1714 cm^3
Leistung	75 PS (55 kW) bei 5500 U/min
Drehmoment	135 Nm bei 2800 U/min
Verdichtung	1: 8,2
Gemischbildung	Fallstrom-Vergaser Solex 1 B1
Ventile/Steuerung	2/ V-förmig hängend, OHC, Zahnriemen
Kühlung	Pumpe, 8,0 Liter Wasser
Schmierung	Druckumlauf, 4,0 Liter Öl
Batterie	2 x 12 V (45 Ah)
Lichtmaschine	Drehstrom 770 W
Kraftübertragung	Heckantrieb, Vorderräder zuschaltbar (0 : 100 / 50 : 50)
Schaltung	Schaltstock Wagenmitte
Kupplung	Einscheibentrocken
Getriebe	5-Gang
Geländeübersetzung	G. 7,60 – II. 3,91 – III. 2,28 – IV. 1,458 – V. 1,09
Antriebs-Übersetzung	5.286
Karosserie/Fahrwerk	Kastenrahmen mit Längs- und Querträgern, Ganzstahlkarosserie, Faltverdeck Plane und Spriegel
Vorderradaufhängung	Einzelradaufh., Querfeder oben, Dreieckquerlenker unten, Teleskopstoßdämpfer, Zusatzschraubenfedern
Hinterradaufhängung	Einzelradaufh., Querfeder oben, Dreieckquerlenker unten, Teleskopstoßdämpfer, Zusatzschraubenfedern
Lenkung	Zahnstange (20,0 : 1), a.W. Servo
Fußbremse	Zweikreis (diagonal), hydraulisch (Servo), Trommeln 280 mm ø (Gesamtbremsfläche 900 cm^2)
Allgemeine Daten	
Radstand	2017 mm
Spur	1230 / 1260 mm
Gesamtmaße	3887 x 1520 x 1837 mm (m. Verdeck
Räder	5.50 F x 16
Reifen	6.50 R 16 M Profil od. 215 R 16 M+S, opt. 7.0 R 16 XCL
Leermasse	1330–1350 kg
Zuläss. Gesamtgewicht	2000–2050 kg
Höchstgeschwindigkeit	130 km/h
Beschleunigung 0–100 km/h	ca. 25 sec
Verbrauch/100 km	9–13 Liter (Straße), 10–16 Liter (Gelände) Normal
Kraftstofftank / Inhalt	85 Liter (hinten)
Anmerkungen	Kraftverteilung starr, Hinterachsdifferenzial (manuell sperrbar), a.W. Vorderachssperre

VW Golf I Cabriolet (1979-1993)

Das 1979 herausgekommene Golf-Cabriolet wurde – wie zuvor der offene Käfer – bei Karmann gebaut. Allerdings wurde erstmals ein fester Überrollbürgel eingebaut, der zum einen die Steifigkeit verbesserte, zum anderen aber die Scheibenführung vereinfachte, wobei es zuvor einen Prototypen ohne Bügel gegeben hatte. Obwohl formal nicht gerade begeisternd, fand es doch rasch seine Kunden. Optisch war es weniger originell als sein Vorgänger, von dem es die einfache Bedienung des gepolsterten Verdecks und die hervorragende Wetterfestigkeit geerbt hatte. Technisch war das Cabriolet mit der Golf-Limousine der ersten Generation identisch, überzeugte durch angemessene Leistungen und problemloses Fahrverhalten. Wie der sportliche GTI wurde auch das Cabriolet zum Trendsetter und trug maßgeblich zur Cabriolet-Renaissance bei. Es dauerte fast vier Jahre, bis mit dem Escort-Cabriolet ein zweiter deutscher Vertreter in der Klasse der viersitzigen Großserien-Cabriolets erschien.

Während die Limousine 1983 abgelöst wurde, blieb beim Cabriolet im Prinzip alles beim Alten. Erst mit der dritten Golf-Generation wurde auch ein neues Cabriolet-Modell vorgestellt. Obwohl während der langjährigen Bauzeit die technische Grundsubstanz beibehalten wurde, waren Designer und Techniker nicht untätig geblieben.

Die erste Modellpflege des offenen Golf I fand bereits 1980 statt: Die beiden Cabrio-Versionen GLS (1,5 l/70 PS/51 kW) und GLI (1,6 l/110 PS/81 kW) erhielten neue Instrumententräger. Ein Jahr darauf wurde aus dem GLS ein GL-Cabriolet. Mit der neuen Modellbezeichnung erhielten GL und GLI ein geändertes Verdeckgestänge. Dadurch verschwand zwar nicht der oft kritisierte hohe Verdeck-»Rucksack«, doch lag er nun zehn Zentimeter tiefer, was die Sicht nach hinten verbesserte. Ab August 1983 profitierte das Cabriolet von den neuen Motoren des Golf II. Das 1,5-Liter-Triebwerk wich dem 1,6-Liter-Motor mit 75 PS /55 kW Leistung. Als dritte Cabrio-Motorisierung erschien ein neuer 1,8-Liter mit 90 PS / 66 kW.

Breitreifen (175/70 R13) auf 5,5 Zoll-Felgen und Radlaufverbreiterungen charakterisierten die Cabriolets des Modelljahrgangs 1985. Eine Servolenkung war jetzt gegen Aufpreis zu haben. Im August 1986 erschien der Golf mit 1,8 Liter-Triebwerk und geregeltem Katalysator. Für das Modelljahr 1987 brachte VW die »Quartett«-Rei-

Der offene Golf hatte einen Mittelbügel, was zu heftigen Protesten seitens der eingefleischten Cabrio-Fahrer führte. So viele gab es aber gar nicht mehr, denn eigentlich wurde der Käfer nur noch in den USA verkauft.

he. Vier verschiedene Lackierungen, vier Verdeckfarben und vier Polsterbezüge machten den Cabrio-Kauf zur Qual: Aus 64 möglichen Kombinationen konnte man sein Wunschauto komponieren. Die Motorleistung der Quartett-Modelle blieb unverändert: Neben den drei Motoren ohne Katalysator mit 55, 66 und 82 kW gab es den 1,8-Liter-Motor wahlweise mit ungeregeltem (90 PS/66 kW) und geregeltem (95 PS/70 kW) Katalysator.

Die markanteste optische Modellpflege fand im August 1987 statt: Der Golf erhielt in Wagenfarbe lackierte Radlauf- und Schwellerverbreiterungen sowie voluminöse Kunststoff-Stoßfänger. Im Kühlergrill saßen zusätzliche Fernscheinwerfer. Nach den Werksferien 1988 wurden die Motoren ohne Katalysator aus dem Programm genommen, 1989 verschwand auch der 53-kW-Motor mit ungeregeltem Katalysator. Der 70-kW-Motor gehörte nun ebenfalls zum alten Eisen, ein 72-kW-Triebwerk mit Digifant-Einspritzung ersetzte ihn.

Karmann hatte auch Prototypen ohne den »Henkel« entwickelt, die aber wieder verworfen wurden.

Die Karosserie wies neben dem Bügel eine Anzahl von Verstärkungen auf, um die Verwindungssteifigkeit zu gewährleisten, wie sie eine Limousine mit ihrem geschlossenen Karosseriekörper hat. Dank einer 20 mm starke Gummihaar-Einlage war das Verdeck winterfest.

Mit Plastikteilen rundum garniert wurde der Oldie 1987 aufgefrischt und hielt durch bis 1993.

	VW Golf 75 PS 1975-1977	VW Golf 70 PS 1977-1978	VW Golf 70 PS, 1978-1983 VW Golf 70 PS Cabriolet, 1979-1983
Motor	Vergasermotor	Vergasermotor	
Zylinder	4 (Reihe)	4 (Reihe)	
Bohrung x Hub	79,5 x 80 mm	79,5 x 73,4 mm	
Hubraum	1588 (Steuer 1577) ccm	1457 (Steuer 1439) ccm	
Leistung	75 PS = 55 kW b. 5600 U/min	70 PS = 51 kW b. 5600 U/min	
Drehmoment	11,9mkg b. 3200 U/min	11 mkg b. 2500 U/min	
Verdichtung	8,2:1	8,2:1, Automatic 9,2:1	
Gemischbereitung	1 Fallstromvergaser Solex 34 PICT-5		
Ventile	Hängend, obenliegende Nockenwelle, Antrieb über Zahnriemen		
Kurbelwellenlager	5		
Kühlung	Pumpe, 6,5 Liter Wasser (ohne Ausgleichsbehälter 4,5 Liter)		
Schmierung	Druckumlauf, 3,5 Liter Öl		
Batterie	12 V 36 Ah Auf Wunsch 45 oder 54 Ah	12 V 36 Ah Auf Wunsch 45 oder 54 Ah	12 V 36 Ah Auf Wunsch 45 oder 54 Ah
Lichtmaschine	Drehstrom 36 A = 500 W oder 56 A = 760 W oder 65 A = 900 W		
Anlasser	1,1 PS = 0,8 kW		
Kraftübertragung	Frontantrieb. Motor-Getriebe-Block quer vor Vorderachse		
Kupplung	Einscheibentrockenkupplung		
Schaltung	Schaltstock Wagenmitte		
Getriebe	4 Gang	4 Gang	4 Gang oder (ab Aug. 1980) 4 + E Gang
Übersetzungen	I. 3,454 – II. 1,96 – III. 1,37 – IV. 0,969	I. 3,454 – II. 1,944 – III. 1,286 – IV. 0,969	I. 3,454 – II. 1,944 – III. 1,286 – IV. 0,91 I. 3,454 – II. 1,944 – III. 1,286 IV. 0,91 – V. 0,71
Antriebs-Übersetzung	3,895	3,895	3,895 – 3,895
Automat. Getriebe	Auf Wunsch Automatic. Hydraulischer Wandler + 3 Gang-Planetengetriebe I.255 – II. 1,45 – III. 1,00		Auf Wunsch Automatic I. 2,71 – II. 1,50 – III. 1,00
Antriebs-Übersetzung	3,762		3,57
Fahrwerk	Selbsttragende Ganzstahlkarosserie		
Vorderradaufhängung	McPherson-Federbeine, Querlenker, Schraubenfedern		
Hinterradaufhängung	Federbeine, Längslenker, Schraubenfedern, stabilisierender Querträger		
Lenkung	Zahnstange, 3,7 Lenkraddrehungen		
Fußbremse	Diagonal-Zweikreis-Hydraulik Scheibenbremsen vorn (239 mm ø), hinten Trommelbremsen Servohilfe (bei Basismodellen bis Aug. 1981 nur auf Wunsch)		
Allgemeine Daten			
Radstand	2400 mm	2400 mm	2400 mm
Spur vorn/hinten	1390/1348 mm	1390/1348 mm	1390/1358 mm
Gesamtmaße	3705 (L: 3725) x 1610 x 1410	3705 (L: 3725) x 1610 x 1410	3815 x 1610 x 1410 mm
Felgen	5 J x 13	5 J x 13	5 J x 13
Reifen	155 SR 13 oder 175/70 SR 13	155 SR 13 oder 175/70 SR 13	155 SR 13 oder 175/70 SR 13
Wagengewicht	2 Türen 820 kg 4 Türen 845 kg Automatic + 30 kg	2 Türen 820 kg 4 Türen 845 kg Automatic + 30 kg	2 Türen 820 kg 4 Türen 845 kg Automatic + 30 kg
Zuläss. Gesamtgewicht	1230, Automatic 1250 kg	1250, Automatic 1250 kg	1280, Automatic 1280 kg Cabriolet 1270 kg
Höchstgeschwindigkeit	162, Automatic 158 km/h	158, Automatic 155 km/h	158, Automatic 153 km/h Cabriolet 153, offen 148 km/h
Beschleunigung 0-100 km/h	12, Automatic 14 sec	13, Automatic 15 sec	13, Automatic 15 sec Cabriolet 15 (17) sec
Verbrauch/100 km	9,5, Autom. 10 l Normal	10, Autom. 10,5 l Normal	10, Autom. 10,5 l Normal
Kraftstofftank	44 Liter (vor Hinterachse)	44 Liter (vor Hinterachse)	44 Liter (vor Hinterachse)

Hier kommt ganz offen der Sport zu Wort: Golf Cabrio „Sportline".

Stellen Sie sich vor, es ist Sommer, und alle fahren Cabrio.

Aus unserer Sicht ein herrlicher Gedanke.

Haben wir doch mit dem Golf Cabrio das meistgekaufte Cabrio der Welt zu bieten, das sich unter den heimischen Sommer-Sportarten längst seinen festen Spitzenplatz erobert hat.

Unter dem Namen „Sportline" steht pünktlich zur Saison ein Cabrio am Start, das sich sportlich-exclusiv von seiner besten Seite zeigt.

Außen in Flashrot oder Schwarz mit schwarzem Verdeck.

Mit serienmäßig 6 J x 15-BBS-Leichtmetallrädern.

Mit Recaro Sportsitzen, Servolenkung, Wärmeschutzverglasung – der Sport läßt allseits grüßen.

Auch innen ist alles ganz „Sportline". Von den Sitzen im „Sport-Jacquard"-Dessin bis hin zur Armaturentafel mit Lederlenkrad und den farblich passenden Instrumenten – alles Ton in Ton in sportlichem Schwarz bzw. Schwarzrot.

Nehmen Sie also die Sonne so, wie sie kommt: Verdeck runter, einsteigen, losfahren – wir wünschen viel Vergnügen.

Unsere weiteren Golf-Cabrio-Ideen: „Classicline" und „Fashionline". Wann erleben Sie den Unterschied?

Volkswagen – da weiß man, was man hat.

Als der Golf I längst Geschichte war, gab es das Karmann-Cabriolet noch immer, die Ablösung erfolgte erst 1993. Zuletzt wurden nur noch gut ausgestattete Modelle verkauft.

In nur wenig veränderter Ausführung entstand das Cabriolet bis zur Einführung des Golf III; die Ausstattungsvarianten hießen »Young Line«, »Sport Line« und »Classic Line«. Wichtige cabriospezifische Änderungen gab es 1981 (das geänderte Verdeckgestänge verringerte die Höhe um 10 cm), 1983 (Sportsitze Serie), 1984 (Reifen 175/70 und Radlaufverbreiterungen für 55-kW-Modell), 1986 (Golf Cabrio »Quartett« als zusätzliche Variante), 1988 (Radlauf- und Schwellerverbreiterungen in Wagenfarbe Serie, neue Stoßfänger, Fernscheinwerfer) und 1990 (geänderte Tür- und Seitenverkleidungen).

	VW Golf GTI 1976-1978	VW Golf GTI 1978-1982 VW Golf GLI Cabriolet 1979-1982	VW Golf GTI 1982-1983 VW Golf GLI Cabriolet 1982-1983
Motor	Einspritzmotor		Einspritzmotor
Zylinder	4 (Reihe)		4 (Reihe)
Bohrung x Hub	79,5 x 80 mm		81 x 86,4 mm
Hubraum	1588 (Steuer 1577) ccm		1781 (Steuer 1760) ccm
Leistung	110 PS = 81 kW b. 6100 U/min		112 PS = 82 kW b. 5800 U/min
Drehmoment	14,0 mkg b. 5000 U/min		15,3 mkg b. 3500 U/min
Verdichtung	9,5:1		10,0:1
Gemischbereitung	Mechanische Kraftstoffeinspritzung Bosch K-Jetronic		
Ventile	Hängend, obenliegende Nockenwelle, Antrieb über Zahnriemen		
Kurbelwellenlager	5		
Kühlung	Pumpe, 6,5 Liter Wasser		
Schmierung	Druckumlauf, 3,5 Liter Öl		
Batterie	12 V 36 oder 54 Ah		
Lichtmaschine	Drehstrom 45, 55 oder 65 A		
Anlasser	1,1 PS = 0,8 kW		
Kraftübertragung	Frontantrieb, Motor-Getriebe-Block quer vor Vorderachse		
Kupplung	Einscheibentrockenkupplung		
Schaltung	Schaltstock Wagenmitte		
Getriebe	4 Gang	4 Gang bzw. ab Aug. 1979 5 Gang	5 Gang
Synchronisierung	I-IV	I-IV – I-V	I-V
Übersetzungen	I. 3,45 – II. 1,94 – III. 1,37 – IV. 0,97	I. 3,45 – II. 1,94 – III. 1,37 – IV. 0,97 I. 3,45 – II. 2,12 – III. 1,44 IV. 1,13 – V. 0,91	I. 3,45 – II. 2,12 – III. 1,44 IV. 1,13 – V. 0,91
Antriebsübersetzung	3,70	3,70 – 3,89	3,65
Fahrwerk	Selbsttragende Ganzstahlkarosserie		
Vorderradaufhängung	McPherson-Federbeine, Querlenker, Schraubenfedern, Stabilisator		
Hinterradaufhängung	Federbeine, Längslenker, Schraubenfedern, stabilisierender Querträger, Stabilisator		
Lenkung	Zahnstange, 3,7 Lenkraddrehungen		
Fußbremse	Diagonal-Zweikreis-Hydraulik, Servohilfe, vorn Scheibenbremsen (239 mm ø), hinten Trommelbremsen		
Allgemeine Daten			
Radstand	2400 mm	2400 mm	2400 mm
Spur vorn/hinten	1404/1372 mm	1404/1372 mm	1404/1372 mm
Gesamtmaße	3725 x 1630 x 1395 mm	3815 x 1630 x 1395 mm	3815 x 1630 x 1395 mm
Felgen	5,50 J x 13	5,50 J x 13	5,50 J x 13 oder 6 J x 14
Reifen	175/70 HR 13	175/70 HR 13	175/70 HR 13 oder 185/60 HR 14
Wendekreis	10,4-11 Meter	10,4-11 Meter	10,4-11 Meter
Wagengewicht	2 Türen 870 kg	2 Türen 870 kg 4 Türen (ab 1982) 895 kg Cabriolet 970 kg	2 Türen 885 kg 4 Türen 910 kg Cabriolet 970 kg
Zuläss. Gesamtgewicht	1230 kg	1270 kg	1310, Cabriolet 1300 kg
Höchstgeschwindigkeit	183 km/h	183 km/h Cabriolet 175 km/h	187 km/h Cabriolet 180 km/h
Beschleunigung 0-100 km/h	10 sec	10 sec Cabriolet 11 sec	9 sec Cabriolet 10,5 sec
Verbrauch/100 km	10,5 Liter Super	10,5 Liter Super Cabriolet 11,5 l Super	10 Liter Super Cabriolet 11 l Super
Kraftstofftank	44 Liter (vor Hinterachse)	44 Liter (vor Hinterachse)	44 Liter (vor Hinterachse)

VW Golf Cabrio III / IV (1993–2002)

Das vollkommen neue Golf Cabrio (intern als dritte Baureihe bezeichnet, tatsächlich aber die zweite Neukonstruktion darstellend) debütierte im August 1993. Es basierte auf dem 1991 herausgebrachten Golf A3 und wurde wieder bei Karmann gefertigt. Es blieb beim feststehenden Überrollbügel. Dank des knapp acht Zentimeter größeren Radstands war das Platzangebot etwas besser. Das Kofferraumvolumen stieg von 220 auf 270 Liter.

Das Verdeck (optional elektrohydraulische Betätigung) ließ sich noch flacher zusammenfalten. Erstmals durfte während der Fahrt auf die Persenning verzichtet werden. Doppelscheinwerfer gehörten von Anfang an zur Serienausstattung. Auf ein Dreieck-Seitenfenster wurde verzichtet, die Kofferraumkante erhielt eine Spoilerkante. So sank der cW-Wert auf 0,31.

Anfangs gab es drei Benziner: den bekannten 1,8 Liter mit 75 und 90 PS sowie einen 2.0 Liter mit 115 PS. 1996 gesellte sich der 1,6-Liter-Alu-Motor mit 100 PS hinzu, der mit der neuen Vierstufen-Automatik gekoppelt werden konnte. Ab Februar 1995 wurde sogar der 90 PS TDI offeriert, auf den – zusammen mit dem im Folgejahr (März 1997) angebotenen 110-PS-Diesel – etwa zehn Prozent aller Cabrio-Bestellungen entfallen sollten. Von 1993 bis 1998 entstanden insgesamt 171.359 Golf Cabrios.

Das VW Cabriolet auf Basis des VW Golf A3 wurde von 1993 bis1998 gebaut.

Anfangs gab es das Volkswagen-Cabriolet mit 75, 90 und 115 PS; 1995 erfolgte die Einführung des TDI-Motors mit 90 PS, im November 1996 dann die des offenen Golf mit 110-PS-TDI-Motor.

	VW Golf Cabrio 1.6-100 PS 1996-2000	VW Golf Cabrio 1.8-75 PS 1993-1999	VW Golf Cabrio 1.8-90 PS 1993-1999
Motor		Ottomotor (Einspritzer), LM-Kopf	
Zylinderzahl		4 (Reihe), quer vor der Vorderachse	
Bohrung x Hub	81,0 x 77,4 mm	81,0 x 86,4 mm	
Hubraum	1595 cm^3	1781 cm^3	
Leistung	100 PS (74 kW) bei 5800/min	75 PS (55 kW) bei 5000/min	90 PS (66 kW) bei 5500/min
Drehmoment	140 Nm bei 3500/min	140 Nm bei 2500/min	145 Nm bei 2500/min
Verdichtung	10,5 : 1	9,0 : 1	10,0 : 1
Gemischbereitung		Elektron. Zentral Einspritzung	
		Bosch Monomotronic	
Ventile pro Zylinder		2, parallel hängend	
		1 obenlieg. Nockenwelle (Zahnriemen)	
Kurbelwellenlager		5	
Kühlung		Pumpe / 6,3 Liter Wasser	
Schmierung	Druckumlauf / 3,5 / 4,0 Liter Öl	Druckumlauf / 4,0 Liter Öl	Druckumlauf / 3,5 / 4,0 Liter Öl
Abgasreinigung	Dreiwege-Kat, Lambdasonde	Dreiwege-Kat, Lambdasonde	Dreiwege-Kat, Lambdasonde
Batterie/Lichtmaschine	12 V 36 / 45 Ah – Drehstrom 65 A	12 V 36/45/60 Ah – Drehstrom 55/65/70 A	12 V 44 / 60 Ah – Drehstrom 70 A
Kraftübertragung		Frontantrieb	
Kupplung		Einscheiben-Trockenkupplung	
Schaltung	4 Gang/5 Gang, Schaltstock in Wagenmitte	5 Gang, Schaltstock in Wagenmitte	5 Gang, Schaltstock in Wagenmitte
Übersetzungen	I. 3,45 – II. 1,94 – III. 1,37	I. 3,45 – II. 1,94 – III. 1,29	I. 3,45 – II. 1,94 – III. 1,37
	IV. 1,03 – V. 0,85 – R: 2,88	IV. 0,91 – V. 0,75 – R: 3,38	IV. 1,03 – V. 0,85 – R: 3,17
Antriebsübersetzung	3,94	3,67	3,67
Automatik	4 Stufen	–	4 Stufen
Übersetzungen (Autom)	I. 2,71 – II. 1,44 – III. 1,0		I. 2,71 – II. 1,44 – III. 1,0
	IV. 0,74 – R: 2,88		IV. 0,74 – R: 2,88
Antriebsübers. (Autom.)	4,53		4,53 / 4,43
Fahrwerk		Selbsttragende Ganzstahlkarosserie	
Vorderradaufhängung		McPherson-Federbeine	
		(Schraubenfedern, Teleskopstoßdämpfer)	
		Dreieckquerlenker	
Hinterradaufhängung		Verbundlenkerachse	
		Längslenker, Schraubenfedern	
		Teleskopstoßdämpfer	
Lenkung		Zahnstange, Servo	
Fußbremse	Zweikreis-Hydraulik, Servo	Zweikreis-Hydraulik, Servo,	
	vorn Scheiben (ø = 256 mm)	vorn belüft. Scheiben (ø = 239 / 256 mm)	
	hinten Trommeln, ABS	hinten Trommeln, ABS	
Allgemeine Daten	Cabrio, 4sitzig	Cabrio, 4sitzig	Cabrio, 4sitzig
Radstand	2475 mm	2475 mm	2475 mm
Spur vorn/hinten	1465 / 1450 mm, 1998: 1460 / 1430 mm	1465 / 1450 mm, 1998: 1460 / 1430 mm	1465 / 1450 mm, 1998: 1460 / 1430 mm
Gesamtmaße	4020 x 1695 x 1410 mm	4020 x 1695 x 1410 mm	4020 x 1695 x 1410 mm
	1998: 4080 x 1695 x 1420 mm	1998: 4080 x 1695 x 1420 mm	1998: 4080 x 1695 x 1420 mm
Gepäckraum	270 / 450 L	270 / 450 L	270 / 450 L
Reifen/Felgen	185/60 HR 14, 195/50 VR 15 –	185/60 HR 14 – 6.0 J x 14	185/60 HR 14 – 6.0 J x 14
	6.0 J x 14 / 15		
Wendekreisdurchmesser	10,7 m	10,7 m	10,7 m
Leermasse (DIN)	1155 (1185) kg	1155 kg	1155 (1185) kg
Zul. Gesamtmasse	1580 (1610) kg	1580 kg	1580 (1615) kg
Luftwiderstand (c_W x A)	0,31 x 2,10 m^2	0,31 x 2,10 m^2	0,31 x 2,10 m^2
Höchstgeschwindigkeit	185 (182) km/h	160 km/h	172 (168) km/h
Beschleunigung 0-100 km/h	11,9 (13,8) sec	15,5 sec	13,1 (15,0) sec
Euromix-Verbrauch	8,6 (10,0) L /100 km (S)	8,4 L /100 km (S)	8,7 (10,2) L/100 km (S)
Kraftstofftank	55 Liter (vor der Hinterachse)	55 Liter (vor der Hinterachse)	55 Liter (vor der Hinterachse)

MODELLÜBERSICHT VW – GOLF III CABRIOLET

Typ	Zylinder	Hubraum	Leistung	Beschleunigung 0-100 km/h	Höchst-geschwindigkeit	Durchschnitts-verbrauch	Listenpreis	Baujahr
VW Golf Cabrio 1.6	4 Zylinder	1.595 cm³	74 kW/100 PS	11,9 s	182 km/h	8,2 L/100 km	19.045 €	02/1996-02/1998
VW Golf Cabrio 1.8	4 Zylinder	1.781 cm³	55 kW/75 PS	15,5 s	160 km/h	7,9 L/100 km	17.869 €	09/1993-02/1998
VW Golf Cabrio 1.8	4 Zylinder	1.781 cm³	66 kW/90 PS	13,1 s	172 km/h		18.662 €	09/1993-02/1998
VW Golf Cabrio 2.0	4 Zylinder	1.984 cm³	85 kW/115 PS	11,2 s	190 km/h		19.684 €	01/1994-02/1998
VW Golf Cabrio TDI	4 Zylinder	1.896 cm³	66 kW/90 PS	13,3 s	172 km/h	5,3 L/100 km	19.735 €	02/1995-02/1998
VW Golf Cabrio TDI	4 Zylinder	1.896 cm³	81 kW/110 PS	11,3 s	187 km/h	5,3 L/100 km	21.141 €	11/1996-02/1998

MODELLÜBERSICHT VW – GOLF IV CABRIOLET

Typ	Zylinder	Hubraum	Leistung	Beschleunigung 0-100 km/h	Höchst-geschwindigkeit	Durchschnitts-verbrauch	Listenpreis	Baujahr
VW Golf Cabrio 1.6	4 Zylinder	1.595 cm³	74 kW/100 PS	11,9 s	185 km/h	8,0 L/100 km	20.477 €	07/1998-12/2000
VW Golf Cabrio 1.8	4 Zylinder	1.781 cm³	55 kW/75 PS	15,5 s	163 km/h	7,7 L/100 km	19.275 €	07/1998-12/2000
VW Golf Cabrio 1.8	4 Zylinder	1.781 cm³	66 kW/90 PS	13,1 s	172 km/h	8,0 L/100 km	20.477 €	07/1998-12/2000
VW Golf Cabrio 2.0	4 Zylinder	1.984 cm³	85 kW/115 PS	10,7 s	193 km/h	7,9 L/100 km	21.300 €	07/1998-08/2002
VW Golf Cabrio 1.9 TDI	4 Zylinder	1.896 cm³	66 kW/90 PS	13,3 s	175 km/h	5,2 L/100 km	21.650 €	07/1998-08/2002
VW Golf Cabrio TDI	4 Zylinder	1.896 cm³	81 kW/110 PS	11,3 s	190 km/h	5,2 L/100 km	22.778 €	07/1998-08/2002

Es gab kein Golf-IV-Cabrio, sondern nur einen geschickt aufgefrischten Golf III. Innen kamen neue Sitzbezüge, blau hinterleuchtete Instrumente, neue Designs und Isofix-Kindersitzbefestigungen. So ausgestattet, lief das Cabrio bis zu den Werksferien 2002.

	VW Golf Cabrio 1.6-100 PS 1996-2000	VW Golf Cabrio 1.8-75 PS 1993-1999	VW Golf Cabrio 1.8-90 PS 1993-1999
Motor		Ottomotor (Einspritzer), LM-Kopf	
Zylinderzahl		4 (Reihe), quer vor der Vorderachse	
Bohrung x Hub	81,0 x 77,4 mm	81,0 x 86,4 mm	
Hubraum	1595 cm³	1781 cm³	
Leistung	100 PS (74 kW) bei 5800/min	75 PS (55 kW) bei 5000/min	90 PS (66 kW) bei 5500/min
Drehmoment	140 Nm bei 3500/min	140 Nm bei 2500/min	145 Nm bei 2500/min
Verdichtung	10,5 : 1	9,0 : 1	10,0 : 1
Gemischbereitung		Elektron. Zentral Einspritzung	
		Bosch Monomotronic	
Ventile pro Zylinder		2, parallel hängend	
		1 obenlieg. Nockenwelle (Zahnriemen)	
Kurbelwellenlager		5	
Kühlung		Pumpe / 6,3 Liter Wasser	
Schmierung	Druckumlauf / 3,5 / 4,0 Liter Öl	Druckumlauf / 4,0 Liter Öl	Druckumlauf / 3,5 / 4,0 Liter Öl
Abgasreinigung	Dreiwege-Kat, Lambdasonde	Dreiwege-Kat, Lambdasonde	Dreiwege-Kat, Lambdasonde
Batterie/Lichtmaschine	12 V 36 / 45 Ah – Drehstrom 65 A	12 V 36/45/60 Ah – Drehstrom 55/65/70 A	12 V 44 / 60 Ah – Drehstrom 70 A
Kraftübertragung		Frontantrieb	
Kupplung		Einscheiben-Trockenkupplung	
Schaltung	4 Gang/5 Gang, Schaltstock in Wagenmitte	5 Gang, Schaltstock in Wagenmitte	5 Gang, Schaltstock in Wagenmitte
Übersetzungen	I. 3,45 – II. 1,94 – III. 1,37	I. 3,45 – II. 1,94 – III. 1,29	I. 3,45 – II. 1,94 – III. 1,37
	IV. 1,03 – V. 0,85 – R: 2,88	IV. 0,91 – V. 0,75 – R: 3,38	IV. 1,03 – V. 0,85 – R: 3,17
Antriebsübersetzung	3,94	3,67	3,67
Automatik	4 Stufen	–	4 Stufen
Übersetzungen (Autom)	I. 2,71 – II. 1,44 – III. 1,0		I. 2,71 – II. 1,44 – III. 1,0
	IV. 0,74 – R: 2,88		IV. 0,74 – R: 2,88
Antriebsübers. (Autom.)	4,53		4,53 / 4,43
Fahrwerk		Selbsttragende Ganzstahlkarosserie	
Vorderradaufhängung		McPherson-Federbeine	
		(Schraubenfedern, Teleskopstoßdämpfer)	
		Dreieckquerlenker	
Hinterradaufhängung		Verbundlenkerachse	
		Längslenker, Schraubenfedern	
		Teleskopstoßdämpfer	
Lenkung		Zahnstange, Servo	
Fußbremse	Zweikreis-Hydraulik, Servo	Zweikreis-Hydraulik, Servo,	
	vorn Scheiben (ø = 256 mm)	vorn belüft. Scheiben (ø = 239 / 256 mm)	
	hinten Trommeln, ABS	hinten Trommeln, ABS	
Allgemeine Daten	Cabrio, 4sitzig	Cabrio, 4sitzig	Cabrio, 4sitzig
Radstand	2475 mm	2475 mm	2475 mm
Spur vorn/hinten	1465 / 1450 mm, 1998: 1460 / 1430 mm	1465 / 1450 mm, 1998: 1460 / 1430 mm	1465 / 1450 mm, 1998: 1460 / 1430 mm
Gesamtmaße	4020 x 1695 x 1410 mm	4020 x 1695 x 1410 mm	4020 x 1695 x 1410 mm
	1998: 4080 x 1695 x 1420 mm	1998: 4080 x 1695 x 1420 mm	1998: 4080 x 1695 x 1420 mm
Gepäckraum	270 / 450 L	270 / 450 L	270 / 450 L
Reifen/Felgen	185/60 HR 14, 195/50 VR 15 –	185/60 HR 14 – 6.0 J x 14	185/60 HR 14 – 6.0 J x 14
	6.0 J x 14 / 15		
Wendekreisdurchmesser	10,7 m	10,7 m	10,7 m
Leermasse (DIN)	1155 (1185) kg	1155 kg	1155 (1185) kg
Zul. Gesamtmasse	1580 (1610) kg	1580 kg	1580 (1615) kg
Luftwiderstand (c_W x A)	0,31 x 2,10 m²	0,31 x 2,10 m²	0,31 x 2,10 m²
Höchstgeschwindigkeit	185 (182) km/h	160 km/h	172 (168) km/h
Beschleunigung 0-100 km/h	11,9 (13,8) sec	15,5 sec	13,1 (15,0) sec
Euromix-Verbrauch	8,6 (10,0) L /100 km (S)	8,4 L /100 km (S)	8,7 (10,2) L/100 km (S)
Kraftstofftank	55 Liter (vor der Hinterachse)	55 Liter (vor der Hinterachse)	55 Liter (vor der Hinterachse)

	VW Golf Cabrio 2.0 115 PS, ab 1993	VW Golf Cabrio 1:9 TDI 90 PS, ab 1995	VW Golf Cabrio 1.9 TDI 110 PS, 1997-1999
Motor	Ottomotor (Einspritzer), LM-Kopf	Dieselmotor (Direkteinspritzer), LM-Kopf	
Zylinderzahl	4 (Reihe), quer vor der Vorderachse		
Bohrung x Hub	82,5 x 92,8 mm	79,5 x 95,5 mm	
Hubraum	1984 cm³	1896 cm³	
Leistung	115 PS (85 kW) bei 5400/min	90 PS (66 kW) bei 4000/min	110 PS (81 kW) bei 4150/min
Drehmoment	166 Nm bei 3200/min	202 Nm bei 1900/min	235 Nm bei 1900/min
Verdichtung	10,4 : 1	19,5 : 1	
Gemischbereitung	Elektronische Einspritzung	Verteilereinspritzpumpe Bosch	
	Multipoint Simos	1 Abgasturbolader, 1 Ladeluftkühler	
Ventile pro Zylinder	2, parallel hängend		
	1 obenlieg. Nockenwelle (Zahnriemen)		
Kurbelwellenlager	5		
Kühlung	Pumpe / 6,3 Liter Wasser, Motor-Ölkühler	Pumpe / 6,3 Liter Wasser	
Schmierung	Druckumlauf / 4,0 Liter Öl	Druckumlauf / 4,5 Liter Öl	
Abgasreinigung	Dreiwege-Kat, Lambdasonde		
Batterie/Lichtmaschine	12 V 44 / 60 Ah – Drehstrom 70 A	12 V 61 Ah – Drehstrom 120 A	
Kraftübertragung	Frontantrieb, a.W. EDS	Frontantrieb	
Kupplung	Einscheiben-Trockenkupplung		
Schaltung	5 Gang, Schaltstock in Wagenmitte		
Übersetzungen	I. 3,45 – II. 1,94 – III. 1,29	I. 3,78 – II. 2,12 – III. 1,36	I. 3,78 – II. 2,06 – III. 1,35
	IV. 0,97 – V. 0,81 – R: 3,17	IV. 0,97 – V. 0,76 – R: 3,06	IV. 0,97 – V. 0,74 – R: 3,60
Antriebsübersetzung	3,67	3,16	3,16
Automatik	4 Stufen	–	–
Übersetzungen (Autom	I. 2,71 – II. 1,44, – III. 1,0		
	IV. 0,74 – R: 2,88		
Antriebsübers. (Autom.)	4,22		
Fahrwerk	Selbsttragende Ganzstahlkarosserie		
Vorderradaufhängung	McPherson-Federbeine (Schraubenfedern, Teleskopstoßdämpfer), Dreieckquerlenker		
Hinterradaufhängung	Verbundlenkerachse, Längslenker		
	Schraubenfedern, Teleskopstoßdämpfer		
Lenkung	Zahnstange, Servo		
Fußbremse	Zweikreis-Hydraulik, Servo	Zweikreis-Hydraulik, Servo	
	vorn belüft. Scheiben	vorn belüft. Scheiben	
	(ø = 256 mm) und hinten	(ø = 239 / 256 mm), hinten	
	Scheiben (ø = 226 mm), ABS	Trommeln, ABS	
Allgemeine Daten	Cabrio, 4sitzig	Cabrio, 4sitzig	Cabrio, 4sitzig
Radstand	2475 mm	2475 mm	2475 mm
Spur vorn/hinten	1465 / 1450 mm	1465 / 1450 mm	1465 / 1450 mm mm
	1998: 1460 / 1430 mm	1998: 1460 / 1430 mm	1998: 1460 / 1430 mm
Gesamtmaße	4020 x 1695 x 1410 mm	4020 x 1695 x 1410 mm	4020 x 1695 x 1410 mm
	1998: 4080 x 1695 x 1420 mm	1998: 4080 x 1695 x 1420 mm	1998: 4080 x 1695 x 1420 mm
Gepäckraum	270 / 450 L	270 / 450 L	270 / 450 L
Reifen/Felgen	185/60 HR 14, 195/50 VR 15 –	185/60 HR 14 – 6.0 J x 14	185/60 HR 14 – 6.0 J x 14
Felgen	6.0 J x 14 / 15		
Wendekreisdurchmesser	10,7 m	10,7 m	10,7 m
Leermasse (DIN)	1205 kg	1225 kg	1225 kg
Zul. Gesamtmasse	1620 kg	1640 kg	1640 kg
Luftwiderstand (c_W x A)	0,31 x 2,10 m²	0,31 x 2,10 m²	0,31 x 2,10 m²
Höchstgeschwindigkeit	190 (186) km/h	172 km/h	187 km/h
Beschleunigung 0-100 km/h	10,7 (12,3) sec	13,3 sec	11,3 sec
Euromix-Verbrauch	8,9 (10,4) L /100 km (S)	5,6 L /100 km (D)	5,7 L/100 km (D)
Kraftstofftank	55 Liter (vor der Hinterachse)	55 Liter (vor der Hinterachse)	55 Liter (vor der Hinterachse)

Rund ein halbes Jahr nach Einführung der vierten Golf-Generation erschien das Golf-Cabriolet in überarbeiteter Form. Bei dem offenen Viersitzer handelte es sich um das seit 1993 gebaute Modell, das mit Details vom Golf IV modernisiert worden war.

Eine neue Front, glatte Stoßfänger, eine bis in den Stoßfänger reichende Heckklappe und ein VW-Logo anstelle des bisherigen Nummernschildfeldes hinten (die Nummer selbst rückte eine Etage tiefer in den Stoßfänger) – fertig war das Golf-IV-Cabrio.

Volkswagen Golf VI Cabriolet (2011–2016)

Der VW Golf VI stellte faktisch eine überarbeitete Version des Vorgängers Golf V im Look des Golf VI dar. Die Standardausführung als Limousine kam im Oktober 2008 auf den Markt. Insgesamt wurden 2.850.000 Exemplare dieses Typs gebaut.

Als Cabriolet wurde der Golf zwischen Juni 2011 und März 2016 im Volkswagenwerk Osnabrück (ehemals Karmann) hergestellt und mit fünf Motorvarianten angeboten: den Ottomotoren 1,2-Liter-TSI (105 PS / 78 kW) und 1,4-Liter-TSI (122 PS /91 kW und 160 PS / 120 kW/) sowie TDI-Dieselmotoren mit 1,6 Liter (105 PS / 78 kW) und 2,0 Liter (140 PS /104 kW). Ab April 2012 war zudem ein 2,0-Liter-TSI (210 PS / 157 kW) als Golf Cabrio GTI verfügbar, und ab Februar 2013 das Spitzenmodell Golf R Cabrio mit 2,0-Liter-TSI-Motor (265 PS / 195 kW).

Im Vergleich zum Golf V, von welchem es keine Cabrioversion gab, waren die Front- und Heckpartie überarbeitet und Türen, Dach sowie Scheinwerfer und Heckleuchten geringfügig geändert. Das Lenkrad sowie die Bedienelemente für Klimaanlage und Radio hatte man ebenfalls geändert. Die Sicherheitsausstattung wurde um einen Knieairbag für den Fahrer erweitert. Zudem war die Schalldämmung des Innenraums besser als beim Vorgänger, bewirkt durch eine Dämmungsfolie in der Frontscheibe sowie durch bessere Dichtungen an den Türen und Seitenscheiben. Die beim Golf IV eingeführte blaue Instrumentenbeleuchtung wechselte auf Weiß. Das klassische

Ins Kofferabteil passten 250 Liter (ein Eos schluckte 205, ein A3 260 Liter), die Kofferraumklappe fiel – das war wieder ganz der alte Golf – vergleichsweise schmal aus.

Die Rückkehr des Cabrios 2011 wurde einhellig begrüßt. Der Vorderwagen stammte vom Golf VI, Radstand und Karosseriestruktur vom Audi A3 Cabriolet. Dank der automatisch herausschnellenden Stützen hinten, des stabil ausgelegten Windschutzscheibenrahmens und den zahlreichen Airbags inklusive Knie-Airbag für den Fahrer war der feststehende Überrollbügel entbehrlich.

Stoffdach-Cabriolet verzichtete auf einen starren Überrollbügel, stattdessen hatte es zwei Stützprofile hinter den Kopfstützen der Rücksitze, die bei einem Überschlag hervorschossen. Das Dach faltete sich elektrisch in 9,5 Sekunden zusammen und verschwand flach unter einer Verdeckklappe vor dem Kofferraum, der beim Vorgänger übliche Verdeckrucksack gehörte der Vergangenheit an.

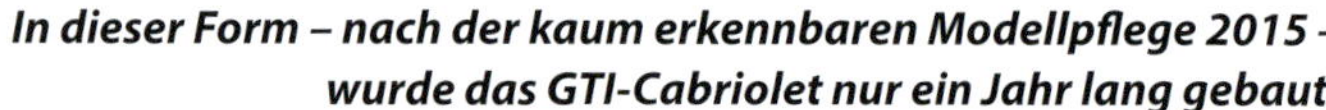

In dieser Form – nach der kaum erkennbaren Modellpflege 2015 – wurde das GTI-Cabriolet nur ein Jahr lang gebaut.

MODELLÜBERSICHT VW – GOLF VI CABRIOLET

Typ	Zylinder	Hubraum	Leistung	Beschleunigung 0-100 km/h	Höchst-geschwindigkeit	Durchschnitts-verbrauch	Listenpreis	Baujahr
VW Golf Cabrio 1.2 TSI	4 Zylinder	1.197 cm³	77 kW/105 PS	11,7 s	188 km/h	5,9 L/100 km	24.950 €	03/ 2011-05/2016
VW Golf Cabrio 1.4 TSI	4 Zylinder	1.390 cm³	90 kW/122 PS	10,5 s	197 km/h	6,4 L/100 km	25.900 €	11/2011-05/2016
VW Golf Cabrio 1.4 TSI	4 Zylinder	1.395 cm³	92 kW/125 PS	9,9 s	197 km/h	5,4 L/100 km	26.675 €	05/2015-05/2016
VW Golf Cabrio 1.4 TSI	4 Zylinder	1.395 cm³	110 kW/150 PS	8,8 s	208 km/h	5,4 L/100 km	28.000 €	05/2015-05/2016
VW Golf Cabrio 1.4 TSI	4 Zylinder	1.390 cm³	118 kW/160 PS	8,4 s	216 km/h	6,4 L/100 km	27.575 €	03/2011-05/2016
VW Golf Cabrio GTI	4 Zylinder	1.984 cm³	155 kW/210 PS	7,3 s	237 km/h	7,6 L/100 km	33.150 €	05/2012-05/2016
VW Golf Cabrio GTI	4 Zylinder	1.984 cm³	162 kW/220 PS	6,9 s	236 km/h	6,5 L/100 km	37.375 €	05/2015-05/2016
VW Golf Cabrio R	4 Zylinder	1.984 cm³	195 kW/265 PS	6,4 s	250 km/h	8,2 L/100 km	45.225	01/2013-05/2016
VW Golf Cabrio 1.6 TDI	4 Zylinder	1.598 cm³	77 kW/105 PS	12,1 s	188 km/h	4,8 L/100 km	27.250 €	03/2011-05/2016
VW Golf Cabrio 2.0 TDI	4 Zylinder	1.968 cm³	81 kW/110 PS	11,7 s	188 km/h	4,2 L/100 km	28.125 €	05/2015-05/2016
VW Golf Cabrio 2.0 TDI	4 Zylinder	1.968 cm³	103 kW/140 PS	9,9 s	207 km/h	4,5 L/100 km	29.700 €	11/2011-05/2016
VW Golf Cabrio 2.0 TDI	4 Zylinder	1.968 cm³	110 kW/150 PS	9,2 s	208 km/h	4,2 L/100 km	30.625 €	05/2015-05/2016

Die Weltpremiere des R32-Nachfolgers erfolgte zur IAA 2009. Anstelle des V6-Saugmotors kam ein 2,0-Liter-Vierzylinder-Turbo (TSI) zum Einsatz, jetzt mit 199 kW (270 PS). Aus dem »R32« wurde der schlichte »R«, und den gab es auch 2013-2015 als Golf R Cabriolet: der stärkste offene VW aller Zeiten.

	Golf Cabriolet 2011–2016	Golf Cabriolet 1.4 TSI 2013–2016	Golf Cabriolet 2.0 TSI Golf GTI Cabriolet Golf R Cabriolet 2013–2016	Golf Cabriolet 1.6 TDI 2013–2016
Motor	Otto			Diesel
Zylinderzahl/Bauart	4 (Reihe) LM, vorne quer	4 (Reihe), LM-Kopf/Grauguss-Block, vorne quer		4 (Reihe), Zylinderkopf: Aluminium-Legierung, Motorblock: Grauguss
Bohrung x Hub	71 x 75,6 mm	76,5 x 75,6 mm	82,5 x 92,8 mm	79,5 x 80,5 mm
Hubraum	1197 cm^3	1390 cm^3	1984 ccm	1598 ccm
Leistung	105 PS (77 kW) bei 5000 U/min	122 PS (90 kW) bei 5000 U/min 160 PS (118 kW) bei 5800 U/min	200 PS (147 kW) bei 5100 U/min, 211 PS (155 kW) bei 5300 U/min, 220 PS (162 kW) bei 6200 U/min; 265 PS (195 kW) bei 6000 U/min	105 PS (77 kW) bei 4400 U/min
Drehmoment	175 Nm bei 1550 U/min	200/240 Nm bei 1500 U/min	280-350 Nm bei 1500-5000 U/min	250 Nm bei 1500 U/min
Verdichtung	1:10	1:10	1:9,8/10,5	1:16,5
Gemischbereitung	Direkteinspritzung, Turbolader, Ladeluftkühler, ab 160 PS: Turbolader, Kompressor, Ladeluftkühler			Diesel-Einspritzung, Common Rail, Turbolader
Ventile/Steuerung	2, parallel/indirekt, Rollenschlepphebel, 1 x OHC, Kette (Zahnriemen)	4, im Winkel/indirekt, Rollenschlepphebel, DOHC, Kette (Zahnriemen)		4, im Winkel/indirekt, Rollenschlepphebel; DOHC,durch Zahnriemen
Kühlung	Pumpe, ca. 5,6 Liter			
Schmierung	Druckumlauf, 3,9 Liter	Druckumlauf, 3,6 Liter	Druckumlauf, 5,7 Liter	Druckumlauf, 4,3 Liter
Batterie	12 V 60 Ah		12 V 69 Ah	12 V 44-60 Ah
Lichtmaschine	140 A	110 A	110 A	110 A
Kraftübertragung	Frontantrieb			
Schaltung	Schaltstock Wagenmitte, a.W. auch Schalttasten am Lenkrad			
Kupplung	Einscheiben-Trocken, DSG: zwei elektrohydraulisch betätigte Trockenkupplungen			
Getriebe	6-Gang	6-Gang / 7-Gang DSG	6-Gang / 6-Gang DSG	5-Gang / 7-Gang DSG
Übersetzungen	I. 3.62 – II. 1.95 – III. 1.28 – IV. 0.97 – V. 0.78 – VI. 0.65 – R. 3.18	I. 3.78 – II. 2.12 – III. 1.36 – IV. 1.03 – V. 0.86 – VI. 0.73 – R. 3.6	I. 3.36 – II. 2.09 – III. 1.47 – IV. 1.1 – V. 1.11 – VI. 0.93 – R. 3.99	I. 3.78 – II. 1.95 – III. 1.19 – IV. 0.82 – V. 0.63 – R. 3.6
Automatik (DSG)	I. 3.46 – II. 2.15 – III. 1.46 –IV. 1.08 – V. 1.09 – VI. 0.92 – R. 3.99 I. 3.77 – II. 2.27 – III. 1.53 – IV. 1.12 – V. 1.18 – VI. 0.95 – VII. 0.8 – R. 4.17 7-Gang DSG TDI: I. 3.45 – II. 2.09 – III. 1.34 – IV. 0.93 – V. 0.97 – VI. 0.78 – VII. 0.65 – R. 3.72			
Antriebs-Übersetzung	4.35	3.94, DSG: 4.44 / 3.23	3.94, DSG: 4.06/ 3.1	4.53, DSG: 4.8 / 3.43
Karosserie/Fahrwerk	Selbsttragende Ganzstahlkarosserie			
Vorderradaufhängung	McPherson-Federbeine, untere Dreieckslenker, Stabilisator			
Hinterradaufhängung	Vierlenkerachse, Gasdruck-Stoßdämpfer, Schraubenfedern, Stabilisator			
Lenkung	Zahnstange (elektromech.), Servo			
Bremse / Regelsyst.	Scheiben v. 288 mm Ø (belüftet), h. 272 mm Ø, 2.0: v.312 mm Ø (belüftet), h. 253 mm Ø, ABS, EBV / ASR, ESP			
Allgemeine Daten				
Radstand	2577 mm			
Spur vorn/hinten	1535/1508 mm, R: 1535/1517 mm			1580/1545 mm
Gesamtmaße	4246 x 1782 x 1471 mm, GTI: 4350 x 1782 x 1462 mm, R: 4266 x 1782 x 1405 mm			
Gepäckraum	250 Liter			
Räder	6.5 J x 16, 7 J x 17, 8 J x 18, R: 7,5 J x 18			
Reifen	215/60 R 16, 215/55 R 17, 235/45 R 18, R: 225/40 R 18			
Wendekreis	10,8 Meter			
Leermasse	1416-1421 kg	1456-1503 kg	1484–1614 kg	1498-1501 kg
Gesamtgewicht	1850 kg	1890-1940 kg	1920–2000 kg	1920 kg
Höchstgeschw.	188 km/h	197-216 km/h	223-250 km/h	188 km/h
Beschl. 0–100 km/h	11,7 sec	10,5-8,4 sec	7,6-6,4 sec	12,1 sec
Verbrauch/100 km	5,9 Liter	6,4 Liter	7,5-8,2 Liter	4,4-4,8 Liter
Kraftstofftank	55 Liter			
Anmerkungen	TSI-Motoren vor Oktober 2011: Nockenwellenantrieb durch Kette, danach Zahnriemen			

Volkswagen New Beetle Cabriolet (2003–2010)

Am 5. Januar 1998 wurde der New Beetle auf der Detroit Motor Show offiziell vorgestellt. Damit war Volkswagen einer der ersten Hersteller, die ein Fahrzeug im so genannten Retro-Design auf den Markt brachten. Produziert wurde das pummelige Trend-Auto im VW-Werk Puebla, Mexiko.

Das Styling des New Beetle mit seinen bauchigen Kotflügeln, der runden Form der Fronthaube und den angedeuteten Trittrettern war eine Hommage an den VW Käfer, auch an der Gestaltung des Innenraumes erinnerte vieles an den Klassiker, wie der Griff über dem Handschuhfach, die Halteschlaufen an der Mittelsäule, das runde Kombiinstrument, die Gepäcknetze an den Türen und auch die berühmte Blumenvase am Armaturenbrett.

Das Fahrwerk des New Beetle basierte wie beim Golf IV auf der A4-Konzern-Plattform (Frontmotor, Frontantrieb). Zu den abweichenden Bauteilen zählten der Kühler samt Lüfter sowie ein modifizierter Tankeinfüllstutzen. Weiterhin mussten die Fahrzeugfedern und die Abgasanlage adaptiert werden. Im Unterschied zum Prototyp Concept 1 verfügte der New Beetle über ausgeprägte Stoßstangen, die Blinkleuchten saßen wan-

MODELLÜBERSICHT VW – NEW BEETLE CABRIOLET

Typ	Zylinder	Hubraum	Leistung	Beschleunigung 0-100 km/h	Höchst-geschwindigkeit	Durchschnitts-verbrauch	Listenpreis	Baujahr
VW New Beetle Cabriolet 1.4 16V	4 Zylinder	1.390 cm³	55 kW/75 PS	15,6 s	160 km/h	7,2 L/100 km	20.200 €	10/2002-12/2010
VW New Beetle Cabriolet 1.6	4 Zylinder	1.595 cm³	75 kW/102 PS	12,3 s	178 km/h	7,7 L/100 km	23.325 €	10/2002-12/2010
VW New Beetle Cabriolet 1.8 5V Turbo	4 Zylinder	1.781 cm³	110 kW/150 PS	9,3 s	202 km/h	8,2 L/100 km	24.150 €	12/2003-12/2010
VW New Beetle Cabriolet 2.0	4 Zylinder	1.984 cm³	85 kW/115 PS	11,7 s	184 km/h	8,8 L/100 km	22.550 €	12/2002-12/2010
VW New Beetle Cabriolet 1.9 TDI	4 Zylinder	1.896 cm³	74 kW/100 PS	12,4 s	177 km/h	5,5 L/100 km	23.125 €	12/2003-06/2005
VW New Beetle Cabriolet 1.9 TDI	4 Zylinder	1.896 cm³	77 kW/105 PS	12,0 s	179 km/h	5,5 L/100 km	25.425 €	06/ 2005-10/2010

Das Cabriolet startete 2003. Er war als Zweitwagen wesentlich gefragter als die mühsam zum Kult erklärte geschlossene Kugel. VW selbst betrachtete das Cabrio als wesentlichen Bestandteil einer Strategie, die Marke emotionaler aufzuladen. Das gelang allerdings nur bedingt.

	VW New Beetle 1.4 16 V 2003–2010	VW New Beetle 1.6 2003–2010	VW New Beetle 1.8 5V T 2003–2010	VW New Beetle 2.0 2003–2010	VW New Beetle 1.9 TDI 2003–2010
Motor	Otto				Diesel
Zylinderzahl/Bauart	4 (Reihe), vorne quer				
Bohrung x Hub	76,5 x 75,6 mm	81 x 77,4 mm	81 x 86,4 mm	82,5 x 92,8 mm	79,5 x 95,5 mm
Hubraum	1390 cm^3	1595 cm^3	1781 cm^3	1984 cm^3	1896 cm^3
Leistung	75 PS (55 kW) bei 5000 U/min	102 PS (75 kW) bei 5600 U/min	150 PS (110 kW) bei 5800 U/min	116 PS (85 kW) bei 5400 U/min	100 PS (74 kW) 105 PS (77 kW) bei 4000 U/min
Drehmoment	126 Nm bei 3300 U/min	148 Nm bei 3800 U/min	220 Nm bei 2000 U/min	172 Nm bei 3200 U/min	250 Nm bei 1900 U/min
Verdichtung	1:10,5	1:10,5	1:9,5	1:10,3	1:19,0:
Gemischbereitung	Einspritzung		Einspritzung/Turbolader	Einspritzung	Einspritzung Pumpe/Düse, Turbolader
Ventile/Steuerung	4 / V-förmig hängend, DOHC, Zahnriemen	2 / parallel, OHC	5/ V-förmig hängend, DOHC	2 / parallel, OHC, Zahnriemen	2 / parallel, OHC, Zahnrie-men
Kühlung	Pumpe, 5,3 Liter Wasser				Pumpe, 5,0 Liter Wasser
Schmierung	Druckumlauf, 4,5 Liter Öl			Druckumlauf, 4,0 Liter Öl	Druckumlauf, 4,5 Liter Öl
Batterie	12 V 44-60 Ah				12 V 72 Ah
Lichtmaschine	70/90 A				120 A
Kraftübertragung	Frontantrieb				
Schaltung	Schaltstock Wagenmitte				
Kupplung	Einscheibentrocken				
Getriebe	5-Gang	5-Gang / 4-Gang Automatik	5-Gang / 4- (6-) Gang Au-tomatik	5-Gang / 4- (6-) Gang Au-tomatik	5-Gang
Übersetzungen	I. 3.46 – II. 2.1 – III. 1.43 – IV. 1.08 – V. 0.85 – R. 3.18	I. 3.78 – II. 2.12 – III. 1.46 – IV. 1.09 – V. 0.88 – R. 3.6	I. 3.3 – II. 1.94 – III. 1.31 – IV. 1.03 – V. 0.84 – R. 3.06	I. 3.78 – II. 2.12 – III. 1.36 – IV. 1.03 – V. 0.84 – R. 3.6	I. 3.78 – II. 2.06 – III. 1.35 – IV. 0.97 – V. 0.77 – R. 3.6
Automatik		I. 2.71 – II. 1.44 – III. 1.0 – IV. 0.74 – R. 2.88 I. 4.04 – II. 2.37 – III. 1.56 – IV. 1.16 – V. 0.85 – VI. 0.67 – R. 3.19			
Antriebs-Übersetzung	4.53	4.24 / 5.04	3.94/ 4.43 / 4.32	4.24 / 4.43 / 4.32	3.39
Karosserie/Fahrwerk	Selbsttragende Ganzsstahlkarosserie				
Vorderradaufhängung	McPherson-Federbeine, Querlenker, Stabilisator				
Hinterradaufhängung	Verbundlenkerachse, Stoßdämpfer, Schraubenfedern				
Lenkung	Zahnstangenlenkung mit Servo				
Fußbremse / Regelsysteme	Scheiben, vorne belüftet, 280 mm, h. 232 mm, ABS, ASR, EDS, ESP				
Allgemeine Daten					
Radstand	2510 mm, ab 2006: 2515 mm				
Spur vorn/hinten	1510/1495 mm, ab 2006: 1505/1485 mm				
Gesamtmaße	4080 x 1725 x 1500 mm, ab 2006: 4130 x 1720 x 1500 mm				
Gepäckraum	210 Liter, ab 2006: 200 Liter				
Räder	6 J x 15 / 6.5 J x 16				
Reifen	195/65 R 15, 205/55 R 16				
Wendekreis	10,9 Meter				
Leermasse	1265-1320 kg	1290 kg	1420-1435 kg	1325-1390 kg	1400 kg
Gesamtgewicht	1700-1750 k	1740 kg	1790-1850 kg	1770-1800 kg	1890 kg
Höchstgeschwindigkeit	161 km/h	178 km/h	203 km/h	184 km/h	177-179 km/h
Beschleunigung 0–100 km/h	15,6 sec	12,3 sec	9-9,3 sec	11,7 sec	12 sec
Verbrauch/100 km	5,8/ 7,1/ 9,5	7,7 Liter	6,4/ 8,1/ 11,1	6,9/ 8,8/ 12 Liter	4,6/ 5,4/ 6,6 Liter
Kraftstofftank	55 Liter (vor Hinterachse)				
Anmerkungen	Facelift zum Mj 2006				

derten aus den Scheinwerfern in die Stoßfänger, der Durchbruch für das Endrohr der Abgasanlage in der Heckschürze entfiel, die runden Außenspiegel wurden durch längliche ersetzt und die Hupengitter entfielen.

Im Frühjahr 2003 wurde das New Beetle Cabriolet (Typ 1Y) vorgestellt. Auch das Cabrio zeigte Parallelen zum VW Käfer Cabriolet, zum Beispiel das geöffnet auf dem Heck aufliegende Verdeck, das mit einer Schutzhülle vor Verschmutzung geschützt wurde. Optional gab es eine elektrische Verdeckbetätigung, dann war der Beetle in 13 Sekunden bloßgelegt. Der Überrollbügel war entbehrlich, hinter den Rücksitzen schnellten, für den Fall der Fälle, Schutzprofile hoch. ABS, ESP und vier Airbags waren wie bei der Limousine serienmäßig. Cabriotypisch fiel der Kofferraum mit 201 Litern klein aus; allerdings erleichterte eine Durchreiche den Transport von bis zu 190 cm langem Sperrgut. Die Preise begannen für das ab 2003 lieferbare Cabriolet bei 19.750 Euro. Der New Beetle blieb bis 2010 in Produktion und durchlief zum Modelljahr 2006 nur ein leichtes Facelift.

Anfang 2005 erschien als erstes von zahlreichen weiteren Sondermodellen das »Dark Flint«-Cabrio; es fiel durch seine kontrastreiche und umfangreiche Ausstattung auf. Es war auf 250 Fahrzeuge limitiert und mit folgenden Motorisierungen (zwei Benziner und ein Diesel) erhältlich: 1,6 Liter (102 PS / 75

Mit diversen Studien versuchte Volkswagen, den New Beetle-Hype am Leben zu erhalten, wie etwa der Ragster-Studie von 2005.

Der New Beetle blieb bis 2010 in Produktion und durchlief 2005 nur ein kleines Facelift, das auch leicht geänderte Rückleuchten brachte.

kW), 5-Gang-Getriebe; 2,0 Liter (115 PS / 85 kW), 5-Gang-Getriebe oder 6-Stufen-Automatik; 1,9 Liter TDI (100 PS / 74 kW), 5-Gang-Getriebe. Nur in zwei Exemplaren gebaut wurde der mit einem VR6 versehene New Beetle RSi als offene Version. Die eingeführte blaue Instrumentenbeleuchtung hatte man nun auf Weiß geändert

Es gab zahlreiche Sondermodelle des New Beetle, etwa den »United« von 2007 oder den hier zu sehenden »Dark Flint« von 2005, gebaut in einer Auflage von 250 Stück.

Das New Beetle RSi Cabriolet war eine Designstudie auf Basis des Golf-Ablegers, die allerdings nicht in Serie gehen sollte.

VW The Beetle Cabrio (2012–2019)

Nachfolger des New Beetle ab 2011 war, ganz einfach, »The Beetle«. Auch er wurde in Mexiko gebaut, trat aber maskuliner und sportlicher auf. Der Retro-»Käfer« (diesen Chrom-Schriftzug gab es für 50 Euro extra als Option) basierte auf dem Golf VI und wirkte insgesamt stimmiger als sein Vorgänger, so etwa durch die steiler stehende A-Säule und die veränderte Sitzposition. Außerdem hatte der Golf-Klon wesentlich an Statur gewonnen, mit einer Länge von fast 4,30 m und einer Breite von 1,81 m – ohne Spiegel, mit waren es 2,02 m – mussten die Parklücken schon deutlich größer sein als noch beim New Beetle. Unübersichtlich waren sie beide, der Parkpilot (der Front- und Heckbereich überwachte) war in jedem Fall empfehlenswert, noch besser in Kombination mit der ab 2014 lieferbaren Rückfahrkamera, die das 2015er Sondermodell »Club« serienmäßig mitbrachte. Seit dieser Zeit erfüllen alle Motoren Euro 6, der Steuerketten-Ärger der TSI-Motoren sollte von nun an der Vergangenheit angehören.

Neben der Coupé-Version gab es den viersitzigen Beetle wiederum als Cabriolet (Typ 5C) aus mexikanischer Produktion. Die Betätigung des Stoffverdecks erfolgte elektrisch. Der Verzicht auf das Stahldach erhöhte das Gewicht um knapp 80 Kilogramm und kostete viel Kofferraum: Standen beim Coupé mit weit zu öffnender Heckklappe zwischen 310 bis 905 Liter Stauraum zur Verfügung, passten durch die Mini-Ladeluke des Cabrios maximal 225 Liter, und wenn die optionale Fender-Edition gewählt wurde, verlor der Viersitzer auch den Platz in der Reserveradmulde. Coupé wie Cabriolet gab es ab Frühsommer 2016 auch als »Dune« mit angedeuteter Offroad-Optik und höherer Bodenfreiheit, um so »die Brücke zu den legendären Dune Buggies der 60er und 70er Jahre« zu schlagen, wie das Werk mitteilte. Die Auslieferung begann zu Preisen ab 26.500 Euro. Der Beetle erhielt für das Modelljahr 2017 ein mildes Facelift mit flacheren Stoßfängern und weiteren, nur Eingeweihten ersichtlichen Verfeinerungen. Im Juli 2019 lief die Produktion des Beetle in Mexiko aus. Nach Deutschland waren das Coupé schon seit April 2017 und das Cabriolet seit März 2018 nicht mehr importiert worden. Auch vom The Beetle gab es diverse Sondermodelle.

Der Beetle, 2012 als Nachfolger des »New Beetle« eingeführt und wie dieser in Mexiko gebaut, war nie so erfolgreich wie erhofft. Auch wenn er technisch »nur« ein Golf VI im Käfer-Outfit war, so war er doch, insbesondere als Cabriolet, ein Auto, das aus dem Einheitsbrei herausragte.

MODELLÜBERSICHT VW – THE BEETLE CABRIOLET

Typ	Zylinder	Hubraum	Leistung	Beschleunigung 0-100 km/h	Höchst-geschwindigkeit	Durchschnitts-verbrauch	Listenpreis	Baujahr
VW Beetle Cabriolet 1.2 TSI	4 Zylinder	1.197 cm³	77 kW/105 PS	11,7 s	178 km/h	6,1 L/100 km	21.900 €	02/2013-03/2018
VW Beetle Cabriolet 1.4 TSI	4 Zylinder	1.395 cm³	110 kW/150 PS	9,1 s	201 km/h	5,7 L/100 km	26.500 €	02/ 2013-03/2018
VW Beetle Cabriolet 1.4 TSI	4 Zylinder	1.390 cm³	118 kW/160 PS	8,6 s	206 km/h	6,8 L/100 km	24.125 €	02/2013-06/2014
VW Beetle Cabriolet 2.0 TSI	4 Zylinder	1.984 cm³	147 kW/200 PS	7,6 s	223 km/h	7,5 L/100 km	29.400 €	02/2013-06/2013
VW Beetle Cabriolet 2.0 TSI	4 Zylinder	1.984 cm³	155 kW/210 PS	7,4 s	227 km/h	7,5 L/100 km	30.550 €	06/2013-10/2014
VW Beetle Cabriolet 2.0 TSI	4 Zylinder	1.984 cm³	162 kW/220 PS	6,9 s	230 km/h	6,5 L/100 km	31.850 €	12/2014- 03/2018
VW Beetle Cabriolet1.6 TDI	4 Zylinder	1.197 cm³	77 kW/105 PS	12,1 s	175 km/h	5,6 L/100 km	29.000 €	03/2013-10/2014
VW Beetle Cabriolet 2.0 TDI	4 Zylinder	1.395 cm³	81 kW/110 PS	9,2 s	198 km/h	5,9 L/100 km	31.700 €	10/2014-03/2018
VW Beetle Cabriolet 2.0 TDI	4 Zylinder	1.984 cm³	103 kW/140 PS	7,1 s	226 km/h	6,8 L/100 km	34.000 €	02/2013- 10/2014
VW Beetle Cabriolet 2.0 TDI	4 Zylinder	1.395 cm³	110 kW/150 PS	9,2 s	198 km/h	5,9 L/100 km	31.700 €	10/2014-03/2018

Groß geworden: Der Beetle überragte seinen Stammvater in jeder Beziehung. Im Bild ein Vor-Facelift-Basis-Cabriolet 1.2 TSI mit aufpreispflichtiger Metalliclackierung und Leichtmetallrädern.

Das Facelift 2016 war optisch kaum festzustellen. Wer sich auskannte, bemerkte den Unterschied am schnellsten an den vorderen Nebelscheinwerfern. Wenn, wie hier, ein »Dune« vorfuhr, war es sowieso klar: Diese Ausstattungslinie gab es erst nach der Modellpflege.

	The Beetle Cabriolet 2013–2018	The Beetle Cabriolet 1.4 TSI 2013–2016	The Beetle Cabriolet 2.0 TSI 2013–2018	The Beetle Cabriolet 1.6 TDI 2013–2016	The Beetle Cabriolet 2.0 TDI 2013–2018
Motor	Otto			Diesel	
Zylinderzahl/Bauart	4 (Reihe) LM, vorne quer	4 (Reihe), LM-Kopf, Grauguss-Block, vorne quer		4 (Reihe), LM-Kopf, Grauguss-Block,vorne quer	
Bohrung x Hub	71 x 75,6 mm	76,5 x 75,6 mm	82,5 x 92,8 mm	79,5 x 80,5 mm	81 x 95,5 mm
Hubraum	1197 cm^3	1390 cm^3	1984 ccm	1598 ccm	1968 ccm
Leistung	105 PS (77 kW) bei 5000 U/min	122 PS (90 kW) bei 5000 U/min 160 PS (118 kW) bei 5800 U/min	200 PS (147 kW) bei 5100 U/min, 211 PS (155 kW) bei 5300 U/min, 220 PS (162 kW) bei 6200 U/min	105 PS (77 kW) bei 4400 U/min	140 PS (103 kW) bei 4200 U/min, 110 PS (81 kW) bei 3100 U/min, 150 PS (110 kW) bei 3500 U/min
Drehmoment	175 Nm bei 1550 U/min	200/240 Nm bei 1500 U/min	280-350 Nm bei 1500-5000 U/min	250 Nm bei 1500 U/min	320-340 Nm bei 1500-3000 U/min
Verdichtung	1:10	1:10	1:9,8/10,5	1:16,5	1:16,5
Gemischbereitung	Direkteinspritzung, Turbolader, Ladeluftkühler, ab 160 PS: Turbolader, Kompressor, Ladeluftkühler			Diesel-Einspritzung, Common Rail, Turbolader	
Ventile/Steuerung	2, parallel/indirekt, Rollenschlepphebel, 1 x OHC, Kette (Zahnriemen)	4, im Winkel/indirekt, Rollenschlepphebel, DOHC, Kette (Zahnriemen)		4, im Winkel/indirekt, Rollenschlepphebel; DOHC,durch Zahnriemen	
Kühlung	Pumpe, ca. 5,6 Liter				Pumpe, 6,5 Liter Wasser
Schmierung	Druckumlauf, 3,9 Liter	Druckumlauf, 3,6 Liter	Druckumlauf, 5,7 Liter	Druckumlauf, 4,3 Liter Öl	Druckumlauf, 4,5 Liter Öl
Batterie	12 V 60 Ah		12 V 69 Ah	12 V 44-60 Ah	12 V 60-68 Ah
Lichtmaschine	140 A	110 A	110 A	110 A	140 A
Kraftübertragung	Frontantrieb				
Schaltung	Schaltstock Wagenmitte				
Kupplung	Einscheiben-Trocken, DSG: zwei elektrohydraulisch betätigte Trockenkupplungen				
Getriebe	6-Gang / 7-Gang DSG	6-Gang / 7-Gang DSG	6-Gang / 6-Gang DSG	5-Gang / 7-Gang DSG	6-Gang / 6- (7-) Gang DSG
Übersetzungen	I. 3.62 – II. 1.95 – III. 1.28 – IV. 0.97 – V. 0.78 – VI. 0.65 – R. 3.18,	I. 3.78 – II. 2.12 – III: 1.36 – IV. 1.03 – V. 0.86 – VI. 0.73 – R. 3.6	I. 3.36 – II. 2.09 – III. 1.47 – IV. 1.1 – V. 1.11 – VI. 0.93 – R. 3.99	I. 3.78 – II. 1.95 – III. 1.19 – IV. 0.82 – V. 0.63 – R. 3.6	I. 3.77 – II. 1.96 – III. 1.26 – IV. 088 – V. 0.86 – VI. 0.72 – R. 4.55
DSG	I. 3.46 – II. 2.15 – III. 1.46 – IV. 1.08 – V. 1.09 – VI. 0.92 – R. 4.17 I. 3.77 – II. 2.27 – III. 1.53 – IV. 1.12 – V. 1.18 – VI. 0.95 – VII. 0.8 – R. 4.17			I. 3.46 – II. 2.05 – III. 1.3 – IV. 0.9 – V. 0.91 – VI. 0.76 – R. 3.99 I. 3.45 – II. 2.09 – III. 1.34 – IV. 0.93 – V. 0.97 – VI. 0.78 – VII. 0.65 – R. 3.72	
Antriebs-Übersetzung	4.35, DSG: 4.44 / 3.23	3,94, DSG: 4.44 / 3.23	3.94, DSG: 4.06/ 3.1	4.53, DSG: 4.8 / 3.43	3.68 / DSG: 4.12 (4.8)
Karosserie/Fahrwerk	Selbsttragende Ganzstahlkarosserie				
Vorderradaufhängung	Einzelradaufhängung, McPherson-Federbeine, Stabilisator, Schraubenfedern				
Hinterradaufhängung	Koppellenkerachse, Längslenker, Schraubenfedern, Stabilisator				
Lenkung	Zahnstangenlenkung, hydr. Servo				
Bremse / Regelsysteme	Scheiben v. 288 mm Ø (belüftet), h. 272 mm Ø, 2.0 TSI: v.312 mm Ø (belüftet), h. 253 mm Ø, ABS, EBV / ASR, ESP				
Allgemeine Daten					
Radstand	2535 mm				
Spur vorn/hinten	1578/1554, ab 2017: 1570/1540 mm			1580/1545 mm	
Gesamtmaße	4280 x 1810 x 1473 (1475) mm				
Gepäckraum	225 Liter				
Räder	6.5 J x 16, 7 J x 17, 8 J x 18				
Reifen	215/60 R 16, 215/55 R 17, 235/45 R 18				
Wendekreis	10,8 Meter				
Leermasse	1388 -1409 kg	1554 kg	1429–1460 kg	1380-1405 kg	1482-1505 kg
Gesamtgewicht	1760–1780 kg	1830 kg	1870–1950 kg	1845-1870 kg	1870-1915 kg
Höchstgeschwindigkeit	178 km/h	206 km/h	223-230 km/h	178 km/h	182-196 km/h
Beschleunigung 0–100 km/h	11,7 s	8,6 s	7,6-6,9	12,1 sec	9,9 sec
Verbrauch/100 km	6,1 Liter	6,8 Liter	7,5 Liter	4,7-4,9 Liter	5,6 Liter
Kraftstofftank	50, mit DSG: 55 Liter				
Anmerkungen	Facelift Mj. 2017				

VW Eos (2005–2015)

Nachdem das Golf III/IV Cabrio 2002 (vorerst) ausgelaufen war, schien auch die Zeit der Stoffverdecke zu enden. Stattdessen kamen klappbare Metalldächer in Mode, und Volkswagen reagierte: Das Wolfsburger Stahlhelm-Coupé wurde als Studie »Concept C« zunächst 2004 auf dem Genfer Automobilsalon vorgestellt und ging, inzwischen in »Eos« umbenannt, zum Modelljahr 2006 in Serie. Herzstück war das fünfteilige Klappdach mit serienmäßig elektrischem Schiebe-/Ausstellglasdach; technisch entsprach der Eos einer Mischung aus Golf V und Passat, er basierte auf der Plattform PQ46, auf der auch der Passat B6 aufbaute. Innerhalb der Konzernfamilie besetzte der Viersitzer die Lücke zwischen New-Beetle-Cabriolet und Audi A4, beide mit Stoffdach. Geschlossen betrug das Kofferraumvolumen 380 Liter; offen sank es auf 205 Liter. Gefertigt wurde er nicht bei Karmann, das damals den Renault Mégane CC baute, sondern im VW-Gemeinschaftswerk Autoeuropa in Palmela, Portugal.

Die Motorenpalette begann zunächst mit dem 1,6-Liter-FSI-Motor mit 115 PS / 85 kW, der aber schon anderthalb Jahre später durch den 1,4-Liter-TSI mit Turbolader und 122 PS / 90 kW abgelöst wurde. Dieser 1,4-Liter war ab Sommer 2008 noch mit einem zusätzlichen Kompressor erhältlich und leistete dann 160 PS / 118 kW. Darüber angesiedelt waren zunächst ein 2,0-Liter-FSI mit 150 PS / 110 kW und die 200 PS / 147 kW starke 2,0-Liter-Maschine aus dem Golf GTI. Die Spitzenmotorisierung bildete der 3,2-Liter-V6, der 250 PS / 184 kW leistete und 2009 vom 10 PS stärkeren 3,6-Liter-V6 abgelöst wurde. Eine Dieselvariante mit 2,0 Liter Hubraum und 140 PS / 103 kW war ebenfalls lieferbar, zunächst als Pumpe-Düse, ab Modelljahr 2009 dann mit Common-Rail.

Der Eos galt als einer der schönsten Vertreter seines Genres. In vielen Tests schlug er seine Konkurrenten. Allerdings blieb auch er, wie diese, nicht von den Gebrechen verschont, die mit zunehmendem Alter auftraten: Die komplexe Verdeckkinematik war fehlerträchtig, und die Abdichtung war auch anfangs ein Problem. Die Nachfrage blieb ebenfalls stets hinter den Erwartungen zurück, auch nach der Modellpflege Anfang 2011, die dem Eos das damals aktuelle VW-Familiengesicht bescherte. Von seinem Cabrio-Coupé bot VW diverse Sonderserien an, so auf der Essen Motorshow 2008 den »White Night«, die Editions-Modelle 2008, 2009 und 2010, den »Exklusive« von 2011, »Sport & Style (für 2012) oder »Cup« 2014, ohne aber am mangelnden Zuspruch etwas ändern zu können: Nach dem Erscheinen des Golf-VI-Cabriolets wurde es eng für den Eos, er fiel im Mai 2015 nach rund 230.000 Einheiten aus der Lieferliste.

Obwohl er auf der Golf-V-Plattform entstand, verwendete der Eos (hier in UK-Ausführung) auch Passat-Komponenten. Mit einer Außenlänge von 4,41 Metern lag er zwischen diesen beiden.

MODELLÜBERSICHT VW – EOS

Typ	Zylinder	Hubraum	Leistung	Beschleunigung 0-100 km/h	Höchst-geschwindigkeit	Durchschnitts-verbrauch	Listenpreis	Baujahr
VW Eos 1.4 TSI	4 Zylinder	1.390 cm^3	90 kW/122 PS	10,9 s	196 km/h	6,2 L/100 km	27.400 €	10/2007-06/2013
VW Eos 1.4 TSI	4 Zylinder	1.390 cm^3	118 kW/160 PS	10,9 s	215 km/h	6,7 L/100 km	29.625 €	05/2008-04/2015
VW Eos 1.6 FSI	4 Zylinder	1.598 cm^3	85 kW/115 PS	11,9 s	192 km/h	7,6 L/100 km	26.850 €	05/2006-10/2007
VW Eos 2.0 FSI	4 Zylinder	1.984 cm^3	110 kW/150 PS	9,8 s	210 km/h	8,2 L/100 km	28.925 €	05/2006-05/2008
VW Eos 2.0 Turbo FSI	4 Zylinder	1.984 cm^3	147 kW/200 PS	7,8 s	232 km/h	8,2 L/100 km	31.250 €	05/2006-12/2007
VW Eos 2.0 TSI	4 Zylinder	1.984 cm^3	147 kW/200 PS	7,8 s	232 km/h	8,2 L/100 km	31.750 €	12/2007-10/2009
VW Eos 2.0 TSI	4 Zylinder	1.984 cm^3	155 kW/210 PS	7,8 s	236 km/h	7,2 L/100 km	32.000 €	10/2009-04/2015
VW Eos 3.2 V6	6 Zylinder	3.189 cm^3	184 kW/250 PS	7,3 s	247 km/h	9,2 L/100 km	37.800 €	05/2006-04/2009
VW Eos 3.6 V6	6 Zylinder	3.597 cm^3	191 kW/260 PS	6,9 s	250 km/h	9,2 L/100 km	38.775 €	04/2009-10/2010
VW Eos 2.0 TDI	4 Zylinder	1.968 cm^3	103 kW/140 PS	10,5 s	205 km/h	6,2 L/100 km	31.525 €	05/2006-04/2008
VW Eos 2.0 TDI	4 Zylinder	1.968 cm^3	103 kW/140 PS	10,4 s	206 km/h	6,0 L/100 km	k.A.	05/2008-04/2015
VW Eos 2.0 TDI	4 Zylinder	1.968 cm	100 kW/136 PS	10,4 s	207 km/h	5,2 L /100 km	k.A.	11/2011-04/2015

Bei geschlossenem Blechdach betrug das Kofferraumvolumen 380 Liter; offen standen nur noch 205 Liter Stauraum zur Verfügung. Der Eos verfügte über ein elektrisches Schiebe-/Ausstellglasdach.

Unten links: Eos-Heckansicht 2005-2010 (hier mit VR6), rechts 2011-2015. Die Modellpflege bescherte dem Eos eine an die seinerzeit aktuelle Familienoptik angepasste Front und Heckpartie. Er blieb ohne Nachfolger.

	VW Eos 1.6 FSI (2006 - 2007)	VW Eos 2.0 FSI (2006 - 2008)	VW Eos 1.4 TSI (2007 - 2015) VW Eos 1.4 TSFI (2008 - 2015)	VW Eos 2.0 TFSI / TSI (2006-2015)
Motor	Otto			
Zylinder / Bauart	4 (Reihe), vorne quer			
Bohrung x Hub	76,5 × 75,6 mm	82,5 x 92,8 mm	76,5 x 75,6 mm	82,5 x 92,8 mm
Hubraum	1598 cm^3	1984 cm^3	1390 cm^3	1984 cm^3
Leistung	115 PS (85 kW) bei 6000 U/min	150 PS (110 kW) bei 6000 U/min	122 PS (90 kW) bei 5000 U/min 160 PS (118 kW) bei 4500 U/min	200 PS (147 kW) b. 5100 U/min, TSI: 210 PS (155 kW), 5300 U/min
Drehmoment	155 Nm bei 4000 U/min	200 Nm bei 3500 U/min	200 / 240 Nm bei 1500 U/min	280 Nm bei 1800 U/min
Verdichtung	1:12,0	1:11,5	1:10,0	1:10,3 (9,6)
Gemischbereitung	Einspritzung direkt		Einspritzung direkt, Turbolader, TSFI: + Kompressor, Ladeluftkühler	
Ventile/Steuerung	2, parallel/indirekt Rollenschlepphebel, 1 x OHC, Zahnriemen		4, im V-Winkel/indirekt Rollenschlepphebel, DOHC, Kette	
Kühlung	Pumpe, 8,1 Liter Wasser	Pumpe, 9,0 Liter Wasser	Pumpe, 10 Liter Wasser	Pumpe, 9,0 Liter Wasser
Schmierung	Druckumlauf, 4,6 Liter Öl	Druckumlauf 5,3 Liter Öl	Druckumlauf, 4,5 Liter Öl	Druckumlauf 5,3 Liter Öl
Batterie	12 V 60 Ah	12 V 72 Ah	12 V 51 Ah	12 V 72 Ah
Lichtmaschine	110 A	140 A	140 A	140 A
Kraftübertragung	Frontantrieb			
Schaltung	Schaltstock Wagenmitte			
Kupplung	Einscheiben-Trocken, DSG: zwei elektrohydraulisch betätigte Lamellenkupplungen im Ölbad			
Getriebe	6-Gang			6-Gang (ab 2009) / 6-Gang DSG
Übersetzungen	I. 3.46 – II. 2.1 – III. 1.43 – IV. 1.08 – V. 0.85 – VI. 0.71 – R. 3.18	I. 3.78 – II. 2.27 – III. 1.65 – IV. 1.27 – V. 1.03 – VI. 0.87 – R. 3.6	I. 3.62 – II. 1.96 – III. 1.28 – IV. 0.97 – V. 0.78 – VI. 0.65– R. 3.18 TSFI: I. 3.78 – II. 2.12 – III. 1.36 – IV. 1.03 – V. 0.86 – VI. 0.73 – R. 3.6	I. 3.78 (3.77) – II. 2.27 (2.09) – III. 1.65 (1.32) – IV. 1.27 (0.98) – V. 1.03 – VI. 0.87 (0.81) – R. 3.6 (3.99); DSG: I. 3.46 – II. 2.05 – III. 1.3 – IV. 0.9 – V. 0.91 – VI. 0.76 – R. 3.99
Antriebs-Übersetzung	5.07	3.94	4.35 (4,06) / 3.65	3.94 (3.68) / 3.09 (2.92)
Karosserie/Fahrwerk	Selbsttragende Ganzstahlkarosserie, Stahldach mehrteilig, versenkbar			
Vorderradaufhängung	Einzelradaufhängung, McPherson-Federbeine, Schraubenfedern, Stabilisator.			
Hinterradaufhängung	Einzelradaufhängung, Vierlenkerhinterachse (Hilfsrahmen, Quer- und Längslenker), Stabilisator			
Lenkung	Zahnstangenlenkung mit Servo			
Fußbremse / Regelsysteme	Scheiben, v. belüftet 288 mm Ø, h. 255 mm Ø; Eos 2.0: 312 mm Ø, hinten 286 mm Ø, ABS, ESP, DBA			
Allgemeine Daten				
Radstand	2580 mm			
Spur vorn/hinten	1550/1550 mm	1550/1560 mm	1545/1550 mm	1545/1550 mm
Gesamtmaße	4410 x 1790 x 1440 mm			
Gepäckraum	205- 380 Liter (offen/geschlossen)			
Räder	7 J x 16			
Reifen	215/55 R 16			
Wendekreis	10,9 Meter			
Leermasse	1470 kg	1480 kg	1525 / 1450 kg	1535 kg
Zuläss. Gesamtmasse	1930 kg	1950 kg	1930 / 1950 kg	2000 kg
Höchstgeschwindigkeit	192 km/h	209 km/h	196 / 215 km/h	232-234
Beschleunigung 0–100 km/h	10,8 sec	9,8 sec	10,9 / 8,8 sec	7,8 sec
Verbrauch/100 km	10,1 Liter	11,6 Liter	8,7 - 6,8 Liter	
Kraftstofftank	55 Liter			

Der Eos geht auf die Studie »Concept C« von 2004 zurück, die auf dem Genfer Salon 2004 ihre Premiere feierte. Die Produktion des späteren Eos erfolgte dann im Werk Portugal, wo auch die Sharan-Baureihe vom Band liefen.

	VW Eos 3.2 V6 2006-2009	VW Eos 3.6 FSI 2009-2010	VW Eos 2.0 TDI 2006-2008	VW Eos 2.0 TDI 2008-2015
Motor				
Zylinder/Bauart	6 (VR), Winkel 10,6°,vorne quer	6 (VR), Winkel 15°, vorne quer	4 (Reihe), vorne quer	
Bohrung x Hub	3189 cm^3	3597cm^3	1968 cm^3	
Hubraum	84 x 95,9 mm	89 x 96,4 mm	81 x 95,5 mm	
Leistung	250 PS (184 kW) bei 6300 /min	260 PS (191 kW) bei 6000 /min	140 PS (103 kW) bei 4000 /min	
Drehmoment	320 Nm bei 2500-3000/min	350 Nm bei 2400-4000/min	320 Nm bei 1750-2500 /min	
Verdichtung	10,9:1	11,4:1	18,5:1	16,5:1
Gemischbereitung	Vollelektronisches Motormanagement mit E-Gas, Direkteinspritzung	FSI-Direkteinspritzung	Pumpe/Düse-Direkteinspritzung; VTG Turbolader, Ladeluftkühler	Common Rail-Einspritzung, VTG Turbolader, Ladeluftkühler
Ventile/Steuerung	4 / im V-Winkel/indirekt Rollenschlepphebel, DOHC, Nockenwellenverstellung, Kette		2 / DOHC, Rollenschlepphebel, Zahnriemen	4 / DOHC, Rollenschlepphebel mit hydr. Ventilspielausgleich
Kühlung	Pumpe, 10 Liter Wasser	Pumpe, 16 Liter Wasser	Pumpe, 8,7 Liter Wasser	
Schmierung	Druckumlauf, 5,5 Liter Öl	Druckumlauf, 6,9 Liter Öl	Druckumlauf, 3,8 Liter Öl	
Batterie	12 V 50 Ah		12 V 61 Ah	
Lichtmaschine	140 A		140 A	
Kraftübertragung	Frontantrieb			
Schaltung	Schaltstock Wagenmitte			
Kupplung	Einscheiben-Trockenkupplung, DSG: zwei elektrohydraulisch betätigte Lamellenkupplungen im Ölbad			
Getriebe	6-Gang / 6-Gang DSG			
Übersetzungen	I. 3.46 – II. 2.05 – III. 1.3 – IV. 0.9 – V. 0.91 – VI. 0.76 – R. 3.99	I. 3.77 – II. 2.09 – III. 1.32 – IV. 0.98 – V. 0.98 – VI. 0.81 – R. 3.99	I. 3.77 – II. 2.09 – III. 1.32 – IV. 0.98 – V. 0.94 – VI. 0.65 – R. 3.64	I. 3.77 – II. 2.09 (1.96) – III. 1.32 (1.26) – IV. 0.98 (0.87) – V. 0.98 (0.86) – VI. 0.81 (0.72) – R. 4.55
DSG	I. 3.46 – II. 2.05 – III. 1.3 – IV. 0.9 – V. 0.91 – VI. 0.76 – R. 3.99			
Antriebs-Übersetzung	3.94	3.68	3.45 / DSG 4.12	3.45, ab 2011: 3.68
Karosserie/Fahrwerk	Selbsttragende Ganzstahlkarosserie, Stahldach mehrteilig, versenkbar			
Vorderradaufhängung	Einzelradaufhängung, McPherson-Federbeine, Schraubenfedern, Stabilisator.			
Hinterradaufhängung	Einzelradaufhängung, Vierlenkerhinterachse (Hilfsrahmen, Quer- und Längslenker), Stabilisator			
Lenkung	Zahnstange, el. Servo			
Fußbremse / Regelsysteme	Scheiben, v. belüftet 312 mm Ø, h. 286 mm Ø, ABS, ESP, DBA		Scheiben, v. belüftet 288 mm Ø, h. 255 mm Ø, ab 2014: 312 / 252 mm Ø, ABS, ESP, DBA	
Allgemeine Daten				
Radstand	2580 mm			
Spur vorn/hinten	1550/1550 mm	1540/1550 mm	1550 / 1550 mm	
Gesamtmaße	4410 (4420) x 1790 x 1440 mm			
Gepäckraum	205 / 380 Liter (offen/geschlossen)			
Räder	7.5 J x 17		7J x 16	
Reifen	235/45 R 17		215/55 R 16	
Wendekreis	10,9 Meter			
Leermasse	1625 kg	1590 kg	1550-1570 kg	
Zuläss. Gesamtmasse	2090 kg	2070 kg	2010-2030 kg	
Höchstgeschwindigkeit	247 km/h	250 km/h	206 km/h	
Beschleunigung 0–100 km/h	7,3 sec	6,9 sec	10,3 sec	
Verbrauch				
Tankinhalt	55 Liter			
Anmerkung		Euro 5		auch als 2.0 TDI (Euro 5) dann 136 PS, 2011-2015

Volkswagen T-Roc Cabriolet (2019–2025)

Ende 2017 brachte Volkswagen mit dem auf der MQB-Plattform aufgebauten T-Roc ein Kompakt-SUV auf den Markt, das zwischen dem größeren Tiguan und dem kleineren T-Cross angesiedelt war. Die Preisgestaltung (Einstiegspreis von 21.870 Euro fürs Basismodell) war durchaus selbstbewusst. Plattform, Motorenpalette, Technik, Ausstattung kannte man schon vom Golf – aber im T-Roc saß man höher (Sitzhöhe: 57 cm). Zudem verfügte der knapp 4,25 m lange und 1.819 mm breite T-Roc über ein Kofferraumvolumen von 445 Litern. Zu haben war der T-Roc in den drei Ausstattungslinien T-Roc (Basis), Style und Sport, je nach Ausstattung auch mit Allradantrieb Siebengang-DSG. Die Palette der Benziner umfasste einen 1,0-Liter-Dreizylinder-TSI mit 115 (ab Ende 2020: 110) PS (85 bzw. 81 kW), einen 1,5-Liter-Vierzylinder mit 150 PS / 110 kW und den 2,0-Liter mit 190 PS / 140 kW), und das im Herbst 2019 präsentierte Spitzenmodell T-Roc R kam mit einem 300 PS / 220 kW starken 2,0-Liter-Motor. Als Diesel gab es einen 1.6 TDI mit 115 PS (nur bis Herbst 2020), zwei 2.0 TDI mit 150 bzw. 190 PS (110 bzw. 140 kW) und seit Herbst 2020 einen weiteren 2.0 TDI mit 115 PS / 85 kW.

Nachdem mit Golf und Beetle Cabrio die offenen Modelle bei VW aus der Modellpalette gestrichen worden waren, präsentierte sich auf IAA 2019 das T-Roc Cabriolet, das Anfang 2020 auf den Markt kam. Bei den Testern führte das fast immer zu der Frage, ob denn das wirklich eine gute Kombination sei, so ein Crossover aus SUV und Cabriolet. Aber nahezu alle beantworteten diese Frage positiv – denn obwohl der Umbau des T-Roc zum Cabrio Platz im Inneren kostete und mehr Gewicht bescherte: Auch der Offene verfügte über alle Qualitäten des SUVs auf Golf-Basis. Es war übrigens 34 mm länger als die geschlossene Version und ausschließlich als Viersitzer erhältlich.

Zu haben war das SUV-Cabrio zunächst lediglich mit zwei schwächsten Benzinmotoren in den zwei Ausstattungslinien Style und R-Line, 2021 auch als Sondermodell Active. In der Basisvariante Style und im Active werkelte wahlweise ein 1,0-Liter-TSI mit 110 PS / 81 kW und Sechsgang-Schaltgetriebe oder ein 1,5-Liter-TSI mit 150 PS /110 kW. Gegen Aufpreis ließ sich auch das Direktschaltgetriebe (DSG) ordern. Gebaut wird das derzeit einzige Cabrio von Volkswagen im Werk Osnabrück (ehemals Karmann); doch mit dem Modellwechsel 2025 wird, so die Planungen 2024, das T-Roc-Cabriolet auslaufen.

Das zweitürige SUV mit elektrischem, dreilagigem Stoffverdeck wurde in Osnabrück gebaut. Es öffnete in neun und schloss in elf Sekunden, und das in Langsamfahrt bis 30 km/h. Der Kofferraum fasste 284 Liter, mehr als es bei Golf und Beetle gewesen waren.

	VW T-Roc Cabrio 1.0 TSI 2020-2025	VW T-Roc Cabrio 1.5 TSI 2020-2025
Motor	Otto	
Zylinderzahl/Bauart	3 (Reihe), vorne quer	4 (Reihe), vorne quer
Bohrung x Hub	74.5 x 76.4 mm	74,5 x 85,9 mm
Hubraum	999 cm^3	1498 cm^3
Leistung	115 PS (85 kW) bei 5000-5500 U/min ab 09/2020: 81 kW (110 PS)	150 PS (110 kW) bei 5000-6000 U/min
Drehmoment	200 Nm bei 2000 – 3500 U/min	250 Nm bei 1500 – 3500 U/min
Verdichtung	1:10,5	1:10,5
Gemischbereitung	Direkteinspritzung, Turbolader, Ladeluftkühler	Direkteinspritzung, Kompressor, Turbolader
Ventile/Steuerung	4 / indirekt, Rollenschlepphebel, DOHC, Zahnriemen, verstellbare Nockenwellen	4 / indirekt, Rollenschlepphebel, DOHC, Zahnriemen. Stufenlose Verstellung Ein-/Auslassnockenwelle, Zylinderabschaltung
Kühlung		
Schmierung	Druckumlauf 4,0 Liter Öl	Druckumlauf 4,7 Liter Öl
Batterie	12 V 65 Ah	12 V 60 Ah
Lichtmaschine	110 A	140 A
Kraftübertragung	Frontantrieb	
Schaltung	Schaltstock Wagenmitte	
Kupplung	Einscheiben-Trocken	
Getriebe	6-Gang	6-Gang-Schalt. / 7-Gang DSG
Übersetzungen		
Antriebs-Übersetzung		
Karosserie/Fahrwerk		
Vorderradaufhängung	McPherson-Federbeine, Querlenker, Stabilisator	
Hinterradaufhängung	Fünflenker (Quer-/Längslenker), Schraubenfedern, Stoßdämpfer getrennt, nur 1.5 TSI: Stabilisator	
Lenkung	elektromechanische Zahnstange, Servo	
Bremse / Regelsysteme	Scheiben, vorn innenbel., v. 288 mm Ø, h. 272 mm Ø ABS, ESP, ASR	
Allgemeine Daten		
Radstand	2630 mm	
Spur vorn/hinten	1538 / 1539 mm	
Gesamtmaße	4268 x 1811 x 1522 mm	
Gepäckraum	284 Liter	
Räder	7 J x 17	
Reifen	215/55 R 17	225/40 R 18
Wendekreis	10,7 m	10,7 m
Leermasse	1460 kg	1540 kg
Zuläss. Gesamtmasse	1850 kg	1910 kg
Höchstgeschwindigkeit	187 km/h	205 km/h
Beschleunigung 0–100 km/h	11,7 s	9,6 s
Verbrauch/100 km	5,6 Liter	5,7 Liter
Kraftstofftank	50 Liter	

Zur Mitte des Modellzyklus erhielt der T-Roc 2023 eine Modellpflege mit geringfügigen optischen Retuschen. Auch die Motorenpalette – drei Benziner, ein Diesel in zwei Leistungsstufen – blieb unangetastet. Allerdings ist das Cabriolet nur mit zwei Ottomotoren zu haben, nach dem Diesel-Skandal hat die Anzahl der Selbstzünder konzernweit stark abgenommen.

Wiesmann

Die schönsten Cabrios sind mitunter die unpraktischsten. Ob BMW Z1 oder Mazda MX-5: Ablagefläche und Gepäckraum sind mit einer Aktentasche schon überfüllt. Auch die Roadster-Generation der 1930er- bis 1950er-Jahre hatte dieses Handicap. Deswegen gab es speziell dimensionierte Koffer- und Taschensets, die alle Hohlräume passgenau ausfüllten. Früher wurde dergleichen ab Werk angeboten, den Roadster-Piloten von heute bleibt zumeist nur der Gang zum Zubehörspezialisten, beispielsweise der Wiesmann Auto-Sport GmbH in Dülmen. Die 1988 gegründete Firma bot neben einem Taschensatz für den Z1 auch Spoiler, Felgen und onstiges Zubehör an, wie Hardtops und Hardtop-Ständer für die BMW 3er-Cabriolets.

Den Schritt zum Automobilproduzenten vollzog Wiesmann 1993 mit seinen Roadster-Schöpfungen MF25 und MF35. Der knapp vier Meter lange und rund 850 kg schwere Zweisitzer war eine komplette Neukonstruktion im Stil britischer Roadster. Beide Versionen verfügten über eine Karosserie aus glasfaserverstärktem Kunststoff und auf einem aluminiumbeplanktem Gitterrohrrahmen mit zusätzlichem Seitenaufprallschutz. Die Ausstattung der Roadster beschränkte sich aufs Wesentliche: Colorverglasung, Lederlenkrad und ein ordentlicher Kofferraum. Unter der Haube des MF25 tat der 170 PS /125 kW starke Reihensechszylinder aus dem 3er-BMW Dienst. Er kostete 89.950 DM (1990). Beim 99.950 DM teuren MF35 sorgte das 535i-/735i-Aggregat mit 211 PS / 155 kW für Vortrieb. Auch Getriebe- und Fahrwerksteile stammten von BMW. Die Bayern spielten mit – nicht zuletzt dank des persönlichen Engagements des damaligen Entwicklungschefs Dr. Wolfgang Reitzle.

Es folgten der MF30 mit 231 PS /170 kW starken 3,0-Liter-Sechszylinder (M54 B30). Der MF3 mit den M3-Triebwerken (Baureihen E 36/S50 und E 46/S54) mit 3,2 Liter Hubraum und 321 PS / 170 kW bzw. 343 PS / 252 kW war 100 kg schwerer. Als geschlossene Modelle fertigte man ab 2003 den GT MF4 und den GT MF4-S. Ab 2007 gab es das Coupé MF5 mit dem vom damaligen M5 und M6 bekannten Fünfliter-V10-Motor (S85) und 507 PS /373 kW. Zum GT MF5 gehörte ein automatisiertes Siebengang-Schaltgetriebe (SMG) aus dem M5/M6 mit Schaltwippen.

Die Roadster-Version MF4 ab 2009 hatte zunächst den BMW-V8-Motor des GT MF4 mit 4.799 cm³ Hubraum und einer Nennleistung von 367 PS / 270 kW. Für die Beschleunigung von 0 auf 100 km/h galten nun 4,6 s, die Höchstge-

Der Prototyp des Wiesmann Roadster MF3, 1991.

Seit Aufnahme der Serienproduktion 1993 in einer neuen Halle in Dülmen wurde der Roadster in einem halben Dutzend Entwicklungsstufen stetig verbessert, ohne dass sich das in der Optik niedergeschlagen hätte: Wiesmann Roadster MF3 in Serienausführung, 1993-2011.

Wiesmann hatte sich als BMW-Spezialist einen Namen gemacht. Zu den bekanntesten Entwicklungen gehörte das passgenaue Hardtop für das Dreier-Cabrio.

Wiesmann Roadster MF3, letzte Serie 2010. Gegenüber dem Prototyp hat sich sich kaum etwas geändert.

schwindigkeit lag bei 290 km/h. Das Fahrzeug war 4,24 m lang, 1,88 m breit sowie 1,23 m hoch und wog 1.316 kg.

Ab Ende 2010 wurde der Roadster MF4 mit einem BMW V8-Biturbo ausgeliefert (407 PS /300 kW), der aus dem 750i/650i/550i bekannt war. Damit erreichte der Sportwagen eine Höchstgeschwindigkeit von 291 km/h und eine Beschleunigung von 0–100 km/h in 4,6 s. Das Leergewicht betrug 1.390 kg. Er wurde auch als leistungsstärkere Variante MF4-S mit nur 3.999 cm³ und einer Nennleistung von 420 PS / 309 kW produziert. Seine Beschleunigung von 0 auf 100 km/h lag bei 4,1 s, die Höchstgeschwindigkeit bei 300 km/h. In Kombination mit dem S-Motor gab es ein Siebengang-Doppelkupplungsgetriebe (DKG). Die Abmessungen entsprachen denen des Grundmodells, jedoch lag das Leergewicht bei 1.310 kg.

Auf dem Genfer Autosalon 2012 zeigte Wiesmann die Designstudie des Wiesmann Spyder. Dieses Auto – so der Plan – sollte von einem 420 PS / 309 kW starken Motor aus dem BMW M3 angetrieben werden, den Sprint auf 100 km/h in unter vier Sekunden schaffen und bis auf 290 km/h kommen.

Die Roadster und ebenso exklusive Coupés wurden nur auf Bestellung gebaut, die Lieferfristen waren entsprechend lang. Bis 2013 sollen 1.650 Autos ausgeliefert worden sein. Profitabel war das Geschäft auf Dauer dennoch nicht. Nach einer Insolvenz im Jahr 2014 wurde Wiesmann 2016 von den britischen Investoren Roheen und Sahir Berry übernommen.

In Sachen Innenausstattung ließ Wiesmann seinen Kunden maximalen Spielraum für Sonderwünsche. Doch am Kofferraumvolumen ließ sich nichts ändern, es lag beim Roadster laut Hersteller bei 215 Litern.

Der MF5 Roadster mit BMW-V8 erschien zuerst 2009 als Sondermodell und wurde dann bis 2015 produziert.

Wichtigster optischer Unterschied zum Grundmodell MF3 waren die Scheinwerfer, die beim MF 4 Ellipsoidtechnik aufwiesen.

	Wiesmann MF 35 1993-1994	Wiesmann MF 3-3.0 1995-1996	Wiesmann MF 3-3.2 1996-2000
Baureihe	E36/E32	E36 M3	E36 M3
Motor		Ottomotor (Einspritzer), LM-Kopf	
Zylinderzahl		6 (Reihe), längs über Vorderachse	
Bohrung x Hub	92 x 86 mm	86 x 85,8 mm	86,4 x 91 mm
Hubraum	3430 cm^3	2990 cm^3	3201 cm^3
Leistung	211 PS (155 kW) bei 5700/min	286 PS (210 kW) bei 7000/min	321 PS (236 kW) bei 7400/min
Drehmoment	30,5 mkg bei 4000/min	32,6 mkg bei 3600/min	35,7 mkg bei 3250/min
Verdichtung	9,0 : 1	10,8: 1	11,3 : 1
Gemischbereitung		Elektron. Benzineinspritzung	
		Bosch Motronic DME	
Ventile pro Zylinder	2, V-förmig hängend	4, V-förmig hängend	
	1 obenliegende Nockenwelle	2 obenliegende Nockenwellen	
	(Kette)	verstellbar (Doppel-Vanos) (Kette)	
Kurbelwellenlager		7	
Kühlung	Pumpe / 12,0 Liter Wasser	Pumpe / 10,7 Liter Wasser	Pumpe / 10,8 Liter Wasser
		Motor-Ölkühler	Motor-Ölkühler
Schmierung	Druckumlauf / 5,75 Liter Öl	Druckumlauf / 7,0 Liter Öl	
Batterie/Lichtmaschine	12 V 84 Ah (im Kofferraum) –	12 V 45 Ah (im Kofferraum) – Drehstrom 90 A	
	Drehstrom 90 A		
Kraftübertragung	Heckantrieb	Heckantrieb, Sperrdifferential	
Kupplung		Einscheiben-Trockenkupplung	
Schaltung	5 Gang, Schaltstock in Wagenmitte		6 Gang (a.W. sequentiell)
			Schaltstock in Wagenmitte
Übersetzungen	I. 3,83 – II. 2,20 – III. 1,40	I. 4,20 – II. 2,49 – III. 1,66	I. 4,23 – II. 2,51 – III. 1,67
	IV. 1,0 – V. 0,81	IV. 1,24 – V. 1,0 – R: 3,89	IV. 1,23 – V. 1,0 – VI. 0,83 – R: 3,75
Antriebsübersetzung	3,45	3,15	3,23
Fahrwerk		Alu-Gitterrohrrahmen mit Kunststoffaufbau	
Vorderradaufhängung		McPherson-Federbeine	
		(Schraubenfedern, Teleskopstoßdämpfer)	
		Dreieckquerlenker, Domstrebe	
		Drehstab-Stabilisator	
Hinterradaufhängung	Zentrallenker, Schraubenfedern	Zentrallenker, Schraubenfedern	Zentrallenker, Schraubenfedern
	Domstrebe	Domstrebe	Domstrebe
	Drehstab-Stabilisator	Drehstab-Stabilisator	Drehstab-Stabilisator
Lenkung		Zahnstange, Servo	
Fußbremse		Zweikreis-Hydraulik, Servo	
		vorn (ø = 315 mm) und hinten	
		(ø = 275 mm) belüft. Scheiben, ABS	
Allgemeine Daten	Roadster, 2türig	Roadster, 2türig	Roadster, 2türig
Radstand	2260 mm	2260 mm	2260 mm
Spur vorn/hinten	1450/1520 mm	1450/1520 mm	1450/1520 mm
Gesamtmaße	3860 x 1750 x 1160 mm	3860 x 1750 x 1160 mm	3860 x 1750 x 1160 mm
Gepäckraum	230 L	230 L	230 L
Reifen (vorn/hinten)	215/50 ZR 17	215/50 ZR 17	215/50 ZR 17, (a.W. 265/30 ZR 19)
Felgen (vorn/hinten)	8 J x 17 (LM)	8 J x 17 (LM)	8 J x 17 (LM) (a.W. 10 J x 19)
Wendekreisdurchmesser	9,8 m	9,8 m	9,8 m
Leermasse (DIN)	1100 kg	1050 kg	1080 kg
Zul. Gesamtmasse	1400 kg	1400 kg	1400 kg
Höchstgeschwindigkeit	230 km/h	255 km/h	260 km/h
Beschleunigung 0-100 km/h	7,0 sec	5,0 sec	4,9 sec
Euromix-Verbrauch	14,0 L /100 km (S)	10,5 L/100 km (S)	11 L/100 km (S)
Kraftstofftank	60 Liter (über Hinterachse)	60 Liter (über Hinterachse)	60 Liter (über Hinterachse)

YES

Für ihre Examensarbeit im Jahre 1996 hatten sich die beiden Kölner Maschinenbaustudenten Herbert Funke und Philipp Will die Konzeption eines puristischen, leichtgewichtigen Sportroadsters vorgenommen. Zusammen mit dem Stuttgarter Designer Oliver Schweizer machten sie sich Ende der 90er Jahre an die Verwirklichung ihres Traumes. Um ihren ersten Prototypen zusammenbauen zu können, klopfte das Trio bei vielen Automobilfirmen an – und bekam Unterstützung, darunter kostenlos gelieferte Fahrzeugkomponenten. Rahmen und Fahrwerk entstanden in Eigenkonstruktion. Im Jahr 1999 konnte der Prototyp fertiggestellt und auf der IAA präsentiert werden. Auf der Messe wurden 30 Fahrzeuge bestellt, die freilich erst noch gebaut werden mussten.

Während Oliver Schweizer künftig als Dienstleister fungierte, gründeten Funke und Will im Jahr 2000 in Großenhain bei Dresden die Funke & Will AG. Ein Jahr später ging der erste YES! Roadster 1.8, an den ersten Kunden – Marco Kunz, der für das Unternehmen später eine wichtige Rolle spielte. Dieses Fahrzeug war völlig spartanisch gebaut, es besaß weder Türen noch Dach, keine elektronischen Helferlein und auch keinen Kofferraum oder gar eine Heizung. Dafür hatte der Roadster 1.8 ein sensationell niedriges Gewicht von unter 600 kg. Der getunte 1,8-Liter-Vierzylinder-Fünfventiler-Turbo aus dem VW Konzern, eingebaut längs vor der Hinterachse, lieferte 286 PS / 210 kW. Die Höchstgeschwindigkeit lag bei 264 km/h.

Das Roadster-Programm wurde abgerundet von den Versionen YES! Clubsport 1.8 mit Scherentüren sowie dem für Rennsporteinsätze vorgesehene YES! Cup/R. Um die 150 (nach anderer Quelle zirka 20) Fahrzeuge insgesamt soll Funke & Will von diesem Modell bis 2006 abgesetzt haben, der Preis belief sich auf unter 60.000 Euro.

2006 folgte die zweite Fahrzeugserie, die aus zwei neuen Modellen bestand, dem YES! Roadster 3.2 und dem Roadster 3.2 Turbo. Erneut kam ein Motor aus dem Hause VW zum Einbau, und zwar ein 3,2-Liter-VR6 aus dem Audi TT mit 255 PS / 188 kW und aufgeladen mit 355 PS / 261 kW. Die Turbo-Variante von YES war bis zu 281 km/h schnell und spurtete in 3,9 Sekunden von 0 auf 100 km/h. Volkswagen hatte das Thema Aufladung ebenfalls geprüft, aber verworfen.

Funke und Will hatten alles überarbeitet, sodass das Fahrzeug – auch mit Scherentüren und sogar erstmals auf Wunsch mit Airbags erhältlich – leichter zu fahren war als die Vorgängermodelle. An der Revision des Äußeren war wiederum Oliver Schweizer beteiligt. Das Gewicht des Neuen, der bis zu 70.000 Euro kostete, lag weiterhin unter 1.000 kg. Künftige Besitzer mussten aber einen Einführungskurs mit Fahrtraining belegen. Mitte 2008 wurde der 3.2 Turbo S mit 415 PS / 305 kW angekündigt, wozu es aber nicht mehr kam. Der YES! Cup/R aus der ersten Serie blieb zunächst im Programm.

2010 ging das ambitionierte Unternehmen allerdings nach

Für den Bau des »YOUNG ENGINEERS SPORTSCAR« (YES) wurde in Dresden die Funke & Will AG gegründet. Sie lieferte 2001 den ersten Yes! 1.8T aus.

etwa 150 Sechszylindern in Insolvenz, trotz einer laut Designer Oliver Schweizer »deutlich dreistelligen Absatzzahl«. Daraufhin entschloss sich der allererste Kunde der Firma, Marco Kunz, den Sportwagenhersteller zu übernehmen. Er gründete 2010 die YES! Beteiligungs- und Besitzgesellschaft mbH in Edermünde bei Kassel, nahm die Manufakturfertigung des YES! Roadsters 3.2 Turbo wieder auf und widmete sich der Ersatzteilproduktion und-lieferung.

Der überarbeitete Turbo-Roadster wog nur noch 930 kg. An der Vorder- und der Hinterachse kamen Doppeldreieckslenker mit verstellbaren Federn und Dämpferelementen zum Einsatz. Die Bremsen des neuen Roadsters 3.2 Turbo waren vorn und hinten innenbelüftet und besaßen vier Kolbenfestsättel. Die Abgasanlage mit ihren zwei Endrohren erfüllte die Abgasnorm Euro 4. Das Wageninnere war edel mit Chrom-, Karbon- und Lederelementen ausgestattet. Als Motor kam der V6-Vierventiler mit 3,2 l Hubraum und einer Sechsgangschaltung zum Einsatz. Die Leistungswerte des zirka 85.000 Euro teuren Autos entsprachen denen des Vorgängers.

Produktionszeit	2001-2010
Stückzahl	ca. 20 Vierzylinder; ca. 150 Sechszylinder
Karosserie	Kohlefaser, Aluminium-Spaceframe
Sitzplätze	2
Fahrwerk	Hinterradantrieb
	Heck-Mittelmotor
Motor	Vierzylinder-Reihe (Otto) mit Turbo;
	VR6 (Otto) ohne/mit Turbo
Hubraum (cm^3)	1.781 /. 3.189
	286 / 210
Leistung (PS/kW)	3.2: 255 /188, 3.2 Turbo: 355 / 261
Getriebe	5-Gang / 6-Gang
Länge x Breite x Höhe (mm)	1.8: 3.629 x 1.852 x 1.163;
	3.6: 3.809 x 1.804 x 1.236
Radstand (mm)	/ 2454
Leergewicht (kg)	585; 3.2: 890, 3.2 Turbo: 930
Höchstgeschwindigkeit (km/h	264 bzw. 3.2: 255, 3.2 Turbo: 281
Preis (Euro)	3.2: 70.000, 3.2 Turbo: 85.000?

Der Roadster wurde in verschiedenen Konfigurationen verkauft. Das 1,8-Liter-Grundmodell mit dem 286-PS-Motor brachte 830 kg auf die Waage, der Clubsport 790 kg und der 340 PS starke YES! Cup/R 585 kg.

Der YES! Roadster 3.2 Turbo, wie er von 2006 bis 2009 gebaut wurde.

PURE DRIVING PLEASURE

Die Premiere des Prototypen erfolgte auf der IAA 1999 in Frankfurt. Die Reaktionen waren so begeistert, dass eine Kleinserienproduktion ins Auge gefasst wurde.

Nach der Insolvenz 2010 führte ein Yes-Enthusiast die Produktion fort. Der Roadstzer wurde im Detail verbessert, Mittelmotor und Alu-Spaceframe blieben.

H M551H
MW-H 480

Kleine Hersteller

Kleinserien, Karossiers, Projekte

Aaglander

Durch die Installation eines Motors in eine Pferdekutsche entstand im ausgehenden 19. Jahrhundert jene Fahrzeuggattung, für die sich später der Begriff »Automobil« einbürgerte. Den umgekehrten Weg, um einen Motor herum einen Kutschwagen nach historischem Vorbild zu bauen, kam dem schwäbischen Ingenieur Roland Belz 2002. »In der Geschichte des Automobils ist der Rückbau moderner Hightech-Fahrzeuge zu einer mechanisch angetriebenen Kutsche technisch gesehen ein Rückschritt« gestand Belz gegenüber einem Reporter von Spiegel Online. »Und auf den ersten Blick ist das vielleicht auch gegen jede Vernunft«, sagte der Erfinder. Das große Echo auf seine Motorkutsche im ersten Halbjahr nach der Weltpremiere auf dem Genfer Salon 2003 veranlasste ihn, mit seiner Arbeit fortzufahren.

Die Weiterführung des Projekts lag in den Händen des Hindelanger Prototypenbauers Richard Schalber und seinen Partnern Richard Gebert sowie Peter Schmeller, als sie ihre Aaglander Kutsche auf die hohen Räder stellten. Als Antrieb diente anfänglich ein Dreizylinder-Diesel von 900 cm³, und alternativ entstand eine Kutsche mit einem 600-Volk-Akkupack (bestehend aus 384 Lithium-Ionen-Elementen) und zwei 10-kW-Servomotoren. Gelenkt wird mit Lenkstangen, die wie Zügel zu halten sind. Die Höchstgeschwindigkeit beträgt 20 km/h. Beim Bremsen und beim Bergabfahren wandelt der Elektroantrieb die Roll- und Bremsenergie in Strom zurück; die Aaglander Elektrokutsche rekuperiert mit hohem Wirkungsgrad.

Zwei Modelle werden gebaut: Der Duc ist eine offene Kutsche mit zwei Sitzplätzen und Verdeck, der Mylord ist ähnlich gestaltet, hat aber bis zu sechs Sitzplätze. Die Motoren werden von je einem Kasten-Längslenker als Triebsatzschwinge getragen. Eine Ableitung der von Aaglander entwickelten Antriebstechnik ist ein aus Aluminium bestehender Fahrschemel, der von unten mit einer beliebigen Karosserie verschraubt werden kann, wobei die beiden elektrischen Antriebsmotoren zu den gefederten Massen gehören. Dieses Fahrmodul mit Namen Connected Dual Servo-Drive hat Gebert zusammen mit der Schweizer Firma Inmares in Binningen (Management, Forschung und Entwicklung internationaler Mobilitätskonzepte) auf dem Genfer Autosalon im März 2014 gezeigt.

Die Entdeckung der Langsamkeit: Die Aagland-Manufaktur stellt seit 2003 Fahrzeuge her. Es handelt sich dabei um eine moderne Motorkutsche mit Stahlspeichenrädern.

ABC konzentrierte sich auf den Umbau von hochklassigen Fahrzeugen. Natürlich durfte da das 6er Coupé nicht fehlen.

ABC

Die ABC Exclusive Car & Design GmbH in Bonn trat erstmals auf der IAA 1983 als Automobilveredler in Erscheinung und hatte sich bald auch als Cabriolet-Spezialist etabliert. Wer dezente Spoilersätze für sein Modell aus Untertürkheim oder München suchte, wurde bei ABC ebenso fündig wie Freunde des Extrem-Tunings. Besonders spektakulär waren die meist extrem breiten ABC-Cabriolets auf Basis des BMW 6er, Mercedes-Benz W201 und W126. ABC scheint bei seinen Umbauten oft eine größere Sorgfalt an den Tag gelegt zu haben als gemeinhin in der Branche üblich, so sollen die Bodengruppen mit hohem zusätzlichen Aufwand verstärkt worden sein. Das Faltdach mit elektrisch-hydraulischem Antrieb ließ sich voll versenken und verschwand unter einem Stahldeckel. Der Umbau, etwa eines 6er-BMW, schlug mit 48.950 Mark zu Buche. ABC baute auch Cabrios auf Basis des W 126 SEL. Diese »Phoenix«-Umbauten rollten als Classic-, Prestige- oder Sport-Breit-Versionen zu den gut betuchten Kunden im Ausland, wobei die preisgünstigste Version DM 78.660,- kostete. Spoilerwerk, Innenraumflitter und zusätzliche Verbreiterungen ließen den Preis mühelos sechsstellig werden. Die ABC-Version des offenen W 124 mit den Namen »Papillon« (Schmetterling) erhielt eine neuentwickelte Bodengruppe

Typischer Widebody-Umbau von ABC auf Basis des 126er Coupés. Sogar die lange S-Klasse war als Cabriolet zu haben.

und einen verstärkten Scheibenrahmen. Das Verdeck verschwand unter einer lackierten Stahlklappe im Heck.

AKH/Caro

AKH in der Rosenstadt Eutin arbeitete eng mit Caro (Hamburg) zusammen und rückte dem Blechdach des Mercedes-Benz 190 (W201) zu Leibe. Wie üblich fanden die hinteren Türen Verwendung bei der Herstellung der neuen Seitenteile und bei der Verlängerung der Vordertüren. Dieser Umbau kostete DM 38.760,- und unterschied sich von den Lösungen der anderen Hersteller durch den etwas höheren Verdeckaufbau. Wie Catori (Dortmund) auch entstanden daneben Cabriolimousinen. Dabei blieben die Seitenteile mit kompletten Türen, Türrahmen sowie einem Dachsteg in Höhe der B-Säule stehen. Darüber spannte sich ein Stoffverdeck. Das Dachteil über den Vordersitzen konnte entweder ganz herausgenommen oder auch nur hochgestellt werden. Rund 40.000 Mark waren für den Umbau anzulegen, elf Cabrios entstanden.

Albert

Albert Fahrzeugtechnik und Design in Oberhausen bot Mitte der 90er unter dem etwas hochtrabenden Slogan »Formel 1 Optik mit Großserientechnik« ein leichtes Dreirad namens Scorpion an. Der offene und türenlose Renner verfügte über zwei Schalensitze. Die Kunststoffkarosserie spannte sich über einen Gitterrohrrahmen. Den Antrieb besorgte ein BMW-Motorradmotor (Vierzylinder-Reihe mit 750, 1.000 oder 1.100 cm³), der seine Kraft von 70 bis 130 PS auf das Hinterrad abgab. Der Radstand des 390 kg leichten Fahrzeugs lag bei 2.700 mm, die Gesamtlänge bei 3.530 mm. Die Höchstgeschwindigkeit wurde mit über 220 km/h angegeben. Als Lieferzeit nannte Albert vier bis zwölf Wochen, der Preis begann bei mutigen 26.950 D-Mark.

Der Aper-Roadster auf der IAA 1985: 300 PS-Porschemotor, Turbolader, weiße Polyesterkarosserie und weiße Lederausstattung. Der GFK-Roadster kostete über 160.000 Mark.

Aper

Ludwig Aper aus Mainz stellte auf dem Genfer Salon 1984 einen eigenwillig gestylten Roadster vor. Der Entwurf des Diplom-Designers erinnerte an einen zu kantig geratenen Lotus Seven mit einem Hauch von Buggy. Fahrwerk und Getriebe stammten von Porsche. Bei der Motorisierung gab es zum 3,3-Liter-Porsche-Boxer eine Alternative in Form des 2,0-Liter-Vierzylinders mit rund 100 PS / 74 kW aus der 924er-Reihe. Unter der Polyesterkarosserie verbarg sich ein solider Gitterrohrrahmen, der Frontscheibenrahmen war als Überrollbügel ausgebildet. Die Fahrzeugflanken waren im Interesse der Insassensicherheit verstärkt. Mehr der Optik dienten armdicke Sidepipes und superbreite Reifen, vorn im Format 205/50 x 13 und hinten 345/35 x 15. Bei Preisen von 84.000 bzw. 160.000 D-Mark für die Top-Version nimmt es allerdings kein Wunder, dass der kuriose Tiefflieger bald wieder in der Versenkung verschwand.

Der Grundpreis für das AKH-Cabriolet lag bei 38.760 Mark. Mit entsprechenden Extras wie einer elektrischen Verdeckbetätigung, SEC-Haube und dem im Preis noch nicht inkludierten Basis-Benz erreichte der Gesamtpreis dann gleich SL-Dimensionen. Foto: Rainfranke / cc-by-sa 4.0.

ASB-Tuning

Dieses Unternehmen in Gelsenkirchen etablierte sich 1983 mit eigenen Spoilerbausätzen, griff aber auch zur Blechschere, um das kantige Audi Coupé in ein elegantes Cabriolet zu verwandeln. Der Umbaupreis von 18.000 DM enthielt automatisch einklappende B-Säulen, voll versenkbare hintere Seitenscheiben sowie edlere Bodenteppiche. Der Umbau dauerte rund vier Wochen. Auch ein Manta-Vollcabrio stand im Angebot.

Autenrieth

Der Name Autenrieth hat noch heute einen guten Klang. Autenrieth-Cabriolets gehören zu den hoch bewerteten Raritäten, sind sie doch durchweg handgearbeitete Einzelstücke. Die Firma wurde 1921 von Georg Autenrieth unter dem Namen »Erste Darmstädter Karosseriewerke« gegründet. Zu ihren Kunden zählten NSU, Audi und Priamus, später auch Daimler-Benz und vor allem Röhr im benachbarten Ober-Ramstadt. Ab 1934 baute Autenrieth in kleinen Stückzahlen Cabriolets für Adler, BMW und Opel.

Nach dem Krieg wurde das renommierte Karosseriewerk vor allem durch seine BMW-Cabriolets auf Basis der Typen 501 und 502 bekannt. Im Auftrag von Opel entstanden Cabriolet-Kleinserien der Rekord-Modelle P, P II und A. Vom letztgenannten Typ wurden auch etwa zehn Cabrio-Limousinen gebaut. Weniger bekannt ist, dass bei Autenrieth auch einige Cabriolets des Opel Kapitän von 1953 bis 1956 entstanden. Jeweils ein oder zwei Cabriolets auf Basis des Borgward Isabella Coupés und des Citroën DS19 sowie ein Porsche 550 Spyder, ein Polizeikübelwagen auf dem Fahrgestell des Mercedes-Benz 170V und eine Handvoll Trippel-Schwimmwagen ergänzen die Palette.

Autenrieth fertigte jeden Wagen nach den Wünschen des Kunden an und benannte jedes Modell nach dessen Wohnort, z. B. Typ »Bochum« oder »Marburg«. Selbst die Wind-

Das Isabella-Cabriolet gehört zu den bekanntesten Schöpfungen von Autenrieth. Basis bildete das Coupé. Foto: Alexander Migl, cc-by-sa 4.0

Oben und links: Von Autenrieth im Kundenauftrag zur offenen Version umgebauter BMW-V8-Barockengel. Das Einzelstück des BMW 3200 war zum Beispiel auf dem Concorso d'Eleganza Villa d'Este 2009 (oben) zu sehen. Foto: Kittler

schutzscheiben waren Einzelanfertigungen. Dass solche Exklusiv-Umbauten nicht billig sein konnten, liegt auf der Hand. Bei angelieferter Karosserie – bei den BMW V8 nur Fahrgestell mit Stirnwand und Motorhaube – schlug der Cabriolet-Umbau mit rund 4.000 DM (Opel) bis 15.000 DM (BMW) zu Buche. 1964 lief die Fertigung der handgearbeiteten Cabriolets und Coupés aus. Als letztes Modell verließ ein Rekord A Cabriolet das Darmstädter Werk.

Auto-Becker

Auto-Becker in Düsseldorf, laut Eigenwerbung »das interessanteste Autohaus der Welt«, war einst Deutschlands erste Adresse für exklusive Neu- und Gebrauchtwagen. Die Angebotspalette reichte von britischen Nobelmarken wie Rolls-Royce und Jaguar über italienische Sportwagen bis hin zu Exoten wie Panther oder Excalibur.

Die Düsseldorfer hatten ein großes Herz für Cabriolets. Auf ihre Initiative baute Friedrich Peter Lorenz in Koblenz zum Beispiel den Ferrari 512 BB zum Cabrio um. Mehr für den kleinen Geldbeutel gedacht war das Datsun Cherry Vollcabriolet, das

Porsche 959 Cabrio, ein Einzelstück, das Auto Becker auf der IAA 1987 vorstellte. Basis bildete ein Unfallwagen.

auf der IAA 1983 vorgestellt werden sollte. Das Projekt des Nippon-Cabrios zu günstigem Preis – anvisiert waren rund 26.000 D-Mark – kam jedoch nicht über das Reißbrettstadium hinaus.

Ganz anders dagegen das Projekt des Porsche 959 Cabriolets, das die Düsseldorfer Mannschaft aus einem Unfallwagen schuf. Bei dieser Version handelte es sich übrigens nicht um eine Replika, wie vielfach angenommen, sondern um einen verunfallten und wieder neu aufgebauten Original 959. Rund 6.000 Arbeitsstunden steckten im offenen Porsche 959. Über Auftraggeber und Kaufpreis wurde Stillschweigen bewahrt.

Auto Peters

Der VW-Speedster-Bausatz der Firma Auto Peters in Maisach bei München enthielt bei einem Preis von 3.450 Mark neben dem obligaten Heckteil aus GfK auch das Verdeck.

Auto Veri

Der Berliner Ford-Händler Auto Veri präsentierte im Juli 1985 ein schmuckes Cabriolet auf Basis des dreitürigen Sierra. Das Cabrio mit Ford-Emblem sollte ab Frühjahr 1986 für rund 37.000 DM über das Ford-Vertriebsnetz angeboten werden. Dazu ist es allerdings nie gekommen.

Autohaus Friedrichsort

Nur ein Einzelstück blieb das Jetta I-Cabriolet des Kieler Autohauses Friedrichsort.

AWS

Der AWS Shopper war ein leichtes Kraftfahrzeug, das der frühere Borgward-Händler Walter Schätzle im Jahr 1970 auf der Hannover-Messe vorstellte. Nach einigen Einzelstücken in Handarbeit wurde es von 1973 bis 1974 vom Automobilwerk Walter Schätzle in Berlin-Rudow hergestellt.

Die Produktion in Berlin nutzte natürlich die Subventionen der damaligen Berlinförderung. Der AWS Shopper verwendete Bodenplatte, Fahrwerk und Motor des Goggomobil T250. Der quer im Heck eingebaute luftgekühlte Zweizylinder-Zweitaktmotor mit 13,5 PS / 10 kW und 22 Nm Drehmoment trieb über ein Viergang-Schaltgetriebe die Hinterräder an.

Die Karosserie war mittragend und bestand aus einem Gerippe (später »Spaceframe« genannt) aus stählernen Vierkantrohren und Muffen aus Aluminium, das mit kunststoffbeschichtetem Blech beplankt war. Sie konnte in Handarbeit mit Hammer, Bohrmaschine und Nietzange montiert werden. Teure Tiefziehpressen und Lackierarbeiten waren nicht nötig.

Das Fahrzeug wog leer 41 kg, fuhr maximal 75 km/h, hatte zwei Sitzplätze, zwei Seitentüren und – bei der geschlossenen Version – eine weit ins Dach reichende Heckklappe. Bei einem Radstand von 1,8 m war das Fahrzeug 3,07 m lang, 1,4 m breit und 1,38 m hoch.

Ab Werk war es ausschließlich in der Farbkombination Orange/Schwarz lieferbar. Das Unternehmen versuchte, das

AWS Shopper 250 K in offener Ausführung. Foto: Kittler

Fahrzeug als »Einkaufswagen« für Familien zu vermarkten, eine weitere Zielgruppe waren Inhaber des alten Führerscheins der Klasse 4 (Kfz bis 250 cm³). Die Verarbeitungsqualität war jedoch mäßig und die geringen Stückzahlen trieben die Kosten in die Höhe – mit einem Preis von 5.700 DM war der AWS deutlich teurer als ein VW Käfer in Standard-Ausführung.

Das ungewöhnliche Aussehen, die veraltete Technik sowie die fragwürdige aktive und passive Sicherheit ließen das Fahrzeug als anachronistisches und überteuertes Provisorium auf Rädern wirken. Potenzielle Kunden griffen lieber nach einem fast gleich teuren Fiat 126. Nach 1.400 AWS Shoppern und 300 AWS Piccolo (insgesamt 1.700 Exemplaren), wurde die Fertigung im Juli 1974 eingestellt, weil der Hersteller in Konkurs ging. Versionen als offener Transportkarren für die Industrie oder kleiner Lieferwagen mit Pritsche blieben Prototypen.

Bähr

Bähr-Cabrio trat Ende 1990 zum ersten Mal mit einem Cabrioumbau in Erscheinung. Zunächst einziges Produkt der Karosseriebaufirma aus Hagen war der Umbau von Mercedes-Benz /8-Coupés in Vollcabriolets. Das fertige Fahrzeug wog rund 100 kg mehr als sein Serien-Pendant, davon entfielen allein 70 kg auf die Chassisverstärkungen. Das Verdeckgestänge – mit Teilen der originalen B-Säule – war eine Eigenentwicklung. Der Verdeckbezug bestand aus dem gleichen pflegeleichten PVC-Bezug, aus dem auch die Golf-Kapuze geschneidert wurde. Der Bausatz für Selbermacher lag bei 4.500 DM. Wer den Komplettumbau in Hagen erledigen ließ, musste weitere 3.000 DM drauflegen. Später folgte ein fragwürdiger W123-Aufschnitt.

Baumgärtner

Unzufrieden mit der Passgenauigkeit eines Cabrio-Bausatzes für den D-Kadett von Opel griff der Karosseriebaumeister aus Karlsdorf bei Bruchsal selbst zur Blechschere. Verwindungserscheinungen begegnete der findige Nordbadener durch massive Seitenschweller, zusätzliche Knotenbleche im vorderen Fußraum und einer Traverse durch den Kofferraum in

15 Jahre nach Produktionseinstellung des Grundmodells entstanden: das Bähr-Cabriolet auf Basis des Mercedes/8-Coupé.

Kadett D-Cabrio der Firma Baumgärtner, Karlsdorf.

Das erste bügelfreie E-Cabrio, 1991 vorgestellt, stammte von der Firma Baumgärtner aus Karlsdorf/Baden.

Höhe der Hinterachse. Der badische Newcomer, der erst im Sommer 1991 in Erscheinung trat, verwendete die originalen Blechteile. Ein stabiler Rahmen aus Rechteckrohren, mit dem Aufbau fest verschweißt, sorgte für den nötigen Halt. Der Bausatz kostete 6.900 Mark, Komplettfahrzeuge waren ab 20.000 Mark erhältlich. Auch auf Basis des zweitürigen E-Typs stellte Baumgärtner ein Cabrio vor. Wie beim D-Umbau fanden auch hier weitgehend die originalen Blechteile Verwendung, dazu kam ein massiver Rahmen zur Versteifung der Bodengruppe, der dem Fahrzeug zu einer beeindruckenden Stabilität verhalf. Beim Verdeck hatte das Alles-oder-nichts-Prinzip der englischen Roadster Pate gestanden: Verdeckspriegel und -hülle ließen sich abnehmen und im Kofferraum verstauen.

Baur

Der Stellmacher Karl Baur (1883-1978) gründete 1910 in der Stuttgarter Neckarstraße einen Karosseriebetrieb. Schon bald machte er sich durch erstklassige Qualität und verschiedene technische Eigenentwicklungen einen Namen. Bereits 1914 baute er ein Cabriolet mit abnehmbarem Hardtop. Der von ihm konstruierte und später patentierte Verdeckmechanismus wird noch heute im Cabrioletbau verwendet.

1917 erwarb er das Grundstück in Stuttgart-Berg, wo später die BMW 3er-Cabrios entstanden. In den 1920er- und 1930er-Jahren baute Baur unter anderem 200 Pullmann-Cabriolets für Horch, die Karosserien für den Kompressor-Roadster W25K von Wanderer, Taxis auf Wanderer- und Mercedes-Benz-Fahrgestellen, BMW-Cabriolets sowie diverse Kleinserien und Einzelstücke. Ein Großauftrag lief 1936 an: Auf Basis der DKW-Typen F5, F7 und F8 stellte Baur bis 1941 insgesamt 15.000 zwei- und viersitzige Cabriolets her.

1948, nachdem die stark zerstörten Werksanlagen notdürftig instandgesetzt waren, präsentierte Baur sein erstes Nachkriegsmodell. Der Baur-DKW war nichts anderes als eine neue Ganzstahlkarosserie auf noch vorhandenen DKW-Vorkriegs-Fahrgestellen. Der viersitzige Wagen, als Limousine oder als Cabriolet lieferbar, sah sehr gut aus. 1949 orderte die in Ingolstadt wiedererstandene Auto Union 250 Stück. Ab 1950 bot Baur auch ein zweisitziges Cabriolet an, kollidierte jedoch mit dem in DKW-Auftrag bei Hebmüller gebauten F89 P-Zweisitzer. Ärger gab es, als Baur seine Karosserien auch auf IFA-Chassis montierte. Bis 1952 entstanden 1.460 Limousinen und Cabriolets auf DKW- bzw. IFA-Chassis. Parallel dazu lief die Karosseriefertigung für den Dyna-Veritas.

Im Auftrag von BMW baute Baur 1951 die Nullserie des Typs 501 und ab 1953 auch einen Teil der Limousinenkarosserien. Daneben entstanden bis 1956 in kleiner Stückzahl die bildschönen Coupés und Cabriolets auf der Basis des 501 und später des 502. Von 1957 bis 1965 stellte Baur ferner die Karosserien für den Auto Union 1000 Sp her, und von 1961 bis 1964 wurde in Stuttgart das BMW 700 Cabriolet gebaut. Die jüngere Vergangenheit war durch die zunehmende Konzentration auf BMW-Modelle gekennzeichnet. Nach Auslaufen der 1600- und 2002-Vollcabriolets spezialisierte sich Baur auf die – immer noch als Cabriolet apostrophierten – Targa-Ausführungen (»TC«) zunächst der 02er-Serie und ab 1978 der 3er-Reihe. Auch die Endmontage des BMW M1 erfolgte in Stuttgart. Unterbrochen wurde die Symbiose mit BMW lediglich zwischen 1976 und 1978, als bei Baur der Opel Kadett Aero in einer Auflage von 1.400 Exemplaren entstand. Daneben wurde ab 1974

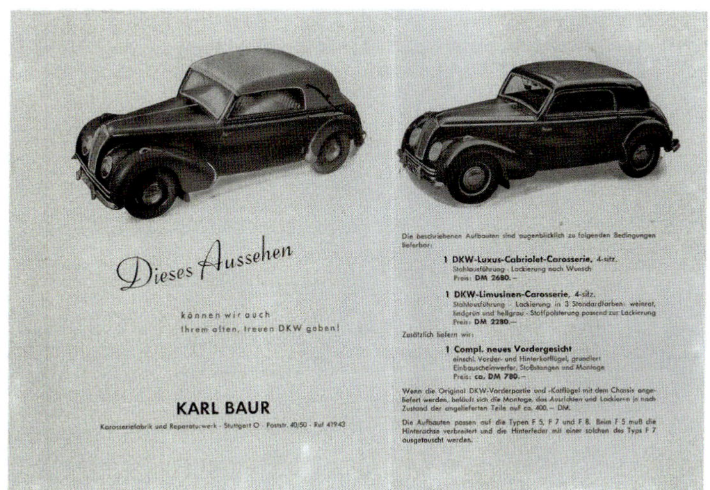

Sehr viele Zweitakt-Modelle der ehemaligen Auto Union hatten den Krieg überstanden, weil sie die Wehrmacht als nicht kriegstüchtig eingestuft hatte und daher nicht einsetzte. Im Laufe der Zeit aber rotteten die Karosserien der simplen Vorkriegs-Zweitakter weg, und die Firma Baur lieferte Ersatz. Ab Werk waren keine Karosserieteile mehr zu bekommen, denn die ehemaligen Produktionsstätten lagen in der »SBZ«, der »Sowjetischen Besatzungszone«, also der späteren DDR. Die in Düsseldorf neu gegründete Auto Union orderte später dann 250 Baur Dkw, wahlweise mit Cabrio- oder Stahldach.

Die Baur-Studie TC3 – ursprünglich als Cabriolet geplant – sollte den hohen technischen Standard der Stuttgarter Karosseriebauer beweisen. Die Außenhaut entstand aus neuartigem Kunststoff, die Technik stammte vom Dreier-BMW (E30).

Das Baur »Topcabriolet« (TC) auf Basis der Baureihe E30 (hier ein 318i von 1991 mit chromloser M-Line-Ausstattung). Der Vertrieb lief wieder über die BMW-Handelsorganisation. Käufer eines Neuwagens erhielten von Baur auf Anforderung ein TC-Modellauto der Firma Cursor . Foto: Kuch

der Bitter CD montiert.

1987 wagte sich Baur schließlich an das Concept Car TC3 Cabrio auf Basis eines BMW 325i (E30), das heute im Automobilmuseum Fichtelberg steht. Letztlich erhielt die nie in die Serie überführte Studie aber ein festes Dach. Maßgeblich beteiligt am TC3 war Isdera-Chef Eberhard Schulz. Trotz wirtschaftlicher Schwierigkeiten hat sich das Unternehmen bis Ende 1998 die Selbständigkeit bewahren können und blieb in Familienbesitz.

Der größte Teil der Firma wurde dann 1999 von der IVM Automotive übernommen, die wiederum seit 2007 zum schwedischen Semcon-Konzern gehört.

Mitarbeiter der Konstruktionsabteilung machten sich dann mit einem eigenen Unternehmen (»in2p«) selbstständig, federführend war ein früherer Baur-Entwicklungsleiter gewesen.

b+b (Buchmann)

Mitten im großen Schock der automobilen Neuzeit, der Ölkrise des Jahres 1973, eröffnete Rainer Buchmann in Frankfurt am Main eine Firma für optisches Porsche-Tuning. Dort bot er alles an, was in einen Porsche passte. Allen Unkenrufen zum Trotz florierte das Geschäft mit dem Luxus. Berühmt geworden ist b+b mit seinem Regenbogen-Targa. Der Aufstieg begann drei Jahre später mit dem b+b Porsche turbo, einer Mischung aus Porsche 928 und Porsche 911. Zur unumstrittenen Nummer 1 unter den deutschen Edeltunern avancierte »b+b« 1978 durch den CW311, ein Mitbringsel des ehemaligen Porsche-Designers Eberhard Schulz. Der Flügeltürer mit Mittelmotor blieb ein Einzelstück, Stilelemente und technisches Grundkonzept wurden später bei Isdera (siehe dort) in Kleinserie verwirklicht. Zum guten Ruf der Frankfurter Edelschmiede trugen die Buchmann-Cabriolets bei. Die Frankfurter gehörten zu den wenigen, die einen Porsche 928 zum Cabrio umbauten. Wie viele 928 Cabrios entstanden sind, ist unbekannt, doch sieben Exemplare zu Preisen von 200.000 DM aufwärts waren es mindestens. Ein 1979 vorgestellter 928 Targa blieb ein Einzelstück. Übrigens baute auch Porsche 1987/88 selbst mindestens einen offenen 928 S4 auf.

Ein Mercedes-Benz SEC-Cabrio mit einem versenkbaren Hardtop präsentierte Buchmann auf dem Genfer Automobilsalon 1985. Das »Magic Top« genannte Cabriolet erinnerte an den amerikanischen Ford Skyliner Retractable von 1957, bei dem das Stahldach komplett im Kofferraum verschwand. Im geschlossenen Zustand ähnelte das Cabriolet dem Coupé; beim Öffnen schob sich das Dachteil nach hinten, bis die Vorderkante die Höhe der C-Säule erreicht hatte. Die C-Säulen verschwanden dann nach innen und das Stahldach senkte sich sanft auf den Gepäckraumdeckel. Trotz aller technischen Raffinessen: Der Markt war klein, im Frühjahr 1986 ging b+b in Konkurs.

Der bb Magic Top 7: Basis war ein Mercedes SEC-Coupé, dessen Dach sich ganz nach hinten schieben ließ.

Das bb Porsche 928 Cabriolet erschien 1979. Daneben bot Buchmann auch eine Variante mit herausnehmbaren Dachhälften an.

Der Bazlen GT4 debütierte auf der IAA 1991. Bei dem hier abgebildeten Fahrzeug handelt es sich um den ersten fertiggestellten Prototyp.

Bazlen

Jahrelang waren offene Zweisitzer in Deutschland kein Thema, und dann debütierten auf der Frankfurter IAA 1991 gleich zwei Spezies dieser raren Gattung. Neben dem VM Nardo profilierte sich die Firma BC Automobilbau in Göppingen mit ihrem Bazlen GT4. Dahinter steckte der Kieferorthopäde Dr. Jörg Bazlen, der sich damit den Traum vom eigenen Sportwagen erfüllte. Erste Erfahrungen hatte er mit der Oldtimer-Restaurierung gesammelt, 1989 begannen die Vorarbeiten an diesem Projekt. Das Wichtigste dabei war zunächst einmal, geeignete Großserienaggregate und Lieferanten zu finden. Einig wurden der Göppinger Zahnarzt und seine Crew mit Ford in Köln. Es dauerte rund ein Jahr, bis mit den eigentlichen Entwicklungsarbeiten angefangen werden konnte. Produziert wurde der GfK-Flitzer mit Gitterrohrrahmen und Ford-Technik in Uhingen bei Göppingen. Der fliegengewichtige Zweisitzer – Leergewicht rund 700 kg – versprach Fahrleistungen wie die legendäre Shelby Cobra, allerdings kamen der Motor aus dem Ford Cosworth Turbo mit 220 PS / 162 kW Leistung oder der etwas zahmere 2,0-L-16-Ventiler und 150 PS / 110 kW zum Einsatz. Selbst in der etwas schwächeren Version absolvierte der GT4 den Sprint zur 100-km/h-Marke in sechs Sekunden, der Turbo ging noch etwas besser und unterbot diesen Wert um eine Sekunde.

Ausgestattet war der 79.900 DM teure Bazlen GT4 außerdem mit elektrischen Fensterhebern, getönten Scheiben, und Wurzelholzarmaturenbrett. Lederausstattung, Metallic-Lackierung und Antiblockiersystem waren gegen Aufpreis zu haben. Die Vorstellung erfolgte 1991.

Bennemann (GCS)

Die Firma GCS Bennemann in Herzogenrath bot neben der Offenlegung der SEL- und SEC-Modelle W 126 den Umbau eines SEC-Modells zum Landaulet-Cabrio an: Für 350.000 Mark erhielt der Kunde eine 6,22 Meter lange S-Klasse mit vier Türen, festem Stahldach für den Chauffeur und Klappverdeck für die Herrschaften im Fond. Insgesamt sollen 41 SEC sowie neun SEL entstanden sein, außerdem im Auftrag von Gemballa sieben weitere Fahrzeuge. Aus Altersgründen löste Bennemann seinen Betrieb in den Neunzigern dann auf.

Bieber

Bieber-Cabrio in Borken beschäftigte sich seit den frühen 1970er-Jahren mit dem Umbau von Limousinen in Cabriolets. Am Anfang entstanden Buggies auf VW-Käfer-Basis, dann er-

GCS Bennemann bot hochwertige Umbauten auf W126-Basis an und belieferte damit auch andere Automobilveredler wie Koenig Specials.

Bieber bot Cabriobausätze für den VW Scirocco an. Hier ein Modell der ersten Generation, das ebenso wie der seit 1981 gebaute Scirocco II auf der Bodengruppe des Golf I entstand.

Die Bausätze warn so konzipiert, dass Bieber sie praktisch nach Belieben für jeden Kleinwagen nutzen konnte – natürlich auch beim Polo.

Mit dem Bausatz der Firma Bieber-Cabrio in Borken ließ sich auch ein Corsa der A-Serie zum Cabriolet verwandeln.

weiterte die Firma ihr Programm um Käfer-Umrüstsätze. Mit dem Erfolg wuchs auch die Angebotspalette, die kostengünstigen Umbausätze gab es inzwischen für die Modelle Golf I und II, Polo, die beiden Scirocco-Modelle, für Opel-Kadett D und die ersten beiden Fiesta-Generationen. Auch ließen sich mit Bieber-Bausätzen Porsche 924 und 944 in Cabriolets verwandeln.

Grundsätzlich bestand die Möglichkeit, den Rohumbau vor Ort in Borken durchführen zu lassen. Vorarbeiten wie der Abbau von Seitenverkleidungen oder das Entfernen des Teppichbodens sollte in der heimatlichen Garage erfolgen. Seine Geschäftstätigkeit erweiterte das Unternehmen, als es 2003 den Cabrio-Umbauspezialisten Hornstein übernahm.

Bohse

Johann Bohse, gelernter Schmied und Konstrukteur, hatte einen Traum- ein konkurrenzlos preisgünstiges, zuverlässiges Cabrio zu bauen. Klar, dass seine Schöpfung auf einem Großserien-Wagen basieren musste. Zunächst versuchte er es 1984 mit dem VW Golf I vom Secondhand-Markt. Sein »Ems-Blitz« – ein »Universal-Fahrzeug für Sport- Urlaub- Freizeit- Beruf« – wurde als Bausatz entwickelt. Zwei Jahre später verließen tatsächlich einige wenige Umbauten seine Manufaktur in Dörpen, in der 25 Mitarbeiter tätig waren. Doch der Golf-Unterbau erwies sich konstruktiv als zu weich und hätte aufwändig verstärkt werden müssen. Das wäre für ihn einfach zu teuer geworden. Ein solches Fahrzeug gehört heute zum Bestand des PS Speichers Einbeck.

1986 schwenkte er darum zum russischen Lada-Modell (VAZ 2105 »Nova«, in Westdeutschland vertrieben seit 1980) um, das wiederum auf einem Fiat 124 basierte. Bis 1988 entstanden im Emsland dann rund 200 Exemplare eines unverwechselbar kantigen Cabrios, das sicher keinen Schönheitspreis gewonnen hätte, aber sehr günstig angeboten worden ist. In Deutschland sind davon heute noch 20 Exemplare angemeldet, in den europäischen Nachbarländern finden sich weitere 30 Fahrzeuge.

»Ein herrliches Fahrvergnügen« versprach der Prospekt des »Super-Flitzers aus dem Emsland« wobei zudem »unbegrenzte

Bohse Euro-Star	
Produktionszeit	1986-1988
Stückzahl	200
Karosserie	Kunststoffaufbau
Sitzplätze	4
Fahrwerk v./h.	McPherson, Querlenker / Verbundlenker, Feder-Dämpfer-Einheiten
Motor	Vierzylinder-Reihe (Otto), vorn, ex-Lada
Hubraum (cm³)	1.198
Leistung (PS/kW)	60 / 44
Getriebe	4-Gang
Länge x Breite x Höhe (mm)	4.190 x 1.670 x 1.580
Radstand (mm)	2.424
Leergewicht (kg)	980
Höchstgeschw. (km/h	140

Fahrzeug vollkommen offen

als Cabrio in den Sommermonaten ein herrliches Fahrvergnügen

Ein Verdeck als Sonderzubehör kann mitgeliefert werden.

Ohne Werkzeug wird es mit ein paar Handgriffen eingeklickt und somit zu einem geschlossenen Fahrzeug. Insassen sind somit vor Wind und Wetter geschützt. Eine serienmäßig eingebaute Heizungsanlage sorgt für ein angenehmes Fahren.

Der *Euro-Star* als Freizeit-Fahrzeug für Sport und Hobby mit Surfbretthalter oder Skibretthalterung universell einsetzbar!

Anhängerkupplung, Anhängerlast 1300 kg gebremst. Mit Kupplung wird das Fahrzeug noch universeller z.B. kann ein Bootsanhänger oder ein Campingwagen befördert werden, somit wird der Urlaub noch interessanter.

Der Bohse Euro-Star basierte auf dem robusten Lada Nova (VAZ 2105), der seit 1980 in (West-) Deutschland verkauft worden war. Der »Super-Flitzer aus dem Emsland« mit seiner eigenwilligen Kunststoffkarosserie aus Polyester wurde rund 200 Mal verkauft. Oben der ursprüngliche Golf-Umbau. Foto: Kittler

Hinter dem Boldmen CR4 standen Friedhelm Wiesmann sowie Vater und Sohn Käs, alle drei keine Frischlinge in Sachen Fahrzeugbau. Ihr Zweisitzer mit reichlich BMW-Technik unter dem Karbon-Kleid beeindruckte durch Fahrverhalten wie auch durch beste Verarbeitung.

Die ersten 30 Exemplare (»First Thirty«) verfügten über den Dreiliter-Biturbo mit 300 kW. Der Startpreis lag bei mindestens 185.000 Euro.

Haltbarkeit mit TÜV-Gutachten« versprochen wurde. »Serienmäßig mit Kunstlederpolsterung« beworben, sollten »ein Aschenbecher vorne, zwei Aschenbecher hinten« die Genießer überzeugen. Tatsächlich aber war das offene, türenlose Fahrzeug (mit feststehender B-Säule, zwei herausnehmbaren Targa-Dächern, seitlichen Stoffabdeckungen und Folienscheiben) wirklich nie ganz dicht zu bekommen. Andererseits gibt es wohl kaum ein anderes Fahrzeug für den schmalen Geldbeutel, mit dem man zum Star jedes Oldtimertreffens avancieren kann.

Boldmen

2021 präsentierte sich erstmals die Firma Boldmen GmbH in Welden nahe Augsburg, im Jahr zuvor gegründet von Friedhelm Wiesmann (zuvor Chef der Wiesmann Roadster-Manufaktur in Dülmen), Harald und Michael Käs (Hersteller des Everytimer 02), mit dem ersten Modell namens »CR4« – ein Roadster auf BMW-Z4-Basis. C steht für Carbon, R für Roadster und 4 für mindestens 400 PS, wobei es inzwischen den CR4S mit 500 PS gibt. Der Zweisitzer basiert auf dem aktuellen BMW Z4, wobei alles getan wurde, um diese Verwandtschaft nicht zu zeigen. Wiesmann deutete an, über ein Coupé (das dann CC4 hieße) nachzudenken.

Das Design des Boldmen ist eigenständig, jedes Karosserieteil ist neu entwickelt und besteht – siehe oben – aus Karbon. Das beschert gegenüber dem Basisfahrzeug eine Gewichtsersparnis von rund 100 kg. Ein Gag stellt das B-Logo für Boldmen dar, das unter anderem auf den Naben der Felgen (18-Zoll-Aluräder im Fünfspeichen-Design mit 255/40er Pneus vorn und 275/40er Walzen hinten) sowie in der Mitte des Lenkrads zu sehen ist. Mit einer Vierteldrehung verwandelt sich das B ein in W. Auch die runden Scheinwerfer und Rückleuchten sollen an den Wiesmann Roadster erinnern und sind neu gestaltet worden. Bei den 30 Fahrzeugen der First Thirty Edition sitzen die Leuchten in Sichtkarbon-Fassungen, später sollen diese Fassungen Aufpreis kosten. Das Tankvolumen beträgt 52, das Kofferraumvolumen 281 Liter.

Bei der Karosserie ist jede erdenkliche Farbe möglich. Die beiden Bildschirme, die Bedienelemente und der Zuschnitt des Innenraums erinnern natürlich ans Basisfahrzeug Z4. Aber bei der Ausstattung mit Farben und Bezugsmaterialien hat der Kunde freie Wahl. Beim Modell Nummer eins sind die Sitze beispielsweise mit drei verschiedenen Ledersorten bezogen und auch der Mitteltunnel ist mit Leder verkleidet. Der Getriebewählhebel trägt bei den ersten 30 Exemplaren die Nummer des Fahrzeugs.

Das Fahrwerk des Boldmen liegt zwar 20 Millimeter tiefer als beim Basisfahrzeug, aber der Kunde kann es per Knopfdruck zwischen Komfort und Sportlichkeit abstimmen. Selbst ein elektronisch verstellbares Gewindefahrwerk steht in der Optionsliste. Bei den Rädern bietet Boldmen verschiedene eigene Felgendesigns an. Die Dimensionen beginnen bei serienmäßigen 18 und gehen hoch bis 21 Zoll.

Das grundsätzliche Antriebslayout, bestehend aus einem 3,0-Liter-Sechszylinder mit Bi-Turboaufladung von BMW, der seine Kraft über eine Achtgangautomatik an die Hinterachse leitet, haben die Ingenieure von Boldmen nicht geändert. Allerdings gibt es mehr Kraft als beim Basisfahrzeug Z4 M40i: Im CR4 leistet der Motor 408 statt 340 PS und generiert mit 610 Newtonmeter zudem 110 Newtonmeter mehr Drehmoment. Von null auf 100 km/h spurtet der Boldmen in 3,9 Sekunden – 0,6 Sekunden schneller als der Z4. Die Höchstgeschwindigkeit ist, wie beim Basis-BMW, auf 250 km/h begrenzt.

Der Zweisitzer entsteht in reiner Handarbeit und ist entsprechend teuer: Beim Boldmen CR 4 für die First Edition liegt der Preis bei mindestens 185.000 Euro (gut 120.000 Euro mehr als ein Z4 M40i in der Basisversion). »Wir bringen eine neue Marke auf den Markt, aber wir sind kein Start-up«, rechtfertigt Friedhelm Wiesmann den hohen Preis. »Wir definieren uns als Manufaktur und bringen ein hohes Maß an Wissen über Automobile und Fertigungstechniken aus langjährigen Erfahrungen mit. Die hohen Kosten der Entwicklung und des Produktionsprozesses bei gleichzeitig kleinen Stückzahlen führen zu einem höheren Preis als in der Massenfertigung.«

Boldmen CR4	
Produktionszeit	ab 2021
Stückzahl	ca. 30
Karosserie	Roadsteraufbau aus Karbonfaser auf Basis BMW Z4
Sitzplätze	2
Fahrwerk v./h.	Doppelgelenk-Zugstreben, Federbein / FünflLenker-Achse
Motor	Sechszylinder-Reihe (Otto), 2 Turbos
Hubraum (cm³)	2.998
Leistung (PS/kW)	408 / 300
Getriebe	8-Gang Steptronic
Länge x Breite x Höhe (mm)	4.420 x 1.933 x 1.275
Radstand (mm)	2.470
Leergewicht (kg)	1.495
Höchstgeschwindigkeit (km/h	250 (abgeregelt)
Preis (Euro)	185.000

Der Kofferraum des Carbon-Flitzers fasst 281 Liter, so viel wie der des Organspenders von BMW.

Harald Käs legt großen Wert darauf, dass die Qualität über der ohnehin guten Auslieferungsqualität von BMW liegen muss. Er betont, dass ihm dies beim Everytimer 02 schon gelungen sei. Das vollständig in Deutschland gebaute Fahrzeug hat alle Zulassungen – eine der größten Herausforderungen beim Bau des Autos, wie Käs rückblickend feststellt. Und die Zusammenarbeit mit BMW hat gut funktioniert: Boldmen darf seine Fahrzeuge mit einer eigenen Fahrgestellnummer versehen, was die Weldener zu einem richtigen Fahrzeughersteller macht. Zu den ersten Händlern kam der Boldmen CR4 ab dem 21. Oktober 2021.

Borbet

Im östlichen Hochsauerland baute Peter Wilhelm Borbet 1962 eine Aluminium-Gießerei auf und lieferte an die Autoindustrie Leichtmetallräder und Gussteile. Auf der IAA 1991 stellte Borbet die Studie eines superflachen Clubsport-Renners vor. Der ungewöhnliche Mittelmotor-Monoposto sollte bei den Rennen zu einem noch ins Leben zu rufenden Borbet-Cup antreten. Für das Design zeichnete Gert Pollmann verantwortlich.

Der Borbet B-1 war ein 3,5 m langer und fast 2,0 m breiter Einsitzer mit Kunststoffkarosserie und Flügeltüren. Auf Windschutzscheibe und Verdeck wurde verzichtet. Der Motor befand sich direkt hinter dem Piloten. Als Antrieb war ein 2,0 Liter-Vierventiler vorgesehen, der 204 PS / 150 kW leisten und das 420 kg schwere Fliegengewicht in 4,5 Sekunden auf 100 km/h katapultieren sollte. Die Höchstgeschwindigkeit des B-1 gaben seine Erbauer mit 290 km/h und als Preis 92.000 DM an.

BWR

Die Badische Waggonfabrik GmbH in Rastatt ist seit über 100 Jahren im Bereich von Schienenfahrzeugen tätig. Nebenher entwickelte sich das Unternehmen in den 70er/80er-Jahren zu einem wichtigen Kleinstserienentwickler und-hersteller.

Hervorzuheben war dabei vor allem die Kompetenz beim Einsatz von Kunststoffen. Entstanden sind dort u.a. Weltrekordfahrzeuge wie der Mercedes C 111/3 (1979) und der VW ARVW (1980), aber auch Rennfahrzeuge wie der Audi Sport Quattro, der BMW M1 im Renntrimm sowie die Porsche Typen 908/3, der 908 Langheck und 959 Gruppe B (1985). Dazu kamen Wohnmobilaufbauten, und das Pöhlmann-Elektroauto.

Borbet B-1: Der Clubsportrenner der ganz anderen Art. Die auf der IAA 1991 vorgestellte Studie war nicht fahrbereit.

Cabrio-Design (Ostermann)

Cabrio-Design Ostermann-Germer in Kürten-Dürscheid bot ab den 1980er-Jahren Umbausätze für Großserienautos an. Vollcabrio- bzw. Targa-Bausätze gab es für Käfer, Golf I und II, Scirocco, Jetta, Opel Manta, Ascona A und B, Kadett C und Commodore B sowie für den Ford Capri. Mit 2.250 DM war der Targa-Bausatz für den Käfer am günstigsten, das obere Ende markierten 5.990 DM für das Capri-Cabrio.

Caro

Der Veredler aus Hamburg, vor allem mit dem Export von Luxus-Karossen bekannt geworden, bot auch ein für den Export bestimmtes Porsche 928 S4-Cabriolet an. Dieses Luxusgefährt kam ohne Überrollbügel aus, ebenso wie die Verdeckbetätigung über Knopfdruck erfolgte. Weniger elegant gab sich der Heckspoiler. Man hat mit AHK, Eutin, zusammengearbeitet.

Catori

Bekannt wurde die Firma aus Düsseldorf durch ihre Werbung für den Umbau der kleinen Mercedes-Benz-Klasse vom Typ W201. Hergestellt wurde die 190er Cabrio-Limousine jedoch von der Firma Rollmann, die ebenfalls in Düsseldorf ansässig war.

Die Firma Cabrio-Design gehörte zu den bekanntesten Anbietern von Umbausätzen, hatte aber nichts mit der Firma Ostermann zu tun.

Dieses hübsche Cabriolet stammte aus der Werkstatt von Ostermann-Germer und basierte auf dem 1972er Opel Commodore B.

Die Cabrio-Limousine von Catori auf Basis des Mercedes 190 (Baureihe W201).

Classic Cabrio

Dieses westfälische Unternehmen hatte sich Mitte der 1980er-Jahre dem Umbau der alten Mercedes-Benz S-Klasse vom Typ W111 (1959-1971) verschrieben. Man konnte sich bei Classic Cabrio in Hagen sein Coupé in ein Cabriolet verwandeln lassen, das von einem originalen Werkscabrio kaum zu unterscheiden war.

Colani

Normalerweise sind die Namen von Automobildesignern nur Eingeweihten bekannt. Es gibt einige wenige Ausnahmen, und Lutz »Luigi« Colani (1928-2019) gehört dazu. Er war ein ausgesprochen selbstbewusster Industriedesigner mit künstlerischen Ambitionen. Sein Thema war die Aerodynamik – und mit diesem Hintergrund entwarf er die verschiedensten Fahrzeuge für Europa, Japan und den USA, darunter sogar einen Formel-1-Rennwagen.

In etwas größerer Stückzahl entstand allerdings nur der Colani GT, ein gänzlich offener, nur 90 cm hoher Sportzweisitzer auf Käfer-Basis. Der Entwurf dieses GfK-Roadsters war 1960 vom Maestro erdacht worden. In Zusammenarbeit mit der Berliner Firma Canadur ist dann ein dreiteiliger, türenloser Kunststoff-Aufbau aufs Käfer-Fahrgestell gesetzt worden. Von 1964 bis 1968 wurde der Zweisitzer als Komplettfahrzeug oder

Colani GT	
Produktionszeit	1964-1968
Stückzahl	360
Karosserie	Kunststoffkarosserie auf Käfer-Chassis
Sitzplätze	2
Fahrwerk v./h.	Kurbellenker, Querfederstäbe / Pendelachse, Längslenker
Motor	Vierzylinder-Boxer (Otto, luftgekühlt)
Hubraum (cm³)	1.184 / 1.493
Leistung (PS/kW)	34 / 25; als RS: 110 / 81
Getriebe	4-Gang
Länge x Breite x Höhe (mm)	4350 x 1580 x 900
Radstand (mm)	2.400
Leergewicht (kg)	550
Höchstgeschwindigkeit (km/h	130 / 203
Preis (DM)	6.000-7.000

Luigi Colani entwarf 1964 einen Sportwagen auf VW-Fahrgestell. Der Bausatz, so versprach der Exzentriker, sei an einem Tag zu montieren. Fotos: Kuch

– meistenteils – als Bausatz angeboten. Von den rund 360 Einheiten sollen 260 als Bausatz verkauft worden sein, wobei grundsätzlich 1.000 DM anzuzahlen waren.

Höhepunkt war der Auftritt zur IAA 1965, wo der Colani RS mit einem auf 110 PS / 81 kW getunten VW-1500-Motor stand. Er sei, so Colani, 203 km/h schnell gewesen. Doch in der Regel sah der Speedster stets schneller aus als er in Wirklichkeit war. Viele der Plastik-Flunder erhielten später in Eigenregie stärkere Motoren – gern den 2,0-Liter-Boxer vom VW Typ 4 und zwischen 70 und 100 PS (52 bzw. 74 kW) stark. Neben dem Roadster gab es zudem eine Coupé-Ausführung. Noch in den 90er Jahren gab es GT-Bausätze zu kaufen, Anbieter war die Firma Gartner in Stephanskirchen-Schloßberg.

Convertible Cars

Das Team von Convertible Cars in Neustadt/Aisch, spezialisiert auf Opel-Tuning, brachte im Herbst 1989 den ersten Kadett C als Cabrio durch den TÜV. Die Reaktion auf den einschlägigen Clubtreffen war sehr positiv.

Zum Deutschlandtreffen 1990 in Kaiserlautern präsentierte CC Cabrios, Targas und Pick-ups, entwickelt aus Kadett C-Coupés und-Limousinen. Noch vor dem Kadett-Boom hatte CC bereits Umrüstsätze für den Opel GT vorgestellt. Den GT Convertible gab es in zahlreichen Aus- und Aufbaustufen. Der Bogen spannte sich vom neu aufgebauten Fertigfahrzeug mit einjähriger Garantie für 36.000 Mark über diverse Roadster- und Speedster-Versionen bis hin zum Aero GT-Bausatz für 5.550 Mark. Manta A und B Cabrios standen ebenfalls im Katalog, wurden jedoch überwiegend über die Firma Hintermeier Power in Kolbermoor vertrieben, eines von acht Subunternehmen, die den Verkauf abwickelten.

Convertible Cars gehörte zu den Pionieren in Sachen Kadett C-Cabriolets. Der Bausatz samt Tüv-Abnahme kostete 4.850 Mark.

Dannenhauer & Stauss

Gotthilf Dannenhauer, ein ehemaliger Mitarbeiter der Stuttgarter Karosseriefabrik Reutter, und sein Schwiegersohn Kurt Stauss gründeten Anfang 1950 in der Schwabenmetropole eine Karosseriewerkstatt. Im Frühjahr 1951 stellten sie ihre erste Eigenentwicklung vor, ein 2/2-sitziges Sportcabriolet auf VW-Basis. Der Entwurf stammte von den Konstrukteuren Oswald und Wagner, zwei früheren Mitarbeitern des bekannten Aerodynamikers Prof. Wunibald Kamm. Der Prototyp und seine Nachfolger wurden Stück für Stück von Hand gefertigt, indem man Stahlblech über ein Hartholzmodell formte. Zwischen 1951 und 1957 entstanden insgesamt 135 handgearbeitete Cabriolets. Für ein komplettes Fahrzeug wurden 1951 rund DM 8.900,– aufgerufen. 18 dieser Cabrios existieren noch heute.

Neben den Cabriolets wurden auch zwei verschiedene Coupé-Versionen gebaut. Weniger bekannt ist, dass 1956 bei Dannenhauer & Stauss auch der erste deutsche Serienwagen mit Kunststoffkarosserie entstand, nämlich das DKW-Monza Coupé. Insgesamt dürften etwa zehn Monza hergestellt worden sein. Später erfolgte die Produktion bei der DKW-Vertretung Fritz Wenk in Heidelberg.

1951er Dannenhauer & Stauss des AutoMuseums Volkswagen.
Foto: Kittler.

Ein weiterer Dannenhauer & Stauss, aufgebaut 1951 bis 1956.

Dannert

Produkte aus glasfaserverstärkten Kunststoffen, in Einzelanfertigung und Kleinserie für die Industrie waren laut Firmenbroschüre das Betätigungsfeld der Firma Dannert in Solingen. Für VW-Freunde stand der Name Dannert für GfK-Bausätze, mit denen man aus einer Käfer-Limousine ein Cabrio machen konnte. Von den drei angebotenen Bausatztypen Speedster, Cabrio und Top-chop wusste vor allem letzterer optisch zu gefallen: Scheibenrahmen und Verdeck des viersitzigen Cabrios wurden rund acht Zentimeter tiefer gesetzt und verliehen dem geschlossenen Fahrzeug ein dynamisches Aussehen. Die hinteren Steckscheiben bestanden aus Glas. Die Preise bewegten sich im üblichen Rahmen von rund 2.500 Mark, hinzu kamen für das Verdeck weitere 1.600 Mark.

»Käfer für Anspruchsvolle«, so lautete das Dannert-Motto. Beim »Top-chop Cabrio« war der Scheibenrahmen um 8 cm tiefer gesetzt.

Fotos oben und unten: Der Delta von 1967 auf NSU-Basis hat eine Kunststoff-Karosserie. Die Lampenfront ist hochfahrbar. Fotos: Kittler

Im Auftrag der Reifenfirma Metzeler baute das Delta Design-Team 1969 den Prototyp Delta V auf VW-Käfer-Fahrgestell.

Delta

Das Team von Delta-Design – Michael Conrad, Henner Werner und Detlef Unger – machte in den 1960er-Jahren durch seine avantgardistischen Studien von sich reden. Im Rahmen einer Diplomarbeit an der Hochschule für Gestaltung in Ulm entstand 1967 der Delta 1, ein offener Sportwagen mit selbsttragender Sandwich-Karosserie. Ungewöhnlich die Aktivierung der Scheinwerfer, indem die Frontpartie komplett hochgefahren wurde. Fahrwerk, Motor und Getriebe stammten von NSU; die Kunststoff-Fertigung erfolgte mit Unterstützung der Reifenfirma Metzeler. 1969 präsentierte Metzeler den Delta 5, einen Kunststoff-Roadster auf VW-Basis. Beide Stylingstudien gingen nicht in Serie.

Design + Technik

Die Design + Technik GmbH war die Nachfolgefirma der in Konkurs gegangenen Hamburger Styling-Garage SGS. Das Unternehmen wurde 1987 von Christian Hahn ins Leben gerufen, der den erfolgreichsten Entwurf der Styling-Garage, das SEC-Cabriolet, wieder ins Programm nahm. Darüber hinaus realisierte er in limitierter Kleinserie ein W124-Cabriolet, das in den letzten SGS-Tagen aus der Limousine entwickelt worden war. Ausgangspunkt des Biarritz getauften Cabriolets war jetzt das Mercedes-Benz-Coupé, was den Aufwand erheblich verminderte. Die Design + Technik GmbH hatte sich ganz der Entwicklung und Konstruktion von Industrieaufträgen und dem Prototypenbau verschrieben. So baute das Hamburger Unternehmen Toyota- und Honda- Cabriolets. Die Entwürfe trugen die Handschrift von Hartwig Huckfeldt, einem der bekanntes-

Neben dem Cabrio bauten die Hamburger im Auftrag von Marold in Osnabrück einen Corrado-Kombi. Geplant war eine Serie von 100 Stück.

ten Automobildesigner Deutschlands. Und das Corrado-Cabriolet, hinter dessen Steuer sich der VW-Vorstandsvorsitzende Carl H. Hahn auf dem Genfer Salon 1989 setzte, stammte ebenfalls aus Hamburg. Der Prototyp entstand im Auftrag eines Berliner VAG-Händlers, bot vier Passagieren Platz und hatte ein elektrohydraulisches Verdeck. Das komplette Fahrzeug sollte rund 65.000 Mark kosten. Aus der geplanten Kleinserie von zehn Corrado-Cabrios pro Monat wurde jedoch nichts. Die Firma erlosch 2005 endgültig.

Dietrich

Dietrich-Karosseriebau in Münster stellte zur Frischluftsaison 1991 einen Cabrio-Kit für den Polo II vor, der rund 3.500 DM kostete. Der Bausatz passte sowohl für die Steilheck- als auch für die Coupé-Version.

Deutsch

Die enge Geschäftsverbindung zu den benachbarten Ford-Werken war für das Karosseriewerk Karl Deutsch in Köln-Braunsfeld noch kein Grund, sich nicht auch nach ande-

Dietrich nutzte für sein Derby Cabriolet den Umbausatz von Speedster Cabrio Design, Bausatz und Lackierung kosteten 9.500 Mark.

Opel Commodore von Deutsch. Foto: Karle Horn, cc-by-sa 3.0

ren umbauwürdigen Limousinen und Coupés umzuschauen. Auf diese Weise entstand bis in die 1970er-Jahre ein breites Sortiment von Fahrzeugen für Individualisten.

Firmengründer Karl Deutsch (1881-1957) hatte 1913 die Karosserie- und Wagenfabrik J.W. Utermöhle in Braunsfeld übernommen und sich drei Jahre später mit einer eigenen Firma etabliert, die Lastwagenanhänger für militärische Zwecke baute. Ab 1919 wandte er sich dem Pkw-Bau zu und stellte Einzelaufbauten und kleine Serien für verschiedene deutsche Marken her, mit denen er zahlreiche Schönheitswettbewerbe gewann. 1931 begann die Zusammenarbeit mit Ford, in deren Verlauf die Karl Deutsch GmbH rasch expandierte. 1938 waren in Braunsfeld an die 3.000 Mitarbeiter beschäftigt, der Tagesausstoß lag bei 100 Karosserien.

In den ersten Nachkriegsjahren hatte man alle Hände voll mit der Beseitigung von Schäden zu tun. 1951 lieferte Deutsch wieder Karosserien an die Ford-Werke. Später, als Ford ein eigenes Karosseriewerk in Betrieb nahm, spezialisierte Deutsch sich auf die Produktion von Coupés und vor allem Cabriolets auf der Basis von Serienlimousinen. Rund zwei Jahrzehnte lang gab es kaum ein Ford-Modell, das bei Deutsch nicht auch als Cabriolet erhältlich war: vom Buckel-Taunus über 12M, 15M, 17M und 20M bis hin zum Capri, den dann wohl in Zusammenarbeit mit Crayford.

Daneben entstanden Einzelanfertigungen und Kleinserien anderer deutscher Marken, z.B. Cabriolets auf Basis des DKW Junior, Audi 100 LS, Opel Kadett, Rekord und Commodore, BMW 2800 CS, Borgward Isabella. 1972 stellte Deutsch, das auch mit Crayford in England zusammengearbeitet hatte, den Karosseriebau ein. Die Cabriolets aus Braunsfeld sind wegen ihrer handwerklich sauberen Verarbeitung und attraktiven Form gesuchte Liebhaberobjekte.

Von Deutsch realisierter Cabrioaufschnitt der Borgward Isabella auf dem Genfer Salon 1955. Die aufgesetzten Speichenrad-Attrappen entsprachen dem Zeitgeschmack. Foto: ETH Zürich, Bildarchiv / Jack Metzger / cc-by-sa 4.0

Porsche 356 A Convertible von 1959, gebaut von Drauz.

Drauz

Die Karosseriefabrik Gustav Drauz & Cie. verstand sich nicht nur auf die Fertigung bildschöner Cabriolets, sondern hatte auch im Werkzeug- und Maschinenbau einen guten Namen. Das 1900 vom Wagnermeister Gustav Drauz (1872-1951) in Heilbronn gegründete Unternehmen lieferte zunächst Karosserien an NSU, später auch an Daimler-Benz und Adler. Zwei Jahre später gewann ein Drauz-Cabriolet bei der Internationalen Kraftwagen-Konkurrenz in Monaco den Schönheitspreis. 1929 avancierte das Heilbronner Unternehmen, das inzwischen als Karosseriewerke Drauz AG firmierte, zum Hauptlieferanten der Ford Motor Company in Berlin. Nach Verlegung des Ford-Firmensitzes an den Rhein gründete Drauz 1932 ein Zweigwerk in Köln zur Montage und Instandsetzung von Ford-Karosserien.

1933 wurde in Heilbronn die Fließbandfertigung eingeführt. Der Tagesausstoß betrug jetzt 25 Ford-Cabriolets und 40 Fahrerhäuser für Liefer- und Lastwagen. Von 1934 bis 1941 baute Drauz auch die Cabriolet-Modelle von NSU-Fiat. 1936 führte man die damals neuartige Kunstharzlackierung für Personenwagen-Karosserien serienmäßig ein. Die enge Beziehung zu Ford hielt auch nach Beendigung des Krieges an.

1951 stellte Drauz einige Exemplare eines viersitzigen Taunus-Cabriolets her, ein Jahr später entwickelte man für den Prototypen des Kastenwagens FK1000 eine selbsttragende Karosserie in Schalenbauweise. Auch die Serienfertigung der Transporterkarosserien erfolgte bei Drauz. Bis Juli 1965 wurden 250.000 Stück gebaut. Die Karosserien für den DKW-Schnelllaster F89L kamen ebenfalls von Drauz. Im Personenwagenbau setzte sich Drauz mit dem von 1958 bis 1959 gebauten Porsche 356A Convertible D (D stand für Drauz) ein Denkmal. Weniger bekannt ist, dass in Heilbronn auch die Karosserien des Champion 400 und 400H gefertigt wurden.

1965 übernahm NSU die traditionsreiche Karosserieschmiede. Der Werkzeug- und Vorrichtungsbau verblieb bei Drauz.

Ford Weltkugel-Taunus als Cabriolet von Drauz.

Drews

Drews Karosseriebau (auch Karosserie Drews oder kurz Drews) wurde am 1. Januar 1945 noch vor Ende des Zweiten Weltkriegs in Wuppertal-Oberbarmen gegründet. Unternehmensgründer und erster Eigentümer war Gerhard Drews, seine Brüder Werner und Erwin stießen später hinzu. Nebenan im Wuppertaler Stadtteil Elberfeld befanden sich die alteingesessenen »Karosseriewerke Joseph Hebmüller Söhne« – hier erhoffte sich Gerhard Drews wohl Synergien.

Bis zur Währungsreform 1948 machten verschiedenste Reparaturarbeiten das Hauptgeschäft aus. Gerhard Drews war Mitglied im Deutschen Motor-Club, der Vereinigung der deutschen Sport- und Rennwagenfahrer mit Sitz in Wuppertal, der Ende der 1940er-Jahre etwa 100 Mitglieder angehörten. Hierdurch kam er in Kontakt mit Unternehmern, Konstrukteuren und Rennfahrern wie Petermax Müller, Otto Glöckler, Emil »Teddy« Vorster und Alexander von Falkenhausen. Dem entsprangen erste Karosseriebauaufträge für Rennsportwagen und Monopostos.

Drews Prospekt des 2+2sitzigen Sportcabrios.

So bemühte sich Ende der 1940er/Anfang der 1950er-Jahre Konstrukteur und Rennfahrer Alexander von Falkenhausen darum, selbst entworfene Rennsportwagen, Formel-2-Rennwagen und Kleinserien-Pkw unter der Bezeichnung AFM zu vermarkten. 1949 gestaltete und baute Drews den AFM Super 2500 in vermutlich vier Exemplaren. Dieses luxuriöse Cabriolet hatte ein Chassis, das von Falkenhausen entworfen hatte und das sich an seinen Rennsportwagen orientierte, sowie eine leistungsgesteigerte Antriebseinheit des Opel Kapitän. Der offene Viersitzer in Pontonform nahm 1949 zusammen mit einem Drews-VW-Sportcabriolet an einem viel besuchten Autocorso durch Wuppertal teil. Ferner wurde 1951 ein wahrscheinlich ebenfalls von Drews entworfenes Coupé auf der gleichen Basis als AFM 2,5 Liter vorgestellt. Ebenfalls von 1949 stammt ein von Drews eingekleidetes sportlich-elegantes AFM-Cabriolet mit Pontonkarosserie auf Basis eines Fiat 1100, das formal einige Stilelemente des Drews-VW-Sportcabriolets aufgriff. Letztlich fehlten von Falkenhausen jedoch die finanziellen Mittel, um eine Serienfertigung eigener Personenwagen aufbauen zu können. Es blieb bei wenigen Einzelstücken.

Legendär war der Veritas RS, von dem die Wuppertaler als Einzelstück um 1950 einen einsitzigen Rennwagen nach Formel-2-Reglement aufbaute. Ungeklärt ist, wodurch die Verbindung Veritas-Drews zustande kam. Vermutlich handelte es sich ursprünglich um einen Auftrag für den Konkurrenten Hebmüller im benachbarten Barmen, der bereits mehrere Veritas-Rennsportwagen eingekleidet hatte, aber nun durch den Großbrand von 1949 beeinträchtigt war. Unklar ist auch, wer den Monoposto in Auftrag gab. Wahrscheinlich war dies der

DKW Spyder von Drews auf Basis des 3=6, aufgenommen während der Donau Classic 2009. Foto: Kittler

Unternehmer Emil »Teddy« Vorster (1910–1976) aus Rheydt, der bereits mehrere Rennwagen bei Drews (darunter einen Monoposto auf KdF-Basis) hatte aufbauen lassen. Um 1960 stellte das Unternehmen sogar eigene Formel-Junior-Rennwagen mit DKW-Mechanik her.

Grundlage der meisten »zivilen« Drews-Fahrzeuge waren Plattformrahmen des VW Käfer, anfänglich von instandgesetzten Kübelwagen aus Kriegsproduktion, später vom Standard-Käfer (Typ 11) und ab Juli 1949 vom Export-Typ (Typ 11 a). Wie bei anderen Karosseriebauern – mit Ausnahme von Karmann, Hebmüller und von Westfalia – war das Volkswagenwerk zu keinem Zeitpunkt bereit, unkarossierte Chassis zu liefern. Drews musste also komplette Fahrzeuge beschaffen (oder von den Auftraggebern anliefern lassen). Neben Pritschenwagen entstand auch mindestens ein Coupé.

Wichtigstes Erzeugnis der Wuppertaler war indes das von 1947 bis 1955 gebaute 2+2sitzige VW Sportcabriolet mit Leichtmetall-Aufbau. Es wurde eigenständig vermarktet und konnte beim VW-Händler bestellt werden, gehörte aber – anders als ab 1949 die Cabrios von Karmann und Hebmüller – nicht zum offiziellen Lieferprogramm des Volkswagenwerks. Von 1948 bis 1955 baute Drews das Cabriolet zirka 100-mal. Abweichend von diesem Modell karossierte Drews Mitte der 50er ein weiteres Cabriolet, das nach Schweden geliefert werden sollte: mit versenkbaren Seitenscheiben hinter den Türen, einer einteiligen, gebogenen Frontscheibe und modischen Chromzierleisten vor dem hinteren Radausschnitt (drei kurze waagerechte, parallel übereinanderliegende und nach hinten spitz zulaufende Leisten). Zu einer Serienfertigung kam es nicht, weil mit dem Debüt des VW Karmann-Ghia Typ 14 als Coupé und Cabrio das mit mindestens 10.000 DM vergleichsweise teure Drews-Sportcabriolet und seine schwedische Variante an Kundeninteresse verloren.

Andererseits baute Drews von Ende der 40er bis Ende der 50er-Jahre im Kundenauftrag weiterhin verschiedene selbst gestaltete Sonderkarosserien für Personenwagen in Einzelfertigung. Darunter war 1951 ein sportlich-elegantes Cabriolet auf Basis eine Alfa Romeo 6C 2500 für den Rennfahrer Walter Schlüter. Im Jahr 1956 entstand mindestens auch ein DKW 3=6 Spyder mit Leichtmetall-Karosse, der formal an den DKW-Monza erinnerte. Er wurde 1958 von einem Herrn Hartmann beim Rossfeldrennen pilotiert.

Für Dyna-Veritas hatte Drews eine sportliche Roadster-Variante mit zwei Sitzen und wahlweise 33 oder 40 PS (24 / 29 kW) Leistung erstellt. Seine öffentliche Premiere hatte das Modell bereits im Oktober 1950 auf dem Pariser Autosalon; in Deutschland wurde der Roadster erst in den beiden Folgejahren bekannter. Besonderheit dieses Autos, der an den größeren Jaguar XK 120 erinnerte, war die Windschutzscheibe, die samt Notverdeck nach vorne geklappt und unter der langen, nach vorn hochklappbaren Motorhaube verstaut werden konnte. Es blieb vermutlich bei einem Einzelstück.

Ab 1951 bot Drews ein viersitziges Zweifenster-Cabriolet mit Pontonkarosserie auf Basis des Ford Taunus G93A mit Plattformrahmen (»Buckeltaunus«) an. Charakteristisch waren die zweigeteilte Frontscheibe, die großen Seitenscheiben und das relativ hohe Verdeck, das hinten weit bis zu den Türen herumgezogen war. Es griff stilistisch viele Merkmale des Drews-VW-Sportcabriolets auf. Mehrere Fahrzeuge entstanden, die im Detail voneinander abweichen, so bei der Gestaltung der Fahrzeugfront und den verchromten Zierleisten oberhalb der Radausschnitte. Einzelne Exemplare zeigen, der damals aufkommenden Mode entsprechend, bereits kleine Heckflossen.

Ab 1952 bot Drews zudem Umbauten des Mercedes-Benz 220 (W 187) zu zweitürigen Cabriolets mit vier Sitzen und Pontonkarosserie an. Sie verzichteten auf den Mercedes-typischen Kühlergrill und hatten stattdessen eine große ovale Kühlluftöffnung mit mehreren senkrechten, konvex vorgewölbten Chromstreben. Zumindest drei Ausführungen des Fahrzeugmodells sind bekannt, teils als Zweifenster-, teils als Vierfens-

VW Drews Sportcabrio 1950 im AutoMuseum Volkswagen.

ter-Cabriolet. Es gab auch Exemplare mit »nierenförmigen« Entlüftungsöffnungen je Seite im Bereich der vorderen Kotflügel und der Türen und mit unterschiedlich modellierten Radausschnitten. Vermutlich hat kein Exemplar überlebt. Auch auf Opel- und Panhard-Basis entstanden Umbauten.

Später verlagerte sich die Geschäftstätigkeit, ähnlich wie Rometsch, zunehmend auf Unfallreparaturen, weil die Bedeutung eigenständiger Karossiers in Deutschland abnahm. In zweiter Generation führte Joachim Drews den Betrieb noch bis 2001 fort. Besonderheit in den letzten Jahrzehnten, speziell um 1982, waren Neuaufbauten beziehungsweise Nachfertigungen von Fahrzeugen, die in den 1950er- und 60er-Jahren bei Drews karossiert worden waren.

EDAG

EDAG mit Hauptsitz in Fulda und 1969 gegründet, ist einer der größten Ingenieurdienstleister Deutschlands und arbeitet weltweit vor allem für die Automobilindustrie. Opel hatte bei EDAG eine Machbarkeitsstudie zum Thema Calibra-Cabrio realisieren lassen. Auch Valmet in Finnland hat ein ähnliches Fahrzeug als Unikat aufgebaut. Ab den 90ern wurden auch diverse Showcars aufgebaut – darunter in Kooperation mit Rinspeed der Chopster auf Porsche-Cayenne-Basis. 2006 entwickelte EDAG auf Basis des Pontiac Solstice-Roadsters ein aufsetzbares Hardtop. Beteiligt war das Unternehmen auch am Smart

1985 erhielt Edscha von BMW den Auftrag zur Fertigung des Cabrio-Verdecks für die 3er Reihe. Das führt ein Jahr später zur Gründung des Geschäftsbereichs Cabrio-Dachsysteme in Hengersberg.

Coupé-Roadster, am Audi TT, am BMW Z3, den Mercedes-Roadstern SL und SLK sowie am Porsche 911/997 und am 986/Boxster. Das Keinath GTC Cabrio von 2002 stammte gleichermaßen von EDAG. Bis 2021 wurden 33 Showcars erstellt. Spektakulär gerieten das »Showcar N. 8« von 2005, der Biwak von 2006 auf New Beetle-Basis und der völlig offene, auch autonom fahrende Soulmate von 2016.

Edscha

Edscha in Remscheid zählt heute zu den größten Verdeckherstellern. Die Firma wurde vor 150 Jahren gegründet, um u.a. Türöffner und Scharniere herzustellen. Seit 1969 baute Edscha Lkw-Schiebeverdecke. Mit dem Cabrioverdeck für den 3er (E30) entstand der Geschäftsbereich Cabrio-Dachsysteme. 2002 übernahm Edscha den Fahrzeugentwickler IVM (Weiterverkauf 2007) und vergrößerte anschließend sein Angebotsspektrum. 2009 musste Edscha für die europäischen Standort Insolvenz anmelden, ein Jahr später übernahm Webasto die Sparte Cabrio-Dachsysteme. Entwickelt wurden – nunmehr unter dem Firmennamen Webasto-Edscha – Verdeck und Verdecktechnik für den Audi TT Roadster, den Mini Roadster, das VW Golf VI Cabrio und den Ford Mustang von 2015.

EDAG als Automobilzulieferer macht immer wieder durch Showcars auf sich aufmerksam. Oben links ist zu sehen ist der EDAG No. 8, das Showcar von 2005.

Links: EDAG Soulmate von 2016 mit der Option, später autonom zu fahren.

Eller-Aufschnitt der biederen Käfer Limousine aus Mexiko von 1980 im AutoMuseum Volkswagen. Foto: Kittler

Eller

Philipp Eller in Dieburg war der erste, der einen Mexiko-Käfer in ein Cabrio verwandelte, ABE- und TÜV-Segen erlangte und so der Idee des nachträglichen Käfer-Umbaus zu moderaten Preisen Bahn brach. Er trennte beim Käfer das Dach samt B- und C-Säule ab und ließ lediglich die Frontscheibe stehen. Längs- und Querträger verstärkten die Bodengruppe, eine windige Zeltkonstruktion diente als Wetterschutz. Wer den Auf- und Abbau, das Gewirr aus Stangen, Bügeln, dünner Verdeckhaut und Druckknöpfen überblickte, war auf jedem Campingplatz ein gern gesehener Helfer. 1983 kostete der Käfer mit Roadster-Ambitionen 16.500 Mark, für den Umbau eines Gebrauchten waren 7.150 Mark fällig.

Zur IAA 1987 machte Eller erneut von sich reden – mlt seinem Porsche 911 Speedster. Basisfahrzeug war wahlweise 911 Cabrio oder Targa. Der Umbau kostete DM 68.000,–.

Das Hochklappen des Verdecks gestaltete sich, wie immer bei solchen Umbauten, nicht ganz einfach. Natürlich war das Verdeck nicht mit den gefütterten Karmann-Mützen zu vergleichen.

ETA 02 Cabrio von Everytimer – moderne Technik im Retro-Look auf Basis des 1ers von BMW.

Everytimer Automobile

Harald und Michael Käs, Vater und Sohn, betreiben seit 2014 eine Automobilmanufaktur in Welden nahe Augsburg. Sie haben sich als Zulieferer und im Rennsport einen Namen gemacht. Ihre Kompetenz im Automobilbau haben sie nun mit dem »Everytimer 02 Cabrio« unter Beweis gestellt. Das seit 2019 gebaute offene Fahrzeug weist eine hohe Detail- und Verarbeitungsqualität auf und verfügt über eine eigenständig gezeichnete Karosserie aus hochwertigstem Karbonfaserstoff.

Das Everytimer 02 Cabrio basiert auf dem BMW 135i (E 88) und kann wahlweise mit einem 6-Gang-Schaltgetriebe oder mit einem 7-Gang-Doppelkupplungsgetriebe ausgestattet werden. In Einzelfällen kann auch ein angeliefertes Kundenfahrzeug entsprechend umgebaut werden. Der BMW-Sechszylindermotor selbst ist nicht verändert worden. Das Retro-Design des Viersitzers ist angelehnt an das legendäre 02 Cabrio von BMW, die Formgebung stammt aus dem eigenen Hause. Das Stoffverdeck – ebenfalls ein Originalteil von BMW – lässt sich elektrisch öffnen und ruht unter einer Abdeckklappe.

Everytimer ETA 02 Cabrio	
Produktionszeit	ab 2019
Stückzahl	15
Karosserie	Roadsteraufbau aus Karbonfaser auf Bodengruppe BMW 135i (E88)
Sitzplätze	2
Fahrwerk v./h.	McPherson, Querstabilisator / Mehrlenkerachse, Querstabilisator
Motor	Sechszylinder-Reihe (Otto), vorn, 2 Turbos
Hubraum (cm³)	2.979
Leistung (PS/kW)	306 / 225
Getriebe	6-Gang manuell oder 7-Gang-Doppelkupplung
Länge x Breite x Höhe (mm)	4420 x 1750 x 1410
Radstand (mm)	2470
Leergewicht (kg)	1685
Höchstgeschwindigkeit (km/h	250 (abgeregelt)
Preis	ab 120.000,–

Struktur und Sicherheitstechnik der BMW-Basiskonstriuktion wurden nicht angetastet.

Auch von hinten zitiert der ETA 02 sein historisches Vorbild.

Das offene Auto wird in reiner Handarbeit von Spezialisten hergestellt und ist auf 15 Einheiten limitiert. Diese exklusive, kleine Stückzahl soll einen hohen Sammlerwert und eine Begehrlichkeit unter Autoenthusiasten garantieren. Alle Detaillösungen sind bis ins Letzte durchdacht, die individuellen Ausstattungsmöglichkeiten lassen keine Wünsche offen.

Fend

Fritz Fend (1920-2000), Konstrukteur des legendären Messerschmitt Kabinenrollers, war schon zu Lebzeiten eine Legende. 1949 hatte er bereits seinen »Flitzer« entwickelt – das einsitzige, voll geschlossene Fahrzeug mit 38-cm²-Einzylinder wurde rund 30-mal gebaut. Fend konstruierte zudem einen kleinen, schwimmfähigen Geländewagen in Erwartung eines Auftrags der jungen Bundeswehr. Chronist Erik Eckermann ist einer der wenigen, die sich intensiver mit der Geschichte des ungewöhnlichen Fend beschäftigt hat.

Fends G600 von 1956 fußte auf einem eigenentwickelten Baukastensystem – so waren Front- und Heckteil identische Wannen-Teile. Türen waren nicht vorgesehen, immerhin ließ sich ein Faltdach aufstecken. Auch die Mechanik war symmetrisch ausgeführt: Alle vier Räder hingen an Querlenkern. Zwei kleine 250-cm³-Motoren mit jeweils 14 PS , einer vorn, einer hinten, sorgten für den Antrieb. Zugunsten der Bodenfreiheit des schwimmfähigen 4x4-Gefährts wurde die glatte Unterseite leicht nach oben geknickt. Der 3,0 m lange Viersitzer war so robust ausgeführt, dass er sogar Fallschirm-Abwürfe heil überstanden hätte. Außerdem wären die Luftlandfahrzeuge stapelbar gewesen und somit luftverlastbar. Doch die Bundeswehr griff nicht zu, der Prototyp gelangte zur MAN und soll dort um 1973 verschrottet worden sein.

Für die neu geschaffene Luftlandetruppe der Bundeswehr sollten luftverlastbare Transportmittel entstehen. Der Fend-Entwurf scheiterte und der Faun-Kraka machte das Rennen.

Fiberfab

Jörgfrieder Kuhnle gründete im Januar 1966 in Ditzingen bei Heilbronn die Firma Fiberfab Karosserie J. Kuhnle. Er begann mit der Herstellung des von der amerikanischen Firma Fiberfab in Santa Clara, Kalifornien, entwickelten Kit Cars Aztec GT.

Eine Besonderheit des Wagens bestand darin, dass sich zum Einsteigen der Mittelteil des Aufsatzes elektrisch nach vorn klappen ließ. Der Aztec GT wurde etwa zwei Jahre lang gebaut. Nach US-Vorbild entstanden in Ditzingen weitere Fiberfab-Modelle, so der Bonanza GT, eine weitere Version des Aztec sowie der bis 1979 produzierte Bonito, ein zweitüriges 2+2-Coupé; alle basierten auf der Plattform des VW Käfer und wiesen eine GfK-Karosserie auf.

1975 entstanden etwa 50 Karosserien für die schweizerischen Sbarro-BMW Replica, auch fertigte Kuhnle als Alternative zu dem am deutschen TÜV gescheiterten Citroën Mehari einen in Polyester karossierten Wagen auf der Basis des Citroën Dyane mit 435-cm³-Zweizylinder bzw. 502-cm³-Vierzylindermotor. Dieses Auto trug die Bezeichnung Sherpa. 250 Bausätze sollen bis 1982 entstanden sein.

Ab 1986 war die Fiberfab Karosserie J. Kuhnle nur noch als Zulieferer von Kunststoffteilen für Tuner und andere Abnehmer tätig.

Foliatec

Foliatec Styling aus Fürth zählt zu den Ausrüstern, die für die Individualisierung von Autos sorgen. 1999 stellte das Un-

Fiberfab hatte ein breit gefächertertes Produktionsprogramm, baute für Sbarro die BMW 328-Replika (links) ebenso wie unter eigenem Namen den »Sherpa«, ein Spaßmobil nach französischer Vorlage.

ternehmen nach zwei Showcars einen dritten Hingucker namens Millennium Roadster FTR auf die Räder. Unternehmenschef Michael Böhm präsentierte das kompromisslos offene Auto mit Scherentüren auf dem Genfer Salon. Basis war der VW Golf IV mit 1,8-L-Turbovierzylinder (150 PS / 110 kW). Geschaffen wurde das auf breiten 18er-Rädern stehende Auto von Franco Sbarro und einem Studententeam. Die Karosserie bestand aus glasfaserverstärktem Kunststoff.

Freier

Die bekannteste Cabrioversion des VW Jetta der zweiten Generation stammte von Freier in Hamburg. Der Komplettumbau dauerte rund sechs Wochen und kostete knapp 16.000 DM. Bei der Verdeckkonstruktion griff man auf das Gestänge des Golf Cabriolets zurück. Ungewöhnliches Detail: Die B-Säule konnte abgenommen werden. Die Kfz-Werkstatt hatte 1984 ihr Jetta-Cabriolet vorgestellt, rund zwei Jahre später wurde ein Mustergutachten erstellt.

Zur IAA 1989 hat Freier dann noch ein Golf-II-Cabriolet präsentiert. Angeblich wurden fünf offene Fahrzeuge gebaut.

Frost

Das Frost Speedster Center in Bretten gehörte zu den erfolgreichsten Käfer-Umbauern. Die Lieferpalette umfasste Bausätze für Topless-, Cabrio- und Speedster-Versionen. Der Blechschneider aus dem Kraichgau vertrieb zuerst die Bausätze anderer Hersteller, entwickelte aber dann eigene Lösungen: Das »Topless«-Paket war die einfachste Möglichkeit des Offenfahrens; das »Cabrio«-Paket hatte einen neue Heckpartie aus GfK sowie der »Speedster« zusätzlich einen gekürzten Windschutzscheibenrahmen. Die Preise bewegten sich zwischen 990 und 3.200 Mark, das Verdeck kostete einen Tausender extra. Frost's Speedster Center bot ab Ende 1990 auch den Umbau der Porsche-Vierzylinder an 924 und 944. Der Bausatz wurde dem Cabriofreund frei Haus geliefert. Für die wichtigsten europäischen Exportländer – außer Italien und Frankreich – lag sogar eine Produktfreigabe vor. Frost verkaufte seine Unternehmen dann nach Luxemburg, Mitte der 90er verliert sich die Spur.

Im November 1986 erhielt die Firma Freier in Hamburg für ihr Jetta-Cabriolet die Typ-Zulassung. Der Umbau passte für alle Golf II- und Jetta II-Modelle und kostete rund 16.000 Mark.

Nie für die Serienfertigung bestimmt war die Foliatec-Studie »Millenium Roadster FTR« vom März 1999. Basis bildete der Golf IV.

FVD-Brombacher

Lieferte keine Bausätze, sondern führte den Umbau zum Porsche 911-Cabrio selbst durch. Der Preis von DM 13.680,- schloss Lackierung, Montage und TÜV-Abnahme ein. Die Firma aus dem südbadischen Umkirch verwandelte Targa-Modelle aller Baujahre in Vollcabriolets.

GfG

Gerhard Feldevert, Chef der Firma GfG in Gronau-Epe, bot in seinem Exklusiv-Car-Programm Cabriolets auf Mercedes-Benz-Basis an. Ein W123-Umbau kostete zum Beispiel mit mechanischem Dach 32.775 Mark, die elektrisch-hydraulische Dachbetätigung schlug mit knapp 5.000 Mark zu Buche. Für den kompletten Spoilersatz, in Wagenfarbe lackiert, mussten weitere 3.600 Mark überwiesen werden.

Der Umbau eines W126-Coupés enthielt die üblichen Verstärkungen und das obligatorische Automatikverdeck. Zierrat wie Spoiler, Sportfahrwerk oder eine 24-Karat-Hartvergoldung für Zierleisten, Kühlergrill und Schriftzug kosteten üppigen Aufpreis. Je nach Umfang der Sonderausstattungen dauerte der

Typischer VW-Speedster, in diesem Fall von Frost. Zum Bausatz gehörte auch eine neue Frontrahmenpartie. Foto: Renée Raymund, cc-by-sa 4.0

Das GfG-Cabrio auf Basis des Mercedes-Benz-Coupé der Baureihe W 123, das zwischen 1977 und 1985 produziert wurde.

Mercedes-Cabrio aus Basis des S-Klasse-Coupé der Baureihe W126 von GfG. Auf Wunsch war es mit elektrohydraulischem Verdeck lieferbar.

Umbau sechs bis acht Wochen.

Eine eigenständige Kreation dagegen war der Elisar, ein Sportwagen im Stil der 1930er-Jahre mit moderner Mercedes-Benz-Technik unter der Kunststoffhaut. Der luxuriös ausgestattete Elisar kostete rund 190.000 DM. Nachdem 21 Fahrzeuge gebaut worden waren, verkaufte Feldevert die Markenrechte 1997 an die Firma Collo in Bornheim bei Frankfurt. Unter der neuen Leitung entstand aber bis 2011 nur ein Prototyp, der noch immer im klassichenStil der Vorkriegszeit gehalten war, aber dennoch nicht mit dem Kompressor-Mercedes zu verwechseln.

GFL

GFL Autotechnik + Design im schwäbischen Eislingen hatte neben optischen Zurüstteilen kurzzeitig auch ein Capri-III-Cabriolet im Programm. Durch Wegfall des Daches büßte die Karosserie zu viel an Verwindungssteifigkeit ein, und da es nicht gelang, dieses Problem zu lösen, endete das Experiment nach der Fertigstellung des zweiten Fahrzeugs.

Gläser

Gläser-Karosserie Dresden war Hersteller luxuriöser Automobil-Karosserien, der in Dresden und Radeberg produzierte.

Der GfG Elisar war ohne Zweifel ein Nachbau des legendären Mercedes-Benz 500 K. Unter der GFK-Haut steckte aber moderne Mercedes-Technik, GfG verbaute einen 2,8 Liter-Reihen-Sechszylinder mit einer Leistung von 185 PS.

1952er Porsche 356 mit Gläser-Aufbau bei der Schloss Bensberg Classics. Foto: Kittler

Nach 1945 erlosch »Gläser-Karosserie Dresden« in der SBZ/DDR als Firmenname und Marke. Später lief das Unternehmen in Ostdeutschland als KWD (Karosseriewerke Dresden) weiter.

Die früheren Firmeninhaber wechselten nach dem Krieg in den Westteil des geteilten Landes. Emil Heuers jüngster Sohn Erich startete mit den im Krieg nach Ullersricht bei Weiden in der Oberpfalz ausgelagerten Maschinen 1950 einen Neuanfang als »Oberpfälzer Metallwaren-Fabrik«. Von den insgesamt 47 Beschäftigten waren 30 sächsische Mitarbeiter der ehemaligen Firma Gläser.

Heuer wagte sich ins Premiumsegment und begann Porsche-356-Sonderkarosserien zu produzieren. Das Unternehmen lief nun als »Gläser-Karosserie Weiden«. Allerdings kam es lediglich zur Fabrikation von 237 Cabriolet-Karosserien des Porsche 356-1300. Außerdem entstanden 16 Alu-Karosserien für den als Sportwagen konzipierten Porsche 540 America Roadster (eine besonders leichte 356er Variante für den US-Markt). Wegen Fehlkalkulationen musste die Produktion aber

Das Capri-III-Cabriolet der Firma GFL büßte durch den Umbau zum Cabriolet so viel Stabilität ein, dass nur zwei Prototypen entstanden.

Gläser-Aufbau für den Porsche 356 Roadster in seiner frühesten Form.

Glöckler-Porsche (Kurzchassis) Nr. 6 bei Karossier Weidenhausen.

1952 eingestellt werden, und der Firmenname erlosch endgültig. Von 1966 bis 1981 betrieb der gescheiterte Unternehmer in Weiden noch eine Firma unter dem Namen »Erich Heuer Karosseriebau«.

Glöckler

Die Frankfurter Firma Glöckler verkaufte Autos, vor allem BMW (hier übernahm Elvis Presley seinen 507) und baute eigene Schöpfungen auf VW- und Hanomag-Basis (Hanomag-Unikat von 1948) auf. Zudem war Helm Glöckler, Bruder des Autohaus-Chefs Walter, ein bekannter Rennfahrer der 50er-Jahre. Berühmtheit erlangte das kleine Unternehmen durch den Glöckler-Porsche, quasi eine Vorwegnahme des späteren Porsche 550. Das leichte Fahrzeug entstand in Zusammenarbeit mit der benachbarten Karosseriefirma Weidenhausen. Walter Glöckler und sein Mitarbeiter Hermann Ramelow waren die Treiber des Projekts. Entstanden sind sechs offene und eine 1953 nachgeschobene geschlossene Version.

Hammond & Thiede

Den Ascona-Cabriolets von Hammond & Thiede wurde der offizielle Opel-Segen zuteil: Die deutsche GM-Tochter übernahm den offenen Ascona in ihr Vertriebsprogramm und bot ihn bundesweit an. Bis dahin hatte das Projekt »Offener Ascona« bereits mehrere Stationen durchlaufen. Anfangs war der Münchner Opel-Händler Häusler involviert. Nachdem mehrere Subunternehmer, darunter Michelotti in Italien und Tropic in Crailsheim, wo zwei Prototypen entstanden, gescheitert waren, übernahm die Würzburger Karosseriefabrik Voll unter dem Label Hammond & Thiede die Produktion des viersitzigen Vollcabriolets. Der Vertrieb lief über das Opel-Händlernetz. Zwischen 1984 und 1988 entstanden rund 3.000 Ascona-Cabriolets.

Glöckler-Porsche-Exemplare Nr. 2 (Startnr. 51) und Nr. 3 (28).

Der Glöckler-Hanomag blieb ein Unikat. Gebaut wurde er 1948.

Härtel & Deeg

Die Porsche-Schmiede von Härtel & Deeg in Bad Friedrichshall bei Heilbronn offerierte Mitte der 1980er-Jahre ihre Interpretation des klassischen Speedster-Themas. Merkmal des H & D-Umbaus war das feste Kunststoff-Hardtop, das unter einer charakteristischen Buckelhaube verschwand. Die Verdeckkonstruktion erinnerte an den Treser Quattro Roadster und ging, wie bei diesem, auf Kosten der hinteren Notsitze. Für den Umbau eines Targas berechneten H & D stolze 29.000 D-Mark.

Hauser

1997 gründete der Schweizer Jean-Claude Hauser, der zuvor bei der BMW Motorsport GmbH gearbeitet hatte, in Eichenau ein eiugenes Unternehmen. Einziges Modell dieses Herstellers war der Roadster H1 mit einem Sechszylinder (2.494 cm³, 2.793 cm³ oder 3.152 cm³) von BMW. Die Karosserie bestand aus Kunststoff und saß auf einem Gitterrohrrahmen. Vorn wurde eine Einzelradaufhängung mit Dreiecksquerlenkern und Schraubenfedern verwendet, hinten gab es eine Mercedes-Mehrlenkerachse mit Schraubenfedern.

In seiner letzten Version von 2011 wurde der H1 nur noch mit einen BMW-Reihen-Sechszylindermotor mit 2.997 cm³ Hubraum und 272 PS / 200 kW angeboten; als Höchstgeschwindigkeit wurden 230 km/h genannt. Der Preis verringerte sich, der mangelnden Nachfrage wegen, von 124.000 auf 67.000 Euro im Modelljahr 2007. Die Firma erlosch 2014.

HAZ-AHK

1968 stellte die Hamburger Auto-Zubehör G. Kühn GmbH (HAZ) Deutschlands ersten Buggy nach amerikanischem Muster vor. Für das um 20 Zentimeter verkürzte Plattform-Chassis

Im Auftrag eines Opel-Großhändlers sollte Tropic eine Kleinserie des Opel Ascona-Cabriolets bauen. Der Auftrag ging schließlich an die Karosseriefabrik Voll in Würzburg, Auftraggeber war Hammond & Thiede.

des VW-Käfer hatte man gemeinsam mit Blohm & Voss in Hamburg eine Karosserie aus glasfaserverstärktem Polyester entwickelt. Vom HAZ genannten Buggy bot Kühn die Versionen Hazard, Baja und Streaker an. Ab 1979 vertrieb man auch den MP Lafer (eine MG-TD-Kopie aus Brasilien). Am 10. März 1990 erfolgte die Umfirmierung. Das Autohaus Kühn verkaufte auch Glasfiber-Replikate des Bugatti 35 B; das als AHK Bugatti offerierte Spaßauto basierte ebenfalls auf einem VW-Käfer-Fahrgestell mit 1,6-Liter-Boxermotor. Ab 1976 lautete der Markenname AHK und der Modellname AHK Bugatti. Die Prei-

Der Hauser H1 hatte unverkennbare Ähnlichkeiten mit dem Lotus Super Seven. Die Karosserie war aber eine Eigenentwicklung, der Prototypenbau erfolgte bei der Firma Kübler in Bad Tölz.

Bugatti-Replicas boten, neben HAZ (AHK), auch Saier in Sonnenbühl, Classic-Car Janßen in Lüdenscheid sowie Scheib in Ansbach an. Der AHK-Entwurf (hier von 1976) wirkte aber am authentischsten.

se betrugen in den Modelljahren 1985 und 1986 2.300 DM für einen Bausatz ohne Chassis und VW-Motor sowie 23.000 DM für ein Komplettfahrzeug. Der AHK Bugatti wurde noch Ende 1991 angeboten.

Es ist nicht bekannt, wann die Produktion endete. Der letzte Eintrag in den Autokatalogen erfolgte 1992.

Hebmüller

Wie zahlreiche Karosseriebaufirmen entwickelte sich auch die Firma Hebmüller in Wuppertal-Barmen aus einer Werkstatt für Kutschwagenbau, die 1889 von Joseph Hebmüller gegründet worden war. Nach seinem Tod im Jahre 1919 begannen seine Söhne mit der Fertigung von Automobilkarosserien und eröffneten 1925 in Wülfrath bei Wuppertal einen Zweigbetrieb. Ford, Opel, Hanomag und Hansa-Lloyd zählten in den nächsten Jahren zu den Auftraggebern des aufstrebenden Unternehmens. Eine Spezialität von Hebmüller waren zwei- und viersitzige Cabriolets sowie Pullmann-Limousinen auf Ford- und Opel-Fahrgestellen. Nach 1945 entstand in Wülfrath unter anderem ein rundes Dutzend Cabriolets auf Humber-Basis für die englischen Besatzungsbehörden. Große Hoffnungen setzte man auf das zweisitzige VW-Cabriolet, das im März 1949 in

HAZ gehörte zu den bekanntesten Anbietern von Buggys. In der Regel handelte es sich dabei um amerikanische Entwürfe wie etwa den Deserter.

Produktion ging. Zudem baute Hebmüller in den Jahren 1948/49 genau 482 Einheiten des VW Typ 18A Polizei-Cabrios. Schon kurz darauf zerstörte jedoch ein verheerender Großbrand alle Zukunftsträume. Die VW-Produktion sank von vormals 17 auf drei Exemplare pro Tag und lief im Frühjahr 1950 ganz aus. Im selben Jahr begann Hebmüller mit dem Bau des viersitzigen Hansa 1500 Cabriolets, im Frühjahr 1951 kam die Fertigung des zweisitzigen DKW-Meisterklasse-Cabriolets und -Coupés hinzu. Auch für Veritas entstanden einige Sonderkarosserien, ebenso der Pertrix-Rennwagen von Petermax Müller.

1952 geriet das Wülfrather Unternehmen, das sich nach dem Großbrand nie mehr richtig erholt hatte, zunehmend in Schwierigkeiten und stellte zum Jahresende die Produktion ein. Hebmüllers Name lebt vor allem in den offenen VW-Zweisitzern fort, die längst gesuchte Sammlerstücke sind. Um die Würdigung des umtriebigen Karossiers kümmert sich heute sehr engagiert Firmenerbe Klaus Hebmüller.

Hebmüller gehörte zu den bekanntesten Karosseriebaufirmen der Vorkriegszeit. Diesen 1940er Kapitän baute Hebmüller genau zwei Mal zum Cabriolet um. Foto: Bali 77, cc-by-sa 3.0

Heute noch bekannt ist Hebmüller aber wegen seiner im Werksauftrag entstandenen Zweifenster-Cabriolets. Foto: Palauenc05 , cc-by-sa 4.0

Neben Papler baute auch Hebmüller Polizeistreifenwagen im Stil der 1930er Jahre: Segeltuchtüren hielten die Behörden damals für unerlässlich, um schnell ein- und aussteigen zu können. Hier ein VW 1200 Typ 18A von 1949 im AutoMuseum Volkswagen.

Hintermeier Power

Die Firma Hintermeier Power GmbH im bayerischen Kolbermoor stellte Tuningteile für den Opel Manta her und bot auch komplette Cabriolets an. Die Umbausätze dafür kamen von Convertible Cars, Neustadt/Aisch. Der Umbau kostete als Bausatz 4.850 DM und umfasste zahlreiche Verstärkungen. Sie waren so kräftig dimensioniert, dass der Vorderwagen auch den Dreiliter-Sechszylinder mit 180 PS / 132 kW und extrem breite 345/35-15er Reifen verkraftete. Auch erhielt man den Manta A bei Hintermeier als Targa. Später wurde auch der Manta B angeboten, Hintermeier griff aber, wie schon beim Manta A, auf CC-Bausätze zurück.

Hofer

Der junge Münchner Student Max Hofer entwickelte einen Bausatz auf Basis des VW Typ 3, der frappant dem Renault Caravelle ähnelte, aber auch Designzitate des ebenfalls vom Typ 3 abstammenden Großen Karmann Typ 34 zeigte. »Ein Sportwagen der Spitzenklasse, den Sie sich selbst bauen können«, dichtete Hofer, der vorausschauend eine eigene Firma gründet hatte, »jetzt ist er für Sie erschwinglich«. Die italienisch-elegante Linienführung wurde mit einer exklusiven Innenausstattung kombiniert. Einen Preis nannte er nicht, aber man darf von etwa 8.500 DM ausgehen- plus die Umbauaufwendungen. Als Gesamtpreis nannten damalige Presseagenturen sehr selbstbewusste 10.600 DM.

Das zweisitzige »Corrida Sport-Cabriolet« wurde in der ersten Hälfte der 60er als Unikat aufgebaut Es basierte auf einem Volkswagen 1500 S, bei welchem Hofer das Chassis mit Stahlrohren verstärkt hatte, um eine nichttragende Karosserie aufsetzen zu können. Die Heckleuchten seines Cabrios stammten vom Ford Taunus 17M P3, die Windschutzscheibe vom Karmann-Ghia, der Fensterhebemechanismus vom BMW 700. Sein Instrumententräger mit den drei Runduhren erinnert an den Karmann Typ 34. Wetterschutz bot ein textiles Notverdeck.

Erstmals in die Öffentlichkeit kam der Corrida im Rahmen eines Karosserie-Wettbewerbs der Zeitschrift »Stern« von 1964, ausgetragen in Baden-Baden (wo traditionell Concours-d'Elegance-Veranstaltungen stattgefunden haben. Hofers Kreation wurde der »Goldene Stern« verliehen. Solcherart beflügelt ließ er sogar einen Prospekt gestalten, aus dem die gezeigten Fotos stammen.

Zu einer Serienproduktion kam es nie, denn kurze Zeit später wurde der Wagen gestohlen und tauchte nie mehr auf. Dennoch geisterte die Idee einer schicken Hardtop-Ausführung noch 1972 durch die Presse.

Hoffmann Automobildesign

Hoffmann Automobildesign, ein Unternehmen aus Kulmbach, kündigte im Januar 1985 die Produktionsaufnahme von Porsche 924- und 944-Cabriolets an. Für den Umbau kamen sowohl Neufahrzeuge als auch Gebrauchtwagen in Frage, sofern sie nicht älter als vier Jahre waren. Die Umbaukosten beliefen sich auf rund 18.000 DM.

Hoffmann Speedster

Hoffmann Speedster in Viersen bot in ihrem 260 Seiten starken Katalog alles an, was des Käferfahrers Herz erfreut – auch komplette Fahrzeuge wie den Speedster II, der ab 1989 in Serie ging und über ein Versandhaus vertrieben wurde. Später hat Hoffmann den Käfer-Nachfolger Golf entdeckt, für den man ebenfalls Cabrio-Kits anbot. Hoffmann Speedster in Viersen gehörte zu den Pionieren im Umbau von Käfern und spezialisierte sich vor allem auf den Vertrieb eigener Speedster-Bausätze, auch Cabrio- und Topless-Versionen waren im Programm. Fertige Speedster wurden Ende der 1980er-Jahre über den Post-Shop eines Versandhauses für 16.900 Mark angeboten.

Der Speedster II auf Basis des VW 1300 von Hoffmann Speedster. Aufgezogen sind die optionalen Chromfelgen der Dimension 7 x 15 vorne und 10 x 15 hinten.

Ein viel beachtetes Einzelstück dieses Typ-3-Cabriolet. Der Hofer Corrida Sport sah sehr gefällig aus, war aber weit von einer Serienreife entfernt. Foto: Sammlg. J. Klein

Hornstein

Wer um 1990 ein außergewöhnliches Cabriolet suchte, war bei Autostyling Hornstein in Volkertshausen an der richtigen Adresse. Seine Interpretation des Cabrio-Themas am Beispiel des Scirocco II wusste aus jedem Blickwinkel zu gefallen. Wie fast alle Tuner-Kollegen verwendete Hornstein bei der Neugestaltung des Fahrzeughecks handlaminierte GfK-Teile für seine bereits 1991 begonnene Entwicklung einer Opel Calibra Sonderkarosserie, die er beim Zulieferer Bieber in Borken bezog.

Auf einen Überrollbügel konnte dank umfangreicher Verstärkungen verzichtet werden. Bei der Verdeckkonstruktion griff Hornstein auf das Audi-Gestänge zurück, das vollständig unsichtbar unter einer Abdeckung versenkt werden konnte. Dadurch verringerte sich zwar das Kofferraumvolumen um etwa 40 Prozent gegenüber dem Coupé, doch die Optik mit voll versenkbaren hinteren Seitenscheiben entschädigte dafür, auch weil alles elektrisch war.

Das hatte seinen Preis und behinderte den schnellen Abverkauf des ansprechenden Cabrios. Um einen Teile der Vorlauf- und Entwicklungskosten zu decken, nahm Hornstein neben seiner Luxusversion auch eine weniger aufwändige Variante mit mechanischer Verdeckablage ins Programm: Statt für DM 32.000.– gab es nunmehr auch ein nicht ganz so üppig ausgestattetes Calibra Cabriolet für DM 18.000,–. Doch noch immer fehlten Kunden, und Hornstein musste aufgeben. Zulieferer Bieber übernahm die Lizenzrechte der Konstruktion sowie seine unbezahlten GfK-Teile, um nunmehr selbst ab 1995 Anbieter eines Calibra Cabriolets »System Hornstein« zu werden: »Da eine Freigabe jedes Umbaus nur auf der nachweisbaren Umbauqualität der einzelnen Gewerke basierte, entstanden nunmehr hochwertige Cabriolets, die mit dem früheren Cabrio-Zuschnitt à-la-Bieber nicht identisch waren. Die Umbauten bei Bieber in Borken/Westfalen entstanden auf Bestellung in einem Zeitrahmen von bis zu drei Wochen. Bieber verlangte für den Zuschnitt mit Rohumbau ohne Finish ca. 10.000 Mark, für ein fertiges Cabriolet mit Hilfe örtlicher Handwerker mussten mindestens 13.000 bis 20.000 Mark für die Luxusversion mit elektrisch versenkbarem Dach bezahlt werden. Außerdem bot Bieber alle Umbauteile über den Zubehörhandel zum Selbstbau an. Daher sind keine eindeutigen Stückzahlen zum Opel Calibra Cabriolet Bieber System Hornstein zu nennen«, sagt der Opel-Kenner Eckhart Bartels, der mit seinem Exemplar aus der Sammlung Karmann den Firmengründer Bieber besuchte und Schätzungen von rund 100 Fahrzeugen genannt bekam.

Um 1998 verkaufte Bieber seine Restbestände an die Reifenfirma Baumann in Berlin, die bis in die 2000er hinein versuchte, das Geschäft weiterzuführen.

Der Hornstein-Calibra von Opel-Experte Barthels ist Baujahr 1990. Der Umbau verschlang mindestens 13.000 D-Mark, wobei die Qualität zu überzeugen wusste. Foto: Kittler

Das Grundmodell stammt von Karmann, der Umbau vom Bodensee: Das Scirocco II-Cabriolet von Autostyling Hornstein, Volkartshausen.

Hotzenblitz

Thomas Albiez, Rainer Schmid, Thomas Schwarz und Peter Zumkeller gründeten am 13. April 1988 in Ibach, Baden, die Hotzenblitz-Mobile GmbH zur Konzeption und Herstellung von Elektrofahrzeugen. Ihr erster Prototyp wurde nach 19-monatiger Arbeit fertiggestellt. Sponsor des Projekts war Alfred Ritter, Inhaber der Schokoladenfabrik Ritter Sport. Das Magazin »auto, motor und sport« sah den Hotzenblitz auf Augenhöhe mit den Versuchsfahrzeugen BMW E 1 und Volkswagen Chico.

Am 12. April 1991 kam es zur Gründung einer neuen Gesellschaft Hotzenblitz-Mobile GmbH & Co. KG. Der ein knappes Jahr später bis zur Serienreife entwickelte, drei- bis viersitzige Hotzenblitz EL Sport war nur 2,70 m lang, wog 600 kg und wurde von einem Asynchronmotor von wahlweise 6 oder 12 kW angetrieben. Seine Kraft bezog er aus einer wartungsfreien Zink-Brom-Batterie (144 Volt, 15 kW/h); in fünf Stunden ließ sie sich an der Steckdose aufladen. Das Elektromobil erreichte eine Geschwindigkeit von rund 120 km/h und hatte in der Stadt eine Reichweite von etwa 200 km. Der Preis des EL Sport sollte 50.000 bis 60.000 Mark betragen.

Mit wenigen Handgriffen ließ sich der EL Sport in ein Cabrio oder einen Pritschenwagen verwandeln, ideal für Handwerker und kommunale Dienstleistungsbetriebe. Die Heckschublade ließ sich vollständig herausziehen und als Einkaufswagen durch den Supermarkt schieben. Das pfiffige Auto aus dem Schwarzwald verfügte über Einzelradaufhängung und ein hydraulisches Zweikreisbremssystem mit vier Scheibenbremsen; die Karosserie bestand aus Kunststoff.

Der Hotzenblitz sollte ab Herbst 1993 vom Fließband laufen, und zwar bei den ehemaligen Simson-Werken in Suhl, Thüringen. Das Land Thüringen bürgte für einen Kredit von 8 Millionen Mark. Den Preis des Ökoflitzers konnte man auf 35.000 DM reduzieren; bei Großserienproduktion kalkulierte man ihn auf 15.000 DM. Mindestens 800 Fahrzeuge gedachte der Schwarzwälder Elektromeister Albiez noch 1995 an den Kunden zu bringen. Inzwischen gab es den Hotzenblitz auch als zweisitzigen Buggy. Doch 1996 war nach nur 150 gefertigten Autos die Firmenbatterie erschöpft, und die ließ sich nicht mehr aufladen. Hotzenblitz meldete Konkurs an. Rund fünf Millionen DM fehlten, um wieder auf die Räder zu kommen. Die Hotzenblitz Mobile Thüringen GmbH stellte ihre Tätigkeit ein. Viel Geld eingebüßt hatten nicht nur der Schokoladen-Sponsor und eine Reihe von Zulieferern, sondern auch das Bürgschaftsland Thüringen.

Im März 1998 schien es, dass der Hotzenblitz eine neue Chance hätte. Eine Finanzierungsgesellschaft wollte den Wagen in Duisburg bauen lassen. Nach Angaben der dortigen Treffpunkt Zukunft GmbH sollte ein ehemaliges Postverteilzentrum im Duisburger Gewerbegebiet Neuenkamp als Standort für die Herstellung dienen. Doch 2005 suchte man (vergebens) noch immer nach Kapitalgebern, die eine Serienfabrikation zu finanzieren bereit waren.

Hübers

Insgesamt neun Exemplare eines kleinen Sportflitzers auf VW-Basis sind zwischen 1978 und 2003 in absoluter Eigenregie entstanden. Vorbild waren die Konstruktionen Colin Chapmans, und die Idee von Erbauerin Jannie Hübers in Duisburg war, ebenfalls Bausätze anzubieten. Zusammen mit einem Mitarbeiter in der elterlichen Firma in Bocholt wurden aufbauend auf dem ersten gebraucht erworbenen Käfer während der Freizeit entsprechende Musterfahrzeuge (3,8 m lang, 1,8 m breit, 1,1 m hoch, 700 kg) erstellt. Aber in Deutschland, wo es dafür keine Steuerermäßigungen gibt, funktionierte dies letztlich nicht.

Basis der bis 150 km/h schnellen Fahrzeuge war stets der Zentralrohrrahmen mit integriertem Überrollbürgel, neu entwi-

In den Neunzigern gab es erste ernsthafte Ansätze, Elektrokleinwagen für den urbanen Bereich anzubieten. Der Hotzenblitz war als Mehrzweckfahrzeug konzipiert und konnte auch das Cabrio genutzt werden. Die Batterie saß in einer Schublade im Heck. Foto: ETH Zürch, Bildarchiv, cc-by-sa 4.0.

Die Hübers-Exponate H1, H2 und H3 neben dem Aggregate-Spender, dem Käfer.

ckelt waren auch die an Längslenkern geführte Hinterachse mit zwei Schraubenfederpaaren. Aber letztlich blieben die Baureihen-Muster H1 (Käfer-Serienmotor), H2 (85-PS-Motor aus dem VW 412) bis H3 (mit überarbeitetem Typ-4-Motor und kürzerem Radstand) Unikate. Drei davon spendete Hübers dem AutoMuseum Volkswagen in Wolfsburg.

HWS

Hubert Willi Schillings, begabter Techniker und Schöpfer des Adler-Coupés, versuchte sich 1956 am Bau eines eigenen kleinen Zweisitzers mit Horex-Motor. Auf ein Rohrrahmenfahrgestell kam ein mit Alublechen beplanktes Holzgerippe. Die Bremsanlage kaufte Schillings von Ate, die Scheinwerfer von Hella. Die Sitzbank nähte die Gattin selbst, die Räder fertigte Schilling in Eigenarbeit.

Das 3,30 Meter lange und 330 kg schwere Cabriolet setzte Schillings in seiner Wohnung zusammen, um es auf die Straße zu bringen, musste es aber erst wieder zerlegt werden.

Die ersten Probefahrten liefen ermutigend, was zur Gründung der »HWS-Fahrzeugbau« im hessischen Ranstatt führte, die 1957 den zweiten Prototypen präsentierte. Angeblich interessierte sich die österreichische Firma KTM für den Entwurf, doch alle Pläne zerschlugen sich, das Projekt wurde 1958 eingestellt. (Ampnet)

Der HWS 1 von 1956 passte nicht durch die Haustür und musste daher wieder zerlegt werden. Foto: von Thyssen

Hübers H1, der erste von neun Eigenbauten.

Automobilveredler HWS bot nicht nur Mercedes-Tuningteile, sondern auch den Umbau zum Cabriolet an.

Eine Fertigung des E24-Cabriolets lehnte BMW ab, auch die Zusammenarbeit mit Gemballa scheiterte. Daher vermarktet Weber das in Belgien gebauten Cabrio unter dem Namen »Hy-Tech« selbst.

HWS

Die Schollen Kfz-GmbH in Aachen brachte 1987 unter dem Label HWS ein Mercedes-Benz-190-Vollcabriolet auf den Markt. Nicht minder ungewöhnlich: der Umbau des Peugeot 205 zum bügelfreien Vollcabriolet.

Hy-Tech

Die Hy-Tech Automobilvertriebs-GmbH in Stuttgart war eine Gründung von Jürgen G. Weber nach dem Zusammenbruch seiner Crailsheimer Firma Tropic (s. d.). Sein neues Unternehmen vertrieb Cabriolets auf Basis der BMW 6er-Reihe und der SEC-Modelle von Mercedes-Benz. Den Umbau nahm die belgische Firma EBS vor. Die Preise bewegten sich in der Region von 100.000 DM und ließen sich durch Extras wie Lederausstattung, Verdeck-Fernbedienung oder Tresor beliebig nach oben verschieben. Dagegen richtig billig war das Ascona-Cabriolet »Playa« für rund 30.000 DM, entstanden unter Verwendung von Komponenten der nur in den USA verkauften GM-Cabrios Chevrolet Cavalier und Pontiac J2000. Ob außer den beiden Prototypen vom November 1983 noch weitere Exemplare gebaut wurden, ist nicht bekannt, sicher ist aber, dass der »Playa« in die Ahnenreihe jener Ascona-Cabriolets gehört, die dann letztlich ihren Weg in das Opel-Programm fanden.

IVM

Das 1968 gegründete Ingenieurbüro für Verfahrenstechnik und Maschinenbau (IVM) aus München war in erster Linie Dienstleister und Prototypenbauer. 1998 stellte das Unternehmen in Genf eine technisch und optisch modifizierte Version der Corvette (Baureihe C5) aus, für die IVM den Herstellerstatus erhielt. Das breitere, flachere und mit vielen Karbonteilen und neuem Heck versehene Fahrzeug war in Zusammenarbeit mit dem US-Hersteller Callaway entstanden. Der 5,7-Liter-V8 leistete 440 PS / 323 kW und übertraf damit die Originalversion. Binnen eines Jahres sollen 22 Coupés zum Stückpreis von 350.000 DM verkauft worden sein.

Auf dem Genfer Salon 1999 folgte dann die Spider-Ausführung des IVM Callaway C12, der sich zur IAA im gleichen Jahr eine komplette Karbonversion von Coupé (420.000 DM) und offener Version hinzugesellte. Ursprünglich soll überlegt wor-

Bei Baur entstand im IVM-Auftrag 2002 diese XL-G-Klasse, Baureihe 463.

Der C12 war eine Gemeinschaftsentwicklung von IVM und dem US-Tuner Callaway auf Basis der Corvette C5.

den sein, dem neuen Sportwagen den damals freien Markennamen »Borgward« zu verpassen. Letztlich hatte IVM keinen Erfolg mit dem Wagen, das Unternehmen ist heute als Consultant am Markt, und als Kompetenznachweis war das Baur-Cabriolet aus Basis des langen Mercerdes-G-Klasse von 2002 zu verstehen.

Jacobsen & Steinberg

Neben Baur oder Autenrieth gab es weitere Hersteller, die offene BMW-Barockengel herstellten. Eine davon war die mittlerweile nicht mehr existente Bootsfirma Jacobsen & Steinberg am Berliner Nollendorfplatz. Sie begann 1955 im Kundenauftrag mit dem Bau eines großen, viersitzigen Cabrios auf dem Fahrgestell Nr. 62.003. Der Fahrgestellnummer nach handelt es sich bei diesem Limousinenchassis um das dritte, das serienmäßig mit der 3,2 Liter starken 120-PS-Maschine (88 kW) ausgerüstet wurde (tatsächlich wurde später der 160-PS-Motor des 3.2 Super eingesetzt). Das Fahrzeug war am 19.10.1955 ausgeliefert worden, wurde im Laufe des Aufbaus immer wieder modifiziert und erst Anfang der 1960er fertiggestellt.

Das Cabrio verfügte über einen Kunststoff-Aufbau (Polyester/Glasfaser) und ein dickgefüttertes Verdeck. Ähnlichkeiten zum BMW 503 (und zum 3200 CS, der aber erst Anfang der 60er erschien) waren nicht von der Hand zu weisen. Die seitlichen Kiemen steuerte der 507 hinzu. Die meisten Anbauteile kamen von BMW, die Scheinwerfer aber stammten von Borgward. Beteiligt am Design war Lutz »Luigi« Colani. Die Herstellungskosten nach Stundenabrechnungen betrugen DM 103.000,-. Das war zu viel, und so blieb es bei nur einem Exemplar.

BMW 502 von 1955 mit Jacobsen & Steinberg-Aufbau.

Seit 1986 lieferbar war das Porsche 928 als Vollcabriolet, umgebaut von Jurinek. Der Umbaupreis lag bei rund 90.000 D-Mark.

Rechts: An dem unverwechselbaren BMW-502-Unikat beteiligt war verblüffenderweise sogar Luigi Colani. Fotos: Kittler

Jurinek

Heribert Jurinek in Alling bei München nahm nur vom Feinsten: Seit 1986 wurden in seiner Werkstatt Porsche 928-Modelle aller Baujahre umgebaut. Der fast 100.000 DM teure Umbau umfasste ein völlig neugestaltetes Heck, einen speziellen Gitterrohrrahmen für bessere Torsionssteifigkeit und eine aufwändige Verdeckkonstruktion, bei der das Soft-Top vollständig hinter den Sitzen verschwand und die Notsitze erhalten blieben. Der Umbau dauerte rund zwei Monate, der Preis für den Umbau betrug mehr als 90.000 Mark. Geplante Produktion: Fünf Stück pro Jahr. Seine saubere Arbeit überzeugte sogar die Konkurrenz: Wer beispielsweise bei Vittorio Strozek ein 928 Cabrio bestellte, erhielt ein von Jurinek aufgeschnittenes Fahrzeug.

Karmann

Die Wilhelm Karmann GmbH war nicht nur die größte deutsche Karosseriefabrik, sondern auch eines der ältesten und renommiertesten Unternehmen dieser Branche. Firmengründer Wilhelm Karmann sen. (1871-1952) hatte 1901 die Osnabrücker Wagenbaufirma Christian Klages übernommen; 1902 baute er die erste Automobilkarosserie für Dürkopp. Ab 1921 entstanden bei Karmann Aufbauten für AGA, NAG und FN, fünf Jahre später begann die erfolgreiche Zusammenarbeit mit Adler. In den 1930er-Jahren ging das Osnabrücker Unternehmen zur Fertigung von Ganzstahlkarosserien über. Auch die Herstellung von Presswerkzeugen übernahm man nun selbst und legte damit den Grundstein für das spätere zweite Bein der Firma, den Werkzeugbau.

Nach Kriegsende produzierte Karmann zunächst Karosserieteile für Hanomag und Büssing. Der Aufschwung kam mit dem Prototyp eines viersitzigen VW-Cabriolets, das der greise Firmengründer im Mai 1949 eigenhändig dem damaligen VW-Chef Nordhoff präsentierte. Dieser orderte sofort 1.000 Stück – und dachte sicher nicht im Traum daran, dass dieses Modell in den nächsten drei Jahrzehnten zum meistgekauften Cabriolet aller Zeiten avancieren würde.

1951 erteilte die Auto Union einen Großauftrag über 5.000 viersitzige DKW-Cabriolets, 1955 landete das Osnabrücker Haus mit dem Karmann-Ghia Coupé, dem 1957 das Cabriolet folgte, erneut einen Hit. 1961 begann die Karosseriefertigung für den Porsche 356 B (insbesondere als Hardtop-Coupé), ab 1965 baute Karmann das BMW-Coupé 2000 CS, und ab 1969 lief der VW-Porsche 914 von den Osnabrücker Bändern. Später kamen verschiedene Porsche- und weitere BMW-Modelle, der VW Scirocco, der Corrado und das Golf-Cabriolet sowie das Ford Escort-Cabriolet hinzu.

Neben dieser Großserienfertigung wurden immer wieder interessante Prototypen oder Kleinserien gebaut, z. B. einige Opel Commodore-Cabrios, ein Manta A-Cabriolet, ein Cabriolet auf Basis des Opel Diplomat V8-Coupés oder die Buggies Karmann GF und AHS Imp (die Chiffre GF stand für »Gute Fahrt«, Titel des VW-Kundenmagazins, auf dessen Initiative der Buggy entstanden war). Hingucker waren auch ein BMW E21 Cabrio, ein Mercedes R 129 Flügeltürer und ein Mercedes Sportcoupé (CL203) als Cabriolet.

1991 präsentierte Karmann die erste echte Neuentwicklung unter eigenem Namen seit den Tagen des seligen Karmann-Ghia: Die Roadster-Studie namens »Idea« überzeugte durch gelungenes Design und pfiffige Detaillösungen. Das Projekt hatte allerdings zwei entschiedene Nachteile: Der knapp vier Meter lange Wagen war nicht fahrbereit – für einen Videoclip mit fahrendem Wagen hatten die Techniker einen Rasenmähermotor installiert – und eine Serienfertigung zu einem Preis um 40.000 DM war nicht zu realisieren. Zudem geriet dieser Karosserieentwurf zum Zankapfel mit Porsche. Dennoch hätte der Karmann Idea wohl alle Chancen gehabt, ein deutsches Pendant zum Mazda MX-5 zu werden.

Da Audi die Produktion des neuen, vom A5 abgeleiteten Cabrios und Mercedes die Herstellung des neuen CLK-Cabrios in eigene Hände übernehmen wollten, hatte Karmann sehr schlechte Karten hinsichtlich weiterer Anschlussaufträge.

Auch die Lohnfertigung des Chrysler Crossfire war zu Ende

Der Karmann Idea Roadster war einer der Stars der IAA 1991. Doch wie so oft in der Karmann-Geschichte blieb es bei der Studie.

Vorschlag für ein Cabriolet auf Basis des VW Polo GTI (9N3), präsentiert 2007. Zwei Jahre später war das Unternehmen dann am Ende.

Opel gab 1971 vier Cabriolets des Diplomat B in Auftrag. Gebaut wurden sie von Karmann in Zusammenarbeit mit Fissore in Italien.

BMW ließ bei Karmann das 2000 CS-Coupé fertigen. Kein Wunder also, dass die Cabrioletbauer 1965 auch eine Cabrioversion vorschlugen.

Natürlich, der Käfer: Der Name Karmann wird immer mit dem des Käfer-Cabriolets verbunden sein. Dabei hat Karmann noch viele weitere Cabrios in Serie gebaut, den Ford Escort oder auch den Renault 19. Und bei Kapazitätsengpässen auch mal für VW den Golf Kombi.

Zwei von zahlreichen offenen Karmann-Prototypen: Links: VW Gipsy, ein Strandwagen auf VW-Fahrgestell von 1971. Rechts: In Zusammenarbeit mit Ital Design (Giugiaro) in Turin baute Karmann 1970 den »Cheetah« auf verkürztem VW-Käfer-Fahrgestell.

gegangen. Kurz bevor die Fahrzeugproduktion eingestellt wurde, meldete Karmann am 8. April 2009 die vorläufige Insolvenz an. Als letztes Fahrzeug rollte am 23. Juni 2009 um 11:35 Uhr ein schwarzes Mercedes-Benz CLK-Cabriolet (C 209) vom Band. Nachdem die Volkswagen AG ab Ende 2009 große Teile des Unternehmens übernommen hatte, begann die neu gegründete Volkswagen Osnabrück GmbH im März 2011 dort mit der Produktion des Golf VI Cabrios, des Porsche Boxster im September 2012 und des Porsche Cayman (November 2012).

Anfang August 2010 wurden die Standorte in den USA und Mexiko für ca. 60 Millionen US-Dollar an den Autozulieferer Webasto veräußert. Auch andere Unternehmen wie Valmet, IWM und CES konnten Teile der Konkursmasse nutzen. Die legendäre Oldtimersammlung von Karmann wurde dank eines Machtwortes des damaligen Vorstandschefs Martin Winterkorn von Volkswagen gekauft und ist seitdem immer wieder in der Öffentlichkeit präsent.

Kamei

Der Zubehörspezialist Kamei war einer der ältesten Hersteller von Umrüstsätzen. Das 1949 von Karl Meier in Wiesbaden gegründete Unternehmen bot zunächst Käfer-Zubehör an (unvergessen ist die Blumenvase fürs Armaturenbrett) und erweiterte seine Produktpalette später um Spoilersätze für praktisch alle VW-Modelle. Einen Abstecher ins Cabriogeschäft unternahm die Firma Mitte der 1980er-Jahre, als sie auf Basis des Golf Cabriolets den bügellosen X1 Speedster vorstellte. Das rund 70.000 DM teure Gefährt blieb jedoch ein Einzelstück. Auch der Beester von 1999 war nicht mehr als eine Fingerübung der Designer.

Der Kamei Beetster I war nie zum Seriebau bestimmt, der VW-Spezialist beschränkte sich stets auf den Vertrieb von Tuningteilen und Bodykits.

Schön und selten: Das Monza-Cabrio KC5 der Firma Keinath in Dettingen/Teck. 18 Fahrzeuge wurden gebaut.

Keinath

Das Autohaus Keinath in Dettingen war Lotus-Importeur, GM-Händler und Hersteller der anspruchsvoll ausgestatteten KC 3-Ascona-Cabriolets. Keinath verkaufte eine Kleinserie von 325 Exemplaren zu Preisen zwischen DM 39.950,- und DM 42.000,-. Noch luxuriöser war der KC 5, ein Vollcabriolet auf Basis des Opel Monza. 18 Exemplare wurden gebaut, die Preise für den Umbau bewegten sich je nach Ausstattung zwischen 33.000 und 50.000 Mark. Ein neu gestalteter Kühlergrill und eine neu geformte Heckpartie mit Kofferraumdeckel aus Kunststoff waren im Preis enthalten, ebenso wie die lederbezogene Instrumententafel mit LCD-Anzeigen. Ein Einzelstück blieb der 1987 präsentierte offene Senator, während der zwischen 1997 und 2000 immerhin 21-mal gebaute Keinath GT/R ein Cabriolet mit voll versenkbarem GFK-Dach war, das dem Opel GT recht ähnlich sah. Unter seiner Kunststoffkarosserie steckte Opel-Technik. Die Höchstgeschwindigkeit betrug 240 km/h. Der Preis lag bei etwa 180.000 DM.

Blieb ein Einzelstück: Das Senator Cabriolet, das von Keinath für Opel gebaute Schaustück zur IAA 1987.

Der Keinath GT-R wurde zwischen 1997 und 2000 gebaut. Für Vertrieb sorgte ein 3,0-Liter Omega-V6 mit 225 PS und 5-Gang Schaltgetriebe.

Es muss nicht immer ein Vollcabriolet sein: Manche Tuner wie etwa Klostermann setzten auf »T-Roofs«, herausnehmbare Dachhälften.

Klostermann

Die Firma Klostermann in Kamen wurde Anfang der 1980er-Jahre durch ihren Manta mit Targadach »Florida« bekannt. Der Umbau zum Targa mit zwei herausnehmbaren Dachhälften (wobei der Mittelsteg erhalten blieb) dauerte einen Tag und kostete rund 3.000 Mark. Der Florida genannte Targa erschien 1979, blieb allerdings ohne Glück und Nachahmer. Darüber hinaus modifizierte Klostermann auch Mercedes-123-Coupés, die man mit einer Kunststoff-Heckscheibe zum Herausnehmen anbot.

Knackert

Nur zwei oder drei »Aufschneider« wagten sich an den NSU Ro 80. Den Antrieb des großen Viertürers mit der strömungsgünstigen Karosserie besorgte ein Wankelmotor, der anfangs alles andere als ausgereift war. Von 1967 bis 1977 entstanden gerade mal 37.406 Stück. Den Ro 80 gab es ab Werk grundsätzlich mit selbsttragender Karosserie, was den Umbau zum Cabrio erschwerte.

Gert Knackert machte dieses Vorhaben jedoch 1995 wahr. Viel mehr darüber weiß aber noch einmal der Besitzer, der das Unikat 2016 kaufte. Das Cabrio nutzt die ungekürzte Bodengruppe des Ro 80, wurde aber im Bereich der Längsholme und des Wagenbodens versteift, A-, B- und C-Säule mit Knotenblechen verstärkt. Das eigenkonstruierte, leichte Stoffverdeck wird von einem leichten Hilfsrahmen in Form gehalten, der sich komplett abbauen lässt. Das Kofferraumvolumen von 580 Liter ist nur unwesentlich kleiner geworden. In Großbritannien und in der Schweiz gibt es zudem mindestens je einen zweitürigen Aufschnitt – einen von Simon Kremer (1977), einen von Christian Schoch (vor 1992).

Koenig Specials

Willy König in München war in den 90ern einer der ganz Großen unter den Automobilveredlern. Seine mit Kevlar aufgewerteten Umbauten teurer Sportwagen beispielsweise von

Nur Enthusiasten wagen sich an den Umbau eines Viertürers zum Cabrio, wie hier beim Knackert-NSU Ro80, denn das erfordert Verstärkungen an Bodengruppe und Säulen. Foto: Kittler.

Mercedes (SL-Kompressor-Varianten), aber auch von Ferrari oder Lamborghini hat er bis zum Exzess getunt, so dass von 450 PS /331 kW bis zu 1.000 PS / 736 kW (Ferrari Testarossa Competition Evo) zur Verfügung gestanden haben sollen.

Cabrioumbauten hat Koenig bei Tuner-Kollegen zugekauft, so arbeitete man auch mit Strosek zusammen. Die S-Klasse-Cabriolets von Koenig stammten zunächst von SGS und danach von Bennemann. Natürlich widmete er sich auch dem 928, baute einen straßenzugelassenen Sportwagen im Stil des Porsche 962 auf (Koenig C 62) und präsentierte zum Genfer Salon 1991 ein BMW-Cabrio.

Typisch für Koenig waren Extremumbauten mit Testarossa-Rippen. Nach diesen Maßstäben gemessen war der offene 8er enttäuschend normal.

Kroboth

Gustav Kroboth (1903-1984) hatte bereits in den 1920er-Jahren im Sudetenland eigenständige Autos gebaut. Nach dem Zweiten Weltkrieg begann er in Seestall mit der Produktion von Motorrollern und entwickelte daraus 1954 den dreirädrigen »Allwetterroller«. Sein 200-cm³-Motor von Sachs sollte 9,5 PS / 7 kW leisten. Eingepreist war das Dreirad mit 2.650 DM. Doch eine zu geringe Kapitaldecke und das nicht vorhandene Vertriebsnetz führten 1955, bereits nach einem Jahr, zum

Kroboth „ALLWETTER"-ROLLER

Kroboth bezeichnete sein Gefährt als »Allwetter-Roller«. Exakte Stückzahlen sind unbekannt Prospektabbildung von 1954.

Scheitern des Projekts. Mindestens eines der insgesamt fünf gefertigten Fahrzeuge ist erhalten geblieben (PS Speicher Einbeck).

KWD

Vorläufer der VEB Karosseriewerke Dresden (KWD) war die Firma Gläser-Karosserie Dresden, die bis 1945 bestand. Produziert wurde auch weiterhin in Dresden und im benachbarten Radeberg in Sachsen. Nach 1945 waren in der SBZ / DDR Firmenname und Marke von Gläser-Karosserie Dresden erloschen. Ein Teil der Produktionseinrichtungen aus Dresden und Radeberg gingen als Reparation in die Sowjetunion. Die anschließende Entwicklung der Karosseriewerke in Ostdeutschland bzw. in der DDR hat juristisch und wirtschaftlich nichts mehr mit Gläser-Karosserie zu tun.

Nachdem am 1. Juli 1948 alle Betriebe im Territorium der SBZ, die Straßenfahrzeuge herstellten, zur IFA-Vereinigung Volkseigener Fahrzeugwerke zusammengefasst wurden, erhielt das eigenständige Dresdner Werk die Firmenbezeichnung »IFA - Vereinigung Volkseigener Fahrzeugwerke, Karosseriewerk Gläser«. Dieses ging 1953 im »Volkseigenen Betrieb IFA Karosseriewerk Dresden« auf. Das Radeberger Werk lief eigenständig unter »IFA Vereinigung Volkseigener Fahrzeugwerke, Karosseriewerk Radeberg«. Das 1994 von der Schnellecke Group privatisierte Unternehmen Karosseriewerk Dresden mit Sitz in Radeberg avancierte zum Zulieferer vor allem für Volkswagen.

In den KWD entstanden während der DDR-Zeit formschöne Cabriolets wie der EMW 327/2 sowie Cabrio-Ableitungen insbesondere vom Wartburg 311, beispielsweise der offene 311/4, aber auch der 313/1 Sport mit schicker Roadster-Karosse (von dem sogar einige Einheiten in die USA geliefert wurden). Von KWD entwickelt und gebaut wurde auch der 312/300 HT – das letzte Serien-Cabrio aus ostdeutscher Produktion.

Leinwather & Blazek

Ganz auf Porsche eingestellt war man bei L & B in Recklinghausen. Angeboten werden Cabriobausätze für die Vierzylindertypen aus Stuttgart: Porsche 924, 924 S, Carrera GT, 924 Turbo, 944 und 944 Turbo. Die Modifikationen umfassten die Verstärkung der Bodengruppe, neues Heckteil und komplettes Verdeck. Der Preis variierte je nach Ausführung und Ausbaustufe von 6.840 bis 11.000 Mark. Daneben lieferten die Recklinghausener auch Spoiler- und Schwellerleistensätze sowie Kotflügelverbreiterungen aus GfK.

Neben einem Porsche 944 Cabriolet, das kaum vom Werkscabriolet zu unterscheiden war, bot Leinwather& Blazek auch ein 928 Cabriolet an.

KWD, die »VEB Karosseriewerke Dresden«, bauten bis 1967 Wartburg-Cabriolets und firmieren heute als Automobilzulieferer.

1967 verließ die letzte Cabriolet-Karosserie das Werk in Dresden.

Wenn heute bei einem Treffen ein Karmann Ghia-Cabriolet Typ 34 zu sehen ist, dürfte es sich um einen Umbau von Lorenz (Wetter) handeln.

Lenner

Die Firma Lenner in Recklinghausen gehörte zur großen Gruppe der Kunststoff-verarbeitenden Spezialbetriebe: Spektakulär geriet der Umbau des Porsche 914 zum Vollcabrio. Dafür wich der Targabügel einem leichteren Kunststoffbügel mit Plexiglasscheibe in Originalform, der leicht entfernt werden konnte. Ein Hilfsrahmen aus Vierkantrohr sorgte für eine ausreichende Verwindungssteifigkeit. Der Bausatz kostete 3.500 DM.

Lorenz (Wetter)

Die Firma »Lorenz Karosserie und Lack« in Wetter an der Ruhr war zunächst kein ausgewiesener Karossier, sondern hatte sich vor allem mit Reparaturaufträgen beschäftigt. Erst mit der Cabrioversion des Großen Karmann Typ 34 änderte sich dies: Volkswagen bzw. Karmann verwarfen die fest eingeplante Serienproduktion des offenen Schönlings. In der Folgezeit verwandelte Lorenz dann mindestens 20 1500 S und 1600 L Coupés in Cabriolets, Umbaupreise ca. 9.000 Mark. Man erkennt diese Aufschnitte an den eckigen Seitenscheiben (bei den Original-Cabrios sind Scheiben oben hinten abgerundet).

Lorenz (Sportwagen)

Auch in der jungen DDR gab es Rennsport-Enthusiasten. Die größte Bekanntheit erlangte der Dresdner Heinz Melkus. Aber auch andere, wie Kfz-Handwerksmeister Gottfried Lorenz aus dem sächsischen Heidersdorf, bauten sich ein eigenes Rennauto auf. Lorenz nutzte – genau wie Melkus – als

Kein Cabriolet im eigentlichen Sinne, sondern der frühe Nachkriegs-Monoposto eines Rennsport-Enthusiasten aus der DDR. Foto: Kittler

Basis einen VW Kübelwagen, dessen Chassis durch zahllose Bohrungen gewichtserleichtert wurde. Nach zwei Jahren Bauzeit startete Lorenz ab 1951 in der 1.100er-Klasse. Der VW-Motor kam auf 32 PS / 24 kW und beschleunigte das 440 kg leichte Fahrzeug auf 174 km/h.

Lorenz & Rankl

Friedrich Peter Lorenz, ehemaliger Leiter der Vorserienentwicklung bei Ford Köln, blieb zunächst auch im Ruhestand seinen ehemaligen Arbeitgebern verbunden: Neben den Ferrari-Cabriolets für Auto-Becker und seinen Cobra-Replikas plante er den Umbau von Fiesta-Modellen in Cabriolets. Der erste Prototyp hatte noch einen schmalen Überrollbügel, spätere Exemplare sollten ohne diesen angeboten werden. Soweit kam es allerdings nicht.

Lorenz gründete 1984 mit seinem Partner Heiner H. Rankl in Wolfratshausen die Firma Lorenz & Rankl GmbH & Co. Fahrzeugbau KG und baute unter anderem den Silver Falcon. 1987 bot L&R eine Sonderversion des Mercedes-Benz 190 E an, versehen mit einem KKK-Abgasturbolader. Auf der Basis eines Mercedes-Benz 560 SEL entstand ferner ein viertüriges Cabriolet; dessen Dach sich auf Knopfdruck per Elektro-Hydraulik öffnen ließ. Weitere Mercedes-Modifikationen folgten, auch wurden etliche Ferrari zu Cabriolets umgebaut, so die Modelle 308, 328, 400, 412 und 512.

Das W124-Cabriolet von Lorenz & Rankl. Der Cabrioumbau kostete ungefähr noch einmal so viel wie das 230 CE- oder 300 CE-Coupé.

Sieht aus wie ein Audi-Cabriolet, ist aber der von Lorenz für Audi entwickelte Cabrio-Prototyp, der dann in Serienfertigung überführt wurde.

Silver-Falcon Nr.7, im Gegensatz zu seinen Namen im klassischen Ferrari-Rot. Die Stoßstangenecken vorn und hinten mit integrierten Blinkern wurden bei Lorenz & Rankl nur auf Wunsch montiert.

Lotus Elektric

Im Stil des englischen Lotus Super Seven Sportwagens brachte die Firma Welm in Hamburg 1998 einen Elektro-Roadster zum Preis von 18.000 DM heraus. Der Zweisitzer erreichte mit seinem Drehstrommotor eine Geschwindigkeit von rund 100 km/h. Hinter den Sitzen befanden sich Solarzellen, die die Bordelektrik speisten. Das Fahrzeug besaß einen Rohrrahmen, angefertigt bei der Firma Dutton in England, und wog leer 620 kg. Ohne Untersetzung wurde die Motorkraft direkt an den Eingang des Differenzialgetriebes abgegeben, das die Hinterräder antrieb.

Konstrukteur des Lotus Elektric war der Firmeninhaber Peter Welm. Er hatte sich als Fluglehrer betätigt, bevor er mit der Konstruktion elektrisch betriebener Fahrzeuge begann. Mit seinem Lotus Elektric nahm Welm im selben Jahr an der 1. Frankfurter Solarrallye teil und gewann vier Goldmedaillen.

Luhof

Der Karosseriefachbetrieb aus Hagen versah in den Achtzigern ein Golf-Cabriolet mit Jetta-Heck. Das Unternehmen existiert noch heute. Ob mehr als nur der eine Prototyp gebaut wurde, ist ungewiss.

Anders als andere –
Das Golf-Cabrio mit Stufenheck®

Haben Sie Gefallen an ausgefallenen Fahrzeugen?
Wir gestalten Ihr Golf-Cabriolet noch eleganter, noch exclusiver.

Durch weitgehende Verwendung von Karosserieteilen des VW Jetta verlängern wir das Golf-Cabriolet im Heckbereich um 380 mm. Das Kofferraumvolumen wächst auf das 2,3-fache des Wertes des Golf-Cabriolets.

H. Luhof GmbH · Eppenhauser Str. 34-36 · 5800 Hagen 1 · Tel. (02331) 53784

Ein Einzelstück blieb das Jetta-Cabriolet der Firma Luhof, Hagen. Das 1984 vorgestellte Fahrzeug basierte auf der ersten Jetta-Generation.

Der Opel GT entwickelte sich in den späten 80ern zum Kultobjekt. Einige Spezialisten bauten ihn dennoch zum Cabrio um, wie etwa Lumma.

Ungewöhnliche Basis: Lumma in Winterlingen am Bodensee legte auch den NSU 1200 offen.

Lumma

Horst Lumma aus dem schwäbischen Winterlingen beschritt mit seiner Veredelungsfirma eigene Wege. Seine Arbeit konzentrierte sich vor allem auf ein Auto, das längst nicht mehr produziert wurde: den Opel GT. Ob Flügeltürer-Umbau oder F 40-Heckflügel: Erlaubt war, was gefällt. Neben solchen Extrem-Versionen bot die Firma Lumma auch nahe am Original orientierte Opel GT-Cabrios und Targas an. Der Komplettumbau zum Targa schlug mit 8.000 Mark zu Buche, der Bausatz inklusive Targadach aus GFK und TÜV-Segen kostete die Hälfte. Die Umrüstung zum Vollcabrio beinhaltete ein Verdeck aus Sonnenland-Stoff sowie eine passende Persenning. Auch eine Vor-Ort-Montage des Bausatzes war möglich, kostete aber 12.500 Mark.

Mayer

Mayer Kfz-Technik in Esslingen bei Stuttgart bot in den 80ern Cabrio-Umbausätze auf Basis Porsche 911 SC (G-Modell) an. Zum Umbau eigneten sich alle Porsche Targa ab Baujahr 1974, der passende Bausatz konnte für DM 7.490,- erstanden werden und bot laut Hersteller eine »dem Original Werkscabrio entsprechende Ausführung

Melkus-Brauer

Der von Heinz Melkus in Dresden zwischen 1969 und 1979 hergestellte RS 1000 mit Kunststoffkarosserie und den charakteristischen Flügeltüren ist eines der absoluten Kultmobile der

Der Sechszylinder-Melkus ist ein Einzelstück von Sammler Marco Brauer. Den Roadster baute er, handwerklich erstklassig, im Jahre 2017 .

früheren DDR. 101 Exemplare sollen entstanden sein.

Marco Brauer im thüringischen Dornburg ist ein Hardcore-Enthusiast, der nicht nur einen RS 1000 aus den 70ern sein Eigen nennt, sondern zudem weitere DDR-Mobile für ein privates Automuseum zusammengetragen hat. Aus einem Melkus-Unfallfahrzeug baute er – mit freundlicher Duldung der Firma Melkus – im Jahr 2017 einen kompromisslos offenen Roadster-Unikat auf. Dessen Besonderheit ist der Sechszylindermotor vor der Hinterachse, der aus zwei Wartburg-Motoren zusammengebaut wurde und darum als RS 2000 läuft.

Memminger

Memminger Feine-Cabrios & Stahlbau GmbH in Reichertshofen nahe Ingolstadt ist in erster Linie ein Restaurierungsbetrieb für Käfer 1302 und 1303 Cabrios und Limousinen. Die Geschäftsführung teilen sich Georg Memminger und sein Sohn Schorsch. Der Senior war aktiver Rennfahrer, beispielsweise beim 24-Stunden-Rennen von Le Mans. Die Memmingers bieten nicht nur qualitativ hochwertige und fachgerechte Restaurierungen, sondern liefern auch selbst entwickelte und hergestellte Teile in Premiumqualität. Vor allem aber haben sie sich der Individualisierung und Aufwertung betagter Volkswagen vor allem der Baujahre 1970 bis 1979 verschrieben – das reicht bis zu deutlich größeren und stärkeren Motoren und vollverzinkten Karosserien bis zu optimierten Fahrwerken und Fahrdynamiksystemen bis hin zum ESP. Das hat natürlich seinen Preis- ein rundum optimiertes 1303 Cabrio kann durchaus über 100.000 Euro kosten. Seit 2008 widmet sich die Firma auch der Fahrzeug-Modellreihe 914/4 und 914/6. Im gleichen Jahr wagte sich Memminger an den Bau seines ersten eigenen Autos, eines völlig eigenständigen Modells – des 2.7 Roadster.

»So könnte ein moderner Käfer aussehen«, warb Memminger für seine zunächst noch handgefertigte Kreation des 2.7 Roadsters. Sie basiert auf einem 1303 Cabrio, ist aber in nahezu allen Teilen anders. Auf dem gewichtserleicherten Käfer-Fahrgestellt mit verstärktem Fahrwerk und Porsche-Bremsen sitzt ein leichter Rohrrahmen, der die Kunststoffbeplankung trägt. Der Wagen kauert tief über der Straße, trägt weit ausladende Kotflügel und verbreiterte Schweller. Die Frontscheibe wurde gekürzt, hinter den beiden Passagieren bauen sich zwei mächtige Überrollbügel auf, die in Airdomes auslaufen. Eine Rückbank fehlt. Über der Motor-

Memminger 2.7 Roadster	
Produktionszeit	seit 2018
Stückzahl	1
Karosserie	Kunststoffaufbau auf Rohrrahmen und Käfer-Zentralrohrrahmen
Sitzplätze	2
Fahrwerk v./h.	Heckantrieb, vorn Federbeine, hinten Schräglenker, 18er Räder
Motor	Vierzylinder-Boxer (Otto) im Heck, Saugrohreinspritzung
Hubraum (cm³)	2.717
Leistung (PS/kW)	210 / 155
Getriebe	5-Gang manuell
Länge x Breite x Höhe (mm)	4.037 x 1.725 x 1.245
Radstand (mm)	2.440
Leergewicht (kg)	ca. 800
Höchstgeschwindigkeit (km/h	über 200
Preis	ca. 200.000,-

Stahlbauer Georg Memminger wollte 1998 ein Käfer-Cabriolet restaurieren. Doch viele Teile gab es nicht und er begann mit der Nachfertigung.

2018 übertrug Memminger die Käfer-Idee in die Neuzeit. Das Ergebnis war der »Roadster 2.7« mit Vierzylinder-Boxer und 210 PS. Fotos: Kittler

haube wurde ein Heckspoiler integriert. Ein Softtop ist nicht vorgesehen.

Statt des 1,6-Liter-Vierzylinder-Boxers sitzt ein 2,7-Liter hinter der Hinterachse an gleicher Stelle – seine technische Grundlage bildet ein vergrößertes Typ-4-Triebwerk mit Saugrohreinspritzung. Dank der damit erreichten 210 PS/247 Nm schafft das 800 kg leichte Auto über 200 km/h. Memminger will den Wagen nur dann in einer Kleinstserie bringen, wenn mindestens 20 verbindliche Bestellungen vorliegen. Als angepeilter Preis gelten ca. 200.000 Euro. Dauerhaft in die Riege der Automobilproduzenten aufzusteigen ist allerdings nicht Memmingers Ziel.

Michalak

Bernd Michalak aus Wiesbaden machte 1984 mit einem Opel Corsa Spider auf sich aufmerksam. Im Gegensatz zum Irmscher-Corsa verzichtete Michalaks Corsa-Version auf die hinteren Notsitze und deckte sie mit einer GfK-Heckklappe ab, unter der sich ein versenkbares Hardtop verbarg. Den bügellosen Spider gab es schon ab 24.685 DM. Gebaut wurden etwa 1.000 Stück.

Anschließend entwickelte er weitere Ideen für den benachbarten Hersteller Opel, beispielsweise den Topino, ein offenes Unikat auf Basis eines Opel Corsa A mit Anhänger für drei Fahrräder, erstmals gezeigt auf der IAA 1983. Viele Jahre arbeitete er als Lieferant der Autoindustrie im Bereich Modellbau.

Mit viel Herzblut wandte er sich auch Autos mit noch exotischerem Auftritt zu. Zum einen war dies Ferrari, auf dessen Basis er den Cilindro (IAA 1989, Automobilsalon Genf 1990) und dann den Concisco (IAA 1993, Automobilsalon Genf 1994) baute. Der Conciso war ein straßenzugelassenes Fahrzeug auf Ferrari 328-Chassis mit Aluminiumkarosserie. Hergestellt wurde sie von der Carozzeria Autosport in Modena.

Auf dem Genfer Salon 1996 folgte in enger Zusammenarbeit mit Chrysler der Cocoon. Diese Viper mit Dachaufbau und »Powerwindow« (elektrischer Fensterheber) wurde sogar in der amerikanischen Jay-Leno-Show vorgestellt. Chrysler Deutschland beauftragte daraufhin die Firma Michalak mit der Umrüstung von 50 Viper RT10 auf elektrische Fensterheber.

Michalak-Gespann auf Corsa-Basis: Anders als die Spider blieb der »Topino« von 1983 ein Unikat.

Nach 33 Exemplaren kam die Produktion des Michalak C7 zum Erliegen, aus der auf Teneriffa geplanten Fertigung wurde nichts.

Und schließlich wurde zwischen 2004 und 2007 auf Basis des Smart CityCoupés ein sportives Kitcar C7 entwickelt, dass der Kundschaft angeboten wurde. Der Kunde hatte die Wahl zwischen eigenem Zusammenbau oder unterstütztem Zusammenbau bei Michalak. Die Produktion wurde nach Teneriffa verlegt. 33 Bausätze sind verkauft worden.

Ostermann

Holger Ostermann, erst Ibbenbüren, dann Osnabrück, führte fünf Modelle auf VW-Basis im Programm. Neben dem fast schon obligatorischen Speedster gab es das nostalgische Coupé 40 im American-Graffiti-Stil sowie Umbausätze für die ersten beiden Golf-Generationen. Ein Kapitel für sich: der GR-California, ein tief über dem Asphalt kauerndes Karmann-Ghia-Kit-Car mit Kunststoffkarosserie. Es erschien auf der Frankfurter IAA 1987 und kostete knapp 10.000 DM. Da der GR-C aber in Deutschland nicht zulassungsfähig war, wurde er nur für den Export produziert. Ostermann baute auch ab 1993 eine größere Anzahl von Trabant 601/1.1 zu Cabrios um. Seit 2013 gibt es keine weiteren Hinweise auf Aktivitäten der Firma.

Zu den wenigen Anbieten von Trabant-Cabriolets gehörte Ostermann. Aufgrund der Bauweise war der Umbau vergleichsweise unkompliziert.

Pandikow

Der 24-jährige KFz-Meister Christoph Pandikow fertigte 1992 auf Einzelbestellung einige Cabrioumbauten auf angelieferten Fahrzeugen. Erster Projekt war der Umbau eines Bieber Cabrios, dessen Passgenauifgkeit so schlecht war, dass der Limburger KFZ-Techniker beschloss, eine eigene Lösung zu entwicklern. Dass er damit richtig lag, bewies zuerst der offene Audi 60, der anschließend realisiert wurde. Der darauf folgende Audi 100 nutzte den den Verdeckkasten des BMW E30.

Ebenfalls entstanden, wiederum auf Kundenwunsch und zu Werbezwecken, zwei Range-Rover-Cabriolets. Der TÜV erteilte jedem Umbau den Segen. Durch persönliche Kontakte kam es dann zur Übernahme der Ersatzteilbestände der italienischen Firma Fantic, über zwei Jahrzehnte war die Firma in Limburg die erste Anlaufstelle für alle Freunde, Liebhaber und Restauratoren von klassischen italienischen Motorrädern der Marke. Teilweise wurden auch Nachfertigungen in Auftrag gegeben. Inzwischen hat sich die Firma eine Namen gemacht als Produzent der bekannten Ratgeber-Reihe »Autoreparaturanleitungen« sowie »Jetzt helfe ich mir selbst«.

Papler

Die Papler Karosseriewerk GmbH war ein Stellmacherbetrieb und Hersteller von Karosserien in Köln. Gegründet wurde das Unternehmen 1868 als Hersteller von Kutschen, ab 1908 kamen Karosserien für Automobile hinzu. Ab den 20er Jahren stellte Papler Einzelanfertigungen für deutsche und ausländische Automobilhersteller her, darunter waren auch sündhaft teure Mercedes Typ S-Kompressor-Sportfahrzeuge. Daneben baute man Serienkarosserien für Adler und Ford, ab 1936 wurden auch Nutzfahrzeuge und Spezialfahrzeuge hergestellt.

Nach 1945 entstanden Serien- und Sonderkarosserien für Ford, aber auch für Volkswagen, besonders Kübelwagen, die

Den »California«, unverkennbar am Karmann-Ghia angelehnt, produzierte Ostermann in erster Linie für den Export, gerüchteweise war zu hören, dass es wegen der Typzulassung Schwierigkeiten gab. Die Produktion der rund 100 Bausätze endete spätestens 1992.

Kfz-Meister Pandikow baute zwei Audi-Cabriolets um. Die Basis bildeten jeweils Uralt-Gebrauchte Audi 60 und Audi 100. Das Gestänge war eine Eigenkonstruktion, der Verdeckkasten stammte vom BMW-Cabrio.

Zu Werbezwecken baute Pandikow, ebenfalls wieder auf Kundenwunsch, zwei Range-Rover-Cabrios auf. Alle Fahrzeuge erhielten problemlos den TÜV-Stempel.

Papler baute bis 1955 Karosserien. Mit der Übernahme durch Spezialfahrzeughersteller Faun wurde das Unternehmen zu einem Reparaturbetrieb umgewidmet. Hier der 1200er Kübel von 1952. Foto: Kittler

sich im Falle des VW in Details vom Polizei-Kübel von Karmann unterschieden. Von 1949 bis 1952 entstanden insgesamt 482 dieser viertürige Cabrios von den Firmen Papler (Köln), Hebmüller (Wuppertal) und Austro-Tatra (Wien). Die Türöffnungen wurden mit Segeltuchplanen, Blechtüren oder Ketten verschlossen und sollten ein schnelles Aussteigen der Beamten ermöglichen. Papler lieferte dann auch einhängbare Türen.

Offensichtlich war das Geschäft aber nicht einträglich genug. Schon im Januar 1955 übernahm die Faun GmbH den Karossier. Heute werden Karosseriereparaturen durchgeführt und Blechteile für Ford und Iveco hergestellt.

Peters

Die Firma Reinhard Peters in Delbrück entwickelte Cabrio-Umbausätze für die BMW 3er-Reihe der ersten und zweiten Generation. Angeboten wurden sowohl Bausätze für Do-it-yourselfer als auch fertig umgebaute Fahrzeuge. Die Umrüstung kostete beim Modell bis 1982 10.830 Mark, beim Nachfolger 13.000 Mark. Im Herbst 1991 stellte Peters ein Jaguar-Cabriolet auf Basis der XJ-Limousine vor. Wann der Betrieb erlosch, ließ sich nicht feststellen.

Ein BMW-Cabrio der Dreier-Serie E30. Der Umbau stammte von der Firma Peters. Die Präsentation des Werkscabriolets führte zu einer stetigen Verschlechterung der Auftragslage.

Piecha Automobil Design

Marcus Piecha hat in Konstanz zahlreiche Cabrio-Projekte realisiert, darunter Manta-, Monza- und BMW-Umbauten. Bei der BMW-6er-Variante türmte sich das Verdeck auf der Hutablage auf, was zwar von der Optik nicht ganz befriedigen konnte, aber den ohnehin nicht üppigen Kofferraum erhielt. Stahlblechverschweißungen stützen die gesamte Bodengruppe, den Fensterholmbereich und den Windschutzscheibenrahmen. Die Umbauzeit betrug fünf Wochen. Im Gegensatz zu diesen Anbietern bot Piecha-Automobildesign sein Cabriolets nicht als Bausatz an. Wer im Schwäbischen schneidern ließ, erhielt eine sechsmonatige Werksgarantie auf den Cabrioumbau, der im Falle eines Manta B 10.800 Mark kostete. Eine besonders gelungene Kreation des rührigen Automobilveredlers, inzwischen in Deißlingen bei Reutlingen beheimatet, war auch das Calibra-Cabriolet, das auf der Essener Motor Show 1991 Premiere feierte.

Der Opel Calibra macht auch als Cabrio eine gute Figur. Nahezu zeitgleich präsentierten Autostyling Hornstein und die Firma Piecha (Calibra 348 tb) im Oktober 1991 ihre Umbauten.

Pollmann

Gert Pollmann, Jahrgang 1952, gehört zu den vielseitigsten deutschen Designern. In erster Linie für die Automobil- und Automobilzulieferindustrie tätig, gründete er 1981 ein eigenes Designstudio in der Nähe von Ingolstadt. Dort entstanden über die Jahre hinweg eine ganze Reihe von teilweise sogar voll fahrfähigen Designstudien und Prototypen. Nebenbei arbeitete er für b+b Buchmann und für Treser.

Viele dieser Studien waren ihrer Zeit voraus, für diese wie auch andere Studien ohne Straßenzulassung rief er die ProtoChampSeries ins Leben, um diese Einzelstücke doch noch auf die Straße zu bekommen: Seit 2008 veranstaltet seine Firma – er verkaufte daraus sein Designstudio 2011 an die Indus Holding AG – die kleine Rennserie mit vier Läufen im Rahmen der »Historic Challenge«, wobei die Veranstaltungen eher den Charakter von Gleichmäßigkeitsfahrten haben.

Pollmanns erster eigener Entwurf war der Silver von 1973, an dem er schon als Schüler ab 1968 gearbeitet hatte. Vorder- und Hinterachse sowie Motor und Getriebe entstammten einem NSU 1200 TT, die Leistung war nur leicht gesteigert, das Fahrzeug hatte etwa 70 PS / 52 kW und wog 580 kg. Die Höchstgeschwindigkeit betrug etwa 170 km/h. Mit dem Borbet B1 – präsentiert auf der IAA 1991 auf dem Messestand der Firma Borbet – entstand ein Fahrzeug, mit dem eine eigene Rennserie ausgetragen werden sollte, der Borbet Cup. Der Mittelmotor-Roadster, der 92.000 Mark hätte kosten sollen und dessen Höchstgeschwindigkeit mit 290 km/h angegeben wurde, blieb aber ein Einzelstück und ist heute, inzwischen mit einem Fünfzylinder-Audi-Motor und 136 PS / 100 kW, noch bei Messeauftritten des Räder-Spezialisten zu sehen.

Der Fish 2002, ein zweisitziger Rennsportwagen mit Kunstleder-Außenhaut und Voll-LED-Scheinwerfern – damals ein Novum – schmückte als Dunlop SuperSports-Roadster den Messestand der Reifenbäcker bei der Messe in Essen. Da sich das Fahrzeug bis heute oft im Rennsporteinsatz befindet, bekam es 2011 eine neue, etwas herkömmlichere silberne GFK-Karosserie mit einem in die Karosserie integrierten Heckflügel, welcher das Fahrverhalten erheblich verbesserte. Vier Fish-Einzelstücke sind gebaut worden.

Dem Fish-Thema blieb Pollmann über die nächsten Jahre treu, so 2009 mit dem Classic Fish im 50er-Jahre-Look und 2,0-Liter-Ford-Motor oder dem Bluefish 2013, einem Rennzweisitzer auf Basis einer Zeichnung Pollmanns von 1968, der seit Mai 2013 rollt – mit einem 150-PS-Opel-Motor (110 kW), der seine 730 kg nach vorn bringt: »Macht Spaß beim Fahren«, so Pollmann, und mehr sollten die »Fische« auch nie.

Der Silver von 1973 war Pollmanns erster eigener Entwurf.

Der Blufish basierte auf einer jahrzehntealten Zeichnung und wurde schließlich 2013 doch noch realisiert.

Der Pollmann Borbet B1 von 1991 stand Pate für eine eigene Rennserie.

Das Rappold-Cabrio auf Basis der BMW 3er-Reihe (E30). Das Vollcabrio wurde als Fertigfahrzeug geliefert und war ab Oktober 1983 lieferbar.

Rappold

Die Karosseriefirma Rappold in Wülfrath spezialisierte sich auf Sonderaufbauten wie Bestattungswagen, Brieftauben- und Fleischtransporter. Zwischen 1983 und 1985 war Rappold auch im Cabriobau vertreten, denn bevor das 3er-Werkscabriolet (E 30) erschien, bauten diverse Veredler den Dreier zum Cabrio um. Dem späteren BMW-Cabrio am nächsten kam die bügellose Rappold-Version. Der Karosseriespezialist fertigte 2+2-sitzige Vollcabriolets, wobei der Verdeckkasten die Rücksitzbank verdrängte. Hinter den Fahrersitzen blieb lediglich eine knapp dimensionierte Ablagefläche übrig, die auf Wunsch mit Kindersitzen versehen werden konnte. Zwischen 31.000 und 57.050 Mark kostete ein Rappold-Cabrio, je nachdem, welches Basisfahrzeug der Kunde anlieferte.

Reutter

1907 gründete der Sattler und Wagenschmied Wilhelm Reutter in der Stuttgarter Augustenstraße eine Karosserie- und Radfabrik. Zunächst wurden dort Limousinen und Phaetons auf Opel- und Benz-Basis gebaut. Zwei Jahre später trat Wilhelms Bruder Albert als kaufmännischer Geschäftsführer in das Unternehmen ein, das ab 1910 als Stuttgarter Karosseriefabrik Reutter & Co. firmierte. Bekannt wurde Reutter durch seine sportlichen Torpedo-Karosserien, aber auch durch zahlreiche Einzelanfertigungen von Sportlimousinen, Phaetons und Landaulets und vor allem durch die »Reform-Karosserie«. Hinter dieser Bezeichnung verbarg sich nichts anderes als das erste deutsche Cabriolet.

Ab 1921 wurde als Werkstoff ausschließlich Leichtmetall verwendet. Reutters Spezialität waren unlackierte Aluminiumkarosserien, teilweise mit eingeätzten Ornamenten. In den nächsten 15 Jahren entstanden Kleinserien von Wanderer-, BMW- und Opel-Cabriolets. 1937 eröffnete Reutter ein Zweigwerk in Zuffenhausen, wo nun im Auftrag von Porsche die ersten 30 VW-Prototypen hergestellt wurden. 1944 wurde dieses Werk bei einem Bombenangriff zerstört. Unter den Opfern befanden sich Albert Reutter und sein Schwiegersohn.

Nach dem Krieg begann die enge Zusammenarbeit mit dem benachbarten Porsche-Werk. In Ermangelung eigener Produktionsanlagen mietete Porsche die Reutter-Werkhallen an. Ab Mai 1950 entstanden dort zunächst die Cabriolet-Karosserien, später auch Coupés und Speedster. Bis 1955 stellte man rund 13.000 Karosserien für den Typ 356 her.

Zudem wurde ca. 1950 der Prototyp des Porsche 597 Jagdwagens bei Reutter gebaut, die mit Sicken verstärkte Serienversion entstand dann später bei Karmann. Das offene Fahrzeug hatte ein Verdeck aus Stoff. Es gab keine Türen, sodass die Fahrzeuginsassen über den Fahrzeugrahmen ein- und aussteigen mussten. Erst spätere Versionen hatten steife Türen. Die Karosserie war aufgrund ihrer Bauform schwimmfähig.

1964 schluckte Porsche seinen Karosserielieferanten. Aus der Stuttgarter Karosseriefabrik Reutter & Co. wurde das Karosseriewerk Porsche GmbH. Ausgespart von der Übernahme blieb das Stammwerk in der Augustenstraße, wo Reutter bis 1973 unter dem Namen Recaro Fahrzeugsitze und Liegesitzbeschläge herstellte. Recaro, inzwischen zur Keiper-Gruppe gehörend und nach Kirchheim/Teck umgezogen, lieferte auch

Das Karosseriewerk Reutter in Stuttgart-Zuffenhausen wurde zur Keimzelle des Karosseriebaus bei Porsche.

später noch Seriensitze für sämtliche Porsche-Modelle und blieb einer der führenden Hersteller von Spezialsitzen.

Rieger

Die Firma Rieger Kfz-Technik GFK und Tuningteile im bayerischen Eggenfelden – gegründet 1987 und geleitet von Toni Rieger – baute verschiedene Autos zu Cabrios um und sparte dabei nicht mit auffälligen Tuningteilen. Dazu zählten Spoiler, Kunststoffanbauteile, Bodykits, Räder und Interieurteile.

Roding

Johann Stangl und Stefan Kulzer besaßen bereits eine erfolgreiche Firma, die Stangl & Co Präzisionstechnik GmbH, als der Kontakt zu vier Absolventen der TU München, deren Rennteam 2007 den 1. Platz im »Engineering Design Award« errang, sie bestärkte, für Kulzers Vorliebe, den in die Jahre gekommenen Lotus Super Seven, gemeinsam einen modernen Nachfolger zu entwickeln. Ein Jahr später gründeten die vier Ingenieure die Roding Automobile GmbH, die 2009 ihren ersten Prototypen fertigstellten und u. a. auf dem Nürburgring ausgiebig testeten. Bis zur Serienreife des nach seinem Entstehungsort als »Roding« benannten Roadsters vergingen noch einmal zwei Jahre, dann präsentierten die Autobauer ihr straßenzugelassenes Renngefährt der Öffentlichkeit.

Rometsch

Als Friedrich Rometsch (1880-1959) im Jahr 1924 seine Karosseriewerkstatt in Berlin-Halensee eröffnete, bestand die Kundschaft in erster Linie aus Kraftdroschkenbesitzern, deren Gefährte er instand setzte oder neu aufbaute. Nach dem Zweiten Weltkrieg öffnete die Firma Rometsch als Reparaturfabrik für Personenwagen wieder ihre Tore, später kam die Herstellung von Nutzfahrzeugaufbauten hinzu. Ab 1950 entstanden zweisitzige Coupés und Cabriolets auf Basis des VW-Käfers sowie ein gutes Dutzend Sportcoupés des Goliath GP700 und einige Hansa 1500 für Borgward.

Rieger hat sich längst schon vom auffälligen Showdesign verabschiedet. Heute gehört das Unternehmen zu den ganz Großen der Tuningbranche.

Die »Rometsch«-Banane in der Heckansicht. Johannes Beeskow hatte den schönsten aller Sport-Käfer gezeichnet.

Dank reichlicher Verwendung von CFK bringt der Roding leer lediglich 950 Kilogramm auf die Waage. Die ersten Exemplare wurden 2012 ausgeliefert. Für Vortrieb sorgte zuerst ein 225 PS starker 2,5-l-Turbomotor von Ford, später ein Reihen-Sechszylinder von BMW mit einer Leistung von 320 PS.

Der Nachfolger der »Banane« war eine Entwurf des Industriedesigners Bert Lawrence. Normalerweise gestaltete dieser Möbel, der Rometsch war sein einziger Automobilentwurf. Auch kam der Entwurf in den USA nicht so gut an wie erhofft. Nach dem Mauerbau im August 1961 gab Rometsch mehr oder minder den Fahrzeugbau auf, viele Facharbeiter aus dem Ostteil konnten nicht mehr an ihren Arbeitsplatz gelangen.

Größere Stückzahlen (ca. 150) erreichte nur das 1950 bis 1957 gebaute VW-Rometsch-Cabriolet, das zahlreiche Schönheitskonkurrenzen gewann. Dazu kamen nochmals ca. 40 Coupés. Zunächst handelte es sich um den Rometsch »Beeskow«, die sogenannte »Banane« (Serie I bis 1954, erkennbar an der geteilten Frontscheibe; Serie II bis 1957 mit ungeteilter Scheibe). Die Basis bildete natürlich der VW Käfer, der einen Aluaufbau erhielt. Die bemerkenswert moderne Form stammte von Johannes Beeskow (1911-2005), der in den Vorkriegsjahren für Erdmann & Rossi Sonderkarosserien unter anderem auf Horch- oder Mercedes-Basis entworfen hatte.

Das Design des Rometsch Cabriolets bestach durch seine lupenreine Pontonform – während der Käfer als Plattformspender noch betonte Kotflügel besaß, konnte der Rometsch mit einer bündigen Karosserie aufwarten. Die Luftleitprofile an den vorderen Radläufen schienen direkt dem Rennsport entnommen, die flache Frontscheibe betonte den sportlichen Charakter des Cabriolets, das Heck war von zurückhaltender Schlichtheit geprägt. Im Innenraum war Platz für drei: Im Fond konnte ein dritter Passagier quer zur Fahrtrichtung Platz nehmen.

Der »Banane« folgte 1958 das stark modernisierte Modell »Lawrence«, das nicht zuletzt wegen seiner Heckflügelchen einem geschrumpften US-Straßenkreuzer ähnelte. Auch das neue Modell gab es als geschlossene und offene Version. Benannt war die letzte Kreation nach Bert Lawrence, einem Berliner Designer des Hauses mit starken amerikanischen Bindungen. Insgesamt sollen 620 Einheiten aller Baureihen als Cabrio und Coupé entstanden sein.

Aufgrund ihres hohen Preises suchten die Berliner ihre Kundschaft vor allem im Ausland und eröffnete Händlerstützpunkte beispielsweise in Hollywood, in Zürich und Stockholm. Trotz des mit 9.500 D-Mark hohen Verkaufspreises, der sogar den eines Porsche 356 übertraf, fand das mit 24,5 PS / später 30 PS (18 bzw. 22 kW) vergleichsweise schwach motorisierte Cabriolet dort zahlreiche Käufer. Selbst Stars wie Audrey Hepburn oder Gregory Peck surften seinerzeit mit dem Exoten aus Berlin über Hollywoods Boulevards.

Auch Renn- und Sportwagen waren durchaus ein Thema: 1954 baute Rometsch einen 1,1-Liter-Wettbewerbswagen auf VW-Basis auf zunächst mit 1,1 L, 68 PS / 50 kW).

Tatsächlich aber hatte die West-Berliner Rennsportgemeinschaft unter Bernhard Cappenberg einen Porsche 550 erwerben wollen, der aber noch nicht geliefert werden konnte. Weil in dieser Saison aber die 1,1-Liter-Klasse nicht mehr im Westen Deutschlands ausgetragen wurde, bekam der 550 kg leichte Wagen bald einen 1,5-Liter-Motor mit 100 PS / 77 kW, nachdem er zuvor bei verschiedenen Rennen in der DDR angetreten war. Das Unikat steht heute im Prototyp Museum in Hamburg.

1951 hatte sich die Berliner Firma auch an einer viertürigen Käfer-Limousine versucht, die als Taxi vorgesehen war. Ein 1951 vorgestelltes Fiat 1400 Cabriolet wies große Ähnlichkeit mit dem Turiner Serienpendant auf. 1960 erregte nochmals ein völlig neu gestaltetes, zweisitziges VW-Cabriolet Aufsehen, das aber nicht mehr in Serie ging.

1961 stellte Rometsch den Karosseriebau ein, nicht zuletzt deshalb, weil die Hälfte der 80 Facharbeiter aus dem nunmehr abgeriegelten Ostteil der Stadt stammte und nun nicht mehr erscheinen durften. Zudem war Rometsch mit dem Karmann Ghia ein kaum zu schlagender Wettbewerber erwachsen. Pikanterweise baute Rometsch später Spezialversionen für die DDR-Führung, beispielsweise 1987 einen verlängerten Jagdwagen auf Range Rover-Basis (Umbaukosten DM 200.000,–).

1989 schloss die Firma, die sich jahrelang als Karosserie-Instandhaltungsbetrieb über Wasser gehalten hatte. Einen Teil der historischen Werkzeuge und Devotionalien übernahmen die VW-Sammler Christian und Traugott Grundmann, die 2015 in Hessisch-Oldendorf ein kleines Museum eröffneten.

RPM

Nicht weiter in Erscheinung getretener Tuning-Betrieb in Stuttgart. Das Kürzel stand für »Reifenmarkt am Pragsattel«. Angeboten wurde ein Vollcabrio auf 6er Basis.

Der Umbau kostete mit TÜV-Segen 23.700 Mark und dauerte sechs bis acht Wochen, wobei das RPM-Cabrio erst Anfang der Neunziger, also nach Produktionsende des Sechsers, vorgestellt wurde. Mutmaßlich handelte es sich beim gezeigten Prototyp aber um das Piecha-Cabrio.

Rudolph in der Nordeifel bot mit dem »Classic Roadster« eine GfK-Replika des Karmann-Ghia Cabriolets an. Bis zu 174 PS waren möglich.

Rudolph

Rudolph Roadster in Mechernich-Obergartzem, auch unter Perfect Roadster GmbH firmierend, bot zwischen 1992 und 2018 mehr oder weniger frei nachempfundene Repliken von Fahrzeugen im Stil des Lotus Super Seven (als »Diardi« vermarktet), des Porsche 550 Spyder und des VW Karmann-Ghia an. Vom Diardi – mit mindestens 150 PS /110 kW starken BMW-Motoren versehen – sollten zehn Autos pro Jahr entstehen, aufgerufen wurden ab 40.500 Euro (2003). Der mit einem Audi-Vierzylinder (ebenfalls ab 150 PS / 110 kW) versehene Rudolph Spyder war ab 33.000 Euro zu haben. Die Fahrzeuge in Karmann-Anmutung liefen als »Classic Roadster« und wurden als Bausatz offeriert. Das Komplettfahrzeug kostete als Cabrio mit Vierzylinder-Boxer ab 18.000 Euro.

Rudolph blieb immer ein Kleinstserienunternehmen, das pro Jahr eine Handvoll hochwertiger Autos baute, denn neben dem Chef und Firmengründer gab es zeitweise nur noch einen weiteren Mann in der Werkstatt.

S&P

Anfang 1984 versuchte die Berliner Firma S&P ein Fiesta-Cabriolet englischer Provenienz – Crayford – zu vermarkten. Doch trotz der moderaten Preise zwischen 18.900 und 24.900 Mark fand der Fiesta Fly keine Liebhaber; in England dürften von den rund 200 gebauten Crayford-Fiesta noch 83 Stück existieren.

Der S&P-Fiesta war eine britische Entwicklung, Crayford vermarktete den offenen Kölner als »Fiesta Fly«.

Die Rudolph-Modellpalette umfasste, neben dem VW, den Rudolph Spider (links als Spider S mit längerem Radstand) sowie den Diardi (rechts).

Schindele

Was auf den ersten Blick aussieht wie ein zweitüriger Senator-Aufschnitt ist tatsächlich ein zum viersitzigen Cabriolet umgebauter Monza 3.0 E. Realisiert wurde dieses Cabriolet nur zweimal unter Verwendung von Teilen des BMW E30-Cabrios von Günter Schindele in Augsburg in den Jahren 2002 und 2013.

Hoher Aufwand: Der Schindele Monza. Wie bei vielen solcher Projekte fanden auch hier Teile aus dem BMW E30-Cabriolet Verwendung.

Schulz

Alles, was den Stern auf dem Kühlergrill trägt, konnte man sich bei Erich Schulz (*1942) in Korschenbroich umrüsten, um einen Meter verlängern, zum Kombi oder zum Cabrio umbauen lassen. Den Schutz des Faltdaches beim Schulz-Cabriolet übernahm eine konventionelle Persenning. Wie bei ABC erhielt der »Baby-Benz« eine komplett neu entwickelte Bodengruppe, hinzu kamen verstärkte Schweller und A-Säulen. Auch der Verdeckkasten im Heck diente zur Stabilisierung der Karosserie. Der komplizierte Umbau belief sich auf DM 47.700,-. Schulz gebührt übrigens der Verdienst, das erste Mercedes-190-Cabriolet geschaffen zu haben. Der Prototyp wurde bereits im Herbst 1983 fertig, offizielle Premiere war auf dem Genfer Automobilsalon im Frühjahr 1984. Für rund 100.000 Mark und damit das Doppelte dessen, was ein W201-Umbau kostete, erhielt man bei Schulz ein Mercedes SEC-Cabriolet. Ein BMW 6er-Cabriolet und Jaguar XJS blieben Einzelstücke, vom BMW-E28-Kombi entstanden mehrere. Schulz hält über 50 Patente, widmete sich auch der G-Klasse und war in den Neunzigern zeitweise in Paraguay tätig.

Auf dem Genfer Salon 1984 präsentierte die Firma Schulz, Korschenbroich, eine Cabrio-Ausführung des Baby-Benz W 201. Weitere Mercedes-Cabrios folgten, so das Mercedes-Benz 126 SEC-Cabrio (IAA 1985). Doch das Unternehmen verwandelte auch SEL-Limousinen in Cabriolets. Sie waren in erster Line für den Export bestimmt.

Schwarze

Bereits Mitte der fünfziger Jahre zeichnete sich in der DDR ein kaum noch hinnehmbares Unterangebot an Kraftfahrzeugen ab. Dies betraf keineswegs nur den privaten Sektor, sondern auch den Personenverkehr via Taxi, der nun mal größere Fahrzeuge benötigt. Darum genehmigte der Staat auch privatwirtschaftlichen Kfz-Instandhaltungsbetrieben den Neuaufbau von Taxis aus Schrottfahrzeugen. Die Firma Schwarze in Görlitz baute bis 1961 zwischen 30 und 40 Vorkriegs-Pkw zu modernen Autos auf. So entstanden allein auf Basis des Mercedes 170 V rund 20 Zwitter mit der Limousinenkarosse des ab 1956 gebauten Wartburg 311. Die Karosserie war im vorderen Bereich an den größeren Radstand angepasst worden, zudem erhielt der Wagen den prestigeträchtigen Kühlergrill mit Stern. Auch das Interieur war ein bunter Mix, wobei die vier Gänge über einen Mittelschalthebel auf dem Kardantunnel eingelegt wurden.

Bis weit in die 60er taten diese schwarz lackierten Fahrzeuge mit dem typischen Rundumstreifen Dienst, um dann von privaten Interessenten übernommen zu werden. Höchstens drei dieser Umbauten wurden mit einer Cabrio-Karosserie des Wartburg 311/4 versehen, die offensichtlich für wohlhabendere Zeitgenossen aufgebaut worden sind. Von ihnen fehlt aktuell jede Spur, nur ein unscharfes Foto ist geblieben.

Rechts: Um dem Mangel an Taxifahrzeugen abzuhelfen, entstanden auf Basis von Vorkriegs-Mercedes in Görlitz diverse Umbauten mit Wartburg-Teilen. Auch einige Cabriolets hat es gegeben, Details aber sind unbekannt.

Das SKV-Vollcabriolet von 1985 hatte ein festes Dachmittelteil und einen klappbaren Überrollbügel, der sich separat umlegen ließ.

Das Cabriolet auf Basis des Fiesta III ab 1989. Der Umbau stammte vom Ford-Händler Sollath in Egelbach bei Frankfurt und wurde auf der Essener Motor Show 1991 der Öffentlichkeit vorgestellt.

In der Presse wurde nur selten über solche Umbauten berichtet, doch der Polo von SCD schaffte es auf den Titel des Euro-Tuner Magazins 3/1992.

Selzer

Die Essener Motor Show, Treffpunkt der Tuningszene in Deutschland, war schon immer die geeignete Bühne für unkonventionelle Entwürfe wie den Aperto, der 1989 im Rampenlicht stand. Der pfiffige Roadster auf Fiesta-Basis war eine Entwicklung der Firma Selzer Automobiltechnik, Saarlouis.

Dabei handelte es sich um einen Prototyp, mit dem Selzer und verschiedene Zulieferer der Automobilindustrie ihre Leistungsfähigkeit unter Beweis stellten. So stammten die Breitreifen der Dimension 195/45 ZR 15 von Dunlop, die sieben Zoll breiten Leichtmetallräder von Borbet, die Dämpfer von Koni und die Innenausstattung von Recaro. Der Aperto sollte rund 40.000 DM kosten und wurde, nach dem Umzug nach Thüringen, angeblich sechs Mal gebaut.

SKV

Die Firma SKV-Styling in Worms baute 1984 den Mercedes-Benz 190 E (W 201) zur Cabrio-Limousine um. Diese heute eher ungewöhnliche Lösung gehörte früher zum Standardrepertoire vieler Automobilhersteller. 1985 realisierte SVK nach Entwürfen von Heinz Peter Schwan Cabrioversionen der Porsche-Vierzylindertypen 924 und 944. Schwan, durch seine Toyota Celica-Cabriolets bestens beleumundet, implantierte zahlreiche versteifende Elemente, so dass der Umbau nicht weniger verwindungssteif geriet als das Coupé.

Sollath

Die Firma Sollath in Egelsbach bei Frankfurt am Main trat 1991 erstmals als Cabrio-Produzent auf. Der mittelständische Ford-Betrieb wählte als Grundlage den Fiesta und stellte zwei Jahre nach Präsentation des Grundmodells ihre Cabrio-Umbauten vor. Das Sollath-Cabriolet gab es in zwei Versionen, entweder als Cabriolet mit aufliegendem Verdeck und unverändertem Innenraum oder als Roadster mit vorverlegter Rücksitzbank und voll versenktem Verdeck. Das Cabriolet mit 1,1-Liter-Motor kostete 26.900 DM, der Roadster 3.000 DM mehr. Der Vertrieb sollte über Ford-Händler erfolgen.

Speedster Cabrio Design (SCD)

Dieses Unternehmen in Fuldabrück bei Kassel bot ausschließlich Bausätze für Produkte des Wolfsburger Konzerns an. Erstaunlicherweise führte Speedster Cabrio Design in seinem Katalog keinen Käfer-Umbausatz im Katalog, sondern begnügte sich mit Golf- und Polo-Kits. Der Kit für den Polo II enthielt alle notwendigen Versteifungsteile, GfK-Heckklappe, Verdeckspriegel,-gestänge und-haut. Preislich bewegte er sich mit knapp 4.000 Mark im üblichen Rahmen. Enge Verbindungen existierten zu Ostermann, angeblich entstanden die Ostermann-Komplettfahrzeuge bei Speedster. Andererseits bot Ostermann auch einige Speedster-Bausätze unter eigenem Namen an.

Links: Wer ein Golf-II-Cabriolet suchte, wurde bei Speedster Cabrio Design fündig. Auch Hoffmann Speedster, Bieber und Freier boten entsprechende Umbausätze an.

Veritas C90 Skorpion von Spohn, Baujahr 1950 und damals 18.350 Mark teuer. Fotos: Kittler

Der Staunau wirkte viel solider und besser als andere Kleinwagen, außerdem wollte Chrysler mit einsteigen: Kein Wunder also, dass nicht wenige Kunden in Vorleistung traten. Doch Staunau setzte sich mit dem Geld ab – aus der Traum vom Cabriolet aus Hamburg-Harburg.

Spohn

Hermann Spohn stammte aus einer alteingesessenen Industriellenfamilie in Ravensburg. Nach dem Ersten Weltkrieg entschied er sich für die Aufnahme des Karosseriebaus, und es traf sich gut, dass im nahen Friedrichshafen der Ingenieur Karl Maybach für seine technisch hochwertigen Automobile einen Partner suchte, der ebenso anspruchsvolle Aufbauten anzufertigen versprach. Die qualitätvolle Symbiose Maybach-Spohn erstreckte sich über zwei ertragreiche Jahrzehnte, denn Maybach gehörte zu den Herstellern, die angesichts geringer Gesamtproduktion keinen eigenen Karosseriebau betrieben. Beide Partner hielten an der damals noch üblichen Rahmenbauweise in Handarbeit fest.

Nach 1945 entstanden einige Karosserien auf amerikanischen Fahrgestellen, bis 1950 eine Geschäftsverbindung mit der Veritas GmbH zustande kam, für die Spohn 70 Autos mit Karosserien versah. Dazu gehörten das Coupé Saturn, das Cabriolet Scorpion, der Sportwagen Comet und der Rennwagen Comet S. Anfang 1954 stellte die Firma Spohn die erste in Deutschland aus Leguval angefertigte Kunststoffkarosserie vor, die nur 98 kg wog und auf einer VW-Plattform saß. Zu einer Serienfertigung kam es jedoch nicht. Im Sommer 1957 wurde das Unternehmen geschlossen

Staunau

Eismaschinenhersteller Karl-Heinz Staunau in Hamburg-Harburg kündigte 1950, nachdem sein Betrieb zwei Mal demontiert worden war, den Bau von Kleinwagen mit 400 und 750 Kubikzentimetern Hubraum an. In gefälliger Pontonform gehalten und in den Dimensionen einem Käfer vergleichbar, war die Euphorie groß, um so mehr, als ein Nachrichtenmagazin verkündete, dass erste Sondierungsgespräche mit dem US-Hersteller Chrysler positiv verlaufen wären und dieser den Staunau in sein europäisches Verkaufsprogramm wolle. Doch dazu kam es nicht, nachdem 1951 noch ein Cabriolet-Prototyp gezeigt worden war. Staunau hatte aufgrund der euphorischen Vorberichterstattung (wobei Werner Oswald warnte) jede Menge Anzahlungen kassiert und setzte sich dann mit dem Geld nach Südamerika ab.

Styling-Garage SGS

Die Styling-Garage in Hamburg gehörte mit b+b in Frankfurt zu den bekanntesten deutschen Edeltunern der frühen 1980er-Jahre. Gebaut wurde alles, was der Kunde haben wollte: Mercedes SEC mit Flügeltüren, SEL um einen Meter gestreckt, mit Goldauflage und Videoanlage im Fond – es gab nichts, was die Styling-Garage SGS unter ihrem Chef Chris Hahn nicht erfüllt hätte.

Bei so viel Exklusivität durfte ein Mercedes-Cabriolet nicht fehlen. Der SGS-Convertible basierte auf dem Mercedes-Benz Coupé 500 SEC (W 126) und debütierte auf der IAA 1981. Eine Kleinserie wurde im April 1983 aufgelegt. Allein innerhalb des ersten halben Jahres entstanden 20 Cabrios, die alle in den Nahen Osten geliefert wurden. Darüber hinaus wurden auch SEL-Cabrios gebaut. Die offene S-Klasse hieß »Marbella« und wurde fast 400-mal realisiert, praktisch ausschließlich für den Export. Der Umbaupreis von 75.000 DM beinhaltete nur die technischen Modifikationen am Grundmodell, Extras wie Lederausstattung oder TV-Anlage waren gesondert zu honorieren.

Daneben beschäftigte man sich bei Chris Hahn auch mit weniger exklusiven Projekten. SGS bot zum Beispiel ein luxuriös ausgestattetes 280 CE Cabrio auf Basis des W123 an. Das Komplettfahrzeug kostete rund 85.000 Mark, wobei sich diese Summe durch Sonderwünsche fast unbegrenzt in die Höhe treiben ließ. Auch entwickelte man ein BMW-Cabriolet auf 3er-Basis des E21.

Der Viersitzer mit Überrollbügel und elektrischem Verdeckmechanismus sollte preislich in der Nähe des Baur-Cabriolets angesiedelt sein, blieb aber ein Einzelstück, ebenso wie der »Marco Polo Four in One«, ein VW Polo-Cabriolet, das vier verschiedene Aufbauvarianten zuließ: ganz offen, als Landaulet, als Targa und geschlossen mit Hardtop, das die originale Fahrzeugsilhouette wieder herstellte.

Auch der offene Mercedes W 201 wurde kein Renner, der 190 E von 1984 wurde auf »St. Tropez« getauft, es handelte sich um eine Cabriolimousine. Eine Serienfertigung unterblieb.

1986 indess musste die Styling-Garage den Gang zum Konkursrichter antreten. Unter dem Dach von Chris Hahns neuer Firma Design & Technik ist die Styling-Garage als Karosseriebaufirma wieder auferstanden. Sie stellte anschließend nach Entwürfen und im Auftrag der Design und Technik GmbH Sonderkarosserien und Luxus-Cabriolets her. Das aktuelle Programm umfasste das Mercedes SEC-Cabriolet, ein W124 Cabriolet. Dieses entstand unter der Bezeichnung »Biarritz«. Der komplette Umbau kostete rund 60.000 Mark, die Verdeckbetätigung auf Knopfdruck verschlang weitere 3.500 Mark. Für ein mit ferngesteuerten Verdeckantrieb und Regensensor ausgestattetes Biarritz II Cabrio mussten 73.000 DM angelegt werden. Das Coupé war mitzubringen. Vom Biarritz I »Classico« entstanden 110 Stück, die Auflage des Biarritz II war auf 20 Exemplare limitiert.

Außerdem entstanden offene Rolls-Royce und Bentley, Ferrari Testarossa und ab 1991 auch ein BMW 850i Cabriolet. Letzteres hieß »Monte Carlo«. Vom vollautomatischen Dachantrieb, bei dem keine manuelle Tätigkeit nötig war, bis zur Ausstattung mit Regensensor oder Hardtop statteten die Nordmänner ihr Luxuscabriolet mit allem aus, was gut und teuer war. Eine mit mindestens 85.000 Mark gefüllte Brieftasche war Voraussetzung für den Erwerb des bayerisch-hanseatischen Exoten, und das waren nur die Umbaukosten. 17 offene 8er sollen, so Chris Hahn, entstanden sein.

Sürth

In Zusammenarbeit mit der benachbarten Karosseriebaufirma Welsch realisierte Opel-Sürth in Mayen eine Kadett-D-Kombination mit Hard- und Softtop, das an den Kadett Aero von Baur erinnerte. Wie bei ihm blieben die vorderen Fensterführungen erhalten, die B-Säule mutierte zum Überrollbügel. Das beeinträchtigte zwar die Optik, hielt aber die Umrüstkosten im

Der »Aero«-Kadett D entstand für das noch heute existierende Opel-Autohaus Sürth in Mayen. Den Umbau nahm Welsch vor. Foto: PD

Das erste Mercedes-Cabriolet der Styling-Garage auf W124-Basis hieß »Biarritz« und wurde noch aus der viertürigen Limousine entwickelt. Die später geplante Kleinserie sollte auf dem Coupé aufbauen.

15 Exemplare sollen vom Tender 5.7 gebaut werden. Auf dem Oldtimer Grand Prix auf dem Nürburgring 2023 waren zwei zu sehen, nämlich der Roadster in Turmalin Violett metallic und der in Federweiß.

Rahmen: DM 8.500,- kostete der komplette Umbau.

Nach neun Kadett-D-Cabrios kam der Modellwechsel zum E-Typ und damit das Ende dieser bemerkenswerten Schöpfung.

Tender

Der Fahrzeugveredler Estella Fahrzeugtechnik GmbH im schwäbischen Grosselfingen, spezialisiert auf Karbonteile für Luxus- und Supersportwagen , trat 2023 mit einem eigenen Fahrzeug auf den Plan, bei dem der BMW 507 von Elvis Presley die Inspiration bildete. Basis bildete der BMW Z4, der ein neue Maßkleid geschneidert bekam. 15 Fahrzeuge vom »Tender 5.7« sollen gebaut werden, jedes davon nur ein Mal in einer Farbe. Und warum so ein Retro-Racer? »Weil ich Lust dazu hatte«, verrät das Faltblatt des Herstellers.

Die Firma W. Thonfeld in Dresden baute mindestens ein solches Sportwagen-Exemplar aus Blech auf. Fotos: Kittler

Thonfeld (DDR)

Auch in der DDR gab es diverse Karossiers und Fachbetriebe, die sportliche Fahrzeuge im Käfer-Look herstellten, teilweise sogar in kleiner Serie. Die Basis bildeten meist im Krieg zurückgebliebene Kübelwagen, die neu karossiert wurden. Als Beispiel mag die Firma Thonfeld in Dresden gelten, wo 1955 als Einzelstück ein Cabrio mit Blechaufbau entstand. Als in den 50er-Jahren ein Ovali-Fahrgestell erworben werden konnte, bekam das kleine Sportmobil einen neuen Unterbau.

Trasco

Diese Spezialfirma wurde 1971 gegründet, beschränkte sich aber bis 1985 darauf, als freier Autohändler Luxuskarossen von Bremen aus in alle Welt zu verschicken. 1985 wurden die ersten eigenen Umbauten vorgestellt, allesamt auf Mercedes-Benz-Basis. Neben extra langen und gepanzerten Limousinen präsentierte Trasco auch ein Cabrio auf Mercedes SEC-Basis. Heute gehört Trasco zu den führenden Anbietern von gepanzerten Fahrzeugen für zivile Zwecke.

Tropic

Die Tropic Automobildesign GmbH in Crailsheim wurde im Januar 1981 von dem Werbekaufmann Jürgen G. Weber aus Sindelfingen gegründet. Schon zuvor – im Herbst 1979 – hatten Weber und sein Team auf der Frankfurter IAA mit dem Entwurf eines Ford Fiesta Cabriolets von sich reden gemacht. Anstelle des Fiesta ging dann im Sommer 1981 der Toyota Celica nach US-Lizenz (»Griffith«) in drei verschiedenen Offen-Versionen in Serie. Innerhalb eines Jahres wurden rund 450 Stück gebaut.

Im Mai 1982 trat der Honda Prelude als Vollcabriolet an die Stelle des auslaufenden Toyota Celica. Im Herbst 1982 sollte eine kleine Exklusivserie des Opel Ascona-Cabriolets sowie die Produktion des 1981 in Genf präsentierten BMW 635 CSi Cabriolets mit elektrischem Verdeck anlaufen. Dazu kam es jedoch nicht mehr, weil die Crailsheimer Firma im Oktober 1982 Konkurs anmelden musste. Ihrem Gründer kommt zumin-

Das Honda Prelude Cabriolet setzte Tropic 30 Mal um. Wie beim Celica handelte es sich dabei um einen amerikanischen Bausatz.

Die Trasco Bremen GmbH ist heute ein weltweit führender Anbieter kommerzieller Sonderschutzfahrzeuge. In den Anfangstagen boten die Hanseaten aber auch hochwertige Cabrioumbauten an.

dest der Verdienst zu, mit seinen Kreationen die Wiedergeburt des Cabriolets in Deutschland beschleunigt und einigen großen Herstellern gewissermaßen als Katalysator gedient zu haben.

Verona

Der Verona kam ursprünglich von der anderen Seite des Atlantiks, glich dem britischen Morgan, barg bayerische Technik unter seiner Kunststoff-Karosserie und wurde im fränkischen Aschaffenburg gebaut.

Der automobile Kosmopolit war eine Entdeckung von Jürgen Warmuth. Ein Amerikaner namens Milt Brown hatte sie kreiert. Mit den geschwungenen Kotflügeln und der langen Frontpartie gefiel das amerikanische Plagiat Warmuth so gut, dass er fünf Exemplare kaufte und nach Aschaffenburg brachte. Nach ihrem Vorbild entstand 1987 der Verona made in Germany. Als gelernter Karosseriebauer und studierter Fahrzeugtechniker konstruierte Warmuth jedoch einen eigenen Stahlrohrrahmen in Gitterbauweise und komplettierte seine Roadster mit BMW-Technik, während das amerikanische Original GM-Komponenten nutzte.

Neben den Reihensechszylindern aus dem BMW 325 oder dem 535 stammten auch Getriebe und Schräglenker-Hinterachse aus der Großserie. Die Angebotspalette umfasste neben den beiden Roadstern auch entsprechende Cabriolets, wobei sich letztere nur durch die etwas höheren Türen von ihren preisgünstigeren Brüdern unterschieden. Ende 1991 wurde die Programmpalette gestrafft. Lieferbar war nur noch der Verona 3,5 als Cabriolet. Als Hersteller fungierte nun die

Der Verona-Roadster, 1987: Zeitgenössische Testberichte bescheinigten dem Roadster mit BMW-Technik »ein deftiges Fahrgefühl der kernigen Art«. In der Cabriolet-Ausführung waren die Türen nicht ausgeschnitten.

Auf der IAA 1991 präsentierte die Firma VM ihr Sportwagenmodell Nardo. Der klassisch geformte Roadster mit Gitterrohrahmen und GfK-Karosserie nutzte Ford-Großserientechnik.

Den Lotus Super Seven beziehungsweise dessen Nachbauten boten in Deutschland diverse Firmen an. Der VM-Lotus hieß »Seventy Seven« und war die erfolgreichste Ausgabe dieser Fahrmaschinen. Später hat Irmscher dann den VW Seventy Seven geliefert.

Firma E.S.W. Automobile mit Sitz in München-Grünwald. Produziert wurde weiterhin in Aschaffenburg. Der letzte Eintrag in den Autokatalogen erschien im Modelljahr 1997. Bis Oktober 1995 sollen 30 Fahrzeuge hergestellt worden sein mit Preisen von 92.000 bis 98.000 DM.

VM

Die VM Exklusiver Fahrzeugbau GmbH wurde Ende 1989 in Bergisch Gladbach von Klaus Vielhauer und den Brüdern Robert und Ulrich Menschik gegründet. Sie gehörten zu jenen Spezialisten, die auf dem Fahrzeugsektor so ziemlich alles möglich machten: Rahmenbau, Kunststofffertigung, Entwicklung von Edelstahl-Auspuffanlagen. Schwerpunkt der Aktivitäten war der Bau des Roadsters Seventy Seven im Stil des legendären Lotus Super Seven, denn als in England 1971 die Produktion des Lotus Super Seven beendet wurde, fanden sich andere Firmen, die ihn als Bausatz und als Fertigfahrzeug anboten. Auch in Deutschland gab es Super-Seven-Nachbauten, einer der erfolgreichsten war der Seventy Seven von VM, geliefert zwischen 1989 und 2010. Als Bausatz wurde er in vier verschiedenen Ausbaustufen zu Preisen zwischen 7.000 und 32.500 DM offeriert. Der Roadster mit GfK-Karosserie und Gitterrohrchassis vertraute wie sein britisches Vorbild auf bewährte Ford-Großserientechnik. Im Fertigfahrzeug (DM 45.121,-) kam der 2,0-Liter-Vierzylinder aus dem Sierra mit 105 PS / 77 kW zum Einsatz. Rund 150 VM wurden pro Jahr hergestellt.

1989 präsentierte VM das 1:5-Modell eines Roadsters, der den Namen »Nardo« erhielt. Zwei Jahre später stand der fertige Prototyp auf der IAA in Frankfurt. Das Erscheinungsbild des kompakten Roadsters mit GfK-Karosserie wurde durch schräg übereinanderstehende Doppelscheinwerfer unter einer Plexiglasabdeckung akzentuiert. Den Fahrzeugrahmen bildete ein kunststoffbeschichtetes Gitterrohrchassis. Die Karosserie bestand aus glasfaserverstärktem Kunststoff (Kevlar- oder Kevlar-Carbonfaser als Sonderausstattung) und integrierte die Bodenwanne in Sandwich-bauweise. Der Nardo besaß vorn wie hinten doppelte Dreiecksquerlenker und mehrfach einstellbare Gasdruckfederbeine. Der Antrieb erfolgte auf die Hinterräder, wobei ein Visco-Sperrdifferenzial zum Einsatz kam.

Wie beim Seventy Seven griff VM auch beim Nardo bei der Motorauswahl auf Ford-Triebwerke zurück. Geplant waren zwei Ausführungen, der 200 GT mit dem Zweiliter-dohc-Motor und 150 PS / 110 kW sowie der Nardo Turbo Cosworth-Reihenvierzylinder und 220 PS / 163 kW. Mehr Exemplare als der eine Prototyp, der über einen Zeitraum von dreieinhalb Jahren aufgebaut worden ist, entstanden vom Nardo allerdings nicht. 2010 endete die Automobilproduktion. Im folgenden Jahrzehnt war das Unternehmen im Bereich Automobilreparatur und -restauration sowie im Metallbau tätig.

Voll

Die Karosseriefabrik Voll in Würzburg existiert bereits seit 1926. Zusammen mit einem Lehrling reparierte Firmengründer Josef Voll alle Arten von Automobilen und stellte auch Viehtransporter her. Das Geschäft florierte, und schon drei Jahre später machte sich der tüchtige Handwerksmeister daran, mit seiner inzwischen auf 20 Mitarbeiter angewachsenen Belegschaft Omnibusse mit Holzgerippe und Blechbeplankung zu bauen. Schon bald schuf sich die Würzburger Fabrik den Ruf, eine gute Adresse für Sonderaufbauten und Spezialanfertigungen zu sein. Bis 1959

Das Porsche 928 GT4-Cabriolet wurde für den Stuttgarter Automobilveredler Gemballa bei Voll gebaut. Drei Fahrzeuge entstanden insgesamt.

machte der Bau von Omnibussen den Löwenanteil der Voll-Beschäftigung aus.

Danach schlug der »Blitz« ein: Opel beschloss, die Aufbauten der neuen Transporter-Generation in Würzburg bauen zu lassen. Das Rüsselsheimer Unternehmen lieferte die Chassis. Zeitweilig machte die Blitz-Produktion mehr als drei Viertel des Voll-Umsatzes aus. 1972, zwei Jahre vor Produktionsende,
waren es immer noch 66 Prozent. Zunehmend rückte nun die Teilefertigung und die Herstellung von Sonderaufbauten auf verschiedenen Fahrgestellen in den Vordergrund. Über 3.000 Kofferaufbauten für Bundeswehr, Bundespost und verschiedene Feuerwehr-
ausrüster entstanden bis Mitte der 1980er-Jahre.

1984 übernahm Voll die Produktion des Ascona-Cabriolets. Ursprünglich war der offene Ascona auf Initiative des Opel-Händlers Häusler in München entstanden, allerdings gestaltete sich die Suche nach einem geeigneten Produktionspartner schwierig.

Schließlich übernahm Opel den offenen Ascona ins Vertriebsprogramm, der Münchner Händler übernahm die Disposition und leitete die Bestellungen weiter. Als Produzent zeichnete Hammond & Thiede verantwortlich. Dahinter verbarg sich die Firma Voll, die 1985 von der englischen George Hammond Ltd. übernommen worden war.

Unter britischer Leitung wurde der Bau von Prototypen und Cabrios forciert, Aktivitäten, die nach einem erneuten Besitzerwechsel 1987 durch Leventis Ltd., London, ihre Fortsetzung fanden. Vom Ascona-Cabriolet entstanden rund 3.000 Stück, vom Celica-Cabriolet – einer Entwicklung der Firma H. P. Schwan – wurden rund 2.000 Exemplare gebaut. Prototypen wie das Toyota-Corolla-Cabriolet und der Gemballa-Porsche 928 entstanden ebenso wie Vorarbeiten für die Serienfertigung des Bitter Type 3.

Wassmann

Seit den 60er-Jahren war das Auto Atelier Wassmann GmbH in Zweibrücken im Karosseriebau aktiv. Das betraf sowohl den Entwurf und die Herstellung von Prototypen, als auch Umbauten auf Kundenwunsch. Schon früh beschäftigte

Umbauten der Firma Wassmann: Oben rechts der Citroën SM von 1994, darunter der Porsche 928 sowie, ganz unten, der Mercedes W123 mit SL-Front von 1994.

Webasto 3er BMW E46 mit Blechklappdach (RHT), gezeigt 2002 in Genf.

man sich auch mit Hardtops aus Alu, Stahlblech oder Kunststoff. Dazu kamen Spoiler und Blechverbreiterungen. Verschiedenste Umbauten zum Targa, zum Vollcabrio, aber auch zum Pickup konnten vorgenommen werden.

Vor allem Mercedes-Modelle wie der W126 oder der W123, aber auch der C107 (SLC) verwandelten sich in Vollcabriolets, mit aufliegendem, versenkbarem oder voll versenkbarem Verdeck.

Ein W126-Komplettumbau mit Innenhimmel schlug 1995 mit 23.000 Mark zu Buche, mit versenkbarem Verdeck dank eines SL-ähnlichen Deckels mussten 24.600 DM hingelegt werden. Zu den möglichen Detailveränderungen für den 123er gehört die Frontpartie im Stil des R 129 (nur Frontumbau 4.100 bis 4.200 Mark).

Aber auch der Porsche 928 mutierte zum Cabrio (Umbaukosten 27.400 Mark). Diverse andere Einzelstücke sind gleichermaßen modifiziert worden, beispielsweise ein aufwändig umgebauter Fiat 500 mit freistehenden Sekurit-Scheiben und einem Verdeck in Sonnenland-Qualität (8.000 Mark). Besonders interessant und ungewöhnlich aber war der 25.000 Mark teure Vollumbau des Citroën SM wurde angeboten, die Arbeit selbst dauerte zwei Monate. Laut Firmeninhaber Martin Wassmann (früherer Karosseriemeister bei Mercedes) wurden mindestens vier SM umgebaut. Zuvor verwandelte er einen Citroën GS in ein Klappdach-Cabrio.

Selbst eigenständige Karosserien wurden angeboten, beispielsweise der Wassmann S1 mit einer Sportwagenaufbau aus Kunststoff, der an den Porsche 904 erinnert. Dieses Fahrzeug basierte auf den Zuffenhausener Modellen 924 und 944. Es wurde aber nur als Coupé und nicht als offene Version gefertigt.

Webasto

Webasto in Fulda ist seit Jahrzehnten Spezialist für Schiebedächer, wie sie anfangs 1956 für die Mercedes-Baureihen 180 bis 220 und 300 angeboten wurden. Das seinerzeit größte Schiebedach überhaupt gab es ab 1963 für den Mercedes 600. Gebaut wurden und werden auch viel gefragte Standheizungen. Ab Mitte der 70er kamen Glasdächer ins Programm, zunächst für den Ford Fiesta. Und 1995 entwickelte Webasto das neuartige Targadach für den Porsche 911/993. Im Jahr 2000 brachte das Unternehmen auch das Dach für den Smart Roadster-Cabrio auf den Markt.

Roadsterstudie Webasto LigHT von 2008: Hier setzte man das neuartige Retractable Hardtop so um, dass der stilistische Eindruck eines Softtops entstand.

Vom legendären Porsche 550 Spyder wurden 15 Stück bei Weinsberg aufgebaut.

Es folgten Klappdachlösungen für verschiedene Marken und Modelle, u.a. auf Basis von BMW und Alfa Romeo. Realisiert – wie auch bei anderen Projekten zusammen mit Pininfarina – wurde der Daihatsu Copen (2003). Vernetzte Innovationen wie das »LigHT Concept« von 2008, dargestellt anhand eines schicken Cabrios, sind ebenfalls entstanden. Mit der Übernahme von Edscha 2009 wurde Webasto zum Weltmarktführer bei Dachsystemen.

Weinsberg

Der Gipsermeister Gustav Alt und der Maurermeister Wilhelm Schuhmacher, beide aus Weinsberg bei Heilbronn, gründeten 1912 mit 80.000 Mark Stammkapital eine Firma mit 35 Mitarbeitern, die Einzelkarosserien aus Holz herstellte. Zwei Jahre später übernahm der Hoteliersohn Franz Eisenlohr das Unternehmen, das während des Ersten Weltkriegs Pferdewagen für das Heer baute.

1920 begann die eigenständige Entwicklung von Karosserien, die ab 1925 in Stahlblech gefertigt wurden. Eine Vielzahl deutscher und ausländischer Autobauer zählte in den 1920er- und 1930er-Jahren zu den Kunden des aufblühenden Weinsberger Unternehmens: NSU, Adler, Hansa, Horch, Röhr, Ford, BMW, DKW, Citroën und vor allem die deutsche Fiat-Tochter in Heilbronn, die 1930 den ersten Großauftrag erteilte. Für den Berliner Kraftag, damals das größte Taxiunternehmen der Welt, wurden in Weinsberg 1.500 Kraftdroschken auf Fiat-Basis gebaut. 1938 verkaufte Eisenlohr seine Firma an die NSU Automobil AG, die während des Krieges in Heilbronn Auto- und Flugzeugteile produzierte.

Nach Kriegsende begann man in Weinsberg zunächst mit dem Bau von Fahrerhäusern und Aufbauten für Nutzfahrzeuge von Ford und Büssing. Als erste Komplettfahrzeuge entstanden 1946 zehn Krankenwagen auf Steyr-Fahrgestellen aus alten Wehrmachtsbeständen. 1947 knüpfte man mit einem Cabriolet auf verlängertem Jeep-Chassis an die Vorkriegstradition offener Wagen an. 1950 begann die Fertigung der Gutbrod-Superior-Karosserien, die bis zur Produktionseinstellung 1954 in Weinsberg hergestellt wurden. Raritäten waren jene 15 Spyder 550, die die Zuffenhausener Firma 1953 in Weinsberg bauen ließ.

1955 kam als neuer Geschäftszweig die Schiebedachfertigung hinzu. 1958 der Werkzeugbau. 1959 wurden zwei Eigenentwicklungen auf Basis des Fiat 500 vorgestellt: das Weinsberg-Coupé und die Limousette, beide mit serienmäßigem Schiebedach. Bis 1963 wurden insgesamt 6.190 Wagen produziert. Seit 1960 lief in Weinsberg außerdem der Fiat Neckar vom Band.

1970 verkaufte die Deutsche Fiat AG ihre Weinsberger Tochter an eine Bielefelder Treuhandfirma. Die Schiebedachferti-

Der NSU-Fiat FW 03 vom November 1953 war ein Entwurf der Deutschen Fiat und wurde bei Weinsberg gebaut. Foto: von Thyssen

gung und der Werkzeugbau wurden unverändert weitergeführt. Als neuer Zweig kam 1969 der Bau von Wohnmobilen auf Basis von Fiat-, Mercedes-Benz-, Opel- und Peugeot-Transportern sowie Kleinserien von Notarzt- und Spezialrettungsfahrzeugen hinzu. Die Anfertigung von Präzisionsteilen sowie Versuche und Modellbau für verschiedene Autohersteller rundeten das Produktionsprogramm ab. 2002 geriet das seit 1989 zur amerikanischen ASC-Gruppe gehörende Unternehmen in Schieflage, hat sich aber erholt und zählt heute zu den wichtigsten Anbietern von Wohnmobilen.

Welsch

Drei Generationen lang arbeitete die 1930 gegründete Firma Kurt Welsch in Mayen im Karosseriebau. Sie begann mit Pkw- und Lkw-Reparaturen, wagte sich dann aber auch an Sonderaufbauten. In den 50er-Jahren handelt es sich dabei vor allem um Bestattungsfahrzeuge.

Dazu kamen Karosseriemodifikationen (vor allem Kombi-Aufbauten), Chassisverlängerungen und der Umbau zu Cabriolets hin. Cabriokarosserien entstanden u.a. für verschiedene Opel-Typen. Hervorzuheben das Meisterstück von 1959 auf DKW-Basis (4.000 x 1.600 x 1.250 mm, Radstand 2.350 mm).

Eine eigene Lackiererei wurde 1970 in Betrieb genommen, dazu kam eine Reparaturwerkstatt. Im Jahr 2000 hatte die Firma 18 Mitarbeiter und ging in die Hände von Michael Dietz, Enkel des Firmengründers, über.

Wendax

Vermutlich baute die Hamburger Firma Draisinenbau Dr. Alpers Wendax 1949 nur ein einziges Modell – ein Halb-Auto für eine Person mit Notdach. Es war gleichermaßen ein bis zu 50 km/h schnelles Fortbewegungsmittel als auch Lieferdreirad für 120 kg Nutzlast. 20 Exemplare sollen entstanden sein. Den Antrieb des Dreirads besorgte ein 249 cm³ großer 9,5 PS / 7 kW starker Triumph-Doppelkolben-Motorradmotor (Zweitakter), er saß vorn. Der vermutlich einzig Überlebende steht heute im PS Speicher in Einbeck.

Darüber hinaus bot Alpers zwischen 1949 und 1951 auch den zweisitzige Aero WS 700 / 750 an. Die miserable Verarbeitung bedeutet aber das schnelle Ende für den Alpers-Aero.

Wendax baute, neben Draisinen, auch einige Lastendreiräder. Eines von 1949 überlebte. Formal erfolgversprechender war der Aero mit seiner stahlbeplankten Holzkarosserie und 11-PS-Ilo-Motor.

Welsch in Mayen wurde 1930 gegründet und beschäftigte sich mit Karosseriebauarbeiten aller Art. Cabriolets wie dieser B-Kadett spielten dabei aber stets nur eine untergeordnete Rolle, Welsch gehört bis heute zu den renommiertesten Anbietern von Bestattungswagen. Foto: Archiv Storz.

Nach dem Zweiten Weltkrieg entstanden bei Wendler einige Ponton-Karosserien für Fahrgestelle aus der Vorkriegszeit. Ein Cabriolet nutzte das Chassis eines 1937er Mercedes-Benz 320 der Baureihe W142. Der Wagen überlebte, wurde aufwendig restauriert und 2019 versteigert.
Foto: Dirk de Jager ©2019 Courtesy of RM Sotheby's

Wendler

Die 1840 von Erhard Wendler gegründete Reutlinger Karosseriefabrik war wahrscheinlich das älteste deutsche Unternehmen dieser Branche. Der Übergang vom Kutschen- zum Karosseriebau erfolgte relativ spät – zu Beginn der 1920er-Jahre –, aber die formschönen und eleganten Wendler-Aufbauten erwarben sich sehr schnell einen ausgezeichneten Ruf. Großen Anteil daran hatte der Zeichner Helmut Schwandner, der jahrzehntelang als Designer und Betriebsleiter bei Wendler beschäftigt war.

In den 1930er Jahren waren im Reutlinger Werk bereits über 100 Mitarbeiter beschäftigt. Berühmt wurden die 1937 von Wendler karossierten Stromlinienwagen auf Basis des BMW 328 und Ford V8 sowie der Hanomag-Diesel-Rekordwagen, alle drei konstruiert von Helmut Schwandner und Reinhard Freiherr von König-Fachsenfeld. Daneben entstanden elegante Cabriolets, Coupés und Roadster auf Adler-, BMW-, Mercedes-Benz-, Maybach-, NAG- und Wanderer-Fahrgestellen. Auch für Bugatti, Alfa Romeo, Fiat, Lancia und andere ausländische Marken baute Wendler Sondermodelle und spezielle Kleinserien.

In der Nachkriegszeit fertigte das Reutlinger Unternehmen zahlreiche Prototypen für bekannte Automobilhersteller. Zu Beginn der 1950er-Jahre entstanden auch etliche Einzelstücke als Roadster sowie Kleinserien, z. B. der NSU-Fiat 1100 als Coupé und Cabriolet sowie mehrere Versionen des Porsche Spyder. Gleichermaßen wurden der VW Käfer und der Gutbrod Superior Sport von 1952 zu schicken, offenen Modellen.

Weniger bekannt ist, dass neben Baur und Autenrieth auch Wendler 1954 ein zweitüriges BMW V8-Cabriolet aufbaute. Im Auftrag wohlhabender Privatkunden entstanden ferner diverse Sondermodelle – teilweise mit Aluminiumkarosserie – auf Basis von Mercedes-Vorkriegsmodellen wie dem W 142 (»320«) aber auch den aktuellen Typen 220 und 300.

Kein Erfolg beschieden war einer in jenen frühen Jahren eigentlich recht naheliegenden Idee, nämlich dem Umbau des VW Käfers und des Mercedes-Benz 170V zum Kastenwagen. Die mit einem geschlossenen Holzaufbau versehenen Fahrzeuge fanden keinen Anklang. Ende der 1950er-Jahre stellte Wendler den normalen Karosseriebau ein und spezialisierte sich auf die Anfertigung gepanzerter Limousinen.

Brütsch ließ seine Karosserien bei Wendler bauen, so auch den Brütsch 400, der ab 1953 nun 15 PS leistete und Kurbelfenster in den Tüen hatte. verfügte

Die Reutlinger waren für ihre gelungenen Entwürfe – hier ein Gutbrod Superior Sport-Roadster – bekannt. Foto Archiv Storz-

Das Wendler Sport-Cabriolet auf Basis VW Käfer bot drei Personen Platz und wurde zuletzt vor allem für den US-Export gebaut. Dieses Exemplar stammt von 1957, dem letzten Baujahr dieses Typs. Foto: Kittler

Zato

Die Zato Gesellschaft für Fahrzeugentwicklung mbH war ein deutscher Hersteller, der schon früh das Thema Karbon für sich entdeckt hatte. Zato steht übrigens für »Zeitgeist Access to Opportunities«. Gegründet wurde das Unternehmen von Dirk Krämer – zunächst in Sinzig, dann wechselte es ins hessische Niederbreitbach. Zato entwickelte sich schnell zu einem Zulieferer für Hochleistungs-Verbundwerkstoffe in der Automobilindustrie und im Motorsport.

Im Herbst 1996 wurde der komplett in Eigenregie entwickelte Roadster »L3« In Frankfurt vorgestellt. Er war das erste »Drei-Liter-Auto« mit einem Monocoque aus Kohlenstofffaser-verstärktem Kunststoff und mit 1,9-L-Dieselmotor aus dem VW-Konzern. Das Design stammte von James Kelly, Fachhochschule Design in Pforzheim. Die Produktion wurde bereits Ende 1998 nach Herstellung der ersten Fahrzeuge wegen zu hoher finanzieller Aufwendungen eingestellt, obwohl SGL Carbon unterstützt hatte. Die Auftragsentwicklung für andere Hersteller war in dieser Zeit lukrativer, sodass man sich bei Zato auf diesen Bereich konzentrierte. Am 11. September 2003 wurde das Unternehmen aus dem Handelsregister gelöscht, das Nachfolgeunternehmen hieß dann First Composites.

Das erste Modell – der L3 – war ein offener Sportwagen, 1998 ergänzte der sportlichere L3s das Angebot. Das 60 kg leichte Monocoque-Fahrgestell bestand aus Karbonfaserstoff. Der Motor, ein 1,9-Liter-TDI-Vierzylinder-Dieselmotor aus dem Audi A4, war als Mittelmotor montiert. Im L3 leistete der Motor 90 PS / 66 kW und war mit einem Durchschnittsverbrauch von 3 Liter/100 km angegeben, im L3s (erkennbar an der Front-Spoilerlippe, anderen Lufteinlässen und Doppelendrohren) dieselten 140 PS / 103 kW. Insgesamt baute Zato acht Einheiten (davon sieben Komplett-Fahrzeuge). Den Erstling nutzt Den Erstling nutzte Dirk Krämer noch lange als Alltagsgefährt.

Chassis und Karosserie des Zato L3, der 1996 in Frankfurt vorgestellt wurde, bestanden aus carbonfaserverstärktem Kunststoff (CFK).

Das Leergewicht lag bei 590 kg. Mit gefülltem 65-Liter-Tank und vorsichtig bewegt, hatte der Diesel-Sportler eine Reichweite von 2000 km.

Nach ersten Planungen sollten pro Jahr 40 Fahrzeuge gebaut werden, der avisierte Verkaufspreis lag bei 128.000 Mark.

Zender

Albert Zender in Mülheim-Kärlich begann 1969 mit der Produktion von Schalensitzen. Mitte der 1970er-Jahre erweiterte er sein Lieferprogramm und bot optisches Zubehör wie Spoiler für Golf und 3er-BMW an. Zender lieferte gleichermaßen GfK-Umrüstteile für fast alle großen Marken. Zum Unternehmen gehörte auch eine Abteilung Exklusivauto, die Einzelstücke, Sonderanfertigungen (meist auf Mercedes-Basis) und Designstudien erstellte wie den Zender Fact 4, der auf der IAA 1991 gezeigt wurde.

Das vielbestaunte Schaustück war die voll funktionstüchtige Studie eines offenen Mittelmotor-Sportwagens, der die Leistungsfähigkeit des Autoveredlers demonstrieren sollte. Diese Spider-Version des 1989 vorgestellten Fact 4-Coupés basierte wieder auf Audi-Technik. Den V8-Motor platzierten die Zender-Techniker vor der Hinterachse in Längsrichtung, die Kraftübertragung besorgte ein mechanisches Fünfgang-Schaltgetriebe von ZF. Die Karosserie des keilförmigen Boliden bestand aus einem extrem leichten Kohlefaser-Aramidfaser-Verbund. Die unlackierte Fronthaube wog nur 8 kg, eine der nach vorn öffnenden Flügeltüren ganze 2,6 kg. Rennwagentechnik vom Feinsten auch bei Rahmen und Fahrwerk: solider Gitterrohrrahmen aus rechteckigem Feinkornstahl, zwei links und rechts angeordneten Gummi-Sicherheitstanks und innenbelüftete Brembo-Scheibenbremsen vorn und hinten. Der knapp vier Meter lange Monocoque-Flitzer war für den Straßenverkehr zugelassen.

Mitte der 90er Jahre läutete der Progetto 5 eine Abkehr der bisherigen Modellphilosophie ein. 1997 erschien das Coupé Escape 6, dessen 6-Zylindermotor 174 PS leistete und eine Höchstgeschwindigkeit von 240 km/h erlaubte. Diesem folgte zwei Jahre später der Thirty Seven, mit einer Leistung von 230 PS und einer Spitzengeschwindigkeit von 253 km/h. Wie schon die beiden Vorgänger-Modelle blieb das Auto eine Studie. Um die Jahrtausendwende stellte Zender mit dem zweisitzigen Roadster Straight 8 ein komplettes Fahrzeug vor, das in der Rekordzeit von nur acht Monaten fertiggestellt worden war. Unter der Haube der in Grün gehaltenen Karosserie aus Composite-Kunststoff beschleunigte ein 3,2-Liter-Sechszylindermotor von BMW mit einer Leistung von 321 PS / 236 kW den Sportwagen auf über 250 km/h. Der mit Fünfganggetriebe und LED-Blinklichtern ausgestattete Straight 8 blieb aber ebenfalls ein Einzelstück.

Mit der Übernahme von Repräsentanzen der Marken Alfa Romeo, Maserati, Suzuki, Jaguar und Ferrari etablierte sich Zender nachhaltig im Automobilhandelsgeschäft. Im Jahr 2000 erfolgte die Inbetriebnahme eines neuen Zender Modification Centers in Italien zur Fertigung von Sonderserien im Auftrag der Fiat-Werke sowie die Gründung der Opel Special Vehicles (OSV) zur Umrüstung von Opel-Sonderfahrzeugen und Fahrzeugveredelungen mit sportlichen Accessoires. Dem folgte die Inbetriebnahme weiterer Geschäftsfelder. Die Tuning-Abteilung von Zender beendete im Jahr 2008 ihre Aktivitäten.

Das Corrado-Cabriolet von Zubehörspezialist Zender, 1989. Der offene Volkswagen, rund 80.000 Mark teuer, hat ein strafferes Koni-Fahrwerk mit Breitreifen 225 VR16 auf 8-Zoll-Leichtmetallrädern.

Rechts: Der Swiftster auf Basis des Suzuki Swift sollte ab Frühjahr 1991 zu haben sein. Der projektierte Verkaufspreis lag bei 25.000 Mark.

Stylingstudie auf Audi-Basis: Zender Fact 4, das Meisterstück der Automobilveredler aus Mülheim-Kärlich.